Paris

1861-1870

Beron, Pierre

Panépistème, ou ensemble des sciences physiques et naturelles et des sciences métaphysiques et morales, devenu possible

Tome 4

PANÉPISTÈME

OU ENSEMBLE

DES SCIENCES PHYSIQUES ET NATURELLES

ET

DES SCIENCES MÉTAPHYSIQUES ET MORALES,

DEVENU POSSIBLE

PAR LA DÉCOUVERTE DE L'ORIGINE DU MOUVEMENT ET DE L'AFFINITÉ.

IV

Paris. — Imprimé par E. Thunot et Cie, rue Racine, 26.

PHYSIQUE SIMPLIFIÉE

PAR LA DÉCOUVERTE

DE L'ORIGINE DU MOUVEMENT ET DE L'AFFINITÉ.

BAROSTATIQUE,

ÉCHOSTATIQUE, PHYSICOPHYSIOLOGIE

CONTENANT

L'EXPLICATION DE LA NATURE DU FLUIDE BAROGÈNE
DONT RÉSULTE LA PESANTEUR,
CELLE DE LA NATURE DU FLUIDE ÉCHOGÈNE DONT RÉSULTENT
LES SEPT SONS, CELLE DES FAITS PHYSIOLOGIQUES.

APPENDICE.

L'HOMME AVANT LA NAISSANCE, PENDANT LA VIE ET APRÈS LA MORT.

PAR

PIERRE BÉRON.

TOME IV.

PARIS.

MALLET-BACHELIER, GENDRE ET SUCCESSEUR DE BACHELIER
IMPRIMEUR-LIBRAIRE DU BUREAU DES LONGITUDES ET DE L'ÉCOLE IMPÉRIALE POLYTECHNIQUE,
55, quai des Augustins, 55.

1864

LIVRE QUATRIÈME.

BAROSTATIQUE

OU

LE FLUIDE BAROGÈNE RAMENÉ, COMME LES GAZ, AUX LOIS AÉROSTATIQUES ET AUX CALCULS.

INTRODUCTION.

§ 1. Les faits observés dans les changements des corps ont pour cause les écoulements de deux espèces de fluides : le *barogène* et les équivalents électriques $\overset{+}{E}$, $\overset{-}{E}$; en effet, du mélange de ces deux espèces de fluides résultent les corps terrestres et les corps célestes. Leurs molécules contiennent : 1° le *barogène* β connu sous les noms de *masse* ou de *matière*, et 2° les équivalents électriques positifs $\overset{+}{E}$ et négatifs $\overset{-}{E}$.

La quantité $q\beta$ de barogène qui entre dans chaque corps en détermine le poids Π, et des rapports différents entre les quantités $q\overset{+}{E}$ et $q\overset{-}{E}$ des équivalents électriques résultent toutes les différences physiques et chimiques entre les corps. C'est au moyen des organes de sensations que nous obtenons la connaissance de l'existence de deux espèces de fluides dans les corps. Les sentiments que nous obtenons des corps sont nommés faits *physiologiques*, pour les distinguer des faits *physiques* ou *mécaniques* produits sur les corps par

l'écoulement du fluide barogène et des équivalents électriques arrivant du dehors.

I. — FAITS PHYSIOLOGIQUES PRODUITS PAR LES DEUX ESPÈCES D'ÉLÉMENTS DES CORPS.

§ 2. Les cinq organes de sensation du goût, de l'odorat, de la vision, de l'ouïe et du tact, servent à obtenir les sensations : 1° de l'écoulement des équivalents positifs $\dot{E}$ par la langue et les parties voisines; 2° la répulsion expansive des équivalents négatifs $\bar{E}$ se communique à leurs homonymes contenus dans les atomes $\dot{E}\bar{E}^2$ de chaleur et arrive à l'organe de l'odorat; 3° la répulsion expansive qu'éprouvent les atomes $\dot{E}^2\bar{E}$ de lumière de la part de leurs homonymes contenus dans les corps à l'état stationnaire se communique à l'organe de la vision; 4° la répulsion expansive exercée entre les atomes de chaleur se communique à l'épiderme qui enveloppe les nerfs de l'organe pour percevoir la chaleur; et 5° la répulsion expansive des ondes sonores se communique à l'organe de l'ouïe.

§ 3. Les *filets des muscles* sont l'organe par lequel nous obtenons les sensations qui résultent du fluide barogène ou de la masse qui, étant d'une seule espèce, n'est sentie qu'au moyen d'un seul organe, lequel est en état de distinguer les différentes quantités. En même temps les filets des muscles servent à conduire le barogène du dedans vers les corps. Ainsi, comme les sentiments du *chaud* résultent de l'écoulement de la chaleur du dehors vers l'épiderme, et ceux du *froid* de l'écoulement de la chaleur de l'épiderme au dehors, de même, 1° les sentiments du *poids* des corps sont produits par l'écoulement du barogène du dehors vers les filets des muscles, et 2° *les actions animales* sont des sentiments produits par des écoulements du barogène au dehors vers les corps. Les faits produits ainsi sur les corps ont été attribués jusqu'ici à une *force vitale* inconnue et limitée.

Dans les cas où cette force n'est pas suffisante pour vaincre la quantité $Q\beta$ de barogène contenue dans un corps, il se produit un sentiment de *résistance* qui a quelque chose d'indéfini, parce que la quantité $Q\beta$ de barogène qui surpasse la limite de celle $(Q - Q')\beta$, qu'émet l'homme peut obtenir tous les degrés possibles. En même temps les sentiments pareils correspondent directement à l'existence des objets autres que la nôtre. Donc, au moyen des filets des muscles nous obtenons les sentiments du poids, des actions ou productions de force vitale et de la résistance qui affirme l'existence des corps extérieurs.

§ 4. **Sentiments des efforts.** Le sentiment du poids d'un corps ne change pas, que ce corps soit en fragments ou poussière, à l'état solide ou liquide, car, dans tous ces états, il reste la même quantité de barogène ou de masse, et les changements physiques ou chimiques ne s'opèrent qu'au moyen des équivalents électriques qui ne contiennent pas de barogène, mais sont mêlés avec celui-ci pour produire les corps. Le poids d'un corps ne change pas non plus quand il est à différentes hauteurs du sol ; mais si ce corps arrive à la main d'une hauteur h, nous en recevons le sentiment d'un *effort* ou d'un *choc* qui croît avec la hauteur et qui surpasse de beaucoup le poids Π que nous fait éprouver le corps à l'état de repos.

§ 5. **Résumé sur l'existence du fluide barogène.** Comme à chacun des cinq autres organes correspond une espèce de fluide, c'est le fluide barogène qui correspond à l'organe du tact ; c'est ce même fluide contenu dans les corps qui est senti *comme poids*, et qui, en s'écoulant des filets des muscles vers les corps, est senti *comme action animale*, et se présente comme force vitale. Dans les résistances insurmontables l'écoulement du barogène s'opère également, l'individu s'épuise, et il en reçoit le sentiment de l'existence des corps extérieurs.

J'ai changé entièrement l'aspect des faits cosmiques et du

mode de leur production, parce qu'ils doivent obtenir un arrangement qui dépend uniquement des quantités de barogène écoulé dans les espaces parcourus en conservant le même volume V sous des formes différentes. Ainsi le barogène mis en rupture d'équilibre d'une sphère a le volume V représenté par $\frac{1}{3}\pi^2 r^3 \beta$; si ce barogène s'écoule dans un espace h à bases circulaires, il obtiendra la forme cylindrique et sera représenté par $\pi r'^2 \times h = \frac{1}{3}\pi^2 r^3 = V$; si la hauteur h a une base triangulaire de surface s, on aura $s \times h = V$, et ainsi de suite. Si tous les faits s'arrangent spontanément suivant un ordre qui correspond au principe du volume V invariable, l'unique mode de leur production deviendra évident.

II. — PESANTEUR DES CORPS CÉLESTES ET TERRESTRES PRODUITE PAR LE FLUIDE BAROGÈNE.

§ 6. Cette question de l'origine de la pesanteur a été pour les physiciens l'occasion de discussions fréquentes. Les *empiristes* se bornaient à l'exposition des faits tels qu'ils se présentent aux organes de sensation. Cependant, forcés de relier ces faits en quelques séries pour qu'ils pussent être embrassés par l'intelligence, ils ont considéré le rapprochement des corps observés comme celui qu'on produit en les tirant au moyen d'une corde; ainsi ils ont admis que, dans la nature, la corde n'est pas nécessaire dans la production des mêmes faits, et ils ont nommé cette propriété *attraction* (ἕλξις). Mais comme l'origine de cette dernière était tout à fait inconnue ainsi que sa nature, les empiristes n'ont pas hésité, et ils ont bravement admis tout ce qui leur paraissait nécessaire pour l'explication de chaque espèce de faits.

Les *théoriciens*, de leur côté, croyaient que la production des mêmes faits s'opère, non pas au moyen d'une attraction, mais au moyen d'une impulsion (ὤθησις). Et comme celle-ci

était produite par des *corpuscules transmondains* de nature et d'origine inconnues, ils n'ont pas fait plus de difficulté de se lancer dans le champ des hypothèses pour l'explication de chaque espèce de faits. Comme on ignorait alors que les corps consistent en deux éléments, les théoriciens, au lieu de considérer dans l'espace le barogène isolé, y admettaient des corpuscules excessivement raréfiés possédant une vitesse extrêmement grande, croyant éviter par là les effets qui seraient produits par des corpuscules denses possédant une vitesse médiocre.

Après de longues disputes qui n'aboutirent à rien, les physiciens des deux sectes se décidèrent à multiplier le nombre de faits au moyen de nouvelles observations, et à attendre la découverte de la véritable cause de la pesanteur. Personne jusqu'aujourd'hui n'a soupçonné que les trois états des corps résultent directement de la *pesanteur;* ces nouveaux faits ne permettront plus désormais de révoquer en doute une découverte qui a préoccupé les physiciens de tous les temps.

A. MODE DE LA PRODUCTION DE LA PESANTEUR DES CORPS CÉLESTES.

§ 7. Au moyen d'observations directes, on a constaté que les petits corps célestes ou ceux qui contiennent une masse m inférieure sont sollicités vers les gros qui contiennent une masse supérieure am à un degré af supérieur à celui f qui indique la sollicitation des gros corps vers les moins gros.

§ 8. **Rupture d'équilibre entre deux corps célestes.** Les corps terrestres ou célestes sont composés de barogène mêlé avec les équivalents électriques; ainsi soient deux corps C, C′ (fig. 1), contenant les quantités de barogène Q**b** et aQ**b** mêlés avec les équivalents électriques. L'espace céleste n'est pas parcouru par les corpuscules,

mais par le barogène B où manquent les équivalents électriques; de ce barogène arrivé à chaque point d des corps C, C', il s'en trouve arrêtée une quantité **b** ou α**b** égale à celle qui est contenue dans les molécules du diamètre qui passe par le point d, et de son autre extrémité d' il n'en émerge que la différence B — **b** ou B — α**b**. Ainsi, à la base AB = S du cône C'AB arrive le barogène S × B et en émerge par la base A'B' = S la quantité S(B — α**b**) qui occupe le même volume, et pour cela sa densité $\frac{\delta}{\alpha\alpha}$ est inférieure. Ce barogène raréfié B' arrive donc à l'hémisphère A''$a'b'$B'' du corps C; ainsi celui-ci est amené à une rupture d'équilibre, parce qu'il reçoit dans son autre hémisphère la pression P de la part du barogène B de densité δ, tandis que du barogène B' ne résulte que la pression $\frac{P}{\alpha\alpha}$.

Figure 1.

Le barogène B'' qui émerge de la base $a'b' = s$ du cône $a''Cb''$ a aussi une densité inférieure $\frac{\delta}{\alpha}$ à celle δ du barogène B affluant par la base ab égale du cône aCb. Ce barogène B'' exerce sur l'hémisphère a''ABb'' du corps C' une pression $\frac{P}{\alpha}$ inférieure à celle P exercée sur l'autre hémisphère par le barogène B de densité δ.

§ 9. **Rapport entre les degrés de ruptures d'équilibre.** Le corps C, en éprouvant les pressions opposées P et $\frac{P}{\alpha\alpha}$, se trouve en un état de rupture d'équilibre dont le degré est la différence $P - \frac{P}{a\alpha} = P\frac{a\alpha - 1}{a\alpha}$. De même le corps C′ en recevant les pressions P et $\frac{P}{\alpha}$ se trouve en un état d'équilibre rompu dont le degré est exprimé par la différence $P - \frac{P}{\alpha} = P\frac{\alpha - 1}{\alpha}$. Le rapport entre les deux ruptures d'équilibre est $\frac{a\alpha - 1}{a\alpha} : \frac{\alpha - 1}{\alpha} = a\alpha - 1 : a\alpha - a$.

Figure 2.

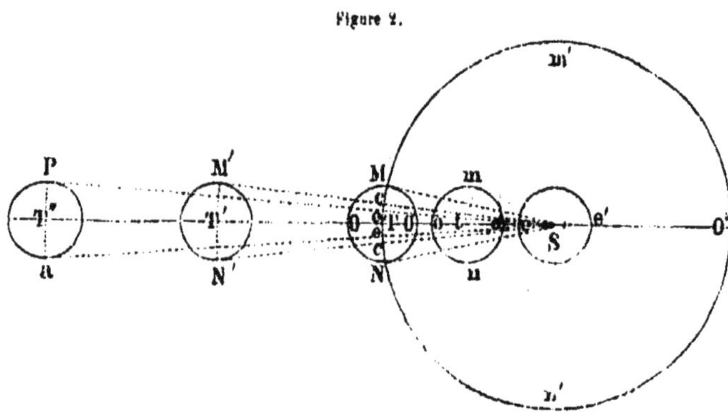

§ 10. **Rapport inverse entre les degrés de rupture d'équilibre et les carrés des distances.** Le mot de *pesanteur* est ici remplacé par *rupture d'équilibre* pour éviter la confusion qu'offriraient les différentes significations de ce mot. Soit S (fig. 2) un corps céleste dont émerge le barogène B′ raréfié de densité $\frac{\delta}{\alpha}$ par les bases MN, *cc*, *ee* des cônes MSN, *cSc*, *eSe* dont les surfaces sont $\pi\overline{MT}^2$, $\pi\overline{cT}^2$, $\pi\overline{eT}^2$. Aux corps T, T′, T″ le degré de rupture d'équilibre résulte de la quantité de barogène B′ raréfié qB', $q'B'$, $q''B$ que chacun reçoit de la part du corps S, et ces quantités sont entre elles comme les bases des cônes MSN, *cSc*, *eSe* ou comme les carrés des rayons TM, T*c*, T*e* de ces bases.

Dans les triangles semblable T″PS, T*e*S, on a $eT : PT'' = TS : T''S$; de même dans les triangles semblables T*c*S, T′M′S, on a $cT : M'T' = TS : T'S$. En éliminant le terme TS et admettant que le même corps T se trouve à des distances différentes ST', ST'', on obtient :

$$TS = \frac{cT \times T''S}{T''P} = \frac{cT \times T'S}{T'M'};\ T''P = T'M' \text{ donne } cT : cT = T'S : T''S$$
$$\text{et } \pi\overline{cT}^2 : \pi\overline{cT}^2 = \overline{T'S}^2 : \overline{T''S}^2.$$

La quantité $q'B'$ de barogène raréfié qui arrive au corps T' est indiquée par le carré $\overline{eT}^2$ ou par la surface circulaire $\pi\overline{cT}^2$, de même la quantité $q''B'$ qui arrive au corps T'' est la surface circulaire $\pi\overline{eT}^2$. Les ruptures d'équilibre R, aR en T'' et T' sont entre elles comme les surfaces ee et cc ou

$$R : aR = \pi\overline{eT}^2 : \pi\overline{cT}^2 = \overline{ST''}^2 : \overline{ST'}^2.$$

Si le corps T est sur la surface MNO'' du corps S, sa rupture d'équilibre $a\alpha$R a pour valeur la surface $\pi\overline{MT}^2$, qui est la plus grande de toutes celles que le corps T peut avoir hors de la surface du corps S. Cette valeur surpasse également toutes celles que le même corps T peut avoir en s'éloignant de la surface vers le centre S. Soit le corps T en t au milieu du rayon ST, il y éprouvera deux pressions inégales, l'une $\frac{P'}{\alpha}$ du côté de T, et une autre $\frac{P'}{3\alpha}$ du côté opposé O''; la rupture d'équilibre sera d'un degré indiqué par la différence $\frac{P'}{\alpha} - \frac{P'}{3\alpha} = \frac{2P}{3\alpha}$. Au centre S disparaît la rupture d'équilibre, parce que le corps y recevra de tous les côtés une égale pression.

En admettant même l'hypothèse de l'attraction, il ne pourrait exister au centre de la Terre ou de tout autre corps céleste une rupture d'équilibre; le maximum de celle-ci se trouve à la surface MN : 1° A une distance ST''=2ST, le degré de la rupture d'équilibre diminue pour devenir $\frac{P'}{4}$; alors la pression est P en T. 2° A la distance ST' = $\frac{3}{2}$ TS, la rupture de l'équilibre est $\frac{4}{9}$P', tandis qu'en t ou T'T=Tt la rupture a été trouvée $\frac{2P'}{3}$.

§11. **Corps célestes composés de gaz et de vapeur.** Après avoir constaté que le maximum de rupture d'équilibre est sur la surface des corps célestes et de la Terre, nous croyons que la densité des couches inférieures de l'atmosphère surpasse celle de ces couches supérieures sans que la nature de l'air de chaque couche soit différente. Cet arrangement des couches superposées ne résulte pas de la pesanteur seule ou de la rupture d'équilibre de ses molécules, dont le barogène β éprouve la pression P de la part de l'espace, et celle P' de la part du sol. Les mêmes molécules d'air contiennent des équivalents électriques $q\ddot{E}$, $q'\ddot{E}$ qui exercent des répulsions R expansives et empêchent les grands rapprochements des unes des autres. Ainsi donc, de cette répulsion R et de la rupture d'équilibre indiquée par P — P' résulte la disposition de ces molécules en couches de densité décroissante vers les hauteurs supérieures. En admettant que l'atmosphère est seule dans l'espace séparé de la Terre, ses molécules σ se disposeront pour former une couche mince comprenant dans son milieu un grand espace presque vide.

Les comètes sont des atmosphères séparées de la Terre et des autres planètes : Mercure, Vénus, Mars et Jupiter; elles contiennent les mêmes éléments que l'atmosphère et ont la forme conique composée d'une couche mince d'air et de vésicules de vapeur; car ce ne sont pas les gaz, mais celles-ci qui dispersent les atomes de lumière et rendent visible l'espace qu'elles occupent. Au moyen des observations directes, on a constaté que la masse des comètes a la forme conique, et que, dans l'espace énorme qu'elles occupent, il n'y a qu'une couche de vapeur tellement raréfiée qu'elle ne produit par son barogène aucun effet sensible de pesanteur.

Tous les astronomes admettent pour les comètes des éléments gazeux dont une partie n'est pas transparente; ils savent aussi qu'elles n'existaient pas à l'époque où a été subdivisée la vapeur de l'espace planétaire; cependant ils ne sont pas parvenus à en connaître l'origine. Nous avons prouvé, dans l'*Atlas cosmobiographique*, le mode de la séparation des paires d'aérocônes de la Terre et de quelques-unes des planètes, et nous avons prouvé par là même que les comètes ne sont qu'une espèce de *vents* dans l'espace.

III. — MODE DE LA PRODUCTION DES TROIS ÉTATS DES CORPS PAR LA PESANTEUR.

§ 12. Les molécules σ des corps ayant été composées de barogène β et d'équivalents électriques Ē, Ë se trouvent en deux espèces de rupture d'équilibre : 1° l'une résulte des pressions inégales P et P — **p** que leur barogène éprouve de la part du barogène Baffluant et du barogène B—**b** émergeant de la Terre, et 2° l'aure rupture d'équilibre est produite par les atomes de chaleur ĒË², dont les équivalents électriques exercent entre eux une répulsion R expansive qui se communique aux molécules σ qui contiennent des équivalents homonymes.

Les pressions extérieures P et P — **p** exercés sur le barogène β des molécules n'éprouvent aucun changement, mais la répulsion expansive R augmente et diminue avec les températures ou les densités des atomes de chaleur. 1° Dans les liquides, les molécules σ éprouvent une répulsion R de la part de la chaleur qui est inférieure à la pression P et pas supérieure à celle P — **p**; elle est $R = \mathbf{p} - p = P - (P - \mathbf{p} + p)$. 2° Dans les températures élevées, la répulsion expansive augmente et devient $R + r$, c'est-à-dire supérieure à la compression **p**; alors les intervalles entre les molécules s'élargissent et le volume augmente. 3° Mais si des liquides il s'éloigne une quantité de chaleur, il en résulte une diminution de la répulsion expansive; elle devient inférieure à $\mathbf{p} = P - (P - \mathbf{p})$ ou $R - r$.

I. **État solide.** Les molécules σ, σ, σ... éprouvant du dehors une compression **p** supérieure à la répulsion expansive R — r, restent attachées l'une à l'autre sans pouvoir se déplacer. De cette manière, la forme des corps se conserve dans un état inaltérable pour toujours, comme cela résulte des monuments archéologiques et des fossiles.

État liquide. C'est la répulsion expansive augmentée qui exerce sur les molécules σ, σ, σ... une poussée **p** — p. Pour cette raison, le volume ne change pas, mais reste presque le même pour les liquides et les solides. La répulsion latérale R n'obéit plus à toute la pression **p**, et ses molécules σ, σ, σ... s'arrangent pour former un niveau, et ainsi disparaît la forme des corps.

État vaporeux. La répulsion expansive exercée sur les molécules σ du liquide, augmentant au moyen de l'élévation de température, atteint un degré qui surpasse la compression **p**. Cette répulsion R + r, faisant s'élargir les intervalles λ entre les molécules, occasionne la décomposition d'une quantité $q\theta$ d'atomes de chaleur dont les équivalents $q\ddot{E} + 2q\ddot{E}$ pénètrent dans les intervalles qui deviennent $\lambda + \lambda'$; le volume V devient AV, et c'est ainsi que résulte un équilibre entre la répulsion R + r et la compression **p**.

§ 13. **Chaleur latente.** C'est le nom que donnent les physiciens à la quantité de chaleur qui devient insensible quand un solide passe à l'état liquide, ou quand, quittant ce dernier état, les corps deviennent vapeur; il est prouvé ici comment, par la suppression de l'expansion des atomes de chaleur dans les liquides, elle devient insensible, et cette suppression résulte de la pression p exercée sur le barogène β des molécules. Ainsi, les atomes θ' de chaleur restent comme tels, mais ils perdent dans les liquides leur expansion pour la reprendre quand la pression **p** commence à reconquérir la supériorité.

Dans la vapeur, les atomes de chaleur ne restent pas comme tels; ils se décomposent, et les équivalents électriques, en pénétrant dans les intervalles $\lambda + \lambda'$, en font augmenter le volume. Pour rendre évidente la différence entre l'état de la chaleur θ' latente de l'eau et la chaleur θ décomposée dans la vapeur, il suffit d'augmenter l'espace où est la vapeur, et l'on voit qu'en abaissant la température, ladite chaleur latente θ n'apparaît pas, mais que la vapeur se soutient et ne se condense pas pour prendre l'état liquide.

SECTION I.

DES MOUVEMENTS DES CORPS SOUTENUS PAR LE BAROGÈNE RÉDUIT EN ÉQUILIBRE ROMPU.

§ 14. Lorsqu'on ignorait encore : 1° que le barogène mêlé avec les équivalents électriques constitue les corps où il est nommé *masse* et *matière*, et 2° qu'à l'état libre il parcourt l'espace en directions rectilignes, les physiciens admettaient dans les mouvements des corps toute la masse réunie au centre de gravité, et l'espace poucouru était ainsi ramené à une ligne mathématique qu'on mesurait avec le *mètre*. Toutefois, les rapports entre les espaces que parcourait, 1° le même corps en recevant des chocs différents, ou 2° des corps différents en recevant le même choc, ont fait comprendre que l'espace parcouru par un corps doit être considéré comme un volume V, qu'indique le produit de sa masse m ou $q\beta$ par l'espace e parcouru, et ce produit $q\beta \times e$ reçut le nom de *quantité de mouvement*, qui a une existence réelle.

C'est en ce sens qu'est exposé ici le mouvement, non pas comme une ligne mathématique que peut mesurer le *mètre*, mais comme un espace que parcourent les corps : cet espace a un volume V, dans lequel s'opéra l'écoulement de la quantité de barogène $Q\beta$ en chassant en avant celui $q\beta$ contenu dans le corps. Le produit $q\beta \times e = Q\beta$, nommé *quantité de mouvement*, indique donc ici un volume V dans lequel s'opéra l'écoulement de la quantité Qβ de barogène en une unité de temps. Par suite les physiciens se trouvaient en contradiction avec eux-mêmes quand ils prétendaient mesurer la quantité de mouvement au moyen du mètre, longueur purement mathématique; car l'espace parcouru qui correspond à cette quantité de mouvement est un volume et l'unité pour mesurer les volumes est le *litre*. Ainsi l'on ne doit pas s'étonner quand on voit les difficultés qui arrêtaient les physiciens à chaque pas, quand ils étaient forcés de donner une explication des faits observés.

Sans nous écarter de la valeur $q\beta \times e$ de la quantité de mouvement qui n'est ni une ligne ni une surface mathématique, mais un volume V comme celui d'un volume évalué en *litres*, sa forme nous est tout à fait indifférente. Ainsi le barogène Qβ de volume V pouvait, avant son écoulement dans l'espace e, affecter une forme sphérique $V = \frac{4}{3}\pi R^3$, pour prendre ensuite la forme cylindrique $\pi R'^2 \times e$ ou la forme prismatique $\Delta \times e$ dans l'espace e, quand le barogène $q\beta$ du corps en mouvement forme un disque de rayon R' ou un triangle de surface indiqué par le signe Δ.

En restant ainsi conséquents dans des calculs correspondant aux volumes et non pas aux longueurs, le tort ne pourra se trouver de notre côté si nous ne sommes pas d'accord avec les physiciens; par suite il ne devra pas paraître étonnant que nous arrivions, au moyen des calculs, à des résultats conformes aux faits observés qui, jusqu'à présent, étaient attribués aux lois purement physiques dont nous ne reconnaissons qu'une seule.

I. — MOUVEMENT PRODUIT PAR L'ÉCOULEMENT DU BAROGÈNE RAMENÉ A L'ÉTAT D'ÉQUILIBRE ROMPU.

§ 15. Les corps terrestres, étant en contact avec le sol, sont à l'état stable, parce que la pression **p** qu'ils éprouvent du barogène se communique de leur barogène $q\beta$ à celui **b** du sol. Pour élever un corps, il faut par son barogène $q\beta$ repousser en chaque point une égale quantité de celui qui afflue, et pour arriver à la hauteur h, il faut repousser la quantité $q\beta \times h$ de barogène; pour une autre hauteur ah il faut repousser la quantité $q\beta \times ah$ de barogène. Dans ces deux hauteurs h et ah se trouvent les corps en rupture d'équilibre qui résulte de la pression **p** du barogène **b**, affluant qui est la différence B—(B—**b**) entre celui B qui arrive de l'espace et celui B—**b** qui émerge de la Terre. Le sentiment du poids produit du barogène $q\beta$ du corps ne diffère pas dans les deux hauteurs h et ah; mais il n'est pas le même pour les quantités de barogène $q\beta \times h$ et $q\beta \times ah$ repoussé en dehors des hauteurs h et ah.

Dans la chute du corps de la hauteur h, $q\beta \times h$ représente la quantité de mouvement, et elle est représentée par $q\beta \times ah$ quand la chute est de la hauteur ah; dans le premier cas, la quantité de barogène $a\beta \times h$ revient à sa place, et dans le second, c'est la quantité $a\beta \times ah$. Cet écoulement produit des *efforts* qui correspondent aux produits $a\beta \times h$ et $a\beta \times ah$ ou aux volumes V, aV des quantités de barogène $Q\beta$ et $aQ\beta$; la chute ou l'écoulement de ces quantités de barogène est indiqué par le mot *action*, et le mot *force* correspond aux quantités $Q\beta$, $aQ\beta$ de barogène; elle est évaluée dans l'effet produit par l'effort et nommée *travail*.

L'écoulement de la quantité $Q\beta$ de barogène peut s'opérer dans un espace, non pas de la longueur h ou d'une longueur ah quand la chute n'est pas verticale, mais oblique, et a lieu sur un plan incliné; en ce cas, la largeur diminue dans le filet de barogène autant que la longueur augmente, et c'est ainsi que le produit ou la quantité de mouvement reste la même $Q\beta = \frac{q\beta}{c} \times ch = q\beta \times h$.

Le corps C se trouve en rupture d'équilibre dans les hauteurs h et ah à cause de la pression **p** que son barogène

$q\beta$ éprouve de celui **b** qui afflue, et l'espace h ou ah se trouve à l'état de barogène raréfié : pour cette raison, nous le nommerons ici *baroaréome* (βάρος, poids ; ἀραίωμα, état raréfié). Ainsi tels baroaréomes sont tous les espaces qui séparent les corps élevés du sol et qui soutiennent ces corps en équilibre rompu.

Dans le cas où les corps sont en contact avec un plan horizontal, une rupture d'équilibre est impossible en direction verticale ; il faut alors qu'une quantité $Q\beta$ de barogène arrive horizontalement à un point du corps : de ce barogène il se répand, en une unité de temps dans l'espace e, la quantité égale $q\beta \times e$ qui est ici la quantité de mouvement. Une autre quantité $aQ'\beta$ de barogène communiquée au même corps le fera parcourir en une unité de temps l'espace ae, dont résulte le produit $q\beta \times ae$ qui est sa quantité de mouvement.

Figure 3.

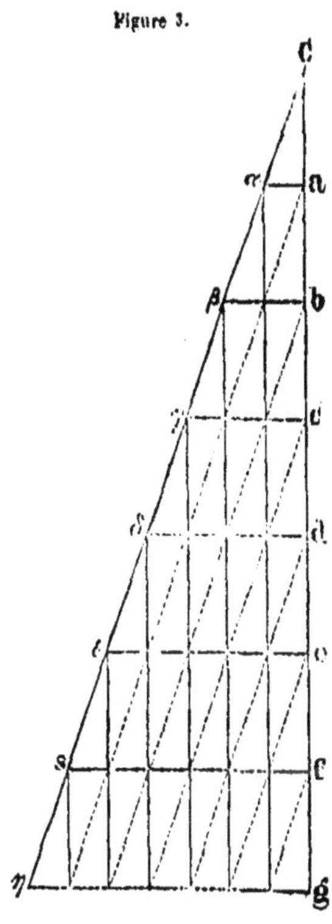

§ 16. Formes géométriques du volume V de barogène écoulé. La quantité de barogène $Q\beta$ du volume V peut être représentée sous différentes formes, comme cela a lieu pour un volume de liquide introduit dans des vases sphériques, cylindriques, prismatiques, etc. Ainsi $Q\beta$ où la quantité de mouvement qui est un volume, peut être $V = \frac{1}{3}\pi^2R^3\beta$, $V = \pi r^2 \times h\beta$, $V = \Delta \times h\beta$; une autre quantité de barogène $Q'\beta$ qui a un autre volume, peut également obtenir la forme sphérique, cylindrique ou prismatique $V'=\frac{1}{3}\pi^2R'^2\beta$, $V'=\pi r'^2\times h\beta$, $V'=\Delta'\times h\beta$; Δ, Δ' sont les surfaces des deux triangles $Cg\eta$, $Cd\delta$ (fig. 3) ou $\frac{1}{2}Cg\times g\eta$, $\frac{1}{2}Cd\times d\delta$, on a

$$V:V'=\tfrac{1}{3}\pi^2R^2\beta:\tfrac{1}{3}\pi^2R'^2\beta;\ V:V'=\pi r^2\times h\beta:\pi r'^2\times h\beta$$
$$\text{et } \tfrac{1}{3}\pi^2R^2\beta:\tfrac{1}{3}\pi^2R'^2\beta=\pi r^2\times h\beta:\pi r'^2\times h\beta,$$

dont provient le rapport connu dans les mouvements des corps célestes

$$R^2:R'^2=r^2:r'^2.$$

§ 17. **Origine des formules $v=gT$, $e=\frac{1}{2}gT^2$.** Au moyen de ces deux formules introduites dans les calculs, on obtient des résultats conformes aux faits, d'où résulte évidemment l'exactitude de ces mêmes formules. En effet, 1° pour indiquer dans le triangle $Cg\eta$ la longueur Cg, on peut prendre T fois la longueur $g\eta$, et l'on obtient $Cg=v=Tg$; 2° pour obtenir la surface S du même triangle, on a $S=e=\frac{1}{2}g\eta\times Cg$, et comme $g\eta=T$ et $Cg=Tg$, on a $e=\frac{1}{2}T^2g$.

Après de longs débats, les physiciens convinrent de considérer la formule $v=Tg$ comme l'expression de la *quantité de mouvement*, et la formule $e=\frac{1}{2}T^2g$ comme le *travail* ou l'effet qui résulte de la quantité de mouvement. Quant au rapport entre les espaces parcourus e, e' et les carrés des temps écoulés, cela a été considéré comme loi physique; en effet, on a toujours $e:e'=\frac{1}{2}T^2g:\frac{1}{2}T'^2g=T^2:T'^2$, mais la cause en était inconnue.

II. — ORIGINE DU RAPPORT ENTRE LES ESPACES PARCOURUS PAR LES CORPS EN CHUTE ET LES CARRÉS DES TEMPS ÉCOULÉS.

§ 18. Ce rapport, découvert empiriquement par Galilée, a été considéré comme une loi physique tant que resta inconnue l'existence du fluide barogène dont la rupture d'équilibre en se progageant en directions divergentes avec une vitesse

Figure 4.

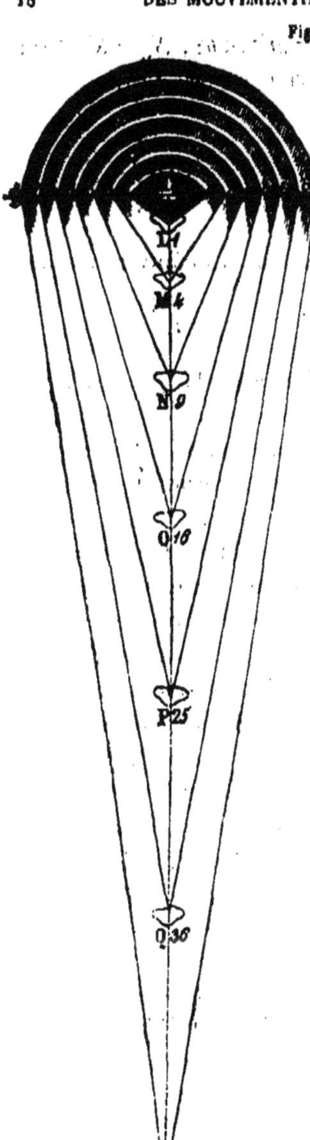

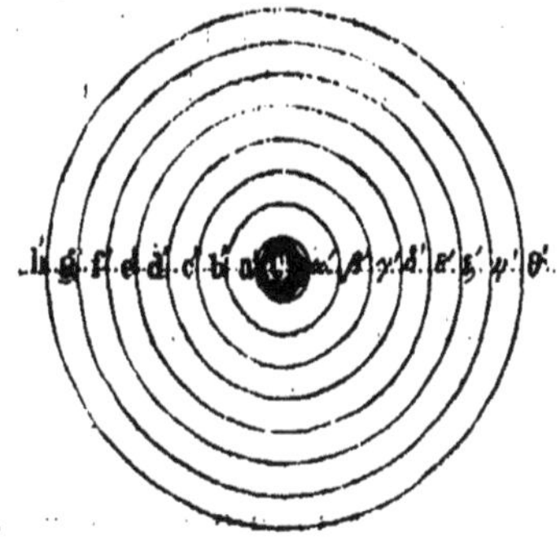

invariable, fait s'écouler des quantités de barogène dans les espaces e, e' qui sont entre eux comme les carrés de temps T, T écoulés.

Soit C (fig. 4) un corps dans la hauteur CR$=e$ qui est un *baroaréome*, parce qu'il y manque la quantité de barogène $q\beta \times e$. Tout est en équilibre et en repos tant que le corps est soutenu dans sa position; la rupture d'équilibre commence au moment où la chute commence. Le barogène écoulé est nul en ce moment, et pour que le corps arrive de C à L, il faut qu'il s'écoule une quantité de barogène du cylindre de la hauteur z et qui a pour base le rayon $Ca = r$ et le volume $V = \pi r^2 z$. Le barogène écoulé est $\pi r^2 \times z\beta$ $= Q\beta$ qui est égale à la quantité de mouvement $q\beta \times$ CL. Si le corps a la forme d'une plaque triangulaire, le volume V de l'espace parcouru sera $\Delta \times CL = \pi r^2 \times z$; s'il est $z = CL$, la surface sera $\Delta = \pi r^2$, et le volume $V = \Delta z$.

A la fin de la deuxième seconde, la rupture d'équilibre du barogène se trouvera avancée de C à Cb, $C\beta$, en toutes les directions horizontales, la quantité de barogène réduit en équilibre rompu est indiqué par le volume $\pi r^2 z\beta = 4V\beta$; cette même quantité de barogène en égal volume s'écoula en deux secondes dans l'espace $CM \times \Delta = 4 \times \Delta CL = 4\pi r^2 z$. A la fin de la troisième seconde, la rupture d'équilibre se trouvera propagée dans la périphérie $C\gamma$ de rayon $3r$. La quantité de barogène réduit en équilibre rompu pendant la durée de cette troisième seconde résulte de l'anneau $bc\beta\gamma$ dont la surface est la différence $q\pi r^2 - 4\pi r^2 = 5\pi r^2$ et le volume est $5\pi r^2 z$, qui est égal à $MN \times \Delta = 5CL \times \Delta$. Le total du barogène $qQ\beta$ écoulé en trois secondes a pour valeur $3^2 \pi r^2 z\beta = CN \times \Delta\beta = 3^2 CL \times \Delta\beta$. Après l'écoulement de n secondes $n^2 \pi r^2 z\beta$ sera la valeur du barogène écoulé qui se trouvera contenu dans le même volume en forme prismatique $n^2 CL \times \Delta\beta = e\beta$.

Cette valeur de l'espace e parcouru obtient une autre forme quand on arrange les prismes $\Delta \times CL$, non pas verticalement pour former une colonne CR, mais horizontalement pour produire un prisme de hauteur CL et d'une base $Cg\eta$ (fig. 3), où la base Δ entre autant de fois que la hauteur CL entre dans celle CR. Le même volume V se trouve, dans ces deux formes, exprimé par la même valeur $V = CR \times \Delta = n^2 CL \times \Delta = n^2 \Delta \times CL$ (fig. 4).

En effet, en séparant le long prisme $CR = e$ en n autres de hauteur CL, si l'on admet comme base le triangle $C a \alpha$ (fig. 3), n fois ce triangle donnera celui $Cd\delta$ ou $Cg\eta$ dans lequel est contenue la quantité n. La surface de ces mêmes triangles est $\frac{1}{2}\, Cd \times d\delta$ ou $\frac{1}{2}\, Cg \times g\eta$, et comme ces tirangles sont semblables, on a $\frac{Cd}{d\delta} = \frac{Cg}{g\eta} = k$ ou $Cd = k \times d\delta$, $Cg = k \times g\eta$; ainsi les surfaces s, s' des triangles sont

$s'=\frac{1}{3}k\times\overline{d\delta}^2$, $s=\frac{1}{3}k\times\overline{gr}^2$. Le rapport entre ces surfaces est $s:s'=\frac{1}{3}k\times\overline{gr}^2:\frac{1}{3}k\times\overline{d\delta}^2=\overline{gr}^2:\overline{d\delta}^2$. Les carrés $\overline{gr}^2$, $\overline{d\delta}^2$ indiquent les nombres n^2, n'^2 des triangles C$a\alpha$ contenus dans les bases Cgn, C$d\delta$ des pyramides qui ont pour hauteur CL (fig. 4).

Après avoir disposé ces petits prismes $n^2\,\Delta$ et $n'^2\,\Delta$ l'un sur l'autre, il en résultera deux grands de hauteur CR $=e$ et CO $=e'$, qui sont les espaces parcourus en n et n' unités de temps. Cet accord entre les résultats et le calcul ne peut avoir lieu qu'autant que la même quantité de barogène Qβ est contenue dans le même volume V, à la fois dans l'espace horizontal γg autour du corps C, et dans celui d'un prisme qui a pour base un triangle Δ et pour hauteur CL ou nCL.

III. — QUANTITÉ DE BAROGÈNE EN ÉQUILIBRE ROMPU.

§ 19. Au commencement de la chute, cette quantité est nulle, et c'est celle qui a été produite au barogène pendant 1″ qui vient occuper l'espace e du prisme qui a pour base le triangle Δ et pour hauteur la longueur parcourue CL ou $\Delta\times\text{CL}\beta=\text{Q}\beta$. De toute la quantité écoulée en chaque instant pendant la durée de 1″, la quantité Qβ est la moyenne de la somme totale $\frac{o+2\text{Q}\beta}{2}=\text{Q}\beta$; d'où il résulte que si la quantité Qβ occupe en 1″ l'espace $e=\Delta\times\text{CL}$, de celle 2Qβ qui s'écoule à la fin de la première seconde, un espace double $2e=2\,\text{CL}\times\Delta$ sera occupé pendant la durée de 1″.

Ce résultat, obtenu ici par le calcul, est trouvé également par les expériences dont le détail va être exposé plus bas ; de sorte que la quantité de mouvement considérée comme volume trouve son application dans tous les cas en considérant comme nulle la perte qui résulte du frottement.

§ 20. **Origine du frottement.** La perte de la quantité de mouvement par les contacts du corps en mouvement avec les autres en repos est un fait qui affecte directement la sensation, et c'est celle-ci qui est employée pour prouver directement la résistance qui résulte du contact des deux corps. Tant qu'est demeurée inconnue la duplicité des éléments dans les corps, il était naturellement impossible de concevoir de quelle manière diminue la quantité de mouvement ou de travail à cause du contact du corps *c* en mouvement avec un autre *c'* en repos ou en mouvement.

Depuis qu'on sait que les corps consistent en barogène mêlé avec les équivalents électriques, le frottement se présente comme un effet des équivalents qui, étant mêlés, exercent entre eux une petite résistance, qu'on doit vaincre du dehors si l'on veut les séparer. Cette diminution de résistance a été attribuée à une attraction entre les corps, qui n'est qu'une autre description des mêmes faits et non pas une explication.

§ 21. Les mouvements curvilignes et les oscillations du pendule ne sont que le résultat de quantités déterminées de même volume V de barogène réduit en équilibre rompu soumis aux calculs qui conduisent aux faits obtenus par les observations, parce qu'ils sont basés aux égalités dans lesquelles entre le volume V en forme sphérique, cylindrique, prismatique ou conique. Cette découverte, basée sur le barogène, se trouve ici exposé méthématiquement dans tous ses détails.

CHAPITRE PREMIER.

MESURES DES DEUX GENRES DE FORCES PAR LA QUANTITÉ DU MOUVEMENT.

§ 22. Par le mot *force* on entend un fluide qui obéit à la loi statique, et pour cela il ne se met pas spontanément en écoulement, mais il faut qu'il soit réduit du dehors en équilibre rompu. L'écoulement du fluide est nommé *action* et la quantité du fluide écoulé *quantité du mouvement*. Tous ces états ne sont pas observés directement, mais ils sont déduits par les faits qui en résultent dans les corps; sur lesquels il ne reste aucune trace qui puisse faire connaître, si les changements observés résultent 1° de l'écoulement d'un fluide de barogène ou 2° d'équivalents électriques; telles sont les deux espèces de forces motrices.

Newton a reconnu pour la première fois une égalité d'action et de réaction chez les animaux; par exemple, si l'une des extrémités d'une corde est attachée au collier d'un cheval qui est dans un bateau et que l'autre, après avoir passé par une poulie fixée à une colonne sur la rive, vienne s'attacher au bateau, l'effort du cheval se divise en deux moitiés pour arriver à la poulie par les deux parties de la corde en sens contraire, qui s'annulent mutuellement pendant que le cheval s'épuise en produisant cet effort.

Au temps de Newton il n'existait pas de machines à vapeur, où il aurait pu trouver également une action et une réaction pareilles à celles de la force animale ; ce grand physicien eût été ainsi amené à connaître l'existence des deux genres de force, car l'égalité des actions et réactions se manifeste seulement dans la répulsion expansive des équivalents électriques et elle manque dans les ruptures d'équilibre qui occasionnent l'écoulement du fluide barogène dont le volume est mesuré par *la quantité de mouvement* qui est le produit $e \times m$ ou $e \times q\beta$, en indiquant par e l'espace que parcourt un corps contenant la masse m ou le barogène $q\beta$ qui est son *poids*.

Connaissant donc le produit $e \times q\beta = V$ qui indique un volume prismatique ou cylindrique, parce que la masse $q\beta$ est en forme d'un polygone ou d'un cercle, nous pouvons obtenir le même volume en différentes formes $\frac{be}{a} \times \frac{aq\beta}{b}$, et c'est en ces changements de formes d'égale capacité que consistent les calculs dynamiques. Quand était inconnue l'existence du fluide barogène, on obtenait, au moyen de la quantité de mouvement par des calculs, des résultats conformes aux faits observés, sans qu'on en connût la cause ; aussi ne pouvait-on pas les généraliser pour étendre leur application à toute espèce de faits analogues, comme cela se fait ici.

Dans les mouvements des corps en chute ou de ceux qui ont reçu un choc, la quantité de mouvement $e \times q\beta = V$ exprime le volume v de barogène réduit en équilibre rompu en une unité de temps. Si le choc résulte d'un autre corps, celui-ci perd autant de barogène en équilibre rompu que l'on en trouve dans la quantité de mouvement du corps qui a reçu le choc. Mais si le choc résulte de la poussée d'un animal, d'une tige de piston ou de l'explosion d'une quantité de poudre à canon, nous pouvons évaluer ces chocs par la quantité de mouvement communiqué au corps, sans connaître, comme dans le cas précédent, la quantité des équivalents électriques consommés par l'animal, la vapeur ou la poudre.

Il y a donc uniformité dans le cas où l'on reste limité aux quantités de mouvement, quand il résulte de la pesanteur ou des chocs; mais tout change quand ces chocs résultent des écoulements de quantités de barogène d'un autre corps, où elles sont produites par les répulsions expansives des équivalents électriques. Deux choses donc étaient inconnues aux physiciens: l'existence du fluide barogène dans l'espace et celle des équivalents électriques dans les molécules des corps mêlés avec leur barogène β ou la masse m. Les faits qui vont être exposés serviront, non pas comme de preuves, mais comme d'exemples.

I. — CENTRE DE GRAVITÉ ET CORPS ÉQUILIBRÉS.

§ 23. On considère ici la distribution du barogène $q\beta$ ou de la masse m qui donne le poids dans les corps et le rapport entre cette distribution et l'affluence du barogène **b** de l'espace vers le sol, sans qu'il existe des écoulements de barogène et des quantités de mouvement. Les corps gazeux et les liquides sont admis comme renfermés dans des vases. Comme la masse m ou le barogène $q\beta$ de chaque corps occupe un certain espace, il existe une seule direction CP (fig. 5) qui passe par un point G et va verticalement vers le sol. Autour de cette direction se trouve une égale quantité de barogène $\frac{q\beta}{a}$; de cette distribution résultent les trois états suivants :

Figure 5.

I. **Centre de gravité.** C'est Archimède qui a le premier considéré le centre de gravité, et il a déterminé sa position dans un grand nombre de solides, de surfaces et de lignes, en supposant tous les points de ces figures remplacés par des molécules σ contenant une égale quantité β de barogène. 1° Le centre de gravité G d'une ligne droite est au milieu de sa longueur. 2° Ce centre coïncide avec le centre C de la figure d'une circonférence, d'un cercle, d'une sphère ou de sa surface. 3° Pour le périmètre ou la surface d'un parallélogramme, le centre de gravité est au point de rencontre de ses deux diagonales. 4° Celui du cylindre droit est au milieu de son axe; 5° celui d'un prisme est au milieu de la droite qui joint les centres de gravité des deux faces. 6° Le centre de gravité d'un triangle est sur la droite qui joint l'un des sommets au milieu du côté opposé et au tiers de cette droite à partir du côté opposé, ou au point de rencontre des trois droites qui joignent les sommets au milieu des côtés opposés. 7° Pour le périmètre d'un triangle, le centre de gravité se confond avec le centre du cercle inscrit au triangle formé en joignant le milieu des trois côtés. 8° Le centre de gravité du volume d'une pyramide ou d'un cône se trouve sur la droite qui joint le sommet au centre de gravité de la base et au quart à partir de la base.

Figure 6.

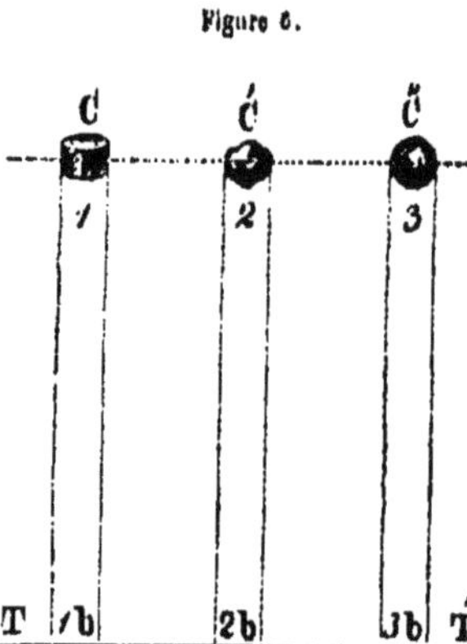

Les corps C, C′, C″ (fig. 6) contenant le barogène $q\beta$, $2q\beta$, $3q\beta$ se soutiennent en équilibre en restant suspendus, parce que leur centre de gravité et le point d'appui sont sur une ligne verticale au sol. En chacun de ces corps, il y a autour de la ligne verticale d'égales quantités de barogène malgré les formes différentes. En mettant la main au-dessous des corps, on ne ressent rien; il y a cependant une raréfaction du barogène; mais elle produit une différence trop petite pour pouvoir être perçue.

§ 24. II. **Corps équilibrés.** On y distingue : 1° l'*équilibre stable*, où le corps revient en sa position après avoir éprouvé un dérangement, et 2° l'*équilibre instable*, dont le corps s'éloigne après le moindre dérangement. Par exemple, un prisme posé par l'une de ses faces latérales est en équilibre stable ; mais il est en équilibre instable quand il s'appuie sur une de ses arêtes.

Équilibre d'un corps suspendu par un point fixe. Pour que le corps CP se trouve en équilibre stable (fig. 5), il suffit que la droite OG qui passe par 1° le point O fixe et 2° le centre de gravité G soit verticale. En déplaçant le corps OP dans la position AOG″, la quantité de barogène $q\beta \times OP$ doit s'écouler par les deux plans inclinés OG′ et G′P où $(OG' + G'P) \cos G'OG q\beta = OP q\beta$; cela se soutient autant qu'est soutenu par PG′ le centre de gravité G′ déplacé. L'équilibre devient instable si le corps devait rester sur un point O′ de la ligne OG, mais au-dessous du centre de gravité.

Figure 7.

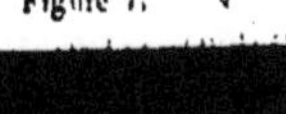

Réduction de l'équilibre instable en équilibre stable. Le corps (fig. 7) a son centre de gravité dans la ligne qui passe par la tête et le pied ; cette ligne pénètre par le centre O du cercle horizontal où est posé le globe portant la statue C ; ainsi l'équilibre est instable, et cela parce que le centre de gravité se trouve au-dessus du disque O. Pour faire venir ce centre de gravité au-dessous en G, on dispose deux masses *m*, *m* ; ainsi, si l'on dérange la statuette, elle oscillera de côté et d'autre et finira par s'arrêter sans se renverser.

§ 25. III. **Base de sustentation.** On nomme ainsi la plus grande surface limitée par le périmètre qui joint les points d'appui. Pour que le corps ainsi appuyé soit stable, il suffit que la verticale qui passe par le centre de gravité soit dans l'intérieur dudit périmètre. Le tronc CA (fig. 8) ayant en G le centre de gravité ne peut pas se soutenir, parce que la verticale G*m* est hors de la base de sustentation *ab*.

Figure 8.

Pour qu'un homme ou un oiseau soit en équilibre stable, il faut que la verticale du centre de gravité, lequel se trouve vers le milieu du bassin, passe par la base de sustentation *pp'tt'* ou *abcd* (fig. 9). On est plus stable sur les deux pieds, surtout quand ils sont écartés, que sur un seul. En marchant la base de sustentation se déplace alternativement d'un pied à l'autre, cela a lieu par une oscillation du corps. Un homme qui porte un fardeau sur le dos a le corps plié en avant; les femmes enceintes tiennent le corps en arrière. Les oiseaux s'aident par les ailes quand ils sont forcés de marcher très-vite ou ils sautent au lieu de marcher.

Figure 9.

Pour donner une apparence de production de faits qui n'obéit pas à la loi statique, on introduit une masse *p* de plomb tout près de la surface d'un cylindre AB (fig. 10) de bois; ainsi il remonte le plan incliné *mn* parce que le plomb *p* tend à descendre suivant la ligne *ab*. Des effets analogues sont produits par un cône double, attaché par les bases, posé sur deux barres

Figure 10.

qui vont en s'écartant à mesure que le plan qui les contient s'élève, et sur lesquelles on voit le cône s'avancer du côté le plus élevé.

§ II. — SOURCES DES FORCES ET DES RUPTURES D'ÉQUILIBRE DES FLUIDES BAROGÈNE OU ÉQUIVALENTS ÉLECTRIQUES.

§ 26. Les forces ne deviennent sensibles que dans la production des faits matériels opérée par l'écoulement de l'un de ces deux fluides, et cela n'a lieu qu'après une rupture d'équilibre; c'est en cet état que sont les corps élevés qui se mettent en mouvement dès que la résistance disparaît. Les corps en contact avec le sol sont ramenés à l'équilibre rompu par l'affluence d'une quantité de barogène en direction horizontale. La température élevée produit une poussée expansive analogue à celle de l'action et la réaction des animaux. Pour déterminer le rapport entre la quantité de barogène écoulé pendant la chute et celle qui est communiquée à un corps équilibré, Atwood a employé l'appareil suivant.

Figure 11.

Machine d'Atwood. Cette machine consiste en une poulie très-légère a (fig. 11) dont la gorge reçoit un fil de soie qui soutient deux corps égaux m, m'. Une règle verticale porte deux curseurs A et B ayant des plaques horizontales o, o', dont o' est percée de manière à permettre au corps m de passer. Une horloge à balancier H sert à mesurer le temps. Un poids p placé sur le corps m le fait descendre et alors monte l'autre m'. Si le poids p tombe seul, la quantité de mouvement est $q\beta \times e$ et le temps 1″, mais étant dans le système indiqué, cette quantité devient en même temps $(q+2q')e'$; le volume V de barogène ramené à l'équilibre rompu en ces différents cas n'est pas différent, et pour cela on a $q\beta \times e = (q+2q')e'\beta$ d'où $e = \frac{(q+2q')e'\beta}{q\beta} = e' + \frac{2q'e'}{q}$. Un poids $p = q\beta$ très-grand relativement à $q'\beta$ fait diminuer la valeur du $\frac{2q'}{q}$; au contraire, elle croît beaucoup lorsque la valeur de q diminue; ainsi l'espace e' résultant est en raison inverse du poids $p = q\beta$.

Pour vérifier si les espaces parcourus sont proportionnels aux carrés de temps, on place le corps m avec le poids p et au commencement de la seconde on les abandonne pour arriver à la fin de cette seconde au curseur placé en A, et à la fin des 2″ au curseur placé en B. Pour mesurer ces secondes, le corps p est soutenu par le plateau n retenu par le levier l qui est appuyé sur un autre l', indiqué à côté, adapté à l'aiguille e de l'horloge qui baisse au moment d'un battement du balancier. Ainsi l'on peut obtenir les espaces mA, mB, mC... parcourus en 1″, 2″, 3″..., et ces espaces sont toujours mA, 4mA, 9mA... ou $(1, 2^2, 3^2)m\text{A} = \text{T}, 2^2\text{T}, 3^2\text{T}...$, en rapport direct avec les carrés de temps, et cela parce que T indique combien de fois l'espace mA entre dans l'espace parcouru mB, mC..., et en même temps combien de fois la surface circulaire centrale $a\alpha$ (fig. 4) entre dans la surface de cercles $b\beta$, $c\gamma$, $d\delta$... auxquels arrive la propagation de la rupture d'équilibre en 1″, 2″, 3″...

Cette propagation de rupture d'équilibre, étant nulle au premier instant, devient $\pi r^2 = \pi\overline{Ca}^2$ après 1″ et va en croissant en chaque seconde pour devenir $4\pi r^2$, $9\pi r^2$... $n^2\pi r^2$. Si au dernier instant de 1″, 2″, 3″..., 2Qβ représente la quantité de barogène en équilibre rompu, elle est indiquée par les périphéries $2\pi r$, $4\pi r$, $6\pi r$... et la quantité réduite en équilibre rompu pendant la durée de 1″, 2″, 3″ est exprimée par les surfaces de cercles

$$a\alpha,\ b\beta,\ c\gamma \ldots \frac{(0+2Q\beta)\times\frac{T^2}{2}r}{2}=\frac{\pi r^2\times T^2\times 2}{2}=Q\beta\times T^2.$$

La machine d'Atwood sert à constater qu'au moment où l'on arrête la chute d'un corps la quantité de barogène produit en *a* secondes en équilibre rompu est exactement le double de celle qui a été successivement en équilibre rompu pendant la même durée de la chute.

Le curseur A avec la plaque percée *o′* ayant été fixé, on abandonne de *n* le poids avec le corps *m* pour arriver à A en 1″; le poids *p* y est retenu par son anneau et le corps *m* parcourt le double espace AB = 2*n*A en 1″. Si on laisse le corps parcourir avec le poids *p* en 2″ 4*n*A, il parcourt en 2 autres secondes l'espace double 8*n*A. Ainsi, au moyen de ce résultat, on peut prouver directement la vitesse constante dans la propagation de la rupture d'équilibre du fluide barogène, comme cela a lieu pour les ondes sonores et celles de la lumière.

§ 27. **Manque de source de force dans le fluide barogène.** Au moyen de l'expérience décrite on a pu constater que la chute d'un corps produit exactement la quantité de barogène en équilibre rompu qui est nécessaire pour que ce même corps *m′* rebrousse chemin et reprenne en même temps l'élévation dont il vient de partir. Ainsi, pour élever un corps, il faut employer autant de barogène en équilibre rompu qu'il en résulte de sa chute.

§ 28. **Source de forces dans le fluide des équivalents électriques.** Ces équivalents constituent les éléments des atomes de la lumière $\bar{E}^2\bar{E}$ et de la chaleur $\bar{E}\bar{E}^2$.

Ainsi avec les rayons solaires ces atomes arrivent mêlés en un état analogue à celui que les physiciens admettent pour l'état neutre de l'électricité $6\overset{+}{E}\bar{E} = 2\overset{+}{E}^2\bar{E}\overset{+}{E}\bar{E}^2$. Les équivalents électriques $\overset{+}{E}$, $\bar{E}$ possèdent, pour augmenter en volume une tendance innée, qui se manifeste comme poussée expansive à la fois dans les températures élevées, dans les décharges électriques et dans les animaux. Pour obtenir un travail par les machines à vapeur, il faut qu'il se décompose une quantité d'atomes de chaleur en équivalents électriques qui occupent l'espace du volume V' gagné par la vapeur dans le corps de pompe. Si l'on veut produire un travail au moyen des décharges électriques, avec le travail on obtient en même temps une élévation de température: tel est le cas de la production de la force animale, ou de leur travail accompagné, non pas d'une consommation de chaleur pour produire des équivalents électriques et une augmentation de volume, comme cela a lieu pour la vapeur; mais il y a production de travail et en même temps de chaleur, qui ont pour cause la combinaison d'une quantité d'équivalents électriques arrêtés aux filets des muscles : les positifs $q\overset{+}{E}$ des nerfs et les négatifs $2q\bar{E}$ moitié des extrémités des veines et moitié des aliments contenus dans le sang.

Cette source double de forces par la chaleur des machines et par les aliments des animaux se trouve dans la tendance innée des équivalents électriques pour augmenter en volume, et ces équivalent arrivent du Soleil à la Terre.

§ 29. **Fluide d'équivalents électriques soutenant la circulation du sang et de l'eau.** C'est au moyen de la respiration que se trouve entretenu un circuit électrique dont les couples thermoélectriques sont dans les poumons ou autres organes de respiration; les artères conduisent les équivalents positifs $\overset{+}{E}$ et les veines les négatifs $\bar{E}$. Des extrémités de ces vases partent celles des deux systèmes de nerfs pour conduire les équivalents électriques au cerveau, d'où ils retournent ensuite pour aller, les équivalents négatifs $\bar{E}$

aux extrémités des artères et de là aux poumons, et les équivalents positifs Ē aux extrémités des veines, dont ils conduisent le sang aux poumons. (Voir *Électrostatique*, page 697.)

Dans les mers les rayons solaires décomposent l'eau en air qui obtient un volume 800 fois plus grand que celui de l'eau, et il en résulte une poussée répulsive. Dans les continents ce sont les courants thermoélectriques qui résultent du contact des masses d'air chaud et d'air froid, qui font se combiner un atome d'oxygène avec un atome double d'azote, et ainsi se forment 4 atomes d'eau et les espaces raréfiés.

Dans l'atmosphère, il y a impulsion des régions tropicales des mers et aspiration des régions des continents. Sur les continents, l'eau des pluies se trouve à un niveau rompu, et c'est ainsi qu'elle obéit à la pesanteur, et, tombant sur des plans inclinés, arrive à la mer. Cette chute d'eau est une force d'écoulement du barogène, mais la translation de l'eau de la mer aux sommets des montagnes s'opère au moyen de la répulsion expansive exercée entre les équivalents électriques et communiquée aux molécules d'air. (Voir *Thermostatique*, page 823.)

III. — MESURES DES FORCES OU DES QUANTITÉS DE BAROGÈNE EN ÉQUILIBRE ROMPU.

§ 30. Après avoir démontré qu'il n'y a ni production ni perte des quantités de barogène réduit en équilibre rompu, nous savons déjà, *à priori*, que le volume V de barogène exprimé en quantité de mouvement par le produit $q\beta \times e$ est le même que celui qui s'est trouvé dans le principe en équilibre rompu, et que c'est seulement la forme de ce volume qui change. Nos calculs ne sont donc basés que sur la reproduction du même volume sous des formes différentes. Il faut donc toujours comparer des volumes de barogène parce que les ruptures d'équilibre qui résultent des équivalents électriques ne commencent à être susceptibles d'être mesurées que dans la quantité de mouvement; pour cette raison elles peuvent être évaluées en volumes de barogène d'équilibre rompu.

Le barogène $q\beta$ ou la masse m est en équilibre, et il en résulte le poids des corps en repos. Le barogène $q\beta$ est une quantité ou volume qui entre en équilibre rompu pendant le mouvement du corps : pour cette raison son volume V est égal à la quantité de mouvement $q\beta \times e$, car celui-ci représente la quantité $Q\beta$ de barogène réduit en équilibre rompu. Ici il ne s'agit pas de la mesure de la quantité $q\beta$ de barogène contenu dans les corps dont résulte leur poids, mais de celle $Q\beta = q\beta \times e$ réduite en équilibre rompu, et qui a été désignée par les physiciens sous le nom de *travail*.

§ 31. **Mesure du travail.** Pour mesurer le travail ou la quantité de barogène réduit en équilibre rompu, on emploie un volume V qui sert comme unité.

Kilogrammètre est le nom que l'on donne à cette unité, ou au volume V qui indique la quantité de barogène $k\beta$ contenu dans 1 kilogramme et répété autant de fois qu'il y a de points dans la longueur de 1 mètre, qui est le produit $m \times k\beta$. Il est encore nécessaire que cette quantité de barogène soit réduite en équilibre rompu pendant la durée d'une seconde. Ce travail où le kilogrammètre n'est pas perdu, parce que l'intervalle ou la hauteur de 1 mètre entre le kilogramme et le sol est devenu un *baroaréome* où manque la quantité $m \times k\beta$ de barogène; aussi la quantité qui fait défaut sera indiquée par $m \times k\beta$ et sera nommée *kilogrammètre*.

Si un cheval élève 80 kilogrammes à 1 mètre par seconde, il produit un travail de 80 kilogrammètres; on évalue ordinairement à 45 kilogrammètres le travail d'un cheval qui ne travaille que six heures par jour, et il en faut ainsi quatre pour remplacer un cheval-vapeur. En ce cas la mesure de travail commence de la quantité de mouvement 45 $m \times k\beta$

3

produit, sans que l'on puisse comparer ce travail avec celui que l'animal a consommé pour sa production, parce que chez lui c'est l'expansion répulsive des équivalents électriques qui entretient les muscles alternativement dans l'état de contraction ou de relâchement.

Si une chute d'eau fait tourner une roue, pour mesurer le travail on fixe à l'axe O (fig. 12) une corde qui soutient le poids P contenant le barogène $q\beta$ et l'on compte le nombre n de tours que l'axe fait par seconde. La périphérie $2\pi r$ de l'axe ou de l'arbre n fois donne en mètres l'espace e et la quantité de mouvement est $q\beta \times e = Q\beta$. Dans le cas où la chute d'eau est considérable et par suite celle de barogène $\alpha Q\beta$ mise en équilibre rompu, pour la mesurer on fixe sur l'axe O une roue de rayon OB=R et le poids $P' = q'\beta$ est suspendu sur sa périphérie; l'espace parcouru est $e = 2\pi R \times n$, et la quantité de mouvement est $e \times q'\beta = \alpha Q\beta$.

Figure 12.

§ 32. **Diminution du travail par le frottement.** Entre la quantité $\alpha Q\beta$ de barogène en équilibre rompu et celle $Q\beta$ obtenue comme produit de mouvement, il y a toujours une différence, par exemple, une pompe mise en mouvement par une roue à aubes, sur laquelle tombe de 1 mètre de hauteur en une seconde la masse d'eau de 500 kilogrammes élève en une seconde 10 kilogrammes à 10 mètres de hauteur. Donc $\alpha Q\beta = 500$ kilogrammes et $Q\beta = 100$ kilogrammes, et par suite $\alpha Q\beta : Q\beta = 0,2$; les 0,8 parties de barogène en équilibre rompu n'ont pas été perdues, mais ont servi à séparer les équivalents électriques $\bar{E}\bar{E}$ ou $\bar{E}\bar{E}^2$, qui étaient unis aux points de contact entre le piston et le corps de pompe. Les équivalents n'exercent entre eux aucune résistance, et c'est pour cela que quand ils sont mêlés, il faut un effort pour les séparer : c'est donc cet effort qu'on doit entendre par le mot *frottement* ou *perte de travail dans les détails de machines et dans la communication du mouvement.* De la somme de mouvement $aQ\beta = q\beta \times e$ introduite dans l'arbre ou dans la roue nommée *récepteur*, une certaine quantité est employée pour lesdites séparations des équivalents électriques ËË unis aux points de contact des détails de la *communication du mouvement*, et il ne reste comme *effet utile* qu'une partie $Q\beta = \frac{q\beta \times e}{a}$ de la quantité de mouvement; elle passe de l'*opérateur* au corps qui est l'objet du travail : par exemple, dans un moulin, la roue est le récepteur de la quantité de mouvement $aQ\beta = q\beta \times e$ de la chute d'eau; pour que le mouvement ou le barogène en équilibre rompu arrive à la meule qui est l'opérateur, il est nécessaire de séparer tous les couples d'équivalents électriques ËË qui se trouvent unis aux points de contact, car ceux-ci doivent s'éloigner l'un de l'autre, de sorte que de la meule qui est l'opérateur il ne passe au blé que le reste $Q\beta = \frac{q\beta}{a} \times e$.

L'usage des machines date du commencement de la vie sociale : on sait bien qu'il faut développer beaucoup de travail au récepteur pour en obtenir une petite [illegible] [illegible]teur, mais on ne peut pas éviter la communication du mouvement, parce que la chute d'eau ne peut pas [illegible] moudre le blé, ni scier le bois, ni faire [illegible] [illegible] à un niveau supérieur.

Diminution du frottement. Après avoir indiqué 1° en quoi consiste le frottement et 2° l'impossibilité d'éviter la communication du mouvement, il ne reste qu'à éviter autant que possible, non pas la quantité de points de contact, qui ne sont jamais trop nombreux, mais celles des couples ËË des équivalents électriques qui sont moins nombreux, quand les deux corps en contact ne sont pas de la même espèce. Ensuite une couche liquide d'huile est introduite entre les deux corps solides en contact qu'elle lubrifie, c'est-à-dire dont elle rend le frottement plus doux dans les points de contact. Ainsi la séparation entre les équivalents électriques est réduite à un écoulement d'huile, uni toujours avec séparation des points de contact dont le nombre augmente quand diminue l'épaisseur de la couche liquide; alors augmente aussi la quantité de travail perdu ou employé pour les détachements des couples ÊĒ d'équivalents électriques.

Si, jusqu'à présent, les physiciens n'ont pas reconnu la liaison entre les couples d'équivalents électriques ÊĒ admis par eux comme *électricité a l'état neutre*, et la disparition du travail employé pour la séparation des deux électricités qui apparaissent aux surfaces des deux corps, cela doit être attribué à un oubli, parce qu'ils ne peuvent pas nier que cette séparation soit opérée sans quelque effort et par suite avec perte de travail.

§ 33. **Mesure du poids par le peson.** Les corps n'étant pas en contact avec le sol sont en équilibre rompu, parce qu'il y a un manque de barogène entre eux et le sol ou dans leur *baroaréome;* cette rupture d'équilibre résulte de la poussée **p** exercée sur le corps P (fig. 13) ou sur son barogène $q\beta$ de la part du barogène **b** affluant. Le peson *acb* est une lame d'acier qui soutient à l'état dissimulé dans ses deux faces f, f', des quantités égales d'équivalents électriques $q\bar{E}$ distribués de manière à former un état d'équilibre. La rupture de cet équilibre résulte du changement de la surface S, des faces f, f' ou c, c' qui résulte du rapprochement des deux branches *ca*, *cb*; car la surface diminue dans la face concave *c* et devient $S-s$; elle augmente dans la face convexe c' et devient $S+s$. Par suite la densité d des équivalents électriques qE augmente dans la surface $S-s$ et devient $d+\delta$; elle diminue dans la surface $S+s$ et devient $d-\delta$. Le degré de la rupture d'équilibre est donc indiqué par la différence

Figure 13.

$d+\partial-(d-\partial)=2\partial$ entre les deux densités d'équivalents électriques.

Ainsi il y a un double degré de rupture d'équilibre produite sur les molécules σ matérielles de la lame d'une part par la répulsion R des équivalents électriques, et de l'autre par la poussée **p** de la part du barogène **b**. En faisant donc arriver aux molécules σ en sens contraire la poussée **p** et la répulsion R, il peut en résulter un équilibre, où nous pourrons déterminer seulement la quantité du poids P en le comparant avec l'unité du poids. Ce poids suspendu de l'arc *da* attaché au point *a* de la branche *ca*, la fait baisser en glissant sur l'autre arc *be* suspendu en *e* et gradué. L'équilibre ainsi obtenu indique qu'il y a entre les équivalents électriques une répulsion R, d'un degré égal à la poussée **p**, mais nous ne possédons pas l'unité de répulsion *r* d'équivalents électriques pour mesurer celle R produite dans le peson.

IV. — CALCULS DE LA MÉCANIQUE BASÉS SUR LE VOLUME DE BAROGÈNE EN ÉQUILIBRE ROMPU.

§ 34. Ces calculs sont basés sur la quantité Qβ de barogène en équilibre rompu qui possède un volume V invariable, mais pouvant obtenir toutes les formes possibles, lesquelles dépendent, 1° de la quantité de barogène $q\beta$ contenu dans les corps, et 2° de l'espace *e* que les corps parcourent; car le produit $q\beta \times e$ donne un volume V contenant la même quantité de barogène que le volume dans lequel est contenu le barogène Qβ en équilibre rompu communiqué au corps; en prenant dans tous les calculs la seconde pour unité de temps et admettant qu'il n'y a pas de résistance ou de frottement.

Le barogène Qβ ne peut jamais se mettre spontanément en équilibre rompu, et il ne peut non plus revenir en repos quand une fois il a subi une rupture d'équilibre. Pour obtenir une quantité déterminée de barogène en équilibre rompu, nous élevons un corps au moyen de la force animale ou de la force de la chaleur, et c'est de sa chute verticale ou oblique sur un plan incliné que nous obtenons une quantité de barogène en équilibre rompu qui a le volume V exprimé d'une part en forme cylindrique et de l'autre en forme cylindrique ou prismatique de dimensions différentes.

Dans la figure 4, le volume V de barogène arrive des cercles $a\alpha$, $b\beta$, $c\gamma$... aux espaces CL, CM, CN... Dans les surfaces circulaires $a\alpha$, $b\beta$, $c\gamma$..., l'épaisseur *s* du barogène est égale à la quantité $q\beta$ de barogène contenue dans le corps C; de sorte que les quantités transmises en 1″, 2″, 3″... ont pour volume $\pi r^2 \times q\beta = V$, $4\pi r^2 \times q\beta = 4V$, $q\pi r^2 \times q\beta \times qV$... ou $CL \times q\beta = V$, $CM \times q\beta = 4V$, $CN \times q\beta = gV$.

Au moyen de la machine d'Atwood, on a trouvé qu'à l'instant où commence la chute, la quantité de barogène en équilibre rompu est nulle et qu'elle croît pour devenir $2Q\beta$ après que le corps a parcouru l'espace *e* où se trouve la quantité de mouvement ou de barogène $e \times q\beta = \frac{o + 2Q\beta}{2} = Q\beta$. Cette rupture d'équilibre ou le barogène $2Q\beta$ fait parcourir en même temps à ce corps l'espace double $2e$.

Faux calculs des physiciens. Les deux formules $v = Tg$, $e = \frac{1}{2}T^2 g$ qui servaient de base aux calculs de la mécanique, sans être absolument fausses, n'indiquent pourtant pas un volume qui soit la mesure des fluides et de celui de barogène. Dans le triangle Cgn (fig. 3), *v* étant le côté Cg, T indique combien de fois ce côté contient l'autre gn qui est admis égal à g; ainsi $v = Tg$ n'indique ni la vitesse ni le mouvement, mais le rapport T entre les deux côtés Cg et gn d'un triangle Cgn, dont la surface est $S = \frac{1}{2} gn \times Cg$, où $gn = T$ et $Cg = Tg$ donnent $S = \frac{1}{2}T^2 g$.

Cette surface correspond à l'espace $e = CR$ (fig. 4) de la chute, parce que celle-ci correspond à la surface $h'g'$ circulaire qui peut être représentée sous forme d'un carré, et le volume reste le même quand la hauteur ou l'épaisseur *a* admise est égale et qui peut, pour cela, disparaître dans le rapport entre les deux surfaces. En éliminant T de ces deux équations, on obtient $v^2 = 2eg$, où est $g = gn$ du triangle Cgn (fig. 3); cette longueur multipliée par le double espace $2e = 2CR$, donne une surface égale à celle du carré $v^2 = \overline{Cg}^2$.

En partant de ces faux principes, il n'est pas étonnant que les physiciens ainsi égarés ne se soient pas trouvés d'accord entre eux. Dans l'équation $v = Tg = T \times g\gamma$ (fig. 3) ou $v = Cg$, on voulait que v fût la quantité de mouvement et dans l'équation, $e = \frac{1}{2}T^2g$ on voulait que e fût la quantité de travail.

A. Mesures des quantités de mouvement provenant d'une seule rupture d'équilibre.

§ 35. Les corps élevés se trouvent déjà en rupture d'équilibre, mais le barogène reste en repos tant qu'une résistance les empêche de tomber; il suffit donc d'éloigner la résistance pour mettre en mouvement le barogène qui se propage dans la surface horizontale $\theta'h'$ (fig. 4) avec une vitesse invariable, mais cela fait croître les masses de barogène réduites en équilibre rompu suivant la progression $\div 1.3.5... 2n \pm 1$.

§ 36. I. **Mesure de la quantité de mouvement de la chute des corps.** Entre le corps C (fig. 4) et le sol R l'espace est un *baroaréome*, parce que, en élevant ce corps, il a fallu repousser par son barogène $q\beta$ en chaque point une égale quantité du barogène **b** affluant; ainsi de l'espace e a été refoulée la quantité $e \times q\beta$ de barogène, et le baroaréome CR est une espèce d'ombre du barogène $q\beta$ contenu dans le corps C. Donc la quantité $e \times q\beta$ ou le volume de barogène $V = e \times q\beta$ doit s'écouler pendant la chute dans l'espace $e = CR$. Ce même barogène $e \times q\beta$ est donc celui qui afflue vers le point de départ C, en se propageant avec une égale vitesse en directions divergentes et ayant une épaisseur z correspondant à la quantité $q\beta$ de barogène refoulé de chaque point pendant l'élévation du corps C.

La même quantité de barogène $q\beta \times e = Q\beta$ ayant le volume V se trouve 1° dans l'espace CR sous la forme cylindrique si le corps C est rond, ou sous la forme prismatique si ce corps est polygonal, et 2° dans l'espace $a\alpha$, $b\beta$, $c\gamma$... Le volume V a une forme cylindrique d'une hauteur z proportionnelle au barogène $q\beta$. Ce volume V a pour mesure $\pi r^2 \times z$, $2^2\pi r^2 \times z$, $3^2\pi r^2 \times z$... $n^2\pi r^2 \times z$ en admettant pour rayon les distances Ca, Cb, Cc... Cg. Le même volume obtient la forme d'un prisme si le corps C est un polygone ; en admettant sa forme triangulaire $Ca\alpha$ (fig. 3) d'une épaisseur du barogène $q\beta$ égale à la distance $CL = \frac{1}{2}g$ parcourue en 1″, nous trouverons le même volume 1° sous forme cylindrique ayant pour base $a\alpha$, βb, $c\gamma$... et pour hauteur z ; 2° sous forme prismatique ayant pour base le triangle $Ca\alpha$ (fig. 3) et pour hauteur CL, CM, CN... CR ; et 3° sous forme prismatique ayant pour base $Ca\alpha$, $Cb\beta$, $Cc\gamma$... Cgn, et pour hauteur CL.

Figure 14.

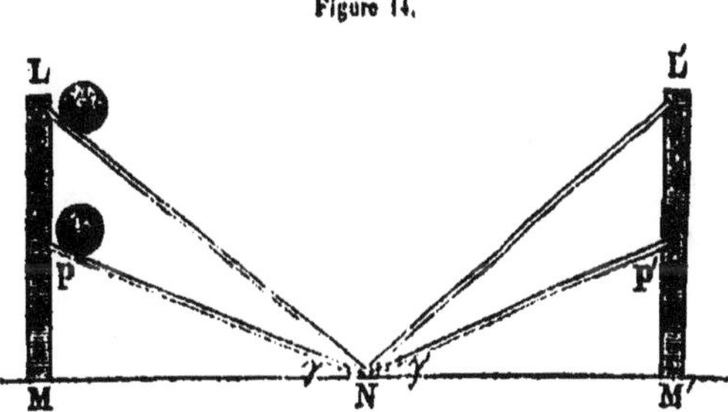

§ 37. II. **Mesure de la quantité de mouvement dans la chute sur un plan incliné.** En élevant le corps P (fig. 14) de N, non pas verticalement, mais sur un plan incliné NP, il se trouve refoulé la quantité de barogène $\frac{q\beta}{a} \times a \times e$, où a indique combien de fois la hauteur verticale PM entre dans le plan incliné PN ; car il faut avoir $PM \times q\beta = \frac{PN}{a} q\beta$. $PM = PN \sin\gamma$ donne $PN \sin\gamma \times q\beta : \frac{PN}{a} q\beta$ $\sin\gamma \times a = 1$. Au moyen du plan incliné diminue le poids du corps, qui fait diminuer l'épaisseur z de la surface circulaire $a\alpha$, $b\beta$, $c\gamma$... où s'opère la propagation de la rupture d'équilibre comme dans la chute verticale PM ; mais à cause de la densité $\frac{z}{a}$, le filet de barogène en écoulement est devenu a fois moindre, et c'est pour cette raison qu'il faudra un temps a fois plus long pour que le plan incliné $NP = aPM$ soit parcouru.

Figure 15.

§ 38. III. **Mesure de la quantité de mouvement dans la chute sur deux plans inclinés.** Ce cas diffère du précédent en ce que la chute sur le deuxième plan commence quand le corps possède déjà une rupture d'équilibre suffisante pour lui faire parcourir un espace double en un espace de temps égal à celui qui s'est écoulé depuis le commencement de la chute. Le même effet a lieu quand le corps C tombe verticalement de L à P et puis, sur le plan incliné, arrive de P à N ; en ce cas, la quantité de mouvement a deux valeurs $(LP + PM)q\beta = (LP + PN \sin\gamma)q\beta$.

Si les chutes sont sur deux plans inclinés AM et MB″ (fig. 15) de la chute verticale AB″, la quantité de mouvement est $AB''q\beta = (Am + mB'')q\beta = (AM\cos\gamma + MB''\cos\gamma)q\beta$. La durée de la chute sera proportionnelle à la somme AM + MB″ des espaces; alors l'épaisseur de la couche de barogène $a\alpha$, $b\beta$, $c\gamma$... (fig. 4) sera déterminée par les $\cos\gamma$, $\cos\gamma'$, qui sont en rapport inverse $z \times \cos\gamma : z \times \cos\gamma'$.

§ 39. IV. **Mesure de la quantité de mouvement communiqué par le choc.** Au moyen de la machine d'Atwood (fig. 11) on obtient en quantité de mouvement $q\beta \times z$ la quantité $2Q\beta$ de barogène réduite en équilibre rompu par la chute du poids p pendant 1″, 2″, 3″... Le poids p, après avoir parcouru en tombant l'espace nA (fig. 11), subit une rupture d'équilibre suffisante pour lui faire parcourir, en un égal espace de temps, le double espace $AB = 2n$A. Si le poids p est remplacé par un autre poids ap, a deviendra l'épaisseur a de barogène de la couche circulaire $a\alpha$, $b\beta$, $c\gamma$... (fig. 4), et la quantité de barogène réduit en équilibre rompu en un égal espace de temps sera $2aQ\beta$, d'où resultera une quantité de mouvement $a \times AB \times q\beta = 2aQ\beta$.

Si l'on connaît donc le poids $q\beta$ d'un corps, et l'espace $e = AB$ (fig. 11) parcouru, on trouvera, au moyen de la quantité de mouvement $q\beta \times e$, la quantité $Q\beta$ de barogène en équilibre rompu, qui est $Q\beta = q\beta \times e$. Ce rapport était trouvé empiriquement, et il reçoit son application dans tous les cas où l'on cherche une des trois quantités qui entrent dans l'équation, étant données les deux autres; par exemple :

1° Les corps m, m' étant égaux ou contenant une égale quantité de barogène $q\beta$, s'ils parcourent en même temps un égal espace e, ils ont reçu une égale quantité de barogène $Q\beta$ à l'état d'équilibre rompu;

2° Si les espaces parcourus e et e' sont égaux, mais que le poids de l'un des corps m donne pour son barogène $q\beta$, et que le poids de l'autre corps m' en donne $aq\beta$, des quantités de mouvement on obtient $q\beta \times e = Q\beta$ et $a \times q\beta \times$

$e = aQ\beta$, qui sont les quantités de barogène obtenus par les chocs ;

3° Si les espaces parcourus sont e et $d \times e$ quand les corps m, m' sont égaux, leurs quantités de mouvement donnent $q\beta \times e = Q\beta$ et $q\beta \times d \times e = dQ\beta$;

4° Des quantités de mouvement $q\beta \times e = Q\beta$ et $q\beta \times e \times d \times a = a \times d \times Q\beta$, il résulte que le corps m possédant le barogène $q\beta$ a reçu par le choc la quantité $Q\beta$ de barogène en équilibre rompu, et que le corps m' en a reçu $a \times d \times Q\beta$ dans son barogène $d \times q\beta$ pour parcourir l'espace $d \times e$; c'est $a \times d = \frac{1}{2} T^2$ qui donne le carré de vitesse.

Dans la figure 16 se trouvent indiqués tous les cas de mouvement produits : 1° par une chute verticale hk ; 2° par une chute sur un plan incliné hd ; 3° par une chute sur plusieurs plans inclinés hcd, et 4° par un choc sur un plan horizontal hd'. Dans tous les cas la quantité de mouvement $q\beta \times e$ est égale à celle $Q\beta$ de barogène ramené à l'état d'équilibre rompu. Dans les cas où les chutes s'opèrent sur les plans inclinés, la densité ε du filet de barogène en écoulement diminue et devient $\frac{\varepsilon}{a}$ quand l'espace vertical e devient un plan incliné de longueur $a \times e$. Si T est la durée de chute verticale, elle devient aT sur le plan incliné qui a une longueur $a \times e$. La durée augmente dans les cas où diminue la densité du filet de l'écoulement de barogène.

Figure 16.

L'effet est fort différent entre les filets de barogène de petite épaisseur z et de petite densité ε ; par exemple, une plume a, dans sa chute verticale, un écoulement de barogène représenté par un filet mince ε, et un plomb, dans sa chute sur un plan incliné, a un écoulement de barogène représenté par un filet $\frac{at}{n}$ raréfié. Il peut s'écouler en même temps, pendant la chute oblique de plomb, une plus grande quantité $aQ\beta$ que pendant la verticale de la plume; cependant la durée sera $a \times T$ sur le plan incliné pour la hauteur h, tandis qu'elle sera T pour la même hauteur dans la chute de la plume.

B. Calculs des quantités de mouvement produit par plusieurs chocs.

§ 40. La simple description de ce genre de faits était connue sous les noms de *parallélogrammes des forces et des vitesses;* quelques calculs qu'on y introduisait n'étaient autres que chaque espèce de fait exposé sous une forme mathématique qui en était déduite. Il n'était pas possible de faire différemment, alors qu'était inconnue l'existence du fluide barogène. Ici, au moyen d'une seule formule, se trouve exprimée la *Dynamique* dans toute son étendue, car le volume V de la quantité de barogène $Q\beta$ en équilibre rompu reste le même, et tous les changements se bornent aux formes différentes que reçoit ce volume.

Le corps A (fig. 15), équilibré sur un plan horizontal *cd*, arrive en équilibre rompu par l'introduction des deux quantités de barogène $Q\beta$, $aQ\beta$, au moyen des deux chocs en direction pour former un angle Γ. Le corps A devait arriver en 1″ par le barogène $Q\beta$ à M, et par celui $aQ\beta$ à $b'' = MB''$; ou il serait arrivé à B″ en faisant successivement les deux chemins AM et MB″, dont les quantités de mouvement sont $Q\beta = AM \times q\beta$; $aQ\beta = MB'' \times q\beta$.

Si l'angle est $MAb'' = \Gamma$ et $MAB'' = \Gamma - \gamma$, on aura $AB''M = \gamma = B''Ab''$; mais cet angle donne $180° - \Gamma = AMB''$; et l'on a

$$AM = \frac{Am}{\cos(\Gamma - \gamma)},\ MB'' = \frac{B''m}{\cos\gamma};$$

en restituant ces valeurs de AM et MB″, on obtient l'équation

$$Q\beta + aQ\beta = \frac{Am \times q\beta}{\cos(\Gamma - \gamma)} + \frac{mB'' \times q\beta}{\cos\gamma}; \ AM\cos(\Gamma - \gamma) = \frac{Q\beta\cos(\Gamma - \gamma)}{q\beta} = Am$$

$$\text{et } MB''\cos\gamma = \frac{aQ\beta\cos\gamma}{q\beta} = mB'',$$

donnent $(Am + mB'')q\beta = AB''q\beta = Q\beta\cos(\Gamma - \gamma) + aQ\beta\cos\gamma$. (1)

La quantité de mouvement $AB'' \times q\beta$ est égale à la somme des quantités de barogène d'équilibre rompu réduite dans la direction rectiligne AB″. Pour résoudre le triangle AMB″ on emploie la méthode trigonométrique, parce qu'on y connaît les deux côtés MA et MB″, et encore l'angle compris $AMB'' = 180° - \Gamma$; les quantités qui changent sont a et Γ. On peut avoir

$$a = 0,\ 1,\ \frac{1}{n} \text{ ou } n, \text{ et } \Gamma = 0,\ \Gamma = 90°,\ \Gamma = 180°,\ \Gamma = 270° \text{ et } 360°.$$

§ 41. I. **Cas représentés en (1) par les valeurs de a.** 1° Les quantités $Q\beta$ et $aQ\beta$ de barogène communiqué en équilibre rompu au corps A étant inégales, a peut être $\frac{1}{n}$ ou n; c'est ce qui prouve que les deux côtés MA et MB″ du triangle AMB″ sont inégaux; en ce cas on doit résoudre ce triangle par les méthodes que fournit la trigonométrie.

2° Si $a = 1$ ou $Q\beta = aQ\beta$, il y a alors égalité entre les côtés Aa, aB du triangle AaB, et par suite entre les angles $\Gamma - \gamma = \gamma$ ou $\Gamma = 2\gamma$. La formule (1) donne

$$AB''q\beta = 2Q\beta\cos\gamma. \qquad (2)$$

3° Dans les cas où $a = 0$, l'un des chocs $aQ\beta$ manque, et il n'en existe qu'un seul. La formule (1) donne

$$AB'' \times q\beta = Q\beta\cos(\Gamma - \gamma) = Q\beta, \text{ parce que } \Gamma = 0. \qquad (3)$$

§ 42. II. **Cas des différentes valeurs de Γ.** Les directions des deux chocs peuvent former un angle obtus $90° + \alpha$, droit 90°, aigu $90° - a$, ou elles peuvent être parallèles. En ce dernier cas, les ruptures d'équilibre Qβ et aQβ peuvent être du même degré ou de degrés différents, et elles peuvent être dans les même sens ou en sens contraires. La formule (1) exprime le cas où la valeur de Γ est $90° \pm \alpha$; il ne reste plus ici qu'à discuter les cas où sa valeur est 0, 90°, 180°, 270° ou 360°.

1° $\Gamma = 0$ donne $\gamma = 0$ dans la formule (1); le $\cos(\Gamma - \gamma) = \cos\gamma = 1$, et l'on a

$$CR \times q\beta = Q\beta + aQ\beta. \tag{4}$$

Soit AB (fig. 17) le corps qui reçoit dans la direction AP le choc aQβ et dans la direction BQ le choc Qβ. Il s'agit de trouver le point C qui est le *centre des forces parallèles*, et l'espace CR, qui est l'espace parcouru et dont la quantité de mouvement est $CR \times b\beta = Q\beta + aQ\beta$ (4), qui est la somme des deux ruptures d'équilibre communiquées en même sens par les deux chocs.

Figure 17.

Dans le cas où ces chocs n'arrivent pas au même point C du corps AB, mais à ses extrémités A et B, alors il y a égalité entre les deux moitiés de la quantité de mouvement $CRq\beta = CA \times aQ\beta + CB \times Q\beta$ ou $CA \times aQ\beta = CB \times Q\beta$.

Principe des vitesses virtuelles, c'est le nom donné à ce rapport par les physiciens, qui le trouvèrent par les observations et qui, comme à l'ordinaire, le considéraient comme une loi. On voit qu'ici ce principe résulte directement du centre des forces parallèles, qui ne peut être qu'au point où sont égales les quantités de mouvement arrivant des deux chocs.

2° De $\Gamma = 360°$ résultent les valeurs égales de $\cos(360° - \gamma) = \cos\gamma$. En ce cas, les signes des deux cosinus sont homonymes positifs ou négatifs, parce que ayant $\gamma = 90° \pm \alpha$, on a $\Gamma - \gamma = 360° - (90 \pm \alpha) = 270° \mp \alpha$; de sorte que ce cas ne diffère du précédent qu'en ce qu'il faut prendre de l'autre côté le centre des forces parallèles quand les deux cosinus sont négatifs.

3° $\Gamma = 180°$ donne pour γ la valeur $90° \pm \alpha$ dont résulte $\Gamma - \gamma = 180° - (90° \pm \alpha) = 90° \mp \alpha$, de sorte que l'un des cosinus étant positif, l'autre est négatif; ainsi la résultante C'B' (fig. 17) donne la quantité de mouvement :

$$C'B' \times q\beta = Q\beta(\cos\gamma - a\cos\gamma), \text{ et } -C'A' \times a\cos\gamma Q\beta = C'B' \times \cos\gamma \times Q\beta,$$
$$C'B' = -a \times C'A'. \qquad (5)$$

Les valeurs de A'C' et C'B' se trouvent des équations $C'B' = -a \times C'A'$ et $A'B' = A'C' + C'B'$

$$A'C' = \frac{A'B'}{1-a},\ C'B' = \frac{-aA'B'}{1-a} \text{ et } C'A' : C'B' = 1 : -a.$$

Le centre C' des forces parallèles ne peut pas être dans le corps A'B', parce que si $a > 1$, A'C' est négatif; si, au contraire, $a < 1$, C'B' est négatif. Dans le cas où $a = 1$, ce qui indique que les deux ruptures d'équilibre $Q\beta$ et $aQ\beta$ étant contraires sont égales, le rapport entre les deux distances est :

$$C'A' : -C'B' = 1 : -1 \text{ ou } C'A' : -C'B' = -1. \qquad (6)$$

Ce rapport indique que le centre des forces parallèles se trouve alternativement à la gauche et à la droite de chacun des deux chocs, et il n'y a que le cas d'une rotation du corps où l'on peut admettre, comme ci-dessus, que les effets des deux chocs se répètent l'un après l'autre.

Couples. On nommait ainsi les cas pareils obtenus par les observations, mais, loin de les déduire comme ici du rapport (6), on prétendait que ce sont les valeurs $A'C' = \frac{A'B'}{1-1} = \infty$ et $C'B' = \frac{-aA'B'}{1-1} = \infty$ qui indiquent la rotation du corps A'B'.

4° $\Gamma = 90°$ donne $\cos(\Gamma - \gamma) = \cos(90° - \gamma) = \sin\gamma$; $Ap = e$ (fig. 16) est l'espace rectiligne quand Ab représente le choc produisant la quantité $Q\beta$ de barogène, et Ac l'autre choc dont résulte la quantité $aQ\beta$; ainsi la formule (1) donne :

$$Ap \times q\beta = Q\beta \times \sin\gamma + aQ\beta\cos\gamma. \qquad (7)$$

Cette équation indique un mouvement curviligne qui est discuté plus bas.

Dans le cas où les deux chocs sont égaux, il est $a = 1$; alors la formule (7) devient :

$$AB \times q\beta = 2Q\beta \times \sin 45; \qquad (8)$$

cas indiqué dans le triangle $Aa'B$ ou $Ab'B$ (fig. 15).

5° $\Gamma = 270°$ et $\gamma = 90° \pm \alpha$, donne $\Gamma - \gamma = 270° - (90° \pm \alpha) = 180° \mp \alpha$, ici comme dans le cas précédent $\cos(\Gamma - \gamma) = \sin\gamma$, mais les signes de $\sin\gamma$ et $\cos\gamma$ sont contraires, et la formule (1) donne dans le triangle Acp (fig. 16) :

$$Ap \times q\beta = Q\beta\sin\gamma - aQ\beta\cos\gamma. \qquad (9)$$

Ap est positif quand $Q\beta\sin\gamma > aQ\beta \times \cos\gamma$. Comme la formule (7), celle-ci représente un mouvement curviligne.

§ 43. III. **Décomposition d'une force en deux autres de directions parallèles.** On donne, en ce cas, le sens des deux directions et le rapport a qui doit être entre les deux nouvelles ruptures d'équilibre $Q\beta$ et $aQ\beta$. Si la force ou la quantité de mouvement CR (fig. 17) doit être décomposée en deux autres dirigées dans le même sens, on a les trois équations $CRq\beta = Q\beta(CA \times a + CB)$, $AC + CB = AB$ et $CB = aCA$, au moyen desquelles on détermine les valeurs de $aQ\beta$, AC, CB.

Remarque. Les lignes ponctuées de la figure 17 indiquent la construction employée par les physiciens pour arriver, au moyen des parallélogrammes *amCA* et *bmCB*, aux relations $ma : mC = AS : \overline{AP}$ et $mb : mC = BS : \overline{BQ}$, dont, par les mêmes moyens, on tire :

$$ma : mb = BQ : \overline{AP} \text{ et } AC : CB = \overline{BQ} : \overline{AP}$$
$$\text{ou } AC \pm CB : BQ \pm AP = CB : AP \text{ et } AB : CR = CR : AB.$$

Le signe + s'applique au cas des forces parallèles de même sens, et le signe — au cas des forces de sens contraire.

V. — DU LEVIER ET DE LA BALANCE.

§ 44. **Levier**. Le levier est une barre rigide AB (fig. 18), pouvant tourner dans tous les sens autour d'un point fixe O, nommé *point d'appui*. Dans cette barre sont introduites par deux points différents A et B, deux ruptures d'équilibre par les quantités de barogène $Q\beta$ et $\alpha Q\beta$ en directions parallèles ou contraires, comme dans la figure 17 où les deux ruptures d'équilibre sont indiquées par AP et BQ ou par $A'p'$ et $B'Q'$, et le centre des forces parallèles est indiqué dans la formule (5) par la valeur de $C'R' \times q\beta = Q\beta(\cos\gamma - \alpha\cos\gamma)$ qui est ici nulle, parce que le point d'appui est admis comme fixe.

Figure 18.

Pour avoir un équilibre entre les quantités de mouvements des deux côtés du point d'appui, il faut qu'il y ait égalité entre les produits $OA \times Q\beta$ et $OB \times \alpha Q\beta$ ou $OA \times Q\beta = \pm OB \times \alpha Q\beta$ (fig. 18). 1° Le signe — indique le cas où les directions sont en sens contraire. 2° L'équilibre ne s'établit que quand les deux ruptures d'équilibre sont dans le plan avec le point d'appui. 3° Les dégrés $Q\beta$ et $\alpha Q\beta$ de rupture d'équilibre doivent être en raison inverse des longueurs de leur bras de levier. Ces trois cas résultent directement de la formule (5). Les lignes ponctuées indiquent la construction employée par les physiciens pour trouver une démonstration, alors que l'existence du fluide barogène était inconnue, ainsi que la formule (1) dans laquelle est représentée toute la Dynamique. On distingue trois genres de levier.

1° *Levier du premier genre.* Le point d'appui O (fig. 19) est entre les deux ruptures d'équilibre qui ont la même direction ; l'équilibre est indiqué dans l'équation ci-dessus par $Oa \times Oa \times aQ\beta = Ob \times Q\beta$ ou $Oa \times a = Ob$.

Figure 19.

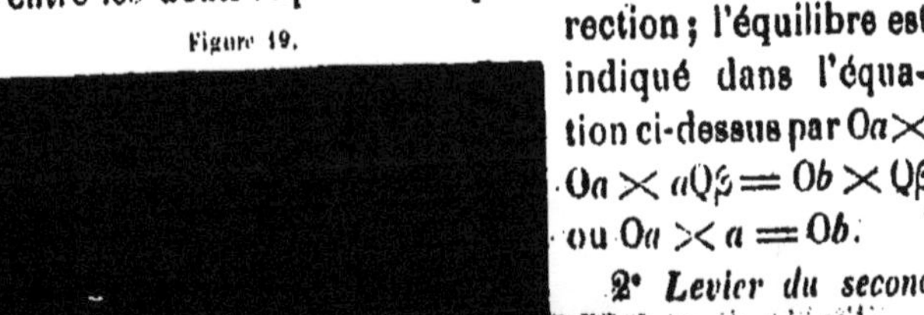

2° *Levier du second genre.* Le point d'appui O (fig. 20) est en dehors des [illegible] d'équilibre qui sont en directions contraires; ce [illegible] correspond à celui de [illegible] la figure 17 où A'P' et B'Q' sont les deux ruptures d'équilibre; de [illegible] résulte l'équation $Oa \times aQ\beta = Ob \times Q\beta$.

Figure 20.

3° *Levier du troisième genre.* De même que dans le second genre, il y a également dans celui-ci deux ruptures d'équilibre en sens contraire; mais le point d'appui n'est ni entre ces deux ruptures comme dans le premier genre, ni au dehors comme dans le second genre ; il se trouve à l'extrémité des bras *ob* (fig. 21). Pour cette raison l'équation (1) $BC \cos\gamma = CA \times a \cos\gamma$ devient $BC \cos\gamma = a \cos\gamma$ ou $BC = a$.

Le principe du levier droit est dû à Archimède qui a dit : Δό;

μοι πᾷ στῶ, καὶ γᾶν κινήσω, da mihi ubi consistam et terram loco dimovebo. C'est ensuite qu'on a fait le calcul dont il résulta qu'il faudrait plus de 40 millions de siècles pour déplacer la Terre de l'épaisseur d'un cheveu avec la force d'un seul homme.

Figure 21.

§ 45. II. **Balance.** La balance O (fig. 22) est un levier droit ab du premier genre dont le point d'appui e est au milieu et il est nommé *fléau* : à ses extrémités a et b sont suspendus deux bassins. Pour qu'une balance soit juste, il faut que les deux bras soient parfaitement égaux, ce qu'il est presque impossible d'obtenir ; donc, pour éviter les défauts qui en peuvent résulter, on emploie *la méthode des doubles pesées.* On place le corps d'un côté et des grains de plomb ou du sable sec de l'autre; ensuite on enlève le corps que l'on remplace par des grains de plomb jusqu'à ce qu'on ait obtenu un équilibre parfait.

Figure 22.

Ensuite on place le corps dans l'autre bassin, et s'il n'y a pas d'équilibre, il faut ajouter un poids $\pm x$ de l'un ou de l'autre côté pour le rétablir. Soit χ le poids cherché, p les poids gradués qui lui font équilibre dans le bassin du bras b du fléau; soit a la longueur de l'autre bras : on aura $\chi \times a = p \times b$. Soit p' les poids gradués qui font équilibre au corps placé dans l'autre bassin, on aura $\chi \times b = p' \times a$. En multipliant les deux égalités membre par membre, a et b disparaissent et l'on obtient $\chi^2 = pp'$.

VI. — ORIGINE DES MOUVEMENTS CURVILIGNES.

§ 46. Dans la formule (1) $e \times q\beta = Q\beta \cos(\Gamma - \gamma) + a \times Q\beta \cos\gamma$, l'angle Γ dépend de la valeur du rapport a, comme cela a été prouvé dans le triangle AMB″ (fig. 15), dont l'angle AMB″ $= 180° - \Gamma$ est en rapport constant trigonométrique avec les longueurs des deux côtés AM et MB″ qui indiquent les ruptures d'équilibre $Q\beta$ et $aQ\beta$.

Dans le cas où la valeur de Γ est 90° ou 270°, et où le rapport a n'est pas 1, la formule (1) devient

$$e \times q\beta = Q\beta \sin\gamma + a \times Q\beta \cos\gamma, \qquad (10)$$

en y rétablissant la valeur de $\cos\gamma$ de l'équation $\sin^2\gamma + \cos^2\gamma = 1$, on obtient

$$e \times q\beta = Q\beta(\sin\gamma \pm a\sqrt{1 - \sin^2\gamma}). \qquad (11)$$

Chaque valeur de γ donne deux valeurs pour la quantité de mouvement, et au même temps leurs directions sont en sens contraire ; car on a $\gamma = 90° - \alpha$ et $= 270° - \alpha$; alors les sinus égaux sont en directions opposées. Cette équation représente la courbe d'une ellipse ayant $2a$ pour grand axe et 2 pour petit.

Le mouvement elliptique résulte donc de la formule (1) dans le cas, 1° où les deux directions de ruptures d'équilibre sont perpendiculaires, et 2° où en même temps leurs intensités sont de degrés différents. Les expériences suivantes vont servir d'exemples pour rendre les faits plus évidents, $a = 1$ donne un mouvement périphérique.

§ 47. I. **L'équation (11) présente la courbe d'une ellipse**. Les limites de l'angle γ sont 270°, 90° et 0° ; alors on a pour valeurs de la quantité de mouvement : 1° $\gamma = 0$ qui donne $e \times q\beta = \pm aQ\beta$, d'où l'on reconnaît que le grand axe de l'ellipse est $2a = Mm$ (fig. 23); 2° $\gamma = 90°$ donne $e \times q\beta = 2Q\beta$, qui est la moitié du petit axe ab de l'ellipse, parceque, 3° γ peut en ce cas être 90° ou 270°, ainsi il peut être $e \times q\beta = Q\beta$ ou $= -Q\beta$.

§ 48. II. **Fronde.** Chez les anciens, la fronde était une arme de guerre qui servait à lancer au loin des projectiles, et avec une vitesse suffisante pour produire de graves blessures. Tant que resta inconnue l'existence du fluide barogène, les physiciens se servaient des mots *force* qui correspondent au fluide barogène, et *vitesse* au degré de son accumulation indiqué dans la quantité de mouvement. La force ou le barogène sort des filets des muscles du bras, se propage par la corde de la main à la pierre pour s'y accumuler et se manifester comme vitesse ou quantité de mouvement dont la direction est toujours déterminée par la poussée du barogène de la part de la main.

Figure 23.

La quantité de mouvement donnée par les révolutions de la pierre qui a le barogène $q\beta$ est donnée par $2\pi r \times n \times q\beta$, où n indique combien de tours fait la pierre par 1″, en admettant que la courbe est une périphérie de rayon r, qui est la longueur de la corde de la fronde. Cette quantité de mouvement atteint un maximum qui correspond à la quantité de barogène $Q\beta$ émise par les filets de muscles en n secondes. Ce maximum une fois atteint, il est superflu et même nuisible de continuer les révolutions de la pierre, pendant lesquelles le barogène des filets des muscles s'épuise sans produire aucun effet.

L'exercice fait connaître le moment précis pour faire lâcher l'une des extrémités de la corde, afin de permettre à la pierre de s'élancer suivant la direction tangentielle, en produisant la même quantité de mouvement $2\pi r \times n \times q\beta$ dans la direction rectiligne où se trouve l'objet qu'on veut atteindre, comme, par exemple, l'a fait David pour tuer Goliath.

Dans l'équation (44) indiquant la forme de la courbe que décrit la pierre de la fronde, il est difficile d'en donner une preuve directe, surtout quand la main doit toujours être agitée. Mais au moyen d'un appareil qui rend immobile une des extrémités de la corde, il est possible de démontrer que l'extrémité fixe de la corde n'occupe pas le centre O (fig. 23) d'une périphérie décrite par la pierre, mais le foyer *e* d'une ellipse dont le sommet *m* est moins éloigné que celui M, qui est du côté du sol.

Figure 2[illegible]

§ 49. III. **Expériences avec des appareils sphendonistiques.** Cet appareil est un arbre vertical O (fig. 24) qu'on peut faire tourner sur lui-même au moyen d'une manivelle *m* et d'une roue dentée *r* qui commande un pignon garni de dents; un plateau *p* qui termine l'arbre sert à supporter plusieurs pièce telles que *ab* (fig. 24, 25) qui consistent en une barre *ab* horizontale métallique portant deux montants *ac*, *bf*.

Comme nous l'avons vu pour la fronde, de même

ici le barogène s'écoule des filets des muscles du bras par la manivelle et se propage de l'arbre aux deux moitiés de la barre *ab*. En expérimentant on opère de la manière suivante :

Première expérience. Entre les montants *ac*, *bf* est tendue une baguette métallique *cf*. Deux boules *e* et *d* sont traversées par cette baguette de manière à pouvoir glisser librement d'une extrémité à l'autre. Ainsi l'on obtient un nombre de faits qui restaient inexplicables, et que nous rapportons ici comme exemples de l'écoulement du fluide barogène.

1° Si les boules *e* et *d* ne sont pas liées l'une avec l'autre, chacune d'elles est repoussée par le barogène venant des montants au centre o' et puis de celui-ci vers l'autre montant où il entraîne la boule par la quantité $\frac{1}{2}Q\beta$.

2° Si les boules sont égales et placées à une égale distance $o'e = o'd$ du centre o' et liées entre elles par le fil *ii*, elles conservent cette position quand on fait tourner la barre *ab*, parce que chacune reçoit le barogène $\frac{1}{2}Q\beta$.

3° Si l'une des boules b' est plus éloignée du centre o' que l'autre *d*, b' va vers le montant voisin *c*, et elle y entraîne l'autre *d*, quand la distance $b'd$ ne surpasse pas la longueur $o'c$, parce que, en pareil cas, la boule *d* s'arrête en d' sans être davantage attirée par l'autre arrêtée à *c*.

4° S'il y a inégalité entre la masse des deux boules *e* et *d* placées à égale distance du centre o' et réunies par un fil *ii*, la plus lourde *d* entraîne l'autre *e* vers le montant voisin *f*.

5° Si ces boules inégales se trouvent disposées à une inégale distance $o'd$, $o'b'$ du centre, de manière que les masses $d = am$ et $b = m$ soient en raison inverse avec les distances $o'd = \delta$ et $o'b' = a\delta$, les boules restent en repos.

Deuxième expérience. Deux ballons *d*, c' (fig. 25) à long col placés obliquement communiquent avec un réservoir *vv* rempli d'un liquide quelconque et disposé au milieu de la barre *ab*.

1° Pendant le mouvement de rotation le liquide du réservoir monte jusque dans les ballons et redescend quand le mouvement s'arrête.

2° Si dans le réservoir il y a deux liquides, de l'eau et du mercure, par exemple, c'est le mercure qui est repoussé dans les ballons, tandis que l'eau reste dans les tubes.

3° Si les deux tubes contiennent de l'eau et que dans l'un soit une balle de plomb qui reste au fond en V, tandis que dans l'autre flotte une balle de liége en *i*, pendant le mouvement on voit la balle de liége rester au-dessous de l'eau qui pénètre dans le ballon; au contraire la balle de plomb s'élance du fond V de l'eau dans le ballon *c* pour surnager à sa surface.

Figure 25.

Troisième expérience. Le vase d'eau V adapté sur la barre *ab* et mis en rotation détruit le niveau de l'eau qui est repoussée du centre *o* vers la paroi du vase; ainsi apparaît un cône vide renversé dont la hauteur croît proportionnellement avec la vitesse de la rotation.

Explication. Dans tous ces cas la quantité de mouvement $q\beta \times e$ correspond à la quantité Qβ de barogène émis par les filets de muscles. De l'arbre *o* (fig. 24) le barogène arrive au centre *o'* de la baguette, d'où il se divise pour produire un équilibre des quantités de mouvement. 1° Les boules sont repoussées vers les montants par leur quantité de mouvement ou de barogène. 2° Si elles sont égales, à égale distance du centre *o'* et reliées par un fil, elles restent en repos à cause de l'égale répulsion divergente. 3° L'équilibre se rompt par l'inégalité de la quantité de mouvement qui devient $q\beta \times ae$ ou $a' \times q\beta \times e$: 1° par l'augmentation de la distance

$o'b = e$ qui devient $o'b' = a \times e$, ou 2° par la multiplication du barogène $q\beta$ qui devient $a' \times q\beta$. En pareil cas, l'équilibre est rétabli par $a' \times q\beta \times e = q\beta \times e \times a$ où $a' = a$, et par suite les quantités de mouvement sont égales.

Dans les liquides de l'appareil (fig. 25), les quantités de mouvement croissent avec les poids spécifiques des corps, et c'est ainsi que le mercure est chassé au-dessus de l'eau, l'eau au-dessus du liége et le plomb au-dessus de l'eau. Dans le vase V, le barogène, en se propageant de son axe vers la paroi, entraîne l'eau, et c'est ainsi que le niveau se détruit et qu'il se montre un cône vide inverse.

Figure 26.

Quatrième expérience. Si l'on suspend deux poids égaux a et b (fig. 26) à un cordon qui passe par une poulie légère et très-mobile P, il y a équilibre dans l'état de repos des deux poids; cet équilibre se rompt par l'introduction d'une quantité de barogène $Q\beta$ dans le corps a, d'où résulte la quantité de mouvement $q\beta \times e$, en indiquant par $q\beta$ le barogène ou la masse contenue dans le corps a, et par e l'espace parcouru ou l'amplitude d'une oscillation aa'. La rupture d'équilibre entre les corps a et b est indiquée par la différence entre la quantité de mouvement $q\beta \times aa'$ du corps a, et le barogne $q\beta$ du corps b; pour cette raison, à chaque oscillation aa', $a'a''$..., le corps a baisse et l'autre b s'élève pour aller à b', b''... et même jusqu'à la poulie, en admettant un manque absolu de frottement.

Figure 27.

Cinquième expérience. Un tambour cylindrifique *tt* (fig. 27) a des ailes quadrangulaires fixées dans son axe *o*, dont les bords rasent la face intérieure du tambour. De larges ouvertures *a*, *n*, *b* ménagées au milieu des deux bases autour de l'axe permettent l'introduction de l'air entre les ailes. Celles-ci, en tournant, communiquent à la couche d'air *abn* une poussée supérieure, et il est ainsi chassé vers la face intérieure du tambour, où il se presse jusqu'à ce qu'il arrive au canal *m* dirigé tangentiellement, et dans lequel l'air se précipite avec une somme considérable de mouvement $q\beta \times a \times e$; ainsi augmente l'espace parcouru $a \times e$, parce que le poids spécifique de l'air reste invariable.

Au lieu d'introduire l'air par les ouvertures *a b n*, on peut plonger le tambour jusqu'à *a* dans l'eau, et en faisant tourner l'axe, l'eau est chassée par les ailes et va s'écouler par le canal *m*.

Figure 28.

Dans l'agriculture, cet appareil est utilisé sous le nom de *ventilateur* pour nettoyer le blé; on l'emploie aussi pour ventiler les mines, dont on chasse l'air impur, et l'espace se remplit d'air atmosphérique.

Sixième expérience. Un simple jeu d'enfant va nous venir ici en aide pour dévoiler le mystère de l'origine de la *force vitale*. Un homme se tenant à l'extrémité *a* (fig. 28) d'une planche *ab* est en équilibre, parce que son poids *p*, plus celui de la partie $Oa = p'$ de la planche est égal au poids de l'autre partie *Ob*. Il faut s'imaginer l'homme séparé, comme une statue au bassin, en deux parties dont l'une pèse p'' et l'autre $p - p''$, en produisant une explosion de poudre entre les deux parties, les gaz, par leur expansion, chasseront le poids p'' en haut et l'autre $p - p''$ en bas, qui fera baisser l'extrémité *a* de la planche pour prendre la direction *a'b'*. Mais s'il n'y a plus d'explosion, l'équilibre se rétablira et la planche reprendra sa position horizontale.

Nous avons indiqué la production d'une réaction égale et opposée à l'action que Newton a observée le premier chez les animaux; c'est le même cas ici, où l'homme produit une réaction et une action égales et opposées, précisément comme l'expansion des gaz. Et ce fait ne peut avoir lieu qu'au moyen d'une expansion provenant des filets des muscles et se divisant en directions divergentes pour faire s'élever la moitié supérieure du corps et baisser la moitié inférieure, qui communique une quantité de barogène Qβ à l'extrémité *a* de la planche pour lui faire produire une quantité de mouvement en bas, quand l'autre partie de la planche *Ob* consomme une égale quantité de barogène, parce que la quantité Qβ se divise en deux moitiés.

VII. — VITESSES DU MOUVEMENT AXIAL DES PLANÈTES.

§ 50. Les quatre planètes qui se trouvent entre le Soleil et les microplanètes terminent une révolution autour de leur axe en un espace de temps qui diffère peu de 24 heures : Jupiter fait sa révolution en 9 heures 52 minutes et Saturne en 10h 16'. La rotation d'Uranus s'opère sur un plan incliné de 75° sur l'écliptique, comme cela résulte des plans orbiculaires de ses satellites. Pour cette position du plan équatorial et encore de sa grande distance, il n'a pas été possible de connaître la durée de la révolution axiale des deux planètes les plus éloignées.

De même que le mouvement axial du soleil, celui des planètes a été produit pendant leur *éruption finale*, quand la vapeur $a\sigma$ a été expulsée la répulsion expansive $\frac{1}{7}$R, et la vapeur Aσ qui resta éprouva la contre-répulsion centripète $\frac{1}{7}$R. De celle-ci et du mouvement orbiculaire résulta le mouvement axial des planètes, qui devinrent chacune un corps central entouré par des corps périphériques ou satellites qui sont visibles autour des cinq planètes et invisibles autour des trois autres.

Il s'agit ici de prouver la cause des vitesses inférieures de la rotation des quatre planètes que nous venons de voir décrivant leur orbite autour du Soleil à cause des deux masses de barogène Qβ et aQβ réduit en équilibre rompu, comme cela a lieu dans la production du mouvement orbiculaire des quatre autres planètes plus éloignées du Soleil que les microplanètes.

Les orbites des quatre planètes inférieures ont été produites : 1° par une quantité de barogène Qβ en équilibre rompu dans la direction centrifuge, et 2° par une quantité aQβ supérieure communiquée par le choc, tandis que c'est le contraire qui a eu lieu dans les mouvements orbiculaires des quatre autres planètes. Les plans équatoriaux des six planètes dévient peu de celui de l'écliptique ou de celui de l'équateur solaire. Par suite, les planètes décrivent, dans leur mouvement orbiculaire, des ellipses qui n'ont pas le grand axe dans la même direction, mais ceux des orbites des quatre planètes les plus éloignées étaient au commencement perpendiculaires à ceux des orbites des quatre planètes inférieures. Au moment de l'égalité entre les deux poussées p et ap la vapeur expulsée, ne pouvant pas se soutenir dans l'espace, a été repoussée par la pesanteur dans la masse supérieure dont Jupiter a été produit. Les vitesses du mouvement de rotation qui sont moindres aux quatre planètes inférieures éprouvèrent, dans chaque période cométogénique, des diminutions successives qui ne se sont pas encore fait sentir dans les planètes éloignées.

VIII. — DISPOSITION PRIMITIVE DES PORTIONS DE VAPEUR DU SOLEIL OU DES PLANÈTES.

§ 51. Il a été indiqué que comme, parmi les planètes, Jupiter est le corps le plus gros et se trouve dans le nombre des planètes qui constituent la moitié des plus éloignées du Soleil, le même effet a lieu pour les quatre systèmes de satellites où il en existe un gros, et se trouve parmi ceux constituant la moitié la plus éloignée. A cause de la subdivision successive de l'expansion répulsive R en deux moitiés comme action et réaction, chacune des portions σ', σ'', σ'''... de vapeur expulsée a parcouru une distance centrifuge $\frac{1}{2}\delta$, $\frac{1}{2^2}\delta$, $\frac{1}{2^3}\delta$... analogue à la répulsion centrifuge $\frac{1}{2}R$, $\frac{1}{2^2}R$, $\frac{1}{2^3}R$... qu'elle éprouva au moment de sa séparation.

Ces positions σ', σ'', σ'''... de vapeur n'ont pas conservé leur distance primitive du corps central, parce qu'elles ont été repoussées par la pesanteur vers le corps le plus gros, qui seul conserva sa distance Δ primitive du corps central. Au moyen donc de cette distance et de la loi de la subdivision de la répulsion R, ont été déterminées les distances primitives

$$.....2^2\Delta,\ 2\Delta,\ \Delta,\ \frac{1}{2}\Delta,\ \frac{1}{2^2}\Delta,\ \frac{1}{2^3}\Delta.....$$

Ces distances primitives et les distances actuelles ont servi à trouver les déplacements convergents des corps de chaque système vers le corps le plus gros, et ainsi est résulté l'ordre indiqué par les séries :

Déplacement des corps les plus éloignés Δ, $2\Delta - \alpha$, $2^2\Delta - \alpha - \alpha'$, $2^3\Delta - \alpha - \alpha' - \alpha''$.

Déplacement des corps les moins éloignés Δ, $\frac{1}{2}\Delta + \chi$, $\frac{1}{2^2}\Delta + \chi'$, $\frac{1}{2^3}\Delta + \chi''$.

Cet ordre de déplacements convergents des corps vers le corps le plus gros ne permet pas de douter qu'au moment de leur apparition dans l'espace, les portions σ', σ'', σ'''... σ^{IX} de vapeur se trouvèrent disposés en une série telle qu'ils purent être repoussés en directions convergentes vers le corps le plus gros, parce que bientôt cette série a été détruite à cause des inégales vitesses orbiculaires de chacun des corps.

Soit *m* et M (fig. 29) deux portions σ^{VIII}, σ^{VII} de vapeur expulsées du Soleil dont ont été formées la Terre et la planète Vénus. La portion *m* s'éloigna deux fois autant que l'autre M, parce qu'elle éprouva la répulsion centrifuge $\frac{1}{2^7}$R qui est double de celle $\frac{1}{2^8}$R qu'éprouva la portion σ^{VIII}. La masse *m* éprouva un choc d'une intensité Z et celle M en éprouva une d'une intensité supérieure $Z + Z'$. Ces chocs Z et $Z + Z'$ ont été d'une intensité supérieure aux répulsions $\frac{1}{2^7}$R et $\frac{1}{2^8}$R ; pour cette raison les deux portions σ^{VII} et σ^{VIII} de vapeur reçurent un mouvement elliptique.

En admettant *m* pour la Terre et M pour la planète Vénus, celle-ci a obtenu un choc tangentiel $Z + Z'$ d'une intensité supérieure à celui Z qu'a obtenu la masse *m*. La valeur de *a*, dans l'équation $e \times q\beta = (\sin\gamma \pm a\sqrt{2 - \sin^2\gamma})Q\beta$, est plus grande pour la masse M que pour la masse *m*. Pour les orbites de Saturne et Jupiter, la forme de l'équation est $e \times q\beta = (a\sin\gamma \pm \sqrt{1 - \sin^2\gamma})Q\beta$, et alors la valeur de *a* est pour la masse *m* représentant la planète Saturne plus considérable que pour la masse M représentant la planète Jupiter, parce que la répulsion expansive est $\frac{1}{2^3}$R pour Saturne et $\frac{1}{2^4}$R pour Jupiter.

La vitesse orbiculaire a pour quantité de mouvement $e \times q\beta$ ou sa valeur indiquée dans l'équation, 1° en fonction de $\sin\gamma$ où l'angle γ est indépendant des distances, et 2° en fonction de *a* qui est en rapport direct avec les intensités Z ou $Z + Z'$ des chocs tangentiels ou avec les intensités $\frac{1}{2^3}R$ et $\frac{1}{2^3}R$ des répulsions centrifuges.

Les espaces parcourus *mi*, *lj* (fig. 29) par les masses *m*, M ont pour quantité de mouvement $e \times q\beta$, $e' \times q\beta$, où sont indiqués les volumes V et V' des quantités de barogène en équilibre rompu. En y admettant la même hauteur, ces volumes V, V' seront entre eux comme les aires *a*, *a'* des triangles *mbi* et *ll'j*, et comme les aires A : A' des triangles *Obi* et *Olj* qui sont semblables aux précédents. Ces aires peuvent être représentées par les carrés $\tau^2 : \tau'^2 = T^2 : T'^2$, où est sous-entendue une même hauteur *h* et *h'* pour avoir les volumes V, V'. En exposant ces mêmes volumes en formes sphériques $\frac{4}{3}\pi^2R^3$ et $\frac{4}{3}\pi^2R'^3$, on aura :

Figure 29.

$$V : V' = \tfrac{4}{3}\pi^2R^3 : \tfrac{4}{3}\pi^2R'^3 = R^3 : R'^3 \text{ et } V : V' = T^2 : T'^2,$$

et par suite

$$R^3 : R'^3 = T^2 : T'^2.$$

Ce rapport, nommé *loi de Képler*, se présente ici comme un résultat direct des quantités de mouvements des corps célestes. Dans la suite seront exposées les variations observées dans les nœuds de l'écliptique, dans l'angle entre les plans de l'écliptique et de l'équateur, et dans la périhélie de l'orbite terrestre.

CHAPITRE II.

MÉCANIQUE DU SYSTÈME PLANÉTAIRE.

§ 52. Nous avons choisi cet objet comme exemple pour indiquer au lecteur au même temps : 1° l'application de la formule dynamique aux mouvements des planètes et de leurs satellites, et 2° le mode de leur production, non pas du mouvement d'autres corps, mais d'une quantité de barogène réduit en équilibre rompu par la répulsion expansive qu'a exercée la chaleur sur les molécules de chaleur renfermées dans une enveloppe solide. Une telle enveloppe est produite par le refroidissement rapide de la couche superficielle qui reste en contact avec le froid de l'espace. Les vésicules de vapeur gèlent et, attachées les unes aux autres, produisent une couche épaisse qui sépare ce froid de la masse de vapeur, laquelle reste protégée contre le froid.

La perte de chaleur s'opérant de la surface où est le maximum de densité de la matière, le maximum de température reste aux régions centrales et, par suite, a lieu un continuel écoulement centrifuge de chaleur. La vapeur du dessous de l'enveloppe est en densité plus grande que la vapeur centrale où est nulle la pesanteur ; elle se dilate en recevant de la région centrale une quantité de chaleur $\Theta + \theta$ plus grande que celle Θ qui s'en éloigne vers l'enveloppe solide. Il résulte ainsi de cette dilatation de vapeur une série de faits dont les uns se produisent constamment tandis que les autres n'apparaissent qu'à des intervalles très-éloignés.

La dilatation indiquée de la couche de vapeur du dessous de l'enveloppe glaciale que constitue la surface du Soleil produit des ruptures aux parties les moins solides. Les fragments de glace soulevés par la vapeur se trouvent renversés en directions divergentes, et laissent s'ouvrir un cratère d'où s'échappe une quantité de vapeur qui, venant en contact avec le froid, perd sa chaleur, et venant à geler, ferme l'orifice du cratère.

I. — TACHES SOLAIRES ET ÉTOILES TEMPORAIRES.

§ 53. La masse de vapeur expulsée, de la manière indiquée, par une *éruption partielle*, devient en quelques minutes opaque; avant qu'elle soit en cet état, les renversements des fragments de glace sont visibles; ensuite il y disparaît une partie de lumière qui est dispersée comme par les nuages dans toutes les directions, et ainsi se montre une grande portion moins claire sur la surface du Soleil de la vapeur opaque, précisément comme l'est l'espace de l'atmosphère occupé par un nuage circonscrit. De la vapeur refroidie il se dépose : 1° une partie sur les fragments renversés et qui, en gelant, les cimente pour les solidifier entre eux et avec l'enveloppe glaciale; 2° la partie de vapeur qui est sur le cratère gèle aussi, et c'est ainsi que celui-ci se trouve renfermé. De cette manière les taches solaires apparaissent aux points lumineux du disque, y persistent quelques mois, puis disparaissent. Les détails des apparitions des taches ont été exposés dans le texte de l'*Atlas cosmobiographique* et dans le volume précédent, page 732.

Dans un laps de temps de plusieurs milliers de siècles, la solidité de l'enveloppe solaire augmenta et atteignit un degré suffisant pour résister longtemps à la répulsion expansive qui ne cessait pas de croître à cause de l'affluence continuelle de nouvelles masses de chaleur de la part de la région centrale; de sorte que l'on pouvait prévoir l'instant où cette répulsion expansive croissante parviendrait à vaincre la résistance plus faible exercée par la partie de l'enveloppe la moins solide. En ce moment, qui a eu lieu à une époque très-reculée, les gros fragments de l'enveloppe glaciale ont été soulevés et, repoussés par la vapeur, ils ont été rejetés dans des directions divergentes pour laisser s'ouvrir un vaste cratère d'où s'échappa une masse de vapeur si grande, qu'elle suffit pour produire toutes les planètes et leurs satellites.

Si à ce moment il eût existé, dans les étoiles éteintes ou dans leurs planètes, des observateurs, ils eussent aperçu dans l'espace une lumière analogue à celle que les habitants de la Terre ont fréquemment observée, et qui est connue sous le nom d'*étoile temporaire*. Quand s'écoulait la quantité de vapeur dont il a été formée la planète Uranus, la lumière diminua, pour augmenter ensuite quand s'écoulait la vapeur dont ont été produites les planètes Saturne et Jupiter. La lumière diminua pendant l'écoulement de la vapeur dont fut produite la planète Mars et les microplanètes; elle augmenta ensuite lorsque s'échappait la vapeur dont ont été produites la Terre et la planète Vénus; ensuite la lumière diminua et disparut.

Quand parmi les étoiles éloignées quelques-unes arrivent au moment de leur *éruption finale*, les habitants de la terre ont aperçu au ciel une lumière analogue qui disparut au bout de quelques mois; ainsi l'on ne doit pas considérer comme tout à fait inconnue l'existence des éruptions finales malgré le grand laps de temps qui sépare leurs apparitions.

Connaissant donc d'une part la cause motrice résultant de la répulsion expansive de la vapeur brûlante et en même temps la loi dynamique de la propagation du barogène soumise à deux ruptures d'équilibre, nous pouvons déterminer la rupture d'équilibre du barogène conservée dans la masse de vapeur expulsée. Quand par l'expérience nous trouvons dans la même masse le barogène en équilibre rompu, il ne nous reste qu'à contrôler les résultats obtenus par les deux voies pour se convaincre davantage de l'exactitude des observations et combien la formule mathématique (12) exprime avec vérité la loi dynamique qui régit les mouvements des corps célestes.

L'avantage est grand quand, par deux voies différentes, on peut parvenir aux mêmes résultats, et il l'est encore plus quand ils se présentent comme résultats de la formule de faits nouveaux auxquels est impossible d'arriver par la voie des observations. En effet, nous établirons une série de faits qui existent et qui résultent de la formule dynamique découverte ici, et c'est ainsi que leur certitude égale celle des résultats mathématiques.

II. — MODE DE LA PRODUCTION DES MOUVEMENTS DES CORPS CÉLESTES PAR LA CHALEUR.

§ 54. Le soleil n'avait, avant son éruption finale, que son mouvement orbiculaire, et c'est au moyen de cette éruption et de son mouvement orbiculaire qu'il a obtenu un mouvement axial en imprimant en même temps un mouvement orbiculaire à la vapeur expulsée.

Nous avons constaté l'égalité d'action et de réaction produite à la fois dans le travail animal et dans celui de la vapeur; une pareille égalité de répulsion p centrifuge et de contre-répulsion centripète p' ne manqua pas d'avoir lieu entre les molécules σ de vapeur expulsées du cratère et celles σ' repoussées vers le centre. Toutes les molécules σ et σ' possédaient le même mouvement orbiculaire et elles recevaient en sens divergent le même degré d'impulsion p ou p' : cependant cette impulsion se communiquait aux quantités médiocres de molécules $a\sigma$ qui étaient expulsées et à la quantité totale $A\sigma'$ de molécules qui restaient, aussi pour les molécules expulsées $a\sigma$, la quantité de mouvement était-elle $D \times a\sigma$, et pour celles $A\sigma'$ qui restaient, cette quantité était $r \times A\sigma'$. En indiquant par D la distance parcourue par les molécules $a\sigma$ expulsées et par r le rayon solaire que devaient parcourir les molécules $A\sigma'$ qui restaient, et ayant $p = p'$.

§ 55. **Mouvement axial**. De l'égalité de ces deux quantités de mouvement résulte donc $pD \times a\sigma = p'r \times A\sigma'$ ou $D \times a\sigma = r \times A\sigma$ et $a\sigma : A\sigma = r : D$. La rupture d'équilibre centripète p' se communiquait aux molécules $A\sigma'$ de vapeur qui ne pouvaient pas y obéir à cause de l'enveloppe qui ne permettait pas à ces molécules de se dilater, et c'est ainsi que de cette rupture d'équilibre centripète p' et de celle du mouvement orbiculaire, il résulta une autre diagonale qui donna naissance à un *mouvement axial*.

La vitesse de celui-ci commença avec un minimum et elle augmenta pendant la durée de l'éruption pour atteindre à sa fin un maximum qui resta toujours conservé. Cet accroissement de vitesse résultait de la répétition de la contre-répulsion $\frac{1}{2}p'$, $\frac{1}{4}p'$... exercée successivement sur les molécules $A\sigma'$ par toutes celles σ', σ'', σ''' qui s'échappaient du cratère en recevant la poussée centrifuge décroissante $\frac{1}{2}p$, $\frac{1}{4}p$, $\frac{1}{8}p$...

L'éruption commença avec un maximum d'*action* et *réaction*, et en décroissant pendant sa durée, celles-ci se trouvèrent dans leur minimum à la fin de l'éruption. Pour cette raison la vitesse du mouvement axial n'éprouva pas un accroissement égal, mais celui-ci fut rapide au commencement et médiocre dans la moitié postérieure de la durée de l'éruption.

§ 56. **Mouvement orbiculaire de la vapeur expulsée.** Après avoir reconnu le mode de la production d'un mouvement axial, 1° par le mouvement orbiculaire déjà existant, et 2° par la poussée centipète p' exercée de la part de la contre-répulsion sur les molécules de la vapeur $A\sigma'$ qui restaient quand les molécules $a\sigma$ éprouvaient la répulsion isodyname p et s'éloignaient, il devient évident par là que ces molécules $a\sigma$ ne pouvaient franchir le cratère sans éprouver de son bord postérieur, qui était du côté de l'*ouest*, un choc porté en direction perpendiculaire sur celle de la poussée p centrifuge.

Lorsque Newton a découvert que la loi de la pesanteur régit tous les mouvements des corps célestes, il a reconnu pour cause du mouvement orbiculaire que la masse a reçu un choc au moment de son apparition dans l'espace. Cette vérité matémathique ne pouvait pas être méconnue de tous les physiciens qui, pour rendre le fait même physiquement évident, ont employé le petit appareil suivant :

On suspend une boule m (fig. 30) à un cordon Om que l'on dispose obliquement en appuyant la boule sur un support S. Ensuite, au moyen d'un marteau i' soutenu par un ressort r, on donne à la boule un choc dans la direction perpendiculaire à la ligne ma qui indique la direction centripète déterminée par la pesanteur. La quantité $Q\beta$ de barogène en équilibre rompu est communiquée à la boule où elle se trouve en même temps avec une autre quantité $aQ\beta$ de barogène également en équilibre rompu et en direction perpendiculaire.

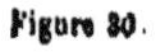
Figure 30.

Ces deux conditions 1° inégalité de barogène $aQ\beta$ et $Q\beta$ en équilibre rompu et 2° directions perpendiculaires ayant été remplies, l'expérience jointe à la formule dynamique (1) donnent une direction qui est celle de l'*ellipse*.

$$\chi = e \times q\beta = Q\beta(\cos(\Gamma - \gamma) + a\cos\gamma)$$

donne, en y admettant $\Gamma = 90°$ et $\Gamma = 270°$ et $\sin^2\gamma + \cos^2\gamma = 1$,

$$\chi = e \times q\beta = (\sin\gamma \pm a\sqrt{1 - \sin^2\gamma})Q\beta \qquad (11)$$

ou

$$\chi = e \times q\beta = (a\sin\gamma \pm \sqrt{1 - \sin^2\gamma})Q\beta. \qquad (12)$$

La quantité a indique le terme de rupture supérieure d'équilibre qui peut être à la fois du côté de la pesanteur ou du côté du marteau. 1° Si l'on a $\sin\gamma = o$ dans un cas, on obtient pour $e \times q\beta = a$ ou $-a$, d'où l'on connaît que $2a$ est le grand axe où est dirigé le degré supérieur de la rupture d'équilibre; 2° si l'on a $\sin\gamma = 1$, on a $e \times q\beta = 1$ ou -1 en admettant $\gamma = 90°$ ou $270°$, d'où il résulte le petit axe qui est 2. L'équation (12) donne 1° pour $e \times q\beta = a$ ou $-a$, quand $\gamma = 90°$ ou $270°$; et 2° $e \times q\beta = 1$ ou -1 quand $\gamma = 0$; $e \times q\beta$ exprime les abscisses χ.

Il suit de là que la direction du mouvement produit est, dans les deux cas, une courbe elliptique, et que son grand axe est dans le sens qui résulte de la rupture d'équilibre du degré supérieur. Dans l'expérience ci-dessus, si l'intensité de la pesanteur $aQ\beta$ dirigée vers l'espace central a est supérieure, le grand axe de l'ellipse sera mn et le petit Ta; au contraire si, en montant davantage le ressort, on fait exercer au marteau sur la masse m un choc assez fort pour qu'il devienne $2aQ\beta$, c'est-à-dire supérieur à celui $aQ\beta$, alors le grand axe de l'ellipse se trouve dans la direction Ta parallèle à mc, et le petit axe affecte la direction perpendiculaire mn.

Comme les astronomes sont conduits, par les mouvements orbiculaires, à reconnaître que ces masses ont reçu un choc au moment de leur apparition dans l'espace, de même les observateurs qui arrivent durant l'expérience ci-dessus, après que le choc a été donné, ne manquent pas, en voyant la boule tourner, de reconnaître qu'elle n'a pas été en cet état dès le commencement des choses, mais que c'est à cause d'un choc exercé sur elle que cette circulation a lieu.

Il a donc fallu que la boule subît 1° un éloignement de sa place normale et 2° un choc pour se trouver affectée d'un mouvement tel que celui qu'on observe. De même la masse *m* de la Terre qui décrit actuellement autour du Soleil supposé en *a*, une ellipse n'a pas été, dès le commencement des choses, en cet état, mais était alors une partie intégrante de la masse solaire admise en *a*, et ayant éprouvé une poussée centrifuge et un choc perpendiculaire de l'ouest à l'est, elle a été forcée de s'éloigner en parcourant l'espace *am* dans lequel a été consommée la quantité *a*Qβ de barogène en équilibre rompu, et elle s'est trouvée en *m* en rupture d'équilibre, 1° Qβ provenant du *baroaréome am* qui la sépare du Soleil, et 2° *a*Qβ provenant du choc que cette masse *m* n'a pas reçu comme dans l'expérience quand elle arriva sous le marteau *a*'S; mais la vapeur dont ont été formés les corps célestes, a reçu le choc tangentiel de la part du bord postérieur du cratère. Ainsi, Newton avait raison quand il disait que *la matière avait reçu un choc au moment de son apparition dans l'espace.*

III. — DISTANCE ENTRE LE SOLEIL ET LES PROPORTIONS DE LA VAPEUR EXPULSÉE DE CET ASTRE.

§ 57. **Distances primitives des planètes.** — La rupture d'équilibre provenant de l'égale action et réaction de la vapeur allait en diminuant en chaque unité de temps, et cette diminution s'opéra suivant une progression géométrique, à cause de la subdivision en deux moitiés de chaque expansion de vapeur, pour faire apparaître ladite égalité entre l'action et la réaction. Ainsi, 1° les molécules σ' expulsées pendant la première expansion répulsive R du plus haut degré parcoururent l'espace $\frac{1}{2}$ δ', dans lequel a été consommée la quantité $Q'\beta$ de barogène réduit en équilibre rompu par la moitié $\frac{1}{2}$ R de l'expansion répulsive du plus haut degré R', et de cette portion σ' de vapeur accumulée a été formée la planète Neptune la plus éloignée. 2° Les molécules de la vapeur qui restèrent dans le cratère ne pouvaient plus posséder que le degré $\frac{1}{2}$ R d'expansion répulsive qui, en se divisant en deux moitiés $\frac{1}{2^2}$R, divisa chacune des couches superficielles en deux parties égales, dont celle σ'' qui éprouva la répulsion $\frac{1}{2^2}$R a dû parcourir la moitié de l'espace $\frac{1}{2}\delta$, et ainsi elle a été arrêtée par la pesanteur dans la distance $\frac{1}{2^2}\delta$, où a été formée la planète Uranus. Ainsi, par la subdivision du degré de la répulsion expansive qui devenait $\frac{1}{2}$ R, $\frac{1}{2^2}$ R, $\frac{1}{2^3}$ R... $\frac{1}{2^9}$ R, les proportions σ', σ'', σ'''... σ^{IX} de vapeur expulsées se trouvèrent aux distances $\frac{1}{2}\delta$, $\frac{1}{2^2}\delta$, $\frac{1}{2^3}\delta$, $\frac{1}{2^4}\delta$... $\frac{1}{2^9}\delta$ du Soleil.

§ 58. **Distances actuelles entre les planètes et le Soleil.** Parmi les portions σ', σ'', σ'''... σ^{IX} de vapeurs expulsées du Soleil, la plus grosse était celle dont la planète Jupiter a été formée; c'est donc vers cette portion qu'ont été repoussées par la pesanteur toutes les autres, de sorte qu'il ne resta à sa place primitive que la seule masse de Jupiter, dont la distance du Soleil est 5,20, en prenant pour unité la distance entre la Terre et le Soleil. Au moyen donc de cette distance primitive de et de la loi physique qui fait diminuer la répulsion expansive ou l'action et la réaction, suivant une progression géométrique, ont été déterminés les déplacements convergents des huit autres portions de vapeur vers la portion σ^{v}.

Distances des planètes supérieures à Jupiter.	*Distances des planètes inférieures à Jupiter.*
Saturne $= 2 \times 5{,}20 - 0{,}86$.	Microplanètes $= \frac{1}{2} \times 5{,}20 + 0{,}10$.
Uranus $= 2^2 \times 5{,}20 - 0{,}86 - 0{,}76$.	Mars. . . . . $= \frac{1}{2^2} \times 5{,}28 + 0{,}20$.
Neptune $= 2^3 \times 5{,}20 - 0{,}86 - 0{,}76 - 10{,}94$.	Terre. . . . . $= \frac{1}{2^3} \times 5{,}20 + 0{,}55$.
	Vénus. . . . $= \frac{1}{2^4} \times 5{,}20 + 0{,}675$.
	Mercure. . . $= \frac{1}{2^5} \times 5{,}20 + 0{,}8375$.

Des déplacements pareils ont eu lieu également pour les portions de vapeur qui ont été expulsées des planètes. Dans chaque système de satellite il en existe un gros qui n'est pas aux extrémités mais parmi le nombre de ceux qui forment la moitié supérieure ou celle qui est la plus éloignée. C'est donc vers ce gros satellite que tous les autres se trouvent déplacés en directions convergentes.

Nous n'exposons pas cela sous le nom d'une loi parce que la cause de déplacements pareils est prouvée, et de cette manière nous sommes parvenus à constater l'égalité d'action et de réaction produite par la répulsion expansive de la vapeur contenue dans les régions du cratère.

IV. — DIRECTION DES AXES DES ORBITES PLANÉTAIRES.

§ 59. Le degré de la rupture d'équilibre dans la répulsion expansive **R** diminuait suivant une progression géométrique $\div \frac{1}{2} R : \frac{1}{2^2} R ; \frac{1}{2^3} R \ldots \frac{1}{2^9} R$; en même temps, suivant la même progression, diminuaient les distances $\frac{2}{1} \partial, \frac{1}{2^2} \partial, \frac{1}{2^3} \partial \ldots$ des portions de vapeurs expulsées, et augmentait la vitesse du mouvement axial, mais non pas suivant la progression géométrique indiquée, et cela à cause du mouvement orbiculaire.

Les portions de vapeur $\sigma' \sigma'' \sigma'''$ recevaient donc premièrement les répulsions centrifuges *décroissantes* $\frac{1}{2}$R, $\frac{1}{2^2}$R, $\frac{1}{2^3}$ R.., et ensuite les chocs tangentiels Z, Z + $\frac{Z}{2}$, Z + $\frac{Z}{2^2}$..., *croissants*.

Des formules (11 et 12) il résulte que les portions σ', σ'', σ'''..., qui reçurent une grande quantité αQβ de barogène en équilibre rompu dans la direction centrifuge, ont dû parcourir une orbite elliptique dont le grand axe passe par le cratère pour arriver au centre solaire. Le petit axe qui passe aussi par le centre solaire est parallèle à la tangente qui passe par le cratère.

§ 60. **Croisement des axes des orbites.** Les portions de vapeur σ^{IX}, σ^{VIII}, σ^{VII}..., qui ont été expulsées pendant la deuxième moitié de la durée de l'éruption subirent un degré inférieur de répulsion expansive $\frac{1}{2}$ R, $\frac{1}{2^2}$R, $\frac{1}{2^3}$ R..., et un degré supérieur de rupture d'équilibre de la part du choc croissant, suivant la vitesse du mouvement axial indiquée par Z + $\frac{Z}{2}$ + $\frac{Z}{2^2}$ + ... + $\frac{Z}{2^n}$. La quantité donc αQβ de barogène en équilibre rompu diminua dans la direction centrifuge et devint Qβ; au contraire augmenta celle du choc tangentiel qui étant Qβ devint α'Qβ. Suivant la formule (12) le petit axe Z se trouva dans la direction centrifuge qui passe par le cratère et le centre solaire. Le grand axe passe par le centre solaire et reste parallèle à la tangente, qui passe sur le cratère, étant en même temps sur le plan de l'orbite. Ainsi les périhélies des quatre planètes inférieures étaient éloignés de 90° de ceux des quatre planètes supérieures, avant d'éprouver les déplacements provenant du mouvement orbiculaire du Soleil, et ceux qui ont eu lieu en sens convergent vers la planète Jupiter.

V. — ORIGINE DES MICROPLANÈTES.

§ 61. Jamais les astronomes n'eussent pu croire que l'on trouverait un moyen de constater des faits qui ont eu lieu depuis des millions de siècles. Ici se présente spontanément dans la formule dynamique la cause de la disparition de la portion σ^{v} de vapeur qui devait occuper l'espace dans la distance $\frac{\delta}{2^{1}}$ du Soleil et dans celles de Saturne et d'Uranus.

Dans l'équation $e \times q\beta = (a \sin \gamma \pm \sqrt{1 - \sin^2 \gamma})\, Q\beta$ qui présente les quatre orbites des planètes supérieures, on exprime par a la valeur de l'intensité de la répulsion expansive $\frac{1}{2}$ R, $\frac{1}{2^{2}}$ R, $\frac{1}{2^{3}}$ R, $\frac{1}{2^{4}}$ R qui, en diminuant, devait devenir égale à l'intensité du choc tangentiel, qui augmentait pendant l'éruption et l'expulsion des portions σ', σ'', σ''', σ^{iv} de vapeur dont ont été formées les quatre planètes supérieures.

L'égalité entre les deux intensités perpendiculaires de rupture d'équilibre est représenté dans la formule dynamique par la valeur de $a = 1$, et ainsi résulte

$$(13) \qquad \chi = e \times q\beta = (\sin \gamma \pm \sqrt{1 - \sin^2 \gamma})\, Q\beta,$$

formule qui ne représente pas une ellipse, mais une périphérie où la portion σ^{v} se trouvant en état d'équilibre obéit ainsi à la pesanteur sous l'influence de laquelle les sept autres portions se sont rapprochées de la grosse portion σ^{ii}, et la portion σ^{v} a été entraînée, parce qu'elle n'était point soutenue dans son espace de la distance $\frac{\delta}{2^{1}}$.

Il ne resta donc autour de cet espace que les parties de vapeur qui n'ont pas reçu en égale intensité la poussée centrifuge et la poussée trangentielle. Les parties dispersées autour de l'espace $\frac{\delta}{2^{1}}$ ont été subdivisées et réunies par la pesanseur pour former des millions de petits corps connus sous le nom d'*astéroïdes* ou de *microplanètes ;* car à cause de leurs petites masses, elles n'ont pas, comme les planètes, expulsé des vapeurs qui leur aient imprimé un mouvement axial, mais sont restées, comme les satellites, avec leur mouvement orbiculaire, en tournant autour du Soleil comme les planètes. Les *Microdoryphores* existent autour de Saturne et d'Uranus.

Étoiles filantes. Ces petits corps qui apparaissent pour un instant sont des microplanètes produites par les parties de vapeur qui reçurent les deux poussées en rapports différents, et qui, pour cela, restèrent séparées et formèrent des millions de petites terres ou *microgées.* Ces corps ne manquent pas de toutes les sept autres planètes ; leur existence a été reconnue par l'astronome Leverrier autour de la planète Mercure. Nous avons prouvé que les accélérations irrégulières observées dans chaque révolution de la comète d'Encke ne résultent pas de l'existence d'une matière dans l'espace qui aurait dû produire des effets réguliers, mais des rencontres avec les myriades des microplanètes.

Bolides. Ces petits corps sont de petites lunes, *microsélènes*, qui circulent autour de la Terre avec la Lune. Il y en a des myriades qui accompagnent tous les satellites (voir t. III, p. 740).

Excentricités des orbites des corps célestes. La grandeur de l'excencitrité dépend de la valeur de a dans les formules (11) et (12), valeur qui est le rapport entre la poussée centrifuge et celle du choc tangentiel ; elles ont été modifiées par le déplacement convergent des portions σ', σ'', σ'''... σ^{IX} de vapeur, et il ne resta à son état normal que celle de l'orbite de Jupiter.

VI. — MOUVEMENT INITIAL DES CORPS CÉLESTES.

§ 62. Nous avons établi suivant la loi statique, le mode de production du mouvement axial au moyen : 1° de la répulsion expansive centripète de la vapeur, et 2° d'un mouvement orbiculaire existant. On est ainsi conduit du Soleil à un corps céleste supérieur dont a été expulsée une masse de vapeur qui ayant été subdivisée en un grand nombre de portions; de l'une d'elles a été formé le Soleil, et des autres portions ont été formées les étoiles dont chacune constitue un système planétaire propre. Il a été reconnu que le Soleil et les étoiles sont des corps phériphériques circulant ensemble avec la voie lactée autour d'un corps central qui est l'astre *Alcyon.*

Dans le texte de l'*Atlas cosmobiographique*, nous avons indiqué que l'astre Alcyon avec des millions d'autres, dont nous ne voyons que la voie lactée, sont également des corps périphériques autour d'un corps central nommé par nous *Archégète*, qui est le corps central universel, et qui reçut un mouvement axial par une éruption finale au moyen 1° d'une contre-répulsion centripète, et 2° d'un mouvement qui ne pouvait pas être orbiculaire parce qu'il n'existe pas un autre corps central.

Le mouvement initial se trouva donc dans l'Archégète dès l'époque de la production de la vapeur par le mélange du barogène avec les équivalents électriques Ê, Ë, qui se trouvèrent alors en équilibre rompu parce qu'ils éprouvaient de la part des ondes de l'électre dense ε une poussée supérieure qui diminuait sans jamais disparaître.

Ainsi, avec l'apparition de la matière se montra en même temps son mouvement rectiligne initial diminuant à cause de l'affaiblissement de la poussée, sans cependant jamais s'anéantir. De ce reste de minimum de mouvement et des répulsions expansives des vapeur brûlantes ont donc été produits les mouvements de tous les corps célestes, suivant la loi physique qui reste invariable. Ce fut donc par la consommation de la chaleur primitive que se multiplièrent les corps célestes et leurs mouvements.

PROBLÈMES PHYSICOMATHÉMATIQUES ET LEUR RÉSOLUTION.

§ 68. Pour corroborer les faits astronomiques des preuves mathématiques, nous ne sommes pas partis de ces faits mêmes; nous sommes parvenus à découvrir l'origine de la pesanteur dans le fluide *barogène* parcourant l'espace en directions rectilignes. Ce barogène, mêlé avec les équivalents électriques, constitue dans les corps la *masse* ou la *matière*. Nous avons exposé en une formule l'écoulement des deux qualités $Q\beta$ et $aQ\beta$ de barogène en équilibre rompu venant des deux corps c, c' à un troisième corps C pour y former un angle Γ et le mettre en mouvement. Au moyen de cette formule il devint possible de connaître, par les mouvements actuels des corps célestes, les poussées qui ont agi il y a des siècles pour produire ces mouvements, et l'on a pu en même temps constater leur ordre chronologique.

La somme des deux quantités de mouvement ou des deux volumes $v + v'$ de barogène en équilibre rompu a été exposée en un seul volume V dans la formule dynamique

$$e \times q\beta = (\cos(\Gamma - \gamma) + a\cos\gamma)Q\beta,$$

dans laquelle est comprise toute la *mécanique céleste*. En connaissant les deux poussées p, p' ou les volumes v, v', la formule donne la résultante P ou le volume V du barogène exprimé dans la quantité de mouvement $e \times q\beta$; et quand cette quantité $e \times q\beta$ est donnée avec l'angle Γ ou la quantité a qui est le rapport entre les deux poussées $p : p' = a$, on trouve ce rapport ou l'angle Γ.

Premier problème. *Les corps célestes décrivent des ellipses dans leur mouvement orbiculaire; quelles ont été les poussées* p, p' *qui produisent ce mouvement?*

Réponse. Pour obtenir un mouvement curviligne, il faut

que les deux poussées soient inégales et en direction perpendiculaire entre elles; ainsi, il faut qu'on ait $\Gamma = 90°$ ou $\Gamma = 270°$ dans la formule qui représente alors l'ellipse en y introduisant $\cos^2\gamma + \sin^2\gamma = 1$

$$e \times q\beta = (\cos(90° - \gamma) + a\cos\gamma)Q\beta = (\sin\gamma + a\cos\gamma)Q\beta$$
$$= (\sin\gamma \pm a\sqrt{1 - \sin^2\gamma})Q\beta.$$

Au moyen du calcul, on ne peut pas avancer plus loin : c'est la loi physique qui conduit à connaître que la vapeur dont chaque corps périphérique a été formé résulta du corps central, et c'est au moment de leur séparation produite par une expulsion que la vapeur éprouva une poussée centrifuge **p** qui lui fit parcourir la distance Δ, et une poussée perpendiculaire **p'** qui lui fit prendre à cette distance un mouvement orbiculaire, et qui ne lui permit plus de rebrousser chemin.

Deuxième problème. *Si la poussée* p *résulta d'une expulsion centrifuge de la vapeur, quelle a été la cause de la poussée perpendiculaire* p' ?

Réponse. La rotation du corps central; car la vapeur, en s'échappant par un vaste cratère qui tournait de l'ouest à l'est, recevait un choc tangentiel et perpendiculaire à la direction centrifuge.

Troisième problème. *Comment a été produite la rotation chez le corps central.*

Réponse. Suivant la loi physique, la masse $\frac{1}{2}$ M du corps central éprouvait alternativement, entre le centre et le cratère, des contre-répulsions par la vapeur *m* expulsée; et l'autre masse $\frac{1}{2}$ M de vapeur au delà du centre éprouvait des répulsions égales en sens contraire et parallèle. En cas pareil, l'angle $\Gamma = 180°$ et $a = 1$, et par suite

$$e \times q\beta = (\cos(\Gamma - \gamma) + a\cos\gamma)Q\beta = o \quad \text{et} \quad \cos(\Gamma - \gamma) = -\cos\gamma,$$

qui est la formule (6) indiquant une couple et un mouvement de rotation. Celui-ci résulta directement de l'expulsion de la masse m, et c'est ainsi que celle-ci, en passant par le cratère, a éprouvé le choc tangentiel.

Quatrième problème. *Quel a été le rapport* a *entre les deux poussées* p *et* p'?

Réponse. Au commencement de l'éruption, la poussée centrifuge **p** était dans son maximum et celle tangentielle **p'** dans son minimum ; vers la fin c'est le contraire qui a eu lieu : la poussée centrifuge **p** se trouva dans son minimum et la poussée tangentielle **p'** dans son maximum, car la vitesse de la rotation augmenta pendant la durée de l'expulsion. Il y a donc eu un moment pendant cette durée où les deux poussées **p** et **p'** étaient égales ; à ce moment la valeur de a était égale à 1.

Cinquième problème. *Pourquoi se trouve-t-il un corps grossi parmi les corps périphériques de chaque système?*

Réponse. La portion σ° de vapeur expulsée au moment où les deux poussées **p** et **p'** étaient d'un degré égal n'a pas pu se soutenir dans la distance Δ du corps central, parce que, en introduisant dans la formule dynamyque $a = 1$, on a

$$\Gamma - \gamma = \gamma \text{ ou } \Gamma = 2\gamma = 90^{\circ} \text{ et } \gamma = 45^{\circ}$$

$$e \times q\beta = (\cos(\Gamma - \gamma) \pm a \cos\gamma) Q\beta = 2 \cos\gamma \times Q\beta.$$

Cette portion σ° a donc dû être repoussée par la pesanteur vers la portion voisine la plus volumineuse qui a été grossie. Dans le système planétaire de la portion σ° de vapeur a été grossie celle de la planète Jupiter; dans le système des satellites de Jupiter a été grossi le troisième, et dans les deux systèmes des satellites de Saturne d'Uranus a été grossi le sixième. Comme l'une des neuf planètes a disparu, de même a disparu un satellite des neuf dans ces deux systèmes, à la distance $\Delta = \frac{2^{8}}{1}\delta$.

Sixième problème. *En quelle position se trouvèrent au commencement les axes des orbites des corps périphériques de chaque système ?*

RÉPONSE. En partant du corps grossi, celui-ci et tous les autres les plus éloignés du soleil avaient le grand axe dans la même direction que le petit axe des orbites des corps du même système et moins éloignés du corps central.

Septième problème. *Quelle a été la distance primitive entre le corps central et chacun de ses corps périphériques ?*

RÉPONSE. A cause de la subdivision consécutive de la poussée centrifuge P en deux moitiés égales de répulsion $\frac{1}{2}$R et contre-répulsion $\frac{1}{2}$R, la première portion σ', qui a éprouvé la répulsion $\frac{1}{2}$ R, a parcouru la distance $\frac{1}{2}\Delta$; la deuxième σ'', qui a éprouvé la répulsion $\frac{1}{2^2}$ R, a parcouru la distance $\frac{1}{2^2}\Delta$; ainsi ces distances, ainsi que les répulsions, se trouvèrent en progressions géométriques décroissantes :

$$\div \frac{1}{2}R : \frac{1}{2^2}R : \frac{1}{2^3}R : R \ldots \frac{1}{2^n}R \text{ et } \div \frac{1}{2}\Delta : \frac{1}{2^2}\Delta : \frac{1}{2^3}\Delta \ldots \frac{1}{2^n}\Delta.$$

Dans chaque système les corps périphériques éprouvèrent, sous l'influence de la pesanteur, un déplacement convergent vers le corps grossi qui seul conserva sa place et resta dans la distance primitive δ du corps central. Donc pour trouver les distances actuelles entre les corps périphériques et leur corps central, il faut partir de celle δ entre le corps central et le corps grossi ; 1° pour les corps les plus éloignés on aura : $2\delta - \chi$, $2^2\delta - \chi - \chi'$, $2^3\delta - \chi - \chi' - \chi''$, et 2° pour les corps les moins éloignés on aura $\frac{1}{2}\delta + y$, $\frac{1}{2^2}\delta + y + y'$, $\frac{1}{2^3}\delta + y + y' + y''\ldots$; mais il ne faut pas oublier dans chaque système le neuvième corps disparu par le corps grossi.

Huitième problème. *Y a-t-il eu quelque changement dans la vitesse orbiculaire depuis l'apparition des corps périphériques?*

Réponse. Il résulte du rapport $D^3 : D'^3 = T^2 : T'^2$ entre les cubes des distances et les carrés des durées des révolutions que les distances étant resté les mêmes suivant la règle qui se trouve entre elles, il en fut de même pour les temps des révolutions.

Neuvième problème. *Quelle est la quantité de mouvement d'un corps central?*

Réponse. La somme de son mouvement orbiculaire précédent exprimé par $(\sin\gamma \pm \alpha\sqrt{1-\sin^2\gamma})\,Q\beta$, plus le mouvement de rotation exprimé par $r^2\,(\sin^2\alpha + \cos^2\alpha) \times Q\beta$. Le corps o' (fig. 31) arrivait de o' à o par son mouvement orbiculaire suivant la ligne $o'o$; pendant l'éruption eut

Figure 31.

lieu la contre-répulsion $\frac{1}{2}$ R sur la moitié de la masse $\frac{1}{2}$ M et une répulsion égale et contraire sur l'autre moitié; il ne resta dans l'état primitif que les molécules μ qui occupaient le diamètre o' perpendiculaire au rayon qui passait par le cratère et au plan de l'orbite, donc ces molécules μ en restant dans le diamètre ou l'axe qui passe par o' actuellement, arrivent à o comme elles se faisaient avant l'éruption, tandis que les autres molécules en avançant doivent décrire une courbe, par exemple, la molécule m en partant de a vers b n'y arrive pas comme précédemment en direction droite, mais elle va à m', m''', m'''' pour arriver à la ligne ab par une voie dont la longueur est $2\pi r$ en ligne droite $m m''$, et $2\pi r + \alpha r$ dans la cycloïde $m m''' m''$. Ainsi la quantité de mouvement orbiculaire $2\pi r \times q\beta = (\sin\gamma \pm \alpha\sqrt{1 - \sin^2\gamma})\,Q\beta$ augmenta après l'éruption et devint $(2\pi r + \alpha r)\,q\beta = (\alpha r + \sin\gamma \pm \alpha\sqrt{1 - \sin^2\gamma})\,Q\beta$; car pour monter de m° à m''' la quantité de mouvement est $\pi r + mn = \pi r$ plus $2r$, et pour descendre à m'', il en faut encore autant qui devient $2\pi r + 4r$ ou $2r(\pi + 2)\,q\beta = (4r + \sin\gamma \pm \alpha\sqrt{1 - \sin^2\gamma})\,Q'\beta$.

Dixième problème. *Quel est l'ordre chronologique de l'existence et de la production des corps célestes ?*

Réponse. 1° L'accroissement de la quantité de mouvement orbiculaire pour obtenir celle du mouvement cycloïdal du corps central, et 2° l'existence d'un mouvement orbiculaire simple, rendent évidente l'époque de cet accroissement qui est celle 1° de l'expulsion d'une masse m de vapeur où resta conservé le résultat des deux poussées p et p', et 2° de la contre-répulsion d'où résulta en même temps le mouvement cycloïdal de la contre-répulsion $= p$.

Onzième problème. *Quelle est la quantité de mouvement des comètes ?*

Réponse. La forme elliptique de leurs orbites ne permet pas de douter que leur masse n'ait éprouvé deux poussées perpendiculaires; leur grande excentricité résulta de la grande supériorité de la poussée p exercée dans le sens de la direction du grand axe par rapport à celle p' exercée dans le sens perpendiculaire.

Douzième problème. *Quelle est l'origine des comètes ?*

Réponse. La masse qui constitue les comètes a été au commencement dans les planètes, et de celles-ci elle a été séparée non pas par une éruption comme la vapeur dont les satellites ont été produits, mais par une égale et mutuelle répulsion et contre-répulsion très-forte qui a fait s'éloigner d'une planète, simultanément une paire des comètes en sens divergent. De sorte que la grande poussée p eut lieu en direction perpendiculaire du mouvement orbiculaire opéré autour du Soleil.

Ainsi en chaque séparation pareille opérée chez les planètes, l'espace recevait deux comètes circulant comme leur planète autour du Soleil et en directions divergentes dont l'une directe et l'autre rétrograde. Jusqu'à l'année 1854, on avait déterminé les orbites de 203 comètes dont 101 ont le mouvement direct et 102 le mouvement rétrograde; donc parmi celles qui ont été déjà déterminées ou qui vont l'être dans l'avenir, il se trouvera un excédant de comètes avec le mouvement direct.

Treizième problème. *Combien de paires de comètes chacune des planètes a-t-elle produites?*

Réponse. Le nombre des comètes déterminées en 1831 était de 137, et il était de 201 en 1853; d'après la distance des périhélies on peut connaître le nombre des comètes produites de chacune des planètes qui sont les suivantes :

Distances des périhélies situées :	Nombre de comètes en 1831.	Nombre de comètes en 1853.
Entre le Soleil et l'orbite de Mercure.	30	37
Entre l'orbite de Mercure et celle de Vénus.	41	63
Entre l'orbite de Vénus et celle de la Terre.	31	52
Entre l'orbite de la Terre et celle de Mars.	23	38
Entre l'orbite de Mars et celle de Jupiter.	6	11
Au delà de l'orbite de Jupiter.	0	0
	137	201

Nous connaissons d'après ces données qu'il y a eu 19 couples de comètes séparées de Mercure, 32 de Vénus, 26 de la Terre, 19 de Mars et 6 de Jupiter; Saturne, Uranus et Neptune n'en ont pas encore produit.

Après avoir trouvé que des poussées p, p' perpendiculaires dont résultèrent les orbites cométaires, l'une p' était celle du mouvement orbiculaire de la planète, et l'autre p la supérieure lui était perpendiculaire, il devient évident que la distance δ entre le Soleil et la périhélie de l'orbite de la comète, qui a pour petit axe la distance entre la planète et le Soleil z doit avoir sa périhélie entre le Soleil et l'orbite de la planète.

Quatorzième problème. *Suivant la loi physique, sous quelle forme a été éloignée la matière cométaire des planètes?*

Réponse. Sous forme d'air atmosphérique, qui est produit des éléments de l'eau, comme il a été démontré, par les rayons solaires qui arrivent en densité supérieure à la zone torride. Les masses M d'air divisées en deux moitiés en étaient repoussées vers les deux pôles, parce qu'à cause de manque de force rotatoire, elles ne pouvaient pas se soutenir dans le plan équatorial AA' (fig. 32). Les masses d'air en s'éloignant de l'équateur ne pouvaient pas rester paral-

Figure 32.

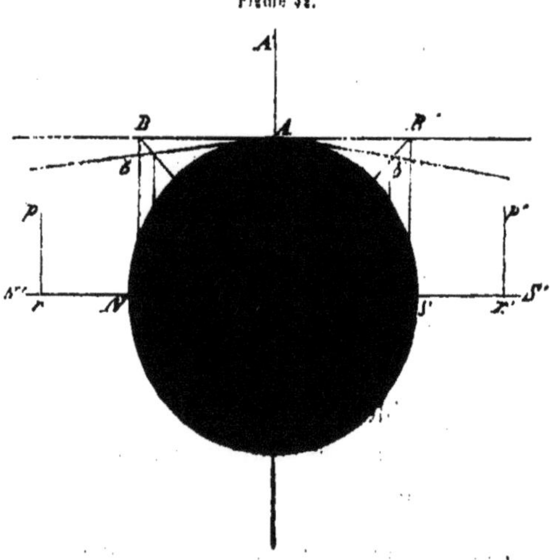

lèles à l'axe ns dans la direction BB' à cause de la pesanteur; elles prirent les directions Ab, Ab' inclinées vers les deux prolongements de l'axe Nn' et Ss'. Ainsi résultèrent dans les deux hémisphères deux *aérocônes* ABn ABs (fig. 33) qui avaient la base sur le plan de la zone torride et le sommet sur les prolongements des deux extrémités de l'axe *ns*.

Figure 33.

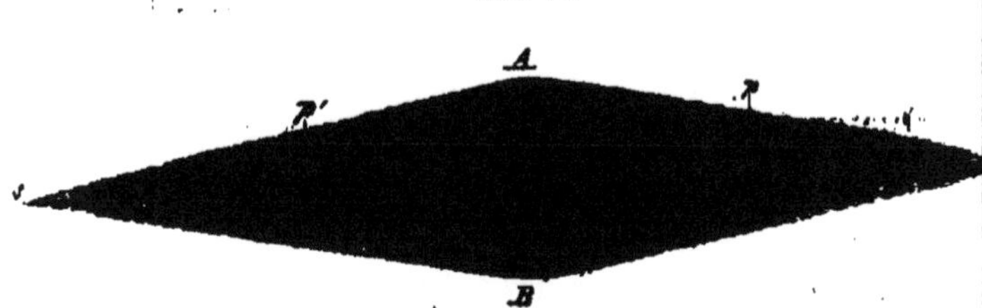

La pesanteur empêchait la séparation des aérocônes, mais augmentait la répulsion expansive en directions divergentes de la part de la zone torride. Aussi pour que la pression exercée de la pesanteur pût être vaincue, a-t-il fallu que la hauteur des aérocônes et la répulsion expansive R augmentât beaucoup, d'où résulta la poussée *p* perpendiculaire à celle *p'* dirigée suivant le plan orbiculaire.

L'air, la vapeur et l'eau sont les trois éléments de l'atmosphère et des comètes; la forme conique de celles-ci resta conservée, comme on peut le voir par les observations directes. Il y a parmi les astronomes un désaccord sur le mouvement de rotation; Herschel à Londres et Dunlop à la Nouvelle-Hollande ont pu constater ce mouvement qui terminait sa révolution en 1[illegible] 825, il est le même que celui de la planète dans l'époque quand chaque comète ou sa masse s'y rouvait.

Quinzième problème. *Pourquoi les comètes affectent-elles un cône creux volumineux dont les dimensions diminuent à l'approche de la périhélie?*

Réponse. La densité supérieure de la couche d'air autour de la Terre résulte de la pesanteur; si la Terre disparaissait ou si la masse d'air s'en trouvait séparée, le milieu resterait presque vide à cause de la répulsion expansive, et il se formerait un globe volumineux d'une raréfaction extrême. Le même effet a eu lieu pour les aérocones après leur séparation des planètes. Leur base, qui a reçu les deux poussées, se trouva en plus grande distance du Soleil que le sommet; le volume augmenta par la dilatation de l'air et de la vapeur; la quantité d'eau forma un noyau de forme ovale.

Les rayons solaires pénètrent l'air qui pour cela fait rester invisible l'espace occupé; il en est de même pour les vésicules d'eau quand leur enveloppe est unie; elles ne dispersent les rayons que par les inégalités de leur enveloppe, et c'est ainsi que devient visible l'espace qu'elles occupent dans les comètes ou dans l'atmosphère; de sorte que les comètes ne sont que des vents de l'espace portant le brouillard. L'espace E occupé par le vent est l'espace total de la comète et l'espace *e* occupé par son brouillard est sa partie visible. Les météorologistes ne disputent jamais sur les formes ou les dimensions des nuages, quoiqu'elles soient également produites suivant la loi physique. Donc en parlant des comètes ou de leur queue, il faut entendre l'espace visible *e* et non pas l'espace total E qui peut rester inaltérable quand le volume du brouillard augmente ou diminue; c'est donc ce brouillard qui prend des formes et des volumes différents.

Noyau. Cette petite partie des comètes consiste en une masse d'eau transparente et d'autres fois en un globe ovale de glace opaque. A cause de la transparence de l'air, et de son changement en vapeur, et d'autres fois par le changement de l'air en vapeur, il résulte une série de phénomènes physiques particulière pour chaque comète, qui diffèrent entre elles par la masse totale d'air que nous ne pouvons jamais connaître parce qu'il est transparent et léger.

Seizième problème. *Quelle est la cause du raccourcissement des révolutions constaté dans la comète d'Encke?*

Réponse. Les durées de révolutions de cette comète diminuent, mais non pas d'une manière constante; elles ont été de 1208j,11; 1207j,88; 1207j,42; les diminutions ont été 0j,23 et 0j,46. On a cherché la cause de cette diminution dans une matière dilatée répandue dans l'espace, mais d'une telle matière il résulterait une égalité d'effet. Or cette matière n'existe pas; mais il y a de petits corps qui peuvent être nommés *corpuscules* qui accompagnent par myriades les planètes et les satellites.

Les comètes, et notamment celle d'Encke, heurtent constamment ces corpuscules, à cause du grand nombre d'orbites planétaires qu'elles sont obligées de traverser dans un court espace de temps, aussi leur grand axe diminue, afin que leur orbite s'approche d'une périphérie.

Comme nous l'avons prouvé pour la disparition des portions σ^0 qui ont reçu d'égales poussées, arrivera la comète d'Encke au même état et sa masse sera alors repoussée par la pesanteur vers le corps qui se trouvera en ce moment dans la plus petite distance. Les comètes sont donc les seuls corps célestes qui ont un commencement et une fin, tandis que tous les autres sont éternels; ils ont eu un commencement et n'auront jamais de fin.

Dix-septième problème. ***En quoi les planètes qui produisirent les comètes diffèrent-elles de celles qui n'en produisirent pas?***

Réponse. En ce que leur mouvement rotatoire a perdu de sa vitesse, et que leur poids spécifique est augmenté : 1° à cause de la transformation de l'eau en air, dont le volume est 800 fois plus grand, il a fallu que la quantité de mouvement de rotation augmentât, et cela a fait diminuer d'autant la vitesse; 2° pendant chaque période *cométogénique*, les aérocônes firent augmenter l'épaisseur de l'air aux zones polaires et tempérées; il s'y est produit deux calottes épaisses de substances végétales, et le niveau de la mer baissa en ces zones pour s'élever dans la zone torride. Au moment de la séparation des aérocônes, les eaux se précipitèrent vers les pôles et couvrirent les masses solides dont se forma un fond de mer, sur lequel ont été déposées les substances minérales pendant la période suivante, alors que sur la surface se formaient deux nouvelles calottes de substances végétales, comme cela a été exposé dans le tome III, page 148. Les bandes parallèles à l'équateur, observées dans les planètes Mars, Jupiter et Saturne, sont les bords des calottes des substances végétales et des flores qui changent avec les saisons.

Figure 34.

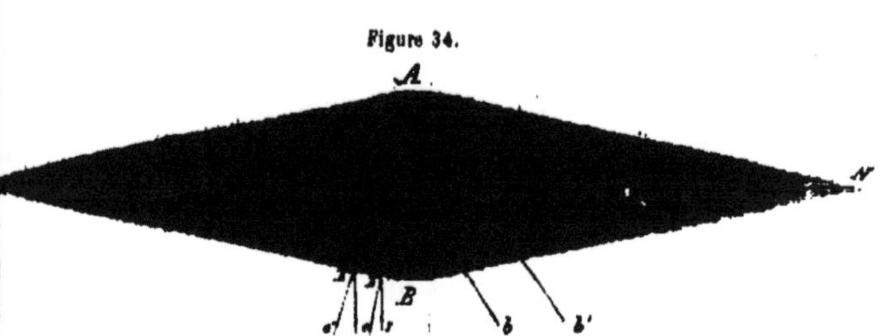

Dans les planètes ci-dessus nommées se trouvent aussi les aérocônes dont résulte leur couleur jaune et rougeâtre; celle-ci disparaît de la planète Mars (fig. 34) quand les rayons *ae'*, *ae* passent verticalement l'aréocône B*s*; alors la partie B*a* entre le pôle et l'équateur n'étant plus colorée aux yeux, a été considérée par les astronomes comme étant une couche épaisse de neige, car ils ont reconnu une couche d'air plus épaisse aux pôles qu'à l'équateur. L'eau a été toute consommée dans les planètes Mercure et Vénus; c'est pour cette raison qu'on n'y voit pas les bandes, les couleurs et les points polaires incolores. Dans la figure, Mars est représenté avec ses aérocônes et le mode de l'apparition des points incolores; s'ils s'en détachent, il y aura un déluge.

Dix-huitième problème. *Quels sont les faits terrestres qui prouvent qu'il y a eu des aérocônes?*

Réponse. 1° Les fossiles; 2° les gros amas de charbon;

3° la température élevée aux régions polaires; 4° les profondes et vastes vallées; 5° les traces laissées par la foudre; 6° l'absence des glaciers pendant la production des vallées où ils trouvent; 7° les contours des continents dont les terrains ont été enlevés par des torrents venant de l'équateur; 8° les blocs erratiques; 9° l'absence des animaux actuels dans les fossiles des zones glaciales et tempérées; 10° le manque de fossiles de ces zones dans la zone torride; 11° la distribution géographique actuelle des races humaines dirigée de la zone torride vers les pôles suivant les mêmes longitudes; 12° l'interruption subite de la vie des animaux des zones glaciales et tempérées; 13° la conservation de leurs cadavres par un abaissement instantané de température; 14° leur ensevelissement dans l'argile rougeâtre; 15° l'agitation des eaux, qui a usé leur chair gelée et non pas leurs os, qui, brisés, ont conservé leurs arêtes vives et pointues. Tous ces faits et plusieurs autres se trouvent exposés dans notre ouvrage sur le Déluge.

Dix-neuvième problème. *Y aura-t-il un autre déluge sur la terre?*

Réponse. Non; l'eau se consomme dans la production des plantes; des substances végétales et animales résultent, par une fermentation, les substances minérales qui constituent l'alluvion qui s'élève presque de 1 mètre d'épaisseur en dix siècles. Une grande portion de celle-ci est charriée par les fleuves et se dépose au fond de la mer qui, en s'élevant, atteindra un niveau invariable, comme cela a lieu par les planètes Mercure et Vénus. Telle sera la fin du genre humain. Ladite épaisseur de l'alluvion sert comme unité de temps dans la chronologie du Monde. Par la quantité de l'eau on détermine l'épaisseur e de la couche d'alluvion qui en peut résulter; la fin des corps organisés aura donc lieu après $10 \times e$ siècles.

CHAPITRE III.

DE LA PESANTEUR DES CORPS TERRESTRES, DU PENDULE ET DE LA DENSITÉ DE LA MASSE TERRESTRE.

§ 64. En admettant pour cause de la pesanteur l'attraction ou une impulsion dont l'origine est inconnue, les physiciens ne faisaient aucune distinction entre les modes de sa manifestation soit dans les corps célestes, soit dans les corps terrestres; ainsi les faits ont été attribués à des modifications inconnues de la force ou du fluide qui se fait sentir dans tous les corps. C'est pour éviter toutes ces confusions et ces malentendus que le mot *pesanteur* a été remplacé ici par les mots *rupture d'équilibre.*

I. — DIFFÉRENCE ENTRE LA PESANTEUR DES CORPS CÉLESTES ET DES CORPS TERRESTRES.

§ 65. Tous les corps célestes et terrestres consistent en barogène mêlé avec les deux espèces d'équivalents électriques $\breve{E}$, $\bar{E}$ en proportions différentes, dont résultent leurs qualités, tandis que la quantité de barogène $q\beta$ correspond à leur poids dont la différence ne consiste qu'en quantités inégales de ce fluide barogène qui se manifeste différemment chez les corps célestes et chez les corps terrestres.

§ 66. I. **Pesanteur des corps célestes.** On a déjà

prouvé, § 8, qu'entre deux corps célestes C et C′ la rupture d'équilibre résulte de l'inégalité des pressions P et P — a**p** ou P et P — **p** que ces corps éprouvent dans leurs deux hémisphères du côté de l'espace et du côté d'un autre corps. Le degré de rupture d'équilibre est $a\Pi$ dans le corps C, tandis qu'il est Π dans le corps C′, parce que $a\Pi$ exprime la rupture d'équilibre P — (P — a**p**) = a**p** qui est produite au corps C par le gros corps C′ et Π est la rupture d'équilibre P — (P — **p**) = **p** que ce gros corps éprouve de la part du corps inférieur C. Ces deux corps ne peuvent pas venir en contact, parce qu'ils ont éprouvé un choc au moment de leur apparition dans l'espace. Les degrés entre les ruptures d'équilibre $a\Pi$ et Π sont aux corps C et C′ en raison inverse de leurs masses m, am, ou de leur barogène $Q\beta$, $aQ\beta$.

$$a\Pi : \Pi = Q\beta : aQ\beta.$$

§ 67. II. **Pesanteur des corps terrestres.** Nous avons prouvé, dans le volume précédent, que les aérolithes sont des corps terrestres expulsés des volcans au moment de la séparation des aérocônes, quand ils ne rencontraient aucune résistance, et ils ne pouvaient pas trouver de résistance extérieure après avoir d'abord éprouvé une poussée centrifuge et puis un choc perpendiculaire de la part du bord postérieur du cratère. Ainsi ces aérolithes restant dans l'espace se comportent vis-à-vis de la Terre comme de petits corps célestes.

Les éruptions volcaniques actuelles ne sont pas si violentes que celles occasionnées par la séparation des aérocônes, et les masses expulsées ne s'en éloignent pas beaucoup à cause de la résistance opposée par l'air; ainsi elles rebroussent chemin et tombent sur le sol comme tous les corps terrestres élevés. Les corps terrestres sont maintenus en contact avec le sol par la pression centripète **p** exercée sur leur barogène $q\beta$, $q'\beta$ de la part des deux pressions inégales P et P — **p**, dont P est centripète et P — **p** est centrifuge.

Soit T (fig. 35) la Terre; chaque corps sur sa surface est en équilibre rompu parce que son barogène $q\beta$ éprouve 1° de la part de l'espace une poussée centripète P provenant de la quantité B invariable de barogène affluant, et de la part du sol une poussée centrifuge inférieure P — p provenant de la quantité B — b de barogène émergeant des diamètres de chaque point de la Terre. Le degré de la rupture d'équilibre pour chaque corps terrestre est donc indiqué par la différence P — (P — p) = p.

Figure 35.

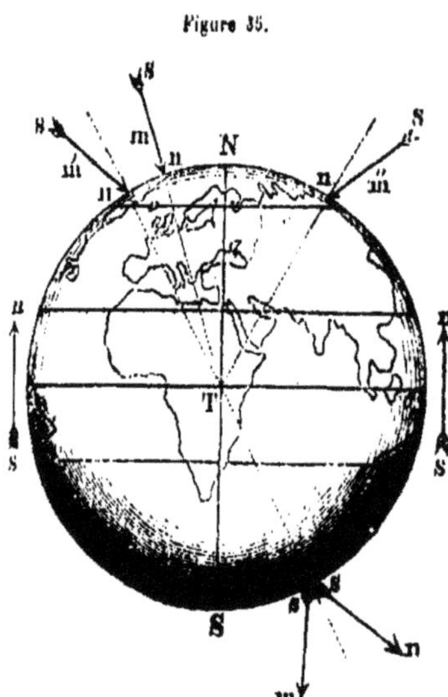

Il faut distinguer dans les corps terrestres le poids et la rupture d'équilibre; car le poids n'indique que la quantité $q\beta$ de barogène contenu dans le corps C qui est $ap\beta$ ou $dq\beta$ dans les corps c, c', tandis que la rupture d'équilibre du barogène ne perd point de sa quantité, mais est égale dans chaque molécule σ où se trouve le minimum de barogène β. L'égalité de cette rupture d'équilibre dans les plumes et la platine où le barogène est $q\beta$ et $a \times q\beta$ a été découverte par Galilée et constaté dans les chutes de vitesse égale opérées dans le vide.

Comme la rupture d'équilibre du barogène est indépendante de sa quantité, de même le poids des corps est indépendant de cette rupture d'équilibre, car il est en rapport direct avec la quantité de barogène, et nous obtenons de chaque corps tenu dans la main un sentiment qui correspond à cette quantité $q\beta$ de barogène. Dans les corps célestes nous n'observons que les mouvements où se manifestent la rupture d'équilibre, comme elle se manifeste dans la chute des corps terrestres.

II. — DU PENDULE ET DE SON USAGE.

§ 68. Un pendule consiste en un corps solide mobile autour d'un axe horizontal, qui ne passe pas par son centre de gravité. Si la position d'un corps O (fig. 36) est telle que la verticale MT en passant par ce dernier point rencontre

Figure 36.

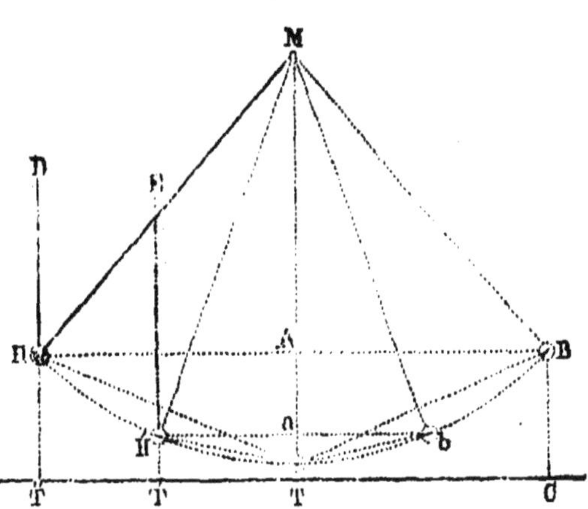

l'axe de suspension M, le corps O est en équilibre. Pour le ramener à l'état d'équilibre rompu on lui communique, au moyen d'un choc, une quantité de barogène 2Qβ au point de contact. C'est le volume V de ce barogène qui, repoussant le corps, le force à avancer de gauche à droite; il ne va pas horizontalement à C mais il remonte comme par un plan incliné par *b* à B à la hauteur BC où apparaît le baroaréome BC × β² produit par le barogène 2Qβ qui a été ramené au repos par celui repoussé au dessus du corps O en B; le barogène Qβ repoussée du baroaréome CB est la moitié de 2Qβ.

Il y a donc la quantité $Q\beta$ de baroaréome réduit en équilibre rompu, et elle manque au-dessous du corps; celui-ci en éprouve une poussée et il est forcé de tomber verticalement ou sur le plan incliné pour arriver à T. Au moment qu'il y arrive la quantité de barogène en équilibre rompu devient $2Q\beta$, comme elle était au moment du choc; c'est donc cette quantité $2Q\beta$ qui fait remonter le corps à la hauteur $HT'' = BC$. S'il y a absence totale de frottement et de résistance de la part de l'air, la quantité $2Q\beta$ de barogène reste pour toujours en équilibre rompu, qui se manifeste dans l'oscillation perpétuelle du corps O, et qui est réduite à la moitié $Q\beta$ aux hauteurs B et H dans les baroaréomes BC et HT''.

Dans le chapitre précédent ont été discutés les cas où deux quantités de barogène $Q\beta$ et $aQ\beta$ en équilibre rompu arrivent à un corps; ici le cas est le même, parce que le corps O en repos n'est pas pour cela en équilibre permanent. Pour arriver de T à H le corps peut suivre différentes routes, une directe TH ou une composée de TA et AH; dans ces deux cas la consommation de barogène est égale, parce que les hauteurs TA et T''H étant égales pour le mouvement horizontal de A à H, il n'est pas nécessaire qu'il y ait consommation de barogène.

Pour obtenir l'équation déjà connue

$$e \times q\beta = Q\beta(\sin\gamma + a\cos\gamma), \qquad (1)$$

nous n'avons qu'à exposer le volume V de barogène $Q\beta$ en deux formes différentes qui sont les quantités de mouvements : $Tm \times q\beta = (Tn + nm)Q\beta$ (fig. 37). Le volume V a la valeur $(To' + o'm).q\beta = Tn\sin\gamma + nm\cos\gamma)Q$; mais il est $Tm \times q\beta = (Tn + nm)Q\beta$, d'où résulte l'équation (1) en restituant $Tm = To + om$. Ainsi nous arrivons à une courbe d'une ellipse Mm (fig. 22) et non pas à une périphérie, parce qu'on n'a jamais $a = 1$. De l'équation $\sin^2\gamma + \cos^2\gamma = 1$, on a :

$$e \times q\beta = (\sin\gamma \pm a\sqrt{1 - \cos^2\gamma})Q\beta.$$

§ 69. **Pendule simple.** Pour étudier les propriétés du pendule, il faut admettre un manque total de frottement et de résistance de la part de l'air; comme cette condition n'est pas possible, on parvient à corriger leurs effets et à obtenir un résultat du pendule simple; mais ce résultat est idéal, car les observations s'opèrent au moyen de pendules réels nommés *composés*.

§ 70. **Pendule composé et axe d'oscillation.** Si la nature de la courbe du pendule resta inconnue aux physiciens, les effets qui en résultent n'en furent pas moins remarqués par eux. La longueur λ du pendule, au lieu de rester invariable, change, et l'on en fit la remarque; son maximum est dans la direction verticale AT (fig. 37) et elle diminue en Ag pour atteindre en me (fig. 22) un minimum. Dans l'explication de ce fait on a admis que les points les plus rapprochés de l'axe de suspension tendent a osciller plus vite que ceux qui en sont plus éloignés, d'où il résulte dans la longueur λ une courbe convexe AD du côté de la verticale AT. Cette hypothèse fut mise en avant parce que le mouvement a été considéré comme communiqué de l'axe à la longueur λ du pendule, quand elle ne porte pas un poids, tandis qu'elle va de celui-ci vers l'axe, et alors le fil long et mince λ forme une courbe avec la convexité vers la verticale AB (fig. 37).

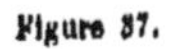
Figure 37.

En prenant donc de la longueur λ le point g de maximum

de convexité et l'appuyant sur une droite horizontale, on obtient en celle-ci *l'axe d'oscillation*. La distance gA entre celui-ci et l'axe de suspension A s'appelait *longueur d'oscillation*. Malgré ces détails obtenus par l'observation, et même utilisés comme pendule *réversible*, on n'est pas parvenu à connaître que l'arc décrit par le pendule n'est pas celui d'une périphérie mais l'arc d'un sommet d'ellipse.

Cette hypothèse fausse a conduit à un résultat qui ne l'est pas moins : on a conclu que, dans le cas d'un pendule composé formé d'un fil flexible assez fin pour qu'on puisse en négliger le poids et d'une boule T très-pesante, le centre d'oscillation se confond avec le centre de la boule. En ce cas la courbure dans la longueur λ devient plus prononcée, mais comme on en obtient des oscillations *isochrones*, on a considéré cela comme effet d'un déplacement du centre d'oscillation.

§ 71. **Effet de la présence de l'air sur les durées des oscillations.** La résistance de l'air sur le pendule n'altère pas l'isochronisme dans les petites amplitudes. On démontre en mécanique que si cette résistance augmente la durée de la demi-oscillation descendante en diminuant la vitesse, elle réduit d'autant la durée de la demi-oscillation ascendante en en diminuant l'étendue; ainsi l'amplitude décroît et le pendule finit par s'arrêter sans que l'isochronisme se perde.

Dans l'air, le poids p de la boule est moindre que dans le vide. Ainsi la durée d'oscillation étant 1 dans l'air pour p devient $\sqrt{1-\delta}$ dans le vide, car dans l'air le poids diminue et devient $p-\delta$. Cette diminution pour les corps en repos augmente et devient $\sqrt{1-\frac{2}{3}\delta}$ pour les corps en oscillation. En admettant T pour la durée de l'oscillation dans le vide, elle augmente dans l'air et devient $T' = \frac{T}{\sqrt{1-\frac{2}{3}\delta}}$ dans le vide.

§ 72. **Application du pendule aux horloges.** Une

roue à dents obliques R (fig. 38) nommée *roue de rencontre* ou *rochet*, est mise en mouvement par un poids P'. Une pièce d'échappement *ab*, nommée *ancre*, peut osciller autour d'un axe *oo'* perpendiculaire à la roue qui reçoit le mouvement par un pendule P, au moyen de la fourchette *of*. Quand le pendule P est dans la position verticale, l'une des dents de la roue s'applique sur l'extrémité supérieure du crochet *b* et l'appareil est en repos. Mais si le pendule se met en mouvement, de manière que le crochet *b* s'éloigne de la roue, la dent appuyée sur ce crochet est rendue libre et la roue tourne jusqu'à ce que le crochet *a*, qui s'approche de la roue pendant que *b* s'en éloigne, soit frappé de bas en haut par la dent qui était immédiatement au-dessous. Le pendule P revenant ensuite sur ses pas, le crochet *a* se retire, laisse partir la roue, qui se trouve arrêtée de nouveau un instant après par le crochet *b*, que vient rencontrer en dessus la dent suivante... Ainsi de suite. Le mouvement de la roue sera donc composé de petits déplacements égaux se succédant régulièrement comme les oscillations du pendule P.

Figure 38.

Pour communiquer au pendule des impulsions qui compensent les effets de la résistance de l'air et de celle due au mode de suspension, les deux crochets *a* et *b* sont terminés par deux petits plans inclinés en sens contraire et tournés du côté vers lequel s'avance la dent voisine. L'extrémité de la dent qui s'échappe vient alors glisser en le pressant sur le plan incliné, de manière à le pousser au moment où elle se dégage. Cette petite impulsion, qui provient du moteur P' qui fait tourner la roue, est répétée à chaque demi-oscillation du pendule P et perpétue son mouvement.

§ 73. **La rotation de la Terre prouvée au moyen du pendule.** L. Faucolt a fait l'expérience suivante, par laquelle est mise en évidence la rotation de la Terre. Un pendule oscille dans le plan du méridien passant par les verticales *u* et *v* (fig. 39), et suspendu par un fil métallique à un châssis AB mobile autour d'un axe vertical. Si l'on fait tourner le châssis, le plan d'oscillation du pendule passe constamment par les verticales *u* et *v*. En imprimant au fil une torsion au moyen de la manivelle *m*, le plan ne se déplace pas. Si l'on admet le pendule au pôle terrestre, en restant au même plan, il paraîtra décrire un tour en vingt-quatre heures. Le pendule reste dans l'équateur toujours sur le plan du méridien, et paraît constant; mais entre l'équateur et le pôle le plan du pendule avance de l'ouest à l'est du côté du nord.

Figure 39.

Le même résultat a été obtenu au moyen d'un pendule suspendu à un fil métallique de 50 mètres de longueur et soutenant une masse sphérique pesant 28 kilog. Une pointe fixée au-dessous de la sphère marquait sur un arc les changements du plan d'oscillation, qui était de $2^{mm},25$ à chaque retour du pendule du côté du point de départ. La durée de l'oscillation était de 8″. Avec un fil de longueur moindre, on obtient le même effet, mais après un nombre *n* d'oscillations.

III. — CAUSE DE L'ISOCHRONISME DES OSCILLATIONS.

§ 74. Au moyen des observations directes il a pu être constaté que les oscillations des amplitudes de 2° à 4° s'accomplissent en un égal espace de temps, et cette proportion a été nommée *isochronisme* (ἴσος, égal; χρόνος, temps). Au lieu d'en donner une explication, les physiciens, par oubli plutôt que par ignorance, n'en donnaient qu'une simple description. En effet, chacun sait que si l'espace e est parcouru en une minute par un mobile qui fait m mètres par 1″, un autre espace ae sera parcouru également en une minute par le même mobile faisant am mètres par 1″.

La quantité de mouvement est dans l'un des cas $e \times q\beta$, et dans l'autre elle n'est pas $ae \times q\beta$, mais $ae \times aq\beta$, parce qu'autrement le temps ne serait pas égal. Donc pendant une égale durée deux espaces e et ae ne peuvent être parcourus qu'au moyen d'une quantité $aq\beta$ de barogène en équilibre rompu, en admettant pour l'espace e la quantité $q\beta$. En exposant la quantité de mouvement $ae \times aq\beta$ par $a^2e \times q\beta$, on arrive à un produit analogue à celui $\frac{1}{2}T^2g = \frac{1}{2}T \times Tg$, où est exprimée T fois la distance g parcourue par un mobile qui fait $\frac{1}{2}T$ mètres par 1″, tandis que ce mobile en faisant $\frac{1}{2}$ mètre par 1″ ne parcourra en une minute que la distance $\frac{1}{2}g$. La quantité de mouvement est $\frac{1}{2}T^2g$ dans l'un des cas, et $\frac{1}{2}g$ dans l'autre.

Dans une amplitude d'oscillation de t que la sphère parcourt, par exemple, $\frac{1}{2}T$ centimètres par 1″, et dans une amplitude de g, la même sphère parcourt $\frac{1}{2}$ centimètre par 1″. Le carré a^2 ou T^2 résulte de l'égalité de l'augmentation des espaces et des quantités de barogène en équilibre rompu, quand la durée reste la même. Au moyen de l'observation on obtient bien les faits, mais l'intelligence a encore quelque chose à faire : il lui reste à rechercher, en suivant la loi physique, l'ordre suivant lequel ces faits se produisent. Le carré T^2 est employé en quelques cas pour indiquer l'espace parcouru, quand l'espace $\frac{1}{2}g$ est admis pour unité; en d'autres cas, il indique la vitesse, quand le mobile parcourt l'espace $\frac{2e}{g}$ en une unité de temps, et jamais il n'a été employé pour exprimer comme ici la quantité de mouvement.

Dans les chutes verticales des corps C et C′ égaux qui ne partent pas simultanément, on constate que le corps C′, parti 2″ après l'autre C, ne parcourt pas en 1″ un égal espace de temps, mais qu'après 2″ il se trouve en M (fig. 4), tandis que l'autre corps qui était en ce point M 2″ auparavant, se trouve en O; le corps C a parcouru l'espace MO en 2″, pendant que l'autre a parcouru l'espace CM. Le degré de rupture d'équilibre à la fin des 2″ est, dans le corps C′, suffisant pour lui faire parcourir l'espace double 2CO, tandis que celui du corps C′ ne suffit qu'à lui faire parcourir l'espace 2CM. Il y a donc égalité de temps, mais inégalité double : 1° dans l'espace parcouru MO = 3CM, et 2° dans les degrés de barogène en équilibre rompu pour parcourir l'espace 2MO = 6CM. L'espace *e* parcouru par le corps C est donc triple, et est également triple le degré ou la quantité de barogène en équilibre rompu, dont résulte le carré de la quantité de mouvement ou le rapport $e : \frac{1}{2}g = T^2 : 1$.

Le même effet a lieu dans les chutes sur les plans inclinés ou sur les courbes H′T et H″T (fig. 36) des amplitudes *o* et O des deux oscillations opérées par des corps égaux. L'un C, en partant de l'extrémité O ou de H et l'autre C′ de l'extrémité *o* ou de H′, la rupture d'équilibre est nulle au premier instant, mais en commençant simultanément elle croît rapidement et devient double dans le corps C, qui parcourt l'arc double HH″T, en même temps que le corps C′ parcourt la moitié de l'espace HT avec une rupture d'équilibre moitié moins grande.

Du point T, le corps C avec la quantité $2Q\beta$ de barogène en équilibre rompu devrait parcourir, à l'état d'équilibre, une distance double de celle HT, mais pour remonter l'arc TbB, il s'est consommé la quantité $Q\beta$ de barogène, laquelle en a déplacé derrière elle une égale quantité, ce qui a fait apparaître le baroaréome $\overline{BC} \times q\beta^2 = Q\beta^2$. L'autre corps C′ parcourt, avec sa quantité de barogène $Q\beta$, un espace Tb dans lequel se consomme la moitié $\frac{1}{2}Q\beta$ pour produire un baroaréome aT, qui est inférieur à la moitié de celui BC produit par le corps C.

En admettant donc que l'espace HT est double de celui H′T, les quantités $2Q\beta$ et $2Q'\beta$ de rupture d'équilibre en T ne sont pas dans le même rapport, et pour cette raison il ne peut exister d'isochronisme entre les deux pendules, celui C, qui décrit l'arc HH′T, et celui C′, qui décrit l'arc H′T. Donc pour avoir un isochronisme, il faut qu'en même temps l'arc HH′T soit double de celui H′T, et la hauteur AT double de celle aT, condition qui ne peut être remplie que dans les deux arcs $Md = 2Mo'$ et $Mm'' = 2MO$ (fig. 22) d'ellipse. De sorte que l'isochronisme des oscillations résulte de l'arc du sommet le plus éloigné du foyer e de l'ellipse, et il se maintient d'autant plus que la longueur l du fil eM est plus grande. Dans les arcs plus grands que de 4° le rapport constant change entre les arcs Md, Mo', et les hauteurs Mm'', Mo; pour cela disparaît l'isochronisme, et par suite le rapport de $\sqrt{q\beta \times e}$ à $\sqrt{aq\beta \times ae} = a\sqrt{q\beta \times e}$. Ce même rapport prend le nom de vitesse dans la formule

$$V^2 = 2ge, \text{ et par } e = \tfrac{1}{2}T^2g, \text{ on a } T^2 = \frac{2e}{g}.$$

La quantité de mouvement indiquée dans l'équation $2e = T^2g$, qui exprime un volume V de hauteur g et de base T^2 peut également être indiquée par $\pi^2 l$ où la base doit être le carré de $\pi = 3,1416$, et la hauteur l obtiendra une valeur convenable pour donner le même volume V que celui exprimé par $T^2g = \pi^2 l$.

IV. — MESURE DE L'INTENSITÉ DE LA PESANTEUR DANS LA CHUTE DES CORPS.

§ 75. Nous avons fait voir comment, au moyen de l'équation $e = \frac{1}{2}gT^2$, est exprimé l'espace e parcouru par un corps C (fig. 4) en chute en T unités de secondes; $\frac{1}{2}gT$ est l'espace parcouru en 1″ au commencement de la chute. Dans leur oscillation les corps sont également en chute, non pas verticale, mais sur un plan oblique courbe, où la quantité de mouvement est T^2g ou $\pi^2 l$, parce qu'on peut prendre pour base $\pi = 3{,}1416$ et pour l une valeur qui donne le produit $\pi^2 l = T^2 g$.

Si la longueur l est prise dans celle d'un pendule, la durée d'une oscillation d'amplitude isochrone de celui-ci dépend directement du degré de rupture d'équilibre dans lequel se trouve le barogène $q\beta$ du corps en oscillation. Dans l'isochronisme les quantités de mouvements $\pi^2 l$, $T^2 g$ sont égales ou en rapport exprimé par T^2 et π^2, qui sont entre eux $T^2 : \pi^2 = l : g$:

$$g = \frac{\pi^2 l}{T^2}$$

est donné par la longueur l qui indique la hauteur d'un cylindre de base π^2 contenant le même volume V, que contient le cylindre à base T^2 et de hauteur g. Les racines carrées de T^2 et π^2 expriment les unités de temps écoulées pendant la chute verticale de l'espace g et pendant la chute oblique de l'espace π, mais indiquée dans une partie proportionnelle sur la longueur l.

Borda et Cassini employèrent pour pendule une boule BB (fig. 37) de platine soutenue par un fil mince de platine fixé au moyen de la vis v au couteau ab; tout le système $mabv$ oscille dans le même temps que le pendule tout entier. La longueur l du pendule est mesurée directement; on obtenait la longueur des oscillations en admettant un arc périphérique, mais comme il n'entre pas dans la valeur de g, cette l'hypothèse fausse y reste sans influence.

Après avoir compté un grand nombre d'oscillations opérées en un quart d'heure, par exemple, on a pu obtenir la durée exacte d'une oscillation, et par suite de l'espace de la chute du corps dans une partie M'm' (fig. 22) de la longueur l; ainsi a été trouvée la longueur

$$g = 9^{m},8088,$$

ce qui veut dire que tout corps qui tombe librement dans le vide, en partant de l'état de repos, acquiert, au bout d'une seconde, une vitesse qui lui permet de parcourir en état équilibré un espace double de celui $\frac{1}{2}g$ parcouru en 1″. Ce mot *vitesse*, un peu vague, signifie que la quantité de barogène 2Qβ *réduit en équilibre rompu par la chute du* corps pendant 1″ suffit : 1° pour faire remonter à ce même corps un égal espace $\frac{1}{2}g$; ou 2° si le corps est en état *équilibré, il suffit pour lui faire parcourir un espace double* g.

Brassel a ramené le pendule au vide et il a trouvé la valeur $g = 9^{m},8096$, et pour la longueur du pendule à secondes $l = 0^{m},993781$. Les Anglais ont adopté le pendule à seconde pour unité de longueur; tandis que les Français ont préféré le *mètre* qui est une partie du méridien passant par Paris. Ensuite il a été trouvé que la longueur $l = 0,99613$ au Spitzberg, et que $l = 0,99113$ à l'île Rawak sous l'équateur.

Une partie de la longueur du degré du méridien qui passe par Paris a été adoptée comme mesure en France; il a été ensuite constaté que les longueurs des degrés des méridiens des mêmes latitudes diffèrent, de même que celles de mêmes parallèles; par exemple le parallèle de 45° a donné, entre Padoue et Fiume, 78.067 mètres, et entre Sauvagnac et Iscon, 77.799 mètres.

Alors qu'on ignorait encore la cause de la pesanteur, les Français ont préféré le mètre, parce que c'est un type de longueur qui, s'il vient à se perdre, peut être retrouvé; le *yard* anglais n'éprouvera jamais de changement, parce que la pesanteur est invariable. Il résulte de là qu'il est fort probable que ces deux pays conserveront chacun leur unité de longueur, l'un le *mètre* et l'autre le *yard*.

V. — VARIATION DE LA PESANTEUR SUR LES DIFFÉRENTES PARTIES DE LA TERRE.

§ 76. Des expériences nombreuses ont été faites au moyen du pendule par un grand nombre d'observateurs et dans une multitude de pays différents, dans le but d'étudier la distribution de la pesanteur dont la cause était inconnue. Il résulte de la comparaison des divers résultats obtenus successivement que l'intensité de la pesanteur n'est pas la même partout. Quand au commencement le nombre de faits était médiocre, il a été reconnu que cette intensité va en augmentant de l'équateur vers les pôles. De même que, d'après l'arc de méridien qui passe par Paris, on s'est trop hâté de reconnaître la preuve directe d'un aplatissement du globe terrestre auquel ne correspondent ni les longueurs des arcs des méridiens ni celles des arcs des parallèles obtenus ensuite aux autres pays; ainsi a-t-on fait de même pour les résultats obtenus sur l'intensité de la pesanteur qu'on trouve notablement augmentée vers les pôles.

Afin de coordonner deux genres de faits encore peu nombreux, les physiciens ont admis deux hypothèses qui ne pouvaient subir aucun contrôle : 1° Ils ont admis dans l'intérieur de la Terre la masse croissant symétriquement en densité vers le centre; mais cette hypothèse ne pouvait pas s'accorder avec l'augmentation de la pesanteur vers les pôles, car pour cela elle devait diminuer. Au lieu d'attendre de nouveaux faits, chacun eut hâte d'arriver au but, et c'est ainsi qu'on n'hésita pas à admettre une deuxième hypothèse. 2° C'est la rotation de la Terre qui devait produire la diminution de l'intensité de pesanteur aux régions équatoriales.

Les faits postérieurs ont constaté que ni dans toute la périphérie de l'équateur, ni dans les mêmes latitudes, l'intensité de pesanteur n'est la même. Malgré ces deux genres de faits, qui prouvent que de leur arrangement il ne résulte ni aplatissement du globe ni densité de la masse symétriquement croissante, on n'a pas abandonné les hypothèses, et cela parce qu'on ne connaissait pas plus la forme véritable du globe que la cause de la pesanteur; quant à l'intérieur de la Terre, on savait seulement que la masse y est en densité plus grande que dans la surface.

§ 77. **Expériences prouvant l'effet d'une force centrifuge.** Deux cercles flexibles d'acier sont fixés par leur partie supérieure à un anneau *b* (fig. 40) qui peut glisser le long de la tige *ab*. Une poulie en *a* reçoit une corde sans fin qui passe par une roue animée d'un mouvement rapide imprimé par la manivelle, et les cercles fixés en *a* tournent autour de la tige, précisément comme, dans l'appareil ecsphendonistique (fig. 19), tourne la barre *ab* et les boules *d* et *c* qui sont repoussées vers les montants.

Figure 40

Les deux demi-cercles fixés en *a* de chacun des cercles *c*, *c'*, en reçoivent le barogène et produisent des quantités de mouvement $c \times q\beta$ et $c' \times q\beta$, qui peuvent augmenter quand en chaque unité de temps augmente la quantité $q\beta$

de barogène venant de la main appliquée à la manivelle. Il y a donc une rupture d'équilibre dans les demi-cercles qui étant fixés en *a* et libres en *b'*, ne reçoivent le barogène que par la partie inférieure, et chacun d'eux est repoussé en direction divergente pour obtenir un allongement par l'abaissement de la partie supérieure *b'* avec l'anneau qui les soutient. Si l'on attache les parties supérieures des cercles à la tige, et qu'on laisse l'anneau glisser du côté inférieur, il montera quand la rotation communique le barogène aux demi-cercles par leur partie supérieure.

Le fluide barogène, comme un gaz ou un liquide poussé de la part de la manivelle, s'écoule de la tige vers les parties qui y sont fixées et passe dans les demi-cercles en y exerçant une répulsion centrifuge ou divergente sur leurs molécules, qui, en s'écartant de la tige, font baisser les parties supérieures qui ne reçoivent pas le fluide de la tige.

Si un disque *tt'* (fig. 27) est mis en rotation par un axe *o* dans le sens de la flèche *d*, toutes ses molécules reçoivent une égale quantité de barogène en directions divergentes, et elles ne se déplacent pas quand elles sont à l'état solide; mais à l'état liquide, elles sont poussées également vers la périphérie *tt'*. Le même effet a lieu quand le mouvement est communiqué à une sphère ou un cylindre par son axe. Si la sphère ou le cylindre est formé de disques parallèles fixés à l'axe, et qu'on admette que les intervalles sont remplis d'un liquide quelconque, celui-ci sera également chassé vers les périphéries des disques.

La force centrifuge qui se manifeste dans la pierre de la fronde est la quantité de barogène réduit en équilibre rompu dans les filets des muscles et transmis au moyen du cordon à la masse en rotation en quantité limitée et continuellement alimentée; il y a donc une production de barogène en équilibre rompu qui manque dans les corps célestes, où manque également toute espèce de consommation provenant d'une résistance ou d'un frottement.

VI. — MESURE DE LA MASSE ET DE LA DENSITÉ DE LA TERRE.

§ 78. Les corps ayant été composés d'un mélange de barogène avec les équivalents électriques, par les mots *masse* et *matière* les physiciens entendaient le barogène dont résulte le poids de chaque corps, et ils ignoraient que des équivalents électriques résultent les qualités des corps.

La rupture d'équilibre dans laquelle arrivent les corps éloignés du sol résulte des poussées opposées et inégales exercées sur leur barogène β de la part de celui B qui afflue de l'espace et de celui B — **b** qui émerge du sol; cette rupture d'équilibre était attribuée à une force nommée *attraction* qui devait résulter non pas des molécules qui se trouvent dans le diamètre terrestre qui passe par le corps, mais de l'ensemble M des molécules contenues dans la Terre.

Densité. D est la quantité de masse M ou de barogène $q\beta$ contenue dans le volume V donné; on a ainsi M ou $Q\beta = V \times D$, où l'on entend que le barogène β entre Q fois dans le volume V, ainsi que la chaleur, la lumière et l'électricité, de même le fluide barogène ne possède pas partout une égale densité, mais sous le même volume V il se trouve mêlé avec les équivalents électriques en commençant par un maximum qui apparaît dans le platine et va en diminuant indéfiniment.

Chaque corps arrive en rupture d'équilibre quand il éprouve d'une part une poussée inégale à celles exercées des autres côtés. La quantité de barogène B — **b** qui émerge du sol indique que la quantité **b** de molécules de barogène est contenue dans le diamètre terrestre Δ qui passe par le point ∂ du sol et le corps C. A côté d'une montagne MMM (fig. 41) les plombs *ab* et *a'b'* reçoivent la quantité B — **b** — *b* de barogène inférieure à celle B — **b** qu'ils reçoivent sur la mer ou sur les plaines;

Figure 41.

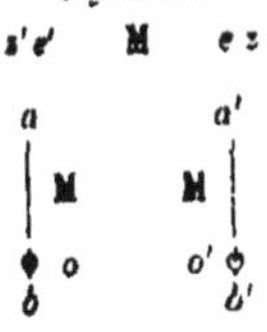

tandis que la quantité B affluant de l'espace reste invariable. Les plombs *ab*, *a'b'* indiquent en ce dernier cas, dans le ciel, les points *e*, *e'*, mais au pied de la montagne ils indiquent les points divergents *z*, *z'* dont on connaît les déplacements des plombs de *b*, *b'* à *o*, *o'* vers la montagne.

§ 79. **Mesure de la densité de la Terre**. Après avoir prouvé que de la part des montagnes le plomb éprouve une poussée moindre que du côté opposé, John Michell s'imagina que cela devait avoir lieu même entre tous les corps, surtout quand ils sont suspendus pour agir librement au moyen de la masse *m* et M contenue dans ces corps *c* et C. Après la mort de John Michell, Cavendish exécuta l'expérience avec l'appareil suivant :

Figure 41.

Appareil de Michell et Cavendish. Dans la figure 42 l'appareil est représenté en coupe et en projection ; *ab* est un fléau en bois mince et solide renforcé par un fil d'argent et soutenant les balles *mm* de plomb pesant chacune 730 grammes.

Ce fléau est suspendu par son milieu au moyen d'un fil métallique qu'on peut faire tourner sur lui-même au moyen d'une vis sans fin *r*. Ce fil est suspendu à la partie supérieure d'une boîte en acajou B, B, B qui enveloppe tout l'appareil et s'appuie sur quatre poteaux R, R', R, R'.

Deux autres sphères de plomb M, M' égales entre elles pesant chacune 158 kilogrammes presque 200 fois plus grosses que les autres *m*, *m* et dont la ligne du centre passe par le prolongement du fil de suspension, peuvent être éloignées ou rapprochées des balles *m*, *m*, comme cela se voit dans la projection R' R'. L'appareil est renfermé dans une chambre et on observe l'extrémité du fléau qui porte les balles *m*, *m* avec deux lunettes L, L. Les déplacements sont mesurés sur une échelle fixée à la boîte qui peut donner les quarts de millimètre.

Cavendish ayant transporté les masses M, M très-près des balles *m*, *m*, vit celles-ci s'en rapprocher et, sans s'arrêter à un minimum de distance, elles subissaient une série d'oscillations isochrones, d'une amplitude décroissante autour d'une position d'équilibre. Cette position est celle pour laquelle les poussées des masses *m*, *m* vers les masses M, M font équilibre à la résistance *r* développée dans le fil de suspension par sa torsion. Pour obtenir cette position d'équilibre, Cavendish observait trois positions extrêmes successives de l'extrémité du fléau, et prenait le milieu entre la seconde position et un point pris à égale distance de la première et de la troisième, qui sont du même côté, afin d'éviter l'erreur provenant de la diminution d'amplitude. Il mesura ensuite la durée d'une oscillation et trouva 7 minutes, et 14 minutes dans d'autres expériences faites avec un fil de suspension plus fin.

La rupture d'équilibre se manifesta aux oscillations des petites balles autour des positions qui dépendent de la distance entre ces balles et les masses M, M. Pour conclure de ces observations le rapport existant entre la poussée p exercée sur le barogène $q\beta$ des corps vers le diamètre de la Terre qui passe par lui, et celle p qu'éprouve la masse m ou son barogène β vers la masse M, on emploie les calculs suivants.

Soit L la longueur de la moitié du fléau, G la poussée $p-p$ exercée sur le barogène β de la balle m de la part de la masse M, et t la durée d'une oscillation, on aura ainsi $T^2 = \pi^2 \frac{G}{L}$. Pour avoir un pendule simple qui ferait une oscillation dans le même temps on détermine, d'après l'équation $T^2 = \pi^2 \frac{l}{g}$, la longueur $l = \frac{T^2 g}{\pi^2}$. Des deux valeurs de T^2, on a $\frac{L}{G} = \frac{l}{g}$ ou $L : l = G : g$.

La quantité de mouvement ou celle de barogène réduit en équilibre rompu dans la chute des corps est $e = \frac{1}{2} T^2 g = R^2 g$, de même la quantité de barogène réduit en équilibre rompu par la masse M dans la balle m est $e' = \frac{1}{2} T^2 G = \delta^2 G$. Il est admis ici que les deux ruptures d'équilibre résultent des quantités de barogène contenu non pas dans le diamètre 2R de la Terre et dans celui 2δ de la masse M, mais dans leur rayon R et δ. En substituant les valeurs de volumes e, e' qui indiquent les quantités de barogène $q\beta$ et $Q\beta$ réduit en équilibre rompu par les masses M et m qui produisent ces ruptures, on a

$$e = M = \tfrac{1}{2} T^2 g = R^2 g;\ e' = m = \tfrac{1}{2} T^2 G = \delta^2 G \text{ et } M : m = R^2 g : \delta^2 G,$$
$$\text{mais de } L : l = G : g, \text{ on a } M : m = lR^2 : L\delta^2,$$

qui est le rapport entre la quantité de barogène M contenu dans les molécules d'un rayon R de la Terre et celui m contenu dans les molécules d'un rayon δ du globe de plomb.

Le volume de la Terre étant V et sa densité moyenne D, on a $M = D \times V$; connaissant donc la quantité M de barogène contenu dans le rayon R terrestre et la longueur de ce rayon, on trouve pour densité du barogène le nombre 5,48, en admettant comme unité sa densité dans l'eau. Bayly a trouvé le nombre 5,67 en répétant l'expérience avec une très-grande exactitude.

§ 80. **Observations sur l'expérience décrite ci-dessus.** Il va être démontré plus bas que les ruptures d'équilibre ne résultent pas dans les corps de la totalité de la masse T terrestre considérée comme accumulée au centre de gravité, mais de la quantité de barogène contenu dans chacun des diamètres terrestres. Les résultats indiqués sont véritables parce qu'on y trouve le rapport M : *m* entre les quantités de barogène qui est le même quand on considère ces quantités Qβ et *q*β comme distribuées dans les rayons R et ∂ ou dans les diamètres 2R et 2∂ ou dans les volumes V et *v*.

Pour se convaincre, au moyen de l'expérience, que les ruptures d'équilibre résultent des quantités Q'β, *q'*β de barogène contenu dans les diamètres 2R *et* 2*d*, il fallait remplacer les masses 158 kil. par un cylindre de longueur 2∂ pesant 50 ou 30 kil., car alors l'effet, même diminue un peu, ne devient jamais $\frac{1}{3}$ ou $\frac{1}{5}$ de celui obtenu de la masse M = 158 kil.

VII. — FORME OVALE ET STRUCTURE DE LA TERRE ET DES CORPS CÉLESTES.

§ 81. Des inégales intensités de la pesanteur dans les différentes régions équatoriales ou polaires, il résulte que ce n'est pas la masse totale T de la Terre qui produit la rupture d'équilibre ou la pesanteur locale, mais que celle-ci résulte de la quantité **b**σ de molécules qui se trouve au diamètre terrestre qui passe par chaque pays. Cela résulterait même de l'expérience de Cavendish, s'il remplaçait les masses sphériques M, M par des cylindres de plomb d'une longueur égale au diamètre des sphères. Une pareille différence n'existe pas entre la Terre et la Lune, où la rupture d'équilibre est attribuée à la totalité des masses T et L des deux corps.

§ 82. **Inégale densité de la masse autour de l'axe**

et de l'équateur. Si l'on voulait établir un pendule à secondes au Spitzberg, sa longueur devrait être de 996^{mm}, et cette longueur serait encore de $991^{mm} \pm \alpha$ aux régions équatoriales; d'où l'on voit qu'aux diamètres terrestres qui passent par les régions polaires se trouvent $(996 \pm \alpha)n$ molécules contenant le barogène $\mathbf{b} \pm \beta$ et qu'aux diamètres qui passent par les régions équatoriales sont contenues $(991 \pm \alpha')n$ molécules contenant le barogène $\mathbf{b}(1 - \frac{5}{996}) \pm \beta'$.

Les observations ne décèlent ni une influence de force centrifuge qui serait à l'équateur et nulle aux pôles, ni une égalité de densité de la masse dans les diamètres des régions équatoriales et ceux de régions équatoriales. Le désaccord existant entre nous et les physiciens ne résulte donc pas des faits, mais des deux hypothèses, dont la première, celle de la force centrifuge, est absolument fausse; quant à l'autre, nous prouverons qu'elle n'est pas plus vraie, surtout quand on s'appuie sur elle pour prouver la structure de la Terre et des corps célestes.

Au moyen du pendule il a été découvert : 1° que la masse est en densité supérieure dans les diamètres qui unissent les régions polaires, et 2° que les diamètres des régions équatoriales ne sont pas égaux, par suite, l'intensité de la pesanteur correspond dans les deux cas aux quantités des molécules contenues dans les diamètres, mais, 1° dans les directions polaires les molécules sont en densité supérieures, et 2° dans les régions équatoriales les diamètres sont inégaux.

Voilà trois preuves physiques de nature différente qui ne permettent pas de douter de la forme ovale de la Terre, dont le sommet est en Nubie et dont la base est formée par l'océan Pacifique.

§ 83. **Première preuve de la forme ovale de la Terre.** NO (fig. 43) étant le grand diamètre ou l'*axe* de l'ovoïde, c'est *ef*, soit *horizon* ou périphérie, qui sépare l'hémisphère soulevé *eNf* de l'hémisphère aplati *eOf*. Toutes les parties de la surface les plus éloignées du centre de gravité K sont occupées par les continents, et que des fonds de mers sont occupées les parties les moins éloignées de ce centre. Ainsi autour de la Nubie se trouvent l'Afrique, l'Europe et l'Arabie qui occupent la partie aNb; autour de l'océan Pacifiques gOh sont l'Asie, l'Australie, l'Amérique du Sud et l'Amérique du Nord, qui occupent la zone $cdhg$. Cette zone est séparée de l'Afrique, de l'Arabie et de l'Europe par une autre zone $acbd$ moins éloignée du centre de gravité K où sont les fonds des océans Atlantique et Indien et le récipient caspien beaucoup plus bas que le niveau de la mer.

Figure 43.

Ce sont les courants sous-marins qui produisirent des modifications secondaires en faisant, sur certaines côtes, avancer la mer vers les continents dont ils rongeaient la masse solide, tandis que cette masse qui allait se déposer ailleurs, faisait monter le fond et augmenter la surface de ces continents, sans changer en rien le niveau des mers. Cette liaison physique des continents et des mers avec le centre de gravité est vérifiée dans la mappemonde de la planète Mars, où l'on retrouve les mêmes dispositions des mers et des continents, comme on peut le voir exposé dans notre *Atlas cosmobiographique*.

§ 84. **Deuxième preuve de la forme ovale de la Terre.** Soit NNO'S (fig. 44) le planisphère oriental, et

NN'O'S le planisphère occidental obtenus par une coupe qui passe par la Nubie et les deux pôles. En décrivant une périphérie $d'b'Nc'$ (fig. 43) autour de la surface de la Terre pour indiquer le voûte céleste, il devient évident qu'aux régions polaires les longueurs des arcs croissent d'un degré et qu'elles diminuent vers la Nubie, quand on suit le même méridien NN qui passe par la Prusse où l'arc de 1° est de 111.376 mètres; mais si l'on prend l'arc de 1° sur un méridien qui passe à l'ouest de la Nubie par le Danemark, on trouvera une longueur de 111.277 mètres inférieure à cause du moindre aplatissement en cette partie. Cette donnée a suffit à Arago pour lui faire reconnaître et affirmer *« qu'on « ne peut pas dire que la Terre présente régulièrement la forme « d'un solide de révolution, et que les méridiens soient rigou- « reusement égaux entre eux. »*

Figure 44.

Il a été mesuré également sur le parallèle de 45° un arc de 15° 32′ 26″,76, dont la longueur est de 1.210.673 mètres, ce qui donne pour l'arc moyen d'un degré 77.903 mètres. Cet arc a son extrémité occidentale sur les côtes de l'Océan près de Bordeaux et son extrémité orientale près de Fiume en Istrie. Les arcs successifs fournissent les résultats contenus dans le tableau suivant :

NOMS DES ARCS.	AMPLITUDES des arcs en degrés.	AMPLITUDES des arcs en mètres.	LONGUEUR d'un degré en mètres pour chaque intervalle.	EXCES de chaque degré partiel sur le degré moyen.
Marennes—St-Preuil. .	0° 57' 14",85	74.414,96	77,992	+ 89,86
St-Preuil — Sauvagnac.	1° 35' 46",41	124.194,79	77,805	— 97,69
Sauvagnac—Isson. . .	1° 43' 50",87	133.359,09	77,799	— 103,08
Isson—Genève.	2° 50' 27",30	233.111,06	77,939	+ 36,18
Genève—Milan.	3° 2' 23",55	230.741,48	77,878	— 24,34
Milan—Padoue.	2° 41' 20",75	209.279,52	77,825	— 77,70
Padoue—Fiume. . . .	2° 33' 25",04	199.571,64	78,067	+ 104,46

§ 85. **Troisième preuve de la forme ovale de la Terre.** En réduisant tous les résultats obtenus par les observations du pendule en différents pays au niveau de la mer, un désaccord a été constaté entre eux et les résultats obtenus par les calculs, qui sont basés : 1° sur une forme d'un solide de révolution, refutée déjà par Arago, et sur une force centrifuge qui n'existe pas. Les avances ou les retards journaliers du pendule, calculés sur le pendule observé aux différents pays, sont contenus dans le tableau suivant, où ils sont représentés en hauteurs ou abaissements des épaisseurs de couches d'eau.

TABLEAUX DES OBSERVATIONS DU PENDULE.

STATIONS.	LATITUDES.	AVANCES du pendule calculé.	ABAISSEMENT auquel il faudrait placer le pendule.	LONGUEURS du pendule à secondes réduit au niveau de la mer.
			mètres.	
Ile de France.	20° 09' 56" S.	+ 7,45	— 519	991,7987
Ile Mowi.	20 52 07 N.	5,06	375	991,7850
Ile Guam.	13 27 51 N.	6,65	488	991,1520
Ile Saint-Thomas.	0 24 41 N.	5,64	268	991,1094
Ile de l'Ascension.	7 55 48 S.	5,16	255	991,1948
Spitzberg.	79 49 58 N.	4,19	309	996,0356

STATIONS.	LATITUDES.				RETARDS du pendule calculé.	ÉLÉVATIONS auxquelles il faudrait placer le pendule.	LONGUEURS du pendule à secondes réduit au niveau de la mer.
Maranham	2	31	43	S.	− 6,18	+ 455	990,8952
Ile Rawak	0	01	34	S.	2,92	215	990,9577
Rio-de-Janeiro	22	55	13	S.	4 39	324	991,6930
Bordeaux	44	50	26	N.	4,11	302	993,4530
Figeac	44	36	45	N.	3,01	222	993 4575
Ile Formentera	38	39	56	N.	1,27	94	992,0760
La Trinidad	10	38	56	N.	5,98	410	991,0609
Bahia	12	59	21	S.	3,28	233	991,2064
Drontheim	63	25	54	N.	2,72	200	995,0200
Jamaïque	17	56	07	N.	1,42	104	991,4739
Sierra-Leone	8	29	28	N.	1,75	128	991,0953

Dans ces tableaux nous avons inséré les plus grands désaccords entre les résultats observés et calculés que nous avons ainsi classifiés : 1° ceux où l'intensité de la pesanteur observée surpasse celle qui résulte des calculs, 2° ceux où l'intensité observée est inférieure. En même temps, dans la figure 40, nous avons représenté la coupe de la Terre par un plan passant par la Nubie et vertical au méridien : ce plan coïncide avec celui de l'écliptique.

1° Si la densité de la masse terrestre autour de ce plan *est également distribuée*, les *quantités de molécules dont* résultent les intensités de pesanteur de chaque pays doivent correspondre aux longueurs des diamètres. 2° Si la Terre à la forme ovale d'après les deux preuves précédentes, les diamètres qui passent par les environs de la Nubie et de l'archipel O, des îles Basses de l'océan Pacifique, seront plus longs, et 2° ceux qui passent par les quatre continents de l'Asie, de l'Australie, de l'Amérique du Sud et de l'Amérique du Nord seront plus courts. Par suite, 1° dans les pays de *longs* diamètres l'intensité doit être supérieure, et 2° dans les pays de diamètres moins *longs* elle doit être inférieure. En effet, 1° les îles de *France*, *Saint-Thomas* et de l'*Ascension* sont autour de l'Afrique, et les îles *Mowi* et *Guam* autour de l'archipel ci-dessus nommé ; 2° les îles *Maranham*,

Rawok, *Rio-de Janeiro*, la *Trinidad*, *Bahia*, la *Jamaïque* et *Sierra-Leone* sont dans l'Amérique du Sud et dans l'Amérique du Nord, et 3° par le *Spitzberg* passe un diamètre de longueur supérieure à celui qui passe par Bordeaux ou Drontheim.

§ 86. **Manque d'aplatissement et de sphéricité dans les corps célestes.** Au moyen des mesures micrométriques des dimensions des corps du système planétaire, on obtient des résultats de trois espèces.

I. Une périphérie parfaite ne se montre que dans le disque de la Lune ; on ne peut pas dire la même chose du disque solaire, parce que dans les éclipses totales de cet astre, il reste une ou plusieurs protubérances en dehors du disque qui ne peuvent être couvertes par sa périphérie.

II. Les planètes Mars, Jupiter et Saturne présentent dans les observations; 1° pour leur axe une longueur constante l, tandis que 2° celle du diamètre de leur équateur est trouvé $l + \lambda$ ou $l + \lambda + 2\alpha$; de sorte que la longueur du diamètre équatorial est supérieure à celle de l'axe. Sans ce dernier cas on pourrait attribuer à un aplatissement les longueurs observées l et $l + \lambda$; mais quand le diamètre de l'équateur est trouvé $l + \lambda + 2\alpha$ ou $l + \lambda$, on doit reconnaître deux dimensions NO et ef (fig. 40), qui prouvent directement l'existence d'une forme ovale. Il serait peu raisonnable d'abandonner les résultats ainsi obtenus pour y admettre des inexactitudes grossières dans les observations, en attribuant à des erreurs les longueurs $l + \lambda + 2\alpha$ et $l + \lambda$, et cela pour se permettre de considérer comme longueur réelle la moyenne $l + \lambda + \alpha$.

III. La planète Uranus circule comme le Soleil sur un plan qui est presque perpendiculaire à celui de son orbite, de sorte qu'en tournant elle présente à la Terre presque toujours la même face, comme cela a lieu pour la Lune. Les satellites et les microplanètes ne tournent pas autour d'un axe; dans leurs révolutions ils présentent vers nous différentes dimensions d ou $d+\delta$. Lorsqu'ils se trouvent en objection ou en conjonction, nous voyons leur petit diamètre *ekf*, et dans leurs quadratures nous voyons leur grand diamètre NO (fig. 43).

IV. Il y a des étoiles variables, leur lumière en périodes fixes passe d'un maximum à un minimum; cependant l'augmentation et la diminution ne s'opèrent pas graduellement mais l'intensité de lumière passe subitement presque du maximum au minimum ou de celui-ci au maximum. Ce fait, problématique pour les astronomes, sert ici à démontrer directement la forme ovale de ces corps très-éloignés et lucides comme le Soleil. Quand leur face *eNf* soulevée et grande est tournée vers nous, nous en recevons la quantité analogue de lumière $a\varphi$; et de la face aplatie *cOf* nous n'en recevons que la lumière φ, a fois inférieure. La durée d'une période de clarté correspond : 1° à l'évolution de ces étoiles comme le sont celles des satellites et les microplanètes, ou 2° à la rotation comme celle des planètes et du Soleil.

Le passage subit de la grande clarté à la médiocre, ou de celle-ci à la grande, résulte également de la forme ovale; si, par exemple le corps ovale NO*dc* est couché sur un plan et qu'un observateur le considère des directions KN, K*b*, K*f*, K*h* et KO en faisant le tour, il en recevra dans la direction KN une grande quantité de lumière de la grande surface *eNf*, et il recevra une quantité médiocre de lumière de la petite surface *eOf*. Quand on passe de la direction KN à celle K*h*, la grande partie de lumière disparaîtra rapidement; au contraire elle se présentera rapidement quand l'observateur passe de la direction K*g* à K*c*.

VIII. — MODE DE LA PRODUCTION DES MARÉES PAR LA PESANTEUR DE LA LUNE ET DU SOLEIL.

§ 87. Le niveau de la mer est soumis à des oscillations diverses résultant des positions de la Lune et du Soleil relativement à la Terre; car l'intervalle moyen de $12^h\ 25^m$ qui sépare deux pleines mers consécutives en chaque port est en rapport avec l'égal intervalle entre les passages de la Lune par le méridien à midi et à minuit. D'après cette donnée, on a acquis la certitude que l'élévation et l'abaissement du niveau résultent de la Lune et du Soleil, qui sont la cause motrice, et il a été impossible jusqu'à présent de connaître les détails entre cette origine de mouvement de l'eau et les résultats obtenus par les observations sous le nom d'*établissements des ports*. Pour fixer les idées, nous indiquons ces résultats dans le tableau suivant :

ÉTABLISSEMENTS DES PORTS.

PORTS DE FRANCE.	HEURES des marées.	HAUTEUR des marées.	PORTS des autres pays.	HEURES des marées.	HAUTEUR des marées.
Dunkerque.	$12^h\ 13^m$	$2^m.68$	Londres.	$2^h\ 15^m$	$4^m.58$
Calais.	11 40	$3^m.12$	Fals-Bay (cap de Bonne-Espérance).	3 15	$0^m.85$
Boulogne.	11 26	$3^m.96$	Valparaiso.	9 46	$0^m.79$
Dieppe.	11 8	$4^m.40$	Port Jackson. . . .	9 00	$0^m.93$
Le Havre.	9 55	$3^m.57$	Rio-Janeiro.	2 30	$0^m.52$
La Hogue.	8 48	$3^m.04$	Monterey.	9 52	$0^m.98$
Cherbourg.	7 58	$2^m.82$	Baie de Madeleine.	7 37	$1^m.38$
Saint-Malo	6 10	$5^m.68$	Acapulco.	3 05	$0^m.32$
Brest.	3 46	$3^m.21$	Payta.	3 18	$0^m.89$
Lorient.	3 32	$2^m.21$	Callao de Lima. . .	6 00	$0^m.38$
Bordeaux.	7 45	$5^m.33$			
Bayonne.	4 05	$1^m.40$			

Pour mesurer le temps, on convint de considérer comme point de départ le moment où la Lune nouvelle passe au méridien de chaque port, à midi vrai, à l'époque des équinoxes : 1° Le temps T qui s'écoule entre ce passage et l'instant de la pleine mer qui le suit est indiqué dans le tableau. 2° La hauteur H que le niveau atteint en chaque port à la pleine mer au-dessus du niveau moyen est également indiquée dans le même tableau.

Dans le principe, les physiciens ont admis que la Lune Z exerçait une attraction sur les molécules *amb* (fig. 46), et que cette attraction manquait pour les molécules en *f'*, d'où devait résulter une égale élévation du niveau comme en *a'm'b'*. Dans la nouvelle Lune, quand elle est en conjonction avec le Soleil, et pour la pleine Lune, quand elle est en opposition, l'application de l'hypothèse n'est pas d'accord avec la force d'attraction ; cependant on l'a conservée, parce que l'on manquait d'une explication basée sur la loi physique, comme cela se trouve ici. Pour rendre facile et évident le mode de la production des marées, les descriptions doivent être précédées de quelques expériences.

A. Production des marées artificielles.

§ 88. Il a fallu d'abord produire une élévation et une dépression égale du niveau d'un bassin pour prouver le cas où les molécules *amb*, *a'm'b'* sont également attirées par la Lune. Un soufflet *s* aspirant continuellement l'air rapproché de l'eau, le niveau du bassin s'éleva à une hauteur *h*, et il a été également abaissé au moyen d'un autre soufflet *s'* dont l'air était chassé. Pour représenter les faits, non pas comme ils apparaissent, mais comme ils sont réellement, les soufflets ont été mis en mouvement l'un après l'autre ; alors on n'apercevait ni le soulèvement ni la dépression d'un cône, mais une onde soulevée et égale dans les deux cas qui suivait la direction de l'un ou de l'autre soufflet.

Ensuite, une grande sphère en bois était promenée au moyen d'un cordon, d'une extrémité à l'autre du bassin, avec des vitesses différentes; une onde élevée se propageait en directions divergentes vers les extrémités latérales du bassin. La sphère, arrivée au bout du bassin, n'avait au-devant d'elle qu'une onde très-médiocre, tandis que celles qui arrivaient obliquement à gauche et à droite continuaient de se propager et arrivaient à l'extrémité assez tard pour pouvoir promener la sphère encore une ou deux fois, surtout quand elle était promenée suivant la largeur du bassin.

On a pu constater ainsi : 1° l'égalité entre les ruptures d'équilibre produites dans une élévation f ou dans un abaissement f'' du niveau; 2° l'égalité entre les effets obtenus par le déplacement des soufflets; 3° au moyen des deux soufflets aspirants en même direction, à des distances différentes, est obtenu une rupture d'équilibre égal à celle que produisent un soufflet aspirant l'air et un autre qui le chasse.

Les faits fournis par des observations doivent servir de guide pour l'explication des détails entre les ruptures d'équilibre provenant du Soleil et de la Lune, et les faits qui constituent l'établissement de chaque port. Quant on est bien orienté, on pourra facilement distinguer les différences qui résultent des dimensions, des distances et des conformations géographiques.

B. MODE DE LA PRODUCTION DES MARÉES NATURELLES.

§ 89. La Terre, le Soleil et la Lune ont des mouvements qui se répètent par périodes dont la durée est de $12^h\ 25^m$; la durée annuelle est de 354 jours, et la durée totale de 19 ans à peu près. La Lune intercepte par son barogène b une égale quantité de celui B qui afflue de l'espace; il arrive donc par le cône $a''Cb''$ à l'hémisphère $a''O'b''$ (fig. 48) une quantité $B - b$ de barogène de la part de l'espace, et c'est la quantité B qui arrive à l'hémisphère postérieur $a''Ob''$. De l'hémisphère antérieur émerge le barogène B—**b** et de l'autre $a''Ob''$ émerge la quantité inférieure B—**b**—*b*. D'un côté, en A'B', il y a diminution *b* de pesanteur, et de l'autre il y a augmentation *b*; par suite, il y a des deux côtés égalité de rupture d'équilibre.

Le déplacement de la Lune produit dans les régions *ab* et *a'b'* (fig. 46) des mers des déplacements d'égales masses d'eau M et M' dans le même sens; mais à cause de la résistance de l'eau qui est en repos, les masses M et M' se divisent et forment des ondes divergentes qui se propagent avec une vitesse médiocre vers les latitudes supérieures. Quand au bout de $12^h\,25^m$ l'onde de la rupture d'équilibre arrive à C (fig. 45), l'eau M se divise également en deux moitiés qui, comme les précédentes, vont en directions divergentes et à des distances égales entre elles comme *cA*.

Figure 45.

Dans la mer ouverte, la propagation s'opère régulièrement, et les ondes sont trop faibles pour être senties, et cela non pas à cause d'un médiocre degré de rupture d'équilibre, mais à cause de la grande masse M d'eau dans laquelle la poussée se trouve distribuée. L'onde provenant directement de la poussée ne se manifeste qu'au point de la côte qui a la Lune ou le Soleil à son zénith ou son nadir. Même sur cette côte, la marée, très-médiocre, ne peut se développer que quelques heures après le passage de la Lune ou du Soleil au méridien.

C. ÉTABLISSEMENT DES PORTS.

§ 90. Dès qu'on est parvenu à connaître le mode de la propagation des masses d'eau déplacées, on voit disparaître toutes les anomalies apparentes exposées dans le tableau des établissements des ports; car les faits qui y sont exposés sont produits suivant la loi physique qui vient d'être reconnue; les physiciens ne l'ignoraient pas, mais par suite d'oubli ils cherchaient une explication des faits tels qu'ils se seraient présentés à l'état de repos des corps célestes. Ils ne firent même aucune mention d'une force centrifuge, telle qu'ils l'ont admise dans l'explication de la diminution de la pesanteur des pôles vers l'équateur. Deux éléments des marées constituent les établissements des ports: leur hauteur et l'heure de leur apparition.

§ 91. **Hauteur des marées et sa cause.** La masse M d'eau en équilibre rompu d'un degré d, arrivée à une côte pour en envahir une surface étendue s, produira une quantité de mouvement $q\beta \times s$; cette quantité reste la même quand est petite la surface s' de la côte, et alors c'est l'espace parcouru e qui augmente, et devient $e + e'$ pour avoir $q\beta \times s = q\beta \times e' \times s'$. Pour fixer les idées, prenons comme exemple les hauteurs indiquées dans le tableau; la plus grande est celle du port de Saint-Malo, puis celle de Dieppe; la plus médiocre est celle de Bayonne, qui atteint à peine le quart de celle de Saint-Malo.

Pour obtenir un fait analogue au moyen de l'expérience, nous avons fait un barrage au moyen d'une planche entre la voie que suivait la sphère sur la surface du bassin et une partie de son extrémité pour empêcher la propagation directe des ondes, et ainsi il s'est montré une onde de très-médiocre élévation. La planche devait, dans cette expérience, produire un effet analogue à celui qui résulte des côtes d'Espagne relativement aux ondes dirigées des régions équatoriales vers les côtes de France.

La quantité de mouvement dévie de la direction de Bayonne et s'unit avec celles dirigées vers les ports de Saint-Malo et de Dieppe, tandis que pour les autres ports il se produit une hauteur de 3 mètres environ, provenant directement des ondes équatoriales qui n'ont éprouvé que des médiocres modifications par les ondes réfléchies des côtes d'Espagne ou de la péninsule tout entière. Une réflexion semblable est éprouvée par les ondes sur les côtes de la France, et après avoir été réfléchies, elles passent vers les côtes opposées de l'Angleterre pour produire à Londres une élévation comparable à celles de Saint-Malo et de Dieppe.

Dans les ports de latitudes inférieures, on trouve la plus faible hauteur des marées, comme cela a été prouvé par l'expérience. Chacun comprend que les faits qui ont résulté de celle-ci ont été produits suivant la même loi que ceux qui sont observés dans les ports. L'eau, réduite en équilibre rompu par la poussée, ne s'accumule pas pour arriver à la côte en grande masse et avec une vitesse proportionnelle à celle de la rotation de la Terre, comme cela aurait dû être si l'hypothèse admise n'était pas fausse.

Heureusement la production des faits de la loi physique est très-simple, et par cela même à la portée de tout le monde; les simples matelots mêmes connaîtront à l'avenir le mode de la production des marées, tandis que jusqu'à present ce fait, considéré comme quelque chose de mystérieux, paraissait être du seul domaine des plus profonds mathématiciens, qui cependant n'en étaient que plus induits en erreur par la fausseté des hypothèses sur lesquelles ils s'appuyaient.

§ 92. **Heures des marées.** Les physiciens considéraient chaque marée comme l'effet du passage de la Lune à l'équateur, et comme pour cela il faut un espace de temps de 12h 25m, ils ne disent pas qu'à Dunkerque la marée avance de 12m, mais ils admettent qu'elle retarde de 12h 13m, quoiqu'à Londres, qui n'est que très-peu éloigné, le retard ne soit que de 2h 15m, et à Bordeaux de 7h 45m ; rien n'empêchait donc de connaître que le retard étant de 12h 13m à Dunkerque, pouvait être à Londres de 2h 15m de plus. Il est prouvé ici que le retard véritable est celui indiqué dans l'établissement de chaque localité plus *a* fois le temps de 12h 25m. Les retards constatés n'ont aucun rapport avec les hauteurs des marées ; les intervalles entre deux pleines mers et leur retard varient avec les phases de la Lune ; le plus petit vers les syzygies est de 39m, et il atteint jusqu'à 75m vers les quadratures.

Il y a un rapport entre les passages de la Lune au méridien et les heures des marées, mais cela ne prouve pas que chaque marée résulte du passage qui a immédiatement précédé. Il est même prouvé que la plus grande hauteur des marées arrive un ou deux jours plus tard que celle du jour trouvée par le calcul.

§ 93. **Inégalité entre les périodes des marées.** La basse mer intermédiaire ne tient pas le milieu entre les deux pleines mers, l'eau employant plus de temps à monter de *b* à *m* (fig. 46) qu'à descendre de *m'* à *b'*. Ce fait constant prouve que l'abaissement est accéléré par le poids propre de l'eau, tandis que son élévation est produite par l'ensemble des poussées venant des régions équatoriales.

§ 94. **Profondeur des lames d'eau en oscillation.** Dans le tome précédent, page 771, ont été exposés tous les détails des translations des bouteilles et des substances végétales en directions contraires ou différentes, sans que nulle part se soit montré un effet qui aurait pu être attribué à la gravitation. Celle-ci exerce des ruptures d'équilibre considérables mais elles sont divisées dans toute la masse d'eau et l'effet augmente sur les côtes alors que l'étendue ou l'espace du mouvement devrait au contraire diminuer.

Figure 46.

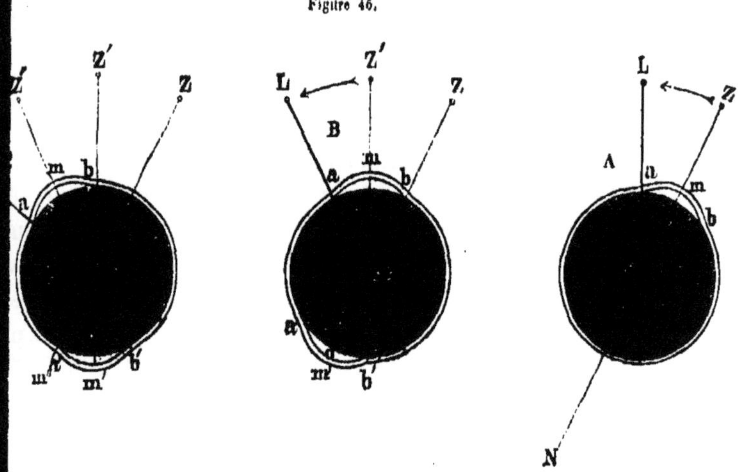

§ 95. **Marées de l'atmosphère.** Une oscillation de la hauteur de la marée s'opère dans l'atmosphère ; son existence sur les côtes est incontestable, de même que son effet météorologique. Les physiciens ont cherché à prouver l'existence de marées dans l'atmosphère au moyen des observations barométriques, car ils ignoraient que le baromètre local indique simplement le degré de pression et non pas l'épaisseur de l'atmosphère. La pression diminue avant les orages par la vitesse du courant ascendant ; dès que celui-ci disparaît pendant l'averse, la pression redevient normale et le baromètre monte (*Voir* tome III, page 889.)

§ 96. **Tremblements de Terre.** La Terre ne peut être comparée à une chaudière très-forte contenant, à une température de plusieurs milliers de degrés, un liquide d'une densité six fois supérieure à celle de l'eau. L'intérieur de la Terre est une masse solide composée des couches superposées de substances végétales et minérales. C'est la chaleur latente de l'eau décomposée pour produire l'acide carbonique et le gaz des marais qui reste comme chaleur terrestre. Les physiciens, en admettant l'état primitif des corps célestes comme vaporeux, entendent par là que la température centrale est de plusieurs milliers de degrés supérieure à celle de la surface, où la vapeur, en contact avec le froid de l'espace, se condense et se solidifie, d'où résulte une croûte contenant dans son intérieur la vapeur qui n'a pas encore été refroidie.

Laplace, qui prouva l'absence de pesanteur au centre de la Terre, dit ailleurs que la vapeur condensée par le froid en masse solide se précipita comme les gouttes de pluie au centre de la Terre, sans se rappeler que ces masses seraient de nouveau, dans ce cas, transformées en vapeur.

Perrey a cru avoir trouvé que le plus grand nombre de tremblements de Terre se manifeste pendant les syzygies, sans faire la distinction entre les conjonctions et les oppositions, parce qu'une grande diminution de poussée n'arrive qu'à midi de la nouvelle Lune; c'est donc à ces moments qu'auraient lieu les plus fréquents tremblements de Terre.

Toutefois il faut se rappeler que ladite diminution de poussée n'a lieu que pour les régions tropicales, cependant on n'y trouve aucune modification du pendule au midi de la nouvelle Lune.

SECTION II.

DU MODE DE LA PRODUCTION DES TROIS ÉTATS DES CORPS.

---

§ 97. Tout consiste à reconnaître dans les corps les deux espèces d'éléments qui les composent, savoir : 1° le barogène β, et 2° les équivalents électriques $\overset{+}{E}$ et $\overset{-}{E}$; ceux-ci étant en égale quantité dans les rayons composés d'atomes de lumière et de chaleur $\overset{+}{E}^2\overset{-}{E} + \overset{+}{E}\overset{-}{E}^2 = 3\overset{+}{E}\overset{-}{E}$, correspondent à ce qu'on entendait par *électricité neutre* ; la chaleur *obscure* reste séparée des atomes de lumière. De ces deux genres d'éléments des corps il résulte :

1° Le *poids* des corps qui correspond à la quantité $q\beta$ de barogène à laquelle on avait donné le nom de *masse* ou *matière* isolée.

2° Les *qualités* des corps qui résultent du rapport $a\overset{+}{E} : b\overset{-}{E}$ entre les équivalents électriques mêlés avec le barogène $q\beta$.

3° Les *propriétés* des corps qui sont produites d'après l'ordre de la disposition des molécules en lames soutenant les deux électricités à l'état dissimulé ou à l'état par influence.

4° Les *trois états* des corps dont chacun ne dépend que de la répulsion R qui augmente entre les lames des molécules par l'excédant d'équivalents négatifs $\overset{-}{E}$ introduits au moyen des atomes de chaleur $\overset{+}{E}\overset{-}{E}^2$; cette répulsion diminue et devient $R - r$ au moyen de l'éloignement des équivalents négatifs par l'abaissement de la température.

1° Le barogène $q\beta$ des corps éprouve la compression **p** du barogène affluant de l'espace ; 2° leurs équivalents électriques $\overset{+}{E}$, $\overset{-}{E}$ éprouvent une répulsion R de la part des atomes de chaleur $\overset{+}{E}\overset{-}{E}^2$ à cause de la multiplication des équivalents négatifs E. Donc la répulsion R peut augmenter ou diminuer avec la température; pour cette raison elle peut se trouver en trois rapports avec la compression **p**, c'est-à-dire 1° inférieure R — r; 2° égale R, ou 3° supérieure R + r; ces trois rapports sont donc la cause des trois états des corps.

§ 98. **Chaleur latente.** Pour que de l'état solide un corps devienne liquide, il faut que la répulsion R — r augmente et que les lames des molécules éprouvent une répulsion R égale à la compression **p**; cela a lieu au moyen d'une quantité d'atomes de chaleur θ; par là se trouve interceptée l'expansion de la part de leurs homonymes contenus à l'état stationnaire dans les éléments chimiques des molécules. Ainsi la chaleur nommée *latente* devient telle à cause de la suppression de son expansion opérée de la part de la chaleur stationnaire des molécules qui éprouvent la compression **p**.

Cette compression **p** ne reste plus au même degré, car il y en a une partie p qui est employée pour la suppression de l'expansion de la chaleur θ; par suite, il n'y a que le reste P — p qui agisse sur le barogène $q\beta$ des molécules; il se produit ainsi en même temps l'état liquide et la suppression de l'expansion d'une quantité de chaleur devenue insensible ou *latente*, et cela au moyen de la portion p de pression.

Cet état d'égalité entre la pression p contre la chaleur latente θ et la pression **p** — p contre les molécules σ se soutient pendant l'élévation de température où reste libre l'expansion des atomes de chaleur, et les corps se maintiennent à l'état liquide sans éprouver un changement considérable de volume jusqu'au point d'ébullition. Alors une nouvelle quantité de chaleur θ' devient latente par la suppression de son expansion qui s'opère au moyen d'une portion p' analogue séparée de la compression **p**; il n'y a alors que le reste P — p — p' de celle-ci qui agisse sur le barogène $q\beta$ des molécules.

Le volume V de la vapeur surpasse mille fois celui v du liquide et il ne reste pas borné là; au contraire il croît avec l'élévation de la température parce qu'il y a en même temps suppression d'expansion de nouvelles quantités de chaleur qui font diminuer proportionnellement la pression, laquelle devient $P - p - p' - p''$.

État solide. Les molécules σ des lames **L** conservent leur arrangement à cause de la pression **p** qui ne leur permet pas d'abandonner leur place. Chaque lame soutient par ses deux faces *f*, *f'* les deux électricités à l'état dissimulé ; et comme leur quantité peut augmenter ou diminuer, le même corps, sans subir de changement sous le rapport de son état chimique et conservant ses qualités, obtient différentes propriétés matérielles à un degré très-prononcé au moyen de la *trempe* ou de *l'écrouissage*.

État liquide. Au moyen de la chaleur latente θ ou de son expansion supprimée par la pression p, la pression totale diminue et reste $P - p$, c'est-à-dire égale à la répulsion R. Alors les molécules σ obéissent par leur barogène à la pression centripète et forment un niveau, en exerçant entre elles une répulsion et une contre-répulsion égales, et en tout sens. Cet état des molécules manque chez les solides, ou du moins il ne s'y manifeste pas, et cela à cause de l'arrangement permanent des molécules σ.

État vaporeux. La répulsion et la contre-répulsion arrivent dans les vapeurs à un degré beaucoup plus élevé que dans les liquides, et cela à cause de la nouvelle quantité de chaleur latente θ' ou d'expansion supprimée ; il y est employé la portion p' de pression, et ainsi les molécules σ n'éprouvent par leur barogène $q\beta$ que la pression $P - p - p'$ diminuée.

État gazeux. Cet état diffère du précédent en ce que la portion p' de pression n'est pas employée pour supprimer l'expansion d'une quantité d'atomes de chaleur, mais celle d'une quantité d'équivalents électriques positifs $\ddot{E}$ comme dans l'oxygène $O\ddot{E}$ ou négatifs $\dot{E}$ comme dans l'hydrogène $\dot{H}\dot{E}$. Les équivalents électriques étant soutenus par des molécules, l'état élastique des gaz est indépendant de la température.

Propriétés des liquides, des vapeurs et des gaz. Par les changements de température, le volume et la répulsion peuvent augmenter ou diminuer, mais jamais il ne s'y manifeste un état permanent analogue à celui obtenu par l'*écrouissage* ou par la *trempe*. Les propriétés des gaz et des liquides résultent donc de leur température; tandis que les qualités de tous les corps, en chaque état, dépendent directement du rapport $a\bar{E} : b\bar{E}$ entre les équivalents électriques qui se mêlent avec le barogène β pour produire les éléments chimiques qui restent inaltérables dans les molécules à toute température et sous chacun des trois états.

Dans les trois chapitres suivants sont exposés séparément les propriétés des molécules en chacun des trois états et les rapports des corps d'un état avec les corps du même état ou d'état différent; le 4e contient les endosmoses des fluides.

État des corps dans les corps célestes. Après avoir été constaté que dans les liquides la répulsion R est égale à la pression $\mathbf{p} - p$, cette différence diminue quand p augmente ou que $\mathbf{p}$ diminue. Cette pression $\mathbf{p} = \mathrm{P} - (\mathrm{P} - \mathbf{p})$ résulte du barogène $\mathbf{b} = \mathrm{B} - (\mathrm{B} - \mathbf{b})$ qui est contenu dans le diamètre de chaque corps céleste. Parmi les corps du système planétaire dans le diamètre du Soleil est une quantité de barogène $n\mathbf{b}$ fois supérieure à celle $\mathbf{b}$ du diamètre de la Terre; au contraire cette quantité $\frac{1}{n'}\mathbf{b}$ est dans les diamètres des noyaux des comètes, n' fois inférieure. Donc la fusion de la glace s'opère à la surface du Soleil à une température n fois supérieure à celle de 0°, et à la surface des noyaux des comètes à une température n' fois inférieure. Le même effet a lieu pour les degrés de la fusion de l'eau dans les planètes. Ce rapport entre la grosseur des corps célestes et les trois états des corps est d'une très-grande importance pour l'explication des changements physiques observés dans les comètes, les planètes et le Soleil.

CHAPITRE PREMIER.

MODE DE LA PRODUCTION DE L'ÉTAT SOLIDE DES CORPS ET DE SES PROPRIÉTÉS.

§ 99. Tout prouve que l'état solide des corps n'est pas leur état primitif. Ainsi, nous prouverons le mode de la *transformation* des corps liquides en solides, sans que pour cela leurs éléments chimiques éprouvent aucune modification, de même qu'ils n'en éprouvent aucun par un changement de température; il est en effet évident que les changements des états des corps ne résultent que de la chaleur. Il vient d'être prouvé comment la suppression de l'expansion réduit la chaleur libre en chaleur *latente*, en même temps qu'il se produit une diminution de la pression $\mathbf{p}-p$ qui devient égale à la répulsion R qu'exercent sur les molécules σ les équivalents électriques $\ddot{E}$ ou $\dot{E}$.

Pour faire passer les corps solides à l'état liquide, il y a deux voies: la voie *humide* et la voie *sèche*; dans les deux cas, il faut que devienne libre la quantité θ de chaleur pour laquelle était employée la portion p de pression; ainsi la totalité $\mathbf{p}$ de la compression agit sur les molécules σ qu'elle force de rester dans un *arrangement* tel, qu'elles exercent entre elles un minimum de répulsion.

Cet arrangement des molécules diffère dans chaque corps, parce qu'il résulte des éléments chimiques qui constituent leurs molécules σ, σ' σ''... Les atomes $\dot{E}\dot{E}^2$ de la chaleur supprimée s'éloignent du milieu des molécules; celles-ci passent à la pression totale **p** et se trouvent arrêtées chacune à côté de ses voisines : cela s'opère au moyen des faces hétéro-électriques qui exercent une répulsion médiocre entre elles. Il en résulte ainsi trois systèmes de lames que nous indiquerons de la manière suivante : 1° les lames **l** *horizontales;* 2° les lames **l'** *méridionales*, et 3° les lames **l''** *équatoriales.*

§ 100. **Cohésion.** Avant d'exposer les détails des solidifications des corps, il faut mentionner le mode de l'explication des faits contenus dans les ouvrages des physiciens. 1° On admettait l'existence d'une électricité à l'état *neutre*, soit la positive Ë mêlée avec la négative Ë : ici cet état est celui du *mélange* d'un atome de chaleur ËË² avec un atome de lumière Ë²Ë dont résulte 3ËË. 2° On savait qu'après la séparation l'une des électricités se manifeste dans un corps, et l'autre dans l'autre corps. 3° On savait qu'il faut un certain effort pour séparer l'électricité positive de la négative. Ces connaissances conduisent directement à prouver que ce sont ces deux électricités qui empêchent les corps de se séparer sans l'application d'un effort. On doit donc attribuer cela à un oubli, car les physiciens n'auraient pas eu besoin d'admettre une force inconnue nommée *cohésion*, pour obtenir des effets dont l'explication se trouvait dans les faits déjà bien connus.

Figure 47.

Soit *m'*, *n'* (fig. 47) deux plans de verre ou de marbre parfaitement dressés et que l'on applique l'un sur l'autre par glissement; les plans adhèrent alors intimement, et il faut un certain effort pour les séparer. Boyle a introduit le système des plans attirés par un poids *p*, sous un récipient d'où il avait chassé l'air, et les plans restèrent inséparables. Pour avoir un plus grand nombre de couples ËË, il faut une plus grande étendue et un poli plus parfait des plans.

Les soudures, la colle qu'on interpose entre les surfaces des corps que l'on veut joindre, ne les font adhérer que parce qu'il y a entre les deux surfaces et la matière interposée un contact aussi complet que possible, qui s'est établi lorsque cette substance interposée était liquide au moment où on l'a employé. Par suite est fort grand le nombre des couples électriques ÉË qui ne peuvent être séparés qu'au moyen d'un effort analogue.

Le même effet a lieu pour les molécules des liquides : soit vv' (fig. 48) le bassin d'une balance qui plonge dans un liquide du vase V'; en élevant ce bassin pour le séparer du liquide, il se forme une colonne liquide vv', qui est soutenue par les couples électriques ÉË, et il faut encore un effort pour les séparer.

Figure 48.

Cohésion entre les corps d'états différents. Pour qu'un corps solide soit mouillé, il faut que les équivalents É, Ë hétéronymes se trouvent séparés, afin qu'il en résulte des couples aux point de contact. De semblables couples se forment même entre les solides et les liquides qui ne les mouillent pas; par exemple, une plaque circulaire de verre de 118 millimètres de diamètre a exigé, pour être séparée du mercure, une fois 296 grammes, et une autre fois 156 grammes. Dans ces deux cas, d'après le rapport 296 : 156, on peut connaître celui qui existe entre les couples *a* ÉË : *b* ÉË qui ont eu lieu dans les deux expériences décrites, car l'air ne peut être entièrement séparé.

Tous les faits attribués à la cohésion et à l'adhésion pouvant être arrangés de manière à être produits par les couples électriques ÉË, rendent superflues toutes ces prétendues forces dont l'introduction ne décèle autre chose que l'ignorance; au contraire, les deux électricités se manifestent à la séparation des corps en contact, et ainsi devient incontestable leur existence qui est même reconnue de tout le monde.

I. — MODE DE LA SOLIDIFICATION DES MOLÉCULES PAR L'ÉLOIGNEMENT DE LA CHALEUR LATENTE.

§ 101. La compression **p**, exercée contre le barogène β des molécules σ, éprouve une diminution et reste **p**—p, quand de ces mêmes molécules une quantité d'atomes θ de chaleur devient supprimée au moyen de cette portion p. Donc, afin de laisser s'exercer la compression totale **p** sur les molécules σ, il faut en faire s'éloigner les atomes θ de chaleur qui, en se séparant, obtiennent leur expansion. Il y a deux moyens de fairre passer les corps solides à l'état liquide : 1° en réduisant directement une quantité de chaleur libre en chaleur latente par l'élévation de la température, ou 2° en mélant le solide avec un liquide contenant déjà la chaleur latente, et cela pour faire diminuer la compression P exercée sur les molécules du corps dissous. Les molécules de ces deux espèces de liquides n'obtiennent l'état solide que par l'éloignement de la chaleur latente qui s'opère : 1° par l'abaissement de température, ou 2° par l'évaporation.

Chaque fois qu'il y a éloignement de chaleur, il ne peut manquer d'affluer de l'électricité positive vers laquelle les lames moléculaires tournent leur face f électronégative qui n'exerce pas de résistance ; les faces électropositives f restent tournées vers le milieu du liquide dont s'écoulent la chaleur et l'électricité négative E. Ainsi, en partant du milieu du vase, on a en face les faces f électropositives en chaque direction ; nous prouverons cela plus bas par les observations des faits mécaniques. Par suite, il ne résulte pas du liquide une masse amorphe comme elle apparaît, mais un arrangement des lames qui sont rarement visibles à l'œil nu ; on les voit quand les dimensions sont considérables ; elles sont le plus souvent visibles avec le microscope. Cette origine de la solidification est démontrée dans toute son étendue et reconnue de tous les physiciens ; elle est appelée *cristallisation.*

§ 102. I. **Cristallisation par la voie sèche.** La chaleur latente doit s'éloigner des corps fondus afin qu'ils ne résistent plus à la portion p de pression. De cet éloignement de chaleur qui devient libre, résultent deux faits : 1° la compression, qui était d'abord $\mathbf{p}-p$, qui devient $\mathbf{p}$, et 2° les lames des molécules du liquide s'arrangent de manière à exercer entre elles le minimum de répulsion ; cet arrangement est indiqué dans la figure ci-dessous.

Figure 49.

| ∫E...Ē∫′ | ∫Ē Ē∫′ | ∫Ē Ē∫′ | ∫Ē...M...Ē∫ | ∫′Ē Ē∫′ | ∫′Ē Ē∫′ | ∫′Ē...Ē∫′ | ∫′Ē

Pour obtenir des cristaux de dimensions supérieures, Rouelle laissa se former sur la surface du liquide une croûte qu'il brisa en laissant s'écouler une portion du liquide. Après le refroidissement, il enleva la croûte supérieure et trouva les parois du vase recouvertes de cristaux.

§ 103. II. **Cristallisation par la voie humide.** La chaleur latente de l'eau ayant perdu son expansion, par la portion p de pression dans ce liquide, il n'est plus exercé que la compression $P-p$; en y introduisant donc des sels ou d'autres corps, ils s'y trouvent soumis à une compression $\mathbf{p}-p$, et c'est ainsi que leurs lames n'obéissent qu'à cette compression, à cause de la répulsion R exercée sur elles de la part de l'eau ; il en résulte un équilibre entre les lames des deux espèces de molécules σ de l'eau et σ' du sel.

Pour en obtenir une cristallisation, il faut faire disparaître une quantité de chaleur latente, et cela s'opère plus facilement par l'éloignement de la chaleur latente au moyen de l'évaporation que par l'abaissement de la température. Dans les deux cas la compression $\mathbf{p}-p$ augmente, elle devient $\mathbf{p}$ et fait prendre aux lames du sel et de l'eau un arrangement qui leur permet d'exercer avec leurs faces le minimum de résistance ; en pareils cas, les sels anhydres produisent des cristaux dans lesquels est contenue une quantité d'eau suffisante pour que ces cristaux reprennent l'état liquide quand on les brise ; il faut cependant remarquer que dans l'eau ainsi cristallisée manque la chaleur latente, et celle-ci revient après la brisure des cristaux, opérée avec abaissement de température. La structure a la forme indiquée dans la figure suivante :

Figure 50.

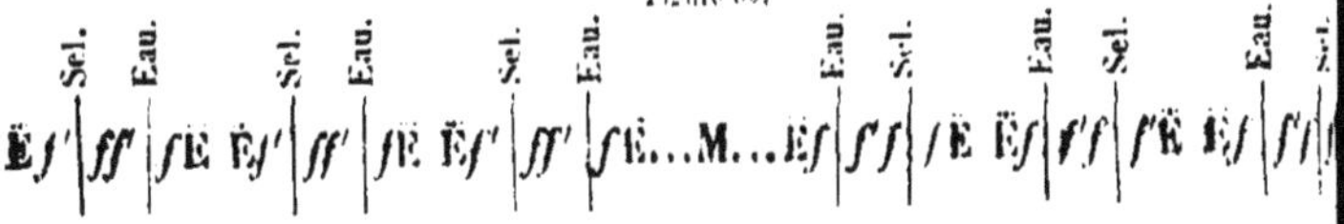

Sel. Eau. Sel. Eau. Sel. Eau. Eau. Sel. Eau. Sel. Eau. Sel.

Ef' | ff' | fE Ef' | ff' | fE Ef' | ff' | fE...M...Ef | ff | fE Ef | f'f | f'E Ef | ff |

A la place de l'eau comme dissolvant, Ebelmen a employé des substances solides à une température élevée pour obtenir l'état liquide ; cet état persiste peu de temps et passe à l'état de vapeur sous l'influence d'une température peu élevée. Les corps employés par ce savant sont notamment l'*acide borique*, le *bromate de soude*, l'*acide phosphorique*, etc. Des oxydes dissous dans ces substances, fondues par le feu, cristallisent pendant l'évaporation, et il en résulte des cristaux identiques à ceux que l'on trouve dans la nature. Ebelmen démontra ainsi le mode de la production de ces cristaux, dont plusieurs exigent une très-haute température pour être mis en fusion.

En opérant sur des fragments de grains de petite dimension, on parvient à obtenir de grosses pièces, et toujours de structure cristalline. Ebelmen obtint des résultats pareils en dissolvant : 1° dans l'acide borique des pierres précieuses telles que la *spinelle*, l'*émeraude*, le *péridot*, le *cymophane*, et 2° dans le borax, le *corindon*.

§ 104. II. **Cristallisation par la voie électrique.** L'eau en repos se maintient à l'état liquide jusqu'à — 10° ; en cet état, touchée dans l'obscurité avec un fil métallique, on voit l'étincelle électrique, la température s'élève à 0° et la cristallisation se manifeste dans toutes les directions. Il devient ainsi évident que la pression p n'est pas exercée contre l'expansion des atomes $\ddot{E}E^3$ de chaleur, mais contre les équivalents électriques.

A. Cristallographie.

§ 105. Après avoir exposé le mode de solidification, il reste à prouver par les observations que, dans tous les corps solides, on peut constater la structure cristalline : 1° Haüy a employé le clivage de gros cristaux pour arriver aux plus petits possible qu'il considère comme des molécules intégrantes ou éléments primitifs ; 2° Delafosse a prouvé que la *molécule intégrante* de Haüy est aussi une réunion de plusieurs molécules σ qui constituent les lames ; 3° Il est constaté ici que ces molécules σ de Delafosse sont composées des éléments chimiques η, χ, φ qui diffèrent pour chaque corps, mais qui, dans tous les corps, ne consistent qu'en barogène β mêlé avec les équivalents électriques $a\ddot{E}$ et $b\dot{E}$ en proportions différentes.

§ 106. I. **Clivage.** Une même substance peut cristalliser sous des formes différentes ; le clivage, sans être d'égale facilité de tous les côtés, ne s'opère que suivant certains points symétriques. De l'inégal clivage des lames I, I′, I″ résulte la différence de l'état électrique de leurs faces qui dépend directement des éléments chimiques des molécules de ces trois systèmes de lames.

Haüy a reconnu par l'expérience que pour une même substance les plans de clivage se coupent toujours suivant les mêmes règles, et remonte ainsi à un solide de forme primitive, qui est la même pour une même substance, quelle que soit la forme du cristal d'où l'on est parti. Le cristal de carbonate de chaux affecte plus de soixante formes, mais le clivage conduit toujours à un rhomboèdre dont les angles des faces sont 75° et 105°.

Ce fait ne permet pas de douter de l'existence d'une forme primitive de cristaux de chaque substance, composée d'éléments chimiques propres y, χ, φ; on voit en même temps que les déviations inévitables de directions des courants thermoélectriques durant la solidification produisent les arrangements postérieurs des molécules σ dont résultent les formes secondaires, ternaires, etc., qui peuvent aller en augmentant ainsi jusqu'à soixante.

§ 107. II. **Axes cristallographiques.** Le mot *axe* est employé chez les physiciens pour indiquer des dimensions différentes, mais ayant un rapport entre elles; comme axes cristallographiques d'un cube, par exemple, on considérait 1° les quatre diagonales, 2° les six droites qui joignent les milieux des douze arêtes opposées, et 3° les trois droites qui joignent deux à deux les milieux de six faces. Ces dernières dimensions sont ici considérées comme *axes*, parce que pour chaque substance la disposition et les dimensions des trois systèmes de lames dépendent des éléments chimiques y, χ, φ : 1° La forme de *cube* résulte de l'égalité des trois dimensions; 2° celle du *prisme à bases carrées* est produite quand les deux éléments chimiques s'arrangent également, et 3° les *prismes à bases rectangles* résultent des trois éléments chimiques arrangés en dimensions différentes. De ces trois formes il résulte : 1° trois autres par une déviation des arêtes qui deviennent $90 \pm \alpha$, ou 2° un grand nombre de formes secondaires et ternaires, etc.

§ 108. III. **Axes optiques**. Nous avons prouvé dans l'*Optique* l'existence d'atomes φ de lumière à l'état stationnaire ou à l'état d'imbibition; ces atomes s'écoulent de la face postérieure F' quand ils éprouvent une poussée de la face antérieure F. Dans les cristaux les atomes φ de lumière sont contenus dans les intervalles γ, γ', γ'' des trois systèmes de lames. Comme la pression est exercée dans chaque face sur les atomes de lumière φ, φ' contenus dans deux sytèmes d'intervalles, ces atomes φ, φ' s'écoulent par la face postérieure F' divisée en deux directions. Pour éviter cette division, il faut faire tomber le rayon dans une direction qui passe par le milieu de tous les sommets où viennent en rencontre les trois arêtes. Pour cela on taille le cristal pour obtenir une plaque qui n'a dans ses deux surfaces que des sommets pareils; elle laisse passer les rayons verticaux sans les diviser; pour cette raison on nomme *axe optique* la ligne qui unit les sommets et toutes les parallèles à cette ligne.

§ 109. IV. **Propriétés mécaniques des cristaux.** Huyghens a découvert que la résistance à l'action d'une pointe avec laquelle on cherche à rayer un cristal, n'est pas la même suivant les directions des deux diagonales, d'une même face d'un tétraèdre ou d'un autre cristal. Il a même constaté une différence dans une seule et même ligne, selon que la pointe la parcourt dans un sens ou dans l'autre. Ce fait résulte ici directement de la disposition des faces *f* ou *f'* des lames dans un même sens; 1° contre le courant thermoélectrique, et 2° dans sa direction. Delafosse a cherché à expliquer ce fait, en admettant la forme tétraédrique comme primitive; cependant il n'a pas réussi à prouver l'inégale résistauce observée dans chaque ligne en sens contraires.

§ 110. V. **Structure organique.** La structure fibreuse des parties solides des corps organisés résulte de l'arrangement des lames ou des globules microscopiques soutenant dans leurs faces *f*, *f'* les couples électriques ĒĒ souvent en densité excessive, dont résulte un minimum de résistance et par suite un maximum de compression **p** — *ap* de la part du barogène extérieur, comme cela devient évident dans les fibres des arbres. Le tronc CS (fig. 8), soutient dans une surface *s* d'environ 1 décimètre carré, une branche *c'*B d'une longueur de plus de 10 mètres et d'un poids qui surpasse parfois 1000 kil.; de sorte que dans ladite surface *s* est soutenu un effort supérieur à 10,000 kil., et cependant la densité des fibres ne surpasse pas celle des molécules de l'eau.

B. ÉTAT SOLIDE PROVENANT DE L'AGGLOMÉRATION.

§ 111. Les corps solides en général paraissent *amorphes*, mais sous le microscope on voit qu'ils sont composés des grains irréguliers, plus ou moins fins, agglomérés et soudés, soit par une autre substance, soit par la même substance en poudre impalpable, comme la craie, le grès, etc. Ces grains, composés de cristaux microscopiques, ont été détachés de corps de structure régulière existant antérieurement à celui qu'ils forment ; puis divisés, brisés, usés par les eaux et ensuite déposés humides, ils ont reçu, pendant l'évaporation de l'eau par le courant thermoélectrique qui ne pouvait pas manquer, un arrangement où, entre toutes les faces f, f' hétéroélectriques, sont restés soutenus à l'état dissimulé, les couples électriques $\ddot{E}\ddot{E}$ qui font diminuer la résistance ou la répulsion, ce qui fait que les lames sont restées attachées entre elles par la compression **p** extérieure exercée sur leur barogène.

Les faces hétéroélectriques f, f' peuvent se trouver sur des lames composées de molécules de mêmes éléments chimiques ou d'éléments différents ; leur cohésion résulte, dans tous les cas, des couples électriques $\ddot{E}\ddot{E}$ soutenus dans les intervalles λ à l'état dissimulé en densités qui dépendent du courant thermoélectrique qui a eu lieu pendant l'évaporation de l'eau.

L'agglomération se présente même chez les précipités qui se forment lorsqu'on mélange certaines dissolutions, et l'on peut y distinguer des cristaux microscopiques. Il a été dit comment, en éloignant une partie du liquide, les cristaux deviennent visibles dans les métaux qui paraissent former une masse homoïde et amorphe.

§ 112. **Pores.** L'existence des intervalles imperceptibles entre les lames également imperceptibles est constatée de deux manières par l'expérience. 1° Les intervalles augmentent à une température élevée quand le volume du corps croît; 2° en exerçant sur l'eau introduite dans un canon une grande compression, le volume croît et la surface du canon se couvre d'humidité. Ainsi la porosité générale des corps solides est en rapport direct avec la structure cristalline primitive, secondaire ou obtenue par l'agglomération.

L'espèce d'agate nommée *hydrophane* est opaque quand elle est sèche, et devient transparente dans l'eau en augmentant de poids. Cela prouve que l'eau pénètre dans les intervalles λ, en chassant l'air que l'on voit sortir. En séchant, la pierre reprend son poids primitif et son opacité. Cette transparence résulte de l'eau qui unit les parois des intervalles λ, qui sont transparentes, mais la lumière en étant réfractée dans tous les sens n'émerge pas en ligne droite. Cela change quand l'eau remplit les intervalles et fait diminuer la réfraction; alors les rayons pénètrent sans éprouver de très-grandes déviations.

§ 113. **Poids spécifiques.** Comme la lumière, la chaleur, l'électricité, de même le barogène obtient des densités différentes, dont le maximum est limité dans le platine où elle est 23 fois supérieure à celle de l'eau. La diminution de la densité dans les corps solides est limitée, et cela prouve que les intervalles λ contenant les couples électriques ÉÈ ne peuvent pas augmenter sans produire la séparation des deux éléments de ces couples. En pareils cas pénètrent les atomes de chaleur ÉE² dont les équivalents négatifs exercent une répulsion R, et c'est ainsi que disparaît l'état solide.

II. — CHANGEMENTS DE L'ÉTAT DES MÉTAUX PAR LA TREMPE, LE RECUIT ET LES OPÉRATIONS MÉCANIQUES.

§ 114. I. En rapprochant les lames, au moyen du marteau, on peut obtenir deux effets différents qui résultent 1° des couples électriques $\bar{E}\bar{E}$ devenus plus denses, ou 2° de l'introduction d'atomes de chaleur qui font augmenter l'électricité négative et la répulsion.

II. Au moyen de la trempe qui ne se manifeste qu'aux alliages, en produisant un courant thermoélectrique trèsfort, on obtient également deux effets différents : 1° quand le corps est constitué par un métal et une espèce de molécules non métalliques, et 2° quand il est constitué par deux métaux ; dans un cas il obtient une dureté supérieure, et dans l'autre il perd une partie de celle qu'il possède.

III. Au moyen du recuit, les corps trempés ou écrouis reviennent à leur état normal.

Ces changements, mystérieux jusqu'à présent, vont servir ici comme exemples de la structure cristalline des corps solides, où n'entrent que le barogène et les équivalents électriques, dont les couples $\bar{E}\bar{E}$ exercent le minimum de répulsion, et il en résulte des séries de faits provenant de la compression extérieure **p**. Ces genres de faits étaient attribués à une force inconnue, et pour cela le mode de leur production était également inconnu.

A. ESPÈCES DE TREMPES ET RECUITS.

§ 115. Les effets de la trempe se manifestent d'une manière différente sur l'acier, le bronze et le verre, tandis que ceux du recuit restent constants.

§ 116. I. **Trempe de l'acier et son recuit.** Quand on refroidit brusquement un corps solide, on dit *qu'il a été* *trempé;* c'est par suite d'un oubli sans doute qu'on n'attachait aucune importance à l'effet qui, en ce cas, résulte du courant thermoélectrique, celui-ci est d'une intensité en rapport avec la rapidité de l'abaissement de température. On trempe dans l'eau le mercure, les corps gras : la plus forte trempe est obtenue avec le mercure, puis avec l'eau, et la plus faible avec les corps gras. Les effets de la trempe sont détruits par le *recuit*, qui consiste à faire chauffer le corps trempé, puis à le laisser refroidir lentement.

Entre la trempe et le recuit, la différence ne consiste que dans l'intensité du courant thermoélectrique : 1° Quand ce courant est faible, comme dans le recuit, il ne se produit aucun déplacement des molécules des lames, et elles restent dans leur état de cristaux microscopiques asymétriques. 2° Quand le courant est fort, il pousse les molécules des lames des cristaux à s'arranger symétriquement en directions centrifuges du milieu du corps vers sa surface. L'électricité positive Ē affluante du dehors fait tourner les faces f' électronégatives des lames contre elles, tandis que les faces f électropositives tournent vers le milieu du corps d'où vient l'électricité négative Ë. Ainsi les faces f et f' se chargent d'électricité dissimulée Ë et Ë, ce qui fait augmenter la densité des couples dans les intervalles λ ; il en résulte des propriétés correspondantes, qui sont :

1° *Diminution de densité* à cause de l'élargissement des intervalles λ par la densité supérieure des couples électriques ËË;

2° *Augmentation de l'élasticité*, également par la densité supérieure des couples électriques ËË ;

3° *Augmentation de la dureté* par la très-grande diminution des équivalents négatifs Ë, comme cela se trouve prouvé par l'introduction d'une quantité d'équivalents négatifs en élevant la température de 25° à 100°, d'où résulte une augmentation de densité et d'élasticité.

Colomb a trouvé qu'une lame AB (fig. 52) d'acier, chargée d'un poids π à l'une des extrémités, fléchit de la même quantité de poids avant et après la trempe, et que la différence ne consiste que dans les limites de l'élasticité; il est ainsi prouvé qu'il n'y a que la quantité des couples électriques qui augmente au moyen de la trempe.

§ 117. II. **Trempe et recuit du bronze.** D'Arcet a constaté que la trempe produit un effet entièrement contraire sur le bronze, qu'elle le rend plus dense, plus mou, plus ductile, moins élastique, et que le recuit lui fait éprouver des effets opposés : 1° Dans la cassure après la trempe paraissent les lames de cuivre qui sont jaunes, et après le recuit, on voit dans la cassure les lames d'étain qui sont brillantes. 2° La cassure de l'acier avant la trempe est fibreuse; après la trempe elle est grenue, et les grains brillants ont une forme et une grosseur qui dépendent du degré de trempe. On distingue avec la lampe des lignes de carbure de fer interposées entre les grains et de couleur différente.

L'acier et le bronze sont deux alliages; dans le bronze, c'est le cuivre qui conduit le mieux l'électricité, et dans l'acier c'est le fer; ces deux métaux se présentent dans les cassures après la trempe, car ils produisent l'arrangement des lames en conduisant mieux l'électricité. L'effet contraire ne résulte que du carbone, qui ne conduit pas l'électricité, tandis que celle-ci est conduite par l'étain. La trempe fait s'éloigner les équivalents électriques du bronze et diminuer les couples, tandis que ceux-ci se multiplient par la trempe de l'acier.

§ 118. III. **Trempe et recuit du verre.** Les molécules dont l'alliage produit le verre sont la silice et les métaux, de sorte que la silice correspond au charbon de l'acier, car elle conduit peu l'électricité; l'effet de la trempe du verre correspond donc à celui de l'acier et non pas à celui du bronze. Pour tremper le verre, on le laisse se refroidir dans l'air en l'agitant; un refroidissement plus énergique le ferait éclater, car il ne conduit pas l'électricité positive affluante. Celle-ci, accumulée en trop grande quantité sur la surface, se décharge par le milieu des molécules où la résistance est inférieure, et ainsi éclate la partie solidifiée. Le recuit du verre s'opère dans des fours dont on laisse baisser lentement la température.

Larmes bataviques. On nomme ainsi des gouttes de verre fondu qu'on laisse dans l'eau; leur chaleur en s'éloignant produit le courant thermoélectrique, l'électricité positive affluante reste à l'état dissimulé sur la couche superficielle des molécules. Le corps *o* (fig. 51) résiste à des coups même assez forts, mais si l'on vient à casser la queue effilée *a*, toute la masse éclate en poussière, ou mieux en cristaux microscopiques; l'explosion est accompagnée d'une lueur visible dans l'obscurité, sans apparition de chaleur.

Figure 51.

Cette expérience prouve : 1° que les couples électriques ËĖ manquent entre les cristaux microscopiques; 2° que c'est l'électricité positive soutenue dans la surface à l'état dissimulé qui, en s'écoulant, produit la lueur sans chaleur.

§ 119. IV. **Dureté des corps solides.** Au moyen de la trempe augmente la dureté de l'acier, ce qui est un résultat de la multiplication des couples électriques ËĖ dans les intervalles λ des lames; ces couples ne font que diminuer la répulsion entre les lames, et il apparaît une augmentation de compression **p** attribuée à la cohésion. Ainsi, la dureté est indépendante de la densité du barogène.

§ 120. **Fragilité.** Comme les larmes bataviques, de même les corps solides dont les intervalles contiennent des couples denses électriques ËĖ, résistent aux poussées et éprouvent des flexions en tous sens; cependant le moindre choc les fait éclater, car dans les flexions, ce sont les couples qui obtiennent des densités 1° du côté concave supérieur et 2° du côté convexe inférieur; tandis qu'au moindre choc il se produit un courant de couples électriques qui traverse toute la masse, et déplaçant les molécules, produit la brisure.

La fragilité n'est pas proportionnelle à la dureté, mais à la structure cristalline; ainsi le silex est dur à cause de la densité de ses couples électriques, et il est peu fragile à cause de l'absence d'une structure cristalline prononcée.

§ 121. **Changement de structure avec le temps.** Le fer nouvellement forgé est flexible, *nerveux;* sa cassure est fibreuse, terne, mais s'il a été soumis à des contacts répétés, aux variations de température, il est devenu, comme le fer trempé, dur et cassant; sa cassure est grenue et présente des facettes brillantes; le fer qui a été maintenu longtemps à une basse température est bien plus cassant quand il a été soumis à un frottement, comme les essieux des voitures dans les pays du Nord, les chaînes des ancres. Les fils métalliques qui ont passé à la filière augmentent de diamètre durant plusieurs mois. Savart a constaté que les lames dont il se servait dans les expériences sur le son changeaient souvent de structure avec le temps.

Deux barres égales F, F′ de fer suspendues dans le méridien deviennent également magnétiques; laissées ensuite brusquement à terre, elles reviennent à leur état amorphe. Ainsi est démontré le changement des molécules opéré par les équivalents électriques qui ne cessent pas de s'écouler par le milieu des métaux, et ce sont les lames du fer qui en éprouvent le déplacement supérieur le plus marqué et le plus facile : il résulte de là des propriétés analogues aux causes : 1° les courants thermoélectriques du frottement produisent un effet analogue à la trempe, et 2° les courants terrestres changent le fer amorphe en magnète, comme cela a été prouvé en détail dans le tome premier de cet ouvrage.

Le fer se distingue de tous les autres métaux parce qu'il est un alliage du métal avec le carbone; celui-ci y est dans l'état où il se trouve dans le diamant, où il ne conduit pas l'électricité.

B. Propriétés des corps obtenus par des opérations mécaniques.

§ 122. Les corps solides sont écrouis : 1° par le choc du marteau, 2° par le passage au laminoir, ou 3° à la filière, 4° par la traction, 5° par la compression, 6° la flexion, et 7° la torsion, quand on dépasse la limite de l'élasticité. Il a été prouvé que la trempe ne se manifeste que sur les alliages, tandis que les opérations mécaniques s'appliquent à tous les corps et de différentes manières; et pour cela on en obtient un plus grand nombre d'effets qui cependant ont tous leur cause dans les équivalents électriques; car le barogène reste le même, et avec le changement de la disposition des lames il n'y a que leurs équivalents électriques qui puissent se rapprocher davantage ou se multiplier.

Les métaux, que des opérations mécaniques ont rendus denses, tenaces, durs, cassants et élastiques, perdent par le recuit toutes ces propriétés absolument comme lorsqu'elles ont été obtenues par la trempe. On voit par là que le même état des corps est obtenu par l'opération mécanique et par la trempe, et cela conduit à connaître l'identité des courants thermoélectriques de la trempe et de l'écrouissage; l'expérience suivante, qui a été fréquemment répétée, ne permet pas d'en douter.

Des deux barres de fer F, F′ susdites, si l'une F′ reçoit tous les jours des coups de marteau, elle ne s'aimante pas en restant suspendue comme l'autre F dans le méridien, ou, après avoir été aimantée toutes les deux, celle qui reçoit tous les jours des coups de marteau conserve son état magnétique tandis que l'autre le perd.

Navier a trouvé que le fer forgé supporte, par millimètre carré, 40 kilog. avant de se rompre, et, après avoir été laminé, 41 kilog. dans le sens de l'étirage, et 36 kilog. dans le sens transversal; ainsi est démontré l'effet qui résulte de la séparation des couples électriques ĖĖ pendant l'étirage.

§ 123. **Effet des vibrations.** Savart, en frottant dans le sens de la longueur des bandes de glace, des verges de métal tirées à la filière, a trouvé qu'elles donnaient des sons sourds mal déterminés, difficiles à produire et sans lignes nodales (qui vont être indiquées); mais ayant continué l'expérience pendant un certain temps, les sons sourds ont été remplacés par des sons purs qui sortaient avec la plus grande facilité. Le recuit produit le même effet que les vibrations. Des corps que l'on vient de couler en forme de plaques résonnent bien plus difficilement qu'ils ne le font quelques jours après. Par exemple, du soufre coulé sous forme de disque ne donne de sons purs que plus tard, et après plusieurs mois le même son a monté encore.

Dans le livre suivant, il va être prouvé que de la décomposition des atomes de chaleur résultent également les sept sons, comme de la décomposition des atomes de lumière résultent les sept couleurs. Au moyen du frottement, on produit la décomposition des atomes de chaleur, et ce sont leurs éléments qui se propagent en repoussant leurs homonymes contenus dans les molécules ambiantes.

§ 124. **Passage à la filière.** On engage dans un petit trou pratiqué dans une plaque d'acier l'extrémité amincie de la verge qu'on veut *tréfiler*, et on la tire de l'autre côté; on la force ainsi de passer par le trou en s'allongeant. Les métaux les plus ductiles sont rangés dans l'ordre suivant : *platine, argent, fer, cuivre, or, zinc, étain, plomb.* Relativement à la facilité avec laquelle ils supportent l'opération du laminoir, les métaux sont placés dans l'ordre suivant : *or, argent, cuivre, étain, plomb, zinc, platine, fer ;* cet ordre est obtenu quand on se sert du marteau.

En recuisant les fils, leur diamètre augmente, et ils se raccourcissent; le diamètre du fil devient plus grand que celui du trou de la filière; car le même fil, repassé plusieurs fois par le même trou, oppose toujours de la résistance.

III. — DE L'ORIGINE DE L'ÉLASTICITÉ ET DE SA MESURE.

§ 125. Cette propriété, commune aux corps et aux fluides impondérables, manque dans la masse ou le *pondérogène*, et c'est elle qui conduit à bien reconnaître dans les corps les deux genres d'éléments dont, 1° l'un ou la masse leur est propre, et 2° l'autre ou les équivalents électriques sont communes aux corps et aux fluides impondérables.

Lorsqu'on change la forme ou le volume d'un corps solide, sans le casser, ses molécules, qui étaient en équilibre, ne s'y trouvent plus; elles *tendent* à y revenir et à faire reprendre au corps sa première forme; cette *tendance*, d'origine inconnue, était nommée *élasticité*. Quand est inconnu le fluide qui produit des faits observés, on le définit en indiquant l'ensemble des faits; ainsi les anciens, qui ignoraient la nature de l'air, définissaient le *vent* en disant que c'est un *effort* exercé sur les corps par un fluide nommé *air*, qui se met en mouvement suivant des lois inconnues.

Depuis la découverte de la nature des gaz on détermine *à priori* des faits qui doivent résulter d'une destruction de l'équilibre aérostatique. Après avoir constaté ici que les couples d'équivalents électriques $\ddot{E}\ddot{E}$, ou si l'on veut, l'*électricité neutre*, sont soutenus à l'état dissimulé dans les faces f, f' des lames moléculaires **I**, **I'**, **I''**, nous ne disons pas que *la tendance d'un fluide inconnu est l'élasticité*, mais nous nommons ce fluide en disant : « Lorsqu'on change la forme ou le « volume d'un corps solide, les molécules restent entre elles « en contact, mais leur densité augmente du côté des faces « devenues concaves et diminue du côté des faces devenues « convexes. » En même temps les couples électriques $\ddot{E}\ddot{E}$ deviennent denses dans les faces concaves et raréfiées dans les faces convexes.

Ainsi résulte une *double rupture d'équilibre*, car la densité d des couples devient $d + \delta$ d'un côté et $d - \delta$ de l'autre, le degré de la rupture d'équilibre est la différence $d + \delta - (d - \delta) = 2\delta$; ainsi donc les faits que produit l'élasticité sont limités et correspondent à cette double rupture d'équilibre, comme cela est constaté par les observations. Une barre ED (fig. 52) fixée dans un mur EA par l'une de ses extrémités et tirée par l'autre D du

Figure 52.

poids π, prend la position courbe D'; en éloignant le poids elle revient spontanément à sa position primitive ED, après avoir fait un certain nombre d'oscillations en prenant la position AB''.

Les lames moléculaires conservent leurs molécules σ; celles-ci deviennent plus denses dans la face concave CD', dont la surface S diminue et devient $S - s$; et plus raréfiées dans la face convexe AB', dont la surface S devient $S + s$. Les couples $q\ddot{E}\ddot{E}$ obtiennent dans la surface $CD' = S - s$ une densité $d + \delta$, et celles $q\ddot{E}\ddot{E}$ de la surface $AB' = S + s$ obtiennent la densité $d - \delta$. C'est donc *la répulsion expansive* qui résulte des couples denses qu'on doit entendre par le mot *tendance*.

§ 126. **Limite de l'élasticité des corps solides.** En continuant de charger avec de nouveaux poids π', π'' l'extrémité D de la barre, les molécules σ de la face convexe, s'écartant entre elles, arrivent à une distance d à laquelle se séparent les couples $\ddot{E}\ddot{E}$ qui se trouvent entre les molécules qui constituent la lame convexe AB'. Cette séparation des couples s'opère graduellement, et la courbure de la lame par laquelle elle commence est la *limite de l'élasticité*, parce qu'elle indique le degré de la diminution de la surface concave et par suite celui de la densité des couples $q\ddot{E}\ddot{E}$ qui s'y trouvent.

Tous les corps solides ont une limite d'élasticité, et il n'en existe aucun dont l'élasticité soit illimitée, car tous peuvent être rompus ou cassés. L'air est un corps parfaitement élastique; en effet, ses molécules ne se séparent pas quand on les fait tourner ou s'éloigner les unes des autres. L'air comprimé, en se dilatant, fait disparaître une quantité de chaleur; ensuite celle-ci devient libre quand l'air est comprimé. Les atomes $\overset{+}{E}\overset{-}{E}{}^2$ de cette chaleur ne restent pas comme tels dans l'air, mais ils sont décomposés en équivalents $\overset{+}{E}$ d'électricité positive et en $2\overset{-}{E}$ d'électricité négative. Les deux électricités restent dans les molécules non pas comme les couples $\overset{+}{E}\overset{-}{E}$ à l'état dissimulé, mais elles les décomposent et les soutiennent à l'état par influence. Par la température, le *volume* de tous les corps change, tandis que la *forme* des corps solides change par des opérations mécaniques, qui sont : 1° la *traction* ou la *tension;* 2° la *compression;* 3° la *flexion;* 4° la *torsion*, et 5° le *choc;* elles sont employées pour mesurer le degré des densités des ces couples $q\overset{+}{E}\overset{-}{E}$ électriques des corps solides.

Les corps solides résultent de l'agglomération des cristaux microscopiques toujours opérée suivant les directions des courants thermoélectriques, qui éprouvent des déviations pendant l'accroissement du volume de la masse solidifiée. Pour cette raison, ces masses ne sont pas partout dans un état parfaitement égal, et cela est constaté dans les résultats obtenus par l'expérience, car si l'on mesure les densités des couples électriques $\overset{+}{E}\overset{-}{E}$, on trouve des quantités différentes dans les divers morceaux de la même masse.

Toutefois, on remarque une différence entre les faits qui résultent des couples $\alpha\overset{+}{E}\overset{-}{E}$ entre les molécules et ceux qui résultent des couples $q\overset{+}{E}\overset{-}{E}$ entre les lames : car celles-ci sont soutenues à l'état dissimulé sur les faces f, f' des lames et restent séparées tant que leurs molécules sont soutenues entre elles; de la rupture de leur continuité résulte le mélange entre les couples $q\bar{\dot{E}}\bar{E}$ et les couples $q'\bar{\dot{E}}\bar{E}$ égaux des deux faces, cas qui est considéré comme limite d'élasticité du corps.

Il y a donc à déterminer, au moyen des mesures, 1° les densités *d* des couples contenus entre les lames **l**, et 2° celles δ qui sont entre les molécules σ constituant les lames. C'est au moyen des efforts mécaniques qu'on détermine à la fois la densité *d* et celle δ, parce que celle-ci correspondant au maximum de la densité *d*, les faits obtenus par les observations sont véritables, parce qu'ils procèdent de la loi physique; cette loi étant ici connue, nous la suivons et arrivons aux mêmes faits. L'accord doit être considéré comme une double preuve, 1° que nous suivons la loi physique, et 2° que les observations sont exactes.

A. Mesures du degré de l'élasticité des corps solides.

§ 127. Il a été prouvé dans le clivage que la résistance n'est pas égale dans la séparation des lames **l**, **l'** et **l''** des directions différentes; il a été prouvé également par Navier que le fer laminé supporte 41 kil. dans le sens du clivage et 36 dans le sens transversal. Pour cette raison, afin de mesurer l'élasticité ou la densité *d* des couples $q\bar{\dot{E}}\bar{E}$ électriques, on emploie la *traction*, la *compression*, la *flexion*, la *torsion*, et le *choc*, qui déterminent en même temps les densités δ, δ', δ'' des couples $_{\sigma}\bar{\dot{E}}\bar{E}$ entre les molécules σ des lames **l**, **l'**, **l''** des trois dimensions; de sorte qu'au moyen des opérations mécaniques on peut constater non-seulement l'état des corps qui résulte directement des molécules des lames, et de leur électricité dissimulée, mais aussi celui qui résulte des éléments chimiques de leurs molécules. Nous prouverons dans la *Chimie*, que, dans les cristaux prismatiques des sels, la base dépend de leurs éléments électronégatifs, et la hauteur, des éléments électropositifs, et que c'est de là que résulte la liaison entre les formes des cristaux et leurs éléments chimiques.

§ 128. I. **Mesure de l'élasticité par la flexion.** Prenons une barre AB (fig. 52) horizontale : 1° le déplacement BB′ de l'extrémité est proportionnel à la charge π ; 2° la charge π nécessaire pour produire un certain écart est proportionnelle à la largeur b, dont le double exige un double effort pour produire la même flexion ; 3° la charge π est proportionnelle, pour la même raison, au cube de l'épaisseur e ; 4° elle est en raison inverse du cube de la longueur λ.

Tous ces rapports, obtenus par l'expérience, sont compris dans la formule

$$\alpha = \frac{\Pi l^3}{\gamma b e^3}, \text{ d'où } \Pi = \frac{\alpha \gamma b e^3}{l^3},$$

où α est l'arc BB′ décrit de l'extrémité B, Π le poids qui tire la barre, b la largeur de celle-ci, e son épaisseur, l sa longueur $=$ AB, et γ un nombre constant qui dépend de la substance du corps solide ; il est égal à Π quand on a $\alpha = 1$, $b = 1$, $e = 1$, $l = 1$; il est nommé *coefficient d'élasticité de flexion*, et il est trouvé γ quand on détermine par l'expérience les quatre autres quantités.

Explication. Les faces horizontales AB, CD et perpendiculaires à la traction DII obtiennent les surfaces $S + s =$ AB′ et $S - s =$ CD′, comme cela a été prouvé dans le peson (§ 33). Les couples électriques $q\ddot{E}\dot{E}$ obtiennent dans la face concave CD′ une densité $d + \delta$, et dans la face convexe AB′ une densité inférieure $d - \delta$. Les molécules sont forcées de la part du poids Π, par leur barogène β, de se rapprocher dans la surface $S - s =$ CD′ et de se raréfier dans la surface $S + s =$ AB′. En même temps elles éprouvent en sens contraire une répulsion R de la part des couples $q\ddot{E}\dot{E}$ qui, ramenés à une surface $S - s$ inférieure en se repoussant, repoussent à leur tour les molécules, quand celles-ci n'éprouvent de la part des couples de la surface $S + s$ supérieure aucune répulsion des couples raréfiés; mais elles éprouvent de ce côté la poussée du poids Π. Ainsi sont produits les résultats observés.

Il y a équilibre dans les molécules attirées au moyen de leur barogène β par le poids Π, et repoussées au moyen de leurs équivalents électriques $a\ddot{E}$, $b\ddot{E}$ par les couples électriques devenus denses dans la surface concave $CD' = S - s$. Les trois rapports, 1° entre la largeur al et le poids $al\Pi$; 2° entre le cube e^3 de l'épaisseur et le poids Π, et 3° entre le cube l^3 de la longueur et $\frac{1}{\Pi}$, résultent de l'équilibre indiqué; car le cube de l'épaisseur fait augmenter la largeur, et le cube de la longueur fait augmenter l'épaisseur. Le poids Π se partage entre n lames de l'épaisseur e, et celle-ci est ainsi en raison inverse du poids.

§ 129. **Emmagasinage du mouvement.** Soit AP (fig. 53) une lame d'acier qui étant étendue aurait dans ses deux égales surfaces les couples électriques $q\dot{\ddot{E}}\ddot{E}$ en densité égale; pour la rouler en spirale, il a fallu forcer les molécules à s'écarter d'un côté et à se rapprocher de l'autre, d'où est résultée la grande densité $d + \delta$ et la petite densité $d - \delta$ des couples électriques. L'une des extrémités p de la lame est fixée à un axe P, autour duquel peut tourner une caisse cylindrique à laquelle est attachée son autre extrémité A. Quand après avoir fait tourner la caisse on a serré les replis du ressort, les couples électriques ont obtenu une densité $d + \delta$ dans la surface concave

Figure 53.

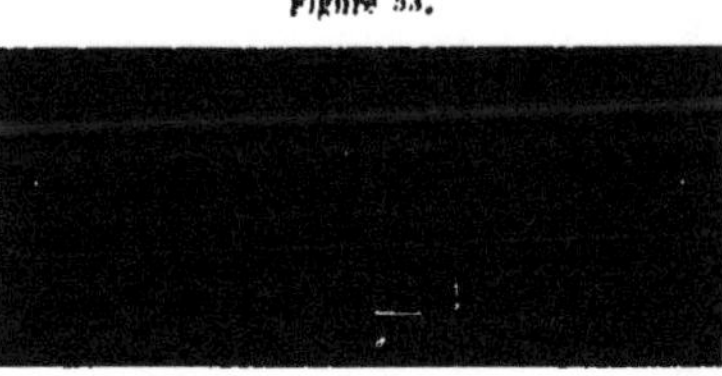

et une densité $d - \delta'$ dans la surface convexe; c'est donc cette rupture d'équilibre, 1° qui est résulté de l'effort appliqué par la main, qui consiste en écoulement de barogène, et 2° qui se manifeste ensuite comme tendance à rétablir l'équilibre, ce qui a lieu par suite de la diminution graduelle de la différence $2s$ entre les deux surfaces $S+s$ et $S-s$.

Baromètre de Bourdon. Un tube de laiton *amb* (fig. 54) a les parois très-minces et flexibles, et sa section R présente la forme d'une ellipse dont le plus grand diamètre est perpendiculaire au plan de la courbe. Lorsqu'un tube semblable est plus comprimé en dehors qu'en dedans, la courbure tend à s'augmenter, et les extrémités *a* et *b* se rapprochent l'une de l'autre. Si la pression extérieure diminue, le tube se redresse un peu et les points *a* et *b* s'écartent. Le vide absolu ayant été fait dans le tube qui est fixé en son milieu *m*, les variations de la pression atmosphérique feront varier la distance des extrémités *a* et *b*. Ces deux mouvements se transmettent par deux bielles à un secteur denté *r*, qui fait mouvoir une aiguille *e* dont l'extrémité parcourt des divisions qui correspondent à la pression de 1 millimètre de mercure.

Figure 54.

Figure 55.

§ 130. II. **Mesure de l'élasticité par la torsion.** Un fil métallique *ab* étant en repos prend des positions d'équilibre différentes par des poids M de plus en plus forts; de sorte que l'aiguille *bc* tourne à mesure que la charge M augmente; ce mouvement peut même dépasser une circonférence entière et reste en repos dans la position ainsi obtenue.

Si l'on applique à la masse M un effort $\pi\alpha$ tangentiel pour lui faire décrire l'arc $\pi\alpha\delta$, le fil ab ou la lame L déplacée prendra la position hélicoïdale La', et c'est ainsi que résulte une surface concave $S - s$ et une autre convexe $S + s$ où les couples électriques $q\ddot{E}\dot{E}$ obtiennent les densités inégales $d + \delta$ et $d - \delta$. Au moyen d'expériences directes, Colomb obtint les résultats suivants.

1° L'effort π de torsion est proportionnel à l'angle α ou à l'arc décrit, comme l'effort de la flexion l'est à l'arc DD' (fig. 52).

2° L'effort de torsion reste le même quelle que soit la quantité du poids M (fig. 55).

3° L'effort est en raison inverse de la longueur l et proportionnel au coefficient d'élasticité.

4° Le coefficient de torsion est proportionnel à la quatrième puissance du diamètre du fil ab. La quantité de mouvement du fil l ou $2l$ est $\frac{1}{2} g$ ou $\frac{1}{2} g \times T^2$, parce que l'espace $2e$ parcouru par le fil $2l$ est double, que celui e parcouru en même temps par le fil l. Si le diamètre du fil l est Δ et celui du fil $2l'$ 2Δ, les quantités de mouvement seront, 1° comme les aires A, a, des coupes ou comme les carrés $\Delta^2 : 4\Delta^2$, et 2° comme l'ensemble des fils de longueur qui sont également comme les aires A, a de leur produit dont résulte la quatrième puissance.

Savart a retrouvé les mêmes rapports en opérant sur des verges rigides en laiton, cuivre, verre, bois, plâtre, à section circulaire, carrée, rectangulaire et triangulaire.

Explication. Au moyen de la torsion on mesure la différence $2s$ entre les surfaces $S + s$ et $S - s$ à laquelle correspond celle 2δ entre les densités $d + \delta$ et $d - \delta$ des couples $q\ddot{E}\dot{E}$ électriques. Dans cette expérience quelques faits restaient sans explication : 1° Le rapport entre le coefficient ou l'effort π et la quatrième puissance du diamètre du fil. 2° Quand un poids M oscille autour de son axe par la torsion du fil, les oscillations isochrônes obtiennent des amplitudes décroissantes ; ainsi la quantité de mouvement $\frac{1}{2} g \times v^2$ diminue pendant que la durée T reste invariable. Colomb entoura le poids cylindrique M suspendu au fil de cylindres de papier très-légers, beaucoup plus longs que ce poids, et il reconnut que les oscillations ne s'arrêtent pas plus tôt avec cette augmentation de surface, sur laquelle l'air n'a produit aucun retard. Il va être prouvé plus bas que les écoulements oscillatoires des couples $q\ddot{E}\ddot{E}$ électriques sont la cause physique des oscillations de torsion. L'isochronisme résulte de la diminution continuelle de la quantité $(q-\alpha)$ $\ddot{E}\ddot{E}$ des couples oscillants. 3° Nous ferons aussi voir la cause qui fait tourner le fil quand la charge M augmente.

§ 131. III. **Mesure de l'élasticité par la tension ou par la compression.** Dans la mesure précédente, on a constaté une rotation du fil correspondante à l'effort ou au poids M; ce fil obtient dans son milieu une diminution d'épaisseur; on reconnaît ainsi une diminution des surfaces des lames **I** horizontales dont résulte une augmentation de densité des couples $q\ddot{E}\ddot{E}$; en même temps augmente la surface des lames **I'**, **I''** verticales, et la densité des couples $q\ddot{E}\ddot{E}$ diminue. La rotation de la masse M résulte donc des déplacements des lames **I'**, **I''** verticales relativement aux lames horizontales.

Le poids M qui tend le fil *ab* ou la verge L (fig. 55) ne fait que déplacer une quantité analogue des molécules pour les rendre plus serrées dans les lames horizontales **I** et moins serrées dans les lames verticales **I' I''**, comme cela est également obtenu par les observations.

1° En augmentant la masse M ou M' par l'addition d'une nouvelle masse m pour obtenir l'effort $M+m$ ou $M'+m$, il se produit un allongement égal k.

2° Pour la masse additionnelle am l'allongement est ak.

3° Pour une longueur al le même poids M produit l'allongement ak.

4° Pour un diamètre $a\Delta$ de la verge l'allongement est $\frac{1}{a^2}k$.

§ 132. Mesure de l'élasticité par la compression. Si l'on comprime une barre dans le sens de sa longueur, elle éprouve un raccourcissement égal à l'allongement que lui aurait fait subir un effort de tension égal à la compression exercée. En ce cas on voit diminuer les surfaces des lames verticales **I' I''** et augmenter celles des lames **I** horizontales; les couples deviennent denses dans les lames verticales et moins denses dans les lames horizontales. Ainsi les rapports observés peuvent être exprimés dans la formule

$$l = \frac{1}{K} \times \frac{PL}{s} \text{ d'où } K = \frac{PL}{sl};$$

l est l'allongement de la tige cylindrique de la longueur L, s est la surface de la section de la tige, et P le poids, k étant une quantité constante qui correspond à P et représentant le coefficient d'élasticité. L'allongement l est en raison directe du poids P et la longueur L est en raison inverse de la section s.

Le tableau qui suit contient quelques-uns des résultats trouvés par Wertheim. On y reconnaît que les coefficients d'élasticité des métaux décroissent de 15° à 200°, excepté pour le fer et l'acier. Les circonstances qui augmentent la densité augmentent en même temps le coefficient d'élasticité, et réciproquement.

Le coefficient d'élasticité des alliages est sensiblement la moyenne entre les coefficients des métaux alliés.

L'augmentation de l'élasticité du fer et de l'acier jusqu'à 100° resulte de deux causes : 1° de l'excédant d'équivalents positifs $\alpha\ddot{E}$ aux températures inférieures, qui disparaissent par l'introduction de $\gamma\ddot{E}\dot{E}^2$ de chaleur, et d'où proviennent ainsi $2\alpha\ddot{E}\dot{E}$ couples électriques; 2° à 200° augmentent avec les atomes de chaleur les équivalents négatifs $\dot{E}$ qui font diminuer la densité, ainsi que le font les positifs $\ddot{E}$ à une température au-dessous de 100°.

Tableau de coefficients d'élasticité à différentes températures.

NOM DU MÉTAL.	VALEUR DE k A LA TEMPÉRATURE DE				
	−17 à −10°	10°	15 à 20°	100°	200°
Or écroui	9351	8803	»	»	»
— recuit	»	»	5585	5408	5482
Argent écroui	7800	7411	»	»	»
— recuit	»	»	7140	7274	6374
Palladium écroui	10659	10289	»	»	»
Platine écroui	16224	15047	»	»	»
— recuit	»	»	15518	14178	12964
Cuivre écroui	13052	12200	»	»	»
— recuit	»	»	10519	9827	7862
Fil de fer ordinaire écroui	17743	18013	»	19995	»
Fil du Berri recuit	»	»	20794	21877	17700
Fil d'acier ordinaire recuit au bleu	17690	18045	»	18971	»
— anglais recuit	»	»	17278	21292	19278
Acier fondu recuit	»	»	19561	19014	17928
Laiton de Berlin recuit	9782	9005	»	»	»

§ 133. **Effet de l'électricité.** Un courant électrique exerce sur les couples électriques une poussée convergente et contraire à la tension exercée par le poids M sur le barogène β des molécules; aussi, tant que dure ce courant, l'élasticité est inférieure indépendamment de la diminution due à l'élévation de température qu'il produit; car les atomes de chaleur exercent sur les molécules une poussée contraire à celle exercée par le poids M.

§ 134. **Changement de diamètre et de volume d'une verge étirée.** Un fil métallique de 2^m de long était plongé dans un tube rempli d'eau, soulevé de 6^{mm}, il a fait baisser le niveau de 5^{mm}. Ce fil ayant été fixé au fond et attiré par son extrémité supérieure de manière à s'allonger de 6^{mm}, le niveau ne s'abaisse que de $2^{mm},5$. Le volume du fil avait donc augmenté en même temps que son diamètre avait diminué. En appelant s la surface de l'eau et S la section du fil, on a

$$S \times 6^{mm} = s \times 5^{mm}. \qquad (1)$$

après l'allongement du fil de 6^{mm}. En appelant L la longueur du fil et λ son allongement, on a

$$(2) \qquad L\lambda = 6^{mm}.$$

Le volume de la partie plongée a diminué de $2^{mm},5 \times s$ ou de LSb, en représentant par b la contraction de l'unité de surface de la section ; on a donc

$$(3) \qquad 2,5 \times s = LSb.$$

En éliminant S, s, L entre les équations (1), (2), (3), on trouve $b = \frac{1}{2}\lambda$. Après l'allongement, la longueur est $L(1+\lambda)$ et la section $S(1-b)$, et le volume V du fil est $L(1+\lambda)(1-b)S = L(1+\lambda)(1-\frac{1}{2}\lambda)S = LS(1+\frac{1}{2}\lambda)$; si l'on néglige le terme $\frac{1}{2}\lambda^2$, l'augmentation du volume V sera donc représentée par $\frac{1}{2}LS\lambda$.

Les observations postérieures de Wertheim ont constaté que la diminution b de la section est $(1-\frac{1}{3}\lambda)^2 = 1-\frac{2}{3}\lambda$ en négligeant λ^2, et que le volume V devient

$$V + v = L(1+\lambda)S(1-\tfrac{2}{3}\lambda) = LS(1+\tfrac{1}{3}\lambda).$$

Explication. Le volume V d'un corps résulte de l'équilibre entre la répulsion R et la pression P exercées sur les éléments des molécules électriques Ë, Ë et sur leur barogène β. Au moyen de la masse M (fig. 55) on fait diminuer la pression P dans la direction verticale qui est exercée sur les lames horizontales L, tandis que les deux autres systèmes de lames éprouvent la compression normale P. Pour cette raison l'augmentation v de volume est exprimée par $\frac{1}{3}\lambda$.

Si la pression augmente jusqu'à devenir $P+p$ par tous les points de la surface du corps, le volume diminue en chaque dimension tant qu'elle augmente par une traction d'effort égale à la pression p.

Pour obtenir la même diminution de la longueur L d'un cylindre en le comprimant, il faut : 1° une pression p quand le diamètre peut changer; 2° $\frac{4}{3}p$ quand il ne le peut pas, et 3° il faut $3p$ quand l'effort s'exerce également sur les trois dimensions. Ainsi Wertheim, sans le savoir, détermina empiriquement la pression P du barogène B de l'espace exercée sur la surface des corps dont le volume ne dépend que de l'équilibre établi aux deux éléments des molécules arrangées dans les trois dimensions des corps.

B. DE LA RÉSISTANCE DES CORPS A LA RUPTURE ET LIMITE DE L'ÉLASTICITÉ.

§ 135. Au moyen de la *tension*, de la *flexion* ou de la *torsion*, le volume V des corps augmente à cause de la diminution de la compression, et cela s'opère par l'élargissement des intervalles λ entre les molécules occupés par les couples électriques $\ddot{E}\bar{E}$. Si l'effort augmentant arrive à faire séparer quelques-uns de ces couples, les molécules σ y éprouvent un déplacement local qui persiste après l'éloignement de l'effort. Ainsi l'on nomme les pareils déplacements locaux *limite de l'élasticité*, pour les distinguer de la *rupture* qui résulte de la séparation totale des molécules qui s'opère avec production de bruit ou cri, provenant des séparations des éléments électriques des atomes de chaleur.

§ 136. I. **Limite de l'élasticité.** L'augmentation de volume correspond à la raréfaction des molécules σ, qui font augmenter les surfaces des lames et diminuer la densité des couples. Dans le cas où en augmentant l'effort on a produit un déplacement local des molécules, en diminuant ensuite cet effort, on retrouve le même coefficient d'élasticité produite par les couples, comme précédemment.

Par l'élévation de température des métaux, leur élasticité diminue, et il en résulte un rétrécissement de la limite. le platine recuit obtient les limites 14,5; 13; 11,2; et le cuivre 3, 2, 1 aux températures de 15°, 100°, 200°.

Effets des efforts prolongés. Chaque effort Π diminuant la compression P pour la réduire à $P-p$, le volume augmente et la densité d des couples diminue dans les surfaces des lames augmentées. Cette raréfaction $d-\delta$ des couples des intervalles λ des lames **l** y fait pénétrer une quantité de couples αĒË qui unissent les molécules. Quand après un certain espace de temps l'effort Π est éloigné, le volume ne se rétrécit plus, et il apparaît une limite de l'élasticité obtenue par un effort beaucoup inférieur à celui qui est obtenu directement.

Ressorts fatigués. Les ressorts qui ont servi pendant un laps de temps obtiennent un écoulement facile des couples électriques qui y oscillent ; ils reviennent à leur premier état après une interruption ou un repos de quelque temps ou au moyen d'une nouvelle trempe.

Des ressorts fatigués diffère la cause de celle des efforts prolongés. 1° Dans un cas, l'écoulement des couples électriques est facilité par l'arrangement répété des molécules qui font augmenter et diminuer les surfaces convexes et concaves, et 2° dans l'autre, ce sont les couples αĒË entre les molécules σ qui passent aux surfaces augmentées $S+s$ et $S'+s'$; par exemple, les lames minces de verre, d'acier, de bois, etc., posées obliquement et assez longtemps, finissent par contracter une courbure permanente. Vicat a vu un fil métallique placé à l'abri de toute secousse et tendu par un poids $\frac{1}{3}p$ ou $\frac{1}{4}p$ de celui p qui produit sa rupture instantanée, s'allonger pendant des années avant d'atteindre sa limite d'extension.

§ 137. II. **Ténacité ou résistance des corps à la rupture.** Les molécules σ des corps solides possèdent dans leurs faces f, f' en contact les équivalents électriques ĒË hétéronymes qui constituent des couples ĒË ; la répulsion R est réduite à $R-r$, et ainsi les molécules σ restent dans leur position à cause de la compression P extérieure. Ainsi, en admettant dans les liquides l'égalité $R=P-p$ entre la répulsion et la compression, on exprime par la différence

$R-(P-p)=p$ le degré de compression dont résulte le degré de *solidité*, *dureté* et *ténacité* dont chacune est produite par des couples électriques soutenus par les molécules d'une manière différente. C'est le philosophe allemand Scheling qui a reconnu comme cause de la solidité l'existence d'une compression extérieure.

La compression P devient $P \pm p$ dans les pressions ou les tractions, et la répulsion $R-r$ croît par l'introduction, 1° d'équivalents positifs $\bar{E}$, comme cela a lieu dans la trempe de l'acier, ou 2° d'équivalents négatifs $\bar{E}$ qui s'accumulent dans les températures supérieures.

Guyton-Morveau a trouvé en kilogrammes les résultats qui suivent pour des fils métalliques cylindriques ayant 2mm de diamètre.

Fil de fer.	Cuivre.	Platine,	Argent.	Or.	Zinc.	Étain.	Plomb.
249k,659	137,399	124,690	86,062	68,216	49,790	15,740	3,023

Une baguette cylindrique de verre ayant 1mm de diamètre exige pour se rompre environ 8 kil., et la fonte 41 kil.

Les substances à structure fibreuse résistent le plus dans le sens des fibres, comme on le reconnaît surtout pour le bois, dont la qualité varie pour chaque pays avec les climats; ainsi les résultats suivants ne sont qu'aproximatifs. Les nombres représentent la résistance par millimètre carré, et l'action est exercée dans la direction des fibres.

	kil.		kil.
Chêne	6 à 8	Hêtre	8
Tremble	6 à 7	Buis	14
Sapin	8 à 9	Poirier	6
Frêne	12	Acajou	5
Orme	10,40		

Le bois a à peu près la même ténacité que le cuivre étiré. Le chêne, dans une direction perpendiculaire aux fibres, ne donne que 1k,60 par millimètre carré. Ainsi la charge Π est proportionnelle à la section de la barre, la longueur n'a autre influence que celle qui résulte de quelques agglométhe rations des cristaux dont les lames permettent quelques *fuites* dans les couples électriques.

Le tableau suivant renferme les résultats obtenus par Wertheim. Les métaux étaient des fils cylindriques de 1mm de diamètre.

Tableau des résistances à la rupture.

NOMS DES MÉTAUX.	RUPTURE lente.	RUPTURE subite.	A 100°.	A 200°.
Plomb coulé	1,25	2,21	»	»
— étiré	2,07	2,30	»	»
— recuit	1,80	2,01	0,51	»
Etain coulé	3,40	4,16	»	»
— étiré	2,15	2,91 et 3,00	»	»
— recuit	1,70	3,57 et 3,62	»	»
Cadmium étiré	2,21	»	»	»
— recuit	»	4,81	2,60	»
Or étiré	27,00	26,6 et 28,4	»	»
— recuit	10,08	11,0 et 11,1	12,00	12,00
Argent étiré	29,00	29,60	»	»
— recuit	16,02	16,5 et 16,5	14,00	11,00
Zinc distillé coulé	1,50	»	»	»
— ordinaire étiré	12,80	15,77	»	»
— — recuit	»	14,10	12,20	7,27
Palladium étiré	»	27,20	»	»
— recuit	27,40	»	»	»
Cuivre étiré	40,30	41,00	»	»
— recuit	30,54	31,55 et 31,08	22,16	»
Platine étiré	34,10	35,00	»	»
— recuit	23,50	25,8 et 27,7	22,00	19,70
Fer étiré	61,10	62,5 et 66,1	»	»
— recuit	44,88	50,25	51,10	46,90
Acier fondu étiré	»	85,80	»	»
— recuit	65,70	»	»	»
Fil d'acier étiré	70,00	85,9 et 99,1	»	»
— recuit	40,00	53,90	59,10	50,90
Antimoine coulé	»	0,65 et 0,70		
Bismuth coulé	»	0,97		

La barre *file* avant de se rompre; il se forme un étranglement, la surface en ce point prend l'aspect *terne* et la *chaleur* y apparaît; celle-ci prouve directement la perte des couples électriques par leur détachement et séparation; car les équivalents électriques Ë et Ē n'étant plus soutenus à l'état dissimulé par les molécules, se combinent et produisent des atomes de *lumière* dont résulte l'aspect *terne* et des atomes de *chaleur* qui y font naître l'élévation de température.

Au lieu d'un fil *ba* (fig. 55) et un poids M qui le tire, le poids de la barre *mn* peut même produire l'attraction et la rupture; ce poids étant Π, il faut que la longueur L de la barre soit telle que l'on ait $\Pi = Ld$, indiquant par d le poids spécifique de la substance, d'où l'on tire la valeur de L. On trouve ainsi :

Fer.	Argent.	Laiton.	Or.	Étain.	Bismuth.	Zinc.	Plomb.
650m	265m	100m	120m	50m	33m	11m	5m

§ 138. **Résistance relative.** La *ténacité* correspond à l'élasticité de tension, et la *résistance relative* à l'élasticité de flexion ; ainsi l'on a : 1° l'effort Π qui produit la rupture de la barre AB (fig. 52), et qui est en raison inverse de la longueur m de la barre, comme l'est la quantité $m \times q\beta$ de mouvement; 2° cet effort Π est proportionnel à la largeur l de la barre ou au carré de son épaisseur.

La barre AB se courbe dans la position AB'; c'est la partie murée AE qui reste en place, ainsi en A est le maximum de courbure et de l'écartement de molécules σ pour y faire augmenter la surface et se raréfier les couples $q\bar{\bar{E}}\bar{E}$ électriques. Il en résulte une séparation des couples entre les molécules σ, σ, σ; une partie des équivalents $q'\bar{E}\bar{E}$ reste sur l'une des faces, et l'autre partie sur l'autre face. La partie C de la barre reste en son état naturel, parce que les couples y ont éprouvé une densité supérieure; ce cas a fréquemment lieu pour les branches des arbres qui, détachées du côté supérieur du tronc, y restent suspendues par la partie inférieure.

En désignant par Q la quantité des couples $\bar{E}\bar{E}$ qui sont dans les intervalles γ des lames et qui exercent entre elles un minimum de répulsion pour faire diminuer la répulsion normale R et l'amener à $R - r$, il y a une compression P exercée extérieurement au barogène β des molécules ; cette compression restant la même, les molécules sont entre elles d'autant plus pressées que la répulsion R — r est moindre. Au moyen d'un effort T' ou mieux d'un poids Π (fig. 52), qui est exercé contre les molécules σ, on ne produit la rupture qu'au moment où cet effort T' parvient à vaincre la pression P exercée contre les molécules éprouvant la répulsion R — r. Donc ce qui apparaît comme résistance a pour cause primitive les couples QËË; ainsi on obtient pour une barre dont la section rectangulaire a pour épaisseur e et pour largeur b, la valeur $\mathrm{Q\ddot{E}\ddot{E}} = \Pi \frac{be^2}{6}$, ou pour une barre cylindrique $\mathrm{Q\ddot{E}\ddot{E}} = \Pi \frac{\pi r^2 \times T}{4}$; T est l'effort minimum nécessaire pour rompre la barre par traction, quand sa section est égale à l'unité.

Pour avoir la plus grande ténacité dans une section e, sa forme doit donc être triangulaire *cac* avec la base *ce* du côté de l'effort Π.

§ 139. **Résistance des tubes.** Galilée a découvert qu'une barre creuse résiste mieux à la rupture par flexion qu'une barre massive de la même substance dont l'aire de la section droite serait la même. Si o est la partie supérieure de la lame mince qui forme la surface de la base creuse, pendant la flexion pour prendre la position AB', il se présente en A une petite différence entre les surfaces $S + s$ et $S' - s'$ concave et convexe. Ainsi donc, pour que la rupture commence, il faut que la différence $S + s - (S - s) = 2S$ entre les deux surfaces augmente, ce qui a lieu au moyen d'un effort supérieur qui fait descendre l'extrémité D jusqu'à π. De cette manière on multiplie, non pas la résistance, mais les surfaces $S + s$ et $S - s$ pour obtenir une grande quantité de différences $2s$ de surfaces, et ainsi est évitée la séparation entre les couples ËË qui a lieu dans la rupture.

IV. — FAITS D'ÉLASTICITÉ PRODUITS PAR LE CHOC DANS LES CORPS ET LES FLUIDES IMPONDÉRABLES AVEC LEUR POLARISATION.

§ 140. Toutes les espèces de faits attribués à l'élasticité ont leur origine dans les couples électriques $\hat{E}\bar{E}$ communs aux molécules des corps et aux atomes de chaleur et de lumière. Au moyen des faits visibles observés dans les corps, il devient possible de constater les faits produits sur les fluides impondérables par les mêmes couples. Pour fixer les idées, il faut exposer une série de faits fournis par l'observation et en donner une explication, qui n'est qu'une répétition de la loi physique.

Figure 56.

Soit M (fig. 56) un corps contenant la quantité $q\beta$ de barogène et suspendu à un cordon a, à l'extrémité o duquel corps pend un autre cordon b égal. La quantité de barogène $q\beta$ du corps augmente et devient $(q+Q)\beta$ de deux manières différentes : 1° quant au corps M, on en attache un autre M′ contenant $Q\beta$ barogène, ou 2° quand en tenant le cordon b en n avec la main, on fait s'y écouler des filets des muscles du bras une égale quantité $Q\beta$ de barogène.

Cet écoulement, cependant, peut s'opérer en une ou en n secondes ; et comme il s'opère au moyen du fil b, il y aura, dans un cas, $Q\beta$ barogène dans le cordon b, et dans l'autre, il y aura seulement $\frac{1}{n}Q\beta$. Par suite, la quantité $Q\beta$ de barogène fera se couper le fil b, et ainsi la masse M n'éprouvera aucun effort venant de la main. Si le barogène $Q\beta$ de la main s'écoule en n secondes, le cordon b n'éprouvera rien ; mais il sera accumulé dans la masse M, parce que sa quantité de mouvement est $M \times Q\beta$, et qu'elle doit être communiquée au cordon a qui ne peut lui résister et qui se rompt.

Les corps étant composés de barogène et d'électricité, livrent passage entre eux à ces deux fluides ; le barogène $q\beta$ de chaque corps est son poids, tandis que pour l'électricité il n'existe d'autre mesure directe que leur élasticité ; nous observerons séparément ici les faits produits par la communication du barogène en admettant un manque total d'élasticité, et ensuite les faits qui en résultent en admettant pour les corps une élasticité parfaite, comme celle des atomes de lumière et de chaleur qui suivent aussi la même loi.

§ 141. **Faits produits par le choc direct des corps non élastiques.** Lorsque deux corps non élastiques ou pâteux sont en mouvement, les quantités de celui-ci sont mv, $m'v'$ en indiquant par v, v' les nombres de mètres parcourus en 1″. Au point de choc la somme $mv + m'v'$ représente la quantité de mouvement si les corps suivent la même direction, et la différence y est représentée par $mv - m'v'$ si les directions sont contraires. La quantité de mouvement gagnée par l'un des corps c doit être égale à celle perdue par l'autre c'. Or en appelant d la vitesse commune après le choc, la quantité de mouvement perdue par ce corps c sera $vm - dm$, et celle gagnée par le corps c sera $(d - v')\,m$; on aura donc :

$$(v - d)m = (d - v')m', \text{ d'où } d = \frac{mv + m'v'}{m + m'}, \text{ ou } d = \frac{mv - m'v'}{m + m'},$$

car il est $-v'$ si les directions sont contraires. En ce cas, si $mv = m'v'$, on a $d = o$; mais si les masses m et m' sont égales, on a $d = \frac{v + v'}{2}$ ou $d = \frac{v - v'}{2}$; si $m' = \infty$ et $v' = 0$, on a $d = 0$; cela prouve que si le corps c' est remplacé par un obstacle fixe, le corps c s'y arrête.

Pour constater ces résultats empiriquement, on emploie

deux corps H et B (fig. 36) suspendus à une égale hauteur qu'on laisse arriver à T, et la valeur de $d = \frac{mv + m'v'}{m + m'}$ est trouvée dans la distance A'T ou bT que parcourent les deux corps c et c' inégaux après le choc.

§ 142. II. **Faits produits par le choc des corps élastiques.** Les quantités de mouvement restant les mêmes comme dans le cas précédent, la différence résulte de ce que les corps c, c' changent de forme sans que les molécules cessent de rester en contact entre elles : 1° Elles se serrent dans les faces où diminue la surface S qui devient $S - s$, et où augmente la densité δ des couples ËË qui devient $\delta + \delta'$. 2° Les molécules s'élargissent dans les faces convexes, pour faire augmenter les surfaces qui deviennent $S + s$; donc la densité δ des couples y diminue et devient $\delta - \delta'$.

Dans le cas précédent où il y a manque de rétrécissement et d'élargissement des molécules σ, le corps c a perdu une partie $v - \delta$ de sa vitesse et le corps c' a gagné $\delta - v'$; le même effet a lieu pour le cas où les corps sont élastiques, mais des densités $\delta + \delta'$, $\delta - \delta'$ des couples ËË étant réduites en équilibre rompu proportionnel aux quantités de mouvement mv, $m'v'$, il en résulte une somme égale $mv + m'v'$ de quantité de mouvement; pour cette raison on a $2(v - \delta)$ pour la vitesse qu'a perdue le corps c, et $2(d - v')$ pour celle qu'a gagnée le corps c'. Or les vitesses cherchées V et V' sont égales aux vitesses avant le choc modifiées par les densités $\delta + \delta'$, $\delta - \delta'$ des couples ; donc on a

$$V = v - 2(v - \delta), \quad V' = v' + 2(\delta - v'), \quad \text{et} \quad V - V' = v' - v;$$

en y mettant la valeur de d, on obtient :

$$(\alpha) \quad V = \frac{(m - m')v + 2m'v'}{m + m'}, \qquad (\beta) \quad V' = \frac{(m' - m)v' + 2mv}{m + m'}$$

en regardant les directions de gauche à droite et la vitesse v plus grande du corps c à gauche du corps c' de vitesse inférieure v.

En discutant les valeurs indiquées par les formules on en obtient des résultats réels qui confirment la réalité des formules ; ici nous y trouvons une preuve directe de l'existence des couples ÉĒ électriques dans les corps, car le fait qui résulte du barogène seul est le même que celui qui résulte de ces couples, et la différence ne consiste qu'en un changement des deux directions. Il est donc impossible de méconnaître l'existence des couples électriques dans les corps dont résultent tous les faits attribués à la force inconnue nommée *élasticité*.

Si les masses m, m' sont égales, 1° on a $V = v'$ et $V' = v$, qui indique qu'après le choc le corps c aura la vitesse v' qu'avait le corps c' avant le choc ; tandis que dans les corps non élastiques les deux corps ont une vitesse commune.

Les changements des vitesses ont donc été opérés des couples électriques.

2° Si les directions sont opposées on a $V = -v'$ et $V' = v$, c'est-à-dire que chaque corps retourne sur ses pas avec la vitesse de l'autre.

3° Si le corps c' est en repos, on a $v' = o$, le corps c s'y arrêtera et l'autre c' partira avec la vitesse v ayant la masse $m' = m$.

II. Quand les masses m, m' sont différentes, 1° si l'une m' est en repos ou si $v' = o$, on aura :

$$V = \frac{(m - m')v}{m + m'}, \quad V' = \frac{2mv}{m + m'}.$$

2° En ce cas V sera négatif, c'est-à-dire que le corps c retournera sur ses pas, quand sa masse m est moindre que celle m' du corps c en repos.

3° Cette circonstance poura encore avoir lieu quand la masse la plus grande m' est en mouvement.

4° En faisant $v' = o$ et $m' = \infty$, c'est-à-dire si la masse m' est remplacée par un obstacle fixe contre lequel la masse m vient frapper dans une direction normale, on aura $V = -v$;

le corps c retournera avec sa vitesse précédente. Ce fait démontre directement que le mouvement ne résulte pas de son barogène, mais de ses couples électriques.

5° Si la masse m' est très-grande par rapport à la masse m et en repos, ou $v'=o$, la formule (β) indique que la vitesse de cette masse sera très-petite; par exemple, les coups de marteau donnés sur une enclume sont faiblement sentis sur le support de celle-ci. On peut frapper fortement une grosse masse que l'on tient dans la main sans ressentir de douleur, tandis que si la masse est petite chaque coup se fait sentir vivement.

Transmission des chocs. Soit une série cb (fig. 57) de billes d'ivoire suspendues et en contact, si une autre bille a vient à choquer celle c à une extrémité, il s'éloigne de l'autre extrémité la bille b avec la vitesse v de la bille a, comme cela eût eu lieu si la bille a eût frappé immédiatement l'autre bille b.

Figure 57.

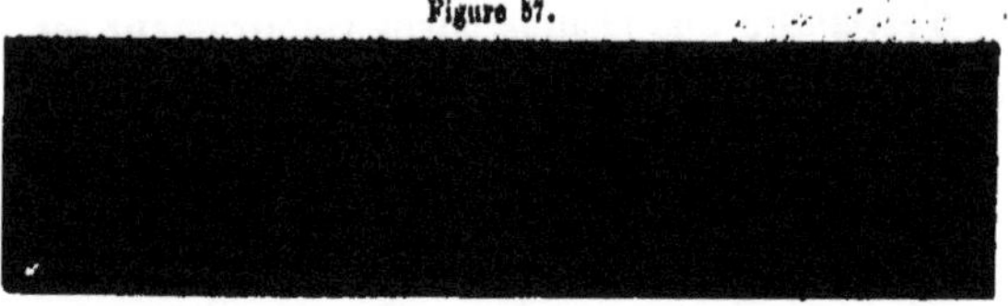

En remplaçant les billes d'ivoire par des boules égales de pâte, ce n'est pas la dernière b qui se séparera, mais quand la boule a arrive à c, toutes les sept partiront ensemble avec une vitesse $\frac{1}{7}v$, sept fois moindre que celle v de la boule a. Les deux exemples rendent évidents les faits qui résultent du barogène seul et ceux qui résultent de celui-ci et des couples électriques; nous montrerons plus bas les faits qui résultent de ces couples seuls qui constituent les atomes de lumière et de chaleur.

Figure 58.

§ 143. **Chocs obliques.** Soient deux corps A et B

(fig. 58) en mouvement, qui viennent en rencontre en n dans les directions nv' et nu : 1° Si ces corps ne sont pas élastiques, la masse $m + m'$ prendra pour direction la diagonale ne provenant des poussées nv' et nv. 2° Si les corps sont élastiques, ils vont tous les deux se réfléchir en n; le corps B prendra la direction nv et le corps A celle de nv' ; s'ils sont égaux, ils changeront de vitesse.

§ 144. **L'angle d'incidence égal à l'angle de réflexion des corps et de la lumière.** Cette égalité des angles bin et ain (fig. 59) ne résulte que des couples électriques qui sont communs aux corps élastiques et aux fluides impondérables. Comme le corps i arrivé au corps immobile oC change de forme et s'aplatit, il en est de même pour les atomes invisibles de chaleur et de lumière. Aux sommets o et d, la densité des couples ÉÈ augmente et devient $\partial + \delta$ et elle diminue au milieu c et i. De cette double rupture d'équilibre, résulte l'expansion répulsive des couples denses qui produit une contre-répulsion entre les molécules du corps i et de celles-ci elle ne passe pas au corps immobile CB.

Figure 59.

C'est cette contre-répulsion exercée entre les molécules qui fait résulter de la poussée verticale bc une autre poussée égale et contraire; in le corps i étant donc poussé par bn et ni vers i, arrivé à i, conserve sa poussée horizontale [illegible]; mais on obtient pour la poussée ni une autre poussée égale et contraire in ; celle-ci et io sont donc les deux poussées qui font prendre au corps i la direction io. Cependant les expériences conduisent à connaître que l'angle de réflexion nia est toujours plus grand que celui bin d'incidence, ce qui prouve que la contre-répulsion in est inférieure à la poussée bc verticale, et cela résulte de ce que le corps immobile ci possède une élasticité qui fait passer dans le sol une partie du barogène $O\beta$ en équilibre rompu.

§ 145. **Réflexion de la lumière ou de la chaleur et leur polarisation.** Les atomes de chaleur et de lumière éprouvent, comme les couples électriques des corps, une contre-répulsion de la part de leurs homonymes qui ne manquent pas dans les molécules des corps. La différence entre les corps et les atomes de lumière incidents sur le corps *mm'*, résulte de ce que les atomes Φ de lumière n'éprouvent pas la contre-répulsion sur la surface *mm'* (fig. 60), mais qu'ils y éprouvent une résistance qui leur fait quitter *si* pour prendre celle *ip*, de manière à arriver à la couche *ll'* en *p* où ils éprouvent la contre-répulsion qui leur imprime la direction *pb*, comme cela a lieu pour les corps élastiques en formant l'angle $ipd = bpd$.

Figure 60.

Arrivés à l'extrémité *b* de la couche des couples *mm'*, les atomes de lumière éprouvent une poussée du côté de la normale et prennent la direction *bc* pour former l'angle $cbi' = sim'$. Il y a donc deux réfractions à la surface *mm'* et une réflexion en *ll'*. Pour prouver que le même effet a lieu pour les corps, on enduit la plaque de marbre d'une légère couche d'huile sur laquelle la bille d'ivoire trace une tache circulaire beaucoup plus grande que celle qu'elle y marque quand on ne fait que la pousser légèrement.

§ 146. **État des atomes polarisés de lumière et de chaleur.** Il a été prouvé que la chaleur latente ne consiste qu'en interception de l'expansion de ses atomes, aux atomes polarisées par la réflexion; l'expansion est interceptée à gauche et à droite, et l'expansion en avant subsiste. Cette modification des atomes de chaleur et de lumière a été constatée dans les deux volumes précédents de cet ouvrage; cependant nous profiterons de la comparaison avec les corps pour rendre plus évident cet état qui était tout à fait inconnu.

La polarisation de la lumière et de la chaleur réfléchies se manifeste par un manque d'expansion latérale, parfaite ou partielle. Ces deux états correspondent aux causes dont ils résultent, et qui sont les suivantes :

I. **Polarisation latérale, parfaite ou totale**. Quand les atomes Φ réfractés en *i* (fig. 59) obtiennent la direction *ip* de manière à former un angle $ipl'=45°=bpd$, on a $ipb=bpa$. En ce cas, reste interceptée l'expansion des quantités égale QĒĒ de couples rencontrées en *pb* venant des angles droits *apb* et *ipb*; et quand ces atomes émergent dans la direction *bi*, ils ne possèdent que l'expansion suivant le plan *bpp'* de réflexion. Leur expansion latérale, à gauche et à droite, a été interceptée par les poussées égales et convergentes en *i* vers le plan *nim'* d'incidence, et en *b* vers le plan de réflexion *cbi'*.

II. **Polarisations partielles des atomes réfléchis**. La direction des atomes incidents peut former avec la normale un angle plus grand *s'i'n'*, ou plus petit *s''i''n''* que l'angle *sin* après la réfraction en *i'*; il résulte $i'p'p < 45°$ ou $i''p''p' > 45°$, produit par *i''p''* après la réfraction en *i''*. Entre ces deux cas d'incidence et le précédent, la différence consiste en inégalités des angles, dont *ip'b'* est plus grand que *b'p'a'*, et *i''p''b''* est plus petit que *b''p''a''*. Dans ces deux cas, n'est pas interceptée l'expansion des inégales quantités de couples (Q+*q*) ĒĒ et (Q−*q*) ĒĒ contenues dans les angles obtus et les angles aigus.

1° Des couples (Q+*q*) ĒĒ de l'angle $i'p'b'=b'p'e+ep'i'=b'p'e+b'p'a'$, sont interceptés ceux de l'angle *i'p'e* par ceux contenus dans l'angle $b'p'a'$, et l'expansion des couples contenus dans l'angle $b'p'e$ est conservée.

2° Des couples $(Q'+q')$ ĒĒ contenus dans l'angle obtus $b''p''a''=b''p''e'+e'p''a''=b''p''e'+b''p''i''$ est interceptée l'expansion des couples QĒĒ, et elle reste conservée dans les couples $2q'$ĒĒ contenus dans l'angle $e'p''b''$. Au moyen des expériences, nous trouvons l'expansion latérale des atomes de lumière dans un cas du côté supérieur de $b'c'$, et, dans l'autre, du côté inférieur de $b''c''$.

En opérant de la même manière avec la chaleur, il a été constaté qu'après la réflexion elle a éprouvé un changement; car si elle est conduite pour être réfléchie sur un plan perpendiculaire au plan précédent, elle n'est plus égale à celle réfléchie sur un plan parallèle au précédent mm' (fig. 59), comme cela a lieu également pour la lumière. Le corps *i* lui-même (fig. 58), réfléchi dans la direction *ia*, est presque arrêté s'il arrive obliquement sur un plan perpendiculaire à celui *ic* et incliné sur le plan de réflexion *nia*.

L'expansion supprimée des atomes de chaleur les rend insensibles quand les solides obtiennent l'état liqnide, ou les liquides l'état vaporeux; de la même cause résulte donc la disparition des atomes de chaleur et de lumière quand ils sont amenés à éprouver une deuxième réflexion latérale : cet effet a été constaté même pour les corps élastiques par la suppression presque totale du mouvement quand on les soumet à des résistances et réflexions analogues à celles de la lumière polarisée.

CHAPITRE II.

DES PROPRIÉTÉS DE L'ÉTAT LIQUIDE DES CORPS.

§ 147. Les éléments chimiques des molécules σ restent les mêmes quand celles-ci, au moyen de leurs éléments électriques, éprouvent de ceux É + 2E des atomes de chaleur une répulsion R ou R — r qui ne dépend que de la température T ou T — T'. L'état des corps n'est donc pas un effet chimique, mais un produit dynamique ou électrique, car les molécules σ 1° par leur barogène β, sont soumises à la pression **p** centripète, et 2° par leurs éléments électriques É, E éprouvent les répulsions R + r, R, R — r des éléments É + 2E de chaleur dans les températures T + T', T, T — T'.

La compression **p** restant la même, une portion p de celle-ci est consommée pour supprimer l'expansion d'une quantité d'atomes θ de chaleur, d'où résulte 1° d'une part diminution de compression **p** — p, et 2° de l'autre réduction à l'état insensible d'une quantité θ de chaleur nommée pour cela *latente*. Donc la différence entre les solides et les liquides ne consiste qu'en une quantité θ d'atomes de chaleur d'expansion interceptée, qui exercent une répulsion sur les molécules σ et qui de celles-ci se communiquent 1° aux parois, 2° aux portions du liquide qui se séparent, et 3° aux corps solides en contact. Quoique les faits résultent de la même origine, ils paraissent différents à cause de l'objet sur lequel l'action s'exerce, ces objets sont 1° la paroi, 2° la veine liquide, où 3° le corps solide en contact. Ainsi résultent les faits qui constituent l'*Hydrostatique*, l'*Hydraulique* et l'*Hydrodynamique*.

I. — HYDROSTATIQUE.

§ 148. La pression p dont résulte le poids π est la même pour l'état solide et l'état liquide d'un corps ; il n'y a que la répulsion R exercée entre les molécules σ qui soit communiquée à la paroi du vase, et cela manque quand ces mêmes molécules à l'état solide sont introduites dans le vase. Au lieu donc de chercher à constater l'existence de cette répulsion R entre les molécules au moyen d'un assemblage de faits empiriques, nous allons, connaissant l'origine de cette répulsion, rapporter ici les faits empiriques comme exemples; et cela pour donner au lecteur la facilité de distinguer les deux genres de faits qui résultent 1° les uns de la répulsion R provenant des équivalents électriques, et 2° les autres du poids provenant de la pression p du barogène b.

Figure 61.

Par exemple, dans les trois vases A, m, B (fig. 61) entrent les quantités d'eau q, $q+q'$, $q+q'+q''$; leur répulsion expansive R horizontale est égale à la surface et au fond; car elle croît avec la profondeur h, et si celle-ci est égale pour les trois vases, il y aura aussi égale répulsion R exercée contre le fond et la paroi, la valeur de la répulsion est :

$$R = s \times h \times d.$$

formule dans laquelle s est la surface du fond des vases, h la profondeur du liquide et d sa densité ou son poids spécifique. En admettant le même liquide dans les trois vases et à la même hauteur, la répulsion sera égale à la surface s du fond. Si la solidité de celui-ci est égale aux vases A et B, il faut pour qu'il soit brisé faire augmenter la profondeur de façon qu'elle devienne $h + h'$; et cela est obtenu dans le vase A au moyen d'une quantité d'eau $Q + Q'$, tandis que, dans le vase B, il n'en faut que la quantité Q.

L'effort dynamique ou électrique de la répulsion manifesté dans la brisure des bases correspond donc à la répulsion R qui croît avec la profondeur ; tandis que l'effort mécanique du barogène $Q\beta$ qui entre dans le vase A se manifeste dans le poids qui devient $\pi + \pi'$ dans le vase A et π dans l'autre B. En introduisant donc la même quantité Q d'eau dans les vases A, B, le poids sera π, mais l'effort dynamique produira seulement la brisure de la base du vase B où la hauteur devient $h + h'$.

§ 149. **La répulsion R paraissant comme compression p.** Au lieu d'avoir le liquide dans les trois vases A, m, B, ceux-ci étant vides et renfermés peuvent être plongés dans le liquide contenu dans un récipient. Dans la profondeur h la solidité des bases résistera à la répulsion qui vient du dehors, mais celle-ci augmente dans la profondeur $h + h'$ et brise les bases des vases, comme dans le cas précédent quand la poussée s'exerce du dedans au dehors. La répulsion R et la pression P ont la même origine, et c'est une apparence purement illusoire qui nous porte à leur donner des noms différents à cause du changement du sens de la direction de la poussée. Au lieu d'opérer avec un liquide si l'on opère avec du gaz l'effet est le même, mais quand la pression est exercée de la part du fluide barogène qui est imperceptible, au lieu d'attribuer la sollicitation des corps vers la terre à une poussée centripète, cette même apparence illusoire nous fait croire que c'est la Terre qui attire les corps.

Si l'on plonge dans le récipient K (fig. 62) une vessie c remplie d'un liquide coloré, celui-ci monte dans le tube t, à cause de la répulsion R extérieure qui croît quand la vessie est poussée à la profondeur $h + h'$; la vessie peut même crever à une profondeur supérieure. Le même effet a lieu pour les bouteilles vides bien bouchées qu'on plonge à une grande profondeur dans la mer; dans les cas où les bouteilles résistent, l'eau y pénètre par toutes les substances organiques. Pour empêcher cette pénétration d'eau, il faut une plaque de verre épaisse usée et appliquée à l'orifice.

Figure 62.

§ 150. **Disparition de la répulsion R ou de la compression P.** Si la bouteille R ayant pour base une vessie est d'abord fortement appuyée au fond du récipient K dans lequel on introduit ensuite le liquide aux hauteurs h, $h + h'$, $h + h' + h''$, la bouteille se soutient et elle peut être brisée quand la profondeur devient H sans que la vessie crève; car celle-ci étant appuyée au fond du récipient reste à l'abri de la répulsion R exercée entre les molécules σ du liquide; en effet, celles-ci, en éprouvant au moyen de leur barogène β, la pression p exercée de la part du $q\sigma$ molécules de la colonne h ou H, font naître une poussée $R + p$ qui croît avec la profondeur h, $h + h'$... Si la bouteille R a sa base appuyée au fond du récipient K, la poussée $R + p$ n'y pénètre pas.

§ 151. **Principe d'Archimède.** *Un corps plongé dans un liquide perd une partie de son poids égale au poids du liquide déplacé.* Le corps A (fig. 63) reste en équilibre avec un poids π; cet équilibre se rompt si le corps A se trouve appuyé sur la surface d'un liquide; ainsi il faut ôter du poids π à mesure que l'appui en A augmente jusqu'au moment où le corps sera submergé. Cet appui exercé sur la surface S du corps A introduite dans l'eau correspond à la répulsion $R + p$ qui y est exercée de la part des molécules σ du liquide contre celles σ' de la surface S du corps B.

En opérant empiriquement, Galilée a suspendu à l'un des bassins de la balance un vase A et au-dessous un cylindre massif B qui peut remplir exactement le vase A. Après avoir mis la balance en équilibre, on le fait descendre jusqu'à ce que le cylindre B plonge entièrement dans le liquide. L'équilibre est alors rompu, et l'on trouve que, pour le rétablir, il suffit de remplir exactement le vase A du même liquide. La perte du poids était donc égale au poids du liquide qui remplit le vase A, dont la capacité est exactement égale au volume extérieur du corps plongé. Si le cylindre B est d'abord bien appuyé à la base du récipient et qu'ensuite on y introduise l'eau pour le couvrir, sans que l'eau puisse pénétrer entre sa base et celle du récipient, son poids, au lieu de diminuer comme précédemment, croît et d'autant plus que la profondeur augmente. Il faut donc un grand effort pour détacher le cylindre B du fond du vase.

Figure 63.

On peut 1° plonger deux corps c, c' du même poids et de volumes $V + v'$, V dans un liquide contenu dans un récipient, ou 2° plonger deux corps c, c' d'égal volume et du même poids dans deux liquides différents :

I. Si le volume $V + v$ est double de celui V, le corps c

perdra dans l'eau un poids 2π double de celui π que perd le corps c' de volume V.

II. Si la densité $\delta + \delta'$ de l'un des liquides est treize fois supérieure à celle δ de l'autre, le corps c plongé dans celui-ci perdra le poids π et l'autre c en perdra 13π.

§ 152. **Problème d'Archimède.** Hiéron, roi de Syracuse, en recevant une couronne d'or voulait savoir la quantité d'argent qui y était introduite. Pour résoudre ce problème on pèse dans l'air et dans l'eau 1° la couronne, 2° l'or, et 3° l'argent; soit p le poids de la couronne, χ, et $p - \chi$ les poids d'or et d'argent qu'elle contient. La couronne pesée dans l'eau perd le poids p' et il reste $p - p'$; un poids p d'or pesé dans l'eau reste $p - \pi$ et d'un poids p d'argent il reste dans l'eau $p - a$. Pour trouver la perte y du poids χ d'or on a la proportion $p : \chi = \pi : y$ d'où $y = \frac{\pi\chi}{p}$; celle d'une masse $p - \chi$ d'argent sera $p : p - \chi = a : y'$, d'où $y' = \frac{a(p-\chi)}{p}$. Or la somme de ces deux pertes doit être égale à la perte totale p' de la couronne, on a donc $\frac{\pi\chi}{p} + \frac{a(p-\chi)}{p} = p'$, d'où l'on tire $\chi = \frac{(p'-a)p}{\pi - a}$. Archimède, admettant que la couronne ne contenait que de l'or et d'argent, trouva qu'elle renfermait deux parties d'argent et une partie d'or.

§ 153. **Équilibre des corps flottants.** Le corps CO' (fig. 5) est en équilibre stable dans l'air quand son centre de gravité G et le point d'appui O sont sur la même verticale OG; le même effet a lieu pour les métaux massifs qui plongent dans l'eau. Si le bois CO' est dans l'eau, pour le soutenir en équilibre stable, il faut que le point fixé O' soit sur la verticale O'G qui passe par le centre de gravité et au-dessous. Dans les deux cas la stabilité résulte de l'équilibre dans lequel sont mutuellement maintenues les molécules σ autour de la verticale OG ou GO'. La poussée **p** centripète passe par OG, comme la poussée p' centrifuge passe par O'G, sans que pour cela les points fixes O ou O′ soient sur la même ligne ou dans le même plan.

Dans le cas où la stabilité d'un corps flottant doit résulter de sa position dans le liquide, celle-ci est inverse de celle qui doit avoir lieu dans l'air; un prisme triangulaire est dans l'eau en équilibre quand il flotte ayant l'arête en bas; de même un hémisphère est en équilibre stable quand la surface plane est en haut.

§ 154. **Métacentre.** Bougner, dans son traité du navire, donne ce nom au point G (fig. **64**) où se trouve le centre de l'ensemble des poussées centrifuges p' exercées de la part de l'eau sur la surface du corps en contact. Il y a donc stabilité d'équilibre dans le cas où se trouvent dans la même verticale le métacentre G et le centre de h gravité qui est au-dessous du métacentre, comme dans le cas où le corps se trouve suspendu dans l'air.

Figure 64.

Le navire ABC contenu dans un bassin prend un équilibre stable qui résulte de ladite position du centre de gravité h au-dessous du métacentre G. Pour changer cette position du navire extérieurement, il n'est d'autre moyen que d'y exercer une poussée *ed* pour faire remonter en b le point B, et le navire se soutiendra dans cette position *abc* tant que durera la poussée *ed*.

§ 155. **Agitation des navires dans la mer.** La poussée *ed* est exercée par le vent sur la partie de la surface 2S qui n'est pas dans l'eau; cette surface reste égale S et S dans les deux moitiés quand le navire est en équilibre stable ABC, mais la poussée *ed*, en changeant la position, fait augmenter la surface $S+s$ du côté B exposé au vent et diminuer celle $S - s$ du côté A. Ainsi se multiplie de la part du vent l'effort exercé directement sur la surface $S + s$ et sur la surface de l'eau, qui afflue du côté B et s'éloigne du côté A. Le *métacentre* dévie de G vers *m* et le centre de gravité va de *h* vers H; le navire submerge quand la ligne *m*H devient horizontale.

Les vaisseaux de guerre sont lestés avec des prismes en fonte dont on recouvre l'intérieur de la cale; on leur donne une forme bombée latéralement, afin que lorsque le vent et les ondes les inclinent, la poussée centripète soit grande dans la surface *a* submergée. Ce calcul, juste dans le cas où la poussée est médiocre, est en défaut quand la surface $S + s$ du dessus de la mer éprouve des poussées fréquemment répétées. Malgré cette forme et le lest en fonte, on voit les vaisseaux se perdre encore très-souvent par les tempêtes dans la pleine mer. On voit par ces sinistres que les voyageurs par mer ne peuvent jamais compter sur une pleine sécurité; car l'homme ne possède ni la force ni les connaissances nécessaires pour vaincre 1° les poussées exercées de la part du vent sur la surface $S + s$ du navire et 2° celles exercées de la part de la mer.

§ 156. **Règles à suivre par les capitaines des vaisseaux pendant les tempêtes.** Les navires faibles peuvent être brisés par les forts coups de vent et les ondes; les poussées très-fortes des vents et des ondes peuvent faire échouer les navires sur les côtes; il ne reste que le cas où les navires et les vaisseaux périssent en pleine mer, et cela parce que les capitaines ignorent comment ils doivent opérer pour maintenir loin de l'horizon la verticale *m*H qui joint le centre de gravité *h* déplacé avec le métacentre G.

Pour résoudre ce problème fondamental de la navigation, il faut cesser de se régler d'après les ridicules hypothèses, 1° que les vents résultent des changements de température de l'air, et 2° que les abaissements rapides du baromètre sont l'effet de la diminution de la masse d'air dans la colonne atmosphérique. Si le lecteur veut se tenir religieusement dans le *statu quo* où végètent les sciences physiques, il n'a rien de mieux à faire que de rejeter notre ouvrage. (Voir Tome III, page 889.)

Pendant les tempêtes et même avant qu'elles éclatent, les seuls guides sur lesquels puisse compter le capitaine sont les *vitesses* des oscillations du baromètre et les *changements* des directions et des intensités des vents. D'après ces données est déterminée la direction des espaces raréfiés où apparaît le premier nuage et celle de leur propagation. Un bateau à vapeur, prenant à temps cette précaution, peut aller contre le vent à une petite distance, et il trouvera peu après un espace de calme, et ensuite le vent contraire. Pour un navire à voiles comme ceux du commerce, les capitaines grecs en pleine mer ne pouvant pas aller contre le vent, se laissent entraîner par lui, sachant bien qu'ils se trouveront bientôt dans un espace calme. Les flottes de France et d'Angleterre ont perdu un grand nombre de vaisseaux dans la mer Noire; cependant on n'en sait pas mieux pour cela que les plus violents vents affluent en directions convergentes vers un espace central où sont chassés les navires en allant vers Sulina, vers le Bosphore, à Varna, à Odessa et à Taganrok, fait cependant bien connu de tous les matelots grecs et ignoré par les météorologistes.

Les capitaines grecs sont pour la Méditerranée et la mer Noire les plus expérimentés, et par suite les plus habiles. Dans l'avenir on parviendra à connaître la cause des vents et celle des oscillations du baromètre; la navigation deviendra alors une science positive, et les voyages par mer présenteront plus de sûreté que ceux par terre. La perte d'un vaisseau sera attribuée à l'ignorance du capitaine et à la responsabilité en retomberait sur celui qui lui a cédé la place.

§ 157. **Vessie natatoire.** C'est un sac membraneux rempli de gaz et placé à la partie supérieure de l'abdomen des poissons. Pour monter ou descendre, il suffit que le volume de ce sac et par suite du corps augmente ou diminue, et que le poisson opère volontairement par ses muscles; ceux-ci, contractés à la surface de l'eau, font diminuer le volume du poisson qui, devenu d'un poids spécifique supérieur à l'eau, se précipite vers le fond. Au contraire, par une expansion qui augmente le volume V et le fait devenir $V + v$, le gaz de la vessie se dilate, et le poisson obtient un poids spécifique inférieur à l'eau; ainsi il s'élève à la surface.

Les changements de volume du gaz dépendent de l'action des muscles, et l'augmentation de l'activité des muscles est produite au fond de la mer par les courants thermoélectriques qui ont pour cause la température basse de l'eau. Sans la poussée expansive qui résulte d'une grande accumulation de masse d'électricité positive dans les muscles, il serait absolument impossible aux poissons de vaincre une compression de centaines d'atmosphères exercée contre leur volume V qui doit devenir $V + v$.

En imitant l'usage apparent de cette vessie, on attache une vessie d'air à un corps qui a presque le poids spécifique de l'eau, et on l'introduit dans un vase plein d'eau qui peut recevoir une pression au moyen d'un piston. Ce corps monte et descend par la pression plus ou moins grande exercée sur l'eau; car l'air dilaté fait augmenter le volume de la vessie et diminuer le poids spécifique, tandis que l'air comprimé fait diminuer le volume et augmenter le poids spécifique. Cet exemple ne trouve pas son application aux poissons, parce que ce sont leurs muscles qui doivent, dans les grandes profondeurs, exercer un effort énorme pour faire augmenter le volume de leur corps. Au fond du lac de Constance vivent des poissons qui ne possèdent pas l'effort nécessaire pour faire augmenter le volume de leur corps. Quand ces poissons sont pris et amenés à la surface de l'eau, leur volume augmente tellement que leur corps se rompt; la vessie n'est qu'un organe auxiliaire.

§ 158. **Mode de la production du mal de mer.** Ce fait physiologique ne résulte que de la quantité de mouvement qui peut être produit de manières différentes et à toute espèce de degré. On l'éprouve dans une voiture, dans un berceau agité, et à un degré supérieur dans les navires, surtout quand la mer est forte. Les marins n'en souffrent pas, et parmi les voyageurs beaucoup parviennent, à la longue, à s'y habituer. Le mouvement du véhicule se communique au corps de la manière indiquée dans les figures 24 et 25, où l'on a fait voir comment la quantité de mouvement fait monter les corps d'un poids spécifique supérieur au-dessus de ceux d'un poids spécifique inférieur. Le même effet est produit sur les aliments contenus dans l'estomac.

Avec le déplacement de ces corps changent les directions des courants électriques produits par le contact, et ce sont ces courants qu'on parvient, par l'habitude, à régler au moyen de la sensation; les individus qui n'y parviennent pas en souffrent toujours, Je conserve l'espoir de parvenir par quelque moyen à intercepter ces courants électriques de l'estomac. Au moyen, par exemple, d'un berceau suspendu qui neutraliserait toutes les secousses du navire, on pourrait être sûrement à l'abri des déplacements des substances contenues dans l'estomac, et par suite du mal de mer; ce même effet peut être obtenu par des médicaments.

§ 159. **Densité du barogène.** Le rapport entre le volume V des corps et la quantité $q\beta$ de barogène y contenus dépend de la densité du barogène dont le maximum se trouve : 1° parmi les corps solides dans les atomes *Pt* de platine, et dont le minimum ne descend pas beaucoup au-dessous de celle des atomes de la glace; 2° parmi les liquides, le maximum de densité de barogène est dans les atomes du mercure, et le minimum descend peu au-dessous de celle des atomes de l'eau.

En prenant pour unité de volume le centimètre cube,

l'unité de poids est la quantité β de barogène contenu dans les a atomes d'eau qui entrent dans ce volume v à une température de 4°. Ainsi donc, pour connaître la densité de barogène dans les corps ou dans leurs atomes, il faut remplir de chacun d'eux un cube de 1 centimètre et les peser; les poids $p-p'$, p, $p+p'$, $p+p'+p''$... sont les densités cherchées du barogène $d-\delta$, d, $d+\delta$, $d+\delta+\delta'$...

Le volume des corps diminue sous l'influence du froid et d'une pression supérieure, tandis qu'il augmente sous celle de la chaleur et d'une pression diminuée; aussi, au moyen du calcul, les poids spécifiques des corps sont-ils tous réduits à 0°.

§ 160. I. **Mesure du poids spécifique d'un corps solide.** On suspend le corps o (fig. 65) à un bassin bc de la balance hydrostatique; on établit l'équilibre, puis on baisse la balance de manière que le corps plonge dans un vase V plein d'eau distillée. L'équilibre est rompu, et le poids p qu'il faut introduire en bc pour le rétablir représente la perte du poids dans l'eau, c'est-à-dire le poids d'un volume d'eau égal au volume du corps. Soit P le poids du corps, et p la perte du poids, $\frac{P}{p}$ serait le poids spécifique du corps.

Figure 65.

Pour ramener le poids p à ce qu'il serait à 4°, soit τ° la température de l'eau, et δ la dilatation du volume v quand on l'échauffe de 4° à τ°, l'unité de volume à 4° deviendrait $1+\delta$ à τ°; et comme les densités sont en raison inverse des volumes, en appelant χ le poids cherché, on aura :

$$\chi : p = 1+\delta : 1, \quad \text{d'où} \quad \chi = p(1+\delta),$$

et $\frac{P}{p(1+\delta)} = \Pi$ est le poids spécifique du corps à la température T°.

Si l'on veut passer du poids spécifique du corps à la température t à son poids spécifique à 0°, il faut connaître la quantité dont se dilate l'unité de volume des corps par degré de température (tome III, page 622); soit k cette quantité, l'unité de volume prise à 0° devient $1 + k\mathrm{T}$ à T°; et comme les poids spécifiques sont en raison inverse des volumes, on aura, en appelant D le poids spécifique à 0°, $\mathrm{D} : \Pi = 1 + k\mathrm{T} : 1$; en remplaçant Π par sa valeur, on a :

$$\mathrm{D} = \pi(1 + \mathrm{KT}) = \frac{\mathrm{P}}{p} \times \frac{1 + \mathrm{KT}}{1 + \delta}.$$

§ 161. **Aréomètre-balance.** Une masse c (fig. 66) servant de lest et en forme de coupe est suspendue; une tige mince o supporte un petit plateau, et il y est marqué un point o nommé *point d'affleurement*. Le corps C pesé est placé sur le plateau; on ajoute à a du poids jusqu'à ce que le niveau de l'eau touche le point o. On ôte alors le corps C pour le remplacer par des poids gradués capables de rétablir l'affleurement de o; ce poids Π est celui du corps C. Ayant enlevé le poids Π du plateau, on place le corps C dans la coupe c; il n'y a plus affleurement, et ce poids $\Pi - \Pi'$ qu'il faut mettre sur le plateau pour le reproduire représente la perte du corps C dans l'eau, c'est-à-dire le poids d'un volume d'eau égal au sien.

Figure 66.

TABLE DU POIDS SPÉCIFIQUE DES CORPS SOLIDES A 18°.

Métaux.

Platine écroui	23,000	Palladium	11,300
— passé à la filière	21,042	Rhodium	11,000
— fondu	19,500	Argent fondu	10,474
Or forgé	19,362	Bismuth fondu	9,822
— fondu	19,258	Cuivre fondu	8,850
Iridium fondu	18,080	— laminé	8,950
Tungstène	17,600	Molybdène	8,611
Plomb fondu	11,350	Arsenic	8,308

Nickel fondu	8,279	Étain fondu	7,291
Urane	8,100	Zinc fondu	6,861
Manganèse	8,010	Antimoine fondu	6,712
Cobalt fondu	7,811	Tellure	6,115
Acier recuit	7,816	Chrome	5,900
Fer en barre	7,788	Sodium	0,972
— fondu	7,207	Potassium	0,865

Corps indécomposables non métalliques.

Iode	4,948	Carbone graphite	2,500
Sélénium	4,300	Soufre	2,033
Carbone, diamant	3,531	Anthracite	1,800
	3,501	Phosphore	1,770

Minéraux, pierres précieuses.

Sulfate de baryte (spath pesant)	4,430	Carbonate de chaux	Arragonite	2,946
Jargon de Ceylan	4,416		Marbre de Paros	2,837
Rubis oriental	4,283		Spath d'Islande	2,723
Grenat	4,230	Émeraude verte		2,775
Topaze orientale	4,010	Granite		2,700
Emeri	4,000	Silice	Jaspe	2,710
Malachite	3,500		Cristal de roche	2,653
Topaze de Saxe	3,564		Agate	2,615
Béril oriental	3,548		Opale (silice hydraté)	2,250
Spath fluor	3,191	Feldspath		2,564
Tourmaline verte	3,155	Écume de mer (maghésie)		2,500
Saphir du Brésil	3,131	Gypse		2,330
Asbeste roide	2,996	Albâtre		1,874
Ardoise	2,830	Obsidienne		2,300
Onyx	2,816			

Substances diverses.

Flint-glass anglais	3,330	Ivoire	1,917
Perles	2,750	Alun	1,720
Corail	2,680	Houille compacte	1,329
Verre de Saint-Gobain	2,488	Jayet	1,259
Porcelaine de Chine	2,385	Succin	1,078
Porcelaine de Sèvres	2,146	Glace à 0°	0,930

Bois.

Ebène	1,33	Noyer	0,62
Buis de Hollande	1,32	Tilleul	0,60
Buis de France	0,91	Cyprès	0,60
Chêne, le cœur (60 ans)	1,17	Cèdre	0,56
Hêtre	0,85	Peuplier blanc d'Espagne	0,53
Frêne	0,84	Bois de Sassafras	0,48
If	0,80	Charme	0,45
Orme	0,80	Peuplier ordinaire	0,38
Pommier	0,73	Bouleau	0,38
Oranger	0,70	Peuplier d'Italie	0,35
Sapin jaune	0,65	Liége	0,24

Violette, ayant pris du bois très-sec et opérant sur de petits fragments bien imbibés d'eau, reconnut que leurs densités étaient très-peu différentes. Ayant alors réduit les bois en poudre impalpable, il trouva sur des bois de nature très-diverse des densités diffèrent à peine de 0,01. La densité de ce bois est à peu près 1,5. Le liége lui-même ainsi divisé se montre plus dense que l'eau; son poids spécifique est alors 1,3. Ruhmfort avait trouvé que la densité de la substance des fibres ligneuses était comprise entre 1,46 et 1,53. Ainsi, la densité médiocre des bois résulte des pores ou des vésicules vides dont ils sont criblés. De semblables pores se rencontrent dans la houille qui a 1,329 pour poids spécifique, tandis que la ténacité des branches des arbres surpasse celle des métaux, parce qu'elle résulte des couples denses électriques des fibres ligneuses.

§ 162. II. **Mesure du poids spécifique des liquides.** On donne le nom d'*aréomètres* aux appareils employés pour déterminer le poids spécifique ou la desité du fluide barogène contenu dans les atomes des liquides. Ces appareils sont :

1° *La balance hydrostatique* Abc (fig. 63). On suspend à l'un des bassins *bc* un corps solide qui perd dans le liquide une partie Π de son poids P; plongé ensuite dans l'eau, il perd le poids Π'; celui-ci devient $\Pi(1+\delta)$ quand l'eau est à 4°; le poids spécifique du liquide *l* est $\frac{\Pi}{\Pi'(1+\delta)}$.

2° *Aréomètre de Fahrenheit.* Cet appareil est en verre; le poids Π du corps *bc* (fig. 66) étant connu, on plonge ce vase ou boule de verre dans le liquide sur lequel elle doit flotter, et on amène l'affleurement *o* au moyen du poids P placé en *a*. $P+\pi$ représente le poids p' d'un volume de liquide égal au volume de l'aréomètre *bc*. On opère de même dans l'eau pure; *p* étant le poids nécessaire pour obtenir l'affleurement dans ce liquide, le poids du volume déplacé est $p+\pi$ à la température *t*, et serait $(p+\pi)(1+\delta)$, si l'eau était à 4°. Le poids spécifique du liquide est donc $\frac{P+\pi}{(p+\pi)(1+\delta)}$.

3° *Aréomètre simple.* On pèse un flacon à col long, 1° vide, 2° plein de liquide λ, et 3° plein d'eau. Soient π, P, p ces poids; les poids du liquide et de l'eau remplissant le flacon seront $P-\pi$ et $p-\pi$, et le poids spécifique du liquide sera $\frac{P}{(p-\pi)(1+\delta)}$.

TABLEAU DU POIDS SPÉCIFIQUE DE QUELQUES LIQUIDES.

Mercure	13,596	Eau de mer	1,026
Brome	2,966	Vin	0,990
Acide sulfurique concentré	1,841	Huile d'olive	0,915
— azotique concentré	1,451	Éther chlorhydrique	0,874
— — du commerce	1,220	Essence de térébenthine	0,868
Sulfure de carbone	1,263	Naphte	0,847
Acide chlorhydrique concentré	1,208	Alcool absolu	0,792
Lait	1,030	Éther sulfurique	0,715

II. — HYDRAULIQUE.

§ 163. L'écoulement des liquides correspond à la chute des solides sur des plans inclinés, sans cependant que les molécules suivent le même ordre; car la résistance qu'elles éprouvent de la part des molécules immobiles ralentit l'avancement des molécules des liquides en contact et fait avancer les autres, tandis que dans la chute des solides il ne peut pas y avoir lieu une telle séparation des molécules qui s'interrompent quand la résistance est trop grande pour être surmontée.

La séparation des molécules du liquide en contact avec la paroi mouillée de celles qui ne le sont pas et qui avancent est produite par un effort nécessaire pour rompre les couples électriques $\dot{E}\ddot{E}$, comme cela a lieu pour les solides qui se brisent, se cassent ou se rompent. Les équivalents électriques $\dot{E}\ddot{E}$, avant leur séparation, doivent s'étendre pour produire une *diastole* dans le liquide, et après leur séparation ils se contractent et il en résulte une *systole*. De ces dilatations et contractions des équivalents $\ddot{E}$ et $\dot{E}$ résulte une

pulsation dans des liquides en écoulement, et c'est ce genre de faits qui constitue l'*Hydraulique*.

Quand on laisse s'écouler des deux vases égaux A, B (fig. 67) des grains de sable ou de blé de a et de l'eau de b, les grains tombent verticalement, tandis que le liquide se projette au loin et décrivant une courbe qui va en s'éloignant du prolongement de Bb; une pareille courbe est décrite par un corps solide sortant de b après y avoir éprouvé un choc horizontal. Il est ainsi prouvé que la courbe décrite par les molécules σ résulte dans les deux cas : 1° d'un choc horizontal, et 2° de la poussée **p** centripète, qui est perpendiculaire à la direction horizontale du choc.

Figure 67.

Nous avons établi (§ 40) le rapport de la somme des volumes v et v' des quantités de barogène en équilibre rompu Qβ et aQβ avec le volume V de ce même barogène. Les écoulements des liquides et des projectiles, ainsi que leurs courbes, sont décrits dans des plans verticaux à l'horizon, tandis que l'équation du § 40 a été déduite des poussées opérées sur le plan horizontal. Il y a donc à déterminer les faits qui résultent de la répulsion R entre les molécules σ : 1° dans la courbe décrite par les projectiles et les jets des liquides, 2° les pulsations dans la veine des jets, et 3° les écoulements dans les tuyaux et dépenses de liquide.

Figure 68.

A Courbes paraboliques des jets des liquides et des projectile

§ 164. Les molécules σ d'eau qui s'échappent du vase ca (fig. 68) éprouvent de celles Aσ, qui sont dans l'épaisseur de la couche supérieure rc, qo..., un choc horizontal rr', qq', et dès ce moment elles éprouvent la poussée verticale ra, qa. Si des tubes r et p sortent deux jets en directions divergentes ro, rA et po, pA, ils forment deux paraboles Aro et Apo qui ont les sommets en r et p et se rencontrent aux points A et o. Ces mêmes paraboles sont décrites par deux projectiles r et p lancés de A sous les angles $45° + \gamma$ et $45° - \gamma$.

Les physiciens, après avoir obtenu ces faits par les observations, s'efforcèrent de les réduire en formules mathématiques; car, étant susceptibles de plusieurs combinaisons, elles conduisent souvent à des résultats réels. Nous avons également étudié les mêmes faits; mais, au lieu de chercher à les exposer chacun séparément, nous y avons découvert qu'ils ne résultent tous que de l'écoulement d'un fluide réduit en équilibre rompu, fluide soumis à la loi physique comme le sont la lumière et la chaleur; le fluide inconnu jusqu'à ce jour, a reçu le nom de *barogène*, parce qu'il est la cause de la pesanteur. Pour mettre le lecteur à même de connaître la différence entre la voie suivie par nous et celle suivie par les physiciens, nous allons exposer les deux modes de l'exposition des mêmes faits en formules mathématiques.

§ 165. I. **Calculs des physiciens.** 1° En admettant en A une poussée **p** dans la direction Ar ou Ap pour former avec l'horizon un angle $\gamma = 45° \pm \alpha$, on décompose la poussée P en deux autres $p = y = v\mathrm{T} \sin \gamma$ et $p' = \chi = v\mathrm{T} \cos \gamma$; mais de chaque valeur de y il faut soustraire la résistance de la pesanteur $\frac{1}{2} g\mathrm{T}^2$; ainsi l'on a :

$$(1) \qquad \chi = v\mathrm{T} \cos \gamma, \qquad y = v\mathrm{T} \sin \gamma - \tfrac{1}{2} g\mathrm{T}^2. \qquad (2)$$

En éliminant T entre les deux équations, il vient :

$$y = \chi \operatorname{tang} \gamma - \frac{g\chi^2}{2v^2 \cos^2 \gamma} \qquad (3)$$

Cette équation doit représenter une parabole passant par le point A, et dont l'axe ca est vertical à l'horizon Ab.

Si l'on veut trouver le point où le projectile rencontre l'horizon Ab, il faut faire $y = o$ à (3); ce qui donne :

$$\chi = o \text{ et } \frac{\sin\gamma}{\cos\gamma} = \frac{g\chi}{2v^2\cos^2\gamma}, \; \chi = \frac{v^2}{g}\sin 2\gamma \qquad (4)$$

Cette valeur (4) est l'*amplitude du jet;* elle atteint son maximum pour les projectiles quand il est $2\gamma = 90°$ et $\gamma = 45°$.

Si l'on veut connaître à quelle hauteur parviendra le projectile, il suffit de chercher la valeur de y, pour laquelle la composante verticale $vT\sin\gamma$ est gT ou $vT\sin\gamma = gT^2$, et $T = \frac{v\sin\gamma}{g}$ restitué à (1) et (2) donne

$$(5) \qquad \chi = \frac{v^2}{2g}\sin 2\gamma, \qquad y = \frac{v^2}{2g}\sin^2\gamma \qquad (6)$$

Ainsi, on obtient de (5) pour χ la moitié de la valeur (4).

2° Pour les jets des liquides où la poussée est horizontale, on admet $\gamma = o$, et de l'équation (3) on obtient :

$$(7) \quad y = -\frac{g\chi^2}{2v^2} \quad \text{d'où } v^2 = -\chi^2\frac{g}{2y} \; (8) \quad \chi^2 = \frac{2v^2y}{g}. \quad (9)$$

§ 166. II. **Calcul fait sur la formule générale.** Pour obtenir l'équation d'une parabole de la formule $\chi = v \times q\beta = Q\beta\,(\cos(\Gamma - \gamma) + \cos\gamma)$, il faut y introduire le cas ou les deux poussées sont dans un plan vertical à l'horizon; ce qui fait admettre pour $Q\beta\cos(\Gamma - \gamma) = vT\sin\gamma$ la valeur $vT\sin\gamma - \frac{1}{2}gT^2$; on a aussi $Q\beta\cos\gamma = vT\cos\gamma$; d'où résulte

$$\chi = vT\sin\gamma - \tfrac{1}{2}T^2g + T\cos\gamma. \qquad (10)$$

Si $vT\sin\gamma = \frac{1}{2}T^2g$, $T = \frac{2v}{g}\sin\gamma$ donne $\chi = \frac{v^2}{g}\sin 2\gamma$, qui est l'amplitude du jet; mais $vT\sin\gamma = T^2g$ il donne $T = \frac{v\sin\gamma}{g}$ et $\chi = \frac{v^2}{2g}\sin 2\gamma$, qui est la moitié de l'amplitude du jet d'un projectile.

Dans les jets *ao*, *ae*, *as* du liquide, il faut admettre dans l'équation (10) différentes valeurs pour γ. Pour les amplitudes des jets qui sont la moitié de Aq de celle des projectiles, il faut admettre $v\mathrm{T}\sin\gamma = \mathrm{T}g$, dont on obtient

$$\chi = \frac{1}{g} v^2 \sin 2\gamma, \tag{11}$$

équation qui représente à la fois les paraboles des projectiles qui ont l'axe ca, et celles des jets d'eau qui ont l'orifice dans cet axe.

Explication de l'équation (11). La direction de $\sin 2\gamma$ est parallèle à la poussée de la pesanteur, et l'on a $\Gamma = 0$ ou $\Gamma = 180$ (§ 41) et $\cos(2\Gamma - 2\gamma) = \cos(180° - 2\gamma) = \cos(180° - 90° - 2\gamma) = \sin(90° + 2\gamma)$. Les valeurs de χ sont donc égales pour $\sin 2\gamma$ et $\sin(90° + 2\gamma)$; mais l'une donne cosinus positif et l'autre négatif.

De l'équation $y = v\mathrm{T}\sin\gamma - \frac{1}{2}g\mathrm{T}^2$ résultent pour T les deux valeurs

$$\mathrm{T} = \frac{1}{g}(v \sin\gamma \pm \sqrt{v^2 \sin^2\gamma - gy});$$

en appliquant ces deux valeurs de T à celle $\chi = v\mathrm{T}\cos\gamma$, on obtient les résultats des cas où l'amplitude ao reste égale quand l'orifice est en r ou en p. Les physiciens ne pouvaient se rendre compte ni des deux valeurs de T, ni de la signification de $\sin 2\gamma$ qui se présentait dans les valeurs de χ. Ici c'est de cette signification de χ que résulte la forme de parabole obtenue par l'observation ; il suffit de donner à $y = \mathrm{T}v\sin\gamma$ une valeur quelconque ; l'angle $90° \pm \alpha = 2\gamma$ donnera pour χ deux valeurs $\cos(180° - 2\gamma)$ et $\cos(180° - 98° - 2\gamma)$ égales et de signes contraires.

Principe de Torricelli. On nommait ainsi la poussée p centrifuge exercée de la part des molécules $\mathrm{H}\sigma$ de la hauteur de la colonne liquide qui est au-dessus de l'orifice. Egale poussée p' résulte simultanément du barogène $q\beta$ des molécules $\mathrm{H}\sigma$ que de leurs couples $q\bar{\mathrm{E}}\bar{\mathrm{E}}$ électriques. Dans les solides, il manque la pousse p, parce que les couples électriques n'y possèdent pas leur répulsion expansive; au contraire il manque la poussée p' dans la chaleur et la lumière, car elles ne contiennent pas de barogène et il n'y est que la poussée p électrique.

B. MESURE PRATIQUE DE LA DÉPENSE DES LIQUIDES.

§ 167. La quantité de liquide qui s'écoule par un orifice s pendant un temps donné se nomme la *dépense*. Elle dépend de la grandeur de l'orifice Δ et de la hauteur H de la colonne du liquide au-dessus de l'orifice, nommée la *charge;* la dépense observée diffère de celle obtenue par le calcul pour des causes qui vont être exposées.

§ 168. I. **Mesure de la vitesse.** On évalue la dépense P, qui est le poids du liquide sorti pendant le temps τ de l'aire s de l'orifice, et l'on cherche la vitesse v. On obtient ainsi un cylindre liquide à bases égales à l'aire s. Or, le poids de ce cylindre est $s \times v \times d$, en appelant d la densité connue du liquide; τ étant le nombre des secondes, le poids du liquide écoulé en 1″ est $\frac{p}{\tau}$, et on aura :

$$\frac{\mathrm{P}}{\mathrm{T}} = svd, \text{ d'où } v = \frac{\mathrm{P}}{\mathrm{T}sd}$$

Il a été prouvé (§ 26) qu'un corps en chute, après avoir parcouru la hauteur H en n secondes, se trouve avec une quantité de barogène en équilibre rompue suffisante pour faire parcourir au même corps, réduit à l'état d'équilibre, un espace double 2H en n secondes. C'est donc cette quantité de barogène $Q\beta$ en équilibre rompu $H \times 2q\beta$ ou son volume V qui est indiqué sous deux formes différentes; d'où résulte l'équation

$$\mathrm{P}^2 = 2g\mathrm{H}, \qquad (a)$$

dans laquelle, 1° P^2 peut représenter le volume V sous forme d'un prisme à base carrée, P^2 ayant 1 pour hauteur; 2° $2g\mathrm{H}$ peut représenter le même volume V sous forme d'un prisme ayant pour base le rectangle de surface $g \times H$, et pour hauteur 2. En admettant que $g = 9^m,8088$, on a :

$$P^2 = 2H \times 9,8088 \text{ et } P = 4^m,429\sqrt{H}.$$

1° **Pouce d'eau.** Dans la distribution de l'eau les fontainiers se servent d'une unité de mesure nommée *pouce d'eau.* Cette unité représente la quantité d'eau qui passe en une minute par un orifice circulaire à mince paroi verticale sous une charge d'une ligne ou de $2^{mm},3$ au-dessus de l'orifice. Cette quantité est égale à 13,333 litres, ce qui donne en une heure 800 litres.

2° **Demi-pouce d'eau.** On indique ainsi la quantité d'eau qui s'écoule en une minute par un orifice d'un demi-pouce de diamètre; il ne représente donc qu'environ le quart d'eau que fournit le pouce d'eau.

En prenant pour orifice le diamètre de 2 centimètres, muni d'un tube de 17 millimètres de longueur, et pour charge 2 centimètres, on obtient en vingt-quatre heures 20 mètres cubes d'eau.

3° **Écoulements dans des tuyaux horizontaux.** La dépense par seconde pour les tuyaux de conduite rectilignes d'un diamètre uniforme et complétement ouvert est donnée par la formule

$$D = 20,8\sqrt{\frac{Hd^5}{l + 54d}},$$

dans laquelle H est la charge au-dessus de l'orifice O' de sortie, d de diamètre et l la longueur du tuyau. Cette formule a été déduite des expériences d'Eytelwein. Quand la conduite l est très-longue, on peut négliger $54d$ et l'on obtient la valeur

$$d = 0,298\sqrt[5]{\frac{lD^2}{H}}.$$

La vitesse s'obtient en mesurant le volume d'eau sorti pendant une seconde et l'égalant à une colonne ayant pour base l'orifice O' et pour longueur la vitesse v cherchée; on aura donc

$$v=\frac{4D}{\pi d^2} \quad \text{ou} \quad v=26,44\sqrt{\frac{Hd}{l+54d}} \quad \text{et} \quad v=26,79\sqrt{\frac{Hd}{l}}$$

formule qui a été vérifiée sur des conduites atteignant jusqu'à 2,280 mètres.

Dans la pratique on calcule la dépense D pendant une seconde par des ajutages cylindriques d'une longueur égale à trois ou quatre fois le diamètre d au moyen de la formule,

$$D=0,82s\sqrt{2gH}=3,62s\sqrt{H},$$

s étant l'aire de l'orifice et H la charge.

Dans les deux cas la valeur de la dépense D est proportionnelle à l'aire s ou au carré du diamètre d de l'orifice O, parce que, en négligeant $54d$, on peut admettre

$$\frac{d^4}{l+54d}H=\frac{d^4}{l}H;$$

ainsi la racine carrée, qui est d^2, correspond à l'aire s.

4° **Écoulement dans des tuyaux verticaux ou jets d'eau.** Un jet vertical devrait s'élever jusqu'au niveau du réservoir qui fournit l'eau, en supposant qu'il n'y eût aucune espèce de résistance. La différence $h=H-H'$ entre la hauteur H du récipient et celle H' du jet d'eau résulte 1° de la quantité qÉÉ des couples qui doivent être rompus en 1″ quantité qui augmente beaucoup quand les tuyaux reçoivent par l'orifice O une quantité égale à celle qui s'écoule de l'orifice O', et diminue quand la largeur des tuyaux est assez grande pour que l'avancement ne soit que de 2 à 3 décimètres par 1″. 2° La résistance diminue dans les cas où les déviations dans les conduites sont peu nombreuses. 3° L'orifice nommé *lumière* doit être circulaire et pratiqué en mince paroi dans une plaque fixée horizontalement à l'extrémité du tuyau et nommée *platine*. Quand la platine doit donner une gerbe, on y pratique plusieurs orifices et on lui donne la forme convexe. Les ajutages coniques font diminuer la hauteur de 0,1 à 0,2, et les cylindriques de 0,3 à 0,4. Ces derniers donnent de plus un jet trouble dès son origine; tandis qu'il est transparent comme une colonne de cristal avec un ajutage conique et surtout avec un orifice en mince paroi. Pour éviter la résistance produite par la chute de l'eau, on incline un peu le jet. Les jets les plus gros s'élancent le plus haut, la résistance de l'air et celle de l'orifice étant relativement moins sensibles; ainsi les jets très-élevés sont généralement très-gros. Pour obtenir un jet d'eau de la hauteur H, il faut que le niveau du réservoir soit élevé au-dessus de l'orifice de la hauteur $H + h$.

Hauteur du niveau $H + h$.	1^m,093	3,442	5,135	8,158	16,93	33,80
Hauteur du jet d'eau H.	1^m,065	3,330	4,995	8,080	16,650	33,3
Pour une hauteur du jet d'eau de. .	5^{pi}	10^{pi}	15^{pi}	30^{pi}	50^{pi}	100^{pi}
Il faut une hauteur $H+h$ du niveau de.	$5^{pi},1^{po}$	$10^{pi},1^{po}$	$15^{pi},9^{po}$	33^{pi}	$58^{pi},4^{po}$	$133^{pi},4^{po}$

Bossut, en comparant ces résultats de Mariotte avec les siens, a trouvé que les différences h sont entre elles comme les carrés des hauteurs H. L'expérience a donné pour coefficient le nombre 0,01 et la formule, qui donne la hauteur H du jet sous une charge représentée par $H + h$, est

$$H = (H + h)[(1 - 0{,}01(H + h)].$$

En mêlant à l'eau une certaine quantité d'air que l'on fait arriver par la *lumière* pour y exercer une poussée, on peut obtenir un jet d'eau qui s'élève au-dessus du niveau du réservoir, mais cela ne réussit que quand on opère sur des jets médiocres où est sensible la poussée de l'air.

§ 167. II. **Puits artésiens.** On nomme ainsi des trous de sonde pratiqués verticalement dans le sol et par lesquels l'eau jaillit à une hauteur plus ou moins considérable, ou bien reste au niveau du sol. De ce fait et de la loi hydraulique on connaît l'existence de réservoirs dont le niveau a la hauteur est $H + h$; 2° les communications entre les strates ou couches de terrains partent du fond de réservoirs élevés dans les montagnes et descendant à des profondeurs de plusieurs centaines de mètres, pour s'élever vers les sommets d'autres montagnes où peuvent se trouver d'autres réservoirs au même niveau.

Figure 69.

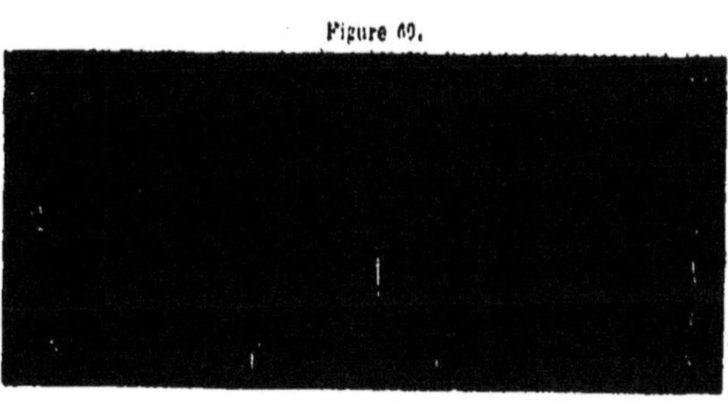

Pour se rendre compte de la structure de la terre à une épaisseur d'au moins mille mètres au moyen de la loi hydraulique et des puits artésiens, on part d'une profondeur où apparaît la surface des masses ignées de *basalte*, de *granit* et de *porphyre* contenues dans les parties inférieures MNα, M'N'α' (fig. 69). Ces masses, considérées comme le squelette de la terre, se rencontrent partout; elles s'élèvent au-dessus des bords a', b', c'... a'', b'', c''... des strates dans les sommets des montagnes, d'où elles s'abaissent rapidement à de grandes profondeurs qui atteignent plusieurs mille mètres entre L et L'. Quand ce squelette a été produit, le niveau de la mer était à b' b'', parce que c'est à ce niveau que commencent les bords b' b'' des strates contenant des restes de substances et de structures animales dont les traces manquent dans les masses ignées. L'intervalle entre les sommets M, M' des masses ignées, nommé *bassins primitifs géologiques*, a donc été comblé par des dépôts de terrains en suspension dans la mer dont l'eau a disparu, et dont est ainsi résultée la surface actuelle *sos'* du sol. Les géologues ont trouvé l'ordre chronologique de chaque classe animale par les fossiles qui se sont conservés dans les couches *b*, *a*, *c*, *d*... superposées. La classe inférieure, les *monades*, existe seule dans la couche *b' b b''* la plus profonde, et en même temps dans toutes les couches jusqu'à la surface du sol. Les mollusques commencent dans une strate supérieure *a a' a''*, et se propagent aux strates les moins profondes *c c' c''*, *d d' d''*... Ensuite viennent, dans la couche supérieure *c c' c''*, les insectes qui sont suivis des fossiles de poissons, des amphibies, etc., contenus dans des couches *d d' d''*, *e e' e''*...; ces couches ou strates se terminent par une alluvion superficielle, dont l'épaisseur croît de 1 mètre presque en mille ans.

Parmi ces strates, les unes consistent en argile et en pierres compactes, et les autres en graviers et en débris, comme *a' a a''*, à travers lesquels l'eau peut circuler. Les géologues croient que c'est l'eau des pluies sur les montagnes qui pénètre entre les bords *b' c'*, *b'' c''* dans la couche *a' a a''* pour occuper tout l'espace entre les couches imperméables *b' b b''* et *c' c c''*, sans que cet espace *a a' a''* soit vide. Si l'on vient à percer la terre en *o* de manière à atteindre la couche *a*, l'eau jaillira, et à une hauteur d'autant plus grande que le niveau *n* sera plus élevé.

Les puits les plus profonds sont ceux de l'abattoir de Grenelle et de Passy à Paris, qui descendent jusqu'à 547 mètres de profondeur. La couche imperméable indiquée par *c c' c''* consiste en un banc de pierre qui a, en cet endroit, 450 mètres d'épaisseur. La couche aquifère *a' a a''* est formée d'un sable verdâtre.

Après avoir bouché momentanément le puits de Passy, on remarqua qu'il se produisait une augmentation dans le débit du puits de Grenelle; malgré cette communication constatée, ce puits ne produit guère que le quart de l'eau donnée par celui de Passy. Mais ce qui frappa davantage les géologues, ce fut que la température de l'eau de Passy est de 12 degrés inférieure à celle de l'eau de Grenelle; toutefois ils n'ont pu se décider encore à renoncer à l'hypothèse d'une chaleur centrale terrestre, et reconnaître comme vraie cause de la chaleur, celle qui est dans l'eau à l'état latent et qui devient libre quand l'eau se décompose pour se combiner avec le carbone et produire l'acide carbonique et le gaz des marais, deux gaz très-abondants dans les minerais.

L'eau ne s'élève jamais à des centaines de mètres au-dessus du sol ; son débit n'augmente pas non plus quand on élargit les tubes ; on reconnaît ainsi que l'eau n'est pas contenue sur les hauteurs des montagnes dans des réservoirs analogues aux lacs ; elle ne résulte pas davantage des pluies qui manquent quand il gèle en hiver et sont souvent rares en été. Nous avons démontré dans la Météorologie du tome précédent, que c'est de la vapeur qui se dépose continuellement sur les versants des montagnes, et de l'eau qui en résulte que s'alimentent les puits artésiens dont le nombre pourra impunément se multiplier beaucoup.

§ 170. **Pression exercée sur les liquides en mouvement.** Quand un liquide est en mouvement, la pression se propage dans le sens du mouvement, et elle est ainsi, sur les parois, inférieure à celle qui y est exercée dans l'état d'équilibre et de repos. Bernouilli a démontré que la pression *h* est égale à la pression hydrostatique résultant de la différence H—H' entre la pression de la hauteur H et celle de la hauteur H' qui est obtenue dans la vitesse de l'écoulement du liquide. Venturi a adapté à un ajustage cylindrique un tube courbé *mn* (fig. 70) plongeant dans l'eau du vase *v* qui monte jusqu'à *n*, et qui monte à *n'* quand l'écoulement reste sous la même pression, mais l'orifice à

Figure 70.

paroi est alors remplacé par un ajutage conique, qui augmente la dépense, pour la cause qui a été constatée. Si le vase *v* est placé haut en *c*, le niveau *n* ou *n'* atteint celui de l'ajutage et se mêle à celle qui s'en échappe. Mais si l'on bouche l'orifice *o*, l'eau du récipient montera dans le tube *om* et ira s'écouler du vase *v* en même temps que l'eau qu'il contient. Il est ainsi prouvé empiriquement que la pression sur les parois est la différence $H - H'$ à l'état d'écoulement, et qu'elle est H à l'état de repos.

Trompes. L'eau d'un réservoir élevé R (fig. 71) est conduite dans un ou plusieurs tuyaux *ta*, *ta* rétrécis en *t*; au-dessous de ce rétrécissement ou *étranglement* sont pratiqués des trous nommés aspiratoires. Si l'on soulève les soupapes *r*, *r*, l'eau se précipite dans les tuyaux et entraîne l'air logé autour de la colonne liquide. La colonne d'eau se brise sur un plan fixe *p* et l'air est pressé dans le tube S pour être conduit dans le foyer qu'il doit activer. L'eau sort de la caisse *c* par le trop-plein *p'*. Ici il devient évident que la chute d'eau chasse l'air des aspirateurs vers le foyer.

Figure 71.

C. PULSATION OU EXPANSION ET CONTRACTION DES VEINES DES LIQUIDES.

§ 171. La veine liquide ne conserve pas une forme cylindrique de l'épaisseur de l'aire de l'orifice, mais elle se trouve en expansion ou en *diastole* dans l'orifice $oo' = \Delta$ (fig. 72); de ce point l'eau s'éloigne en se contractant et arrive, à la distance $\delta = oS$, à une diminution d'épaisseur ou une *systole* d'un diamètre Δ'. La distance oS est depuis

Figure 72.

$\frac{1}{2}\Delta$ jusqu'à $\frac{4}{5}\Delta$; elle dépend de la substance de la paroi. La section s qui a Δ' pour diamètre est nommée *section contractée* ou *systole*. Ce fait, découvert par Newton, ne résulte pas de l'air, parce qu'il a lieu aussi dans le vide, mais d'un croisement des couples ËË partant de la paroi de l'orifice.

Newton a trouvé que les diamètres Δ, Δ' de l'orifice oo' et de la section contractée s sont entre eux à peu près comme $\Delta : \Delta' = 6 : 5$ ou $= 6, 5 : 5, 3$; et $\frac{\Delta - \Delta'}{D} = s = c$ est le rapport de la contraction du liquide.

Hachette a trouvé que cette contraction dans l'eau est 0,31 pour l'orifice de 1^{mm} et 0,23 pour l'orifice $0^{mm},55$ de diamètre. Quand le diamètre $oo' = \Delta$ a plus de 10^{mm}, la contraction $\frac{\Delta - \Delta'}{\Delta}$ reste sensiblement entre 0,37 et 0,40. Pour un orifice $\Delta = 27^{mm}$ sous une charge d'eau de 150 la contraction est $0^{mm},40$, et elle devient 0,31 sous une charge de 16^{mm}. Cependant pour les faibles charges la contraction augmente lorsque la charge en diminuant dépasse une certaine limite.

Newton a adapté à l'orifice oo un ajutage conique d'une longueur $\delta = os$ ayant pour ses deux bases les diamètres Δ et Δ'; il en a trouvé la dépense $D = m\ \Delta'\ p$; m étant un coefficient constant qui représente le rapport $\Delta : \Delta' = 0,62$; la charge est $p = \sqrt{2gH}$ et ainsi la formule devient :

$$D = 0,62 \times S\sqrt{2gH} = 2,75 \times S\sqrt{H}, \text{ étant } g = 9,8088.$$

Avant d'indiquer les différentes propriétés de la pulsation des veines liquides, nous prévenons le lecteur qu'elles proviennent des décompositions des atomes de chaleur comme résultats analogues aux ondes de la lumière colorée provenant de la décomposition des atomes de lumière incolore. Ainsi donc, comme les vibrations de la paroi d'une flûte se propagent dans l'air en formant les ondes sonores, de même les vibrations de la paroi de l'orifice se propagent dans la veine du liquide dont le volume n'affecte pas l'organe de l'ouïe mais celui de la vision, comme cela a lieu pour les cordes et même pour les ondes sonores qui sont capables de mettre en vibration les plus solides édifices.

Chaque atome de lumière ou de chaleur peut se séparer de plusieurs manières en produisant toujours des couleurs complémentaires; le même effet a lieu pour les atomes de chaleur décomposés dans les instruments de musique ou dans la paroi de l'orifice oo'. Une partie $\varepsilon + \alpha$ des éléments électriques reste dans les cordes ou les parois, et la partie complémentaire $\varepsilon - \alpha$ passe dans l'air ou dans le liquide.

§ 172. I. **Constitution de la veine liquide en mince paroi.** Tous les faits constatés dans les veines liquides ont pour cause commune la rupture des atomes de chaleur EE' en deux parties $\varepsilon + \alpha$ et $\varepsilon - \alpha$ complémentaires; cette rupture s'opère par un certain effort qui se manifeste comme une résistance de la part du liquide, et encore comme une dilatation à l'orifice. Immédiatement après la rupture s'éloignent les parties complémentaires 1° $\varepsilon + \alpha$ vers le liquide du vase et la paroi; la partie $\varepsilon - \alpha$ va dans la veine. Ainsi de ces deux mouvements sont produites plusieurs séries de faits dont nous rapporterons quelques-uns comme exemples et non pas comme preuves. Nous distinguerons les faits selon 1° qu'ils ont lieu dans l'orifice, 2° qu'ils sont dans la veine, et 3° qu'ils sont en rapport avec l'orifice et la veine.

Pulsation de la veine liquide et son origine musicale. La veine liquide A (fig. 73) se compose de deux parties : 1° l'une limpide, transparente et semblable à une baguette de cristal ; 2° l'autre trouble et gonflée qui se produit aussi dans le vide; elle n'est pas continue, mais composée des gouttes liquides séparées, car en opérant avec le mercure, on peut lire en regardant à travers la partie trouble. De plus en faisant passer une carte rapidement dans la partie trouble de la veine d'eau, le plus souvent elle traverse sans être mouillée.

La partie trouble n'est pas cylindrique comme la partie liquide, mais elle présente des étranglements ou *systoles* l, l', et des renflements ou *diastoles* a, a', a''... qui conservent la même position quoique produites par des portions de liquide qui se renouvellent continuellement. Ainsi la veine consiste en un tuyau mince enveloppé dans les ventres, lesquels sont composés de cônes lamelleux emboîtés les uns dans les autres. Savart a reconnu que la partie trouble est produite par des gouttes séparées qui changent périodiquement de forme en s'allongeant et en s'aplatissant alternativement dans le sens transversal, de manière que chaque goutte ait la même forme au moment où elle arrive à un point déterminé de la veine B. Les apparences des lames coniques a', a''... emboîtées, proviennent de ce que cette égalité des formes et des dimensions b', m', b' n'est pas rigoureusement exacte. Enfin le tuyau qui paraît occuper l'axe de la veine dans sa partie trouble est dû à des petites gouttes qui se trouvent entre les grosses gouttes. Pour apercevoir cet arangement dans la partie trouble il faut éclairer la veine pendant un temps assez court pour que son état et la position de ses parties n'ait pas le temps de se modifier pendant cet intervalle. Il suffit pour cela d'opérer dans l'obscurité et d'éclairer la veine instantanément au moyen d'une étincelle électrique.

Figure 73.

Changements de veines liquides par les sons musicaux. Savart a découvert que certains sons musicaux racourcissent la partie limpide qui revient ensuite à sa première longueur quand on cesse de les faire entendre. En même temps dans la veine C les renflements c'', c''... de la partie trouble changent d'aspect ; ils prennent une forme plus ramassée et sont plus réguliers. Le son d'un violon, à plus de vingt mètres de distance, produit ces effets avec une grande énergie. Ces phénomènes se rattachent aux mouvements vibratoires du liquide à sa sortie de l'orifice, et par suite ils conduisent à rendre évidente l'identité de cause de la production des ondes sonores et de la pulsation des veines liquides.

Comme de la séparation des parties électriques qui constituent les atomes de lumière résultent toujours des couleurs complémentaires, de même, dans la séparation des parties électriques des atomes de chaleur, résultent des sons complémentaires aussi bien dans les veines liquides que dans la paroi, que dans l'air et les cordes musicales ; pour cette raison, il faut certains sons déterminés pour produire les effets observés dans la veine liquide dont les intervalles entre les ventres sont déterminés 1° par la substance de la paroi ; 2° par la charge et 3° par l'ajutage.

§ 173. I. **Constitution de la paroi recevant la contre-répulsion.** Dans la décomposition des couples électriques ÈË la partie $\varepsilon+\alpha$ qui reste du côté des molécules σ de l'orifice, exerce vers le réservoir une poussée ρ analogue à celle ρ' dont résulte la contraction de la veine. De telles ruptures des couples électriques se rencontrent encore dans les cas où le liquide ne mouille pas la paroi. Il y a donc à distinguer 1° les parois mouillées et non mouillées ; 2° les longueurs des ajutages et leur forme par rapport à la dépense, et 3° la séparation de la paroi du liquide par une couche d'air.

§ 174. *Rapport entre la dépense et les dimensions des ajutages.* Quand un liquide sort d'un grand réservoir par un orifice mouillé du diamètre Δ, la dépense α n'est pas égale ; dans l'origine on croyait que cela résulte du frottement ; mais les observations donnèrent des résultats qui prouvèrent le contraire, car la paroi mince avec le minimum de frottement fournit la plus petite dépense. Quand la rupture des couples ĚĖ était inconnue on était forcé de s'en tenir à la simple description des faits.

Poleni ayant placé dans l'orifice d'un réservoir un ajutage circulaire en mince paroi de 26 lignes de diamètre, et d'autres du même diamètre mais de longueur et de largeur différentes, a comparé les temps pour la production de la même dépense D. La longueur des ajutages était de 92 lignes et ils ne différaient que par leurs ouvertures du côté du réservoir qui étaient :

Ouvertures intérieures.	26 lignes,	118',	60',	48',	33'
Temps pour la dépense D.	3' 7"	3' 4"	3'	2' 57"	2' 57"

par l'orifice en mince paroi il a fallu 4' 36". Ainsi la dépense s'élève presque au double quand l'ajutage a une ouverture intérieure d'un diamètre $\Delta' + \delta$ un peu plus grand que l'extérieur Δ; c'est le même que Newton a fait en appliquant un ajutage avec les diamètres Δ et $\Delta' = \Delta - \delta$, comme il a été indiqué. Venturi a trouvé qu'entre les deux diamètres des bases du tronc conique il doit y avoir une inclinaison de 3°, si l'on veut obtenir un maximum de dépense, Ainsi l'on est parvenu, sans le savoir, à déterminer la direction des ondes des couples électriques produites par la rupture de l'équilibre des éléments des atomes de chaleur.

1° *Résistance maximum de la paroi mince et diminution de la dépense.* Comme la partie $\varepsilon - \alpha$ de l'atome produit la contraction S (fig. 71), de même la partie complémentaire $\varepsilon + \alpha$ qui part de la paroi oo' en direction divergente vers le réservoir produit une résistance qui atteint son maximum dans la paroi mince, parce qu'elle se répand de chaque point de la paroi contre un cercle de molécules du liquide dans le vase.

2° *Résistance d'un ajutage cylindrique.* En ce cas la partie complémentaire $\varepsilon + \alpha$ exerce une résistance qui a lieu seulement à la moitié de chaque cercle de molécules; pour cette raison au lieu de 4' 36" il ne faut que 8' 7" pour obtenir la dépense D.

3° *Résistance minimum d'un ajutage conique.* En ce cas les ondes électriques du liquide dévient vers l'ajutage sans rencontrer les molécules du liquide qui s'écoule alors en plus grande quantité.

§ 175. III. **Rapport entre la dépense et la substance de l'ajutage.** Dans les cas où l'ajutage est mouillé par le liquide, la couche des molécules qui le couvre reste immobile; elles se séparent de celles qui avancent, et c'est entre elles que les ruptures des atomes de chaleur s'opèrent; mais si l'ajutage n'est pas mouillé, les ruptures des atomes de chaleur s'opèrent entre les molécules du liquide et celles de l'ajutage dont résulte une résistance maximum égale à celle qui résulte de la paroi mince, par exemple :

1° Un tube mouillé donne une dépense plus élevée que la paroi mince, et si on l'enduit de cire bien sèche sans en changer le diamètre, la dépense diminue pour devenir comme celle de la paroi mince; mais quand on mouille la cire, la dépense augmente comme dans un tube mouillé.

2° Le mercure ne mouille pas la paroi d'un tube en fer et s'en écoule en petite quantité comme d'une paroi mince; mais si le mercure contient de l'étain, pour mouiller le tube la dépense augmente.

3° En faisant entrer l'eau d'un vase dans un récipient dont il avait extrait l'air, Hachette a vu l'adhésion cesser et l'eau s'écouler en petite quantité comme par une paroi mince; cet état ne changea pas après avoir laissé rentrer l'air dans le récipient. Cela prouve qu'une couche mince d'air intercepte en cas pareil le contact immédiat entre l'eau et l'ajutage, et que par suite la rupture des atomes de chaleur ou des couples ÉÉ s'opère entre l'air et le liquide.

§ 176. IV. **Forme de la veine par rapport à celle de l'orifice.** Quand l'orifice est circulaire, la veine est cylindrique; si l'orifice est carré S (fig. 74), on croit que la veine est prismatique ayant l'orifice pour base; mais Bossut a trouvé entre l'orifice *oo* et la contraction T, dans la distance $\delta = o$T, les formes *a*, *b*, *c*, *d* des sections de la veine dans les distances *oa'*, *ob*... Le maximum de contraction a été trouvé *comme pour* les orifices circulaires, en une distance δ égale à une fois et demie la largeur *oo'* de l'orifice. L'orifice étant 26 millimètres, les sections *a*, *b*, *c*, *d* ont été dans les distances de 11, 20, 30, 40 millimètres.

Figure 74.

Explication. Il est impossible de méconnaître en ces faits la répulsion convergente venant en degrés supérieurs de la part des angles de l'orifice S et exerçant une poussée plus forte sur les arêtes *e*, *e'*, *f*, *f'* du prisme liquide. Ces degrés de poussées correspondent aux nombres des atomes de chaleur θ rompus dans les coins de l'orifice et au milieu de ses côtés. Les grandes excavations en *l* et *l'* indiquent de quel degré le nombre $a\theta$ d'atomes de chaleur rompus aux coins surpasse celui θ des atomes rompus au milieu des côtés.

Si Savart n'avait pas prouvé que *certains* sons, *pas tous*, ont la propriété de faire raccourcir la longueur des ondes liquides, il eût été impossible de connaître: 1° si les poussées observées résultent des éléments électriques des couples ÊË séparés; ou 2° si des éléments $a\alpha^2 + b\beta^2 + c\gamma^2 + d\delta^2 + e\epsilon^2 + f\xi^2 + g\eta^2$ des atomes ÊË² de chaleur brisés pour produire deux parties complémentaires $\epsilon + \alpha$ et $\epsilon - \alpha$, l'une de ces parties $\epsilon + \alpha$ reste dans la paroi pour se répandre vers le vase du liquide, et l'autre $\varepsilon - \alpha$ passe à la veine pour y produire les pulsations ou les ondes liquides qui n'entrent en unisson qu'avec leurs homonymes produites par les cordes dans l'air. Si Savart eût connu que les sons ont leur origine dans les sept espèces d'éléments des atomes de chaleur, comme les couleurs ont leur origine dans les sept espèces d'éléments des atomes de lumière, ce que Newton a fait pour les couleurs il l'aurait fait pour les sons, en poursuivant ses observations beaucoup plus loin, surtout ayant l'avantage d'être guidé par les opérations de Newton. Cette partie d'observation reste réservée pour les jeunes expérimentateurs musiciens.

Savart a reconnu que le soufre coulé sous forme de disque vibre différemment immédiatement; les sons changent après quelques semaines et puis après quelques mois, et tout cela à cause des parties complémentaires $\varepsilon + \alpha$ et $\varepsilon - \alpha$ des atomes de chaleur qui ne sont pas les mêmes. Il aurait pu s'en convaincre en faisant la comparaison entre les sons du disque et les ondes de la veine des ajutages en soufre coulés en même temps que le disque.

§ 177. V. **Rapport entre la charge et la contraction.** La contraction augmente aussi bien pour de très-faibles charges que pour des charges supérieures; cela prouve que les deux parties complémentaires $\varepsilon + \alpha$ et $\varepsilon - \alpha$ dans les charges faibles peuvent devenir $2(\varepsilon + \alpha)$ et $2(\varepsilon - \alpha)$ dans les charges supérieures, et ce fait correspond aux résultats obtenus par Savart dans les vibrations du disque de soufre qui donna après quelques mois le même son, mais monté. Dans le livre suivant le fait sera mieux démontré.

§ 178. VI. **Rapport entre les dimensions de l'orifice et la contraction.** Le nombre $\alpha\theta$ d'atomes de chaleur brisés croît avec la périphérie de l'orifice, mais alors croît aussi le diamètre qui est la résistance; la contraction croît avec le diamètre et la périphérie pour atteindre un maximum dans la distance de 40 millimètres.

III. — HYDRODYNAMIQUE.

§ 179. Les faits qui résultent de la répulsion expansive provenant dans les molécules des liquides de la part des atomes de chaleur ont été exposés dans l'*Hydrostatique*, tandis que dans l'*Hydraulique* les répulsions expansives résultent des deux parties complémentaires $\iota + \alpha$ et $\iota - \alpha$ provenant de la rupture ou de la séparation des atomes de chaleur. Dans l'*Hydrodynamique* les répulsions expansives résultent des équivalents électriques $\overset{+}{E}$ et $\overset{-}{E}$ des couples, dont les négatifs $\overset{-}{E}$ se multiplient avec l'élévation de la température, d'où se produit une apparence d'influence de la chaleur sur la production des faits qui cependant ne dépendent que des équivalents électriques négatifs $\overset{-}{E}$ qui y sont en excédant ; ainsi les sons n'y ont aucune influence.

La classification des faits hydriques en trois genres résulte donc toujours d'une répulsion électrique; mais les mêmes équivalents $\overset{+}{E}$, $\overset{-}{E}$ se trouvent différemment dans la chaleur obscure $\overset{+}{E}\overset{-}{E}^2$ et dans la chaleur lumineuse $\overset{+}{E}\overset{-}{E}^2 + \overset{+}{E}^2\overset{-}{E} = 3\overset{+}{E}\overset{-}{E}$ où ils se présentent, non pas sous forme d'atomes θ ou φ, mais sous forme de couples $\overset{+}{E}\overset{-}{E}$ ou électricité neutre. Celles-ci produisent entre les liquides et les solides des faits qui dépendent des quantités différentes $q\overset{+}{E}$ et $q'\overset{-}{E}$ d'équivalents contenus dans les corps en contact. 1° Si les équivalents $\overset{+}{E}$, $\overset{-}{E}$ y sont hétéronymes, il n'y a pas de répulsion ni de résistance, les solides sont mouillés; 2° ceux-ci ne se mouillent pas quand ils contiennent les mêmes équivalents électriques $\overset{+}{E}$ ou $\overset{-}{E}$ que le liquide.

Pour qu'un liquide pénètre à travers les intervalles ou les pores d'un solide, il faut qu'il s'y rencontre des équivalents électriques hétéronymes, car c'est ainsi que manquent la résistance et la répulsion. Ainsi, les faits sont de deux genres : ils ont lieu 1° entre les corps hétéroélectriques où les solides se mouillent, 2° entre les corps homoélectriques où les solides ne se mouillent pas. En ce dernier cas, les liquides ne pénètrent pas à travers les solides, dans le premier cas ils y pénètrent, et alors il y a *endosmose;* dans les deux cas, il y a *changement du niveau*, mais en sens contraire sans que les sons musicaux y apportent de modification.

A. CHANGEMENTS DU NIVEAU PAR LES ÉQUIVALENTS ÉLECTRIQUES.

§ 180. Deux cas peuvent se rencontrer entre deux corps, ils peuvent avoir en excédant les équivalents électriques homonymes Ē et Ē, ou Ē et Ē, et ils peuvent avoir des équivalents hétéronymes Ē et Ē; en ce dernier cas est mouillé le corps solide qui ne repousse pas le liquide, et pour cela il y a élévation du niveau; au contraire, il y a abaissement du niveau quand les équivalents homonymes sont dans le solide et le liquide. Les faits suivants serviront ici d'exemples de ce que nous avançons.

§ 181. I. **Équivalents électriques hétéronymes du liquide et du solide.** Il a été dit que les atomes de chaleur ĒĒ² ou une température élevée font se multiplier les équivalents négatifs Ē et leurs effets; nous allons exposer ici séparément les faits des équivalents hétéronymes où le solide est mouillé et le niveau élevé, et séparément aussi ceux où le solide n'est pas mouillé et où le niveau devient déprimé.

A. *État hétéroélectrique entre le solide et le liquide.* Entre les molécules σ du liquide s'exerce la répulsion R, d'où résultent tous les faits de l'Hydrostatique. Dans le cas où le corps solide est le verre et l'eau le liquide, il n'y a dans l'eau d'excédant d'aucune espèce d'équivalents électriques, tandis que dans le verre les équivalents négatifs $(q+q'+\alpha)\bar{E}$ sont en excédant; l'essence de térébenthine contient $q\bar{E}$ d'équivalents négatifs, et l'alcool en contient $(q+\alpha)\bar{E}$, et cela devient évident par les hauteurs que prennent ces liquides dans un tube de verre de 1^{mm} de diamètre.

	Eau.	Essence de térébenthine.	Alcool.
Hauteur.	29^{mm},79	12^{mm},72	12^{mm},18

Tout l'effet de la répulsion R exercée de la part de la chaleur latente de l'eau se manifeste dans la grande hauteur de 29^{mm},79; les molécules σ de la térébenthine, à cause de leurs équivalents négatifs $q\bar{E}$, ne s'élèvent qu'à 12^{mm},72, et celles d'alcool s'élèvent encore moins, à cause de la quantité supérieure de leurs équivalents négatifs $(q+\alpha)\bar{E}$.

1° *Effet de la chaleur.* En élevant la température, on multiplie les équivalents $\bar{E}$ et ainsi du même liquide on obtient des hauteurs analogues à celles qui résultent des liquides ayant une plus grande quantité d'équivalents négatifs $\bar{E}$. Cela ne peut être attribué à une diminution du poids spécifique, parce que Brunner a reconnu que de 0° à 4° la hauteur de l'eau va en diminuant, quoique ce liquide augmente de densité; l'état de l'eau chaude se rapproche de celui de l'alcool par la multiplication des équivalents $\bar{E}$.

2° *Effet des diamètres des tubes.* Par le rapport $\pi r^2 : 2\pi r$ entre la surface circulaire et la périphérie sont déterminées, 1° la diminution de la résistance $2\pi r$ entre le verre, et 2° celle de la pression **p** de la pesanteur exercée sur le cercle πr^2. Au lieu de faire comme ici, Simon de Metz, trouva par l'expérience le rapport π entre la périphérie $2\pi r$ et le diamètre $2r$ du tube; il obtient par l'observation les résultats renfermés dans le tableau suivant :

DIAMÈTRE des tubes.	HAUTEUR des colonnes d'eau.	PRODUITS des diamètres et des colonnes d'eau.	OBSERVATIONS.
millimètres.	millimètres.		
28,0	0,005	0,140	
24,0	0,042	1,008	
18,0	0,200	3,600	
14,0	0,440	6,160	Hauteur prise au moyen du sphéromètre.
11,0	0,74	8,800	
8,6	1,51	12,980	
5,4	3,65	19,710	
3,4	7,70	26,180	
2,2	12,80	28,160	Hauteur déterminée soit avec le sphéromètre, soit avec la lunette micrométrique.
1,25	24,00	30,000	
0,57	55,00	31,692	
0,36	89,00	32,040	
0,14	233	32,620	
0,05	663	33,150	Résultats obtenus par la compression de l'air.
0,025	1333	33,325	
0,012	2884	34,608	

Remarque. Dans les tubes d'un diamètre au-dessus de 3mm, il y a au milieu une surface centrale plane entourée d'un anneau *i* (fig. 75) intérieur d'une hauteur égale à celle de l'anneau extérieur *a*, *a'* quand le tube plonge dans le même liquide A. Dans les cas où le diamètre du tube est au-dessous de 2mm, disparaît la surface plane centrale et apparaît celle d'un cône vide renversé dont

Figure 75.

la hauteur croît avec la diminution du diamètre du tube, sans être en raison inverse, comme cela résulte même des produits du tableau, et tout cela à cause de la pesanteur qui diminue sans disparaître.

Au lieu d'un tube, on peut avoir deux lames de verre plongées dans l'eau et ayant entre elles un intervalle décroissant; la hauteur de l'eau sera supérieure dans l'intervalle inférieur, sans manquer absolument dans le plus grand intervalle; car dans les solides mouillés le liquide monte toujours, à cause de la petite résistance qu'offrent leurs équivalents électriques hétéronymes.

§ 182. B. *État homoélectrique entre les tubes et le liquide.* Le solide B, ayant en excès la même espèce d'équivalents électriques que le liquide, le repousse, et d'autant plus que leurs densités sont moins différentes; par exemple, un tube de fer de 1mm de diamètre produit sur le mercure une dépression de 1mm,226, tandis que dans un tube de platine elle n'est que de 0mm,035. Ainsi donc, que les différents liquides montent dans les tubes en verre à d'inégales hauteurs, le même effet a lieu pour le même liquide dans des tubes de substances différentes. A la place du mercure, les mêmes résultats ont été obtenus avec l'étain et le plomb fondu. La dépression inférieure dans le tube de platine prouve que ce métal est moins électronégatif que le fer.

Effet hydraulique de la chute sur la hauteur du liquide. P. Abat introduisit le mercure par l'extrémité *o* quand le tube était incliné pour se remplir jusqu'à *o* (fig. 76), puis il éleva lentement le tube recourbé ABC jusqu'à la position verticale, et il vit s'arrêter le niveau en B au-dessous de celui A'. Ce fait hydraulique ne pouvait pas trouver son explication, parce qu'on a voulu le considérer comme un fait hydrostatique; pour que le niveau descende de A' à *a*, il faut un effort pour surmonter la résistance ou pour briser les atomes de chaleur, comme cela a été prouvé.

Figure 76.

2° *Changement de l'état électrique du mercure par l'ébullition.* Pour faire diminuer dans le mercure les équivalents négatifs Ē et, pendant son refroidissement, augmenter les positifs Ē, on le chauffe jusqu'à ébullition; aussi il cesse d'être homoélectrique avec le verre, qu'il commence à mouiller, et en s'élevant au bord de la périphérie présente une surface concave. Le mercure bouilli dans une atmosphère d'hydrogène ne reçoit pas d'équivalents positifs. Dulong croyait que c'est la formation de l'oxyde de mercure qui produit le changement observé ; cependant on ne trouve pas cet oxyde par la voie chimique.

§ 183. *Cas du niveau concave ou convexe.* 1° Dans les tubes

Figure 77.

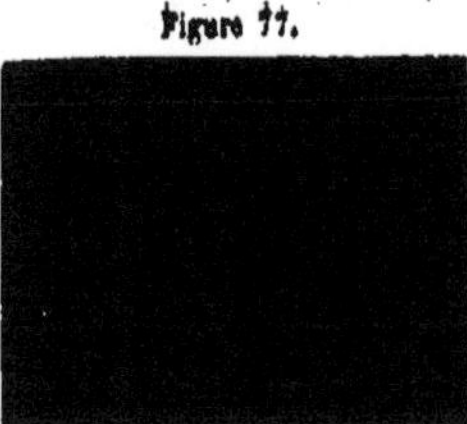

a, *b*, *c* (fig. 77) le niveau *h*, *h'*, *h''* du liquide ne dépend pas de l'éloignement du fond des vases, mais seulement de la partie ambiante du tube. Si l'on introduit avec une pipette de l'éther ou de l'alcool à la surface du liquide, l'élévation diminue dans les trois tubes.

2° Le tube *abc* (fig. 78) communiquant avec un réservoir *n*, fait élever le niveau à *c*. Si l'on introduit de l'eau dans le réservoir, le niveau s'élève à *o* : 1° il

Figure 78.

y est concave tant que celui du réservoir est au-dessous de *n'* ; 2° quand il arrive à *n'* par l'eau introduite, la surface devient plane en *n* ; [illegible] introduisant de l'eau, le niveau s'élève au-dessus de *n'*, la surface en *o* devient convexe.

Si l'on remplace le réservoir R par un tube capillaire égal à S dans lequel on verse de l'eau par *r* pour faire monter le niveau comme il a été fait dans le réservoir R, les [illegible] ne se passent pas dans la branche *u* comme ils avaient eu lieu dans le cas précédant. La surface du liquide en *u*, 1° sera d'abord concave ; 2° elle deviendra plane quand, en versant de l'eau, on arrive à *r'* pour avoir S*r'* égale à l'élévation *e* de l'eau dans un tube d'égal diamètre ; 3° elle sera convexe et sphérique quand la colonne d'eau arrive à *r''* pour avoir $r''S = 2r'S$; 4° si l'on éloigne l'eau de la branche

e' pour faire baisser le niveau à S, celui de la branche h restera en u et sera concave.

Si la section u de la courte branche est mouillée, la hauteur du niveau r'' dominerait le point u d'une quantité égale à la somme des hauteurs du liquide dans les deux tubes ayant pour diamètre, l'un le diamètre intérieur et l'autre le diamètre extérieur du tube en u.

3° Si l'on plonge le tube $2h$ (fig. 79) dans l'eau pour le remplir, et qu'on l'enlève après l'avoir bouché avec le doigt, l'eau, restant libre, descend jusqu'à e qui a une hauteur $eq = 2e'q$; $e'q$ étant la hauteur qu'atteint le liquide quand on y plonge le tube. Dans ce cas il est admis que dans l'éloignement du doigt le tube a ses bords q tranchants ou que sa section est bien sèche; car si elle est mouillée, la hauteur maximum après l'éloignement du doigt ne sera ni qe ni qe', mais $\frac{qe+qe'}{2} = qe''$. Si l'on éloigne l'eau du tube $2h$ pour faire baisser le niveau, on voit diminuer la convexité de la surface en q; elle devient plane quand le niveau dans le tube descend à e'; et si le niveau descend davantage, la surface en q devient concave.

[Figure 79.]

Tous ces faits, observés pendant les déplacements des liquides dans les tubes, sont produits : 1° par une cause hydrodynamique ou par les couples $\bar{\bar{E}}$, $\bar{E}$ qui rompent le niveau des liquides et qui sont en rapport avec le diamètre des tubes, et 2° par une cause hydraulique ou par les atomes de chaleur, d'où résulte une résistance qui se manifeste par une diminution de l'écoulement ou des déplacements des molécules.

§ 184. **Poussées entre le liquide et les corps flottants.** Soient deux corps a, b (fig. 80) mouillés par un liquide; il y aura en m une diminution de *répulsion* $r - r'$ de la part du liquide vers les deux corps; pour cette raison elle diminuera davantage pour devenir $r-r'-\alpha$; cette diminution n'a pas lieu sur les côtés extérieurs a, b, où reste la répulsion $r-r'$. Cette rupture d'équilibre amène les corps a, b jusqu'au contact.

Figure 80.

Si la répulsion entre le liquide et les corps a, b est $r+r'$, c'est-à-dire supérieure à r, le liquide du milieu m' recevra la poussée supérieure $r+r'+\alpha$, parce qu'il se trouve sous la répulsion des deux corps a, b. Le liquide en m' s'abaisse donc davantage que celui des côtés extérieurs e, e; c'est cette rupture d'équilibre qui sollicitera les corps à se raprocher jusqu'au contact.

Si un corps a est mouillé et que l'autre b ne le soit pas, au liquide en m'' cette répulsion est d'un côté $r+r'$, et de l'autre $r-r'$; sur les côtés extérieurs, on a en e' la répulsion $r-r'$, et en e'' la répulsion $r+r'$. La rupture d'équilibre résulte en m'' d'un excès de répulsion qui fait reculer le corps n vers e'. Telle est la répulsion qui soutient les petits corps et les feuilles minces métalliques à la surface de l'eau.

Résumé. I. Les faits de l'*Hydrostatique* et l'*Hydrodynamique* ont pour causes 1° la répulsion expansive R exercée entre les équivalents électriques homonymes Ē et Ĕ ou Ĕ et Ē soutenus par les lames moléculaires à l'état dissimulé; et 2° la poussée P exercée sur le barogène β de ces molécules. II. Les faits de l'*Hydraulique* résultent aussi de barogène et des mêmes équivalents électriques Ĕ et Ē, contenus dans les atomes de chaleur ĔĒĔ$=\alpha a\alpha+\beta b\beta+\gamma c\gamma+\delta d\delta+\iota e\iota+\zeta f\zeta+\eta g\eta=2\iota'$. En ce cas, les atomes de chaleur se rompent en deux parties complémentaires $\iota'+\alpha'$ et $\iota'-\alpha'$ et il en résulte le fluide *phonogène* en une double rupture d'équilibre.

CHAPITRE III.

DES PROPRIÉTÉS DES GAZ EN REPOS ET EN ÉCOULEMENT.

§ 185. Tous les corps peuvent, **au moyen de la chaleur**, obtenir un état vaporeux, de même que les solides obtiennent l'état liquide sans qu'il en résulte nécessairement que tous les gaz deviennent liquides par le froid. En effet, le retour de l'état vaporeux à l'état liquide ne dépend pas simplement d'un abaissement de température, parce que les vésicules de la vapeur gèlent quand elles sont à l'état raréfié, et les ballons vides au milieu flottent comme les vésicules dans l'air (voir tome III, page 823). Dans le vide l'eau avec une quantité d'atomes de chaleur obtient la forme des vésicules qui consistent en minces enveloppes aqueuses soutenant les équivalents électriques Ē et 2Ē des atomes de chaleur 1° à l'état dissimulé, et 2° à l'état par influence. C'est donc la répulsion expansive entre ces équivalents électriques des enveloppes des vésicules qui se manifeste sur la paroi du vase et qui empêche leur précipitation au fond de celui-ci vers lequel elles sont sollicitées par la pesanteur.

Le volume change peu dans l'état solide ou liquide; la chaleur, qui devient latente, perd son expansion exercée contre les molécules du liquide parce qu'elle éprouve en même temps, par leur barogène β, une compression p du dehors. Ainsi la compression totale **p** diminue et devient

$p - p'$, et une quantité proportionnelle de chaleur θ perd son expansion en obtenant ainsi l'état latent.

En introduisant de nouvelles quantités de chaleur Θ dans les gaz ou les vapeurs, une partie θ de celle-ci devient latente et sert à faire augmenter le volume V qui devient $V + v$; le reste $\Theta - \theta$ de chaleur produit une élévation de température qui devient $T + T'$. Pour réduire la chaleur θ à l'état libre, il suffit d'employer sur le volume $V + v$ un effort mécanique capable de le faire devenir V. Il est donc impossible de méconnaître la liaison existant entre les atomes de la chaleur θ disparus et l'augmentation du volume qui se manifeste par une répulsion expansive exercée entre les enveloppes des vésicules, contre lesquelles la pesanteur exerce un effort extérieur; le même effet a lieu pour les gaz.

§ 186. **Constitution des vésicules de la vapeur d'eau.** Une vésicule d'eau a une enveloppe triple composée d'une couche intérieure $\ddot{O}$ d'oxygène et de deux couches extérieures d'hydrogène $\bar{H}\bar{H}$; l'oxygène $\ddot{O}$ électronégatif soutient dans l'intérieur de la vésicule l'électricité positive $\ddot{E}$, et l'hydrogène $\bar{H}\bar{H}$ soutient une double quantité d'électricité négative dans la surface de la vésicule. Les deux électricités se soutiennent ainsi mutuellement à l'état *dissimulé* qui peut se maintenir même au-dessous de 0°, si l'on ne brise pas les petits ballons produits par la congélation des enveloppes liquides; car alors les équivalents $\ddot{E}$ et $2\bar{E}$ se combinent pour produire la chaleur *latente*, et apparaît l'état liquide, qu'il est impossible d'obtenir par l'*oxygène*, l'*hydrogène*, l'*azote*, l'*oxyde de carbone* et l'*oxyde d'azote*. Si, avant de briser les enveloppes des vésicules, on les comprime, on fait diminuer leur volume et apparaître une quantité d'atomes de chaleur qui s'y trouvaient décomposés, et leurs éléments $\ddot{E}$ et $2\bar{E}$ sont soutenus entre les vésicules à l'état *par influence*. Une telle électricité existe également entre les molécules des cinq gaz ci-dessus nommés. La constitution des vésicules avec leurs électricités dissimulée et par influence a la forme exposée dans la figure 81 : où il faut remarquer que l'atome ḢḦ d'hydrogène possède deux équivalents négatifs 2Ë, tandis que, dans le gaz, cet atome double ḢḦ ne possède qu'un seul équivalent négatif Ë. O indique ici une vésicule.

Figure 81.

Électricité dissimulée.	Électricité λ' par influence.	Électricité dissimulée.	Électricité λ par influence.	Électricité dissimulée.
ĖOĖĖĖ²		Ė²ĖĖOĖĖĖ²		Ė²ĖĒOĖ
E	λ	Ë	λ	Ë
Ė		Ė		Ê
λË²λ		λË²λ		λË²λ
E²		E²		E²
Ė		Ë		Ë
E	λ	E	λ	E
ĖOĖĖĖ²		Ė²ĖĖOĖĖĖ²		Ė²ËĖOĖ

Cette exposition de la constitution des vésicules O et de l'arrangement des équivalents électriques Ë et Ë² des atomes de chaleur ĖË² rend évidente 1° la quantité limitée des atomes qĖË² réduits en électricité dissimulée pour transformer une quantité $q\overline{HO}$ d'atomes d'eau en vapeur; et 2° la quantité illimitée des atomes χĖË² réduits en état par influence, où les équivalents homonymes Ë² et Ë² exercent entre eux une répulsion R expansive qui croît avec leur densité et qui, communiquée aux enveloppes des vésicules, fait augmenter les intervalles λ, λ, λ qui les séparent; et c'est ainsi que le volume croît avec l'élévation de la température.

Par une compression extérieure exercée contre les enveloppes O, O, O... des vésicules, on les fait se rapprocher par suite de la diminution des intervalles λ, qui sont alors occupés par les équivalents Ė, 2Ë des atomes χĖË² de chaleur où ils sont soutenus à l'état par influence. Ainsi donc, à cause du manque d'espace, ces équivalents s'éloignent combinés sous forme d'atomes de chaleur devenus sensibles.

§ 187. **Constitution des molécules des gaz.** L'état vésiculaire ne peut pas être constaté dans les gaz ; cependant de leur *élasticité* parfaite résulte l'existence de l'électricité dissimulée, comme celle des vésicules de la vapeur. Ainsi la différence consiste en ce que, 1° dans les vapeurs les enveloppes peuvent être brisées pour laisser se réunir les deux électricités et paraître l'état liquide et la chaleur, tandis que, 2° dans les gaz cela ne peut pas être obtenu. Par suite à l'état vésiculaire, 1° les liquides possèdent les deux espèces d'équivalents électriques, comme les gaz en ont deux à l'état dissimulé et par influence ; 2° les gaz possèdent aussi ces deux états d'électricité et encore un excédant d'équivalents électriques positifs $\overset{+}{E}$, comme l'oxygène $O\overset{+}{E}$, ou négatifs $\overset{-}{E}$ comme l'hydrogène $H\overset{-}{E}$.

§ 188. **Contitution des vésicules des vapeurs gazeuses.** Outre l'état neutre des enveloppes des vésicules d'eau, toutes les autres contiennent en excédant l'une ou l'autre espèce d'équivalents électriques ; ceux-ci restent conservés dans le liquide quand, après la brisure des enveloppes, s'éloignent les équivalents des atomes de chaleur $\overset{+}{E}\overset{-}{E}^2$. Pour passer de l'état liquide à l'état vésiculaire, il faut toujours une quantité $q\overset{+}{E}\overset{-}{E}^2$ d'atomes de chaleur dont les éléments deviennent de l'électricité dissimulée. Alors les équivalents $\overset{+}{E}$ ou $\overset{-}{E}$ en excédant exercent la répulsion expansive entre les vésicules ; ainsi augmentent rapidement les intervalles λ, λ, λ et le volume V devient $V + V'$, parce qu'une nouvelle quantité $q'\overset{+}{E}\overset{-}{E}^2$ d'atomes de chaleur se décompose promptement pour occuper ces intervalles sous forme d'électricité dissimulée.

La différence entre les gaz et les vapeurs gazeuses consiste en cela que de celles-ci il est possible d'éloigner l'électricité dissimulée en atomes de chaleur $q\overset{+}{E}\overset{-}{E}^2$, tandis que cela est impossible dans les cinq espèces de gaz, surtout dans l'hydrogène. La différence entre la vapeur d'eau et celle des autres liquides ne résulte que des équivalents électriques qui sont dans l'eau seule à l'état neutre; et pour cela il y a une différence entre les quantités des équivalents électriques, d'où résultent en même temps les qualités des corps.

§ 189. Comparaison entre les gaz et les liquides en repos et en mouvement. 1° La répulsion expansive résulte des équivalents des atomes de chaleur ÉE² dans les liquides et leur vapeur ou les gaz; il y a donc une *Aérostatique* comme il y a une *Hydrostatique*. 2° L'écoulement des gaz s'opère par la rupture des atomes de chaleur en deux parties complémentaires $\varepsilon + \alpha$ et $\varepsilon - \alpha$, d'où résultent des *diastoles* et des *systoles* partant de l'orifice et de la paroi en directions divergentes et produisant dans des jets de gaz les mêmes pulsations que ceux constatés dans la veine liquide; il y a donc une *Aéraulique* comme il y a une *Hydraulique*. 3° Les gaz adhèrent aux liquides et aux solides; ils se mêlent entre eux dans toutes les proportions, comme cela a lieu pour certains liquides; ainsi est prouvée l'existence d'une *Aérodynamique* analogue à l'*Hydrodynamique*.

Quoique tous les faits observés dans les gaz résultent des équivalents électriques, ils se laissent classer de la manière indiquée, parce que: 1° à l'état de repos, l'effort peut augmenter ou diminuer de manière à faire apparaître une poussée expansive du dedans ou une compression du dehors; 2° à l'état d'écoulement, ce sont les atomes de chaleur qui se brisent et leurs parties complémentaires font apparaître une répulsion contre la paroi dont le fluide s'écoule; 3° à l'état de contact, ce sont les équivalents hétéronymes Ë et E qui, en se repoussant mutuellement, se combinent avec leurs hétéronymes contenus dans les liquides ou les solides, pour produire des atomes de chaleur.

§ 190. Constitution de l'atmosphère. L'oxygène et l'azote sont mêlés dans le rapport de 21 : 79 suivant les volumes et dans le rapport de 23 : 77 suivant le poids, car il est contenu plus de barogène $\beta + \beta'$ dans un volume d'oxygène que celui β contenu dans un égal volume d'azote. Il a été trouvé moins d'oxygène dans l'air recueilli en été entre midi et deux heures sur la surface de la mer; au contraire, l'oxygène est en excédant dans l'air après les pluies de longue durée. Les faits aérostatiques résultent de l'état de l'air en repos; les faits aérodynamiques constituent la *Météorologie*. (*Voir* tome III, page 725.)

I. — AÉROSTATIQUE.

§ 191. Il y a ici à distinguer, comme dans l'hydrostatique : 1° la *pression verticale* qui résulte du barogène et qui est indépendante de l'état liquide, gazeux ou solide, et 2° la *répulsion expansive* qui est commune aux liquides et aux gaz. La pression verticale est invariable dans les solides, mais elle peut diminuer dans les liquides et les gaz, quand il y a une aspiration de bas en haut : par exemple, si l'eau d'un bassin est sollicitée à s'élever par la raréfaction de l'air, on verra baisser le baromètre placé dans la colonne d'eau en élévation. Le même effet se produit pour l'air sollicité par une aspiration de bas en haut. Ce cas ne peut avoir lieu dans les solides, parce que leurs molécules sont inséparables et que le soulèvement de l'une ne peut s'opérer sans entraîner toutes les autres.

Il y a à distinguer les faits produits des gaz par leur barogène de ceux qui résultent de leurs équivalents électriques; la mesure du barogène s'opère *par le poids* et celle de la répulsion expansive par *la poussée*. Au moyen du baromètre, on peut déterminer à la fois 1° le poids d'une colonne d'air ou d'eau qui est au-dessus du réservoir du mercure, et 2° la répulsion expansive qui a lieu quand le réservoir est dans un récipient où l'on dilate ou condense les gaz ou les liquides.

Cette égalité d'effets obtenus au moyen du baromètre par

deux causes différentes est employée pour comparer la poussée verticale provenant du barogène avec la répulsion expansive provenant des équivalents électriques contre les molécules des gaz et des liquides. Ainsi l'on constate que les molécules ayant été composées de barogène et d'équivalents électriques, 1° éprouvent, au moyen de leur barogène, une *compression* par une augmentation du poids extérieur; alors diminuent les intervalles λ' λ' λ'...; il s'en éloigne une quantité d'atomes de chaleur et le volume V diminue pour devenir V — *v*; 2° elles éprouvent, au moyen de leurs équivalents électriques, une *répulsion expansive* par l'augmentation de la densité des atomes de chaleur; ainsi s'élargissent les intervalles λ', λ', λ' où l'espace est occupé par une quantité d'équivalents d'atomes de chaleur, et le volume V augmente pour devenir V + *v*.

§ 192. **Origine de la loi de Mariotte.** Ayant, 1° d'une part une diminution de volume V — *v* au moyen d'une poussée produite par le poids π, et 2° de l'autre, une augmentation de volume V + *v* au moyen d'une répulsion expansive provenant des équivalents électriques d'une quantité $q\ddot{E}\ddot{E}^2$ d'atomes de chaleur devenus insensibles, il en résulte un rapport constant entre le poids π et la quantité $q\ddot{E}\ddot{E}^2$ des atomes de chaleur. Ces atomes de chaleur ont été attribués par les physiciens à une augmentation de capacité des corps pour la chaleur.

Au lieu de remonter aux deux facteurs primitifs, le poids π et les atomes de chaleur $q\ddot{E}\ddot{E}^2$, qui produisent un égal changement dans le volume V, Mariotte, partant de faits observés dans le volume V de l'air, a constaté le rapport constant du poids π, non pas avec la quantité $q\ddot{E}\ddot{E}^2$ d'atomes de chaleur qui deviennent insensibles, mais avec la quantité $Q\ddot{E}\ddot{E}^2$ de chaleur dont résulte la température T + *t* qui reste en rapport constant avec les atomes $q\ddot{E}\ddot{E}^2$ de chaleur qui deviennent insensibles.

A. FAITS AÉROSTATIQUES PRODUITS PAR L'ATMOSPHÈRE DANS LE PIÉZOMÈTRE.

§ 193. La diminution de l'épaisseur de la couche d'air est mesurée par l'abaissement du *piézomètre* nommé *baromètre* dans les versants des montagnes, qui atteint un minimum à leur sommet; on s'est même servi de cet abaissement pour mesurer les hauteurs des montagnes. Toutefois, il y a également des abaissements temporaires du piézomètre ou du baromètre local qui surpassent souvent ceux observés aux sommets des montagnes; les physiciens ont admis sans hésiter et contre toute raison, l'éloignement dans les deux cas de grandes masses d'air de la colonne d'air qui devaient passer aux régions ambiantes, et cela malgré le manque de preuves directes d'une élévation analogue du baromètre aux pays ambiants. Le piézomètre, improprement nommé baromètre, baisse quand diminue la pression, et celle-ci peut diminuer par deux causes différentes, qui sont les suivantes :

§ 194. **Deux causes physiques de l'abaissement du baromètre.** L'abaissement du baromètre par la diminution de la couche d'air est incontestable, comme il a été prouvé; on ne peut contester davantage le rapport existant entre l'abaissement du baromètre local avec les changements imminents du temps. (Voir tome III, § 558). Attribuer ces deux faits à une diminution de l'épaisseur de la couche d'air paraît absurde, parce qu'il n'existe aucune cause dont peuvent résulter dans l'atmosphère des bouleversements pareils, et quand même cela serait possible, il faudrait qu'il se présentât également des élévations fréquentes au-dessus de la hauteur constante et normale de chaque pays.

En voyant, avant les orages, s'accumuler les masses de nuages, et avec l'abaissement du baromètre l'existence d'un courant d'air ascendant qui soulève des colonnes de poussière, il ne se trouvera aucun lecteur qui ne veuille voir là une diminution de pression provenant de ce courant. L'abaissement du baromètre résulte donc toujours d'une diminution de pression, mais celle-ci résulte de deux causes bien différentes, et c'est non pas par une si grossière ignorance, mais par un oubli, que reconnurent tous ceux qui s'aperçurent qu'après une averse abondante où l'atmosphère a perdu une couche d'eau de plusieurs centimètres, et cependant pour cela le baromètre ne baisse pas, mais qu'il monte, et ainsi il devient évident que cela résulte du courant qui s'affaiblit quand augmente la hauteur barométrique qui indique le degré de pression normale de la couche d'air.

Quelquefois le baromètre baisse sans qu'on s'aperçoive du courant ascendant et sans qu'il s'ensuive de pluie ; outre cela, il y a abaissement et élévation diurne périodiques du baromètre pendant les jours sereins ; les amplitudes sont considérables aux régions tropicales et médiocres aux zones tempérées et glaciales. Les hauteurs barométriques changent avec les vents et diffèrent pour chaque latitude et les pays où dominent des vents différents. Ces faits ont été discutés en détail dans la *Météorologie*, tome III, § 558.

§ 195. **Effets de la pression et effets de la compression atmosphérique.** Ces deux espèces d'effets ne résultent que de la part des corps sur lesquels l'air exerce la poussée p.

Figure 82.

1° *Effets de la pression.* Soit V (fig. 82) un récipient ayant la partie supérieure a renfermée par une vessie et placée sur une table o qui reçoit le tube o' communiquant avec le corps de pompe co, qui sert à éloigner l'air du récipient V au moyen du piston p. La vessie o enflée par l'air du récipient s'affaisse quand cet air en est éloigné au moyen de la machine, et enfin elle crève avec éclat quand il ne reste que très-peu d'air dans le récipient; tel est l'effet de la *pression atmosphérique.*

2° *Effet de la compression sur les hémisphères de Magdebourg.* Deux hémisphères creux *a*, *b* (fig. 88) s'appliquent l'un sur l'autre avec interposition d'une pièce de cuir gras; on extrait l'air par le robinet *r*; ainsi se produit une *compression atmosphérique* qui est égale à celle qui se produirait si l'air restait au milieu des deux hémisphères, et si on les plongeait dans un bassin de mercure à une profondeur de 760 millimètres. Pour séparer le supérieur quand l'inférieur est fixé à *r*, il faut donc employer un effort en *cd* suffisant pour vaincre la poussée exercée dans un cas par l'air et dans l'autre par la colonne de mercure.

Figure 88.

Sous un récipient *c* dont on extrait l'air en tirant au moyen du crochet *c* l'un des hémisphères, ce poids s'éloigne facilement, mais, après l'avoir laissé dans sa place, si l'on ouvre le robinet pour laisser rentrer l'air, les deux hémisphères adhèrent comme auparavant.

3° *Effet de la compression sur le corps humain.* La surface moyenne du corps humain est égale à 1 mètre carré $\frac{3}{4}$, ou à 17.500 centimètres carrés; il subit, de dehors en dedans, une compression équivalente à 17.500 kil. Cette compression est équilibrée par une répulsion expansive exercée en sens contraire sur les molécules qui éprouvent la compression. Cet équilibre se trouve rompu : 1° pour les plongeurs et pour les ouvriers des mines profondes où augmente la compression; 2° pour les voyageurs sur le flanc de hautes montagnes, qui doivent remplacer les équivalents électriques consumés par d'autres obtenus au moyen de la respiration et des aliments, comme cela a été indiqué tome I, page 693. Ils éprouvent des vertiges, des nausées, des hémorrhagies, etc., symptômes qu'on ne remarque pas chez ceux qui montent dans un aérostat sans y éprouver de fatigue; il a été ainsi constaté que la diminution de la compression est équilibrée par les mêmes équivalents électriques qui se consomment pendant la marche.

§ 196. **Rapport entre la compression** p **de l'air et sa répulsion expansive** R. Soit une **vessie** V (**fig.** 84) remplie de mercure liée par un tuyau *t* **dans un récipient** où l'air peut être introduit par le robinet *r*; **le degré de la com**pression est mesuré par la **hauteur du mercure**, en admettant le tuyau *t* vide. **S'il est au contraire** rempli d'air, son volume diminuera **d'autant** plus rapidement sous le même **degré de pression** que le volume V de la vessie **est plus considérable**, parce que la compression *p* **s'exerce** sur toute sa surface. Telles sont les observations qui conduisent à connaître que *les volumes* V *et* V' *occupés par une même masse d'air sont en raison inverse des pressions qu'elle supporte.* Ce rapport constant entre la densité de l'air et la pression a été nommé *loi de Mariotte* qui l'observa le premier sans en connaître la cause; car lui, et encore moins ses successeurs, ont pu comprendre pourquoi le même rapport n'a pas lieu pour les vapeurs gazeuses dans les pressions supérieures quand elles sont près de se liquéfier.

Figure 84.

Ici la cause de cette différence se présente spontanément dans la séparation de la quantité $q\bar{E}\acute{E}^2$ d'équivalents de chaleur qui se produit constamment quand une vapeur se liquéfie. Les équivalents de ces atomes de chaleur se trouvaient à l'état dissimulé dans les deux faces des enveloppes, et celles-ci passent à l'état liquide quand elles crèvent. Les gaz comprimés laissent également s'éloigner des atomes de chaleur $q'\bar{E}\bar{E}^2$, mais ils resultent des électricités soutenues à l'état par influence, qui ne manque pas de vapeurs.

§ 197. **Application de la loi de Mariotte.** On a souvent à résoudre les problèmes qui suivent :

1° Étant donnés le volume V d'une certaine masse d'air et le degré de sa répulsion expansive R, trouver son volume V' sous une pression P, la température restant la même. Les volumes V, V' sont en raison inverse avec la pression ou avec la répulsion

$$V' : V = R : P \text{ d'où } V' = V\frac{R}{P} \qquad (1)$$

2° Étant donnée la densité D d'une certaine masse d'air sous la pression P, trouver sa densité D' sous une autre pression P'. Les densités sont en rapport direct avec les pressions, et l'on a

$$D : D' = P : P' \text{ d'où } D' = D\frac{P'}{P}. \qquad (2)$$

En éliminant P de (1) et (2), on trouvera le rapport inverse entre les densités D, D' et les volumes V, V'.

§ 198. **Machine pneumatique et son usage.** C'est un corps de pompe *c* (fig. 81) qui communique au moyen du tuyau *f* avec le récipient V dont ont veut extraire l'air. Une soupape *s*, qui s'ouvre de dehors en dedans du corps de pompe, est adaptéé à l'origine du tube *f* et une seconde soupape *r*, s'ouvrant de dedans en dehors, peut fermer une ouverture qui traverse le piston. En tirant le piston *p*, l'air atmosphérique ferme la soupape *r* ; il en résulte un vide en *v* vers lequel s'ouvre la soupape *s* pour y laisser pénétrer une partie *α* d'air du récipient V. Ensuite le piston *p* s'enfonce, la soupape *s* se fermera alors, mais la soupape *r* ne s'ouvrira que lorsque la quantité *α* d'air, par suite d'une réduction suffisante de volume, aura atteint une répulsion expansive R supérieure à la pression P de la part de l'air extérieur. A partir de ce moment, l'air contenu dans le corps de pompe s'échappera par la soupape r. Par des va-et-vient répétés de piston on parvient à obtenir, non pas un vide parfait, mais une grande dilatation d'air, ou un espace d'air raréfié, enfin un *aéro-aréome*.

Pour obtenir un vide parfait, ou de Torricelli, on remplit le vase V (fig. 83) et le tuyau de mercure; après l'avoir renversé, le mercure s'écoule du tuyau *t* et le vase V reste parfaitement vide.

Un animal introduit dans le récipient V (fig. 84) tombe sans force et périt si l'on ne se hâte pas de lui rendre l'air nécessaire à sa respiration. Un poisson placé dans l'eau sous le récipient monte à la surface et flotte le ventre en l'air, à cause de l'augmentation de son volume produite par l'expansion du gaz contenu dans sa vessie natatoire. Quand on laisse rentrer l'air le volume diminue et il tombe au fond, parce qu'il ne peut pas augmenter en volume à cause d'une diminution de répulsion expansive qui, en état normal, provient du gaz de la vessie.

La plupart des corps plongés dans l'eau laissent dégager l'air contenu dans leur pores ou même sur leur surface, quand on les met dans le vide. Une pomme ridée se gonfle, l'albumine sort de la coquille d'un œuf et peut y rentrer quand on rétablit la pression atmosphérique.

Compression des gaz. Il suffit de changer les soupapes *r* et *s* (fig. 84) de la machine pneumatique en sens contraire pour obtenir une machine de compression. Supposons qu'on enfonce le piston, la soupape *r* se fermera, et la soupape *s* s'ouvrant, l'air du corps de pompe sera chassé dans le récipient. Si l'on retire alors le piston, la soupape *s* se fermera et fera ouvrir *s*; le corps de pompe se remplira d'air atmosphérique. Cet air sera refoulé dans le récipient V quand on enforcera de nouveau le piston, et ainsi de suite.

Effets de l'air comprimé. Les animaux placés dans le récipient à air comprimé y vivent et y paraissent à leur aise. Dans la mer, sous une compression de l'air dans la cloche de trois atmosphères, les ouvriers n'y ressentent aucune espèce de gêne; seulement quelques-uns éprouvent une vive douleur dans les oreilles au moment où ils passent de l'air extérieur dans l'air comprimé et *vice versa*. On a constaté que les ouvriers sont moins essoufflés en remontant les échelles que dans l'air libre. La voix prend un timbre nasillard, et l'on ne peut siffler avec la bouche dans l'air comprimé à trois atmosphères. Ces résultats sur les animaux de la densité de l'air prouvent pourquoi, parmi les fossiles qui vivaient avant le Déluge sous une atmosphère épaisse, on ne rencontre pas les animaux actuels autrement constitués.

Fusil à vent. Cet instrument est un réservoir contenant de l'air comprimé à 8 ou 10 atmosphères et d'où sort un canon de fer destiné à recevoir par devant la balle et par derrière l'air comprimé, dont on laisse s'échapper une petite portion, qui produit plus d'effet supérieur que les fusils de munition. Pendant la compression de l'air diminuent les intervalles λ, λ, λ entre les molécules et s'en éloignent les équivalents Ë, 2Ë² des atomes de chaleur qui y sont soutenus à l'état d'électricité par influence, sans que pour cela diminuent les équivalents électriques Ë et Ë soutenus à l'état dissimulé par les molécules de l'oxygène et de l'azote. Ce sont donc ces équivalents réduits en équilibre rompu par la compression qui se dilatent et exercent un choc sur la balle.

Presse hydraulique. Le nombre des espèces de pompes et de fontaines est immense, et il se multiplie encore par de nouvelles combinaisons entre les répulsions expansives R, R' exercées de la part des molécules σ de l'eau et celles σ' de l'air ; nous montrerons ici la construction de la presse hydraulique qui n'est pas aussi simple que les pompes. Elle se compose de deux pompes, l'une très-grande, ayant C (fig. 85) pour piston, et l'autre petite qui a *t* pour piston. Le piston C porte dans sa tête un plateau en fonte sur lequel est placée la masse M à comprimer, Un anneau I en cuir entoure le piston C pour empêcher l'eau

Figure 85.

de s'en échapper. Il ne reste à présent qu'à faire monter le piston C par une poussée exercée sur sa base de la part d'une colonne d'eau d'égale base qui communique par un étroit tuyau T avec le corps de la petite pompe dont le piston, plus gros que le tuyau T, est mis en mouvement au moyen du levier L. La soupape *r* empêche le retour de l'eau dans le corps de pompe quand on retire le piston. En S est la soupape dormante. La soupape K qui s'ouvre de dedans en dehors est destinée à limiter la compression que l'on fait subir à l'eau. Cette soupape, nommée *soupape de sûreté*, est chargée d'un poids P par l'intermédiaire d'un levier *l*; elle se soulève pour laisser s'échapper l'eau, quand la pression intérieure devient trop forte. Enfin la vis *v* ferme un orifice que l'on ouvre pour faire sortir l'eau et par suite laisser descendre le piston C, quand on veut enlever le corps comprimé M.

Cet appareil rend évidente l'égalité entre les quantités de mouvement $a \times e \times m = e \times a \times m$, en indiquant par m la masse d'eau qui passe en 1″ d'une pompe dans l'autre; dans la grande pompe l'espace parcouru reste e et la masse soulevée devient $a \times m$, tandis que dans la petite pompe la masse d'eau reste m, mais $e \times a$ est l'espace parcouru. Au lieu d'indiquer directement cette égalité de quantités de mouvement, on disait : *« on perd en temps ce qu'on gagne en force, »* expression qui indique un fait véritable, mais dont le sens est enveloppé d'une certaine obscurité.

§ 199. **Inexactitude de la loi de Mariotte démontrée par Regnault.** Les atomes de chaleur $q\check{E}\ddot{E}^2$ ou leurs éléments électriques $\check{E}$ et $\ddot{E}^2$ deviennent, comme tels, insensibles, 1° quand les liquides obtiennent l'état vaporeux, et 2° quand les vapeurs ou les gaz augmentent en volume. La quantité $q\check{E}\ddot{E}^2$ d'atomes de chaleur consommés pour transformer 1 gramme d'eau en 1 gramme de vapeur est constante, et les températures supérieures ne font varier que la quantité $q'\check{E}\ddot{E}^2$ qui fait augmenter le volume V proportionnellement tant pour les vapeurs que pour les gaz. C'est donc l'électricité à l'état par influence provenant de ces atomes $q'\check{E}\ddot{E}^2$ de chaleur qui produit la répulsion expansive R contre les molécules σ et qui est en *antagonisme* avec la compression P qu'éprouvent les mêmes molécules de la part du poids П. Les physiciens trouvèrent qu'un volume d'air qui est 2V sous la pression d'une atmosphère, est réduit à V sous une pression de 2 atmosphères, et devient 4V si la pression est d'une demi-atmosphère; de sorte qu'on a $aV = \frac{a}{P} P$, et $P \times V = 1$.

Regnault opéra avec une colonne de mercure sur un seul et même volume V d'air et d'autre gaz ou vapeur, et ainsi il est parvenu aux plus exacts résultats, d'où l'on a reconnu que la loi de Mariotte se trouve en deux états différents : 1° elle est exacte pour les gaz et les vapeurs sous des pressions médiocres, ou, si les pressions augmentent, il faut que la température soit élevée, pour avoir un excédant d'électricité à l'état par influence; car dans les vapeurs, après l'éloignement de cette électricité, commence à se séparer l'électricité dissimulée, car alors des enveloppes brisées apparaît l'état liquide. 2° La loi n'est pas exacte dans les hautes pressions des gaz *hydrogène*, *oxygène*, *azote*, *oxyde de carbone* et *bioxyde d'azote*. En élevant la pression P à aP, le volume aV n'est pas réduit exactement à V, mais pour l'hydrogène il est $V+v$ et pour les quatre autres gaz $V-v$; pour les vapeurs gazeuses il se réduit à $V-V'$, où apparaît le liquide.

1° *Vapeurs gazeuses.* Au moyen de la diminution des intervalles λ_1 λ, λ... entre les molécules σ le volume aV se rétréoit au point de devenir V par l'éloignement des équivalents $\ddot{E}$ et $\ddot{E}^2$ logés dans ces intervalles à l'état d'électricité par influence. Une compression supérieure $P+p'$ fait crever les vésicules, et alors les deux électricités qui étaient à l'état dissimulé se combinent pour faire apparaître l'état liquide, et la chaleur latente devient alors libre.

2° *Gaz hydrogène.* Le volume étant aV sous la compression P d'une atmosphère, il devient $V+v$ quand la compression est de a atmosphères. Cet excédant de répulsion ne peut résulter que d'une augmentation des équivalents électriques $\ddot{E}$, comme cela a lieu pour l'eau au-dessous de 4°. Ces équivalents $\ddot{E}$ pénètrent en effet quand, pendant la compression, s'éloigne la chaleur; la répulsion entre les molécules électropositives de l'hydrogène $\ddot{H}$ et ces équivalents $\ddot{E}$ est donc la cause de l'augmentation du volume.

3° *Gaz oxygène, azote, oxyde de carbone et bioxyde d'azote.* De même que dans le cas précédent les équivalents positifs $\ddot{E}$ pénètrent ici dans les molécules électronégatives $\dot{O}$ de l'oxygène et de trois autres gaz, mais ils y font diminuer la répulsion expansive; ainsi après la pression dP, le volume ne reste pas V, mais $V-v$, parce que les équivalents positifs Ē étant hétéronymes avec ceux des molécules, font diminuer la répulsion expansive R.

Ces genres de faits sont d'une nature différente de ceux observés par Pouillet pendant les changements de température de l'air entre 0° et 200 ou 300°; c'est un atome d'oxygène et un atome double d'azote qui se combinent pour produire la vapeur d'eau, qui n'obtient tout son état élastique qu'à une température au-dessus de 100°; entre 0° et 100° une partie seulement de cette vapeur est à l'état élastique. Pouillet ne connaissait pas cette transformation de l'air en eau, et il a attribué ce fait, contre toute raison, à une adhérence de l'air au platine dont il ne doit se détacher qu'à 100°, précisément quand l'eau se transforme en vapeur.

II. — ÉCOULEMENT DES GAZ, PULSATION DE LEUR JET; AÉROAULIQUE.

§ 200. Dans l'aérostatique, tous les faits résultent de la répulsion expansive qui provient des équivalents homonymes Ē à l'état d'électricité par influence logée dans les intervalles λ, λ, λ des molécules σ. Cet état ne disparaît pas pendant les déplacements des molécules qui passent par les conduits et s'échappent de l'orifice, non pas comme les grains de sable, mais avec un effort obtenu d'un choc au moment de leur détachement de la paroi. Le double effet de ce choc est constaté comme répulsion dans le jet des gaz et comme contre-répulsion dans la diminution de la dépense.

Alors que l'on ignorait que les corps consistent en *barogène* ou *matière* et en équivalents électriques, il était impossible de se faire une idée exacte du mode de la production de ce genre des faits. Ici nous constatons en même temps la répulsion expansive R des liquides et des gaz; elle résulte toujours dans ces corps de la chaleur; cependant les éléments de celle-ci produisent une répulsion pareille quand ils sont décomposés et apparaît le fluide *phonogène*.

§ 201. **Égalité de la répulsion et de la contre-répulsion.** Newton a démontré cet effet chez les animaux; il a été ici constaté dans la vapeur des machines et même dans celles expulsées des corps célestes; dans les projectiles il est également démontré que deux pièces de canon égales, également chargées, suspendues sur une même ligne avec la base en contact, restent en repos après la décharge. Le *chariot à recul* (fig. 86) est un ballon B en cuivre contenant de l'eau maintenue en ébullition au moyen d'une lampe à alcool. Le tout est porté sur trois roues très-légères. L'orifice *a* du ballon étant fermé par un bouchon, la vapeur s'accumule et la répulsion expansive augmente entre les équivalents négatifs *q*Ë de la chaleur. La répulsion R croît avec la température et tout est en repos jusqu'au moment où cette répulsion parvient à vaincre la résistance qui maintenait le bouchon; celui-ci est lancé en *b'*, et de *p* il a parcouru l'espace *pb'* pendant que le chariot est allé à *pg*. La poussée **p** exercée entre les molécules σ de vapeur s'est divisée en deux moitiés $\frac{1}{2}$**p** communiquées à la vapeur en sens divergents *pb'* et *pg*.

Figure 86.

Cette simple description ne montre guère dans cet appareil qu'un jeu d'enfants, tandis que sa cause physique ne diffère pas de celle qui a eu lieu il y a des siècles, lorsque la vapeur S chauffée sous la croûte épaisse du soleil obtint une répulsion expansive suffisante pour en soulever la partie la moins solide et ouvrir un cratère d'où ont été expulsées 9 portions σ', σ'',... σ^{IX} de molécules par des poussées affectant une progression géométrique décroissante $\div \frac{1}{2}p : \frac{1}{2^2}p : \frac{1}{2^3}p : \ldots : \frac{1}{2^9}p$; ces portions de molécules ont parcouru des distances qui formèrent aussi une progression pareille $\div \frac{1}{2}\Delta : \frac{1}{2^2}\Delta : \frac{1}{2^3}\Delta : \ldots : \frac{1}{2^9}\Delta$.

Si la lampe α s'éteint au moment de l'explosion, on obtient un résultat qui se rapproche davantage du fait astronomique en admettant que le chariot soit très-lourd. Les quantités de mouvement étant pour la vapeur $a \times e \times m$, et $a \times m' \times e'$ pour le chariot, la masse m de vapeur parcourra l'espace $a \times e$ et la masse $a \times m'$ du chariot parcourra en même temps l'espace e'. Les 9 portions de vapeur se trouveront dans les distances $ae = \frac{1}{2}\Delta$, $ap = \frac{1}{2^2}\Delta$, $aV = \frac{1}{2^3}\Delta$, $aq = \frac{1}{2^4}\Delta$, $as = \frac{1}{2^5}\Delta$...

§ 202. **Projectiles en direction horizontale.** La poussée entre les molécules d'air ou de vapeurs fait apparaître une répulsion et une contre-répulsion au moment de l'explosion, qui ne diffère pas des explosions obtenues de la poudre à canon et qui ont également pour cause les équivalents électriques. L'expérience prouve que les boulets lancés horizontalement ne commencent à baisser qu'après avoir parcouru une certaine distance. Ce fait ne pouvait être expliqué quand on admettait la poussée exercée suivant le diamètre horizontal du boulet, parce que la pesanteur ne manque pas de le repousser verticalement. Il est ici démontré que les gaz reçoivent dans leur jet une poussée convergente vers le point de contraction qui est dans le prolongement de l'axe du canon. La paroi de la bouche de canon exerce sur le boulet, par son bord inférieur, une poussée d'autant plus forte qu'elle est plus pressée par le poids du boulet. Il y a donc inégalité de poussée dans la périphérie du boulet, et cela précisément en sens contraire de la direction de la poussée provenant de la pesanteur ; pour cette raison le boulet se maintient en direction horizontale, ou même en une direction au-dessus de l'horizon, jusqu'à une certaine distance de la bouche horizontale du canon.

§ 203. Contraction de la veine du jet des gaz. Soit un vase V (fig. 87), d'où la vapeur s'échappe par un orifice étroit *o* pendant qu'un feu très-actif tient l'eau en ébullition. La vapeur a une température au-dessus de 100°, comme on peut le reconnaître avec un thermomètre placé dans l'orifice ou à côté; mais à une certaine distance on peut tenir la main et sentir le froid. On dirait que ce fait résulte de la très-grande dilatation de la vapeur qui a lieu non pas dans l'orifice ou à une distance plus grande que la main, et c'est par un véritable oubli qu'on n'a pas reconnu qu'il y a une contraction du jet des vapeurs analogue à celui de la veine liquide.

Figure 87.

Il a été prouvé que dans l'écoulement de l'eau par le tube *oo'* (fig. 67) l'eau du vase *r* monte dans le tuyau *mn*; il en est de même quand l'air s'écoule par le tube *oo'* (fig. 88).

Figure 88.

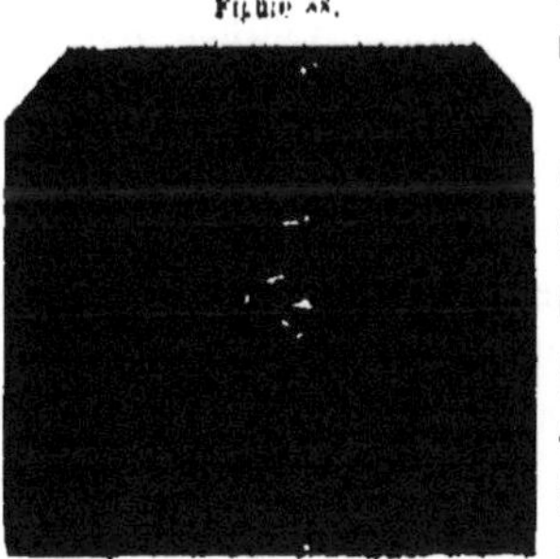

Si le disque D est suspendu à une balance B (fig. 87) et qu'on le tienne tout près de l'orifice P, après avoir ouvert le robinet pour laisser s'échapper le gaz, le disque n'est pas repoussé, mais il faut mettre dans l'autre bassin des poids d'autant plus lourds que le gaz sort avec plus de force par le très-petit espace qui reste entre le disque et le plan horizontal dans lequel est l'orifice P.

En laissant arriver le gaz de l'orifice *o* sur le disque *ab* auquel sont adaptés par-dessous des tubes verticaux plongeant dans l'eau, dont le tube central *i* reçoit directement le jet de gaz, tandis que les latéraux le reçoivent obliquement. Ainsi, l'eau est refoulée dans le tube *i*, et elle s'élève dans les tubes *n*, *n'* les plus rapprochés des bords.

Si l'on souffle très-fortement par le tuyau d'un entonnoir, au lieu de repousser, on pourra soulever une feuille de papier placée près de l'ouverture opposée. En adaptant un cône en papier à la tuyère d'un soufflet, le cône s'aplatit et se froisse pendant la sortie de l'air. Si un tuyau a la forme d'un prisme très-plat et que l'air entre par une des arêtes, en sortant par la face opposée, il y fait apparaître une dilatation dont résulte une résistance inférieure à la pression de l'atmosphère.

Ce genre de faits résulte directement de la contre-répulsion du jet des gaz qui y est plus prononcé que dans la veine liquide, et cela résulte de la grande répulsion expansive des gaz et des vapeurs qui manque dans les liquides. Comme il a été dit, nous insistons beaucoup sur les détails des faits pareils inexplicables pour les physiciens et de majeure importance dans l'explication du mode de la production des corps célestes que le lecteur pouvait prendre pour des hypothèses, et non pas pour des faits physiques bien constatés. C'est quand le lecteur aura acquis les connaissances élémentaires qu'il pourra se convaincre que nous n'avons, dans cet ouvrage, eu recours à aucune hypothèse.

I. *Action et réaction des gaz.* Ce sont des faits incontestables, comme tous les autres, qui ont été indiqués; en partant donc de ces faits, on ne peut point avancer, et toutes les explications ne sont que des espèces de description. Il en est tout autrement quand on connaît la cause motrice commune; car alors les faits observés n'en sont que des exemples qu'on détermine même avant de les avoir observés.

Les corps consistent en barogène et en équivalents électriques, et peuvent être réduits en équilibre rompu aussi bien par le barogène que par ces équivalents qui, se trouvant en une densité, exercent entre eux une répulsion expansive qui se divise en deux moitiés divergentes aussitôt qu'a pu être vaincue la résistance extérieure. Si le chariot est fixé B (fig. 85), le recul est impossible, et la poussée p' en arrière se perd dans le sol m. Une pareille poussée p' ne manque jamais, pas même aux orifices de l'eau; mais leur effet n'est remarqué que dans la dépense.

II. *Le sentiment du froid* se présente au point de la contraction la plus grande qui résulte d'une poussée convergente de la paroi de l'orifice; son intensité est d'autant plus forte que la répulsion expansive est plus grande. Les atomes de chaleur se dispersent en molécules σ très-rapprochées, et le froid senti correspond au degré de ce rapprochement, car la dilatation s'opère par la consommation rapide de la chaleur.

III. *Pulsation des gaz en mouvement.* Dans l'orifice o (fig. 69) s'opèrent la répulsion et la contre-répulsion; c'est celle-ci qui produit une diminution de la poussée venant de la part de o', d'où apparaît la poussée atmosphérique qui produit l'élévation de l'eau du vase r dans le tuyau n. Cette pulsation se présente comme des bouffées dans la vapeur provenant des chaudières; elle a été constatée dans les liquides, et elle l'est également ici dans l'intérieur du récipient des gaz ou des vapeurs. La cause motrice de ces pulsations a été reconnue dans la rupture des couples électriques $\bar{E}\bar{E}$ et celle des atomes de chaleur $\bar{E}\bar{E}'$. Cependant, les détails de cette origine de mouvement vont être exposés dans l'*Acoustique* où sera démontré le mode de la production des sons par un fluide propre, le *phonogène.*

IV. *Comparaison entre les effets de l'air et la lumière polarisée.* Soit le disque D (fig. 87) tout près du plateau ayant dans son centre l'orifice P d'où s'échappe l'air comprimé; les molécules repoussées de la paroi en directions convergentes se réfléchissent dans la face du disque pour prendre leur direction vers sa périphérie. Alors elles perdent la répulsion expansive verticale, et il ne leur reste que l'expansion horizontale dirigée vers la périphérie, sans qu'aucune poussée s'exerce désormais sur le disque ou le plateau. La réflexion des molécules est d'autant plus complète, 1° que l'orifice est plus étroit, 2° la compression du gaz plus grande, et 3° la distance δ entre le disque et le plateau plus petite. C'est donc la diminution de ***répulsion expansive*** qui sollicite le disque vers le plateau; partout où ce cas a lieu apparaît le même effet; cependant alors que des effets pareils avaient été découverts et expliqués, les physiciens n'en étaient pas plus instruits, et ils n'étaient pas davantage en état de connaître que la diminution de répulsion produit la tendance à l'*approchement*; mais ils ont agi comme ferait le peuple ignorant, ils ont attribué cette tendance à une force inconnue qu'ils nommèrent ***attraction***.

Attraction. Clément Desormes a rendu la diminution de la répulsion expansive évidente en appliquant sur le disque ab, placé au-dessous du jet de gaz, des tubes plongés dans l'eau par leur extrémité inférieure : 1° dans le tube central i, le jet de gaz en pénétrant refoule le niveau de l'eau; 2° dans les tubes n', n'' des bords, les molécules d'air réfléchies perdirent leur expansion verticale, et c'est pour cela que l'eau remonte en obéissant à la pression atmosphérique.

Dans cet ouvrage, tous les faits attribués à une ***attraction*** ont trouvé leur explication, 1° dans une diminution de la résistance et de la répulsion mutuelle qui a pour cause les équivalents électriques hétéronymes $\dot{E}$ et $\acute{E}$, ou 2° dans une poussée extérieure exercée sur les corps en sens convergent, qui a pour cause l'affluence du barogène de l'espace dont résulte la ***gravitation***. Plusieurs physiciens ont travaillé pour résoudre ce problème, mais ils ignoraient,

1° que les éléments des corps sont le barogène et les équivalents électriques mêlés; 2° que le barogène seul, et non pas des *corpuscules*, afflue de l'espace céleste, et 3° que les trois états des corps sont un effet direct du barogène et des équivalents électriques contenus dans les atomes de chaleur.

§ 204. Vitesse de l'écoulement des gaz. De même que dans les liquides, la dépense dans les gaz n'est pas égale quand le diamètre de l'orifice reste le même et la paroi est mince, conique ou tubulaire. Pour mesurer la vitesse des liquides on a employé la dépense D, pour celle des gaz on a employé le volume V, parce que la densité change avec l'écoulement. Alors qu'était encore inconnue l'existence d'une répulsion expansive provenant des équivalents électriques dans les liquides et les gaz, D. Bernoulli l'a cependant admise, et il a été conduit par là à des résultats réels, en exprimant la vitesse v par sa valeur

$$v^2 = 2gH, \qquad (1)$$

dans laquelle est $\frac{1}{2}g$ l'espace parcouru en 1″ et H la hauteur d'une colonne de gaz qui s'écoule. Le calcul suivant est donc basé sur cette hypothèse, et l'on connaîtra qu'elle est véritable pour les poussées faibles par la comparaison entre les résultats du calcul et celui de l'observation. Soit δ la densité du gaz à la température de 0° et sous une pression de 760^{mm}. La hauteur d'une colonne d'eau équivalente à la hauteur $h-h'$ serait $(h-h')\,13{,}6$, en désignant par h la pression intérieure et par h' l'extérieure. Le poids spécifique de l'air est 0,0013. Une colonne d'air de même poids que la colonne $h-h'$ de mercure serait donc $\frac{(h-h')\,13{,}6}{0{,}0013}$. Or la colonne de gaz, sous la pression h, a pour densité, par rapport à l'air, $\frac{\delta h}{0{,}76}$: sa hauteur pour produire la même pression serait donc $H = \frac{(h-h')\,13{,}6}{0{,}0013} \times \frac{0{,}76}{\delta h}$. Portant cette valeur dans la formule (1), il vient

$$v^2 = 2g \frac{(h-h')13,6 \times 0,76}{0,0013 \times 8h} = 394^m \times \frac{h-h'}{8h} \text{ mètres.} \quad (2)$$

Écoulement dans le vide. En ce cas on a $h' = o$ et $v = 394^m$ pour l'air et $v = 394^m \frac{1}{\sqrt{\delta}}$ pour les gaz de densité δ; qui est $\delta = 0,0688$ pour l'hydrogène, et l'on a $v = 1500^m$, quantité plus grande que la vitesse d'un boulet de canon qui n'est que de 800^m par $1''$ environ au moment où il quitte la pièce.

Il résulte de la formule (2) que si l'on représente par v et v' les vitesses d'écoulement dans le vide de deux gaz dont les densités soient δ et δ', on aura

$$v^2 : v'^2 = \delta' : \delta.$$

En appelant V et V′ les volumes sortis en même temps, on aura aussi

$$v' : v = V' : V,$$

et en multipliant ces deux équations terme à terme

$$v : v' = V'\delta' : V\delta = m' : m;$$

car les produits $V'\delta'$ et $V\delta$ sont les masses m' et m ou le barogène $q'\beta$ et $q\beta$.

$$vm = v'm'$$

indique l'égalité des quantités de mouvement, parce que le mot *vitesse* ne signifie qu'espace parcouru, et le carré v^2 indique l'égal nombre de mètres et de secondes. Il en est de même pour l'égalité $\delta \times v^2 = \delta' \times v'^2$.

Il a été prouvé par l'expérience que la dépense de l'air introduit dans un récipient vide est constante jusqu'à l'instant où l'air introduit a acquis une densité égale à $\frac{2}{5}$ de celle de l'air extérieur. Cette dépense diminue ensuite, lentement d'abord, puis avec plus de rapidité. Sans ces données si positives on serait tenté d'admettre une diminution de dépense dès le commencement de l'écoulement, mais elle n'apparaît qu'à un instant bien constaté; d'où l'on ne saurait méconnaître que sa cause n'est pas simplement la présence de l'air dans le récipient qui ne manque pas dès le commencement de l'écoulement.

§ 205. **Effet de la pulsation.** La répulsion expansive s'opère par répulsions et contre-répulsions régulières entre les molécules intérieurs, et tant que les intervalles $\lambda, \lambda, \lambda$... des ondes de l'air qui entre, restent en asymétrie avec ceux $\lambda', \lambda', \lambda'$... des ondes de l'air intérieur, la dépense n'éprouve aucune diminution, parce que les systoles des ondes ne viennent pas en rencontre. Ce fait est d'une très-grande importance dans l'*acoustique*, et la production régulière ne permet pas de douter que leur cause motrice ne soit la rupture des couples électriques $\bar{E}\bar{E}$ et la brisure des atomes de chaleur qui s'opèrent dans des articulations qui résultent de leurs éléments électriques et qui sont l'origine des sons.

§ 206. **Vitesse dans les tuyaux de conduite.** L'effet obtenu par Eytelwein sur l'écoulement de l'eau dans les tuyaux de conduite, a été obtenu par d'Aubuisson sur l'écoulement de l'air, parce que, dans les deux cas, le mouvement est entretenu par la répulsion expansive, et ce sont les ruptures des couples $\bar{E}\bar{E}$ électriques qui produisent les résistances de la part des tuyaux. Donc, Δ étant leur diamètre, L la longueur et d le diamètre de l'orifice, la dépense est

$$Q = 2279\sqrt{\frac{H\Delta}{L + 47\frac{\Delta^4}{d^4}}} \text{ qui devient } Q = 2450\sqrt{\frac{H\Delta^5}{L+47\Delta}},$$

en faisant $\Delta = d$ quand le tuyau est tout ouvert à son extrémité. On augmente, dans ce dernier cas, le coefficient 2279 dans le rapport de 1 à 0,93, parce qu'il n'y a plus de contre-répulsion de la part de la paroi. Ainsi que pour la dépense des liquides, de même celle des gaz dépend de l'état de l'orifice, elle est 1° 0,65 quand la paroi est mince; 2° 0,93 quand l'ajutage est cylindrique et d'une longueur égale à 7 ou 8 fois le diamètre; 3° 0,95 pour un ajutage conique un peu évasé et de la même longueur. Sous le rapport de l'orifice, la seule paroi produit une différence peu appréciable sur la dépense des liquides ou des gaz.

§ 207. **Différence entre la pesanteur et la répulsion expansive.** La densité de l'air est proportionnelle à la pression, et le calcul de Bernouilli, basé sur ce principe, conduit à des résultats qui sont d'accord avec ceux obtenus de l'expérience, cependant seulement dans les cas où la pression ne dépasse pas de beaucoup 1 mètre d'eau, ou mieux dans les cas d'une pression inférieure de [illegible] à celle de l'atmosphère, parce que c'est jusqu'à cette limite que la dépense est constante et indépendante de la pression extérieure.

Jusqu'à ce degré, Lagerhjelm a trouvé que la vitesse d'écoulement d'eau sous les mêmes pressions et par les mêmes orifices est à celle de l'air comme 100 : 2875, c'est-à-dire en raison inverse des racines carrées des densités des deux fluides. Les effets donc de la répulsion expansive qui diffèrent de ceux de la pesanteur n'apparaissent qu'aux pressions inférieures; ce qui prouve une fois de plus l'existence de la répulsion expansive qui n'était pas tout à fait inconnue aux physiciens, mais dont l'origine leur échappait.

§ 208. **Vitesse de l'écoulement des gaz et de leurs mélanges.** D'un volume de gaz contenu dans un récipient avec un tube mince tourné en bas s'écoulent :

Poids spécifique.	Gaz.	En 4 heures.	En 10 heures.
1	Hydrogène.	0,816	0,945
8	Gaz des marais.	0,434	0,627
8,5	Ammoniaque.	0,424	0,550
14	Gaz oléfiant.	0,319	0,485
22	Acide carbonique.	0,316	0,470
32	Gaz d'acide sulfureux.	0,276	0,460
35,4	Gaz de chlore.	0,237	0,395

Il devient ainsi prouvé que la répulsion expansive étant la même, l'écoulement est en rapport inverse avec le poids spécifique ; car avec lui augmente la résistance exercée sur la quantité de barogène $\alpha\beta$ des molécules qui sont dans l'aire de l'orifice. Pour la même raison, des mélanges de gaz, par exemple, 50*v* hydrogène et 50*v* gaz oléfiant, il s'éloigne en 10[s] 47,7 hydrogène et 12,5 gaz oléfiant, ou 47 hydrogène et 20 acide carbonique ; comme ces faits résultent du contact, ils sont expliqués plus bas.

III. — AÉRODYNAMIQUE.

§ 209. Nous allons exposer ici les modes de production de faits par les équivalents électriques quand il y a contact : 1° entre les molécules des gaz différents ; 2° entre celles des gaz avec les liquides, et 3° entre celles des gaz avec les solides. Dans tous les cas, la cause motrice est la répulsion expansive innée dans les équivalents électriques $\bar{E}$ et $\bar{F}$. Ceux-ci peuvent être dans les corps *c*, *c'* en contact avec toute sorte de densités ou de quantités, d'où résultent une infinité de faits. Un certain nombre de ceux-ci, pris dans chaque espèce, va être exposé pour servir d'exemples de l'origine commune du mode de leur production. Nous imitons en cela les mathématiciens qui exposent d'abord les quatre règles et qui ensuite, introduisent arbitrairement dans les démonstrations certains nombres pour indiquer l'application des règles.

Les molécules homoïdes d'un corps se soutiennent en équilibre par une égalité de répulsion et contre-répulsion, d'où résulte l'état hydrostatique et l'état aérostatique. Quand les molécules sont entre elles en équilibre rompu, elles sont comprises en déplacement dans la direction où la résistance est inférieure, et c'est en cela que consistent les actions observées dans l'écoulement des liquides et des gaz. Dans le cas où les molécules des corps différents sont en contact, les faits sont produits par leurs équivalents électriques qui ne peuvent pas être en égales quantités ni en égales densités, quand même il n'existerait aucune différence entre leurs éléments chimiques.

A. Mélange des gaz entre eux.

§ 210. Toutes les espèces de faits sont produits par la répulsion expansive exercée de la part des équivalents négatifs É qui sont en excédant dans les atomes de chaleur ÉE² par lesquels les deux électricités sont soutenues à l'état par influence. La différence entre les gaz résulte de leurs équivalents électriques soutenus à l'état dissimulé par leurs molécules matérielles. L'état chimique ne change pas, parce que ces molécules ne perdent pas leur électricité en état dissimulé; celle-ci persiste même quand le corps passe à l'état liquide ou solide. Ici vont être exposés les cas : 1° où se mêlent entre eux deux gaz différents, et 2° où un gaz se trouve en communication avec un mélange des gaz.

§ 211. I. **Diffusion ou mélange entre deux gaz.** Soient deux ballons B et B′ (fig. 80) égaux, remplis l'un B d'acide carbonique et l'autre B′ d'hydrogène à la même pression et à la même température. Si l'on ouvre les robinets V, V′, au bout de quelque temps on trouvera dans chaque ballon un mélange uniforme d'acide carbonique et d'hydrogène. Les molécules matérielles σ, σ′ de ces deux gaz obéissent à la répulsion expansive qui résulte de l'électricité négative à l'état par influence logée dans les intervalles λ, λ, λ... et λ′, λ′, λ′... qui séparent ces molécules σ, σ′. La cause des déplacements résulte de l'inégalité des équivalents électriques à l'état dissimulé qui exercent entre eux une résistance inférieure, laquelle donne naissance à l'apparition du mélange uniforme.

Figure 80.

§ 212. II. **Mélange entre un gaz et deux autres en diffusion.** Soit un ballon B rempli d'acide carbonique et sept fois plus grand qu'un autre B′ contenant un mélange d'égal volume d'hydrogène et de gaz oléfiant; on ouvre les robinets v, v'; après avoir mis au-dessous le ballon B, on trouve après dix heures de l'acide carbonique dans le ballon supérieur B′, mais le volume de l'hydrogène y est quatre fois moindre que celui du gaz oléfiant; il y a donc eu, contrairement à la loi de la gravitation, un abaissement plus marqué pour l'hydrogène que pour le gaz oléfiant d'un poids spécifique quatorze fois supérieur.

Explication. A cause de l'égalité de pression dans les deux ballons, la répulsion expansive est égale, mais il n'en résulte pas pour cela que les molécules σ, σ' des deux gaz du ballon B′ doivent éprouver dans les molécules σ'' de l'acide carbonique la même résistance, car dans ce gaz les équivalents positifs $\bar{E}$ sont à l'état dissimulé, tandis que dans les deux autres gaz, ce sont les équivalents négatifs $\ddot{E}$; mais ceux-ci sont, dans les molécules σ de l'hydrogène qui pèse 1, en densité plus grande que dans les molécules σ' du gaz oléfiant qui pèse 14. L'inégalité de résistance est donc la cause de l'inégale transmission d'hydrogène dans l'acide carbonique. On peut varier beaucoup les espèces des gaz, les résultats correspondront toujours à la résistance du gaz vers lequel l'écoulement s'opère; par exemple :

Soit un mélange de deux gaz dans un tube ouvert pour communiquer avec l'air, c'est le gaz contenant l'électricité négative dissimulée en densité supérieure qui s'écoulera en rapport plus élevé que dans le cas où il se trouverait seul dans le tube, où ses molécules n'éprouvent de répulsion expansive r que celle qui résulte d'elles seules et non pas encore la répulsion r' qui résulte des molécules σ' de l'autre espèce.

1° Un mélange de 50 volumes d'hydrogène et de 50 volumes de gaz oléfiant laisse écouler en 10 heures 47,7 volumes d'hydrogène et 12,5 de gaz oléfiant.

2° 100 volumes d'hydrogène et d'acide carbonique en égale quantité laissent s'écouler 47 volumes d'hydrogène et 20 d'acide carbonique ; en ce cas l'hydrogène est plus faiblement repoussé de la part de l'air que l'acide carbonique.

3° 100 volumes de gaz des marais et d'acide carbonique laissent écouler dans l'air 26,8 volumes du gaz des marais et 12,5 de l'acide carbonique.

4° 100 volumes de gaz des marais et 18,6 de gaz oléfiant laissent écouler 22,8 volumes de gaz de marais et 18,6 de gaz oléfiant.

B. MÉLANGE OU CONDENSATION DES GAZ PAR LES SOLIDES ET LES LIQUIDES.

§ 213. Le mélange des gaz entre eux a pour cause la répulsion expansive produite par l'électricité négative à l'état par influence, tandis que le mélange entre les liquides résulte de leurs électricités dissimulées qui peuvent être 1° hétéronymes, et alors le mélange a lieu, ou 2° homonymes ; dans ce dernier état, les liquides ne se mêlent pas. Dans le cas où les molécules σ des gaz sont en contact avec celles σ' des liquides ou des solides, il faut prendre en considération l'état d'électricité dissimulée qui fait augmenter ou diminuer le volume de gaz absorbé.

§ 214. I. **Mélange de l'eau avec l'oxygène et l'azote séparément ou avec l'air.** Il y a une différence quand l'eau est en contact séparément avec l'oxygène et l'azote ou avec l'air, comme cela a été prouvé pour l'hydrogène qui s'écoule dans l'acide carbonique seul en quantité moindre que quand il est mêlé avec le gaz oléfiant. Le même effet a lieu pour l'oxygène de l'air qui, mêlé avec l'azote, pénètre dans l'eau en quantité plus grande que quand il est seul. Sur 100 volumes d'oxygène, 28,5 pénètrent dans l'eau, et sur 100 volumes d'air, il en pénètre 32 volumes. Les quantités approximatives de gaz isolés absorbées par l'eau sont indiquées dans le tableau suivant :

UN VOLUME D'EAU ABSORBE EN VOLUMES DE GAZ :					
NOMS DES GAZ.	Dalton.	W. Henry.	Saussure.	H. Davy.	
Ammoniac.	»	»	»	670	780 Thomson.
Acide chlorhydrique. . .	»	»	»	480	516 —
— sulfureux. . . .	20	»	48,78	30	33 —
— sulfhydrique. . . .	1	1,08	2,58	»	3 Berzélius.
— carbonique. . . .	1	1,08	1,06	»	1,10 Cavendish.
Oxyde d'azote.	1	0,86	0,76	0,54	
Gaz oléfiant.	0,125	»	0,155	»	
Gaz des marais.	0,037	»	»	»	
Oxygène.	0,037	0,037	0,065	»	
Bioxyde d'azote.	0,037	0,050	»	0,10	
Azote.	0,025	0,015	0,042	»	
Oxyde de carbone. . . .	0,016	0,020	0,062	0,02	
Hydrogène.	0,020	0,016	0,046	»	

Remarque. La quantité des gaz absorbés augmente avec l'abaissement de la température et avec l'augmentation de la pression. La disparition des intervalles λ, λ, λ entre les molécules des gaz s'opère par l'éloignement des équivalents électriques $\ddot{E}\ddot{E}^2$ qui y sont logés et qui deviennent libres sous forme d'atomes de chaleur; ainsi la température s'élève au-dessus de 100° par l'introduction dans l'eau de l'acide chlorhydrique.

§ 215. **Séparation entre les gaz et les liquides.** Il faut que les équivalents $\ddot{E}$ et $\ddot{E}^2$ d'atomes de chaleur soient introduits à l'état d'électricité par influence dans les intervalles λ, λ, λ pour y produire leur élargissement dans l'apparition du volume des gaz; cela est obtenu par des moyens correspondants qui sont : 1° la diminution de la pression atmosphérique; 2° l'élévation de température; 3° l'introduction d'autres espèces de gaz; 4° le mélange de l'eau avec corps liquides ou solides; 5° la congélation de l'eau, et 6° quelques changements mécaniques. Toutes ces opérations produisent la séparation des gaz au moyen des atomes de chaleur dont les éléments passent à l'état d'électricité par influence.

1° *Diminution de la pression.* En plein air il est permis de considérer le poids δ d'une colonne d'air comme égal à celui de la colonne de mercure du baromètre ; mais si le réservoir de celui-ci se trouve dans une cloche qui intercepte toute communication avec l'atmosphère alors sa hauteur ne change pas : aussi n'est-il plus permis de considérer le poids π de la colonne atmosphérique comme cause de l'élévation du mercure. Ainsi devient évidente la poussée p exercée de la part de l'électricité négative à l'état par influence sur les molécules σ d'air qui la communiquent aux molécules σ' de mercure en le maintenant à une élévation H, comme le fait la colonne de l'air.

En éloignant l'air de la cloche l'électricité $\bar{E}$ négative s'éloigne avec ses molécules σ, d'où résulte une diminution de la poussée p. Si de l'eau se trouve au fond de la cloche, l'air s'en éloigne à cause de la poussée inférieure $p - p'$, et afin de prendre la forme d'un gaz, on voit s'élargir les intervalles λ, λ, λ, où se loge l'électricité par influence.

2° *Élévation de température.* L'électricité négative $\bar{E}$ des atomes denses de chaleur $\ddot{E}\bar{E}^2$ pénètre comme précédemment dans les intervalles λ, λ, λ qui s'élargissent ; le volume des atomes σ des gaz augmente, et pour cela elles se séparent des atomes σ' du liquide dont les intervalles λ', λ', λ' ne s'élargissent pas par une telle densité d'atomes de chaleur. En ce cas les intervalles $\lambda\lambda'$, $\lambda\lambda'$, $\lambda\lambda'$... communs des molécules des gaz et du liquide ne s'élargissent pas par l'électricité négative $\bar{E}$, et, pour cette raison, une partie des molécules σ du gaz reste parmi celles σ' du liquide qui se transforment ensemble en vapeur, comme cela a lieu dans l'acide chlorhydrique et l'eau.

L'élévation de température fait augmenter l'électricité négative qui repousse les gaz électronégatifs, tandis que les gaz électropositifs ne sont pas repoussés, mais s'éloignent simplement par l'élargissement de leurs intervalles λ, λ, λ. L'air ne s'éloigne pas de l'eau en proportion égale des deux gaz, mais l'azote électronégatif en est chassé en quantité supérieure, tandis que l'oxygène ne l'est pas, et il reste pour cela dans l'eau après l'éloignement de l'azote.

3° *Contact avec les autres gaz.* Les molécules σ″ d'un autre gaz, repoussées par l'électricité négative Ë dans le liquide, occasionnent un élargissement des intervalles λ, λ, λ des molécules du gaz précédent, où se loge l'électricité négative séparée des intervalles des molécules σ″ du nouveau gaz.

4° *Introduction d'autres substances dans l'eau.* Ces substances font changer l'état de l'eau, et pour cela l'électricité négative pénètre dans les intervalles λ, λ, λ des molécules σ pour en faire augmenter le volume.

5° *État de congélation.* Si dans l'eau est contenu un gaz d'un volume inférieur, il s'éloigne au moment de la congélation, mais s'il y est contenu en quantité supérieure, il ne s'en éloigne pas, mais gèle avec elle. Au moment de la congélation s'éloigne l'eau d'électricité négative avec la chaleur latente qui est suffisante pour transformer la petite quantité des molécules σ en gaz.

6° *Mélange des corps solides.* Après que l'eau d'un gaz a été saturée à la température T et sous la pression H, si l'on élève la température à T + *t*, et qu'on baisse la pression à H — *h*, l'excédant du gaz ne s'éloigne pas immédiatement, mais il faut y jeter des grains de sable ou du verre pilé et cela pour faire s'écouler plus facilement l'électricité Ë.

§ 216. **Trouver la quantité des gaz contenus dans un liquide.** Suivant le tableau ci-dessus, on voit que les gaz électropositifs sont absorbés en quantités plus grandes que les gaz électronégatifs; l'ammoniaque se combine avec l'eau, et cela fait augmenter son absorption. Pour recueillir les gaz mélangés avec l'eau ou avec d'autres liquides, on renferme le liquide dans un ballon en verre V (fig. 89) muni d'un tube *f* de dégagement rempli de ce liquide, et on le porte à l'ébullition pendant quelques minutes. Les gaz reçoivent l'électricité négative à l'état par influence, leur volume croît, et ainsi ils se séparent; on les recueille dans une éprouvette graduée *e* placée sur le mercure. En faisant l'analyse de ces gaz, on connaît la proportion de chacun.

§ 217. II. **Condensation des gaz par les corps solides.** C'est toujours l'éloignement de l'électricité par influence logée dans les intervalles λ, λ', λ'' qui occasionne la diminution de volume et le contact entre les molécules σ du gaz et celles des corps solides. Les molécules σ du gaz ammoniaque laissent facilement s'éloigner l'électricité par influence quand elles sont en contact avec l'eau ou le charbon; il en est de même, mais à un degré inférieur, pour l'acide sulfureux; un volume de carbone condense 90 volumes d'ammoniac et 65 d'acide sulfureux, toujours avec production de chaleur. 4 atomes de carbone produisent, avec 2 atomes d'ammoniaque, 1 atome double de gaz des marais C^2H^4 et 1 atome double d'acide carbonique $2CO^2$ sous la forme $C^4 + 2AzH^3 = C^2H^4 + 2CAzH$.

Figure 90.

La diminution du volume de l'air en contact avec les solides a été constatée par Bertrand et Jamin; ils ont rempli un ballon de capacité connue avec du sable, du verre pilé, des oxydes et des limailles métalliques; d'après leur poids, ils ont déterminé l'espace laissé libre. Ayant fait le vide et puis ayant introduit dans le ballon un volume de gaz mesuré sous une pression, celle-ci diminuait toujours dans le ballon, et cela durait pendant plusieurs heures, parce que la séparation de l'électricité par influence s'opère seulement des intervalles λ qui se trouvent entre les molécules σ du gaz en contact avec celles σ' du corps. Cela devient évident par l'éloignement lent des molécules de gaz quand on fait le vide, car, après avoir fait le vide jusqu'à 1mm, la répulsion intérieure augmente peu à peu quand on cesse de faire agir la machine pneumatique. Ce fait est très-prononcé quand on expérimente avec l'acide carbonique.

On a fait une bouillie avec une poussière fine de verre ou de zinc et de l'eau privée d'air, on l'a introduite dans un ballon à long col, de manière à le remplir aux deux tiers. Bientôt une couche d'eau surnage; on fait le vide, et dès le premier coup de piston, le volume augmente, l'eau se soulève jusqu'au col sans qu'aucune bulle de gaz apparaisse. Si alors on laisse entrer l'air, le liquide reprend son volume si brusquement qu'il se produit un choc comme dans un marteau d'eau. Quand on fait complétement le vide, on voit les bulles de gaz se rassembler et s'échapper du liquide.

Ainsi, au moyen de l'éloignement de l'électricité par influence des intervalles λ, λ, λ, ceux-ci disparaissent et le volume du gaz aussi, sans affecter en rien les éléments chimiques de leurs molécules σ. Quand ensuite, dans les intervalles entre celles-ci pénètre l'électricité produite par la décomposition des atomes de chaleur, les intervalles λ, λ, λ s'élargissent et le volume des gaz apparaît. Dans le cas où le volume a augmenté dans le ballon sans apparition de bulles on n'obtient pas l'élargissement des intervalles seulement dans les molécules de la couche superficielle, mais simultanément dans toutes les molécules des couches inférieures.

CHAPITRE IV.

DU MODE DE LA PRODUCTION DE L'ENDOSMOSE DES FLUIDES PONDÉRABLES ET IMPONDÉRABLES.

§ 218. Le mot *endosmose* (ἔνδον, en dedans, ὠσμός, poussée) exprime une action qui résulte de la répulsion expansive exercée entre les molécules fluides pondérables et entre les éléments électriques des fluides impondérables. Le fluide, se trouvant en contact avec une cloison, passe outre, et c'est ce passage considéré du dehors en dedans qui est exprimé par le mot *endosmose;* si le fluide est de l'autre côté et traverse la cloison pour en sortir, on appelle ce fait *exosmose* ou *inversion*. L'endosmose diffère du mélange ou de la diffusion en ce qu'un seul fluide pénètre la cloison.

Dutrochet expérimenta beaucoup sur la transmission des liquides différents qui traversent la vessie et d'autres corps solides pour aller se mêler avec un autre liquide en contact avec l'autre face du même corps. D'autres expérimentateurs répétèrent les mêmes expériences et obtinrent les mêmes résultats, sans parvenir à en développer la cause physique qui n'est autre que la répulsion R expansive exercée entre les molécules des liquides. Cette cause motrice une fois découverte, les autres physiciens eussent pu, comme nous, chercher l'endosmose dans les gaz et les fluides impondérables dont les éléments exercent entre eux une répulsion expansive, comme le font les éléments des liquides.

En tous les cas, les éléments d'un fluide doivent, pour pénétrer une cloison, se trouver d'abord dans son milieu;

pour cette raison, on ne peut employer comme cloisons ou diaphragmes que les corps qui permettent aux éléments des fluides d'y pénétrer; et c'est ainsi que devient possible la transmission, parce que les éléments du fluide dans la cloison arrivent à l'état d'équilibre rompu au moyen d'une répulsion expansive R supérieure à la résistance R' exercée de la part de la cloison et de la part du fluide de l'autre côté de cette cloison dont celle-ci est imbibée.

Pour fixer les idées, nous exposerons les faits obtenus par les expériences; ces faits sont incontestables; le mode de leur production était seul inconnu. Au moyen de ces faits, nous mettrons ici le lecteur en état de connaître le mode de leur production; ensuite, par la découverte de ce mode nous irons plus loin et nous constaterons l'existence de l'endosmose non-seulement dans les liquides, mais aussi dans les gaz et les fluides impondérables.

I. — ENDOSMOSE DES FLUIDES PONDÉRABLES ET LE MODE DE LEUR PRODUCTION.

§ 219. Les équivalents électriques Ė et Ë sont les seuls éléments qui possèdent une tendance innée à augmenter de volume pour occuper un espace indéfiniment plus grand, et cela sans y laisser subsister le moindre vide. La répulsion expansive est donc la résultante de cette tendance innée qui n'est communiquée de nulle part. Avant d'exposer les faits obtenus par les expériences, il faut décrire l'appareil qui a été employé.

Endosmomètre et son usage. Tout consiste à séparer les deux fluides par un diaphragme qui en puisse être imbibé, et ensuite à mesurer la quantité de fluide qui pénètre. Soit R (fig. 91), une bouteille dont le fond *c* consiste en une cloison qui se mouille des deux liquides en contact, dont l'un est contenu dans un récipient K dans lequel plonge la bouteille R remplie de l'autre liquide; elle est fermée d'un bouchon *b* qui porte un tube *t* courbé à son extrémité; le niveau du liquide peut s'élever dans le tube et permet d'évaluer la quantité de liquide qui pénètre dans la bouteille R de la part de celui du récipient K.

§ 220. **Apparition de l'endosmose dans un seul liquide.** Dans le cas où le même liquide occupe les deux côtés de la cloison, si l'on introduit un courant qui entre par *n* dans un récipient K et sort de la bouteille par *m*, l'endosmose apparaît. Après Porret cette expérience a été constatée par plusieurs autres. Au lieu d'y reconnaître une translation directe opérée dans l'eau par la poussée de la part du courant, Dutrochet trouva que l'eau colorée en bleu avec les violettes devient rouge du côté par où entre le courant, et verte de l'autre côté. Ce fait chimique, de nature tout à fait différente, a paru à Dutrochet une preuve contre l'action mécanique du courant électrique qu'il abandonna, parce qu'il ne put constater un courant pareil entre les deux liquides, et par un oubli singulier il ne se rappela pas l'existence d'une répulsion expansive dans tous les fluides.

Figure 91.

A. Endosmoses des liquides.

Les cloisons sont en rapports électriques si différents entre eux, et par suite avec les liquides; la vessie, par exemple, est électronégative, les substances végétales sont électropositives par rapport à l'eau, et l'argile cuite est électronégative par rapport aux acides minéraux, et électropositive par rapport aux acides végétaux. De ces états électriques entre les cloisons et les liquides résultent des séries de faits correspondants, dont les suivants sont rapportés comme exemples.

I. **Cloison de vessie.** Les liquides séparés par cette cloison sont, d'un côté, l'*eau*, et de l'autre, 1° l'*acide sulfurique ou sulfureux*, 2° l'*acide chlorhydrique*, 3° l'*acide azotique*, 4° l'*acide tartrique*, 5° l'*acide oxalique*, 6° les *sels*, 7° l'*éther* ou l'*alcool*, 8° la *colle*, le *sucre*, l'*albumine*, la *gomme dissoute*.

1° *Eau chaude et eau froide.* Au commencement de l'expérience, si de l'eau pure est dans les deux vases, il y a équilibre à toutes les températures égales des deux côtés; mais si l'eau est chaude dans la bouteille et très-froide dans le récipient, il y a endosmose comme dans le cas d'un courant électrique qui s'établit également entre les corps de températures différentes.

2° *Eau et acide sulfureux ou sulfurique.* L'eau étant dans les deux vases, il y a équilibre; mais introduisant l'acide dans le récipient K, l'endosmose apparaît par l'élévation du niveau *t* qui résulte de la pénétration de l'acide par la vessie dans la bouteille. Cette pénétration croît avec la quantité de l'acide pour atteindre un maximum d'intensité; ensuite, elle commence à diminuer, et il se manifeste un nouvel équilibre quand le poids spécifique de l'acide sulfurique est de 1,072, et celui de l'acide sulfureux de 1,015 à la température de 10°. Si l'on élève la température, il faut encore ajouter de l'eau; si on la fait baisser, il faut ajouter de l'acide dans le récipient pour rétablir l'équilibre; car le froid fait recommencer l'endosmose, et la chaleur fait paraître l'exosmose. Celle-ci se maintient par l'augmentation du poids spécifique de l'acide à 1,093 quand la température reste la même; soit 10°.

3° *Eau et acide chlorhydrique.* Comme dans le cas précédent l'endosmose apparaît quand cet acide est introduit dans l'eau du réservoir K; l'équilibre est obtenu par un poids spécifique de 1,042 à 22°, et de 1,07 à 10°; une concentration supérieure produit l'exosmose de même qu'une température au-dessus de 10°.

4° *Eau et acide azotique.* A 10°, l'équilibre est obtenu par le poids spécifique 1,09 de cet acide; il y a exosmose avec l'acide de 1,12 poids spécifique et au-dessus.

5° *Eau et acide tartarique.* A une température de 25°, il faut pour l'équilibre un poids spécifique de 1,051, ou 100 parties d'eau et 11 d'acide; s'il y a plus d'acide, l'exosmose apparaît. A 15°, l'équilibre est obtenu avec 100 parties d'eau et 21 parties d'acide; à 8°, il faut 30 parties d'acide et 100 parties d'eau; à 0°,25, il faut pour l'équilibre 40 parties d'acide et 100 parties d'eau. Le même effet est obtenu à peu près avec l'acide citrique.

6° *Eau et acide oxalique.* Cet acide est solide à l'état concentré, et il faut beaucoup d'eau pour le dissoudre; ainsi il n'est employé qu'à l'état étendu, état dans lequel il n'est pas possible d'atteindre le point de l'équilibre. Cette dissolution filtrée par la vessie pénètre d'autant plus lentement qu'elle est plus concentrée, et beaucoup plus lentement que l'eau; et cependant l'endosmose va de l'acide dans l'eau.

7° *Eau et sels.* C'est toujours l'eau qui pénètre dans les dissolutions concentrées des sels; pour cette raison, leur dissolution saturée est introduite dans la bouteille et l'eau dans le récipient extérieur; l'endosmose s'affaiblit autant par l'élévation du niveau et il paraît qu'un équilibre soit atteint, mais jamais une inversion. Dans le même espace de temps, il s'écoule dans la dissolution du sel gemme de 1,12 poids spécifique une quantité d'eau pure deux fois plus grande que dans celle de 1,06 obtenue par le mélange de la précédente avec une égale quantité d'eau pure.

8° *Sels et sels.* Entre les dissolutions saturées des sels, l'endosmose va du sel le moins soluble, où il y a plus d'eau, dans celle du sel le plus soluble où il y a moins d'eau; l'endosmose va des sels de la chaux qui sont le moins solubles vers tous les autres.

8° *Sels des métaux avec sels des hypométaux.* Des sels qui ont le même acide, l'endosmose va de l'eau vers les sels des métaux avec une plus grande intensité que vers ceux des hypométaux; elle va plus abondamment vers le chlorure de cuivre que vers le sel gemme, parce que le cuivre est moins électronégatif que le sodium.

9° *Sels et métaux.* Si au fond de la bouteille R d'eau pure descend un fil de métal, et si dans le réservoir est une dissolution d'un sel métallique, par exemple, de sulfate de cuivre, il en résulte une action chimique, comme dans les couples de Daniell, le sel est décomposé, son métal se dépose sur la vessie au point *c* de contact du fil. L'acide sulfurique devenu libre traverse la vessie par endosmose, et l'hydrogène en direction inverse passe vers l'oxygène de l'oxyde abandonné qui devient réduit.

10° *Eau et alcool ou éther.* L'eau pure passe du récipient vers l'éther avec une plus grande intensité que vers l'alcool. La quantité d'eau pure qui pénètre dans le même espace de temps dans deux endosmomètres est proportionnelle aux surfaces *s* et *as* des cloisons; si par la surface *s* passe 1 gramme, par l'autre *as* passent *a* grammes. En remplaçant la bouteille par un entonnoir aplati, on peut faire monter le niveau à plusieurs mètres dans le tuyau *t* dont le liquide commence à s'écouler par son extrémité, et cela contre la loi hydraulique mais suivant la loi électrostatique.

11° *Eau avec colle, sucre, albumine, gomme.* Il y a toujours endosmose de l'eau du réservoir K vers les dissolutions de ces substances introduites dans la bouteille R ou dans un entonnoir *sks*. Quand ces dissolutions ont le même poids spécifique, soit 1,07, l'endosmose de l'eau diffère pour chacune d'elles. En les introduisant l'une après l'autre dans la bouteille et en tenant l'eau pure au même niveau dans le récipient, on obtient en un égal espace de temps la hauteur 3 avec la colle, 5 avec la gomme, 11 avec le sucre et 12 avec l'albumine. Ainsi est obtenu pour résistance $\frac{r}{3}$ de la part de la colle et $\frac{r}{12}$ de la part de l'albumine, qui est quatre fois moindre. C'est pourquoi il y a endosmose de la gomme vers le sucre, quand une partie de ces substances est dissoute dans 16 parties d'eau; mais si la quantité de l'eau augmente, l'endosmose s'affaiblit.

12° *Eau avec acide oxalique et sucre.* On obtient un équilibre entre l'eau pure et une dissolution composée de 1 partie d'acide oxalique, 2 parties de sucre et 16 parties d'eau; au contraire il y a une endosmose très-active entre l'acide oxalique et le sucre.

II. **Cloison de tranches de poireau, de membranes de gutta-percha ou de plantes.** 1° En tenant l'eau pure dans le réservoir et l'eau acidulée dans la bouteille, l'eau passe par la tranche de poireau dans l'acide sulfurique de poids spécifique 1,0274, l'eau passe aussi vers l'acide hydrosulfurique, l'acide oxalique, l'acide tartarique de différents poids spécifiques et à toutes les températures.

2° L'alcool passe par la gutta-percha dans l'eau; un ballon de gutta-percha rempli d'éther devient vide quand on le plonge dans l'eau ou l'alcool; un pareil ballon contenant l'alcool se vide dans l'éther et se gonfle dans l'eau.

III. **Cloisons des lames d'argile cuite, de lames d'ardoise et de marbre.** L'eau pénètre dans l'acide sulfureux de 1,02 poids spécifique, dans l'acide sulfurique de 1,054 poids spécifique, et dans l'eau acidulée de l'acide hydrosulfurique. Au contraire l'eau acidulée par l'acide oxalique ou d'autres acides organiques pénètre la cloison pour passer dans l'eau pure.

B. Endosmoses des gaz.

§ 221. Comme on l'a vu pour les liquides, de même les gaz pénètrent en directions déterminées par l'état électrique de la cloison qui les sépare; les faits ont été obtenus au moyen de cloisons de *vessie*, de *gutta-percha*, d'*argile cuite* et d'*eau*. Les faits de ce genre diffèrent de la diffusion ou du mélange des gaz et des liquides, qui se manifeste dans les cas où la cloison est pénétrée en sens contraire par les deux gaz.

I. **Cloison d'eau.** Pour obtenir une telle cloison, Marianini laissa tomber une bulle de savon gonflée avec l'air des poumons dans une large éprouvette en verre au fond de laquelle il y avait de l'acide carbonique qui restait momentanément séparé de l'air qui était au-dessus, à cause de sa plus grande densité. La bulle s'arrêta, après quelques oscillations, dans la couche où se faisait le passage de l'air au gaz carbonique, la bulle commença à augmenter de volume et en même temps à descendre, puis, quand elle fut plongée dans ce gaz, elle se gonfla plus rapidement et finit par crever, après avoir pris un volume au moins double du volume primitif. D'autres gaz peuvent servir à la production du même phénomène quand les bulles sont enflées par le gaz qui est absorbé par l'eau en quantité moindre que celui qui est dans l'éprouvette.

II. **Cloison de vessie.** Au lieu d'une couche d'eau en forme d'une bulle, l'eau est ici répandue dans la vessie, et la pénétration du gaz le plus absorbé par l'eau s'opère de la même manière; on opère avec l'air et les gaz des acides ou la vapeur d'eau.

1° *Air ou gaz des marais avec acide carbonique ou hydrosulfurique.* Une vessie humide médiocrement remplie d'air ou de gaz des marais se gonfle dans les acides ci-dessus nommés et crève, elle se gonfle davantage quand après avoir été tenue un instant dans l'un des acides, on la plonge dans un autre. Si la vessie peu remplie d'air n'est pas humide, elle ne se gonfle pas dans les acides; étant plongée dans l'eau de Seltz, elle se gonfle comme dans le gaz, mais plus lentement. La vessie natatoire des poissons se gonfle plus promptement.

2° *Air et vapeur d'eau.* En fermant avec une vessie la base *s's'* d'un entonnoir *s'Ks't* (fig. 91) on la remplit d'eau pure et on plonge le tube dans le mercure R. Celui-ci monte par l'éloignement de l'eau par la surface *s's'* de la vessie; si la hauteur *b*, du tube n'est que de quelques décimètres, toute l'eau disparaît et le mercure s'élève jusqu'à la cloison *ss'*. Si l'entonnoir a la base K en bas et en haut le tube *t* rempli d'eau et bien fermé, l'eau s'éloigne également sans cependant qu'il se forme de vide dans le tube, parce que l'air y pénètre en exerçant une pression sur la vessie *ss* qui est poussée de bas en haut; ainsi l'eau disparaît et l'entonnoir reste rempli d'air sans cependant que sa pénétration se trahisse sous forme de bulles.

III. **Cloison de gutta-percha.** L'endosmose ne s'opère pas ici à travers une couche d'eau, mais à travers la masse végétale et avec tous les gaz.

1° *Air et hydrogène.* Si la cloison de gutta-percha ferme la base *c* de la bouteille R (fig. 91) remplie d'hydrogène et bouchée en *b*, quand on l'expose dans l'air, la cloison est repoussée en dedans jusqu'à ce qu'elle crève. Au contraire si l'air est dans la bouteille ou l'entonnoir et qu'on la plonge dans le récipient K conterant l'hydrogène, la base se gonfle et finit par crever également.

Pour mesurer l'intensité de la pénétration des gaz différents par le milieu de cette cloison, Mitchell a employé un tube recourbé (fig. 76) dont l'extrémité B s'élargit en forme d'entonnoir, qui est fermé par la gutta-percha; et on introduit lentement par l'extrémité *o* le mercure, de manière qu'il reste une couche mince d'air en B entre le niveau du mercure et la cloison B'. Cette branche est introduite dans une cloche contenant un gaz qui n'est pas l'air et qui se trouve au-dessus d'une couche de mercure. Le gaz de la cloche pénètre la cloison pour arriver à l'air dont le volume croît, et le mercure, repoussé de la branche B, baisse; l'abaissement du niveau dans l'un des bras B et son élévation dans l'autre atteint presque deux mètres, et si cette élévation du mercure ne va pas plus loin, la cause en est due à ce que la cloison ne pouvant plus supporter la pression, finit par crever.

Établissant nne comparaison entre les espaces de temps nécessaires pour qu'il pénètre un égal volume de différents gaz, Mitchell a trouvé les temps suivants :

1° Gaz ammoniac = 1 minute.
2° Acide hydrosulfurique = $2\frac{1}{2}^m$.
3° Cyanogène = $3\frac{1}{2}^m$.
4° Acide carbonique = $5\frac{1}{4}^m$.
5° Protoxyde d'azote = $6\frac{1}{2}$.
6° Arsenic hydrogéné = $27\frac{1}{2}^m$.
7° Gaz oléfiant = 28^m.
8° Hydrogène = $37\frac{1}{2}^m$.
9° Oxygène = 1^h et 53^m.
10° Oxyde de carbone = 2^h et 40^m.

De même que l'eau la gutta-percha absorbe des gaz différents une inégale quantité, et ainsi leur transmission ne s'opère pas en un même espace de temps ; elle absorbe un égal volume d'acide carbonique, comme cela a lieu également pour l'eau ; il en résulte que l'ammoniaque en est absorbé en plus grande quantité et l'oxyde de carbone en plus petite.

On n'a pas tenu compte ici des cas de diffusion observés dans les éloignements de l'hydrogène par les fissures des verres ou par les intervalles entre la paroi des bouteilles, leur bouchon et la surface du mercure.

C. Mode de la production des endosmoses des fluides pondérables.

§ 222. L'endosmose des liquides a été observée par Dutrochet, celle des gaz a été observée par Mitchell, Ficher, Magnus, etc., qui ne donnèrent pas aux faits du même genre le même nom, et ainsi on continua d'ignorer que ces faits ayant tous une origine commune qui est la répulsion expansive R exercée dans tous les sens entre les molécules des liquides, de leur vapeur ou des gaz, 1° l'endosmose est une transmission des fluides par le milieu d'une cloison dans un fluide différent ; 2° l'écoulement simple diffère de l'endosmose en ce que le fluide doit se séparer des molécules homonymes de la paroi et que leurs molécules forment pour cela des pulsations dans la veine liquide ou dans le jet du gaz ; 3° l'élévation des liquides dans la paroi intérieure de tubes capillaires diffère de celle de leur paroi extérieure ; 4° l'élévation de température fait diminuer la hauteur des liquides dans les tubes capillaires et elle fait augmenter l'endosmose.

L'endosmose entre les mêmes fluides ne dépend que de la cloison, et la rupture d'équilibre résulte de ce que la cloison absorbe des quantités différentes de chacun des deux fluides en contact. Pour qu'il en résulte un équilibre, il faut qu'une plus grande quantité de fluide passe dans celui qui est dans la cloison en quantité inférieure. Pour rendre les faits plus évidents, nous allons exposer le mode de l'application de l'origine commune dans la production de toutes les espèces de faits constatés par les expériences.

Chez les différents auteurs, le lecteur trouvera les faits coordonnés de façon à en déduire un ensemble qu'on attribue à une force de nature inconnue; il a été démontré ici que les équivalents électriques sont les seuls qui possèdent la tendance innée à se dilater et à augmenter de volume sans abandonner la place qu'ils occupent et sans laisser nulle part le moindre vide. Cette cause motrice universelle est donc le principe de chaque mouvement et par suite de la production des faits observés dans les endosmoses.

§ 223. I. **Mode de la production de l'endosmose des liquides.** La cause motrice est, dans tous les liquides, leur répulsion expansive exercée entre les molécules qui diffèrent dans chaque liquide et dans chaque cloison à cause de leurs éléments chimiques différents, car ce sont eux qui soutiennent à l'état dissimulé des quantités différentes d'équivalents électriques.

A. *Cloison de vessie ou d'une couche d'eau.* 1° *Eau pure avec acides.* L'acide ne rencontre aucune résistance dans la vessie et il trouve une résistance inférieure dans l'eau pure qui s'y trouve, il y pénètre pour se répandre dans toute la quantité contenue dans la bouteille. Si l'acide a subi une concentration suffisante pour produire une quantité de chaleur avec l'eau pure, celle-ci pénètre alors vers l'eau acidulée; la température élevée fait apparaître l'équilibre avec les acides peu concentrés, parce que l'eau pure pénètre alors dans la vessie en quantité supérieure à l'acide, et le mélange s'opère dans l'eau acidulée. Les atomes de chaleur $\ddot{E}\bar{E}^2$, par leur excédent d'équivalents négatifs $\bar{E}$, font diminuer l'état électropositif de l'acide et ils font augmenter l'état électronégatif de la vessie et de l'eau pure qui y est contenue. Cette élévation de la poussée dérivée de l'élévation de température est donc la cause physique de l'apparition d'un équilibre et ensuite d'une exosmose : 1° par l'élévation de la température, ou 2° par l'introduction d'une nouvelle quantité d'acide dont résulte également une quantité de chaleur, et c'est pour cela que des deux causes différentes résulte l'inversion.

2° *Eau avec éther ou alcool.* L'électricité négative à l'état dissimulé est dans l'éther au plus haut degré, puis dans l'alcool; dans la vessie et l'eau pure elle est à l'état neutre; pour cette raison, celle-ci pénètre dans la vessie et de là dans l'éther plus facilement et plus abondamment que dans l'alcool. Il a été démontré que la poussée est proportionnelle à la surface de la cloison, et cette poussée constante suffit pour soutenir une colonne d'eau de plusieurs mètres qui exerce sur la même surface une pression proportionnelle suivant la loi hydrostatique, et qui sert ici à évaluer le degré de poussée expansive exercée de la part des molécules d'eau contre la vessie.

3° *Eau avec colle, sucre, albumine, gomme.* Ces substances se comportent comme les précédentes; le principe électrique dont les faits résultent est directement constaté dans le mélange d'égales parties de gomme et de sucre avec 16 parties d'eau pure.

B. *Cloison de gutta-percha et d'autres substances végétales.* Ces substances ont un état électropositif par rapport à l'eau, celle-ci y pénètre avec moins de résistance que les acides, au contraire l'eau y éprouve une plus grande résistance que l'éther et l'alcool.

C. *Cloison d'argile cuite.* L'argile en contact avec les acides minéraux obtient l'état d'un sel dans lequel pénètre l'eau pure; mais cet état n'est pas produit dans son contact avec les acides végétaux qui éprouvent dans l'argile électronégative une résistance moindre que l'eau, et ainsi ils passent dans celle-ci.

§ 224. II. **Mode de la production des endosmoses du gaz.** Dans les gaz, les faits se présentent dans le même ordre que ceux des liquides; ils dépendent de l'état électrique de la cloison qui en doit être toujours imbibée.

A. *Cloison de vessie ou de mince couche d'eau.* La vessie sèche est imperméable aux gaz dont elle ne peut pas être imbibée, ainsi il devient évident que c'est la couche d'eau qui est imbibée des deux gaz, mais non pas en égale densité; entre ce mélange des gaz dans la cloison et les gaz des deux compartiments, résulte donc une inégale rupture d'équilibre. Il y a dans la cloison un volume égal d'acide carbonique ou d'acide hydrosulfurique et une minime partie d'air ou de gaz de marais. La répulsion supérieure entre les molécules des acides dans la cloison est la cause qui fait passer les acides dans l'air. Le même effet a lieu pour la vapeur d'eau qui éprouve une résistance inférieure dans l'air, tandis que celui-ci ne pénètre pas de la vessie dans l'eau quand l'espace est occupé par le mercure, mais y pénètre dans le cas où cet espace est vide, à cause du manque total de résistance.

L'élévation du mercure dans le tube dont s'éloigne l'eau exprime le degré de rupture d'équilibre qu'éprouve la colonne d'eau dans le tuyau qui est poussé de la part de la colonne d'air; mais cette pression s'amortit dans la résistance exercée de la part de la vessie, et ainsi devient possible l'élévation du mercure pour rétablir l'équilibre dans l'espace devenu vide après la séparation de la couche d'eau; c'est un moyen direct d'obtenir par l'élévation d'une colonne d'eau l'élévation d'une colonne égale de mercure. Ce principe, employé sur une large échelle, peut produire une force motrice impérieuse à celle qui a pu être obtenue par les appareils électromagnétiques.

B. *Cloison de gutta-percha.* Cette substance absorbe les gaz en quantités différentes, comme le fait l'eau ; l'acide carbonique est absorbé par elle en égal volume. De l'expérience de Mitchell il résulte que le gaz d'ammoniac doit en être absorbé en une quantité presque cinq fois supérieure, et l'oxyde de carbone en une quantité presque trente fois inférieure à l'acide carbonique. Ces absorptions des gaz en quantités différentes ont été constatées par De Saussure pour le charbon.

Le gutta-percha absorbe l'hydrogène en quantité presque trois fois supérieure à l'oxygène, comme cela résulte du rapport 118m : 37, qui représente le temps nécessaire pour l'écoulement d'un volume d'oxygène et d'un volume égal d'hydrogène. On connaît par là pourquoi l'endosmose de l'hydrogène s'opère vers l'air.

II. — ENDOSMOSE DES FLUIDES IMPONDÉRABLES.

§ 225. Pour compléter le traité de l'endosmose des fluides pondérables, il ne faut pas négliger celui des fluides impondérables dans lesquels domine la même répulsion expansive que dans les fluides pondérables, et où les corps qui servent comme cloison s'en trouvent imbibés, comme ils le sont par les fluides pondérables. De la cloison le fluide se propagera vers le côté où il éprouve une résistance moindre.

Les observations sur l'endosmose des gaz ne pouvaient pas être faites par les anciens, qui ignoraient leur existence; de même les physiciens modernes ne pouvaient s'occuper de l'endosmose des fluides impondérables qu'ils connaissaient très-imparfaitement, sans qu'ils ignorassent cependant les faits qui en résultent. En coordonnant donc ces faits, il devient possible de rendre évident le nombre des fluides impondérables, puis leurs éléments et leur endosmose.

§ 226. **Égal nombre d'organes de sensation et de fluides impondérables.** A chaque organe de sensation correspond un fluide propre impondérable; les physiciens, ainsi que le vulgaire, trouvaient commode de faire intervenir le Créateur pour chaque fait dont ils ignoraient le mode de la production ; ainsi ils admettaient qu'un Être supérieur a créé les organes de sensation tout exprès pour sentir les fluides impondérables. Nous réfuterons cette hypothèse des savants, quoiqu'ils aient de leur côté la masse du public. Au lieu de considérer les organes de sensation communs aux hommes et aux animaux comme l'œuvre spéciale du Créateur, nous attribuons à celui-ci une seule action suprême dont résultèrent les fluides impondérables; et ceux-ci produisirent ensuite un organe de sensation propre chez les animaux qui vinrent d'abord, puis enfin chez les hommes.

Après avoir constaté que dans les corps le barogène est mêlé avec les équivalents électriques, et que le barogène isolé de ces équivalents parcourt l'espace, on a vu s'évanouir l'*hétérogénéité* entre les corps et les fluides impondérables, et l'on a pu comprendre la communication des ruptures d'équilibre des fluides impondérables. Les sentiments produits dans chacun des organes de sensation ne sont comparables ni aux impressions dans la cire ni à celles de la photographie; chacun de ces sentiments est un individu réel ayant pour élément, 1° le fluide dispersé de l'objet, et 2° l'électricité du nerf de l'organe. Le volume de ces deux éléments n'est pas limité, il peut s'étendre à l'infini, et en cela consiste la *vie de l'âme* qui n'est que l'ensemble des sentiments, ce qui fait qu'elle ne diffère en rien de ce que nous entendons par le mot *intelligence* qui a eu un commencement et qui restera éternelle, parce qu'elle n'aura pas de fin; les combinés des fluides impondérables sont indécomposables et en cela consiste l'*immortalité de l'âme*.

Chez l'homme chaque sentiment est un couple composé, 1° du sentiment organique commun aux hommes et aux animaux, et 2° du sentiment acoustique ou *logique* qui accompagne le précédent et qui manque chez les animaux dont les sentiments sont pour cela *alogues* et simples, et non pas composés des couples. Ainsi résulte entre l'homme et les animaux une différence qui cependant n'est pas *physique*, mais *morale*. Comme ici il ne s'agit que des faits physiques, il n'y a aucune distinction à établir entre l'homme et les animaux.

1° L'*organe du goût* a été produit par l'écoulement de l'électricité positive provenant du contact des corps; 2° l'*organe de l'odorat* a été produit par les ondes de l'électricité négative répandue des corps odorants; 3° l'*organe de la vision*, résultat des ondes dispersées des corps lumineux directement, ou des corps éclairés par d'autres; 4° l'*organe épidermique* répandu sur toute la surface du corps, résultat du contat de la chaleur; 5° l'*organe du tact* composé des filets des muscles, résultat de l'écoulement du barogène par le milieu des corps; 6° l'*organe de l'ouïe*, résultat des ondes sonores répandues des corps vibrants; cet organe manque chez les animaux produits avant les insectes, alors que manquaient dans l'air les ondes sonores.

§ 227. **Organes de sensations doubles ou simples.** Sont *simples* les trois organes du goût, de l'épiderme et des filets des muscles, parce qu'ils ont être produits du contact immédiat des fluides; les trois autres organes de sensation ont été produits non pas par un contact avec les objets, mais seulement par les ondes des fluides : ainsi l'odorat, la vision et l'ouïe sont des *organes doubles*.

§ 228. **Nombre des fluides impondérables.** Après avoir découvert que les organes de sensations résultèrent chacun d'un fluide respectif, il en résulte que le nombre des fluides ne doit pas surpasser celui des organes des sensations; parce que, s'il y en avait eu davantage, il eût fallu que le nombre des organes de sensation augmentât également. Les physiciens, qui admettaient les organes créés pour les fluides impondérables, ne pouvaient arriver à constater par le nombre de ces organes celui des fluides impondérables.

§ 229. **Qualités des fluides impondérables.** Il y a sept espèces de couleurs et sept espèces de sons; le nombre des espèces de saveurs et d'odeurs n'a pas encore été déterminé; cependant il ne paraît pas dépasser le chiffre de sept, si l'on considère les saveurs et les odeurs fondamentales. Dans la chaleur nous ne distinguons qu'une seule espèce; mais il y a des aveugles qui distinguent les couleurs des corps au moyen du contact. Il n'y a que le poids des corps qui ne produit qu'une seule espèce de sentiment; leur différence ne résulte que de la quantité de barogène contenu dans chaque corps.

De même que d'après le nombre des organes de sensation nous sommes conduits à connaître celui des fluides impondérables; ainsi, d'après le nombre des espèces de sentiments dans un même organe de la part d'un seul fluide, nous parvenons à constater un nombre égal d'espèces et d'éléments dans chacun des fluides. Il y a sept espèces de lumière, parce que nous sentons sept couleurs; il y a sept espèces de vibrations, parce que nous sentons sept sons. Ce même nombre de sept a été étendu pour les saveurs et les odeurs fondamentales. Quant à la chaleur, si quelques rares aveugles parviennent à y distinguer sept espèces, nous, qui n'en distinguons que les densités, sommes dans le même état où sont, par rapport à la lumière, ceux qui n'y distinguent pas les couleurs. (Voir tome II, page 590.)

§ 230. I. **Endosmose du barogène.** Le barogène de l'espace peut être réduit en équilibre rompu par les moyens indiqués dans les chutes des corps, celles-ci sont précédées par la production d'une raréfaction de barogène dans la hauteur H qui sépare le corps du sol et qui a été nommée *baroaréome*. Le mot *chute* indique un écoulement de barogène dans ce baroaréome que parcourt le corps C (fig. 4). Au moment où ce corps atteint le sol en R, il a de son côté supérieur toute la quantité de barogène Qβ mis en équilibre rompu pour aller occuper le baroaréome H ; c'est donc le barogène qβ du corps forcé de céder sa place au barogène Qβ affluant pour pénétrer dans le sol. Ainsi la quantité $Q\beta = H \times q\beta$ de barogène, ne parvient au sol qu'au moyen d'une endosmose par le milieu du corps dont le barogène qβ va au sol pour céder sa place à la masse Qβ qui le suit et qui le traverse successivement pour s'écouler tout entier. Comme le barogène **b** du diamètre de la terre qui passe par le point R est très-abondant, il éprouve une rupture d'équilibre de la part du barogène Qβ ; mais cette rupture d'équilibre est pour nous insensible. Les molécules σ du corps C étant composées de barogène β et d'équivalents électriques $\ddot{E}$ et $\ddot{E}$, éprouvent un déplacement à cause de la poussée exercée sur leur barogène β pendant l'écoulement du barogène Qβ. Dans ce déplacement des lames qui constituent les corps, les molécules σ peuvent 1° rester en contact entre elles sans laisser se briser ces lames, comme cela a lieu pour les corps élastiques, ou 2° les molécules peuvent se détacher les unes des autres de manière à détruire la structure du corps comme le sont les corps visqueux.

Tout reste en équilibre dans ce dernier cas où la transmission de barogène Qβ par le milieu du corps C a laissé comme effet la destruction de la structure du corps. Mais si le corps est élastique et que les lames moléculaires restent conservées en cédant à la poussée exercée par la pénétration du barogène Qβ, c'est la surface S de chaque lame qui augmente et devient $S + s$ dans la face convexe *f*, au contraire elle diminue dans la face concave et devient $S - s$. Par suite les couples électriques $\ddot{E}\ddot{E}$ obtiennent 1° la densité supérieure $d + \delta$ dans les faces concaves de surface $S - s$, et 2° la densité inférieure $d - \delta$ dans les faces convexes des surfaces $S + s$.

Dans le cas où la structure reste conservée, il n'en résulte pas un repos, mais des lames comprimées avec les couples électriques condensés aux surfaces diminuées résulte une contre-répulsion qui, étant égale à une poussée qui aurait fait remonter le corps à la hauteur H d'où il est tombé, prouve la correspondance entre cette contre-répulsion et la pression exercée sur les lames matérielles du corps de la part du barogène Qβ qui étant, pendant la chute, du côté supérieur du corps, s'est écoulé dans le sol au moment de son contact. Tout consiste ici à distinguer : 1° l'effet qui résulte de l'écoulement du barogène Qβ par le milieu du corps dans le sol, et 2° celui qui en a été produit sur le déplacement des lames du corps et sur la condensation des couples électriques dans les surfaces concaves dont la surface a éprouvé une diminution.

Dans les corps visqueux les lames se rompent et les équivalents électriques Ē et Ë, soutenus dans leurs deux faces à l'état dissimulé, viennent en rencontre, s'unissent pour produire des atomes de chaleur et de lumière ou l'électricité neutre (t. I, p. 215).

§ 231. *Signification double du mot vitesse chez les physiciens.* Dans l'explication des faits obtenus par la lumière, la chaleur et la pesanteur, les physiciens modernes ont été conduits à admettre un fluide répandu dans l'espace céleste et même dans celui occupé par les molécules des corps; cependant ce fluide ayant été admis comme l'air en équilibre, 1° diffère du barogène simple qui est en affluence vers l'espace qu'occupent les astres; il diffère aussi du barogène qui, mêlé avec les équivalents électriques, constitue les corps. Il s'agit ici de prouver comment il se fait qu'au moyen des calculs basés sur le fluide équilibré nommé éther, les physiciens obtiennent des résultats qui correspondent à ceux obtenus par l'observation : par exemple, c'est la vitesse qui cause la rupure d'un corps solide tombant d'une hauteur, c'est elle qui produit la douleur quand le corps tombe sur la main, c'est toujours la vitesse qui donne l'élan à la pierre de la fronde ou à la périphérie d'une roue en métal, elle est une force tantôt centripète et tantôt centrifuge, etc.

Sa quantité est nommée *intensité*, son produit est le *travail*. En tous ses cas, il faut exprimer dans les calculs la vitesse par le carré v^2 ; mais quand ce même mot doit indiquer la distance parcourue par un mobile en une seconde, il faut employer la vitesse v au premier degré. Ces deux significations résultent de la manière suivante :

Figure 92.

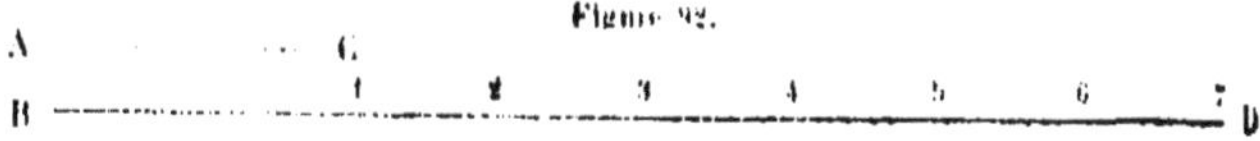

Soient deux mobiles A et B (fig. 92) qui partent au même instant et dont l'un A arrive en C au moment même où l'autre B arrive à D. Ainsi, dans le même espace de temps, ce mobile B parcourt une distance BD qui est sept fois la distance AC ; le mobile B doit donc faire en chaque moment sept pas et l'autre A un seul. Jusqu'ici le nombre sept n'est pas un carré ; pour y parvenir, il est nécessaire de considérer les mobiles A et B poussés par un fluide qui se trouve également aux mobiles mêmes, en quantité $q\beta$ et $7q\beta$.

Soit $AC = \frac{1}{2}g$ l'unité de distance : en ce cas, elle ne peut plus être admise comme une ligne mathématique parce qu'elle sera occupée par le fluide : pour cette raison, dans les ouvrages des physiciens on trouve employé le mot *espace* pour ce qui possède un certain volume, 1° la quantité de fluide écoulée dans l'espace BD sera sept fois plus grande que celle $q\beta$ écoulée en même temps dans l'espace AC ; 2° le volume V du fluide écoulé dans l'espace BD sera 7×7 fois plus grand que celui V′ du fluide écoulé dans l'espace AC. Pour exprimer ces deux volumes V et V′ sous forme de deux prismes P, P′ d'égale hauteur $AC = \frac{1}{2}g$, il faut prendre pour le volume V une base qui est le carré de 7 et pour le volume V′ une base qui est le carré de 1 ; et l'on aura $P = \frac{1}{2}g \times 7^2$ et $P' = \frac{1}{2}g \times 1^2$, et par suite $P : P' = V : V' = 7^2$.

Le nombre 7 peut être remplacé par tout autre ou par la lettre v en certains cas et par τ en certains autres. On aura toujours $V = \frac{1}{2}gv^2$ ou $V = \frac{1}{2}g\tau^2$, et $V' = \frac{1}{2}g$. Les physiciens admettaient l'existence d'un fluide, cependant ils n'ont pas suivi la voie indiquée pour arriver aux valeurs des volumes V et V', mais ils ont trouvé ces valeurs empiriquement. Peu importe qu'on sache que la quantité v^2 indique le rapport V : V'$=v^2$ entre les quantités Qβ : Q'β de barogène écoulé en même temps dans les deux mobiles B et A; il suffit, en l'introduisant dans les calculs, de suivre les règles mathématiques, et les résultats ainsi obtenus ne seront pas différents de ceux qu'on obtiendrait en sachant que les formules $\frac{1}{2}gt^2$ et $\frac{2}{2}gv^2$ représentent le volume V ou l'espace *e* occupé par la quantité Qβ de fluide écoulé.

Les mots vides de sens *force*, *action*, *intensité*, *travail*, reçoivent ici une sorte de réalisation : 1° quand on veut exprimer la rupture d'équilibre d'un fluide, c'est l'apparition d'une *force* dont la durée est égale à celle de cette rupture; 2° *l'action* est l'écoulement du fluide qui dure autant que la rupture de l'équilibre; 3° *l'intensité* est le rapport entre les quantités du fluide écoulé en une unité de temps; 4° le *travail* est la quantité du fluide utilisé à séparer les molécules des corps soutenues entre elles par les couples des équivalents électriques; 5° la *vitesse* v^2, qui représente le rapport entre les quantités Qβ et Q'β des fluides écoulés, exprime également le rapport entre les travaux obtenus. Leibnitz nommait *force vive* ce que Dalembert appela *travail*, mais au lieu d'y reconnaître *la quantité de mouvement* exprimé par le produit $v\times\overline{AC}$ ou $v\times\overline{B\Delta}$, on a admis que ce produit est *l'intensité de la force*. Souvent les académies proposèrent des questions à résoudre sur cet objet si important; cependant personne n'a jusqu'ici songé à considérer que le fluide admis devait être soumis à la même loi statique que l'air; tous partaient des faits pour arriver à leur cause, et pour cela personne ne pouvait l'atteindre.

§ 232. II. **Mode de la production des endosmoses de cinq fluides composés.** Les sentiments du poids produit par le barogène des corps, correspondent à sa quantité; il résulte de là qu'il n'y a qu'une seule espèce de barogène, tandisque les sept couleurs, les sept sons, les saveurs et les odeurs ne peuvent être produits par des fluides d'une seule et même espèce ou de mêmes éléments. Le nombre de sept bien constaté pour les couleurs et les sons, et même pour les espèces de chaleur distinguées par certains aveugles, conduit à le reconnaître pour les saveurs et les odeurs. De cette manière nous obtenons, au moyen de l'observation, des preuves de la composition de chaque équivalent électrique positif É de sept éléments d'électres indiqués par les lettres a, b, c, d, e, d, e, f, g. Chacun de ces sept éléments consiste dans l'électre dense ϵ nommé *pycnoélectre* (πυκνός, dense), et ils ne diffèrent entre eux que par la dimension. De même chaque équivalent électrique négatif Ë est composé de sept éléments indiqués par les lettres α, β, γ, δ, ϵ, ζ, η. Chacun de ces éléments consiste en électre moins dense ϵ' nommé *aréoélectre*. Ils sont égaux en dimensions avec les précédents et pour cela inégaux entre eux.

Ainsi le couple ÉË d'équivalents électriques consiste en sept couples élémentaires $a\alpha + b\beta + c\gamma + d\delta + e\epsilon + f\gamma + g\eta$; ces mêmes couples constituent les atomes

de lumière ÉËÉ $= a\alpha a + b\beta b + c\gamma c + d\delta d + e\epsilon e + f\zeta f + g\eta g$,
et de chaleur ËÉË $= \alpha a\alpha + \beta b\beta + \gamma c\gamma + \delta d\delta + \epsilon e\epsilon + \zeta f\zeta + \eta g\eta$.

Les sons proviennent de la séparation d'un élément $\alpha a\alpha$, $\beta b\beta$, des six autres, et de l'expansion des deux parties complémentaires résulte d'une part la vibration du corps sonore et de l'autre l'ondulation de l'air ou des autres corps ambiants.

Nous sentons :

I. *Les saveurs*, au moyen des sept éléments a, b, c, d, e, f, g de pycnoélectre.

II. *Les odeurs*, au moyen des sept éléments α, β, γ, δ, ϵ, ζ, η d'aréoélectre.

III. *Les couleurs*, au moyen des sept éléments $a\alpha a$, $b\beta b$, $c\gamma c$... des atomes de lumière.

IV. *Les sons*, au moyen des sept éléments $\alpha a\alpha$, $\beta b\beta$, $\gamma c\gamma$... des atomes de chaleur.

V. *Les chaleurs*, au moyen des atomes entiers ÊÊ' de chaleur.

§ 233. A. **Endosmose de la lumière par le milieu des corps.** Excepté les corps noirs où sont en minime quantité les atomes de lumière, ils se trouvent à l'état stationnaire dans les corps incolorés, comme l'eau, le verre, etc., et à l'état des parties élémentaires elle se trouve dans les corps colorés. Le noir arrête la lumière incidente, comme une couche d'huile arrête l'imbibition de la vessie par l'eau, et par suite son endosmose. La transmission de la lumière à travers le verre ou la glace ne diffère point de celle de l'eau à travers la vessie ; il n'y faut que 1° un état d'imbibition de la cloison, et 2° une rupture d'équilibre. La partie du fluide contenu dans la cloison s'éloigne et cède sa place à celui qui arrive.

Si dans la cloison ne sont pas contenus les atomes intègres de la lumière, mais certains de leurs éléments, par exemple ceux du rouge, ce sont ceux-ci qui éprouvent une poussée de leurs homonymes contenus dans les atomes incidents ; pour cette raison il y a seulement endosmose des éléments du rouge *aαa*, et les six autres espèces perdent leur répulsion expansive et deviennent insensibles.

Dans les corps dont les atomes de lumière éprouvent une résistance R supérieure à la poussée *p*, ces atomes exercent une contre-répulsion sur les atomes incidents qui se dispersent dans toutes les directions comme s'ils en étaient émis. Si les atomes stationnaires ne sont pas intègres, mais seulement quelques-uns de leurs éléments, ils ne repoussent des atomes incidents que leurs homonymes qui sont chromatiques, et pour cela les corps apparaissent colorés.

§ 234. B. **Endosmose de la chaleur à travers les corps.** Comme les atomes de la lumière, de même ceux de la chaleur sont à l'état stationnaire dans les corps où ils sont en équilibre quand la surface du corps reçoit une égale densité de chaleur de tous les côtés ; mais si un rayon de chaleur obscure ou lumineuse arrive, la chaleur à l'état stationnaire est repoussée par celui-ci et s'écoule pour céder sa place à la chaleur incidente. Comme la gutta-percha laisse s'écouler l'ammoniac en exerçant sur lui un minimum de résistance, de même fait le sel gemme par les atomes de chaleur; les autres corps exercent une résistance supérieure; et quand celle-ci surpasse la poussée provenant de la répulsion expansive entre les atomes de chaleur, ceux-ci en éprouvent une dispersion dans tous les sens, comme s'ils provenaient de ce corps.

Les corps froids doivent être comparés aux cloisons sèches qui doivent être d'abord imbibées de fluide jusqu'à saturation; il y a donc absorption de chaleur par les corps en cas pareils, comme cela a lieu pour la gutta-percha qui absorbe un volume d'acide carbonique.

235. C. **Endosmose des équivalents électriques positifs.** Ces équivalents se trouvent à l'état dissimulé dans les corps d'où ils ne pénètrent dans les autres qu'au moyen du contact; le même effet a lieu pour les sept éléments *a*, *b*, *c*, *d*, *e*, *f*, *g*, dont un ou plusieurs peuvent être soutenus par les corps à l'état dissimulé. Il faut donc que ces corps viennent en contact avec la langue pour en repousser leurs homonymes qui s'y trouvent, et c'est cette transmission qui produit le sentiment de saveur. Sauf ce moyen, aucune réaction chimique ne permet de découvrir l'espèce d'éléments *a*, *b*, *c*... de *pycnoélectre* soutenus à l'état dissimulé par les corps, qui doivent toujours être à l'état liquide ou gazeux; car dans les corps solides il n'existe aucune répulsion expansive, ce qui fait qu'ils ne peuvent produire aucune saveur (voir tome I, page 188).

236. B. **Endosmose des équivalents négatifs provenant de la chaleur.** Les équivalents négatifs E et leurs éléments α, β, γ... sont soutenus par les molécules des corps odorants à l'état dissimulé; par suite ces corps en sont imbibés. Quand donc les atomes de chaleur y arrivent sont seulement repoussés les éléments homonymes à ceux contenus dans les corps odorants dont ils se répandent comme

s'ils en provenaient. Arrivés à l'organe de l'odorat ils y éprouvent une endosmose qui fait pénétrer par le milieu de l'épiderme leurs homonymes dans l'électricité du nerf dont résulte le sentiment correspondant aux éléments α, β, γ.... De la rencontre donc de ces éléments avec l'électricité du nerf proviennent les sentiments de l'odeur (voir t. II, p. 697).

§ 237. E. **Endosmose des sept éléments des atomes de chaleur par le milieu des corps.** Les atomes de chaleur $\ddot{E}E^2 = a\alpha^2 + b\alpha^2 + c\gamma^2 + d\delta^2 + e\epsilon^2 + f\zeta^2 + g\eta^2$, qui sont en contact avec deux corps, éprouvent non pas une décomposition en sept éléments, mais une espèce de brisure en deux parties complémentaires, par exemple, $a\alpha^2$ et $b\beta^2 + c\gamma^2 + d\delta^2 + e\epsilon^2 + f\zeta^2 + g\eta^2$; $b\beta^2$ et $a\alpha^2 + c\gamma^2 + d\delta^2 + e\epsilon^2 f\zeta^2 + g\eta^2$, etc. Ces brisures fondamentales sont au nombre de sept espèces, et des deux parties complémentaires l'une se propage par le milieu des deux molécules des corps vibrants et l'autre par le milieu de l'air ambiant où sont également contenus les atomes de chaleur. Ces deux propagations s'opèrent par endosmoses, parce que ce sont les parties complémentaires qui se propagent de chaque atome de chaleur, et elles sont remplacées par celles qui arrivent de la part du corps vibrant.

Dans le vide, ces corps vibrent également par une partie des atômes de chaleur ; mais la partie complémentaire ne peut pas obtenir une endosmose, parce qu'il faut pour cela une cloison imbibée d'atomes de chaleur. Il a été dit que les couleurs des corps résultent des espèces des éléments $a^2\alpha$, $b^2\beta$, $b^2\gamma$, $d^2\delta$, $e^2\epsilon$, $f\zeta$, $g^2\eta$ des atomes de lumière ; car de la lumière incolore qui y arrive se dispersent les éléments homonymes de ceux qui sont contenus dans les corps. Le même effet résulte des atomes de chaleur dont un des éléments se sépare et se propage par le milieu des corps où sont contenus, dans chaque atome de chaleur, leurs homonymes. Ceux-ci arrivent au nerf acoustique et se combinent avec leur électricité pour produire des combinés réels qui sont les sentiments nommés *acousmes*.

L'endosmose des fluides pondérables ou impondérables provenant de leur répulsion expansive s'opère suivant le même ordre par le milieu des corps dans lesquels sont contenus les mêmes fluides. Arrivés aux nerfs des organes de sensations chargés d'électricité, celle-ci se mêle avec les éléments hétéronymes qui arrivent, et il en résulte des combinés qui jusqu'à ce moment n'avaient aucune existence. Ces nouveaux combinés diffèrent entre eux par le fluide extérieur et ils se rassemblent par l'électricité commune des nerfs. Il y a donc six espèces de pareils combinés nommés *sentiments* ou *esthèmes*, qui constituent l'âme ou l'intelligence

§ 238. III. **Fluide esthématique.** L'ensemble des sentiments des six organes est *le fluide esthématique*, qui consiste en six espèces, dont celle de la vision est composée des sept espèces de couleurs, et celle de l'ouïe des sept espèces de sons. Le fluide des sentiments optiques, et celui des sentiments acoustiques ne restent pas limités, mais ils se propagent également par le milieu du corps au moyen de l'endosmose.

A. **Endosmose du fluide des sentiments optiques.** Engendrés dans la rétine et les nerfs optiques, ces sentiments d'éléments de lumière et d'électricité se répandent en directions divergentes en exerçant une répulsion expansive sur leurs homonymes; ainsi c'est par eux que sont conduites les mains qui essayent de reproduire les contours et les simulacres des objets dont résultèrent ces sentiments optiques. C'est de cette source physiologique que provint la *sculpture*, dès l'origine de la vie sociale, et c'est elle qui donna naisssance au culte de l'*idolâtrie*.

La *peinture* résulta du même fluide des sentiments optiques, par la représentation, sur un plan des objets, d'après leurs contours et leurs couleurs.

B. **Endosmose du fluide des sentiments acoustiques.** Les combinés des sentiments de l'ouïe sont également un fluide qui se répand par sa répulsion expansive en directions divergentes par les éléments homonymes contenus dans le corps. Ce que le fluide optique fait apparaître au moyen du mouvement des mains, le fluide acoustique le produit au moyen d'un arrangement des molécules matérielles qui forme l'organe de la voix, laquelle sert à reproduire les sons dont résultent des sentiments semblables à ceux qu'ont produits les différents objets.

Ainsi donc que la sculpture, la peinture, la geste, sont issus de l'endosmose des sentiments optiques, de même la musique vocale est issue de l'endosmose des sentiments acoustiques; mais simultanément avec la reproduction du son de l'objet est exprimé l'objet même, et c'est ainsi que l'organe de la voix devint au même temps l'organe d'une langue vocale.

§ 239. IV. **Origine de la langue et mode de sa formation.** Après avoir prouvé que les *fluides esthématiques* de la vision et de l'ouïe, 1° propagés par l'endosmose dans les extrémités du corps, ont fait apparaître la *sculpture* et la *peinture*, et 2° propagés vers l'organe de la voix, ont fait apparaître la musique vocale; nous sommes parvenus, sans l'avoir cherché, à y reconnaître l'origine de la langue. En effet, 1° par l'organe de la voix en répétant les sons produits par un animal ou un individu en un certain état naturel, hygiénique ou moral, on parvient à faire deviner à un autre individu l'objet ou l'état qu'il doit déjà connaître; 2° en exprimant par le geste le contour de l'objet ou le mouvement que produit un homme quand il se trouve en un certain état, on parvient également à faire entendre à un autre l'objet dont il s'agit; 3° ces deux systèmes de signes, les *sons* et le *geste* réunis, ne pouvaient pas manquer d'être employés ensemble pour rendre plus évident l'objet en question.

§ 240. V. **Origine de la différence entre les langues.** D'après les sons seuls ou le geste, il n'aurait dû résulter entre les langues aucune différence; mais tel n'est pas le cas dans l'union de ces deux éléments; car pour les objets qui émettent une voix, celle-ci peut être plus ou moins imitée; mais dans le geste, le contour peut être indiqué soit de *face*, soit de *profil*. Les signes adoptés chez les individus d'une peuplade se propagent chez leurs descendants et se multiplient avec la multiplication des individus, sans avoir aucune communication ou liaison avec les signes employés chez les autres peuplades pour indiquer les mêmes objets.

Les races différentes, employant les mêmes éléments, produisirent donc chacune une langue propre, et son perfectionnement ne dépendait que des influences extérieures qui favorisaient plus ou moins leur multiplication. Dans l'état nomade cependant, la subdivision devenait indispensable, parce que les familles de la même peuplade étaient forcées d'aller chercher ailleurs des pâturages pour leurs troupeaux. Ainsi, une seule peuplade de l'Inde, subdivisée en trois communautés, forma les nations *helléno-slaves*, *latines* et *allemandes*. I. Des Helléno-Slaves, subdivisés, se formèrent les Hellènes et les Slaves; des Slaves, subdivisés suivant les pays que chaque communauté occupa, résultèrent les Thraces (improprement nommés Bulgares, nom qui est un titre et signifie *noble*), les Macédoniens, les Dalmates, les Croates, les Serbes, les Moraves, les Tchèques, les Polonais, les Russes. II. Des Latins résultèrent, 1° les Daces (improprement nommés Valaques, Moldaves ou Romains); 2° les Italiens (le mot *latin* renversé devient *ital*); 3° les Espagnols, et 4° les Français. III. Des Allemands se formèrent les Scandinaves, les Flamands, les Hollandais, puis les Anglais mêlés avec les Français de la Normandie.

§ 241. **Origine de l'alphabet.** Les formes de lettres de l'alphabet ont leur origine dans le geste produit par les poses différentes des quatre membres relativement au corps; la ressemblance entre la forme de certaines lettres fait connaître qu'elles existaient déjà dans la peuplade avant la séparation, et les lettres de formes différentes ont été introduites alors que les communautés étaient déjà divisées.

1° I ou i. Le geste dont la forme est la plus simple est

celui que produit l'homme en abaissant les deux bras et rapprochant les deux jambes; il représente ainsi, la tête étant baissée, la lettre grecque iôta (ι), ou, avec la tête élevée, la lettre latine (i).

2° Γ ou *q*. En étendant le bras droit, on forme la lettre Γ; mais les Latins, au moyen du bras gauche à demi-élevé et replié, ont produit la lettre *q*.

3° T. Cette forme est figurée quand l'homme élève les deux bras horizontalement en tenant la tête baissée et les jambes rapprochées.

4° Z ou ℡. Cette forme n'est autre que celle que donneraient deux gammas accolés, mais dont celui de droite serait renversé.

§ 242. **Origine des significations des lettres de l'alphabet.** Les gestes représentés par les formes indiquées ont été accompagnés des sons qui ne proviennent pas des fluides esthématiques, et qui pour cela diffèrent chez chaque nation. Au commencement, chez les Égyptiens, les gestes et leurs formes écrites indiquaient les objets mêmes, et comme tels se conservèrent sous la forme d'hiéroglyphes pendant une longue suite de générations. Chez la peuplade issue de l'Inde, ce mode de représentation se retrouve également, et les traces s'en sont conservées dans la langue grecque ancienne; par exemple, la forme I, qui est une ligne droite uniforme, a été accompagnée par une voix uniforme et a été employée pour représenter une action uniformément répétée. La lettre ο ou ω correspond aux mots *je* ou *moi;* ainsi ἴω signifie je marche, ω représentant *je*, et *i* représentant *marche*, qui est en effet une action répétée uniformément comme le sont les points ⋮ ou ...., dont l'ensemble fait apparaître le signe I ou le *chemin*.

Dans la lettre T composée des deux Γ sont représentés l'*équilibre* et la *justice;* par suite, Τίω exprime, 1° par la lettre ω, *je* ou *moi;* 2° par la lettre ι, la *répétition d'une action*, et 3° par la lettre T, l'*équilibre* ou la *justice*. Il en résulte les significations suivantes : *honorer*, *respecter*, *estimer*,

mettre à prix, punir, venger, traiter suivant son mérite, payer, rendre.

La lettre T renversée ⊥ exprime la solidité, l'état permanent qui se présente surtout dans l'interruption de la vie. Ces traces ont été mieux conservées dans la langue grecque, dont nous nous occuperons dans la Métaphysique. Rapportons seulement ici quelques exemples qui ne servent qu'à indiquer l'existence d'une liaison entre les figures des lettres et les faits qu'ils représentent.

Dans ΘανaΤος la première lettre offre deux T accolés pied contre pied et entourés d'un cercle indiquant l'éternité comme dans le mot Θεός; *ανα* signifie la répétition de T.

T*od*T présente également deux T, dont l'un renversé forme le signe ⌶; *od* (en slave) = *de; Mort* renversé forme *Trom* (Τρόμος), qui signifie crainte avec tremblement.

ZYΓOS (Z=ꓶL) est formé de deux gammas; la prononciation de la lettre Z correspond à δσ; ainsi le mot ZYΓOS équivaut à ΔΣYΓ qui est double = δις gamma Γ, et indique au même temps *joug*, *balance* et *fléau de balance*.

Connaissant les langues helléno-slave, et surtout la langue thrace qui unit ces deux langues et qui est notre langue maternelle, ainsi que les langues latine et allemande, nous avons pu remonter à leur origine, et cela le plus souvent au moyen du renversement des lettres des mots, comme *mort* et *trom*, *forme* et *morphe; nebo* (slave), ciel, et *oben* (allemand), dessus, etc.

Ποὺς signifie pied ; on trouve dans ce mot la lettre Π qui indique les deux supports du corps.

De même, dans ἵππος, cheval, la première lettre I représente la marche, et les deux ΠΠ représentent les deux paires de membres, c'est-à-dire un animal marchant à quatre pieds.

LIVRE CINQUIÈME.

ÉCHOSTATIQUE

OU

LE FLUIDE ÉCHOGÈNE RAMENÉ, COMME LES GAZ, AUX LOIS AÉROSTATIQUES ET AUX CALCULS.

INTRODUCTION.

§ 243. Nous n'avons pu jusqu'ici faire entrer dans cet ouvrage les explications des faits observés, basées sur des preuves déduites des fluides inconnus, le *barogène* et l'*échogène*. Enfin est devenu complet le nombre d'espèces de fluides dont chacun correspond à un organe propre de sensation. Tant qu'on voulait faire intervenir le Créateur dans la production de faits dont la cause physique était inconnue, peu importait le nombre de fluides impondérables. Il y a actuellement peu de physiciens qui, comme les théologiens, admettent l'intervention du Créateur, et c'est pour cela qu'ils s'efforcent d'arriver à la découverte de la loi physique au moyen de la multiplication de faits déjà découverts. Toutefois dans les faits physiologiques, dès le temps d'Aristote, excepté pour la partie anatomique, on n'a pu avancer d'un seul pas, malgré la multiplicité énorme des faits découverts. Ce qui paraîtra au lecteur très-étonnant, c'est que, depuis Aristote, personne n'a songé à changer l'ordre de la production des faits matériels.

Aristote avait pour devise : Οὐδέν ἐν τῷ νῷ ὅ μὴ πρότερον ἐν τῇ αἰσθήσει, *rien n'est dans l'intelligence qui n'ait été d'abord dans les organes de sensations*. Cependant ni lui ni ses successeurs, jusqu'à présent, n'ont pu connaître le mode de la création des sentiments dans les organes ; et cela parce que le mode de la production de ces organes était inconnu ou attribué à un Créateur. Aristote, qui ignorait l'existence des fluides impondérables ne pouvait s'élever à l'idée de considérer ces fluides comme cause physique de la création des organes de sensation ; les physiciens n'étaient pas plus avancés que lui, malgré la découverte du fluide électrique, alors qu'ils ignoraient l'existence des deux autres, le *barogène* et l'*échogène*, pour compléter le nombre de celui des organes de sensation.

§ 244. Quand une fois on est arrivé à connaître : 1° que chaque organe de sensation correspond à un fluide propre, et 2° que le mouvement se trouve emmagasiné dans chacun d'eux, on n'est plus éloigné du renversement de l'ordre admis par les théologiens ; au lieu d'admettre un Créateur pour chaque corps organisé, ce sont les fluides impondérables qui les produisent, parce qu'ils sont pourvus d'un mouvement indéfini enmagasiné par le Créateur dont la grandeur se multiplie par la simplification ; car tous les faits cosmiques résultent de six espèces de fluides qui n'ont plus besoin d'être mis en mouvement par une cause extérieure. Après avoir constaté l'existence du mouvement dans les éléments qui constitue les fluides impondérables et la production des organes de sensation respectifs, il surgit de là plusieurs questions :

1° Si les corps organisés ont résulté des fluides impondérables, pourquoi ont-ils cessé d'en résulter ?

2° Pourquoi toutes les classes animales n'ont-elles pas été produites à la fois, mais les invertébrés d'abord et longtemps après les animaux vertébrés ?

3° Pourquoi l'organe de l'ouïe manque-t-il dans les corps invertébrés et pourquoi ne manque-t-il pas dans aucune espèce de corps vertébrés ?

4° Si dès le commencement des choses existaient les mêmes espèces de fluides impondérables, pourquoi avant le déluge les zones tempérées et glaciales de la terre étaient-elles peuplées d'animaux tout à fait différents de ceux qui y vivent aujourd'hui?

5° Comment disparurent immédiatement les animaux diluviens et pourquoi leur réapparition devint-elle impossible?

6° Les animaux actuels et l'homme ont-ils existé avant le déluge? s'ils ont existé, où se trouvaient-ils? s'ils n'ont pas existé, comment ont-ils été produits après le déluge?

Cet ordre de questions est déjà un indice de la possibilité de leur résolution; le lecteur désire la connaître, mais il ignore que, pour cela, il est nécessaire de recourir à une série de faits dont les uns sont contenus dans l'ouvrage sur l'origine des sciences, et les autres dans l'ouvrage sur le Déluge. Il y a eu dans la terre et dans l'atmosphère des changements opérés non pas fortuitement mais suivant la loi physique. Une épaisse couche d'air dans les régions polaires produisait 1° une diminution dans la consommation de la chaleur et par suite une élévation de température, 2° des pluies abondantes et des foudres analogues dont les traces n'ont pas été effacées.

Les animaux actuels ne pouvaient pas vivre sous une aussi grande pression atmosphérique, de même que les animaux qui vivaient alors ne pourraient exister sous la pression atmosphérique qui règne aujourd'ui. Ainsi donc pour que les animaux actuels et l'homme existassent à l'époque où les animaux diluviens vivaient, la seule surface de la terre propice est celle de la zone torride dans laquelle ne pouvaient pas vivre les animaux des autres zones. Cela résulte de l'absence de fossiles des animaux diluviens dans la zone torride et de l'absence de fossiles des animaux actuels dans les zones où vivaient les animaux diluviens.

Les faits connus ainsi coordonnés conduisent à se convaincre que la différence des habitants de la zone torride et des autres zones ne provenaient que d'une différente pression de l'atmosphère, et l'on voit en même temps que la plus grande pression était aux régions polaires où la température ne pouvait pas être au dessous de zéro pendant que des animaux nombreux y vivaient. Dans la zone torride, surtout sur les versants des montagnes, pouvaient vivre les animaux actuels sous une pression atmosphérique peu différente de la pression actuelle. On est ainsi amené à connaître quelle a été la cause du changement de l'état diluvien à l'état actuel. La résolution de cette question se trouve exposée dans tous ses détails dans l'ouvrage déjà cité sur le Déluge. Nous allons mentionner ici seulement la cause physique du mode de la production de l'organe de l'ouïe avec la colonne vertébrale.

§ 245. Peu importe que des millions de siècles se soient écoulés depuis la production des faits, pourvu que se soit conservé l'ordre suivant lequel ces faits ont été produits. De même que dans le déchargement d'un bateau on commence par les objets déposés les derniers pour finir par ceux qui ont été placés les premiers; de même en commençant à enlever les strates de terrains de la surface du sol, on déplace premièrement ceux qui ont été déposés les derniers et on avance graduellement pour arriver aux strates déposés les premiers. Au-dessous de ces strates est une enveloppe de pierre ignée *basalte*, *granite*, *porphyre*, d'une surface très-anomale; les unes de ces parties s'élèvent jusqu'aux sommets les plus élevés des montagnes, et les autres descendent au-dessous des plus grandes profondeurs de la mer.

Entre la surface de ces masses ignées et le sol on peut bien distinguer, 1° la couche d'alluvion: 2° la couche diluvienne, et 3° la couche antédiluvienne.

I. En enlevant de l'alluvion une couche de 1 mètre d'épaisseur environ, on trouve la surface du sol il y a mille ans; pour les latitudes inférieures il faut en enlever plus que pour les latitudes supérieures. Les restes des animaux qui s'y trouvent ne diffèrent pas de ceux des animaux vivant aux mêmes pays,

II. Au-dessous de l'alluvion et au-dessus de la couche antédiluvienne se rencontre une strate de terrains contenant des animaux vertébrés différents dans la zone torride et dans les quatre autres zones. Dans la zone torride les fossiles des animaux sont de mêmes espèces que celles qui se trouvent actuellement sur toute la terre; mais les espèces de fossiles des autres zones sont des animaux qui n'existent plus.

III. Dans les terrains antédiluviens au-dessus des masses ignées sont les restes des animaux invertébrés; dans la plus grande profondeur sont les restes des animaux aquatiques, et au-dessus sont les restes des insectes qui vivent dans l'air.

Il résulte de cet ordre de monuments que les animaux vertébrés manquaient avant l'apparition des insectes et qu'en même temps manquait l'organe de l'ouïe. Les insectes ne diffèrent pas des animaux aquatiques seulement par leurs organes de translation, mais en même temps par leurs organes sonores; de sorte qu'avant les insectes manquaient les ondes sonores, et il en résulte que l'organe de l'ouïe n'avait pas de raison d'être.

C'est donc du fluide échogène produit par les insectes qu'a été formé l'organe de l'ouïe; le nerf acoustique qui a son commencement dans les extrémités de filets s'étend dans le crâne et, après avoir émis quelques branches dans les nerfs qui en sortent, se propage dans le canal vertébral d'où il envoie plusieurs branches vers toutes les parties du corps. Dans les animaux vertébrés qui vivent dans l'air, c'est de l'échogène même et des sentiments de l'ouïe qu'a été formé l'organe de la voix.

Cet ordre chronologique de faits incontestables ne permet pas de méconnaître la liaison physique : 1° entre les ondes sonores et l'organe de l'ouïe, et 2° entre celui-ci et la colonne vertébrale ; de sorte qu'au moyen de cette liaison nous sommes parvenus à rejeter toutes les hypothèses et à les remplacer par la loi physique, où toutes les actions se réduisent au mouvement emmagasiné dans l'électre qui est le fluide élémentaire de tout ce qui existe au monde. Le même fluide se trouve en deux densités différentes δ et $\delta + \delta'$, d'où résulte la tendance à se mêler l'un avec l'autre ; les faits qui résultent de cette inégalité des densités ont été attribués à une force inconnue nommée *affinité ;* nous avons suffisamment prouvé que de pareilles forces n'existent pas ; aussi cet ouvrage diffère-t-il de tous ceux qui ont paru, car il contient non-seulement la description des faits, mais aussi le mode de leur production.

I. — LE FLUIDE ÉCHOGÈNE, SON ORIGINE ET SA NATURE.

§ 246. Les équivalents électriques $2q\bar{E}$ logés dans les intervalles λ entre les molécules σ et σ' qui forment des couples, sont rendus libres par la désunion de ces molécules, et le fluide produit de l'ensemble d'équivalents pareils est l'*échogène*. La désunion des molécules s'opère par un effort qui peut augmenter ou diminuer. Alors la désunion de molécules augmente ou diminue. Il en est de même pour les quantités des équivalents électriques contenues dans l'échogène. L'effort et la quantité d'équivalents électriques à l'état libre sont en rapport direct. Donc le fluide formé de ces équivalents ne dépend plus de l'effort ; il a son mouvement emmagasiné, qui se manifeste comme une pulsation izochrone composée de répulsions expansives, où le volume des équivalents augmente pour occuper continuellement un espace plus grand.

Ainsi résulte une rupture d'équilibre pour les équivalents homonymes lógés dans les intervalles à des couples de molécules des corps ambiants, et là propagation s'opère par des pulsations non-seulement isochrones, mais aussi *tautochrones* ou opérées toutes simultanément. De là part du corps sonore arrive une quantité supérieure de phonogène $\mu + 2\mu'$, et du côté extérieur il en arrive quantité inférieure μ pour former la somme $2(\mu + \mu')$ à la fin de la systole; par la diastole qui se manifeste comme pulsation, cette somme se divise en deux moitiés dont l'une $\mu + \mu'$ avance et l'autre $\mu + \mu'$ recule.

§ 247. **Mode de la propagation de l'échogène par le milieu des corps.** De la portion $\mu + 2\mu'$ d'échogène il n'avance que la partie μ' et le reste $\mu + \mu'$ recule; de sorte qu'il y a : 1° un mouvement progressif démontré dans le système de l'émission, et 2° il y a une oscillation également démontrée dans le système des ondulations; on n'avait qu'à se convaincre que l'un de ces deux systèmes n'exclut pas l'autre. En même temps il devient évident par là que le mouvement y est emmagasiné et se développe dès que la résistance devient moins grande. Les deux directions divergentes des éléments de l'échogène peuvent être observées parce qu'elles se communiquent aux molécules matérielles.

Les points dont les moitiés $\mu + \mu'$ partent en directions divergentes sont nommés *nœuds;* l'espace entre deux nœuds est la *longueur de l'onde sonore;* le milieu de cette longueur est le *ventre de l'onde.* Le nœud du côté du corps sonore est l'*antérieur* et celui du côté de la périphérie est le *postérieur;* ainsi chaque nœud est en même temps antérieur et postérieur le *nœud moyen* est celui où affluent les masses $\mu + 2\mu'$ et μ d'échogène par les deux demi-ondes en contact.

Pour étudier les mouvements de l'échogène on emploie des plaques ou des membranes de baudruche sur lesquelles on répand une quantité de sable fin dont les grains sautent dans les espaces où sont les ventres, et s'accumulent autour des espaces où sont les nœuds; on nomme *lignes nodales* celles indiquées par le sable. Dans les plaques de bord libre les ventres sont dans ce bord; dans les membranes de bord fixé les nœuds sont dans ce bord. Cette remarque simple échappa aux physiciens, qui obtinrent un grand nombre de figures acoustiques sans y pouvoir déchiffrer la loi si simple de leur production.

§ 248. **Rapport entre la quantité d'échogène produit et propagé.** La désunion des couples moléculaires $\sigma\sigma'$ s'opère au moyen d'un effort mécanique. De la quantité d'équivalents électriques ou d'échogène ainsi obtenu dépend celle qui s'éloigne du corps sonore; donc la production de l'échogène et son éloignement se correspondent. Cependant ici la vitesse n'augmente pas comme dans les corps où l'effort augmente, mais elle reste la même, et c'est la quantité d'échogène qui augmente ou diminue proportionnellement à l'effort, à la désunion des couples et à la quantité d'échogène produit. La vitesse est constante parce qu'elle ne résulte pas de l'effort mécanique dont l'effet est la désunion des couples moléculaires $\sigma\sigma'$, mais elle est le mouvement emmagasiné dans les équivalents électriques $2q\bar{E}$ logés dans les intervalles λ et devenus libres après la désunion des couples.

§ 249. **Développement du mouvement emmagasiné.** En introduisant l'air dans le vide on y observe le mode du développement du mouvement emmagasiné dans l'air : il y a une répulsion expansive qui se répète par pulsations isochrones pour augmenter graduellement en volume, et il lui faut un espace de temps pour se répandre dans toutes les parties du récipient et se mettre en équilibre avec l'air extérieur. Des pulsations pareilles existent dans les veines de gaz et des liquides écoulés d'un orifice.

De pareilles pulsations isochrones et augmentation de volume se manifestent de la part des équivalents électriques $2q\bar{E}$ logés dans les intervalles λ et devenus libres par la désunion des couples; elles sont observées dans les vibrations des corps qui livrent passage à l'échogène qui s'éloigne du corps sonore repoussé de la masse qui continue de provenir au moyen de la désunion des couples. Cet éloignement s'opère avec une vitesse qui est mesurée par le temps T écoulé depuis le départ de l'échogène du corps sonore jusqu'à son arrivée à la distance de *m* mètre; $\frac{m}{T}$ est la quantité de mètres parcourus en 1 seconde. Il a été indiqué que l'éloignement de l'échogène ne s'opère pas comme celui de grains de sable ou de l'eau des fleuves en écoulement, mais qu'il se répand au même temps par le système de l'émission et par celui des ondulations.

II. — PROPRIÉTÉS COMMUNES DE L'ÉCHOGÈNE ET DE LA LUMIÈRE.

§ 250. Dans toutes les espèces de fluides impondérables existe le mouvement emmagasiné, car ils ont le fluide *électre* comme élément commun; mais dès le commencement l'électre se trouva en deux densités $\delta + \delta'$ et δ; pour cette raison, il se distingue en *pycnoélectre* ou électre dense et en *aréoélectre*. Les équivalents $\bar{E}$ dont est constitué le fluide *électricité positive* sont composés de pycnoélectre, et les équivalents $\bar{E}$ dont est constitué le fluide *électricité négative* sont composés d'aréoélectre. Le fluide *lumière* consiste en atomes φ composés de deux équivalents positifs et un négatif, ou $\varphi = \bar{E}^2\bar{E}$; le fluide *chaleur* consiste en atomes θ composés d'un équivalent positif et de deux négatifs, ou $\theta = \bar{E}\bar{E}^2$. Chaque équivalent positif consiste en sept segments de même épaisseur, mais de longueur différente; dans les segments positifs s entre le pycnoélectre, et dans les négatifs *s* entre l'aréoélectre. Le fluide *échogène* consiste dans l'une des sept espèces de segments *s* où entre l'aréoélectre, et pour cela il diffère de l'électricité négative composée de sept éléments négatifs entiers. (Voir *Origine des sciences.*)

Jusqu'à présent on a constaté la réflexion, la réfraction et l'interférence de l'échogène opérées suivant la même loi que celle de la lumière; ici se trouve prouvée la polarisation de l'échogène, et de plus un effet exercé par lui sur les corps, effet qui correspond à l'insolation; cet état, observé dans les corps, a été nommé *enchantement*. Ainsi ont été complétés tous les états qui existent dans la lumière et l'échogène; les sept couleurs correspondent aux sept sons de la gamme (t. III, p. 457); mais il n'existe pas une espèce de fluide *phonogène* décomposable en sept espèces d'échogène, comme l'est la lumière incolore qui se décompose en sept couleurs, et cela parce que la lumière est composée d'équivalents $2\ddot{E} + \ddot{E}$, tandis que l'échogène *a* est composé d'une des sept espèces de segments $s', s'', s''' \dots s^{VII}$.

A. RÉFLEXION ET RÉFRACTION DE L'ÉCHOGÈNE.

§ 251. Quand le fluide de lumière ou d'échogène passe obliquement comme *si* (fig. 92 *bis*) du milieu *s* dans celui *a*, il se trouve partagé en deux portions *p*, *p'*, dont l'une

Figure 92 *bis*.

est repoussée vers le milieu d'où elle arrive, et l'autre *p'* trouve passage dans le milieu *a*. Ces faits résultent, 1° du mouvement du fluide incident, et 2° de la résistance de la part de la même espèce de fluide logée à l'état de repos dans les intervalles λ. Du fluide en repos résultent, 1° deux répulsions latérales en directions convergentes vers le plan d'incidence, et 2° une autre de la part du fluide contenu dans l'angle obtus *sib*, d'où résulte une déviation ou une réfraction, et le rayon prend la direction *ip* pour pénétrer la couche mince superficielle composée du mélange des deux milieux. En *p* commence le milieu *a* et manque l'extérieure *s*; de la pulsation y opérée résulte une division de la masse M en deux portions dont il ne pénètre qu'une partie égale à celle qui, cédant à la poussée P de la répulsion expansive, s'écoule par la face postérieure pour céder sa place à la portion *p'* qui avance. L'autre portion *p*, repoussée dans la direction *pd* et en même temps dans la direction *pp'*, prend la diagonale *pb*, et, arrivée en *b*, éprouve une nouvelle réfraction égale à la précédente pour prendre la direction *bc*. Ainsi résulte l'angle *cbt'* = *sim'*.

§ 252. **Réflexion de l'échogène.** Au moyen de deux miroirs paraboliques *m*, *n'* (fig. 93) parallèles et en face, les rayons émis d'un corps placé au foyer du miroir *n* s'en réfléchissent pour arriver à l'autre miroir, et de là au foyer F'. Si le fluide émis est l'échogène d'une montre, l'individu placé en F' l'entend venant du miroir prochain, tandis que ceux qui se trouvent à une petite distance autour du corps sonore n'entendent rien.

Figure 93.

Figure 94.

Il y a des salles ABC (fig. 94) dont la voûte est construite en forme d'ellipsoïde de révolution; l'échogène émis de l'un *f* des deux foyers se réfléchit dans la voûte vers l'autre foyer *f'* ou augmente la densité du fluide qui porte le moteur de l'autre foyer; un individu en f' recevant l'échogène du mot en densité supérieure entendce qu'on dit en f, et tous les autres n'entendent rien.

Au lieu que l'échogène soit propagé par une seule réflexion, cela s'opère aussi par plusieurs. Par exemple, au lieu d'une voûte, il suffit d'un demi-tuyau ACB qui va par le milieu de la voûte de A à B; un individu placé en B entend ce que dit celui qui reste dans l'autre extrémité A, et même mieux que dans le cas précédent, parce qu'il y a en ce cas écoulement d'une plus grande quantité d'échogène par la réflexion dans le demi-tuyau *ln* (fig. 95).

§ 253. **Réfraction des rayons de l'échogène.** Les rayons éprouvent deux réfractions convergentes quand ils traversent une lentille biconvexe; le même effet a lieu pour l'échogène, pour lequel il faut une lentille *ab* (fig. 95) d'une couche de collodion rempli d'un gaz; les miroirs métalliques peuvent être employés pour produire la réflexion des rayons de toutes les espèces de fluides, mais pour les lentilles il faut des substances différentes; le verre livre passage à la lumière, le sel gemme à la chaleur, le collodion et les substances de toutes espèces en couches minces livrent passage à l'échogène.

Figure 95.

Les rayons d'échogène émis d'un corps sonore S arrivés à la face antérieure *amb* de la lentille y pénètrent en éprouvant une réfraction convergente; pour pénétrer la masse de gaz, les rayons de lumière éprouveraient une seconde réfraction en sortant de la couche *amn*, et il en serait de même dans la couche postérieure *amb*; de sorte qu'une lentille *ab* de verre vide au milieu ne produit pas une concentration analogue à celle qui résulte pour l'échogène de la lentille de collodion qui fait passer les rayons venant de *s* par l'espace *f*, où un individu peut entendre le corps sonore S, tandis qu'il cesse de l'entendre quand il s'éloigne de ce point ou quand on enlève la lentille *ab*.

Cette différence entre les effets des lentilles sur les rayons de l'échogène et sur ceux de la lumière résulte de ce que les molécules matérielles n'éprouvent aucun déplacement de la lumière, tandis que les équivalents d'échogène $2q\ddot{E}$ logés dans chaque intervalle λ ne s'en déplacent pas sans entraîner les couples de molécules. Ainsi, l'ébranlement des couples *aa'* de la face antérieure *amn* de la lentille se communique à la face postérieure *anb*, et il en résulte un effet analogue à celui qui serait produit par une lentille massive comme l'est celle pour la chaleur lumineuse.

B. Interférence des rayons du fluide échogène.

§ 254. Après avoir démontré que la propagation des fluides impondérables s'opère au moyen du mouvement emmagasiné dans l'électre dont ils consistent, et qu'elle résulte simultanément des systèmes de l'émission et de celui des ondulations, les faits attribués à l'interférence trouvent leur explication suivant la loi physique. Ces mêmes faits servent de leur part à vérifier tout ce qui a été dit sur le mouvement emmagasiné et sur son apparition en forme de pulsations, qui sont l'effet de la répulsion expansive. Au moyen des deux appareils inventés par Wheatstone, il nous devint possible de rendre évidents les effets du fluide échogène sur les corps, dont nous connaissons les directions divergentes dans ses écoulements.

En tenant une plaque *pp* (fig. 96) fixée au milieu, on l'attaque par un archet pour en faire résulter un son; s'il y a du sable répandu sur la plaque, il s'éloigne des couples de parties v, v' et u, u' pour s'accumuler dans les limites qui séparent ces parties, et c'est ainsi que résultent les lignes nodales $p'n''$ et pm''. Les couples v, v' et u, u' sont telles que quand v et u montent, v' et u' descendent, *et vice versâ*; on dit que chaque couple est une onde composée de deux demi-ondes. Pour rendre évident l'effet du fluide échogène qui dans son écoulement oscillatoire en avançant produit les va-et-vient des couples ou de demi-ondes, on opère de la manière suivante:

Figure 98.

On tient le système de tuyaux $am'n'b$ séparé par la demi-onde v de la plaque vers laquelle sont dirigées les ouvertures o, o' des tuyaux a et b, de manière à y laisser pénétrer l'échogène alternativement de la face supérieure quand la partie v s'élève, et de la face inférieure quant la même partie s'abaisse. Dans le tuyau a pénètre un filet f d'échogène pour arriver au tuyau b; mais quand ce filet a sa fin à l'ouverture o, il commence à entrer un autre filet f' par l'ouverture o' qui, suivant une direction opposée au filet f, arrête l'avancement de celui-ci en s'arrêtant lui-même en partie, et le reste $f-\alpha$ avance vers le tuyau a quand un autre filet f d'échogène commence à pénétrer par l'ouverture o; il perd une partie $f-\alpha$ de son échogène pour arrêter la partie égale venant de la part du tuyau b; le reste $f-\alpha'$ avance. De cette manière est empêchée la sortie du fluide échogène qui entre par les deux ouvertures. Pour livrer passage aux filets f qui entrent par l'ouverture o, il ne faut qu'intercepter la pénétration des filets f' par l'ouverture o', et cela est obtenu par l'arc bb' décrit par le tuyau b autour de celui $m'n'$ pour prendre la position b'. C'est alors qu'on commence à entendre avec le son de la plaque celui qui provient du tube b'.

Pour recevoir les deux systèmes de filets f et f' qui entrent par les deux ouvertures o et o', il faut tenir l'une des ouvertures o au-dessus de la demi-onde v, et l'autre o' au-dessous de l'autre demi-onde v'. En ce cas les filets f, f' arrivent simultanément aux nœuds ou *systoles*, et après la diastole ils s'éloignent en directions divergentes pour sortir par l'autre ouverture, d'où ils arrivent à l'oreille en qualité double de ceux qui pénétraient par l'ouverture o seulement, et sortaient par l'autre du tuyau b' déplacé.

Pour multiplier l'échogène sans changer l'effort on emploie deux systèmes de tuyaux $am'n'b$ dont l'un reste aux couples v, v' et l'autre est placé aux couples u, u' pour en recevoir ses filets F, F' d'échogène et les faire se disperser en sortant des ouvertures, qui sont en ce cas au nombre de quatre. Ainsi l'échogène répandue des bords de la plaque pp' restant la même, on est en état de supprimer celui qui s'éloigne de chaque demi-onde, ou le faire se multiplier en y employant un grand nombre de systèmes de tuyaux.

Au lieu du système de tuyaux de forme $am'n'b$, Wheatstone en a employé un autre ACB qui forme un tuyau bifurqué en deux tranches égales et ouvertes; l'extrémité C est fermée par une membrane de baudruche M. Si l'on tient les ouvertures A et B au-dessus des deux demi-ondes v, v', qui forment une couple, de manière que l'une monte quand l'autre descend le sable reste en repos sur la membrane du tuyau C et le son n'en est pas entendu quand la plaque vibre et répand l'échogène. Pour faire sauter les grains de sable au-dessus de la membrane C, il faut tenir les ouvertures A et B au-dessus des deux demi-ondes homonymes ou homologues. En ce cas les filets égaux f, f' venant des deux ouvertures se rencontrent et arrivent unies à l'extrémité C.

Dans le cas précédent du filet f entré par l'extrémité A est produit en C un nœud, et après la diastole la moitié qui recule vient en rencontre avec la moitié antérieure de la demi-onde du filet f' qui pénétra par l'extrémité B, et c'est ainsi qu'arrive la suppression mutuelle de l'expansion de l'échogène dans tous les deux filets *f*, *f'* et que n'est pas entendu le son provenant du tuyau C; les grains de sable ne sont pas agités. Une transmission d'air n'existe nulle part, tous les faits observés sur les corps résultent de l'échogène qui n'a pas besoin d'un mouvement extérieur; au contraire il en possède assez pour mettre les corps en vibration. Nous indiquerons plus bas des cas où la poussée P de la part de l'échogène est triple de celle exercée de la part d'une colonne d'eau d'une hauteur supérieure à 1 mètre. Tous ces faits servent à rendre évidente l'existence du fluide échogène inconnu jusqu'à présent.

C. ÉCHOS ET ÉCHOGÈNE POLARISÉ.

§ 255. **Polarisation de l'échogène.** Quand était inconnue la nature des fluides impondérables et encore plus l'emmagasinage du mouvement indéfini dans l'*électre* qui est leur élément commun, on attribuait le mouvement à des forces chimiques de nature inconnue; en d'autres termes on ignorait sa cause, et par suite il était impossible de connaître le mode de la production de faits observés. Pour distinguer l'état naturel de la lumière de celui qu'elle obtient après la réflexion, on disait qu'elle a perdu la propriété d'osciller latéralement à cause de cette réflexion. Nous venons d'indiquer que les fluides lumières ou échogène se trouvent logés à l'état d'équilibre dans les intervalles λ, et que ce sont eux qui suppriment l'expansion latérale des rayons réfléchis; ainsi l'état pareil est mieux exprimé par le mot *aplatissement* que par celui de *polarisation*.

Échos. On savait que l'échogène éprouve une réflexion chaque fois qu'il passe d'un milieu dans un autre; au moyen des miroirs paraboliques, on a directement démontré la double réflexion de l'échogène pour arriver du foyer de l'un des miroirs à celui de l'autre. Le même effet a lieu pour la voûte ACB (fig. 96), en forme d'ellipsoïde de révolution. L'échogène émis du foyer f arrive par deux voies au foyer f' : 1° par la voie directe ff' en un espace de temps T et par la voie indirecte $fo+of'$ en un espace de temps $T+T'$, de sorte que le même mot émis en f est entendu deux fois en f' ; cette répétition simple ou multiple du même mot est ce qu'on nommait *écho*, sans s'en rendre compte davantage.

On ne manqua pas cependant de remarquer que quelquefois les échos, très-clairs sur un point, disparaissent à une très-courte distance ; mais on attribuait cet effet à la simple réflexion, et l'on n'a jamais pensé à l'existence d'un état de polarisation, quoiqu'après la découverte de l'interférence, il ne serait pas étonnant de trouver ainsi la polarisation dans l'échogène. Celle-ci est reconnue de la manière suivante : Les échos répètent le bruit une ou plusieurs fois quand il est émis d'une certaine série de points. L'individu qui émet le cri l'entend une ou plusieurs fois, tandis que les autres qui sont à gauche ou à droite n'entendent que le son direct. On n'a pas remarqué que cela n'est pas le cas pour les individus placés dans le plan de réflexion, qui entendent presque toutes les répétitions du mot ou du bruit d'un pistolet ; parce que entre les parties des surfaces réfléchissantes, plusieurs étant dans des plans peu inclinés réfléchissent l'échogène dans le plan d'incidence.

§ 256. **Effet de l'échogène polarisé.** Il a été prouvé que pendant la réflexion l'échogène éprouvant latéralement deux pressions convergentes vers le plan de réflexion, il en résulte un aplatissement, de sorte qu'il faut se trouver au plan de réflexion pour pouvoir l'entendre ; autrement placé à gauche ou à droite on n'entend rien. Dans mes voyages j'ai eu occasion de constater que durant de violents orages dans les vallons, des individus avaient entendu des coups de tonnerre excessivement forts, et qu'à de petites distances d'autres individus n'avaient rien entendu. C'est ainsi que nous sommes parvenus à expliquer pourquoi le bruit médiocre d'un canon se propage plus loin que le bruit du tonnerre, bien plus fort cependant.

Dans une atmosphère calme le son se propage plus loin que quand souffle le vent; en ce cas le son est entendu à une plus grande distance à la gauche et à la droite de la direction du vent, et à une plus petite distance quand le vent est dirigé contre l'espace dont le son vient. L'échogène est réfracté par les masses d'air dont consistent les bouffées du vent, de ces réfractions il devient polarisé dans des plans perpendiculaires à la direction du vent. C'est donc cet aplatissement qui produit une diminution de la partie du son, sans pour cela faire diminuer sa vitesse. De la réflexion, l'échogène est aplati latéralement vers le plan de réflexion, et le son disparaît à la gauche et à la droite; de la réfraction il est aplati dans des plans perpendiculaires à la direction du vent et pour cela la portée latérale du son reste presque en son état normal.

D. Enchantement des corps par l'échogène et insolation par la lumière.

§ 252. Plusieurs corps exposés au soleil un certain espace de temps se laissent pénétrer d'une quantité de lumière, qui se consomme ensuite dans l'obscurité par l'expansion répulsive, lumière que les observateurs présents cessent chacun de percevoir en un espace de temps différent, parce que la quantité dispersée diminue sans s'anéantir. Le même effet a lieu pour l'échogène introduit dans une cloche : on cesse d'entendre le son et cependant on y découvre la durée des vibrations qui persistent longtemps après tout en décroissant. Enfin on doit employer les plus sensibles micromètres pour se convaincre de l'existence de vibrations qui ne cessent pas d'être du même son : de même pour les caisses des instruments.

Plusieurs jours après, quand tous les signes matériels de l'existence d'une vibration ont disparu, si l'on place la caisse enchantée parmi plusieurs autres, et si l'on fait parvenir le même son ou la même espèce de phonogène d'un instrument sonore, toutes les autres restent muettes, et dans la caisse enchantée on observe l'apparition de vibrations dont l'amplitude croît et devient enfin suffisante pour faire éclater le son. Le même effet résulte si au lieu d'employer un seul son on produit l'enchantement par un accord du tétracorde.

Dans la même expérience avec la caisse enchantée, si l'on fait entendre un son étranger d'une intensité assez grande pour mettre en vibrations les caisses, en ce cas toutes les autres se mettent à chanter, excepter la caisse enchantée qui reste muette, lors même qu'on la force plus que les autres. Ce fait est bien connu pour les caisses des instruments de cordes qui peuvent obtenir une grande valeur quand elles sont enchantées d'un accord composé d'un nombre de sons répétés suivant certaines combinaisons qui maintiennent une règle générale basée sur la duplicité du temps et des vibrations.

Une caisse ainsi enchantée et de la plus grande valeur sera détruite à tout jamais, si on la force à produire des sons étrangers ou même les siens mêlés avec les étrangers répétés longtemps suivant un autre ordre qui n'entre pas dans la règle de la duplicité des vibrations, comme l'est le son harmonique. On pourra ensuite se donner toute la peine possible afin de rétablir l'état primitif de la caisse, mais ce sera impossible. Nous insistons sur ce point, c'est-à-dire que l'état chimique d'un corps peut rester le même, quand les équivalents électriques logés dans ses intervalles sont en équilibre détruit et exécutent des ondulations fortes ou trop faibles pour être transmises aux molécules matérielles, c'est-à-dire que l'enchantement des corps est indépendant de leurs éléments chimiques.

Un pareil enchantement est obtenu dans une barre de fer suspendue de façon à se trouver dans le plan magnétique; elle est alors parcourue par les courants thermoélectriques terrestres. Ceux-ci, en suivant des directions invariables méridionales et hélicoïdales, font prendre aux équivalents électriques logés dans les intervalles λ un arrangement tel, qu'ils exercent le minimum de résistance; cet arrangement des équivalents électriques se communique aux molécules matérielles. Si l'on déplace la barre dudit plan, et qu'on lui donne fréquemment des coups de marteau, l'état magnétique ne se perd pas, parce que les molécules sont forcées de conserver leur arrangement.

Au moyen de pareils coups de marteau frappés sur une barre de fer suspendue au même plan on empêchera l'arrangement de couples pour faciliter l'écoulement des courants thermoélectriques terrestres, de sorte que la barre battue ne peut pas devenir un magnète. On connaît le changement de l'état électrique des lames de couples des piles; cependant tout se limitait à la description des faits. Un état de mort était, pour ainsi dire, admis par tout, car on ignorait qu'un mouvement indéfini se trouve emmagasiné dans l'électre qui constitue les équivalents logés dans les intervalles λ des couples de molécules et en résulte la vie.

III. — DES SEPT ESPÈCES D'ÉCHOGÈNE ET DU TIMBRE.

§ 258. Si l'on veut être certain que les sept espèces de sons de la gamme ont une existence réelle et ne sont pas un produit arbitraire, on prend sur un violon ou sur une basse l'unisson de sons brefs d'un grand nombre de substances qu'on compare ensuite, et l'on n'en trouve que sept espèces. Ces sept espèces de sons ne peuvent être découverts au moyen de réactions chimiques, comme ne peuvent en être découvertes les saveurs, les odeurs, les couleurs, qui sont aussi de sept espèces; cependant il y a en chaque espèce plusieurs nuances dont le nombre ne peut pas être limité.

Ainsi les sensations obtenues d'un corps par les différents organes au moyen du fluide qu'ils répandent, ne permettent pas de confondre un corps avec un autre, et en cela consiste l'individualité physiologique qui ne peut pas être constatée par les moyens chimiques.

§ 259. **Sons naturels de la gamme.** Pour rendre libre l'électricité positive du corps ou de la langue, il faut les mettre en contact; le sentiment qui en résulte n'est pas celui du tact qui correspond au contact du corps, mais c'est l'écoulement des équivalents positifs $\bar{E}$ qui donne naissance à la sensation de la saveur. Pour rendre libres les équivalents négatifs $2q\bar{E}$ logés dans les intervalles λ de couples $\sigma\sigma'$, il faut désunir ces molécules $\sigma\sigma'$ au moyen d'un effort qui peut être un choc ou une répétition de chocs plus ou moins fréquents.

La durée d'un son bref n'est pas la même pour tous les corps, il en est de même pour la quantité de couples désunies et celle de l'échogène produit; pour cette raison il résulte une continuité de sons de différents nombres de sons brefs produits en 1″. Le son ainsi obtenu est le même que le son bref. Ainsi on obtient de sept substances différentes fréquemment frappées les sept sons de la gamme; de sept autres espèces de substances on obtient également les sons de la gamme, il y a cependant une différence entre les sons homonymes de ces gammes de grand nombre.

Au lieu de frapper différentes substances pour obtenir les sept sons de la gamme, Pythagore a pris sept poids de la même substance dans les rapports p, $\frac{8}{9}p$, $\frac{4}{5}p$, $\frac{3}{4}p$, $\frac{2}{3}p$, $\frac{3}{5}p$, $\frac{8}{15}p$; au moyen de sept marteaux de poids pareils, frappant sur une enclume de même métal, ont été produites les sept espèces de sons. Sept troncs d'arbres de la même essence et de même épaisseur, mais ayant les longueurs l, $\frac{8}{9}l$, $\frac{4}{5}l$, $\frac{3}{4}l$, $\frac{2}{3}$, $\frac{3}{5}l$, $\frac{8}{15}l$, donnent également les sept sons de la gamme.

En ces cas, les désunions sont moins nombreuses dans

les dimensions inférieures de la même substance, mais dans ces dimensions sont contenues des qualités de couples oo' ou de masses proportionnellement supérieures. La répulsion expansive de l'échogène étant la même R pour toutes les pièces, elles éprouvent de la part de celles-ci, des résistances proportionnelles à leur longueur ou à leur poids qui sont r, $\frac{8}{9}r$, $\frac{4}{5}r$, $\frac{3}{4}r$, $\frac{2}{3}r$, $\frac{3}{5}r$, $\frac{8}{15}r$. Les nombres de vibrations étant donc en raison inverse des résistances, seront n, $\frac{9}{8}n$, $\frac{5}{4}n$, $\frac{4}{3}n$, $\frac{3}{2}n$, $\frac{5}{3}n$, $\frac{15}{8}n$.

Pour quantité de mouvement on a le produit du poids ou de la longueur par l'espace parcouru qui est indiqué ici par les nombres de vibrations accomplies en 1 seconde par les substances; ces produits sont égaux nl ou np pour les sept sons de la gamme. Il est ainsi démontré que la répulsion R expansive innée qui met au jour le mouvement emmagasiné est constante; 1° sa manifestation est en raison inverse de la masse ou de la quantité des couples de molécules et 2° sa production est proportionnelle à la masse.

§ 260. **Sons artificiels de la gamme.** Au lieu de prendre l'échogène directement des substances où chaque espèce se trouve logée, on prend celui qui résulte de la désunion des couples de molécules de l'air qu'on réduit en sept espèces de segments de longueurs telles qu'ils correspondent à celles de sept espèces de segments qui constituent les équivalents électriques $\bar{E}$ et $\ddot{E}$. L'échogène est obtenu en désunissant les molécules d'air de deux manières : 1° après avoir comprimé l'air, soit dans un soufflet ou dans les poumons, on le laisse passer par une ouverture dans un espace où il est moins comprimé, ou 2° on fait passer rapidement un corps par le milieu des molécules d'air pour en désunir une grande quantité et rendre ainsi libre les segments qui constituent les équivalents négatifs $\bar{E}$ qui sont les éléments de sept espèces d'échogène.

Après avoir obtenu ces éléments par l'un ou l'autre moyen, pour les diviser en sept longueurs, on prend les sept rapports dans les longueurs de tuyaux ou de cordes qui doivent donner des nombres de vibrations en raison inverse, et c'est ainsi qu'au moyen de la masse on parvient à obtenir les sept espèces d'échogène des équivalents négatifs Ē, dont la quantité est proportionnelle à celle de couples désunis, et que l'intensité des sons correspond à la quantité ou à la densité du fluide échogène propagé.

§ 261. **Longueur des ondes sonores différentes de celles des cordes et des tuyaux.** Habituellement on comptait pour longueur des ondes sonores la longueur des cordes vibrantes ou celle des tuyaux parcourus par la colonne d'air; des observations postérieures ont constaté une différence : 1° dans les tuyaux, les ondes sonores sont plus grandes que la longueur de ces tuyaux. Ce fait cependant n'a pas été utilisé pour rectifier l'hypothèse fausse sur la nature des ondes sonores, qui sont considérées comme des colonnes d'air en pulsation, suivant la longueur des tuyaux, et l'on ne pouvait faire différemment, alors qu'était inconnue l'existence du fluide échogène et surtout son mouvement emmagasiné. Pour rendre évidente l'erreur dans laquelle se trouvaient tous les physiciens sous ce rapport et leur bien persuader que la longueur de l'onde sonore n'est pas celle l du tuyau, mais qu'elle en est la diagonale $\sqrt{l^2 + d^2}$, en désignant par d son diamètre; nous allons la démontrer par l'expérience et par le calcul.

§ 262. **Longueur des ondes sonores dans les tuyaux.** Le fluide échogène est produit aux deux bords de tuyaux ouverts par la désunion des couples aa' d'air; son mouvement emmagasiné se manifeste comme une pulsation qui est répulsive ou expansive et dont les intervalles dépendent de la longueur $\sqrt{l^2 + \delta^2}$ de la diagonale, parce que les rayons du fluide passent du bord antérieur du tuyau vers le bord postérieur, puis de celui-ci vers le premier, et ils se croisent au milieu de l'axe du tuyau pour former deux échocônes ayant les bases sur les bords et le sommet au milieu de l'axe du tuyau. L'existence de deux échocônes semblables a été constatée par l'expérience suivante.

L'air comprimé dans la soufflerie Z (fig. 97) pénètre par l'ouverture O dans le tuyau AC, où il devient moins dense, ensuite il se dilate encore en sortant du tuyau. Donc, par la désunion des couples d'air, les équivalents négatifs $\bar{E}$ s'accumulent aux deux bords, d'où ils se dispersent en directions divergentes par une répulsion expansive qui se répète alternativement et par intervalles isochrones entre les deux bords; comme cela se voit dans l'intérieur d'un tuyau en verre AC, dans lequel on fait descendre une petite membrane de baudruche tendue sur un anneau de carton et soutenue au moyen d'un fil en position horizontale pour porter des grains de sable. Quand la soufflerie est ouverte et que le son est entendu, on fait baisser lentement la membrane; on voit le sable sauter en produisant un bruit particulier qui s'affaiblit quand la membrane se rapproche du milieu B du tuyau, parce que le sable n'est plus agité que dans le milieu, autour du centre K de la membrane. Quand enfin la membrane arrive au milieu du tuyau, le sable est en repos; au delà de ce milieu, il commence à être agité de nouveau, non pas tout ensemble, mais progressivement, du centre vers la périphérie, où l'agitation se montre quand la membrane baisse dans l'extrémité inférieure du tuyau.

Figure 97.

La membrane n'étant pas repoussée de bas en haut prouve le manque d'une colonne d'air montant de l'ouverture O vers celle AA'; l'air qui entre dans le tuyau se disperse dans sa surface intérieure et s'écoule entre celle-ci et la périphérie de la membrane. L'agitation du sable résulte des rayons qui forment deux échocones; ces rayons, en pénétrant la membrane alternativement en sens inverse, produisent des vibrations de la partie qui en est atteinte.

§ 263. **Polarisation de l'air.** Dans les fluides réfléchis, l'aplatissement ou polarisation s'opère suivant le plan de réflexion, et, dans les fluides réfractés, il a lieu suivant un plan incliné à la surface du plan qui produit la réfraction; donc, l'air de la soufflerie réfracté au bord de l'ouverture O devient polarisé en perdant son expansion dans le sens de la largeur du tuyau; pour cette raison, il s'écoule entre le bord de la membrane et la surface intérieure du tuyau, en y formant un tuyau d'air en écoulement de O vers AA'.

§ 264. **Origine des vibrations.** La répulsion expansive est d'un degré constant; son apparition dépend de la résistance et de la distance que l'échogène doit parcourir; l'expansion s'opère par des intervalles isochrones, et leur contre-répulsion, communiquée aux molécules des corps, est la cause des vibrations isochrones qui augmentent ou diminuent d'amplitude, comme cela a lieu pour l'échogène. Jusqu'à présent, on était forcé d'attribuer les sons aux vibrations, parce qu'on ignorait l'existence du fluide échogène; ici, après la découverte de ce fluide, il devint évident que les vibrations résultent du mouvement emmagasiné dans l'électre et non pas par l'effort mécanique qui est limité dans la désunion des couples $\sigma\sigma'$.

Il y a également application d'effort dans les opérations télégraphiques, et bien des personnes s'imaginent que c'est au moyen de cet effort que les signaux sont transmis mécaniquement; on peut ranger dans cette catégorie les physiciens par rapport à la production des vibrations et de l'ensemble de la masse ébranlée par les contacts légers que la main d'un enfant produit sur les touches d'un clavecin.

Toutefois, les faits télégraphiques étant attribués à un fluide électrique ne pouvaient pas être considérés comme d'une nature connue, parce qu'il fallait se rendre compte de la quantité de mouvement indispensable pour faire parvenir le signal d'une station à l'autre, le mouvement n'étant pas l'effet de l'effort ne pouvait recevoir aucune explication; une foule de cas pareils se rencontrent dans les apparitions de faits physiologiques et qui restaient problématiques, parce qu'on ignorait que le mouvement se trouve emmagasiné et que, pour son apparition, il ne faut qu'une diminution de résistance extérieure, précisément comme dans les ressorts, dont le mouvement emmagasiné exige une diminution de résistance pour se manifester.

§ 265. **Rectification du calcul sur la vitesse du son.** Bernoulli eut le premier l'idée de mesurer la vitesse du son dans l'air au moyen des tuyaux d'orgue, en employant pour cela la formule

$$N = \frac{n}{l} a, \text{ dont } a = \frac{l}{n} N,$$

a étant la vitesse ou le nombre de mètres parcourus par le son en 1″, n un nombre entier qui indique le son harmonique ou la quantité des ondes produites en 1″ dans la longueur l du tuyau ouvert; N est le nombre de vibrations par 1″ observé et déterminé directement; en admettant $n = l$, on a $a = N$, et $lg = ng$ donne $a = N$. La même expérience a été faite par Wertheim pour déterminer la vitesse du son dans l'eau. L'un et l'autre obtinrent des résultats qui sont inférieurs à ceux obtenus par l'expérience. Dulong est allé plus loin, en prouvant que cette différence entre les résultats du calcul et de l'observation est en rapport direct avec la largeur des tuyaux; il n'avait plus qu'un pas à faire pour connaître que la longueur de l'onde n'est pas celle des tuyaux, mais leur diagonale, dont la différence diminue avec la largeur. Ce dernier pas a été arrêté par l'hypothèse que le son résulte des ondulations de la colonne de l'air; ici, en introduisant dans le calcul, à la place de la longueur l la diagonale $\sqrt{l^2 + d^2}$, nous avons trouvé que le résultat du calcul est en accord parfait avec celui de l'observation pour la vitesse du son tant dans l'air que dans l'eau. Nous sommes allé plus loin : nous avons démontré la polarisation de l'air, et, au lieu d'une colonne, nous avons trouvé un tuyau d'air dans l'intérieur de l'orgue.

§ 266. **Sons de la gamme de longueurs diagonales de tuyaux ou des cordes.** Après avoir ainsi prouvé que les longueurs des ondes sonores correspondent aux diagonales $\sqrt{l^2 + d^2}$ de tuyaux et non pas à leur longueur l, les sept sons de la gamme ne sont plus cherchés dans les longueurs $l, \frac{8}{9}l, \frac{4}{5}l \ldots \frac{8}{15}l$, mais dans les diagonales $\sqrt{l^2 + d^2}$, $\sqrt{\frac{64}{81}l^2 + d^2}$, $\sqrt{\frac{16}{25}l^2 + d^2} \ldots \sqrt{\frac{64}{225}l^2 + d^2}$. Nous sommes ainsi parvenu, au moyen du calcul, à obtenir toute espèce de résultats conformes à ceux de l'observation. En opérant avec les longueurs $l, \frac{8}{9}l, \frac{4}{5}l \ldots \frac{8}{15}l$ de cordes on n'obtient pas non plus exactement les sons de la gamme; en ce cas l'erreur se présente 1° comme dans les tuyaux quand le son est élevé par la moitié $\frac{1}{2}$ de la longueur de la corde, 2° mais en le faisant au moyen du carré 4P qui tend la corde de longueur l, le son obtenu est trop élevé, ce qui prouve la production d'un nombre de vibrations supérieur $2n + \alpha$; qui provient de ce que l'épaisseur de la corde diminue quand augmente le poids qui tend cette corde.

§ 267. **Timbre.** Chaque substance a un son bref qui lui est propre et qui peut devenir continuel par la diminution des intervalles; en composant une gamme de tels sons elle ne sera pas tout à fait la même qu'une autre obtenue par sept autres substances; seulement dans les gammes pareilles le timbre est confondu avec le son de la gamme. Cela n'est pas le cas quand les sept sons de la gamme sont obtenus au moyen d'une seule substance, car le son bref de celle-ci reste inséparable de ceux obtenus de ses longueurs différentes. En prenant l'unisson des sons brefs de substances différentes sur le violon, la basse où la flûte, on ne peut pas en séparer l'effet du son bref de chacun de ces instruments ; c'est donc ce son qui est nommé *timbre*, et celui-ci est particulier pour chaque instrument. Pour obtenir le même timbre le seul moyen est d'employer la même substance de la même manière.

IV. — SONS HARMONIQUES ET MODE MÉCANIQUE DE LEUR PRODUCTION.

§ 268. La quantité de couples désunies et d'équivalents électriques Ē obtenus dépend de l'effort consommé dans la désunion de ces couples. La consommation de ces équivalents s'opère par la répulsion expansive qui se manifeste comme une dispersion du fluide échogène. En opérant avec la soufflerie Z et le tuyau AC (fig. 97) avec un effort décroissant, on commence à entendre un son qui est le plus grave que ce tuyau puisse produire : il est pour cela nommé *son fondamental* ; l'échogène qui arrive à l'oreille produit un nombre n constant de pulsations par 1″, dont résulte un égal nombre de vibrations et d'ondes sonores. Les amplitudes 2γ de vibrations isochrones augmentent quand l'effort croît et sans que le son change de nature, il obtient une intensité supérieure ; mais cette élévation va jusqu'à un certain degré ; alors subitement le même son passe à l'octave supérieur, parce que le tuyau commence a produire un double nombre de vibrations, et cela non pas par toute sa longueur AC, mais par ses deux moitiés dont chacune donne par 1″ $2n - \alpha$ de vibrations, car la longueur des ondes sonores étant précédemment $\sqrt{l^2 + d^2}$ devient $\sqrt{\frac{1}{4} l^2 + d^2}$ qui est plus grande que la moitié de la précédente ; pour cette raison dans les sons aigus, la différence augmente entre les résultats du calcul et ceux des observations. L'effort continuant d'augmenter, les amplitudes γ et l'intensité δ croissent, mais le nombre de vibrations reste $2n - \alpha$ par 1″, ainsi le son se soutient jusqu'à un certain degré ; alors commence immédiatement un son produit par $3n - \alpha - \alpha'$ vibrations en 1 seconde ; elles sont obtenues par la subdivision de la longueur l du tuyau en trois portions dont chacune exécute par 1″, le nombre de $3n - \alpha - \alpha'$ de vibrations. Par suite la longueur de ces ondes sonores est $\sqrt{\frac{1}{9}l^2 + d^2}$. De cette manière sont produits spontanément les sons de vibration n, $2n - \alpha$, $2n - \alpha - \alpha'$... par 1″ pour cela on n'est plus en droit d'admettre pour leurs ondes les longueurs $l, \frac{1}{2}l, \frac{1}{3}l \ldots \frac{1}{4}l$, comme l'on faisait jusqu'à présent, malgré les résultats discordants entre le calcul et l'observation.

Au lieu d'attribuer la production de ces sons nommés *harmoniques* 1, 2, 3, 4, 5, 6, 7, 8..., à l'effort électrique exercé comme une répulsion expansive de la part du mouvement emmagasiné, Pythagore le premier, et depuis lui tous les physiciens, considéraient ces sons comme naturels sans prendre en considération les sons brefs inséparables des substances, quand même celles-ci sont forcées de produire un son différent. Des sons harmoniques il n'entre dans ceux de la gamme que les six premiers, tandis que le son 7 ou le nombre $7n$ de vibrations par 1″ n'est pas un son de la gamme ; sauf cela, les sons 1, 2, 4, 8 ne diffèrent pas ; ils sont tous les quatre le même son en octave 1re, 2e, 3e, 4e, de même les sons 3 et 6 ne diffèrent pas.

Comme les sons de la gamme de même les sons harmoniques sont joints avec le son bref qui est le son naturel de la substance dont on tire les sons ; ainsi le timbre est la preuve que les sons harmoniques n'ont pas un rapport avec les espèces d'échogène, mais avec sa densité ou avec celle de l'électricité négative devenue libre après les désunions des couples $\sigma\sigma'$. Nous reviendrons sur cet objet quand nous parlerons de la gamme chromatique employée dans les compositions musicales.

V. — MODE DE LA PRODUCTION DE L'ORGANE DE L'OUIE PAR LES SENTIMENTS DE L'ÉCHOGÈNE.

§ 269. Dans les objets de ce genre tout consiste en un arrangement où les faits sont liés entre eux comme causes et effets par la loi physique. Il faut avant tout connaître en quoi consistent les sentiments et puis les faits qu'ils produisaient lorsque se forma l'organe de l'ouïe, d'abord à l'état pour ainsi dire rudimentaire chez les mollusques céphalopodes dibranchiaux où manque le canal vertébral, qui se présente chez les poissons chez lesquels l'organe de l'ouïe est déjà mieux formé, mais manque encore l'organe de la voix. Chez quelques espèces de reptiles l'organe de la voix se trouve en un état imparfait et l'organe de l'ouïe y possède des détails plus étendus. Enfin l'organe de l'ouïe avec tous ses détails comme celui de la voix se trouve chez les oiseaux, les mammifères et chez l'homme. Tel a été l'ordre chronologique de la production de ces diverses classes animales.

Il y a ici à indiquer que des segments *s* d'électre moins denses constituant l'échogène mêlé avec les segments S d'électre plus denses sont résultés d'espèces de combinés qui manquaient avant l'apparition de l'échogène; ensuite que ces nouveaux individus composés d'éléments électriques possédant le mouvement emmagasiné ont produit par leur expansion 1° en avant le *nerf acoustique* prolongé pour pénétrer dans la cavité du crâne d'où, après une infinité de circonvolutions, les filets, multipliés par l'assemblage avec les filets des autresorganesde sensation, se propagent pour former la moëlle épinière qui a donné naissance à la colonne vertébrale, et 2° en arrière se forma l'*oreille*.

A. SENTIMENTS DE L'OUIE ET LEUR ACTION.

§ 270. Avant les animaux articulés il n'existait pas

d'ondes sonores, parce qu'il ne se produisait pas de désunions des couples moléculaires $\sigma\sigma'$; cette désunion date de l'époque de la formation des animaux aériens, parce que antérieurement il n'existait que des animaux aquatiques. Les éléments de l'échogène ne manquaient pas dès le commencement, mais il a fallu la désunion des couples moléculaires pour faire apparaître les segments *s* d'électre moins dense dont l'ensemble est le fluide *échogène*, tout à fait inconnu jusqu'à présent.

Les segments S d'électre plus dense se trouvent comme tels dans les substances alimentaires, car ce sont eux qui produisent les sentiments de saveur. Donc dans les rencontres entre les segments *s* et S d'*aréoélectre* et de *pycnoélectre* commencèrent à s'opérer les mélanges dont résultaient de nouveaux individus animés du mouvement emmagasiné provenant simultanément des deux espèces de segments. Des répulsions et des contre-répulsions en directions divergentes opérées dans les animaux précédents et dans leurs germes résulta une rupture d'équilibre qui se soutenait parce que les ondes sonores et l'échogène continuaient d'arriver. Au moyen de l'enchantement, les vibrations et la production de nouveaux individus électriques se multipliaient en chaque endroit suivant le même ordre. L'existence des faits qu'obtint Savart au moyen de l'espèce d'échogène dans les pulsations de jets d'eau § 172, date de cette époque reculée. Des créations nouvelles ont eu lieu dans les germes des animaux précédents; il en résulta successivement les poissons, les reptiles, les oiseaux, les mammifères et l'homme.

Ce qu'on doit entendre par le mot *sentiment* n'est qu'un combiné de segments S et *s* contenant les uns le pycnoélectre et les autres l'aréoélectre; la tension qui en résulte pour se mêler est ce qu'on doit entendre par le mot *affinité*. Ainsi ont été produits les sentiments d'échogène, et de la manifestation de leur mouvement emmagasiné comme une pulsation isochrone opérée par des répulsions et contre-répulsions expansives ont été produits 1° dans la direction de l'échogène les embranchements des nerfs, et 2° dans la direction dont venait l'échogène ont été produits les détails de l'organe de l'ouïe. Donc le point de départ est dans le liquide, où commence le nerf acoustique et les membranes. La structure avançait simultanément en deux sens divergents.

B. Mode de la production de l'organe de l'ouïe par l'action des sentiments.

§ 271. Tant que le mouvement emmagasiné restait inconnu, les physiciens étaient forcés de réduire la production de faits au mouvement résultant de la pesanteur; pour cette raison l'empirisme est inséparable du matérialisme qui domine actuellement partout, en produisant une extrême démoralisation. Les productions de faits physiologiques restèrent enveloppées d'un profond mystère pour tous les temps. Nous en exposerons ici comme exemple la série des faits qui ont eu lieu dans la formation des animaux primitifs pourvus de l'organe de l'ouïe. Une telle formation devait précéder l'apparition de la *reproduction;* les parties génitales ont été produites après toutes les autres; car à l'état primitif les animaux ont été neutres comme les abeilles ouvrières. Des nerfs venant des organes de sensation a été formé le cervelet dont l'expansion a eu pour résultat la formation de parties génitales des individus mâles. De l'spermatose ont été produits les individus où les parties génitales se trouvent en direction renversée. Les cas pathologiques du diabète, du priapisme, de la nymphomanie, etc., ont leur origine dans le cervelet.

De la production primitive résultèrent les organes de sensation produits par les espèces de sentiments qui sont des combinés électriques contenant emmagasiné le mouvement; les sentiments sont donc l'origine de la formation des animaux primitifs de genre neutre. Les parties génitales ont été produites toujours par la formation du cervelet au moyen de l'expansion de l'électre. La reproduction commença ensuite. Cet ordre de faits est indiqué même dans l'Écriture, où Adam étant endormi, une de ses côtes, indiquant son membre, a servi à la production d'Ève; plus tard Ève, tentée par ce membre représenté non plus par une côte, mais par un serpent, a sollicité l'acte nécessaire pour la reproduction. Le fait devient évident par la précaution qu'on a prise pour éviter les tentations pareilles en couvrant les parties qui les provoquaient.

§ 272. **Production du nerf et de l'embranchement par les sentiments.** Les segments homonymes *s* d'échogène, se combinant avec leurs hétéronymes **s**, produisaient des couples **s**, *s* qui se répandaient au moyen de leur mouvement emmagasiné. Cette expansion exercée contre les molécules matérielles lui faisait prendre un arrangement de nature à exercer le minimum de résistance. Telle a été l'origine de l'extrémité des filaments d'où part le nerf acoustique. L'action ne s'interrompait pas; de l'affluence de nouveaux segments *s* l'échogène aux parties des germes déjà existant, dans lesquels étaient les segments **s**, résultaient continuellement des sentiments homoïdes qui se propageaient dans la direction où ils rencontraient le minimum de résistance, et c'est dans cette direction qu'a été formé le nerf acoustique qui entre dans la cavité du crâne où arrivent les nerfs de tous les autres organes.

Pour que l'équilibre s'établît entre le fluide de ces sentiments et ceux qui déjà y existaient, il a fallu une modification universelle. Et comme l'écoulement de chaque espèce de sentiments s'opérait par une répulsion et une contre-répulsion, il en résulta des modifications de structure chez les cinq autres organes de sensation. Plusieurs nerfs appartenant aux six systèmes de filets sortirent du crâne pour se répandre dans les muscles voisins, et tout le reste ne trouvant plus assez d'espace dans la cavité précédente a été propagé vers l'autre extrémité du corps, en y produisant comme une espèce de continuation du crâne, c'est-à-dire la colonne vertébrale, qui pour cela se rencontre constamment chez les animaux possédant l'organe de l'ouïe.

§ 273. **Production de systèmes de filets de longueur décroissante.** Le son fondamental d'un orgue consiste en ondes d'une longueur considérée comme la plus grande des corps sonores; les six autres sons qui complètent l'octave ont des longueurs inférieures, mais en rapport constant entre elles. Chacune donc de ces sept espèces de sentiments a produit des filets de nerf de longueur correspondante; ainsi se forma la *gamme physiologique* qui est composée de sept filets de nerf qui sont le commencement du nerf acoustique et sont logés au devant de la fenêtre ronde dans le sommet du limaçon. De ces mêmes extrémités de filets se sont formées un grand nombre d'anses nerveuses terminales de la branche limacéenne sur la lame spirale du limaçon. En avançant du sommet du limaçon vers son ouverture large, le nombre des filets du nerf augmente, tandis que diminue la longueur de ceux qui ont leur commencement dans les anses les plus éloignées du sommet.

Dans chacun de 2 $\frac{1}{2}$ tours du limaçon sont contenues sept paires d'anses, et comme la voix de l'homme ne peut produire que les sons de trois gammes environ en faisant entendre simultanément les sons brefs ou le timbre, il en résulte que les trois séries d'anses correspondent aux trois gammes de la voix et les sept paires d'anses de chaque série correspondent aux sept sons de la gamme musicale et aux sept sons brefs de la gamme naturelle.

Le nombre des séries et des anses est inférieur chez les oiseaux et encore moindre chez les mammifères et les reptiles dont la voix ne peut produire que les sons d'une gamme et rarement quelques sons de la gamme supérieure comme cela a lieu pour les chats.

§ 274. **Production des détails de l'organe de l'ouïe par le sentiment.** Les contre-répulsions de l'électre contenu dans les sentiments produisent une série de détails en sens inverse qui sont en correspondance directe avec la masse de nerfs et son étendue qui résulte de la répulsion isodyname en sens progressif. Les détails produits ont été conservés en ordre chronologique chez les mollusques céphalopodes dits branchiaux, chez les poissons, les reptiles, les oiseaux, les mammifères et enfin chez l'homme.

Ainsi, en parlant des extrémités des filets du nerf, on trouvera dans le même ordre l'ensemble des détails trouvés chez l'homme et qui disparaissent graduellement de la périphérie vers le centre chez les animaux des classes ci-dessus nommées. Cet ordre, découvert par les physiologistes modernes, a rendu nécessaire l'étude de l'anatomie comparative.

Les liquides se prêtent à l'écoulement de l'électre de sentiment mieux que les gaz ou les solides : cela a lieu également pour les filaments du nerf acoustique et pour la rétine; ensuite viennent les structures membraneuses imbibées de liquides et puis l'air. Les parties solides sont accessoires. Les liquides sont indispensables, les parties membraneuses servent à soutenir les liquides en forme déterminées, comme cela est bien prouvé dans les détails de l'œil. La présence de l'air est indispensable dans la propagation des sentiments à l'organe de la voix, comme dans la propagation de l'échogène de cet organe vers l'organe de l'ouïe. Ainsi la trompe d'Eustache, très-évasée, se présente chez les reptiles qui possèdent l'organe de la voix et elle manque chez les poissons à cause de l'absence de cet organe.

§ 275. **Ordre des détails de l'organe de l'ouïe de**

l'homme. Les filets extrêmes du nerf flottent dans le liquide *périlymphe* contenant les quatre sacs où se trouve le liquide *endolymphe*. Ces sacs membraneux, fermés de tous les côtés, remplis de liquides, sont logés dans les trois canaux semi-circulaires et dans le vestibule osseux. Dans la membrane du tympan se termine l'appareil produit par les répulsions expansives des sentiments, et l'organe de l'ouïe y est limité chez les poissons. L'appareil extérieur est produit des mêmes sentiments mêlés avec l'échogène de l'organe de la voix qui manque chez les poissons.

§ 276. **Ordre des détails de l'organe de l'ouïe de l'homme.** Dans l'espace entouré de la masse osseuse est formé le vestibule et les trois canaux semi-circulaires; dans chacun de ceux-ci est logé un demi-anneau membraneux rempli d'un liquide, l'*endolymphe;* de même un sac membraneux, rempli du même liquide, est logé dans le vestibule. Autour de la surface extérieure de ces sacs membraneux est le liquide nommée *périlymphe* qui touche la surface du côté du nerf et est limité de l'autre par la masse osseuse des canaux et du vestibule. Ainsi, dans le périlymphe, flottent quatre sacs membraneux remplis de liquide, l'un ayant une forme irrégulière, et les trois autres la forme de demi-anneaux renflés en ampoules aux points de commencement. Pour les physiciens cette structure singulière de l'ouïe est restée un véritable problème.

§ 277. **Mode de l'amortissement de l'enchantement du nerf acoustique.** Dans tous les corps subsiste une continuité décroissante de vibrations après l'interruption de la production du son; nous avons indiqué le mode de la conservation des pulsations électriques dans les corps dont résulte leur enchantement. La diminution d'un tel enchantement communiqué au nerf des parties ambiantes est obtenue dans les membranes du tympan au moyen de ses tensions, mais il ne peut pas y être détruit. Ce sont donc les sacs de liquides en forme de demi-cercles *dd'* (fig. 98) qui servent comme de balancier pour anéantir l'enchantement très-nuisible à la production des sentiments dans lesquels ne doit entrer que l'espèce d'échogène émis du corps sonore. Pour cette raison l'appareil de balancier existe chez les animaux de toutes les classes; les physiologistes n'ont pas manqué de reconnaître à ce fait une grande importance; mais par un inconcevable oubli, ils ne sont pas parvenus à associer l'idée de cet appareil à celle de l'enchantement, qui ne leur était pas pourtant tout à fait inconnu.

Figure 98.

§ 278. **Appareil extérieur.** Le canal auditif et le pavillon, moins importants, qui ont un rapport essentiel avec les ondes affluentes de l'échogène, obtinrent différentes formes dans chaque classe et même dans chaque famille animale; mais cela n'est plus le cas pour la membrane du tympan qui forme le fond du canal extérieur où est attachée, au moyen de quatre muscles, l'une des extrémités d'une chaîne osseuse dont l'autre extrémité est attachée à la membrane; de sorte que celle-ci peut-être non-seulement tendue, mais aussi un peu tournée. Ce mécanisme sert à obtenir une double série de faits : 1° Comme l'iris fait pénétrer dans la pupille une quantité de lumière égale quand sa densité est grande ou petite, de même la membrane du tympan est tendue quand le son est faible et détendue quand le son est intense. 2° Comme les muscles de l'œil disposent la longueur de son axe suivant la distance des objets, de même les muscles de la chaîne osseuse la disposent de manière à prendre l'unisson des ondes de l'échogène.

C. MODE DE LA PRODUCTION DE L'ORGANE DE LA VOIX PAR LES SENTIMENTS ET PAR L'ÉCHOGÈNE.

§ 279. A la membrane du tympan, les répulsions expansives de la part des sentiments se rencontrent avec celles de l'echogène de la part des corps sonores. Il en résulte une contre-répulsion qui, propagée de deux côtés, donna naissance à l'arrangement des molécules pour former un appareil propre à désunir les couples moléculaires d'air et à réduire à l'état libre les équivalents électriques $2q\bar{E}$ logés dans les intervalles λ. Cette désunion des couples s'opère dans une fente étroite entre les poumons et l'ouverture supérieure du canal parcouru par l'air.

§ 280. L'air éprouve dans les poumons, de la part du thorax, une légère pression, en même temps que la fente nommée *glotte* se rétrécit pour engager les couples moléculaires à se séparer en sortant et à se désunir; ainsi y restent à l'état libre les équivalents $2q\bar{E}$ logés dans les intervalles λ. Le fluide échogène, composé de segments, qui sont les éléments primitifs composés d'électre, se répand par une répulsion expansive, dont le mouvement est emmagasiné dans l'électre. Cette répulsion se présente comme une pulsation isochrone qui se communique aux cordes du bord de la glotte, et ils se mettent en vibration correspondante à ladite pulsation.

SECTION I.

DU MODE DE LA PRODUCTION DES FAITS MATÉRIELS DE L'ÉCOULEMENT DE L'ÉCHOGÈNE PAR LE MILIEU DES CORPS.

---

§ 281. Le fluide échogène est toujours obtenu des équivalents électriques logés dans les intervalles moléculaires λ; il suffit pour cela de désunir les molécules pour faire disparaître ces intervalles, car alors les équivalents électriques ou le fluide échogène restent séparés de molécules matérielles σ, σ′, et pour cela leur répulsion expansive innée se trouve en un état qui lui permet de se manifester comme écoulement par le milieu du corps, où ce même fluide se trouve logé dans les intervalles λ à l'état équilibré.

La désunion des couples moléculaires exige un effort mécanique. Son effet est d'enlever la résistance qui soutenait en équilibre les équivalents électriques logés dans les intervalles λ. C'est ainsi que prend naissance un nouveau fluide qui n'a pas besoin d'être mis en mouvement, parce que l'*électre*, qui est son élément, contient emmagasinée une quantité de mouvement indéfinie, qui se manifeste chaque fois que la résistance disparaît, comme cela a lieu pour les molécules d'air qui, introduites dans le vide, font apparaître une expansion et une quantité indéfinie de mouvement emmagasiné.

Comme les petits nuages de fumée échappés du sommet d'un cigare se répandent et augmentent en volume étant portés dans l'air, une telle répulsion expansive donne naissance à l'écoulement du fluide échogène qui réduit en équilibre rompu les équivalents homonymes logés dans les intervalles des corps dont ils doivent s'éloigner pour céder leur place à ceux qui arrivent de la part du corps sonore, où s'opère la désunion des couples moléculaires $\sigma\sigma'$.

Le mouvement emmagasiné ne se manifeste pas tout entier à la fois comme une explosion, mais par une répétition de répulsions expansives isochrones qui se communiquent aux équivalents homonymes logés dans les intervalles λ, et de là le mouvement pulsatif passe aux molécules qui obtiennent ainsi des vibrations isochrones et tautochrones avec la pulsation qui résulte de l'expansion du fluide échogène. Le mouvement de celui-ci peut-être observé en tous ses détails dans celui de molécules matérielles. Comme exemples, nous exposerons le mode de la production de ce genre de faits matériels : 1° dans les corps solides, et 2° dans les liquides.

I. — MODE DE LA PRODUCTION DE FAITS MATÉRIELS PAR L'ÉCHOGÈNE SUR LES SOLIDES.

§ 282. Pour obtenir le mode de la propagation du fluide échogène, on emploie : 1° les plaques et les membranes tendues, ou 2° les verges et les cordes tendues. La désunion des couples moléculaires s'opère dans l'air, et les équivalents électriques devenus libres restent sur la surface de solides comme fluide échogène, dont la répulsion expansive se communique aux équivalents homonymes logés dans les intervalles de ces corps, et passe de là aux corps mêmes ou aux molécules $\sigma\sigma'$, dont ils sont constitués. Ainsi les molécules des corps sont mises en mouvement par deux causes : 1° par l'effort qui produit la désunion des couples d'air $\sigma\sigma'$ et les charges d'échogène, et 2° par cet échogène qui, en se répandant, repousse les équivalents homonymes et leurs molécules matérielles, de sorte que l'échogène même devient cause de production d'autres masses d'échogène.

Ainsi, dans les vibrations des corps solides se manifestent simultanément les effets de l'effort direct et ceux du fluide échogène : 1° De l'effort résulte l'effet attribué à l'élasticité, en forçant la verge N*b*″ (fig. 99) à prendre la direction N*d* les équivalents électriques obtiennent une densité supérieure dans la face concave *d* et une densité inférieure dans la face convexe *c*. Il y a donc une double rupture d'équilibre électrique dont résultent les vibrations attribuées à l'élasticité. 2° Ces vibrations, en désunissant les couples d'air, en font passer les équivalents électriques sur la surface du corps solide qui vibre encore et est soumis en même temps à la répulsion expansive de l'échogène. Ces deux causes motrices s'unissent, et il en résulte des vibrations correspondantes.

Figure 99.

A. DES FAITS MÉCANIQUES PRODUITS PAR L'ÉCHOGÈNE SUR LES VERGES.

§ 283. La verge peut être fixée par un seul point ou par ses deux extrémités ; elle doit vibrer dans l'air pour désunir ses couples et se charger d'échogène en quantités proportionnelles aux couples désunis : soit N*b*″ la partie d'une verge fixée en N, les espaces parcourus croissent comme les carrés de longueur N*n*, N*n*′ NN′ N*b*″. Si ces longueurs sont l, $2l$, $3l$, $4l$, les espaces parcourus seront proportionnels aux carrés l^2, $4l^2$, $9l^2$, $16l^2$; il y aura donc de chaque portion de la verge un espace différent parcouru, qui représente les surfaces s, $3s$, $5s$, $7s$; les quantités de couples désunies sont exprimées par ces surfaces et en même temps ces surfaces indiquent les densités de l'échogène dont se charge chaque portion de la verge vibrante.

La quantité d'équivalents électriques réduits par l'effort en équilibre rompu est égale en chaque portion de la longueur $4l$, de sorte que dans la portion extrême N'b'', ou de la surface $7s$ résulte la masse $7 \times 2q\bar{E}$ de fluide échogène ; il y a aussi la portion $q\bar{E}$ qui fait la somme $15q\bar{E}$. Le même effet aura lieu pour la portion qui est dans l'extrémité Na'' de l'autre de la verge admise au delà du point fixé N. La quantité d'équivalents électriques dans l'espace [illegible] est : 1° celle [illegible] de sa longueur $3q\bar{E}$, 2° celle de son échogène [illegible], d'où somme $21q\bar{E}$ d'équivalents électriques en [illegible] de la longueur NN' de la verge, tandis que de la somme [illegible], une moitié reste dans une partie extérieure [illegible] de la verge et l'autre $7\frac{1}{2}q\bar{E}$ passe à la partie Na'' de l'autre extrémité.

En calculant les effets qui doivent être produits sur les molécules de la verge par ces quantités d'équivalents électriques, nous sommes conduits à chercher dans la longueur $4l$ une séparation en deux portions dont l'une doit correspondre à la quantité d'équivalents électriques $7\frac{1}{2}q\bar{E}$, et l'autre à celle $21q\bar{E}$. Au moyen d'expériences directes, Lissajou obtint pour la portion N'b'' la valeur 0,3304 et pour la portion NN' la valeur 0,9196. Faisant donc la comparaison du rapport 9196 : 3304 obtenu par Lissajou des observations avec celui $21 : 7\frac{1}{2}$ obtenu ici par le calcul, nous ne trouvons qu'une différence qui est au delà des limites que l'observation peut atteindre dans les mesures micrométiques.

B. DES FAITS MÉCANIQUES PRODUITS PAR L'ÉCHOGÈNE SUR LES PLAQUES.

§ 284. Une plaque fixée au centre est attaquée par un archet qui, enduit de la résine colophane, sert à désunir les couples moléculaires $\sigma\sigma'$ et à rendre ainsi libres les équivalents électriques logés dans leurs intervalles λ : ces équivalents forment le fluide échogène qui exerce une répulsion expansive pour se répandre en directions divergentes. Soit

pp' (fig. 96) la plaque attaquée à un point de la périphérie K où résulte l'accumulation d'une quantité d'échogène qui se répand premièrement suivant la périphérie vers Kp et Kn''. Aux points p et n'' s'opèrent des nouvelles répulsions ou diastoles divergentes qui divisent la périphérie en parties égales de nombre pair $2n$. De chaque arc ainsi obtenu les répulsions expansives se propagent vers le centre et latéralement, et ainsi résultent des vibrations analogues à celles de verges fixées par leur milieu.

L'échogène qui part de la face supérieure du secteur K passe aux faces inférieures de secteurs latéraux v et u pour avancer et venir à la face supérieure des secteurs v' et k. Dans les diastoles suivantes l'écoulement de l'échogène s'opère par-dessous le secteur K; il s'élève aux faces supérieures des secteurs v et u et s'abaisse au-dessous de celui v'. Les deux systèmes de surface de secteurs sont parcourus par l'échogène de la manière suivante: il y a des diastoles simultanées dans toutes les quatre lignes nodales dont part l'échogène en directions divergentes divisé en deux moitiés $\mu + \mu'$ dont l'une s'élève vers la face supérieure et l'autre passe dans la face inférieure du secteur en contact. Arrivées au ventre de l'onde ou au milieu des secteurs, ces moitiés se divisent en deux moitiés m, m', dont l'une m se rend à la ligne nodale voisine, et l'autre m' est repoussée vers l'air. Dans l'autre face du secteur a lieu sur le ventre une égale subdivision de l'échogène en sens inverse. De ces causes motrices qui ont leur foyer dans les lignes nodales et des subdivisions opérées dans les ventres proviennent des effets mécaniques qui leur correspondent et qui sont les suivants.

§ 285. **Faits mécaniques produits par l'échogène sur le sable et la poussière fine.** Pour rendre évidentes les directions de l'écoulement de l'échogène sur la surface d'une plaque, on y répand des grains de sable seul et on observe leur déplacement, puis on mêle ces grains avec une poussière fine et l'on observe les lignes où s'accumulent ces deux corps, qui ne diffèrent que par leur légèreté.

I. *Lignes nodales.* Les grains de sable répandus sur toute la surface de la plaque *pp'* commencent à sauter dès qu'elle est attaquée par l'archet et s'arrangent de manière à former deux ou plusieurs paires de rayons qui divisent la surface de la plaque en quatre ou plusieurs secteurs égaux. Cela s'opère par des poussées qui partent en sens divergents alternativement du milieu de chaque secteur, nommé *ventre*, vers la ligne nodale voisine, car telle est la direction des grains de sable qui sautent.

Pour reconnaître que l'échogène arrivé à la ligne nodale exerce une répulsion expansive nommée *diastole* et ainsi se divise en deux moitiés qui s'éloignent en directions divergentes, l'une par la face supérieure et l'autre par la face inférieure des demi-secteurs voisins, on mêle le sable avec la poussière de lycopode.

II. *Ventres.* L'échogène η, parti de la ligne nodale suivant la face inférieure du demi-secteur, arrive à la face supérieure provenant du ventre ; une autre portion d'échogène η', partie de la même ligne nodale suivant la face supérieure du demi-secteur, de l'autre côté pénètre son ventre pour sortir par sa face inférieure, comme cela a été constaté dans le cas de production des interférences (§ 254). La poussière de lycopode, ne pouvant s'éloigner des ventres, s'y accumule en formant des tourbillons ; une feuille d'or placée sur un ventre se soulève en forme d'ampoule et se soutient à plusieurs millimètres au-dessus de la surface de la plaque *pp'*. Au moyen d'un écran on arrête les tourbillons opérés par l'échogène dans les molécules d'air; on voit changer la forme des amas de poussière; ceux-ci disparaissent des ventres dans le vide, et la poudre de lycopode est avec le sable repoussée dans les lignes nodales.

Il est prouvé ainsi que l'échogène du point K, où l'archet attaque la plaque, se répand au bord de la plaque et de là sur sa surface en la divisant en un égal nombre de lignes nodales et de ventres. De la portion η d'échogène, qui provient de chaque ventre et de la partie p qui s'éloigne vers l'air, et de sa partie $n-p$ qui va vers la ligne nodale voisine, la poudre est arrêtée, et le sable est entraîné. Dans le vide où l'échogène η ne s'éloigne pas du ventre, il s'écoule tout entier vers la ligne nodale voisine et il y entraîne la poudre avec le sable.

II. — MODE DE LA PRODUCTION DE FAITS MATÉRIELS PAR L'ÉCHOGÈNE SUR LES LIQUIDES.

§ 286. La désunion des molécules de liquides s'opère spontanément dans la paroi de l'orifice où s'accumulent les équivalents électriques qui se trouvant logés dans les intervalles λ des couples, sont devenus libres après la séparation des molécules σ, σ'. La quantité $2q\bar{E}$ de ces équivalents à l'état libre correspond à la quantité $q\sigma, q\sigma'$ de couples désunis; mais la densité δ de ces mêmes équivalents est en raison inverse de la paroi; quand celle-ci est mince, la densité des équivalents électriques ou du fluide échogène est dans son maximum, comme cela est constaté par les rayons d'échogène émis de cette paroi : 1° vers le vase pour empêcher l'écoulement du fluide, et 2° vers le jet liquide pour en faire rétrécir le diamètre de sa section (§ 171). La dépense diminue proportionnellement à l'augmentation de la résistance qui atteint son maximum dans la paroi mince. Personne ne pouvait comprendre cette singulière liaison, car on s'attendait à trouver le contraire; encore moins pouvait-on se rendre compte de l'origine commune des ondes sonores et des pulsations de veines liquides (§ 172), qui se présentent ici comme résultats directs de la répulsion expansive provenant du fluide échogène.

§ 287. **Rapport entre l'élasticité des liquides et**

l'échogène produit. En laissant s'écouler du même vase différents liquides, les effets obtenus au moyen de la désunion des couples moléculaires correspondent à leur compressibilité, qui indique la quantité d'équivalents électriques contenus dans les intervalles λ des couples moléculaires de chaque espèce de liquide; par exemple, pour les liquides suivants : l'éther, l'alcool, l'eau et la dissolution d'ammoniaque, la compressibilité est 131, 94, 47, 33 millionèmes, et la longueur *l* (fig. 73) de la partie continue entre l'orifice et la partie contractée pour les mêmes liquides est 90^{cm}, 85^{cm}, 70^{cm}, 46^{cm}. L'intensité de la répulsion des rayons d'échogène est exprimée dans ces longueurs, et cette intensité correspond à la quantité d'équivalents électriques logés dans les intervalles λ de molécules de ces liquides.

§ 288. **Répulsion de l'échogène contre une colonne d'eau.** Pour comparer la dépense de l'eau avec la quantité d'échogène obtenue, Savart a employé un appareil très-simple. Deux réservoirs cylindriques de 1^{m},37 de hauteur et de 0^{m},22 de diamètre ont pour orifice les tubes *t*, *t'* (fig. 100). A ces tubes, on visse la virole qui porte l'orifice. Nous exposerons ensuite les autres faits : ici va être examiné l'effet qui se produit quand le niveau est maintenu constant d'un seul côté B, où l'orifice a un diamètre *d* quand celui de l'autre côté A a un diamètre double 2*d*.

Figure 100.

Après avoir ouvert les deux orifices, on voit que le niveau ne baisse pas dans le vase A qui porte le grand orifice, et que toute la dépense s'opère du vase B à niveau constant, par suite de la désunion des couples *et* l'échogène accumulé dans la paroi de l'orifice étroit se répand en directions divergentes; des rayons intérieurs résulte une diminution de la dépense, et les rayons extérieurs empêchent l'écoulement de l'orifice du vase A, qui a une section quadruple, et par suite cela s'opère : 1° au moyen de la poussée P exercée par la colonne d'eau du vase B dans le jet de diamètre *d*, et 2° au moyen de la poussée triple 3P exercée par les rayons de l'échogène. Ce fait mécanique, de même que les précédents, quoique remarqué par Savart, ne pouvait trouver aucune explication tant que restait inconnue l'existence du fluide échogène.

§ 289. **Jet lancé** [illegible] **gène.** Comme dans le [illegible] constant dans le vase [illegible] mètres des orifices so[illegible] de 2^cm environ. La vei[illegible] presque laisser écouler [illegible] pour remplir le vase A [illegible] en contact les deux or[illegible] siques, on a cherché à expliquer cette grande différence de temps par une pression de l'atmosphère sur le jet, pression qui, si elle eût existé, aurait dû produire un effet tout à fait contraire.

La désunion des couples s'opère à la paroi par l'écoulement de l'eau; cette paroi se charge d'échogène qui rayonne vers l'axe du jet liquide et le force à pénétrer dans l'orifice. Dans le cas où les deux orifices sont mis en contact, il n'existe plus de désunion de couples ni de production d'échogène, et l'écoulement du fluide obéit à la pression de la pesanteur, qui est la même que dans le cas précédent; l'excédant de poussée qui fait diminuer le temps est un effet direct de l'échogène.

III. — APPLICATION DU FLUIDE ÉCHOGÈNE COMME CAUSE MOTRICE A LA PLACE DE LA VAPEUR.

§ 290. Soit un jet liquide *t* (fig. 101) qui frappe le disque *d* formant le bassin d'une balance, on place dans l'autre B des poids de manière à obtenir l'équilibre; puis le jet étant supprimé, on met des poids en *d* pour rétablir cet équilibre. Ces poids représentent la pression P exercée par le jet, et ces poids restant les mêmes avec la dépense, la pression P ne reste pas la même, mais peut augmenter jusqu'à devenir quadruple quand le disque a une forme concave et un diamètre deux fois si grand que celui de la veine d'eau qui s'y produit.

Figure 101

En établissant donc une roue à la surface de laquelle on a attaché des disques concaves de diamètre indiqué pour comprendre la quadruple veine, cette roue, en tournant, fera monter à B un poids 4P, pendant que celui qui se consomme dans la dépense n'est que P.

Depuis longtemps on a inventé une foule de théories pour obtenir un mobile perpétuel; mais chaque fois qu'on a voulu en venir à l'application, on a pu se convaincre de l'erreur où l'on se trouvait. Ici se présente un cas tout à fait contraire; au moyen de l'expérience, Savart et avant lui Morsi, ont constaté qu'au moyen de la dépense d'un liquide d'une pression P, il peut être tenu en équilibre sous une pression quadruple; mais comme ils ignoraient que cet effet résulte de la part d'un fluide échogène possédant le mouvement emmagasiné, ils s'arrêtèrent à la description de faits dont l'existence est incontestable. Pour compléter ces faits, nous allons donc donner l'explication du mode de leur production directement du mouvement emmagasiné, et non pas par la pesanteur.

§ 291. **Mode de la production de l'échogène dans la paroi mince.** Dans la paroi mince *oo* (fig. 72) s'opère la désunion des couples moléculaires $\sigma\sigma'$, et s'y accumulent les équivalents $2q\bar{E}$ qui étaient logés dans les intervalles λ de ces couples ; on ne connaissait pas que de tels équivalents existassent, et encore moins que leur ensemble est le fluide échogène qui se répand comme la lumière, et, arrivé au nerf acoustique, y produit les sentiments de l'ouïe. Nous ne prouvons pas ici seulement l'existence du fluide échogène, mais en même temps l'emmagasinage d'une quantité indéfinie de mouvement qui se manifeste comme une répulsion expansive qui fait augmenter son volume et lui fait exercer une répulsion contre les équivalents homonymes logés dans les intervalles λ' des corps ; de sorte qu'elle passe aux molécules matérielles σ, σ', et c'est ainsi qu'une répulsion ayant son origine dans le mouvement emmagasiné se trouve transférée aux molécules matérielles qui obéissent à la pesanteur.

Les équivalents électriques $2q\bar{E}$, qui sont le fluide échogène accumulé dans la paroi *oo'*, exercent entre eux une répulsion et une contre-répulsion en directions divergentes, et c'est cette double poussée d'où provient, 1° une grande diminution de la dépense quand la paroi est mince à cause de la résistance, et 2° une grande pression sur le disque *d*. Cette pression ne pénètre pas dans le disque qui a le même diamètre que la section du jet et qui est plan ; mais s'il est concave, il y a entre son bord et la paroi de l'orifice une poussée égale à celle P exercée par la colonne d'eau. Pour faire devenir la poussée quadruple, il faut augmenter le diamètre *ff'* du disque concave *d'*.

En ce cas, l'échogène du bord du jet exerce une répulsion et une contre-répulsion pour former une onde liquide dont la longueur est égale au rayon de la nappe; celle-ci, ayant été parcourue par des va-et-vient de l'échogène, exerce par ses deux extrémités sur le disque la double poussée 2P. Au lieu de faire arriver le jet sur la surface supérieure du disque, on peut le faire frapper sa face inférieure concave; cette disposition serait plus avantageuse dans la production des forces mécaniques au moyen de l'échogène, comme cela va être prouvé plus bas.

§ 292. **Mode de production de l'échogène en grande densité.** L'échogène est obtenu dans la surface des verges par la désunion des couples d'air au moyen d'un drap humide employé à la place de l'archet pour frotter cette surface, de même que les poils de l'archet ainsi que ceux du drap forment une sorte de scie à dents microscopiques qui désunissent les couples moléculaires de l'air pour en faire rester à l'état libre les équivalents électriques ou le fluide échogène. Savart, sans connaître ce fluide, a déterminé ses effets mécaniques, qui sont les suivants.

On place presque horizontalement une longue barre de métal *ab* (fig. 102) fixée par le milieu *n*, dont on fait plonger en partie l'extrémité *a* dans de l'eau ou du mercure. Quand

Figure 102.

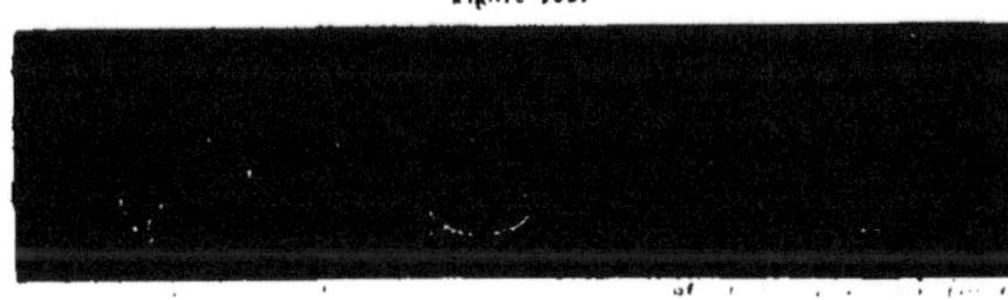

on produit l'échogène de la manière indiquée, il rayonne par les deux bouts en exerçant des efforts dont résulte : 1° l'allongement de la barre, et 2° la répulsion des corps en contact avec les deux extrémités de la barre. Celle-ci se manifeste aux masses de liquide projeté au loin et à la balle *b* soutenue par une tige en baleine qui oscille vivement; si cette balle est un pendule, elle éprouve une poussée qui lui fait décrire une périphérie. Une barre de 2ᵐ de longueur obtient l'allongement de 4^{mm} quand elle est en laiton, et il prouve que l'effort dont il résulte doit être comparé à celui qui résulterait de plusieurs milliers de kilogrammes.

§ 253. **Machines à échogène.** Il a été prouvé (tome III, p. 719) que l'origine du travail est dans le mouvement emmagasiné aux équivalents électriques qui constituent les atomes de chaleur, ici il est également prouvé qu'au moyen de la désunion des couples moléculaires $\sigma\sigma'$ on réduit à l'état libre les mêmes équivalents électriques où est emmagasiné le mouvement. Dans tous les temps était connue la poussée de la part de la vapeur, mais son application comme cause motrice de machine est très-récente. De même, tant que l'existence du fluide échogène était inconnue, personne ne songea à y chercher une cause motrice, malgré les faits mécaniques produits par les sons, car ceux-ci, au lieu d'être employés pour produire des mouvements de corps, ont été considérés comme un effet des vibrations des corps.

En frottant deux barres B, B' parallèles avec du drap humide, on obtient un effort comparativement multiple à celui employé pour faire marcher les morceaux de drap par des va-et-vient autour des deux barres. L'excédant d'effort passant aux quatre roues dans le même sens les fera tourner en portant les barres et l'appareil qui les frotte. Comme on l'a vu pour les machines à vapeur, de même pour celles à échogène, il est impossible dès à présent d'évaluer la portée qu'elles vont obtenir dans l'industrie, nous reviendrons sur les détails de ce nouvel objet non moins important pour la science que pour l'industrie.

CHAPITRE PREMIER.

DU MODE DE LA PRODUCTION ET DISTRIBUTION DE L'ÉCHOGÈNE DANS LES CORPS SOLIDES.

§ 294. Comme l'échogène est produit par la désunion des couples moléculaires de l'air, dans le vide les vibrations ne produisent aucun son. Pour de telles désunions des couples un certain effort est nécessaire; alors, les équivalents électriques $2q\bar{E}$ logés dans les intervalles λ restent à l'état libre. Pour que ces équivalents se répandent comme fluide échogène et mettent les corps en vibration isochrone, il n'est pas besoin d'une poussée extérieure, car le mouvement se trouve emmagasiné dans les sept éléments qui constituent les équivalents $\bar{E}$.

La même cloche peut osciller fortement dans le vide sans produire d'échogène, en étant maintenue en vibration; ces vibrations résultent des équivalents électriques E dissimulés, comme cela a lieu dans tous les corps élastiques; elles sont isochrones comme celles produites par l'échogène, et s'opèrent ensemble quand les corps vibrent dans l'air. On peut dans le vide prouver l'existence de vibrations de corps élastiques, sans être accompagnées de vibrations provenant d'échogène; mais le contraire n'est pas possible, parce que la dispersion de ce fluide ne peut s'opérer dans les corps sans leurs équivalents homonymes $q\bar{E}$ d'abord, et puis que leurs molécules soient mis en équilibre rompu.

Après avoir exposé déjà le mode de production de l'échogène, il ne nous reste plus qu'à rapporter un nombre d'exemples qui serviront à mettre le lecteur en état de faire la même application à tout autre cas. Une grande facilité résulte de la connaissance du mouvement emmagasiné qui se prête à poursuivre les détails de productions de faits qui ont lieu suivant la même loi physique. Les faits ainsi arrangés se présentent déjà presque tout expliqués, évidents et simples, parce que le même mode de production s'opère comme dans la Mécanique dans chaque série de faits.

Nous allons exposer les faits de l'échogène relatifs, 1° aux cordes, 2° aux verges droites ou courbes, 3° aux plaques, et 4° aux membranes, et encore l'usage des détails du violon parfaitement inconnu jusqu'à présent.

I — FAITS DE L'ÉCHOGÈNE OBSERVÉS DANS LES CORDES TENDUES.

§ 295. Une corde non tendue a une grande section S, dans la surface de laquelle ont une faible densité $d - d'$ les équivalents électriques qE dissimulés. Au moyen d'un poids P (fig. 103), on fait s'allonger la corde ac qui obtient une section inférieure s, où la même quantité qE d'équivalents électriques se trouve en densité supérieure $\delta + \delta'$ qui croît quand augmente le poids P, parce que les intervalles diminuent et deviennent $\lambda - \lambda'$. La rigidité produite sur la corde par le poids P consiste donc en une densité supérieure des équivalents qE; mais l'augmentation du volume en longueur y fait élargir les intervalles qui deviennent $\lambda + \lambda'$.

Figure 103.

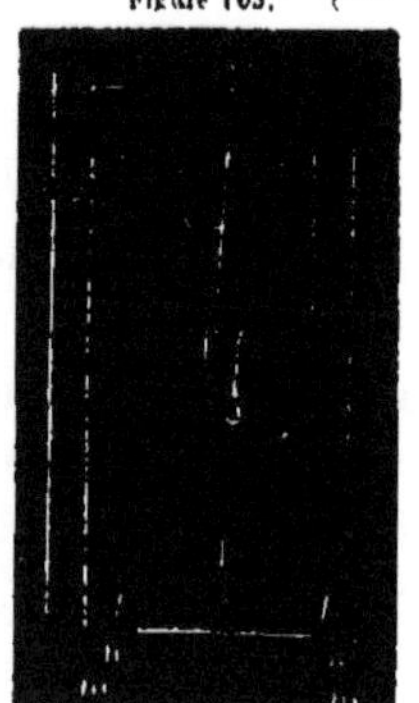

Une corde tendue désunit les couples d'air directement; quand elle est pincée, les équivalents électriques $2q\bar{E}$ logés dans les intervalles de l'air restent libres sur la corde qui vibre au commencement par son élasticité; mais ensuite l'échogène accumulé se répand sur la surface de la corde dont il s'éloigne en produisant des vibrations synchrones avec celles qui résultent de l'élasticité, de sorte que la poussée exercée est la somme $p + p'$ en admettant p' pour celle qui résulte de l'élasticité, et p pour celle produite par l'échogène. Quand la corde est attaquée par l'archet, il y a désunion de couples entre lui et la corde ; celle-ci se charge immédiatement d'échogène qui se répand sur sa surface et s'en éloigne de la manière indiquée, en produisant des vibrations de la corde plus fréquentes et plus étendues.

§ 296. **De l'archet et de son effet sur les corps solides.** L'archet consiste en un faisceau de crins tendus parallèlement sur une baguette de bois par les deux extrémités. Ces crins sont enduits de colophane, fine résine qui leur donne la propriété d'adhérer aux corps sur lesquels on les frotte. Ainsi résulte nécessairement une désunion complète des couples d'air $\sigma\sigma'$ entre lesquelles passe chaque fil de crins. Bernouilli, au lieu de considérer les vibrations comme un effet de l'échogène, a tâché de les obtenir mécaniquement par le frottement de l'archet auquel il a attribué des dents équidistantes ; cette hypothèse a été abandonnée parce qu'elle en entraîne un grand nombre d'autres. A la place de dents, d'autres physiciens ont cherché à produire avec l'archet une suite de chocs ; et tout cela malgré les résultats obtenus de l'observation microscopique qui ne permet aucunement de méconnaître une continuité de contact entre l'archet et la corde ; c'est pour cela qu'il doit être bien appuyé. L'archet vibre lui-même transversalement ; il doit être solidement tenu et pressé contre la corde. 1° La main peut continuer la vitesse en modifiant la pression ; 2° elle peut soutenir la même pression en modifiant la vitesse, ou 3° elle peut modifier simultanément la pression et la vitesse. Les va-et-vient de l'archet n'ont aucune influence sur les va-et-vient des cordes ou des verges en vibration.

§ 297. **Série de faits acoustiques qui résultent du frottement de la corde par l'archet.** Pour obtenir la désunion d'un nombre supérieur de couples moléculaires $\sigma\sigma'$ d'air au moyen de l'archet, il y a un faisceau de crins dont chacun désunit une série de couples, et les équivalents électriques $2\,q\bar{E}$ logés dans les intervalles λ restent à l'état libre $q\bar{E}$ sur la corde et $q\bar{E}$ sur les crins, d'où ils se répandent au moyen de leur mouvement emmagasiné en produisant des pulsations isochrones qui apparaissent 1° dans les cordes, 2° la caisse, et 3° dans l'air qui y est contenu.

§ 298. **Rapport entre la consommation de l'échogène et la résistance dans la corde.** La consommation de l'échogène s'opère dans chaque excursion de la corde où est produite une diastole qui divise la somme $2\,(\mu + \mu')$ en deux moitiés dont l'une passe dans l'air et l'autre reste dans la corde. Cette consommation se répète plus rapidement quand est moindre la résistance R qu'éprouve l'échogène en traversant le diamètre d de la corde, et cette diminution est obtenue de quatre manières : 1° par une diminution du diamètre d ou de la section s ; 2° par une diminution du nombre de ces sections ou de la longueur l ; 3° par une augmentation des intervalles $\lambda + \lambda'$ qui séparent ces sections ; 4° par une diminution du diamètre d et une augmentation de la densité d'équivalents $\bar{E}$ dans la section s.

Le poids P qui tend la corde en faisant augmenter entre les sections s les intervalles λ qui deviennent $\lambda + \lambda'$, facilite la pénétration de l'échogène par le diamètre de ces sections. Il faut donc agir sur ces sections pour obtenir des effets par leur diamètre. L'unique effet de la consommation de l'échogène est le nombre de vibrations produites en une unité de temps. La formule

$$n = \sqrt{\frac{P}{p}} \qquad (2)$$

indique le rapport entre la résistance R opérée par la corde non tendue et celle R' produite par la corde tendue ; ces résistances étant en raison inverse des poids qui tendent la corde, l'effet du poids p est en raison inverse de celui du poids P, et on a $P : p :: R : R'$ ou $R'P = Rp$; ainsi le rapport $\sqrt{\frac{P}{p}}$ est en même temps 1° celui entre les résistances $R : R'$ produites par la corde non tendue et la corde tendue, et 2° celui entre les masses d'échogène m consommées en 1 seconde par la corde non tendue et celles M consommées dans le même espace de temps par la corde tendue. Les poids tendants agissent sur les sections de la corde $\pi r^2 = \varepsilon$, mais dans les vibrations l'effet est produit par le va-et-vient de l'échogène suivant les diamètres $2r = d$ de la corde; pour cette raison il faut prendre la racine carrée du rapport $\frac{P}{p}$.

Nous montrerons plus bas qu'en prenant les surfaces $\varepsilon, \varepsilon'$ parcourues par les cordes ou les verges comme quantité d'échogène produit, sa consommation par les vibrations est donnée par le rapport $\frac{L^2}{l^2}$ de carrés de longueurs dont sont parcourues les surfaces $\varepsilon, \varepsilon'$: en ce cas on a la formule

$$(\beta) \qquad n = \frac{L^2}{l^2}$$

qui indique le nombre de vibrations.

§ 299. **Rectification des calculs acoustiques.** Après avoir trouvé empiriquement les deux formules qui indiquent exactement le nombre de vibrations, leur application aux dimensions inférieures ou aux poids supérieurs 49P, P donne toujours des sons plus graves que ceux qui devaient être suivant la formule. Pour faire disparaître le désaccord entre les résultats des calculs et ceux des observations en tous les cas, nous avons trouvé qu'il faut introduire dans les calculs comme longueur des ondes sonores non pas celle de la corde ou de sa moitié, comme on le faisait, mais leurs diagonales. La correction consiste en un remplacement de la longueur l par $\sqrt{l^2 + d^2}$; alors diminue la valeur du nombre n pour devenir exactement celle qui est trouvée par l'observation.

L'effet qui résulte de la longueur $l + \alpha$ de l'onde sonore égale à la diagonale de la corde l a été attribué par Duhamel à une rigidité; pour mieux rendre évidente la différence, Savart a représenté les poids P; P + P'; P + P' + P''... dans les abscisses qd, qd... (fig. 104) et il en obtint au moyen des ordonnés 1° la ligne droite qb' pour les vibrations observées et 2° la courbe ab pour les observations calculées où les nombres sont supérieurs, parce qu'au lieu de la diagonale entre dans le calcul la longueur l de la corde. La diminution de la différence quand les poids augmentent résulte, non de rigidité, mais de ce que le diamètre de la corde diminue.

Figure 104.

A. Subdivision de la corde par l'échogène accumulé.

§300. Une corde AC (fig. 105) se charge d'échogène quand elle est pincée ou frottée avec l'archet; l'effort est appliqué pour déplacer la corde jusqu'à o sans qu'on entende aucun son. Si l'on opère dans le vide, la corde abandonnée vibre et la production du son manque. Les vibrations pareilles ont pour cause la rupture d'équilibre qui résulte des inégales densités d'équivalents électriques qE qui, répandues dans les surfaces concaves S des cordes, obtiennent la densité supérieure $\delta + \delta'$ parce qu'elles diminuent et deviennent S — s; au contraire la surface convexe augmente et devient S + s, et l'on y voit diminuer la densité des équivalents électriques qui devient $\delta - \delta$; ainsi le degré de la rupture d'équilibre est

$2\delta' = \delta + \delta' - (\delta - \delta')$, et c'est elle qui soutient la corde en vibration dans le vide aussi bien que dans l'air.

Si l'on attaque avec l'archet une corde tendue, le son apparaît immédiatement sans que change la direction de la main et que s'interrompe le contact entre l'archet et la corde, dans le vide en ce cas la corde ne vibre pas pendant que son déplacement s'opère au moyen de l'archet qui l'entraîne comme la main sans l'abandonner. Ainsi nous avons obtenu des preuves empiriques pour démontrer que les vibrations résultent toujours des équivalents électriques qui sont réduits en équilibre rompu 1° par leurs densités inégales $\delta + \delta'$ et $\delta - \delta'$ ou 2° par l'échogène γ, qui consiste en équivalents électriques $2\,q\bar{E}$ se trouvant précédemment logés dans les intervalles λ des couples moléculaires que l'on a désunis faisant passer l'archet entre eux.

Figure 105.

Si la longueur l de la corde et le poids P qui la tend restent les mêmes et si l'on augmente la vitesse de l'archet pour exécuter un double nombre de va-et-vient en 1″, la désunion des couples moléculaires devient double entre lui et la corde; la surface de la corde restant la même, il y a une double quantité $2q\bar{E}$ d'équivalents qui restent à l'état libre, leur densité est pour cela double et elle provoque une consommation analogue parce que la production ne s'interrompt pas. La consommation de ces équivalents électriques de la surface de la corde se présente comme un fluide qui se répand sous forme d'ondes sonores.

Au commencement avec la multiplication de la vitesse de l'archet augmentent les amplitudes 2γ qui deviennent $2\gamma + \gamma'$ et enfin $2\gamma + \gamma' + \gamma''$ qui est leur maximum; immédiatement après, l'amplitude de la corde AC revient à 2γ, et ses deux moitiés commencent à vibrer simultanément avec une amplitude γ et en produisant un double nombre de vibrations $2n$. L'échogène consommé en chaque vibration est donné par la surface parcourue de la corde qui est le produit γl de la moitié de l'amplitude 2γ par la longueur l de la corde. Ce produit croît avec les amplitudes $2\gamma+\gamma'$, $2\gamma'+\gamma''$; enfin, quand les deux moitiés AB, BC commencent à vibrer simultanément avec la corde entière AC, la consommation de l'échogène augmente pour devenir $2\gamma l$, c'est-à-dire double de la précédente.

La vitesse de la main qui porte l'archet peut devenir triple, quadruple, etc.; les quantités de couples destinés deviennent triples, quadruples, etc.; ainsi augmente proportionnellement le nombre de vibrations qui correspondent à la consommation de l'échogène dont la production continue. 1° La quantité $2q\bar{E}$ d'équivalent ou d'échogène se consomme dans les espaces parcourus par la longueur AC de la corde; 2° la quantité $4q\bar{E}$ se consomme quand vibrent avec la corde AC simultanément ses deux moitiés AB et BC; 3° pour que les quantités $6q\bar{E}$, $8q\bar{E}$, $10q\bar{E}$, etc., soient dépensées, il faut une vibration simultanée de la corde AC, de ses deux moitiés, de ses trois tiers, de ses quatre quarts, etc. Ainsi nous sommes parvenus à prouver que de la vitesse de la main dépend la quantité d'échogène produite; alors sa consommation ne pouvant être obtenue qu'au moyen de vibrations de portions égales de la corde subdivisée par 2, 3, 4, etc., les sons qui en résultent nommés harmoniques, sont produits par un nombre de vibrations $2n$, $3n$, $4n$, etc., et pour cela en les indiquant par les nombres entiers 1, 2, 3, 4, 5, etc., on les appelle *sons harmoniques*.

§ 301. **Frottement du milieu de la corde par l'archet.** L'échogène ayant été produit par l'archet au point B du milieu dont partent les pulsations ou les diastoles, on n'obtient qu'un bruissement désagréable au lieu d'un son musical ; le même effet a lieu quand l'archet est placé au tiers, au quart, etc., c'est-à-dire sur un des points de division qui correspondent aux harmoniques. En ce cas si l'on fait marcher deux archets en sens divergents ou convergents, l'échogène se disperse à gauche et à droite et le son fondamental est produit.

En augmentant la vitesse de la main quand l'archet reste au milieu de la corde, l'on produit quantité d'échogène $4q\bar{E}$, mais l'harmonique 2 n'apparaît pas jusqu'au degré où l'échogène devient $6q\bar{E}$, lorsque commencent à vibrer simultanément : 1° la longueur AC, 2° ses deux moitiés AB, AC et 3° ses trois tiers As, ss, sC. Une vitesse supérieure de l'archet ne produit pas le son 4, mais elle doit augmenter assez pour pouvoir produire la quantité $10q\bar{E}$ d'échogène et le son 5.

B. Du mode de la production de l'échogène par le violon.

§ 302. Cet instrument, connu par les anciens, contient l'ensemble de tous les trois modes de désunions de couples ; pour cette raison nous l'avons choisi pour y faire l'analyse de tous ses détails, et montrer en quoi consiste l'usage de chaque partie indispensable qui sont : 1° les quatre cordes tendues, 2° la caisse AB (fig. 106), composées des deux

Figure 106.

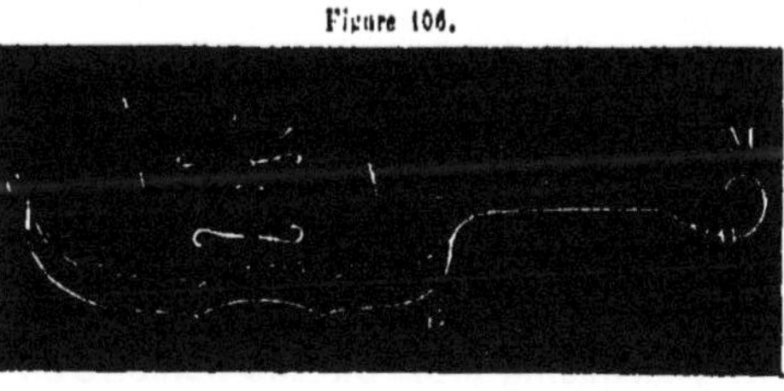

tables, dont la supérieure en sapin est renforcée par une barre en bois collée en dedans longitudinalement ; la table inférieure en bois dur s'appelle *fond*. Ces deux tables horizontales sont réunies par des lames de bois *ee* nommées *éclisses*, qui en suivent le contour en formant la hauteur de la caisse; 3° les cordes sont fixées d'une part en C à l'extrémité de la caisse par l'intermédiaire de la queue *q*, et de l'autre part à des chevilles, destinées à les tendre et adaptées à l'extrémité du manche M; 4° les cordes s'appuient sur un chevalet *ch*; 5° il y a encore entre les deux tables une petite colonne au-dessous du pied droit du chevalet, elle est nommée *âme*; dans la table supérieure des deux côtés du chevalet se trouvent deux fenêtres *o*, *o'* étroites et longues en forme de S.

§ 204. **Faits résultant du dérangement des détails du violon.** Cela sert à mieux apprécier le véritable usage de chaque partie intégrante. 1° Le chevalet avec l'âme manquent dans la guitare et la harpe, dont les cordes sont pincées et non frottées; malgré une caisse plus grande, les sons qui en résultent sont faibles. 2° Si l'on bouche les fenêtres, le son s'affaiblit davantage; il reste faible quand la forme de fenêtres est carrée, large ou circulaire, et cela dans toutes les dimensions possibles. Des fenêtres pratiquées ailleurs sur la table supérieure ou dans les éclisses donnent un son maigre et cela à un degré d'autant supérieur que les fenêtres sont plus grandes. 3° Les tables de la caisse du même bois dur ou de sapin donnent un son faible et sourd quand tout le reste se trouve en son état normal. 4° Le chevalet supprimé rend le son faible. 5° L'âme enlevée, le son devient pauvre, et alors le son que rend le système de la colonne d'air et des tables devient plus grave; lorsque l'archet est dirigé normalement aux tables, l'âme est moins nécessaire.

§ 205. **Problèmes acoustiques à résoudre.**

I. Pourquoi la table du fond doit être en bois dur et non pas en sapin.

II. A quoi servent les fenêtres et leur forme?

III. Pourquoi ne doit-il pas exister d'autre ouverture dans la caisse?

IV. A quoi servent le chevalet et l'âme?

RÉSOLUTION DES PROBLÈMES ACOUSTIQUES.

I. **Mécanisme de la respiration de la caisse.** Les deux tables en même bois vibrant en unisson produisent d'égales amplitudes qui font rester invariable l'épaisseur de la couche d'air qui les sépare. Tel est le cas qu'on doit éviter au moyen d'un fond en bois dur qui donne l'amplitude $2\gamma-\alpha$ quand la table en sapin donne l'amplitude 2γ. L'épaisseur de la couche d'air est $e-\alpha$ pendant les excursions des deux tables de haut en bas, et elle devient $e+\alpha$ quand ces excursions sont de bas en haut. La capacité de la caisse est dans un cas $C-A$, et dans l'autre $C+A$; dans le cas précédent, il y a augmentation de densité d'air, et dans le cas postérieur la densité de l'air dans la caisse devient inférieure à celle de l'air extérieur. La *respiration* de la caisse est donc un effet direct de la différence du bois des deux tables, à condition que le fond sera en bois dur et la table supérieure sous les cordes en sapin.

II. **Glottes de la caisse formées par ses deux fenêtres.** La vibration des deux tables en unisson représente le mécanisme du thorax qui soutient la respiration, les deux fenêtres sont comme une paire de glottes où s'opère la désunion de couples d'air; ainsi, les équivalents électriques $2qE$ restent accumulés aux bords des fenêtres. La quantité d'air a écoulée de chaque fenêtre peut s'écouler par un trou rond ou carré de même étendue que la fenêtre; cependant l'effet ne consiste pas en une respiration simple, mais il faut en même temps un maximum d'échogène produit au moyen de la désunion des couples aux bords des deux fenêtres, dont la longueur dépend de la diminution de l'intervalle entre ses bords. Tout consiste donc : 1° *dans le choix du bois pour chaque table*, et 2° *dans la forme et les dimensions de fenêtres pour obtenir des mêmes cordes un maximum d'échogène aux bords des fenêtres.*

III. **Plus d'une paire de glottes.** La respiration peut

s'opérer également par des fenêtres placées dans les éclisses, mais il en résulte une confusion, parce qu'il faut que l'expiration s'interrompe soit quand il y a encore de l'air en excédant dans la caisse, soit quand la densité de l'air est encore faible dans la caisse. Outre cela, l'échogène se propage symétriquement des fenêtres vers la surface de la caisse qui est maintenue par lui en vibrations isochromes.

IV. **Le chevalet et l'âme conducteurs de l'échogène de l'archet**. De la quantité d'équivalents $2q\bar{E}$ obtenus entre la corde et l'archet par la désunion des couples, une moitié reste aux cordes et l'autre aux crins de l'archet, d'où elle se répand avec la plus grande facilité au chevalet pour en être divisé par son pied gauche sur la table en sapin, et descendre par son pied droit et par l'âme qui est au-dessous et arriver ainsi au fond de la caisse. Cette égale distribution de l'échogène de l'archet fait que tout l'échogène est utilisé à la vibration de la caisse : il résulte de là une plus grande quantité d'échogène que celle obtenue directement par les cordes.

En augmentant la masse du chevalet, on fait diminuer la transmission de l'échogène $q\bar{E}$ de l'archet aux tables, d'où diminue la vibration et la respiration ; ainsi le son devient faible : pour cette raison on donne le nom de *sourdine* à un tel poids appliqué au chevalet.

§ 206. V. **Éducation ou enchantement de la caisse.** Il est impossible d'apprécier un instrument musical au moyen de ses dimensions qui peuvent être mathématiquement les mêmes. On soumet deux instruments semblables à des éducations différentes : 1° en tenant l'un dans la solitude et lui apprenant à chanter les airs qui lui sont propres sans jamais qu'il entende des airs étrangers ; 2° en portant l'autre dans des sociétés d'instruments qui chantent d'autres airs, où il reçoit les espèces d'échogène dont il ne pourra plus jamais se défaire.

Longtemps après que ces deux instruments sont restés en

repos, si un artiste les touche il distinguera l'instrument qui a reçu l'éducation solitaire par sa supériorité sur celui qui a été gâté par les airs d'instruments hétérogènes. Chez les anciens, les espèces d'instruments étaient très-médiocres, car tous les grands effets ont été obtenus de la *lyra* connue, cela a lieu à présent pour le *violon;* la différence qui peut y exister consiste en cela que l'éducation de la lyra était solitaire, tandis que le violon obtint une éducation publique et, pour cela, a été gâté.

Pour connaître l'enchantement de l'air dans la caisse du violon, il faut le soumettre au son d'un diapason à une distance considérable, et compter le temps qui s'écoule jusqu'à ce qu'un son se fasse entendre. En éloignant le diapason on change l'air dans la caisse, et en cet état on le soumet au même son du diapason; alors on trouve que le violon reste muet, il lui faut beaucoup de temps pour communiquer ses vibrations à la nouvelle masse d'air. Cet effet augmente quand on change plusieurs fois l'air de la caisse. Le même effet est obtenu par des anneaux semi-circulaires de membranes élastiques enflés et pendus dans la caisse pour y amortir les vibrations qui ne disparaissent pas de l'air et des tables enchantés.

Violon parfait. Un tel instrument doit respirer une quantité d'air correspondante aux étendues des deux ouvertures et aux longueurs de leur bord, qui doivent se charger avec le maximum d'échogène, et le laisser ensuite se répandre symétriquement sur toute la surface de la caisse pour la soutenir en vibration. L'enchantement de la caisse doit s'opérer de la manière indiquée; pour la préserver des sons hétérogènes quand elle est en repos, on doit la tenir dans un étui qui l'isole de tout son extérieur; cela est obtenu au moyen d'une couche de matières très-divisées, telles que la limaille, la sciure de bois, le son de farine, etc.

B. — FAITS PRODUITS PAR L'ÉCHOGÈNE DANS LES VERGES ÉLASTIQUES.

§ 307. Les verges étant rigides n'ont pas besoin d'être tendues; elles sont mises en vibrations par une courbure opérée directement ou au moyen d'un archet. L'effet de ces deux espèces d'efforts se distingue en cela que, dans le vide, la verge courbée devenue libre vibre plus facilement que dans l'air tandis qu'attaquée par l'archet, elle vibre moins que dans l'air. Nous allons démontrer en cette différence l'effet de l'élasticité et celui de l'échogène.

1° La courbure fait diminuer la surface S courbe qui devient $S - s$, et augmenter la surface convexe, qui devient $S + s$. Les équivalents électriques dissimulés qE de densité δ obtiennent une densité $\delta + \delta'$ dans la surface concave $S - s$ et une densité inférieure dans la surface convexe $S + s$; la rupture d'équilibre résulte de la différence $2\delta' = \delta + \delta' - (\delta - \delta')$; pour cette raison, la verge abandonnée, après être arrivée à sa position normale, est repoussée encore autant de l'autre côté; telle est la cause de la vibration élastique qui se soutient plus longue dans le vide que dans l'air.

2° L'appui de l'archet produit sur la verge une courbure médiocre, à laquelle courbure correspondent les vibrations également médiocres observées dans le vide; mais les équivalents électriques $2q$E devenues libres par la désunion des couples moléculaires d'air entre la verge et l'archet produisent des répulsions expansives qui se communiquent aux équivalents homonymes de la verge et de là à ses molécules pour les mettre en *vibrations acoustiques*. Celles-ci se mêlent avec les élastiques et les effets obtenus par l'observation correspondent à la somme des deux poussées quand on opère dans l'air, car dans le vide s'évanouit la poussée de la part de l'échogène provenant des équivalents électriques $2q$E.

§ 308. **Quantités d'échogène produites par des**

verges élastiques vibrantes. Les bords des verges vibrantes désunissent les couples moléculaires $\sigma\,\sigma'$ d'air en quantités proportionnelles aux surfaces qu'elles parcourent, et comme l'échogène qui en résulte se consomme par les vibrations, le nombre de celles-ci correspond à la surface S parcourue par la verge, et cette surface est proportionnelle au carré de la longueur l de la verge $S = a\,l^2$. Lissajou a obtenu par les observations la formule $n = \frac{L^2}{l^2}$ sans connaître l'origine indiquée. Nous rapporterons les observations de ce physicien pour en comparer les résultats avec ceux qu'on obtient par le calcul.

A. MODE DE LA PRODUCTION DE L'ÉCHOGÈNE ET DES VIBRATIONS PAR LES VERGES DROITES.

§ 809. Il y a plusieurs cas à examiner : 1° la verge peut être libre à ses deux extrémités; 2° fixée aux deux bouts; 3° fixée par un bout seulement; 4° appuyée à un bout et libre à l'autre; 5° fixée par un bout et appuyée à l'autre; 6° appuyée aux deux extrémités.

Observations des cas indiqués : 1° Les verges libres aux deux extrémités ayant le point fixé à un nœud N (fig. 107), elles en ont encore un N'; et, en augmentant la vitesse de l'archet appuyé au ventre c, on peut faire devenir le nombre de nœuds 3, 4, 5, etc. Mais si le point fixé est au milieu en p''', il se présente le cas analogue à celui où la corde est attaquée au milieu; le son fondamental n'est pas entendu, alors est produite la série des sons harmoniques impairs 3, 5, 7, etc., comme il est indiqué dans les verges $a'b'$, ab;

Figure 107.

2° Les verges fixes aux deux bouts peuvent être considérées comme une verge $a'b'$ ou ab, séparée au milieu et renversée de manière à avoir deux nœuds attachés aux extrémités, et les deux extrémités précédentes pour former le milieu ; alors les vibrations des extrémités passent au milieu.

3° Les verges fixées par un seul bout correspondent à celle $a''b''$ où manque la portion a''N et vibre la partie Nb'';

4° L'extrémité appuyée, 1° diffère de l'extrémité libre, parce qu'elle ne vibre pas, et ainsi elle ne désunit pas les couples d'air et ne produit pas d'échogène; 2° elle diffère de l'extrémité fixée, parce qu'elle vibre longitudinalement.

§ 310. I. **Vibration d'une verge fixée à un bout.** Soit la verge aa' (fig. 108) qui vibre en parcourant la surface S proportionnelle au carré de $aa' =$ L, on a $S = a L^2 = \frac{\pi}{a} l^2$ en indiquant par $\frac{\pi}{a}$ l'arc. Cette surface S représente la quantité de couples désunis et par suite celle d'échogène produit, dont la consommation s'opère par les vibrations dans lesquelles entrent aussi celles de l'élasticité. Il y a donc deux causes motrices : 1° celle de l'élasticité proportionnelle à la longueur L et aux portions bm et mb', et 2° celle de l'échogène proportionnelle au carré de la longueur L et à ceux de ses portions bm et mb'.

Figure 108.

Pour arriver à des résultats numériques, admettons la surface $S = \frac{16\pi l^2}{a}$, et celle décrite de la longueur NN' $S' = \frac{9\pi l^2}{a}$ la différence sera $S - S' = \frac{7\pi}{a} l^2$. Des couples désunis dans la surface S résultent les équivalent d'échogène $16 \times 2q\bar{E}$, et de ceux désunis dans la surface S' résultent les équivalents $9 \times 2q\bar{E}$. Des vibrations élastiques résultent dans la portion Nb'' les équivalents $q\bar{E}$; et de celles de la portion NN' résultent les équivalents $3q\bar{E}$. Par suite, cette portion NN' obtient la somme de poussées $9 \times 2q\text{Ë} + 3q\text{Ë} = 21q\text{Ë}$; de la somme $7 \times 2q\text{Ë} + q\text{Ë} = 15q\text{Ë}$, la moitié passe au point fixe a (fig. 109) pour s'y perdre ou se propager à Na'' (fig. 107) s'il y est.

Les deux sommes $(21 + 15)\, q\text{Ë}$ de causes motrices occupent dans la longueur $L = Nb''$ des portions qui leur correspondent : par exemple, la somme $21q\text{Ë}$ occupe la portion NN' et la moitié $7\frac{15}{2}q\text{Ë}$ de la somme $15q\text{Ë}$ occupe la portion $N'b''$. La longueur totale étant $Nb'' = 28\frac{1}{2}$ les 21 doivent être en NN' et $7\frac{1}{2}$ entre le nœud N' et l'extrémité. Lissajou a trouvé par l'expérience la longueur $N'b'' = 0{,}3304$ et la longueur $NN' = 0{,}9196$, nombres qui sont dans le même rapport que $7\frac{1}{2}$ à 21.

II. **Vibrations de verges élastiques fixées au milieu.** En ce cas, la verge $a'b'$ tenue en p'' ne peut pas y produire un nœud seul, parce que l'échogène s'écoule par la main ; mais quand sa quantité est multipliée, il commence à produire trois pulsations, puis cinq, sept, etc ; les sons harmoniques sont 3, 5, 7... $2n - 1$.

Si la verge $a''b''$ est fixée au point N, où se produit un nœud, il en résulte un deuxième N' dans la plus grande portion qui manque du côté de a'', à cause du manque de longueur de la verge, de sorte que ce cas rentre dans le précédent.

§ 311. **Harmoniques de verges élastiques.** Il y a une production d'échogène proportionnelle aux carrés des longueurs des verges vibrantes ; il y a en même temps production de nouveaux nœuds et longueurs internodales l dont résulte une augmentation de la consommation de l'échogène qui donne naissance aux sons harmoniques. En divisant la longueur L par 2, 3, 4 nœuds pour en obtenir les portions $\frac{1}{2}L$, $\frac{1}{3}L$, $\frac{1}{4}L$..., la surface décrite par L étant $S = \frac{\pi}{a}L^2$, celles parcourues par les portions indiquées seront $\frac{\pi}{a4}L^2$, $\frac{\pi}{9a}L^2$, $\frac{\pi}{16a}L^2$... Les différences entre ces surfaces sont indiquées par la série de nombres impairs $\frac{\pi}{7a}L^2$, $\frac{\pi}{5a}L^2$,

$\frac{\pi}{3a}$ L², L². Pour cette raison les nœuds étant 2, 3, 4, n, les nombres de vibrations sont entre eux comme les carrés de la série de nombres impairs 3, 5, 7... $2n-1$.

Si une extrémité de la verge est appuyée, et par suite empêchée d'engendrer l'échogène sans cesser pour cela de le consommer, le nombre de nœuds restant le même, la production est réduite à la moitié, tandis que la consommation s'opère comme dans le cas précédent; pour cette raison les différences entre les surfaces deviennent 5, 9, 13, 17... ou doubles des précédentes.

Dans le cas où les deux extrémités sont appuyées de manière à ne pas vibrer transversalement, l'échogène est produit par chaque longueur l internodale dont le nombre est $n-1$, n étant le nombre de nœuds dont deux sont aux extrémités appuyées. 1° En ce cas, le son fondamental est représenté par 2^2 ; 2° dans les cas où manque l'appui, il est représenté par 3^2 ; 3° et dans les cas où il n'y a qu'une extrémité appuyée, il se trouve représenté par $\left(\frac{5}{2}\right)^2$ qui est le 6ᵉ harmonique de la série 5, 9, 13, 17, 21, 25 divisé par 4.

§ 312. **Calcul appliqué aux vibrations des verges.** 1° Pour le cas où manque l'appui dans chaque longueur internodale l, le ventre vibre avec les deux moitiés $\frac{1}{2}\,l$ de la longueur totale, les surfaces parcourues sont exprimées par $\frac{\pi}{4a}\,l^2$; n est le nombre de nœuds, $n-1$ est celui de longueurs internodales, et la différence entre les surfaces parcourues est $\frac{(2n-1)^2}{4}$. 2° Si n est le nombre de nœuds quand un bout est appuyé, $n-1$ est également celui des longueurs l internodales, et la différence entre les surfaces parcourues pour produire l'échogène est 2 (S — S'), parce que l'extrémité appuyée consomme l'échogène sans en produire: pour cette raison il faut prendre le double des surfaces parcourues par les quatre moitiés des deux intervalles $2l$ ou $\frac{4n-3}{4}$, dont le carré exprime la surface $2(S-S')$. 1° La longueur internodale est $l=\frac{2L}{2n-1}$, parce que ses deux moitiés vibrent pour donner un double nombre de vibrations; 2° dans le cas où vibrent les quatre moitiés de chaque longueur internodale l vers une seule extrémité, cette longueur est $l=\frac{4L}{4n-3}$; 3° quand les deux extrémités sont appuyées, on a pour $l=\frac{L}{n-1}$. Les surfaces qui fournissent l'échogène dans ces trois cas sont :

$$(\alpha) \qquad \frac{(2n-1)^2}{4}, \ \frac{(4n-3)^2}{16}, \ (n-1)^2$$

En y portant pour n la valeur tirée des équations qui donnent la longueur internodale ou $n=\frac{2L+l}{2l}$, il en résulte le rapport $\frac{L^2}{l^2}$ qui est celui entre les surfaces S, s parcourues par la longueur totale L et de celle l internodale. Les surfaces correspondent aux quantités de couples désunis, et par suite aux masses d'échogène produit, dont la consommation ne s'opère pas par la surface parcourue, mais par les longueurs L et l; pour cette raison le quotient $\frac{L^2}{l^2}$ indique le nombre de vibrations et non pas son carré.

B. Mode de la production de l'échogène et des vibrations par les verges courbes.

§ 313. Les verges courbées en forme de fourchette que l'on nomme *diapason* vibrent comme les verges libres aux deux bouts. D'après Chladni, les nombres des vibrations des deux premiers sons sont entre eux comme 2^2 à 5^2, et les autres, y compris la seconde, comme la série des carrés des nombres 3, 4, 5... Des surfaces parcourues résultent des quantités analogues d'échogène qui correspondent aux carrés de longueurs et aux nombres de vibrations par lesquelles s'opère la consommation de l'échogène proportionnellement à sa production. Il y a au moins deux nœuds *n*, *n* (fig. 109) placés toujours dans les deux courbures du diapason D′; ils sont quatre ou deux paires dans le diapason D″, et leur nombre croît avec celui des harmoniques 2, 3, 4...

Figure 109.

I. Le *diapason* sert à régler le ton des instruments dans les orchestres. On se sert dans ce cas du son fondamental qu'il produit; mais comme ce son est faible, on le renforce en l'appuyant sur un corps sonore *rs* par une petite tige D fixée au milieu de la courbure, qui communique au corps sonore l'échogène affluent dans la courbure des deux branches. En appuyant la tige D sur une caisse comme celle du violon, les deux tables se mettent en unisson avec le diapason; alors, par suite de la respiration opérée par les fenêtres augmente la production de l'échogène qui se propage en faisant augmenter l'intensité du son du diapason. Si celui-ci donne ut_3 ou 512 vibrations par seconde, il en résulte un son d'intensité comparable à celle du son d'un tuyau d'orgue. Un diapason en bronze, en donnant ut_2 ou 256 vibrations par seconde, donne un son qui rappelle celui d'une cloche. Marloye a construit un diapason donnant ut_1, ou 128 vibrations, qui donne un son grave des plus intenses et d'une grande beauté. Ce diapason pèse plus de 22 kil. sans sa caisse; il faut, pour l'ébranler, employer un archet de grande dimension dont les crins sont remplacés par une bande de peau de buffle, parce qu'un archet ordinaire étant repoussé par l'échogène saute, ce que l'effet de la main ne suffit pas pour empêcher.

Deux diapasons D, D′ donnant le même son fondamental montés sur une caisse se font vibrer mutuellement à une distance de plus de 75m quand le son fondamental est ut_1; cette distance augmente beaucoup pour les diapasons qui donnent le son fondamental ut_2 ou ut_1. L'échogène engendré entre l'archet et le diapason D s'y répand en exerçant une répulsion dont résultent des diastoles ou contre-répulsions pulsatives, et ainsi la plus grande partie d'échogène passe par la tige dans la caisse, qui se met à vibrer à l'unisson et engendre dans ses fenêtres de nouvelles masses d'échogène qui se dispersent et arrivent à la caisse de l'autre diapason D′, laquelle est mise en vibration par l'échogène extérieur; de cette vibration de la caisse résulte à ses fenêtres une production d'échogène qui, en se répandant, fait se multiplier le mouvement de l'échogène déjà existant dans ce diapason D′; en un court espace de temps ce mouvement se multiplie et la poussée aussi; alors le diapason D′ commence à vibrer fortement et le son éclate par la dispersion de la nouvelle masse d'échogène produit dans la caisse et communiquée au diapason possédant les mêmes vibrations en degrés inférieurs.

§ 314. **Multiplication indéfinie de l'échogène.** Au lieu de deux diapasons produisant le même échogène, il pourrait y en avoir des millions distribués en plusieurs périphéries parallèles et séparés par un intervalle de 75m; il suffit de produire l'échogène dans un seul de ces millions de diapasons pour faire éclater des millions de fois ce même son. Se trouvera-t-il encore quelque personne qui persiste à vouloir chercher la production des sons suivant la loi de la Mécanique par l'effort appliqué à l'archet?

§ 315. **Analyse ou séparation des sons.** On peut arranger sept diapasons de façon qu'ils puissent produire les sept espèces de sons de la gamme, et les mettre chacun sur sa caisse au bord de la mer ou sur une terrasse, qui donne sur une grande rue très-fréquentée. Chacun de ces diapasons recevra la poussée de la même espèce de vibrations qu'il peut produire, et pour les autres il restera muet. Dès que ces poussées répétées sont parvenues à faire augmenter les vibrations dans les diapasons, elles se communiquent aux caisses, qui commencent à respirer l'air, et enfin l'échogène, multiplié dans les bords des fenêtres de chaque caisse, commence à se répandre suivant le mode de vibration déterminé par celles que chaque diapason peut produire; si quelque son de la gamme manque, le diapason correspondant restera muet.

II. **Triangle.** L'instrument ainsi nommé est une espèce de diapason D, dont la distance entre les deux courbures est droite et égale aux branches qui ont les extrémités rapprochées. Il est formé d'une verge cylindrique en acier non trempé. On le suspend par une de ses extrémités et l'on frappe sur le côté opposé au moyen d'une baguette d'acier, pour en obtenir des sons forts et multiples; les sons obtenus avec l'archet sont très-aigus, parce qu'ils résultent des vibrations longitudinales.

III. **Anneaux.** En accolant les extrémités de deux diapasons et en augmentant leur courbure, on obtient un anneau à quatre nœuds et quatre ventres au moins, parce que chaque diapason peut avoir 2, 4, 6,..... $2n$ nœuds. Pour cette raison, l'anneau aura également 6, 8, 10... $2n$ nœuds. L'échogène étant produit par les surfaces parcourues des longueurs internodales, il est proportionnel au carré de la périphérie ou du diamètre de l'anneau. La consommation de cet échogène opérée par les vibrations, les nombres de celles-ci sont proportionnels aux carrés des diamètres et sont entre eux comme les nombres impairs pour la cause qui a été constatée dans les verges.

§ 316. **Manque de différence entre les verges et les cordes dans la production de l'échogène.** L'effet de l'archet est le même quand il frotte une corde ou une verge; dans les verges qui parcourent les surfaces s, s' sont produites des masses nouvelles d'échogène qui correspondent aux surfaces parcourues ou aux carrés des longueurs des parties vibrantes. Ainsi il a été constaté que le quotient $\frac{L^2}{l^2}$ du carré de la longueur entière, divisé par celui de la longueur internodale, indique la quantité de vibrations; mais ce rapport a lieu, parce que la quantité d'échogène engendré des couples désunis par la verge de longueur L est N fois supérieure à celle engendrée des couples désunis par la partie internodale l'.

Dans les cordes, le nombre des vibrations est indiqué par le quotient $\sqrt{\frac{P}{p}} = \frac{1}{l}\sqrt{\frac{P}{p^{\delta}}}$ le poids P fait diminuer la résistance qu'éprouve l'échogène dans le diamètre de la corde; pour faire devenir cette résistance diamétrale moitié plus grande, il faut augmenter les intervalles λ dans chaque section s de la longueur, il faut donc employer un poids quatre fois plus grand. Pour cette raison, l'effet correspond à la racine carrée du poids P qui doit être divisé par la quantité de molécules de chaque section; alors le quotient indiquera le rapport entre les diminutions de résistance; et comme on maintient au même degré la production d'échogène, sa consommation est déterminée au moyen des degrés de résistance qui sont la cause du nombre de vibrations; ainsi, ce nombre détermine la consommation de l'échogène,

$$n = \sqrt{\frac{P}{p}}, \quad N = \frac{l^2}{l'^2}.$$

1° Dans les cordes, c'est le rapport n de la résistance qui indique la consommation de l'échogène, et 2° dans les verges, c'est le rapport N de la production de l'échogène qui donne sa consommation opérée dans les deux cas par la vibration. Une diminution de résistance est indispensable pour les cordes, et dans les verges elle n'entre pas; pour cette raison le calcul basé sur le poids P qui tend et sur celui p de la corde ne peut pas être appliqué aux verges.

III. — FAITS DE L'ÉCHOGÈNE PRODUITS SUR LES PLAQUES.

§ 317. Un assemblage de verges horizontales et parallèles constitue une *plaque*, dont la forme dépend des longueurs de verges : 1° si celles-ci sont des anneaux, la plaque est ronde, et 2° si elles sont des triangles, des rectangles, des carrés, etc., la plaque est de la même forme. Pour faire vibrer une plaque on la fixe ou on l'appuie en quelques points, et l'on passe l'archet sur ses bords. La plaque *nn* (fig. 110) a le milieu ou le centre fixé entre l'extrémité d'une vis *v*, garnie de liége, et un cône en liége *c* placé au-dessous. On emploie ordinairement des plaques de verre, de laiton, d'acier, etc.

Figure 110.

Quand les plaques résonnent, elles se partagent comme les verges en parties internodales séparées par points de repos arrangés en lignes nommées *nodales*. Chladni les a mis en évidence en jetant du sable sur la plaque, placée horizontalement. Le sable saute sur les compartiments vibrants, repoussé par l'échogène qui s'écoule à l'une et à l'autre moitié, et il y provient alternativement de l'une ou de l'autre moitié de la face inférieure de chaque compartiment. L'échogène se partage aux *ventres* qui sont le milieu de chaque compatiment, en deux moitiés dont l'une s'éloigne et l'autre passe dans la ligne nodale voisine, où s'opèrent les croisements de portions avançantes $\mu + 2\mu'$ avec les portions reculantes μ, dont l'union s'opère aux ventres. Dans la somme $2(\mu + \mu')$ de deux portions se produit une répulsion expansive nommée *diastole*, qui produit une division du fluide en deux moitiés $\mu + \mu'$ dont, 1° l'une avance par la voie d'où venait la portion μ, et 2° l'autre recule par la voie dans laquelle avançait la portion $\mu + 2\mu'$.

L'avancement de l'échogène s'opère donc simultanément, 1° par le système de l'émission, car la portion μ' se trouve en direction progressive, et 2° par le système des ondulations, parce que les portions μ et $\mu + \mu'$ restent en place soumises aux va-et-vient qui se répètent alternativement du milieu de chaque compartiment vers le nœud, vers lequel elles entraînent les grains de sable pour en former des lignes aux points des croisements qui paraissent être en repos.

Nous avons prouvé comment, au moyen de la poussière fine, sont mises en évidence les lignes de ventres où s'opère la division de l'échogène $2m$, dont une moitié passe dans l'air et l'autre avance vers la ligne nodale voisine. 1° Cette moitié m entraîne le sable, et 2° l'autre m' empêche la poussière fine de suivre le sable. Un moment après arrive au ventre une nouvelle portion $2m$ d'échogène qui se divise également, mais la moitié m va en sens divergeant vers l'autre ligne nodale voisine en y entraînant le sable, et l'autre moitié m', en s'éloignant, repousse la poussière fine et l'empêche de suivre le sable ; ainsi résultent aux ventres des tourbillons de poussière ; mais dans le vide où manque l'éloignement de l'échogène la poussière est entraînée avec le sable vers les lignes nodales voisines.

A. Figures acoustiques des plaques carrées.

§ 318. On a déjà vu que l'échogène est produit par la désunion des couples d'air contenus dans l'espace e que parcourt chaque partie vibrante ; l'échogène produit correspond à cet espace e, qui est proportionnel au carré de la longueur L de verges ; le même effet a lieu pour les plaques, où la consommation s'opère comme dans les verges par les vibrations des parties internodales, qui sont entre elles en rapport inverse, parce que le nombre de vibrations où se consomme la même quantité d'échogène est d'autant plus grand que la partie oscillante est plus courte. Mais la production de l'échogène étant en rapport direct avec le carré de la longueur vibrante, sa consommation s'opère également dans le même rapport.

Soit la plaque *qq'* la même que *nn* vue en face, le sable répandu sur elle a été accumulé pour former les lignes diagonales *qq'*, $\tau\tau'$ et les courbes *d''*, γ'', *p''*, *s''*. Dans une plaque carrée AD, on voit deux lignes parallèles aux côtes ou deux diagonales où manquent les courbes. C'est à cette description que se sont bornés tous les expérimentateurs qui ignoraient l'existence du fluide échogène et qui, par oubli, n'ont pas considéré les plaques comme un assemblage de verges, pour y découvrir le mode de la production des lignes nodales nommées ici *figures acoustiques*.

Soit une partie OO considérée comme une verge *a' b'* (fig. 107), fixée en P'' et libre aux deux extrémités; mise en vibration, elle donnera trois nœuds qui divisent la verge en quatre portions, dont deux sont internodales et les deux autres extérieures. Le rapport entre les portions extérieures P'*b'*, P'*a* et les portions intérieures P''P, P''P' est P''*a'* : PP'' = 33 : 92 = 7 $\frac{1}{2}$: 21. Nous trouvons dans la direction OO de la plaque *qq'* (fig. 110) la même subdivision de sa longueur et de sa largeur. Au point du milieu est le nœud où s'opère le croisement de l'échogène venant du milieu de quatre côtés de la plaque *qq'*. En s'éloignant de ce milieu vers les angles, la rencontre s'opère au milieu et dans des points qui sont placés en lignes pour former les diagonales *qq'* et $\tau\tau'$. En partant de ces points vers les côtés voisins, il y a un nœud placé dans la courbe nodale de l'une et de l'autre part. Cela dure tant que le point de la diagonale est éloigné du côté plus que la distance *d*O ou *s*O extérieure; dès que la distance entre le point de la diagonale et les côtés voisins devient plus petite que celles *d*O, sO, disparaissent les nœuds entre ces points et les côtés voisins.

Les figures *qq'* et AD (fig. 110 sont les mêmes que celles (13) et (5) (fig. 111); dans leur production 1° on appuie les points *a*, *a*, *a*, *a* des quatre angles ou du milieu de quatre côtés; 2° on fixe le point *o* au milieu du côté ou entre ce milieu et l'angle; 3° on produit l'échogène en frottant avec l'archet le point *c* d'un angle ou entre l'angle et le milieu d'un côté. Tels sont les trois éléments dont est composée la clef de la production des figures acoustiques. 1° L'échogène s'éloigne du *point frotté* où manque toujours le nœud; 2° il afflue aux *points appuyés* où les nœuds ne manquent jamais, et 3° il afflue au *point fixe* et aux points qui lui correspondent, d'où résultent des *nœuds symétriques*.

§ 319. **Figures acoustiques obtenues sur des plaques carrées.** Les nœuds sont toujours éloignés du bord qui vibre, comme cela a lieu pour les verges d'extrémités libres; on a fait voir la difficulté d'obtenir un seul nœud au milieu d'une verge, c'est le cas qui correspond à celui des plaques où résultent deux lignes nodales *aa* *aa* (13) (fig. 111). Pour obtenir deux nœuds d'une verge, celle-ci ne doit pas être tenue au milieu, mais au point N (fig. 99), et l'archet doit passer par le milieu *cc*, car si elle est tenue au milieu en P'' elle donnera trois nœuds P, P'', P'. Dans les expériences sur les plaques fixées au milieu, il n'est possible d'obtenir que deux lignes nodales croisées au milieu de la figure, ou ces mêmes lignes séparées de chaque côté par une courbe nodale où sont représentés les trois systèmes de nœuds P, P'', P' (fig. 99), représentés également dans la verge et dans les plaques *qq'* (fig. 110) et (1), (3) (fig. 111). Les distances centrales *r''o* (fig. 110) étant 92, les extérieures *do* sont 33 : ce même rapport de 1 : 3 se trouve presque entre les distances du bord des lignes nodales voisines et les distances de ces lignes et celles qui suivent.

§ 320. **Rapport entre le point de contact de la**

plaque et la figure produite. Pour obtenir les figures *a*, *b*, *c*, *d*, *f*, *g*, *h* d'une plaque, on appuie les deux doigts

Figure 111.

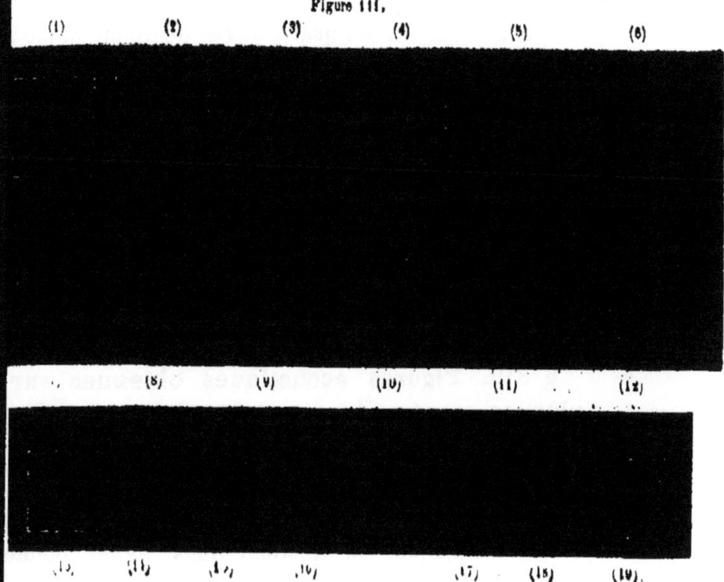

aux points *o*, *o* en plaçant l'archet au milieu, puis le faisant glisser on maintient entre eux l'intervalle invariable. Si l'on attaque avec l'archet le milieu du côté d'une plaque *a*, *b*, *c* (fig. 112), on n'obtient que la figure *a* (fig, 110) sans

Figure 112.

changer le son; en inclinant l'archet, le son se soutient et l'on voit résulter successivement *a*, *b*, *c*, *d* (fig. 111), qu'on obtient toujours en répétant les inclinaisons de l'archet dans l'un ou l'autre sens. Cette expérience a servi à poursuivre le mode de la distribution de l'échogène partant du point du bord attaqué par l'archet. Quand il est à un angle (1), c'est la longueur de la diagonale qui correspond à la verge vibrante; si l'archet attaque le milieu du côté (3), c'est cette longueur qui correspond à la verge vibrante. En frottant un angle de la plaque avec l'archet on obtient la figure *h*, et en l'inclinant vers le côté on obtient les figures *g*, *f*; en ces cas l'échogène se répand du point attaqué en deux moitiés du point *e* en *h*, et il se répand en parties inégales du point *e* dans la figure *f* qui n'est pas divisée en quatre parties symétriques comme la figure *h*, mais seulement en deux moitiés. Pour cette raison il y a en *a* deux nœuds dans une direction et quatre dans l'autre.

§ 321. **Figures acoustiques des plaques polygonales.** L'échogène se répand du point où la plaque est attaquée par l'archet; le centre fixe *o* de la plaque est aussi le centre des figures acoustiques qui sont produites par la distribution de l'échogène, proportionnellement aux distances centrales. Si la plaque reste la même et le son aussi, et que l'on déplace l'archet, la quantité de l'échogène ne change pas, mais avec le déplacement de la source changent les directions de ses écoulements : par exemple, une plaque triangulaire attaquée dans un angle par l'archet donne la figure *a* (fig. 113), et attaquée au point entre le milieu du côté et l'angle, elle donne la figure *b*; la figure *c* se produit quand le point attaqué par l'archet est à la droite et près d'un angle loin du milieu d'un côté. Dans ces trois cas, il y a un arrangement symétrique autour du centre *o* de la figure; les bords possèdent des nœuds d'où partent les lignes nodales périphériques qui se propagent jusqu'à l'extrémité opposée quand l'échogène part du milieu d'un côté, mais s'il part d'un angle, les lignes nodales forment deux systèmes qui unissent les deux côtés de cet angle.

La courbure d'un diapason comprimée jusqu'à ce qu'elle forme un angle ne perd pas ses deux nœuds, ces nœuds sont donc l'origine de la propagation symétrique des lignes nodales : 1° la plaque *a* est appuyée au milieu des trois côtés, fixée aux deux points équidistants de l'un des angles et frottée dans cet angle ; 2° la plaque *b* est appuyée aux trois angles, fixée au milieu d'un côté et frottée au milieu entre ce point et l'angle ; 3° la plaque *c* a les angles appuyées, le point fixé est au milieu d'un côté et le point frotté est également éloigné de l'angle et du point fixé.

Figure 113.

1° La plaque A est fixée des deux côtés d'un angle qui est frotté par l'archet ; par les points fixes passent les extrémités des arcs et des lignes parallèles. 2° Dans la plaque B sont appuyés les angles ; le milieu est fixé d'un côté et le point frotté est entre le point fixé et l'angle. 3° Dans la plaque C sont appuyés les angles, le point fixé est entre l'un des angles et le centre, et le point frotté n'est pas au milieu du côté, mais il est moins éloigné d'un angle que de l'autre.

Figure 114.

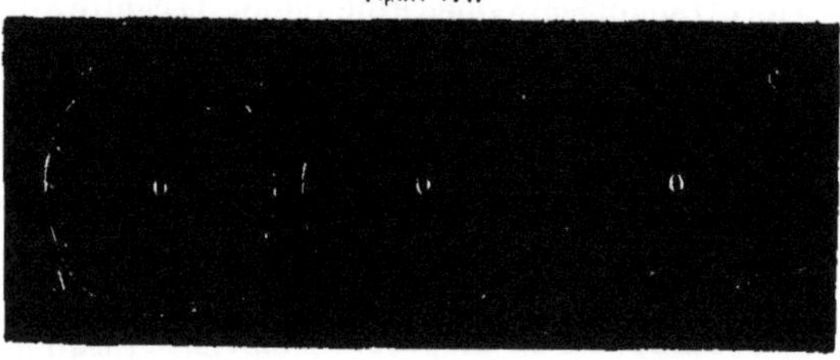

§ 322. **Figures acoustiques des plaques circulaires.** En accolant les deux diapasons et en augmentant leur courbure, on obtient un anneau où se trouvent au moins quatre nœuds; c'est de tels anneaux que sont composées les plaques circulaires a', b', c' (fig. 112) qui donnent les figures C, B, A (fig. 114). Guidé par la règle découverte, on trouve 1° dans la figure A deux points appuyés A, A un point fixé entre le centre o et le point frotté a; 2° dans la plaque B le centre est fixé et un autre point entre la périphérie et le centre; le point B est frotté; 3° dans la plaque C le centre est fixé et deux autres points équidistants se trouvant dans le même diamètre.

Fig. 115.

§ 323. **Figures acoustiques de plaques elliptiques.** Dans les ellipses, reste conservée la propriété de la paire de diapasons dont elles résultent, parce que les deux sommets sont les courbures de diapasons, dont les nœuds se trouvent dans le *paramètre* à deux côtés de chaque foyer. Une plaque elliptique est composée d'ellipses pareilles. La plaque ab (fig. 115) est fixée en d et c; la figure est obtenue par la distribution de l'échogène produit au point frotté. En considérant la plaque comme composée de paires de diapasons les lignes nodales correspondent aux nœuds des diapasons.

§ 324. **Déplacement des lignes nodales des plaques circulaires.** En chaque nœud périphérique afflue l'échogène vers le centre, d'où il se disperse vers les ventres, l'écoulement centripète est au commencement du point a, où la plaque est attaquée, arrive à la ligne id, de là il se subdivise sans cesser d'arriver du côté du point attaqué. Il résulte ainsi de rencontres entre les écoulements centripètes et les écoulements centrifuges de l'échogène, et comme ces rencontres ne sont pas diamétralement opposées, les lignes nodales ne forment pas de rayons, mais des lignes inclinées, qui ne peuvent pas se maintenir à la même position, mais tournent. Pour mieux les observer, on promène l'archet sur la périphérie de la plaque.

§ 325. **Figures acoustiques des vases de révolution.** Comme les plaques circulaires, de même les vases de révolution sont composés d'une infinité d'anneaux : en ce cas ceux-ci ne sont pas dans le même plan. Il y a donc dans la périphérie du bord au moins quatre nœuds d'où partent les lignes nodales vers le centre du fond, et vers l'axe du vase par la masse d'air ou du liquide contenu dans le vase. Si l'on frappe en *n* ou *m* (fig. 116) le bord d'une cloche, elle s'aplatit au premier instant et sa section devient elliptique *ac'bd'* : il en résulte pour elle : 1° une augmentation de densité $\delta+\delta'$ d'équivalents d'électricité dissimulée aux faces concaves des sommets *a* et *b*, et 2° une diminution de densité $\delta-\delta'$ aux faces *c'*, *d'* devenues moins concaves. Du degré $2\delta'$ de rupture d'équilibre résulte une répulsion expansive suffisante pour que le bord s'élargisse, et, dépassant les limites de la périphérie, aille jusqu'à *c* et *d* pour former une ellipse *cb'da'* presque égale à la précédente; les mêmes vibrations apparaissent dans le vide où elles se répètent un espace de temps plus long.

Figure 116.

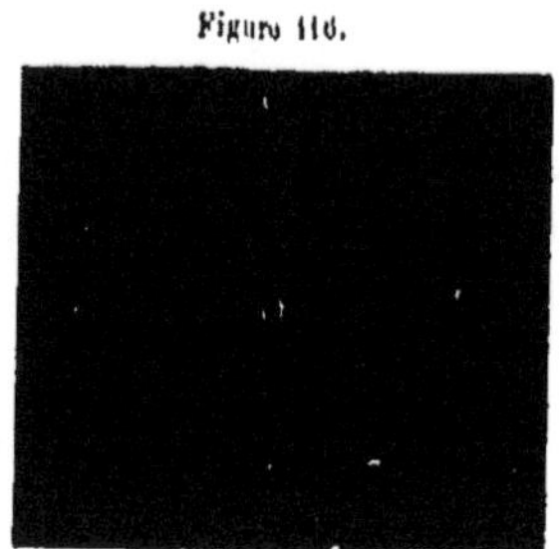

Les quatre ventres sont en *a*, *b* et *c*, *d*, elles se terminent aux quatre nœuds *f*, *e'* et *e*, *f'* ; l'échogène est produit par la désunion en plus grandes quantités des couples moléculaires d'air dans les ventres, et celui-ci s'en écoule vers les nœuds pour se répandre par les lignes nodales vers le fond du vase et vers son axe, d'où il revient vers les ventres où il se divise en deux moitiés; l'une d'elles se répand vers l'air et l'autre passe dans le nœud voisin de gauche et dans celui de droite. Ces oscillations des cloches deviennent évidentes quand elles contiennent de l'eau, en ce cas il n'y a pas déplacement de lignes nodales comme dans les plaques, mais elles ont lieu quand les vibrations résultent de l'attaque continuelle d'un archet.

En ce dernier cas l'échogène est engendré au point *a* de contact où s'opère la désunion des couples ; de ce point il se divise pour aller aux deux nœuds *f*, *f* et à l'axe *o* d'où il part en directions centrifuges vers les ventres pour s'y subdiviser et passer une moitié *m* dans l'air et l'autre *m'* dans l'un des deux nœuds voisins. Les ventres sont ici déterminés par les quantités d'échogène centrifuge qui ne sont pas parfaitement égales à cause de l'introduction de nouvelles masses d'échogène de la part du point attaqué.

En opérant avec l'archet dans le vide, il y a des vibrations imperceptibles et d'une durée très-courte. Il y a donc une différence physique entre les vibrations de la cloche produites par un choc ou par un archet. Cette différence s'étend jusqu'aux lignes nodales qui restent invariables dans un cas, tandis qu'elles se déplacent comme dans les plaques circulaires quand la cloche est attaquée par un archet.

Le déplacement des lignes nodales par l'affluence centripète de l'échogène devient évident dans le cas où il est produit par les doigts qui frottent la périphérie d'une cloche ; alors les lignes nodales suivent le sens du mouvement des doigts. On peut obtenir de telles cloches les sept sons de la gamme : telles sont les cloches qui constituent l'harmonica de Franklin.

B. Mode de la production des figures acoustiques dans les membranes vibrantes.

§ 326. Une membrane tendue est un assemblage de cordes parallèles qui ont nécessairement un nœud à chaque extrémité. L'échogène qui met la membrane en vibration arrive du dehors d'un corps sonore. On peut aussi fixer au centre de la membrane un crin ou une petite tige que l'on fait vibrer en les frottant avec du drap enduit de colophane. Ainsi résulte au milieu un centre à égale distance des quatre lignes nodales parallèles aux quatre côtés. La distance internodale centrale est égale à celles qui se terminent aux lignes nodales de bords. Savart a remarqué que ces distances sont plus grandes dans les membranes que dans les plaques, mais il n'est pas allé plus loin, et n'a pas vu que cette différence résulte de l'existence d'une ligne nodale au bord des membranes, ligne qui manque dans les plaques.

§ 327. **Mode de production des figures accoustiques dans les membranes carrées.** En multipliant l'échogène produit dans la tige frottée, il arrive au milieu de la membrane qui devient pour cela un ventre, et se divisant en deux moitiés dans chacune des quatre lignes nodales, en produit six ; ainsi l'harmonique étant 4 devient 6, comme cela se voit dans les figures de la série *af* (fig. 117). Les

Figure 117.

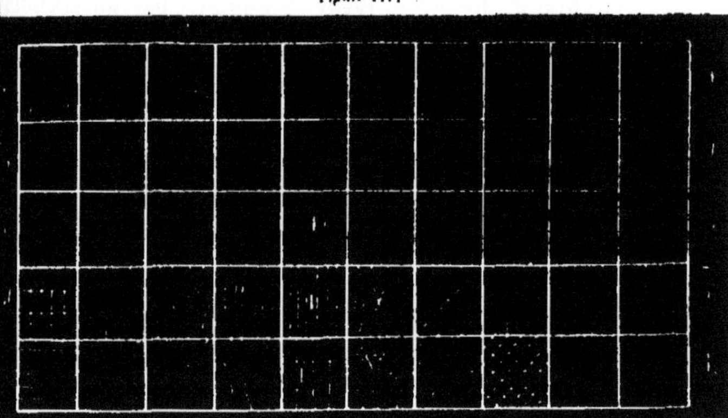

figures intermédiaires 1, 2, 3 et 8, 7, 6, 5 résultent de portions inégales d'échogène répandu de la base de la tige vers les angles et vers le milieu des côtés. En continuant de multiplier l'échogène le nombre de lignes nodales augmente avec l'élévation des harmoniques ; ces lignes sont sept en *e*, huit en I et dix en *k*; elles sont quatre en *a*, et deviennent six au milieu de la série *af*.

En laissant à part les lignes nodales du bord, 1° celles de la membrane carrée ne peuvent être moins de deux *no* et *qp*; 2° elles deviennent trois en E; 3° quatre en H; 4° cinq en *e*; 5° six en I et huit en *k*. Ces nombres de lignes nodales correspondent aux harmoniques et ils résultent, comme dans les tuyaux, de la subdivision de l'échogène multiplié.

§ 328. **Figures accoustiques des membranes circulaires.** — L'échogène est conduit comme aux membranes carrées au moyen d'une tige collée au centre, d'où il se répand en directions centrifuges vers la périphérie, de façon qu'une moitié s'en éloigne et que l'autre moitié va aux nœuds et retourne en directions centripètes par les lignes nodales; ainsi résulte la figure *a* (fig. 118). La figure C montre que l'échogène, également distribué du centre, produit une périphérie nodale *vv*, d'où il se disperse en direction divergentes vers l'air et en même temps vers le centre *o* et la périphérie *qc* de la membrane. Quand la quantité éloignée vers l'air diminue en *ss* (B), les parties de la ligne nodale s'en éloignent et ainsi apparaît une ellipse B. Les trois parallèles (A) résultent de la diminution de l'éloignement de l'échogène des portions *zz* pour commencer à s'éloigner de leurs extrémités.

Figure 118.

Connaissant d'une part la dispersion de l'échogène du centre de la membrane, et de l'autre les rencontres de quantités inégales $v + 2v'$ et v au milieu des ventres, on peut poursuivre les changements de figures par l'augmentation de l'échogène. Avant qu'un harmonique supérieur apparaisse, les amplitudes de vibrations augmentent, et ce sont elles qui produisent les changements intermédiaires aussi bien aux membranes circulaires qu'aux membranes carrées. Ce mode de production d'harmoniques ne diffère pas de celui qui a lieu quand ils sont obtenus au moyen de membranes par l'augmentation de la vitesse de la main qui porte l'archet.

§ 329. **Mode de la production des figures acoustiques.** 1° Une plaque carrée *a* (fig. 111) étant appuyée aux quatre angles et fixée aux points *o*, *o*, est attaquée en *e* par l'archet de l'échogène; qui en résulte se forment 1° les lignes nodales des deux diagonales entre les angles appuyés et 2° les quatre courbes qui correspondent aux points fixes *oo* résultent du manque total de vibrations, non-seulement dans ces deux points, mais encore dans tous les autres qui leur correspondent immédiatement, comme le sont ceux du côté opposé, ou médiatement comme le sont ceux des deux côtés voisins. Les points appuyés produisent un effet local, tandis que l'effet des points fixes se répand dans toutes les parties symétriques de la figure.

2° Dans la figure *b* les mêmes points fixes et le point attaqué subsistent, tandis que les points d'appui sont déplacés.

3° Dans la figure *c* les points fixes sont un peu rapprochés, et les autres restent en place.

4° Dans la figure *d* les points fixes et le point attaqué restent en place, et les points appuyés aux deux autres côtés sont déplacés.

5° Dans les trois figures *f*, *g*, *h*, le point ébranlé est dans un des angles et se trouve à une petite distance du point *o* fixe; les points appuyés sont au milieu des côtés en *h*, et ils s'en éloignent vers le centre, très-peu dans la figure *g* et davantage dans l'autre *f*.

Il y a symétrie dans ces sept figures, car elles résultent : 1° de quatre points appuyés qui se trouvent symétriquement distribués, 2° du seul point fixe dans les figures *f*, *g*, *h* ou des deux points fixes, mais symétriquement disposés comme dans les figures *a*, *b*, *c*, *d* qui ne détruisent pas la symétrie.

Les lignes nodales n'arrivent au bord que : 1° aux points appuyés, et 2° aux points fixes et à tous ceux qui leur correspondent. Il y a donc deux systèmes de lignes nodales : 1° celui qui correspond aux points appuyés et qu'on nomme le *système local*, et 2° celui qui résulte des points fixes et qu'on nomme *système universel* de lignes nodales, parce qu'il se répète 1° sur les quatre côtés quand les points fixes sont symétriquement placés aux deux moitiés de l'un des quatre côtés, et 2° sur chaque moitié, ou tiers ou quart des quatre côtés quand le point fixe est unique et à des distances différentes de l'angle voisin, comme dans les figures *f*, *g*, *h*. Des points fixes dépend donc la distribution des vibrations et celle des lignes nodales, parce que les points appuyés vibrent latéralement et font se déplacer les lignes nodales.

Clef du mode de la production des figures acoustiques. Chladni, qui observa le premier le mode de la production des figures acoustiques, a cherché à découvrir la règle qui détermine l'arrangement des grains de sable en certaines lignes constantes. Savart s'en est occupé beaucoup sans pouvoir résoudre le problème au moyen des connaissances empiriques qu'il possédait comme tous les autres; il ignorait que la résolution du problème dépend du fluide échogène inconnu alors. Ici nous n'avons qu'à suivre : 1° la produit de l'échogène par la désunion des couples d'air dans le point de la plaque attaqué par l'archet, et 2° sa distribution sur les points vibrants de la plaque pour aller pénétrer par les points fixés qui ne vibrent point et par les points *appuyés* qui sont empêchés de vibrer perpendiculairement à la face de la plaque, mais peuvent vibrer latéralement. 1° Des points appuyés résulte le *système local* de lignes nodales, et 2° des points fixes résulte le *système uni-*

versel de lignes nodales, comme cela a été déjà indiqué. Pour rendre plus évident le mode de la production des figures acoustiques, nous avons choisi les exemples suivants :

FIG. (1). Sont appuyées les moitiés des quatre côtés, et ébranlé un angle.

FIG. (2). Sont appuyés les deux angles, fixé le point *o*, et ébranlé un angle *e*.

FIG. (3). Sont appuyés les quatre angles, et ébranlé le milieu d'un côté.

FIG. (4). Sont appuyées les quatre moitiés, et fixé le point *o* peu éloigné de l'angle ébranlé qui produit les quatre arcs.

FIG. (5). Le point fixé *o* au milieu du côté produit les deux lignes parallèles aux côtés.

FIG. (6). Le point fixé est déplacé du milieu du côté, et le point ébranlé n'est pas dans l'angle, mais entre celui-ci et le point fixé *o*, d'où résultent les quatre arcs comme en (4) et les deux lignes parallèles aux côtés.

FIG. (7). Comme dans la figure (2); mais il y a un point fixe en *o*; de ce point résultent les deux courbes presque fermées à chaque côté de la diagonale qui se trouve en vibration latérale.

FIG. (8). La figure est symétrique dans les deux moitiés dont l'une contient les deux points fixes également éloignés du milieu du côté qui est attaqué par l'archet.

FIG. (9). Les points fixes sont comme dans la figure précédente, mais les quatre points appuyés sont aux deux côtés en contact avec le côté attaqué; les deux moitiés de la figure sont symétriques comme le sont les points fixes.

FIG. (10). Les diagonales passent par les quatre points appuyés; le point fixe *o* est entre le point attaqué *e* et un appuyé qui vibre latéralement; la figure est symétrique aux quatre côtés des diagonales perpendiculaires entre elles, parce que d'un seul point fixe résulte toujours une distribution symétrique.

FIG. (11). Il y a deux points fixes de l'un et l'autre côtés du point frotté et inégalement éloignés de l'angle prochain, il y a quatre points appuyés qui vibrent latéralement; la figure peut être divisée symétriquement par une ligne parallèle aux deux côtés et passant par le point attaqué *e*.

Fig. (12). Il y a quatre points appuyés au milieu de quatre côtés, dont résultent les deux parallèles aux quatre côtés comme dans la figure 1; mais ici ces lignes vibrent latéralement, car il y a à côté de l'un deux points fixes entre lesquels se trouve le point attaqué *e*. De ces points fixes résultent : 1° les quatre lignes parallèles aux côtés, 2° les quatre courbes fermées, 3° les quatre paires d'hémipériphéries, 4° les quatre arcs des angles.

En suivant ces causes de figures acoustiques, on détermine facilement, en chaque cas donné, la figure qui doit en résulter; on détermine par le calcul même l'équation où entrent comme variables : 1° les points appuyés d'une manière, 2° les points fixes d'une autre manière, et 3° le point attaqué; une telle équation sert à contrôler les figures obtenues par l'observation, figures qui ne sont pas toujours très-exactes, et cela 1° à cause des plaques, 2° de la direction de l'archet, et 3° de la vitesse de la main qui le dirige.

IV. — MODE DE PRODUCTION DES VIBRATIONS LONGITUDINALES PAR L'ÉCHOGÈNE.

§ 330. Les verges appuyées aux deux extrémités et non pas fixées, en recevant l'échogène du frottement de l'archet, vibrent transversalement dans les parties internodales, excepté les deux extérieures qui vibrent longitudinalement. Pour obtenir directement de telles vibrations dans une verge on la tient par le milieu et on la frotte avec du vieux drap enduit de colophane; un son aigu accompagne ces frictions dans quelque sens qu'on les produise. Le drap remplace ici l'archet, et la désunion des molécules d'air s'opère entre les filets de la laine du drap et la surface de la verge où s'accumulent les équivalents électriques $2q\acute{E}$ qui étaient logés dans les intervalles λ des couples désunis.

Ces équivalents $2q\acute{E}$ comme fluide échogène, en exerçant entre eux une répulsion expansive dans le sens du frottement, obtiennent deux directions divergentes en repoussant les molécules matérielles pour faire apparaître une vive vibration aux deux extrémités par les va-et-vient de toutes les sections de la verge; en éprouvant en même temps des flexions en sens divergent qui font apparaître des nœuds et des ventres. On frotte les verges en verre avec les doigts ou avec le drap mouillé avec de l'eau contenant quelques gouttes d'acide chlorhydrique.

Quant on a affaire à des barres de grandes dimensions, on fixe à l'extrémité, avec du mastic, un petit tube de verre, de manière qu'il soit parallèle aux arêtes de la barre, et on le frotte avec du drap mouillé. Les vibrations se communiquent avec facilité à la barre parce que l'échogène y pénètre du verre. Blanc a fait vibrer vivement une poutre en frottant une tige de fer, implantée dans son extrémité; en frappant la tige avec un marteau on produit un son par l'échogène qui pénètre dans la poutre.

Pour rendre évidente la poussée exercée de la part de l'échogène, il a été attaché une longue verge au bord d'une cloche qui a été frappée ou frottée par l'archet du côté opposé. Les amplitudes de vibrations ne sont pas égales dans la cloche et dans la verge quoiqu'elles produisent le même nombre de vibrations; car les excursions de la verge dépendent directement de la quantité d'échogène produit par le frottement de la cloche; elles surpassent des centaines de fois les excursions observées dans la cloche. L'effet de l'échogène est également démontré de la manière suivante : en frottant deux verges V et *v* d'égales longueurs et de sections inégales S et *s*, on en obtient le même son, qui résulte de l'égale densité d'échogène dans les deux verges; mais pour cela il faut d'inégales quantités d'échogène, qui sont obtenues des couples désunis proportionnelles; pour la verge *v* il suffit d'une petite quantité, mais pour celle V il en faut beaucoup; de sorte qu'il est facile de constater le rapport direct entre les quantités de couples désunis au moyen du frottement et les masses d'échogène produites dans les deux verges pour qu'il y résulte une densité égale. Suivant la loi de la Mécanique, l'effort exercé sur le frottement de la tige ne peut pas produire de vibrations isochrones et encore moins des excursions *inégales*, comme celles de la cloche et de la verge qu'elle porte.

Les harmoniques de verges correspondent à ceux de tuyaux de la même longueur. 1° Une verge libre aux deux bouts donne les harmoniques d'un tuyau ouvert. 2° Si la verge est fixée aux deux bouts, les sons correspondent à ceux de tuyaux bouchés aux deux extrémités. La verge doit être tenue par un poids où doit se trouver un nœud. Si elle est grande, il faut pour la fixer que l'étau offre une grande masse pour ne pas être suffisamment imbibé d'échogène avant la verge, car, en pareil cas, il se produirait une fuite de ce fluide qui fait diminuer le nombre des vibrations de la verge. Les doigts qui tiennent la verge au point d'un nœud ressentent la pulsation de l'échogène; le son n'éprouve aucune altération de cette cause, mais il change quand un point internodal est touché. 4° Le nombre des vibrations est en raison inverse de la longueur L pour les verges de la même substance; ce rapport trouve son explication plus bas, où les longueurs internodales *l* se trouvent en rapport avec les racines carrés de la longueur.

A. Lignes nodales de vibrations longitudinales.

§ 331. Il a été prouvé (§ 254), dans les plaques vibrantes, que l'échogène arrive aux ventres de leur face inférieure de l'une et de l'autre moitié alternativement; il se divise en parties égales *m* et *m'* dont l'une va vers l'air et l'autre s'écoule alternativement vers la ligne nodale à droite ou à gauche. Chaque section de verge représente une plaque soumise aux vibrations longitudinales de la verge; de sorte que l'éloignement de l'échogène ne s'opère pas directement vers l'air, mais vers les intervalles λ, entre les sections, et c'est de ces intervalles qu'il s'écoule vers les nœuds du côté qui correspond aux ventres de l'autre côté indiqués dans la surface de la verge a, a' (fig. 119).

Figure 119

Cette sorte d'écoulement de l'échogène est démontrée : 1° par le sable qui glisse pour arriver aux lignes nodales et ne saute pas comme il le fait quand la vibration est transversale. 2° On ne peut toucher ces cordes qu'aux nœuds sans modifier le son, tandis que dans la vibration longitudinale elles se laissent toucher au point m sans changer le son. 3° En partant des deux extrémités a, a', les nœuds d'une face correspondent aux ventres de l'autre et les distances internodales restent égales jusqu'à celle du milieu où la distance est environ de moitié moins grande.

§ 332. **Formes des lignes nodales latérales.** Pour la cause indiquée nous avons appelé *latérales* les lignes nodales de la vibration longitudinale : elles sont 1° droites quand la lame est mince et étroite, et 2° courbes comme en aa' et bb' quand la largeur augmente ; elles se dessinent mal, et n'apparaissent pas simultanément dans toute la longueur, mais, d'abord près des extrémités libres où est supérieure la densité de l'échogène ; des verges étroites en métal, en bois, donnent les mêmes résultats. Les lignes des plaques *c*, *d*, *e*, sont produites quand elles reçoivent l'échogène du bord d'une cloche auquel elles sont attachées avec du mastic. Sur les verges carrées l'échogène s'écoule en quantités moindres par les arêtes que par le milieu de chaque face, d'où résultent des courbes rampantes; si la base est un parallélogramme, ces courbes sont différentes; si la verge est cylindrique, la ligne nodale est une hélice qui résulte des écoulements de l'échogène de la moitié voisine de la section circulaire. Cet écoulement périphérique de l'échogène a été indiqué dans les plaques circulaires A, B, *l* (fig. 114), d'où résulte l'explication de l'irrégularité apparente des hélices obtenues.

Savart a trouvé que, 1° les longueurs internodales sont indépendantes de la largeur; 2° proportionnelles à la racine carrée de la section, ou au diamètre quand la verge est cylindrique; 3° proportionnelles à la racine carrée de la longueur. Ces trois rapports résultent, non pas de la production de l'échogène, mais du mode de sa communication. Ces faits sont produits de la manière suivante :

I. L'échogène, introduit par une extrémité, se propage en égale densité par les sections jusqu'à l'autre; pour cette raison, l'épaisseur ou la section des verges n'a d'influence que sur la quantité d'échogène dont il faut davantage pour obtenir la densité *d* quand la section est grande.

II. Après que les sections ont été ainsi chargées d'échogène, l'écoulement superficiel de celui-ci s'opère par la *périphérie* ou le *périmètre*, pour aller s'accumuler aux nœuds voisins; la distance Δ entre ceux-ci dépend donc de l'échogène des sections S, mais la quantité qui en provient correspond à la racine carrée de la section ou à sa périphérie.

III. La quantité de l'échogène introduite dans la verge entretient les vibrations dans les sections; le nombre de celles-ci est en rapport direct avec la longueur : comme avec la longueur augmente la densité de l'échogène dans les sections, dont il s'éloigne par la périphérie, et c'est ainsi que résulte le rapport entre des longueurs internodales l et la racine carrée de la longueur L de la verge.

Savart a reconnu que les faits observés attestent l'existence d'un mouvement transversal qui accompagne un mouvement longitudinal et est isochrone avec lui ; il a considéré cet état de choses comme une loi physique parce qu'il ignorait que le mouvement se trouve emmagasiné dans l'électre qui est l'élément primitif de toutes les espèces de fluides et de l'échogène. Les faits attribués aux lois trouvèrent ici un arrangement qu'on pourrait déterminer même *à priori*. C'est en vain que les autres physiciens et Savart lui-même ont cherché dans des hypothèses la cause de l'isochronisme des vibrations.

B. DE LA RELATION ENTRE LES NOMBRES DE VIBRATIONS TRANSVERSALES ET LONGITUDINALES.

§ 333. Nous avons déjà vu que le nombre des vibrations est en raison inverse des longueurs véritables des ondes. 1° Pour les vibrations transversales, les longueurs des ondes sont celles des diagonales des verges et non pas les distances extérieures internodales. 2° Au contraire, ces distances extérieures sont les longueurs des ondes de vibrations longitudinales. Les distances internodales diminuent pour devenir égales à l'épaisseur ou au diamètre $2r$; ainsi les prismes à base carrée deviennent des cubes dont la grande diagonale est $l\sqrt{3}$; et celle des cylindres à hauteur égale au diamètre, leur diagonale est $l\sqrt{2}$.

Dans les vibrations longitudinales, les nœuds étant d'un côté, les ventres sont de l'autre. Pour cette raison, les ondes obtiennent une double longueur ou $2l$.

Ces longueurs des ondes de vibrations transversales sont en raison inverse des nombres N, N' de vibrations, et l'on a $N = \frac{1}{l\sqrt{3}}$, $N' = \frac{l}{2l}$; on en tire le rapport $N : N = \frac{1}{2}l : \frac{1}{l\sqrt{3}} =$

$\frac{1}{2}\sqrt{3}$. Ce même rapport a été trouvé empiriquement par Poisson et vérifié par Savart. Nous y sommes parvenu par une voie où la longueur des ondes est considérée comme égale aux diagonales des vibrations transversales. Le même effet a lieu pour les cordes tendues quand on les fait vibrer, comme cela a été dit pour les verges cylindriques.

§ 334. **Résumé.** Dans tous les cas exposés, la production de l'échogène s'opère par la désunion des couples d'air, au moyen d'un certain effort qui est en rapport avec cette désunion des couples, et qui peut être comparé à celui qui doit être appliqué à l'extrémité d'un fil télégraphique. Ce n'est pas le mouvement de l'effort qui produit la longue série de faits dont l'apparition se manifeste; les amplitudes de vibrations, leur isochronisme, leur multiplication suivant les nombres intégrés, leur durée, les faits de réflexion, de réfraction, des interférences, de la polarisation, de la production de figures acoustiques ne sont pas des effets mécaniques qui résultent du faible effort employé pour la désunion des couples, comme dans les télégraphes le mouvement n'est pas un effet direct du contact.

Lorsqu'on ignorait encore l'existence d'un fluide contenant emmagasiné le mouvement, les sons ont été attribués aux vibrations qui se présentent dans les corps solides ramenés à l'état d'équilibre rompu, et comme les sons ne sont pas produits dans le vide par les corps vibrants, on a considéré l'air comme un milieu nécessaire pour transférer les vibrations des cordes aux nerfs acoustiques. Le frottement de l'archet ne s'accorde pas avec les vibrations, cependant cela n'était pas suffisant pour rendre évidente l'existence d'un fluide, surtout quand était inconnu le mouvement emmagasiné. La production de faits ne pouvant avoir lieu qu'au moyen d'un mouvement, elle ne pouvait trouver nulle part d'explication complète.

CHAPITRE II.

DU MODE DE LA PRODUCTION DE L'ÉCHOGÈNE PAR LA DÉSUNION DES COUPLES MOLÉCULAIRES DES LIQUIDES.

§ 335. Les solides désunissent les couples moléculaires de l'air de même que ceux de l'eau pendant leur vibration dans ces deux fluides ou par le frottement, d'où résulte immédiatement l'échogène qui donne naissance aux vibrations et à de nouvelles productions d'échogène; pour tout cela il ne faut qu'un effort appliqué pour déplacer les cordes pincées ou pour les frotter avec l'archet.

Les liquides et les gaz font se désunir leurs couples aux parois des orifices qu'ils doivent franchir pour passer dans l'espace où leur volume éprouve une augmentation à cause d'une compression inférieure. Nous distinguerons 1° l'*espace de compression,* 2° l'*espace de dilatation*, 3° la *paroi* où s'opèrent *les désunions* comme causes physiques constantes dans la production de l'échogène par l'écoulement de gaz ou de liquides. Les désunions de couples opérées dans la paroi font s'y accumuler les équivalents électriques qui se trouvaient logés dans les intervalles λ entre les molécules σ, σ' des couples; ces équivalents $2q\ddot{E}$ ainsi obtenus constituent le fluide qui, arrivé au nerf, produit les sentiments de l'ouïe; ceux-ci 1° sont de sept espèces parce que sept espèces d'éléments constituent chaque équivalent $\ddot{E}$ électrique. 2° Les sons deviennent graves ou aigus selon que les ondes de l'échogène augmentent ou diminuent. L'intensité de sons correspond à la densité de l'échogène qui arrive au nerf.

Après avoir ainsi exposé le mode de l'accumulation du fluide échogène dans la paroi, il ne nous reste plus qu'à rapporter un nombre de faits dont la cause est dans ce fluide qui possède le mouvement emmagasiné et n'a pas besoin d'une poussée extérieure. La densité cependant de l'échogène dépend de l'étendue de la paroi où il s'accumule, elle est grande quand la paroi est mince, et elle diminue quand augmente l'étendue de la paroi qu'on obtient au moyen des ajutages (§ 168) qui diffèrent, étant de forme cylindrique ou conique et de longueurs différentes.

Dans l'Hydraulique (§ 163) ont été exposés les effets mécaniques qui résultent de l'accumulation de l'échogène dans les ajutages; ici la même cause produit les mêmes effets; la différence consiste en densités d'échogène différentes, dont les faibles ne suffisent pas pour produire des sentiments d'ouïe, comme cela a lieu pour la lumière très-raréfiée. Nous tâcherons d'arranger les faits de manière à ne pas laisser dans l'ombre les effets physiques ou mécaniques qui résultent de la pulsation de l'échogène et les effets physiologiques provenant du même fluide. Le nombre de faits de ce genre a été suffisamment multiplié par Savart et les autres physiciens.

De la paroi rayonne l'échogène par intervalles isochrones en directions divergentes et ses effets se manifestent 1° dans la masse de liquide du vase et 2° dans la veine qui sort de la paroi. Les poussées sont exercées contre les équivalents homonymes logés dans les intervalles λ, et de là elles passent aux molécules qui soutiennent ces équivalents. 1° Les poussées répétées contre le liquide du vase font diminuer la dépense proportionnellement à la densité de l'échogène, qui augmente quand la paroi est mince. 2° Les poussées répétées contre la surface de la veine lui font obtenir des contractions S (fig. 72) qui sont une espèce de nœuds séparés par des parties non contractées qui sont des ventres. Dans les veines A et B (fig. 120), l, l' et m, m' sont les parties contractées ou les nœuds de la veine, et les parties non contractées ou les ventres a', a'' et b', b'' sont les parties de la veine qui n'ont pas éprouvé la poussée convergente de la part de la paroi.

Figure 120. Figure 121.

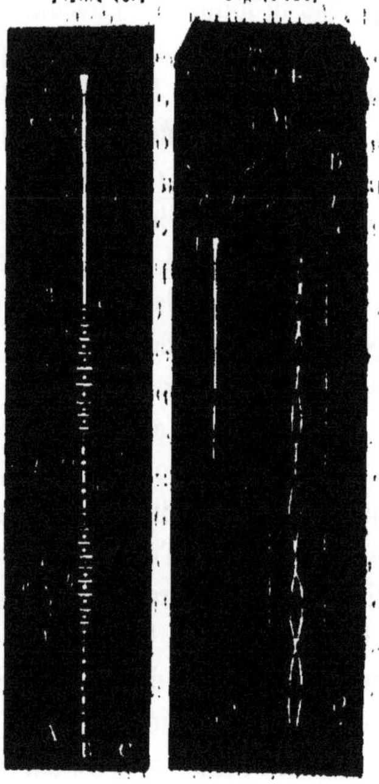

Dans la veine C l'effet de l'échogène de l'orifice se trouve diminué par l'affluence d'échogène d'un corps sonore extérieur en direction opposée. Les ondes de l'échogène extérieur, en ce cas, ne doivent pas être en unisson avec celles de la paroi; le son d'un violon à plus de 20 mètres de distance produit ces effets avec une grande énergie.

I. — MODE DE PRODUCTION DES FAITS MÉCANIQUES ET DES SONS PAR L'ÉCOULEMENT DES LIQUIDES.

§ 336. Pour commencer par l'écoulement le plus médiocre, Savart a laissé s'échapper l'eau goutte à goutte d'un vase cylindrique AB (fig. 121) muni d'un robinet r, et portant à sa partie inférieure un orifice en mince paroi o de 2 ou 3^{mm} de diamètre. Cet orifice est suivi d'un tube vertical $o'c'$ de 10^{mm} de diamètre et de 6 à 7^{mm} de longueur. Le vase AB étant rempli d'eau, on ouvre un peu le robinet et les gouttes qui en sortent sont de même grosseur. En plaçant un écran-

noir derrière le chemin que parcourent les gouttes et en les éclairant vivement, on aperçoit, quand elles se détachent (5 environ par seconde) un jet *cd*, qui présente des renflements ou ventres et des étranglements ou nœuds de position fixe. L'augmentation de la longueur entre les ventres diminue et devient insensible à partir du 14e ou 15e ventre dont le diamètre est de 7mm quand le tube *oc* a 10mm de diamètre, et le diamètre de la veine aux nœuds est de 5mm.

§ 337. **Formation des gouttes.** L'eau qui passe par l'orifice *o* de 2mm de diamètre n'arrive pas en cette dimension à l'orifice *c* de 10mm de diamètre, mais elle se trouve repoussée vers la paroi du tube *oc* représentée en *mn* plein d'eau, et celle-ci obtient en *c'* un arrondissement *ab* qui grossit, puis s'allonge tout à coup pour projeter une goutte de 5 à 6mm de diamètre constamment suivie d'une autre beaucoup plus petite. Au moment où la goutte se détache, elle est effilée à sa partie supérieure, puis elle se contracte subitement pour prendre la forme sphérique; cela s'opère avec tant d'énergie qu'il en résulte des gouttelettes lancées en directions divergentes.

Dans l'appareil indiqué il y a deux orifices en *o* et en *c*; à leur paroi s'opèrent des désunions de couples et accumulations d'échogène. L'échogène de la paroi *o* venant en directions convergentes contre le filet mince liquide le repousse vers la surface inférieure du tube *oc* qui reste remplie, et dans son orifice *c* s'opère une désunion nouvelle de couples, qui donne naissance à une autre masse d'échogène dont le rayonnement produit les faits observés dans la formation des gouttes dont le diamètre est moitié plus grand que celui de l'orifice, car, au moment de son détachement de la paroi, la goutte en reçoit une répulsion convergente, qui a pour effet de faire parcourir à cette goutte des longueurs croissantes de 35mm jusqu'à 65mm, et puis des longueurs décroissantes, pour atteindre au 15 ventre une longueur constante de 17 à 28mm.

D'après ces résultats, on a pu démontrer la production de désunions de couples d'air dans la surface de la veine vibrante, comme cela a lieu pour les cordes et verges, mais les faits se présentent ici d'une manière telle qu'on peut distinguer deux systèmes de poussées : 1° Dans son départ de l'orifice la goutte reçoit de la paroi ou de son échogène η la poussée p proportionnelle à la densité δ de l'échogène, et elle parcourt la distance $ce'' = 35^{mm}$; 2° pendant ce temps, en désunissant les molécules d'air, la goutte obtient dans sa surface une quantité $\eta + \eta'$ d'échogène plus grande que celle qui a été consommée en même temps ; pour cette raison elle parcourt l'espace supérieur $ef = 50^{mm}$; 3° la goutte, en parcourant l'espace, désunit les couples d'air, d'où résulte la quantité d'échogène $Q + Q'$ supérieure à celle qui se consomme en même temps; c'est pourquoi l'espace parcouru devient $eh = 65^{mm}$; la pesanteur agit dans le même sens.

Après avoir atteint ce maximum de vitesse qui indique celui de la densité de l'échogène, elle commence à diminuer, quand elle se trouve à une distance de 35 + 50 + 65 millim. de l'orifice. Ainsi il devient évident que la poussée de la part de l'orifice diminue aux distances supérieures, et qu'avec la vitesse des gouttes diminue aussi la désunion des couples d'air jusqu'au point de parcourir 17 à 18^{mm} en un même espace de temps. Savart et les autres physiciens ne pouvaient aucunement se rendre compte d'une cause qui fait augmenter la vitesse des gouttes jusqu'à la 3° pulsation, et qui la fait ensuite diminuer pour devenir constante après la 15° pulsation.

A. Rapport entre la production de l'échogène et de ses effets mécaniques sur les liquides.

§ 338. La désunion des couples s'opère 1° dans la paroi de l'orifice par la désunion des couples liquides ; 2° dans la surface de la veine liquide par la désunion des couples d'air. Une pareille désunion manque dans le vide; et par suite, il n'y a pas production de nouvelles vibrations, mais il reste celles qui résultent de l'échogène η de la paroi. En ce cas la partie continue Pq (fig. 121) de la veine est un peu plus longue dans le vide, et cela non pas à cause d'un manque de résistance, comme l'on croit, mais à cause de la charge supérieure dont résulte à la paroi une quantité supérieure d'échogène. L'appareil de Savart n'avait que la longueur de 1^m,58, et ne permettait pas de faire l'observation des vitesses des gouttes qui en ce cas décroissent dès le commencement, et cela à cause du manque de production d'échogène superficiel dans le vide.

§ 339. **Vibrations de la veine.** Outre les nœuds l, l', et les ventres a, a', qui correspondent aux vibrations transversales, il en existe d'autres très-denses, qui correspondent aux vibrations longitudinales; pour les observer, Savart laissa pénétrer les rayons du soleil par une fente horizontale sur la veine, alors l'anneau éclairé paraissait monter et descendre alternativement. Les anneaux ont le plus petit diamètre aux nœuds, et le plus grand aux ventres; leur vitesse croît dans leurs trois premières ondes. Elle diminue ensuite aux douze suivantes pour atteindre un minimum qui se maintient. La vitesse produite de la poussée de la paroi a son maximum dans l'orifice où manque l'échogène superficiel η', produit par la désunion des couples d'air; ainsi les vibrations longitudinales produites par l'échogène de l'air sont imperceptibles tout près de l'orifice.

§ 340. **Mode de l'apparition du son.** La quantité d'échogène dans la paroi mince n'est pas médiocre, car elle est suffisante pour produire des rayons sonores perceptibles à l'organe de l'ouïe : ce sont ces rayons qui soutiennent le jet en vibrations transversales et longitudinales isochrones; au lieu d'attribuer ces deux faits à une cause commune, qui est ce rayonnement, Savart, et après lui les autres physiciens, ont attribué le son aux vibrations, sans être en état de prouver comment le son résulte des vibrations et comment celles-ci proviennent de l'écoulement du liquide. Le son très-faible de la paroi mince est renforcé par l'échogène contenu dans le jet liquide, quand il tombe sur une membrane tendue ou sur le fond bombé d'un vase de métal. Ces lames, en recevant l'échogène du jet, obtiennent une vibration suffisante pour désunir les couples de l'air ambiant, et elles se chargent ainsi de nouvelles masses d'échogène qui vibrent en unisson avec les précédentes, et c'est en cela que consiste le son renforcé. On connaît l'isochronisme de vibrations dans toute la longueur du jet par l'identité du son faible dans la paroi, ou renforcé dans la membrane tendue frappée par le jet.

En prenant l'unisson du son produit par des charges différentes, H, 4H, 9H..., on trouve que le nombre de vibrations est en raison directe de la racine carrée de la charge ; celle-ci est représentée par la section S de l'orifice, mais la désunion des couples s'opère dans la paroi ; ainsi, c'est la même chose de prendre la racine carrée de la section S ou sa périphérie et son diamètre. L'échogène, produit en quantité croissante en rapport avec la racine carrée des hauteurs H, 4H, 9H..., se consomme par des vibrations dont le nombre croît pour devenir n, $2n$, $3n$...

§ 341. **Rencontre de l'échogène d'un jet avec celui d'un violon.** Si l'on produit dans le voisinage du jet un son d'un violon en unisson, les renflements se développent mieux comme on le voit en C (fig. 121), la partie liquide se raccourcit, pour aller jusqu'à plus des deux tiers. Au lieu de prendre dans le violon l'unisson du son du jet, si on en produit les sons à l'octave et à la quinte grave, la tierce mineure, la quarte et l'octave aiguë, les mêmes effets sont observés dans le jet liquide, mais en degré inférieur. Si le son extérieur est celui qui renforce le son du jet, comme une membrane tendue ou le fond d'une cloche, ces corps isolés peuvent produire des sons qui ne sont pas celui du jet; en ces cas, si la différence ne surpasse pas un tiers, alors le son du jet est modifié, et se trouve à l'unisson de celui du corps choqué. Mais si celui-ci éprouve un léger choc du dehors ou quelque dérangement de position, on voit apparaître subitement le son du jet à sa hauteur précédente, à moins qu'il n'y ait que peu de différence dans les nombres de vibrations des deux sons; alors on entend l'un ou l'autre son successivement ou les deux simultanément.

Dans le cas d'une très-petite altération dans l'unisson des deux sons, l'on voit la partie continue Pq de la veine se raccourcir et s'allonger alternativement, et l'on entend une suite de battements qui coïncident avec ces mouvements, et sont d'autant plus rapprochés que les sons diffèrent davantage. A cause des changements de ce genre observés dans la veine, la dépense n'éprouve aucune modification. Un corps massif frappé par la veine sans être réduit en vibration ne produit aucun changement aux ventres ou aux nœuds.

§ 342. **Discussion des faits décrits.** Tous les changements produits dans la veine liquide résultent de son échogène obtenu 1° de la paroi, 2° de celui du violon, ou 3° de celui du corps élastique frappé par la veine; ces faits ne permettent pas de méconnaître la production des nœuds et des ventres de la veine de la même cause, qui est l'échogène de la paroi; car en admettant les vibrations comme cause de sons, on ne peut pas se rendre compte des effets que produisent les sons extérieurs aux vibrations de la veine; le son de la veine change de la présence de la membrane frappée à cause de la nouvelle masse d'échogène qui en résulte.

Si l'on appuie le pied d'un diapason à l'unisson de la veine sur le bord du vase ou même sur son support, le ventre s'approche davantage de l'orifice qu'il atteint presque; s'il n'y a pas unisson, celui de la veine est amené au son du diapason quand même celui-ci se trouve à une quinte au-dessus et à plus d'un octave au-dessous. L'échogène du diapason s'écoule en grande masse vers le vase et la paroi, d'où il passe dans la veine qui obtient ainsi des vibrations isochrones à celles du diapason. Alors la densité de l'échogène de la paroi entre en équilibre avec celle de l'échogène du diapason ; les répulsions de l'échogène transmises au diapason font approcher le ventre de l'orifice.

En opérant dans le vide, on voit s'allonger la partie limpide P*q* (fig. 121), la partie trouble *q*S n'est plus renflée à son diamètre que d'environ les $\frac{2}{3}$ de celui des renflements qui se seraient produits dans l'air ; il a été indiqué que cela résulte du manque de désunion des couples d'air dans la surface de la veine qui y fait manquer l'échogène. Donc, pour faire réapparaître les renflements et diminuer leur distance de l'orifice, il suffit d'introduire dans la veine de l'échogène du dehors qu'on obtient au moyen d'un violon ou d'une membrane tendue sur laquelle frappe la veine.

Savart était convaincu que le frottement de la veine contre les bords de l'orifice n'est pas la cause du mouvement vibratoire; car la nature du son n'éprouve aucun changement, 1° de la nature de la substance de l'orifice, 2° de la graisse qu'on y introduit, 3° du degré de poli de la plaque, 4° de la nature du liquide, 5° de la pression d'un corps dur sur le bord de l'orifice. Après une foule d'expériences de toute nature, il resta impossible de découvrir la véritable cause des vibrations isochrones qui se présentent aux cordes, aux verges, aux gaz et aux liquides, parce que l'hypothèse proposée d'attribuer l'origine des vibrations dans l'avancement de la colonne centrale *o'c'* (fig. 121) a un rapport direct avec la désunion des couples liquides qui se trouvent en contact avec la paroi.

§ 343. **Effet de l'élasticité des liquides sur la veine.** Il a été démontré que le degré d'élasticité correspond aux quantités d'équivalents électriques logés dans les intervalles λ; cette quantité croît dans les hautes températures comme la capacité pour la chaleur. En faisant se désunir le même nombre de couples d'éther, d'alcool, d'eau et d'une dissolution d'ammoniaque, il résulte de ce même nombre *n* de couples désunis de ces quatre espèces de liquides quatre qualités différentes d'échogène, dont l'effet se présente dans la longueur de la partie continue qui est de 90cm, 85cm, 70cm, 46cm dans l'éther, l'alcool, l'eau et la dissolution d'ammoniaque dont les compressibilités sont de 131, 94, 47, 33 millionièmes.

§ 344. **Production de l'échogène dans les liquides.** La désunion des couples liquides ne dépend pas du milieu dans lequel elle est produite; ce milieu n'a d'influence que comme une résistance plus ou moins grande contre la propagation de l'échogène dont dépend la longueur de la partie continue ou le nombre de pulsations; cette partie est longue dans le vide, moins longue dans l'air et courte dans les liquides. En faisant jaillir une veine d'huile de bas en haut à travers l'eau, on aperçoit les renflements, comme dans l'air. Le son extérieur y produit les mêmes effets que quand la veine est dans l'air.

B. RAPPORT ENTRE L'ÉCHOGÈNE DE LA PAROI ET LES FORMES DE NAPPES PROVENANT DU CHOC DE LA VEINE CONTRE UN DISQUE.

§ 345. Le mouvement emmagasiné dans l'échogène commence à se manifester comme une répulsion expansive dès la désunion des couples moléculaires. Ce mouvement, entièrement indépendant de la pesanteur, est d'une vitesse constante; il se communique aux molécules σ, σ' matérielles par les équivalents électriques logés dans leurs intervalles λ. Ainsi, c'est le mouvement emmagasiné qui se manifeste dans les vibrations matérielles des cordes aussi bien que dans les ondes de l'échogène. Jusqu'ici ont été exposées les vibrations des cordes, des verges, des plaques et des membranes; c'est dans les vibrations longitudinales qu'a été constatée l'apparition des faits qui exigent un effort mécanique de plusieurs milliers de kilogrammes. De pareils faits se présentent également dans les vibrations longitudinales de jets de liquides; Savart en observa un grand nombre avec une grande exactitude, et il y a découvert une poussée dont l'origine n'est pas dans la pesanteur.

Nous allons exposer un certain nombre de faits observés comme exemples, pour rendre évidente la communication du mouvement de l'échogène aux molécules des liquides, où la poussée dynamique peut être évaluée en poussées exercées sur les veines molécules par la pesanteur. Donc, pour obtenir l'effet de la répulsion longitudinale, le jet est conduit sur un disque. Les faits éprouvent différentes modifications de diamètres ou d'épaisseurs du disque qui vibre en unisson avec le jet.

Figure 122.

§ 346. Pour obtenir un jet constant à partir de 4 ou 5^m de hauteur d'eau, on se sert du tube T (fig. 122) de 4^m,5 de longueur; il a le fond composé d'une plaque vissée munie d'un orifice en mince paroi *o* et figurée à part en O. Ce tuyau aboutit à un réservoir R, dans lequel le niveau est maintenu constant au moyen d'un trop plein V. Un robinet *rr* sert à régler l'introduction de l'eau dans le tube T. Enfin, un manomètre à mercure *mnp* donne la pression qui existe dans ce tube. Il y a un orifice pratiqué dans une virole en cuivre qui réunit le tube K″ au manomètre *mnp*.

Quand cet orifice est ouvert, le mercure se tient au même niveau dans les deux branches *mn*, *pn;* mais si on le ferme avec une cheville bien rodée et qu'on laisse écouler l'eau qui remplit le tube K″, le mercure montera dans la branche *mn* à mesure que le niveau baissera; et si l'on ouvre convenablement le robinet *rr*, on pourra faire en sorte que le niveau soit constant dans le mercure et dans l'eau. La différence *d* des niveaux du mercure dans les deux branches du manomètre donne la hauteur $H' = 13,6 \times d$ de l'eau, de sorte que la charge est alors $H - H'$ dans le tube K″. P est la tige qui soutient le disque *d*. Les résultats suivants sont produits à une température de 0°, où ils ont été réduits par le calcul.

1° Le diamètre *ce* des nappes auréolées augmente à mesure que la pression diminue. Savart, en employant la compression de l'air, est parti d'une pression de 7 atmosphères.

2° Les auréoles *ac*, *be* sont d'autant plus prononcées et leur surface couverte de stries circulaires d'autant plus régulières, que les orifices sont plus petits.

3° Le son produit par le choc d'un point *c* de l'auréole contre un corps solide est intense et très-pur pour les fortes pressions, et le nombre de vibrations paraît à peu près proportionnel à la vitesse de l'écoulement ou à la charge.

4° Le diamètre *ab* de la nappe atteint une valeur maximum, de part et d'autre de laquelle elle diminue, quand l'auréole *ac*, *be* disparaît; et cela arrive pour des pressions d'autant plus faibles que l'orifice est plus grand.

5° En général, la nappe se ferme à une pression égale à la moitié de celle qui donne la nappe maximum, et le diamètre des nappes fermées est essentiellement proportionnel au diamètre de l'orifice quand celui-ci est compris entre 20 et 2mm.

6° Les nappes se ferment à des pressions d'autant plus grandes que l'orifice est plus petit.

7° Pour les grands orifices la nappe fermée est plus haute que large; c'est le contraire pour les petits orifices. On en déduit qu'il doit y en avoir un pour lequel est sphérique la forme des nappes fermées.

Dans la production de chacun de ces faits se manifestent les influences, 1° de la direction du jet, 2° de la distance du disque, 3° du diamètre du disque, 4° de la nature du liquide, 5° de sa température, 6° de la pression grande ou petite sur l'orifice.

§ 347. **Mode de la production des faits rapportés.** Quand une veine liquide sortant d'un vase cylindrique vertical par un orifice en mince paroi tombe verticalement au centre d'un disque plan horizontal *d* (fig. 123), ce liquide se répand dans tous les sens en formant une nappe circulaire AB, dont la partie centrale *ab* est mince et transparente et la partie extérieure A*a*, B*b*, plus épaisse, trouble et couverte de stries rayonnantes coupées par d'autres circulaires. Le contour extérieur des parties troubles est nommé *auréole*, car elle est garnie d'aspérités qui lancent au loin une foule de gouttelettes. Le disque ayant 27^{mm} de diamètre, l'orifice 12^{mm} et sa distance du disque étant de 20^{mm}, la nappe *auréolée* AB a environ 60^{mm} de diamètre.

Figure 123.

Cette nappe est animée d'une pulsation qui consiste en abaissements et élévations vers l'orifice produisant un son bas et sourd. Quand l'orifice est en mince paroi, ses bords sont aussi soumis à un mouvement vibratoire dans le sens du rayon. Pour se convaincre que la nappe résulte de l'écoulement de l'échogène, on approche une membrane tendue des bords extérieurs de l'auréole et l'on obtient ainsi un son pur, musical, soutenu, qui dure autant que le contact ou la transmission de l'échogène de la nappe dans la membrane qui sert ici à former, au moyen de l'échogène, des ondes sonores, comme cela va être expliqué plus loin.

A mesure que le niveau baisse dans le réservoir cylindrique, la partie transparente de la nappe augmente de diamètre, en même temps que la largeur B*b* de l'auréole diminue, parce qu'avec la diminution de la dépense diminue dans la paroi la désunion des couples *aa'* et la production de l'échogène; ainsi le diamètre de la veine croît à cause de la diminution de la dispersion de l'échogène par le grand contour de l'auréole. Celle-ci, étant produite du rayonnement de l'échogène, disparaît quand la charge reste 60 à 62^{cm}. La nappe est alors entièrement transparente et convexe en dessus C. Si la pression continue à diminuer, cette courbure devient de plus en plus prononcée; les bords extérieurs se rapprochent de la tige T qui supporte le disque, et la nappe se ferme entièrement quand la pression reste de 32 à 33^{cm}; elle présente alors la forme d'un solide de révolution D. Le volume de cette enveloppe liquide diminue jusqu'à ce que la pression arrive de 10 à 12^{cm}. La forme change avec la diminution de la densité d'échogène; la partie supérieure de la nappe devient concave *adb*, mais sans se soutenir, car on voit reparaître presque aussitôt la première forme convexe D, qui est suivie de la concavité *adb*, et ainsi de suite, alternativement, jusqu'à ce que la nappe qui diminue toujours finisse par disparaître entièrement. La forme concave de la nappe en dessus prouve la répulsion du fluide échogène de la part de celui qui pénètre dans le disque.

La pression continuant à décroître, on voit se former, sur la couche d'eau qui recouvre le disque, de petites ondes fixes annulaires, qui se montrent d'abord près du contour et augmentent de nombre en allant vers le centre jusqu'à ce que toute la surface en soit couverte; alors ces ondes gagnent le jet lui-même, il présente des renflements fixes qui vont en augmentant de nombre jusqu'à atteindre l'orifice, et bientôt l'écoulement cesse.

La série de faits ainsi produits dans les nappes dépend de deux causes: 1° de la quantité d'échogène produit dans la paroi par la désunion des couples, et 2° par sa consommation opérée dans le bord de la nappe. Les formes des nappes A, C, D, E indiquent la diminution de la répulsion expansive qui est grande en AB, et va en décroissant pour faire apparaître successivement les formes et le rétrécissement de l'étendue du bord de la nappe dont le diamètre croît tant que l'auréole disparaît ensuite et commence à diminuer pour disparaître quand la nappe se ferme.

La quantité des désunions de couples ne dépend pas seulement de la charge, mais aussi de la grandeur de la paroi mince et de la distance A — α entre l'orifice et le disque. Tous les faits de la série indiquée changent donc quand la charge ou la pression restant la même, le diamètre de la paroi augmente ou diminue. Le même effet a lieu pour chaque température entre 0° et 100° et pour chaque liquide différent, comme cela est indiqué dans les tableaux suivants.

I. *Rapports entre la température de l'eau, le diamètre de la nappe fermée et la pression ou la charge.*

Températures de l'eau	0°	1,5	4	6	10	20	30	40	50	70	90
Diamètre de la nappe fermée.	7cm,5;	4;	10;	9,2;	8,2;	8,2;	8,2;	7,2;	6;	5,3;	4
Pression.	87cm,5;	40;	78;	67;	65;	59;	57;	47;	41;	55;	25

II. *Rapports entre les diamètres de la nappe formée et la pression pour les liquides différents.*

Noms des liquides	Eau.	Alcool.	Éther.	Eau gommée.	Mercure.
Diamètre de la nappe fermée	8cm;	18;	13;	11;	6,7
Pression	67cm;	73;	27;	105;	16,2

III. *Rapports entre les orifices, les températures, les diamètres des nappes fermées et les pressions.*

Orifices.	Températures.	0°	0,5	1,5	3,1	3,3	4	4,5	4,8	5,5	7	11,5
3mm	Diamèt. des nappes.	10cm,3;	8,5;	7;	13;	15;	15,5;	16;	15;	15;	13;	11
	Pressions.	163cm;	135;	132;	172;	193;	200;	198;	195;	190;	190;	155
6mm	Diamèt. des nappes.	20cm;	10;	8;	20;	25;	30;	30;	30;	30;	20;	29
	Pressions.	51cm;	45;	34;	52;	58;	60;	57;	55;	56;	55;	51
9mm	Diamèt. des nappes.	30cm;	19;	10;	33;	42;	45;	46;	44;	48;	44;	45
	Pressions.	30cm;	20;	15;	10;	31;	52;	58;	92;	54;	45;	38

IV. *Rapport entre les diamètres de l'orifice, les températures, les diamètres des nappes, leur nature et la pression.*

DIAMÈTRE de l'orifice.	NATURE des nappes.	TEMPÉRATURE de 0°.		TEMPÉRATURE de 1°,2.		TEMPÉRATURE de 4°.	
		Diamètre des nappes.	Pression.	Diamètre des nappes.	Pression.	Diamètre des nappes.	Pression
		centimèt.	centimèt.	centimèt.	centimèt.	centimèt.	centimèt.
3mm	Auréolées	31	188	20	488	30	488
	Unies	32	320	22	307	37	382
	Fermées	10 à 11	165	7	138	15	195
6mm	Auréolées	32	188	27	488	38	188
	Unies	35	115	29	105	18	118
	Fermées	19 à 20	31	8	22	31	60
9mm	Auréolées	40	188	40	189	43	188
	Unies	72	70	55	81	72	95
	Fermées	32	36	10	15	44	52
12mm	Auréolées	60	188	50	488	35	488
	Unies	80	62	75	48	80	86
	Fermées	39	32	15	18	60	45
15mm	Auréolées	65	488	55	488	60	488
	Unies	95	47	80	46	90	72
	Fermées	50	24	18	12	74	40

§ 348. **Observations, remarques et explications.** Le fluide échogène résulte dans la paroi de l'orifice de la désunion des couples $\sigma\sigma'$ moléculaires de l'eau dans lesquels disparaissent les intervalles λ, et restent à l'état libre les équivalents électriques $2q\bar{E}$ logés dans ces intervalles λ. Par la répulsion expansive se divisent ces équivalents en deux moitiés, dont l'une $q\bar{E}$ remonte vers la colonne d'eau en faisant diminuer la dépense (§ 175), et l'autre $q\bar{E}$ descend en exerçant une compression autour de la veine (§ 290) et une pulsation isochrone. En cet état, l'échogène est *amorphe* et *aphone*, parce qu'il n'y a pas dans l'air d'ondes sonores, qui ne résultent que dans le cas où le diamètre du canal de l'orifice est égal ou peu différent de sa hauteur.

L'échogène $q\bar{E}$ qui suit la veine exerce une répulsion et contre-répulsion sur le disque dans lequel pénètre une partie de lui-même, tandis que l'autre, en se dispersant, entraîne l'eau et lui fait prendre la forme d'une nappe auréolée, du bord de laquelle s'opère le rayonnement de l'échogène vers l'air : ainsi se consomme ce fluide produit dans la paroi de l'orifice. En cet état l'échogène, arrivé à une membrane tendue, lui communique ses pulsations dont résultent des vibrations de la membrane, et c'est ainsi que l'échogène se subdivise en portions π séparées vers l'air en intervalles isochrones dont résultent les ondes sonores.

La consommation de l'échogène du bord de la nappe dépend : 1° de sa production dans l'orifice, et 2° de la résistance R qu'il éprouve dans le liquide pendant sa séparation.

1° *Augmentation de la densité de l'échogène dans la paroi.* Il ne faut, pour cela, qu'une grande quantité d'équivalents électriques $2q\bar{E}$, qu'on obtient : 1° en multipliant les désunions des couples au moyen de la charge, et 2° en employant des liquides dont les intervalles λ contiennent de grandes quantités de ces équivalents. Il a été indiqué que l'éther, étant plus compressible, produit plus d'équivalents électriques, que l'alcool, l'eau et la dissolution d'ammoniaque; mais les nappes dépendent aussi de la résistance qu'éprouve l'échogène dans les liquides pendant son rayonnement.

2° *Diminution de la résistance dans les séparations de l'échogène des nappes.* Les liquides exercent sur l'éloignement de l'échogène une résistance d'autant moindre qu'ils contiennent moins d'équivalents électriques dans leurs intervalles λ; de sorte que la production de l'échogène se trouve en rapport inverse avec la consommation opérée de la périphérie de la nappe de liquide, dont il a été produit; pour cette raison est grande, dans la veine de l'éther, la partie limpide entre l'orifice et le nœud (§ 335) (fig. 121).

3° *Rapport entre la dépense et l'échogène produit.* La dépense du liquide est proportionnelle à la charge et à l'aire de l'orifice, tandis que la désunion des couples est proportionnelle à la paroi ou au diamètre de l'orifice. Ainsi la quantité d'échogène produit est proportionnelle à la racine carrée de l'aire de l'orifice et de la charge, comme cela résulte aussi de toutes les observations, quand il y a production des sons.

En suivant donc ces trois causes simultanément pour chaque substance, on obtient, par le calcul, les résultats indiqués dans les tableaux. L'eau à 4° contient dans ses intervalles les équivalents électriques en quantité inférieure dont résulte son maximum de densité; il y a donc une médiocre production d'équivalents électriques; mais il y a une plus médiocre résistance aux bords de la nappe dont s'écoule l'échogène. L'éther produit une nappe de diamètre inférieur à l'alcool, quoique la paroi en obtient plus d'échogène, mais celui-ci éprouve dans sa séparation de la nappe une résistance plus grande que l'échogène de l'alcool dans la sienne. L'eau acidulée ne produit pas de nappes, parce que d'elle résultent les deux espèces d'équivalents électriques qui se combinent entre eux, et ainsi il y a manque d'échogène.

Nappes auréolées, unies, fermées. Le diamètre est inférieur dans les nappes auréolées, parce que l'échogène fend les bords et s'écoule avant qu'ils atteignent le maximum d'espace; la forme conique de la nappe indique la direction des rayons d'échogène qui se croisent au sommet du cône presque perpendiculairement. Quand ensuite diminue la densité de l'échogène, ses rayons commencent à former un angle obtus entre eux, comme cela apparaît dans la nappe qui devient convexe en haut, semblable à un segment de sphère; l'auréole disparaît quand l'échogène commence à s'écouler de la périphérie de la nappe sans la fendre, et c'est ainsi que le diamètre de la nappe atteint son maximum avec la disparition de l'auréole : alors son bord devient uni.

Pour que la nappe se ferme, il faut que se croisent les rayons de l'échogène qui, repoussés mutuellement au centre du disque, s'en éloignent en directions divergentes et entraînent la nappe dont les molécules, en obéissant à la pesanteur, se trouvent en même temps forcées de s'abaisser et de se courber pour produire une nappe formée à cause du croisement des rayons de l'échogène dans la tige qui contient le disque; ce point de la tige, jusqu'au centre du disque, est l'*axe de la nappe* fermée.

Vers la fin s'affaiblit la densité de l'échogène qui s'écoule de la périphérie du disque, en y produisant des pulsations qui apparaissent comme des ondes annulaires dont le nombre augmente en se propageant vers le centre du disque; de ce point les mêmes pulsations, produisant des renflements dans le jet, remontent jusqu'à l'orifice, et l'écoulement cesse.

Pour mieux connaître le mode de la production des faits mécaniques qui résultent de la répulsion R provenant du mouvement emmagasiné de l'échogène, nous allons séparer ce genre de faits, et les faits physiologiques obtenus de ce même fluide au moyen de l'organe de l'ouïe, quoique dans la nature il n'existe pas une pareille séparation : 1° quand même le son n'est pas perceptible, ou 2° quand pendant son apparition on ne remarque nulle part un produit mécanique. Ce n'est pas tout : cette multiplication de force ne manque pas dans les écoulements de gaz et de vapeurs denses des chaudières vers les cylindres de pistons.

Nous allons exposer ici les faits mécaniques que produit : 1° un jet qui frappe sur un disque ; 2° un jet qui frappe sur un autre jet. Les jets peuvent être, 1° verticaux ou obliques ; 2° la distance entre la paroi et le disque peut être grande ou petite ; 3° le diamètre du disque peut être petit ou grand ; 4° de même pour son épaisseur ; 5° enfin il peut y avoir différence dans la température et dans les liquides. La description des faits différents obtenus par les expériences est ici d'une grande valeur, parce que le lecteur y trouvera en même temps le mode de leur production au moyen de l'écoulement du fluide échogène qui, par son mouvement emmagasiné, se manifeste comme une poussée expansive inépuisable.

§ 349. **I. Différentes directions du jet liquide.** 1° Dans la direction verticale sont parallèles les poussées P de la charge et la répulsion R de l'échogène ; 2° si le jet est horizontal, la résultante est la différence $R - \frac{1}{2}P$, et s'il monte de bas en haut, c'est la différence $R - P$ qui est la résultante. 1° Si la charge est maintenue constante, la poussée P est invariable ; 2° si la charge est maintenue quand la dépense augmente avec l'aire de l'orifice, l'échogène augmente aussi, cependant non pas en rapport avec cette aire de l'orifice, mais avec son diamètre ou sa périphérie ; il y a donc consommation du liquide suivant les carrés de diamètres et production d'échogène suivant ces diamètres.

Si la charge diminue et que l'orifice reste constant, la dépense diminue suivant l'aire de l'orifice, et l'échogène suivant son diamètre; pour cette raison, les nombres de vibrations de sons produits diminuent, non pas suivant la dépense ou la charge, mais suivant leur racine carrée.

Ici les faits mécaniques obtenus par l'expérience correspondent à la résultante de la poussée P et de la répulsion R qui se rencontrent en direction horizontale. Si la charge est grande, le bord des nappes A, C, D (fig. 124) reste périphérique, parce que le poids π médiocre de l'eau qui s'y trouve éprouve de la part de la pesanteur une poussée p proportionnelle qui reste sans effet perceptible. Mais quand la charge diminue, on voit diminuer en même temps la répulsion R de l'échogène et la poussée P, tandis que la poussée p de la pesanteur sur l'eau de la nappe reste la même; ainsi son effet est constaté dans les nappes B et E. Dans les jets ascendants C, D, E, la surface supérieure de la nappe reste horizontale E, elle indique la direction des rayonnements de l'échogène qui la soutient sous cette forme.

Figure 124.

§ 350. II. **Influence de la distance entre le disque et l'orifice.** En partant de l'orifice P (fig. 121), la partie limpide Pq de la veine liquide se rétrécit pour atteindre un minimum de diamètre à un point q nommé *nœud de la veine :* au delà de ce nœud commence à être sensible le renflement qS : nous indiquerons ici par Δ la distance Pq entre le nœud et l'orifice ; le disque sera promené dans cette distance et au delà du nœud q, pour observer les effets qui résultent du rayonnement de l'échogène : ces faits deviennent visibles dans les changements de forme de la nappe, quand on fera augmenter l'orifice et diminuer la charge. Les faits obtenus de l'augmentation de la distance δ entre le disque et l'orifice ne diffèrent pas de ceux que produit une augmentation de la charge. C'est une conséquence directe de la contre-répulsion opérée dans la paroi, puis dans le disque, entre les équivalents électriques $2q\bar{E}$ qui sont l'échogène; car en dirigeant le jet de bas en haut sur le disque, on obtient une poussée précisément 2P, c'est-à-dire double de celle P, qui résulte de la charge. La poussée P croît également avec la charge et avec l'orifice parce que, dans ces deux cas, croît la dépense. Nous distinguerons les faits obtenus : 1° d'une grande charge et d'un petit orifice, 2° d'une petite charge et d'un grand orifice, 3° d'une petite charge et d'un petit orifice.

1° *Grande charge et petit orifice.* En promenant le disque entre l'orifice et le nœud on trouve une augmentation de la pression P et de la répulsion R, quand le disque s'éloigne de l'orifice, car l'auréole est produit à une distance δ et à une autre $\delta + \delta'$ diminue la partie unie de la nappe; et quand le disque arrive au nœud dans la distance Δ, la partie unie de la nappe se recouvre de ventres circulaires fixes, d'autant plus larges que l'on est plus près du nœud. Si à la distance δ la nappe est sans auréole, elle diminue encore de diamètre quand la distance augmente pour devenir $\delta + \delta'$, et les ondes fixes concentriques apparaissent avant d'arriver au nœud.

2° *Petite charge et grand orifice.* La dépense, en ce cas, diffère peu de celle du cas précédent; il se forme une auréole à la distance δ, mais elle disparaît quand le disque arrive au nœud, parce que la dépense s'affaiblit à cause de la petite charge; par un orifice assez grand la nappe devient encore auréolée.

3° *Petite charge et petit orifice.* En ce cas, l'augmentation de la distance δ fait augmenter la répulsion R et la poussée P, comme cela se reconnaît à l'aspect de la nappe qui, étant fermée à la distance δ, s'ouvre quand on éloigne le disque à la distance $\delta + \delta' = \frac{1}{4}\Delta$ environ.

4° A une distance $\Delta + \alpha$, quand le disque se trouve dans la partie trouble de la veine, il n'y a plus de nappe continue, le liquide est lancé périodiquement en jets déliés divergents. Pq est une demi-onde convergente de P vers q où s'opère une répulsion autour de la veine, et il en résulte des rayons divergents, qui produisent les jets déliés quand le disque se trouve à la distance $\Delta + \alpha$ de l'orifice.

§ 351. III. **Rapport entre la répulsion de l'échogène et le diamètre du disque.** Comme dans la paroi, de même dans le disque, s'opère une répulsion et contre-répulsion de l'échogène ; dans la paroi est repoussée la pression P de la charge par une répulsion R′ isodymane, et dans le disque plan est repoussée la somme P + R′ de pression et de répulsion par une répulsion R égale, de sorte qu'il y a contre-répulsion égale à la somme $R + P + R' = 3P$. L'influence du diamètre du disque résulte de ce que l'échogène manque dans l'intérieur de la veine; ainsi dans le cas où son diamètre est égal à celui de la veine, il n'est pas atteint par l'échogène; pour cette raison la presson exercée sur lui n'est que celle de la colonne liquide entre le disque et le niveau de la charge, comme cela a été constaté au moyen de la balance (§ 290).

Pour faire apparaître la répulsion R et la contre-répulsion égale exercées par l'échogène entre le disque et la paroi, il faut employer un disque d'un diamère supérieur à celui de la paroi, et pour obtenir la contre-répulsion totale, il faut que le disque soit concave pour former un peu moins d'un hémisphère. Ainsi : I. La balance indique : 1° pour le petit disque la pression P, 2° pour le disque un peu plus grand et plan la pression 3P, et 3° pour le disque concave 4P. II. La nappe change aussi avec le diamètre du disque qui, étant égal à celui d de la section de la veine, augmente et devient $d + \alpha + \alpha'$, ..., et ainsi avec ces augmentations du disque sont produites des nappes dont la forme sert à connaître la quantité et la direction de l'échogène dispersé du bord du disque; ces formes de nappes sont A, B, C, D, E (fig. 125), enfin la nappe ne se produit plus quand le disque obtient un diamètre très-grand F.

Figure 125.

En considérant les formes des nappes comme conductrices des rayon de l'échogène η, il devient évident que de celui-ci il pénètre dans le disque une quantité η' analogue à son aire; cette quantité η' disparaît, et c'est la différence $\eta - \eta'$ qui soutient le rayonnement observé dans les nappes A, B, C, D, E, dont D et E sont formées à cause de l'augmentation de la quantité η'; un effet semblable se produit quand la diminution de l'échogène est produite par celle de la charge. La quantité η' augmente davantage en F où le liquide tombe verticalement de la périphérie *pp'* du disque, en formant sur le bord un bourrelet *pa*. La nappe centrale où la couche liquide *aa* est d'autant plus grande que la pression est plus forte, et que le bord du disque laisse s'écouler l'eau plus facilement, car en l'enduisant d'un corps gras la partie mince *aa* diminue de diamètre. Le corps gras produit cette résistance à l'eau par ses équivalents électriques homonymes avec ceux qui sont dans l'eau; nous obtenons encore ainsi une preuve de ce qui a été exposé dans le § 341.

Un disque de forme triangulaire *abc* pas trop grand produit par la contre-répulsion un anneau d'échogène qui entoure la veine liquide, et fait apparaître des nappes dont la forme ne diffère pas de celles qui résultent de disques ronds. L'influence du triangle ne se fait sentir que quand sa dimension augmente pour y faire pénétrer une plus grande quantité d'échogène, qui fait diminuer la différence $\eta - \eta'$, et ainsi disparaît l'auréole. On voit alors se manifester la forme d'un trèfle $a'b'c'$, dont chaque hémisphériphérie a pour diamètre l'un des côtés du triangle.

§ 352. IV. **Rapport entre la répulsion de l'échogène et l'épaisseur du disque.** La masse du disque croît avec son diamètre d quand l'épaisseur e reste constante; elle croît aussi avec l'épaisseur e quand le diamètre ne change pas, à plus forte raison croît la masse du disque avec le diamètre d et l'épaisseur e simultanément. Le disque doit être imbibé d'échogène analogue à sa masse pour pouvoir vibrer en unisson.

De la quantité η d'échogène, arrivé au disque, une portion η' en est séparée pour être répandue dans le disque, et le reste $\eta - \eta'$ réfléchi fait apparaître la nappe.

D'un contour arrondi des disques d'épaisseur 6^{mm}, 2^{mm}, 1^{mm} sont produites les nappes A, B, C (fig. 126), quand la pression est constante à 152^{cm}; si le bord du disque mince est tranchant, la nappe obtient la forme D.

Figure 126.

§ 353. V. **Pulsation de l'échogène dans les nappes.** Si le son n'est pas entendu à cause de la paroi mince, les pulsations de l'échogène se manifestent dans les changements brusques de formes des nappes A, B, C (fig. 127), qui alternent avec la forme primitive pendant que la pression diminue à partir de 20cm. Si le son est entendu au moyen d'un ajutage à hauteur et diamètre égaux, on voit que les

Figure 127.

changements brusques opérés dans les nappes correspondent à ceux de sons, comme cela est indiqué plus bas. Ce fait sert à connaître que les ondes sonores existent, alors même qu'elles ne sont pas entendues.

C. Faits produits par l'échogène dans la rencontre de deux jets.

§ 354. Au lieu de frapper sur un disque, le jet peut frapper contre un autre jet; en ce cas, il se produit également une nappe à bord uni ou auréolée dont le plan vertical à l'horizon indique que les poussées sont égales de la part des deux orifices, et cela a lieu quand les vases et les orifices sont égaux. La nappe change : 1° quand sont inégaux les orifices et égaux les vases; 2° quand sont égaux les orifices et inégaux les vases, ou 3° quand un vase est plein et l'autre vide.

Tous les faits observés correspondent à la répulsion R exercée par l'échogène accumulé sur la paroi par la désunion des couples moléculaires $\sigma\sigma'$ du liquide écoulé. Là où manque l'écoulement, il n'y a pas production d'échogène, et pour cela il ne se manifeste pas la moindre trace de répulsion. En suivant ce mode de production de l'échogène et de sa répulsion expansive provenant de son mouvement emmagasiné, on est en état de déterminer les séries de résultats mécaniques qui sont observés, de sorte qu'il ne se trouvera aucun lecteur qui méconnaîtra le mode de la production de l'échogène et son mouvement emmagasiné.

§ 355. I. **Orifices et réservoirs égaux.** Dès que les orifices sont ouverts, il se forme une nappe verticale *nn'* (fig. 100) : 1° Pour les pressions ou les charges assez fortes, elle est plane, circulaire et auréolée comme AB (fig. 123). 2° La charge et la pression P allant en diminuant, la nappe devient unie et acquiert alors son diamètre maximum. 3° Quand la charge devient faible, l'effet de la pesanteur se montre, la forme de la nappe devient ovale avec le sommet en bas et la base en haut comme B (fig. 124) où se forment bientôt des échancrures.

Différences entre les faits produits par la pesanteur et ceux produits par l'échogène. Les désunions des couples $\sigma\sigma'$ des liquides opérées aux parois y font s'accumuler l'échogène en égale quantité; de deux contre-répulsions opérées aux parois, l'échogène, en suivant le jet, exerce une pression convergente contre la masse d'eau, et par une autre contre-répulsion divergente, la masse d'eau repoussée forme une nappe, qui est verticale, par l'échogène dont l'éloignement s'opère de la périphérie auréolée. Quand l'échogène diminue, le rayonnement s'affaiblit, l'auréole disparaît et le bord uni, quoique d'un diamètre plus grand, a une étendue moindre que le bord de l'auréole de diamètre inférieur. Ainsi, quand partent de chaque orifice l'eau et l'échogène, celui-ci s'éloigne de la périphérie de la nappe, et c'est alors que l'eau commence à obéir à la pesanteur; ce fait se présente même dans la forme ovale de la nappe, quand avec la dépense diminue la production de l'échogène.

Les faits de l'échogène sont limités dans la production de la nappe et de ses formes; il s'écoule de sa périphérie, et la dépense de l'eau s'opère comme dans le cas où les deux jets ne se rencontrent pas.

456. II. Orifices égaux et vases inégaux. Si, en ce cas, le niveau est entretenu constant dans les deux vases au moyen d'un tube de communication, il y aura une égale quantité d'eau écoulée de chaque orifice, et, par suite, il en résultera la série de faits du cas précédent. Les faits changent quand, avec des vases inégaux et séparés, l'écoulement est libre; si les jets ne venaient pas en rencontre, le niveau baisserait davantage dans le vase A, admis comme plus petit. Mais si les jets se rencontrent, le même niveau se soutient dans les deux vases qui se vident dans un même espace de temps T, qui correspond à celui que met le grand vase B pour se vider seul; il y a donc un retard de T′ dans l'écoulement du petit vase A qui seul se vide en un espace de temps T — T′.

Si le vase B est a fois plus grand que l'autre A, il y aura dans son orifice o' un écoulement d'eau a fois plus grand que dans l'orifice o du vase A, et la quantité d'échogène $\varkappa'$ produit dans la paroi de l'orifice o' sera $\sqrt{a}$ fois plus grande que celle de l'échogène $\varkappa$ produit dans la paroi de l'orifice o. Le jet j' de l'orifice o' est accompagné de l'échogène $\varkappa'$ et le jet j de l'orifice o est accompagné de l'échogène $\varkappa$; la somme d'eau des deux jets éprouvera de la part de l'échogène $\varkappa'$ une poussée $\sqrt{a}$ fois supérieure à celle exercée de la part de l'échogène $\varkappa$. Pour cette raison, la nappe n'est plus verticale, mais repoussée contre l'orifice o.

§ 457. **Mode de la production des oscillations périodiques dans le petit vase.** Si dès le commencement il y a une différence même très-minime entre les deux niveaux, le petit vase A se vide avec une vitesse périodiquement variable; son niveau s'abaisse brusquement pour rester ensuite stationnaire ou même remonter un peu. Ces oscillations sont d'autant plus marquées que la différence initiale du niveau est plus grande. En même temps la nappe change de direction périodiquement, elle se courbe davantage vers l'orifice o quand le niveau est stationnaire dans son vase A, et elle se redresse au moment où ce niveau baisse brusquement. Ces détails singuliers s'arrangent comme causes et effets liés entre eux par les écoulements inégaux de l'eau de deux orifices, dont résultent d'inégales quantités d'échogène et d'inégales poussées $P' - P$ vers l'orifice o.

Dans le cas où le même niveau existe dès le commencement, la poussée P' est constamment $\sqrt{a}$ fois supérieure à l'autre P; si les niveaux diffèrent, le rapport $\sqrt{a}$ n'est pas constant, parce qu'il y aura un excédant de dépense d du côté du niveau le plus élevé qui fait augmenter l'échogène et la poussée de la part de ce vase. Soit, par exemple, le niveau le plus élevé du côté du petit vase A; à cause de l'excédant c de la charge, il y aura en o un excédant d de dépense et par suite un excédant α δ' échogène qui deviendra $\mu + \alpha$ et exercera contre le jet j' une poussée $P + \alpha'$ pour faire diminuer la différence $P' - (P + \alpha')$. Ainsi la nappe dévie vers le vase B et le niveau baisse dans le vase A au-dessous de celui du vase B, où se présente à présent le même excédant de charge c qui se trouvait dans le vase A; on voit donc augmenter la dépense et l'échogène $\varkappa'$ qui devient $\varkappa' + \varkappa$, et sa poussée augmente aussi pour devenir $P' + \alpha'$ et repousser la nappe contre l'orifice o dont l'écoulement est supprimé et le niveau reste stationnaire dans le vase A jusqu'au moment où sa charge c obtient une supériorité suffisante pour pouvoir vaincre la poussée P' exercée sur l'orifice o de la part de l'échogène $\varkappa'$, et ainsi de suite.

Niveau constant d'un seul côté. Il suit de ce qui a été constaté que l'écoulement aura lieu seulement d'un vase B, et que l'autre A restera plein tant que le jet j' du vase B frappe son orifice o. Si au lieu d'être horizontaux les jets sont verticaux, le niveau se soutient en A; mais il y baisse un peu quand on fait augmenter l'intervalle entre les orifices. En cette position si l'orifice o descend pour se trouver presque au nœud du jet j' de l'orifice o', le niveau baisse de 3^cm^ dans le vase A quand la charge est de 65^cm^ et le diamètre des orifices de 6^mm^.

La charge du vase A exerce sur l'orifice o la même pression qui est produite dans l'orifice o' de l'égale charge ; mais en cet orifice o' l'échogène η' est produit par l'écoulement qui manque dans l'orifice o. C'est donc cet échogène qui passe de la paroi de l'orifice o' autour du jet dans la paroi de l'orifice o. De la contre-répulsion exercée dans cet orifice o résulte : 1° une poussée égale à la pression exercée par la charge, et 2° une contre-répulsion dont résulte le rayonnement de l'échogène qui se manifeste dans la nappe.

Rayonnements opposés de l'échogène de la paroi et celui d'une caisse. Un rayonnement d'échogène venant d'un instrument en unisson avec celui qui rayonne de la paroi de l'orifice o', produit une résistance à sa poussée P exercée contre l'orifice o, et dans le cas supérieur, où le niveau était de 3^cm^ dans le vase A, inférieure à celui du vase B, cette différence augmente pour devenir égale aux deux tiers de la charge totale du vase B. Ce vase éprouve de la part de l'echogène extérieur la contre-répulsion exercée à la paroi de son orifice o'. Quand on met une caisse de violoncelle en contact avec le vase B, elle en reçoit les vibrations et commence à respirer et produire de l'échogène η dans les parois de ses deux fenêtres ; cet échogène donc venant en rencontre avec celui η' de l'orifice o', fait diminuer sa poussée P' qui devient $P' - x$, et cela fait baisser le niveau dans le vase A (§ 341, 342).

§ 358. III. **Orifices inégaux et vases égaux.** Au moyen d'un tube de communication, le même niveau peut être maintenu dans les deux vases dont l'orifice o' est a fois supérieure à celui o, et la paroi de l'orifice o' est $\sqrt{a}$ fois celle de l'orifice o ; de même l'échogène η' et sa poussée P' sont $\sqrt{a}$ plus grands que l'échogène η et la poussée P de l'orifice o. L'effet qui résulte dans la rencontre des jets correspond à la différence $P' - P$, entre les deux poussées, qui est indiquée dans la déviation de la nappe de la direction divergente vers l'orifice o. La nappe obtient les formes A, B, C (fig. 128), qui indiquent non-seulement que de la part de p la poussée est supérieure, mais encore que la différence $P' - P$ est grande dans la production de la nappe A et petite dans celle de la nappe fermée C.

Figure 128.

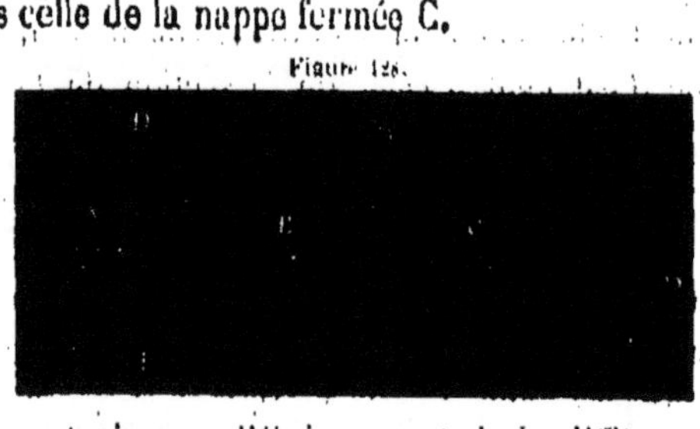

Dans ces trois cas, l'éloignement de la différence $\eta' - \eta$ d'échogène s'opère du bord de la nappe; il est : 1° auréolé A, quand est grande cette différence $\eta' - \eta$; 2° uni B, quand est médiocre cette différence, et 3° la nappe C se ferme quand la différence diminue. Le diamètre ED de la nappe auréolée A augmente pour devenir E′ D′ de la nappe B, quand la différence $\eta' - \eta$ diminue, mais alors c'est l'étendue du bord qui diminue en perdant l'auréole. Les dimensions de nappes diminuent avec les charges et les orifices o' et o en restant dans le même rapport $o' = ao$.

Le maximum de différence $\eta' - \eta$ correspond à la valeur de $a = 4$; alors la quantité d'échogène η' est double dans la paroi de l'orifice o' de celui de la paroi de l'orifice o, et il est $P' = 2P$. La même charge des deux vases produit 1° sur le grand orifice o une pression π de la colonne d'eau et 3π de l'échogène η', ou $P' = 4\pi$, et 2° sur le petit orifice o' elle produit la pression π de la colonne d'eau du vase A.

Pour démontrer cette triple poussée 3π de la part de l'échogène, Savart a, sans le savoir, employé l'appareil figure 101 (§ 209) où le jet j' est conduit sur des disques d dont la tige forme le bassin d'une balance, qui permet d'évaluer la pression P′ de la part du jet. C'est par un oubli que Savart n'a pas employé l'échogène comme cause motrice.

§ 359. **Faits obtenus par la balance avec des disques différents.** Dans le réservoir, le niveau est maintenu constant, et les faits produits par l'échogène sont séparés de ceux produits par la pesanteur, afin qu'on n'attribue pas les faits de l'échogène à la pesanteur. Quand le diamètre Δ du disque d est égal à celui de la section de la veine au point de rencontre, la poussée π équivaut au poids Π d'une colonne liquide ayant pour base la surface s du disque et pour hauteur sa distance au niveau dans le réservoir; ce résultat est entièrement conforme à la loi de la mécanique, et suivant cette loi une petite augmentation du disque, comme dans les nappes A, B, C, D, E, F (fig. 126) ne peut avoir d'autre effet que celui qui résulte de son poids. L'expérience donne pour un disque de diamètre 2 Δ ou 3 Δ une poussée 3π provenant d'un poids triple 3P, et si le disque est concave, il éprouve une poussée 4π, égale à celle qui est produite par un poids 4Π.

Explication des faits mécaniques obtenus par l'échogène. Au delà de la surface du jet se termine la pression P exercée par le poids Π et commence la poussée π de l'échogène, venant de la paroi de l'orifice et celui π, venant du disque plan, ou 2π, venant du disque concave. Ainsi résulte une poussée 4π, qui correspond à celle qui résulte d'un poids 4Π, précisément comme cela est obtenu dans le cas où le diamètre de l'orifice o (fig. 129) est double de celui de l'orifice o'. La poussée 3π n'a pas besoin d'un effort extérieur, parce qu'elle résulte du mouvement om-

Figure 129.

magasiné dans le fluide échogène lui-même, et se manifeste toujours comme des pulsations isochrones, comme le sont les effets de l'élasticité où se manifeste également le mouvement emmagasiné dans les équivalents électriques. De la part de l'orifice o manque l'écoulement d'eau, et pour cela la production de l'échogène manque aussi.

§ 360. **Comparaison des poussées de jets de charges égales et d'orifices peu différents.** Si l'orifice o' du vase B est un peu moins grand que celui o du vase A, il y aura moins de dépense et moins de production d'échogène dont la poussée P′ s'exerce contre une masse d'eau inférieure. En déplaçant l'axe des deux jets, la nappe dévie également de o' vers C et de o vers D, en conservant sa convexité C o D vers le plus grand orifice. Il est ainsi prouvé que, dans la section de deux jets, est égale la poussée provenant de la pression quand le même niveau existe dans les deux vases.

§ 361. IV. **Un vase vide rempli d'un vase plein à orifices égaux**. Si l'on joint les deux orifices de manière à faire pénétrer le liquide dans le vase vide, il faut trois unités de temps ou 3τ pour que la hauteur H du niveau s'abaisse dans le vase B (fig. 100), et qu'elle s'élève d'autant dans l'autre A. Si l'on tient les deux orifices séparés par un intervalle de 2^{cm} environ, il ne faut que deux unités de temps 2τ pour que l'égalité du niveau s'établisse.

Entre ces deux cas, il n'existe d'autre différence que l'écoulement du liquide de l'orifice o' dans l'air qui, suivant la loi de la mécanique, en exerçant une résistance, aurait dû retarder le passage du liquide. Du passage du liquide de la paroi en contact avec l'air, il ne résulte que des désunions de couples $\sigma\sigma$ moléculaires à cause de l'expansion du liquide. D'une telle désunion ne résulte qu'une quantité d'équivalents électriques $2\,q\ddot{E}$ logés dans les intervalles λ; leur existence n'est constatée que par les faits qui en résultent non-seulement dans le cas où l'un des vases est vide, mais en tous les cas où s'opère l'écoulement des liquides aussi bien que des gaz.

C'est donc la poussée P' que l'échogène exerce sur le jet qui accélère l'écoulement et fait diminuer le temps de 3 τ à 2τ, qui sert à faire connaître que la chute du liquide de la hauteur H par l'air ou par un canal incliné pas trop plein produit une poussée $\frac{1}{3}$ P', tandis que le même liquide écoulé de l'orifice d'un vase trop plein produit la poussée P'. En Orient, le plus grand nombre des moulins placés sur les petites rivières sont mis en mouvement de cette manière. La supériorité de ce mécanisme sur celui qui consiste à laisser agir l'eau par son poids, a été constaté par un usage séculaire ; et grâce au manque de mécaniciens en ces pays, cette structure de moulins a pu se conserver. Le fluide échogène est destiné à jouer à l'avenir dans l'industrie un rôle plus important que toute cause motrice employée jusqu'à présent.

§ 362. **Résumé**. Les résultats mécaniques exposés sont produits par une poussée P' qui n'a pas son origine dans la pesanteur, et cependant son existence a été reconnue par Savart ; toutefois ni lui ni aucun autre savant n'est allé jusqu'à constater une autre source de mouvement inépuisable. En opérant avec l'échogène sur le disque ou sur un jet d'eau, nous avons démontré la production d'une poussée dynamique trois fois supérieure à la poussée mécanique, et cependant les ondes sonores n'apparaissent nulle part, malgré la présence de l'échogène qui se fait entendre quand l'extrémité de l'auréole touche une membrane tendue ou quand la caisse d'un violoncelle touche le vase d'où le liquide s'écoule.

Pour l'apparition des ondes sonores, il ne suffit pas de l'éloignement de l'échogène de la paroi de l'orifice, il faut la formation des ondes sonores qui ne peut pas résulter d'une paroi mince ni d'un ajutage d'une longueur plus grande que le double de son diamètre. Il y a donc une différence physique entre l'échogène amorphe qui est pour cela muet ou *aphone* et l'échogène *harmonisé* qui se répand en ondes sonores dont la longueur est une des sept qui constituent la gamme.

Dans les vibrations des verges, des cordes, des plaques et des membranes, l'échogène se présente en ondes sonores, sans que disparaisse pour cela sa poussée dynamique qui a été constatée dans les vibrations longitudinales à un très-haut degré ; nous n'avons plus qu'à démontrer pourquoi, dans l'écoulement des liquides, les ondes sonores exigent des ajutages égaux en hauteur et en diamètre, et pourquoi, en s'éloignant de ce rapport, le son s'affaiblit pour disparaître, 1° quand la hauteur h devient double du diamètre ou $h = 2d$, et 2° quand le diamètre d devient double de la hauteur ou $d = 2h$.

II. — MODE DE LA PRODUCTION DE SONS DANS LE CANAL DE L'ORIFICE PAR L'ÉCOULEMENT DES LIQUIDES.

§ 363. L'échogène est produit par la désunion des couples moléculaires $\omega\omega'$; en cet état il n'est qu'un fluide d'équivalents d'électricité négative qui peuvent monter avec l'eau ou avec l'air sans être subdivisés et dispersés pour être transformés en ondes sonores. Les deux états de ces équivalents sont constatés : 1° dans l'écoulement des liquides par un orifice en mince paroi, ou 2° par un orifice consistant en un canal d'égale hauteur et diamètre.

I. Si l'écoulement s'opère par une mince paroi, l'échogène qui y est produit, se répand en directions divergentes par des répulsions expansives. 1° La portion η' qui remonte vers le réservoir empêche la pression et fait diminuer la dépense ; 2° l'autre portion η en s'éloignant avec la veine liquide, la comprime et y fait apparaître des nœuds et des ventres. Si la veine frappe sur un disque ou sur une autre veine, alors devient évidente la poussée mécanique exercée de la part de l'échogène qui n'est pas dans la veine même, mais dans sa surface. En cet état la consommation de l'échogène reste imperceptible, et il ne se montre que des poussées égales divergentes en haut et en bas.

II. La subdivision de l'échogène en portions η, η', dont chacune se dilate et augmente en volume, s'opère dans les cas où sont égales la hauteur et la largeur du canal de l'orifice parce que l'échogène accumulé dans la paroi P inférieure du canal, en se dispersant, atteint la paroi P' supérieure, comme cela a lieu dans les tuyaux ouverts (§ 262) où le croisement des rayons s'opère au milieu de l'axe. Ainsi donc, l'échogène η' qui repousse le liquide du réservoir et celui η qui comprime la veine liquide, commencent à se subdiviser en portions p, p' qui, repoussées mutuellement en directions divergentes, se répandent dans toutes les directions en formant des ondes sonores.

La quantité de portions d'échogène séparées par seconde dépend de celle de l'échogène produit, qui résulte des couples du liquide qui touchent la paroi. Si l'orifice est circulaire, la dépense a lieu par sa section s et la désunion des couples par sa paroi P; ainsi résulte un rapport entre la charge ou la hauteur H du niveau et la production de l'échogène ou des ondes sonores par sa paroi. H, H' étant les hauteurs du niveau, et N, N' les nombres des ondes ou de vibrations par seconde, on a $H^2 : H'^2 = N : N'$.

§ 364. **Multiplication de l'échogène par les vases.** Le diamètre du réservoir d'où sort le liquide n'a aucune influence sur le nombre de vibrations et par suite sur la production de l'échogène; le renforcement qui apparaît pour les diamètres supérieurs de réservoir résulte de leur surface, comme cela a lieu pour les caisses.

Si ce réservoir étant un tube de 9 à 8^{cm} de diamètre est adapté au fond d'un vase en cuivre plus large, dans lequel on entretient un niveau constant, le son obtient une intensité considérable, surtout quand le vase est peu profond et d'un grand diamètre, par exemple de $0^m,68$ de diamètre et de $0^m,12$ de hauteur. Ainsi que dans le cas précédent, de même ici, c'est le volume ou la surface du vase qui fait augmenter la production d'échogène sans modifier le son. Mais si le diamètre du canal est plus grand que 6^{mm}, ou si la hauteur du tube est peu considérable par rapport à celle du vase placé au-dessus, le nombre de vibrations diminue : 1° dans un cas à cause de l'augmentation de la longueur Λ qui sépare les ondes sonores, et 2° dans l'autre à cause de la diminution de la production d'échogène dans la paroi du vase par laquelle le liquide passe dans le tube. Cette production d'échogène y diminue davantage quand on fait diminuer la paroi au moyen d'un disque.

I. *Tableau des sons musicaux produits pendant l'écoulement de l'eau d'un tube de* 8^{cm} *de diamètre ayant au centre du fond un orifice de* $2^{mm},15$ *de diamètre et de hauteur.*

CHARGES.	SONS.	INTENSITÉS.	CHARGES.	SONS.	INTENSITÉS.
$2^m,66$	mi$_6$	faible.	$1^m,58$	si$_5$	forte.
$2^m,57$	mi$_6$♭	faible.	$1^m,51$	si$_5$	faible.
$2^m,53$	mi$_6$♭	forte.	$1^m,49$	si$_5$ et la$_5$♯	très-faible.
$2^m,50$	mi$_6$♭ +	forte.	$1^m,47$	la$_5$♯	faible.
$2^m,47$	ré$_6$♯	faible.	$1^m,45$	la$_5$♯	forte.
$2^m,455$	ré$_6$♭ et ré$_6$♯	très-faible.	$1^m,37$	la$_5$♯	forte.
$2^m,44$	ré$_6$ +	très-faible.	$1^m,35$	la$_5$♯	faible.
$2^m,38$	ré$_6$ +	fort.	$1^m,31$	la$_5$♯ et la$_5$♭	très-faible.
$2^m,31$	ré +	faible.	$1^m,29$	la$_5$♭	faible.
$2^m,30$	ré$_6$ —	très-faible.	$1^m,24$	la$_5$♭	forte.
$2^m,29$	ré$_6$ —	faible.	$1^m,16$	sol$_5$♯	forte.
$2^m,24$	ré$_6$	forte.	$1^m,09$	sol$_5$♯	faible.
$2^m,17$	ré$_6$	faible.	$1^m,075$	sol$_5$♯ et sol$_5$	très-faible.
$2^m,14$	ré$_6$ et ré♭$_6$	très-faible.	$1^m,06$	sol$_5$	faible.
$2^m,12$	ré$_6$♭	faible.	$1^m,00$	sol$_5$	faible.
$2^m,09$	ré$_6$♭	forte.	$0^m,97$	sol$_5$♭	faible.
$2^m,015$	ré$_6$♭	faible.	$0^m,94$	fa$_5$♯	forte.
$1^m,99$	ré$_6$♭ et ut$_6$♯	très-faible.	$0^m,92$	fa$_5$♯	forte.
$1^m,95$	ut$_6$♯	faible.	$0^m,88$	fa$_5$♯	faible.
$1^m,88$	ut$_6$♯	forte.	$0^m,85$	fa$_5$♯ et mi$_5$	très-faible.
$1^m,855$	ut$_6$♯ et ut$_6$	très-faible.	$0^m,82$	mi$_5$	faible.
$1^m,83$	ut$_6$	faible.	$0^m,75$	mi$_5$	forte.
$1^m,79$	ut$_6$	forte.	$0^m,71$	mi$_5$♭	forte.
$1^m,72$	ut$_6$	faible.	$0^m,65$	mi$_5$♭	faible.
$1^m,685$	ut$_6$ et si$_5$	très-faible.	$0^m,625$	mi$_5$♭ et ré$_5$♯	très-faible.
$1^m,65$	si$_5$	faible.	$0^m,60$	ré$_5$♯	faible.

Suite du tableau I.

CHARGES.	SONS.	INTENSITÉS.	CHARGES.	SONS.	INTENSITÉS.
0^m,575	ré$_3$ et ut$_3$ +	très-faible.	0^m,29	sol$_3$	forte.
0^m,55	ut$_3$	faible.	0^m,27	fa$_3$ +	faible.
0^m,49	ut$_3\flat$	forte.	0^m,25	fa$_3\sharp$	forte.
0^m,46	si$_2$	forte.	0^m,20	ré$_3$	faible.
0^m,43	si$_2\flat$	faible.	0^m,15	si$_2\flat$	très-faible.
0^m,40	la$_2$	très-faible.	0^m,12	insensible.	très-faible.
0^m,36	sol$_2\sharp$	faible.	0^m,10	silence.	
0^m,32	sol$_2$	forte.	0^m,06	silence.	

II. *Tableau des sons produits par le tube précédent ayant au fond des orifices de diamètre de 5^{mm},4 et de hauteurs différentes.*

HAUTEUR DE L'ORIFICE 2^{mm},728.			HAUTEUR DE L'ORIFICE 4^{mm},816.			HAUTEUR DE L'ORIFICE 7^{mm},211.		
Charges.	Sons.	Intensités.	Charges.	Sons.	Intensités.	Charges.	Sons.	Intensités.
Écoulement en mince paroi à moins que l'on ne touche.			mèt. 1,70	la$_4$	très-faible.	mèt. 1,70	silence.	»
mèt. 1,70	silence.	»	1,60	la$_4$	très-faible.	1,60	Id.	»
»	Id.	»	1,55	la$_4$	faible.	1,55	Id.	»
»	Id.	»	1,50	la$_4$	faible.	1,50	Id.	»
»	Id.	»	1,45	la$_4$	forte.	1,45	Id.	»
»	Id.	»	1,38	la$_4$	très-faible.	1,42	insensible	»
»	Id.	»	1,35	bruiss.	»	1,40	silence.	»
»	Id.	»	1,30	Id.	»	1,35	Id.	»
»	Id.	»	1,25	silence.	»	1,30	Id.	»
»	Id.	»	1,20	sol$_4$	très-faible.	1,25	Id.	»
»	Id.	»	1,15	sol$_4\flat$	faible.	1,20	insensible	»
»	Id.	»	1,08	sol$_4\flat$	très fort.	1,10	silence.	»
»	Id.	»	1,06	sol$_4\flat$	fort.	1,00	Id.	»
»	Id.	»	0,96	sol$_4\flat$	très-faible.	0,90	Id.	»
0,85	la$_4$	très-faible.	0,85	bruiss.	»	0,80	la$_3\sharp$	très-faible.
0,80	la$_4$	faible.	0,80	ré$_4\sharp$	très-faible.	0,75	la$_3\sharp$	faible.
0,75	la$_4$	très-faible.	0,65	ré$_4\sharp$	faible.	0,65	la$_3\sharp$	très-faible.
0,65	silence.	»	0,60	ré$_4$	forte.	0,55	silence.	»
0,57	fa$_4$	très-faible.	0,55	ré$_4$	très-faible.	0,50	ré$_3\sharp$	très-faible.
0,48	ré$_4\sharp$	faible.	0,40	silence.	»	0,45	ré$_3\sharp$	faible.
0,45	ré$_4\sharp$	très-faible.	0,35	la$_3\sharp$	faible.	0,39	ré$_4\sharp$	très-faible.
0,40	silence.	»	0,30	la$_3\sharp$	très-faible.	0,30	silence.	»
0,30	Id.	»	0,25	silence.	»	0,20	Id.	»
0,20	Id.	»	0,20	bruiss.	»	0,15	Id.	»
0,15	Id.	»	0,15	ré$_3$ +	très-faible.			

§ 365. **Observation du tableau I.** En même temps que l'abaissement du niveau diminue la dépense suivant la section de l'orifice ou la hauteur H du niveau, tandis que la désunion des couples et la production de l'échogène diminuent suivant la paroi, cette même diminution a lieu pour les nombres des ondes sonores qui en résultent. Faisant donc la comparaison entre les charges 1m,99 et 0m,49 qui donnent ut_6 et ut_5 le nombre double de vibrations résulte d'une charge quadruple. De même la charge 2m,50 qui donne le son mi_6 est quatre fois celle 0m,625 qui donne le son mi_5. Du reste pour chaque petit changement de la charge il ne se présente pas de changement de son; ainsi le rapport entre les nombres de vibrations et les carrés des charges résulte de l'ensemble des résultats des observations. La cause physique de ce rapport consiste dans la désunion des couples sur la paroi de l'orifice; pour s'en convaincre, il suffit d'aplatir un peu le canal de l'orifice pour lui donner la forme d'une ellipse, alors la paroi reste la même et l'échogène aussi avec le nombre de vibrations, tandis que la dépense est presque réduite à la moitié. Ce fait devient plus évident encore quand la forme du canal est un prisme large et étroit, comme le sont les fenêtres de la caisse du violon.

§ 366. **Observations du tableau II.** Le mode de la production des ondes sonores par la diagonale du canal devient évident par les résultats indiqués dans ce tableau. Favart s'en occupa beaucoup, car il y voyait la source du son; cependant trop prévenu en faveur du système atomistique dominant, il n'a pu s'en affranchir assez pour combiner différemment les faits et en déduire l'existence du fluide échogène.

Quand est grande la différence entre le diamètre d du canal et sa hauteur h, le son n'apparaît pas tant que la charge est supérieure; alors il se produit en effet une plus grande quantité d'échogène; cependant les ondes sonores n'en dépendent pas directement. Cet échogène étant sur la paroi P du canal, doit obtenir dans sa dispersion une divergence suffisante pour atteindre par la diagonale du canal le point opposé de la paroi supérieure P'. Si la densité de l'échogène de la paroi P est supérieure, les résultats prouvent qu'il s'écoule comme par la paroi mince, comme cela peut même être constaté, et ses rayons ne dévient pas pour parcourir la diagonale; ainsi il n'y a pas production de sons ni subdivision d'échogène en portions *p*, *p'* qui, repoussées des parois P ,P, se dilatent et produisent des ondes qui arrivent à l'organe de l'ouïe.

De telles subdivisions d'échogène ne commencent à avoir lieu que quand la densité de celui-ci diminue dans la paroi P' et que son expansion n'est plus autant sollicitée en haut vers le niveau du liquide à cause de son abaissement; mais il se répand davantage latéralement et arrive à traverser la diagonale du canal. Nous trouvons la preuve de telles expansions de l'échogène dans les résultats suivants : les sons cessent d'être produits quand la hauteur du canal devient moindre que la moitié de son diamètre ; en pareil cas, si la veine liquide est conduite, non pas dans l'air, mais dans le même liquide ou dans un autre dans lequel plonge l'orifice, le son est produit. On voit par là que les rayons de l'échogène qui se dispersent de la paroi P obtiennent alors des directions assez divergentes pour traverser la diagonale du canal même quand il est 6 fois plus court que le diamètre.

Faisant la comparaison entre les sons produits des hauteurs $2^{mm},726$ et $7^{mm},212$ quand le diamètre est de $5^{mm},4$, nous trouvons que de la charge $0^{m},85$ et $0^{m},80$ est produit dans le canal court le son la_4 et dans le canal long le son la_3; il y a donc un nombre double d'ondes produit dans le canal dont la diagonale est presque de moitié aussi grande; par suite la quantité d'échogène produite et consommée est la même dans les deux cas, et la différence entre les nombres de vibrations N, N' est en raison inverse des longueurs Δ. Δ' des diagonales des canaux ; on a $N : N' = \Delta' : \Delta$.

CHAPITRE III.

DU MODE DE LA PRODUCTION DE L'ÉCHOGÈNE ET DES SONS PAR LA DÉSUNION DES COUPLES MOLÉCULAIRES DE L'AIR.

§ 367. Dans les vibrations de verges ou des plaques et des cordes ou des membranes les couples $\sigma\sigma'$ de molécules d'air sont désunies par les corps ébranlés ou attaqués par l'archet ; nous allons exposer ici les cas où les désunions s'opèrent dans les mêmes couples moléculaires alors que reste immobile le corps solide, et que l'air comprimé éprouve seul une dilatation en passant dans un espace où il devient moins comprimé ; c'est sur cette propriété de l'air qu'est basée la théorie des instruments à vent.

Comme l'échogène n'est autre chose que les équivalents électriques $2q\ddot{E}$ logés dans les intervalles λ devenus libres par la désunion des molécules $\sigma\sigma'$, de telles désunions peuvent résulter de plusieurs manières, qui occasionnent l'apparition d'échogène avec sa répulsion expansive contre les corps ambiants et la production de bruits proportionnels. Ces cas de production d'échogène et de son ont lieu : 1° quand l'enveloppe des vésicules de vapeur crève : alors disparaît l'intervalle λ qui séparait ces vésicules et deviennent libres les équivalents électriques ; 2° lorsque dans les substances explosives solides, liquides ou gazeuses s'opère également la désunion des couples par la séparation des molécules de couples d'espèces différentes ; 3° quand a lieu la désunion des atomes de chaleur $3\hat{E}\ddot{E}^2$, de sorte qu'il en résulte les deux électricités 3É et 3É, tandis que restent à l'état libre les équivalents négatifs qui se répandent en produisant des sons continus; et 4° dans les désunions des couples moléculaires, des solides dont résulte le son bref.

Ici vont être exposés séparément les modes de production de l'échogène de chaque manière; ensuite la subdivision de la veine d'échogène en portions γ, γ' repoussées en directions divergentes dont chacune produit une surface sphérique animée d'une répulsion expansive centrifuge en vertu de laquelle elle se répand en toute direction et arrive au nerf acoustique dont les filets servent à livrer à chaque longueur Λ, Λ' des ondes d'échogène une égale longueur d'électricité positive dont le mélange est un *sentiment de l'ouïe*, qui consiste en échogène γ et en électricité ε.

I. — DU MODE DE LA PRODUCTION DE L'ÉCHOGÈNE PAR LA DÉSUNION DES COUPLES DES MOLÉCULES D'AIR ET DE SA SUBDIVISION.

§ 368. L'air comprimé dans une soufflerie ou dans le thorax passe en sortant dans un espace où il est moins comprimé; ensuite il passe de nouveau dans un autre espace où il se trouve en équilibre avec l'air atmosphérique. Cette double dilatation d'air s'opère dans l'organe de la voix de l'homme et dans les instruments musicaux; il en résulte une double désunion des couples et par suite une double quantité d'échogène $q\gamma + q'\gamma$. La désunion des couples est multipliée au moyen d'un *biseau* contre lequel frappe la veine d'air provenant de la soufflerie. Le même effet est obtenu des *anches* et même à un plus haut degré.

Dans les instruments où le vent arrive de la bouche, il est déjà chargé d'échogène par la dilatation double opérée d'une part dans la glotte et de l'autre dans les lèvres. Ainsi la flûte, la trompette, le cor, le clairon, le trombone, la clarinette, etc., se divisent en instruments où l'échogène se multiplie dans l'extrémité antérieure au moyen d'un *bocal*, et en instruments où manque ce bocal; ces derniers instruments s'appelient *à bec*.

Quand était inconnu le fluide échogène, on ne pouvait pas distinguer son état muet et son état sonore. Nous avons, dans la veine d'eau, démontré l'existence de l'échogène muet qui ne devient sonore que quand le canal de l'orifice a une hauteur et une largeur égales. Dans ce dernier cas, les portions n, n' d'échogène se répandent en forme de surfaces sphériques en directions centrifuges, tandis que, dans le cas précédent, les portions n et n' d'échogène s'écoulent en directions divergentes, l'une n' vers la charge ou le récipient, et l'autre n dans la direction de la veine.

La dispersion des portions n et n' d'échogène s'opère par les extrémités des organes sonores à des intervalles de temps égaux ; de cette égalité de temps résulte que l'intervalle Λ qui sépare les surfaces sphériques des ondes sonores est le même pour toutes parce que, dans l'espace τ de temps, chacune d'elles ne parcourt que la distance Λ. Il en résulte que, connaissant cette longueur Λ et le nombre n de vibrations par seconde, on détermine le produit $n\Lambda = 337^{m}$.

A. Du mode de la production de l'échogène et des sons par sa subdivision.

§369. L'échogène a lieu par la désunion des couples que produit la dilatation de l'air dans la paroi du tuyau et dans le biseau ou l'anche; la subdivision de l'échogène en portions n, n', dont résultent les ondes sonores ou les surfaces sphériques, s'opère par deux moyens : 1° elles se séparent en chaque unité de temps et des extrémités de la diagonale des tuyaux ouverts ou bouchés parcourues; pour cette raison, les ondes sonores se trouvent séparées par la longueur Λ égale à la diagonale Δ, ou 2° c'est la veine de l'échogène qui est subdivisée en portions successives dans le même intervalle de temps τ. Dans cet espace de temps τ chaque portion n d'échogène parcourt un égal intervalle Λ qui sépare les ondes sonores comme dans le cas précédent. En ce cas, on ne peut pas déterminer la distance de 337m parcourue par le son en une seconde, parce qu'on connaît seulement le nombre *n* des ondes, et qu'on ne connaît pas l'intervalle Λ, qu'on déduit ici de ladite distance $\Lambda = \frac{337}{n}$; ce cas est bien constaté dans la *sirène* et dans les roues dentées.

§ 370. I. **Mode de la production de l'échogène et des sons par la sirène.** Dans la figure 130, l'instrument est vu à gauche par sa partie antérieure, et à droite par sa partie postérieure. La sirène se compose d'un tambour T dans lequel l'air est conduit d'une soufflerie par le tube *t;* cet air, en s'y dilatant, est cause que la paroi du tube *t* se charge d'échogène.

Figure 130.

La plaque *cc'* ou *pp'* qui ferme ce tambour à sa partie supérieure porte de petits orifices *e*, *e*, *e*..., équidistants et disposés circulairement ; ces orifices sont percés obliquement de manière que leur axe soit perpendiculaire au rayon de la base du tambour, comme on le voit en O, et à côté en mn et tt', dans une coupe passant par l'un de ces orifices. Un plateau circulaire pp' ou lk très-mobile autour de l'axe a est placé le plus près possible de la base supérieure du tambour sans cependant la toucher. Il est aussi percé d'orifices e', e', e'... obliques en même nombre que ceux de la base a'' et disposés de la même manière; mais ils sont inclinés comme on le voit en O et en mn, tt'. Le compteur r, r' indique le nombre de tours qu'accomplit la plaque en un espace de temps donné.

En plaçant la sirène sur une soufflerie, l'air se dilate dans le tambour et la paroi du tube t se charge d'échogène; il en est de même pour la paroi des orifices tt quand l'air obtient la dilatation de l'air atmosphérique. La désunion des couples $\sigma\sigma$ des molécules d'air s'opère plus promptement entre les parois des orifices O qui se rencontrent inclinés de manière à former presque un angle de 90°. En retenant plus ou moins le soufflet, on fera en sorte de donner à la rotation de la plaque pp' une vitesse constante pendant quelque temps. Quand on aura atteint ce résultat, on poussera l'un des boutons b de manière à engager les dents de la roue r dans le filet de la vis sans fin, et en même temps on fera partir la détente d'un chronomètre. Au bout d'un certain temps, on poussera l'autre bouton b, de manière à séparer la roue r de la vis sans fin, et en même temps on arrêtera le chronomètre. Supposons que le plateau cc' tournant porte 25 trous, et que l'aiguille du premier cadran ait marché de 25 divisions au delà du point de départ, et celle du second de 30 divisions. Il en faut conclure que l'aiguille du premier cadran a fait 30 tours, plus 15 divisions, et, en supposant que le cadran porte 100 divisions, que le plateau tournant a fait $30 \times 100 + 15$ tours. Enfin, comme il y a 25 interruptions par tour, il s'est produit $(30 \times 100 + 15)$ 25 ou 75375 interruptions. En divisant ce produit par le nombre s de secondes écoulées pendant que le compteur marchait, on aura le nombre n de portion η d'échogène dispersés en autant de surfaces sphériques, qui sont les ondes sonores formées chacune de l'échogène η.

Pour obtenir la longueur Λ qui sépare les ondes sonores ou qui est l'intervalle entre les surfaces sphériques, il faut diviser la distance 337^m par ce nombre n : on trouvera ainsi $\Lambda = \frac{337}{n}$ parcouru par l'échogène en un espace de temps $\tau = \frac{\Lambda}{337}$ qui sépare le passage des trous du plateau mobile par-dessus ceux du plateau immobile.

En plongeant la sirène dans l'eau et faisant passer un courant d'eau à la place de l'air, les désunions des couples des molécules de l'eau produisent l'échogène, et de ses subdivisions par les trous de la plaque tournante proviennent les portions η d'échogène qui ont dans l'eau une vitesse supérieure à celle qu'ils ont dans l'air ; mais cette inégalité disparaît quand les ondes sonores arrivent à l'air ; elle n'a aucun effet quand même l'observateur reste dans l'eau, parce que l'échogène doit passer par l'air contenu dans le conduit auditif et ensuite par le liquide dans lequel flottent les filets du nerf acoustique. Le timbre étant le résultat du son bref de la substance dont résulte le phonogène par la désunion des couples des molécules, il diffère parce que ce sont les éléments chimiques de ces molécules qui déterminent le son bref et qui sont propres à chaque corps.

Figure 131.

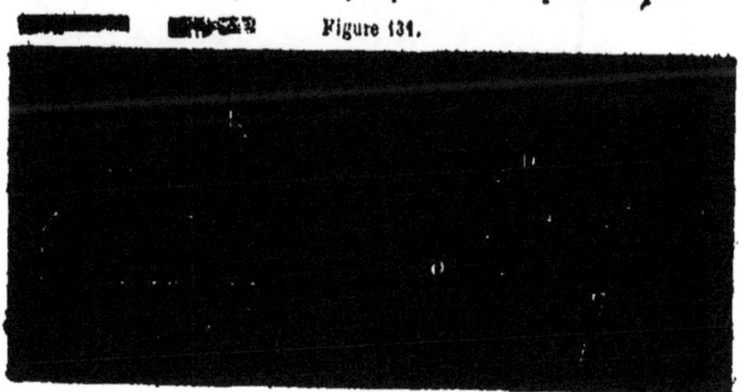

§ 371. **Mode de production de l'échogène et des sons par les roues dentées.** La désunion des couples moléculaires d'air aa' est produite ici au moyen d'une carte c' (fig. 131) fixée, et dont le bord est mis en vibration par le choc des dents de la roue D. Cette roue tourne avec une grande vitesse que lui communique une autre roue R plus grande; un compteur c, analogue à celui de la sirène indique les nombres des tours des roues R et D. Les intervalles égaux de temps τ qui séparent les chocs des dents sur la carte déterminent les portions n d'échogène, qui se répand en chaque unité de temps, et parcourt une distance Λ qui devient l'intervalle entre les ondes sonores. En divisant donc la distance de 337^m par le nombre n de chocs exercés sur la carte par seconde de la part des dents, on trouvera la longueur $\Lambda = \frac{337^m}{n}$, comme cela se fait pour la sirène.

Figure 132.

§ 372. **Mode de production de l'échogène et des sons par les verges frottées.** L'échogène est ici produit par la désunion des couples aa', par l'archet qui frotte la corde b (fig. 132), pincée en c par un étau. A l'extrémité de la verge est fixée une pointe fine p qui s'appuie légèrement sur le cylindre c que l'on a recouvert de noir de fumée. Pendant que la verge vibre, on fait tourner le cylindre et la pointe p trace sur le noir de la fumée une ligne en forme d'hélice, composée de zigzags très-fins, dont le nombre produit en 1 seconde, divisant la distance de 337^m, donne pour quotient l'intervalle $\Lambda = \frac{336}{n}$ qui sépare les ondes sonores composées chacune d'une égale portion d'échogène séparée de la verge en chaque unité de temps, qui est celle de la durée d'une excursion. En ce cas, la diagonale Δ de la verge est parcourue par l'échogène en chaque unité de temps τ, et il en résulte l'égalité $\Delta = \Lambda$ entre la diagonale et l'intervalle Λ qui sépare les ondes sonores.

§ 373. **Sons graves ou aigus, forts ou faibles.** Par les trois moyens indiqués, on peut à volonté produire par seconde les nombres n, $2n$, $3n$, $4n$... d'ondes sonores, et les comparer avec les sentiments qu'elles produisent: 1° Quand les intervalles entre les ondes sont Λ, $\frac{1}{2}\Lambda$ $\frac{1}{4}\Lambda$ qui résultent de $\frac{337}{n}$, $\frac{337}{2n}$, $\frac{337}{4n}$, le son reste le même, et il n'y a que son acuité qui augmente. 2° Quand le nombre n reste le même, mais qu'on fait augmenter la pression de la soufflerie, l'épaisseur de la carte ou la vitesse de la main qui porte l'archet, le son reste le même et dans la même octave, mais il devient fort; pour l'affaiblir, il ne faut que faire diminuer les portions n d'échogène dont se forme chaque surface sphérique ou chaque onde sonore.

Faisant donc la comparaison entre les sentiments et les ondes sonores qui leur correspondent, nous voyons : 1° que les intervalles Λ, $\frac{1}{2}\Lambda$, $\frac{1}{4}\Lambda$ correspondent aux longueurs de filets, dont ceux qui commencent du sommet du limaçon servent à mesurer les intervalles Λ et ceux qui commencent à des distances différentes de ce sommet, mesurent les intervalles inférieurs $\frac{1}{2}\Lambda$, $\frac{1}{4}\Lambda$, $\frac{1}{8}\Lambda$...; 2° que les quantités d'échogène n, n', n'' contenu dans chaque onde, en s'unissant avec des quantités égales d'électricité positives des filets de nerf, fait apparaître les sentiments qui correspondent à l'intensité des sons.

§ 374. **Limites physiques des sons aigus.** Quand une cloche est frappée pour la première fois, il en résulte les vibrations qui sont observées même dans le vide, parce qu'elles sont un effet de l'élasticité; elles produisent la désunion des couples d'air et la cloche se charge d'échogène en densité en rapport avec les amplitudes 2γ des vibrations. Si le choc n'est plus répété, l'amplitude 2γ diminue et le son reste le même, mais s'affaiblit proportionnellement à la diminution des amplitudes; celles-ci durent encore quand le son devient insensible; mais il peut, pour quelques moments, devenir perceptible au moyen d'une lentille (§ 253).

Il est ainsi prouvé que les ondes sonores ne disparaissent pas, alors même que nous n'entendons rien; mais au lieu de laisser la portion $\varkappa$ d'échogène dans une onde, si on la subdivise en p portions $\varkappa'$ pour en obtenir une très-petite, ces portions $\varkappa'$, en s'écoulant successivement au nombre de p par seconde, ne seront pas senties. En opérant avec la sirène, on peut produire des portions d'échogène $\varkappa$ d'un nombre n par seconde, nombre qui peut augmenter indéfiniment; alors il devient impossible de distinguer les sons par les intervalles Λ devenus trop petits pour être mesurés par les filets analogues du nerf.

§ 375. **Limites physiologiques des sons graves.** En frappant sur un corps on fait se désunir une quantité de couples $\sigma\sigma'$ qui se trouvent en contact avec les siennes. Les équivalents électriques $2q\bar{E}$ se séparent donc des intervalles λ et λ' des molécules de l'air et de celles du corps frappé, d'où résulte le son bref qui correspond à ses éléments électriques. Ce son doit être produit au moins des deux ondes à cause du va-et-vient de l'échogène pendant sa propagation. Les sons brefs sont comparables à la lumière colorée qui vient d'un corps très-petit ou très-éloigné dont on connaît seulement l'existence et la couleur, mais non pas les détails du corps qui émet la lumière.

En diminuant les intervalles Λ entre des ondes sonores par des chocs fréquents, on parvient à les faire diminuer assez pour les rendre égaux ou proportionnels aux longueurs des filets du nerf, qui ont leur commencement au sommet du limaçon, de manière à pouvoir être mesurés par ceux-ci. Ces longueurs des filets de nerfs formant des anses (§ 277), diminuent suivant la progression géométrique $\div 2^c : 2^{c-1} \ldots 2^8 : 2^7 \ldots$; cela devient connu par les sons qui commencent à devenir sensibles quand le nombre de vibrations par seconde est 2^3, 2^4, 2^5, 2^6; alors le timbre est le son propre et le nombre 2^c par seconde est ut_c.

C'est donc toujours par *ut* que les sons deviennent sensibles, et les six autres sons de la gamme ne sont obtenus qu'artificiellement, en conservant entre les nombres *n* de vibrations par seconde les rapports qui existent entre les vibrations des sons brefs; cela va être discuté dans la section suivante.

B. DU MODE DE LA PRODUCTION DE L'ÉCHOGÈNE ET DES SONS PAR LES TUYAUX.

§ 376. **Production de l'échogène**. L'air peut être insufflé avec la bouche ou être conduit dans le tuyau d'une soufflerie; en sortant des lèvres, l'air comprimé se dilate, et ainsi s'opère la désunion des couples et la production de l'échogène entre les lèvres et l'embouchure du tuyau. L'air éprouve une seconde dilatation en sortant du tuyau, et il en résulte une nouvelle désunion des couples et production d'échogène. La quantité de celui-ci augmente au moyen des biseaux ou des anches, comme cela devient évident par la facile production des sons.

Production des sons. L'échogène ainsi produit est à l'état amorphe et muet : pour en obtenir des sons, il faut le faire se subdiviser en portions égales *p*, dont le nombre *n* produit par seconde peut être diminué par la longueur *l* du tuyau; en effet, chaque onde s'éloigne en une seconde de 337m; connaissant donc la longueur λ qui sépare les ondes, on en divise le nombre 337^{m} pour obtenir le nombre *n*.

Jusqu'à présent les physiciens ignoraient que la longueur Δ est la diagonale des tuyaux : ils admettaient pour les tuyaux la longueur *l* au lieu de la diagonale Δ : c'est pourquoi ils obtenaient toujours par le calcul des résultats en désaccord avec ceux de l'observation. En introduisant l'air au moyen d'un piston dans un tuyau, les ondes sonores

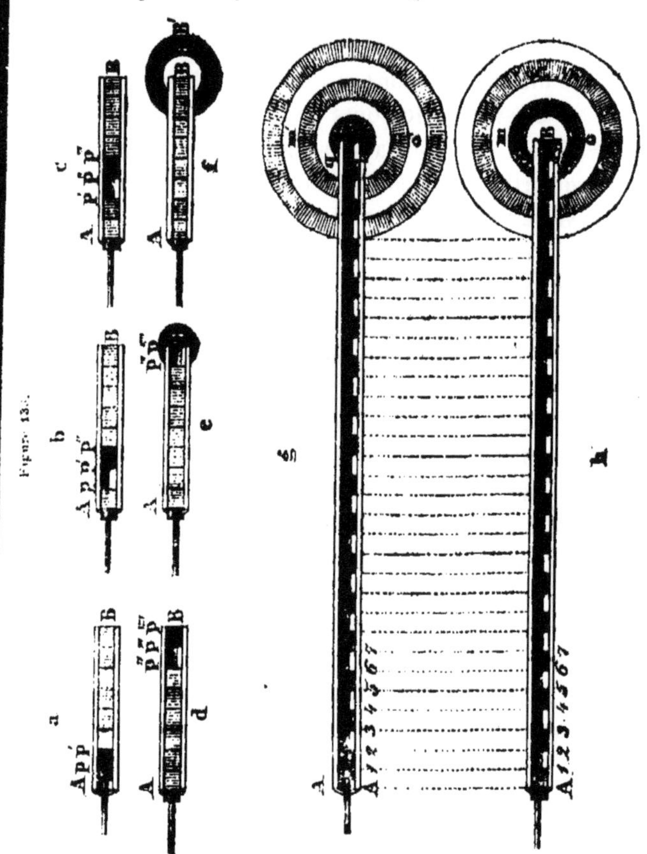

Figure 133.

étaient attribuées aux lames d'air denses et raréfiées qui proviennent de l'embouchure B du tuyau en forme de surfaces sphériques *m*, *q*, *m'*, *q'*, B (fig. 133) éloignées l'une de l'autre d'un intervalle égal Λ et se propageant avec une vitesse constante. Une telle explication n'étant qu'une description, au lieu de conduire vers la source du désaccord, elle produisait l'effet contraire, parce qu'on portait toujours des ondes aériennes produites dans les tuyaux, nonobstant l'absence de toute trace d'un tel courant autour de l'axe du tuyau AC (fig. 57), dans lequel est promenée la membrane suspendue portant du sable. Masson ne pouvant aucunement comprendre la cause de ce manque de répulsion constaté par Savart dans les tuyaux de verre, évita ce résultat sous prétexte que la même observation ne peut être faite avec des tuyaux non transparents.

En connaissant les intervalles Λ entre les ondes sonores et les nombres n des ondes produites en une seconde, Bernouilli a cherché dans le produit $n\Lambda$ la distance 337^m parcourue par le son en une seconde; mais au lieu de la longueur Λ qui est la diagonale $\sqrt{l^2 + d^2}$ du tuyau, ce physicien prenait la longueur l du tuyau et le produit $n\sqrt{l^2 + d^2} = 337^m$ se trouva toujours plus grand que celui $nl = 337^m - a$. La différence a n'était pas trouvée constante, mais elle était petite pour les tuyaux minces et grande pour les gros tuyaux. Dans les cas où en opérant avec le même tuyau l'on en fait résulter les harmoniques 1, 2, 3, 4.... Bernouilli en introduisant dans le calcul les longueurs $\frac{1}{2}l$, $\frac{1}{3}l$, $\frac{1}{4}l$..., trouva que la différence a augmente. Pour soutenir l'hypothèse d'Euler, que les ondes sonores prennent leur naissance dans les sections des tuyaux, ce physicien a émis d'autres hypothèses en attribuant ce fait à un excès de répulsions alternatives en sens inverse, prétendant prouver l'existence d'un tel excès par les effets observés dans les interférences des sons (§ 254). Toutefois il restait toujours un problème à résoudre, savoir : l'augmentation indiquée de la différence a dans les harmoniques.

Explication donnée par les physiciens de la production des ondes sonores de l'air dans les tuyaux. En faisant jouer un piston aa' (fig. 134) dans l'extrémité du tuyau Tm, la densité de l'air doit éprouver un maximum au quart du tuyau b, puis diminuer pour atteindre un minimum au milieu de l'axe ; cette densité augmente ensuite pour atteindre un second maximum en q, puis diminue encore pour atteindre un autre minimum en B. Cette masse d'air ainsi repoussée et propagée en directions divergentes avec une vitesse constante dont la cause restait inconnue, arrive à l'oreille et exerce sur le nerf un choc analogue à celui qu'exercent sur la main les bouffées du vent. De ces chocs fréquemment répétés doivent provenir des sentiments de nature inconnue, possédant cependant la propriété de mettre l'organe de la voix en mouvement pour produire des sons pareils à ceux qui ont été produits par les chocs de l'air. A l'appui de cette explication devait venir le manque de production des ondes sonores dans le vide.

Dans les tuyaux fermés d'un bout, l'explication de la production des sons n'était qu'une description ; il fallait considérer un tel tuyau comme un tuyau ouvert de double longueur. Les sons harmoniques sont produits dans les tuyaux ouverts suivant les nombres 1, 2, 3, 4..., tandis que, dans les tuyaux bouchés, ils ne sont produits que suivant les nombres impairs 1, 3, 5, 7.... Personne ne pouvait se rendre compte de la production de faits pareils ; tout était attribué aux lois physiques dont le nombre augmenta beaucoup dans l'Acoustique. Il n'est pas nécessaire de fatiguer le lecteur par l'énumération de ce que les physiciens ignoraient ; il suffit de le mettre en état de connaître qu'excepté les descriptions des observations et de leurs résultats, ils savaient très-peu de chose.

§ 377. **Mode de la subdivision de l'échogène dans les tuyaux.** Il a été dit que les tuyaux ouverts donnent tous les sons harmoniques, tandis que les tuyaux bouchés ne donnent que ceux de nombres impairs, et qu'un tuyau bouché donne le même son qu'un autre ouvert de double longueur. Après avoir prouvé que l'échogène est produit dans les tuyaux ouverts aux parois des deux embouchures, et dans les tuyaux fermés à la paroi d'une seule embouchure, il ne nous reste qu'à exposer le mode de la consommation de cet échogène qui contient le mouvement emmagasiné et se répand par sa répulsion expansive sans éprouver de nulle part aucune impulsion.

I. *Subdivision de l'échogène des tuyaux ouverts.* Les parois cc' et AA′ (fig. 97) du tuyau Ac se chargent d'échogène pendant l'écoulement de l'air, sa consommation s'opère par une répulsion entre les deux masses γ, γ' des deux parois AA′ et cc' ou pp' et ss'; il en résulte un croisement au milieu de l'axe en d'', l'échogène du point p va à s' et celui du point p' va à s; le même effet a lieu pour le tuyau AA′. De la contre-répulsion résultent les rayons divergents An et Am' formant des surfaces séparées l'une de l'autre par un intervalle Λ égal à la diagonale $A'c = \sqrt{l^2 + d^2}$; elle est parcourue en un espace de temps τ égal à celui qui est nécessaire pour parcourir cette diagonale $A'c$. De cette manière la longueur l et le diamètre d du tuyau déterminent la diagonale Δ ou la longueur Λ qui est l'intervalle entre les ondes sonores.

II. *Subdivision de l'échogène des tuyaux bouchés.* Admettons le tuyau A′A bouché dans sa moitié d et que l'air dense introduit par l'embouchure AA′ en sorte et se dilate pour se mettre en équilibre avec l'air ambiant. Il y a donc double désunion des couples σ σ' : 1° l'une pendant l'introduction de l'air et 2° l'autre pendant son éloignement. L'échogène accumulé à la paroi AA exerce une répulsion expansive et après la diastole l'échogène se divise en deux moitiés, dont l'une γ' va au centre d du fond et l'autre γ au point k d'égale distance, pendant la seconde moitié $\frac{\tau}{2}$ de l'unité de temps l'échogène γ' revient à la paroi AA et l'autre γ se croise en k pour parcourir en même temps $\frac{\tau}{2}$ l'espace km, *kn*. Ainsi le son arrive à *mn* en une unité τ de temps aussi bien par un tuyau ouvert de longueur *Ac* que par un tuyau fermé d'une longueur moitié moins grande.

§ 378. **Mode de la production des harmoniques dans les tuyaux**. Pour consommer plus d'échogène par seconde il faut en produire davantage, et pour cela est nécesaire la désunion d'une plus grande quantité d'air qu'on obtient au moyen d'une compression supérieure de la soufflerie; l'écoulement de l'air croît suivant la section de l'orifice, et la désunion de ses couples croît suivant sa périphérie. En une unité de temps résulte, par exemple, au moyen de la pression sur la soufflerie, une double quantité d'échogène $2q\varepsilon$ qui doit être consommé en même temps, et cela n'est pas possible au moyen de la longueur de la diagonale Ac', parce que la vitesse ne peut pas augmenter; mais au lieu de la diagonale du tuyau commence à être parcourue chacune de ces deux moitiés $a'n'$ et $n'p'$; ainsi en chaque moitié d'unité de temps la quantité $\varkappa$ d'échogène part de la paroi $a'a''$ en directions divergentes; quand la moitié m arrive de a'' à n, l'autre moitié s'éloigne à une distance $\Lambda' = \sqrt{\frac{1}{4}l^2 + d^2}$, et pendant la moité de temps suivante, il s'éloigne encore une portion $\varkappa$ d'échogène de la paroi $a'a''$. Ainsi se consomme la double quatité d'échogène par un nombre presque double d'ondes sonores séparées entre elles non pas par la moitié de l'intervalle supérieur A, mais par un intervalle $\Lambda' = \sqrt{\frac{1}{4}l^2 + d^2}$, qui fait que le son 2 n'est pas exactement l'octave aigu du son 1, mais en diffère d'autant plus que le tuyau est plus large.

§ 379. 1° ***Production des harmoniques dans les tuyaux ouverts.*** Le son fondamental résulte d'une quantité $\varkappa$ d'échogène produit dans les deux parois par les désunions des couples; si l'air est peu comprimé dans la soufflerie, l'échogène n'est pas produit en quantité suffisante pour pouvoir rayonner d'une paroi à l'autre; alors il se répand de chaque paroi séparément sans être rebroussé pour se répandre et se subdiviser afin de produire des surfaces sphériques qui arrivent à l'oreille. Il faut donc une certaine densité d'échogène pour que le rayonnement de l'échogène commence entre les parois des deux embouchures.

En augmentant la pression de l'air dans la soufflerie, la production de l'échogène croît, et le son devient fort sans changer parce que ce sont les portions p d'échogène qui croissent et non pas leur nombre, et cela a lieu jusqu'au degré où l'échogène produit devient presque double et se trouve suffisant pour faire se séparer une double quantité de portions en rayonnant en même temps par les diagonales des deux moitiés du tuyau dont la longueur $\Lambda' = \sqrt{\frac{1}{4}l^2 + d^2}$ est plus grande que la moitié de la longueur $\Lambda = \sqrt{l^2 + d^2}$. Le nombre n de longueur Λ produit en une seconde occupe la distance de 337^m ou $n\Lambda = 337^m$; de même on a $n'\Lambda'' = 337^m$ dont il résulte $n'\Lambda' = n\Lambda$, et

$$(2) \qquad n : n' = \Lambda' : \Lambda = \sqrt{\tfrac{1}{4}l^2 + d^2} : \sqrt{l^2 + d^2},$$

où l'on voit que les nombres de vibrations par seconde sont entre eux en raison inverse des intervalles qui séparent les ondes sonores. En multipliant la compression de l'air dans la soufflerie, sa consommation augmente suivant la section de l'orifice et la production de l'échogène augmente suivant la paroi ; il convient donc que la forme de l'embouchure soit longue et étroite et non pas circulaire ou carrée, comme cela a été prouvé pour les fenêtres de la caisse du violon (§ 205) dans les anches et les biseaux.

Après que la densité de l'échogène a atteint un degré supérieur, son rayonnement commence à s'opérer par chaque tiers de la longueur l du tuyau dont la diagonale est $\Lambda'' = \sqrt{\frac{1}{9}l^2 + d^2}$; ensuite commence le rayonnement par chaque quart, chaque cinquième de la longueur l, et les intervalles des ondes sonores qui en résultent ont entre elles les intervalles $\sqrt{\frac{1}{16}l^2 + d^2}$, $\sqrt{\frac{1}{25}l^2 + d^2}$... Les nombres de vibrations n, n' correspondants multipliés par ces longueurs Λ, Λ', donnent le produit de 337^m. Les harmoniques ne résultent pas de sons dont les nombres de vibrations croissent comme les nombres entiers 1, 2, 3, 4..., mais ils résultent de nombres de vibrations où chacun de ces nombre entre d'une manière indiquée dans les valeurs des intervalles Λ′, Λ″, Λ‴ qui sont en raison inverse des nombres de vibrations, et la série des sons harmoniques est représentée, pour les tuyaux ouverts, par les quatités de vibrations n, n′, n″... qui croissent comme les diagonales :

$$\frac{1}{\sqrt{l^2+d^2}},\ \frac{1}{\sqrt{\frac{1}{4}l^2+d^2}},\ \frac{1}{\sqrt{\frac{1}{9}l^2+d^2}},\ \frac{1}{\sqrt{\frac{1}{16}l^2+d^2}},\ \frac{1}{\sqrt{\frac{1}{36}l^2+d^2}}.$$

§ 380. 2° *Production des harmoniques dans les tuyaux fermés d'un bout.* Il n'y a qu'une seule embouchure par laquelle entre l'air comprimé, qui éprouve une dilatation dans le tuyau et qui se dilate pour la seconde fois quand il en sort. La désunion des couples σ σ′ et la production de l'échogène s'opèrent dans la seule paroi de l'orifice d'où part le rayonnement par une répulsion expansive en directions divergentes. Si la densité de l'échogène dans la paroi est médiocre, les rayons n'atteignent pas le fond du tuyau, et l'échogène se consomme avec l'air éloigné sans produire des ondes sonores. En augmentant la pression de la soufflerie, on parvient à obtenir l'échogène en densité suffisante pour émettre des rayons γ qui vont jusqu'au fond du tuyau admis en *d*; de là l'échogène revient à l'embouchure. D'autres rayons d'échogène γ en directions divergentes vont en dehors vers *k*, et de là ils avancent vers *mn* quand ceux du fond *d* reculent vers la paroi des tuyaux; le moment du croisement des rayons en *k* correspond à celui du croisement des rayons γ′ en *d*.

Dans les tuyaux ouverts, le croisement des rayons s'opère dans le milieu de l'axe, et dans les tuyaux fermés il s'opère au centre du fond. Après le croisement, qui est considéré comme un *nœud* dans les tuyaux ouverts, les rayons vont à la périphérie de l'embouchure postérieure, tandis qu'aux tuyaux fermés ils vont à la paroi d'où ils viennent de partir. Il faut donc une unité τ de temps pour parcourir deux fois la longueur l du tuyau bouché, ou une fois la double longueur $2l$ du tuyau ouvert de même épaisseur, parce qu'alors on a $2A'd = A'c$.

En multipliant la pression de l'air, la densité de l'échogène augmente dans la paroi de l'embouchure, le son devient fort jusqu'à un degré, et immédiatement après n'apparaît pas l'harmonique 2, mais 3, et puis 5, 7..., suivant les nombres impairs, ce qui fait voir que les intervalles $\Lambda = \sqrt{4l^2 + d^2}$ des ondes sonores ne deviennent pas $\Lambda' = \sqrt{l^2 + d^2}$, mais qu'ils passent immédiatement à $\Lambda'' = \sqrt{\frac{4}{9}l^2 + d^2}$ de la manière suivante :

Figure 131.

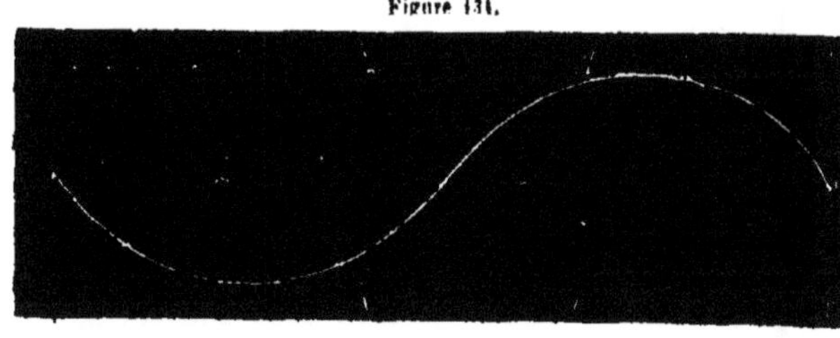

Soit mT un tuyau fermé où doivent se croiser les rayons au centre B du fond TT' dans la production de chaque son, comme cela a lieu pour le fondamental, le ventre étant toujours à l'embouchure O, cette double condition et l'égalité des intervalles Λ' conduisent à connaître le mode de la production des sons 3, 5, 7... Les rayons d'échogène de la paroi mm' se croisent en c et arrivent à qq', d'où repoussés en directions convergentes ils arrivent au centre B, et reculent après leur croisement, et ceux qui sont arrivés de q' vont vers q, de sorte que, 1° la portion d'échogène p', partie de m', se trouve successivement en q, B, q', m, et la portion p', partie du point m de la paroi, se trouve successivement en q', B, q, m'. Durant ce va-et-vient chaque portion p d'échogène parcourt dans le tuyau deux fois la diagonale

$m'q$ et deux fois sa moitié qB, qui font en tout trois fois la diagonale $m'q = \sqrt{mq^2 + m'm^2} = \sqrt{\frac{1}{9} l^2 + d^2}$.

Pour l'harmonique 5, la portion p d'échogène partant de m va à V', r, B, r', V, m', et la portion p' partant de m' va à V, r', B, r, V', m. De sorte que chaque portion parcourt en chaque va-et-vient deux fois les deux diagonales mV et Vr et deux fois rB, moitié d'une diagonale, en tout cinq fois la diagonale $m'V = \sqrt{mV^2 + m'm^2} = \sqrt{\frac{1}{25} l^2 + d^2}$. En admettant dans un tuyau ouvert le même diamètre d et une double longueur, les intervalles Λ de sons harmoniques impairs ne diffèrent pas, et il devient évident par là que leur production ne dépend pas seulement de la densité de l'échogène dans la paroi, mais aussi du tuyau.

C. DES EFFETS DU RAYONNEMENT DE L'ÉCHOGÈNE DANS LES CORPS ET DE SA SUBDIVISION.

§ 381. Il a été prouvé que l'échogène se consomme le plus souvent à l'état muet sans être subdivisé en portions, dont chacune produit une paire d'ondes ou surfaces sphériques dont le diamètre croît avec une vitesse constante. L'échogène se subdivise en portion p par les dimensions des tuyaux, et il prend la forme des surfaces sphériques qui s'éloignent du corps sonore tant qu'il y a séparation de nouvelles portions d'échogène ; car c'est alors que chaque surface sphérique S^n reçoit la quantité supérieure $\mu + 2\mu'$ d'échogène de la surface S^{n-1} et la quantité inférieure μ de la surface S^{n+1}. De la somme $2(\mu + \mu')$ résulte une diastole ou une répulsion expansive qui la fait se diviser en deux moitiés égales qui s'éloignent de la surface S^n en directions divergentes ; une moitié $\mu + \mu'$ recule vers la surface S^{n-1}, et l'autre avance vers celle S^{n+1}.

Ainsi la masse μ' se trouve avancée de S^{n-1} à S^{n+1}, et la masse μ oscille entre les surfaces S^{n+1}, S^n, tandis que la masse supérieure $\mu + \mu'$ oscille entre S^n, S^{n-1}. Il y a donc un éloignement d'échogène μ' du corps sonore, et il y en a aussi un $\mu + \mu'$ ou μ qui se trouve en oscillation, et cela a toujours lieu parce que les mouvements de l'échogène se communiquent aux molécules des corps, qui sont soumises aux observations, et servent à connaître les directions des écoulements de l'échogène et ses densités. Cela s'opère au moyen de corps légers qui, repoussés par l'échogène, indiquent la direction de ce fluide et encore son intensité, précisément comme cela a lieu pour les corps portés dans l'air, qui est un fluide invisible. La différence consiste en cela, que le mouvement est continuel dans l'air qui ne produit pas des interférences, tandis que celui de l'échogène est composé de masses μ' qui avancent et d'autres $\mu + \mu'$, μ qui oscillent. Les corps légers ne sont donc pas entraînés de la masse μ', comme ceux exposés au vent ou placés sur la surface d'un fleuve; ils ne restent pas non plus en repos, mais s'arrêtent après avoir parcouru une certaine distance en directions divergentes.

§ 382. **Mode des croisements des rayons d'échogène dans les lignes nodales.** Dans l'explication des figures acoustiques (§ 320) a été exposé le mode de leur production : après avoir démontré ici la subdivision de l'échogène par les tuyaux et les directions de ses rayons, nous pourrons mieux poursuivre les détails observés dans la production des figures par les arrangements des grains de sable.

1° *Manque de point fixé.* Sur une plaque carrée, couverte d'une mince couche de sable, on peut produire une infinité de figures en déplaçant : 1° les quatre points d'appui; 2° les points fixés et 3° le point frotté par l'archet. Les points appuyés vibrent longitudinalement et latéralement, les points fixés ne vibrent point; du point frotté se répand l'échogène, comme cela a lieu pour la paroi des tuyaux bouchés. Par exemple, la plaque (1) (*fig.* 111) étant appuyée seulement au milieu a, a, a, a de quatre côtés, est frottée dans l'angle c;

il y a dans la face du bord frotté accumulation d'échogène comme dans la paroi d'un tuyau. Par une répulsion expansive dans la ligne de l'épaisseur de l'angle, l'échogène se divise en deux parties, dont l'une $\varkappa$ s'éloigne pour produire des ondes sonores, et l'autre $\varkappa'$ se répand en directions convergentes vers les extrémités opposées de la plaque, en traversant la diagonale de son épaisseur *e*. De ses extrémités l'échogène se répand de nouveau par une égale répulsion expansive vers l'air et vers les deux côtés opposés, en passant par la diagonale de l'épaisseur de la plaque qui doit être considérée comme un tuyau de sections égale à la surface de la plaque et de la longueur égale à l'épaisseur *e* de la plaque.

Si la hauteur ou l'épaisseur de la plaque est *h*, les surfaces sonores produites seront éloignées entre elles, non pas par la longueur *c* du côté *e* de la plaque, mais par la diagonale $\Delta = \sqrt{e^2 + c^2}$. Le sable, repoussé des deux côtés de l'angle *e*, n'avance que jusqu'à la moitié *aa* de la plaque, parce que l'échogène pénètre l'épaisseur *e* de la plaque pour aller aux bords inférieurs des deux côtés opposés. Une autre portion $\varkappa$ d'échogène, partant des bords inférieurs des côtés de l'angle *e*, arrive aux bords supérieurs des côtés opposés. Après une répulsion expansive en ces bords, les portions d'échogène des bords supérieurs des deux côtés iront aux bords inférieurs des côtés opposés, précisément comme cela a lieu dans un tuyau cubique, en repoussant le sable en directions opposée jusqu'aux lignes *aa*.

Le sable étant repoussé de chaque côté vers les lignes de croisement qui sont au milieu de l'épaisseur de la plaque, ne peut pas dépasser ces limites, et en s'y arrêtant produit des lignes qui correspondent aux deux lignes intérieures où les croisements s'opèrent.

Admettons les quatre angles appuyés et le milieu *c* (3) frotté d'un côté, le son reste le même, parce qu'une même longueur $\Delta = \sqrt{e^2 + c^2}$ sépare les ondes sonores. L'échogène part des deux bords de l'épaisseur du côté *e* frotté, et après avoir éprouvé un croisement au milieu de l'épaisseur de la plaque, les rayons arrivent aux bords opposés des deux côtés voisins, et de là, après une nouvelle répulsion expansive, les rayons passent au côté opposé à *e*; de sorte qu'on se trouve en état d'étudier la marche des rayons puisqu'on sait : 1° que leur mouvement n'est pas communiqué du dehors, mais par la répulsion innée, et 2° que les points appuyés ne vibrent pas verticalement.

2° *Points appuyés et points fixés.* Soit un seul point *o* fixé au milieu d'un côté (5); le point attaqué *e* est entre l'angle et le milieu du côté, il a quatre points appuyés aux quatre angles; nous trouvons en une seule plaque la production de quatre lignes des deux figures précédentes, et cela à cause du point fixé *o*, qui détermine le croisement des rayons dans les directions parallèles des côtés, parce que des points appuyés des angles résultent les diagonales. L'effet du point fixé *o* se manifeste mieux dans la plaque (6), où il produit encore avec les lignes précédentes un arc en chaque angle qui part du point *o*, et la distance *oa* est le rayon de tous les quatre arcs.

Au lieu d'un point fixé, il peut y en avoir deux placés symétriquement (9) et (11) autour du point *e* frotté au milieu d'un côté, quand les quatre points appuyés se trouvent aux deux côtés latéraux. Des points fixés partent deux lignes parallèles (9) aux deux côtés appuyés, vers lesquels s'éloignent de chaque côté deux branches, parce qu'ils doivent être dans des lignes nodales. Leur oscillation longitudinale fait se séparer leurs branches pour empêcher la formation des doubles parallèles aux côtés. Les lignes (11) se ferment et apparaissent des arcs, parce que les points appuyés sont moins éloignés des angles.

§ 583. **Comparaison entre les lignes nodales des plaques et des tuyaux.** En promenant une membrane dans un tuyau ouvert, on ne trouve qu'un point nodal au milieu de l'axe du tuyau; en dehors dans la surface du tuyau, il y a une ligne nodale autour du milieu de la longueur. Pour connaître l'origine de cette ligne, il faut supposer que le tuyau soit étendu de manière pour former une plaque qui doit être frottée dans deux côtés opposés pour se charger d'échogène, dont le rayonnement aura lieu par les diagonales de l'épaisseur e de la plaque et par sa longueur l qui est la même que celle du tuyau. La longueur de ces ondes sonores est comme celle de la diagonale des plaques $\Delta = \sqrt{e^2 + l^2}$.

§ 384. **Mode de la production des nœuds et des ventres.** Il est constaté qu'il y a un ventre aux points où s'opère la répulsion expansive de l'échogène pour se diviser en deux moitiés qui s'en éloignent en directions divergentes. Ces répulsions s'opèrent aux parois des tubes ouverts, aux points frottés d'une plaque ou d'une corde, etc. Dans la plaque pp' (fig. 56) fixée au centre et frottée en k se trouvent quatre ventres : du milieu de chacun d'eux, l'échogène se divise en deux moitiés, dont l'une m s'éloigne vers l'air et l'autre m s'écoule par l'épaisseur e de la plaque pour arriver dans les faces inférieures des ventres voisins v ou u; après une unité de temps, s'opèrent dans les surfaces inférieures au milieu des ventres v et u, des répulsions entre les masses d'échogène qui, divisées, arrivent par l'épaisseur de la plaque au milieu de la surface supérieure des ventres k et r. En même temps s'opèrent de semblables répulsions d'échogène dans le milieu de l'autre surface des ventres dont les rayons vont en directions divergentes vers l'air et suivant les diagonales divergentes de l'intérieur de la plaque.

La plaque étant couverte de grains de sable et de poudre de lycopode, après l'introduction de l'échogène, il devient possible de poursuivre : 1° l'effet de la moitié m d'échogène qui se divise dans la plaque pour passer par son épaisseur et aboutir dans la surface inférieure au milieu des deux ventres voisins, car il entraîne les grains de sable vers les lignes pk et $n''k$; 2° l'effet de l'autre moitié m' d'échogène qui s'éloigne vers l'air en directions divergentes se manifeste dans la poudre fine et légère, qui s'accumulant au milieu des ventres, est continuellement agitée et repoussée en haut. Cette répulsion est mieux constatée dans une feuille d'or placée sur un ventre, dont elle éprouve une poussée suffisante pour être repliée en forme d'ampoule, et se tenir à plusieurs millimètres au-dessus de la surface.

D. DU MODE DE LA SUBDIVISION DE L'ÉCHOGÈNE EN ONDES SONORES PAR LES TUYAUX.

§ 385. En chaque contact des corps il y a désunion des couples et production d'échogène, mais il ne s'ensuit pas qu'il doive pour cela se présenter en surfaces sphériques ou ondes sonores; car pour cela il faut que l'échogène soit subdivisé en paires de portions égales dont l'une p recule jusqu'à une certaine distance quand l'autre p' avance vers l'air pendant le même espace de temps τ. A la fin de ce temps, l'échogène des deux portions se trouvera en un ventre où doit s'opérer une nouvelle subdivision et une répulsion expansive; car l'échogède produit s'éloigne et à chaque ventre arrive la masse $\mu + 2\mu'$ de la part du corps sonore et la masse μ de la part de l'onde plus éloignée pour faire ainsi avancer la masse μ'.

Il y a plusieurs moyens de désunion des couples et il y a aussi plusieurs subdivisions de l'échogène pour en obtenir des ondes sonores. Nous venons de prouver comment est subdivisé l'échogène par la sirène, la roue et la verge; ici vont être indiqués d'autres moyens employés pour parvenir au même but. Après avoir produit les ondes sonores, il est nécessaire de connaître l'intervalle Λ qui les sépare; car il sert à déterminer le nombre n de ces intervalles qui entrent dans la distance de 337 mètres pendant une seconde. C'est donc cette longueur qu'on obtient par plusieurs moyens.

§ 386. I. **Subdivision de l'échogène par les soupapes.** Dans la soufflerie S (fig. 135) se trouve l'air comprimé : il y est introduit au moyen de la pédale P; cet air passe par le tuyau *t* pour se rendre dans la caisse rectangulaire *ab* munie d'orifices qui sont ceux des tuyaux. Pour que l'air de la caisse passe dans les orifices, les soupapes qui les ferment doivent s'ouvrir; une telle soupape est *sr'*. En abaissant le bouton *c'*, la soupape s'écarte de l'orifice et l'air possédant déjà l'échogène sort; celui-ci commence à se disperser en se subdivisant entre les deux parois du tuyau comme cela a été prouvé.

Figure 135.

Pour obtenir plus d'échogène dans les parois du tuyau de l'orifice O et de celui *t*, il faut pousser davantage le bouton pour faire sortir une plus grande quantité d'air, alors la quantité d'échogène produite doit être consommée, ainsi le son devient fort jusqu'à un certain degré, et immédiatement après il devient plus aigu sans atteindre l'octave aigu du son précédent dont l'intervalle est $\Lambda = \sqrt{l^2 + d^2}$, et du son produit dont l'intervalle est $\Lambda' = \sqrt{\frac{1}{4}l^2 + d^2}$. Il suffit donc en ce cas d'augmenter la quantité d'air écoulé et par suite celle de l'échogène pour en obtenir des quantités supérieures d'échogène consommé par un plus grand nombre d'ondes sonores.

§ 387. II. **Subdivision de l'échogène par les longueurs des tuyaux.** 1° Soit le tuyau P (fig. 136) en communication avec la soufflerie par le robinet R au-dessus duquel est l'embouchure. On cherche au moyen du piston P plus ou moins enfoncé les points n, n, n pour lesquels le son étant en octave n'est pas modifié. Ainsi, des tuyaux bouchés l'on obtient des longueurs 5l, 3l, l, dont on tire les sons harmoniques 1, 3, 5... sans changement dans la quantité d'échogène produite ou consommée. Par les cinq intervalles Λ″ sont séparées des ondes contenant environ autant d'échogène que celles dont les surfaces sont séparées par les trois intervalles Λ′; le même effet a lieu pour le seul intervalle Λ : ces intervalles ont les valeurs $\Lambda=\sqrt{4l^2+d^2}$, $\Lambda'=\sqrt{\frac{4}{9}l^2+d^2}$, $\Lambda''=\sqrt{\frac{4}{25}l^2+d^2}$ qui ne sont pas entre elles comme les nombres 1, 3, 5.

Figure 136.

2° En opérant avec des tuyaux ouverts, au lieu de chercher, comme dans le cas précédent, les points qui correspondent aux nœuds ou aux croisements des rayons d'échogène, on cherche les ventres où s'opèrent les diastoles ou les répulsions expansives et la subdivision de l'échogène. Ainsi on trouve au tuyau B les points *v*, *v*, *v*, où l'on peut le couper sans changer le son, mais ceux qui en résultent sont harmoniques 1, 2, 3, 4..., car les intervalles de leurs ondes sonores sont les diagonales des tuyaux.

3° Au lieu de couper et éloigner la partie *dn* pour raccourcir le tuyau et obtenir le même son en octave aigu, il suffit d'y pratiquer un trou, comme cela se voit dans le tuyau A, où le son harmonique 3 est obtenu par quatre ventres dont deux V, V sont aux tiers de la longueur et les deux autres en ses extrémités. En ce cas, le son reste le même quand l'harmonique 3 est produit par la longueur entière du tuyau ou par celle AV qui est un tiers; on obtient presque le même effet en pratiquant une ouverture en V; nous expliquerons plus bas l'effet produit sur les sons par les trous.

4° Si les tuyaux sont bouchés à l'une des extrémités, il y a toujours au centre du fond un nœud et dans la paroi de l'extrémité ouverte se trouve un ventre; l'onde sonore du son fondamental résulte de l'échogène η qui se sépare de la paroi de l'ouverture au moment où une autre portion η' part pour aller se croiser au centre du fond; il ne s'opère un autre départ de la paroi qu'après un va-et-vient de l'échogène η', le temps T nécessaire pour cela est $\frac{2\sqrt{l^2+\frac{1}{4}d^2}}{337}$, en indiquant par l la longueur du tuyau et par d son diamètre. L'échogène η se trouvera éloigné en toutes les directions, ayant parcouru une égale distance $2\sqrt{l^2+\frac{d^2}{4}}$ quand partira une autre portion η de la paroi de l'embouchure.

Dans les tuyaux ouverts pour les sons harmoniques, l'échogène se subdivise en portions η qui se séparent des deux embouchures en des espaces de temps $T=\frac{\sqrt{l^2+d^2}}{337}$, $\frac{\sqrt{\frac{1}{4}l^2+d^2}}{337}$, $\frac{\sqrt{\frac{1}{9}l^2+d^2}}{337}$..., parce que les ventres, étant au nombre de deux, deviennent 3, 4, 5... Dans les tuyaux bouchés, les deux ventres coïncident dans l'embouchure quand est produit le son fondamental indiqué par 1. En multipliant la densité de l'échogène, la production d'un troisième ventre devient impossible; car dans la distance $\frac{2}{3}l$ de l'embouchure il doit y avoir deux ventres pour correspondre l'un à l'avancement de l'échogène et l'autre à son retour. Ainsi après le son fondamental résultent les harmoniques 3, 5, 7...

Les longueurs ou intervalles Λ qui se trouvent entre les portions n, n d'échogène séparées de l'embouchure sont déterminées par la diagonale du tuyau de longueur $2l$, $\Lambda = \sqrt{4l^2 + d^2}$, pour les sons harmoniques 3, 5, 7..., les intervalles entre les ondes sont $\sqrt{\frac{4}{9}l^2 + d^2}$, $\sqrt{\frac{4}{25}l^2 + d^2}$... Quant aux nombres de vibrations par seconde ils sont en rapport inverse avec les longueurs Λ, Λ' et l'on a $N : N' = \Lambda' : \Lambda$; car on a toujours $N\Lambda = N'\Lambda' = 337^m$.

Dulong a produit l'échogène dans un diapason dont l'une des branches était suivie d'une plaque de la dimension de l'ouverture d'un tuyau bouché; ainsi de la périphérie de la plaque l'échogène passait à la paroi du tuyau par des intervalles de temps T correspondants aux longueurs $3l$ de deux branches du diapason; mais ces longueurs étaient différentes de la double diagonale Λ du tuyau, et pour obtenir une égalité, le même physicien, en versant du mercure, a fait devenir $l' = \sqrt{4l^2 + d^2}$; c'est alors que toute la masse d'échogène produite dans le diapason pouvait circuler dans le tuyau et s'en répandre de sa paroi en produisant des ondes sonores de force coïncidente.

Cette expérience très-simple a été répétée par Savart avec plusieurs tuyaux qui rentraient l'un dans l'autre comme les tubes d'une lunette; il trouva que quand le tube est très-étroit on peut lui donner une longueur l pour que l'échogène parcoure la double diagonale $2\sqrt{l^2 + \frac{1}{4}d^2}$ en un même espace de temps T qui lui est nécessaire pour parcourir la longueur l' de la branche du diapason. En produisant dans celui-ci les harmoniques 3, 5, 7..., ils sont également produits dans le tuyau étroit, mais s'il est gros, il en résulte des harmoniques graves en comparaison de ceux du diapason.

Ni Savart ni Dulong ne sont parvenus d'après ces données

à comparer les diagonales des tuyaux qui sont $\sqrt{l^2+d^2}$ pour les tuyaux ouverts et $2\sqrt{l^2+\frac{1}{4}d^2}$ pour les bouchés. On a même trouvé que les tuyaux bouchés ou ouverts doivent être d'autant plus longs pour donner le son fondamental qu'ils sont plus étroits; AC (fig. 97) est un tuyau plus long que $a'a''$, mais il produit le même son fondamental parce que leurs diagonales Ab, $a''p'$ sont égales. Savart a découvert les deux rapports suivants, qui ont été considérés comme des lois tant qu'on ignorait qu'il faut introduire dans les calculs les diagonales des tuyaux et non pas leur longueur.

1° En prenant dans les tuyaux la surface $S=p^2+l^2$ ayant pour parties la somme des carrés de la longueur l et la profondeur p, elle peut rester constante quand l'un des termes diminue et que l'autre augmente; de pareils changements de la longueur l et de la profondeur p des tuyaux n'amènent aucun changement dans le son, pourvu que la profondeur p soit plus grande que le sixième $\frac{1}{6}l$ de la longueur. Si Savart avait exposé la surface S de la manière indiquée, il lui eût été impossible de ne pas parvenir à connaître qu'elle est la diagonale de la longueur et la profondeur du tuyau.

2° Quand les surfaces $s=l^2+p^2$, $S=L^2+P^2$ sont inégales, les nombres de vibrations N, n sont en raison inverse de racines carrées des surfaces; on a donc $S:s=n:N$, et $n:N=\sqrt{L^2+P^2}:\sqrt{l^2+p^2}$.

3° Dans le cas où $p=\frac{1}{6}l$, on a $s=l^2+\frac{1}{36}l^2=\frac{37}{36}l^2$ qui diffère peu de l^2 et encore moins quand on a $p=\frac{1}{10}l$; si p devient égal à $\frac{1}{12}l$, l'influence de cette profondeur n'est plus sensible, et le nombre de vibrations devient sensiblement réciproque à la longueur seule. Bernouilli avait admis ce dernier cas comme base, et il a dit que les nombres de vibrations par seconde sont en raison inverse des longueurs des tuyaux quand ils sont étroits.

4° Savart a fait la comparaison entre les sons produits par des tuyaux de toute forme ayant les trois dimensions doubles des autres, mais la même forme cylindrique, sphérique ou prismatique, et il a trouvé que les tuyaux petits donnent l'octave aigu du son des tuyaux gros, comme cela résulte également de la comparaison des diagonales des tuyaux pareils.

§ 388. III. **Subdivisions de l'échogène par les changements de la bouche.** Nous suivons l'application de la seule loi physique à laquelle est soumis l'écoulement de l'échogène; et nous ne faisons que rapporter comme exemple les résultats obtenus par Savart, des observations qui sont nécessairement produites par la même loi physique vers laquelle ce physicien a préparé la voie. L'étude de la science est devenue très-facile, parce qu'il ne faut que remplacer les longueurs l par les diagonales; mais celles-ci éprouvent des modifications quand les tuyaux restant les mêmes on rétrécit ou on allonge l'embouchure. Les résultats obtenus par le rétrécissement de la bouche correspondent à ceux de l'augmentation des dimensions, parce que les sons changent en devenant plus graves; tandis qu'en changeant la direction du courant d'air, le son, dans tous les cas, n'éprouve aucun changement. Donc le son se soutient quand la longueur de la diagonale reste la même, et il change pour devenir plus grave lorsqu'elle devient plus grande, par exemple :

1° *Tuyau cubique*. Soit c la longueur du côté et des arêtes, dont une est occupée par la bouche; le son est produit par des portions η d'échogène qui s'en séparent et dont les unes vont vers l'air en directions divergentes, et les autres η' vont vers l'intérieur du cube où la plus grande distance est la diagonale qui unit la bouche avec l'arête opposée; sa longueur est $c\sqrt{2}$. De cette arête l'échogène doit retourner vers la bouche pour qu'il s'y produise une autre répulsion expansive. Les portions η d'échogène dispersées ont parcouru pendant cet espace de temps T, dans l'air, une distance Λ égale à $2c\sqrt{2}$, qui est la double diagonale parcourue dans le cube par l'échogène avec une égale vitesse. Connaissant donc cette diagonale double et le nombre n de séparations de l'échogène par seconde, on trouve que le produit est $2nc\sqrt{2} = 337^m$.

En rétrécissant la bouche pour la réduire à un sommet du cube, on fait augmenter la distance que doit parcourir l'échogène entre la bouche et le sommet opposé. Cette distance est $c\sqrt{3}$, et le double de cette grande diagonale est la longueur Λ' parcourue par les portions η répandues vers l'air de la bouche. Cette longueur $\Lambda' = 2c\sqrt{3}$ séparera donc, en ce cas, les surfaces sphériques dans lesquelles se trouvent les portions de l'échogène η' séparé en chaque unité de temps T', qui est plus grande que celle T du cas précédent où $\Lambda = 2c\sqrt{2}$; on aura le nombre n' de vibrations ou de séparations par seconde, et l'on trouve que le produit est $2n'c\sqrt{3} = 337^m = 2nc\sqrt{2}$, qui conduit au rapport connu $2n'c\sqrt{3} = 2nc\sqrt{2}$, $n'\sqrt{3} = n\sqrt{2}$ ou $n' : n = \sqrt{2} : \sqrt{3}$; les nombres de séparations d'échogène sont entre eux en raison inverse des longueurs parcourues.

2° *Tuyaux prismatiques à base rectangulaire.* La bouche occupant une arête, par exemple, de la largeur, les deux autres qui y aboutissent sont celles l de la longueur et p de la profondeur ou de la hauteur; la longueur de la diagonale entre la bouche et l'arête opposée est $\sqrt{l^2 + p^2}$, et elle peut rester la même quand on change les quantités l et p sans changer la somme $l^2 + p^2 = L^2 + P^2$. Comme dans le cas précédent, le son devient grave quand la bouche est rétrécie pour occuper une partie de la largeur e; quand elle n'occupe qu'un des sommets, l'échogène parcourt la plus grande diagonale $\sqrt{l^2 + p^2 + e^2}$; en ce cas on a $\Lambda = 2\sqrt{l^2 + p^2 + e^2}$.

Si la largeur et la profondeur restent les mêmes et que l'on fasse augmenter la longueur quand la bouche occupe la largeur e, le rapport indiqué se soutient, et l'on a $\Lambda = 2\sqrt{l^2 + p^2}$; Savart a trouvé par l'expérience que cela a lieu jusqu'au rapport de $1 : 6 = p : l$ entre la profondeur et la longueur. Faisant augmenter davantage la longueur pour avoir $\lambda = 7p$, $8p$, ..., $12p$, on n'a plus exactement $\Lambda = 2\sqrt{l^2+p^2}$, mais $\Lambda = -\alpha + 2\sqrt{l^2+p^2}$, $-\alpha-\alpha'+2\sqrt{l^2+p^2} \ldots -\alpha-\alpha'-\alpha'' = 2\sqrt{145\,p^2}$, l étant égal à 12. Au delà de cette limite on a la valeur $\Lambda = 2\sqrt{l^2+\frac{1}{4}p^2}$.

Ces résultats empiriques conduisent à connaître : 1° que l'échogène de l'arête où est la bouche ne va pas se croiser toujours à l'arête opposée, mais que cela a lieu quand la longueur l n'est pas supérieure à six fois la profondeur p; 2° Si l est supérieure à 12 fois la profondeur, l'échogène se croise au milieu du fond du tuyau ; 3° Si la longueur est entre $6p$ et $12p$, l'échogène se croise au fond entre l'arête et son milieu.

3° *Nombre de séparations de l'échogène des tuyaux prismatiques.* Ce que Savart a obtenu par l'observation, Wertheim a cherché à l'obtenir par les observations et les calculs, connaissant que toujours le produit $n\Lambda$ doit être 337^m. Ainsi il a composé la formule :

$$n[2l + c(e \times p)] = 337^m$$

n, l, e, p ont la valeur indiquée, et c est une constante qui devait être déterminée par l'expérience ; cette formule correspond à une de celles que nous venons d'exposer : 1° pour les différentes longueurs des tuyaux, et encore 2° pour les différentes largeurs de la bouche. Le même physicien cherchait, au moyen des expériences, à déterminer par la valeur de la constante c les variations de la longueur Λ. Nous ferons l'analyse du calcul de Wertheim pour prouver qu'on n'en obtient des résultats conformes à ceux de l'observation que par les diagonales des tuyaux.

En admettant la base carrée ou circulaire, sa surface est $s = p \times e = p^2$ ou $\frac{1}{4}\pi p^2$; en remplaçant $p \times e$ par s, la formule devient $2nl + cns = 337^m$ pour les tuyaux bouchés d'un bout ; et $nl + \frac{1}{2}nc\,5 = 337^m$ pour les tuyaux ouverts aux deux bouts. Faisant la comparaison entre ce produit

$(2l+cs)n=337$ et celui trouvé ci-dessus $n\times 2\sqrt{p^2+l^2}$, il faut avoir $4\ (p^2+l^2)=4l^2+4csl+c^2s^2$ ou $4p^2=4csl+c^2s^2$, d'où l'on tire la valeur de $c=\frac{2}{pe}+l\pm\sqrt{p^2+l^2}$.

La formule de Wertheim est très-loin de comprendre les détails qui résultent : 1° des dimensions différentes des tuyaux, et 2° des étendues de la bouche, qui ont été obtenus par Savart, comme cela devient évident par la valeur de la constance c, qui doit changer, 1° quand la longueur l est inférieure à $6p$, ou 2° supérieure à $12p$, ou 3° entre $6p$ et $12p$, et 4° quand la bouche occupe toute l'arête, ou 5° une partie de celle-ci, ou 6° seulement un sommet.

§ 389. IV. **Subdivision de l'échogène par la caisse du violon et des autres instruments.** La caisse est un tuyau bouché mais ayant deux ouvertures ou deux bouches. L'échogène des cordes n'arrive pas aux fenêtres, mais il se répand simultanément aux deux tables qui vont de haut en bas quand l'échogène repoussé par les cordes s'en écoule vers les tables. Après une moitié de l'unité de temps l'échogène des cordes s'écoule en direction inverse vers l'espace ambiant et c'est alors que les tables s'élèvent de bas en haut. Ces va-et-vient sont toujours en unisson avec les cordes dont ils résultent.

Si les tables sont de la même substance, elles vibrent toujours en unisson et font les mêmes excursions en bas et en haut, de sorte que l'épaisseur e de la couche d'air reste invariable ; pour cette raison la respiration de l'air manque dans les fenêtres. Mais si la table supérieure T est en sapin et l'inférieure T′ en bois dur, les amplitudes de T seront de 2Γ et celles de T′ de 2γ. Si A est la masse d'air contenu dans le volume V, ce volume de la caisse diminue et devient $V-v$ quand la table T′, poussée de haut en bas, fait l'excursion γ et que celle T fait une excursion supérieure Γ. La masse d'air éprouvant une compression est forcée de s'écouler par les fenêtres, comme cela a lieu pour l'air comprimé dans une soufflerie.

Après une moitié d'unité de temps les deux tables font les excursions γ et Γ de bas en haut ; en ce cas le volume de la caisse augmente et devient $V + v$, d'où résulte une raréfaction de l'air $A - a$, parce que la quantité a s'est écoulée par la fenêtre ; pour cette raison une quantité double $2a$ retourne du dehors vers la caisse par les fenêtres pour rétablir l'équilibre. Ce sont donc ces va-et-vient de la quantité $2a$ d'air par les fenêtres qui occasionnent les désunions des couples $\sigma\sigma'$ dans les parois et la production d'échogène, précisément comme dans la paroi des tuyaux bouchés.

Ainsi la caisse se trouve être un instrument musical comparable à un tuyau ayant pour ouvertures les deux fenêtres et pour longueur non pas la double profondeur $2p$ mais la double diagonale $2\sqrt{p^2 + d^2}$ en indiquant par $2d$ la distance moyenne entre les deux fenêtres. Si la distance entre le bord extérieur de chaque fenêtre et le bord voisin de la table est aussi d, la diagonale Δ sera $\sqrt{d^2 + p^2}$. Ainsi les masses divergentes d'échogène qui partent simultanément des fenêtres font un égal chemin pour retourner dans l'autre bord de la même fenêtre ou dans le bord homonyme de l'autre fenêtre ; ce chemin $2\sqrt{d^2 + p^2} = \Lambda$ est particulier à chaque violon, parce qu'il est presque impossible de construire deux caisses qui soient non-seulement de la même profondeur, mais avec la même disposition des fenêtres dont les dimensions et la forme soient absolument les mêmes, et de plus que les bords de fenêtres n'aient pas d'inclinaisons différentes.

Si une autre caisse a la même profondeur p mais que la distance d entre chaque fenêtre et le bord prochain ne soit pas la moitié de la distance $2d$ entre les deux fenêtres, le son n'est plus aussi pur que dans le cas précédent. Si la profondeur p augmente, le son devient plus grave même alors que la profondeur restant la même, les tables augmentent et par suite la distance d. Faisant la comparaison entre les diagonales $\sqrt{p^2 + d^2}$ et $\sqrt{\pi^2 + \delta^2}$ qui sont Λ et Λ', les intervalles entre les ondes sonores, on obtient $n'\Lambda' = n\Lambda$ ou $n\sqrt{p^2 + d^2} = n'\sqrt{\pi^2 + \delta^2}$ et $n : n' = \sqrt{\pi^2 + \delta^2} : \sqrt{p^2 + d^2}$ en indiquant par n le nombre de portions η d'échogène séparées par seconde. Ces nombres n, n' déterminent les sons de la caisse comme cela a lieu pour les tuyaux et l'on dit qu'un violon est en *ut*, en *mi*, en *sol*..., quand sa caisse a la diagonale $\Lambda = \sqrt{p^2 + d^2}$ dont entrent dans la distance de 337^m 24, 30, 36..., et il en résulte les nombres $n = \frac{337}{24}$, $n' = \frac{337}{30}$, $n'' = \frac{337}{36}$...

Si donc les cordes produisent par seconde un nombre de vibrations qui correspondent par la durée τ de leurs excursions à celle nécessaire à l'échogène pour parcourir la diagonale double $2\sqrt{p^2 + d^2}$, les portions η, η' de l'échogène coïncideront et ainsi le nombre des ondes sonores restant le même, il y aura un renfoncement du son. Le même effet a lieu, à un degré inférieur pourtant, quand les nombres n, n', au lieu d'être égaux, sont dans le rapport $n = 2n'$; alors reste le même son, mais à une octave différente.

Par une caisse parfaite on obtient de sa respiration le maximum de désunions des couples $\sigma\sigma'$ moléculaires, et par suite celui de l'échogène qui se disperse par sa répulsion expansive, en se subdivisant en portions η proportionnelles à celles qui sont produites dans le même temps.

§ 300. **Distribution de l'échogène des ventres et ses croisements aux nœuds dans l'air.** L'échogène est, dans cette observation, produit par le frottement d'un timbre T (fig. 137) que l'on attaque avec un archet en présence d'un tuyau C, bouché avec un piston P. En enfonçant peu à peu ce piston, on donne au tuyau la profondeur convenable, pour que le son soit renforcé le plus

Figure 137.

possible. Cet appareil, inventé par Savart, ne diffère en rien de celui de Dulong indiqué ci-dessus; c'est par le frottement avec l'archet que s'opère la désunion des couples $\sigma\sigma'$, et il en résulte l'échogène dans le bord de la cloche et dans le diapason. Par la répulsion expansive, il se subdivise en portions n dont la séparation se répète en chaque unité de temps tant du bord de la cloche que de celui du diapason, et à cause de l'isochronisme de ses séparations, est égal l'intervalle Λ qui sépare les portions n, n, n d'échogène en chaque unité de temps.

En enfonçant donc le piston P ou en introduisant du mercure dans le tube, on parvient à y obtenir une profondeur p pour donner une diagonale $\sqrt{p^2+\frac{1}{4}d^2}=em$ dont le double $2\sqrt{p^2+\frac{1}{4}d^2}=em+md$ est exactement la longueur Λ, qui est l'intervalle entre les surfaces sphériques composées des portions n, n, n d'échogène. C'est donc de cette égalité de $\Lambda=2\sqrt{p^2+\frac{1}{4}d^2}$ que résulte la coïncidence des ondes et le renforcement du son; et il y a isochronisme de répulsions expansives non-seulement dans la cloche T et le tuyau C, mais aussi dans toutes les distances $2a\Lambda=2a\sqrt{p^2+\frac{1}{4}d^2}$, où sont les surfaces S^{2n}; au contraire, de telles répulsions manquent dans les distances $(2a\pm1)\Lambda=(2a\pm1)\sqrt{p^2+\frac{1}{4}d^2}$, où s'opèrent les croisements du barogène dans les surfaces impaires $S^{2n\pm1}$.

Pour observer les surfaces *phoniques* paires S^{2n} et les surfaces *muettes* impaires $S^{2n\pm1}$ dans la chambre où se trouvait l'appareil indiqué, Savart a employé une membrane couverte de sable qu'il promenait dans la chambre. Il trouva que dans les surfaces paires le sable est en mouvement, et que dans les surfaces impaires ce mouvement disparaît ou diminue beaucoup. Le fait devient plus frappant quand on laisse la membrane en un point et qu'on promène l'appareil sonore. Ce même physicien a aussi reconnu que l'intervalle Λ sépare deux points consécutifs où le sable saute et au milieu desquels se trouve le point muet. En partant du corps sonore C, placé horizontalement, si on éloigne peu à peu la membrane suivant l'axe du tuyau, on trouve que le mouvement du sable diminue jusqu'à une distance $\frac{1}{2}$ A où il devient nul; au delà de cette distance reparaît le mouvement qui augmente jusqu'à la distance A où il atteint un maximum, et ainsi de suite jusqu'au mur placé en face de l'ouverture du tube renforçant, où se trouve toujours une surface impaire ou de points muets, et il en résulte un dérangement des ondes.

En déplaçant l'oreille suivant la même ligne, on entend plus fortement quand elle se trouve dans une surface sonore ou à une distance *a* A : 1° en se déplaçant vers le mur, le son semble venir du corps sonore; 2° en se plaçant vers le corps sonore, le son paraît venir du mur. La distance A n'est pas la même pour le même son dans deux chambres différentes; elle est généralement moindre dans un espace étroit et bas. Cette distance diminue aussi quand le son produit est plus aigu, mais elle n'est pas exactement en raison du nombre des vibrations.

En promenant la membrane dans une longue galerie, Savart a trouvé une *ligne de force* rampant en forme d'hélice le long des murs du plafond et du plancher; le corps sonore était placé à l'une des extrémités de la galerie; en ouvrant les fenêtres et les portes, rien n'était sensiblement modifié. Dans une chambre, les lignes de force changent de position quand on ouvre une fenêtre; alors on trouve au dehors de la chambre, à partir de la fenêtre ouverte, deux lignes de force s'étendant fort loin, et disposées en hélice, dont le rayon va en augmentant rapidement à mesure qu'on s'éloigne de la fenêtre.

Le corps sonore se trouvant en plein air en une distance de 40 à 50^{m} en face d'un mur, il y a une suite de points équidistants où le sable est agité, et d'autres points intermédiaires où il est en repos. La distance D du corps sonore au mur n'a aucune influence sur les intervalles A, et cela a lieu pour toute espèce de mur ou autre corps, comme papiers ou membranes tendues sur un cadre.

Nous avons exposé les descriptions de faits tels qu'ils ont été obtenus par l'observation; et comme leur production s'opère suivant la loi physique que nous connaissons, nous allons indiquer le mode de leur production. Les faits sont: 1° les mouvements énergiques du sable et son repos; 2° les changements de l'intervalle A dans les chambres différentes sans que le son change; 3° les lignes de force; 4° leur sortie de la fenêtre; 5° l'effet d'un mur sur l'intervalle A, et 6° l'apparence de l'arrivée du son de la part du corps sonore ou du côté opposé. Pour rendre évident le mode de la production des faits décrits, il suffit de leur donner un arrangement convenable et de se rappeler que 1° l'échogène ne se propage pas par déplacement comme l'eau ou les grains de sable; 2° qu'il n'oscille pas non plus en place comme le pendule, et 3° que son mouvement ne vient pas du dehors, mais qu'il s'y trouve emmagasiné comme dans les ressorts.

1° *Apparence de la direction du son.* En chaque distance de $2a\sqrt{p^2+\frac{1}{4}d^2}=aA$ est une surface paire S^{2n} dans laquelle affluent de la surface S^{2n-2} la masse d'échogène $\mu+2\mu'$, et de la surface S^{2n+2} la masse inférieure μ. Par une répulsion expansive, la somme $2(\mu+\mu')$ se divise en deux moitiés qui s'éloignent de la surface S^{2n} en directions divergentes pour arriver en une unité de temps aux surfaces S^{2n-2} et S^{2n+2}. Savart trouva qu'en tenant l'oreille entre ces surfaces, le son paraît venir du corps sonore, mais que, quand l'oreille est placée entre les surfaces S^{2n} et S^{2n-2}, le son paraît venir du côté opposé. C'est donc l'échogène reculant qui produit cet effet; un tel écoulement d'échogène a été constaté dans la production des interférences (§ 254); il est constaté même dans la propagation de la lumière.

2° *Ventres et nœuds.* Dans les surfaces S^{2n} paires s'opèrent les répulsions expansives qui repoussent le sable; dans les surfaces impaires $S^{2n\pm1}$ s'opèrent les croisements de masses d'échogène $\mu+2\mu'$ qui avance et μ qui recule; dans ces surfaces le sable n'est point agité, comme cela est également obtenu quand l'on promène la membrane dans un tuyau ouvert (§ 262).

3° *L'effet du mur.* En plein air, l'échogène obtient toujours un croisement dans la surface verticale solide comme au fond d'un tuyau bouché; une telle surface devient une surface impaire $S^{2n\pm1}$ et elle fait changer l'intervalle Λ de tout le système, sans changer pour cela l'ordre alternatif qui règne entre les surfaces paires et les surfaces impaires.

4° *Lignes de force d'une galerie.* La galerie devient un tuyau ouvert; c'est donc dans son axe qui correspond à l'axe du tuyau que s'opèrent les croisements, et dans les parois que sont les répulsions expansives qui correspondent aux ventres. Les lignes de force étant produites du corps sonore placé à l'embouchure de la galerie, n'éprouvent aucune modification quand sont ouvertes les fenêtres et les portes dont l'échogène ne sort pas.

5° *Lignes de force d'une chambre.* Les surfaces sphériques d'échogène n'entre pas du dehors comme dans la galerie; mais y étant produites, elles en sortent quand il y a une fenêtre ouverte. Il faut considérer la chambre comme un tuyau bouché qui a dans la paroi de la fenêtre son embouchure et une surface S^{2n}; cette fenêtre produira l'effet obtenu par le tuyau bouché C de l'appareil décrit.

§ 391. **Inflexion de l'échogène des ondes sonores.** L'échogène croisé dans la surface d'un mur, comme au fond d'un tuyau, y détermine une surface impaire $S^{2n\pm1}$ dont il est $\frac{1}{4}\Lambda$ éloignée la surface paire S^{2n}; dans les observations avec l'oreille, il a été trouvé une distance $\frac{1}{4}\Lambda-\alpha$ plus petite. Seebeck a remplacé l'oreille par une mince membrane tendue ayant en contact des deux côtés de petits pendules qui oscillent par le moindre mouvement de la membrane. Au moyen de cet appareil a été trouvée exactement la distance $\frac{1}{2}$ A, $\frac{2}{3}$ A, $\frac{3}{4}$ A... Ainsi, on a été conduit à admettre qu'une médiocre portion d'échogène pénètre directement au nerf par le canal auditif, et que la portion essentielle passe par la partie voisine du crâne.

Pour prouver cette inflexion ou propagation latérale d'échogène dans tous les corps solides, le même physicien a employé un vase épais AA (fig. 138) de porcelaine, à l'ouverture duquel est tendue une membrane *m* munie d'un petit pendule *p*; un cylindre en verre *cc* est fixé au vase avec de la cire, et garni d'une espèce d'entonnoir *de*, *de* construit aussi avec de la cire. Si l'on tourne la membrane *m* du côté d'un mur *mn* où se croise l'échogène venant d'un corps sonore *s's''*, cet échogène, en passant par le bord *cd*, *cd'* de l'entonnoir, doit s'infléchir pour arriver à la membrane à laquelle arrive en même temps l'échogène de la part du mur. Un effet d'interférence n'a pas lieu, que l'on a déduit par le manque en direction opposée entre l'échogène infléchi vers la membrane *m*, et celui qui recule du mur après y avoir éprouvé un croisement.

Figure 138.

E. DU MODE DE LA PRODUCTION DE L'ÉCHOGÈNE ET DE SA SUBDIVISION PAR LES ANCHES.

§ 392. Dans la sirène, l'air comprimé de la soufflerie détermine la rotation de la plaque, et l'unité du son dépend de sa vitesse sans être influencée par la longueur constante du porte-vent. L'unité de temps T qui s'écoule entre deux superpositions des trous diminue quand la vitesse augmente; alors augmente le nombre *n* de passages des trous, et le son monte. Dans les *anches*, c'est de la colonne d'air qu'est produit l'échogène, 1° aux parois de l'orifice du porte-vent, et 2° dans la *languette* qui rase l'orifice ou l'approche seulement sans le traverser. Ainsi, on distingue deux espèces d'anches : la *libre*, qui rase la paroi de l'orifice, et la *battante* qui s'approche seulement d'un seul côté de la paroi de l'orifice *ab* (fig. 139).

Anche battante. Pour pénétrer du porte-vent B par le bouchon percé C, l'air doit passer l'orifice produit des parties *l* et *ab* adaptées à l'ouverture du bouchon A'. La pièce *ab*, en bois ou en métal, nommée *rigole*, est creusée et immobile; l'autre pièce *l*, nommée *languette*, est en laiton; elle peut presque fermer la rigole en s'appliquant sur ses bords. On peut faire varier la longueur *l* mobile de la languette au moyen d'une tige de fer recourbée *rr'* nommée *rasette*. L'orifice ainsi préparé et fixé sur le bouchon A est exposé au courant d'air quand ce bouchon renferme le porte-vent B qui communique avec la soufflerie.

Figure 139.

Anche libre. La rigole, au lieu d'être creusée, est ici une caisse rectangulaire qui a une fenêtre en laiton, à travers laquelle la languette peut passer en en rasant les trois bords, de manière à pouvoir s'infléchir en dedans et en dehors.

§ 393. **Mode de production de l'échogène et de sa subdivision par les anches.** Suivant la loi de la mécanique, la poussée constante du courant d'air qui fait tourner la plaque de la sirène dans le même sens aurait repoussé la languette et l'aurait maintenue immobile; c'est ce qui arrive en effet cependant, non pas à cause de la poussée exercée par le courant d'air, mais à cause des sons différents produits dans l'anche et dans le porte-vent. Ce cas aurait dû rendre évident que la vibration de la languette ne résulte pas du courant d'air dont l'intensité fait monter le son comme dans la sirène, avec la différence que dans celle-ci manquent les sons harmoniques, tandis qu'ils sont produits dans le porte-vent par l'intensité du courant d'air quand la languette produit les sons analogues à ceux de la sirène.

L'air, en passant de la soufflerie par l'ouverture a du porte-vent, se dilate et la paroi se charge d'échogène; de même l'air du porte-vent se dilate en passant entre les bords de la languette et ceux de la rigole qui se chargent d'échogène, dont résulte une répulsion expansive au moment où a lieu le minimum de distance entre les bords des deux pièces. Mais pendant le temps T que la languette emploie à faire son excursion à gauche de la rigole, l'air pénètre par l'intervalle en quantité supérieure, et se chargeant de l'échogène produit les bords des deux pièces en degré suffisant pour exercer une nouvelle répulsion, lorsque la languette après son excursion, obéissant à son élasticité, arrive au minimum de distance des bords de la rigole. Dans les anches libres, la languette, par son élasticité, passe du côté droit de la fenêtre au moment de la répulsion, tandis que la languette de l'anche battante reste toujours du même côté de la rigole.

Quand est intense le courant d'air, il passe en contact avec les parois des orifices un plus grand nombre de couples $\sigma\sigma'$ de ses molécules dont la désunion fait augmenter la production du barogène, et c'est ainsi que ses séparations deviennent plus fréquentes, dont résultent des sons montant proportionnellement à l'intensité du courant d'air. La séparation de l'échogène de la paroi de l'orifice de l'anche s'opère en portions ν, ν' dont les uns ν vont vers l'embouehure e du cornet C d'harmonie, et les autres η' vont vers l'ouverture B du porte-vent.

Il en résulte une liaison entre les moments de séparation de l'échogène de l'anche et des ouvertures B et e du porte-voix et du cornet d'harmonie. La languette l doit faire son excursion en un espace de temps T pour produire le son fondamental qui résulte des deux diagonales Δ, Δ' du porte-vent et du cornet d'harmonie, elles doivent être parcourues par l'échogène en un même espace de temps T ou en un temps proportionnel aT; pour cette raison les diagonales Δ, Δ' ne doivent pas différer, ou elles doivent être $\Delta = a\Delta'$, parce que la vitesse de l'échogène est constante. L'excursion y de la languette dépend : 1° de sa longueur, 2° de son épaisseur et 3° de son élasticité, de sorte que par la multiplication de l'échogène à cause du courant d'air, la languette peut faire 2, 3... excursions dans le même espace de temps ; mais la vitesse de l'échogène restant invariable, les diagonales Δ et Δ' ne sont plus parcourues par une seule portion η' d'échogène, mais par 2, 3, 4... à la fois, dont chacune parcourt en $\frac{T}{2}$, $\frac{T}{3}$, $\frac{T}{4}$ espace de temps les portions $\frac{1}{2}$, $\frac{1}{3}$, $\frac{1}{4}$... des diagonales Δ, Δ' ou $a\Delta$ et $a\Delta'$.

Les portions $\frac{1}{2}$, $\frac{1}{3}$, $\frac{1}{4}$... du temps T correspondent bien aux excursions $\frac{1}{2}y$, $\frac{1}{3}y$, $\frac{1}{4}y$..., mais cela n'a pas lieu pour les diagonales des portions $\frac{1}{2}$, $\frac{1}{3}$, $\frac{1}{4}$ de la longueur L du porte-vent et du cornet d'harmonie dont la forme, étant différente, fait augmenter le désaccord entre les portions des diagonales $a\Delta'$ et Δ'. En cas pareils la répulsion expansive s'opère entre les trois bords de la languette et de la rigole au bout de $\frac{T}{2}$, $\frac{T}{3}$, $\frac{T}{4}$... de temps, mais en ce moment ne sont pas encore arrivées les portions η, η' des orifices β et e. Ces portions affluentes rencontrent donc leurs homonymes déjà séparés, et il en résulte une suppression mutuelle d'avancement qui se manifeste dans la languette qui s'arrête, et la production du son s'interrompt.

Pour éviter les cas pareils, il faut rendre variable la dimension du porte-vent pour en tirer des diagonales Δ plus ou moins grandes; on y parvient en pratiquant une large ouverture *cc'* sur un côté du porte-vent qu'on ferme avec un morceau de peau tendue qui produit un effet analogue aux trous de la flûte. Mais il en résulte, à cause des changements de l'intensité du courant d'air, des sons qu'on doit empêcher et cela est obtenu en appuyant sur la peau pour la rendre fixe.

§ 394. **Rapport entre la longueur du porte-vent et l'anche.** Savart a reconnu que le porte-vent de longueur L, donnant le même son que la languette seule, ce même son se reproduit quand cette longueur est 3L, 5L, 7L... et que le son produit est le 1er, le 3e, le 5e harmonique. L'espace de temps T d'une excursion *y* de la languette, détermine la destance Δ de la diagonale de longueur L du porte-vent, qui est parcourue par l'échogène en cet espace de temps T. Si la diagonale Δ et non pas la longueur L devient 3Δ, 5Δ, 7Δ, le son reste le même, parce qu'il n'y a pas de changement dans le nombre *n* de portions *n* séparées en une seconde; mais par rapport aux longueurs 3L, 5L, 7L... du porte-vent, le son se présente comme un harmonique 3, 5, 7..., parce que leur son fondamental est obtenu par la diagonale de toute leur longueur, 7L, 5L, 3L. Le cas est très-instructif, parce qu'on voit comment un seul et même son résulte de tuyaux de longueurs différentes, mais symétriques,

En changeant la section du porte-vent, sa diagonale cesse d'être la même et elle augmente avec la section; par suite elle n'est plus parcourue exactement en T, 3T, 5T, 7T..., mais il lui en faut davantage surtout quand le nombre des diagonales augmente. Cette différence de chemin fait par l'échogène par plusieurs diagonales disparaît presque, quand il parcourt la diagonale de la longueur totale 3L, 5L, 7L...; alors apparaît dans le porte-vent le son fondamental et dans l'anche un de ses harmoniques 3, 5, 7..., parce que le porte-vent est un tuyau bouché.

§ 395. **Origine du son.** On attribuait le son aux chocs imprimés à l'air par la languette, mais Cagnard-Latour ayant fait vibrer les anches battantes et les anches libres au moyen d'un archet, trouva qu'il n'y avait pas de son produit, tandis que la plus légère insufflation le fait éclater et augmenter son intensité avec celle du courant. Cette expérience prouve bien que le son ne résulte pas des chocs imprimés à l'air, mais on n'est pas pour cela fondé à attribuer la production du son à la sortie périodique de l'air, parce que cette périodicité isochrone n'existe ni dans le courant d'air, ni dans la languette exposée à la poussée permanente de ce courant, et dans la sirène elle correspond aux passage des trous.

II. — DES INSTRUMENTS A VENT.

§ 396. L'échogène est produit par la désunion des couples moléculaires aa' d'air, qui éprouvent successivement deux ou trois degrés de dilatation en deux ou trois parois, dont il se disperse par des intervalles synchrones et isochrones répétés en chaque moitié de temps; cette durée dépend de la diagonale de l'un ou des deux tuyaux que l'échogène parcourt avec une vitesse constante pendant les espaces de temps T, $\frac{1}{2}$ T, $\frac{1}{3}$ T... Les instruments se distinguent par leur embouchure qui peut être une anche, ou un biseau, comme celle de la flûte. Tout ce qui a été dit sur le mode de la production de l'échogène et de sa subdivision pour la production des ondes sonores trouvera ici son application détaillée.

A. INSTUMENTS A ANCHES.

§ 397. On en distingue deux genres : 1° les instruments

à *bec*, comme la clarinette, le hautbois, le basson, etc., et 2° les instruments *à bocal*, comme le cor, la trompette, le clairon, le trombone, l'ophicléide.

Instruments à bec. Telle est la clarinette, munie d'une anche battante, où la languette présente une fente mince entre elle et la rigole pour laisser passer l'air sortant des lèvres, de sorte qu'il y apparaisse un court tuyau de dimensions variables. Les lèvres, en pressant la languette, font plus ou moins diminuer la longueur de sa partie vibrante, et c'est de là que dépend la durée T de ses excursions. Ainsi s'établit, au moyen des lèvres, en même temps la durée T et la longueur Δ de la diagonale du tuyau formé des lèvres.

Au lieu d'une languette, il y a dans le hautbois et le basson deux lames minces et élastiques, entre lesquelles arrive le courant d'air des lèvres, qui y pressent les points convenables pour donner aux excursions γ la longueur convenable pour être parcourue par les lames dans le même temps T que l'échogène η parcourt la diagonale Δ du canal formé par les lèvres. Les trous de ces instruments produisent l'effet exposé plus bas.

§ 398. **Instruments à bocal.** Les lèvres entrent ici dans un cône creux ou dans un hémisphère terminé par un tube qui s'adapte au corps de l'instrument. Les dimensions du tube porte-vent entre la bouche et l'anche changent au moyen des lèvres qui sont en vibration isochrone avec celle de la languette; en même temps les lèvres font changer la longueur Δ des diagonales du porte-vent qui commence à partir des lèvres et se termine dans la languette. Si l'embouchure du bocal a un grand diamètre, la diagonale Δ étant aussi grande, la production des sons graves est facile.

Trompette. Cet instrument, très-ancien et connu chez les Hébreux, trouve ici son explication; il est composé de trois tuyaux et de quatre embouchures. I. Les *tuyaux* sont 1° celui entre la bouche et la glotte, 2° celui de la glotte jusqu'à l'extrémité *b* (fig. 140), et 3° le *pavillon* P qui termine la longueur totale. II. Les embouchures dont la paroi se charge d'échogène sont au nombre de quatre : 1° les lèvres d'où sort l'air comprimé; 2° l'orifice entre les bords de la glotte et de la rigole; 3° l'ouverture *b* où commence le pavillon, et 4° celle *fn* qui est le bord du pavillon.

L'échogène est produit en plus grande quantité dans ce bord étendu *fn*, et c'est la dispersion de cette quantité d'échogène qui produit le plus grand éclat du son; pour s'en convaincre, on ôte le pavillon P et l'on n'en peut tirer que des sons sourds avec toute espèce de tuyaux; tandis qu'en employant un tuyau et un pavillon de gutta-percha ou de caoutchouc, le son retentit avec un éclat métallique. On est ainsi parvenu à reconnaître que le son est indépendant de la substance constituant la tompette; cependant il était absolument impossible de faire le dernier pas pour connaître que c'est l'air qui fournit les couples $\sigma\sigma'$, dont la désunion fournit l'échogène, qui ayant emmagasiné le mouvement, exerce des répulsions expansives isochrones, et se subdivise en portions η, η' qui s'éloignent des parois des orifices en formant des surfaces sphériques séparées l'une de l'autre par l'intervalle Λ qui est la longueur Δ des diagonales des tuyaux, ou encore elle est un multiple $\Lambda = a\Delta$, comme cela a lieu pour les longueurs L, 3L, 5L, 7L... des porte-vent.

Figure 140.

Le cor donne les harmoniques d'un tuyau ouvert qui résultent des diagonales du pavillon; pour en obtenir des sons de la gamme, on change avec la main la longueur du chemin que l'échogène fait en se croisant dans le milieu de l'axe du pavillon.

1° Dans le trombone, on allonge ou l'on raccourcit le tuyau au moyen d'une partie mobile à branches rectilignes parallèles.

2° Dans le cornet à piston, on pousse des espèces de tiroirs qui établissent ou interceptent la communication avec certaines parties annexées au tube pour lui donner une longueur plus ou moins grande.

3° Dans l'ophicléide ou trompette à clefs, on modifie le son au moyen de trous que l'on ferme à volonté, soit avec les doigts, soit avec des clefs.

4° Dans tous les instruments à bocal, toute la science de l'artiste consiste en modifications volontaires de la longueur Δ des diagonales dont dépend le nombre n de portions séparées en une seconde.

§ 399. **Résumé.** Toutes les modifications de sons se réduisent aux longueurs Λ ou intervalles qui séparent les surfaces sphériques d'échogène qui sont ce qu'on doit entendre par les mots *ondes sonores*. Ces longueurs Λ sont égales ou multiples des longueurs des diagonales Δ qui unissent aux tuyaux les points opposés des parois des deux orifices des tuyaux ouverts. Mais la longueur Δ des diagonales doit être parcourue par l'échogène exactement dans la même durée τ pendant laquelle la glotte exécute une excursion, et comme en une telle durée τ l'échogène ne peut parcourir qu'une longueur Λ limitée, et que cette longueur doit être celle Δ des diagonales, ou de leurs multiples $a\Delta$, on parvient à remplir cette condition au moyen des lèvres qui, en s'enfonçant et se serrant, font diminuer les diagonales Δ; au contraire, celles-ci augmentent et obtiennent la longueur nécessaire Λ quand les lèvres s'élargissent et s'allongent et, pressées plus ou moins sur la languette, font changer la durée de ses excursions.

B. Instruments a embouchure de flute.

§ 400. On distingue parmi eux la *flûte traversière*, le *fifre*, le *syrinx* ou *flûte de Pan*, le *flageolet* : dans ce dernier, l'embouchure est faite comme celle des tuyaux d'orgue. Dans ces instruments manque l'*anche*, qui est remplacée par le *biseau* qui produit comme elle désunion des couples moléculaires et production d'échogène. C'est une lame a' (fig. 141) taillée en biseau, son tranchant ne se termine pas en angle, mais en surface plane très-étroite *ii* qui correspond à la fente ou à l'espace qui sépare la languette de la rigole. Le biseau est exposé. à l'axe du courant d'air qui s'échappe par une fente étroite *o* nommée *lumière* et fait se désunir ses couples $\sigma\sigma'$ pour passer les molécules σ d'un côté et celles σ' de l'autre, et abandonner sur ses bords les équivalents électriques $2q\bar{\text{E}}$. Le même effet est obtenu du biseau dans les tuyaux d'orgue, qui doit être toujours fait d'une substance mauvaise conductrice et non en métal qui conduit les équivalents $2q\bar{\text{E}}$.

Figure 141.

La trompette et tous les instruments à anche peuvent avoir les tuyaux en métal ou en bois, la flûte et tous les instruments à biseau sont faits en buis, en ébène, en ivoire, en cristal et même en carton, substances qui sont mauvaises conductrices, comme cela a lieu pour l'orgue philosophique dont nous parlerons plus bas.

§ 401. **Du mode de la production du son fondamental et des harmoniques par la flûte.** Quand tous les trous de la flûte sont bouchés, on obtient successivement, comme dans les tuyaux ouverts, les harmoniques du son fondamental en faisant varier la distance des lèvres au bord du trou oval *o* (fig. 142). Pour le son fondamental la distance est grande et les lèvres allongées de façon à figurer un tuyau large et long dont la grande diagonale Δ pénètre le diamètre du tuyau et détermine le son fondamental. Dans la production des harmoniques résultent les subdivisions de la diagonale Δ qui va des lèvres au bord de la bouche *o* jusqu'au côté opposé qui lui est diamétralement opposé. En même temps résultent les mêmes sons dans la diagonale de la longueur $l = oc$ ou AD. Faisant la comparaison entre le son et la diagonale de la longueur l, nous l'avons trouvé exact, tandis que Wertheim, [illegible]vart, etc., trouvaient le son grave en le comparant à la longueur l.

Figure 143.

Nous avons prouvé que le même son peut être [illegible] entre l'anche et les longueurs L, 3L, 5L, 7L..., du porte-vent, parce que ce même son est le 7e, 5e, 3e harmoniques des tuyaux de longueur 7L, 5L, 3L; nous aurons l'occasion de démontrer le même cas pour la flûte qui donne le même son que celui produit dans le biseau, mais ce son est un harmonique du tuyau qui n'est pas d'une forme cylindrique, mais qui présente un renflement dont le maximum est à la bouche *o* et le minimum à l'extrémité ouverte *c*; ainsi les portions n' d'échogène peuvent passer entre *o* et *c* sans toucher la surface; le même effet a lieu pour la partie bouchée *ao* ou Ar.

Les diagonales du tuyau AD qui unissent les points opposés *a*, *c* de la bouche avec ceux de la paroi D ne se croisent pas au milieu de l'axe du tuyau, mais il y a plusieurs points de croisement dont l'ensemble produit la courbe d'une ellipse qui a le sommet supérieur dans l'extrémité inférieure c de la bouche m, et le sommet inférieur de l'ellipse est au-dessus du milieu de l'axe de la longueur l ou presque au milieu de l'axe de la longueur totale du tuyau en comptant cette longueur $l=2rA+AD$, parce que la partie rA est un tuyau bouché.

§ 402. **Mode de la production des sons de la gamme au moyen des trous.** La flûte et les autres instruments embouchés transversalement diffèrent de ceux qui ont la bouche à l'extrémité, par les points de croisement, disposés, non pas en un point, mais en une ellipse très-allongée. Comme dans le cas précédent, le son reste invariable par les trous pratiqués en V, V (fig. 136) qui correspondent aux nœuds ; il en est de même pour la flûte avec la différence qu'on doit attribuer cet effet, non pas aux points séparés et également éloignés entre eux, mais à toute la longueur ε du grand axe de l'ellipse *nodale* ; cet axe commence à partir de la bouche et se termine entre b et e où est pratiqué le trou du son *si*, le plus élevé entre ceux de la gamme.

Après le croisement l'échogène avance en directions divergentes pour arriver à la paroi de l'embouchure c quand tous les trous sont fermés. Alors pour obtenir des sons plus élevés ou de plus grands nombres de portions n d'échogène par seconde, il ne faut que raccourcir, en raison inverse, les chemins que les portions n' doivent parcourir dans le tuyau ; ce chemin n'est autre que les diagonales qui partent de l'ellipse nodale ; au lieu d'aller à la paroi c, elles vont à celle des trous m, b, t..., qui en sont moins éloignés. C'est plutôt par des tâtonnements que par le calcul qu'on trouve l'endroit de chaque trou, sans cependant qu'on ait la certitude d'être tombé juste sur les points qui correspondent le mieux au but. Ainsi, de même qu'il y a des violons de grand prix, de même on rencontre des flûtes fort chères.

§ 403. **Production des sons de la gamme par**

séparations partielles de la longueur. Il a été prouvé que de deux tuyaux d'orgue de même diamètre, si l'un a une longueur double de celle de l'autre, ou mieux si la diagonale de l'un est double de celle de l'autre, il donnera l'octave grave; pour la flûte cela n'a pas lieu; cependant elle peut être séparée en deux parties dont la plus longue donne l'octave grave de l'autre. Biot et Hamel ayant obtenu le son fondamental d'un tuyau à bouche en carton, ont pratiqué une ouverture à l'endroit du nœud, et en l'agrandissant peu à peu circulairement, ils ont pu obtenir tous les sons de la gamme jusqu'à l'octave qui se développa quand l'ouverture eut atteint toute la circonférence.

En admettant celle-ci divisée en 24 portions p à 15° chacune, le son fondamental étant ut_4 après la séparation d'un arc de $3p = 45°$, le tuyau donne le son $ré_4$; après la séparation d'un aarc de $6p = 90°$, le son monte et devient mi_4; si la partie séparée est de $8p = 120°$, il sort le son fa_4; après la séparation d'une hémipériphérie, il sort le son sol; pour le son la_4 il faut séparer $16p = 240°$; le son si_4 sort après la séparation de $21p = 315°$, et ut_5 apparaît après la séparation totale de la partie R'V (fig. 136).

Explication. Dans le cas où est séparée l'hémipériphérie, le son sol_4 est produit par le mélange 1° de 12 portions d'échogène n produisant 12 ondes ou surfaces séparées par l'intervalle Λ et 2° de 24 portions d'échogène $\frac{1}{2}n$ produisant 24 ondes ou surfaces séparées par l'intervalle $\frac{1}{2}\Lambda$; il arrive donc à l'oreille, en chaque unité de temps, 1 onde de longueur Λ et 2 de longueur $\frac{1}{2}\Lambda$. Le sentiment qui en résulte correspond à celui produit par les ondes contenant des portions d'échogène $\frac{3}{4}n$ et séparées entre elles par l'intervalle $\frac{3}{4}\Lambda$, comme le sont les ondes produites par un tuyau dont la diagonale a la longueur $\frac{3}{4}\Lambda$.

Ce mélange de deux sons pour produire le sentiment d'un autre correspond à celui des couleurs jaune et bleu, d'où naît le vert. Des observations de Helmholtz (t. III, p. 332, résulte que le blanc n'est pas l'ensemble des sept couleurs du spectre, mais celui des parties proportionnelles des deux moitiés du spectre. De même pour les sons, on peut obtenir la portion $\frac{3}{4}n$ du mélange de deux ou de plusieurs autres portions des deux moitiés de la gamme.

Avec le prisme on peut décomposer le vert produit par le jaune et le bleu; une telle décomposition n'est pas possible quand on opère avec le vert du spectre. Le même effet a lieu pour le son sol_4 obtenu par un tuyau dont on a séparé l'hémipériphérie qu'on peut décomposer au moyen de deux diapasons en octave; on en obtient un ut_4 et un autre ut_5, tandis qu'opérant avec les mêmes diapasons sur un son sol_4 produit par un tuyau de diagonale $\frac{3}{4}\Lambda$, on n'obtient aucune décomposition pareille.

Ce qui a été dit pour le son *sol* a lieu pour tous les autres de la gamme; pour obtenir les sons la_4 et fa_4 ou si_4 et *ré*, il faut séparer les arcs de 180° ± 60° ou 180° ± 135°; pour le son mi_4 il faut séparer l'arc 180° — 90°. Il n'y a pas un son correspondant à l'arc 180° + 90 qui serait entre la_4 et si_4. Il s'ensuit que les sentiments ne résultent pas simplement des longueurs des intervalles, comme on aurait pu l'admettre, mais qu'il y a sept espèces de segments ou d'éléments qui procèdent du même fluide primitif nommé *électre*, et ne diffèrent que par la longueur dont il y en a sept l, $\frac{8}{9}l$, $\frac{4}{5}l$, $\frac{3}{4}l$, $\frac{2}{3}l$, $\frac{3}{5}l$, $\frac{8}{15}l$. Les sept autres espèces de segments ou éléments de même longueur, mais contenant l'électre en densité supérieure, constituent, par leur ensemble, un équivalent positif $\overset{+}{E}$, et sont la cause des sept couleurs correspondantes aux sept sons (t. III, p. 457). De sept segments d'électre moins denses résulte l'équivalent électrique négatif $\overset{-}{E}$. Ces deux équivalents venant en contact se mêlent à cause de l'inégale densité du fluide électre; c'est cette pénétration qu'on attribuait à la force nommée *affinité*.

CHAPITRE IV.

DES SOURCES DE L'ÉCHOGÈNE ET DE L'INTENSITÉ, ET LA VITESSE DU SON OBSERVÉE ET CALCULÉE.

§ 404. L'échogène existe dans les intervalles λ entre les molécules σ à l'état d'électricité par influence $2q\bar{E}$; ces équivalents deviennent un fluide quand les molécules $\sigma\sigma'$ s'éloignent l'une de l'autre ; c'est donc la désunion des molécules qui est la cause physique de l'apparition du fluide échogène qui reste accumulé dans le corps où il a été produit. Les équivalents électriques $2q\ddot{E}$ logés dans les intervalles λ ne diffèrent de l'échogène qu'en ce que la répulsion expansive du mouvement emmagasiné éprouve une résistance dans les molécules des matières comprimées par la pesanteur, tandis que cette résistance disparaît quand les molécules sont désunies. Ainsi les équivalents $2q\ddot{E}$ exerçant une répulsion expansive ne sont autres que le fluide échogène, dont la densité ne dépend que de la désunion des couples moléculaires qui ne manquent nulle part, excepté dans le vide où manque aussi la production de l'échogène.

Par la répulsion expansive l'échogène se subdivise en portions n, n' dont l'une n se répand vers l'espace ambiant en formant une surface sphérique, et l'autre n' recule vers l'extrémité opposée du corps où s'opère une nouvelle répulsion expansive et subdivision d'échogène en deux portions n et n', dont n s'éloigne et n' recule vers l'autre extrémité du corps. Il y a trois faits : 1° l'*excursion*, c'est-à-dire l'écoulement de l'echogène η' de l'une des extrémités du corps sonore à l'autre; 2° l'*amplitude* 2γ, c'est-à-dire l'espace entre les limites des excursions, et 3° une *vibration*, c'est-à-dire un va-et-vient des molécules du corps sonore entre les limites des excursions. Les portions η' parcourent en un égal espace de temps T la diagonale de la longueur l, ainsi se répètent les subdivisions de l'échogène en chaque unité pareille de temps, d'où résulte l'*isochronisme* des vibrations.

Pendant que les éloignements des portions η d'échogène se répètent en chaque unité de temps T, il y a désunion des couples moléculaires $\sigma\sigma'$, d'où proviennent d'égales quantités d'échogène pour remplacer celles qui s'éloignent; si la désunion devient plus active, l'échogène augmente et sa consommation aussi; si, au contraire, la désunion s'affaiblit, la consommation de l'échogène diminue. La consommation augmente de deux manières : 1° les portions η, η' augmentent jusqu'à un certain degré, et 2° en une unité de temps T commence à s'opérer 2, 3, 4... séparations d'échogène, et l'on dit que les sons 2, 3, 4..., ainsi produits sont *harmoniques*.

Cette séparation fréquente de portions d'échogène ne résulte pas d'une vitesse supérieure de l'échogène qui parcourt la diagonale Δ, mais la longueur l du corps sonore se subdivise en 2, 3, 4... parties égales, et ce sont alors les diagonales $\sqrt{\frac{1}{4}l^2 + d^2}$, $\sqrt{\frac{1}{9}l^2 + d^2}$... qui sont parcourues par les portions η' d'échogène, de sorte qu'entre les limites des deux excursions se trouvent à la fois plusieurs portions η' d'échogène; non pas cependant dans une même diagonale, mais chaque portion η' parcourt successivement plusieurs diagonales pour arriver d'une extrémité à l'autre, qui deviennent ainsi séparées par un chemin plus long, et pour cela il faut, en ce cas, un espace de temps T + T' à chaque portion η' pour passer d'une extrémité à l'autre.

I. Les harmoniques 2, 3, 4... paraissent être trop graves quand on subdivise la longueur l en 2, 3, 4... portions; mais si l'on prend pour longueurs les diagonales $\sqrt{\frac{1}{4}l^2+d^2}$, $\sqrt{\frac{1}{9}l^2+d^2}$..., qui sont plus grandes que les portions $\frac{1}{2}l$, $\frac{1}{3}l$, le désaccord cesse. II. Dans les vibrations longitudinales, les harmoniques ne se montrent ni trop graves ni trop aigus, mais ils correspondent aux longueurs $\frac{1}{2}l$, $\frac{1}{3}l$, $\frac{1}{4}l$... quand la longueur l de la verge est suffisamment grande par rapport à la section. En ce cas l'échogène $\varkappa'$, repoussé d'une extrémité de la verge, ne va pas se croiser au milieu de l'axe pour aller au point opposé de l'autre extrémité, mais il s'écoule parallèlement à l'axe d'une extrémité à l'autre en formant un *échocylindre* ou un *échoprisme* et non pas deux *échocônes* ou deux *échopyramides*, comme cela a lieu dans les tuyaux cylindriques ou prismatiques et dans les verges ou les cordes quand elles vibrent transversalement.

I. — DES SOURCES DE L'ÉCHOGÈNE.

§ 405. Jusqu'ici ont été exposées les désunions des couples moléculaires $\sigma\sigma'$ de l'air et de l'eau comme sources d'échogène, mais les couples moléculaires peuvent éprouver encore une pareille désunion par plusieurs autres moyens; aussi le nombre des sources augmente-t-il sans changer pour cela l'origine ou la nature du fluide qui n'est autre que les équivalents électriques $2q\ddot{E}$ logés dans les intervalles λ. Nous examinerons les sources d'échogène qui résultent : 1° des désunions mécaniques des couples $\sigma\sigma$; 2° des vésicules de la vapeur dont crèvent les enveloppes; 3° des atomes de chaleur quand ils passent d'un corps à l'autre, et 4° des désunions chimiques des molécules des corps.

A. SOURCES D'ÉCHOGÈNE PROVENANT DE LA DÉSUNION MÉCANIQUE DES MOLÉCULES.

§ 406. Pour désunir les molécules $\sigma\sigma'$ des gaz, des liquides ou des solides, il faut appliquer un certain effort;

l'échogène ainsi produit se subdivise, comme il vient d'être indiqué, pour obtenir la forme de surfaces sphériques qui arrivent à l'oreille et, une particule de la portion η se combinant avec l'électricité de filets du nerf, produisent les sentiments des sons. Si de l'échogène produit il ne se sépare pas de portions η qui s'étendent et prennent la forme d'une surface croissante, il n'y a pas apparition de son, comme cela s'opère dans l'écoulement des liquides par une paroi mince, car alors les portions η, au lieu de passer dans l'air ambiant, s'écoulent vers le liquide du réservoir.

Chaque désunion des couples moléculaires aa' des corps solides produit une quantité d'échogène qui se subdivise, et les portions η se répandent tant que dure la désunion. Le son est bref quand, par la désunion des couples, le corps est cassé, brisé, coupé, déchiré, rompu, crevé, étiré... ; le son est continu dans les essieux non graissés où s'opère la séparation des points en contact. La couche de graisse qui se trouve entre deux corps empêche leur contact immédiat, et la production de l'échogène, qui en exerçant une contre-répulsion contre les deux corps empêche leur marche. L'échogène est également produit par la désunion des molécules de la graisse, mais en quantité inférieure, et de sa répulsion expansive résulte une résistance inférieure. Donc la perte de travail attribuée au frottement n'est que l'effet de la répulsion expansive de l'échogène dont la production est inévitable dans chaque contact de corps.

La répulsion expansive de l'échogène est très-évidente quand on coupe par le milieu un fragment de poil avec des ciseaux bien tranchants; les portions séparées ne restent pas en place, mais sautent en directions divergentes à plusieurs décimètres loin l'une de l'autre. En même temps on entend un son bref produit par la portion η d'échogène séparée de celle η' qui se manifeste dans la répulsion observée.

La solidité des corps ne résulte pas d'une attraction entre

les molécules σ, σ', comme on l'admettait quand on ignorait que les équivalents $2q\bar{E}$ logent dans les intervalles λ; ici il est prouvé que ces équivalents η se trouvent soutenus par leurs hétéronymes $q\bar{E}$ d'un côté et $q\bar{E}$ de l'autre avec lesquels ils se mêlent, parce que le fluide *électre* est plus dense dans les équivalents positifs $q\bar{E}$. C'est donc en ce mélange de l'électre que consiste la solidité des corps, qui est d'autant plus grande que les masses mêlées sont plus considérables. Ces masses des deux électricités hétéronymes sont soutenues par les molécules matérielles σ, σ', mais non pas proportionnellement à leur densité; de sorte que la dureté des corps n'est pas en rapport avec le poids spécifique. Les branches des arbres attachées seulement au tronc par une surface de quelques décimètres carrés peuvent cependant supporter un poids de plusieurs milliers de kilogrammes.

B. Mode de la production de l'échogène par les crevasses des enveloppes des vésicules.

§ 407. Les vésicules des liquides forment des couples $\sigma\sigma'$ où l'intervalle λ se trouve entre les enveloppes; les équivalents électriques $2q\bar{E}$ logés entre ces enveloppes se réduisent à l'état libre en crevant, et à cet état, ils se répandent et produisent des ondes sonores d'une durée aussi longue qu'il y a production de vésicules et rupture de leurs enveloppes. Pour rendre évidente cette source d'échogène, nous exposerons deux exemples en tous leurs détails obtenus par les expériences, et cela pour pouvoir aller plus loin et prouver le mode de la production du tonnerre.

§ 408. I. **Échogène produit par la vapeur des liquides chauffés.** Un peu d'eau introduite dans une boule de verre soufflé à l'extrémité d'un tube est chauffée dans la flamme d'une lampe; depuis quelques minutes on entend un son musical d'autant plus grave que la boule est plus grosse et le tube plus long et plus étroit. La vapeur chassée de la boule pénètre dans le tube, où les enveloppes des vésicules crèvent et font disparaître les intervalles λ qui séparaient les enveloppes; ainsi restent à l'état libre les équivalents $2q\bar{E}$ qui se dispersent dans le tube pour s'accumuler à la paroi de son orifice où commence à s'opérer la subdivision du fluide en portions π, π' dont les unes se dispersent et les autres π' vont au fond de la boule où ils se croisent et reviennent à la paroi pour s'unir avec la portion π'' produite pendant cet espace de temps τ et en provenir une nouvelle subdivision et production d'une surface sphérique éloignée de la précédente par l'intervalle $\Lambda = 2\sqrt{l^2 + \frac{1}{4}d^2}$, l étant la longueur du tube et d son diamètre.

Tout se passe ici comme dans un tuyau bouché par un bout et chargé d'échogène, qui résulte de la désunion des couples de molécules de l'air ou de l'eau, comme on peut s'en assurer en appliquant l'embouchure du même tuyau latéralement au courant d'air d'une soufflerie dont on obtient le même son fondamental ; le même résultat est obtenu au moyen d'un courant d'eau. On sait bien qu'il y a production de vapeur dans la boule et sa condensation dans le tuyau, mais on était loin d'y connaître le mode de production d'échogène et des ondes sonores.

§ 409. II. **Échogène produit de la vapeur, de la combinaison de l'hydrogène et de l'oxygène.** Ici le tube est ouvert ou fermé, et la vapeur est formée dans son intérieur par la combinaison de l'hydrogène introduit d'un réservoir qui brûle avec l'oxygène de l'air. Les vésicules de la vapeur crèvent quand elles se refroidissent, et il en résulte une grande quantité d'échogène qui s'accumule aux parois du tube et se subdivise en portions π, π' qui s'en éloignent, les unes vers l'espace ambiant et les autres vers l'autre extrémité du tube. L'expérience s'opère de la manière suivante avec un appareil portant le nom d'*orgue philosophique*, parce qu'on croyait que les philosophes seuls pouvaient en approfondir le mystère.

On enflamme un jet de gaz hydrogène à l'extrémité d'un tube effilé *t* (fig. 143) : ce gaz prend naissance dans un flacon F contenant de la grenaille de zinc plongée dans l'acide sulfurique étendu. Si l'on vient à entourer la flamme d'un tube T que l'on abaisse peu à peu, on la voit se rétrécir sans augmenter de longueur; puis tout à coup on entend un son tantôt rude et déchirant, tantôt d'une douceur remarquable. En même temps la flamme présente sur ses bords des dentelures animées d'un tremblement très-visible. Le degré de la gravité du son dépend, comme dans le cas précédent, des dimensions du tube ; la seule influence de la température est de faire crever les enveloppes des vésicules, ce qui peut avoir lieu même au-dessus de 100°, si la vapeur est très-dense ; cependant l'échogène se produit alors de la manière suivante :

Figure 143.

En élevant la température du tube au-dessus de 100° et soutenant la production de la vapeur, on fait augmenter sa densité, et alors a lieu dans l'embouchure la désunion des couples σσ' de vésicules sans crever, mais par l'expansion, comme cela a lieu pour l'air comprimé. Au lieu de brûler l'hydrogène, Faraday a brûlé l'oxyde de carbone, dont il obtint vapeur d'acide carbonique dont les vésicules ne crèvent pas, mais elles se dilatent. En éloignant les tubes, les gaz inflammables ou la vapeur de liquides spiritueux brûlent sans explosion ; la flamme est calme et continue ; une explosion s'opère quand précédemment l'oxygène ou l'air ont été mêlés avec le gaz ou la vapeur inflammable. Il y a également une production d'échogène quand on conduit un courant d'air comprimé dans une flamme où les couples σσ' de ses molécules se désunissent ; de cet échogène résulte une sorte de roulement, mais non pas un son uni; l'échogène est contenu également dans la flamme, car il résulte de la désunion des couples moléculaires oo'.

Il est indispensable qu'il y ait une enveloppe quelconque de la flamme dans la production des sons continus, parce que ce n'est pas l'échogène seul qui produit les sons musicaux, mais qu'il faut encore qu'ait lieu sa subdivision qui s'opère dans les parois des enveloppes qui ne doivent pas être en lames de métaux, mais peuvent être en toile métallique dont les fils étant séparés par des couches d'air conduisent mal l'électricité; les tuyaux peuvent être également de verre ou de papier; au lieu de tuyaux ouverts, on peut employer des cloches qui sont des tuyaux fermés; le son devient grave dans les cloches volumineuses.

Martens a partagé le tube T en deux parties entre lesquelles il a disposé en *b* une toile métallique; le son a été interrompu quand l'extrémité de la flamme se trouva à une distance de deux millimètres au plus de cette toile. En faisant augmenter cette distance par le soulèvement du tube, le son recommence à se produire d'abord très-faible, puis avec beaucoup d'éclat. Ce cas correspond à celui où l'on emploie une cloche ou un tuyau bouché.

§ 410. III. **Échogène produit dans l'atmosphère dont résulte le tonnerre.** Au moyen des courants thermoélectriques s'opèrent les combinaisons d'un atome double d'azote avec un atome d'oxygène, et il en résulte la vapeur composée de vésicules qui se trouvent dans l'espace occupé précédemment par l'air, sans cependant exercer comme celui-ci une répulsion contre l'air ambiant qui, pour cette raison, afflue en directions convergentes. L'air qui s'élève de la couche inférieure est chaud, mais celui qui descend des couches supérieures est froid, et il fait se condenser la vapeur comme dans les deux expériences rapportées, et ainsi il en résulte une masse proportionnelle d'échogène.

Pour que le tonnerre soit produit, il faut qu'il s'offre une résistance à l'échogène, par l'air affluant vers les espaces raréfiés, comme l'est celle qui résulte de l'air de la bouche; de sorte que les roulements du tonnerre ne diffèrent que par l'intensité de ceux produits dans la flamme quand on y dirige un courant d'air. Dans chaque combinaison existe une désunion de couples moléculaires et une production d'échogène; celui-ci reste amorphe et muet quand il ne rencontre pas un obstacle qui lui permette de se subdiviser par ses contre-répulsions en portions n qui se répandent comme ondes sonores, alors la flamme ou la vapeur ne produisent pas de roulements. Le courant d'air seul n'en produit pas non plus; il faut donc à la fois de l'échogène et une répulsion de la part du courant d'air pour que le roulement se montre dans la flamme et dans la vapeur.

Rapport entre les éclairs et les tonnerres. Il est constaté que, pendant la longue durée des sécheresses, des éclairs très-forts apparaissent le soir et durent plusieurs heures, sans apparition de nuages ni de tonnerres, d'où il a été constaté que le tonnerre suit l'éclair sans en être un effet direct. L'éclair est un effet de courants thermoélectriques qui peuvent avoir lieu dans des couches de l'atmosphère d'une grande inégalité de température, et séparées par un espace médiocre qui peut avoir lieu dans chaque élévation. Ces courants thermoélectriques précèdent également la combinaison des deux éléments de l'air dont résulte la vapeur, qui est suivie d'une affluence d'air froid qui produit en même temps : 1° l'échogène par la condensation de la vapeur, et 2° les roulements du tonnerre.

C. MODE DE LA PRODUCTION D'ÉCHOGÈNE PAR LES ATOMES DE CHALEUR.

§ 411. La découverte de ce phénomène a été faite en 1805, par Schwartz, en posant un lingot rond d'argent sur une enclume pour le faire refroidir plus promptement : il a entendu un son musical. Ce son est toujours obtenu quand on pose une barre très-chaude de laiton ou de fer en forme de gouttière sur une masse d'un autre métal de forme annulaire B (fig. 144). Le son se produit d'autant plus intense que la différence de température des deux métaux est plus grande. Si la gouttière C et l'anneau B sont formés du même métal, le son ne se produit pas; en ce cas, pour le faire apparaître, il faut appuyer l'extrémité d' de la gouttière dd' sur l'extrémité n d'un autre corps mn qui peut être le verre, le quartz, la porcelaine ou tout autre corps non métallique; avec le sel gemme, le son est produit quand la température de la gouttière est de 100°. Le corps froid doit avoir la forme d'un prisme triangulaire de section *b*, et son arête *o* doit servir d'appui à la gouttière C, dont une extrémité *d* est sur la flamme d'une lampe L, et l'autre *d'* sur le corps froid *mn*, tandis que son milieu *e* reste appuyé sur l'anneau métallique B.

Figure 144.

Faraday a attribué le son aux chocs répétés rapidement par les dilatations et les contractions opérées sur le corps froid par la chaleur de la gouttière. Cependant cette hypothèse ne trouva pas son application dans les cas où les trois corps sont du même métal, et où le refroidissement et la dilatation, admis comme cause, n'éprouvent aucune modification. D'autre part, on ne peut pas admettre de choc entre deux corps qui ne sont pas de la même température. L'apparition du son exige: 1° une différence considérable de température; 2° le contact des deux corps différents, et 3° une petite quantité de points de contact; les corps peuvent être au nombre de deux ou de trois; il suffit que l'un d'eux soit de métal différent ou de pierre.

§ 412. I. **Mode de la production du son par deux corps.** La gouttière affecte la forme cylindrique du lingot et l'anneau B l'enclume; pour soutenir longtemps l'inégalité de température, l'extrémité d de la gouttière reste sur la flamme de la lampe L dont arrivent les atomes de chaleur $2q\theta = 2q\hat{E}\bar{E}^2$. Dans le cas où la gouttière et son appui B sont du même métal, les atomes de chaleur s'écoulent sans que leurs éléments $\hat{E}$ ou $\bar{E}^2$ y éprouvent aucune résistance différente; mais tel n'est plus le cas quand les métaux diffèrent; car chaque différence entre eux ne résulte que d'une inégale densité de ces éléments électriques dans l'un et dans l'autre corps. Il y a donc décomposition d'atomes de chaleur en égale quantité d'équivalents électriques positifs $2q\hat{E}$ et négatifs $2q\bar{E}$, et les équivalents $2q\bar{E}$ restent libres parce que de $2q\hat{E}$ et $2q\bar{E}$ résulte le courant thermo-électrique dont l'apparition exige le contact de deux métaux différents (t. III, §§ 46, 47). Les sons les plus forts sont produits dans la même température par les métaux bismuth et antimoine.

L'échogène ou les équivalents négatifs $2q\bar{E}$ exercent entre eux des répulsions expansives entre les métaux en contact, et il en résulte ses subdivisions en portions η, η' dont les unes η se répandent en formant des surfaces sphériques séparées par l'intervalle Λ qui correspond à la durée τ entre chaque répulsion expansive que Faraday cherchait dans des chocs entre les métaux. Si la différence entre les températures $T - T'$ est grande, grande aussi est la production de l'échogène $2q\bar{E}$, comme dans le cas où la charge est grande dans l'écoulement des liquides où est grande la pression de la soufflerie de la sirène.

§ 413. II. **Mode de la production du son par trois corps.** Les deux pièces étant du même métal, la chaleur de la gouttière s'écoule dans le métal homonyme et elle se décompose dans l'autre corps qui peut ne pas être un métal. L'échogène y est produit comme dans le cas précédent, de sorte qu'on peut remplacer la soufflerie par une lampe dans la production des sons dont l'intensité et le nombre augmentent avec l'élévation de la température de la lampe; cet effet est comparable à celui obtenu dans la sirène par l'augmentation de la compression de l'air.

D. Mode de la production des explosions.

§ 414. Jamais une explosion n'a lieu sans quelque changement chimique des corps, et comme ces changements étaient d'une nature inconnue, on disait qu'*ils résultent de forces chimiques*, et il fallait accepter cela pour toute explication. Ces forces ne sont pas ici un mystère; mais, 1° la rupture de l'équilibre est leur cause; 2° l'écoulement de fluides est leur action, et 3° les déplacements de molécules matérielles sont leurs effets. Il faut donc occasionner une rupture d'équilibre pour donner naissance aux explosions; comme dans un ressort il ne faut qu'un léger effort pour faire apparaître un effet de millions de fois supérieur. Dans le tome III, p. 550, il a été traité de la cause des explosions sans être mentionné le mode de la production de l'échogène et de ses effets dont le lecteur n'avait encore aucune idée.

Pour compléter donc le mode de la production des explosions, il faut y distinguer les efforts qui résultent des équivalents électriques $2q\bar{E}$ ou de l'échogène, 1° produisant des ondes sonores et 2° produisant des répulsions mécaniques aux corps. Ici vont être exposées les productions de bruits et ensuite celles des poussées exercées contre les corps.

§ 415. **Mode de la production du bruit des explosions.** La désunion des couples moléculaires est occasionnée par une désunion partielle qu'on obtient par un contact du corps où résulte nécessairement une séparation entre les molécules d'air; les équivalents électriques $2q\bar{E}$ logés dans l'intervalle λ devenus libres, exercent entre eux une répulsion expansive qui produit la désunion des autres couples moléculaires du corps explosif. Ainsi augmente rapidement la production des équivalents $2q\bar{E}$ qui sont une grande masse d'échogène. Il ne peut en résulter un son continu parce qu'il n'y a pas de subdivisions d'échogène, et le bruit est produit par les parois de la chambre ou de la caisse contenant la matière explosive ; en plein air, où l'échogène n'est repoussé que du sol, la même quantité de poudre à canon ne produit qu'un bruit faible et une explosion forte dans un pistolet. Si la quantité est très-grande, c'est la résistance du sol et de l'air qui fait se subdiviser l'échogène et produire un bruit dont l'intensité est toujours médiocre relativement à la quantité.

II. — DE L'INTENSITÉ DES SONS.

§ 416. Il y a toujours égalité entre la production et la consommation de l'échogène, de sorte qu'il n'y a jamais accumulation ni raréfaction sensibles. L'échogène par sa répulsion expansive se subdivise en parties n n' proportionnelles à celles qui sont produites en même temps ; des ondes ou des surfaces sphériques ainsi fournies perdant en intensité arrivent à l'oreille. Si l'intensité naturelle d'un certain son est connue, par celle que nous sentons nous jugeons de la distance de l'objet sonore. C'est un effet analogue à celui par lequel les bâtiments blanchis nous paraissent moins éloignés que ceux qui sont recouverts d'une couleur plus sombre. Une observation facile à faire rend évident tout le mécanisme de la production des ondes sonores.

Pendant un vent fort si l'on regarde vers le côté d'où il souffle, on entend avec les deux oreilles un roulement dont l'intensité croît et diminue proportionnellement avec la force du vent ; cette intensité diminue quand on regarde vers le côté où le vent est dirigé ; elle diffère quand une oreille est dirigée vers le côté d'où le vent souffle et l'autre vers celui où le vent est dirigé. L'échogène en tous ces cas se produit sur les parois des pavillons des oreilles où s'opère la désunion des couples moléculaires $\sigma\,\sigma'$; précisément comme cela a lieu pour la paroi du port-vent d'une soufflerie où la quantité d'échogène est proportionnelle à la pression de l'air.

En se subdivisant en portions $\eta\,\eta'$ proportionnelles à la force du vent, l'échogène se répand en forme de surfaces sphériques centrifuges qui pénètront dans le nerf, et il en résulte des sentiments dont l'intensité ou la quantité d'échogène est contenue dans ces ondes. Habituellement les physiciens admettaient pour l'intensité du son comme pour celle de la lumière une diminution en raison inverse du carré des distances parce qu'ils admettaient la même vitesse, comme les atomistes les mêmes portions η en chaque onde sonore ou en chaque onde de lumière. Il a été démontré ici qu'il y a 1° une même progression de masses η' d'échogène et 2° des oscillations de masses inégales $\eta + \eta'$ et η d'échogène, d'où il résulte que les intensités du son ou de la lumière ne sont pas en raison inverse du carré des distances, mais elles diminuent moins rapidement.

Pour mesurer les intensités des sons, on emploie les distances dans lesquelles peut être entendu un timbre ou dans les cas où l'on observe du bruit, des cataractes; on s'éloigne le jour et la nuit pour comparer l'influence de l'état de l'air. Avec le timbre on peut faire les comparaisons entre les intensités dans les plaines et sur des montagnes, pendant le ciel serein et le ciel couvert et pendant les vents. Avec les tubes on détermine que les portions η d'échogène produisent des ondes limitées dans la colonne d'air contenu dans les tuyaux, et pour cela manque un affaiblissement du son sensible dans les grandes distances.

§ 417. **Observation directe de l'intensité du même timbre à des endroits et heures différents.** Bravais et Martins ont observé qu'un diapason monté sur une caisse renforçante s'entendait jusqu'à une distance de 254m sur une plaine à une heure du soir et à 379m à minuit. Sur le

Faulhorn, où la densité de l'air est 0,716, le son fut entendu à 550^{m} à minuit et sur le mont Blanc, où la densité de l'air est 0,637, la limite du son était de 337^{m}. Tous ces résultats étant ramenés à ce qu'ils seraient si l'air avait partout la même densité 1, en partant de ce principe, que l'intensité du son est proportionnelle à la densité, les nombres donnés par l'expérience deviennent 268 et 394^{m} pour la surface de la mer, 650^{m} sur le Faulhorn et 422^{m} sur le mont Blanc.

Ces observations et les suivantes trouvent leur explication dans la réflexion des ondes sonores pendant les nuits sereines dans la couche de vésicules qui s'abaissent vers le sol pour s'y déposer comme rosée dont le maximum est atteint au lever du soleil. Sur la mer, manque la rosée, il manque aussi son effet acoustique ; la même chose a lieu sur le mont Blanc, de sorte qu'il est impossible d'attribuer la réflexion de l'échogène à la température, surtout quand il est constaté que chaque nuage qui apparaît produit réflexion du son d'un coup de canon.

De l'autre part, le sol gelé, nu ou couvert de neige, réfléchit également l'échogène ; sur les montagnes, il y a encore les rochers qui produisent des réflexions pareilles. Ainsi les faits décrits comme ceux qui suivent trouvent leur explication dans les réflexions de l'échogène.

1° Sur les plaines, à 1 heure du soir, sous un ciel pur et en été, manque chaque réflexion d'échogène de la part du sol et de la part d'une couche de vésicules : la portée du son n'en est point augmentée. La nuit le sol reste le même ; mais il y a dans la couche ambiante d'air une couche de vésicules qui se précipitent en forme de rosée (t. III, p. 954) ; l'échogène en est réfléchi et sa portée atteint 394^{m} ; l'effet de la réflexion est donc $R = 394^{m} - 268^{m} = 126^{m}$.

2° Sur le Faulhorn, il y a une double réflexion la nuit : 1° celle de la couche des vésicules dont l'effet a été trouvé de 126^{m}, et 2° la réflexion du sol qui est déterminée par la portée du son sur le mont Blanc, où manque la réflexion nocturne de la part des vésicules et où n'existe que celle du sol; l'effet donc de la réflexion du sol est $R=422^m-268^m=154^m$.

En partant donc de la distance normale $D=268^m$ non influencés par quelque réflexion, et admettant sur le Faulhorn une couche de vésicules à une égale distance du sol que celles des plaines, et en même temps une réflexion du sol égale à celle du sol du mont Blanc, nous trouvons pour la réflexion, de la part des roches, $R''=102^m$: ainsi résulte la distance $650^m=D+R+R'+R''=268+126+154+102$.

En 1822, quand Arago observait la vitesse du son, le bruit du canon était accompagné d'échos chaque fois que quelques nuages se montraient accidentellement; les habitants de la campagne jugent, d'après le son des cloches ou des tambours qu'ils entendent mieux, qu'il y aura de la pluie. Dans les régions polaires, Parry entendait souvent à 1.600^m de distance la voix de l'homme parlant avec la force ordinaire, à cause du sol gelé.

§ 418. **Propagation de l'échogène dans les tubes acoustiques.** Dans les tuyaux des aqueducs de Paris, de 951^m de longueur, Biot entendait les sons les plus faibles comme ceux que l'on émet en parlant très-bas à l'oreille de quelqu'un, et cela sans rien perdre sensiblement de leur intensité. En tirant un coup de pistolet à une extrémité, l'échogène arrivait avec une telle intensité qu'il pouvait éteindre une bougie, et lancer à plus de $\frac{1}{2}$ mètre des corps légers. Les résultats proviennent de la quantité η d'échogène qui ne se répand pas dans l'espace ambiant, mais par mille réflexions répétées autour la surface intérieure des tubes, il arrive à l'autre extrémité. La portée du son est grande ici, parce que la réflexion de l'échogène s'opère en une seule direction sans pénétrer dans la paroi.

§ 419. **Effet de l'échogène polarisé dans le vent.** Derham, à Porto-Ferrajo, dans l'île d'Elbe, entendait mieux le canon de Livourne à une distance de 25 lieues quand l'air était calme que lorsqu'il faisait du vent, même quand il soufflait de Livourne à Porto. Des expériences de Delaroche et Dunal, il résulte que : 1° pour les distances moindres que 6m, l'influence du vent sur l'intensité du son est insensible, 2° pour les distances plus grandes que 6m, le son s'entend mieux dans la direction du vent que dans la direction opposée, et la différence est d'autant plus grande que les distances parcourues sont plus considérables; ce qui montre que l'influence du vent se fait sentir pendant tout le parcours. 3° Les sons faibles éprouvent l'effet du vent d'une manière plus marquée que les sons forts. 4° Le son s'entend mieux dans une direction perpendiculaire à celle du vent que dans la direction même où il souffle.

Ces différentes portées de l'échogène résultent de sa *polarisation* opérée comme celle de la lumière, 1° par la réflexion suivant le plan de celle-ci, et 2° par la réfraction suivant un plan perpendiculaire au précédent. Dans l'explication des échos (§ 256), nous avons montré l'effet de la polarisation de l'échogène suivant le plan de la réflexion. Ici la réfraction s'opère dans le vent composé de bouffées qui sont des masses d'air dense formant des surfaces sphériques qui se propagent avec une vitesse constante; mais les poussées P qui en résultent correspondent aux masses d'air denses M d'air dont consistent les ondes, et aux masses moins denses m qui forment les intervalles entre les masses M d'air denses.

Les portions n des ondes d'échogène éprouvent des réfractions répétées dans les bouffées du vent, et pour cela croît la portion polarisée avec la distance parcourue; ainsi cette portion d'échogène devient insensible; pour cette raison, la portée du son diminue dans la direction du vent qui est composé des ondes aériennes. L'échogène qui se propage par les intervalles qui séparent les ondes aériennes éprouve un nombre de réfractions inférieur, et pour cela est médiocre la partie polarisée α qui devient insensible, et le reste $n-\alpha$ se propage sans changement dans son état naturel.

III. — DE LA PRODUCTION DES VIBRATIONS ISOCHRONES PAR LA SUBDIVISION ET L'ÉLOIGNEMENT DE L'ÉCHOGÈNE.

§ 120. L'échogène résulte toujours des équivalents électriques logés dans les intervalles λ des molécules quand les couples $\sigma\sigma'$ éprouvent une désunion, et les équivalents électriques $2q\bar{E}$ restent à l'état libre, possédant une répulsion expansive qui provient du mouvement emmagasiné. L'éloignement de l'échogène ne s'opère pas comme celui de l'eau d'une source qui obéit à la pesanteur, mais il se subdivise par sa répulsion expansive en portions η, η' dont en chaque unité de temps τ : 1° l'une η se sépare et se dilate pour former une surface sphérique qui croît indéfiniment, et 2° l'autre η' recule pour pénétrer le corps et arriver à son autre extrémité en repoussant les molécules de ce corps, et c'est ce déplacement des molécules qui s'appelle *excursion*. L'échogène η', arrivé ainsi à l'extrémité du corps, s'unit avec l'autre qui a été produit pendant le temps τ, et se subdivise pour produire une nouvelle séparation de deux portions η, η', dont η s'éloigne et l'autre η' recule pour arriver à l'autre extrémité du corps en repoussant les molécules en sens inverse pour exécuter une autre excursion.

Ces va-et-vient des molécules constituent la *vibration* du corps ; elle est isochrone, parce que la répétition des répulsions expansives de l'échogène dépend de la durée τ, déterminée par la distance constante Δ entre les deux extrémités du corps ; ainsi la vitesse de l'échogène étant constante, le temps τ est proportionnel à la distance Δ. Les vibrations s'opèrent dans tous les corps ; mais ici, nous nous occuperons de celles des verges et des cordes frottées suivant leur longueur ou perpendiculairement à la longueur, pour faire s'écouler l'échogène : 1° parallèlement à l'axe en parcourant la longueur l de l'une des extrémités à l'autre, ou 2° transversalement suivant la diagonale Δ qui unit les points opposés des deux extrémités de la verge ou de la corde. Dans un cas, c'est la longueur l qui est le chemin parcouru par l'échogène, et dans l'autre c'est la diagonale $\Delta = \sqrt{l^2 + e^2 + p^2}$ pour les verges prismatiques, et $\Delta' = \sqrt{l^2 + d^2}$ pour les cordes et les verges cylindriques, d étant leur diamètre.

§ 421. **Vibrations transversales des verges et des cordes dans le vide et dans l'air.** Pour vibrer, les cordes doivent être tendues, tandis que cela n'est pas indispensable pour les verges; la désunion des couples moléculaires s'opère dans les deux cas au moyen du frottement avec l'archet, ou au moyen d'un déplacement mécanique opéré par un effort pour produire une bande courbe ayant, 1° la surface concave $S - s$ inférieure à la surface normale, et 2° la surface convexe $S + s$ supérieure. Les équivalents électriques QE, soutenus par les molécules σ, σ' en état d'électricité dissimulée, se trouvent en équilibre aux surfaces S, et ils passent en équilibre rompu aux surfaces $S - s$ et $S + s$, car leur densité δ devient $\delta + \delta'$ dans la surface $S - s$, et $\delta - \delta'$ dans la surface convexe $S + s$. $2\delta'$ est donc le degré de la rupture d'équilibre des équivalents électriques QE.

La corde ou la verge, abandonnée après son déplacement, ne revient pas s'arrêter à sa place normale, mais elle avance au delà pour faire une excursion presque égale à celle où elle a été portée par le déplacement mécanique. Il se présente donc une série de va-et-vient qui sont observés même dans le vide, avec la différence que sa durée est plus courte dans le vide que dans l'air, et cela pour la cause suivante :

La verge ou la corde produit, pendant les va-et-vient, des désunions de couples et apparitions d'échogène qui commence à se répandre, en exerçant à la fin de chaque excursion des répulsions expansives qui produisent les séparations des portions η, η' en directions divergentes. Des portions η proviennent les ondes sonores, et les autres η', unies avec les équivalents électriques qE réduits en équilibre rompu, soutiennent la série des va-et-vient de la corde un espace de temps $\tau+\tau'$ plus long dans l'air que celui τ qui a lieu quand manque l'échogène dans le vide, et les vibrations ne dépendent que des équivalents électriques QE du corps.

Si les cordes et les verges sont légèrement frottées avec l'archet, la désunion des couples moléculaires d'air $\sigma\sigma'$ s'opère entre les deux corps, et l'échogène qui en résulte se subdivise par ses répulsions expansives; et des portions η, η' les unes η se répandent, et les autres en reculant entraînent la verge ou la corde qui produisent alors, comme dans le cas précédent, de nouvelles désunions de couples moléculaires de l'air dont résulte la multiplication de l'échogène et des ondes sonores.

§ 422. **Rapport entre l'échogène produit et consommé par les verges.** La désunion des couples moléculaires d'air $\sigma\sigma'$ par les verges vibrantes s'opère dans les bords seulement; pour cette raison, leur largeur p n'a aucune influence. Nous avons prouvé (§ 298) comment le carré du rapport $l^2 : \Delta^2$ indique le nombre N de vibrations; Euler a trouvé empiriquement la formule

$$N = \frac{n'e}{l^2}\sqrt{\frac{gr}{\delta}},$$

où N représente le nombre de vibrations par seconde, e l'épaisseur, comptée dans le sens du mouvement; l la longueur de la verge, δ sa densité, et r sa rigidité; g est la pesanteur qui détermine la durée de 1 seconde, et n' est une constante qui dépend de la manière dont la verge est soutenue et du nombre des nœuds qu'elle présente quand elle se subdivise.

§ 423. **Rapport entre la résistance de la corde contre l'échogène et la diminution de cette résistance.** En admettant la production de l'échogène par le frottement des cordes égale à sa consommation : 1° il éprouve une résistance dans les équivalents électriques $2qE$ de la section p de la corde dont l'ensemble est lp. Les molécules matérielles dans la même section étant δ, dans toute la longueur elles seront $lp = l\pi r^2\delta$; 2° l'échogène éprouve une diminution dans la résistance P′ de la part des équivalents électriques QE à l'état dissimulé au moyen d'un poids P qui tend la corde pour faire augmenter son volume (§ 134) et diminuer la densité de ses équivalents électriques QE.

Donc le nombre n de vibrations est 1° en raison inverse des sections lp, et 2° en rapport direct avec les sections P′ et les équivalents électriques qui diminuent en rapport direct avec les carrés du poids P qui tend la corde. Lagrange est parvenu à obtenir par tâtonnement la formule suivante qui contient le rapport indiqué :

$$(\beta) \qquad n = \sqrt{\frac{gP}{lp}} \text{ ou } n = \frac{1}{rl}\sqrt{\frac{P}{\pi\delta}}$$

dans laquelle n est le nombre des vibrations accomplies par seconde, P le poids qui tend la corde, l sa longueur et g le poids d'une de ses sections ; on a $p = \pi r^2\delta$ en indiquant par δ les molécules matérielles de la section P.

§ 124. **Rapport entre l'échogène produit et consommé dans les vibrations longitudinales.** 1° La désunion des couples $\sigma\sigma'$ s'opère par le frottement longitudinal, et 2° la consommation de l'échogène ainsi produite s'opère par les deux extrémités dont se séparent les portions κ, κ'. Ainsi la quantité d'échogène produite est en rapport direct avec celle contenue dans le corps frotté sous forme d'électricité dissimulée QE = K dont résulte l'élasticité du corps. La résistance qu'éprouve l'échogène dans son va-et-vient entre les deux extrémités est proportionnelle à sa longueur l, et en raison inverse de l'électricité dissimulée K : on a ainsi composé la formule

$$(\gamma) \qquad n = \frac{1}{2}\sqrt{\frac{gK}{pl}}, \text{ et } n' = n\sqrt{\frac{K}{P'}}$$

où P est le poids qui tend la corde ou la verge, et K le coefficient d'élasticité de la substance de la corde ou de la verge.

Pendant la vibration longitudinale $\alpha\beta$ (fig. 145) de la verge il y a aussi une vibration transversale où les nœuds n, n'... N, N'... de l'une des faces correspondent aux ventres v, v'... V, V'... de l'autre. Aux nœuds N se croisent les portions π' d'échogène qui partent en même temps en directions divergentes des ventres V du côté opposé. Il y a des départs pareils de portions π des deux extrémités libres de verges, parce qu'il y a toujours un ventre à chaque extrémité libre; et comme l'échogène se sépare alternativement de l'une ou de l'autre extrémité, ainsi 1° les flèches ne sont jamais en même sens du même côté aux deux extrémités, et 2° les nœuds voisins étant l'un n au-dessus, l'autre N' est au-dessous. Le même effet a été indiqué dans la figure 119, où l'on voit que les portions π' d'échogène des deux extrémités n'arrivent pas au milieu m symétriquement aux distributions des longueurs internodales.

Figure 145.

Le son des vibrations transversales est plus grave que celui des vibrations longitudinales, de sorte qu'en frottant vivement la verge on parvient à obtenir l'octave grave de la vibration longitudinale; il est ainsi prouvé que les diagonales Δ internodales obtiennent en ce cas une longueur double de la distance internodale superficielle l' qui est celle des vibrations longitudinales. Pour expliquer les résultats pareils, alors qu'on ignorait que les ondes transversales résultent de la longueur diagonale $\Delta = \sqrt{l^2 + e^2 + p^2}$ ou $\Delta = \sqrt{l^2 + p^2}$, quelques physiciens ont cru que la vitesse du son était plus grande dans le cas où il résulte des vibrations longitudinales que quand le son est produit de vibrations transversales.

§ 425. **Discussion des formules des vibrations.** Tant que sont demeurés inconnus le fluide échogène et l'existence d'un mouvement emmagasiné, il était impossible de remonter des faits observés au mode de leur production et à leur origine. Nous savons à présent que les vibrations sont un effet de la poussée de la part de l'échogène dont l'écoulement éprouve une résistance R dans les équivalents homonymes $2q$E logés comme électricité par influence dans les intervalles λ des molécules σ, σ' des cordes et des verges; l'effet d'une résistance pareille croît avec la dimension que l'échogène doit parcourir, pour cette raison elle fait diminuer le nombre de vibrations. Au contraire, diminue la résistance R, 1° quand augmente la densité d'équivalents électriques QE soutenus par les molécules σ, σ' à l'état d'électricité dissimulée, 2° par la diminution de l'épaisseur e des cordes ou des verges, et 3° par l'augmentation des intervalles λ qui séparent les molécules σ, σ' dans le cas où l'on considère les vibrations transversales, car pour les longitudinales la section s de la verge ou de la corde n'a aucune influence sur l'écoulement de l'échogène qui ne dépend que de l'élasticité K qui résulte des équivalents QE soutenus par les molécules comme électricité dissimulée.

Dans toutes les formules est introduit le facteur g de la pesanteur pour en obtenir un nombre de vibrations produites dans le même espace de temps de 1 seconde qu'une molécule σ emploie pour parcourir cette longueur g avec une vitesse constante; toutefois ce facteur n'entre pas toujours dans le résultat numérique de la formule; la cause en sera exposée plus bas quand nous traiterons des formules employées pour déterminer la vitesse du son dans l'air et dans l'eau.

1° $N' = \frac{l^2}{\Delta^2}$ indique qu'une verge en vibration produit des désunions des couples σ, σ' proportionnelles à la surface S parcourue par la longueur l; ainsi avec cette surface ou avec le carré de la longueur l, qui en est le rayon, croît la production de l'échogène et le nombre de vibrations proportionnel à la racine carrée de la longueur l^2 qui est le côté de la surface S, parce que la consommation s'opère par ce côté et non pas par la surface S. La distance internodale Δ est parcourue par l'échogène suivant toute la surface de section diagonale S', de sorte que cette surface est proportionnelle au carré de la distance internodale et sa racine carrée est en raison inverse du nombre de vibrations, comme cela est indiqué dans la formule $N' = \frac{l^2}{\Delta^2}$.

2° $n^2 = \frac{P'}{lp}$, P' est la section transversale de la corde, et lp est sa section longitudinale. Un poids P qui tend la corde fait diminuer le diamètre d de la corde et augmenter les intervalles λ qui deviennent $\lambda + \lambda'$, d'où résulte une diminution de la résistance R, et l'effet qui en résulte est analogue au diamètre d de la corde ou à la racine carrée de la section P' ou du poids P. L'ensemble des sections transversales lp oppose à l'échogène une résistance R' proportionnelle au diamètre d ou à la racine carrée de lp, ainsi résulte le nombre de vibrations $n = \sqrt{\frac{P'}{lp}}$ qui indique le rapport entre la diminution de la résistance P' produite par le poids P et la résistance normale $lp = R$.

Calcul basé sur la quantité du mouvement. Si l'ensemble de sections P' parcourt une longueur g au même temps que l'ensemble des mêmes sections lp parcourt la longueur l, les quantités de mouvement deviendront gP et l^2p qui ont pour mesure les volumes V, v; mais en y admettant une couche d'épaisseur ϵ, on en obtient deux surfaces S, s qui, étant de forme carrée auront les côtés $\frac{C^2}{c^2} = \frac{gP'}{l^2p}$; le rapport $\frac{C}{c}$ sera donc le nombre de vibrations produites en 1 seconde (§ 38).

3° $n' = \frac{1}{2}\sqrt{\frac{gK}{pl}}$ ou $n' = \frac{n}{2}\sqrt{\frac{K}{P}}$. K est le coefficient d'élasticité qui exprime la quantité d'équivalents électriques QE non pas logés dans les intervalles λ mais soutenus à l'état dissimulé dans les éléments chimiques, ce sont donc ces équivalents QE qui opposent à l'échogène une résistance d'autant plus petite qu'ils sont plus abondants; pour cette raison la racine carrée ou le diamètre de la corde est en rapport direct avec le nombre de vibrations de la section p de la corde ou de la verge; la racine carrée ou le diamètre est en raison inverse avec le nombre des vibrations, et il en résulte $n' = \frac{n}{2}\sqrt{\frac{K}{P}}$.

Comme dans le cas précédent, en introduisant les longueurs parcourues g et l en 1 seconde, on obtient les quantités de mouvement gK et lp, dont on tire pour n une valeur qui correspond au nombre de vibrations produites en 1 seconde par une verge qui vibre longitudinalement ayant K pour coefficient d'élasticité et P pour section.

4° $N = \frac{n^2 e}{l2}\sqrt{\frac{gr}{\delta}}$ ou $N = \frac{n^2 e}{l}\sqrt{\frac{r}{d}}$. Faisant la comparaison entre cette formule et celle $n = \sqrt{\frac{P}{p}}$, r exprime la rigidité obtenue du poids P qui tend la corde; δ est le poids ou les molécules de la section; l'épaisseur e est en rapport direct avec la production de l'échogène, et la longueur l est en rapport direct avec sa résistance.

IV. — DE LA VITESSE DU SON DANS LES GAZ, LES LIQUIDES ET LES SOLIDES.

§ 426. La propagation de l'échogène dépend : 1° de la poussée P expansive invariable qui résulte du mouvement emmagasiné, et 2° de la résistance R exercée contre la poussée P de la part des équivalents homonymes logés dans les intervalles λ des couples moléculaires $\delta\delta'$; donc la vitesse v est toujours en rapport inverse avec la résistance, et pour cela est constant le produit $v \times R = P$. Après avoir obtenu la valeur de v par l'observation dans l'air et dans l'eau, $v = \frac{P}{R}$ et $v' = \frac{P}{R'}$, on en obtient $R = \frac{P}{v}$, $R' = \frac{P}{v'}$ et $R : R' = v' : v$, qui indique que les vitesses sont en raison inverse des résistances.

Nous allons exposer les résultats obtenus par la mesure directe de la vitesse du son : 1° dans l'air de différentes températures et densités; 2° dans l'eau, et 3° dans la fonte, pour en déduire les différentes résistances qui dépendent de la température de l'air et non de sa densité. Dans les liquides; la résistance R est en raison inverse de l'élasticité.

§ 427. **I. Mesure directe de la vitesse du son dans l'air de températures différentes.** D'après les résultats des observations suivantes, il devient évident que la vitesse du son reste indépendante de la densité de l'air et qu'elle croît avec la température.

1° En 1768 a été faite une observation au moyen de pièces de canon de calibres différents placées à deux stations : l'une à Montmartre, près Paris, et l'autre à Montlhéry, et distantes de 29.000m. On y tirait alternativement, et les observateurs placés à la station opposée mesuraient le temps qui s'écoulait entre le moment où ils apercevaient la lueur et celui où ils entendaient l'explosion. Ce temps écoulé était en moyenne de 86″,3 lorsque la température de l'air était de 6°; ainsi l'espace parcouru en 1″ était $v = \frac{29.000^m}{86'',3} = 337^m,18$.

2° En 1822, une autre observation a été faite; entre les deux stations de Montlhéry et de Villejuif la distance est de 28.613m; le temps écoulé pour l'arrivée du son d'une station à l'autre en chaque direction du vent fut trouvé de 84″,6 terme moyen ; ainsi la vitesse cherchée était $v = 340^m,88$ à 16°; par le calcul et les observations, il a été constaté que la vitesse du son à 0° est de 331^m,12, et qu'elle est de 337^m,2 à 10°; le nombre 337 est employé dans les calculs appliqués à la vitesse du son.

3° On a trouvé en Hollande le nombre de 332^m,25 à 0°; en Kandalle, à — 40°, la vitesse était de 313^m,9, et le capitaine Parry trouva le nombre de 309^m,2 à — 38°,5.

4° Entre deux stations, l'une à Faulhorn et l'autre inférieure et à une distance de 2079^m, la vitesse a été trouvée de 332^m,37 à 0°.

§ 428. **Cause de la résistance inférieure de l'air d'une température élevée.** La densité des molécules matérielles de l'air sous la même pression barométrique n'est pas égale en été et en hiver, car l'air du volume V à — 20°, sous la pression de 760^{mm}, pèse davantage que l'air du même volume V et de la même pression de la température 30° d'été. Sur les montagnes où la pression est de 700^{mm}, à —20°, et à 0° il y a également une différence entre les poids du même volume. En tous les cas la vitesse croît avec la température qui fait diminuer le poids ou la densité δ des molécules σ, σ', et il a été prouvé que le nombre n de vibrations est en raison inverse de la densité δ, qui diminue ici par l'élévation de la température.

§ 429. **Règlement de la quantité d'air inspiré en hiver et en été.** La quantité d'air absorbée en une inspiration varie beaucoup pour chaque individu; il y en a qui en inspirent 4 litres, et il arrive rarement qu'on n'en inspire moins d'un litre. En admettant ce dernier cas, le poids d'air inspiré l'hiver ou aux régions polaires serait supérieur à celui inspiré en été. L'air froid se dilate dans les poumons en hiver; mais en ce cas, au lieu d'augmenter de volume, il reste invariable, et l'excédant se combine pour produire de la vapeur d'eau (t. III, § 566). Par suite les effets physiques et physiologiques diffèrent quand, la pression barométrique restant la même, la densité de l'air diffère; ainsi les habitants des plaines ne respirent pas un poids d'air très-différent de celui que respirent les habitants des montagnes.

§ 430. II. **Mesure de la vitesse du son dans l'eau.** Entre les molécules σ, σ' matérielles de l'eau les intervalles λ sont petits et la quantité $2q$E d'équivalents électriques médiocres; pour cette raison est aussi médiocre la résistance R exercée contre la poussée P produite de la part de l'échogène. En 1827, Colladon et Sturm ont mesuré la vitesse du son dans le lac de Genève. A un bateau était suspendue la cloche C (fig. 146) plongée dans l'eau. L'instant où le marteau *m* venait la frapper était indiqué à des observateurs *o* éloignés par l'inflammation d'un amas de poudre *p*, sur lequel le mouvement appliqué au manche du marteau portait instantanément une lame à feu *f*. L'observateur en *o* qui devait entendre le son propagé par l'eau était placé sur un autre bateau, amarré solidement à une distance de 13.487m de la cloche C. Cet observateur recueillait le son transmis au moyen d'une caisse en tôle mince *do* remplie d'air présentant une surface plane *d* du côté d'où venait le son et dont l'extrémité *o* était engagée dans la conduite de l'oreille. Le temps écoulé entre l'apparition de la flamme et l'arrivée du son fut en moyenne de 9s,4, d'où l'on conclut que la vitesse du son dans l'eau est de 1.435m.

Figure 146.

§ 431. III. **Mesure de la vitesse du son dans les solides.** L'eau ayant été retirée des aqueducs de Paris sur une longueur de 951m, Biot engagea un anneau en fer dans l'une des extrémités et il y suspendit un timbre; quand on le frappait, un observateur placé à l'autre extrémité entendait deux sons, l'un transmis par le métal et l'autre qui arrivait plus tard transmis par l'air intérieur. L'intervalle 2″,5 écoulé entre les deux sons donna pour la vitesse de la propagation dans la fonte de fer 10,5 fois celle qui s'observe dans l'air, c'est-à-dire 35.385ᵐ. Ce nombre ne peut être d'une précision très-grande à cause des rondelles de plomb et de cuivre qui servaient à joindre les tuyaux les uns aux autres ; car le nombre trouvé par le calcul est 16.

V. — DE L'APPLICATION DU CALCUL SUR LA VITESSE DU SON.

§ 432. 1° Pour résoudre ce problème on a pour données : 1° la poussée constante P provenant du mouvement emmagasiné dans le fluide primitif nommé *électre* qui se manifeste comme une répulsion expansive ; 2° les espaces parcourus g et δ, d'où résultent les quantités de mouvements exprimées en deux volumes V, V′ ou en deux couches de même épaisseur e ayant les surfaces S, s de forme carrée des côtés C, c. Le rapport $g:\delta$ entre les espaces parcourus ne diffère pas de celui de $V:V'$ entre les volumes des espaces parcourus (§§ 40 et 51), ou de celui $S:s = C^2:c^2$ des surfaces, quand l'épaisseur des couches est égale ; en exprimant par v^2 ce rapport $C^2:c^2$, et en admettant $s = 1$, on a :

$$(\alpha) \qquad v^2 = \frac{C^2}{c^2}, \quad v = \sqrt{\frac{C^2}{c^2}} = \sqrt{\frac{g}{\delta}}.$$

2° La poussée P étant invariable, le fluide échogène en parcourant l'espace g éprouve la quantité de résistance R, et en parcourant l'espace δ il éprouve la quantité de résistance r : ainsi on a $g:\delta = R:r$. En admettant à présent deux corps, dont l'un exerce la résistance R et l'autre la résistance $r = 1$, le fluide, sollicité dans les deux cas par la poussée P, parcourra les distances δ et g qui sont en raison inverse des résistances **R**, *r* exercées suivant les surfaces, et l'on a :

$$R : r \text{ ou } R : 1 = v^2 \text{ et } R : 1 = g : \delta, \text{ ou } v = \sqrt{\frac{g}{\delta}}.$$

3° La pression atmosphérique de $0^m,76$ à la température T fait que, dans le volume V, est contenu le poids π d'air, et qu'à la température T + 1°, il y est contenu le poids inférieur $\pi - \pi'$. La résistance exercée contre l'échogène de l'air du poids $\pi - \pi'$ est *r*, et R est la résistance de la part de l'air du poids π ; de sorte que les résistances R, *r* sont en raison inverse des poids π et $\pi - \pi'$:

$$R : r = \pi : \pi - \pi'.$$

4° Par l'observation il a été constaté que de la quantité 1,42 de la chaleur introduite dans le volume V d'air, qui devient V + V', la portion 1 entre dans le volume V et le reste 0,42 dans le volume V', quand la pression se maintient la même. Ce rapport entre les volumes V et V + V' ou les portions 1 et 1,42 de chaleur est donc la valeur de δ qui entre dans le calcul de la vitesse du son dans l'air.

§ 433. I. **Vitesse du son dans l'air.** Il s'agit de déterminer le rapport *v* entre les quantités de mouvement 1° $g = 9^m,8088$ d'une colonne d'air de $7,600^m$ de hauteur, de pression $0^m,76$, et 2° $\delta = \frac{100^m}{142}$, qui expriment les côtés des surfaces carrées C^2, c^2 ; ce rapport est :

$$c^2 = 7600 \times 9,8088 : \tfrac{100}{142} = 76 \times 142 \times 9,8088, \text{ et } v = 333^m.$$

§ 434. II. **Vitesse du son dans l'eau.** Les espaces parcourus par le fluide sont $g = 9,8088$ et $\delta = 0,0000048$. Le rapport *v* entre les quantités de mouvement est $v = \sqrt{\frac{g}{\delta}}$. Pour que l'espace *g* soit parcouru par l'échogène, celui-ci doit éprouver une résistance R et en parcourant l'espace δ il n'éprouve que la résistance *r* ou 1. Ces résistances sont en raison inverse des espaces parcourus ; mais le rapport *v* ne diffère pas de celui $g : \delta$ dont les résistances ont été déduites; ainsi on a $R : r = v^2 = g : \delta$ ou

$$v^2 = 0{,}8088 : 0{,}0000048 \text{ et } v = 1429^m.$$

Quand la résistance est égale dans les espaces g et δ, le temps T nécessaire pour que cet espace g soit parcouru est long, tandis qu'est court le temps τ qu'il faut pour parcourir l'espace δ; c'est donc ce rapport de $T : \tau$ qui se réduit en celui des résistances $R : r$ quand il est admis que les distances g et δ sont égales.

§ 435. III. **Vitesse du son dans les solides.** En admettant l'espace g parcouru, comme dans le cas précédent, avec une vitesse constante parce que ni la poussée ni la résistance ne changent, il faut pour chaque corps déterminer la distance δ qui est en rapport direct avec la résistance R exercée dans la distance g, et ce rapport est basé sur les équivalents électriques $Q\bar{E}$ contenus dans chaque corps en quantités différentes, d'où résulte leur *élasticité*. La valeur de celle-ci est donc pour l'air $\delta = \frac{100}{117}$ et pour l'eau $\delta = 0{,}0000048$; cette valeur change pour chaque gaz, chaque liquide et chaque corps solide.

Les résultats obtenus par le calcul correspondent à ceux trouvés par les observations, parce qu'on y a introduit une poussée P constante et qu'on cherche le rapport v entre les quantités de résistances R, r ou entre les temps T et τ que doit mettre le fluide pour parcourir les distances g et δ en y éprouvant une égale résistance; ou si la distance est égale, alors la résistance sera R dans l'une et r dans l'autre.

A. VITESSE DU SON DÉTERMINÉE PAR LE CALCUL BASÉ SUR LES ONDES SONORES.

§ 436. Connaissant 1° le nombre n de portions $\varkappa$ d'échogène séparées en une seconde par un corps sonore, et 2° l'intervalle Δ qui sépare les surfaces sphériques produites par les portions $\varkappa$ d'échogène, le produit $n\Delta$ sera l'espace

340^m parcouru par le son en une seconde. Jusqu'ici on n'a pu réaliser cette idée de Bernouilli, parce que lui et ses successeurs, imbus de l'idée hypothétique que c'est dans les ondes de l'air qu'il faut chercher les ondes sonores, attribuaient à la longueur Λ une valeur égale ou multiple à la longueur l des cordes ou des tuyaux. Les résultats ainsi obtenus, donnaient pour qualité du son un résultat qui ne correspond jamais avec celui obtenu par l'observation; on trouvait toujours le son calculé plus aigu que le son observé et la différence est d'autant plus grande, que les tuyaux employés sont plus gros. Il a encore été trouvé que la longueur et la section des tuyaux étant les mêmes, les tuyaux cylindriques donnent des résultats qui se rapprochent plus des véritables que ceux obtenus par les tuyaux prismatiques.

Après avoir découvert le fluide échogène, nous avons trouvé que sa consommation s'opère par une division en deux portions γ et γ' qui s'éloignent des points de la paroi des tuyaux, des cordes, des verges et des plaques ou membranes en directions divergentes : 1° de la portion γ se forme une surface sphérique qui s'éloigne en croissant avec une vitesse constante vers l'espace ambiant, et 2° de la portion γ' résulte une onde centripète qui recule pour atteindre le point opposé le plus éloigné du tuyau ou de tout autre corps de forme quelconque. C'est alors qu'une autre subdivision d'échogène a lieu dans l'autre extrémité. La distance Λ parcourue par la portion γ dans l'espace ambiant est donc égale à la distance Δ parcourue dans le même temps τ dans l'intérieur du tuyau ou de la corde, et cela parce que la vitesse de l'échogène est constante dans l'espace et dans les tuyaux.

Après avoir ainsi trouvé que la longueur Λ qui sépare les ondes sonores est égale à la diagonale $\Delta = \sqrt{l^2 + d^2}$ et non pas à la longueur l, nous avons obtenu par le calcul des résultats mathématiquement conformes et identiques avec ceux donnés par l'observation. Nous allons donc comparer les résultats des calculs appliqués au son produit par les vibrations longitudinales et par les vibrations transversales et nous y trouverons la même vitesse et non pas une vitesse supérieure pour les vibrations longitudinales, comme on l'admettait quand on considérait la longueur l identique pour les deux espèces d'ondes.

1° Vitesse calculée du son propagé dans l'air.

§ 437. C'est le corps sonore qui sert à déterminer la longueur Δ de sa diagonale qui ne diffère pas de celle Λ qui sépare les ondes sonores ; pour cette raison il est nécessaire d'opérer séparément le calcul pour les tuyaux, les cordes, les verges, les plaques et les membranes, et séparément pour les vibrations transversales et longitudinales. En outre, il entre : 1° la résistance R dans le calcul appliqué aux cordes, et 2° la production d'échogène dans le calcul appliqué aux verges. Quant au nombre de vibrations n ou N, il est déterminé directement par le vibroscope (fig. 132) ou par l'appareil (fig. 131) et par l'oreille. Tout se réduit entre nous et les autres physiciens à une différence qui résulte de la diagonale Δ qui doit remplacer dans les calculs la longueur l quand il s'agit de vibrations obliques, car pour les longitudinales il ne faut pas changer cette longueur l.

§ 438. I. **Calcul de la vitesse du son au moyen des tuyaux.** La formule de Bernouilli est

$$ln = v = 340. \quad (5)$$

l est la longueur du tuyau ouvert ou $\frac{1}{2}l$ celle du tuyau fermé à l'un des bouts, n est le nombre de vibrations ; on considère comme étant égale la vitesse dans le tuyau et dans l'espace indéfini ; il faut opérer avec des tuyaux très-étroits pour obtenir $ln = 340 - \alpha$ parce qu'en opérant avec de gros tuyaux le produit ln diminue beaucoup et s'éloigne trop du nombre 340 qui ne peut être obtenu même avec les tuyaux les plus étroits. Nous avons prouvé qu'il faut remplacer la longueur l par la diagonale $\Delta = \sqrt{l^2 + d^2}$ pour les tuyaux cylindriques et par celle $\Delta = \sqrt{l^2 + p^2 + e^2}$ pour les tuyaux prismatiques en exprimant par d le diamètre, par p la profondeur et par e la largeur de ces tuyaux. Dans la formule (δ) le produit devient $nl = 340^m$ si l'on remplace l par la diagonale Δ; ainsi la formule de Bernouilli devient :

$$n\Delta = 340^m,$$

où la diagonale Δ est déterminée par les dimensions du tuyau qui doivent être connues.

§ 139 **Vitesse du son dans les gaz.** Quoique la formule (δ) ne conduise pas à des résultats correspondant à ceux de l'observation, cela n'a pas empêché Dulong d'obtenir des résultats exacts par la comparaison de la vitesse du son dans les gaz différents. L'échogène a été obtenu dans la paroi du tuyau par la désunion des couples $\sigma\sigma'$ moléculaires du gaz conduit au tuyau par une soufflerie. Des portions γ, γ' d'échogène l'une γ avançait dans l'espace ambiant de l'air et l'autre γ' en reculant dans le tuyau devait traverser le gaz pour arriver à l'extrémité opposée de l'autre paroi en un espace de temps τ' différent de celui τ que met l'échogène pour parcourir le même tuyau contenant l'air; car dans les intervalles λ de chaque gaz se trouve logée une quantité différente d'équivalents électriques QE à l'état d'électricité dissimulée. L'échogène en éprouve des résistances R' différentes de celle R qu'il éprouve quand le tuyau contient l'air.

Si donc la résistance R' est supérieure à celle R, la vitesse v' dans le gaz sera inférieure à celle v dans l'air; le contraire aura lieu si la résistance R' est inférieure à celle R. Dans le tableau suivant sont contenus les résultats trouvés par l'observation et ils servent à constater la cause véritable de la vitesse du son.

NOMS DES GAZ.	DENSITÉS.	VITESSE DU SON à 0°.	$\frac{C}{c}$
Air. . . . . $Az^2\bar{E}+O\overset{+}{E}$	1	333m	1,421
Oxygène. . . . . $O\overset{+}{E}$	1,1026	317,17	1,415
Hydrogène. . . . . HE	0,0688	1260,5	1,407
Acide carbonique. . . . . $CO^2\bar{E}$	1,524	261,6	1,338
Oxyde de carbone. . . . . COE	0,974	337,4	1,428
Oxyde d'azote. . . . . $Az\bar{E}O^2\overset{+}{E}$	1,527	261,9	1,343
Gaz oléfiant. . . . . C^2H^2E	0,981	314	1,240

§ 440. **Observations.** Les molécules σ, σ' de l'hydrogène sont séparées par les plus grands intervalles $\lambda+\lambda$ qui sont occupés par des équivalents QE d'électricité dissimulée; celles de l'acide carbonique et de l'oxyde d'azote sont séparées par des intervalles égaux, parce que dans chaque atome entrent 22 molécules. Faisant la comparaison entre les nombres de vitesses de l'hydrogène et de l'oxyde de carbone, j'ai trouvé $\left(\frac{1269,5}{337,4}\right)^2=\frac{14}{1}$. Les résistances contre l'échogène s'opèrent suivant les surfaces dans lesquelles entrent les carrés $(\lambda+\lambda')^2$ et λ^2 des intervalles qui sont en raisons inverses de résistances et des vitesses et en raisons inverses de la densité ou des quantités de molécules 14 et 1 contenues dans le même volume; on a donc

$$(\lambda+\lambda')^2:\lambda^2=\left(\frac{1269,5}{337,4}\right)^2,\ (\lambda+\lambda')^2:\lambda^2=14:1 \text{ et ainsi } \left(\frac{1269.5}{337,4}\right)^2=\frac{14}{1}.$$

Ce rapport entre les carrés des intervalles $\lambda+\lambda'$ et λ se présente avec sa plus grande exactitude entre les vitesses 1269,5 et 317,17 du son dans l'hydrogène et l'oxygène dont les molécules étant séparées dans l'hydrogène par un intervalle 2λ deux fois plus grand que dans l'oxygène, l'échogène éprouve dans l'oxygène une résistance quatre fois plus grande que dans l'hydrogène : pour cette raison la vitesse est quadruple dans l'hydrogène $4\times317,17=$

1268,68. Le même calcul conduit à connaître que dans le gaz oléfiant il se trouve dans les intervalles λ une quantité inférieure d'équivalents électriques QE, d'où résulte une résistance supérieure à celle que présente l'oxyde de carbone dont l'atome de 14 a une densité inférieure à celle du gaz oléfiant.

2° Vitesse calculée du son dans les liquides.

§ 441. En remplaçant les courants de gaz par des courants de liquides dans les tuyaux, l'échogène apparaît par la désunion de leurs couples moléculaires a, a', et il se subdivise en portions n, n' et produit des ondes sonores où la portion n d'échogène parcourt une longueur Λ égale à celle Δ de la diagonale parcourue par la portion n' dans le même temps. Connaissant donc cette diagonale Δ et le nombre n des portions n séparées en 1 seconde, le produit $n\Delta$ sera la distance v parcourue par l'échogène dans le liquide. Ce principe ne diffère pas de celui appliqué à déterminer la vitesse de l'échogène dans les gaz différents. C'est Wertheim qui s'est occupé de ce genre d'expérience; il a employé la flûte AD (fig. 141) à laquelle ont été disposées les deux lèvres a, c, de manière à produire des sons purs au sein de la masse liquide. L'expérience montre que la bouche ac doit être plus étroite et moins longue pour les liquides que pour l'air. La lumière doit être plus large, et la veine liquide plus inclinée vers l'axe du tuyau. Il ne doit pas être entendu de sifflements, ni exister de vibrations des lèvres a, c ou de la paroi du tuyau.

Figure 147.

La flûte t (fig. 147) est fixée au fond o d'un réservoir A, dont la partie supérieure est plus large que l'inférieure; son fond est percé de trois trous; à celui o du centre est vissé le tuyau t qui reçoit un courant de liquide par le tube r'. Ce liquide circule en provenant du réservoir A lui-même, par lequel il est aspiré par la pompe foulante P au moyen du tube s, chassé par le tube r dans le réservoir C rempli d'air comprimé et de là dans la flûte t par le tube r'. Ainsi c'est de la répulsion expansive de l'air comprimé que résulte la poussée exercée sur le courant liquide. Le tube u est mis en communication avec un manomètre ou avec un autre réservoir d'air comprimé pour savoir les degrés de pression du liquide.

Wertheim ne manqua pas de remarquer que le son fondamental n'est pas rigoureusement le même, mais varie dans certaines limites. Pour éviter cet inconvénient, il a calculé le son fondamental au moyen des harmoniques; mais alors il trouvait une valeur d'autant plus aiguë que l'harmonique employé est lui-même plus élevé dans la série. En opérant sur deux longueurs différentes du tuyau t avec la même embouchure et sous la même pression, de la différence $l-l'$ des deux longueurs l, l' des tuyaux, Wertheim a déduit le résultat qui devait représenter la distance v parcourue par l'échogène dans les liquides; car il connaissait cette différence, et le nombre n des ondes était déterminé par la sirène; il a trouvé $v=n(l-l')$.

En multipliant le nombre n par la longueur l'' qui est un multiple de la différence $l-l'$ entre les deux tuyaux, on a trouvé le nombre 1173^m dans l'eau à la température de 15°; ce nombre est la moyenne d'un grand nombre de résultats, qui n'en diffèrent que d'une dizaine de mètres. Mais en multipliant ce résultat par $\sqrt{\frac{3}{2}}$, on en obtient le produit 1437^m qui ne diffère presque pas de celui 1435^m trouvé par les observations directes.

§ 442. **Remarques.** Le résultat du calcul 1173^m est

inférieur à celui 1435^m, comme c'est le cas pour tous les autres; il ne reste qu'à prouver pourquoi le produit $1173 \times \sqrt{\frac{3}{2}}$ correspond exactement au résultat obtenu par l'observation. Il est un fait constaté, c'est que dans un tuyau cubique de côté l, si la bouche occupe une arête entière, il y a un effet qui correspond à un tuyau bouché donnant pour son fondamental des ondes séparées l'une de l'autre par la longueur $\Lambda = \sqrt{(l^2 + l^2)} = l\sqrt{2}$ (§ 381). Mais si la bouche n'occupe que le sommet du cube, l'autre bouche opposée se trouvera au sommet antipode dans la distance $\sqrt{l^2 + l^2 + l^2} = l\sqrt{3}$. Le rapport entre ces deux longueurs des ondes est $l\sqrt{3} : l\sqrt{2} = \sqrt{\frac{3}{2}}$.

8° *Vitesse calculée du son dans les solides.*

§ 443. En prenant un tuyau T de longueur l et une verge N de la même longueur, on aura pour distances parcourues par les ondes sonores en 1 seconde $v = nl$ et $v' = n'\sqrt{l^2 + d^2}$, en admettant d pour diamètre du tuyau qui peut être $ad = l$, et par suite, on aura :

$$(5) \quad v = nl,\ v' = n'l\sqrt{1 + \frac{1}{a^2}},\ \frac{v}{n} = \frac{v'a}{n'\sqrt{a^2+1}},\ v = \frac{n}{n'} \times \frac{av'}{\sqrt{a^2+1}}.$$

Or le rapport $\frac{n}{n'}$ se déduit de l'intervalle musical qui existe entre les deux sons; v' est la vitesse de la propagation du son du tuyau dans l'air qui est de 340^m; on connaît le rapport a entre le diamètre de la verge et sa longueur l, et l'on en obtient la distance v parcourue dans le même espace de temps par l'échogène dans la verge V.

CHAPITRE V.

DE LA LIAISON DE L'ÉCHOGÈNE AVEC LES VIBRATIONS, ÉLASTICITÉ, CHALEUR SPÉCIFIQUE, ALLONGEMENT, STRUCTURE ET FAITS MÉCANIQUES DES CORPS.

§ 444. Après avoir obtenu par le calcul des résultats correspondants à ceux trouvés par l'observation, on peut reconnaître avec évidence l'existence d'une liaison physique entre le fluide échogène, l'élasticité des corps, leur température et leur chaleur spécifique. Jusqu'ici il a été prouvé que le son n'est pas le résultat d'un choc d'air comparable à une bouffée de vent sentie sur la main, mais qu'il est produit par le fluide échogène comparable à la lumière. Il a été également prouvé que l'intervalle Δ entre les ondes sonores ne correspond pas à la longueur l des tuyaux, mais à leur diagonale $\Delta = \sqrt{l^2 + \delta^2}$.

Les faits observés ne sont pas produits par l'effort mécanique qui n'est nécessaire que pour rompre l'équilibre; cet effort est comparable à celui appliqué à ouvrir un robinet d'une chaudière pour donner issue à une masse de vapeur, d'où résulte un effet qui surpasse des millions de fois l'effort employé. Le même effet a lieu pour les signaux télégraphiques qui s'opèrent toujours par un mouvement occasionné par le contact et qui n'en est pas un effet. Pour rendre les détails des éléments des corps et leur liaison plus évidents, nous préférons exposer le mode de la production des faits dans laquelle ils entrent en fonctions. Ces faits sont : 1° les distances parcourues par l'échogène en 1 seconde dans les gaz, les liquides et les solides; 2° les différences entre les espèces de gaz, les liquides et les solides déterminées par les résistances exercées contre la propagation du son; 3° les différences entre les corps dont les intervalles λ exigent différents poids pour être tirés quand il faut qu'ils deviennent doubles; 4° les arrangements des molécules suivant les difrentes directions du même corps; 5° les séries de faits mécaniques qui ne résultent pas d'un effort matériel, mais directement des séparations de portions d'échogène et de la la répulsion expansive qui entretient leur propagation.

I. — DÉTAILS DES ÉLÉMENTS DES CORPS DÉTERMINÉS PAR L'ÉCHOGÈNE.

§ 445. Le fluide échogène n'est pas mis en mouvement par une cause extérieure, comme la vapeur d'une chaudière se met spontanément en mouvement dès que la résistance disparaît : il en est de même pour l'échogène qui exerce une répulsion expansive P constante, et la vitesse v ou la distance parcourue en 1 seconde dépend de la résistance R que l'échogène éprouve dans chaque corps. Au moyen donc de la vitesse $v = P - R$ que nous pouvons mesurer, nous parvenons à déterminer pour chaque corps le degré de résistance qu'il exerce sur l'échogène; et comme nous savons qu'il n'est qu'une masse d'équivalents électriques négatifs $2q\bar{E}$, nous parvenons à établir que la résistance R est proportionnelle à la quantité $q'\bar{E}$ d'équivalents homonymes logés dans les intervalles λ entre les molécules σ et dans ces molécules mêmes.

Mais ces molécules σ, à cause de leur barogène β, sont comprimées par la pression p de la pesanteur, et, à cause de leur électricité dissimulée QE, elles éprouvent une répulsion r de la part des intervalles λ; elles sont donc contenues entre elles par la différence $p - r$, où est constante la pression p, et dans chaque corps change le degré de la répulsion r. Aussi pour rendre doubles les intervalles λ entre les molécules, il faut faire diminuer la compression p exercée de la part de la pesanteur, et cela s'opère au moyen du poids Π qui produit une diminution de la compression p, et c'est ainsi que les équivalents QE logés dans les intervalles font, en se repoussant, augmenter les intervalles λ. Ainsi la traction du poids connu Π et l'allongement δ deviennent un moyen de déterminer : 1° la quantité d'équivalents électriques QE logés dans les intervalles λ, et 2° la résistance R qu'exercent ces équivalents QE sur l'échogène dont résulte sa vitesse. Cette résistance diminue quand augmentent les intervalles λ par l'élévation de température; pour cette raison la température et la vitesse du son se trouvent en rapport direct.

II. — DU RAPPORT DIRECT ENTRE LA VITESSE DU SON, L'ÉLASTICITÉ DES CORPS ET LEUR TEMPÉRATURE.

§ 446. La vitesse de l'échogène dans les corps est en raison inverse de la résistance R qu'il éprouve, et cette résistance ne provient que d'équivalents homonymes $2q\ddot{E}$ logés dans les intervalles λ en quantités analogues à la résistance et par suite en raison inverse de la vitesse v de l'échogène que nous pouvons déterminer dans les gaz, les liquides et les solides; de cette manière devient possible l'investigation de tous les détails matériels et immatériels des corps, qui tous possèdent : 1° un poids à cause de leur barogène; 2° une élasticité à cause de la quantité QE d'électricité dissimulée soutenue par les éléments chimiques y, φ, χ qui constituent les molécules σ; 3° une résistance R qu'ils exercent contre l'échogène en écoulement par leur équivalent $\ddot{E}$.

Tout se réduit à l'*élasticité* dont l'existence et les effets étaient connus, mais dont nous exposons ici l'origine qui est commune à tous les corps et qui ne diffère que par les degrés. Les éléments chimiques ne diffèrent par leur barogène β que suivant les poids des atomes stœchiométriques, et leur différence qualitative résulte des quantités d'équivalents électriques $\grave{E}$ et $\bar{E}$ mêlées avec le barogène. Les corps étant composés de ces deux espèces d'éléments sont soumis à la pesanteur p par leur barogène β, et ils possèdent une *élasticité* à cause de leur électricité positive et négative.

Dans les corps les molécules matérielles se trouvent sous trois états différents : 1° sans la moindre trace d'arrangement dans les gaz; 2° avec un arrangement inconstant dans les liquides, et 3° en un arrangement constant dans les solides. Pour connaître le degré d'élasticité des gaz et des liquides, ils doivent être contenus dans un corps solide, et ensuite il faut y employer un effort ou un poids Π qui agit dans le même sens que la pesanteur p et fait diminuer les intervalles λ entre les molécules; alors diminue le volume V qui devient $V - V'$. Pour les solides, le poids Π peut être employé comme pour les gaz et les liquides, afin de produire une diminution des intervalles λ, ou il peut être employé contre la compression p de la pesanteur, et alors il fait augmenter les intervalles λ et le volume V devient $V + V'$. Le même poids Π, 1° placé au-dessus d'une barre b de longueur L fait diminuer cette longueur qui devient $L - l$; 2° attaché au-dessous de la barre, il fait augmenter sa longueur, qui devient $L + l$. Le poids π de la barre b produit une diminution δ de longueur quand elle est soutenue par son extrémité inférieure, et une augmentation égale δ si elle est soutenue par son extrémité supérieure.

Les allongements l produits par un poids Π sont grands quand dans les intervalles λ des molécules se trouvent des quantités inférieures d'électricités dissimulées qui exercent entre elles une médiocre diminution de répulsion; au contraire, la répulsion entre les électricités dissimulées diminue beaucoup dans les corps dont les molécules soutiennent en grande densité les deux électricités à l'état dissimulé. La compression p de la part de la pesanteur est invariable, et c'est ainsi que l'élargissement des intervalles λ ou leur diminution ne dépend que de la densité D des électricités dissimulées QE avec laquelle l'allongement ∂ se trouve en rapport inverse, ou $\partial D = 1$.

Ce mode d'investigation des détails entre les molécules σ et les densités d'électricités dissimulées QE est très-imparfait relativement à celui opérée au moyen de l'écoulement de l'échogène par le milieu des corps, où sa vitesse v se trouve en rapport inverse avec la résistance R; de plus, le fluide échogène étant en densité suffisante entraîne les molécules des corps en avant et en arrière, car de sa masse M 1° oscillent les quantités décroissantes $\mu + \mu'$, μ..., et 2° avance la quantité μ' qui est remplacée par une autre égale au moyen de la désunion des couples $\sigma\sigma'$ moléculaires. L'investigation double opérée sur les corps, 1° par la traction, et 2° par l'échogène, se trouve exposée d'une manière qui rend évident l'état des molécules dans les gaz, les liquides et les solides. De ceux-ci, 1° les uns sont presque à l'état amorphe, car le mode de l'arrangement de leurs molécules ne se montre pas; 2° les autres affectent un arrangement constant comme celui des molécules du bois, et 3° celles-ci ont dans les cristaux un arrangement propre différent de celui du bois.

A. ÉLASTICITÉ DES GAZ ET SA LIAISON AVEC LA VITESSE DU SON, LA PESANTEUR ET LA TEMPÉRATURE.

§ 447. Les grands intervalles λ entre les molécules σ des gaz résultent : 1° de l'électricité par influence $2q\bar{E}$ logée dans les intervalles λ; 2° des densités médiocres D des électricités dissimulées QE soutenues par leurs molécules qui doivent obéir à la pression p de la pesanteur qui les fait s'éloigner les unes des autres en avançant vers la Terre. Ainsi ces molécules en s'éloignant de celles qui sont au-dessus s'approchent de celles du dessous, et il en résulte un équilibre qui a deux facteurs, la pression p qui croît de la limite supérieure de l'atmosphère pour devenir $p + 0^m,76$ sur la surface de la Terre. Cet accroissement de pression peut être exprimé également par une colonne de $0^m,76$ de mercure, par une colonne de $10^m,464$ d'eau et par une colonne d'air de 7.600^m d'une densité égale à celle qu'il possède quand la colonne du mercure est $0^m,76$; alors l'air est à volume constant.

La chaleur spécifique c à volume constant de l'air et celle c' à pression constante diffèrent, parce que dans le volume constant les intervalles sont λ, et que ceux-ci augmentent pour devenir $\lambda + \lambda'$ dans la pression constante. Pour trouver l'air à pression constante, on a la proportion

$$c : c' = 7600^m : \chi = \frac{c'}{c} \times 7600^m.$$

Pour en obtenir le raccourcissement δ qu'éprouve une colonne d'air de 1 mètre de hauteur, il faut prendre

$$\delta = \frac{1}{\frac{c'}{c} \times 7600} = \frac{c}{c' \times 7600},$$

qui est une distance parcourue par une molécule σ en un espace de temps τ; donc pour trouver le rapport entre cet espace parcouru δ et celui g qui doit être parcouru en 1 seconde, on doit employer le rapport entre les distances δ et g ou leurs valeurs

$$g : \delta = 9^m,8088 : \frac{c}{7600c'} = \frac{9^m,8088 \times 7600 \times c'}{c}.$$

Les espaces parcourus par la molécule σ étant g et δ, sa quantité de mouvement est exprimée par les produits $g\sigma$ et $\delta\sigma$. Les espaces occupés par le barogène écoulé sont les volumes V, V' qui peuvent être exprimés par deux couches d'égale épaisseur e et de surfaces s, s' carrées ayant pour côtés C, c ou C et 1 dont résulte :

$$C^2 : 1^2 = g\sigma : \delta\sigma \text{ et } C = v = \sqrt{\frac{g}{\delta}} = \sqrt{\frac{9{,}8088 \times 7600 \times 142}{100}} = 333^m.$$

La valeur de $v = 333^m$ indique : 1° que la surface S' ou le volume V' entrent 333^2 fois dans la surface S ou dans le volume V, et 2° que le côté 1 de la surface $1^2 = S'$ entre 333 fois dans le côté C $= v$ de la surface S. Ce côté indique une distance v parcourue par l'échogène η en 1 seconde dans l'air, parce que la résistance qu'il y éprouve est exprimée par δ qui est en raison inverse avec l'élasticité ε de l'air et par suite avec la vitesse de l'échogène.

Mais la valeur de δ diminue par l'élévation de température, parce que la chaleur sphérique c à un volume constant croît plus rapidement que celle c' à pression constante; de cette diminution de résistance provient une augmentation de vitesse de l'échogène. Pour la soumettre au calcul, nous avons employé les volumes d'air qui croissent avec la température sous la pression constante. Au lieu donc d'employer les changements du rapport $c : c'$ dans les températures différentes pour en déterminer les vitesses correspondantes de l'échogène, nous avons employé les volumes de l'air ou la diminution du poids du même volume.

§ 448. **Rapport entre les vitesses du son et les températures des gaz.** Un volume V d'air sous la pression de $0^m,76$ du poids π devient $\frac{1}{2}$ V ou 2V par un changement de température T pour devenir T — 267° ou T + 267°. Le poids π d'air de volume égal devient 2π à la température T — 267° et $\frac{1}{2}\pi$ à la température T + 267°. Le rapport $\frac{c}{c'}$ est en raison inverse de la température, comme l'est le poids π d'un volume V. En indiquant par $2 \times 267 = 534$ le poids π du volume V, il deviendra $\pi - 16$ quand le volume V indiqué par 534 devient V + 16 à une température de 16°.

Quand le poids du volume V diminue, on voit aussi diminuer la résistance contre la propagation de l'échogène; l'augmentation du volume est donc en rapport direct avec la vitesse de l'échogène et avec la température.

Problème. Étant donnée la vitesse du son dans une température, déterminer celle de toute autre température.

Résolution. Sous la pression de $0^m,76$ à une température de $16°$, l'échogène parcourt dans l'air 341^m par seconde; si l'on veut connaître sa vitesse à $0°$ ou à $-40°$, il faut faire la comparaison entre 1° les volumes augmentés de 16 ou de $16°+40°$ et 2° le volume indiqué par le nombre 534 avec la vitesse de 341^m, comme pour obtenir celles de $0°$ ou de $-40°$

$$550 : 534 = 341^m : \chi = 331^m, \quad \text{et} \quad 590 : 534 = 341 : \chi = 309^m.$$

Dans la formule $v = \frac{g}{\delta}$ en remplaçant ces valeurs pour v, on obtient :

$$\delta = \frac{g}{v^2} = \frac{c}{c' \times 7600}, \quad \text{et} \quad \frac{c}{c'} = \frac{7600 \times g}{v^2}.$$

§ 449. **Mesure de la vitesse du son au moyen des ondes sonores des tuyaux.** Alors que l'on ignorait que l'échogène produit à la paroi du tuyau AA (fig. 79) se subdivise par sa répulsion expansive en portions n, n', dont les unes s'éloignent et les autres parcourent les diagonales $A'c$, Ac', Bernouilli avait admis la longueur $Ae = l$ au lieu de la diagonale $\Delta = \sqrt{l^2 + d^2}$; aussi ni lui ni les autres expérimentateurs ne pouvaient obtenir la vitesse du son par le produit $n \times l$ du nombre n des ondes et de la longueur l. Cela n'a pas empêché Dulong de déterminer du rapport $\frac{n \times l}{n' \times l'}$ entre les produits égaux ceux de $n : n' = l' : l$ où $\frac{n}{n'}$ est trouvé par l'expérience et $l' : l = \frac{n}{n'}$ est le rapport entre les vitesses v' et v de l'échogène dans le gaz et dans l'air (§ 434).

Wertheim, en corrigeant l'erreur qui résulte de la substitution de la longueur l à la place de la diagonale $\sqrt{l^2+d^2}$, est parvenu à déterminer très-approximativement par le calcul la vitesse de l'échogène qui est $v = n\Delta = n\sqrt{l^2+d^2}$, et non pas $v = n \times l$. Nous exposerons ici ladite correction pour prouver comment ce physicien a su éviter l'erreur.

Soit $D = n \times L$ et $d = N \times l$; n et N sont les nombres de vibrations et L, l les longueurs de tuyaux, l'erreur dans les deux produits résulte de ce qu'au lieu des diagonales Δ, Δ' de ces tuyaux sont employées les longueurs L et l : ces erreurs sont indiquées par χ et y. Les distances D et d étant en raison directe des nombres N, n ou de leurs différences $N - n$ et $n - N$, donnent les erreurs $\chi = \frac{D}{N-n}$ et $y = \frac{d}{n-N}$ dont la somme est

$$\chi + y = \frac{D}{N-n} + \frac{d}{n-N} = \frac{D-d}{N-n}.$$

Pour obtenir une autre équation avec les mêmes inconnues, on admet les mêmes tuyaux comme étant bouchés; alors les distances sont D', d', et les nombres de vibrations N', n'. En ce cas la somme des erreurs est

$$2\chi = \frac{D'-d'}{N-n'}.$$

Comme toutes les quantités sont connues, on détermine les erreurs χ, y, et ensuite, en les restituant, on obtient des résultats qui ne diffèrent du véritable que de 0,01. La vitesse de l'échogène dans les différents gaz a été indiquée (§ 434); elle est en rapport direct avec leur élasticité. Il a été encore prouvé ici que le rapport $\frac{c}{c'}$ décroît dans les températures élevées.

B. ÉLASTICITÉ DES LIQUIDES ET SON RAPPORT AVEC LA VITESSE DU SON, LA PESANTEUR ET LA TEMPÉRATURE.

§ 450. Laplace a trouvé que la vitesse du son dans l'eau est donnée par la formule

$$v=\sqrt{\frac{g}{\delta}}=\sqrt{\frac{9,8088}{0,0000048}}=1429^{m},$$

valeur qui diffère peu de celle 1435ᵐ trouvée par l'observation. Nous avons expliqué l'origine de ce rapport $\frac{g}{\delta}$ avec le carré de la distance v^2 pour la vitesse du son dans l'air, la quantité g est introduite pour obtenir une distance parcourue avec une vitesse constante, comme l'est celle de l'échogène, et une telle vitesse est obtenue par les molécules σ après une chute de 1 seconde.

§ 451. **Rapport entre la vitesse du son, le nombre des ondes par seconde et le tuyau.** Les corrections employées par Wertheim pour l'air n'ont pu être appliquées pour les liquides; car les tuyaux bouchés n'ont pu produire de sons purs. Il y a encore l'inconvénient des sons harmoniques; pour éviter ces difficultés, on a employé deux longueurs L, L′ différentes de tuyau ayant la même bouche et produisant le son sous la même pression; les nombres n des ondes produites par seconde et la différence L — L′ de longueurs ont fourni les produits

$$n(L-L')=1173 \text{ et } 1173\times\sqrt{\tfrac{3}{2}}=1436^{m}.$$

En comparant le nombre 1173 avec celui de 1437ᵐ trouvé par l'observation, Wertheim trouva qu'il faut le multiplier par $\sqrt{\frac{3}{2}}=\frac{1}{2}\sqrt{6}$. Comme nous savons que l'erreur provient du facteur $L-L'=l$, auquel on doit substituer la diagonale $\Delta=\sqrt{l^2+p^2+e^2}$, nous trouvons que cette diagonale est $\Delta=\frac{1}{2}\sqrt{6}=\frac{1}{2}l\sqrt{2+2+2}$, qui donne pour forme du tuyau un cube de côté $\frac{1}{2}l\sqrt{2}$. De cette manière ont été trouvées les vitesses du son dans l'eau et les autres liquides de températures différentes indiquées dans le tableau suivant :

NOM DU LIQUIDE.	Température.	Densité.	Chaleur spécifique.	Vitesse de l'échogène.	COMPRESSIBILITÉ	
					donnée par l'expérience.	calculée.
Eau de Seine.	15°	0,9996	1,0080	1437m	477	491
	30°	0,9965	»	1528m	453	455
	40°	0,9951	»	1622m	442	388
	50°	0,9893	»	1652m	411	375
	60°	0,9841	»	1724m	»	346
Eau de mer artificielle.	20°	1,0264	»	1454m	436	467
Dissolution de chlorure de sodium.	18°	1,1920	»	1562m	257	349
Id. de sulfate de soude. .	20°	1,1080	»	1525m	»	395
	18°,8	1,1602	»	1583m	»	348
Id. de carbonate de soude.	22°,2	1,1828	»	1594m	297	337
Id. de nitrate de soude. .	20°,9	1,2066	»	1669m	295	301
Id. de chlorure de calcium.	22°,5	1,4592	»	1988m	206	181
Alcool à 36°.	20°,5	0,8362	»	1280m	»	755
Alcool absolu.	23°	0,7960	0,6588	1160m	904	947
Essence de térébenthine.	24°	0,8622	0,42593	1212m	714	800
Éther sulfurique.	0°	0,7529	0,5207	1159m	1110	1002

Observations. Il a été prouvé que la vitesse de l'échogène dans les corps est proportionnelle 1° à leur électricité dissimulée QE qui est leur élasticité ε et à leur chaleur libre et la chaleur spécifique θ logée dans les intervalles λ à l'état par influence, d'où résulte l'*élasticité* ε'. Les différences entre les résultats calculés et les résultats observés proviennent de ce que Wertheim n'a pas introduit dans le calcul l'influence de la chaleur spécifique ; c'est à cette cause qu'il faut attribuer l'excédant de 1110 de l'éther sur le nombre 1002 et le déficit du nombre 904 par rapport à celui 947 de l'alcool, parce que la chaleur spécifique de celui-ci est 0,6588, tandis que celle de l'éther sulfurique n'est que 0,5207. Il en est de même pour toutes les différences entre les résultats observés et calculés des autres liquides.

C. ÉLASTICITÉ DES SOLIDES ET SON RAPPORT AVEC LA VITESSE DU SON, LA PESANTEUR ET LA CHALEUR SPÉCIFIQUE.

§ 452. Dans les gaz et les liquides, les molécules n'ont pas un arrangement stable, et la vitesse du son est égale dans toutes les directions, comme cela paraît être dans les corps *amorphes*, tels que les métaux, les verres, les ardoises, les terrains stratifiés, etc. Dans le bois et les cristaux, les molécules sont arrangées de manière à avoir leurs éléments chimiques y, φ, χ en directions linéaires en hauteur, en largeur et en épaisseur; d'où résultent des quantités d'électricités dissimulées qui ne sont pas égales dans les intervalles λ, λ', λ'' de chaque direction; aussi la vitesse du son y est-elle différente.

C'est ainsi que l'écoulement de l'échogène nous a mis à même de connaître les degrés de densité des équivalents électriques dans chaque direction du bois et des cristaux. Pour rendre les faits évidents, il est nécessaire de rectifier les calculs par les erreurs provenant de l'hypothèse : 1° que les ondes d'air seraient la cause des ondes sonores, et 2° que les intervalles Λ entre ces ondes seraient ceux de la longueur l des tuyaux ou des verges, quand elles oscillent en direction transversale ou longitudinale. Nous allons exposer séparément : 1° l'élasticité des corps amorphes ou homogènes, et 2° celle des corps non homogènes.

1° *Mesure de l'élasticité par la vitesse du son dans les corps homogènes.*

§ 453. Les observations faites avec la même verge donnent un nombre n d'ondes sonores quand elle oscille transversalement et un nombre plus grand N quand elle oscille longitudinalement. Pour rendre évident ces nombres n et N des ondes sonores produites en une seconde par la même verge, Wertheim a employé un appareil où la verge V (fig. 148) est frottée par l'archet; ses oscillations s'exécutent en même temps que celles d'un diapason *d* faisant 256 vibrations par seconde. Il y a un disque D en verre recouvert de noir de fumée et tournant sur lui-même autour d'un axe horizontal mis en mouvement par le poids P. Tout ce mécanisme peut glisser dans une direction perpendiculaire au disque entre deux coulisses dont l'une est vue en *c*. La verge V est serrée par le milieu dans un étau *e*; elle porte à son extrémité un petit crochet en fil de laiton dont la pointe trace les vibrations sur le noir de fumée. Le diapason-compteur *d* porte un crochet semblable.

Figure 148.

Quand le disque a fait à peu près un tour entier, on abandonne la pédale *No*, et l'appareil rétrograde par l'effet du contre-poids P'. On trouve alors sur le noir de fumée deux dessins concentriques, l'un *d* produit par le diapason, l'autre *p* par la verge. Pour obtenir les vibrations longitudinales qui sont toujours accompagnées de vibrations transversales, Wartheim a fait dessiner les deux genres de vibrations sur une bande de verre couverte de noir de fumée et que l'on fait mouvoir à la main en appuyant très-légèrement sur la pointe que porte la verge. On peut alors compter sur le dessin formé *a* le grand nombre de vibrations longitudinales accomplies pendant une vibration transversale dont la durée a été déterminée au moyen du plateau mobile.

§ 454. Après avoir opéré comme Chladni avec des tuyaux et des verges d'égale longueur, ou comme Dulong avec la même verge en la faisant vibrer successivement longitudinalement et transversalement, ce qui donne les nombres n et n' d'ondes par seconde, Wertheim a trouvé, pour les verges d'acier fondu, de fer et de laiton, les nombres 1,6364, 1,6350, 1,6212, dont la moyenne (1,6309) est presque égale à $1,6330 = 2\sqrt{\frac{2}{3}} = \frac{n}{n'} = \sqrt{\frac{8}{3}}$, d'où résulte

$$n\sqrt{3} = 2n'\sqrt{2}, \text{ et } n' = \frac{n}{2}\sqrt{\frac{3}{2}}.$$

Mais les nombres n, n' des ondes produites en une seconde sont entre eux en raison inverse des intervalles Λ et Λ' qui les séparent, d'où il résulte encore :

$$n : n' = \Lambda' : \Lambda = 2\sqrt{2} : \sqrt{3} = 2 : \sqrt{\tfrac{3}{2}} = 2 : \tfrac{1}{2}\sqrt{6} = 4 : \sqrt{6}, \ \Lambda = \tfrac{1}{4}, \ \Lambda' = \frac{1}{\sqrt{6}}.$$

Ce résultat, obtenu par les observations les plus exactes, ne permet pas d'admettre le même intervalle Λ pour les ondes n et n' produites en une seconde de la même verge donnant n ondes longitudinales et $n - \alpha = n'$ ondes transversales. Le calcul de Chladni est basé sur des distances différentes v, v' parcourues en une seconde ; la même hypothèse a été adoptée par Wertheim, qui attribuait aux ondes longitudinales la vitesse 4 et aux ondes transversales la vitesse $\sqrt{6}$. Savart trouvait partout que la vitesse du son est invariable ; pour cette raison, il en a cherché la cause dans les longueurs internodales, car il prouva que le rapport $\frac{n}{n'}$ n'est pas constant, mais peut augmenter jusqu'à [illegible] quand on frotte vivement la verge.

Le résultat du calcul donne pour intervalle des ondes

longitudinales $\Lambda = \frac{1}{2} l$, et pour celui des ondes transversales $\Lambda' = \frac{1}{\sqrt{6}} l$, en indiquant par $\sqrt{6}$ la diagonale du cube qui a pour côté $\sqrt{2}$. Il ne reste qu'à répéter pour la dernière fois le mode de la production de l'échogène dans les points frottés et de sa dispersion par sa répulsion expansive 1° vers l'air, et 2° suivant la diagonale de l'épaisseur de la plaque ou de la verge pour arriver en une unité de temps τ au bord ou au sommet antipode. En un mot, tout ce qui a été dit sur les tuyaux de formes différentes trouve son application aux plaques; il ne faut que considérer le point frotté comme une bouche de tuyaux, parce que c'est de là que l'échogène se disperse jusqu'aux points opposés les plus éloignés en pénétrant par le milieu de l'épaisseur des plaques, comme il passe par les diagonales des tuyaux. En déplaçant l'archet des points de contact d'une plaque on déplace la source de l'échogène qui doit pour cela parcourir différentes distances pour arriver aux points opposés ou *antipodes*.

Figure 149.

L'expérience qui suit sert à rendre visible ce mode de dispersion de l'échogène du point attaqué par l'archet. Si l'archet est normal à la lame *al* (fig. 149) et s'il frotte son épaisseur du côté étroit, de cette ligne considérée comme une bouche de tuyau égale à la plaque, l'échogène se répand en se croisant dans les lignes nodales *n*, *n*, *n*. En inclinant l'archet pour faire un angle de plus en plus petit avec la grande face de la plaque, les lignes nodales changent de forme, et cela s'opère toujours comme dans un tuyau plat dont on déplace la bouche du bord pour la placer graduellement sur l'arête et puis sur la grande surface. En ce cas l'épaisseur *e* de la plaque obtient des lignes nodales analogues à celles *n*, *n*, *n* de la grande face, et sur celles-ci se produisent les ventres v', v'', *v* et les nœuds n'', n'', n'' indiqués à l', l'', l''' quand l'archet fait les angles 45°, 20°, 0° avec la grande face de la plaque.

Les directions indiquées par les flèches sont celles des grains de sable qui vont en directions divergentes des ventres et en directions convergentes pour s'arrêter au-dessus des lignes de croisement de l'échogène. Les lignes nodales de la face inférieure sont ponctuées. Quand l'archet frotte la grande face de la plaque on voit sur son épaisseur une ligne nodale n''' qui correspond à celles *n*, *n*, *n* de la grande face quand était frottée l'épaisseur *e*. Les nodales courbes n', n' résultent quand l'archet est incliné de 20° sur la grande face, car alors il se répand sur la grande face une plus grande quantité d'échogène que sur celle de l'épaisseur *e*.

Toutes ces observations et celles qui précèdent ont servi à prouver que le sable glisse toujours dans la direction qui indique que la cause motrice ou le fluide vient de l'archet, il se réfléchit aux points antipodes. En frottant la grande face de la plaque, Savart a fixé à l'extrémité *a* une autre petite plaque qui était mise horizontalement pour soutenir une couche de sable qui glissait dans la direction parallèle de l'archet, parce que l'échogène s'écoule de la grande plaque *nn* sur la petite *a* dans la direction transversale ou longitudinale.

Pour observer l'échogène et ses directions quand il résulte de l'archet frottant la longueur de la verge *a*L ou son épaisseur, on fixe celle-ci avec de la cire perpendiculairement à la corde *b'r*. Quand l'archet frotte d'abord la longueur pp' de la verge, l'échogène, en suivant cette direction, s'écoule de la verge dans la corde $b'r$ qui vibre en direction longitudinale. Si l'archet devient peu à peu perpendiculaire à la verge pp' pour que l'échogène commence à se répandre en direction perpendiculaire à la longueur de la corde $b'r$, celle-ci commence à vibrer transversalement, et le son acquiert une intensité supérieure.

Quand l'archet est parallèle, les vibrations longitudinales de la corde donnent des lignes nodales alternant avec des ventres (§ 144); dans le cas de la vibration transversale, leur nombre est double sans que cependant le son change. Ainsi Savart a prouvé que dans les deux cas il existe le même nombre de croisements, mais il lui a été impossible de reconnaître la cause de cette différence, où le son des ondes transversales est toujours plus grave que le son des ondes longitudinales. Ici tous ces résultats d'observation s'arrangent quand, 1° dans la vibration longitudinale de la verge $\alpha\beta$ (fig. 144) les distances N'V', V'N, NV sont l'intervalle Λ qui sépare les ondes sonores, et 2° dans la vibration transversale de la même verge sont les diagonales Nn', $n'N$, Nn de l'intervalle Λ' qui sépare les ondes dont le son est plus grave.

Dans le tableau suivant la vitesse du son dans l'air est prise pour unité, et l'élasticité est évaluée par un nombre de kilogrammes suffisant pour doubler la longueur d'une barre ayant pour section 1^{mm} carré. Le poids Π de traction agit pour éloigner les molécules σ, σ' l'une de l'autre et faire augmenter les intervalles λ qui les séparent pour les rendre doubles. Ces mêmes molécules éprouvent de la part de la pesanteur une compression p qui les force à ne pas s'éloigner les unes des autres. Mais les quantités différentes ou les densités de l'électricité QE dissimulée de ces molécules produisent des répulsions en raison inverse de la densité D de cette électricité. De la chaleur libre ou spécifique augmentent les intervalles λ, et au même temps diminue la résistance contre la propagation de l'échogène, et ainsi croît sa vitesse.

NOMS DES MÉTAUX.	CHALEUR spécifique.	ÉLASTICITÉ d'après		VITESSE DU SON d'après	
		les vibrations longitudinales.	l'allongement.	les vibrations longitudinales.	l'allongement.
Plomb coulé. . . .	0,03140	1,993	1,775	3,978	3,561
Étain coulé.	0,05623	4,043	»	7,465	»
Cadmium étiré. . .	0,05680	6,090	»	7,904	»
— recuit. .	»	4,241	»	6,050	»
Or étiré.	0,03244	8,599	8,131	6,424	6,247
— recuit.	»	6,372	5,585	5,603	5,245
Argent étiré. . . .	0,05701	7,570	7,358	8,057	7,940
— recuit . . .	»	7,242	7,140	7,903	7,847
Zinc étiré.	0,09555	9,555	8,734	11,001	10,524
— recuit.	»	9,202	»	10,814	»
Palladium étiré. . .	0,05927	12,395	11,759	»	9,804
— recuit. .	»	11,281	9,789	»	8,803
Cuivre étiré.	0,09515	12,513	12,449	11,167	11,128
— recuit. . . .	»	11,833	10,519	11,167	10,703
Platine en fil. . . .	0,03243	17,153	17,044	8,467	8,437
— recuit. . . .	»	15,355	15,518	8,111	8,087
Fer du Berri étiré. .	0,11379	18,547	20,869	15,108	15,472
— recuit .	»	19,410	20,794	15,108	15,433
Acier fondu étiré. .	»	18,247	19,549	15,108	15,003
— recuit .	»	18,811	19,561	15,108	15,006

§ 455. **Mode de la liaison des faits contenus dans le tableau.** Ces faits sont : 1° la vitesse de l'échogène plus grande dans les métaux étirés que dans les métaux recuits ; 2° le rapport direct entre l'élasticité, la vitesse de l'échogène et le nombre des ondes sonores séparées en 1 seconde ; 3° le rapport direct entre la vitesse de l'échogène et la chaleur spécifique ; 4° le rapport inverse entre l'allongement, la vitesse de l'échogène et l'élasticité.

Élasticité. Cette propriété commune aux corps résulte des électricités dissimulées soutenues par les éléments chimiques qui constituent les molécules σ des corps. 1° Le degré d'élasticité dépend de la densité des deux électricités à l'état dissimulé, qui n'exercent entre elles aucune répulsion, et les molécules σ par leur barogène obéissent à la compression p

qui résulte de la pesanteur. 2° La *dureté* des corps résulte de cette compression quand les électricités hétéronymes sont denses; mais si l'une d'elles augmente, il apparaît entre les molécules σ une répulsion r et la dureté n'est que le résultat de la différence $p-r$. 3° La *vitesse de l'échogène* résulte de la différence P—R entre la poussée P de la part de la répulsion expansive r de l'échogène $2q\ddot{E}$ et la résistance R exercée par l'électricité homonyme logée dans les intervalles λ ou dans les éléments chimiques des molécules. Cette résistance manque quand les deux électricités dissimulées sont égales, mais cela ne peut pas avoir lieu pour les éléments chimiques; pour cette raison la plus grande vitesse de l'échogène est des millions de fois moindre que celle de l'électricité.

Température et chaleur spécifique. Dans les gaz et les liquides, l'élévation de température produit deux faits de nature différente : 1° il y a un élargissement des intervalles λ et une diminution de molécules σ dans le volume V, et 2° il y a une augmentation de chaleur spécifique, qui résulte d'une combinaison entre l'électricité négative de la chaleur avec la positive à l'état dissimulé. De l'un et de l'autre de ces deux effets diminue la résistance R contre la propagation de l'échogène, et pour cela sa vitesse augmente dans les gaz, les liquides et les métaux; dans le fer et l'acier il se trouve un excédant d'électriciié positive $\alpha\ddot{E}$ dont résulte une répulsion entre les molécules σ et une diminution de densité qui fait diminuer en même temps la densité du corps et la résistance contre l'échogène. Par l'élévation de température une partie de l'électricité négative $\alpha\ddot{E}$ de la chaleur se combine avec la positive $\alpha\ddot{E}$ qui cesse d'exercer une répulsion contre les molécules σ, celles-ci se rapprochent, les intervalles λ diminuent et augmente le poids spécifique ou la densité et la résistance contre la propagation de l'échogène.

§ 456. *Métaux étirés et recuits.* Les métaux consistent en cristaux microscopiques groupés en symétries locales provenant en chaque point de l'écoulement de la chaleur en densités différentes pendant le refroidissement. Ces arrangements locaux des cristaux ont été découverts par Savart, qui a pris des lames métalliques circulaires dans de grandes masses ou coulées en moules ou prises dans des feuilles laminées, et il trouva toujours des systèmes de nodales fixes tantôt formés de diamétrales, tantôt d'hyperboles. Deux lames prises parallèlement ou les unes à côté des autres dans le même plan, ne donnent pas les mêmes résultats. Plus les plaques sont petites, plus les deux sons correspondant aux deux systèmes de nodales sont différents.

Dans les métaux laminés dont les cristaux sont plus prononcés, comme le zinc, on trouve deux systèmes, l'un diamétral et l'autre hyperbolique, affectant l'un et l'autre des directions constantes sur les différentes lames que l'on peut tailler dans une même feuille, comme si l'on avait affaire à des disques taillés obliquement à l'axe du tronc de l'arbre. Souvent la différence de sons est plus grande que pour une plaque de bois de chêne ou de hêtre. Les fils étirés se trouvent dans un état analogue aux métaux laminés où résulte un arrangement symétrique des cristaux analogue à celui des molécules du bois. Cet arrangement se détruit par le recuit et il résulte un arrangement de molécules par leur refroidissement dirigé vers la surface qui produit une augmentation de résistance contre l'écoulement de l'échogène dirigé suivant la longueur des fils.

Ces cristaux microscopiques sont également arrangés en symétries partielles dans le verre, le soufre, la résine, le plâtre, les ardoises, le marbre, etc. Pour éviter cette inégalité d'arrangement déterminée par l'écoulement de la chaleur, Savart a donné de petits coups au moule dans lequel une plaque se solidifie; alors elle acquiert une homogénéité plus grande, qui devient connue, parce que les diamétrales peuvent prendre une position quelconque, comme celle d'un disque taillé perpendiculairement à l'axe de l'arbre. Cela prouve que les écoulements d'échogène par le milieu de masses fondues détermine un arrangement symétrique de cristaux microscopiques sur une plus grande étendue.

Si, au moyen de chocs légers ou directement par les ondes sonores introduites dans une masse fondue de verre, il est possible d'obtenir un état d'homogénéité, la construction des instruments optiques deviendra possible pour obtenir le but que nous nous sommes proposé, parce que l'expérience a prouvé que l'arrangement cristallin des molécules existe non-seulement dans le verre, mais aussi dans l'eau. Savart a trouvé que la cire d'Espagne est la seule substance qui soit bien homogène, et cela tient à la poudre rouge de cinabre qui y est mélangée et qui empêche les molécules σ de résine de se disposer en obéissant à l'écoulement de la chaleur ou du courant thermoélectrique.

§ 457. **Vitesse constante des ondes sonores transversales et longitudinales.** Si les expérimentateurs se bornaient à la plus simple description de leurs travaux, tout serait vrai dans leurs ouvrages. Pour déterminer le mode de la production des faits, le premier pas à faire est de connaître le mouvement sans lequel rien ne peut être produit; l'ignorance où ils sont à ce sujet suffirait pour les engager à se borner à la seule description des faits. Les ouvrages des physiciens ne seraient différents entre eux que par le nombre des faits décrits qu'on peut enregistrer dès leur découverte et même en faire usage dans l'industrie, où ils obtiennent une valeur matérielle.

Toutefois pour les classer dans l'intelligence et dans les ouvrages, les faits devaient recevoir certaines classifications, et c'est ainsi que l'arbitraire a pu acquérir une certaine valeur; car chaque auteur combinant différemment un nombre de faits leur a donné un arrangement suivant un principe qu'il croyait avoir trouvé dans ces mêmes faits. Bientôt des faits nouveaux venaient prouver que les principes des premiers auteurs ne trouvaient plus leur application, et qu'il en fallait d'autres. Pour se mettre à l'abri des découvertes postérieures, quelques physiciens anglais ont donné un nom au mode de la production d'une classe de faits, nom qui devait servir comme explication : ainsi ont été introduits les termes d'*induction*, de *diamagnétisme*, de *polarisation d'électricité*.

Les physiciens français, dans leur désir de pénétrer dans tous les détails des faits, n'ont pas balancé à se lancer dans une foule d'hypothèses, quoiqu'elles fussent en désaccord ou même en contradiction formelle avec des faits d'un autre genre ; mais ils ne voyaient pas les cas pareils, parce qu'ils se trouvaient circonscrits dans un cercle très-étroit : c'est ainsi qu'apparurent les systèmes de l'*émission*, des *ondulations*, de la *polarisation* de la *lumière* et de la *chaleur*.... Dans l'*acoustique*, où ils avaient à cœur de soutenir le système atomistique, ils ont été conduits à admettre une inégale vitesse des ondes sonores longitudinales et transversales ; car en celles-ci, au lieu de reconnaître que l'intervalle Λ est égal à la diagonale $\Delta = \sqrt{l^2 + \delta^2}$, ils l'admettaient comme égale à la longueur l, et pour obtenir l'intervalle Λ, ils ont admis une vitesse v' inférieure à celle v des ondes longitudinales.

2° *Mesure de l'élasticité des solides non homogènes.*

§ 458. Dans les cristaux, le bois et autres substances organiques, les cristaux microscopiques ou leurs molécules sont arrangés d'une manière déterminée dans chacune des trois dimensions. Pour cette raison, les intervalles λ, λ', λ'' y diffèrent, ainsi que les quantités d'électricité dissimulée QE dont résultent des résistances différentes dans chacune de ces directions contre la propagation de l'échogène. Ainsi le nombre n des ondes sonores séparées en une seconde suivant une direction de petite résistance est supérieur à celui n' de celles séparées suivant une direction de grande résistance. En poursuivant les sons aigus de n ondes et les sons graves de n' ondes, Savart a obtenu par l'observation les rapports inverses entre les résistances R et R' et les nombres n, n' :

$$n : n' = R' : R \quad \text{et} \quad n : n' = \varepsilon : \varepsilon',$$

ε, ε' sont les élasticités des directions différentes, qui sont en rapport direct avec la vitesse de l'échogène. Il va être exposé une série de faits comme exemples pour rendre évidente la structure du bois et des cristaux.

§ 459. I. **Élasticité du bois déterminée par la vitesse de l'échogène en chaque direction.** Avant d'opérer sur les disques de bois, Savart a étudié les lignes nodales sur des lames homogènes circulaires ; une telle lame fixée au centre et frottée à un point o de la périphérie donne deux lignes nodales diamétrales perpendiculaires distantes du point frotté o de 45° et de 90° + 45°, car l'échogène partant de ce point o se distribue également et symétriquement à la gauche et à la droite en pénétrant l'épaisseur e de la plaque. Tout se passe ici comme dans le cas où l'on opère avec un tuyau cylindrique de hauteur e ayant pour bouche le point frotté o ; en changeant ce point on voit les lignes diamétrales se déplacer pour se trouver aux distances de 45° et 135°, car l'échogène se réfléchit du point antipode.

Si la plaque perd cette homogénéité, 1° par une forme elliptique, 2° par une partie d'épaisseur affaiblie, 3° par des traits de scie parallèle, il apparaît un autre système de lignes nodales ayant une position fixe indépendante du point frotté o ; ces lignes sont les branches d'une hyperbole dont l'axe transverse se confond avec le trait de scie qui passe par le centre. Les ondes sonores qui résultent de l'échogène x' parcourant les directions des hyperboles sont séparées par un intervalle $\Lambda + \alpha$ plus grand que celles qui résultent de l'échogène pénétrant les diagonales dont la longueur détermine l'intervalle Λ. La différence α des intervalles $\Lambda + \alpha$

et A entre les ondes résulte donc des longueurs $l + x'$ et l entre les courbes et les lignes diamétrales, et non pas d'une différence entre les résistances, comme cela a lieu dans les cas où l'on opère sur des disques de bois. Savart n'était pas en état de considérer la plaque sciée comme un tuyau composé ayant la bouche au point frotté, et de ne pas confondre les effets produits par la forme ainsi changée avec ceux qui résultent des résistances des directions différentes du bois et des cristaux. Toutefois, malgré des erreurs dans les raisonnements, les faits ne perdent rien de leur réalité qui ne cesse pas de conduire à la cause véritable de leur production.

§ 460. **Verges de trois dimensions du bois.** Ayant taillé trois baguettes de mêmes dimensions, 1° l'une b dans le plan des couches ligneuses de l'arbre et parallèle à l'axe de la tige, 2° l'autre b' perpendiculaire à la première et dans le même plan, et 3° une troisième b'' perpendiculaire aux couches, Savart a reconnu, en les faisant vibrer transversalement, que ces baguettes ne produisaient pas le même nombre d'ondes sonores par seconde, et que, par suite, les intervalles A, A′, A″ qui les séparaient n'étaient pas égaux. Le son le plus aigu et l'intervalle A le plus court correspondant au nombre n des ondes, le plus grand a été produit par la baguette b; au contraire, le son le plus grave et l'intervalle A′ le plus grand a été produit par la baguette b'. Ainsi il est prouvé que la résistance est petite dans la direction des filets parallèles à l'axe et moins petite dans la direction des filets horizontaux dirigés vers l'axe comme dans la baguette b''; la plus grande résistance a été trouvée dans la baguette b' qui ne suivait ni les filets verticaux ni les filets horizontaux du bois.

En employant des verges b prismatiques taillées dans différentes espèces de bois et d'autres égales d'étain, d'argent et de cuivre pour produire des ondes sonores par leur vibration transversale, les nombres de ces ondes sont différents, parce que le fluide échogène éprouve dans les verges des résistances différentes provenant des équivalents homonymes logés dans les intervalles λ. La distance v parcourue en 1 seconde par l'échogène a été obtenue par le produit $n \times l\sqrt{\frac{3}{2}}$, où n indique le nombre des ondes sonores séparés en 1 seconde de la verge, et $l\sqrt{\frac{3}{2}}$ indique la diagonale d'un cube ayant pour côté $\frac{1}{2}l\sqrt{2}$; ainsi l'on a

$$\Delta = \sqrt{\frac{2}{4}l^2 + \frac{2}{4}l^2 + \frac{2}{4}l^2} = \frac{1}{2}l\sqrt{6} = l\sqrt{\frac{3}{2}},$$

qui donna les résultats suivants :

Air	1	Bois de poirier, hêtre rouge, érable	12 à 15
Fanon de baleine	$6\frac{1}{2}$	Acajou	$14\frac{2}{3}$
Étain	$7\frac{1}{3}$	Saule, pin	16
Argent	9	Verre	$16\frac{2}{3}$
Cuivre jaune	$10\frac{2}{3}$	Fer ou acier	$16\frac{2}{3}$
Cuivre	12	Sapin	$16\frac{2}{3}$ à 18

Dans le *noyer*, l'*if*, le *chêne*, le *prunier*, la vitesse est la même que dans le cuivre jaune; et dans l'*ébène*, le *charme*, l'*orme*, l'*aune*, le *bouleau*, elle est la même que dans l'acajou.

§ 461. **Lignes nodales des disques en bois.** Les disques taillés perpendiculairement à l'axe de l'arbre, de manière que cet axe passe par leur centre, donnent toujours deux diamétrales éloignées du point frotté de 45° et 135° à gauche et à droite, comme cela a lieu pour les lames de substances homogènes; la distribution de l'échogène s'opère par une égale propagation dans toutes les directions. Le disque est considéré comme un tuyau de hauteur e égale à son épaisseur et ayant la bouche dans la ligne frottée égale à l'épaisseur e.

Les disques taillés obliquement à l'axe donnent deux systèmes de lignes nodales, l'un formé des deux diamétrales fixes et l'autre formé d'une hyperbole. Le déplacement de la ligne frottée produit un déplacement des lignes qui sont déterminées par les résistances R, R′ différentes. Les deux diamétrales passent par le centre fixé où est l'axe de la tige;

l'une d rencontre cet axe perpendiculairement et l'autre d' le rencontre sous l'angle γ sous lequel a été taillé le disque. La distribution d'échogène η du point ou de la ligne frottée o s'opère donc suivant les directions des résistances inférieures d et d'. Le même effet a lieu pour la distribution de la portion η' d'échogène qui, partant de la ligne o, se propage suivant les filets horizontaux qui ne vont pas d'une extrémité à l'autre, mais atteignent obliquement les deux faces du disque.

Ne pouvant pas arriver à se croiser au centre fixé, les particules de la portion η' se croisent à égales distances de ce point, et il en résulte une hyperbole dont les branches correspondent aux diamétrales. En déplaçant le point frotté les diamétrales prennent la place de l'hyperbole et celle-ci la place des diamétrales. Il y a production de deux sons, dont l'aigu correspond aux diamétrales et le grave aux branches de l'hyperbole.

L'élasticité de chaque dimension du bois résulte de ses molécules arrangées de manière à avoir différentes quantités d'électricité dissimulée : 1° dans les intervalles λ de filets parallèles à l'axe, 2° dans ceux λ' des filets horizontaux qui passent par l'axe, et 3° dans ceux λ'' qui forment les cordes des angles produits par les intervalles λ' à l'axe de la tige. Chacun de ces trois systèmes d'intervalles correspond à une élasticité analogue à la dureté et à la vitesse de l'échogène, d'où il devient évident que ces trois genres de faits ont pour cause commune l'électricité dissimulée QE.

§ 462. II. **Élasticité des cristaux déterminée par la vitesse de l'échogène en chaque direction.** Les molécules σ composées des mêmes éléments chimiques y, φ, χ prennent entre elles un arrangement déterminé par deux causes : I. D'après l'état hétéroélectrique des éléments y, φ, χ qui s'arrangent pour former des couches composées de lignes, et celles-ci de molécules 1° ayant les électricités hétéronymes logées dans l'intervalle λ qui les séparent, et 2° éprouvant une compression p de la part de la pesanteur qui les force de se rapprocher l'une de l'autre sans pouvoir désormais se séparer, si ce n'est au moyen d'un effort suffisant pour vaincre la compression p. Des séries de semblables molécules forment des *filets* qui ne diffèrent pas dans le bois, les muscles ou les cristaux. Les couches de ceux-ci sont composées de séries de filets soutenus latéralement par les électricités hétéronymes. II. D'après l'écoulement de la chaleur qui détermine un courant thermoélectrique dont résulte un dérangement dans les électricités hétéronymes dissimulées.

La structure des cristaux est donc moins régulière que celle des filets du bois ou des muscles; pour cette raison les filets de ceux-ci résistent à des efforts très-grands sans se rompre; viennent ensuite les fils de fer et d'acier où les molécules prennent par le refroidissement un arrangement particulier, grâce auquel ils ont en face les électricités hétéronymes soutenues à l'état dissimulé. Dans les cristaux encore microscopiques l'écoulement de la chaleur s'opère en directions qui changent avec l'accroissement des dimensions, et pour cela change aussi la disposition des molécules ainsi que la forme du cristal.

C'est le cristal de roche qui a de grandes dimensions sous la forme de prismes à six pans terminé par des pyramides à six faces. La forme primitive est un rhomboèdre dont les faces sont parallèles à trois faces non adjacentes de la pyramide. C'est parallèlement à ces faces que le cristal doit se cliver pour arriver à la forme primitive. Savart a opéré sur des lames circulaires de 5 à 6^{cm} de diamètre et de 2^{mm},2 d'épaisseur taillées en différentes directions, suivant les faces et les arêtes du cristal.

Les lames ont été taillées : A, perpendiculairement à l'axe oo qui passe par les deux sommets o, o des pyramides; B, parallèlement à cet axe oo; C, en ce cas mais perpendiculairement à deux faces opposées; D, autour d'une arête de la base du prisme, et E, perpendiculairement au plan passant par deux arêtes opposées du prisme. Ces lames, fixées au milieu et attaquées au bord par un archet, correspondent aux tuyaux subdivisés ayant pour hauteur l'épaisseur 2mm,2 des lames et pour bouche le point frotté. Les lignes nodales observées aux bases de ces tuyaux correspondent aux croisements des rayons de l'échogène qui, partant du point frotté, se répandent dans les directions déterminées par les résistances inférieures. Dans les disques de bois ce sont les filets parallèles à l'axe qui exercent la plus petite résistance, ensuite viennent les filets perpendiculaires à l'axe. Dans les lames A, B, C... de cristal les petites résistances sont suivant les trois directions, comme cela résulte de la position des systèmes de nodales.

1° Dans la lame A il se produit deux systèmes de nodales diamétrales rectangulaires fixes, dont les sons diffèrent à peine. Il y a donc deux systèmes de lames d'élasticité différente qui passent perpendiculairement à l'axe; celui-ci étant admis comme vertical, les filets qui vont horizontalement du nord au sud ou de l'est à l'ouest sont différents, tandis qu'il n'en est plus ainsi pour les disques de bois taillés de la même manière.

2° Dans la lame B, prise parallèle aux faces du prisme, il se présente deux systèmes de nodales, dont l'un diamétral qui correspond aux filets parallèles à l'axe, et l'autre hyperbolique qui correspond aux filets coupés. Les deux sons produits sont *fa* et *ré*♯; ce cas correspond à celui du disque de bois taillé obliquement à l'axe.

3° La lame C consiste en filets de deux systèmes coupés obliquement, comme cela résulte de deux systèmes hyperboliques. Il y a donc une différence entre ce cas et le précédent dans la disposition des filets. Trois lames C, C′, C″ prises dans des plans faisant des angles égaux avec les faces du prisme, donnent les mêmes lignes et les mêmes sons.

4° La lame D offre deux systèmes de nodales comme la

lame A, l'un diamétral et l'autre hyperbolique, dont l'un des axes est la projection de l'axe du cristal sur la lame.

5° La lame E ne donne pas un système de diamétrales et un autre d'hyperboles comme la lame A, mais tous deux sont en général hyperboliques.

1° D'après les sons aigus produits par les diamétrales des trois petites diagonales des faces du rhomboèdre, on connaît que la plus grande densité D d'électricité dissimulée est dans les filets parallèles à ces diagonales. 2° D'après le son moins aigu produit par les trois diagonales perpendiculaires aux précédentes, il résulte que la densité D′ de l'électricité dissimulée des filets parallèles à ces diagonales est inférieure. 2° Le son le plus grave est produit dans les filets qui passent par les grandes diagonales et font un angle de 57° 40′ 13″ avec les parallèles des petites diagonales.

§ 463. **Différences entre les effets d'échogène et de lumière.** L'échogène, en se propageant par sa répulsion expansive, exerce une poussée P sur l'électricité dissimulée QE d'où elle se propage aux molécules σ qui la soutiennent, et ainsi le mouvement arrive jusqu'aux grains de sable, qui prennent un arrangement correspondant aux portions π', π'' d'échogène écoulé suivant les deux systèmes de filets et de lames qui en sont composés. La lumière possède également une répulsion expansive et exerce une poussée P′ sur l'électricité dissimulée QE; cependant, en ce cas, ce ne sont pas les molécules σ et les grains de sable qui sont maintenus en mouvement, mais il s'opère un écoulement des équivalents électriques dissimulés qui cèdent la place à leurs homonymes incidents, comme d'un réservoir trop plein s'écoule le liquide par une extrémité par suite de la poussée que produit une masse égale pénétrant par l'autre.

Il a été dit qu'entre les trois systèmes de filets les densités D, D′, D″ d'électricité dissimulée sont différentes; par la poussée P′ sont réduits en équilibre rompu les équivalents des deux systèmes qui se trouvent dans la direction du rayon incident. La direction de leur écoulement est déterminée par celle des couches de filets : ainsi de la poussée P' seule résulte un écoulement d'équivalents électriques homonymes sous deux directions qui conduisent chacune à une source de lumière ou à un objet qui apparaît double.

Outre cette division des équivalents électriques des rayons incidents, ceux qui émergent sont à l'état aplati ou polarisé, car ils ne possèdent que la répulsion expansive suivant le plan d'émergence, et latéralement ils n'exercent aucune répulsion. Les rayons émergents obtiennent cet état par la poussée P' dirigée suivant les plans d'émergence. La division de la lumière incidente Φ en deux portions par les densités différentes D, D', D″ d'équivalents dissimulés QE ne diffère donc pas de celle qu'éprouve la portion ν d'échogène qui se propage du point frotté par sa répulsion expansive; mais en rencontrant des résistances inférieures r, r' en deux directions, la portion ν se divise en deux autres ν', ν'' qui s'écoulent séparément en produisant deux sons et deux systèmes de nodales.

Pour connaître les trois densités D, D', D″ d'équivalents dissimulés dans les trois systèmes de couches moléculaires, on place un cristal chaud dans un espace froid pour que la chaleur s'écoule en densités δ, δ', δ'' suivant les trois directions (t. III, § 200), dont chacune correspond aux densités des équivalents QE dissimulés. Ce cas de l'émission des rayons de chaleur diffère des deux précédents en ce que la répulsion expansive étant au milieu du cristal exerce une poussée P divergente dans toutes les directions ambiantes ; et les densités δ, δ', δ'' de rayons émergents sont en raison inverse des résistances R, R', R″ exercées de la part des équivalents dissimulés suivant chacune des trois dimensions, comme cela a été constaté par Savart dans le cristal de roche.

III. — DES FAITS MÉCANIQUES PRODUITS PAR L'ÉCHOGÈNE.

§ 464. Nous avons démontré (§ 290), au moyen de la balance, et (§ 288) au moyen de l'écoulement, le mode de production des faits mécaniques considérables ayant leur cause dans la répulsion expansive de l'échogène qui s'écoule 1° entre la paroi de l'orifice et un disque ou une paroi opposée, et 2° entre la paroi de l'orifice et la couche supérieure du liquide contenu dans le réservoir dont la dépense diminue quand la paroi est mince, car il en résulte des rayons d'échogène dense qui exercent une grande résistance contre l'écoulement de l'eau. Une série de faits analogues va être exposée pour rendre évidente l'existence d'une répulsion expansive dans la portion r' d'échogène qui recule vers l'intérieur des corps quand une autre portion r se sépare pour produire une onde sonore.

§ 465. **Influence naturelle des deux pendules.** Ellicot ayant appuyé sur une même tringle de bois dd' (fig. 150) deux horloges H, H' exactement renfermées et ayant fait

Figure 150.

osciller le pendule de l'une d'elles H, vit celui de l'autre H' prendre un mouvement qui mit en jeu les rouages de son horloge. Ayant fait décrire de grands arcs aux pendules, il vit que l'amplitude des oscillations de l'un augmentait, tandis que celle des oscillations de l'autre diminuait : puis l'inverse avait lieu, et ainsi de suite alternativement. En même temps les deux horloges qui, isolées, différaient de 1' 36" en 24 heures, étaient tout a fait d'accord. Les pendules ne marchent pas en ce cas parallèlement, mais toujours en sens contraire. Après avoir séparé l'une des horloges de la tringle *dd'* qui les supportait, chacune commença à marcher comme précédemment quand elle était seule.

Explication. L'échogène *n* se répand dans l'air, et une portion égale *n'* en direction divergente se répand du couteau du pendule pour arriver dans la tringle *dd'* et de là par des conducteurs analogues jusqu'au couteau du pendule de l'autre horloge. Cette poussée d'un pendule à l'autre n'est pas l'effet d'un choc, mais résulte de la propagation du fluide échogène qui augmente continuellement et acquiert une densité supérieure du côté du couteau du pendule; c'est donc cette rupture d'équilibre qui sollicite l'écoulement de l'échogène. De sa répulsion expansive résulte la poussée P qui est exercée contre tous les détails des deux horloges, dont la résistance n'est pas égale, mais ce sont les rouages qui peuvent céder à la poussée P augmentée graduellement.

L'inégalité des oscillations se ramène à la même cause que l'inégalité du niveau dans les orifices égaux et vases inégaux (§ 361). L'isochronisme se répand dans la pulsation de tout le fluide, et les oscillations synchrones de deux horloges ne permettent pas l'avancement de l'une sur l'autre. Les directions contraires divergentes ou convergentes des pendules correspondent : 1° à la répulsion expansive de l'échogène qui les fait s'éloigner, et 2° à la pesanteur *p* qui les fait se rapprocher.

§ 466. **Pendules égaux.** 1° Si les pendules sont égaux et lancés en sens contraire avec la même amplitude, la durée de l'oscillation est la même que s'ils étaient isolés. 2° Si au contraire on les lance dans le même sens, cette durée est augmentée et d'autant plus que la verge verticale *cc'* est plus longue et plus mince et que les pendules sont plus courts et plus lourds. 3° La verge verticale fait alors des oscillations isochrones avec celles des pendules. 4° Si l'un des pendules est en repos, il se mettra en marche et l'autre s'arrêtera graduellement, puis se remettra en mouvement, tandis que le premier s'arrêtera, et ainsi de suite. 5° Le nombre des oscillations compris dans chacune de ces périodes est d'autant plus grand que la verge verticale *ee'* et la verge horizontale *dd'* sont plus courtes et plus épaisses et les pendules plus longs et moins lourds.

Explication. 1° Les pendules étant lancés en sens contraire avec la même amplitude, ils sont repoussés par l'expansion R de l'échogène et rapprochés par la pression *p* de la pesanteur. 2° Étant lancés dans le même sens, la répulsion expansive fait croître la durée des oscillations, parce que l'un des pendules étant dans le même sens que l'expansion de l'échogène; l'autre, obéissant à la pesanteur, va contre son écoulement. Ces écoulements s'opèrent en plus grandes quantités par une verge longue et mince, et selon que les pendules sont plus courts et plus lourds. 3° Les oscillations de la verge ne diffèrent pas de celles des pendules, car elles en sont le résultat. 4° L'échogène propagé par la verge d'un pendule à l'autre, exerce par ses répulsions expansives une poussée P contre l'autre pendule qui parvient à vaincre la pression *p* de la pesanteur, et le pendule se met en mouvement; mais les excursions étant dans le même sens, les répulsions expansives d'échogène plus fortes du côté du pendule qui marchait, commencent à le repousser quand il obéit à la pesanteur *p*, et c'est ainsi que ce pendule s'arrête. Dès ce moment il devient soumis aux mêmes répulsions d'échogène, comme l'autre l'était précédemment. 5° Pour que la pression *p* exercée sur le pendule en repos soit vaincue, il faut un temps d'autant plus long que les verges sont plus courtes et plus épaisses et les pendules plus longs et moins lourds, car c'est ainsi que diminue la poussée P et qu'augmente la résistance de la propagation de l'échogène.

§ 407. **Pendules inégaux.** Deux pendules inégaux peuvent avoir une marche isochrone et avec une différence de longueur d'autant plus grande qu'ils sont plus longs et plus lourds que les verges *ee'*, *dd'* sont plus flexibles. 1° Si on les lance en sens contraire en les écartant d'un même nombre de degrés, l'amplitude des oscillations devient alternativement plus grande ou plus petite pour chacun d'eux et l'amplitude maximum du pendule le plus court est plus grande que celle qu'on lui avait donnée au moment du départ. 2° Le nombre des oscillations est intermédiaire à ceux des pendules marchant isolément. 3° La verge verticale *ee'* fait en même temps des oscillations qui sont plus prononcées quand le plus long des pendules atteint son amplitude maximum et moins prononcées quand les amplitudes des deux pendules sont égales. 4° Si les pendules sont lancés en sens contraire les maximum et les minimum se produisent encore, mais c'est le pendule le plus long qui présente des amplitudes maximum plus grandes que celles du moment du départ. 5° De plus, les oscillations communes sont plus lentes que celles que ferait le pendule le plus long s'il était seul et suspendu sur un axe fixe. 6° Quand les pendules Π, π diffèrent assez pour ne pouvoir être isochrones il y a encore des minimum et des maximum alternes d'amplitudes et le pendule Π le plus long finit par s'arrêter, quand on les a lancés en sens inverse, tandis que cela a lieu pour le pendule π le plus court quand on les lance dans le même sens. 7° Le pendule arrêté n'éprouve des mouvements que dans le sens vertical, comme le sont les oscillations de la verge. Ces dernières sont les plus prononcées et accompagnées de secousses quand les pendules vont dans le même sens, ce qui a lieu un peu après et un peu avant l'amplitude minimum du plus long pendule Π. 8° Quand un seul des pendules est mis en mouvement, ses oscillations successives ne sont pas d'égale durée ; le pendule en repos se met en mouvement, puis le premier s'arrête quand la différence de longueur est assez petite pour que les deux pendules soient isochrones. 9° Si c'est le plus court π qui est lancé, les phénomènes se présentent comme ceux qu'offrent les deux pendules lancés en sens contraire; et si c'est le pendule Π qui est seul mis en mouvement, les faits se présentent comme ceux qui résultent quand ils sont lancés dans le même sens. 10° Dans ce dernier cas, les oscillations de la verge *ee'* sont très-grandes après les arrêts du pendule Π le plus long, et dans le premier elles sont très-grandes et avec secousse à la fin, lorsque les pendules vont dans le même sens avec des amplitudes égales.

Explication. Après avoir constaté que les faits observés sont produits par la poussée P exercée de la part de l'échogène et par la pression *p* qu'exerce la pesanteur sur les molécules σ matérielles des verges et des pendules, la série de faits exposés sert comme d'exemples propres à rendre évidents les effets qui résultent des deux poussées, dont P produit des répulsions expansives et divergentes dans toutes les directions, tandis que la pesanteur *p* n'exerce qu'une poussée égale et constante dirigée vers le sol.

1° Les pendules inégaux lancés en sens contraire ne se maintiennent pas en équilibre comme les pendules égaux; car le nombre *n* de degrés donne au pendule long un arc $a + \alpha$ et au pendule π court l'arc $a - \alpha$. Cette inégalité des arcs fait qu'il se répand une quantité inégale d'échogène, d'où résulte l'inégalité des amplitudes des oscillations isochrones. Elles croissent tant que la poussée P agissant en directions divergentes sur les deux pendules obtient un excédant ε contre la pression *p* de la pesanteur, et cela atteint une limite maximum; alors, la poussée P restant la même, c'est la pression *p* de la pesanteur qui se trouve en degré supérieur. Avec la chute cette pression *p* croît pour obtenir un excédant ε' qui a pour résultat le minimum de l'amplitude des oscillations des pendules.

2° Le nombre *n* des oscillations isochrones ayant été déterminé par la répulsion P provenant de l'échogène, est intermédiaire à ceux $n+\alpha$ et $n-\alpha$ des pendules marchant isolément.

3° L'excédant ε d'échogène, qui se manifeste dans la production de l'amplitude maximum du pendule Π, étant un écoulement par la verge ee', la fait osciller proportionnellement à la quantité du fluide.

4° Étant lancée en sens contraire, la répulsion expansive P n'agit plus contre la pression p de la pesanteur, et cela fait augmenter l'amplitude du pendule Π qui devient plus grande que celle du moment de départ.

5° Les oscillations isochrones ayant été produites par des pendules inégaux, il y a une consommation de poussée P contre la pesanteur p pour soutenir l'isochronisme, et c'est cette perte de pesanteur qui rend les oscillations plus lentes que celles que ferait le pendule Π s'il était seul.

6° Des pendules non isochrones lancés en sens inverses, le plus long Π s'arrête, parce que par la poussée répulsive P il se consomme une portion $\varkappa+\alpha$ pour produire les excursions Γ plus grande que celle $\varkappa-\alpha$ qui se consomme pour produire les excursions γ. Mais si les pendules sont lancés dans le même sens, la poussée expansive P se consomme en plus grande portion $\varkappa+\alpha$ dans le pendule π que celle $\varkappa-\alpha$ consommée dans l'autre Π, parce que chaque excursion γ du pendule π doit durer autant que la chute de l'autre Π; ainsi l'arrêt est produit par suite du manque d'écoulement d'échogène pour un espace de temps.

7° L'amplitude minimum du pendule Π sollicite le maximum d'écoulement d'échogène dans le circuit et y fait apparaître alors dans la verge des oscillations fortes et même des secousses, quand les pendules vont dans le même sens, de sorte que l'écoulement de l'échogène soit libre d'un côté et contrarié de l'autre de la part de la pesanteur.

8° Un seul pendule étant mis en mouvement, une portion $\varkappa$ de la poussée P se propage par la verge à l'autre pendule, d'où résulte une diminution de la poussée P; cela fait diminuer la durée des oscillations. Des portions η de poussées exercées sur le pendule en repos provient une somme P' suffisante pour vaincre la pesanteur p et le mettre en mouvement; mais en même temps la pesanteur p obtient un excédant dans l'autre pendule et parvient à l'arrêter.

9° Quand c'est le petit pendule π qui est lancé et que l'autre Π reste en repos, la poussée expansive P s'exerce contre ce pendule et l'autre Π, de manière à éprouver une résistance moindre $r-\alpha$ pour le pendule lancé que celle $r+\alpha$ qu'éprouve la même poussée P quand est lancé le pendule Π. Mais de telles inégalités de résistances ont lieu quand les oscillations sont dans le même sens ou en sens inverse; pour cette raison on en obtient des résultats égaux.

§ 468. **Battements.** 1° Deux verges élastiques $\alpha\pi'$, $\pi\pi'$ de 1m de longueur fixées à la place des pendules Π, π, produisent les mêmes phénomènes, qu'elles soient égales ou inégales, lancées dans le même sens ou bien en sens inverse; si l'une $\alpha\pi'$ est seule ébranlée, l'autre $\pi\pi'$ se met en mouvement et la première s'arrête, puis reprend peu à peu ses oscillations pendant que les amplitudes de l'autre diminuent pour s'arrêter bientôt.

2° Les corps élastiques C, C' qui vibrent assez rapidement pour faire se séparer des portions fréquentes η qui deviennent des ondes sonores, produisent les mêmes phénomènes que les pendules et les verges. Deux cordes C, C' à l'unisson tendues sur un sonomètre ou sur une contre-basse, s'arrêtent alternativement quand on en ébranle d'abord une seule, et l'on entend *un battement* au moment où, l'une ayant atteint son maximum d'amplitude, l'autre s'arrête.

3° Si les cordes C, C' donnent séparément des sons très-peu différents, elles pourront être à l'unisson si on les fait vibrer en même temps avec l'archet et l'on n'entendra pas de battements. Mais si la différence est plus grande, on entendra des battements d'autant plus rapprochés que la différence s'approche de la moitié ; ils se produisent quand l'une des cordes étant arrivée à son amplitude maximum, l'autre est à son amplitude minimum.

4° En serrant le chevalet dans un étau, on ralentit les battements, ce qui montre que ce chevalet se comporte ici comme la verge ee' qui soutient les pendules.

5° Quand deux tuyaux à anche à porte-vont en verre font entendre des battements, on voit les languettes éprouver des vibrations d'amplitudes, l'une ayant son maximum et l'autre son minimum au moment d'un battement.

Explication. 1° Les faits obtenus par l'échogène dans les pendules pour les cas indiqués sont reproduits quand on remplace les pendules par les verges, parce que la cause motrice réside toujours dans l'échogène qui résulte dans les deux cas des désunions de couples $\sigma\sigma'$ moléculaires de l'air entre lesquelles passe le couteau. Il va être prouvé plus bas que les battements correspondent à la plus grande quantité d'échogène $\eta + \alpha$ arrivée à l'oreille ensemble avec la plus petite $\eta - \alpha$.

2° Les mêmes faits ayant été obtenus au moyen des deux cordes à l'unisson ne permettent pas de douter de l'existence d'un fluide échogène, lors même qu'il n'est entendu aucun son, car les faits mécaniques sont obtenus aussi bien en l'absence du son que dans les cas où il est entendu. Il y a même une correspondance entre les faits, car le maximum d'amplitude de l'une des cordes arrive au moment où l'autre s'arrête, et c'est le moment où est entendu un *battement* qui résulte d'une portion $\eta + \alpha$ d'échogène séparé pour produire une forte onde sonore ; à cette portion d'échogène est égale celle $\eta' + \alpha$ qui pénètre dans les cordes pour arrêter l'une et faire produire à l'autre le maximum d'amplitude.

3° Un semblable battement est aussi entendu quand la différence entre les cordes est assez grande pour qu'il y ait des alternatives de maximum et de minimum sans que se produise l'arrêt de l'une des cordes, comme dans le cas précédent. Mais si les cordes donnent séparément des sons très-peu différents, elles pourront être à l'unisson si on les fait vibrer en même temps avec un archet, et l'on n'entendra pas de battements. Tous ces cas conduisent à connaître : 1° que le battement résulte d'une quantité supérieure d'échogène contenu dans l'une des ondes sonores, et 2° qu'une quantité analogue d'échogène produit dans les corps sonores des effets mécaniques correspondants, qui ne manquent pas même lorsque l'échogène est trop médiocre pour produire un son.

4° Une masse supérieure de chevalet ou une *sourdine* absorbe une quantité d'échogène, et c'est ainsi que les portions κ, κ' séparées ne peuvent plus augmenter assez rapidement pour produire des battements.

5° De même que les cordes, les deux languettes des anches des tuyaux obtiennent des maximum et minimum alternatifs accompagnés de battements.

Le battement est toujours un sentiment qui a pour cause une onde sonore contenant une portion d'échogène $\kappa + \alpha$ supérieure aux ondes précédentes et aux ondes postérieures; une égale portion $\kappa' + \alpha$ d'échogène pénètre dans les deux cordes ou les deux languettes, cependant elle n'y est pas divisée en deux portions égales, mais toute ou la plus grande partie κ' passe d'un côté ou à l'un des corps, et la partie inférieure α passe à l'autre.

Deux chronomètres liés à une plaque métallique s'influencent mutuellement de manière à être toujours d'accord. C'est par la plaque *e* que l'échogène des deux sources se met en équilibre; pour s'en convaincre, Arago a constaté que l'accord entre les chronomètres n'était pas altéré dans le vide, quoique leur marche commune s'accélérât de 20 secondes par jour.

§ 469. **Transmission de l'échogène d'un solide à un liquide par des ondes longitudinales et transversales.** L'échogène émis d'un corps solide plongé dans un liquide se répand dans celui-ci en formant des ondes sonores qui en sortent pour se propager dans l'air.

1° *Ondes longitudinales.* Le nombre de vibrations des ondes longitudinales reste le même, parce que l'intervalle Λ entre ces ondes ne diffère pas de la longueur l de la verge vibrante qui est parcourue par l'échogène suivant la longueur directement de l'une des extrémités à l'autre.

2° *Ondes transversales.* Le son baisse parce que l'intervalle Λ' entre les ondes sonores dans l'air devient $\Lambda' + \alpha$ quand la même plaque vibre dans l'air et dans l'eau. Une plaque métallique plongée dans l'eau et ébranlée au moyen d'une tige fixée à son centre donne un son plus bas d'une tierce mineure que dans l'air. Cela prouve que la résistance de la part de la pesanteur p augmente par une colonne d'eau d'une hauteur h. Le sable sous l'eau n'est pas entraîné vers les lignes de croisement des rayons d'échogène opérés dans le milieu de l'épaisseur de la plaque, mais il est repoussé et entraîné par l'échogène α émis, parce que dans l'eau le poids du sable est comparable à celui du lycopode dans l'air.

En versant des liquides dans les tubes égaux, si on les ébranle transversalement avec l'archet, le son obtenu correspond aux ondes sonores dont le nombre n est d'autant plus petit que le liquide est plus dense. Ainsi un tube rempli de *mercure*, d'*eau*, d'*alcool*, d'*éther*, d'*air*, et ébranlé avec un archet, a donné les sons mi_1, mi_3, fa_3, $fa\sharp_3$, sol_3. Quand l'ébranlement est énergique, une partie du liquide est lancée à une grande distance hors du tube; car l'échogène émis de la plaque ne repousse pas seulement le sable, mais aussi le liquide : cela prouve également l'effet de la pesanteur p sur le retard des excursions égales.

§ 470. **Effets des poussées régulières et des poussées irrégulières.** Tout ce qui vient d'être observé résulte des répétitions régulières des poussées P exercées contre les molécules qui peuvent obéir également ou inégalement à la pesanteur p. La poussée P ne devient irrégulière que quand l'espace parcouru par l'échogène n'est pas homogène, comme, par exemple, le bois, les cristaux ou les vases remplis d'une liqueur mousseuse ou un liquide qui dégage un gaz, ou des corps mous comme la ouate. A cause du manque de continuité l'échogène repoussé ne se communique pas à une masse homogène étendue, mais tantôt à l'air, tantôt aux filets des molécules irrégulièrement dispersés.

§ 471. **Tables tournantes.** En plaçant les mains sur une table il résulte une transmission de la poussée P provenant de la pulsation du cœur et des vases du sang vers les filets du bois. Cette poussée très-médiocre, répétée un grand nombre de fois, parvient à vaincre la pesanteur p, et la tablette se met en mouvement par le contact de la main d'un seul individu. Ainsi l'on peut lancer un pendule en le frappant légèrement à des intervalles réguliers, ou l'on peut l'arrêter en le frappant irrégulièrement. Si la table est massive et lourde, sa pesanteur ne peut pas être vaincue par le contact de la main d'un seul individu, mais il en faut un nombre proportionnel au poids.

Les expériences pareilles exigent un accord entre les pulsations des cœurs et des artères; les individus les plus âgés se sentent échauffés, car leur pouls devient fréquent, et les plus jeunes, dont le pouls devient plus rare, se sentent ralentis. On a rejeté les faits de ce genre quand on a vu que les expériences ne réussissaient pas toujours; les défenseurs de l'existence de cette cause motrice ne savaient pas qu'il faut éviter le concours des individus dont la pulsation du cœur diffère trop pour entrer en unisson avec celle des autres individus, ou pour en donner l'octave aigu. Ici ces faits problématiques trouvent leur explication physique, et ils offriront dans l'avenir un nouveau moyen de faire augmenter ou diminuer le nombre de pulsations du cœur d'un individu, et ainsi on obtiendra des résultats thérapeutiques d'un genre inconnu jusqu'à présent et dont on ne saurait dès à présent calculer l'importance.

SECTION II.

DES DÉTAILS DES ORGANES DE L'OUÏE ET DE LA VOIX, ET DE LEURS USAGES PHYSIOLOGIQUES EN RAPPORT AVEC LES ONDES SONORES MUSICALES.

§ 472. **Partie anatomique.** L'organe vocal de l'homme et des animaux ne peut pas être l'objet d'une imitation artificielle, parce que les détails produits directement par l'écoulement de l'échogène ne peuvent être obtenus par un arrangement artificiel. Comme il est déjà prouvé que pour la production des ondes sonores, il faut : 1° l'échogène qui est obtenu de la désunion des couples $\sigma\sigma'$ moléculaires, et 2° la subdivision de cet échogène en portions π, π', nous trouverons partout chez l'homme et chez les animaux un double appareil : 1° un pour la désunion des coupes $\sigma\sigma$; 2° l'autre pour la production des portions π, π'.

§ 473. **Partie physiologique.** L'organe de l'ouïe est composé de détails qui servent à faire arriver aux filets du nerf l'échogène en segments s' de longueur égale à celle A qui sépare les ondes sonores. Chacun de ces segments se combine avec un segment s égal d'électricité positive qui passe par les filets de nerfs en y arrivant avec le sang conduit par les artères. Cette combinaison résulte spontanément de ce que le fluide primitif *l'électre* est moins dense dans les équivalents $2q\bar{E}$ qui forment l'échogène que dans l'électricité positive composée d'équivalents $\bar{E}$.

§ 474. **Nature des sentiments.** L'électricité passe continuellement par les filets du nerf qui peuvent être comparés à une lame préparée à recevoir l'image déterminée par les portions inégales de lumière séparée de chaque point de l'objet. La différence entre les images photographiques et les images physiologiques ne consiste pas dans les éléments qui sont immatériels dans les deux cas, mais en ce que l'électricité du nerf est en écoulement, tandis que celle de la lame est soutenue par le liquide, et que celui-ci imbibe la lame; ou c'est la plaque métallique qui soutient l'électricité qui doit se combiner avec les portions de lumière venant des points de la surface de l'objet.

Le segment *s'* d'échogène se mêle avec un segment *s* égal du filet du nerf, où celui-ci n'est pas retenu, mais en se dilatant ensemble avec le segment *s'* d'échogène, ils se propagent au loin. Ainsi l'on ne doit pas considérer cette propagation comme un déplacement comparable à celui des grains de sable, car il résulte de l'augmentation en volume du mélange des deux segments *s s'*, comme cela a lieu pour une molécule d'air introduite dans un espace vide indéfiniment grand. L'ensemble de plusieurs combinés pareils est un fluide qui diffère de ceux composés d'échogène seul 2*q*È ou d'équivalents électriques È positifs seuls.

Les *sentiments de l'ouïe* ou *accousmes* sont les combinés *ss'* de segments d'égale longueur, mais contenant le fluide électro en densités différentes. A cause de leur mouvement emmagasiné le couple *s s'* de segments se dilate indéfiniment sans disparaître du nerf. Avant la rencontre du segment *s'* l'échogène avec celui *s* d'électricité, ces fluides avaient une existence comme ils l'ont après la rencontre; de sorte qu'il n'y a pas diminution de fluide, mais seulement adhérence entre deux segments qui ne peuvent plus se désunir.

La *sensation* ou *ethèse* (αἴσθησις) est une action qui correspond au mélange entre l'électro moins dense de l'échogène 2*q*È et l'électre plus dense de l'électricité positive È. La durée d'un tel mélange est évaluée à $\frac{1}{32}$ de seconde, parce qu'il en faut au moins 32 en chaque seconde pour qu'il se manifeste une continuité de son.

§ 475. **La cause des sensations** est dans la rencontre entre, 1° les ondes sonores provenant de l'organe vocal qui doivent sans aucun dérangement arriver au filet du nerf, et 2° l'électricité positive qui venant des artères avec le sang doit s'écouler continuellement par le nerf vers le cerveau. Il n'y a pas de rencontres pareilles, 1° quand manquent les ondes sonores ou quand elles existent, mais que manquent les détails nécessaires pour conduire leur échogène aux filets du nerf; 2° quand cet échogène y est conduit, mais que manque l'écoulement de l'électricité à cause de l'artère qui la fait arriver ou à cause du nerf qui la fait s'éloigner.

On comprend difficilement comment Aristote est parvenu à reconnaître qu'il doit exister des organes de sensation pour qu'il s'y engendre des sentiments, lesquels y restent et deviennent ensuite *l'intelligence*, νοῦς, *âme*, dont l'existence se manifeste par une expansion qui ne dépend plus de la vie de l'individu, la vie ne servant qu'à multiplier les sentiments. Ceux-ci manquent quand l'homme vient au monde pourvu d'autant d'organes de sensations qu'il y a d'espèces de fluides dans la nature. Les nerfs des organes de sensation sont comme autant d'espèces de lames photographiques préparées pour recevoir les espèces correspondantes de fluides, et pour produire ainsi des sentiments qui se multiplient à mesure que l'homme avance en âge.

§ 476. **Le Souvenir** est la réduction du segment s' du fluide extérieur dans le nerf de l'organe où il a produit son sentiment; une telle réduction doit toujours être occasionnée par d'autres qui sont en liaison avec elle, et elles sont de deux espèces. 1° Le segment s' du fluide est en liaison avec les objets pareils, ou avec ceux qui ont un avancement semblable, de sorte qu'un tel objet en appelle plusieurs autres semblables. Cette espèce de souvenir est commun à l'homme et aux animaux; un chien se rappelle son maître quand il voit un vêtement de celui-ci, quand il entend prononcer son nom, ou sent son odeur, etc. A cause du manque de langage, il manque aux animaux le moyen de se rappeler les objets absents; ils sentent l'absence du plaisir que leur causait la présence de leur maître, comme ils sentent le besoin de nourriture quand ils ont faim. Chez l'homme, le souvenir est entretenu par le langage et par les combinaisons des lettres de l'alphabet.

§ 477. **Sentiments avec l'une ou les deux oreilles.** Si deux systèmes d'ondes sonores conduisent des quantités différentes d'échogène dans une seule et même oreille, le sentiment correspond au mélange des deux quantités d'échogène $\eta+\alpha$ et $\eta-\alpha$. Pour connaître la différence 2 entre les masses d'échogène, il faut les sentiments ss' d'une oreille et les sentiments SS' de l'autre, et cela même quand leur production ne s'opère pas simultanément, parce que dans le cas où les ondes sonores ont la même longueur Λ et des portions d'échogène $\eta+\alpha$ et $\eta-\alpha$ différentes, les sentiments simultanés correspondent à l'échogène le plus dense.

§ 478. **Sources des sons de la gamme.** 1° Chaque corps a un son bref qui lui est propre, et de sept substances différentes on peut obtenir une *gamme naturelle* où manque le timbre, parce que ce sont les timbres qui constituent la gamme. 2° En frappant sur une enclume avec sept marteaux ayant respectivement des poids de 45, 40, 36, 32, 30, 27, 24 kilogrammes, on obtient également une gamme où le timbre dépend de la nature du métal employé comme enclume et comme marteau. 3° Avec sept sirènes égales qui tournent avec la même vitesse ayant dans leur plaque les trous 45, 40, 36, 32, 30, 27, 24, on obtient également une gamme dont le timbre dépend du gaz ou du liquide et de la substance de la plaque. 4° Il a été indiqué qu'en séparant différentes portions du tuyau d'une flûte on fait apparaître les sons de la gamme (§ 396). Il y a encore plusieurs moyens d'obtenir la gamme toujours avec un timbre différent, c'est ce qui a fait admettre aux physiciens les sept sons, non pas comme ayant une existence réelle correspondant aux sept couleurs, mais comme étant un produit de l'industrie; cette erreur les a amenés à ne pouvoir jamais connaître l'origine du timbre.

Dans la musique, les sept sons sont employés en octaves différentes, non pas comme les lettres de l'alphabet dans l'écriture, mais comme des mots indiquant chacun un objet, ou comme des pièces de formes déterminées qui peuvent être arrangées de mille manières pour en obtenir toute espèce de construction. Depuis le temps de Pythagore, les physiciens n'ont pu se mettre d'accord avec les musiciens, et cela parce que les résultats obtenus par le calcul ne peuvent pas être réalisés par l'observation. Les effets physiologiques de la musique ont été considérés dans tous les temps comme un mystère, dont l'explication dépasse les bornes de l'intelligence humaine. Il va être démontré ici comment ces effets résultent de l'affluence de l'échogène des corps sonores et de l'électricité qui arrive avec le sang du cœur.

CHAPITRE PREMIER.

DU MODE DE LA PRODUCTION DE LA VOIX HUMAINE.

§ 479. Nous avons constaté dans chaque instrument musical 1° les parties qui désunissent les couples moléculaires $\sigma\sigma'$ d'air pour ramener à l'état libre les équivalents $2q\ddot{E}$, et 2° les parties qui déterminent la limite des rayons d'échogène γ', qui éprouvent un croisement au milieu de l'axe des tuyaux ouverts ou au centre du fond des tuyaux fermés d'un côté. L'organe vocal est également composé 1° de détails qui servent à désunir les couples $\sigma\sigma'$ et faire apparaître l'échogène, et 2° de détails qui déterminent les diagonales Δ parcourues par l'échogène γ' en une unité de temps pendant lequel l'échogène séparé γ parcourt une longueur Λ égale à la double diagonale 2Δ, parce que la vitesse du son est constante. Ces deux espèces de faits ne sont pas produits par des détails séparés, parce qu'elles résultent le plus souvent d'une seule et même partie; telle est la cause pour laquelle dans la description suivante sont répétées certaines parties, car elles servent à désunir les couples $\sigma\sigma$ et à subdiviser le fluide échogène qui en résulte.

I. — DÉTAILS DE L'ORGANE VOCAL PRODUISANT L'ÉCHOGÈNE.

§ 480. L'organe vocal a toujours été comparé aux instruments à vent, cependant il présente aussi des vibrations comparables aux instruments à cordes; ici toutes les comparaisons disparaissent, car ne connaissant pas le mode de la production des ondes sonores par les instruments, on n'en devient pas plus savant, lorsque l'on aura trouvé quelques ressemblances entre tels ou tels instruments et l'organe de la voix. Mais tout change lorsqu'on connaît l'usage de chaque partie des instruments; on découvre alors que des parties analogues composent aussi l'organe vocal.

Le vent vient des poumons comme d'une soufflerie par la trachée-artère, tube formé d'anneaux cartilagineux, et resserré à son extrémité supérieure, de manière à ne plus former que les $\frac{4}{5}$ de sa circonférence; ces anneaux sont superposés et réunis par des membranes qui achèvent de fermer le tube à la partie postérieure. A l'extrémité supérieure de la trachée-artère se trouve le *larynx*, boîte cartilagineuse comparable au tuyau AA′ (fig. 67) dans lequel l'air de la soufflerie pénètre par l'embouchure O, comme il pénètre par l'extrémité rétrécie de la trachée-artère dans le larynx.

§ 481. Il y a quatre parties où s'opère la désunion des couples $\sigma\sigma'$ moléculaires d'air, désunion qui rend libres les équivalents électriques $2q\ddot{E}$ qui sont le fluide échogène: I. L'air se dilate en passant de la trachée-artère dans la boîte du larynx: ainsi il y a désunion des couples $\sigma\sigma'$ moléculaires d'air et production d'échogène. II. Cette désunion des couples a lieu à la paroi de la glotte qui est l'ouverture supérieure du larynx et correspond à l'ouverture AA′ du tuyau AM, où s'opère une nouvelle dilatation d'air et par suite encore désunion des couples $\sigma\sigma'$ et production d'échogène. En ce cas l'échogène est multiplié 1° par l'augmentation de la longueur, et 2° par la diminution de la largeur de la fente de la glotte, de sorte qu'il s'écoule peu d'air et qu'il se produit beaucoup d'échogène. III. L'air a aussi dans la bouche une densité plus grande que dans l'espace ambiant; en sortant par la paroi des dents et des lèvres il se dilate, et ainsi se désunit un autre nombre de couples $\sigma\sigma'$ dont résulte une quantité analogue d'échogène; enfin IV. La séparation des portions η, η' d'échogène de la paroi de la glotte s'opère par des répulsions pulsatives isochrones qui, communiquées à la glotte, lui font produire des va-et-vient appelés *vibrations*, et c'est ainsi que résulte une quatrième désunion de couples $\sigma\sigma'$ et en même temps une autre production d'échogène. La vibration résulte également d'un effort mécanique et d'une poussée provenant de l'échogène qui peut fréquemment manquer sans que le son éprouve quelque changement très-prononcé.

§ 482. **Production d'échogène sans vibrations de la paroi.** Le contour ou la paroi de l'ouverture de la flûte ne vibre pas; le même effet a lieu pour les lèvres dans la production de sons par le sifflet, et l'on a constaté la même chose pour les cordes de la glotte, dans le cas où est produite *la voix de fausset.* Malgré ces faits bien constatés et plusieurs autres pareils qui faisaient voir que l'échogène ou les sons ne résultent pas des vibrations, les physiciens n'ont pu se décider à abandonner l'hypothèse généralement admise, et cela parce qu'ils ne savaient pas où chercher la cause du mouvement prodigieux qui apparaît avec les sons. Ici disparaît cette difficulté, parce que la désunion des couples, opérée au moyen d'un effort médiocre, ne fait que rendre libres les équivalents électriques $2q\bar{E}$ logés dans les intervalles λ. Cet état une fois obtenu, le mouvement se présente spontanément comme celui d'un ressort monté. L'échogène se répand en produisant des pulsations isochrones qui sont habituellement communiquées aux parois des corps sonores ou à leur caisse; toutefois, comme dans plusieurs cas la vibration manque aux corps solides, on a été forcé de reconnaître l'existence de l'échogène, même sans vibration des corps solides. Ainsi, on a été forcé de reconnaître que la production de sons doit avoir une origine différente de celle qu'on admettait.

II. — DÉTAILS DE L'ORGANE VOCAL OPÉRANT LA DISTRIBUTION DE L'ÉCHOGÈNE ET LA PRODUCTION DES ONDES SONORES.

§ 483. Le fluide échogène peut exister en très-grande densité sans apparition d'ondes sonores, comme cela a été prouvé dans l'écoulement des liquides de vases à mince paroi, où le fluide échogène est subdivisé en portions η, η', mais au lieu de se disperser, les unes η' vers l'air pour produire des ondes sonores, elles montent vers le niveau du liquide du réservoir et en font diminuer la dépense, et les autres portions η suivent la veine liquide, la compriment et produisent les faits exposés dans les nappes quand la veine frappe sur un disque. Pour qu'il se manifeste une dispersion des portions η d'échogène vers l'air ambiant, l'écoulement doit s'opérer par un canal d'égale longueur et largeur *ab*, *cd* (fig. 151), pour que les rayons de l'échogène η passent d'un point *b* de la paroi *bd* inférieure par la diagonale $\Delta = bc$ du canal à un point opposé *c* de la paroi supérieure *ac*.

Fig. 151.
a o c
b o d

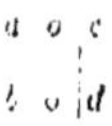

Ainsi, de la paroi des cordes vocales de la glotte, les rayons de l'échogène η vont aux extrémités quand ces cordes vibrent, mais dans la production de la voix de fausset quand les cordes ne vibrent pas, l'échogène va aux points opposés *bd* de la paroi de la trachée-artère en se croisant au milieu de l'axe qui unit les centres *o*, *o* des deux embouchures *ac*, *bd*. La distance Λ, 1° qui est dans un cas la diagonale de la boîte du larynx, et 2° qui constitue la corde vocale dans l'autre, doit être parcourue en une unité de temps τ par la portion η' pendant laquelle la portion η séparée parcourt une égale distance Λ. Une nouvelle répulsion et une séparation d'une portion η d'échogène ont lieu dès que les rayons de l'échogène η' arrivent à la paroi. Donc tant que la longueur Δ de la diagonale reste constante, un tuyau pareil ne produit qu'un seul son fondamental et ses sons harmoniques.

L'organe vocal diffère des instruments en ce qu'il est capable de produire les sept sons de la gamme presque dans trois octaves ; il est impossible d'obtenir des effets analogues au moyen d'un instrument musical, et cela résulte de ce que, dans la voix, la diagonale Δ peut diminuer volontairement pour devenir $\frac{8}{9}\Delta$, $\frac{4}{5}\Delta$, $\frac{3}{4}\Delta$, $\frac{2}{3}\Delta$, $\frac{3}{5}\Delta$, $\frac{8}{15}\Delta$, $\frac{1}{2}\Delta$; suivant le même ordre, diminuent les intervalles Λ entre les ondes sonores et en raison inverse augmentent les nombres des ondes qui deviennent $\frac{9}{8}n$, $\frac{5}{4}n$, $\frac{4}{3}n$, $\frac{3}{2}n$, $\frac{5}{3}n$, $\frac{15}{8}n$, $2n$.

§ 484. **Description du larynx.** Connaissant donc que les diminutions de la diagonale Δ du larynx produisent les sons de la gamme, nous verrons si de telles diminutions peuvent résulter de son mécanisme anatomique que nous allons exposer tel que l'ont fait voir les dissections les plus minutieuses.

Figure 152.

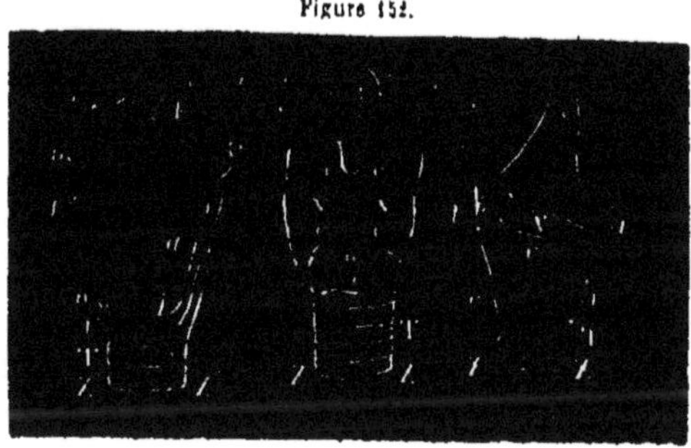

Le larynx est soutenu à sa partie supérieure par un petit os en forme de fer à cheval, nommé *os hyoïde* ii (fig. 152); il est formé de plusieurs cartilages : 1° l'un en avant formant la saillie dite *pomme d'Adam*, c'est le *cartilage thyroïde t*, joint à l'os hyoïde par une membrane *m* ; 2° au-dessous, le *cartilage cricoïde rr*, de forme annulaire, et 3° les deux *cartilages aryténoïdes a*, en forme de pyramides courbes, articulés en arrière au bord du cricoïde, et dont les sommets sont rapprochés l'un de l'autre. Tous ces cartilages peuvent être mis en mouvement les uns par rapport aux autres au moyen de muscles spéciaux, jusqu'à un certain degré, et d'une manière bien déterminée.

§ 485. **Mouvements des détails du larynx.** Il y a neuf petits muscles dans le larynx, quatre paires symétriques et un impair, le *muscle aryténoïdien*; l'effet d'un groupe de ces muscles est d'augmenter ou de diminuer l'ouverture glottique. Le second groupe comprend les muscles qui ont pour effet de modifier la tension des lèvres de l'ouverture qui sont les *cordes vocales*. 1° Les *muscles respirateurs* sont ceux qui empêchent les lèvres de la *glotte* de se rapprocher pendant l'aspiration, et 2° les *muscles phonateurs* sont ceux qui mettent la glotte dans les conditions nécessaires à la production du son, car ils rapprochent les lèvres de la glotte de telle sorte que la colonne d'air chassée se soutient : ils agissent sur la tension, sur la longueur, sur la consistance et sur l'épaisseur des cordes vocales elles-mêmes. Celles-ci peuvent être tendues et raccourcies, elles peuvent être tendues et allongées; ainsi les cordes vocales raccourcies sont épaisses, et allongées elles deviennent minces et leur bord est plus tranchant. Dans la production de la voix de fausset les cordes vocales s'éloignent pour faire apparaître un orifice de forme ovale.

§ 486. **Expérience sur le mode de production de la voix.** Lorsqu'on ménage toutes les parties qui surmontent le larynx, c'est-à-dire le trajet pharyngien, buccal et nasal de la voix, on fixe l'appareil pour obtenir sur le cadavre des effets analogues à ceux produits chez l'homme vivant. Le compresseur *aa* (fig. 153) presse extérieurement sur le larynx *b*, et il fait diminuer l'ouverture de la fente glottique. Les poids placés dans un plateau de balance C ont pour effet de tendre les cordes vocales. L'embout *b* fixé à la trachée-artère sort à introduire l'air suivant la flèche; ainsi l'on parvient à connaître l'influence des parties sus-jacentes du larynx pour renfler la voix. En rendant un son avec la bouche ouverte ou la bouche fermée, le changement du conduit détermine un timbre différent pour le même son dont l'intensité éprouve une diminution, comme cela a lieu dans la trompette quand on change le pavillon ou quand on l'éloigne.

Figure 153.

En considérant la glotte comme le sommet du pavillon et la paroi de la bouche ouverte comme sa fin, il y a des changements de dimensions : 1° l'ouverture de la bouche ne reste pas la même; 2° les lèvres avancent plus ou moins, et 3° le larynx s'élève ou s'abaisse de plus de 5^{mm}; tous ces changements accompagnent les productions de sons de hauteur et d'intensité différentes.

§ 487. **Étendue de la voix humaine**. Lorsque l'homme parle, le registre des sons ne dépasse guère une demi-octave; lorsqu'il chante, sa voix parcourt une échelle beaucoup plus étendue. Une bonne voix moyenne est de deux octaves à deux octaves et demie. Un chanteur peut gagner en sus par l'exercice environ une octave. Mais chaque chanteur possède un certain nombre de notes en rapport avec les dimensions de détails des cordes vocales, comme cela a lieu pour la caisse du violon; elles correspondent aux voix de *basse-taille*, de *baryton*, de *ténor*, d'*alto*, de *soprano*.

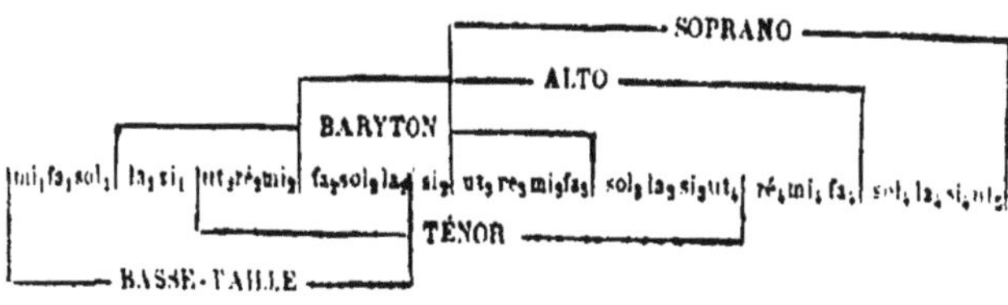

§ 488. **Sons d'homme et de femme.** Le son le plus bas de l'échelle des tons de la voix humaine est le son *mi*, qui correspond à la séparation de 160 portions d'échogène et production d'autant d'ondes sonores en une seconde. Le *ut*, qui est le son le plus élevé, correspond à 2048 ondes pareilles par seconde. 1° La voix de basse-taille, celle de baryton et celle de ténor appartiennent particulièrement à l'*homme;* les voix d'*alto*, de *contre-alto*, de *mezzo-soprano*, de *soprano* sont des voix de *femmes;* la castration peut donner à l'homme la voix de la femme.

§ 489. **Sons des âges.** La voix d'une femme, celle d'un enfant, celle d'un adulte ont des caractères tranchés; les modifications qui apparaissent à l'époque de la puberté se prononcent d'une manière brusque. Les voix de l'enfant, de la femme et de l'adulte ne se ressemblent pas non plus alors même qu'ils chantent ensemble dans la même octave : elles se distinguent par des qualités de timbre qui tiennent surtout aux éléments chimiques, comme cela a été prouvé; car l'ensemble général de la charpente des détails est constitué de même à tous les âges; la différence constante est celle entre les dimensions, les enfants ont un petit larynx, la femme et le ténor ont un larynx de dimensions médiocres, et celles-ci obtiennent leur maximum chez les basses-tailles.

III. — ORGANE VOCAL DE LA SÉRIE ANIMALE.

§ 490. Parmi les vertébrés, les mammifères, les oiseaux, quelques reptiles ont un larynx ou un organe vocal; les invertébrés produisent des sons par un mécanisme analogue à celui des instruments où les dimensions ne dépendent pas de la volonté de l'individu.

Mammifères. Chaque genre a un organe vocal qui produit une voix propre : le cheval *hennit*, le chien *aboie*, le chat *miaule*, l'âne *brait*, le taureau *mugit*, le cochon *grogne*, le lion *rugit*, etc. Le larynx chez les mammifères est comme chez l'homme; les cordes vocales supérieures manquent chez quelques mammifères : la différence des sons provient des cavités situées au-dessus de la glotte, qui sont comparées au pavillon de la trompette : font encore partie de ce pavillon la profondeur des fosses nasales, celle des parties supérieures du pharynx, la conformation de la bouche et de la boîte du larynx.

Oiseaux. L'organe vocal n'est pas à la fin de la trachée-artère, mais à ses deux commencements de la bronche droite et de la bronche gauche, il se compose : 1° d'un renflement dont les parois sont en partie osseuses et membraneuses, il se nomme *tambour* ; au point de jonction des deux bronches, il se divise par une traverse osseuse surmontée par une membrane mince de forme semi-lunaire ; 2° au point où les deux orifices supérieurs des bronches communiquent avec le tambour, ils sont bordés chacun par deux lèvres ou *cordes vocales*, dont l'une est la plupart du temps plus développée que l'autre.

Il y a des muscles entre les anneaux ; 1° à peine perceptibles chez les gallinacés ; 2° une paire chez l'aigle, le vautour, la buse, le coucou, etc. ; 3° trois paires chez le perroquet, et 4° cinq paires chez les oiseaux qui modulent le mieux leur chant, tels que le rossignol, la fauvette, le serin, le pinson, etc. Ces muscles ont tous une insertion commune à la trachée, et ils se fixent d'autre part aux premiers anneaux de la bronche correspondante à chaque glotte. Il y a d'autres muscles qui font baisser la trachée et diminuer la longueur du tuyau vocal ; l'allongement de ce tuyau s'opère par les muscles élévateurs de l'os hyoïde, lequel est relié au cartilage thyroïde comme chez les mammifères.

Reptiles. Parmi cet ordre, les grenouilles, les crapauds et d'autres batraciens sont les seuls qui aient une croix. La cavité du larynx présente sur les côtés des replis membraneux, qui partent de la base des cartilages aryténoïdes et forment des cordes vocales. Les grenouilles mâles ont, de chaque côté du cou, sous l'oreille, un appareil de renforcement, sorte de poche membraneuse qui s'ouvre sur les côtés de la langue, et qui se gonfle quand l'animal coasse.

Bruits produits par les insectes. Ces bruits ont lieu comme ceux des instruments sonores, la désunion des couples $\sigma\sigma'$ de molécules d'air résulte soit du frottement de quelques parties du corps les unes contre les autres comme avec un archet, soit de l'ébranlement dans certains organes, comme les cordes de la harpe ou la guitare. Les cigales ont sur les côtés du corps une petite membrane sèche, tendue sur un cadre corné, à laquelle elles impriment des oscillations répétées à l'aide des muscles qui y agissent par des mouvements subits de tension et de détente. D'autres insectes produisent des bruits qui ne dépendent pas du jeu de leurs organes, mais bien de chocs plus ou moins précipités contre les corps sur lesquels ils sont placés : tels sont divers insectes qui rongent le bois, et qui frappent soit avec leurs mandibules, soit avec l'extrémité de leur abdomen résistant.

Figure 154.

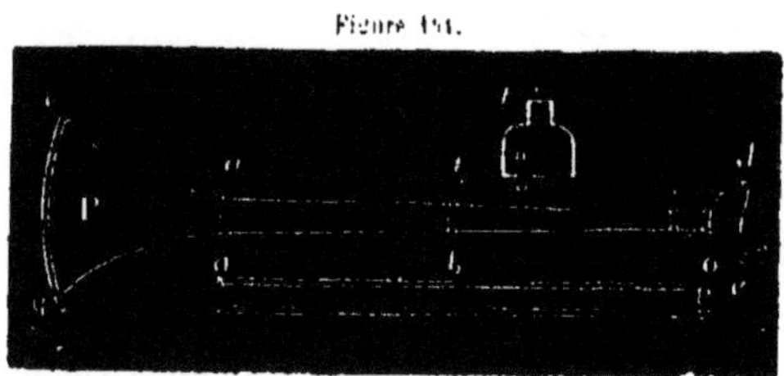

§ 491. **Porte-voix.** Alexandre le Grand s'en servait déjà pour commander son armée. En *o* (fig. 154) est l'embouchure dans laquelle on met la bouche sans gêner le mouvement des lèvres; on s'en sert en mer pour se faire entendre malgré le bruit du vent et des flots. Il a été démontré que de la désunion d'une grande quantité de couples $\sigma\sigma'$ à la paroi du pavillon provient une quantité analogue d'échogène qui fait augmenter l'intensité du son. Les physiciens n'ont pu aucunement se rendre compte de ce fait, et ils considéraient comme problématique l'influence énorme du pavillon sur le son. Hassenfratz a constaté que le tube cylindrique *a'b'c* produit le même effet que le tube conique *abc*. Ayant doublé l'intérieur d'un porte-voix avec du drap, l'intensité des sons resta la même. Les sons ou les ondes sonores d'un porte-voix sont également renforcés dans la direction de l'axe et dans toute autre direction.

Quand un physicien dit qu'il ne peut expliquer quelque fait, il donne par là à entendre qu'il est bien convaincu d'avoir donné une explication complète des autres faits, nous prouvons, au contraire, que les faits problématiques servent à prouver qu'ils doivent être considérés comme mieux connus que ceux qu'on croyait avoir expliqués, parce qu'en cas pareil l'ignorance est double. Nous verrons comment l'échogène produit dans la grande paroi du pavillon, renforce la voix humaine et animale, de même qu'il le fait pour les instruments sonores.

IV. — COMPARAISON DE L'ORGANE DE L'HOMME, DES MAMMIFÈRES ET DES OISEAUX.

§ 492. **Les faits prennent un arrangement tel qu'ils forment une série où ils sont liés entre eux comme** causes et effets **lorsqu'on considère séparément : 1° les détails** qui servent à **la** production de l'échogène par la désunion des couples oo' **de molécules d'air, et 2° ceux sur lesquels** s'opère la répulsion expansive de l'échogène pour se diviser 1° en portions qui se séparent et forment des surfaces sphériques qui s'éloignent par l'expansion de l'échogène, et 2° en portions η qui reculent et vont à l'extrémité opposée de l'appareil en parcourant sa diagonale Δ et non pas sa longueur l.

§ 493. **Détails de la production d'échogène dans la série animale.** Les bruits produits par le frottement de quelques parties où les vibrations des membranes ne diffèrent pas de ceux qu'on obtient par l'imitation des parties pareilles; il y a désunion des couples et en même temps dispersion des portions d'échogène par les cordes ou les membranes. La distinction entre l'organe vocal se présente chez les oiseaux et les mammifères où l'air se trouve dans les poumons comme dans une soufflerie, et c'est par sa dilatation que ces couples se désunissent pour ramener à l'état libre les équivalents électriques 2qE.

Chez les oiseaux, l'air pénétrant des bronches dans les deux compartiments du tambour se dilate : 1° une division s'opère dans la membrane semi-lunaire qui divise le tambour; 2° une seconde division dans les lèvres ou cordes vocales au point où les deux orifices supérieurs des bronches communiquent avec le tambour. L'ouverture supérieure de la trachée peut être augmentée ou diminuée par des muscles groupés autour d'elle pour lui donner la forme d'un pavillon dont la paroi reçoit l'échogène par une désunion des couples d'air σσ'.

§ 494. **Détails de la séparation des portions d'échogène et production des ondes sonores.** Dès que l'échogène est suffisamment accumulé il commence à se subdiviser par sa répulsion expansive, mais pour qu'il se montre des portions η d'ondes sonores, il faut qu'elles soient repoussées par les portions reculantes η' dans toutes les directions, et cela dépend de l'électricité QE dissimulée du corps qui doit être parcouru par la portion η' reculante.

Des dimensions de ce corps ou de sa diagonale Δ dépend l'intervalle Λ qui sépare les ondes sonores, 1° le timbre qui ne manque jamais correspond à l'électricité dissimulée QE qui dépend des éléments chimiques, et pour cela il y a un timbre propre pour chaque corps; 2° l'intervalle constant $\Lambda = \Delta$ se soutient autant que la dimension du corps sonore; si celle-ci diminue ou si la quantité et la densité d'échogène augmente, la diagonale Δ diminue ainsi que les intervalles Δ, alors augmente le nombre N de portions d'échogène séparées en une seconde et ainsi augmentent aussi les ondes sonores.

Après avoir soulevé l'épiglotte *a* (fig. 155), apparaît l'orifice *ee* du larynx, nommé *glotte*, dont la paroi *ee* est formée de *cordes vocales* qui adhèrent à l'extrémité supérieure du larynx et font saillie dans sa cavité; la partie la plus rétrécie du larynx est la glotte. La paroi de la glotte du côté antérieur est membraneuse, la postérieure est limitée par des cartilages; pendant la respiration toute la longueur de la glotte reste ouverte, et pendant la production de la voix se ferme la partie postérieure qui est une petite partie de la fente, et la partie antérieure diminue, de sorte qu'on l'aperçoit à peine. Les physiciens attribuaient la production du son au passage de l'air par cette fente. Mayo a vu chez un homme qui s'était coupé la gorge immédiatement au dessus des cordes vocales, que la glotte était linéaire quand il voulait parler, et triangulaire, c'est-à-dire élargie à la partie postérieure, quand il ne faisait que respirer.

Figure 155.

§ 495. **Mode de production des sons graves et des sons aigus d'une octave.** Sans changement dans la diagonale Δ et en multipliant seulement l'échogène on peut obtenir des harmoniques du son fondamental. Ce qu'on obtient dans un clavecin au moyen d'un grand nombre de cordes pourrait être obtenu par une seule corde en changeant la longueur et l'épaisseur, comme cela a lieu pour les cordes vocales qui se chargent d'échogène en très-grande quantité, parce que la désunion des couples *aa'* croît quand la même quantité d'air s'écoule par une fente étroite comme celle de la glotte.

Sons graves. Les intervalles Δ supérieurs ne résultent

que des diagonales Δ égales ou proportionnelles; il faut donc des cordes vocales grosses et une glotte longue. La femme ne peut produire de sons aussi graves que l'homme, parce que ses cordes vocales sont d'un quart plus courtes que celles des basses-tailles; au moyen de la castration se trouve supprimée la différence entre l'homme et la femme, et cela au moyen de la distribution dans tout le corps de l'électricité qui, à l'état normal, s'écoule vers les parties génitales. A l'âge de puberté commence la fonction des parties génitales, qui ne produit chez la femme aucune altération dans les autres parties du corps, parce que les menstrues fonctionnent indépendamment de tout rapport avec l'homme, tandis que les parties génitales de l'homme ne peuvent pas fonctionner à l'état isolé; l'excédent au lieu d'être éloigné comme chez la femme, pénètre dans le sang pour être déposé dans les parties différentes du corps qui ont quelque rapport avec les parties génitales; des dépôts pareils n'ont pas lieu chez les eunuques.

Les cordes vocales sont courtes chez les adultes et encore plus chez les enfants; les intervalles Λ des ondes sonores qui proviennent des diagonales Δ des cordes sont produits par les tensions de celles-ci différentes dans le cas où ils chantent ensemble dans la même octave avec une femme. Le son est le même, et cependant il y a trois voix, comme le son qui résulte d'une corde de cuivre différemment tendue, de longueur et d'épaisseur différentes, quoiqu'il y ait un produit égal des ondes sonores dans lesquelles cependant n'entre pas la même quantité d'échogène.

496. Détails du pavillon de l'organe vocal au-dessus de la glotte. L'espace entre l'épiglotte diminue dans la production de sons aigus, parce que le larynx peut s'élever de 5^{mm}; cet espace augmente quand le son est grave. Pour les sons aigus, la langue se rapproche de la voûte du palais et la cavité buccale diminue; elle s'abaisse pour les sons graves. En même temps, le voile du palais s'avance en avant pour agrandir la cavité, quand on émet des sons graves, et se recule et se relève pour les sons aigus. Les piliers du voile s'écartent dans la production des sons graves et se rapprochent dans la production des sons aigus. Tous ces détails trouvent leur application dans les corps sonores dont ceux de dimensions inférieures, soumis à la même soufflerie que ceux de dimensions supérieures, produisent des sons plus aigus que ceux-ci.

Chez les animaux diffèrent beaucoup les formes et les étendues des cavités au-dessus de la glotte, et la plus grande différence se présente chez les oiseaux, où le manque de cavité buccale est remplacé par la trachée-artère dont l'extrémité peut présenter des élargissements différents pour produire des effets analogues au pavillon. Nous trouvons en cet organe vocal, dont la formation a précédé celle de l'homme, qu'elle a précédé aussi celles des animaux terrestres et des grenouilles, dont le larynx diffère peu de celui de l'homme; cet ordre chronologique a la valeur d'un monument archéologique dans l'histoire de la production des corps organisés.

497. **Détails renforçants de la voix par la production de l'échogène.** Le ventricule *v* (fig. 152) de la glotte reçoit l'air dense de l'extrémité supérieure de la trachée qui y éprouve une dilatation, et il y a production d'échogène, comme cela a lieu dans les porte-vent; ainsi le son sort avec difficulté quand ce ventricule est comprimé, on a reconnu qu'il produit l'effet d'un tuyau renforçant, mais il a été impossible de savoir que ce renforcement consiste en production d'échogène; le même effet a lieu pour le tambour du larynx des oiseaux où l'air, en pénétrant, éprouve une dilatation.

Les parties renforçantes sont : 1° la paroi composée des sommets des dents, 2° la paroi composée des extrémités des lèvres, et 3° la paroi composée des extrémités des cavités nasales. En ouvrant plus ou moins la bouche, le son n'éprouve aucun changement, mais son intensité ne reste pas la même. La paroi en forme elliptique formée des dents ne reste pas la même dans chaque degré d'ouverture de la bouche, l'air s'échappe en densités différentes; pour cette raison, le maximum de production d'échogène n'est ni dans le cas où l'ouverture est très-grande ni dans celui où elle est très-petite.

Chez les oiseaux, la paroi du bec forme un second pavillon, car le premier est à l'extrémité supérieure de la trachée, lequel manque chez les mammifères. En général, les oiseaux sont plus sonores que les mammifères et moins sonores que les insectes; cet état conduit aussi à connaître qu'après les insectes ont été produits les oiseaux et après ceux-ci ou en même temps les grenouilles, puis les mammifères et enfin l'homme.

§ 498. **Voix de fausset.** Elle se distingue de la voix ordinaire par un son doux et flûté; il y a des chanteurs qui peuvent produire un certain nombre de sons avec l'une ou l'autre à volonté. La différence résulte des cordes vocales, qui forment une fente linéaire et vibrent pendant la production de la voix ordinaire, tandis que dans la production de la voix de fausset, le bord antérieur du cartilage cricoïde s'élève, et les ligaments supérieurs se rapprochent et se tendent fortement. Ainsi se modifie la forme de la cavité du larynx et par suite sa diagonale Δ, cependant la différence du timbre ne résulte pas de la dimension Δ, mais des tensions auxquelles sont soumis les ligaments. La glotte présente une fente linéaire et ses cordes vibrent dans la production de la voix ordinaire qui peut être soutenue assez longtemps; au contraire, dans la production de la voix de fausset, l'ouverture de la glotte est ovalaire, et l'on n'aperçoit plus les vibrations des cordes vocales, vibrations si évidentes dans le cas précédent; l'échogène $\varkappa'$ parcourt en ce cas la diagonale Δ de la cavité du larynx et non pas les cordes vocales.

§ 499. **Du mode de la production du bruit de sifflet.** Lorsque l'homme porte ses lèvres en avant et les contracte de manière à conserver entre elles une petite ouverture arrondie, il peut siffler en produisant des sons de hauteurs diverses d'une ou deux octaves entières; il peut même exécuter des airs variés. On peut produire ces sons dans l'étendue d'une octave en remplaçant le tuyau de lèvres par un disque percé de liége d'une ouverture de 3mm de diamètre, comme l'est celle de lèvres. Les fosses nasales soutiennent la respiration et permettent de siffler d'une manière non interrompue. Comme dans chaque production de son, il y a dans le sifflet : 1° production d'échogène, et 2 distribution ou dispersion de celui-ci et apparition des ondes sonores.

L'air comprimé dans les poumons éprouve deux dilatations en entrant dans la cavité du larynx et en en sortant; ainsi il arrive au canal des lèvres possédant déjà une quantité d'échogène; en sortant de ce canal, il acquiert sa plus grande dilatation, d'où résulte la désunion d'une grande quantité de couples $\sigma\sigma'$, et ainsi se multiplie l'échogène proportionnellement à la densité d'air traversant le canal.

La dispersion de l'échogène ne s'opère pas en directions divergentes qui pénètrent dans les lèvres, mais en directions qui vont de la paroi d'une ouverture du canal à celle de l'autre; ainsi les portions η' reculantes parcourent la diagonale Δ du canal, quand des portions η se forment des surfaces sphériques qui s'éloignent comme ondes sonores. L'intervalle Λ, qui sépare ces ondes, ne diffère pas de la longueur Δ de la diagonale du canal dont la longueur l varie : 1° avec les lèvres qui avancent et reculent, et 2° avec la densité d'échogène qui peut se croiser deux fois dans le canal et faire ainsi résulter des sons d'une gamme en deux octaves.

La production des sons d'une gamme au moyen d'une soufflerie constante s'opère par les variations de la longueur l du canal pour donner des diagonales qui vont en diminuant dans la série Δ, $\frac{8}{9}\Delta$, $\frac{4}{5}\Delta$, $\frac{3}{4}\Delta$, $\frac{2}{3}\Delta$, $\frac{3}{5}\Delta$, $\frac{8}{15}\Delta$, $\frac{1}{2}\Delta$. Dans le cas où restent constants la longueur et le diamètre du canal, comme cela a lieu quand on emploie des disques de liéges, pour obtenir les sons de la gamme, il faut changer la compression de l'air de la soufflerie, afin d'en obtenir des diagonales analogues à celles de la série indiquée.

1° L'ouverture ovalaire observée dans la glotte pendant la production de la voix de fausset, 2° l'ouverture elliptique de la flûte et 3° l'ouverture cylindrique des lèvres, prouvent suffisamment que l'échogène se subdivise par répulsions expansives en directions divergentes dans la masse d'air et non pas 1° dans cette masse et 2° dans celles des cordes, qui en reçoivent un mouvement de vibration. Le même effet a lieu pour les tuyaux d'orgue dont le son n'est pas modifié par un contact de l'orifice, quand même il vibre.

V. — DE LA PAROLE.

§ 500. Les ondes sonores produites par l'échogène η séparé des cordes vocales de la glotte sont de la même valeur que celles qui résultent des instruments sonores; pour produire une parole, il faut que l'échogène η de l'onde sonore éprouve une seconde subdivision. Celle-ci est obtenue par, 1° le pharynx, 2° les fosses nasales, 3° le voile du palais, 4° la langue, 5° les joues, 6° les dents, 7° les lèvres, détails qui ne manquent pas chez les mammifères. Quand dans la métaphysique il sera traité de l'origine du langage, il sera montré d'où il provient que l'homme seul en possédant les détails indiqués parvient à les employer pour imiter les sons entendus, et cela, non pas comme un perroquet, mais parce qu'il sent le besoin d'indiquer l'objet qui a produit ce son ou cette voix. Nous avons indiqué (§ 239) comment s'opère l'union du geste et de la voix dans la représentation des objets absents. Chez les animaux, le langage manque, parce qu'ils ne sentent pas le besoin d'indiquer un individu ou un objet absent; le même effet a lieu pour les idiots et les crétins. Au contraire, les sourds-muets qui sentent ce besoin emploient le geste en représentant la forme et le contour des objets absents, parce qu'il leur manque le sentiment de l'ouïe qui doivent les conduire pour reproduire des sons correspondants, quoique l'organe vocal soit en son état normal.

La production de la parole consiste également en ondes sonores comme celle des sons; car il y a dans les parois des cavités au-dessus de la glotte désunion des couples $\sigma\sigma'$ et apparition d'échogène qui est employé dans les ondes sonores de la parole; ces ondes peuvent exister seules, ou elles peuvent être mêlées avec celles de la glotte. La production des ondes sonores de celle-ci s'interrompt quand la trachée est coupée en travers, ou quand a eu lieu l'opération de la trachéotomie; un homme voulant se suicider, se coupa la gorge au-dessus de la glotte, et il respirait par une canule placé dans la trachée, quoique dans cet état il ne cessât pas de parler; pour cela il exécutait d'abord des mouvements particuliers des joues pour y emmagasiner une quantité d'air. En consommant l'air comprimé il en obtenait l'échogène, dont la dispersion et la subdivision s'opérait de la même manière que dans l'état normal pendant la production de la parole.

Les ondes sonores formées dans des cavités que nous avons décrites produisent des sentiments d'ouïe qui diffèrent de ceux des sons; ces sentiments correspondent aux ondes sonores indiquant les voyelles, les consonnes, les syllabes et les mots. Les voyelles se soutiennent, tandis que des consonnes, quelques-unes seulement peuvent être soutenues, car elles résultent d'une espèce de choc ou de contact.

§ 501. **Voyelles.** Pour produire artificiellement les voyelles, Brücke a employé une languette vibrante au moyen d'une soufflerie, et les ondes sonores ont été modifiées par un tube qu'il allongeait ou diminuait. Ce tube représentait le tuyau vocal entre la glotte et les lèvres; où il suffit des changements survenants dans la longueur de ce tuyau pour donner à un même son, qui sort de la glotte ou qui se forme dans le tuyau même par de nouvel échogène, tantôt la valeur de *a*, tantôt celle de *e*, de *i*, de *o*, de *u*.

U. — Pour la production de l'*u*, le tuyau vocal est allongé au maximum et en même temps rétréci, car, 1° les lèvres s'allongent en avant, et 2° le larynx s'abaisse pour produire un allongement en arrière et un rétrécissement.

I. — Pour la production de cette voyelle, le tuyau vocal est réduit à son minimum; de plus le calibre du tuyau vocal est rétréci par l'application de la face dorsale de la langue contre le voile du palais et la voûte palatine.

A. — Dans le son de l'*a* le tuyau vocal est dans son état le plus naturel, il résulte spontanément quand la langue est abaissée et la bouche ouverte; en rapprochant les lèvres et les arrondissant, le son passe de *a* à *o;* si l'on raccourcit le tuyau en retirant les lèvres, il provient *i;* si l'on allonge un peu le tuyau, il provient la voyelle *ou;* pour la production de l'*u* il faut un plus grand allongement. En tous ces cas les lèvres ne vibrent pas, et cela prouve que les portions d'échogène $\varkappa$, $\varkappa'$ se produisent par répulsions expansives entre les limites du tuyau contenant la colonne d'air, dont les diagonales, en se croisant au milieu de l'axe de ce tuyau, produisent des *échocônes* de hauteur et de bases différentes.

§ 502. **Consonnes.** Au lieu de soutenir la production des ondes sonores en un état constant, il faut couper le tuyau vocal à l'une de ses extrémités ou au milieu de son axe obliquement ou perpendiculairement.

f, *v*, *p*, *b*, *m* sont produits par la fermeture de l'extrémité antérieure du tuyau, la direction des lèvres détermine chacune de ces consonnes.

c, *k*, *h*, *g* sont produits par le rétrécissement de l'extrémité postérieure du tuyau vocal.

d, *t*, *l*, *n*, *j*, *z*, *s*, *ch*, *r*, *th*, sont produits par la langue qui interrompt différemment la colonne aérienne du tuyau vocal, et les ondes sonores correspondent à ces interruptions pour produire des sentiments propres à l'organe de l'ouïe. Il y a des exemples où la langue manquait complétement sans que la production des consonnes en devînt impossible; cela prouve que la colonne aérienne peut éprouver des autres parties de la paroi des interruptions comme celles produites par la langue.

§ 503. **Syllabes et mots.** Plusieurs voyelles, comme *épiphonèmes*, remplacent un mot dont la signification dépend du mode de la prononciation; il y a aussi des syllabes qui indiquent un objet et forment un mot; mais le plus grand nombre d'objets exige la combinaison de toutes les lettres de l'alphabet, pour que chaque objet des ondes sonores propres ne soit pas confondu avec les autres objets. Un objet qui reste le même reçoit chez chaque nation un indicateur d'ondes sonores indépendant de celui qui existe ou qui n'existe pas chez les autres nations; mais tel n'est pas le cas pour les nations qui formaient il y a des siècles des peuplades d'une seule et même nation ou qui étaient des familles d'une et même peuplade. Après leur multiplication, chaque famille devait s'éloigner des autres avec ses descendants, chercher la pâture de ses troupeaux dont elle se nourrissait elle-même. Quelques mots sont restés jusqu'à présent conservés par leurs descendants, et les objets connus plus tard reçurent chez chaque peuplade ou nation des indicateurs sonores différents.

§ 504. **De la ventriloquie.** Nous avons indiqué comment les faits produits par la langue sans les productions des ondes sonores des voyelles et des consonnes, peuvent être produits par les autres détails du tuyau vocal en l'absence de la langue; il y a des individus qui parviennent, au moyen de l'exercice, à produire des sons articulés, c'est-à-dire à parler à haute voix en conservant la bouche fermée, ou immobile lorsqu'elle est ouverte, et en même temps à produire des ondes sonores qui paraissent venir d'un individu éloigné.

Il est constaté que les cordes de la glotte produisent des ondes sonores également pendant l'expiration et pendant l'inspiration; le même effet a lieu pour les paroles formées dans la bouche avec une très-médiocre portion d'échogène; les ondes sonores qui en résultent, unies avec la portion d'échogène de la glotte, prennent une intensité telle qui la fait apparaître comme provenant d'un individu éloigné, parce que les ondes sonores des paroles vont aux poumons d'où elles se répandent comme provenant du ventre.

§ 505. **Du bégayement.** Il a été indiqué que les ondes sonores de la parole résultent du besoin d'indiquer les objets absents; ainsi chez certains individus les sentiments de l'ouïe ne peuvent dominer les modifications du mouvement nécessaire pour produire positivement des ondes sonores bien déterminées. Le bégayement a sa cause dans les nerfs et l'intelligence, car il est à peine sensible quand l'individu parle à des enfants avec un ton d'autorité; au contraire, s'il s'adresse à un supérieur qui cherche à le contrarier ou à le railler, il éprouve aussitôt les plus grandes difficultés dans la prononciation des paroles.

CHAPITRE II.

DE L'ORGANE DE L'OUÏE, DE L'ORDRE CHRONOLOGIQUE DE SA FORMATION ET DE LA NATURE DES SENTIMENTS.

§ 506. Cet organe manque entièrement, ou bien on n'en rencontre que de faibles traces chez les animaux invertébrés; pour qu'il existât un organe de l'ouïe, il a fallu d'abord que les ondes sonores existassent, parce que dans la génération primitive ce sont les écoulements de fluides impondérables qui font prendre aux molécules matérielles σ, σ' un arrangement propre à opposer le minimum de résistance, non-seulement au fluide qui arrive des objets, mais aussi aux combinés produits de ce fluide et des segments d'électricité contenue dans les nerfs où elle arrive avec le sang des artères. C'est ensuite par la reproduction que naissent de nouveaux individus qui ne diffèrent pas des précédents.

Des animaux mous et aquatiques ne sont pas produites des ondes sonores; les insectes ont été produits avant l'apparition des continents, quand les couches de restes de plantes couvraient de grandes parties de la Terre, comme cela a lieu maintenant pour les lacs pendant l'été. Les ondes sonores apparurent donc avec les insectes qui précédèrent les poissons, comme cela est prouvé même dans les strates géologiques, dont celles inférieures ne contiennent pas de restes de poissons, tandis qu'on y trouve les restes des animaux invertébrés.

L'organe de l'ouïe atteint son plus grand perfectionnement chez l'homme, ensuite chez les mammifères, les reptiles, les oiseaux, les poissons, et il y en a quelques traces chez les mollusques, d'où l'on connaît qu'ils ont été produits ensemble avec les insectes, sans avoir pu obtenir un organe pareil à celui des animaux vertébrés. En exposant les détails de l'organe de l'ouïe de l'homme et des animaux nous découvrons un ordre chronologique et encore tous les détails nécessaires pour faire parvenir l'echogène en ondes pareilles à celles qui résultent du corps sonore.

I. — DESCRIPTION DE L'ORGANE DE L'OUIE DE L'HOMME ET DE LA SÉRIE ANIMALE.

§ 507. Les parties essentielles sont : 1° les filets qui forment la racine du nerf acoustique; 2° le liquide périlymphe dans lequel ils flottent, et 3° les sacs remplis d'endolymphes flottants dans la périlymphe contenue dans des canaux semi-circulaires. Ces canaux sont au nombre de trois chez l'homme et chez les mammifères, et de deux ou même d'un seul chez les animaux des autres classes. Jusqu'à présent les physiologistes se bornaient à dire que la fonction des sacs est d'une haute importance, et c'est par un oubli qu'il leur échappa de dire que, sans eux, les vibrations des ondes sonores précédentes auraient duré longtemps et auraient produit une perturbation chez les sentiments postérieurs, comme cela arrive après un très-fort bruit, quand, immédiatement après, on ne peut rien entendre; un pareil éblouissement a lieu pour la vision, quand on entre en plein jour dans un appartement obscur.

A. DÉTAILS DE L'OREILLE DE L'HOMME.

§ 508. On y distingue : 1° l'*oreille externe*, 2° l'*oreille moyenne*, et 3° l'*oreille interne*. Les deux dernières parties sont creusées dans la partie solide du crâne.

I. L'*oreille externe* se compose de deux parties : 1° le pavillon A (fig. 156) lame demi-ovale, à surface contournée de manière à correspondre aux ondes sonores, formées de fibres et de cartilages, est détachée de la tête dans la plus grande partie de son étendue ; il y a une espèce d'entonnoir *b* placé en avant et nommé *conque ;* 2° le conduit *auditif externe* m, qui s'enfonce au fond de la conque et se recourbe un peu en haut et en avant.

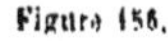
Figure 156.

II. L'*oreille moyenne* consiste dans la caisse du tympan *c*, cavité osseuse de forme à peu près hémisphérique remplie d'air et séparée du conduit auditif par une membrane très-délicate nommée *membrane du tympan ;* cette membrane forme le fond du conduit étant tendue sur un cercle osseux, et est un peu concave en dehors. La caisse est percée de quatre ouvertures : 1° l'une communique avec un canal membraneux *t* nommé *trompe d'Eustache*, qui va déboucher dans la partie postérieure des fosses nasales ; 2° deux autres sont placées à l'opposé de la membrane tympanique : ce sont la *fenêtre ovale* et la *fenêtre ronde*, ainsi nommée à cause de leur forme. Elles sont fermées l'une et l'autre par une membrane très-mince. 3° Une quatrième ouverture placée en haut établit la communication entre la caisse et de grandes cellules creusées dans la partie supérieure du rocher.

Dans la caisse se trouve la chaîne des osselets composée de quatre morceaux : le premier, nommé *marteau*, a l'une de ses branches engagée dans la membrane du tympan et peut agir sur elle au moyen d'un petit muscle *e*; les trois autres qui suivent sont l'*enclume*, l'os *lenticulaire* et l'*étrier*. La base du dernier est soudée à la membrane qui ferme la fenêtre ovale, et il est muni d'un muscle *m* qui l'appuie sur cette membrane *e* et qui fait changer la longueur de la chaîne.

III. L'*oreille interne* ou *labyrinthe* se compose de plusieurs cavités qui sont : 1° le vestibule *d* qui communique avec la caisse par la fenêtre ovale; 2° les canaux semi-circulaires, au nombre de trois, de forme arrondie et renflés à l'une de leurs extrémités *o*, *o'*; 3° le *limaçon*, sorte de tube conique enroulé en spirale autour d'une colonne osseuse *s*, de manière à faire deux tours et demi et à présenter la forme de la coquille d'un limaçon. Ce tube est partagé en deux par une cloison longitudinale, moitié osseuse, moitié membraneuse, interrompu au sommet, de manière que les deux parties peuvent communiquer entre elles. L'une d'elles est en outre en communication avec le vestibule et l'autre avec la caisse par la fenêtre ronde. 4° L'oreille interne renferme un sac membraneux qui s'enfonce dans toutes les parties et forme le *labyrinthe membraneux*. Le limaçon n'a pas de partie intérieure membraneuse, il ne contient qu'un seul liquide qui communique avec la périlymphe du vestibule. Dans cette périlymphe qui pénètre dans les canaux flottent quatre sacs membraneux remplis de l'*endolymphe;* trois de ces sacs, en forme de demi-anneaux, flottent dans la périlymphe de trois canaux et l'autre flotte dans la périlymphe du vestibule. On voit le sac *oo'* rempli d'endolymphe flottant dans la périlymphe contenu dans le canal *rnr* TmT. 5° Le *nerf acoustique* sort du labyrinthe par un canal osseux, le *conduit auditif interne* en se formant de quatre racines, dont l'une est dans le vestibule, deux autres dans les ampoules *o*, *o'* des canaux semi-circulaires, et la quatrième dans le limaçon, dont est formé le tronc du nerf acoustique qui pénètre dans le cerveau.

Le vestibule et les canaux sont d'autant plus développés chez les animaux que le reste de l'appareil auditif est plus imparfait, comme cela se voit surtout chez les poissons qui manquent des autres parties de l'organe de l'ouïe.

II. — MODE DE LA FONCTION PHYSIOLOGIQUE DE L'ORGANE DE L'OUIE ET LA PRODUCTION DES SENTIMENTS.

§ 509. Pour que le sentiment de l'ouïe soit produit, il est d'une nécessité absolue que les segments s' d'échogène arrivent aux filets du nerf; ces segments doivent correspondre exactement à la longueur Λ qui est l'intervalle entre les ondes; et dans chaque segment doit être contenu l'échogène en densité pas trop faible. Connaissant donc ce but, il devient possible de constater le rôle des détails de chacune des trois parties de l'oreille de l'homme; nous prouverons ensuite l'état inférieur chez les animaux de chaque classe.

A. USAGE PHYSIOLOGIQUE DES DIFFÉRENTES PARTIES ANATOMIQUES DE L'OREILLE DE L'HOMME.

§ 510. Les ondes sonores sont des surfaces sphériques composées d'échogène qui peut par tout pénétrer dans le labyrinthe et les filets du nerf, dont résulterait une confusion de sentiments, s'il y manquait certaines parties qui constituent un appareil contre la pénétration de l'échogène de toutes les parties latérales.

§ 511. **Rôle de l'oreille externe**. Le pavillon réfléchit l'échogène incident vers le conduit auditif; ce fait est constaté par différentes observations; par exemple, en tenant la main derrière l'oreille ou en employant le cornet acoustique, on entend mieux et de plus loin. La trompe marine (fig. 154) sert également comme un cornet acoustique quand son extrémité étroite *c* est placée dans le conduit auditif. Un corps vibrant appuyé sur le pavillon produit une sensation plus forte que lorsqu'il est appuyé sur toute autre partie de la tête. La réflexion de l'échogène n'exige pas une surface unie, solide ou liquide ; il a été prouvé qu'elle a lieu dans la surface des nuages et de la couche de vésicules d'eau qui s'abaissent la nuit vers le sol ; ainsi le pavillon ne produit presque aucune multiplication d'échogène dans une chambre ou dans une atmosphère calme, et son usage se borne à réfléchir une quantité supérieure d'échogène vers l'ouverture du conduit ; et celui-ci empêche l'échogène de se disperser dans les parties ambiantes.

§ 542. **Rôle de l'oreille moyenne.** L'échogène arrivé à la membrane du tympan de la part du corps sonore est en quantité supérieure à celui qui y arrive par toute autre voie. De la membrane, l'échogène est conduit par deux voies aux filets du nerf : 1° par l'air il va avec une vitesse v au nerf par la fenêtre ronde en très-petite quantité $\varkappa-\alpha$; 2° par la chaîne des osselettes l'échogène en grande portion $\varkappa+\alpha$ s'écoule avec une vitesse V plusieurs fois supérieure dans la fenêtre ovale où sont également les filets de la racine du nerf. Des différentes vitesses v et $a+v$ avec lesquelles l'échogène arrive aux filets du nerf par les deux fenêtres résulte un état d'interférence dans le conduit du limaçon, une demi-onde d'échogène $\varkappa+\alpha$ avance par la fenêtre ovale et fait s'arrêter une quantité égale $\varkappa-\alpha$ d'échogène venant de la fenêtre ronde, et ainsi reste le segment s' composé de l'échogène 2α, qui fait se séparer du nerf un égal segment s d'électricité positive, et ainsi résulte un combiné ou mélange composé de deux portions s' et s d'électricités hétéronymes, qui est ce qu'on doit entendre par le mot *sentiment*.

La trompe d'Eustache est également un conduit auditif par lequel pénètre l'échogène de l'arrière-bouche, quand il est empêché de sortir de la bouche tenue fermée : par exemple si, pendant que vous émettez un son avec la bouche fermée, vous bouchez les oreilles avec le doigt, le son aperçu devient plus intense que quand vous l'émettez tenant la bouche ouverte et les oreilles aussi. En ce dernier cas, l'échogène ne pénètre pas par la trompe d'Eustache, parce qu'il faut pour cela un certain effort, qui résulte dans le cas où l'échogène ne trouve pas une issue libre dans la bouche fermée.

§ 513. **Rôle de l'oreille interne.** Les sacs remplis d'endolymphes flottant dans la périlymphe servent comme de balanciers pour amortir autour du nerf chaque pénétration d'échogène dont résulterait une vibration universelle et par suite une perturbation dans la production des sentiments. Il n'y a donc rien de plus indispensable que la suppression de toute trace de vibration autour des racines du nerf. Il y a des cas pathologiques où l'ouïe existait même en l'absence de la membrane du tympan et de la chaîne des osselets. On peut bien admettre qu'en pareil cas l'individu ne pouvait pas trop distinguer les espèces des sons et leurs octaves. Le même effet a lieu pour les cas où l'on a trouvé détruit le limaçon et la portion du nerf qui y était logé.

Ces cas très-rares servent à prouver que les détails ci-dessus décrits sont des parties accessoires qui ne font que rendre la production des sentiments plus exacte, de même que dans l'organe de la vision, il peut exister plusieurs vices dans la cornée, l'iris, la lentille, etc., sans que soit supprimée la production des sentiments de vision qui, cependant, n'est pas dans son état normal.

Il faut : 1° que l'échogène arrive du dehors, en forme d'ondes sonores ; 2° que chaque vibration autour du nerf soit amortie au moyen de balanciers ; 3° que l'électricité positive vienne avec le sang parcourir les racines du nerf et soit conduite de celui-ci vers le cerveau. La production des sentiments est occasionnée par l'arrivée de l'échogène, parce que l'électricité s'écoule continuellement par le nerf. Une telle production de sentiments ne peut avoir lieu : 1° quand, par suite d'un obstacle pathologique, l'échogène ne peut parvenir au nerf, ou 2° quand celui-ci n'est pas parcouru par un courant électrique.

Parmi ces cas pathologiques, peuvent être guéris ou soulagés ceux qui résultent d'un obstacle externe; mais le plus souvent, c'est le courant électrique venant de l'artère avec le sang qui fait défaut, et alors l'état est comparable à celui de l'amaurose, dont il y a deux espèces : l'une résulte d'une congestion et *hypertrophie*, et est la plus fréquente, l'autre a pour cause la faiblesse, et elle consiste en une *atrophie*.

§ 514. **Quantité d'échogène conduit par les corps solides plus grande que par l'air.** Nous venons de dire que de la membrane du tympan s'écoule la partie supérieure $\eta+\alpha$ d'échogène par la chaîne dans la fenêtre ovale, et une partie inférieure $\eta-\alpha$ passe dans la fenêtre ronde. Ce fait a été constaté par l'expérience suivante de Muller : Le son d'un tuyau *t* (fig. 154), fermé par une membrane *n* représentant celle du tympan, se transmet à la membrane *o* par l'air de la caisse *m* et à celle qui ferme l'ouverture *e* par la tige de bois *nme* terminée par un petit plateau collé à la membrane *e*. L'appareil plongé dans l'eau, qui reçoit les vibrations des membranes *o* et *e*, et les transmet à l'oreille au moyen d'un tube conducteur, dont une extrémité plonge dans l'eau et l'autre est enfoncée dans le conduit auditif. Quand on ferme le tube *e* avec un bouchon, le son du tuyau *t* est à peine perceptible, tandis qu'il s'entend distinctement quand le tube *o* est le seul fermé.

Cependant Muller n'est pas allé plus loin et n'a pas expliqué à quoi sert cette division d'échogène en deux portions inégales; encore moins s'est-il occupé de l'effet qui résulte de la vitesse inégale avec laquelle arrivent au nerf les portions inégales $n + \alpha$ et $n - \alpha$ d'échogène. Il devient ici évident pourquoi la destruction de la membrane et de la chaîne amène un affaiblissement de l'ouïe et non une destruction totale ou une surdité.

§ 515. **Effets de la tension de la membrane en avant ou en arrière.** Wollaston a observé qu'on se bouchant le nez et fermant la bouche et comprimant l'air par le rétrécissement du thorax, on le pousse par les trompes d'Eustache dans la caisse, et alors la membrane est poussée du dedans en dehors: en cet état on peut entendre les sons aigus, mais les graves sont à peine perceptibles; cet effet se produit encore quand on éternue. Pour obtenir une tension de la membrane du dehors en dedans, on ferme la bouche et le nez et l'on aspire fortement, et les faits physiologiques sont les mêmes. Au moyen de la chaîne pliée, on obtient ce dernier état de la membrane sans changer et sans modifier la durée nécessaire pour qu'elle soit parcourue par l'échogène, mais cela ne serait pas le cas si la chaîne était remplacée par un muscle qui se raccourcit sans se plier.

§ 516. **Différences entre les sentiments obtenus par chaque oreille séparément.** En tenant deux montres près d'une oreille, on ne peut distinguer le tictac de l'une du tictac de l'autre, quoiqu'ils ne sont ni de la même force ni synchrones. Si l'on sépare les montres pour en placer l'une à une oreille et la seconde à l'autre, on distingue le tictac de chacune, s'ils ne sont pas synchrones, car en ce dernier cas, c'est le son le plus fort qui est entendu. Le *battement* résulte dans le cas où le synchronisme des tictac se répète par des périodes de durée égale.

Explication : 1° Les tictac inégaux et non synchrones produisent deux espèces de sentiments ss', SS' composés de segments s, s' et S, S' de longueurs et de densités différentes qui peuvent être isolés et distingués les uns des autres, quand ils sont formés séparément en chaque oreille; mais s'il arrive des segments s', S' inégaux d'échogène à la même oreille, il serait possible d'obtenir une tension de la membrane telle qu'on perçoit le son grave ou le son aigu quand il y a une différence considérable, tandis que dans le cas en question cela ne peut avoir lieu, et les deux espèces de sentiment se confondent. 2° Dans le cas d'un isochronisme constant ou périodique, quoique les sentiments soient doubles et différents par les densités de l'échogène, mais à cause de l'expansion des éléments *s'*, *s* et S', S, disparaît la différence qui résulte des densités, et ainsi ce sont les dimensions seules qui font apparaître une identité entre les sentiments malgré les différentes densités des fluides entre les segments *s*, *s'* et S, S'.

B. Usage physiologique de différentes parties de l'oreille de la série animale.

§ 517. Dans l'anatomie comparée il a été constaté qu'à mesure qu'on descend l'échelle animale, disparaissent les parties accessoires du sens de l'ouïe, telles que la conque, le canal externe, la membrane du tympan, les osselets, et les détails mêmes de l'oreille interne vont sans cesse en décroissant, de sorte que l'organe de l'ouïe se réduit en un sac membraneux contenant la périlymphe dans laquelle nagent, non pas d'autres sacs remplis d'endolymphe, mais de petits concrétions calcaires plus ou moins volumineuses. Dans la périlymphe se trouvent les racines du nerf acoustique qui reçoivent des artères avec le sang l'électricité positive qui va par le nerf acoustique au cerveau. Comme chez l'homme, de même chez les animaux l'échogène arrive sous la forme d'ondes sonores, dont l'intervalle λ détermine les segments *s'* qui se mêlent avec d'autres *s* du nerf d'égale dimension, mais d'électricité positive, et c'est ainsi que résultent de nouveaux combinés qui consistent en segments égaux *s'*, *s* d'échogène et d'électricité positive, comme le sont ceux des sentiments humains.

Mammifères. Le pavillon de certaines espèces a une forme et une mobilité qui leur permettent de percevoir des ondes sonores d'échogène très-raréfiées; ce pavillon ou cornet auditif est, en cas pareils, formé de cartilages solides qui se tiennent droit (cheval, âne, chat, lièvre, lapin, etc.); les cartilages minces sont plus étalés, et les oreilles retombent sur le côté de la tête (chien de chasse, chien épagneul, éléphant, etc.). Le canal auditif est long chez les solipèdes et les ruminants et il est court chez les carnassiers.

La cavité du tympan est composée de mêmes détails chez les mammifères et chez l'homme; la trompe d'Eustache, courte et peu large chez les bœufs, est très-élargie chez le cheval.

Oiseaux. L'appareil de l'ouïe est moins complet que celui des mammifères; le pavillon de l'oreille externe fait défaut, le conduit auditif commence à la surface de la tête. La caisse, séparée du conduit par la membrane du tympan, est grande, parce qu'elle communique avec les cellules osseuses creusées dans les os du crâne. La trompe d'Eustache est un canal osseux revêtu d'une membrane muqueuse. Dans l'oreille interne le limaçon n'est point contourné, il forme un canal osseux terminé en cul-de-sac partagé par une cloison en deux rampes (rampe vestibulaire, rampe tympanique). Il y a des sacs remplis d'endolymphe qui nagent dans la périlymphe contenue dans des canaux semi-circulaires.

Reptiles. Ici manque l'oreille externe, la membrane du tympan est à fleur de tête; chez quelques espèces manque même l'oreille moyenne; quand elle existe, il y a une trompe d'Eustache très-evasée; les osselets sont souvent réduits à deux. Lorsque la membrane manque, les osselets fixés sur la fenêtre ovale s'attachent du dehors au derme cutané. Dans l'oreille interne c'est la périlymphe et les canaux semi-circulaires avec la racine du nerf qui ne manquent jamais; quand le limaçon existe, il est droit comme celui des oiseaux. Au lieu de sacs remplis d'endolymphe, il y a des cristaux microscopiques qui flottent dans la périlymphe pour y amortir les vibrations.

Poissons. Les parties externe et moyenne de l'oreille manquent chez les poissons, on n'y trouve que l'oreille interne, laquelle consiste : 1° dans le vestibule, 2° dans les canaux semi-circulaires qui sont au nombre de trois, de deux, ou même d'un seul, et de la racine du nerf. Au lieu de balanciers en sac flottant, il y a des concrétions calcaires d'un volume plus ou moins considérable. Il manque l'organe vocal chaque fois que manque l'oreille moyenne et la trompe d'Eustache.

Mollusques et articulés. Dans l'oreille interne disparaissent enfin les canaux semi-circulaires et reste la périlymphe dans laquelle flottent des corps solides nommés *otolithes*. Le même appareil a été constaté chez les mollusques céphalopodes dibranchiaux. Il y a un petit sac membraneux de chaque côté de la tête contenant la périlymphe dans laquelle flotte un otolithe et il s'y trouve la racine du nerf acoustique.

III. — ORDRE CHRONOLOGIQUE DE LA PRODUCTION DE LA SÉRIE ANIMALE.

§ 518. En poursuivant les détails de l'organe de l'ouïe dans la série animale, nous sommes arrivé à constater le mode de production des sentiments de l'ouïe dans la rencontre d'un segment *s'* d'échogène avec l'électricité positive du nerf dont se sépare un égal segment *s* qui se mêle avec le précédent *s'*, et ensuite ces deux segments *ss'* commencent à se dilater ensemble. D'une grande quantité de combinés pareils *s's* résulte un fluide qui détermine dans les molécules ambiantes, par son expansion, un arrangement tel qu'ils exercent le minimum de résistance. Ainsi en partant d'un corps sonore dont rayonne l'échogène en exerçant une poussée P répulsive, nous constatons suivant la loi physique une série de faits liés entre eux comme causes et effets dont la production ne peut éprouver d'autres modifications que celles qui ont lieu dans la production de l'échogène et dans sa propagation.

L'origine de l'échogène date de l'époque de la formation des animaux articulés et des insectes d'espèces différentes. Avant cette époque un silence de mort régnait sur la Terre. Des restes de plantes aquatiques a été formée une surface solide sur la mer; avant l'apparition des continents les insectes ont été produits : 1° par les aliments mêmes qui devaient leur servir ensuite comme nourriture, et 2° par l'écoulement 1° des deux électricités, 2° de la lumière, 3° de la chaleur et 4° du barogène.

Depuis l'apparition des insectes a augmenté le nombre des fluides impondérables, et c'est pour cela que devint nécessaire une production de nouvelles séries animales où ce nouveau fluide devait trouver sa consommation. Nous venons de prouver que ce sont les combinés *s's* des segments d'échogène et d'électricité dans lesquels l'échogène se consomme en quantités d'autant plus grandes que l'appareil de l'ouïe et mieux construit. Toutes les espèces d'insectes n'ont pas été produites à la fois, mais graduellement; des ondes sonores étant encore peu fréquentes a été produit l'appareil imparfait des articulés et des mollusques qui apparurent quand dans l'air et dans l'eau se répandaient de faibles ondes sonores. L'appareil bien développé des poissons a été produit quand les espèces des insectes ont été déjà multipliées; alors n'existaient pas encore les continents.

Les *reptiles* et les *oiseaux* commencèrent à se former par les mêmes fluides que les poissons, avec la différence que ces fluides parcouraient les substances animales exposées à l'air sur les côtés après l'apparition des continents quand manquaient encore les pluies, et que de cette cause le désert s'étendait sur toute leur surface. Donc, ni les reptiles ni les oiseaux ne purent être produits par les herbes, qui manquaient encore, et c'est pour cela que les animaux avec l'organe de l'ouïe moins parfait que celui des mammifères se nourrissent d'insectes, de vers et en général de substances animales ou de graines composés d'éléments pareils, et que les herbes ne sont pas leur aliment.

L'organe de la voix produit d'abord chez les oiseaux qui vivent tous dans l'air est d'une structure inférieure à celle de l'organe des reptiles dont les amphibies obtinrent un organe vocal d'un autre genre qui a une structure perfectionnée chez les mammifères.

Toutes les espèces de ceux-ci n'apparurent pas à la fois; quand les pluies commencèrent les pâturages devinrent très-abondants; de ses restes donc et des écoulements de six espèces de fluides ont été produits les herbivores qui reçurent un organe de l'ouïe au degré supérieur à celui des oiseaux et des reptiles. Enfin de la substance animale des herbivores et des fluides impondérables ont été formés les animaux carnassiers qui diffèrent des reptiles et des oiseaux par le perfectionnement plus grand de leur organe de l'ouïe et leur place est ainsi constatée dans la série chronologique de la production des individus primitifs de chacune de leurs espèces.

Chez l'homme l'organe de l'ouïe ne présente aucune différence particulière; au contraire, le pavillon rassemble moins les ondes sonores que le cornet mobile de certaines espèces d'herbivores. C'est dans l'organe vocal que la supériorité de l'homme éclate au plus haut degré. Ainsi suivant les degrés de perfectionnement des organes de l'ouïe et de la voix, il résulte que de l'échogène des ondes sonores des insectes et de cinq autres espèces de fluides ont été produites successivement : I. des invertébrés, 1° certaines espèces de mollusques, 2° certaines espèces d'articulés; II. tous les vertébrés, 1° poissons, 2° reptiles, 3° oiseaux, 4° herbivores, 5° carnassiers, et 6° l'homme.

IV. — DIFFÉRENCES ENTRE LA PRODUCTION PRIMITIVE ET LA REPRODUCTION.

§ 519. Nous avons indiqué (t. III, p. 64) le mode de la production postérieure des parties génitales des individus mâles, dont est émané le liquide spermatique qui a donné naissance à de nouveaux individus semblables en tout, sauf les parties génitales, qui se trouvent en directions inverses. De la production primitive il se trouve des exemples dans les infusions des substances végétales ou animales où les courants des fluides impondérables produisent entre les molécules un arrangement dont résultent des individus organisés de classes inférieures chez lesquels manquent les organes de l'ouïe et de la voix.

Chez les ovipares, les petits viennent au monde capables de se procurer immédiatement leur nourriture, ou tout au moins en quelques semaines, comme cela a lieu pour les vivipares. Cette fonction s'opère par la mère; il est cependant bien constaté qu'une mère qui nourrit ses propres petits ne refuse pas un autre orphelin, quand même il n'est pas de la même espèce; elle le soigne souvent plus que les siens et cela surtout quand il est d'un perfectionnement supérieur. Comme nous ne pouvons admettre dans la génération primitive que les développements graduels qui s'opèrent dans le fœtus, et qui peuvent être soutenus dans des liquides qui lui conviennent; il reste à connaître les soins postérieurs que devaient recevoir les individus venus au monde.

Nous savons que c'est dans les écoulements des fluides dans la substance qui sert comme nourriture et dans les individus déjà existants que résultent les arrangements des molécules de nouveaux individus dans la génération primitive; il y a donc une liaison entre ceux-ci et les espèces précédentes, qui occasionnait le soin des nouveaux individus par les précédents jusqu'à l'époque du commencement de la reproduction par l'apparition des individus femelles.

Le manque de fossiles d'homme dans les zones tempérées et glaciales où abondent ceux des animaux diluviens est une preuve que l'homme et les animaux actuels manquaient dans ces mêmes zones, lorsque leurs habitants cessèrent de vivre, non successivement, mais tous à la fois par suite d'un cataclysme. Cette série d'animaux diluviens manque dans la zone torride où vivaient l'homme et les animaux actuels. Telle est la preuve physique que l'homme primitif a été produit dans la zone torride, où les trois saisons, automne, hiver et printemps, forment presque une seule saison différente de l'été. Il a donc fallu neuf mois pour la production d'un fœtus humain dans des liquides d'une température convenable et sous une pression qui pouvait être supérieure à celle de l'atmosphère actuelle, parce que l'homme peut vivre sous des pressions de plusieurs atmosphères. Une telle pression atmosphérique de beaucoup supérieure à la pression actuelle existait lorsque la production primitive avait lieu pour les espèces supérieures.

§ 520. **Ordre suivant la production des ondes sonores.** Dans la série animale il y a deux modes de production d'ondes sonores : l'extérieure par le frottement et l'intérieure par l'organe vocal. Le bourdonnement est presque continuel chez les insectes ; les grenouilles et les oiseaux sont parmi les vertébrés les classes les plus sonores d'animaux ; viennent ensuite les mammifères herbivores et ensuite les carnivores. Chez l'homme l'organe vocal est devenu un instrument qui exprime l'état intellectuel. Ainsi nous y retrouvons le même ordre chronologique.

§ 521. **Attachement des animaux à l'homme.** Dans la série animale des mammifères, ce sont les carnassiers qui ont été produits immédiatement avant l'homme, et comme la rage se communique de quelques espèces (comme les chiens, les loups) à l'homme, c'est un indice d'une identité dans les courants de fluides dont résultèrent les individus de ces espèces pendant la génération primitive.

L'attachement des animaux à l'homme au commencement résulte d'une bienveillance de la part d'un homme ; mais le degré de son accroissement diffère dans la série animale : 1° le chien est habituellement le plus attaché à l'homme qu'il suit partout ; 2° on a vu souvent des agneaux, des chèvres, des chats suivre aussi l'homme ; 3° parmi les oiseaux on cite à Naples une oie qui, en 1830, suivait partout un sénateur, 4° et quant aux reptiles, un serpent s'était, en 1839, attaché à un officier valaque et se couchait même dans son lit.

§ 522. **Rapport entre le sens de l'odorat et celui de l'ouïe.** Il a été prouvé (t. II., p. 697) que l'organe de l'odorat est produit par l'électricité négative répandue des corps où elle se trouve accumulée. Ici nous venons de prouver que l'échogène n'est que l'électricité négative $2q\bar{E}$, qui n'existe pas à l'état libre comme celle des corps puants et parfumés, mais qui doit être produite au moyen de la décomposition des couples. Il y a donc consommation d'électricité positive également dans le nerf acoustique et dans celui de l'odorat. Parmi les animaux, les mammifères étant moins sonores que les oiseaux ont le sens de l'odorat plus développé. Chez les insectes où manque l'organe de l'ouïe, comme les mouches, les abeilles, les fourmis, le sens de l'odorat acquiert une rare finesse.

CHAPITRE III.

DES ESPÈCES DES SONS ET DE LEUR NATURE MUSICALE.

§ 523. Dans cet ouvrage nous avons constaté l'existence d'un fluide produit par la désunion des couples $\sigma\sigma$ moléculaires. Du mouvement emmagasiné de ce fluide provient une poussée expansive qui le fait se diviser en deux portions η et η', dont l'une η se sépare pour produire une surface sphérique, et l'autre η' recule pour aller au point antipode en parcourant la plus grande diagonale du corps. La répétition des poussées après chaque parcours de la diagonale Δ d'un point antipode à l'autre détermine les oscillations observées dans les molécules matérielles. Elles sont isochrones, parce que la vitesse de l'échogène η' est constante dans la diagonale Δ, tant que ne change ni la dimension du corps ni sa température. Quand était inconnu le fluide échogène 1° les vibrations étaient attribuées à un effort médiocre appliqué aux cordes, et 2° aux déplacements d'air qui en devaient être produits étaient attribués les sentiments de l'ouïe.

Ces sentiments sont ici des combinés réels entre 1° les segments s' d'échogène de longueur Λ égale aux intervalles qui séparent les ondes, et 2° les segments égaux s d'électricité qui venant avec le sang des artères s'écoule par le nerf vers le cerveau. Ce sont donc ces longueurs Λ des intervalles et de segments s' en même temps qui déterminent les espèces de sentiments et qui dépendent immédiatement des longueurs des diagonales entre les points antipodes d'où s'opèrent alternativement les séparations des portions $\varkappa$, $\varkappa'$. Les oscillations résultent des portions $\varkappa'$ qui vont du point antipode à l'autre; elles sont isochrones, parce que la vitesse de cet échogène $\varkappa'$ est constante.

L'effet physiologique des *accords* de plusieurs sons a sa cause dans l'électricité qui passe par les filets du nerf; tant que l'individu ne reçoit pas d'accords de séries de sons, l'écoulement d'électricité reste en son état normal; mais si l'on reçoit fréquemment des séries d'échogène, il y a consommation supérieure d'électricité dans les filets du nerf, et cela fait s'élargir les conducteurs qui l'amènent L'excédant d'électricité croît avec cet élargissement des conducteurs, et son éloignement s'opère avec un soulagement qui ne dure qu'autant qu'il y a un excédant; l'électricité commence ensuite à être consommée et bientôt il apparaît un déficit qui se manifeste comme un désagrément et une fatigue, malgré les mêmes accords ou d'autres même meilleurs qui arrivent à ce nerf.

I. — DES ESPÈCES DES SONS DE LA GAMME ET LEUR ORIGINE.

§ 524. Les segments s' d'échogène qui arrivent au nerf sont *simples* quand ils proviennent des éléments qui constituent les équivalents électriques négatifs É; ces segments ne résultent que dans la production des sons brefs; en tous les autres cas les ondes consistent en fluide échogène $2q$É subdivisé en longueurs égales ou multiples des sept longueurs de segments élémentaires indiqués par les signes α, β, γ, δ, ε, ζ, $\varkappa$.

§ 525. I. **Gamme des sons brefs ou simples.** En frappant les métaux, les pierres, les bois, on entend des sons brefs qui diffèrent pour chaque corps, et l'on croirait qu'il y a une infinité de sons; mais en prenant sur le violon ou la basse l'unisson de chaque son bref, on n'en trouve que sept espèces. De même donc que pour les sept couleurs, de même ici, suivant les sept sons brefs, tous les corps se distinguent en sept classes. Le son bref *ré* ou *mi*, *fa*... résulte d'une multitude de corps sans qu'ils soient identiques, car il y a dans les segments de ces sons des mélanges dont résultent des nuances analogues à celles des couleurs. Dans les sons brefs et dans leurs gammes il n'existe aucun timbre, parce que ce sont eux qui produisent le timbre de tous les sons musicaux.

§ 526. **II. Espèces de gammes de sons résultants.** L'échogène 2qÈ est composé de sept éléments qui ne cessent pas de déterminer les intervalles Λ entre les ondes sonores; car tout autre intervalle qui n'est égal ou multiple d'un des sept segments élémentaires n'est pas un son, mais un mélange de plusieurs sons; comme tous les bruits se décomposent en sons, il y a partout 1° des sons en confusion, ou 2° des sons en accord. De tels sons proviennent de l'échogène des corps 1° obtenus par la désunion des couples $\sigma\sigma'$ moléculaires, et 2° de l'échogène du son bref du corps sonore. Il y a donc à distinguer en chaque son : 1° l'espèce d'échogène du son bref du corps sonore qui reste constant, et 2° le son musical produit par la désunion des couples moléculaires $\sigma\sigma'$ de ce corps. Le *timbre* n'est autre chose que le son bref inséparable des corps sonores. Les sept sons de la gamme peuvent être obtenus par plusieurs moyens.

1° *Production des sons de la gamme par le monocorde.* Cet instrument, inventé par Pythagore, est une caisse D (fig. 157) de bois élastique avec deux fenêtres comme celle du violon, sur laquelle est tendue la corde AB qui passe par une poulie *r* et tient un poids P suspendu. Pour obtenir tous les sons possibles on promène le chevalet *c*, et l'on trouve seulement sept points pour la production de sept sons; sauf ces points, la partie de la corde ne produit pas un son musical mais une confusion de sons. Ces sept points sont tels que la portion cB entre le chevalet c et le commencement B

Figure 157.

de la corde est une portion symétrique avec la plus grande partie cA entre le chevalet et l'extrémité A.

DISTANCES entre le chevalet et B.	DISTANCES entre le chevalet et A.	INTERVALLES entre les portions.	NOMBRES des vibrations.	RAPPORT entre les vibrations.
			1	$1 : \frac{9}{8} = \frac{8}{9}$
$\frac{1}{9}l$	$\frac{8}{9}l$	$\frac{1}{9}$	$\frac{9}{8}$	$\frac{9}{8} : \frac{5}{4} = \frac{9}{10}$
$\frac{1}{5}l$	$\frac{4}{5}l$	$\frac{1}{5} - \frac{1}{9} = \frac{4}{45}$	$\frac{5}{4}$	$\frac{5}{4} : \frac{4}{3} = \frac{15}{16}$
$\frac{1}{4}l$	$\frac{3}{4}l$	$\frac{1}{4} - \frac{1}{5} = \frac{1}{20}$	$\frac{4}{3}$	$\frac{4}{3} : \frac{3}{2} = \frac{8}{9}$
$\frac{1}{3}l$	$\frac{2}{3}l$	$\frac{1}{3} - \frac{1}{4} = \frac{1}{12}$	$\frac{3}{2}$	$\frac{3}{2} : \frac{5}{3} = \frac{9}{10}$
$\frac{2}{5}l$	$\frac{3}{5}l$	$\frac{2}{5} - \frac{1}{3} = \frac{1}{15}$	$\frac{5}{3}$	$\frac{5}{3} : \frac{15}{8} = \frac{8}{9}$
$\frac{7}{15}l$	$\frac{8}{15}l$	$\frac{7}{15} - \frac{2}{5} = \frac{1}{15}$	$\frac{15}{8}$	$\frac{15}{8} : 2 = \frac{15}{16}$
$\frac{1}{2}l$	$\frac{1}{2}l$	$\frac{1}{2} - \frac{7}{15} = \frac{1}{30}$	2	

Quand est mise en vibration l'une des portions cB ou cA de la corde en vibration, l'autre vibre aussi; cependant la grande portion cA ne vibre pas seulement tout entière, mais est encore subdivisée en portions égales à celle qui est entre le chevalet et B, parce que en mettant des feuilles de papier aux points qui divisent la portion cA en portions égales à *c*B, elles restent en repos et ne sautent pas. Il y a donc production des ondes sonores qui ont toutes pour intervalle la portion *c*B de la corde, quand vibrent en même temps la portion *c*A et la corde entière AB, de sorte qu'il y a production des ondes des intervalles *c*B, *c*A et AB et toutes les trois espèces ne coïncident que quand la portion *c*A fait *n* vibration et la corde totale AB $n - 1$.

Les ondes de trois longueurs AB, *c*A et *c*B en coïncidant déterminent toutes la longueur commune *c*B qui étant égale ou multiple de la longueur élémentaire α produit le sentiment d'un son *ré*, parce qu'il y a un système de filets du nerf qui correspond à cette longueur *c*B. En déplaçant très-peu le chevalet en avant ou en arrière, il n'y a pas production de son, parce que la longueur $Bc \pm \chi$ manque dans les filets du nerf; il faut donc tâtonner pour parvenir à un point de la corde qui donne la longueur *c*B égale ou multiple de la longueur élémentaire β qui produit le sentiment d'un autre son *mi*, correspondant à un autre système de filets de nerfs et ainsi de suite, en déterminant les portions qui donnent les sept sons de la gamme.

Figure 158.

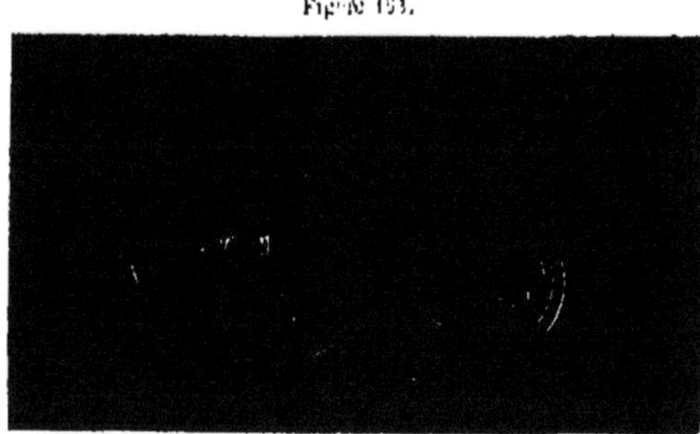

Dans les trois séries d'anses dont chacune en contient sept paires (fig. 158) se trouvent les systèmes de filets du nerf parcourus par l'électricité qui donnent naissance aux sentiments composés : 1° de segments *s'* de longueur $\alpha, \beta, \gamma, \delta, \epsilon, \zeta, \eta$ d'échogène, et 2° de segments égaux *s* d'électricité séparée des filets du nerf de la même longueur.

En promenant le chevalet c d'une extrémité à l'autre de la corde AB (fig. 157), Pythagore le premier et tous les autres physiciens après lui ne trouvèrent que sept points éloignés de l'extrémité B par les distances $\frac{1}{9}l$, $\frac{1}{5}l$, $\frac{1}{4}l$, $\frac{1}{3}l$, $\frac{2}{5}l$, $\frac{7}{15}l$, $\frac{1}{2}l$ dont les ondes sonores produisent les sentiments des sept sons. Il est donc absurde de considérer les sons de la gamme comme un fait arbitraire; leur existence primitive est dans les sept segments d'électre moins dense et d'électre plus dense; des segments moins denses $\alpha+\beta+\gamma+\delta+\varepsilon+\zeta+\eta$ consistent les équivalents $\bar{E}$ d'électricité négative, et des segments égaux d'électre plus dense $a+b+c+d+e+f+g$ consistent les équivalents $\bar{E}$ d'électricité positive. Des ondes sonores ayant pour intervalles les longueurs α, β, γ... des segments primitifs ont été produites les longueurs correspondantes des filets du nerf, et c'est une preuve de l'ordre chronologique de la production de l'organe de l'ouïe par les ondes sonores; cet organe ne pouvait donc précéder l'apparition des ondes sonores, comme les yeux ne pouvaient exister avant la lumière.

2° *Production des sons de la gamme par le poids des marteaux.* D'après Nicomaque, c'est chez un forgeron que Pythagore remarqua que quatre marteaux en frappant sur une enclume donnaient un accord. Ayant pesé ces marteaux, il trouva que leurs poids étaient entre eux comme les nombres 1, $\frac{4}{3}$, $\frac{3}{2}$, 2. Le fait obtenu au moyen de sept portions de la longueur l de la corde se présente ici en portions d'échogène analogues produites par le contact de l'enclume des poids p, $\frac{9}{8}p$, $\frac{5}{4}p$, $\frac{4}{3}p$, $\frac{3}{2}p$, $\frac{5}{3}p$, $\frac{15}{8}p$, $2p$. Ici les intervalles entre les ondes sonores sont égaux, mais les densités d'échogène y diffèrent en mêmes proportions que les longueurs des filets des nerfs, de sorte que ceux-ci reçoivent l'échogène répandu sur chaque système comme dans le cas précédent où ils recevaient l'échogène déjà subdivisé et ayant dans chacun des sept intervalles la même densité.

3° *Sons de la gamme du mélange des segments.* Il a été prouvé (§ 397) comment Biot et Hamel ont obtenu la gamme en séparant les portions $\frac{8}{9}\pi$, $\frac{4}{5}\pi$, $\frac{3}{4}\pi$, $\frac{2}{3}\pi$, $\frac{3}{5}\pi$, $\frac{8}{15}\pi$, $\frac{1}{2}\pi$ de la périphérie du tuyau d'une flûte. En ce cas les longueurs des intervalles des ondes étaient l et $\frac{1}{2}l$, mais les quantités d'échogène arrivaient dans les mêmes proportions que dans le cas précédent où elles sont produites par les poids, comme cela a été déjà expliqué.

4° *Sons de la gamme produits par des poids des cordes.* Sur la même caisse ayant été tendues sept cordes égales de longueur et de diamètre par sept poids dans les rapports P, $(\frac{9}{8})^2P$, $(\frac{5}{4})^2P$...., $4P$, il en résulte les sept sons de la gamme par les portions d'échogène qui sont ici en ondes ayant cependant les intervalles l, $\frac{8}{9}l$, $\frac{4}{5}l$..., comme dans les sons obtenus par les longueurs différentes du monocorde; car les poids P, $(\frac{9}{8})^2P$... 2^2P en augmentant font diminuer proportionnellement la résistance R des molécules σ de chaque corde contre l'échogène, ainsi elle devient $\frac{8}{9}R$, $\frac{4}{5}R$, $\frac{3}{4}R$..., et la vitesse v de l'échogène croît dans chaque corde et devient $\frac{9}{8}v$, $\frac{5}{4}v$, $\frac{4}{3}v$... Cela fait augmenter le nombre des ondes de la corde tendue par le poids 2^2P qui devient $2n$, quand est n celui de la corde tendue par le poids P.

5° *Sons de la gamme produits des épaisseurs des cordes.* Si le poids P qui tend les cordes est le même, mais si les diamètres sont dans les rapports $\frac{8}{9}d$, $\frac{4}{5}d$, $\frac{3}{4}d$... $\frac{1}{2}d$, les résistances étant proportionnelles aux molécules sont $\frac{8}{9}R$, $\frac{4}{5}R$, $\frac{3}{4}R$... $\frac{1}{2}R$; les vitesses de l'échogène dans les cordes sont v, $\frac{9}{8}v$, $\frac{5}{4}v$... $2v$, et les nombres des ondes produites $n + \frac{9}{8}n$, $\frac{5}{4}n$... $2n$, comme dans les cas où l'on opère avec des cordes raccourcies.

6° *Sons de la gamme produits des poids spécifiques des cordes.* Le poids spécifique croît quand diminuent les intervalles λ entre les molécules où logent les équivalents $2qE$ d'électricité dissimulée qui exercent une résistance à l'échogène. Cette résistance R diminue avec les intervalles λ quand le poids spécifique augmente. Le cuivre a un poids spécifique 9 fois plus grand que celui du boyau ; de cordes égales la résistance suivant le diamètre étant $\sqrt{R'}$ dans le boyau elle est $\sqrt{R}$ dans le cuivre. En employant donc des cordes égales de substances dont les poids spécifiques sont s, $(\frac{9}{8})^2 s$, $(\frac{5}{4})^2 s$... $2^2 s$, on obtiendra des ondes sonores de nombres n, $\frac{9}{8} n$, $\frac{5}{4} n$... $2n$.

7° *Sons de la gamme produits des élasticités des cordes.* L'élasticité des corps est en raison inverse de la résistance et en raison directe de la vitesse et des nombres des ondes produites en une unité de temps. On obtient donc les sons de la gamme de sept cordes égales et également tendues quand leur élasticité est dans les rapports e, $\frac{9}{8} e$, $\frac{5}{4} e$... $2e$.

8° *Sons de la gamme produits de la température des cordes.* Sept cordes de la même substance égales et également tendues exercent contre l'échogène de résistance R en raison inverse de leur température T; ainsi les nombres des ondes sonores séparées sont en rapport direct avec les températures T, $\frac{9}{8}$ T, $\frac{5}{4}$ T... 2 T.

9° *Sons de la gamme produits de tubes égaux contenant des liquides différents.* Il a été prouvé (§ 463) que le même tube rempli de mercure, d'eau, d'alcool, d'éther, d'air, et ébranlé avec un archet, donne les sons mi_2, mi_3, f_3, $fa^{\sharp}_3$, sol_3. On peut donc choisir des liquides pour en obtenir les sept sons de la même gamme.

Tous ces moyens différents employés ne conduisent qu'aux sept espèces de sons musicaux, déterminés par l'organe de l'ouïe; d'où il résulte que cet organe possède l'appareil qui restant le même reçoit l'échogène en sept portions qui peuvent y être d'égale densité et de longueurs différentes, ou d'égale longueur et de densités différentes. Pour faire augmenter la vitesse dans les cordes, il faut y faire diminuer la résistance, ce qu'on obtient : 1° par le raccourcissement, 2° par la traction, 3° par la diminution du diamètre, 4° par l'élévation de température; 5° par l'augmentation du poids spécifique, et 6° par celle de l'élasticité.

§ 527. **Des battements et des sons en résultant.** Au lieu de procéder, comme Pythagore, dans la recherche des sons musicaux constituant la gamme et dont les nombres des ondes sont en raison inverse des longueurs des cordes, quelques physiciens modernes ont pris pour point de départ les nombres n, $n+\frac{1}{2}n$, $(1+\frac{1}{3})n$, $(1+\frac{1}{4})n$, $(1+\frac{1}{5})n$... de vibrations, et ils sont ainsi parvenus à trouver un plus grand nombre de sons que Pythagore; c'est la *tierce mineure*, qui a été même introduite avec un grand avantage dans la musique moderne. Tartini a cherché de pareils sons résultant de deux autres composants comme point de départ d'un nouveau système d'harmonie. Nous venons de prouver que les sept sons de la gamme résultent tous de trois composants et que leur nombre a pour cause un égal nombre de systèmes de filets du nerf.

Pour se mieux convaincre de la propagation de l'échogène dans toutes les parties des cordes produites d'une poussée P expansive, on procède de la manière suivante :

1° On place successivement le chevalet du monocorde pour obtenir de la corde l les fractions $\frac{1}{2}l$, $\frac{1}{3}l$, $\frac{1}{4}l$...; on accorde séparément, à l'unisson de chacune d'elles, une des cordes d'un piano ou d'une guitare. Les sons rendus par les longueurs l, $\frac{1}{2}l$, $\frac{1}{3}l$, $\frac{1}{4}l$... seront exprimés par 1, 2, 3, 4... qui sont les harmoniques; et nous avons prouvé (§ 380) que c'est la poussée P répulsive de l'échogène qui produit les subdivisions $\frac{1}{2}l$, $\frac{1}{3}l$, $\frac{1}{4}l$... de la corde ou des tuyaux dont résultent les sons dans l'ordre indiqué, qui diffère de celui des sons de la gamme.

2° Dans le jeu de cornet d'un orgue, chaque touche fait partir à la fois les sons 1, 2, 3, 4, 5 ou ut_1, ut_2, sol_2, ut_3, mi. Néanmoins, si l'on arrête une de ces touches, on n'entend plus qu'un seul résultant qui est ut_1.

3° Les nombres de vibrations de sons *mi* et *fa* sont $\frac{5}{4}=\frac{15}{12}$

et $\frac{4}{3} = \frac{16}{12}$ quand la corde entière donne $\frac{1}{12}$ vibrations. Il aura donc en un espace de temps τ coïncidence entre les vibrations $\frac{1}{12}$, $\frac{15}{12}$, $\frac{16}{16}$, et il en sera produit une série d'ondes sonores d'une triple intensité qui seront séparées par un intervalle 12 fois supérieur à celui des ondes de la corde l; pour cette raison le son résultant sera $\frac{1}{12} = \frac{4}{3} : 2^4$ qui est fa_{-1}. On trouverait de même que de *ut* et *fa* le son résultant est fa_{-2}.

§ 528. **Origine de la tierce mineure.** La tierce majeure est un son résultant des composants $5n$ et $4n$ ondes sonores produites en 1 seconde, les coïncidences s'opèrent dans les intervalles de temps τ pendant lequel l'une des cordes produit 5 ondes et l'autre 4 : 1° si la durée τ entre dans 1 seconde moins de 32 fois, chaque coïncidence sera sentie comme un *coup* séparément; 2° si elle entre moins de 128 fois, les coïncidences produiront des *battements* et roulements pareils à ceux du tambour; 3° si la durée τ entre dans 1 seconde plus de 128 fois, les coïncidences se présentent comme un son résultant musical; un pareil son est la tierce mineure $\frac{6}{5}$.

La tierce mineure n'est pas un son propre produit comme ceux de la gamme, mais il résulte des coïncidences de deux sols, le sol_1 et le sol_3, produit l'un $\frac{3}{2}$ de la portion $\frac{2}{3} = \frac{4}{6}$ de la corde l et l'autre sol_3 de la portion $\frac{1}{6} = \frac{2}{12} = \frac{4}{3} : 2^3$. Pour cette raison la tierce mineure se décompose en ses éléments, chose qui n'a pas lieu pour les sept sons simples ou brefs. Il a été prouvé que les sept sons de la gamme résultent de trois systèmes d'ondes provenant, 1° de la corde totale l, 2° de la grande portion cA séparée par le chevalet, et 3° de la petite portion cB. La tierce mineure étant composée de deux sols, le *sol* et le sol_1, peut avoir une valeur dans la composition des airs, mais pour cela elle n'obtient aucune valeur particulière dans les sept sons de la gamme. Connaissant donc cette origine de la tierce mineure, on pourra, à l'avenir, parvenir à composer le nouveau système d'harmonique. Tartini cherchait, en combinant plusieurs sons, à en obtenir des sons résultants donnant des nombres de vibrations voulus.

§ 529. **Nombre 2^n de vibration de chaque corde isolée.** C'est un fait constaté par Chaldini que chaque onde ou chaque tuyau mis en oscillations par un archet ou par une colonne d'air obtiennent des vibrations qui sont isochrones et dont le nombre, pendant la durée d'une seconde, est toujours une puissance de 2, si de la même corde est mise en vibration une portion qui produit un son de la gamme. En considérant les ondes, non pas comme simples, mais toujours par paires à cause de la séparation de l'échogène η dans les deux extrémités des excursions de la corde, on aura pour une vibration par seconde deux ondes séparées l'une de l'autre par l'intervalle $\frac{1}{2} \times 337 = 168,5$ ou 512 pieds. On forme ainsi le tableau suivant pour les nombres des ondes produites par une corde, 1° frottée continuellement avec une vitesse croissante, 2° tendue par des poids croissants pour y faire diminuer la résistance contre l'écoulement de l'échogène, ou 3° en employant à la fois l'un et l'autre de ces deux moyens.

NOMBRE des ondes par seconde.	INTERVALLES ENTRE LES ONDES en pieds.	en mètres.	DÉSIGNATION DES OCTAVES.
2	512 pieds	168,5	Marque de son.
32	32	10,5312	ut_{-2}, son le plus grave de l'orgue.
64	16	5,2656	ut_{-1}, premier *ut* du piano.
128	8	2,6328	ut_1 premier *ut* de violoncelle.
256	4	1,3164	ut_2
512	2	0,6582	ut_3, *ut* grave du violon.
1024	1	0,3291	ut_4, deuxième *ut* du violon.
2048	6 pouces	0,1645	ut_5, troisième *ut* du violon.
4096	3	0,0822	ut_6
8192	18 lignes	0,0411	ut_7, dernier *ut* de l'orgue.
16384	9	0,0206	ut_8
32768	4 ½	0,0103	ut_9
65536	2 ¼	0,0051	ut_{10}

Quand on attribuait aux poussées de la main ou de l'archet les déplacements des molécules de la corde, il était absolument impossible de se rendre compte de ce fait singulier que, dans chaque corde, on n'a que des nombres de vibrations exprimés par une puissance de 2, et cela quand on fait la comparaison avec les vibrations qui produisent les sons de la gamme. Ici nous venons de prouver que tous les sons de la gamme résultent de trois composants dont deux changent pour chaque son, tandis que reste constant le composant provenant des ondes sonores de la corde totale. La subdivision de celle-ci en 2, 3, 4, 5... portions égales par l'augmentation de la quantité d'échogène est donc la cause physique qui fait résulter des nombres d'ondes qui ont pour intervalles 2^n, parce que la corde l se trouve subdivisée par l'échogène en 2^n portions.

Un son fondamental isolé, comme ceux qui sont observés dans la sirène, la roue ou le vibromètre (§§ 370, 371, 372), peut avoir un nombre quelconque de vibrations; ainsi l'observation de Chaldini ne trouve sa raison d'être que dans les comparaisons entre les vibrations de la corde totale et ses deux parties, dont résulte un son de la gamme. Ici trouve aussi son explication le désaccord suivant entre les musiciens.

Le *la* du diapason ordinaire ou second *la* du violon sera, en prenant le même point de départ, $512 \times \frac{5}{3} = 853,3$; au lieu de ce nombre les physiciens allemands, réunis en 1834, ont adopté pour le *la* normal 880 vibrations simples par seconde. A Paris, au grand Opéra, on admet 867, au Théâtre-Italien et au Conservatoire, 869; au théâtre de Berlin, 883, et à celui de Vienne, 881 vibrations. Le lecteur s'étonne à bon droit de ces grossières divergences quand de l'autre part un comma de $\frac{1}{80}$, qui est un quart de ton, ne peut pas rester sans être bien remarqué, surtout quand cela est d'une si grande importance.

Explication. Comme tous les autres, le son l résulte de

trois systèmes d'ondes d'intervalles l, $\frac{4}{5}l$ et $\frac{3}{5}l$; mais les ondes de la longueur $\frac{3}{5}l$ résultent du double système de sons composants dont l'un est celui des ondes dessous de la gamme et l'autre provient des portions $\frac{2}{5}l$ et $\frac{1}{5}l$, parce que les deux portions égales $\frac{2}{5}l$ et $\frac{2}{5}l$ produisent exactement la portion $\frac{4}{5}$ qui est celle qui donne les ondes $\frac{4}{5}$ du son *mi*, et la portion qui reste $\frac{1}{5}=\frac{4}{5}:2^2$ donne $mi_{,,}$ ainsi le son *la* est la résultante des deux systèmes d'ondes qui donnent séparément 1° *la* de la gamme, et 2° la résultante de $mi_{,}$ et $mi_{,}$, précisément comme la tierce mineure est un son résultant de deux sons homonymes d'octaves différentes $sol_{,}$ et $sol_{,}$. Si l'on admet $la_{,}$, ses composants seront $mi_{,}$ et $mi_{,,}$, et en même temps il est produit des portions $\frac{4}{5}l$, $\frac{3}{5}l$ et de l.

Les nombres des limites adoptés par les physiciens pour les ondes du son l sont entre $880=16\times11\times5$ et $864=16\times9\times6$; mais le facteur 11 n'entre pas dans les rapports des sons comme le font 9 et 6; cela conduit à connaître : 1° que la différence résulte du facteur 16, et 2° que les Français et les Italiens approchent plus de la vraie valeur 864 que les Allemands, et que ces derniers approchent davantage de la valeur 880 qui est moins exacte.

Pour trouver le nombre de vibrations correspondant à un son donné, malgré le grand désaccord indiqué, les calculs restent basés sur les longueurs des portions vibrantes cA, cB de la corde AB qui vibre aussi. Dans un instrument de musique, on produit un son et l'on met la sirène en unisson pour connaître le nombre des ondes sonores produit en 1 seconde. Comme est connu le rapport entre la longueur de la corde qui donne le son dont le nombre des ondes a été donné par la sirène, on détermine aussi le nombre des ondes produites par la corde totale. Ce nombre est toujours une puissance de 2. Par exemple, l'*ut* grave du violoncelle produit $128=2^7$ ondes par seconde; un son qui aurait pour unisson le *mi*♭ de l'octave suivante de cet instrument faisant $\frac{5}{4}\times\frac{24}{25}\times 2$ ondes, pendant que la corde totale en produit une seule, donnera en 1 seconde le nombre des ondes $\frac{5}{4}\times\frac{24}{25}\times2\times128=307,2$.

En cas pareils, au lieu de mettre en unisson un son de la gamme avec la sirène, si l'on y met le son fondamental, on ne trouvera plus pour nombre des ondes produites une puissance de 2, mais tout autre nombre. Nous répétons cette observation pour ne pas laisser croire au lecteur que la corde repousse l'air et le fait venir au nerf comme une espèce de bouffée de vent pour y produire un sentiment.

Au lieu de sept sons naturels de la gamme dont les ondes ont entre elles sept espèces d'intervalles, on peut en admettre douze ayant entre les ondes des intervalles d'un seul et même rapport entre eux; en appelant χ ce rapport, on aura $\chi^{12}=2$ et $\chi=\sqrt[12]{2}=1,059463$, qui est l'intervalle-unité proposé par Lambert. Les nombres des ondes des 12 sons dérivés forment une progression géométrique dont la raison est $\sqrt[12]{2}$ et s'obtiennent par la formule $y=(\sqrt[12]{2})^n$, n étant le nombre de sons qui précèdent celui que l'on considère.

II. — DES ACCORDS ET LEURS EFFETS PHYSIOLOGIQUES.

§ 530. Plusieurs sons provenant de corps sonores sans aucun ordre ni symétrie constituent un *bruit* qui peut être décomposé par l'isolement de chaque son, comme cela a été indiqué; ainsi il n'existe dans la nature que sept sons en octaves différentes, mais de mélanges de mêmes sons d octaves différentes la résultante ne paraît pas être des sept sons de la gamme, comme cela a lieu pour la tierce mineure qui étant une superposition de sol et sol, paraît être un son $\frac{9}{8}$ différent de $\frac{3}{2}$ et de $\frac{3}{2}:4$.

§ 531. **Accord.** Quand un petit nombre de sons ayant entre eux des intervalles symétriques se répètent en chaque unité de temps, de ces périodes égales résulte une série d'accords. Il y a donc plusieurs espèces d'accords, mais entre eux les plus simples sont celui des anciens et celui des modernes.

Accord ancien. . . . . ut, fa, sol, ut_2; 1, $\frac{4}{3}$, $\frac{3}{2}$, 2 ou 6, 8, 9, 12, 6...

Accord moderne. . . . . ut, sol, la, ut_2; 1, $\frac{3}{2}$, $\frac{5}{4}$, 2 ou 4, 6, 5, 8, 4...

Intervalles identiques excepté les derniers. . . . . 2, 1, 3, 4 ou 6.

Soient quatre tubes A, *a*, *a'*, *a''* (fig. 159) dans chacune desquels s'enfonce un cylindre qui joue le rôle de piston. Ces tubes ont les longueurs 8, 6, 5, 4 que devraient avoir des tuyaux d'orgue pour donner l'accord 1, $\frac{3}{2}$, $\frac{5}{4}$, 2. Si l'on tire brusquement le cylindre B du tuyau A, on entend une petite explosion analogue à celle qui se produit quand on débouche une bouteille presque pleine; mais si l'on vient à retirer les cylindres B, *b'*, *b*, *b''* rapidement les uns après les autres, on reconnaît facilement l'accord parfait et l'octave du son fondamental.

Figure 159.

En jetant par terre quatre morceaux de bois ayant des longueurs de 4, 6, 5, 8 décimètres, on reconnaît l'accord parfait dans les bruits qu'ils produisent en rencontrant le pavé. Avec sept morceaux de bois ayant des longueurs de 24, 27, 30, 32, 36, 40, 44, 48 centimètres, ou décimètres, on peut obtenir la gamme entière.

Les sons brefs diffèrent des bruits, parce qu'ils ont pour élément les segments dont consistent les équivalents Ē qui constituent l'échogène; de quatre sons brefs peut résulter un accord de la manière indiquée, ou même la gamme entière, mais de plusieurs bruits consécutifs ou superposés on n'obtient qu'un autre plus grand.

§ 532. **Mélodie.** De la répétition isochrone d'un ou de plusieurs accords composés de plusieurs sons résulte la mélodie qui est un air de musique, et consiste en ondes d'échogène en quantités périodiques $2\varkappa$, $\varkappa$, $3\varkappa$, $4\varkappa$ et isochrones. Si cet échogène était limité à produire des sentiments d'ouïe comme ceux des sons ou des paroles, tout se bornerait à la perception de l'ordre des sons qui constituent les accords, et peu importerait que les ondes d'échogène arrivassent en une ou plusieurs fois, ou qu'elles fussent isochrones ou *anisochrones*.

Cependant cela n'est pas le cas, car les répétitions des accords isochrones et leurs portions d'échogène arrivant aux filets du nerf provoquent une émission des ondes d'électricité conduite par la pulsation des artères et par la palpitation du cœur. Un semblable unisson s'établit entre deux pendules communiquant par une triugle. Les ondes d'échogène isochrones, en se combinant avec l'électricité du nerf conduite avec le sang, sollicitent donc les ondes ou les pouls à se mettre en unisson.

Ainsi le pouls et la palpitation du cœur étant différents chez chaque individu, l'altération nécessaire pour se mettre en unisson avec les ondes d'échogène n'est pas égale. Mais celles-ci ne sont produites que par un artiste chez qui la palpitation du cœur et la pulsation des artères sont en unisson. Il y a donc une certaine limite pour la durée T de chaque période des accords, car cette durée T est ce qui détermine celles des pouls et de la palpitation du cœur des auditeurs. Les ondes sonores qui vont partir de la glotte de l'artiste ou de son violon sont déjà prédestinées dans la palpitation de son cœur, comme cela se voit même dans sa physionomie.

Un grand artiste, comme Paganini ou Jenny Lind, se distingue des autres en ce que, de la seule corde G de son violon ou des cordes vocales de sa glotte, il fait se répandre des portions d'échogène dans un ordre qui existe déjà dans la palpitation de son cœur, et cette palpitation est celle qui se trouve réellement chez l'individu qui sent les chagrins et les douleurs ou la joie et le plaisir. L'artiste éprouve réellement un tel état physiologique qui devient la cause physique de la production des ondes d'échogène, qui doivent se reproduire à l'unisson chez les auditeurs au moyen d'un changement de la durée T des périodes du pouls ou de la palpitation.

La différence $\pm \chi$ entre la durée T de la palpitation déterminée par les périodes des ondes d'échogène et celle $T \pm \chi$ ne peut être trop grande pour les individus d'un âge pas trop différent de celui de l'artiste; chez les vieillards il est plus facile d'obtenir une accélération de pouls que d'obtenir chez les jeunes femmes un retard nécessaire pour l'établissement de l'unisson. Telle est la cause des évanouissements fréquents auxquels sont soumises les femmes jeunes et nerveuses, quand elles entendent les airs des grands artistes. Il a été prouvé comment, à la suite de chocs légers, mais symétriques et isochrones, les plus lourds pendules se mettent en mouvement; tandis que par suite des mêmes chocs, mais irréguliers, s'arrête le mouvement de chaque pendule; telle est la cause de l'effet observé chez les femmes dans les cas indiqués.

Les artistes, quoique plus expérimentés dans l'âge avancé, ne peuvent plus obtenir artificiellement l'état de l'individu jeune qui sent la douleur et le chagrin ou la joie et le plaisir; ils perdent donc la propriété d'avoir les ondes d'échogène prédestinées, et c'est pour cela qu'ils cessent d'être artistes. Les amateurs de la musique eux-mêmes perdent souvent le sentiment de plaisir quand ils deviennent vieux.

§ 533. **Harmonie.** L'harmonie consiste en sons résultant de la superposition de plusieurs autres composants d'accords différents. Ainsi donc, comme plusieurs sons confus constituent un bruit, de même plusieurs accords en désordre sont une *dissonance*. L'harmonie est l'art d'arranger les accords qu'il en résulte des sons de la gamme composants des accords qui ne diffèrent pas de ceux de la mélodie par la nature de sons, mais par la quantité d'échogène dont chaque son est produit. L'exemple suivant sert à indiquer que, 1° de trois accords résulte un composé de tierces majeures et mineures, et 2° de sons dont trois consécutifs produisent des quintes.

ut	»	mi	»	sol	»	»
	ré,			(sol)		si
ut	»	»	fa_{-1}	»	la_{-1}	»
1	$\frac{9}{4}$	$\frac{5}{4}$	$\frac{2}{3}$	$\frac{3}{2}$	$\frac{5}{6}$	$\frac{15}{8}$

Ces trois accords sont (ut, mi, sol), (sol, si, ré,), (fa_{-1}, la_{-1}, ut), dont les sons fondamentaux sont : ut, sol, fa_{-1}. En arrangeant les sons par ordre d'acuité, on a

fa_{-1}	la_{-1}	ut	mi	sol	si	ré,
$\frac{2}{3}$	$\frac{5}{6}$	1	$\frac{5}{4}$	$\frac{3}{2}$	$\frac{15}{8}$	$\frac{9}{4}$

$$\frac{5}{4} \quad \frac{6}{5} \quad \frac{5}{4} \quad \frac{6}{5} \quad \frac{5}{4} \quad \frac{6}{5}$$

Enfin, pour obtenir la quinte de sons superposée on embrasse trois par trois les sons de la gamme dans la série indiquée : $1 + \frac{5}{4} + \frac{6}{4} = \frac{15}{4} = \frac{3}{2} \times \frac{5}{4} \times 2$; $\frac{4}{5} + \frac{3}{2} + \frac{5}{6} +$ [illegible] $= \frac{18}{8} = \frac{3}{2} \times 2$.

§ 534. **Fatigue de l'ouïe par la mélodie et l'harmonie.** Les sons dans la mélodie ne diffèrent pas de ceux de la gamme par la quantité d'échogène; les mêmes sons ayant été dans l'harmonie les résultants de la superposition de plusieurs autres sont produits par des quantités d'échogène souvent cent fois supérieures. De cette cause, l'effet des ondes d'échogène est une grande consommation d'électricité pour les sons harmoniques, et une médiocre consommation de celle-ci pour les sons mélodiques. Ainsi on peut avec plaisir, et sans être fatigué, entendre les mélodies durant plusieurs heures, ou chanter continuellement plusieurs airs; tandis qu'on se sent fatigué, si l'on doit entendre continuellement pendant plusieurs heures les morceaux harmoniques même les meilleurs.

La mélodie résulte comme la langue de l'organe de la voix, parce que les répétitions de quelques sons et des ondes d'échogène isochrones se mettent en unisson avec les palpitations du cœur, et c'est ainsi que l'éloignement de l'excédant d'électricité a lieu en procurant du soulagement et du plaisir. Les chansons mélodiques ne manquent chez aucune nation; elles existent même parmi les sauvages.

L'harmonie est un produit de l'art, car au lieu d'employer les sons naturels de la gamme, il faut en superposer un grand nombre pour produire le même son avec une très-grande quantité d'échogène; elle est employée pour faire affluer au nerf une grande quantité d'électricité, qui ne tarde pas à mettre les palpitations du cœur en unisson avec les périodes des accords qui forment des périodes isochrones dans la mélodie.

§ 535. **Liaison de la musique avec la danse, la poésie et l'éloquence.** En tous ces états c'est la palpitation du cœur qui produit des effets physiologiques qui ont leur cause dans l'échogène qui arrive aux nerfs avec les ondes sonores. 1° Dans la danse, les ondes d'échogène sont en unisson avec celles de l'électricité conduites avec le sang des artères aux nerfs de l'organe de l'ouïe et des muscles qui entretiennent les mouvements rhythmiques dans tous les membres du corps. 2° Les poëtes en répétant leurs vers avec un rhythme entraînent l'électricité, de sorte que la palpitation du cœur des auditeurs se met en unisson avec leur déclamation. 3° Dans l'éloquence manque le rhythme; elle consiste en un accompagnement des significations des paroles avec des ondes d'échogène qui correspondent à l'état dans lequel se trouve l'individu auquel peut être appliquée la parole prononcée, comme faisait Rachel.

§ 536. **Résumé.** Les ondes d'échogène sont séparées par des intervalles égaux comme les pouls des artères et comme la palpitation du cœur; ces mouvements se répètent et se soutiennent par la répulsion expansive provenant du mouvement emmagasiné dans le fluide primitif l'*électre*. C'est dans le nerf acoustique que s'unissent les segments *s'* d'échogène avec ceux *s* d'électricité qui y arrive avec le sang. Tous les faits physiologiques sont produits au moyen des ondes d'échogène, isochrones, périodiques et à des intervalles capables de produire l'unisson du pouls des artères. La musique, sous forme de mélodie ou d'harmonie, doit se conformer avec l'isochronisme qui existe également dans les pouls des artères et dans la palpitation du cœur. Pour cette raison on a cherché, dès l'origine, à remplacer les sept sons inégaux de la gamme par douze autres de durées très-peu différentes l'une de l'autre; car en opérant avec de tels sons on peut les combiner toujours de manière à obtenir les sons de la gamme, comme cela est prouvé ci-dessous.

III. — DE LA MODIFICATION DES INTERVALLES DES SONS DANS LEUR APPLICATION MUSICALE.

§ 537. **Dièse, bémol, ton.** Les sons que peuvent rendre les instruments de musique ayant reçu d'avance les noms des notes de la gamme, si l'on veut écrire un air avec des notes plus ou moins graves, il faudra prendre des sons dans différentes octaves, souvent trop éloignées pour les limites de l'instrument. Pour ne pas être obligé de commencer toujours par *ut* sans déranger la série des intervalles dans la succession des sons, on divise les cinq tons de la gamme en deux demi-tons; cela s'opère de deux manières: 1° d'un ton on fait trois demi-tons en multipliant par $\frac{24}{25}$ son nombre, ce qui s'appelle *diéser la note* et s'indique par le signe ♯; ou 2° on la diminue d'un demi-ton en multipliant par $\frac{25}{24}$, ce qui s'appelle *bémoliser la note* et s'indique par le signe ♭. Par exemple, si l'on veut commencer la gamme par quelque note autre que l'*ut*, il faut qu'il y ait une série composée de cinq tons séparés par deux demi-tons en deux parties inégales; deux tons doivent être à côté de chaque demi-ton et le cinquième doit être au milieu. En commençant la gamme par *ré* pour avoir une série de tons comme celle de la gamme normale, il faudra indiquer les notes en employant les signes ♯ et ♭.

Gamme majeure ou normale.	ut		ré		mi		fa		sol		la		si		ut
		ton		ton		½ ton		ton		ton		ton		½ ton	
Gamme de *ré*.	ré		mi		fa♯		sol		la		si		ut♯		ré
Gamme de *fa*.	fa		sol		la		si♭		ut		ré		mi		fa
		ton		ton		½ ton		ton		ton		ton		½ ton	

Les signes ♯, ♭ sont indispensables dans les déplacements des notes, dont celle par laquelle commence la gamme se nomme la *tonique ;* car dans cette note sont pris les sons qui figurent dans l'air, elle en détermine le ton. Ce mot s'emploie dans trois acceptions, puisqu'il signifie aussi : 1° la hauteur d'un son, et 2° l'intervalle qui existe entre deux sons consécutifs de la gamme.

Le rapport $\frac{25}{24}$ se nomme *demi-ton majeur;* c'est le plus petit intervalle que l'on emploie en musique. Tout intervalle plus petit est un *comma*. Les tons majeurs $\frac{9}{8}$ et les tons mineurs $\frac{10}{9}$ de la gamme se confondent ; car ils ne diffèrent que d'un comma $= \frac{1}{72}$. Dans un même morceau de musique, en changeant souvent le ton ou la note tonique, on évite la destruction de l'isochronisme qui résulterait de la répétition des commas ; ces changements s'appellent *moduler*. On finit toujours dans le son avec lequel on a commencé, et cela pour qu'il ne reste pas dans le nerf acoustique un excédant d'électricité, car il y arrive par chaque pouls une portion ε déterminée par la portion α d'échogène. Si l'on ne finit pas dans la tonique, l'excédant $\varepsilon - \alpha$ d'électricité en repoussant le nerf produit un sentiment désagréable.

Une note diésée et la suivante bémolisée ne sont pas égales :

ré♯ : *mi*♭ $= \frac{9}{8} \times \frac{25}{24} : \frac{6}{5} \times \frac{24}{25} = \frac{128}{125}$ qui diffère peu de l'unité. Dans le piano le même son indique une note diésée et la suivante bémolisée; dans le violon, la basse, la voix, qui donnent des sons continus, on peut faire exactement les dièses et les bémols. Tout consiste donc dans l'isochronisme des accords qui sont composés d'un nombre égal de tons, car la palpitation du cœur et la pulsation des artères ne peuvent se mettre en unisson avec les ondes de l'échogène que par un isochronisme parfait. Pour cette raison, un artiste, quelque habile qu'il soit, ne produira jamais sur le piano des effets physiologiques au même degré que les produit un autre artiste sur le violon ou par sa voix.

§ 538. **Mode mineur.** On peut obtenir une série de sons arrangés en ordre de tons comme ceux de la gamme, en partant des quatre sons de l'accord majeur 1, $\frac{5}{4}$, $\frac{3}{2}$, 2, après y avoir remplacé la tierce majeure $\frac{5}{4}$ par la mineure $\frac{6}{5}$, d'où résulte l'accord 1, $\frac{6}{5}$, $\frac{3}{2}$, 2. Cet accord est produit par des cordes de longueur 1, $\frac{5}{6}$, $\frac{2}{3}$, $\frac{1}{2}$; et comme la corde de longueur $\frac{5}{6}$ ne donne pas un son de la gamme, mais un son résultant de deux $sol_1 + sol_1 = \frac{2}{3} + \frac{2}{3} : 2^2$, dans cet accord entrent les quatre sons *ut*, $sol_1 + sol_1$, *sol* et *ut*.

Pour compléter une gamme entre les deux ut extrêmes 1 et 2 en conservant les deux, la tierce mineure $\frac{6}{5}$ et le sol $\frac{3}{2}$, il faut les quatre sons intermédiaires $\frac{9}{8}$, $\frac{4}{3}$, $\frac{8}{5}$, $\frac{9}{5}$ qu'on obtient de la manière suivante : 1° en considérant dans l'accord 1, $\frac{6}{5}$, $\frac{3}{2}$, 2 le sol $\frac{3}{2}$ comme tonique, sa quinte est $\frac{3}{2} \times \frac{3}{2} = \frac{9}{4}$ qui est remplacé par son octave $\frac{9}{8}$; 2° la quarte est $\frac{4}{3}$; 3° sa tierce mineure $\frac{4}{3} \times \frac{6}{5} = \frac{8}{5}$; 4° la quinte de la tierce mineure est $\frac{6}{5} \times \frac{3}{2} = \frac{9}{5}$. Ainsi est obtenue la gamme mineure contenant des sons résultant de superposition, et qui ont cependant entre eux les intervalles dans le même ordre que ceux de la gamme majeure, comme cela est indiqué dans l'exemple suivant :

1	$\frac{8}{9}$	$\frac{6}{5}$	$\frac{4}{3}$	$\frac{3}{2}$	$\frac{8}{5}$	$\frac{9}{5}$	2

$\frac{9}{8} : 1 = \frac{9}{8}$ $\frac{6}{5} : \frac{9}{8} = \frac{16}{15}$ $\frac{4}{3} : \frac{6}{5} = \frac{10}{9}$ $\frac{3}{2} : \frac{4}{3} = \frac{9}{8}$ $\frac{8}{5} : \frac{3}{2} = \frac{16}{15}$ $\frac{9}{5} : \frac{8}{5} = \frac{9}{8}$ $2 : \frac{9}{5} = \frac{10}{9}$

la si ut ré mi fa sol la_2

ton ½ ton ton ton ½ ton ton ton

Les airs écrits dans le *mode mineur* ont un caractère triste et mélancolique qui les fait immédiatement distinguer de ceux écrits dans le mode majeur. Comme la tierce mineure $\frac{6}{5}$, de même les deux sons $\frac{8}{5}$ et $\frac{9}{5}$ correspondant à *fa* et à *sol* sont les résultants des autres superposés. 1° La corde [illegible] ne vibre pas tout entière, mais elle se subdivise en deux portions $\frac{1}{8}$ et $\frac{4}{8}$ qui donnent ut_3 et *ut*; 2° la corde $\frac{5}{9}$ se subdivise aussi en deux portions $\frac{4}{9}$ et $\frac{1}{9}$ ou $\frac{8}{9} : 2$ et $\frac{7}{3} \times \frac{8}{3} : 4$ dont l'une donne le son *ré*, et l'autre le double sol_3. De plusieurs sons coïncidants le résultant est toujours plus grave; les intervalles augmentent, car les ondes contenant une plus grande quantité d'échogène s'éloignent les unes des autres, la pulsation du cœur en se mettant en unisson avec les ondes de l'échogène se ralentit, l'état physiologique qui en résulte est celui de la tristesse et de la mélancolie.

§ 539. **Gamme chromatique.** Pour obtenir la gamme chromatique, on procède par demi-tons, en confondant chaque note diésée avec la suivante bémolisée, et l'on a la série

ut	ut♯	ré	ré♯	mi	fa	fa♯	sol	sol♯	la	la♯	si	ut
	ré♭		mi♭			sol♭		la♭		si♭		

Chez les anciens et aujourd'hui encore en Orient, on chantait des airs entiers dans la gamme chromatique; on ne s'en sert plus dans la musique moderne que dans des passages peu étendus. Dans une gamme chromatique, 1° n'entre pas la différence entre les tons majeurs $\frac{9}{8}$ et les tons mineurs $\frac{10}{9}$, 2° ni celle entre les notes diésées et les suivantes bémolisées; 3° ces tons sont considérés comme doubles de $\frac{16}{15}$. De ces trois causes résulte un anisochronisme qui croît rapidement, et c'est pour cela qu'on ne peut en faire usage que dans des passages très-courts.

§ 540. **Sons harmoniques.** Ils sont les résultants de plusieurs autres, outre le fondamental ; la corde AB (fig. 157) restant également tendue, 1° étant pincée, donne un nombre quelconque A de vibrations par seconde qui est déterminé au moyen d'une sirène ou d'un vibromètre ; mais 2° si on la frotte avec un archet en augmentant la vitesse du bras, on parvient à en faire sortir une série de sons produits de nombres de vibrations qui croissent suivant les nombres naturels n, $2n$, $3n$, $4n$..., car la corde totale l donnant le nombre n se subdivise en portions égales à $\frac{1}{2}l$, $\frac{1}{3}l$, $\frac{1}{4}l$..., de sorte qu'au lieu d'une onde d'échogène d'intervalle l ; 1° il en est produit quatre en 1 seconde ; alors les deux moitiés $\frac{1}{2}l$ vibrent séparément en produisant chacune $2n$ ondes de longueur des intervalles $\frac{1}{2}l$; il y a donc superposition des deux ondes et consommation d'une quantité d'échogène double de celle du son fondamental ; 2° si la vitesse de l'archet augmente encore davantage, la corde se subdivise alors en trois portions $\frac{1}{3}l$, $\frac{1}{3}l$, $\frac{1}{3}l$ dont chacune donne $3n$ ondes par seconde, et elles coïncident pour faire augmenter la quantité d'échogène de chaque onde. Les sons harmoniques ne peuvent donc composer une gamme, non pas à cause de leurs intervalles, mais à cause des quantités inégales d'échogène.

Au lieu de frotter la corde AB plus fortement pour obtenir les sons harmonique, si on la sépare par le chevalet c en deux parties cA, cB et qu'on en pince une, elle vibre et l'autre aussi ; en même temps vibre la corde entière AB. Ces vibrations ont pour cause l'équilibre rompu entre l'électricité dissimulée QE des deux faces des cordes ; celles-ci désunissent les couples $\sigma\sigma'$ moléculaires et produisent l'échogène qui se répand en forme d'ondes sonores de trois systèmes ayant pour intervalle cB, cA et AB, qui sont en unisson, parce que la portion cB entre a fois dans la portion cA et $a+1$ fois dans la corde totale.

§ 541. **Liaison entre les nombres de vibrations de la corde seule ou avec ses parties.** La corde AB tendue par des poids P peut donner en 1 seconde tous les nombres pairs des ondes, mais subdivisée par un chevalet en deux parties cB et $a \times cB = cA$, elle est $(a+1)cB$. En ce cas l'échogène $Q\chi$ produit par la désunion des couples $\sigma\sigma'$ se consomme en ondes d'intervalles cB, $a \times cB$ et $(a+1)cB$. Les nombres des ondes produites de chaque corde étant en raison inverse de la longueur, on aura $\frac{n}{a+1}$, $\frac{n}{a-1}$ et n: ou n, $\left(\frac{a+1}{a-1}\right)n$, $(a+1)n$ nombres en 1 seconde, qui sont tous pairs et symétriques, et cela n'est possible que dans le seul cas où l'on a $n = 2^x$. La corde AB étant donc libre, donne chaque nombre A de vibrations, mais séparée en deux portions par un chevalet, elle doit donner le nombre de forme 2^x qui est inférieur à celui A, et détermine les deux autres $\frac{a+1}{a-1} \times 2^x$, $(a+1) \times 2^x$, qui, superposés, donnent la somme $2^x\left(1 + \frac{a+1}{a-1} + a\right) = \frac{a(a+1)}{a-1}$ qui est un son de la gamme.

§ 542. **Tempérament égal.** Cette propriété ou liaison entre les vibrations de la corde $AB = l$ et ses portions $\frac{1}{12}l + \frac{11}{12}l$; $\frac{2}{12}l + \frac{10}{12}l$; $\frac{3}{12}l + \frac{9}{12}l$... est le plus généralement adoptée dans la composition des airs; car les demi-tons majeurs sont ainsi un peu trop petits et les demi-tons mineurs un peu trop grands.

En appelant χ le rapport entre deux sons consécutifs, on aura $\chi^{12} = 2$ et $\chi = \sqrt[12]{2} = 0{,}059463$. Cet intervalle, commun à tous les sons de la gamme chromatique tempérée, représente l'*intervalle-unité* proposé par Albert, de l'académie de Berlin. Les nombres de vibrations des différents sons de la gamme forment alors une progression géométrique dont la raison est $\sqrt[12]{2}$ et s'obtient par la formule $y = (\sqrt[12]{2})^n$, n étant le nombre des sons qui précèdent celui que l'on considère, comme on le voit dans le tableau suivant :

SONS.	NOMBRES de vibrations.	LONGUEURS des cordes.	SONS.	NOMBRES de vibrations.	LONGUEURS des cordes.
Ut.	1	1	Sol.	1,49831	0,66742
Ut♯ / Ré♭	1,05946	0,94387	Sol♯ / La♭	1,58740	0,62996
Ré.	1,12246	0,89090	La.	1,68179	0,59461
Ré♯ / Mi♭	1,18921	0,84090	La / Si	1,78180	0,56123
Mi.	1,25992	0,79370	Si.	1,88775	0,52975
Fa.	1,33484	0,74915	Ut.	2	0,50000
Fa♯ / Sol♭	1,41421	0,70710			

La quinte moyenne $(\sqrt[12]{2})^7 = 1,49831$ ne diffère de la quinte juste $\frac{3}{2}$ que du comma $\frac{149831}{100000} : \frac{3}{2} = \frac{149831}{150000}$; la tierce majeure $(\sqrt[12]{2})^4 = 1,25992$ diffère de $\frac{5}{4}$ d'un peu moins que $\frac{125}{128}$. Tous ces calculs n'ont pas trouvé une application particulière, parce qu'il faut toujours que l'artiste cherche à éviter les commas, 1° dans les instruments à sons continus, ou 2° par sa voix.

LIVRE SIXIÈME.

PHYSICO-PHYSIOLOGIE

OU

APPLICATION DE LA PHYSIQUE A L'EXPLICATION DE LA VIE ET DE LA REPRODUCTION.

I. — ORIGINE DU MOUVEMENT ET DE L'AFFINITÉ (1).

§ 543. La production des faits consiste en une pénétration intime d'un élément dans l'espace occupé par un autre, d'où résulte un mélange qui n'est plus ni l'un ni l'autre des éléments dont il se compose. De telles pénétrations ne s'opèrent qu'entre des éléments dans lesquels est contenu un même fluide, mais en densités différentes $\delta + \delta'$ et δ; de sorte que dans les volumes égaux V et V' sont contenues les masses inégales $M + M'$ et M du même fluide.

(1) *Problèmes résolus dans cet ouvrage* :

I. Quelle est l'origine du mouvement et de l'affinité?
II. Comment se forment dans le sang l'acide carbonique et l'urée?
III. Comment s'opère la circulation?
IV. Comment se soutient la même température du sang?
V. Pourquoi les boissons très-froides et copieuses ne font-elles pas baisser la température dans l'estomac?
VI. Comment du mouvement animal résulte la chaleur?
VII. Pourquoi la température du sang s'élève-t-elle par l'éloignement de la chaleur avec l'air expiré?
VIII. En quoi consiste l'usage du système nerveux?
IX. Quelle est la liaison entre les appareils de translation des animaux et les périodes géologiques?
X. Comment s'opère la reproduction?
XI. Quelle est l'origine des animaux?
XII. Pourquoi ne pouvait-on résoudre ces problèmes?

§ 544. **Mouvement.** En tout temps la question sur le mouvement a été agitée, mais au lieu de remonter à son origine, comme l'avait proposé Zénon, on se borna à constater son existence, comme l'a indiqué Diogène, qui se leva et commença à se promener devant Zénon. En Physique, une quantité de mouvement est considérée comme l'est une quantité de matière en Chimie. La matière ou le poids des corps n'augmente ni ne diminue pendant les changements de volumes. Il en est de même pour la quantité du mouvement qui reste la même, parce que l'espace parcouru est en rapport inverse avec le temps et en rapport direct avec la vitesse.

Les chimistes modernes ont attribué le mouvement à l'*action chimique*, qui est également un mouvement, mais un *mouvement emmagasiné*, qui se manifeste dans l'expansion indéfinie des gaz quand ils sont introduits en minime quantité dans le vide. L'emmagasinage du mouvement dans les ressorts et sa conservation indéfinie sont des faits connus : les chronomètres ne marchent qu'au moyen du mouvement emmagasiné; les matières explosives ne sont qu'un mouvement emmagasiné dans les gaz. Ainsi les actions chimiques ne font que rendre libre le mouvement qui a été emmagasiné par une cause inconnue, parce qu'une pareille explosion produite par la condensation d'un gaz n'est pas attribuée à une action chimique, mais au mouvement emmagasiné par l'homme.

Il s'ensuit que le mouvement, pour apparaître, doit être emmagasiné, et l'apparition d'un mouvement emmagasiné d'un être inconnu est ce qu'on appelle *action chimique*. Au moyen de la condensation des gaz, nous obtenons de l'emmagasinage du mouvement deux faits différents : 1° tant que les molécules *m* se soutiennent à l'état gazeux, il y a une poussée expansive croissante avec la diminution du volume; 2° dès que les molécules *m* obtiennent un état solide, la poussée expansive diminue sans s'anéantir; car dans ce cas elle revient graduellement, mais en un plus long espace de temps.

Il y a deux espèces de mouvement : 1° le *linéal* qui resulte de la pesanteur, et 2° l'*expansif* qui résulte d'un emmagasinage. Les faits dont il est traité dans la Mécanique résultent du mouvement linéal; ceux relatés dans la Physiologie résultent du mouvement emmagasiné qui se manifeste dans la vie animale comme mouvement expansif, car un animal ne peut avancer qu'à la condition de trouver un point d'appui sur ses extrémités postérieures; tandis qu'un corps en chute avance sans avoir besoin d'un appui quelconque.

§ 545. **Affinité.** Pour pénétrer les molécules μ pondérables ou impondérables dans l'espace occupé par d'autres molécules, celles-ci ne doivent être ni de nature différente ni d'égale densité. Les mêmes molécules $a\mu$ peuvent contenir dans un élément e les molécules m, et dans un autre e' la quantité $(a+a')\mu$ peut contenir une autre espèce m' de molécules, pour être dans chacun des deux éléments $e=a\mu m$ et $e'=(a+a')\mu+m'$ en densités différentes suivant les molécules μ; car c'est ainsi qu'arrive une rupture d'équilibre au point de contact entre les deux éléments e et e' : en cette rupture d'équilibre consiste donc l'*affinité*, qui occasionne l'apparition du mouvement ou de l'action chimique.

§ 546. **Action chimique.** Sans un mouvement emmagasiné des molécules $(a+a')\mu$ de l'élément e' qui les contient en densité supérieure, leur pénétration spontanée dans l'espace occupé par les mêmes molécules $a\mu$ de l'élément e est impossible, comme entre deux corps solides. C'est donc cette pénétration des molécules $(a+a')$ qu'on doit entendre par les mots *actions chimiques*.

§ 547. **Faits produits.** Les molécules $(a+a')\mu$ de densité $\delta+\delta'$ soutiennent une autre espèce de molécules m' et constituent un élément e'; les mêmes molécules $a\mu$ en densité inférieure δ constituent un autre élément e en soutenant une autre espèce de molécules m. Dans le contact des molécules denses $(a+a')\mu+m'$ avec les moins denses $a\mu m$ s'opère le mélange des molécules m avec celles m'; donc le combiné chimique ou le *fait produit* n'est qu'un mélange entre les molécules m et m' opéré au moyen des molécules homogènes $a\mu$ et $(a + a')\mu$, mais de densités différentes, comme cela a déjà été dit, mais en d'autres termes. Par exemple, les calories a mêlées avec 1 litre d'eau et les calories $a + a'$ mêlées avec 1 litre de lait produisent un mélange de 2 litres contenant la somme des calories $2a + a'$.

§ 548. Éléments électropositifs et éléments électronégatifs. Il suffit de considérer les deux électricités composées de mêmes molécules μ, dont entre dans le même volume V : 1° la masse M + M' pour produire l'*électricité positive* ou un équivalent Ë, et 2° la masse M pour faire naître l'*électricité négative* ou un équivalent Ë; de même que dans 1 litre d'eau entrent les calories a et dans 1 litre de lait les calories $a + a'$. Donc dans les corps chimiques qui doivent se combiner quand on les met en contact, il faut que l'un soit *électropositif* et l'autre *électronégatif;* en d'autres termes, 1° les éléments matériels m' doivent se trouver mêlés aux molécules denses $(a + a')$, et 2° les éléments matériels m doivent se trouver mêlés aux molécules a moins denses.

Nous avons nommé *électre* le fluide composé de molécules μ contenant le mouvement emmagasiné. Ici, par les faits attribués à l'affinité, il a été reconnu que le mouvement se trouve emmagasiné en masses inégales des molécules μ contenues dans des volumes égaux, dont résulte l'inégalité des densités ou *anisopycnie* (ἄνισος, inégal; πυκνός, dense). Donc le fluide composé de molécules μ plus denses est l'*électricité positive* ou *pycnoélectre*, et le fluide composé de mêmes molécules μ moins denses est l'*électricité négative* ou *aréoélectre*.

Les physiciens français ont reconnu l'existence d'un fluide primitif composé également des molécules homoïdes μ; mais ils considéraient ces molécules comme répandues dans tout l'espace, et par conséquent équilibrées et en repos. En cet état les molécules μ ont été nommées *éther*. Ainsi devint impossible l'explication du mouvement et de l'affinité. Si ces physiciens avaient coordonné les faits chimiques comme nous l'avons fait, ils eussent indubitablement toujours été conduits à l'existence d'une seule espèce de molécules μ, mais ils auraient en même temps, 1° l'emmagasinage du mouvement indéfini, et 2° l'inégalité entre les densités de ces mêmes molécules. Un état de *mort* se présentait à eux à chaque pas, tandis que partout on ne rencontre qu'un *orgasme* ou une tendance d'expansion représentant un état de *vie* universelle.

Au lieu donc d'un *éther* équilibré, c'est ici l'*électre* composé de mêmes molécules, mais séparées en deux masses inégales M + M′ et M, qui ayant éprouvé une compression indéfinie ont été réduites en deux volumes égaux, d'où résultèrent des densités inégales et une tendance ou orgasme indéfini à l'expansion qui se manifeste comme l'effet d'une rupture d'équilibre.

§ 549. Tant qu'on ne connut pas l'existence du *mouvement emmagasiné* qui se manifeste comme *orgasme* et l'inégalité des densités de *pycnoélectre* et d'*aréoélectre* composés tous les deux des mêmes molécules μ, les physiologistes empiriques s'en tinrent à la description des faits observés. Ceux qui voulaient dépasser ces limites arrivaient à l'état des *dogmatistes;* pour eux comme pour les *théologiens*, les mots *vie* et *âme* n'avaient plus une signification physique. Les dogmes se multipliaient quand on voulait remonter à la production des espèces et des individus primitifs des corps organisés; il a été impossible de franchir les limites matérielles indiquées dans l'*Écriture*, où tous les faits cosmiques résultent directement d'un *Créateur* indépendamment l'un de l'autre, comme cela se fait encore aujourd'hui quand on parle au peuple.

La transformation de l'éther ou de l'état équilibré des molécules μ en *pycnoélectre*, en *aréoélectre* et en *orgasme* est ici attribuée à une *action suprême* qui a été exécutée en un temps inconnu. L'*orgasme* se manifeste comme mouvement expansif; l'affinité n'est que la rupture d'équilibre dans laquelle se trouvent deux corps hétéroélectriques venant en contact. Nous ne craignons pas, en traitant de la physique, de mentionner le rapport frappant entre l'*unité* primitive indiquée dans l'état équilibré de l'*éther* et l'apparition d'une *Trinité* de ce même fluide sur lequel a été exercée l'action suprême.

§ 550. Jusqu'à présent c'était un dogme de considérer une *Unité* comme *Trinité;* cela paraissait même absurde, par la seule raison qu'on ne prenait pas en considération : 1° le temps qui sépara l'existence de l'Unité de celle de la Trinité ; 2° la différence entre le *pycnoélectre*, l'*aréoélectre* et l'*orgasme*, dont la ressemblance ne consiste que dans leur *infinité* qui ne manquait pas d'éther. La Trinité en résulta : 1° par l'inégalité entre les masses M + M' et M réduites au même volume, et 2° par l'emmagasinage du mouvement indéfini qui a été opéré par une action suprême.

Ainsi nous pouvons rester d'accord, 1° avec les *théologiens* en attribuant tous les faits cosmiques à l'action suprême, et 2° avec les *physiciens* en prouvant qu'aucun fait n'est produit que suivant la seule *loi physique ;* il faut partout : 1° rupture d'équilibre dans le contact des deux éléments, et 2° pénétration du fluide plus dans l'espace occupé par le même fluide, mais moins dense. La manifestation du mouvement emmagasiné s'opère : 1° dans les *corps célestes* dont le *barogène* ou la *masse* est soutenue en une rupture d'équilibre éternelle par le mouvement emmagasiné; 2° dans les *animaux* dont le barogène ou la masse est soutenue pendant la vie en un équilibre rompu par le mouvement emmagasiné dans les deux électricités; 3° dans les *âmes* composées d'éléments électriques où est contenu emmagasiné le mouvement indéfini.

Ainsi existent : 1° la *vie universelle* dans l'*espace énastre;* 2° la *vie animale* dans l'espace occupé par le corps organisé et la *vie de l'âme* qui n'est pas limitée dans l'*espace énastre*, mais pénètre dans l'*espace céleste* indéfini ; est-elle éternelle pour cette raison? Pour obtenir l'*éternité* de l'âme, les théologiens lui attribuaient une *perpétuité* en admettant qu'elle existait déjà avant l'homme; les physiologistes admettaient l'âme comme cause de la vie, et nous allons prouver que c'est le mouvement emmagasiné qui est la cause de la vie des corps célestes, des animaux et même de l'âme. Donc la durée de la vie humaine n'est que la période d'incubation de la vie de l'âme qui est composée de l'ensemble des combinés produits dans les organes des sens pendant la courte durée de la vie animale.

II. — MODE DE LA REPRODUCTION.

§ 554. En se bornant aux faits obtenus par les observations microscopiques, on aboutit aux *spermatozoïdes*, qui sont des filets possédant une vibration; au delà de cette limite, c'est le néant pour les empiriques, et cela parce qu'ils ignoraient que le mouvement est emmagasiné dans les fluides électriques ou dans leurs éléments qui sont les molécules μ. Dans le mouvement des spermatozoïdes, les physiologistes envisageaient un indice de traces qui vont servir ensuite de guide pour la formation d'un nouvel être pareil à un de ceux contenus dans la série des antécédants; mais il n'était pas possible de fixer dans la matière de pareilles traces, tandis que cela résulte directement du mouvement emmagasiné dans l'électre; car les molécules μ des couches supérieures ne s'éloignent que par une contre-répulsion exercée sur les couches indéfinies des molécules qui arriveront dans l'avenir.

Donc des masses de molécules dont ont été éloignées celles des couches superficielles pendant la durée de la vie du premier individu et de tous ceux qui l'ont suivi redeviennent conservées les traces dans les molécules qui restent possédant le mouvement emmagasiné; c'est par une diminution de résistance que le mouvement expansif s'opère en un ordre ainsi déterminé; de sorte que la présence d'un spermatozoïde est d'une nécessité absolue, parce qu'il est le support des molécules μ dans lesquelles sont les traces des directions du mouvement qui a précédé; et quand ensuite se présentent les courants électriques, les directions en deviennent déterminées par les traces conservées. Admettez que dans un vase d'air on ait commencé à puiser depuis des siècles, la raréfaction augmentera toujours, mais il ne sera jamais anéanti; si sa densité était indéfinie, il n'y aurait aucune raréfaction opérée en un espace de temps limité.

La densité des molécules μ étant indéfinie dans les éléments des deux électricités, les traces de toutes les directions précédentes y resteront conservées dans chacune des portions contenues dans les millions de spermatozoïdes. Chacune de ces portions peut se subdiviser en millions d'autres d'une génération à l'autre, sans que pour cela quelque raréfaction entre les molécules μ devienne sensible.

Donc ce qu'on attribuait à une *âme* se présente ici comme *traces* des directions des mouvements précédents, traces suffisantes pour déterminer les directions de nouveaux courants électriques qui se trouveront en communication avec eux. Ainsi dans le germe préexistant d'un homme n'est déterminé que l'état physique ou physiologique. Les organes des sens y sont déterminés, mais les sentiments qui vont y être produits ne dépendent que des objets cosmiques entre lesquels l'homme va passer sa vie. L'ensemble de sentiments ainsi produits est l'intelligence où l'âme qui n'a pas été prédestinée dans le germe.

§ 552. Les germes ne diffèrent pas chez l'homme et chez les animaux; les organes des sens ne diffèrent pas non plus; la différence résulte de la *duplicité des sentiments* dont l'un dépend des fluides répandus directement des objets et l'autre est son représentant ou son *nom* qui est arbitraire, mais il est employé pour rappeler le sentiment de l'objet absent. Si nous prononçons devant un chien le nom de son maître, il fera des mouvements pareils à ceux qu'il fait quand il le voit; cependant il ne peut se rappeler son maître que si le besoin s'en fait sentir, s'il voit un de ses vêtements, etc.

§ 553. La langue par laquelle l'homme se distingue des animaux n'est pas contenue dans les traces du germe, l'enfant doit l'apprendre, et c'est ainsi qu'il se met en état de posséder dans son intelligence les représentants des objets cosmiques. Le choix des représentants ne dépend pas de l'enfant, c'est par l'éducation, la vie sociale et surtout par les voyages solitaires que les représentants des objets se multiplient dans l'intelligence.

La vie des animaux se termine avec l'état de reproduction, leur vieillesse est très-courte; au contraire, chez l'homme la vieillesse se prolonge beaucoup : c'est alors que l'intelligence crée et produit au Monde de nouveaux objets. Il y a donc une fin de la période de reproduction qui tient au germe de la vie animale; l'*âme* créée pendant la vie par les représentants des objets cosmiques est indépendante de la vie animale et de sa fin, son existence a un commencement et elle ne finira jamais. La destruction du corps n'est qu'une interruption de production de sentiment sans aucune influence sur ceux qui ont été produits jusqu'à ce moment.

SECTION PREMIÈRE.

DES FONCTIONS SOUTENANT LA VIE ANIMALE.

§ 554. Telles sont la digestion, la circulation, la respiration, la sécrétion et l'excrétion. Les aliments, comme matière brute, sont introduits dans l'estomac, où s'opère la séparation des parties qui ne peuvent pas être utilisées et, pour cela, sont éliminées par les excréments. La partie qui est utilisée pénètre comme chyle dans le sang; il y pénètre également par le poumon une quantité d'oxygène. De celui-ci et du chyle se séparent les équivalents électriques qui s'utilisent dans la production de la chaleur animale et des mouvements volontaires et involontaires. Après cette séparation des équivalents électriques, le reste est un *caput mortuum* qui s'éloigne comme urine, acide carbonique, vapeur d'eau, ongles, cheveux, etc.

Comme dans l'estomac et l'intestin s'opère la séparation du chyle pour passer dans le sang; de même de ce chyle contenu dans le sang artériel se séparent les équivalents électriques, et il ne reste que des excrétions. Quand on ne savait pas que des équivalents électriques dépendent les qualités des corps, les physiologistes se bornaient aux descriptions des observations. Lavoisier le premier et d'autres après lui ont trouvé que la quantité de chaleur consommée d'un animal par l'air expiré et par l'épiderme correspond exactement à celle qui serait résultée de la combustion du chyle.

Il a été impossible d'arriver à connaître de quelle manière est produite la chaleur animale dans l'air expiré et dans l'épiderme et comment avec l'acide carbonique est produite l'urée dans laquelle est contenu un excédant d'azote qui manque quelquefois dans les aliments, où le plus souvent il y est contenu, mais en plus petite quantité que dans l'urine.

Dans la chaleur animale ainsi obtenue manque celle qui est produite par le mouvement volontaire, parce que les observations se font sur des animaux captifs.

§ 555. **Système nerveux.** Parmi les physiologistes, les uns admettent le fluide électrique dans les nerfs, et les autres croient qu'il y a un *fluide nerveux*, parce qu'on constate dans les nerfs des faits qui paraissent différer de ceux produits par l'électricité. Le lecteur sera étonné quand il verra que ce sont précisément ces mêmes faits qui prouvent l'accord exact entre le fluide électrique et celui des nerfs.

1° Le nerf *ce* (fig. 160) qui vient du cerveau *c* et va dans l'épiderme *e* est coupé en *mn*. Dans les bouts *n* et *m*, on trouve que l'électricité d'un courant faible pénètre plus facilement de *e* vers *n* que de *n* vers *e*.

Figure 160.

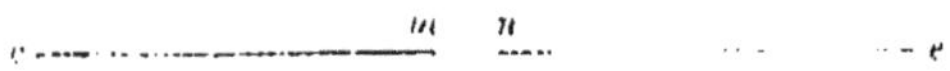

c *m* *n* *e*

2° En irritant le bout *n* mécaniquement ou chimiquement il y a contractions dans le muscle qui occupe la partie *ne*; elles se soutiennent autant que l'excitation dure, tandis qu'en opérant avec un courant électrique, il y a une contraction au moment de la clôture du circuit et une autre au moment de son ouverture, et le muscle reste en repos pendant la durée du courant. Les autres objections sont moins frappantes.

La dispute ne persistait qu'à cause d'un oubli, parce que les partisans des diverses opinions savaient qu'un conducteur *mn* (fig. 161) d'un couple de Smée ayant l'extrémité *m*

Figure 161.

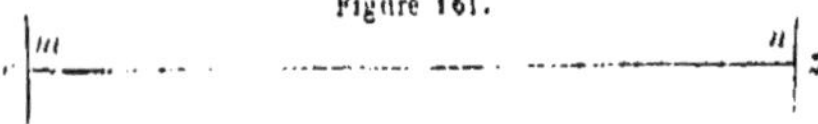

en contact avec le cuivre *c*, en reçoit l'électricité positive qui va vers l'extrémité *n*. Si le conducteur *m* devient séparé du cuivre, l'électricité positive venant de *n* commence à s'écouler par l'extrémité *m*, et l'on trouve qu'un courant faible pénètre facilement par l'extrémité *n*, tandis qu'il rencontre une résistance dans l'autre *m*. Nous trouvons la même chose dans le nerf *ce* (fig. 160) qui est un conducteur de l'électricité positive dans la direction de *c* vers *e*. Par la tranche, apparaissent dans les deux bouts *m* et *n* les écoulements des deux électricités en sens inverse, et comme dans tous les conducteurs électriques coupés; donc, ce fait, loin d'infirmer l'existence du fluide électrique dans les nerfs, la démontre directement.

Le même fait résulte de la comparaison entre les excitations mécaniques ou chimiques et les courants électriques; les contractions observées correspondent, non pas au courant, mais aux chocs des décharges qui se répètent continuellement dans le cas précédent en avant et en arrière, tandis que le courant en produit un en avant au moment de la fermeture et un autre en arrière au moment de l'ouverture du circuit. C'est ainsi que nous sommes parvenu à faire cesser la discussion sur l'identité du fluide nerveux et du fluide électrique. Il ne nous reste qu'à constater : 1° comment l'éloignement des équivalents électriques des aliments fait parvenir aux nerfs ces mêmes équivalents ou leurs hétéronymes, et 2° comment s'opère leur consommation dans la production de la chaleur et du mouvement.

§ 556. C'est dans le sang que le chyle se transforme en urine et en acide carbonique; par suite, la séparation des équivalents négatifs $q\bar{E}$ du chyle s'opère dans le sang artériel, où apparaît l'urée qui est trouvée dans les artères veinales en plus grande quantité que dans les veines, parce qu'elle ne passe pas toute dans les uretères. Des équivalents négatifs $q'\bar{E}$ résulte la chaleur $q'\bar{E}\bar{E}^2$ éloignée par l'air expiré et par ceux $(q - q')\bar{E}$ résulte la chaleur $(q - q')\bar{E}\bar{E}^2$ éloignée par l'épiderme, et tout cela est constaté par les observations directes ou indirectes.

En conduisant un jet d'eau sur la peau quand l'homme tremble de froid, le thermomètre indique une élévation de température. Si l'homme reste dans l'air froid, il sent un frisson, et cependant le thermomètre prouve que la température s'élève dans l'épiderme. Le sang du poumon venant en contact avec l'air ne change pas sa température quand une quantité de chaleur s'éloigne avec l'air expiré, et cette quantité de chaleur est toujours croissante quand la température de l'air baisse. Il ne suffit pas pour cela, mais le sang dans l'aorte est devenu plus chaud que celui de la veine pulmonaire, et l'on n'oserait pas attribuer cette chaleur à une action chimique, parce que le sang n'éprouve dans le poumon aucun changement pareil.

§ 557. On nomme *Thermoélectricité* l'électricité quand elle résulte du contact des deux corps ou des deux parties du même corps, dont l'une est chaude et l'autre froide. Tant qu'on ignorait que les atomes de chaleur et de lumière sont composés d'équivalents électriques, il était impossible de se rendre compte du mode de la production d'électricité par la différence de température entre deux parties d'un corps; encore moins pouvait-on concevoir comment l'eau ou l'air froid fait élever la température de l'épiderme ou du sang quand la chaleur s'en éloigne.

Ces faits, loin d'être ici inexplicables, se présentent spontanément comme exemples, ils font même connaître pourquoi les corps chauds perdent leur chaleur dans l'eau ou l'air froid, tandis que les animaux en deviennent plus chauds. Dans le contact de l'air avec l'épiderme ou le poumon, 1° se séparent les équivalents électriques négatifs $q\dot{E}$ des atomes de chaleur $q\ddot{E}E^2$ et restent les équivalents $q\ddot{E}E$; 2° se séparent aussi des atomes de lumière stationnaire $q\ddot{E}^2E$ les équivalents positifs $q\ddot{E}$ dans l'air, restent $q\ddot{E}E$. Les équivalents $q\ddot{E}$ pénètrent dans le sang où sont les équivalents $q\dot{E}E$, et dans les équivalents extérieurs $q\ddot{E}E$ dans l'air arrivent les équivalents négatifs $q\dot{E}$ dont résultent les atomes de chaleur $q\ddot{E}E^2$ que nous trouvons.

Mais les équivalents $q\ddot{E}E$ qui restent dans le sang après la séparation des équivalents négatifs $q\dot{E}$ se combinent avec les autres $q\ddot{E}$ qui se séparent du chyle, et c'est ainsi que la température du sang ne change pas, tandis que cela ne peut avoir lieu dans les corps inorganisés où manque le chyle avec les équivalents négatifs. Les équivalents positifs $q\ddot{E}$ pénètrent par le poumon et ceux $(q-q')\dot{E}$ par l'épiderme et s'écoulent en directions contraires des équivalents négatifs $q'\ddot{E}$ et $(q-q')\ddot{E}$ qui se séparent du chyle.

Les équivalents positifs $q\ddot{E}$ partent du poumon avec les artères en exerçant une poussée p au sang jusqu'aux capillaires; de là se sépare la portion $(q-q')\ddot{E}$ pour se répandre dans le système nerveux et le reste $q'\ddot{E}$ pénètre par les capillaires aux veines en y exerçant sur le sang une poussée inferieure $p-p'$. Dans la circulation du sang les équivalents négatifs $q'\ddot{E}$ partent du poumon avec les veines et arrivent aux capillaires, dont partent encore les équivalents $(q-q')\ddot{E}$ et tous ensemble arrivent aux poumons. La portion $(q-q')\ddot{E}$ s'en éloigne par les vaisseaux lymphatiques et arrive à l'épiderme dont elle ne revient plus; de même la portion $(q-q')\ddot{E}$ d'équivalents positifs reste dans le système nerveux emmagasiné.

§ 558. **Électrosités du système nerveux et sa consommation.** Il a été dit que de la part du chyle s'opère l'échange de la quantité $(q-q')\ddot{E}$ d'équivalents négatifs contre une égale quantité d'équivalents positifs qui pénètrent par l'épiderme, entraînent la lymphe en s'écoulant par les vaisseaux lymphatiques, puis, par les artères arrivent aux capillaires, d'où ils se propagent par les *nerfs sensitifs* pour se disperser dans les cellules dont résulte la *substance grise*. La poussée exercée par les équivalents qui suivent fait avancer les précédents dans les directions où sont la densité et la résistance inférieure.

De la substance grise se propagent les équivalents $\ddot{E}$ par les filets nerveux dont résulte la substance blanche; des fibres sensitives se forment des faisceaux qui l'entourent en s'étendant suivant sa longueur; elle donne naissance aux racines des nerfs moteurs. Dans le cerveau se répandent les équivalents de la substance blanche comme des nerfs sensitifs dans une couche superficielle de substance grise. La densité des équivalents est à son maximum aux nerfs sensitifs, elle diminue dans la substance grise centrale, puis dans la substance blanche, puis dans les nerfs moteurs ou dans la substance grise périphérique.

Il n'y a jamais un repos dans les équivalents $Q\ddot{E}$ distribués ou emmagasinés dans le système nerveux; leurs écoulements s'opèrent toujours, mais ils ne deviennent sensibles que dans les cas où se propage une plus grande masse d'électricité. Si la propagation dans les nerfs sensitifs s'opère en avant, et non en arrière, il en résulte une *douleur;* mais si une propagation s'opère dans les nerfs moteurs, il en résulte un mouvement volontaire qui est senti. Pendant l'accumulation d'un excédant d'électricité dans le système nerveux, le mouvement volontaire produit un soulagement et il s'opère avec agrément. Celui-ci commence avec un maximum, il diminue graduellement pour atteindre un minimum, et ensuite il commence à s'opérer avec un désagrément toujours croissant, et l'individu succombe s'il est forcé de continuer le même mouvement.

Dans cet épuisement, on ne sent pas une douleur, mais une faiblesse ou diminution du fluide qui soutient le mouvement. Comme au commencement du mouvement, de même au commencement du repos on se sent soulagé; ces deux états consistent en une rupture d'équilibre entre la densité des équivalents électriques du système nerveux et celle qui est dans la circulation du sang et du chyle. Le *soulagement* correspond à la restitution de l'équilibre rompu, la *fatigue* résulte de la diminution de l'électricité dans les nerfs qui vont aux muscles, la *faim* est produite par l'accumulation des équivalents électriques È dans la paroi de l'estomac.

Comme un mouvement d'une très-longue durée, de même une douleur quelconque produit un affaiblissement, car il y a consommation des équivalents électriques dans les deux cas. La différence ne consiste qu'en directions auxquelles l'éloignement électrique s'opère; si les équivalents s'interrompent dans leur avancement pour que la poussée soit interrompue vers le cerveau, ils se répandront en direction inverse, parce qu'ils auront été repoussés entre eux. Il en résulte donc une perte comme dans la production du mouvement, et c'est ainsi que la faiblesse résulte autant d'un très-grand mouvement que de la douleur.

§ 559. **Rapport entre la digestion et l'électricité du système nerveux.** Tant que les deux moitiés de la paroi de l'estomac restent presque en contact, il y a accumulation d'électricité provenant de celle de la substance grise qui se répand dans toutes les directions où la résistance est inférieure. Dès que les aliments pénètrent pour se mettre en contact avec les deux moitiés de la paroi, il en résulte une diminution de résistance et l'écoulement de l'électricité s'opère avec un soulagement. Une portion $a\ddot{E}$ d'équivalents se combine avec la *pepsine* contenue dans les glandes de l'estomac et avec la lymphe; elle forme *l'acide gastrique* qui entoure la surface des aliments humectés de la salive alcaline; ainsi résulte la dissolution d'une partie des aliments qui pénètre dans le sang conduit par les veines et les vaisseaux chylifères.

Si la communication de l'estomac avec le nerf est interceptée pour empêcher l'arrivée de l'électricité, il n'y a pas production d'acide gastrique; car si du lait est introduit dans l'estomac, il peut y rester même vingt-quatre heures sans se coaguler. Le nerf gastrique a deux branches ou racines : la pneumogastrique et celle du grand sympathique, dont on peut couper l'une et laisser l'autre; alors diminue l'électricité, et il ne suffit pas toujours de produire l'acide gastrique pour faire coaguler le lait.

§ 560. **Rapport entre la circulation et l'électricité du système nerveux.** C'est la quantité $q\ddot{E}$ d'équivalents électriques qui partent du poumon par les artères vers les capillaires en exerçant la poussée p au sang artériel; des capillaires se sépare la portion $(q-q')\ddot{E}$ d'électricité pour pénétrer dans le système nerveux, et le reste $q'\ddot{E}$ repousse le sang veineux dans le poumon en y exerçant une poussée inférieure $p-p'$. La cause motrice du sang résulte de l'électricité, et le cœur n'est qu'un *régulateur* qui permet de faire pénétrer dans le poumon du sang veineux une portion égale à celle qui s'en éloigne. Le mouvement du cœur n'est soutenu que par l'électricité du sang; l'électricité e du centre de son nerf va à la surface du cœur, et la portion électrique e' qui vient de la périphérie du nerf va dans l'intérieur du cœur.

Le battement du cœur continue même quand il est arrach

de la poitrine; il ne s'interrompt pas quand son nerf est coupé; pour empêcher ce battement, le seul moyen est d'introduire dans sa périphérie par la partie centrale du nerf un courant fort suffisant à supprimer la poussée p exercée de la part de l'électricité $q\ddot{E}$. Si, au contraire, il pénètre le courant extérieur par les filets de la périphérie du nerf pour aller au milieu du cœur ou à l'autre extrémité des muscles, ses battements deviennent plus fréquents.

§ 561. **Rapport entre la respiration et l'électricité du système nerveux.** Ainsi que le battement du cœur la respiration se soutient même après qu'on a coupé le nerf; c'est une double preuve que l'électricité de la circulation n'arrive pas du nerf, mais que la négative $q\ddot{E}$ se sépare du chyle et que la positive arrive de l'air; la portion $q\ddot{E}$ se perd, et à sa place entre une égale portion $q\dot{E}$ d'électricité positive sans qu'un abaissement de température paraisse.

§ 562. **Rapport entre la production de mouvement et de chaleur et la consommation d'électricité.** Dans les filets des muscles s'opère une contraction par l'affluence de $b\dot{E}$ équivalents positifs répandus par le nerf, ensuite le ralentissement est produit, non pas par un éloignement simple des équivalents $b\dot{E}$, mais il y afflue une quantité $b\ddot{E}$ d'équivalents négatifs des veines et une autre égale séparées du chyle, et résultent $b\dot{E}\ddot{E}^2$ atomes de chaleur qui se répandent, et le muscle reste ralenti et plus chaud.

Ainsi la production du mouvement s'opère, 1° avec consommation d'électricité $b\dot{E}$ des nerfs, 2° avec consommation d'électricité $2b\ddot{E}$ des veines et du chyle; il en résulte : 1° faiblesse, 2° faim et 3° chaleur. Quand le nerf du muscle est coupé, celui-ci continue d'être parcouru par le sang, il n'éprouve aucune atrophie, mais il est paralysé, et ne se met en mouvement que quand on excite le tronc du nerf, ou quand on le met en communication avec un courant électrique. Connaissant d'une part les propriétés de l'électricité avec les détails anatomiques du corps animal, et de l'autre les faits empiriques, nous ne faisons que les contrôler pour rendre plus évident le mode de leur production.

CHAPITRE PREMIER.

DES FONCTIONS ANIMALES PAR RAPPORT AUX ALIMENTS.

§ 563. Au moyen de la *digestion* s'opère la séparation de la partie nutritive des aliments qui est introduite dans le sang et le résidu s'écoule par le canal intestinal. De la partie nutritive se sépare dans le sang toute la quantité d'équivalents négatifs $q\ddot{E}$ sans en changer le poids, mais elle ne peut plus être employée comme aliment; après cette transformation, elle est éliminée sous forme d'urine et d'acide carbonique mêlé avec la vapeur d'eau. Ainsi l'alimentation se réduit à l'introduction d'une quantité d'équivalents négatifs dans le sang pour entretenir la vie animale qui se manifeste en produisant la chaleur et le mouvement; il ne reste qu'à indiquer le mode de la consommation des équivalents négatifs $q\ddot{E}$ pour la production de la chaleur et du mouvement.

Dans la *respiration* du poumon et de la peau, les équivalents $q\ddot{E}$ s'éloignent du chyle et ils sollicitent la décomposition des atomes de lumière $q\dot{\bar{E}}^2\ddot{E}$ dont les équivalents positifs $q\dot{\bar{E}}$ pénètrent dans le sang, et ceux qui restent $q\dot{\bar{E}}\ddot{E}$ se combinent avec les équivalents $q\ddot{E}$ pour produire $q\dot{\bar{E}}\ddot{E}^2$ atomes de chaleur à la place de l'égale quantité d'atomes de lumière $q\dot{\bar{E}}^2\ddot{E}$ qui était restée stationnaire et par conséquent insensible.

La *circulation du sang* résulte : 1° des équivalents négatifs $q\ddot{E}$ qui, en se séparant du chyle, s'écoulent des veines aux capillaires et se mêlent avec ceux qui se séparent aussi du chyle pour arriver au thorax, où se sépare la portion $q\ddot{E}$

pour parvenir au poumon, et le reste $(q - q')$Ë s'écoule par l'embranchement des vaisseaux lymphatiques pour s'éloigner par l'épiderme, dont pénètre une égale quantité d'équivalents positifs $(q - q')$Ë qui entraînent la lymphe et arrivent au poumon, pour accompagner les équivalents q'Ë qui arrivent de l'air froid. 2° Du poumon s'éloignent les équivalents qË par les artères entraînant le sang; quand ces équivalents sont arrivés aux capillaires, la portion $(q - q')$Ë se sépare pour se propager et rester emmagasinée dans la substance nerveuse; le reste q'Ë avance dans les veines et y exerce une poussée $p - p'$ médiocre au sang pour arriver au poumon.

Excepté l'acide gastrique, toutes les *sécrétions* sont alcalines; comme telles elles n'existent pas dans le chyle. Ce n'est que la nature de la membrane qui opère dans chaque organe la séparation du sang d'avec les éléments qui y éprouvent un minimum de résistance. La qualité de chacun des liquides ainsi produit est déterminée par les équivalents électriques combinés avec la lymphe du sang. La *salive*, le *suc pancréatique*, la *bile*, le *suc intestinal* sont tous alcalins; ces liquides sont les auxiliaires de la digestion.

Le chyle et l'oxygène, après avoir perdu leurs équivalents électriques, se transforment en acide carbonique et en urée qui, mêlés avec l'eau dans le sang artériel, ne pénètrent que les membranes composées de tissus qui exercent le minimum de résistance. Le poumon et l'épiderme laissent leur membrane s'imbiber de l'eau et de l'acide carbonique du sang et de l'oxygène de l'air ambiant. Ainsi l'eau et l'acide carbonique s'éloignent de la membrane pour se diriger vers l'air où ils éprouvent une résistance inférieure; de même l'oxygène pénètre dans le sang à cause de la résistance inférieure. L'urée dissoute dans l'eau rencontre le minimum de résistance dans la membrane des canaux qui conduisent dans l'uretère.

Les *sécrétions* s'opèrent du sang dans les glandes, dont la membrane sert à leur formation en même temps qu'à leur pénétration; les *excrétions* se forment dans le canal intestinal ou dans le sang. Les sécrétions servent à faciliter la digestion, à soutenir les organes des sens et la reproduction; les excrétions cèdent leur place à celles qui se produisent, ce qui rend leur éloignement indispensable.

I. — DÉTAILS DE LA DIGESTION.

§ 564. L'introduction des aliments dans l'estomac est précédée de l'*appétit*, qui se manifeste par un besoin impérieux de nourriture. Une longue abstinence engendre la *faim*, qui est déjà un état anormal, une maladie dont la prolongation est toujours une cause de mort. Les nouveau-nés possèdent tous les organes nécessaires à la séparation des équivalents négatifs qE des aliments et à leur passage dans l'air pour en faire parvenir au sang et aux nerfs les équivalents positifs qE dont la consommation soutient toutes les fonctions, la chaleur animale et les mouvements. Tout se réduit donc aux aliments, parce que l'air existe partout.

L'eau, qui est également indispensable, ne peut pas remplacer les aliments; ceux-ci, au contraire, peuvent, à une basse température, faire supporter la privation d'eau pendant plusieurs mois. C'est ce qui arrive dans les pays où les eaux restent gelées tout l'hiver : les animaux sauvages et les moutons ne boivent point, et il ne faut pas croire qu'ils mangent de la neige, car elle serait pour eux un poison. Les animaux engourdis pendant le sommeil hibernal ne prennent pas d'aliments, mais ils ne produisent aucun mouvement volontaire; les involontaires se trouvent réduits à fort peu de chose.

La recherche de la nourriture s'opère toujours par la consommation d'une quantité de travail ou de mouvements volontaires qui cessent pendant le repos et pendant le sommeil dont nous allons montrer la différence. Il y ainsi une liaison entre la recherche de la nourriture et sa consommation. La richesse de l'homme n'est autre chose que la nourriture emmagasinée conservée pour la vieillesse et pour les enfants : plusieurs espèces d'animaux amassent pendant l'été leur nourriture pour l'hiver. La nourriture fait la partie intégrante la plus essentielle de la vie, elle doit avoir existé avant les animaux, ou les animaux primitifs n'ont été que des résultats climatériques et nés avec l'accumulation de nourriture. Ce sujet sera l'objet d'un traité particulier; faisons d'abord connaître la nature de la vie animale.

§ 565. Les aliments solides sont soumis dans la bouche à une mastication qui a pour but non-seulement de les réduire en petits morceaux, mais encore de les faire s'imbiber de la salive qui est sécrétée dans plusieurs glandes et qui ne s'écoule dans la bouche que pendant la mastication des aliments. Donc, pour enlever une plus grande quantité de salive, les aliments ne doivent pas être à l'état liquide ou demi-liquide. Le même pain, sec ou chaud et mou, obtient dans la bouche différentes quantités de salive; le pain sec trempé dans le bouillon pénètre dans la bouche sans recevoir de salive. Celle-ci est alcaline, et les aliments secs en étant imbibés deviennent alcalins avant d'arriver à l'estomac.

Les aliments en apparence de nature très-différente ne livrent au sang que trois espèces de substances : les *albuminoïdes*, la *glycose* et la *graisse*. Les albuminoïdes s'en séparent en plus grande quantité dans l'estomac que dans l'intestin; la glycose se sépare des aliments dans l'intestin, et les substances grasses aussi. La salive et une partie des albuminoïdes avec la pepsine, qui est la base de l'acide gastrique, forment un combiné neutre dans lequel se dissolvent les albuminoïdes et d'où provient le chyle qui pénètre la paroi de l'estomac pour arriver au sang. Cela n'a pas lieu pour les substances grasses et la glycose qui, sans éprouver de changement chimique dans l'estomac, sortent mêlées avec l'acide gastrique.

Il y a donc à distinguer la *digestion stomacale*, ou la séparation des parties albuminoïdes des aliments, et la *digestion intestinale*, ou la séparation des substances grasses et de la glycose. Tout ce qui n'a pu être séparé des aliments parcourt tout l'intestin pour s'en éloigner. L'eau pure ou contenue dans les boissons ne s'arrête pas dans l'estomac vide, elle le traverse pour arriver à l'intestin : elle s'y arrête peu quand il contient les aliments en digestion.

A. Digestion stomacale.

§ 566. Les parois des deux moitiés de l'estomac vide sont presque en contact; si alors on boit, la boisson ne s'y arrête pas, elle traverse la fente formée par les parois pour aller dans l'intestin. On ne trouve un liquide acide ni dans l'estomac ni dans ses glandules, encore moins dans le sang qui est alcalin.

§ 567. **Origine de l'acide gastrique.** Dès que les aliments, imbibés de la salive alcaline, arrivent entre les parois de l'estomac, ils se trouvent mouillés dans une couche d'un liquide provenant de la lymphe du sang qui, pour sortir des capillaires, entre par imbibition au fond des culs-de-sac pour pénétrer par leur ouverture dans la paroi de l'estomac. La lymphe est neutre ou même alcaline; l'électricité positive du nerf pousse cette lymphe et la fait se mêler avec la pepsine contenue dans le fond des culs-de-sac. Une quantité d'équivalents *a*Ė unis avec la pepsine donne naissance à l'*acide gastrique*.

On connaît la poussée des courants électriques qui fait passer les liquides à travers les membranes analogues aux fonds des culs-de-sac; on a même attribué à cette poussée électrique l'ensemble des phénomènes des endosmoses des liquides et des gaz. Les chimistes savent aussi que l'état acide résulte de l'électricité positive et l'état alcalin de l'électricité négative. Il est évident que la transformation de la pepsine neutre en acide n'est qu'un effet de la combinaison avec les équivalents positifs *a*Ė, comme le prouve l'observation suivante.

Le nerf gastrique a deux racines, l'une dans le pneumogastrique et l'autre dans le grand sympathique. Si l'on coupe l'une quand est vide l'estomac d'un animal dans lequel on introduit ensuite du lait, on le trouve quelquefois coagulé et d'autres fois non coagulé; mais si l'on coupe les deux racines, le lait ne se coagule jamais, fût-il resté dans l'estomac un ou deux jours, quoiqu'il y ait pénétration de lymphe dans l'estomac.

§ 568. Pour trouver la quantité d'acide gastrique produit par heure, on pratique des fistules stomacales aux animaux, et quand l'estomac est vide, on y introduit des grains de poivre qui sont insolubles dans l'acide gastrique; celui-ci alors s'écoule au dehors, et l'on en recueille 72 grammes chez un chien pesant 18 kilogrammes. De plusieurs expériences semblables on a évalué à plus de 500 grammes à l'heure l'acide gastrique pendant la durée de la digestion de l'adulte; cet acide est incolore, limpide, d'une densité de 1,005, il existe dans l'estomac de tous les animaux. La base de cet acide est une substance organique nommée *pepsine*, qu'on obtient par une macération de l'estomac. En introduisant dans 1000 grammes d'eau 1 ou 2 grammes d'acide chlorhydrique, les aliments n'y sont pas digérés; mais si l'on y introduit quelques grammes de *pepsine*, la digestion s'y opère comme dans l'acide gastrique, surtout en présence de la salive.

Cette expérience chimique ne permet pas de douter que l'acidité communiquée à la pepsine par l'acide chlorhydrique ou azotique ne résulte que du nerf gastrique qui doit communiquer à la pepsine des équivalents d'électricité positive comme le sont ceux contenus dans tous les autres acides. Dans la digestion, un état d'acidité ne suffit pas, car en ce cas, dans la production du *chyle* qui est neutre, la pepsine serait superflue. La disparition des équivalents positifs $a\dot{E}$ de l'acide gastrique s'opère par leur combinaison avec $2a\dot{E}$ équivalents négatifs qui se séparent de la salive et des aliments pour produire $a\dot{E}\ddot{E}^2$ atomes de chaleur; la pepsine se combine alors avec la base de la salive ou des aliments, et ce combiné est nommé ici *sel gastrique*, dans lequel se dissout la partie albuminoïde des aliments, et elle est cette partie qui, à l'état liquide et neutre, éprouve une poussée pour faire s'en imbiber un autre système de tissus à travers lequel arrive le *chyle* aux vaisseaux chylifères et aux veines. La poussée ne s'exerce que par des équivalents électriques positifs $b\dot{E}$ qui s'écoulent pendant la durée de la digestion de l'estomac vers le poumon ; l'origine de ces équivalents n'est pas l'acide gastrique, mais les atomes $b\overset{+}{\ddot{E}}{}^{2}\ddot{E}$ de lumière. De la part du poumon arrivent à l'estomac $b\ddot{E}$ équivalents négatifs qui se combinent avec les équivalents $b\overset{+}{\bar{E}}\ddot{E}$ pour produire les atomes de chaleur $b\overset{+}{\ddot{E}}\ddot{E}^{2}$.

§ 569. **Mouvement de l'estomac.** A l'état de vacuité, l'estomac reste immobile ; pendant la digestion il y a un rhythme de mouvements qui va en exerçant une pression sur les aliments du *cardia* par la grande courbure de l'estomac vers le pylore dans lequel pénètre une partie des aliments indigestifs par l'acide gastrique : du pylore, le mouvement se dirige par la petite courbure, qui de ce côté se propage pour aboutir au cardia. Ainsi, la couche superficielle de la masse des aliments étant continuellement humectée par l'acide gastrique, est soumise à une circulation pendant laquelle est absorbé le chyme produit par la substance albuminoïde des aliments ; la partie de cette couche superficielle composée de glycose et de substances grasses pénètre dans le pylore. Le volume de l'estomac diminue graduellement pendant la digestion, parce que l'acide gastrique y pénètre en quantité inférieure à celle qui résulte de la somme du chyme absorbé et de la portion qui passe indigeste dans l'intestin.

§ 570. **Mode de la séparation des parties alimentaires.** Le maximum d'acidité de l'acide gastrique au moment de son apparition est entre $\frac{1}{60}$ et $\frac{1}{875}$, et ce sont l'albumine et les substances albuminoïdes des aliments qui peuvent se dissoudre dans une concentration pareille et s'éloignent après leur réduction en chyme. Le gluten, pour se dissoudre, exige une acidité médiocre entre $\frac{1}{400}$ et $\frac{1}{2000}$ qui n'existe que dans l'intestin où entrent le suc intestinal et la bile. Dans un acide gastrique tellement étendu, l'albumine se dissout aussi, mais moins pomptement. Les aliments varient beaucoup en quantité et en qualité.

RATION DU CAVALIER FRANÇAIS.		MATIÈRES azotées sèches.	MATIÈRES non azotées sèches.
	grammes.		
Viande fraîche.	125	70	»
Pain blanc de soupe.	568	64	595
Pain de munition.	750		
Légumineux.	200	20	158
	1k,591	154	745
Boisson : Quantité variable.			

Le rapport entre les matières azotées et les matières non azotées peut beaucoup varier sans que pour cela la digestion ou la nutrition soient compromises. Il y a des peuplades qui se nourrissent de poissons, d'autres de substances végétales : l'appareil de la digestion s'accommode à chaque espèce d'aliments. Ceux azotés se digèrent dans l'estomac en grande partie, les non azotés se digèrent dans l'intestin ; la plus facile digestion des aliments est celle qui s'opère en partie dans l'estomac, en partie dans l'intestin.

§ 571. **Digestion artificielle.** Sans pouvoir imiter le travail qui s'effectue dans l'estomac, on arrive cependant à la connaissance approximative de la digestibilité de certains aliments qu'on introduit dans l'acide qui s'écoule d'une fistule gastrique soutenue à 37°.

1° *Fibrine, albumine coagulée, caséine solide.* Ces substances disparaissent au bout de quelques heures en se transformant en chyme qui est mêlé avec l'excédant de l'acide dans l'estomac ; ce chyme est le seul qui traverse l'intérieur de son tissu pour arriver aux veines pendant que le reste vient en contact avec une nouvelle quantité d'acide gastrique.

2° *Caséine.* Débarrassée de sucre et de beurre, la caséine ne coagule pas dans l'acide gastrique, mais si on la mêle avec le sucre et le beurre en mêmes proportions que dans le lait, le mélange, devenu un lait artificiel, se coagule, et au bout de quelques heures il se produit une dissolution contenant le chyme; celle-ci n'est plus coagulable ni dans l'acide ni dans la chaleur. Du lait alcalin et de l'acide gastrique se séparent les équivalents électriques qui se mêlent et produisent la chaleur ; le chyme résulte du mélange de la caséine avec la pepsine ou le sel gastrique qui sert à former une émulsion du beurre avec le sucre ; car c'est en cet état qu'ils pénètrent dans le tissu de la paroi pour arriver aux veines. La caséine seule ne s'émulsionne pas dans le sel gastrique.

3° *Albumine liquide.* En cet état l'albumine ne diffère pas de la caséine, car elle reste insoluble dans l'acide gastrique sans en produire le sel gastrique ; mais elle se coagule et se dissout quand elle est mêlée avec du beurre et du sucre en mêmes proportions que dans le lait. La digestion de l'albumine solide et de l'albumine liquide consiste en une action de concentration supérieure $\frac{1}{60}$ à $\frac{1}{375}$ de l'acide arrivé sur la surface des morceaux solidifiés par la chaleur. Le sucre et le beurre s'émulsionnent dans le sel gastrique provenant d'un acide faible de $\frac{1}{1000}$ à $\frac{1}{400}$; donc le mélange de ces substances avec l'albumine liquide s'émulsionne dans le sel gastrique qui résulte d'une acidité inférieure à celle qu'exige l'albumine solide.

4° *Gélatine.* La gelée de viande ou d'os consiste en albumine coagulée en plus grande quantité, qui se dissout dans l'acide gastrique.

5° *Gluten cuit ou cru.* Il diffère de celui fraîchement extrait de la farine de froment et cuit immédiatement ; car, en ce dernier état, il est insoluble dans l'acide gastrique, y fût-il resté plusieurs jours, tandis que le gluten cru ou cuit se dissout dans un acide faible.

6° *Albumine végétale.* Elle est dans les pois, haricots, lentilles, fèves, où elle se coagule à la chaleur. Dans cet état, elle se dissout dans l'acide gastrique comme le gluten, et dans nulle autre espèce d'acide. Cela résulte de ce que l'émulsion s'opère toujours avec le sel gastrique, où la pepsine ne manque jamais.

7° L'*amidon* ne se dissout pas dans l'acide gastrique, ou mieux dans le sel gastrique.

8° Les *corps gras et les huiles* restent intacts dans l'acide gastrique.

9° Le *sucre* reste aussi intact dans l'acide gastrique.

Ces résultats obtenus par la digestion artificielle ne paraissent pas être très-différents de ceux qui proviennent de la digestion naturelle. Les aliments azotés ou albuminoïdes sont solubles dans l'acide gastrique, et ceux qui ne le sont pas se réduisent en glycose et en matières grasses ; ils sortent de l'estomac et entrent dans le *duodénum*. La ration ci-dessus indiquée introduit dans l'estomac une quantité de salive avec le pain, les légumes et la viande ; pendant la digestion, qui dure environ quatre heures, il s'écoule presque 2 kilogrammes d'acide gastrique. Cela résulte des observations faites par Beaumont chez un individu atteint d'une fistule gastrique : les viandes bouillies et frites de veau, de bœuf, de mouton et de porc, se digéraient en quatre heures, et en trois heures et demie quand elles étaient rôties. La même chose avait lieu pour les viandes des volailles noires, tandis que pour celles des volailles blanches, il ne fallait que trois heures et deux heures et demie pour les poissons. L'exercice modéré favorise la digestion ; celle-ci est plus facile pendant la veille que pendant le sommeil. Le temps nécessaire à la digestion dépend encore de l'appétit précédent, de l'âge, de la santé, de la quantité des aliments et de l'ordre de leur ingestion.

§ 572. **Température des aliments et des boissons.** L'eau tiède produit l'effet d'un vomitif; celle d'une température d'environ 10° peut être obtenue également par le refroidissement de celle de 20° ou par l'échauffement de celle de la glace fondante. On sent une grande différence entre les qualités. L'eau se charge d'électricité positive pendant son refroidissement, et c'est cette électricité qui la rend d'un goût agréable et d'une digestion légère; au contraire, pendant l'élévation de température, l'eau se charge d'électricité négative qui rend son goût désagréable, et elle tombe lourdement dans l'estomac.

Nous ne pouvons pas prendre des aliments à une température au-dessus de 37°. Souvent nous ingérons de grandes quantités de boissons et d'aliments à une température voisine de zéro, ce qui ne donne pas lieu à un abaissement au-dessous de 37°, de même qu'il n'y a aucune élévation de température quand nous prenons des aliments et des boissons très-chauds. C'est en s'appuyant sur de tels faits que les physiciens allemands ont été persuadés que la chaleur résulte toujours des deux électricités; mais ils ignoraient qu'il faut pour un atome de chaleur ÈÉ² un équivalent positif et deux négatifs, et pour un atome È²É de lumière deux équivalents positifs et un négatif.

Comme de l'air froid, de même des aliments un équivalent positif È s'éloigne d'un atome È²É de lumière stationnaire pour pénétrer dans le sang, et c'est de son chyle que se sépare un équivalent négatif qui va dans l'estomac pour se combiner avec les équivalents ÈÉ et produire un atome de chaleur ÈÉ² à la place de l'atome de lumière. Cet échange dure tant qu'il y a une inégalité de température entre les aliments et le sang. Les physiciens français n'y envisageaient qu'un courant thermo-électrique dont l'intensité a été employée par Melloni pour mesurer le degré de l'*anisothermie* (ἄνισος, inégal; θερμός, chaud).

B. Digestion intestinale.

§ 573. Dans l'estomac arrivent les aliments imbibés de la salive alcaline pour y provoquer l'affluence prompte d'électricité positive qui entraîne la lymphe du sang, et en se combinant avec la substance de l'estomac nommée *pepsine* fait apparaître une abondance d'*acide gastrique*. Dans l'intestin arrivent les aliments imbibés de cet acide qui provoquent l'affluence de l'électricité négative qui se combine avec les sécrétions produites du pancréas, du foie et des nombreuses glandules de l'intestin; ainsi toutes ces sécrétions à l'état alcalin sont sollicitées par la présence des aliments acidulés pour s'y écouler à cause de la petite résistance qu'ils y éprouvent. En l'absence des aliments, l'écoulement des sucs s'arrête.

Comme dans l'estomac les faits chimiques sont sollicités dans l'intestin par l'acide gastrique; mais dans l'estomac les aliments sont la base, et dans l'intestin c'est le suc ou la bile qui forme la base. Au fond cependant il n'existe aucune différence, parce que c'est toujours la *pepsine* séparée des équivalents positifs É et la *substance des glandes* séparée des équivalents négatifs È qui s'unissent, et c'est ce *sel gastrique* obtenu dans l'estomac par la salive et dans l'intestin par le suc et la bile qui se mêlent dans l'estomac avec les substances albuminoïdes, et dans l'intestin avec la glycose et les matières grasses. La *digestion* n'est donc qu'une production de sels où l'acide reste le même et les bases se trouvent : 1° dans la salive; 2° dans le suc pancréatique; 3° dans la bile; 4° dans le suc gastrique et même dans les aliments.

§ 574. **Digestion des différentes parties de l'intestin.** Il est ici constaté que de l'acide gastrique résultent dans l'intestin trois sels : 1° Dans les orifices du pancréas *p* (fig. 162), il n'existe que de l'acide gastrique; ainsi le sel gastrique provient de cet acide et du suc. 2° Dans l'orifice du canal hépatique est le sel qui résulte de la bile et de l'acide gastrique qui se mêle avec le précédent. 3° Au-dessous du duodénum, sont ces deux sels et celui qui a pour base le suc intestinal. Les expériences ont conduit à connaître que le sel qui a pour base le suc pancréatique émulsionne une plus grande quantité de matières grasses que le sel qui a pour base la bile ou le suc gastrique. Entre les matières grasses s'émulsionnent les animales : beurre, graisse, huile de morue, plus facilement que les huiles végétales. La quantité du suc étant limitée, celle des matières grasses di-

Figure 162.

a, vésicule biliaire.
b, canal hépatique.
De, duodénum.
d, ouverture dans l'intestin du canal cholédoque uni à l'autre branche *c* du conduit pancréatique.
e, ouverture dans l'intestin de la branche libre du conduit pancréatique.
f, canal cholédoque.
p, pancréas.

gérées après chaque repas l'est aussi ; si l'on en introduit trop, il reste un excédant qui sort avec les fèces; dans 60 grammes de beurre il y en avait 10 grammes et puis 30 à 40 grammes, parce que le sang en avait déjà assez.

Comme exemples, nous allons rapporter quelques observations faites sur les individus qui ont été atteints de fistules en différentes parties de l'intestin; cependant pour connaître séparément l'effet qui résulte du suc gastrique et de la bile, il a fallu opérer sur les animaux en supprimant alternativement l'introduction de ces liquides dans l'intestin, parce que, dans la nature, la bile se mêle avec le suc pancréatique (fig. 162).

§ 575. I. **Suc pancréatique et ses effets.** Les individus atteints d'une destruction de pancréas maigrissent et meurent, parce que la graisse des aliments ne pénètre pas dans le sang, mais reste non digérée, et elle est trouvée dans les fèces. Les mêmes résultats ont été trouvés chez les animaux auxquels a été pratiquée la fistule pancréatique ; cependant ils succombent, non pas par maigreur, mais par épuisement de force, dû à l'électricité du système nerveux, comme nous allons le démontrer.

Le sel obtenu du suc et de la pepsine de l'acide gastrique se mêle avec les matières grasses pour produire une émulsion propre à être absorbée. La fécule mêlée à la salive produit une base alcaline qui s'unit à la pepsine, et c'est dans ce sel que la fécule arrive à l'état de glycose; mais comme elle est très-copieuse, la plus grande partie reste intacte et sort de l'estomac imbibée d'acide gastrique. Le sel de la pepsine de celui-ci et du suc pancréatique réduit en glycose, le reste est en tout ou en majeure partie de la fécule. Un chien ayant une fistule dans le duodénum, tout près du pylore, si on le nourrit avec du pain, ce pain sortira de la fistule, la masse contenant une grande quantité de fécule; mais un chien sans fistule nourri avec du pain ne présente point des traces de fécule dans les excréments. Voilà la preuve que le sel gastrique du suc émulsionne la graisse et réduit la fécule en glycose. Quant à l'albumine, elle se dissout aussi dans ce sel, mais jamais dans le suc seul séparé de l'acide gastrique; la présence de la pepsine est indispensable pour l'introduction des aliments dans le sang.

§ 576. II. **Bile et ses effets.** La salive, l'acide gastrique et le suc pancréatique s'écoulent en présence des aliments, ce qui prouve qu'ils servent exclusivement à leur digestion; la sécrétion de la bile est indépendante de la présence des aliments, mais l'évacuation de la quantité accumulée dans la vésicule y est subordonnée. Cette évacuation se fait pendant les deux premières heures qui suivent le repas, et cela dès que les aliments commencent à sortir de l'estomac. La bile seule ne produit aucun effet sur la fécule ni sur l'albumine; on s'en sert, il est vrai, pour dégraisser les vêtements, mais ce n'est pas une raison pour qu'en cet état le mélange puisse pénétrer dans les veines. C'est le sel de la bile et de l'acide gastrique qui produit des faits analogues à ceux qui résultent des sels de ce même acide avec la salive, le suc pancréatique et le suc gastrique.

Lorsqu'on établit sur un animal une fistule pour favoriser l'écoulement de la bile au dehors, cet animal peut vivre plusieurs mois. En cet état, la moitié seulement de la matière grasse est absorbée. Pour suppléer à ce défaut d'absorption, il faut augmenter dans les aliments la quantité de fécule et d'albumine, lesquels produisent assez de chyme pour remplacer celui de la graisse qui fait défaut.

Si la bile existe à l'état normal et qu'on supprime le suc pancréatique, l'animal succombe, bien que la bile produise l'absorption de la moitié de la matière grasse. Il en résulte que la bile seule soutient moins bien la digestion que le suc pancréatique sans elle. Du reste, l'accumulation de la bile dans la vésicule prouve qu'elle est une excrétion du foie et entre dans l'intestin comme matière alimentaire plutôt que comme stimulant de la digestion. C'est pour cela qu'elle manque chez le cheval, l'âne, le cerf, le chameau, le chevreuil, l'autruche, le pigeon, le perroquet, etc.

§ 577. III. **Effets du suc pancréatique et de la bile.** Busche cite l'observation d'une femme qui, à la suite d'un coup de corne, eut une fistule intestinale un peu au-dessous du duodénum par où s'écoulaient les matières sortant de l'estomac, mêlées avec le suc pancréatique et la bile. La maigreur devint extrême; alors on commença à introduire dans le bout inférieur ce qui sortait par la fistule, et l'état de la malade changea. Des fragments de viande et d'albumine introduits dans l'intestin en sortaient intacts, parce qu'ils n'étaient pas imbibés d'acide gastrique quand ils étaient couverts de bile. Pour obvier à cet inconvénient, Busche introduisit les substances alimentaires dans des petits sacs de toile fine qu'il retrouvait dans les fèces; l'albumine et la viande avaient perdu de leur poids, et pour parcourir toute la longueur de l'intestin grêle, les sacs mettaient sept à huit heures, non compris les quatre heures de séjour dans l'estomac. D'où l'on doit conclure qu'il se passe douze heures au moins depuis le repas jusqu'à l'évacuation de ce qui n'a pas été digéré.

L'amidon introduit dans les sacs perdait 38 à 60 p. 100; la majeure partie du beurre sortait. Il en résulte que dans l'intestin grêle il se produit du sel gastrique, de la pepsine et du suc intestinal dans lequel, 1° l'albumine se dissout, 2° les matières grasses s'émulsionnent, et 3° la fécule et l'amidon se transforment en glycose. La présence de la bile et du mucus qui enveloppent les aliments non contenus dans des sacs empêche leur digestion; car la bile elle-même doit être digérée, et l'excédant s'éloigne avec les fèces, comme cela a lieu pour l'excédant des aliments.

§ 578. IV. **Effet du suc du gros intestin.** Steinhauser a fait sur une femme affectée de fistule au *colon ascendant* les observations suivantes : un œuf dur réduit en pulpe étant introduit dans le gros intestin, à peu près toute la matière grasse du jaune sortait de l'anus, mais une partie de l'albumine avait disparu.

§ 579. **Résumé de la digestion.** Les parties nutritives des aliments se réduisent à trois espèces : *albumine*, *fécule*, *matières grasses*, qui doivent se mêler avec un sel où entrent la pepsine et une substance alcaline qui se trouve dans la salive, le suc pancréatique, la bile, le suc gastrique et dans les aliments. Dans l'estomac, la pepsine étant combinée avec l'électricité positive est à l'état d'acide gastrique;

sans cette électricité, elle est dans l'intestin. Le sel qu'elle produit avec la substance alcaline du suc qui ne s'écoule au dehors que quand il est provoqué par la présence des aliments ne change pas pour cela. Ainsi la digestion ne dépend pas absolument de l'état acide de l'intestin, mais seulement de la pepsine.

La digestion ainsi opérée amène la séparation des aliments d'avec les parties nutritives qui se mêlent avec le *sel de la pepsine;* car c'est ce mélange qui peut pénétrer dans le tissu de l'estomac et de l'intestin pour arriver par l'endosmose dans les veines et les vaisseaux chylifères. La pepsine manque dans la salive, le suc pancréatique, la bile et le suc gastrique, qui seuls n'ont aucune influence sur les aliments; elle se trouve dans la substance de l'estomac et de l'intestin, où s'opère la digestion.

Le sel de cette pepsine, dans la digestion artificielle, est produit par une partie provenant des aliments mêmes, d'où il résulte que les quatre liquides alcalins qui s'écoulent dans les aliments, servent eux-mêmes de substances nutritives en même temps que de bases dans la production du sel de la pepsine. Les aliments ne se dissolvent pas dans 1,000 parties d'eau et 1 ou 2 d'acide chlorhydrique, mais la digestion y est activée par l'introduction de quelques parties de pepsine. Il est ainsi démontré une fois de plus que c'est le sel de la pepsine ou le sel gastrique qui met les parties nutritives des aliments en état de pénétrer dans le tissu gastrique et le tissu intestinal pour arriver au sang.

§ 580. **Odeur des excréments.** Les matières extraites du cæcum d'un animal sont à peu près sans odeur, mais si on les expose au contact de l'air, l'odeur fécale apparaît et elle devient de plus en plus prononcée.

§ 581. **Gaz de l'intestin.** L'azote et l'acide carbonique se trouvent toujours en rapport direct; l'hydrogène est en quantité égale à la somme des deux gaz précédents dans l'intestin grêle, et il manque dans le gros intestin. Quand l'estomac et l'intestin sont vides, les gaz manquent presque; ils ne se produisent que pendant la digestion de certains aliments.

C. Digestion dans la série animale.

§ **582.** Pour l'histoire naturelle, le rapport entre l'appareil anatomique de la digestion et l'espèce des aliments est d'une très-haute importance; la différence entre l'appareil humain et celui des animaux croît graduellement chez les mammifères, les oiseaux et les animaux à sang froid. Le foie est très-volumineux, et cependant la production de la bile manque chez quelques mammifères et oiseaux.

§ 583. **Mammifères.** Il n'y a pas d'organes décisifs suivant lesquels on puisse distinguer les familles des mammifères; on les distinguait en *pachydermes*, *rongeurs*, *carnassiers quadrumanes* et *carnassiers digitigrades*, *ruminants à cornes* et *ruminants sans cornes*, en *aquatiques*, *amphibies* et *volants*. Comme l'appareil de la digestion est en rapport avec les aliments, la même chose a lieu pour les organes employés à la perception de ces aliments. Si, dès le commencement, les aliments se produisaient comme à présent, il serait superflu et même impossible de produire une telle variation d'organes pour arriver à un seul et même but.

Les animaux primitifs, produits directement des aliments et des fluides impondérables, étaient neutres, comme nous allons le démontrer; ils furent doués ensuite des organes de la reproduction, et pendant qu'ils se multipliaient à l'infini, l'excédant d'aliments diminuait, et en même temps l'état de la Terre changeait; de nouvelles plantes surgissaient donnant naissance à d'autres espèces et à d'autres familles animales, lesquelles se distinguaient des précédentes par les organes employés à se procurer la nourriture. Suivant ce principe, l'appareil de la translation du corps conduit à connaître l'existence d'une période pendant laquelle manquaient les plaines qui fournissent le pâturage aux animaux ruminants et les montagnes parcourues par les solipèdes.

Une couche épaisse de restes de plantes nommée *phytostrome* couvrait la plus grande partie de la mer, et elle était couverte d'arbrisseaux denses dont les fruits et les feuilles servaient de nourriture aux quadrumanes dont les aquatiques, comme l'ours blanc, sont ichthiophages, les autres sont granivores; les digitigrades sont carnassiers, les chauves-souris se nourrissaient en volant, comme les insectes, restant le jour dans les parties de la phytostrome où pénétrait peu de lumière.

Quand ensuite le niveau de la mer baissa, apparurent d'abord les sommets des montagnes connues sous le nom d'îles : c'est alors que se montrèrent les amphibies, les pachydermes, puis les solipèdes; les ruminants vinrent les derniers. Cette nouvelle classification des mammifères se trouve en parfait accord avec l'appareil de la digestion, qui se distingue chez les ruminants par sa composition en quatre parties : la *panse* ou *rumen*, le *bonnet* ou *réseau*, le *feuillet* et la *caillette* (fig. 163). Les animaux ruminants sont : le *bœuf*, le *mouton*, la *chèvre*, l'*antilope* ou *gazelle*, la *girafe*, l'*axis*, le *chevreuil*, le *daim*, le *renne*, l'*élan*, le *cerf*, le *chevrotin*, le *lama*, le *chameau*.

Figure 163.

ESTOMAC DE MOUTON.

a, œsophage. *b*, panse ou rumen. *c*, bonnet ou réseau. *d*, feuillet. *e*, caillette.

Pendant le pâturage, la masse d'herbe est emmagasinée dans la panse et le bonnet. Quand il est repu, l'animal en se reposant fait remonter le bol alimentaire dans la bouche, où il est mâché et en même temps imbibé de salive; de là, il redescend dans la panse, mais à l'état liquide et s'écoule par le feuillet dans la caillette, d'où il se dirige vers l'intestin. Les liquides suivent la même voie pour arriver à l'intestin; mais ils peuvent être emmagasinés dans la panse pour un emploi ultérieur, comme cela a lieu pour le chameau, qui peut s'approvisionner d'eau pour trois jours. Dans les pays froids, en hiver, les animaux sauvages restent plusieurs mois sans boire, mais c'est la conséquence du froid même.

§ 584. **Digestion stomacale.** 1° Chez les carnassiers la digestion s'accomplit dans l'estomac en plus grande partie; quand un chien a avalé 1 ou 2 kilogrammes de viande, on en retrouve une partie si on l'ouvre six ou huit heures après le repas. 2° Chez les herbivores, au contraire, les aliments séjournent beaucoup moins dans l'estomac simple (cheval, porc et autres solipèdes), car sa capacité même est inférieure à celle de la quantité d'aliments consommés par l'animal à chaque repas. La viande administrée à des chevaux ne perd qu'un quart en traversant l'estomac et l'intestin; Colin, en donnant de la viande à un cheval, y a attaché un fil et l'a ainsi empêchée de sortir de l'estomac, de sorte qu'elle y a été dissoute dans le même espace de temps que chez les carnassiers. 3° Chez les ruminants, les aliments séjournent davantage dans l'estomac, qui sert en même temps de magasin; mais cela n'a pas lieu pour les portions qui, après avoir été bien mâchées, y arrivent à l'état de bouillie : elles avancent alors sans retard vers l'intestin.

§ 585. **Digestion intestinale.** Chez les carnivores, l'intestin est court comme chez les oiseaux, les reptiles et les poissons, mais il est long chez les herbivores et surtout chez les ruminants; de sorte que les substances albuminoïdes de la viande disparaissent en grande partie dans l'estomac. Le reste de la viande se dissout dans l'intestin et les substances grasses y deviennent émulsionnées. Chez les herbivores, une petite quantité d'albumine des aliments se sépare dans l'estomac; ils en sortent imbibés de suc gastrique, dont la consommation s'opère pour la digestion du reste des aliments; la partie non digérée sort par les excréments. La digestion intestinale ne diffère pas de celle de l'homme; s'il a été pris trop d'aliments, il en sort une grande partie sans être digérée.

§ 586. II. **Oiseaux.** Il n'y a pas d'oiseaux herbivores, encore moins ruminants; ils existaient donc lorsque le niveau de la mer a baissé pour laisser apparaître les plaines, mais ils manquaient quand la mer couvrait toute la surface de la terre. A cette époque, l'air était parcouru par les insectes, par les chauves-souris et par plusieurs autres espèces de reptiles qui ont disparu. Les îles produites des sommets des montagnes ont fait s'éloigner les côtes, et la nourriture produite sur les côtes s'éloignait en chaque extrémité de l'île, les insectes et les chauves-souris ne purent plus franchir les distances qui augmentaient par l'abaissement du niveau; c'est donc à ce moment que les oiseaux ont été produits. Ils se nourrissent des insectes qui existaient déjà, de poissons qu'ils trouvent aux côtes et des graines qui ne manquaient pas avant l'apparition des plaines. Les oiseaux de proie sont venus les derniers, car il fallait que ceux qui devaient leur servir de pâture existassent avant eux.

Figure 164.

[illegible]

[illegible]phage. — *l*, gros intestin.
b, jabot. — *m*, *m'*, uretères.
c, ventricule [illegible] succenturié. — *n*, oviducte.
d, [illegible]. — *o*, cloaque.
e, duodénum. — *p*, foie.
[illegible]réas. — *r*, vésicule biliaire.
h, intestin grêle. — *s*, *s'*, cœcum.

Les oiseaux ont une espèce de sac *b* (fig. 164) qui correspond à la panse des ruminants pour emmagasiner les aliments; c'est le premier estomac nommé *jabot* qui manque chez les carnivores; le *ventricule* c *succenturié* dont s'écoule l'acide gastrique : il est plus grand chez les espèces de carnivores qui manquent de jabot; enfin le *gésier* est le troisième estomac : il est garni d'une tunique musculaire épaisse chez les granivores.

Les aliments passent ensuite dans l'intestin, où le suc pancréatique et le suc intestinal ne manquent jamais, tandis que la bile fait défaut chez plusieurs espèces de granivores, comme cela a lieu pour quelques espèces de mammifères herbivores.

§ 587. III. **Reptiles.** Les organes de translation des reptiles leur permettent de s'insinuer partout et en chaque direction; ils ont été produits avant l'abaissement du niveau de la mer et avant l'apparition des îles. Leur nourriture consiste en feuillage, graines et insectes. Leur estomac est simple et l'intestin court; ils possèdent un foie volumineux et un pancréas. Les reptiles peuvent supporter le jeûne pendant plusieurs mois, mais pour cela il leur faut le repos; car la production du mouvement demande des aliments.

§ 588. IV. **Poissons.** Nous avons dit dans le livre précédent que les poissons furent les premiers qui jouirent de l'organe de l'ouïe. Ils sont souvent très-voraces, ils mangent toutes les espèces d'animaux qui existaient précédemment, tels que vers, mouches, insectes, mollusques; les espèces de poissons produites postérieurement mangent celles qui existaient antérieurement; celles-ci se nourrissent en grande partie d'aliments végétaux. L'estomac des poissons est simple et leur intestin court; leur foie est grand et mou. Le pancréas est remplacé par des culs-de-sac ou cœcums groupés autour du pylore.

§ 589. Avant les vertébrés existaient les invertébrés, et avant ceux-ci les plantes ne manquaient pas. La classification des vertébrés suivant un ordre chronologique a été déterminée par l'abaissement du niveau de la mer, l'apparition des sommets des montagnes comme îles et l'apparition postérieure des montagnes et des plaines. Ces changements manquaient avant l'apparition des continents. En cette période, après une surface d'eau, a été formée une couche de restes végétaux qui couvrait une grande partie de la mer et servait comme de contenant à la production d'une végétation dense impénétrable à tout autre que les reptiles, les digitigrades grimpants, les quadrumanes sautant d'un arbre à l'autre, et les insectes et les chauves-souries volant. Il ne manquait, avant l'apparition des continents, que les oiseaux, les solipèdes et les ruminants.

§ 590. **Invertébrés.** Dans le livre précédent, nous avons prouvé que les ondes sonores ou les bourdonnements produits dans l'atmosphère par les insectes devinrent la cause physique de la formation des vertébrés. Chez les poissons produits les premiers l'organe vocal manque; il est à un état très-imparfait chez les reptiles et les quadrumanes; il apparaît assez développé chez les grenouilles qui sont amphibies et ont été produites à l'époque des oiseaux. Les digitigrades à l'état sauvage crient très-peu; ils n'apprennent à crier que quand on les apprivoise.

Des invertébrés privés de l'organe de l'ouïe sont aussi privés des autres organes des sens : 1° Les infusoires et les spongiaires, composés d'une vessie, n'ont qu'un organe des sens qui est celui du tact, servant à sentir la chaleur et le poids ou la résistance; ils sont *diesthématiques*. 2° Les rayonnés qui possèdent l'organe du goût sont *triesthématiques*. 3° Les molusques acéphales sont *tétréthématiques*. 4° Les autres invertébrés sont *pentesthématiques*. Cet ordre n'est pas chronologique, la production de chaque classe ne dépend que, 1° des aliments qui vont lui servir de nourriture, et 2° de l'air qui soutient la respiration d'où résulte le mouvement animal.

Chez les invertébrés, de même que chez les vertébrés, il y a un rapport direct entre les espèces des aliments, l'appareil de la digestion et celui de la translation. Les invertébrés aquatiques ont été formés quand manquait le phytostrome sur la surface de la mer; les insectes sont les derniers; ils ont été formés des aliments produits par les arbrisseaux dont étaient couvert le phytostrome.

1° *Infusoires et spongiaires*. C'est par la surface d'une vessie que la digestion et la respiration s'opèrent; l'accroissement s'effectue par les substances dont l'épiderme s'imbibe, et elles pénètrent ensuite comme nourriture dans le corps.

2° *Rayonnés*. En exerçant une poussée sur une partie de la vessie, celle-ci obtient la forme d'un calot de blé; l'appareil de la digestion résulte de la surface intérieure et celui de la respiration de la surface extérieure. Les aliments introduits par la bouche se séparent de leur partie nutritive qui est absorbée, et le reste est rejeté par la bouche.

3° *Mollusques acéphales*. De leur structure résulte l'existence d'un organe d'odorat qui apparaît comme vésicules enduites de pigment; on les considérait comme organe de la vision. Ces vésicules existent aussi chez quelques espèces de rayonnés.

4° *Mollusques gastéropodes et mollusques céphalopodes et crustacés.* Ils ont souvent l'appareil digestif très-développé, leurs glandes salivaires, leur foie sont volumineux; les aliments entrent par la bouche et sortent par l'anus. Les crustacés ont des mandibules et des mâchoires, d'où il résulte qu'ils ne manquent pas de l'organe de l'odorat. Ils possèdent aussi celui de la vision à des degrés différents.

5° *Insectes.* Les classes précédentes d'invertébrés trouvent leur nourriture dans les plantes aquatiques sans avoir besoin d'un grand déplacement. Après la formation du phytostrome, 1° des aliments produits sur les arbrisseaux, et 2° des fluides impondérables, ont été formés les insectes pourvus d'ailes pour franchir l'espace du sommet d'une plante à l'autre. L'organe de la digestion se rapproche de celui des oiseaux. Les granivores ont aussi un *gésier;* ils ont l'organe de l'odorat bien développé, celui de la vision composé. Comme les mammifères parmi les vertébrés de même les insectes parmi les invertébrés constituent la classe supérieure. Des organes de translation des insectes il résulte que le phytostrome manquait lorsque les autres classes d'invertébrés ont été produites.

II. — RESPIRATION.

§ 591. L'air est aussi indispensable à l'existence de la vie animale que les aliments. 1° La digestion se fait par la séparation des aliments en substances nutritives qui passent dans le sang et en substances non nutritives qui sont éliminées, savoir les excréments. 2° La respiration a lieu par la séparation d'une quantité d'oxygène de l'air qui pénètre directement dans le sang et la séparation d'une quantité d'acide carbonique et de vapeur d'eau du sang qui en sortent par l'excrétion pour pénétrer dans l'air ambiant.

Il n'existe aucune action chimique dans ces déplacements des gaz, parce que les transmissions s'opèrent par l'endosmose à travers la membrane. L'oxygène se mêle avec le sang parce que cette membrane en est imbibée, et l'acide carbonique se mêle avec l'air parce que la même membrane en est imbibée; la même chose a lieu pour la vapeur d'eau,

L'air ne manque au poumon que chez l'enfant qui vient de naître; il y pénètre par les narines, puis par la bouche. Quand, en même temps, la fraîcheur de l'air vient en aide, un mouvement spasmodique amène une contraction des muscles thoraciques qui produit l'élargissement du thorax. Cela s'opère contre la compression atmosphérique qui y est exercée, parce que la poussée du côté intérieur manque quand la bouche est fermée. Souvent le commencement de la respiration est retardé de plusieurs minutes : elle doit être provoquée par le frottement, ou mieux par un petit jet d'eau froide. Dès la première aspiration la vie a commencé; elle dure autant que la respiration qui n'est qu'une espèce de jeu de soufflet, et elle se termine avec la dernière expiration.

Pendant la durée de la vie le poumon ne se vide pas d'air, il en reste trois à quatre litres, tandis que la quantité respirée n'est que d'un demi-litre; de sorte que l'air aspiré se mêle avec l'air chaud dans le poumon, et c'est une partie de ce mélange chaud qui s'en éloigne par l'expiration. Il s'opère un échange des gaz et un éloignement de vapeur par le poumon comme par l'epiderme. La quantité des gaz est la trente-huitième partie de celle qui a lieu dans le poumon; dans l'épiderme, au contraire, l'éloignement de vapeur d'eau est double de celui du poumon, ou 500 grammes par le poumon et 1,000 grammes par l'épiderme. Sauf ces changements matériels, les observations répétées ont constaté que la quantité de chaleur animale θ consommée en vingt-quatre heures ne diffère pas trop de celle θ' qui serait produite par la combustion des aliments, sans y comprendre cependant la quantité de chaleur θ'' qui résulte du mouvement volontaire, parce que les observations ont été faites sur des animaux en captivité. Quelques chimistes, notamment

Liebig, ont tenté d'expliquer la production du mouvement animal comme celui des machines à vapeur; mais on leur a objecté que chez les animaux il y a à la fois production de mouvement et de chaleur, tandis que le mouvement des machines n'est obtenu que par une consommation de chaleur.

Donc tout ce qui regarde l'estimation numérique des substances pondérables se trouve actuellement déterminé avec une exactitude satisfaisante; mais ce qui concerne le mode de production du mouvement et de la chaleur animale restait inconnu. S'il en eût été autrement, cet ouvrage serait inutile. Chaque corps chaud qui se trouve en contact avec un corps moins chaud se refroidit; le corps nu d'un homme exposé à l'air froid ou à un jet d'eau froide obtient une élévation de température. Le sang qui perd une quantité de chaleur en passant par le poumon, loin d'être refroidi, devient plus chaud. Tous ces faits problématiques et inexplicables ne dépendent que des éléments des atomes de lumière et de chaleur qui ne sont que combinés d'équivalents électriques. Chacun sait que dans l'arc voltaïque, en consommant les deux électricités, le produit obtenu n'est que *chaleur* et *lumière*. Si quelqu'un doute de ce fait, il ne doit pas lire cet ouvrage.

Dans le poumon le sang veineux devient artériel, et dans les capillaires le sang artériel devient veineux. Il y a dans le sang artériel plus d'oxygène que dans le sang veineux; dans le sang veineux, au contraire, il y a plus d'acide carbonique que dans le sang artériel. Le sang est légèrement alcalin et salé; sa partie incolore, nommée *plasma*, contient la *fibrine*, qui se coagule quand le sang est extrait des vaisseaux; elle en emprisonne les globules, et c'est ainsi que se forme le *caillot*. La partie non coagulable du plasma est le *sérum*. Les globules incolores qui arrivent avec le *chyle* sont dans le rapport de 1 ou 2 pour 1,000 avec des globules rouges. On appelle *granules* les plus petits points microscopiques du sang; au delà de ces granules, c'est le néant pour l'empirique.

Tout se bornait à la détermination des quantités d'*oxy-*

gène, d'*acide carbonique* et de *vapeur d'eau* pendant les âges, les températures, les pressions atmosphériques, le repos, le mouvement, etc. Ces résultats numériques et exacts se trouvant isolés, paraissaient inutiles : ici ils ont obtenu un arrangement qui montre l'évidence de leur liaison comme cause et effet, et tous ensemble ne forment qu'une série constituant la production de la vie animale. Il ne faut pour celle-ci que des aliments et de l'oxygène qui s'éclipsent par la transformation en acide carbonique et urine, pour être remplacés par une autre portion d'aliments.

A. Changement dans le poumon du sang veineux en sang artériel.

§ 592. Il y a éloignement de l'eau et de l'acide carbonique du sang et introduction d'oxygène, et cela non-seulement dans le poumon, mais aussi dans l'épiderme; il ne s'agit que de déterminer la quantité de ces corps propre aux différents états du corps et de l'air.

§ 593. **Rapport entre l'oxygène et l'acide carbonique à l'état normal.** Le volume $v + v'$ d'oxygène absorbé par le sang est toujours supérieur à celui v d'acide carbonique, qui s'en éloigne à chaque respiration. On trouve $v + v' = 1,87$ et $v = 1,26$, et il en résulte le rapport 187 : 126 ou 8 : 7. En l'espace d'une heure, il est inspiré 21 litres d'oxygène et éloigné 18^lit^,5 d'acide carbonique contenant 18^lit^,5 d'oxygène; l'excédant 2^lit^,5 d'oxygène par heure se combine avec l'hydrogène des matières grasses pour produire l'eau et avec l'azote pour produire l'urée qui s'écoule avec l'urine; l'excédant d'azote trouvé dans l'urée est formé dans le sang par le carbone et l'oxygène.

Des aliments azotés se séparent les albuminoïdes, et des aliments non azotés se séparent la glycose et la graisse qui, par leur émulsion dans le sel de la pepsine, arrivent comme chyle dans le sang. Le poids de la quantité du chyle ne diffère pas de celui de l'acide carbonique de la vapeur d'eau et de l'urine; ce n'est donc pas le poids des aliments qui soutient la respiration et la vie animale, c'est ce qui constitue la qualité des aliments; mais ces éléments ne sont pas soumis aux observations empiriques. On connaît plusieurs substances composées des mêmes éléments chimiques qui ont différentes qualités et différentes propriétés physiologiques. En complétant donc les résultats empiriques et d'accord avec les faits observés, nous avons constaté dans cet ouvrage que les corps ne sont pas une matière morte, mais qu'ils résultent tous : 1° d'un fluide β nommé *barogène*, qui correspond au mot *masse*, et 2° d'équivalents électriques positifs $a\text{E}$ et négatifs $b\text{E}$; donc la masse ou le barogène produit le sentiment du poids, et les équivalents électriques $a\text{E} + b\text{E}$ produisent le sentiment de cinq organes des sens qui ne sont pas les corps eux-mêmes, mais leurs qualités.

§ 594. **Rapport entre l'acide carbonique et les âges.** Un enfant de huit ans exhale en une heure une quantité d'acide carbonique contenant 5 grammes de carbone; entre dix et quarante ans, cette quantité de carbone est de 10 grammes, tandis que le poids de l'enfant de huit ans est à peine le tiers de celui de l'adulte. Mais un enfant produit une quantité de mouvement moitié moindre de celle de l'adulte. L'homme exhale plus d'acide carbonique que la femme, surtout entre trente et quarante ans. Chez l'homme l'acide carbonique croît de huit à trente ans et décroît ensuite pour devenir dans l'extrême vieillesse comme il était à dix ans. Chez la femme, depuis l'âge où apparaissent les menstrues jusqu'à leur cessation, la production d'acide carbonique reste stationnaire. Elle diminue chez les malades atteints de *typhus* ou de *choléra;* la mort est imminente quand sa quantité est réduite à moitié. La pression de l'air fait diminuer l'acide carbonique; cependant les plongeurs peuvent vivre facilement dans l'air comprimé à 3 atmosphères.

§ 595. **Rapport inverse entre la température de l'air et l'acide carbonique.** Le même individu exhale une quantité d'acide carbonique qui croît quand la température de l'air baisse; elle est de 4,37 pour 100 à la température de zéro, et de 3,36 pour 100 à la température de 24°. Il en est de même pour les animaux : à 0°, la souris exhale une quantité double d'acide carbonique qu'à 30°, et les oiseaux une quantité triple dans le même cas. La température T de l'air expiré correspond à la moyenne entre celle T° d'un demi-litre d'air inspiré et de 3[lit],5 d'air à 37° contenus dans le poumon. Si l'air inspiré est à 0°, il aura la température $\frac{T \times 37^\circ}{8}$ quand il est expiré. Cependant cet éloignement de chaleur, au lieu d'un abaissement, ne procure au sang qu'une élévation de température; elle ne se manifeste pas immédiatement dans le ventricule gauche, mais dans l'aorte. Dans le ventricule gauche, la température est inférieure de 0°,1 ou 0°,2 à celle du ventricule droit, et dans l'aorte elle est supérieure de plus de 1° à celle du ventricule droit.

§ 596. **Rapport entre le rhythme de la respiration et l'acide carbonique.** Il y a une plus grande quantité d'acide carbonique expiré quand on diminue le nombre des respirations par minute : 1° Si ce nombre est 12 dans le volume d'air V, il y a 4,37 pour 100 d'acide carbonique. 2° Si ce nombre est 60, il y a 2,4 pour 100 d'acide carbonique dans le volume d'air V + V' : ce qui prouve que quand la respiration est accélérée, il y a une grande production de chaleur et d'acide carbonique.

§ 597. **Diminution de l'acide carbonique par la présence de l'alcool.** En quantité médiocre, l'alcool est digéré en se transformant en glycose; mais introduit dans l'estomac en grande quantité, il ne peut pas être digéré à cause du manque de quantité suffisante de sel gastrique, comme cela a lieu pour le beurre. La différence consiste en ce que dans celui-ci l'excédant est éloigné par les fèces, tandis que l'excédant de l'alcool pénètre par l'endosmose avec l'eau non digéré dans le sang pour en être éloigné comme excrément par la respiration et par l'urine mêlée à l'eau. La même chose a lieu pour les autres substances odorantes, telles que l'*éther*, le *chloroforme*, le *camphre*, le *musc*, l'*ail*, l'*assa fœtida*, etc. Il y a aussi des substances animales qui, à l'état de vapeur mêlées avec l'eau, pénètrent la membrane du poumon; on les découvre en soufflant dans un vase d'acide sulfurique concentré.

La production de l'acide carbonique dépend de l'éloignement de l'électricité négative du chyle contenu dans le sang; donc toutes les substances volatiles introduites dans le sang empêchent, en s'éloignant, la séparation de l'électricité négative, et par suite elles font diminuer la production de l'acide carbonique.

§ 598. **Changement du sang dans le poumon.** Il y a éloignement d'eau, de chaleur et d'acide carbonique, il y a introduction d'oxygène. Dans le sang qui arrive au poumon est contenu le volume $V + v$ d'acide carbonique et le volume V' d'oxygène; dans le sang qui s'éloigne du poumon est contenu le volume V d'acide carbonique et le volume $V' + v + v'$ d'oxygène. Quant à la quantité d'eau, elle dépend de la température de l'air : au-dessus de 20°, il y a dans le sang qui arrive plus d'eau que dans le sang qui s'éloigne; au-dessous de 10°, il y a dans le sang qui s'éloigne plus d'eau que dans celui qui arrive, et cette différence croît avec l'abaissement de la température. De même après la perte de la chaleur dans l'air expiré, au lieu de baisser, la température du sang s'élève pour qu'il y ait toujours dans les artères au moins 1° de plus que dans les veines. On ne pouvait se rendre compte de ces deux faits constants.

B. CHANGEMENT DU SANG ARTÉRIEL EN SANG VEINEUX DANS LES CAPILLAIRES.

§ 599. Les vaisseaux capillaires constituent le passage du sang des artères dans les veines; c'est pendant ce passage que l'oxygène $V' + v + v'$ diminue pour devenir V' et que l'acide carbonique V augmente pour devenir $V + v$. Dans le sang artériel, l'acide carbonique étant $V = 100$, l'oxygène est $V + v + v' = 38$, et dans le sang veineux, l'acide carbonique étant $V + v = 100$, l'oxygène est $V' = 25$. On trouve un peu plus de globules dans le sang artériel que dans le sang veineux.

§ 600. **Vaisseaux des reins.** La couleur du sang ne diffère pas dans les artères et les veines; c'est seulement l'urée qui est en plus grande quantité dans les artères que dans les veines. Ce qui disparaît se trouve dans la vessie.

Autour des capillaires se trouvent 1° les racines des nerfs, 2° celles des vaisseaux lymphatiques, et 3° les filets des muscles auxquels aboutissent les extrémités des nerfs moteurs. La température est plus élevée dans les muscles que dans les artères, et elle s'élève davantage quand les muscles sont en activité. Tous ces faits trouveront leur explication dans le changement de la qualité du chyle pour devenir acide carbonique et urée.

C. Respiration par la peau.

§ 601. Comme la membrane des poumons, l'épiderme devient aussi imbibé d'acide carbonique et d'eau de la part du sang; c'est d'oxygène qu'il est imbibé de la part de l'air. L'échange de ces gaz dans l'épiderme est la trente-huitième partie de celui du poumon, mais l'eau éloignée en vingt-quatre heures est 1,000 grammes par l'épiderme et 500 gr. par le poumon. En supprimant aux grenouilles la respiration pulmonaire, si on les tient dans l'air elles vivent plusieurs jours, et elles meurent dans l'eau en huit ou dix heures. Le contraire a lieu pour les animaux à sang chaud : en supprimant la respiration de l'homme il meurt en deux à quatre minutes dans l'air, tandis que les pêcheurs d'éponges restent trente minutes au fond de la mer. Il y en a quelques-uns qui résistent jusqu'à quarante-cinq minutes.

Les cétacés et les autres mammifères aquatiques s'élèvent par intervalles pour respirer l'air, mais ils ne peuvent vivre dans les parties peu profondes de la mer dont la température est élevée. Il en est de même pour les plongeurs. Partout se présente le contraste entre le froid extérieur et l'élévation de température : c'est ce contraste que les physiologistes ont toujours évité autant que possible.

Si l'on rase un animal et qu'on couvre son épiderme d'un vernis épais et siccatif, il succombe au bout de six, huit, dix à douze heures; après l'événement on trouve les tissus et les organes gorgés de sang noir, et l'on en conclut que la poussée centrifuge n'en a presque pas souffert, et que la mort résulte d'un manque de poussée du sang en direction centripète.

D. RESPIRATION DANS LA SÉRIE ANIMALE.

§ 602. Comme chez l'homme, il y a chez tous les animaux échange de gaz oxygène et d'acide carbonique. L'organe de la respiration varie chez les animaux aquatiques comme chez ceux qui vivent dans l'air; donc ceux qui ont le cœur séparé ont le sang chaud, et ceux dont le cœur n'est pas séparé ont le sang froid. Les hommes et les animaux vivant dans les pays froids ont le poumon plus volumineux que ceux qui vivent dans les pays chauds.

I. **Mammifères.** L'organe de la respiration est presque le même pour le poumon et diffère beaucoup pour l'épiderme, car une grande quantité de carbone y est conduite, non pas sous forme d'acide carbonique, mais mêlée avec le mucus. Ce mélange produit un vêtement pileux ou laineux, ou fait croître des cornes, des ongles, un épiderme.

II. **Oiseaux**. Ils ont un poumon peu volumineux; cependant il y a de grands réservoirs pour contenir l'air chaud. Ce sont surtout les oiseaux à haut vol qui ont les os remplis d'air en communication avec le poumon où arrive l'air froid. Dans les hautes régions, une partie de l'air chaud s'éloigne et l'air respiré est d'une température inférieure. Le carbone expiré par la peau sert aux oiseaux à produire leur plumage.

III. **Reptiles**. Comme les mammifères aquatiques, il y a beaucoup de reptiles qui respirent par le poumon et vivent dans l'air et dans l'eau; d'autres sont réellement amphibies et ont à la fois des poumons et des branchies. Chez les grenouilles, la peau est un organe de respiration, car quand elles sont privées du poumon, la respiration par la peau produit les deux tiers d'acide carbonique. A cause du manque des côtes, la respiration par le poumon ne s'opère que par l'inégalité de la température de l'air. Ainsi la peau et le poumon offrent le même mode de respiration.

IV. **Poissons.** Dans l'eau il y a dans 100 parties d'air

32 d'oxygène et 68 d'azote. Si l'eau est privée d'air, les poissons y succombent, comme cela arrive quand les lacs gèlent en hiver; les pêcheurs ouvrent alors quelques parties de la glace et prennent les poissons qui s'y accumulent pour respirer. Il y a de chaque côté du cou quatre branchies composées chacune de deux lamelles. Quand les branchies sont libres, il y a une seule ouverture de l'ouïe, et dans les branchies adhérentes il y en a autant qu'il y a de branchies. Les poissons ouvrent alternativement les branchies et les ouïes pour respirer; ils avalent l'eau par la bouche, elle pénètre par les intervalles que laissent entre eux les arcs des branchies, qui deviennent ainsi baignées par le courant d'eau pressée par la bouche fermée et sortant par les ouvertures des ouïes. L'échange de gaz oxygène et d'acide carbonique s'opère par le contact de l'eau avec le sang des branchies qui sèchent hors de l'eau, et alors la respiration s'arrête.

V. **Invertébrés.** Comme les vertébrés, de même les invertébrés vivent dans l'air et dans l'eau, et leur organe respiratoire ne sert qu'à l'échange de l'oxygène de l'air contre l'acide carbonique qui s'éloigne du sang ou du chyle des aliments.

1° *Insectes.* Il y a chez eux une multitude de canaux, espèces de trachées qui s'ouvrent sur les côtés de l'animal et se ramifient dans leur intérieur. Ainsi, pendant le mouvement de l'animal l'air va à la rencontre du sang; l'air se renouvelle aussi dans les trachées par les contractions alternatives de l'abdomen.

2° *Mollusques.* L'organe respiratoire des mollusques correspond à l'air ou à l'eau où les espèces vivent. Les *céphalopodes* ont des branchies constituées par des lamelles divisées et subdivisées contenues dans une cavité couverte d'un manteau; l'eau y pénètre quand la paroi s'élargit, et lorsque celle-ci se contracte l'eau s'éloigne. Les *gastéropodes* qui respirent l'air ont une cavité où vient se ramifier l'artère pulmonaire; l'air y est amené par un canal percé entre le corps et la coquille; ceux qui vivent dans l'eau ont des branchies. Les *tectibranches* ont des branchies à moitié cachées par le manteau, et les *nudibranches* privés de coquille ont des branchies fixées au dos. Les *acéphales* ont des branchies constituées par des feuilles striées placées entre le manteau et le corps.

3° *Arachnides.* Les poches à air placées dans leur abdomen ressemblent autant à des branchies qu'à des poumons, car dans leur intérieur il y a une multitude de lamelles saillantes. L'air est reçu dans les poches par des stigmates placés sur les côtés ou à la face inférieure de l'abdomen.

4° *Annélides.* Ces animaux aquatiques ont des branchies qui varient par la forme et la position; elles forment des touffes placées de distance en distance le long du corps de l'animal, ou elles sont groupées autour des pattes, ou l'extrémité supérieure du corps est garnie d'une sorte de panache multibranche. Les *lombrics* sont les seuls qui ne soient pas aquatiques; ils vivent dans la terre humide et respirent par la surface du corps.

5° *Crustacés.* La plupart vivent dans l'eau et respirent par les branchies; d'autres ont quelque partie du corps, souvent les pattes, couvertes d'une peau molle qui remplace l'organe de la respiration. Les espèces qui vivent dans l'air respirent par une multitude de lamelles entretenues dans un état d'humidité permanente. Ils ont la forme des branchies et fonctionnent comme les poumons.

6° *Zoophytes.* L'échange gazeux s'opère par divers points de la surface tégumentaire interne et externe; chez les *holotouries* il y a un canal ramifié analogue à une sorte de trachée. L'eau s'y introduit par un cloaque, et en est expulsée de temps à autre par les contractions du canal.

7° *Infusoires.* Sur la surface du corps sont des cils vibratiles qui par leur mouvement renouvellent l'eau, et l'animal respire par la peau comme les grenouilles et les lombrics.

III. — CIRCULATION DES LIQUIDES DANS LE CORPS ANIMAL.

§ 603. Le chyle des aliments, introduit dans les vaisseaux, est entraîné avec le sang du poumon vers les capillaires par les artères, et, après les avoir traversées, il est conduit par les veines vers le poumon. Ces va-et-vient du sang rouge ou incolore constituent la *circulation*. Dans le sang entre par l'estomac le chyle, et par le poumon l'oxygène; l'acide carbonique et l'urine s'en éloignent. Ainsi, sans changer ni le poids du sang ni sa qualité, la vie animale ne résulte que de la transformation du chyle en urine et acide carbonique. Il s'agit ici de prouver comment, suivant la loi physique, du changement de la qualité du chyle résulte une série de faits qui paraissent de nature différente. Tels sont : 1° la poussée, qui soutient la circulation; 2° la chaleur, qui ne dépend pas de la température de l'air ambiant, et qui ne peut ni augmenter ni diminuer; 3° le mouvement volontaire, qui se manifeste avec une production de chaleur, et 4° la respiration ou l'éloignement de la chaleur dont ne résulte aucun abaissement de température.

Excepté la circulation du sang, le chyle est conduit de l'estomac et de l'intestin par les vaisseaux chylifères et par les veines, comme l'est le sang par les artères, car ces vaisseaux pénètrent et conduisent le mélange de sang veineux avec le chyle dans la rate et dans le foie. D'autre part, la lymphe qui sort des capillaires pénètre dans les vaisseaux lymphatiques, et elle est conduite vers le poumon comme le chyle.

La quantité totale du sang d'un adulte est évaluée à 5 kilogrammes, et la durée de la révolution circulatoire est de 23 secondes. Or, en raison de 72 systoles du cœur par minute, il y en a 27,5 en 23 secondes; en divisant donc les 5,000 grammes par 27,5, on obtient presque 180 grammes. Cette quantité de sang est chassée dans l'aorte par chaque contraction du cœur.

A. Poussée exercée sur le sang.

Chaque mouvement ne peut résulter que d'un autre libre ou emmagasiné. Nous pouvons évaluer la poussée exercée sur le sang dans les différentes parties des vaisseaux au moyen de l'appareil de Ludwig, nommé *kymatographion* (fig. 165), qui sert en même temps comme *hémodynamomètre*. Comme la poussée n'est pas d'une intensité constante, mais qu'elle augmente et diminue suivant un rhythme qui correspond à celui de la respiration, le maximum de la

Figure 165.

HÉMODYNAMOMÈTRE ET KYMATOGRAPHION.

VV, vaisseau ouvert.
ii, son ouverture.
E, D, plaques comprimant le vaisseau.
n, orifice du tuyau *nmp*.
r, robinet fermant le tuyau.
A, tambour tournant.
C, poids soutenant ce mouvement.
P, pendule ou balancier.
e, crayon.
hh', hauteur de mercure indiquant la poussée exercée sur le sang.
co, *co*, lignes interrompues indiquant les poussées et leurs interruptions.
fh', tige reposant sur le mercure pour conduire le crayon *e*.
tq, *rs*, arrêts de la poussée correspondant aux deux pouls pendant l'expiration.

poussée coïncide avec la fin de l'inspiration ; elle diminue ensuite pour atteindre un minimum qui arrive au moment du commencement de l'inspiration. Pendant la durée d'une respiration, il y a quatre systoles du cœur; à chacune d'elles correspond un moment de repos ou d'interruption indiqué dans les traits *oc*, *oc*. L'expérience s'opère de la manière suivante :

§ 604. **Poussée déterminée par l'hémodynamomètre.** Dans le tube *pmn* se trouve le mercure dont le déplacement résulte de l'introduction du sang de l'artère VV' quand on ouvre le robinet *r*, et c'est la hauteur *hh'* qui indique la poussée exercée au sang qui se communique au mercure pendant la durée de la circulation, parce que le vaisseau VV n'est pas coupé; mais on enlève une particule *ii*, et la paroi de l'ouverture est fixée entre deux lames D et C dans lesquelles se trouve l'orifice *n* du tube *nmp*. De la hauteur de la colonne de mercure *hh'* = 15 centimètres, on conclut que cette poussée contient une colonne d'eau de 2 mètres. Ce résultat obtenu sur le chien a été trouvé le même sur le cheval, le bœuf, le mouton, la chèvre, le chat, le lapin ; par suite, la même chose doit avoir lieu pour l'homme. En même temps que la poussée était de 165 millimètres dans la carotide d'un veau, elle était de 146 millimètres dans l'artère métatarsienne. La poussée du sang dans l'artère carotide est triple de celle de l'artère pulmonaire.

Dans les veines, la poussée diminue à partir des rameaux vers le tronc ; à la veine jugulaire d'une chèvre, la pression est de 18 millimètres, et de 41 à la veine faciale ; chez un chien, la poussée à la veine brachiale était de 15 millimètres, et celle à la veine crurale de 23.

Si l'on suspend pendant trente secondes le mouvement du cœur, la poussée dans la carotide diminue, tandis que celle de la veine jugulaire devient triple de ce qu'elle était d'abord. Au moment de l'inspiration, l'hémodynamomètre indique une diminution de résistance au sang des veines du côté du poumon ; cette aspiration diminue quand on s'éloigne du cœur ; elle est nulle à la veine iliaque et aux veines des membres.

§ 605. **Correspondance entre la respiration et la poussée exercée au sang.** Au moyen du kymatographion, on a constaté dans la poussée du sang un rhythme qui correspond à celui de la respiration. C'est à la fin de chaque inspiration que le sang éprouve, 1° dans les artères un choc centrifuge, et 2° dans la veine un choc égal centripète. L'intensité de ces chocs est grande dans la proximité du cœur et diminue dans les parties éloignées. C'est la tige *f* qui étant appuyée sur le niveau *h'* du mercure oscille, et le crayon *e* décrit sur le tambour A tournant les lignes *oe* en chaque respiration ; le crayon se trouve en *e* à la fin de chaque inspiration, si l'orifice *n* conduit le sang artériel ; mais s'il conduit le sang veineux, c'est en *o* que le crayon se trouve à la fin de chaque inspiration. Pendant le va-et-vient, le crayon éprouve quatre arrêts qui correspondent à chaque systole du cœur.

La quantité du sang augmente quand on injecte d'autre sang dans les vaisseaux : alors la poussée augmente aussi ; celle-ci diminue au contraire quand on tire une quantité de sang des veines.

§ 606. **Vitesse du sang.** Au moyen d'un tube fl dont les branches entrent aux deux bouts d'un vaisseau coupé, on détermine le temps T que met le sang à parcourir la longueur *l* du tube ; on a ainsi obtenu chez plusieurs espèces d'animaux 20 à 29 centimètres par seconde ou un quart de mètre. Cette vitesse diminue dans les artères éloignées ; de 22 centimètres dans la carotide d'un cheval elle a été trouvée de 16 centimètres dans l'artère faciale. La vitesse atteint un minimum dans les capillaires ; elle y est réduite de $0^{mm},6$ à $0^{mm},9$ par seconde ; elle croît dans les veines pour atteindre celle du sang artériel, quand on l'observe dans la veine jugulaire où la poussée est cependant médiocre.

§ 607. **Durée d'une révolution du sang.** On introduit une solution de ferrocyanure de potassium dans la veine jugulaire pendant l'espace de 2 à 3 secondes ; on ouvre l'autre veine jugulaire, et l'on reçoit de 5 en 5 secondes le sang de 20 à 40 grammes. On a trouvé ainsi que le sang met de 25 à 30 secondes pour passer d'une jugulaire par le cœur, par les artères, les capillaires et les veines pour arriver à la même jugulaire et à l'autre. Cette durée a été trouvée pour la révolution du sang du cheval ; elle est de 15, 13, 10 secondes pour le chien, la chèvre, le lapin.

Chez l'homme, elle est évaluée à 23 secondes. En retirant brusquement 16 à 25 litres de sang à des chevaux, la durée de la révolution diminue à 15 ou 20 secondes; alors la poussée diminue et les respirations s'élèvent de 10 à 20 par minute et le pouls de 40 à 80. Pour connaître que le pouls n'est pas la cause de la vitesse de la poussée, on l'a cherchée pendant la fièvre quand le pouls était de 80 à 100, et la durée d'une révolution a été trouvée de 25 à 30 secondes : alors la poussée était grande. De même la respiration n'en est pas la cause quand chaque poussée correspond à quatre pulsations du pouls; car on a trouvé la même vitesse quand le cheval respire 6 à 7 ou 60 à 70 fois par minute.

§ 608. **Pouls, leur poussée et leur rapport avec l'imminence d'une hémorrhagie.** En appliquant la pulpe du doigt sur l'artère, on sent les répétitions des poussées du sang ou ses diminutions qui ont une certaine durée; la pulsation de l'artère temporale est visible à l'œil chez les personnes maigres. En médecine, on distingue le pouls *petit* et *dur* du commencement de la fièvre du pouls *plein* et *mou* de la fin. Le pouls *dicrote* présente deux coups l'un après l'autre; il précède souvent l'apparition des règles, des écoulements de sang par le nez ou d'autres hémorrhagies ou les diarrhées.

§ 609. **Rapport entre l'éloignement de la chaleur du corps et la fréquence du pouls.** Une douche de 17° fait, dans les premiers moments, baisser le pouls de 72 à 50, et s'élever la température de l'endroit où l'eau froide arrive; après quelques moments, pendant la durée de la douche, le pouls devient rapide et fort, puis arrive le tremblement du froid; le pouls diminue de nouveau, s'affaiblit et devient à peine sensible et intermittent.

§ 610. **Rapport entre le pouls, la digestion et la durée d'une révolution.** Pendant la digestion la température de l'estomac hausse et le pouls s'élève. Après une abstinence de vingt heures le nombre n de pulsations diminue de 10 à 12 par minute; il devient $n-10$ ou $n-12$. Nous indiquons, dans le tableau suivant, les résultats des observations faites après le repas aux heures indiquées.

Heures	7	8	8 ½	9	10	1	2	3
Nombre de pouls	69,36 à jeun.	78,62 après déjeuner	82,43	80,52	74,15	68,50 avant dîner.	77,26 après dîner.	74,31

ESPÈCE DE L'ANIMAL.	NOMBRE de pulsations par minute.	DURÉE d'une révolution sanguine, comptée en secondes.	NOMBRE des respirations par minute.
Écureuil	320	4,50	80
Corbeau	280	5,52	70
Chat	240	6,69	60
Cochon d'Inde	250	7,05	57,5
Lapin	220	7,79	55
Renard	172	8,20	44
Canard	165	10,64	41
Oie	144	10,86	36
Chien	115	15	29
Homme	72	25	18

La fréquence du pouls et de la respiration diminue à mesure que la durée d'une révolution augmente. Le nombre n des pulsations par minute et la durée T des secondes d'une révolution donnent le produit $nt = 165$ environ. Ainsi la poussée P dépend du nombre de respirations qui est en rapport constant avec le pouls.

B. Faits produits du cœur.

§ 611. Après avoir exposé les faits mécaniques qui consistent tous en quantités de mouvement ou même en travail suffisant à élever par seconde le poids de 400 grammes à une hauteur de 1 mètre, nous parlerons des faits observés dans le cœur pour voir si ce travail y existe et connaître son origine. Le mot *travail* indique un mouvement uni à une poussée qui peut être emmagasinée et apparaître par une diminution de la résistance, comme cela a lieu pour les ressorts. Nous commencerons par parler des faits.

§ 612. **Structure du cœur.** Le mouvement du cœur se soutient au moyen des fibres musculaires ayant la forme de lacets 8, dont la moitié inférieure constitue les deux *ventricules* a, b (fig. 166) et la moitié supérieure des deux *oreillettes* d, c, de sorte que la contraction d'une moitié coïncide avec le ralentissement de l'autre. Quand la capacité des ventricules diminue, celle des oreillettes reste à l'état normal. Chez les animaux à sang chaud, les ventricules et les oreillettes sont séparées par un diaphragme qui passe entre eux. Ainsi le sang venant des veines caves arrive à l'oreillette droite *d* et pénètre dans le ventricule droit, d'où il sort par l'artère pulmonaire *g*, *g* pour se répandre dans le poumon; il en sort par les veines pulmonaires *e*, *o*, *p* pour entrer dans l'oreillette gauche *c* et de là dans le ventricule gauche, d'où il sort pour entrer dans l'artère aorte *f*.

Figure 166.

Cœur (la partie antérieure est enlevée).

a, ventricule gauche.
b, ventricule droit.
c, oreillette gauche.
d, oreillette droite.
f, artère aorte.
gg, artère pulmonaire.
h, veine cave inférieure.
i, veine cave supérieure.
k, orifice de la veine cave supérieure.
l, orifice de la veine cave inférieure.
m, orifice de la veine coronaire.
o, veine pulmonaire gauche.
p, veine pulmonaire droite.
r, orifice des veines pulmonaires droites.
s, orifice des veines pulmonaires gauches.

Le sang contenu dans chacun des deux ventricules se divise, pendant leur contraction simultanée, en deux portions *p* et *p'*; celle *p* du côté des artères y pénètre, et l'autre *p'* du côté de l'oreillette y est arrêtée au moyen des *soupapes tricuspide* et *mitrale*, composées d'une membrane appuyée à la paroi supérieure du ventricule, ayant au centre un orifice *auriculo-ventriculaire* dont la périphérie est soutenue par trois ligaments venant de l'intérieur du ventricule. Ainsi, au moment où la portion *p'* du sang du ventricule recule vers la soupape, sa périphérie est repoussée en haut en exerçant un choc contre le sang qui va avancer par l'orifice, et celui-ci, repoussé de haut en bas, se trouve fermé en formant un cône renversé en forme d'entonnoir. C'est alors que s'ouvrent les valvules sigmoïdes de l'aorte et des artères pulmonaires d'où s'échappe la portion *p* de sang.

Du choc exercé de la portion p' du sang résistant contre chaque soupape d et contre la colonne de sang veineux qui va avancer, il se produit un recul; cela donne lieu à un repos immédiatement après la contraction du ventricule, dont la durée T est presque égale à la moitié $\frac{T'+T''}{2}$ de la somme $T'+T''$ des durées T' et T'' des contractions des ventricules et des oreillettes. Immédiatement après le repos, quand les portions p' et p'' de sang avancées se trouvent dans les ventricules, l'oreillette se contracte, ce qui empêche qu'il y pénètre une trop grande quantité de sang.

§ 613. **Rhythme des bruits du cœur.** Chaque battement du cœur produit deux bruits dont le premier est sourd; le second, d'une durée plus courte, est clair. Le maximum de chacun de ces bruits n'est pas entendu au même point de la poitrine; le premier, qui est sourd, est entendu plus bas, à la place des ventricules a, b, et le second, court et clair, se perçoit plus haut, en k, où se trouve l'entrée des oreillettes.

Le bruit sourd, 1° produit de la systole des ventricules, coïncide avec le pouls; et 2° le bruit court et clair, avec le moment du recul du sang, qui se manifeste comme un repos; de sorte qu'il ne résulte aucun bruit de la contraction des oreillettes. La durée $T'+\alpha$ du premier bruit est plus longue que celle $T-T'$ du bruit suivant; le rhythme se compose donc de trois temps $T+\alpha$, $T-\alpha$, T.

La cause de ces bruits est due à une précipitation du sang comprimé vers l'espace où il éprouve une compression inférieure. 1° Le bruit sourd et long correspond à l'éloignement du sang p des ventricules par une pression qui lui donne une densité supérieure à celle qu'il va obtenir en pénétrant dans l'artère. 2° Le bruit court et clair résulte également du sang p' comprimé par le choc et l'arrêt venant de la part des soupapes dont l'ouverture occasionne ce bruit par la précipitation momentanée du sang dans les ventricules élargis.

C. Comparaison entre les faits mécaniques produits du cœur et ceux constatés dans la circulation.

§ 614. En coordonnant les deux séries de faits mécaniques, on verra s'ils coïncident entre eux et dépendent d'une cause commune, ou s'ils ont les rapports de cause et d'effet. Dès le principe, la coïncidence de la systole du cœur avec le pouls a fait naître l'hypothèse d'une liaison semblable à celle de cause et d'effet. La circulation du sang a été attribuée à une poussée provenant de la systole du cœur; mais depuis les découvertes faites par les physiologistes, on a été amené à considérer la respiration comme cause de la circulation, et le cœur comme un simple *régulateur*.

I. Il y a une poussée P constante exercée sur le sang de la part du poumon, et il y a des chocs *p* répétés à chaque inspiration; l'*hémodynamomètre* indique que la poussée P suffit à soutenir une colonne d'eau de 2 mètres, et le *kymatomètre* fait voir la répétition des chocs de quelques centimètres de poussée. Quant aux systoles du cœur, au lieu d'un choc on trouve une courte interruption; de sorte que dans l'intervalle de deux inspirations il y a quatre interruptions, sans aucune liaison avec les chocs *c* répétés.

II. Le sang parcourt dans les artères 250^{mm} par seconde; cette vitesse diminue dans les capillaires pour y devenir 0^{mm},6 à 0^{mm},9; elle est plus grande dans les jugulaires, tandis que la poussée est trouvée plus grande dans les rameaux des veines que dans leurs troncs. La poussée croît quand on injecte du sang dans la jugulaire, et la vitesse croît quand on en retire.

III. Une douche produit l'abaissement du pouls, puis il devient fréquent, petit et intermittent; parfois il est dicrote. Au commencement des fièvres et pendant le frisson, le pouls est petit et dur; la température du sang est supérieure à celle de l'état normal. Vers la fin de la fièvre, le pouls devient plein et mou. Tous ces états du pouls ne sont pas en correspondance avec le battement du cœur. Quand ce battement est supprimé, la poussée P dans la carotide diminue un peu, et celle de la veine jugulaire est triplée. La poussée centripète dans celle-ci augmente aussi au moment de chaque inspiration; donc si le battement du cœur est supprimé, la circulation n'est pas interrompue.

IV. **Mouvements du chyle indépendants de celui du cœur.** Le chyle produit dans l'estomac et dans l'intestin est formé de 2,000 grammes d'acide gastrique, de 1,000 grammes d'aliments, de 500 à 2,500 grammes de boisson, de 500 à 1,000 grammes de suc pancréatique, bile et suc intestinal. Toute cette masse pénètre par le tissu ou la villosité microscopique A, B (fig. 167), qui en était précédemment imbibé; de ce tissu le chyle pénètre au fond des culs-de-sac pour arriver dans leur intérieur *e*, *e*. De millions de sacs pareils se rassemble toute la masse liquide dans l'espace de quatre heures environ, et elle est amenée dans le poumon par trois voies : 1° directement par les vaisseaux chylifères; 2° par la veine porte, et 3° par celle de la rate et de là dans la veine porte.

Figure 167.

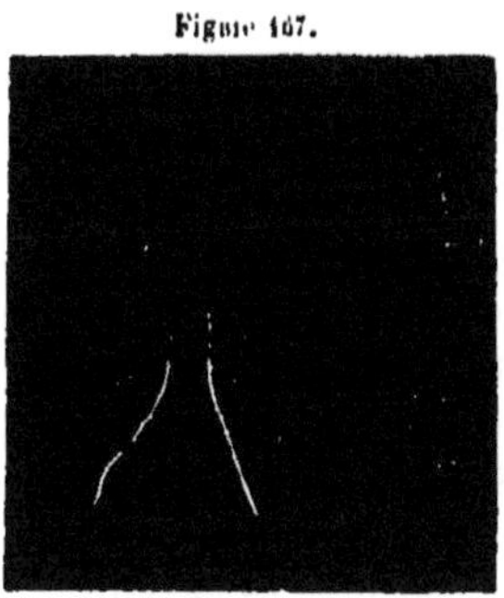

CULS-DE-SAC DE LA MUQUEUSE.

A, vaisseau chylifère central ou réseau sanguin.
B, cul-de-sac chylifère.
cc, épithélium.
d, substance spongieuse de la villosité.
ee, chylifère central.
h, artère de la villosité.
l, veine de la villosité.
s, réseau capillaire.

Le poids du foie commence à croître deux heures après le repas, et cela dure près de douze heures, puis il revient à son poids normal; cela est dû à la quantité de chyle qui y est introduit avec une vitesse qui surpasse celle de son éloignement par la veine sus-hépathique. Le chyle traverse les glandes mésentériques où se perd une grande partie de la poussée qui le chasse; la même chose arrive lors de son passage par la rate et par le foie. Malgré tous ces obstacles, le ferrocyanure de potassium passe de l'estomac dans l'urine au bout de 12, 14, 16 minutes quand il est pris, 120, 60, 24 minutes après le repas.

V. **Mouvement de la lymphe.** Les rameaux des vaisseaux lymphatiques sont mêlés avec les capillaires ; ceux-ci contiennent deux liquides : 1° le *plasma*, qui restant en contact avec la paroi, avance lentement, et 2° le *liquide central*, qui traîne les globules dont quelques-uns s'arrêtent quelque temps dans le plasma. En produisant un courant thermoélectrique par une goutte d'eau froide, la direction des globules change; elle devient contraire si l'eau est chaude. Ces changements de direction produisent la pénétration du liquide central dans le tissu des capillaires et dans celui du fond des culs-de-sac formés par les rameaux des vaisseaux lymphatiques, comme B *b* le sont par les vaisseaux chylifères.

Vitesse du chyle et de la lymphe. Une fistule du canal thoracique d'un cheval donne 600 à 1,200 grammes par heure; en douze heures on en a obtenu 11 kilogrammes. Sur une vache, un seul canal thoracique donnait par heure 3 à 6 kilogrammes et s'éleva à 95 kilogrammes en vingt-quatre heures. La vitesse en a été évaluée à 25^{mm} par seconde, et cela après avoir traversé un grand nombre de glandes. La lymphe provient des capillaires pour être conduite séparément du sang veineux dans le canal thoracique où elle se mêle avec le chyle pour arriver au poumon.

Propagation de la poussée de la lymphe et du chyle au sang. Une à deux heures après le déjeuner ou après le dîner, le nombre n des pulsations augmente pour devenir $n+10$; après une abstinence il diminue pour devenir $n-10$. La poussée, qui dans la jugulaire est de 18^{mm} de mercure, arrive à 80^{mm} dans l'artère pulmonaire. Ainsi est constaté le départ d'une poussée P de l'estomac et de l'intestin pour arriver au poumon avec le chyle, et une autre partant des capillaires par les rameaux des vaisseaux lymphatiques arrive également au poumon avec la lymphe, pour s'unir avec la poussée p'' qui conduit le sang veineux dans le poumon. Donc la somme de ces trois poussées $p+p'+p''$ observée dans l'artère pulmonaire n'est qu'un tiers de la poussée P exercée sur le sang de l'aorte; on a $p+p'+p''=\frac{1}{3}$P. Cette augmentation de poussée disparaît quand on suspend les mouvements du cœur, car alors elle diminue dans l'aorte; mais au lieu de diminuer aussi dans la veine jugulaire ou de rester à son état normal, elle devient triple, sans cependant que cette augmentation de la poussée soit égale à sa diminution dans l'aorte.

Continuité de la poussée après l'interception de la communication avec le cœur. En mettant deux ligatures à la distance de quelques centimètres pour intercepter la communication du sang avec le cœur, chaque poussée hydraulique est aussitôt interceptée. En cet état, si l'on ouvre l'artère, le sang s'échappe en éprouvant la même poussée qu'à l'état normal, et quoique le calibre du vaisseau ne diminue que d'un tiers, tout le sang s'écoule pour laisser l'artère vide.

D. DE LA FONCTION DU CŒUR COMME RÉGULATEUR ET NON COMME MOTEUR.

§ 615. I. Le kymatographion ne permet pas de méconnaître la correspondance entre la respiration et la poussée P exercée sur le sang; il indique en même temps les arrêts correspondant aux quatre battements du cœur dans l'intervalle des deux inspirations.

II. La structure même des ventricules ne permet pas de méconnaître le mécanisme d'interception du torrent déjà existant; la portion p' de sang qui reste dans les ventricules du côté de la soupape éprouve en arrière une poussée communiquée en reculant égale à celle qu'éprouve la portion p qui avance dans l'artère. Ce mécanisme sert à régler l'égalité entre les portions p qui avancent dans l'artère pulmonaire et l'artère aorte.

III. La poussée hydraulique s'interrompt quand on supprime le battement du cœur et quand on intercepte sa communication avec le liquide du tube. Les observations prouvent : 1° qu'en déprimant le battement du cœur, on ne fait que laisser pénétrer une quantité inférieure de sang, d'où résulte une diminution de poussée dans la carotide et une aspiration supérieure dans la jugulaire; 2° qu'en isolant par deux ligatures une partie d'une artère ou d'une veine après l'avoir ouverte, le sang s'en écoule avec une poussée qui ne vient pas du cœur.

IV. Dans les artères, il y a correspondance entre la poussée P et la vitesse V qui diminuent pour atteindre un minimum dans les capillaires. Dans les rameaux des veines la poussée P — p est grande et va en diminuant pour atteindre un minimum p dans la jugulaire; la vitesse v, au contraire, est petite dans les rameaux et croît dans les troncs pour atteindre un maximum V dans la jugulaire. Il est donc évident qu'il y a diminution de résistance de la part des rameaux des veines vers le poumon, comme il y a augmentation de résistance ou diminution de poussée de la part du poumon vers les rameaux des artères.

V. Les pouls dicrotes, durs, petits, mous, pleins, intermittents, etc., correspondent à l'état nerveux et non pas aux battements du cœur, car ceux-ci même résultent quelquefois aussi des troubles de l'intelligence.

VI. Il y a production de chaleur au cœur, comme dans tous les muscles en action. Cette chaleur se trouve dans la différence entre la température T du sang dans le ventricule droit et celle T + 1° ou T + 1°,5 du sang de l'aorte, tandis que la température du ventricule gauche est T — 0°,2.

VII. Les courants électriques introduits dans le nerf du cœur ne produisent pas une augmentation du battement, mais ils le suppriment quand ils sont assez forts pour vaincre la poussée P, qui venant du poumon soutient ce battement. Ce fait prouve incontestablement l'existence d'un courant électrique qui soutient non-seulement la circulation du sang, mais encore l'accès du chyle et de la lymphe dans le poumon.

L'électricité positive entraîne les liquides, et l'électricité négative s'écoule en direction opposée en faisant diminuer la résistance. Il est ainsi démontré pourquoi, dans la jugulaire, la vitesse est grande et la poussée petite, et pourquoi cette résistance y diminue dans l'inspiration, et fait ainsi apparaître une espèce d'aspiration de la part du poumon.

§ 616. **Cause physique des mouvements des liquides.** L'origine de chaque mouvement animal, d'où résulte la vie, se trouve dans l'électricité positive à l'état emmagasiné, comme elle l'est dans les ressorts. Pour connaître l'existence d'un tel emmagasinage, il faut toujours qu'il y ait diminution de la résistance exercée du dehors, et c'est à de telles diminutions de résistance qu'est réduite la cause physique de la vie; car, dans le monde, le mouvement est d'une quantité invariable comme l'est la matière: la seule différence consiste en ce que le mouvement en quantité indéfinie peut rester emmagasiné un espace de temps indefini, tandis que l'existence de la matière est toujours sensible.

La rupture de l'équilibre, chez les animaux, est toujours occasionnée 1° par l'électricité négative des aliments, et 2° par le froid des aliments et des boissons, de l'air inspiré et de celui qui est en contact avec l'épiderme. De l'électricité négative QĒ contenue dans les aliments se sépare une partie Q'Ē pour s'écouler vers l'air et vers les aliments froids, où elle se combine avec les équivalents Q'ĒĒ qui restent des atomes de lumière Q'Ē²E après la séparation des équivalents Q'Ē pour affluer au poumon. Ce sont donc ces équivalents qui exercent la poussée P au sang artériel jusqu'aux capillaires; la poussée y diminue, parce que la somme $(q'+q'')$Ē pénètre dans les nerfs, et le reste qĒ, en diminuant toujours, conduit le sang des veines au poumon. Cette diminution de poussée dans la veine jugulaire est réduite à 18 millimètres, tandis que celle des artères est de 150.

La vie animale se réduit à la séparation de l'électricité négative Q'Ē des aliments, et de l'électricité positive Q'É des atomes Q'Ē²E de lumière qui deviennent autant d'atomes de chaleur Q'ĒĒ², et le mouvement est emmagasiné dans l'électricité Q'Ē qui se communique au sang, au chyle, à la lymphe et aux muscles. Donc la manifestation de ce mouvement emmagasiné est le mouvement animal qui se distingue de celui de la pesanteur qui est rectiligne, par sa répulsion qui est toujours expansive.

E. CIRCULATION DANS LA SÉRIE ANIMALE.

§ 617. Le sang est rouge et chaud chez les mammifères et les oiseaux, rouge et froid chez les reptiles et les poissons, incolore et froid chez les invertébrés. Il n'existe pas de liaison indispensable entre la circulation et la poussée de la part du cœur; mais comme dans les vaisseaux chylifère et lymphatique des vertébrés, la distribution de ces liquides s'opère chez les invertébrés sans l'intervention du cœur.

Mammifères et oiseaux. La circulation s'opère comme chez l'homme; la température du sang chaud diffère sans être subordonnée à celle du milieu ambiant; cela n'a lieu que pour animaux dont les deux moitiés du cœur sont en communication. Pendant la période embryonnaire des mammifères et des oiseaux, les deux moitiés du cœur communiquent ensemble; c'est pour cette raison que la température de leur sang n'excède que de 1° environ celle du liquide ambiant. On fait sur les animaux des expériences physiologiques, d'où l'on tire des déductions pour les faits analogues chez l'homme.

Reptiles. Les deux ventricules n'en forment qu'un seul; le sang veineux y arrive par l'oreillette droite, et le sang artériel par l'oreillette gauche; puis il s'éloigne par deux orifices du ventricule pour qu'une portion pénètre dans le poumon, et le reste passe dans l'aorte pour être distribué dans le corps. La poussée du sang est médiocre à cause de la minime différence entre la température du sang et celle de l'air.

Poissons. Des deux oreillettes il s'en forme une seule; de même les deux ventricules s'unissent pour n'en produire qu'un, où le cœur des poissons n'est que la moitié droite du cœur des mammifères; il est traversé par le sang veineux qui va aux branchies, puis passe dans l'aorte. Les globules du sang des oiseaux, des reptiles et des poissons ont la forme elliptique. Chez les poissons comme chez les reptiles, le cœur ne sert que comme régulateur de la circulation.

Invertébrés. La circulation chez eux correspond à celle du chyle et de la lymphe des vertébrés, et il ne faut pas considérer cela comme un manque de vaisseaux de circulation, mais comme un remplacement de ceux-ci sans l'intervention d'un régulateur.

Mollusques (limaces, limaçons, huîtres, etc.). Ces animaux ont un cœur comme les poissons ; mais au lieu de recevoir le sang des veines, il reçoit celui des artères, car cela est indifférent quand le cœur n'a d'autre usage que de régler la circulation.

Crustacés (écrevisses, crabes, homards, etc.). Leur cœur consiste en une cavité où le sang arrive des branchies ; du cœur le sang passe aux artères et à un système vasculaire pour se répandre dans des cavités irrégulières.

Annélides. Dans leur appareil de circulation le cœur manque ; le sang rouge ou rosé éprouve des contractions de la part des parois vasculaires. Tout se passe comme dans les capillaires ; les directions des globules changent d'un moment à l'autre.

Insectes. Le chyle se répand dans les interstices tapissés par de fines membranes vasculaires, qui communiquent avec un vaisseau central situé le long de la région dorsale, au-dessus du tube digestif. Le liquide y entre par quatre à huit paires d'orifices ; il s'écoule d'arrière en avant jusqu'à la tête, d'où il gagne ensuite toutes les parties du corps.

Zoophytes. Le liquide ou le chyle nourricier se répand par imbibition des parois du tube digestif dans la trame des tissus.

Infusoires. Les aliments, au lieu d'arriver dans l'estomac, restent à la surface du corps comme chez les plantes ; ils pénètrent dans les vaisseaux, comme cela s'opère dans les parois de l'estomac. Après l'éloignement de l'électricité négative, les aliments réduits en excréments s'écoulent par l'épiderme, comme cela a lieu chez les autres animaux.

IV. — ABSORPTIONS ET EXCRÉTIONS PAR L'ENDOSMOSE.

§ 618. Les liquides dont s'imbibent les tissus qui les contiennent et qui permettent leur transmission, peuvent contenir des substances nutritives ou des substances qui résultent de celles-ci, après avoir été dépouillées de leur électricité négative et réduites ainsi à l'état de substances excrétoires. Les liquides, quoique transmis sans éprouver aucun changement chimique, étaient désignés sous les noms d'*absorption* et d'*excrétion*; on disait du chyle qu'il est transmis par *absorption*, et de l'urine qu'elle est transmise par *excrétion*. La différence entre ces deux fonctions consiste en ce que le chyle pénètre en masse après sa séparation d'avec les parties non nutritives des aliments, tandis que de l'urine contenue dans le sang de l'artère rénale, la moitié environ se sépare et le reste avance dans la veine pour revenir de nouveau. Les physiologistes ont toujours éludé le problème sur le mode de l'éloignement et de l'introduction de grandes masses de liquides, sans changer sensiblement la proportion des éléments contenus dans le sang, et cela parce qu'il leur était impossible de trouver une solution. Avant d'entrer en matière, nous allons citer quelques résultats d'expériences :

1° Un chien sécrète en trente minutes 11 grammes d'urine quand la poussée de 133 millimètres de mercure est exercée dans le sang artériel; après qu'on a retiré la quantité de sang nécessaire pour réduire cette poussée à 104 millimètres, la quantité d'urine se réduit à 2^{gr},36 en trente minutes.

2° Lehmann, après s'être nourri de viande pendant huit jours, d'œufs pendant quatre, et s'être mis pendant quatre autres jours au régime non azoté du sucre et du sucre de lait, a trouvé 53 grammes d'urée dans l'urine pendant le régime des substances azotées, et 15^{gr},41 d'urée pendant le régime des substances non azotées.

3° L'urine de l'enfant contient 0^{gr},810 d'urée pour

1,000 grammes, et celle de l'adulte n'en contient que 0gr,420.

4° Le sang de l'artère rénale contient 0gr,36 pour 100, et celui de la veine rénale n'en contient que 0gr,18 pour 100; il s'en écoule donc la moitié avec l'urine qui pénètre dans l'uretère.

5° La quantité de l'urée augmente également quand la chaleur animale croît par l'exercice ou par la fièvre.

6° En opérant avec le ferrocyanure de potassium, on obtient les résultats suivants par rapport à la digestion et l'excrétion de l'urine, quand les boissons sont données à des intervalles différents. Les boissons salées sont prises après les repas.

Heures après le repas.	11	4	2,5	1	25 min.	2 minutes.
Le sel apparaît dans l'urine après	1	2	6,5	14	10	30 à 40 minutes.

La durée de l'élimination totale est de trois heures et demie pour le ferrocyanure de potassium; elle est plus longue pour les autres substances.

7° Les dissolutions des sels ou des liquides alcooliques restent inaltérables dans l'estomac et dans le sang; ces substances, neutres ou alcalines, mais jamais acides, ne sont ni facilement oxydables, ni aisément décomposables dans l'acide gastrique ou dans la salive, la bile et le suc de nature alcaline.

8° Chez les individus atteints de diabète, une très-grande portion de carbone du chyle se combine avec l'eau dans le foie et produit le sucre qui pénètre dans le sang, où il ne peut être consommé que quand il n'y a que 0gr,4 de sucre dans 100 grammes de sang. Tout le reste s'écoule avec l'urine; on trouve alors 100 à 130 grammes de sucre dans 1,000 grammes d'urine.

§ 619. **Problème.** Comment s'opère la transmission des boissons dans l'urine?

Réponse. Par la petite résistance exercée par la substance des reins contre l'eau contenant en dissolution l'urée et autres sels neutres ou substances électronégatives odorantes. La poussée P est exercée sur le sang artériel, non par le battement mécanique du cœur, mais par des équivalents électriques positifs $q\bar{E}$; ainsi chaque molécule contenue dans le sang obtient, comme dans le bain galvanoplastique, une poussée pouvant le conduire dans l'organe où ces molécules éprouvent le minimum de résistance. Tant que cette poussée électrique était inconnue, la circulation du sang était considérée comme un effet mécanique; alors on ne pouvait admettre une séparation galvanoplastique des éléments de l'urine. Les faits mentionnés ci-dessus et mille autres pareils fort bien décrits ne pouvaient trouver aucune explication; ici, au contraire, ces faits et autres analogues se coordonnent d'une manière propre à former une série de causes et d'effets liés par la loi physique.

1° Par la diminution du sang la poussée s'affaiblit, non pas à cause d'une diminution de la quantité $q\bar{E}$ d'équivalents électriques, mais à cause de l'augmentation de la vitesse, comme nous l'avons prouvé, et c'est cette vitesse qui fait diminuer l'urine. La vitesse ne diminue ni la poussée n'augmente quand un homme s'abstient de boire pendant vingt-quatre heures et qu'il avale d'un coup 1,300 grammes d'eau; celle-ci pénètre rapidement par le sang et en arrivant aux reins elle fait augmenter l'urine pendant deux heures sans qu'on aperçoive une différence sensible dans le sang des veines.

2° L'urée ne dépend pas de la quantité des boissons, mais de celle des aliments, dont les substances azotées s'éloignent après avoir perdu leur électricité négative; il y a quelques fois dans l'urée un petit excédant azoté qui est produit par le carbone des aliments et par une partie de l'oxygène qui pénètre dans le sang par le poumon.

3° L'urée est produite en quantité analogue au nombre des respirations par minute; chez les enfants ce nombre est double de celui des adultes, comme l'est la quantité de l'urée.

4° Le sang des artères et des veines de tous les autres organes diffère par la couleur, la quantité d'oxygène et celle de l'acide carbonique; ce n'est que dans le sang des artères et des veines rénales que manquent ces trois différences, et à leur place il en est une qui manque au sang des autres organes : c'est l'urée, où il entre $0^{gr},36$ dans 100 grammes de sang artériel, et il en reste $0^{gr},18$ dans le sang veineux. Rien ne peut rendre plus évidente la poussée propre exercée par les équivalents électriques $q\overline{E}$ sur l'eau contenant l'urée. Bernard a bien constaté cet état du sang dans les veines et les artères rénales, mais il lui a été impossible de remonter à la cause de ce fait singulier.

5° Nous allons prouver que le mouvement animal résulte de la combinaison de l'électricité positive des nerfs avec l'électricité négative du chyle; c'est ainsi que la chaleur du mouvement et l'urée sont en rapport direct.

6° Dans le cas où l'estomac est rempli d'aliments, les boissons éprouvent un retard de trente minutes environ pour en sortir, tandis qu'ils le traversent sans aucun retard quand il est vide; il ne leur faut donc qu'une minute pour arriver dans la vessie. L'élimination totale des diverses substances du sang est une autre preuve directe de la poussée propre qu'elles éprouvent de la part des équivalents électriques qui déterminent leur direction vers les reins; autrement la durée de l'élimination de chaque substance serait indéfinie.

7° Comme dans les endosmoses, les substances neutres dissoutes dans les liquides n'en font pas changer la direction, la même chose a lieu pour l'absorption du chyle et l'excrétion de l'urine. Si les substances ne sont pas neutres, elles peuvent être alcalines comme le sang, mais jamais acides.

8° La production du sucre dans le foie s'opère par le carbone des aliments et de l'eau; sa quantité croît avec la diminution de l'électricité positive du nerf pneumogastrique. En même temps apparaît un excédant π entre le poids P des aliments reçus chaque jour et le poids P' de l'ensemble des excrétions; la différence $\pi = P' - P$ varie entre 20 et 250 grammes par vingt-quatre heures, et cela s'étend à toute la durée de la maladie, c'est-à-dire de trois à quatre mois. Comme les malades, sauf les aliments, ne reçoivent que l'air atmosphérique, on a démontré empiriquement son changement en eau, et cela par la combinaison dans le poumon d'un atome double d'azote avec un atome d'oxygène.

V. — SÉCRÉTIONS.

§ 620. Les produits sécrétés se forment dans les glandes qui ne reçoivent que du sang par les artères et d'équivalents électriques par le nerf : 1° en supprimant le sang ils disparaissent ; 2° en interrompant la communication avec le nerf, la qualité de la sécrétion change ; mais en cet état elle ne peut plus être utilisée et devient même nuisible. La bile est une sécrétion qui favorise la digestion, non pas cependant comme l'acide gastrique ou le suc pancréatique et intestinal qui sont indispensables, et cela parce que la bile est en même temps une excrétion. Dans le cas où son écoulement dans l'intestin est intercepté, elle est absorbée par les veines et transférée dans l'urine et dans l'épiderme; elle peut même s'écouler par une fistule sans aucun dérangement de la digestion. Chez plusieurs animaux la bile manque entièrement. Comme la bile, le sucre est aussi une sécrétion du foie, dont il s'éloigne avec le sang pour servir d'aliment ou être éloigné avec l'urine.

A. ESPÈCES DES PRODUITS SÉCRÉTÉS.

§ 621. Chaque organe des sens est pourvu d'un liquide formé dans des glandes du sang et de l'électricité du nerf; les qualités ne dépendent que de celle-ci, parce qu'il n'y a pas de différence sensible entre le sang des artères des diverses glandes, excepté celui du foie, dont le sang artériel n'est que du sang des veines mêlé avec du chyle.

Lait. La sécrétion du lait ne peut apparaître qu'à la suite d'une gestation : pendant sa durée, une portion du sang de la mère circule dans l'embryon, où se consomme une portion des aliments. Après l'accouchement, c'est cette quantité d'aliments qui apparaît comme excédant et qui éprouve un minimum de résistance dans les glandes mammaires, composées de culs-de-sacs dont les fonds s'imbibent de l'excédant de la substance alimentaire. Des corpuscules microscopiques de matière grasse au nombre d'un à quatre forment le noyau d'une cellule remplie de lymphe, qui se multiplie par celle qui arrive, et d'une cellule déchirée résultent le liquide et plusieurs autres cellules dont le lait est composé. Sa qualité résulte donc de la glande; car il peut ensuite, comme tel, pénétrer dans les veines et donner naissance à une métastase dans un autre organe.

Sperme. Les testicules des enfants restent inactifs jusqu'à l'âge de puberté, moment où apparaît un excédant de substance alimentaire qui, jusqu'à cette époque, était consommée pour la croissance du corps. Chez la femme, cet excédant apparaît dans les menstrues; chez l'homme, une partie du carbone avec le mucus commence à se déposer comme poils de barbe et de moustaches; une autre portion pénètre le fond des culs-de-sac des glandes testiculaires pour produire le sperme. Cette sécrétion diminue quand il y a diminution de nourriture ou par une maladie; si l'écoulement du sperme n'est pas sollicité au dehors, il est absorbé par les veines et il est consommé pour la production du mouvement.

Bile et sucre. Une partie du chyle pénètre dans les culs-de-sac des embranchements du canal hépatique qui en exerce le minimum de résistance; cette pénétration est occasionnée par l'affluence supérieure du chyle qui dure pendant l'intervalle d'un repas à l'autre. La bile écoulée dans l'intestin rentre de nouveau dans le sang après avoir éprouvé une seconde digestion, comme cela a lieu pour le lait et le sperme. Cette double digestion d'une partie du chyle manque chez plusieurs mammifères et oiseaux.

La formation du sucre résulte de l'électricité positive qui soutient la circulation. Son intensité augmente : 1° par l'introduction d'un courant extérieur, ou 2° par la diminution des équivalents aË électriques du nerf qui exercent une résistance à l'électricité qui soutient la circulation. Dans ces deux cas il y a donc augmentation de la production du sucre dans le foie qui passe dans la veine; il est ensuite conduit comme tel avec l'urine dans les artères rénales pour pénétrer dans les uretères.

Mucus. Ce sont les muqueuses qui livrent passage aux molécules avec lesquelles cette substance coexiste. Le mucus n'entre plus dans les veines, car il ne peut être digéré. Dans les fosses nasales, il protége l'épiderme contre les corpuscules amenés par l'air. Dans l'épiderme, il se mêle avec le carbone séparé du chyle et sert de véhicule pour s'éloigner sous forme de cheveux, d'ongles, de cornes, de laine ou de plumes.

B. SÉCRÉTIONS ET EXCRÉTIONS DANS LA SÉRIE ANIMALE.

§ 622. **Excrétions.** Chez les vertébrés, ce sont l'urine, l'acide carbonique et le carbone mêlé au mucus qui se séparent comme excrétions déjà produites traversant par l'endosmose les membranes qui en exercent le minimum de résistance, et cela à cause de l'électricité qui s'y trouve conduite par le nerf. Nous allons montrer comment ces excrétions s'opèrent pendant la production du mouvement animal, qui s'effectue par le changement de la qualité des aliments.

Chez les invertébrés, les excrétions sont réduites en acide carbonique et en carbonate de chaux qui remplace le carbone uni au mucus dans les cheveux, la laine, les ongles, les cornes. Ces mêmes produits sont contenus chez les invertébrés volatiles et même chez plusieurs espèces de reptiles. Les animaux employés au travail n'ont ni longs poils ni laine, car le carbone est utilisé pour la production du mouvement, toujours accompagné de celle de la chaleur et de l'acide carbonique.

§ 623. **Sécrétions.** Il y a des substances de plusieurs espèces sécrétées chez les animaux par des glandes propres. 1° Le castor, de l'ordre des rongeurs, possède deux poches glanduleuses remplies d'une humeur d'une odeur particulière qui devient friable comme la résine lorsqu'elle est desséchée. 2° Le musc est sécrété par le chevrotin, de l'ordre des ruminants; sous son abdomen se trouve une bourse dans laquelle est produite une substance contenant une huile volatile odorante. Ces produits sont utilisés dans la reproduction par leur odeur.

La cire des abeilles et le miel se forment par l'influence électrique des nerfs sur les aliments; on en voit la preuve chez les abeilles nourries exclusivement de sucre dissous dans l'eau, dont elles produisent de la cire et du miel.

Le ver à soie ou bombyx du mûrier s'entoure d'un *cocon* dans lequel s'opèrent les métamorphoses de la chrysalide. La matière soyeuse du cocon se forme du sang dans des glandes dont le conduit aboutit à un petit mamelon qui s'ouvre à l'extrémité de la lèvre.

Les arachnides se servent aussi d'une matière soyeuse particulière; leurs glandes sécrétoires sont situées près de l'anus : ce sont deux poches qui ont un canal conduisant au dehors.

Beaucoup d'insectes possèdent aussi des organes de sécrétion des venins, comme cela existe chez plusieurs reptiles. Chez l'abeille, le venin est sécrété près de l'anus; le canal de la glande s'ouvre à l'extrémité inférieure de l'intestin. Cette humeur, poussée au dehors par l'animal, s'insinue le long du dard, dans la petite plaie faite par lui. Chez les araignées le venin est faible, il est sécrété par une glande placée en arrière des mandibules.

CHAPITRE II.

FONCTIONS DU SYSTÈME NERVEUX.

§ 624. Avant de nous engager dans ce labyrinthe, il faut d'abord nous assurer une issue; nous la trouverons dans l'exposition topographique des détails du système nerveux que nous obtenons par la voie anatomique. Le matériel consiste dans la substance animale et la structure de cellules et de tubes, dont les dimensions diminuent jusqu'aux limites microscopiques qui peuvent être poursuivies jusqu'à $0^{mm},001$, sans qu'on puisse cependant être sûr de les avoir atteintes; au contraire, la dilatation des gaz indique qu'il n'y a point de limites pour les molécules matérielles. Cela n'empêche pas de constater leurs formes cellulaire et tubulaire, et le rapport entre leurs dimensions. Quant à l'arrangement entre l'état topographique et l'usage des détails, on ne doit le chercher ni dans le matériel ni dans la structure, mais dans le fluide qui parcourt ces détails en obéissant à la loi statique, de sorte que les faits qui en résultent dépendent autant du matériel et de la structure que de la loi statique qui régit le mouvement du fluide électrique.

Figure 168.

COUPE DE LA MOELLE CERVICALE DE LA FIGURE DE L'HOMME.

aa, tiges antérieures des nerfs capillaires.
pp, tiges postérieures des nerfs rachidiens.
gg, *oo*, substance grise avec son canal central *c*.
bb, substance blanche de la moelle.
ww, tiges du nerf spinal.

§ 625. **Structure tubulaire des nerfs.** Les nerfs consistent en tubes composés d'autres dont le diamètre est extrêmement petit. Soit *aa'pp'* (fig. 168) la coupe de la moelle épinière; la partie centrale *ggoo* est la *substance grise* composée de cellules; *p*, *p'* sont les tiges postérieures des nerfs, et *a*, *a'* sont les tiges antérieures des mêmes nerfs. Ces deux systèmes de tiges ne diffèrent entre eux que par les dimensions des tubes dont ces tiges proviennent; car dans le système postérieur les tubes sont beaucoup plus minces que dans le système antérieur; de sorte que dans chaque nerf composé de deux tiges entrent des tubes minces *t* et d'autres moins minces *t'*.

§ 626. **Structure cellulaire de la substance grise.** Les tubes minces *t* des tiges postérieures *p*, *p'* des nerfs se répandent pour produire des cellules extrêmement petites, composées d'une membrane tellement mince qu'elle se trouve au delà des limites microscopiques. Chaque cellule communique au moyen des fibres à peine perceptibles : 1° avec l'encéphale; 2° avec les tubes *t* des tiges postérieures *p*, *p'*; 3° avec les tubes *t'* des tiges antérieures, et 4° avec les cellules ambiantes, dont celles du côté antérieur sont quatre à cinq fois plus grandes que celles du côté postérieur.

§ 627. **Structure bitubulaire de la substance blanche.** Il y a des fibres qui résultent des cellules superficielles de la substance grise et même des tiges qui y pénètrent; l'ensemble de ces fibres ne constitue que la moitié de la substance blanche, parce qu'il y a aussi des faisceaux longitudinaux qui descendent de l'encéphale; de sorte que la structure de cette substance est bitubulaire. La substance blanche de la moelle se subdivise en quatre *cordons* : 1° l'*antérieur* ee'; 2° le *postérieur* cc', et 3° les deux *latéraux* bb, bb. Ces cordons vont jusqu'au cerveau. Comme les cellules sont dans la substance grise, de même dans la substance blanche sont les rencontres des tubes transversaux et longitudinaux qui ne peuvent être séparés ni isolés.

§ 628. **Signification statique de la structure du système nerveux.** Les tubes, la membrane de cellules et les rencontres des tubes extrêmement minces, ont pour résultat de faire augmenter la surface sans changer l'espace; par exemple, dans 1 centimètre cube composé d'une surface de 6 centimètres carrés, on peut obtenir des surfaces des millions de fois plus grandes en y admettant une membrane d'une épaisseur d'un millionième de millimètre dont chaque couche est séparée par un très-petit intervalle. Des observations anatomiques il résulte : 1° qu'il y a une plus grande surface dans les tubes minces *t* des tiges postérieures que dans les tubes *t'* des tiges antérieures des nerfs, et 2° qu'il y a également une plus grande surface dans les petites cellules de la moitié postérieure de la substance grise que dans les moins petites de la moitié antérieure. De même dans l'espace occupé par des tubes croisés de la substance blanche, il y a plus de surface que dans celui occupé par les nerfs composés de tubes parallèles.

§ 629. **Rapport entre cette structure nerveuse et la loi électrostatique.** Nous avons établi que de la poussée P exercée de la part des équivalents électriques $Q\ddot{E}$ sur le sang artériel, il ne reste pour le sang veineux que la poussée $P - P'$ exercée par les équivalents $(Q - Q')\ddot{E}$; car dans le commencement des capillaires se séparent les équivalents $Q'\ddot{E}$ pour se répandre dans les tubes minces *t*, et ainsi arriver et se répandre dans les cellules de la substance grise, et de là se propager par les tubes *t'* aux muscles pour arriver jusqu'à la fin des capillaires où commencent les veines. Ainsi s'opère ici la rencontre entre les équivalents $(Q - Q')\ddot{E}$ qui s'écoulent avec le sang par les capillaires et ceux $Q'\ddot{E}$ qui se propagent par le circuit du système nerveux.

Il suit de la loi électrostatique qu'à cause de la résistance exercée de la part de la substance animale, la densité des équivalents électriques étant $\delta + \delta'$ dans le commencement des capillaires et des tubes minces *t* des nerfs, elle atteint un minimum $\delta - \delta'$ à la fin des capillaires et des tubes *t* après avoir traversé les muscles venant de la substance grise, dans laquelle est la densité δ des équivalents électriques. Il y a donc deux voies pour les équivalents électriques $Q\ddot{E}$ dans la fin des artères, l'une par le système des nerfs et l'autre par celui des capillaires; cependant, de la portion Q'Ë, une partie Q"Ë se consomme pour la production des mouvements.

Nous avons montré que la quantité QË d'équivalents négatifs se sépare des aliments par le poumon, l'épiderme et l'estomac pour y faire pénétrer une égale quantité QË d'équivalents positifs; nous allons prouver que des équivalents Q'Ë des nerfs se consomme une partie Q"Ë pour produire tous les mouvements en se combinant avec 2Q"Ë équivalents négatifs des aliments pour produire Q"ËË² atomes de chaleur. Ainsi, il y a une consommation variable des équivalents Q"Ë² restitués par d'autres provenant de la consommation de la nourriture, qui ne doit jamais manquer. La consommation de ces équivalents est minime pendant le repos, et encore moindre pendant le sommeil; elle augmente pendant la production du travail. Pour cette raison, cette quantité varie pour devenir (Q" — q)Ë, Q"Ë, (Q" + q)Ë pendant le sommeil, le repos et le travail; pour la même raison, il y a variation de la quantité (Q — Q')Ë des équivalents qui passent par les capillaires.

§ 630. *Comparaison entre la propagation de l'électricité et des gaz.* Pour éviter les malentendus, nous persistons à faire la distinction entre 1° les courants composés de l'écoulement des deux électricités en directions opposées, et 2° la propagation des équivalents positifs Ë qui s'opère suivant la loi statique de la propagation des gaz par le milieu des tubes. Admettons que c'est un gaz qui, au commencement des capillaires, éprouve une poussée P qui le force à pénétrer par les deux voies : les capillaires et le système nerveux admis des tubes creux. A cause de la résistance de la paroi la quantité de gaz avancé diminuera, et en même temps sa densité, qui étant $\delta + \delta'$ dans l'entrée des capillaires et des tubes nerveux, n'est que $\delta - \delta'$ dans la sortie, située aux extrémités des veines et aux extrémités des fibres nerveuses qui y aboutissent après avoir traversé les muscles.

Nous allons poursuivre cette comparaison entre les propagations du gaz par les tubes et des équivalents électriques par les surfaces en obéissant à la poussée et à la résistance d'où résulte la diminution de la densité, qui donne la clef de la production de tous les faits physiologiques qu'on pourrait décrire si leur arrangement n'était inconnu. Nous considérerons ici l'animal comme un appareil dont le système capillaire et le système nerveux composés de tubes sont parcourus par un gaz poussé de la part des artères; ensuite nous ferons la comparaison entre les opérations suivies dans les expériences physiologiques et les effets qui en résultent chez les animaux ou les appareils correspondants.

§631. **Expériences expliquées.** I. On met à nu la moelle épinière d'un animal vivant, puis on le laisse en repos; si l'on considère le tout comme un appareil des tubes à gaz où l'on ouvre une *fuite*, il y aura échappement de gaz également du côté de son entrée et du côté vers lequel il avançait. Donc ce recul produira une rupture d'équilibre dans toute la masse du gaz qui se trouve entre la fuite et l'entrée, et dans celui qui est entre cette fuite et la sortie. Au lieu de gaz, les équivalents électriques sont répandus dans les surfaces des tubes et des cellules, et l'on en obtient une fuite en *pinçant* la moelle. L'effet électrique consiste, comme celui de la fuite du gaz, 1° en un recul d'équivalents électriques vers le point pincé, et ce recul se propage jusqu'à la sortie de la fin des capillaires, et 2° en un avancement accéléré du côté de l'entrée.

Il y a manifestation, 1° de *douleur* qui correspond au recul des équivalents électriques vers le point pincé qui en est une *fuite;* 2° de *mouvement spasmodique des muscles*, qui résulte d'une quantité $a\bar{E}$ d'équivalents pénétrant des capillaires pour traverser les muscles et remonter en partie vers la moelle, parce qu'ils se consomment en se combinant avec les équivalents négatifs $2a\bar{E}$ pour produire les atomes de chaleur $a\bar{E}\bar{E}^2$. Le même effet est produit chez l'animal si la pince est portée aux tiges postérieures p, p'.

Mais si l'on pince les tiges antérieures a, a', il y aura également une fuite de gaz ou d'équivalents électriques. 1° Le recul aura lieu de la part des tubes qui se trouvent entre la fuite et la sortie; une autre quantité de fluide va pénétrer des capillaires et des veines dans les muscles pour y produire un *mouvement spasmodique* comme dans le cas précédent. 2° De la part de la moelle il n'y aura pas de recul comme dans le cas précédent, mais seulement un avancement qui s'opère même à l'état normal pendant le travail. Il y aura donc dans cette expérience mouvement spasmodique, mais la douleur manquera.

II. Au lieu de déchirer un tube d'un côté en laissant persister la communication, on peut le couper pour produire deux orifices : *o* du côté où arrive le gaz et *o'* du côté dont il s'éloigne. Si la section est entre l'*entrée* et la moelle en *p* ou *p'*, il y aura recul par l'orifice *o'* et avancement par l'autre *o*. La même chose aura lieu par rapport aux orifices quand la section sera en *a* entre la moelle et la *sortie;* mais par rapport à la moelle il y aura recul dans un cas et avancement dans l'autre. Nous avons constaté que l'avancement s'opère à l'état normal pendant la production du mouvement volontaire, tandis que le recul est un état abnorme et se manifeste comme sentiment de *douleur*.

Ainsi, après avoir coupé la tige postérieure *p* du nerf, il y a par l'orifice *o'* recul du fluide d'où résulte un sentiment de douleur; du côté de l'orifice *o*, l'avancement du fluide ne produit aucune sensation. En excitant cet orifice *o*, on produit une augmentation d'avancement de fluide qui s'opère sans qu'aucun sentiment apparaisse; au contraire, en excitant l'orifie *o'*, on sollicite le prompt recul du fluide qui se propage jusqu'à la sortie, pour y occasionner la pénétration du fluide des capillaires dans les muscles et leur donner un *mouvement spasmodique* en même temps que le recul se manifeste comme une douleur intense.

Si la section est portée dans les tiges *a*, *a'* antérieures des nerfs, l'orifice *o* sera du côté de la moelle, et l'autre *o'* du côté de la sortie. Dans ce cas, en excitant l'orifice *o*, on provoque un écoulement supérieur d'équivalents électriques ou de chaque autre fluide qui avance comme à l'état normal, sans occasionner aucune douleur. Mais si l'orifice *o'* est excité, le recul d'une quantité de fluide provoque la pénétration d'une égale quantité dans le muscle qui est soumis alors à un mouvement spasmodique pareil au précédent.

§ 632. **Communication entre le fluide de densité $\delta+\delta'$ et celui de densité $\delta-\delta'$.** Dans les cellules de la substance grise, les équivalents électriques se propagent par la poussée P exercée du côté des artères; de ces cellules, les équivalents avancent par les tubes des tiges antérieures e, a' des nerfs vers les muscles des membres qui exercent le minimum de résistance. Le recul s'opère également de la part des muscles des points où la poussée de la part des capillaires veineux est supérieure. L'avancement des équivalents électriques à l'état normal des artères par la substance grise aux muscles est soutenu par la diminution de la résistance occasionnée par la consommation des portions aÊ, a'Ê, a''Ê... dans les différents muscles pour produire des mouvements volontaires, involontaires ou sécrétions.

Dans les cas où il y a recul d'équivalents de la part des capillaires veineux vers la substance grise, le mouvement spasmodique apparaît aux muscles qu'il parcourt. L'apparition du mouvement dans différents muscles est nommée *réflexe* quand l'excitation est exécutée en un seul point de la moelle ou de la peau. Comme nous l'avons déjà dit, ces excitations ne produisent qu'un recul d'équivalents de la part de la substance grise qui se manifeste comme douleur simple quand la quantité éloignée est minime; mais si elle est grande, la douleur est intense et accompagnée de spasmes des muscles parcourus par les équivalents bÊ, b'Ê, b''Ê... pénétrant des capillaires veineux dans les muscles du larynx pour produire des cris et dans les autres qui sont agités. Les deux faits suivants, que les physiologistes n'ont pas élucidés, trouvent ici naturellement leur explication.

§ 633. En unissant avec un galvanomètre la partie postérieure c (fig. 169) avec sa partie supérieure B, le galvanomètre accuse un écoulement de cette partie B par le milieu B du muscle vers sa partie postérieure c. Si l'on met l'un sur l'autre plusieurs muscles $aaaa$, le galvanomètre accuse également un courant de la partie B où entre le nerf n par le milieu des muscles vers l'extrémité A qui est du côté de la sortie du nerf pour passer dans les capillaires.

Nous venons de démontrer la diminution de la densité des équivalents électriques de la part de la substance grise vers les extrémités des nerfs qui passent par les muscles, et nous voyons ici que du côté où se trouve la densité supérieure ils s'écoulent vers le côté où est située la densité inférieure. Pour ne laisser subsister aucun prétexte d'objection ni de doute sur la nature de la douleur et des mouvements spasmodiques qui les accompagnent, nous citerons, parmi un grand nombre d'expériences, celles qui paraissent le plus inexplicables.

Figure 169.

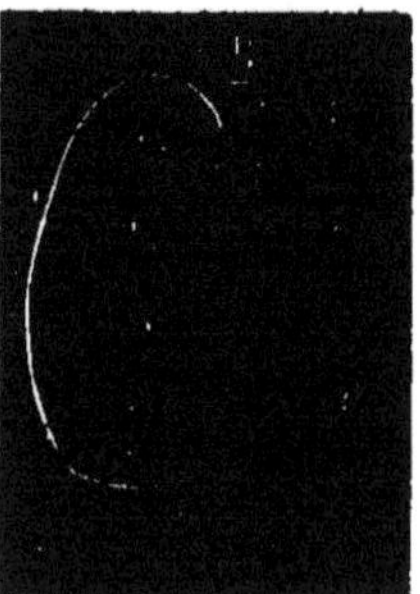

BA, pile des muscles.
n, le nerf.
c, surface composée de capillaires.
ab, surface de la section.

§ 634. **Production des douleurs et des spasmes par le recul des équivalents électriques.** Le recul du côté de la substance grise ne peut avoir lieu que vers les extrémités des artères par les fibres qui les unissent avec cette substance ; par suite, ce sont ces fibres *f* qu'on appelle *sensitives* pour les distinguer des autres *f'* nommées *motrices* qui unissent la substance grise avec les muscles et les extrémités des veines. Ces fibres sont parcourues par les équivalents qui viennent de la substance grise. Soit AB (fig. 170) la moelle d'un animal vivant dont on peut produire un recul en éloignant, soit par le pincement, soit par tout autre moyen, une quantité $a\bar{E}$ d'équivalents du côté des fibres *f* venant des extrémités des artères et en conduisant les équivalents en grande densité $\delta + \delta'$. Une portion $a'\bar{E}$ est restituée de la part des artères par les équivalents qui remontent et une autre $(a - a')\bar{E}$ recule de la part de la substance grise. En excitant de la même manière en *x* la tige antérieure du nerf, on

Figure 170.

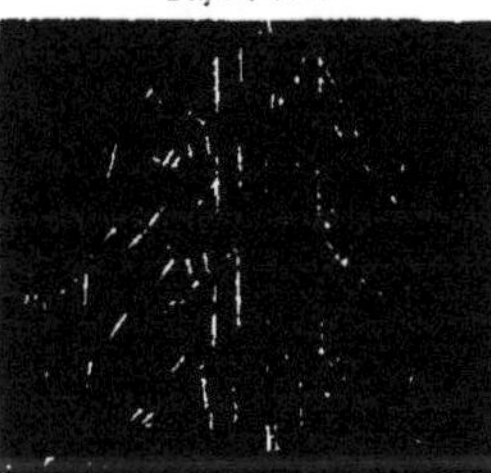

AB, moelle épinière.
q, *p*, bouts de la tige postérieure après la section.
c, *p*, bouts de la tige antérieure après la section.
xrr, *qqn*, les nerfs contenant les deux tiges.

produit également une fuite et un éloignement de la quantité aË d'équivalents; cependant, dans le premier cas, l'animal crie et s'agite, tandis qu'il reste tranquille dans le second cas. Donc, au lieu de considérer comme une explication le nom de tiges ou de fibres *sensitives* et *motrices*, nous prouvons que c'est le recul des équivalents qui est la douleur et qu'elle ne peut avoir lieu dans leur avancement normal ou accéléré. Si la quantité a'Ë vient de la substance grise, le reste $(a - a')$Ë vient du côté des extrémités des veines en passant par les muscles, ce qui n'occasionne de secousses qu'aux muscles dans lesquels le nerf excité se répand sans qu'une action réflexe apparaisse nulle part, comme cela arrive toujours quand les équivalents sont éloignés de la substance grise par une fuite dans les fibres sensitives.

Après la section de la tige postérieure oy, on a les deux bouts p et q; les équivalents a'Ë s'éloignent du bout p et viennent des artères comme à leur état normal. L'autre portion $(a - a')$Ë d'équivalents est celle qui recule, et l'on peut la faire augmenter en excitant le bout q. Ainsi la portion reculante $(a - a)$Ë augmente, la douleur devient intense et les mouvements spasmodiques se multiplient avec les cris. Si l'on coupe la tige antérieure xl pour faire apparaître les bouts l et x, l'irritation du bout l fait augmenter l'avancement des équivalents a'Ë sans manifestation de douleur ni de mouvement, et l'irritation du bout x amène l'écoulement des équivalents $(a - a')$Ë qui sont remplacés par d'autres venant des extrémités des veines qui occasionnent des mouvements spasmodiques au muscle de ce nerf.

I. — CERVEAU ET CERVELET; LEUR FONCTION ET LEUR LIAISON AVEC LA MOELLE.

§ 635. Dans le cerveau comme dans la moelle, les équivalents électriques des extrémités des artères sont conduits par des tubes ou fibres qui s'étendent pour former des cellules d'une grande surface d'où résultent les amas de substance grise. Dans toutes les parties du corps existent les fibres sensitives ou *anagogues* du tact et de la température; dans un petit espace de la moitié antérieure de la tête sont les quatre organes des sens du *goût*, de l'*odorat*, de la *vision* et de l'*ouïe*, dont les fibres sensitives ou anagogues conduisent une grande quantité d'équivalents électriques QË vers la substance grise. Donc de l'expansion qui a pour cause ces équivalents copieux résultent des récipients possédant des surfaces très-étendues pour y soutenir emmagasinée une quantité considérable d'équivalents électriques QË. Ces récipients sont la substance grise et la substance blanche du cerveau.

§ 636. **Liaison entre la moelle et l'encéphale.** La communication entre les deux parties centrales du système nerveux s'opère au moyen de quatre paires de faisceaux nommés *pédoncules*, dont une paire est appelée *cérébrale* et les trois autres *cérébelleuses*. Entre ces dernières, on distingue les paires *inférieure*, *moyenne* et *supérieure*. Nous allons montrer : 1° que les pédoncules supérieurs consistant en fibres sensitives ou anagogues sont un prolongement des faisceaux postérieurs de la moelle; 2° que les deux pédoncules cérébraux consistent en fibres motrices ou catagogues provenant de la substance grise de la moelle qui est en communication avec celle de l'encéphale; 3° que les deux paires de pédoncules moyen et inférieur consistent également en fibres motrices ou catagogues qui ont leur origine dans la substance grise du cerveau. Elles se répandent dans les muscles, où vont aussi les fibres des pédoncules cérébraux; mais celles des pédoncules inférieurs vont dans les muscles de la colonne vertébrale et du thorax, tandis que celles des pédoncules moyens vont aux muscles des membres.

1° *Section des pédoncules inférieurs.* Si la section est portée sur le pédoncule gauche, il en résulte un éloignement d'équivalents, 1° *a*Ë venant de la substance grise, et 2° *a*'Ë venant des muscles du tronc. 1° De la perte des précédents résulte un étourdissement, et 2° du passage de ceux *a*'Ë par les muscles résulte un mouvement spasmodique qui fait courber le corps vers le côté de la section. Les physiologistes attribuaient cette courbure vers la gauche à une paralysie des muscles du côté droit, car cet effet se produit dans les cas où l'on coupe le nerf d'un muscle; mais cela n'a pas lieu ici, parce qu'après la section des deux pédoncules l'étourdissement devient plus grand, tandis que la courbure du corps disparaît sans laisser une paralysie universelle des deux côtés.

2° *Section des pédoncules moyens.* Si elle s'étend sur les deux, l'étourdissement se manifeste sans apparition de spasme; mais si la section est portée sur un seul pédoncule, le gauche, par exemple, le spasme apparaît dans les muscles des membres gauches, qui entraînent l'animal vers ce côté avec une vitesse capable de décrire plus de soixante révolutions en une minute : il tombe, et si on le remet sur ses pieds, il est toujours entraîné par le mouvement spasmodique pour décrire ses révolutions avec une égale vitesse.

3° *Section des pédoncules cérébraux.* La section des deux pédoncules ne produit qu'un étourdissement qui résulte de la perte des équivalents *a*E qui s'écoulent de la substance grise. Si la section est portée seulement sur un pédoncule, il en résulte un mouvement gyratoire comme dans le cas précédent, mais en sens opposé; de sorte que la section du pédoncule gauche fait apparaître le spasme aux muscles des membres du côté droit.

La lésion du *pédoncule moyen* produit des effets qui diffèrent de ceux résultant de la lésion du pédoncule cérébral du même côté : 1° par la direction du mouvement gyratoire, et 2° par les spasmes produits aux muscles oculaires. Le globe oculaire du côté lésé se dirige en bas, et c'est l'autre qui éprouve un mouvement gyratoire convulsif.

§ 637. **Mécanisme de la production des mouvements gyratoires.** Ce mouvement n'est produit que dans les cas où le corps étant soutenu en équilibre par ses muscles latéraux, on détruit cet équilibre par la production des spasmes dans un côté du corps ou de l'œil, lesquels spasmes entraînent les muscles de l'autre côté. La courbure de la colonne vertébrale arrive par les spasmes des muscles qui ne mettent pas les membres du corps en mouvement. Ces deux phénomènes n'ont pas lieu seulement aux membres et à la direction de la colonne vertébrale, mais encore aux globes oculaires dans le cas de la lésion d'un pédoncule inférieur. Quand le corps éprouve une courbure, c'est du même côté que le globe oculaire reste dirigé en bas, tandis que l'autre tourne. Il en résulte que de chaque pédoncule des fibres motrices ou catagogues vont aux muscles des yeux.

L'existence des fibres motrices aux filets musculaires des iris des deux yeux est constatée de la manière suivante. En excitant les tubercules d'un côté, il se produit une contraction des iris des deux yeux, tandis que cela n'a pas lieu quand le lobe est excité ou enlevé. Les tubercules n'existent que chez les mammifères et manquent chez les autres vertébrés; donc chez les animaux où les tubercules manquent la lésion d'un seul des lobes produit la contraction des iris des deux yeux.

§ 638. **Limites supérieures entre les faisceaux de la moelle et ceux de l'encéphale.** En portant la section dans l'étendue d'un des pédoncules cérébraux depuis la protubérance jusqu'au tiers postérieur de la couche optique, la direction du mouvement gyratoire a lieu du côté opposé; mais si la section en avançant passe par les deux tiers antérieurs de la couche optique, la direction change pour produire le même mouvement gyratoire que celui qui résulte de la lésion d'un pédoncule moyen du côté vers lequel le mouvement est dirigé. Comme le croisement des faisceaux n'est pas perceptible au milieu de la couche optique, on peut considérer ce milieu comme limite entre les catagogues non-seulement pour chaque hémisphère, mais encore pour ceux de la moelle et de l'encéphale.

§ 639. **Rencontre des faisceaux dans le bulbe rachidien.** 1° Les faisceaux des pédoncules supérieurs passent par la partie postérieure du bulbe, comme cela est constaté par leurs fibres sensitives ou anagogues. 2° Les faisceaux des pédoncules cérébraux passent par la partie antérieure du bulbe rachidien, et ils s'y croisent. 3° Les faisceaux des pédoncules inférieurs et des pédoncules moyens passent latéralement du bulbe. En partant de la ligne qui couperait le bulbe immédiatement au-dessus de l'origine du nerf pneumogastrique et d'une autre ligne de 5 à 10 millimètres plus bas (suivant la grandeur de l'animal), on y trouvera l'ensemble des faisceaux des quatre paires de pédoncules. 1° En s'éloignant en haut de cette partie que Flourens nomme *collet vital*, on coupera les faisceaux étendus dans l'encéphale et il restera les fibres de ceux qui vont aux muscles du tronc. 2° En portant la section au-dessous de ce collet, on coupera les faisceaux qui viennent de la moelle et il restera ceux qui vont au tronc et aux membres. Dans les deux cas il y aura étourdissement à cause de la perte des équivalents électriques de la part de la substance grise. La respiration n'est supprimée immédiatement que quand la section passe par le collet vital, et ainsi la vie cesse avec son interruption, comme cela arrive à la suite d'un étranglement.

Pour prouver que chaque partie latérale du bulbe consiste, 1° en faisceaux d'un pédoncule inférieur, d'un pédoncule moyen du même côté, et 2° en faisceaux d'un pédoncule cérébral qui vont au côté opposé, on a porté la demi-section au côté gauche, par exemple, dans le collet vital. Ainsi résultent : 1° une courbure de la colonne vertébrale à gauche, produite par la section du pédoncule gauche inférieur; 2° un état spasmodique des membres gauches produit par la section du pédoncule moyen, et 3° un état spasmodique des membres droits produits par la section du pédoncule cérébral. Il ne se produit pas un mouvement gyratoire, comme cela a lieu quand la section est portée dans les deux pédoncules moyens ou dans les deux pédoncules cérébraux ; il n'y a donc qu'un étourdissement et un état spasmodique des deux côtés.

Dans le cas où la demi-section est portée au-dessus du collet vital au point où le bulbe devient protubérance, l'état spasmodique apparaît dans les membres des deux côtés, mais à un degré supérieur du côté opposé, où il est produit par la section d'une portion du pédoncule cérébral et de celle d'une partie du pédoncule moyen. L'équilibre se rétablit dans les membres antérieurs; il ne résulte pas pour cela un mouvement gyratoire : le manque de courbure du corps provient de ce que le pédoncule inférieur n'est pas atteint.

De la section portée par le milieu du collet vital le résultat provenant de la demi-section se produit dans chaque côté du corps; la courbure disparait et les spasmes des membres redoublent. Ainsi la mort apparaît immédiatement par la suppression de la respiration, tandis que le cœur continue de battre, à cause de l'écoulement des équivalents électriques qui persistent après l'interruption de la respiration.

Les faisceaux des pédoncules inférieurs et des pédoncules moyens se propagent dans la substance blanche de la moelle sans en être séparés; mais leurs fibres se croisent avec celles qui résultent de la substance grise. Ainsi, en admettant pour ces fibres la forme de prismes quadrangulaires, la substance blanche est composée de petits cubes dont la surface ainsi multipliée correspond à celle des cellules de la substance grise, cellules qui servent à soutenir des équivalents électriques en quantités supérieures également dans la moelle et dans l'encéphale. Sans les faisceaux des pédoncules inférieurs et moyens, la communication et la propagation des équivalents du cerveau vers les extrémités du corps seraient interrompues, et cette interruption y ferait disparaître les mouvements volontaires. Alors les mouvements ne s'anéantissent pas dans le corps, mais ceux qu'on observe ne sont plus régis; il faut les produire extérieurement par une poussée ou faire apparaître des mouvements spasmodiques par les excitations. Les faits suivants viennent à l'appui de cette assertion.

§ 640. **Expériences sur les détails du cerveau et leur explication.** Pour donner naissance à un mouvement volontaire, il faut entre les sentiments des liaisons qui ne se produisent pas par des moyens mécaniques, puisqu'on ne peut obtenir chez les animaux vivants que des mouvements spasmodiques dus à la propagation des équivalents de la part des extrémités des veines, par les filets des muscles vers le nerf dont on fait s'éloigner les équivalents par diverses excitations.

Si les nerfs restent en communication avec la moelle et le cerveau dont on enlève différentes portions, il en résulte une diminution de la quantité QË d'équivalents emmagasinés. La poussée P, exercée par les équivalents venant des artères aux anagogues, ne se propage plus jusqu'aux nerfs catagogues quand les lobes des deux hémisphères du cerveau sont enlevés, tandis que cette propagation peut persister quand un seul lobe est éloigné.

Nous avons établi que le recul des équivalents Ë vers les fibres anagogues, du côté des artères, est la *douleur;* ce recul n'a pas lieu quand on excite la substance grise ou la substance blanche en produisant l'éloignement de ces équivalents. Il n'existe pas non plus de recul par les catagogues de la part des extrémités des veines, parce qu'il y a diminution de la densité $\delta-\delta'$ à cause de la diminution de celle δ dans la substance grise, qui fait pénétrer en grande quantité les équivalents venant des artères par les anagogues. Les médiocres mouvements spasmodiques sont alors produits par le prompt éloignement d'une quantité d'équivalents par une excitation de la peau; tous ces mouvements spasmodiques sont des mouvements *réflexes*.

Les *hémiplégies* dépendent des faisceaux des pédoncules cérébraux, qui se croisent dans le bulbe. Chaque dépression entre ce point et le milieu de la couche optique d'un côté produit dans le corps une paralysie du côté opposé, et non un mouvement gyratoire, parce que les hémiplégies ne résultent pas d'une rupture du pédoncule cérébral, mais d'une compression exercée sur lui. Alors les faisceaux des pédoncules cérébelleux restent intacts, et les inférieurs et les moyens fournissent des fibres motrices aux nerfs rachidiens des muscles. Les observations pathologiques et les expériences sur les animaux ne permettent pas de méconnaître la double origine des fibres sur les nerfs des muscles du corps. Ici l'explication est simple, parce que nous avons montré le mode de formation de la substance blanche de la moelle; 1° des faisceaux encéphaliques, et 2° des fibres provenant de la substance grise de la moelle.

§ 641. **Cervelet.** Au moyen des pédoncules et des prolongements de leurs faisceaux, on peut constater une séparation transversale au milieu de la couche optique entre les faisceaux de la moelle et ceux de l'encéphale, lesquels sont composés des fibres motrices ou catagogues résultant de la substance grise dans laquelle aboutissent les fibres sensitives ou anagogues de tous les organes des sens en y conduisant les équivalents. Ceux de la substance grise encéphalique se propagent dans la substance blanche et dans les faisceaux. Ces faisceaux, au lieu de passer parallèlement aux faisceaux de la moelle dans la substance blanche encéphalique, s'étendent avec celle-ci du côté postérieur et forment un pli qui est le *cervelet*.

La forme du cervelet et sa disposition topographique, par rapport aux pédoncules, conduisent à reconnaître une structure postérieure analogue à celle qui apparaît sur plusieurs parties du corps à l'âge de puberté, parce que, dès ce moment, les matières servant à la croissance du corps commencent à devenir excédantes à cause de la diminution de cette croissance. Les individus primitifs produits par la génération spontanée étaient, comme les abeilles, à l'état neutre. L'appareil de la reproduction est postérieur, de même que le cervelet qui cependant a précédé la formation des parties génitales, car il est le même chez les deux sexes. Nous en parlerons ci-dessous.

II. — DES FONCTIONS DES NERFS RACHIDIENS, DES NERFS CRANIENS ET DU GRAND SYMPATHIQUE.

§ 642. Dans le principe, il n'y a pas chez les embryons séparation du système nerveux et du système circulatoire; c'est en cet état que sont ces deux systèmes chez les animaux des classes inférieures. L'apparition séparée de chacun des deux systèmes est mutuelle, car elle résulte des équivalents électriques positifs QĒ qui pénètrent à cause de l'éloignement des négatifs QĒ qui se séparent des aliments. Le mouvement est emmagasiné dans ces équivalents QĒ; ce mouvement les fait se répandre et exercer une poussée répulsive entre eux, et c'est ainsi que cette poussée se propage dans le système circulatoire. C'est aux extrémités des artères et au commencement des capillaires qu'il se sépare des équivalents QĒ une portion Q'Ē qui produit le système nerveux tel qu'il a été exposé, composé des nerfs anagogues, des substances grise et blanche et des nerfs catagogues.

A. Nerfs rachidiens et nerfs craniens.

§ 643. **Espèces de nerfs.** Les nerfs ne sont autre chose que, 1° des fibres f sur lesquelles se propagent les équivalents en densités $\delta + \delta'$ des artères vers la substance grise, et 2° des fibres f' sur lesquelles se propagent les mêmes équivalents venant de la substance grise et de la substance blanche vers les muscles en densité inférieure $\delta - \delta'$. Les nerfs sont *sensitifs* ou *anagogues* quand ils consistent en fibres f; ils sont *moteurs* ou *catagogues* quand ils consistent et fibres f', et ils sont *mixtes* ou *agogues* quand ils consistent du mélange de ces deux espèces de fibres. Les paires de nerfs *rachidiens*, au nombre de trente et une, sont : huit *cervicales*, douze *dorsales*, cinq *lombaires* et six *sacrées*. Les paires de nerfs *craniens*, au nombre de douze, sont : 1° les *olfactifs*, 2° les *optiques*, 3° les *moteurs oculaires communs*, 4° les *pathétiques*, 5° les *trijumeaux*, 6° les *moteurs oculaires externes*, 7° les *faciaux*, 8° les *auditifs*, 9° les *glosso-pharyngiens*, 10° les *pneumogastriques*, 11° les *spinaux*, 12° les *hypoglosses*.

§ 644. **Nerfs des organes des sens.** Il y en a six espèces dont chacune correspond à un fluide propre provenant des objets extérieurs : I. Dans les quatre organes *goût*, *odorat*, *vision*, *ouïe*, ces fluides ne pénètrent que par un appareil isolé. Des sept éléments électriques primitifs sont produits : 1° les sept espèces de lumières ou les sept couleurs, 2° les sept sons, 3° les sept odeurs et les sept saveurs fondamentales. II. La chaleur est sentie par toute la surface de la peau, dont les fibres vont vers la substance grise. III. Le poids des corps et leur résistance sont sentis au moyen des fibres motrices ou catagogues, qui produisent les mouvements volontaires. Pour cette raison, il n'y a plus lieu d'établir la différence entre les deux espèces de fibres par les épithètes *sensitives* et *motrices*. Pour indiquer la propagation des équivalents électriques des artères vers le cerveau, nous nommerons *anagogues* (ἀνὰ, en haut; ἄγειν, mener) les fibres sensitives, et *catagogues* (κατὰ, en bas; ἄγειν, amener) les fibres motrices par lesquelles se propagent les équivalents du cerveau vers les muscles. Ainsi, des organes de sens, cinq sont *anagogiques* et un seul est *catagogique* : celui-ci n'a pas même été reconnu jusqu'à présent comme un organe séparé de celui dont on sent la chaleur, et cela parce que les nerfs rachidiens sont mixtes ou amphiagogues (ἀμφὶ, vers les deux côtés; ἄγειν, mener). Telles sont aussi les neuf paires de nerfs craniens; les nerfs anagogues ne sont qu'*optiques*, olfactifs, auditifs.

§ 645. **Nerfs anagogues ou sensitifs.** Le sentiment de la vision, de l'ouïe et de l'odorat résulte des ondes de lumière, d'échogène et d'électricité négative répandues des objets lumineux, sonores ou odorants. Chaque espèce d'ondes occasionna une pression symétrique aux deux moitiés du corps, dont résultèrent une paire d'yeux, d'oreilles et de narines, et par suite une paire de nerfs *optiques*, *auditifs* et *olfactifs*, qui ne sont qu'anagogues sans qu'il y pénètre de fibres catagogues. Le nerf lingual, qui est aussi anagogue, n'arrive pas comme tel jusqu'au cerveau.

§ 646. **Nerfs amphiagogues ou mixtes.** Tous les muscles reçoivent des nerfs amphiagogues, parce qu'ils possèdent des fibres anagogues qui partent des extrémités des artères et des fibres catagogues qui partent de la substance grise pour aller aux veines. Il y a partout et en chaque point un circuit composé, 1° de la communication directe entre les équivalents écoulés par les capillaires, et 2° de la communication périphérique par les équivalents qui parcourent les anagogues, la substance grise et les catagogues. La consommation des équivalents s'opère, 1° dans la production constante des mouvements involontaires, et 2° dans la production intermittente des mouvements volontaires. Dans ce dernier cas, il y a augmentation de la quantité *a*Ë d'équivalents qui passent par les anagogues, et diminution de celle *a*'Ë qui passe par les capillaires. Le contraire a lieu pendant le repos et surtout pendant le sommeil, quand chaque mouvement volontaire s'interrompt. Il y a aussi consommation d'équivalents dans les organes des sécrétions.

§ 647. **Nerfs catagogues.** Ce sont les glandes qui reçoivent des nerfs propres à faire pénétrer du sang artériel dans le tissu des fonds des culs-de-sac une espèce de molécules qui produisent un liquide propre à faciliter la digestion ou à conserver les organes des sens. Nous avons suffisamment constaté le mode de production de l'acide gastrique au moyen des équivalents *a*Ë conduits par le nerf pneumogastrique aux glandules de l'estomac. Avec la section de ces nerfs, la sécrétion disparaît de tout ou elle est modifiée. Tout se passe ici comme dans la galvanoplastique : les équivalents électriques entraînent du bain une espèce d'élément pour les déposer; la même chose a lieu dans les sécrétions, où les éléments séparés sont poussés dans les tissus pour s'écouler au dehors.

B. Fonctions du système du grand sympathique.

§ 648. De chaque côté de la colonne vertébrale ce système se compose des ganglions qui communiquent avec les troncs des nerfs rachidiens, où se trouvent des fibres anagogues et des fibres catagogues; ce système par d'autres fibres communique avec les ganglions *ophthalmique, sphéno-palatin, optiques, sous-maxillaires* et *sublinguaux*, qui reçoivent aussi des fibres des nerfs craniens. Ainsi le système du grand sympathique n'est pas isolé, quoiqu'il ne soit pas directement uni avec la substance grise; les tubes nerveux primitifs ont en général un faible diamètre, comme les tubes des nerfs anagogues.

On constate l'existence des fibres anagogues ou sensitives

en quantité supérieure dans les branches d'union avec le tronc des nerfs rachidiens; viennent ensuite les ganglions, et ce sont les fibres catagogues qui prédominent dans les branches viscérales. Les excitations du nerf produisent des contractions des parties dans lesquelles se terminent ses rameaux; cependant le rôle principal du nerf consiste dans la propagation des équivalents électriques propres à faire sortir du sang certains éléments qui s'unissent avec l'une ou l'autre électricité et qui forment des sécrétions de nature acide ou alcaline, comme on le verra dans les expériences suivantes.

Sur un lapin, Bernard coupe le nerf sympathique au cou; les vaisseaux de l'oreille du même côté se tuméfient et la température s'élève. Ces deux faits constatent une affluence supérieure de sang et une consommation d'équivalents positifs $a\dot{E}$ avec $2a\dot{E}$ négatifs pour produire $a\bar{E}\dot{E}^2$ atomes de chaleur. Cette affluence a eu pour cause la disparition de la résistance occasionnée par la section du nerf; pour reproduire cette résistance avec $a\dot{E}$ d'équivalents électriques, Bernard emploie ceux que produit une pile, et il fait ainsi apparaître l'état normal : l'injection disparaît et la température s'abaisse. Après avoir éloigné le courant de la pile, ces deux états réapparaissent. Ces faits catagogues sont produits dans l'estomac et l'intestin quand on coupe le plexus solaire et les ganglions semi-lunaires. Après la section du plexus ischiatique, il y a injection des vaisseaux jusqu'aux extrémités. Une élévation de température de courte durée est également produite dans les parties sous-jacentes après la section de la moelle; elle est également l'effet de la diminution de la résistance de la part des catagogues. L'excédant de température ainsi obtenu s'élève à 2 degrés.

Nous avons dit que la section du nerf gastrique n'empêche pas la sécrétion du liquide gastrique; mais à cause du manque d'électricité positive ce liquide n'est plus un acide. Si l'on retranche le plexus solaire, une diarrhée apparaît, et si l'on ouvre l'animal, on trouve les dernières portions de l'intestin injectées. Lorsqu'on coupe le sympathique au cou, on remarque aussi cette diarrhée et même un épanchement aux parties supérieures. Il y apparaît une sueur abondante.

On coupe à un lapin le nerf sympathique du côté droit à la région cervicale, puis par une plaie on introduit dans chaque oreille un morceau de verre. La température de l'oreille droite est de 37°, celle de gauche de 20°; en six jours celle-ci est gonflée et la droite ne l'est plus; en douze jours celle-ci est sèche, et pourtant il y a un abcès dans l'oreille gauche. Si l'on coupe la moitié de chaque oreille, celle du côté de la section du nerf se cicatrise en dix jours et celle de l'autre côté en quinze. Quand on a coupé le nerf sympathique au cou du côté droit, les vaisseaux de l'œil du même côté se dilatent : alors on verse de l'acide acétique concentré sur les deux yeux; ils se troublent et une conjonctivite éclate. Pendant dix jours il n'y a pas de différence, mais après ce temps l'œil droit s'éclaircit, tandis que le gauche reste trouble.

De l'ensemble de semblables faits, on constate une diminution de poussée produite aux faisceaux de la part du nerf coupé; de là il devient évident que cette diminution n'existe pas quand les équivalents se trouvent en contact avec ceux qui s'étendent jusqu'à la substance grise. Quant à la qualité alcaline de la salive, de la bile, du suc et du sperme, nous savons qu'elle est obtenue par l'électricité négative du sang; car c'est de l'électricité positive du nerf que résulte l'acide gastrique. Tous ces détails et mille autres appuyés d'expériences viennent fournir ici des exemples évidents de tout ce que nous avons dit sur la propagation des équivalents électriques des artères, 1° directement par les capillaires, et 2° par les anagogues, la substance grise, la substance blanche et les fibres catagogues. Comme celles-ci, les fibres du grand sympathique ne vont pas aux muscles, mais aux glandes de sécrétion.

III. — POISONS, LEUR ÉTAT ÉLECTRIQUE ET LEURS EFFETS PHYSIOLOGIQUES.

§ 649. De chaque corps neutre comme le sang on peut obtenir des poisons en séparant ses éléments qui sont toujours éthéroélectriques; des deux poisons éthéroélectriques, au contraire, on peut obtenir un corps neutre comme sont les aliments. La strychnine contient en excédant l'électricité négative, le curare, l'électricité positive. Chacune de ces deux substances prise à part est un poison intense, tandis que leur mélange est une substance neutre qui se digère comme les aliments. Le phosphore est fortement électro-négatif, comme la strychnine, et par cette raison est un poison; l'acide phosphorique est très-peu électro-positif, et c'est pour cela qu'il n'est pas un poison.

C'est ici l'occasion de faire cesser le dissentiment qui existe entre les médecins depuis le commencement du siècle; les uns croient que les substances ou les fluides agissent sur des substances ou fluides semblables du corps, d'où Hahnemann a créé le *système homœopathique;* les autres soutiennent que les substances ou les fluides agissent sur leurs contraires; de là *le système allopathique.* Nous venons de constater que l'alimentation et la respiration sont indispensables à la vie, parce que par l'une les équivalents négatifs $Q\bar{E}$ sont introduits, et par l'autre se fait l'échange d'une portion $Q'\bar{E}$ de ces équivalents contre une autre égale $Q'\ddot{E}$ d'équivalents positifs.

§ 630. **Maladies phlogistiques.** L'éloignement normal des équivalents $Q'\bar{E}$ des aliments sollicite les équivalents positifs $Q'\ddot{E}$, qui pénètrent par le poumon, l'épiderme et l'estomac avec l'intestin. Un refroidissement ou une indigestion produisent une augmentation d'éloignement d'équivalents négatifs $(Q' + Q'')\,\bar{E}$ et une introduction d'équivalents positifs $(Q' + Q'')\,\ddot{E}$. Alors le frisson résulte de l'introduction de ces équivalents qui repoussent le sang des capillaires et se propagent dans les anagogues de la peau. Cette cause produit le sentiment du froid; ensuite de la combinaison d'une portion $q\ddot{E}$ des équivalents avec une double portion $2q\bar{E}$ d'équivalents négatifs, provient une élévation de température. Le pouls dur et accéléré correspond à la respiration fréquente qui sollicite l'éloignement de l'électricité négative, non plus des aliments, mais du sang, dans lequel l'électricité positive augmente. Le sang extrait n'est plus à son état normal ; une quantité d'équivalents électriques $\alpha\bar{E}$ reste dans le plasma et fait augmenter la fibrine par l'éloignement des équivalents négatifs $2\alpha\bar{E}$ pour produire l'élévation de température indiquée par le thermomètre.

Pour faire diminuer cet éloignement d'équivalents négatifs qui sollicite l'introduction des équivalents positifs, on extrait une portion de sang, on purge. Cependant l'essentiel est de raréfier la respiration. Ce système est très-répandu en Orient parmi le peuple, car avec la diminution de l'air respiré l'introduction des équivalents positifs diminue; cela se fait avec la main, qu'on applique fréquemment pendant quelques secondes sur les narines et sur la bouche.

§ 651. **Maladies typhoïdes.** C'est ici la maladie produite par le manque d'une portion d'équivalents positifs dans le sang et dans le système nerveux, et cela résulte de ce que les équivalents négatifs ont diminué à la suite de leur consommation précipitée de la manière précédente; de sorte qu'en réalité il n'y a que des maladies phlogistiques de durées très-variables, et elles sont suivies : 1° d'une crise et de convalescence quand les aliments sont éloignés et réduits en excréments par la perte des équivalents négatifs: 2° de mort quand il y a un prompt éloignement d'une trop grande quantité d'équivalents négatifs; 3° d'une maladie typhoïde où le malade est réduit à un minimum d'équivalents négatifs par leur très-grande consommation. Le pouls fréquent, la température élevée indiquent un excédant d'équivalents positifs qui a pour cause un manque d'équivalents négatifs qui se manifeste à la peau qui devient brûlante et sèche. Dans cet état, il n'y a rien à faire directement : les boissons légèrement nutritives et aromatiques prises fréquemment tempèrent dans la circulation l'impétuosité de la poussée, dont une partie est utilisée au mince travail de la digestion des boissons. Nous reviendrons sur ce sujet, dont nous avons dû faire ici une courte mention pour servir à l'explication du mode d'action des poisons qui s'accompagnent d'une insensibilité à la suite de laquelle arrive la mort ou la convalescence. La suite de notre travail va corroborer notre assertion.

A. Insensibilité produite par la vapeur de l'éther et du chloroforme.

§ 652. Nous savons déjà que les substances électronégatives introduites dans le sang se combinant avec les équivalents positifs, doivent faire diminuer 1° la poussée P qu'ils exercent sur le sang, et 2° la densité $\delta+\delta'$ de ceux qui se propagent des extrémités des artères, 1° par les nerfs anagogues vers la substance grise, et 2° par les capillaires vers les extrémités des veines où la densité $\delta-\delta'$ des équivalents des catagogues diminue également. Les effets qui en résultent sont :

1° La raréfaction et l'affaiblissement du pouls; 2° le manque de sensibilité; 3° la production d'une quantité de chaleur dans le sang qui résulte des équivalents négatifs $2a\text{È}$ de la vapeur d'éther ou de chloroforme qui se combinent avec les équivalents positifs $a\text{Ë}$ pour produire les atomes de chaleur $a\text{ËÈ}^2$. On peut facilement concevoir qu'il y a affaiblissement du pouls à la suite d'une diminution de la poussée P, et nous allons exposer les détails de la production d'un état d'insensibilité, qui servira à prouver une seconde fois le mode de production des douleurs ou son manque à la suite d'une insensibilité.

§ 653. **Cause de la suppression de la sensibilité.** Nous avons établi la propagation des équivalents $Q\text{Ë}$ du poumon vers les extrémités des artères, où s'opère leur séparation, 1° pour avancer la portion $(Q-Q')\,\text{Ë}$ par les capillaires jusqu'au commencement des veines, et 2° la portion $Q'\text{Ë}$ sollicitée par la poussée P exercée par ceux qui suivent, pour se propager par les nerfs anagogues dans la substance grise et la substance blanche, pour arriver par les nerfs catagogues au commencement des veines. Dans ces parties, les équivalents qui arrivent par les catagogues ont une densité inférieure $\delta-\delta'$, aussi bien que ceux qui y arrivent par les capillaires; car cet état résulte de la loi statique qui régit cette propagation d'équivalents positifs.

Les sentiments tactiles sont : 1° ceux de la température chaude ou froide; 2° ceux tacites qui font connaître l'existence d'un objet; 3° ceux qui font connaître l'existence d'un corps, sa résistance ou son poids, et 4° ceux de la douleur. Les deux premières espèces de sentiments sont produites au moyen des équivalents propagés dans les anagogues en densité $\delta + \delta'$, et ceux du poids et de la résistance des corps sont produits au moyen des équivalents propagés dans les catagogues en densité $\delta - \delta'$. Les nerfs anagogues ou sensitifs et les nerfs catagogues ou moteurs sont mêlés dans les nerfs rachidiens et dans les neuf paires de nerfs craniens; ainsi tous ces nerfs sont *amphiagogues* (ἀμφί, vers les deux côtés; ἄγειν, mener).

Chaque contact de la peau enlève une portion, 1° très-petite $(\alpha - \alpha')$ Ë; 2° modique αË, ou 3° très-grande $(\alpha + \alpha')$ Ë d'équivalent du côté des anagogues, car ils y sont en grande densité $\delta + \delta'$, et cet enlèvement occasionne un recul de la part de la substance grise. Ce recul est le *sentiment tactile* accompagné toujours de celui de la température. Il ne dépend que de la quantité qË d'équivalents éloignés qu'il soit un sentiment tacite ou un sentiment tactile, une douleur faible ou intense. Mais cette quantité d'équivalents qË dépend autant de l'excitation ou de la poussée p que de la densité $\delta + \delta' + \delta''$ des équivalents dans le nerf anagogue. La même poussée p enlève une modique quantité $(\alpha - \alpha')$ Ë d'équivalents quand leur densité $\delta + \delta' - \delta''$ est minime : alors le sentiment est tacite; mais si la densité est $\delta + \delta' + \delta''$, la poussée p enlèvera la portion $(\alpha + \alpha')$ Ë d'équivalents, et il en résultera ainsi un recul supérieur qui est un sentiment de douleur. C'est ce qui arrive quand la poussée p est portée sur une partie atteinte d'une inflammation; mais dans le cas où celle-ci manque, la poussée p produit un sentiment tacite ou un sentiment tactile par l'éloignement des équivalents modiques $(\alpha - \alpha')$ Ë, tandis qu'une poussée $p + p'$ supérieure qui enlève les équivalents copieux $(\alpha + \alpha')$ Ë produit le recul d'une quantité analogue d'équivalents vers le point atteint, et ce recul est la *douleur* de la partie qui n'est pas atteinte d'inflammation.

§ 654. **Insensibilité par la diminution des équivalents électriques.** Après la respiration d'une quantité suffisante de vapeur d'éther ou de chloroforme, il y a diminution de la densité $\delta + \delta'$ d'équivalents dans les artères et dans les anagogues, et l'effet immédiat est l'apparition d'une insensibilité universelle dont la cause est le manque de recul produit par la raréfaction $\delta + \delta' - \delta''$ due aux équivalents des nerfs anagogues. Les excitations fortes ou faibles éloignent une très-faible quantité $(\alpha - \alpha' - \alpha'')\ddot{E}$ d'équivalents qui n'est pas restituée par le recul des autres propagé jusqu'à la substance grise. Ainsi s'éteignent tous les sentiments de température, de résistance et de douleur. Cet état ne peut se comparer ni à celui du sommeil ni à celui de la mort. Quelques individus arrivent également à cet état d'insensibilité par le magnétisme animal. Il est vrai qu'on ne réussit pas à produire cet état chez tout le monde; mais ceux qui y sont soumis ont l'avantage d'être toujours à l'abri des accidents sinistres qui se déclarent quelquefois à la suite de l'insensibilité produite par la vapeur. Nous exposerons dans la suite le mode de production de l'état d'insensibilité au moyen du magnétisme animal.

§ 655. **Fin de l'insensibilité.** Dès que la quantité $2\alpha\ddot{E}$ d'équivalents négatifs de la vapeur inspirée est consommée en se combinant avec $\alpha\ddot{E}$ équivalents positifs, ceux-ci commencent à se multiplier et leur densité augmente pour devenir $\delta + \delta'$ dans les artères et dans les nerfs anagogues. Les objets deviennent visibles, l'individu entend et peut produire des mouvements volontaires d'abord faibles, mais graduellement plus forts. A cause du manque de production de sentiments, l'intervalle de temps entre le dernier sentiment du commencement de l'insensibilité et le premier après la fin de celle-ci est nul pour ces individus.

§ 656. **Production de la mort.** Pendant la durée de l'insensibilité, il y a diminution des équivalents positifs $Q\ddot{E}$ par leur consommation dans la vapeur et les mouvements involontaires qui soutiennent la respiration; par conséquent si les équivalents s'épuisent par ces deux causes avant la consommation des équivalents négatifs $2a\ddot{E}$, l'asphyxie est inévitable.

B. INSENSIBILITÉ ET MORT PRODUITES PAR LES POISONS.

§ 657. La mort arrive toujours par l'asphyxie qui provient du manque d'équivalents négatifs pour soutenir le mouvement involontaire de la respiration. Dans le cas précédent, la vapeur devient un poison quand elle est appliquée en très-grande quantité; la mort résulte de la suppression du mouvement provenant de la consommation des équivalents, parce qu'alors la respiration cesse aussi. L'asphyxie est la cause immédiate de la mort produite par chaque poison; cependant cette asphyxie n'arrive pas toujours de la même manière. L'état des muscles après la mort par le curare ou d'autres poisons n'est pas le même. Le curare, qui est le suc d'une plante, produit la mort par un excédant d'électricité positive emmagasinée; la strychnine, au contraire, qui est un alcaloïde, produit la mort par un excédant d'électricité négative. Le curare et la strychnine ensemble forment, par l'éloignement de leur électricité, un corps neutre digestible comme les aliments.

§ 658. **Mode de la production de la mort par la strychnine.** La strychnine est électronégative comme l'éther et le chloroforme; cependant elle pénètre dans le sang à l'état liquide et non à l'état de vapeur. Arrivée aux capillaires, elle y pénètre en minime quantité, parce que son électricité négative $2a\ddot{E}$ se combinant avec la positive $a\dot{E}$ qui exerce la poussée P contre le sang, fait diminuer cette poussée. Il en résulte : 1° une raréfaction des équivalents dans les nerfs anagogues où leur densité devient $\delta + \delta' - \delta''$, et 2° un prompt écoulement d'équivalents par les nerfs catagogues vers la strychnine qui a traversé les capillaires.

I. De la densité $\delta + \delta' - \delta''$ diminuée provient l'interruption du recul des équivalents de la substance grise vers les anagogues, et cela produit l'insensibilité comme dans le cas précédent.

II. Du prompt écoulement des équivalents par les nerfs catagogues de la part de la substance grise résultent des spasmes qui se répètent à de courts intervalles, parce que leur consommation s'opère graduellement par les nouvelles portions de strychnine qui pénètrent les capillaires. La mort arrive pendant un de ces spasmes par la consommation des équivalents, qui ne suffisent plus à soutenir la respiration.

§ 659. **Preuve de la production des spasmes par l'électricité.** En conduisant les décharges électriques dans les muscles, on constate la production d'un état électropositif. Nous avons démontré que l'acide gastrique est un produit de la pepsine chargée d'électricité positive; Funke a constaté l'union de la substance des nerfs avec cette électricité pendant son rapide écoulement dans la production des spasmes qui précèdent la mort des animaux empoisonnés avec la strychnine. Un papier de tournesol appliqué sur la substance des nerfs rachidiens ou craniens prouve qu'elle est neutre. Lorsque ensuite on soumet ces nerfs à une activité prolongée et exagérée, il y apparaît une réaction acide. Or, quand l'animal succombe aux contractions tétaniques de la strychnine, les centres nerveux et les nerfs de l'animal présentent une réaction acide.

§ 660. **Mode de la production de la mort par le curare.** Le *curare* est le suc d'une plante comme l'*upas antiar*, qui contient un excédant d'électricité positive à l'état latent comme le *sulfocyanure de potassium*, l'*acide cyanhydrique*. Ces substances, introduites dans le sang, pénètrent dans les capillaires et laissent leur électricité se répandre par les catagogues où sont les équivalents électriques en densité inférieure $\delta - \delta'$. Il en résulte une suppression d'écoulement de ces équivalents vers les muscles et en même temps suppression universelle du mouvement involontaire et celui de la respiration; c'est pourquoi l'asphyxie qui en résulte amène la mort.

Les muscles du cœur sont les seuls qui restent en activité, parce qu'ils sont maintenus en mouvement, non pas par les équivalents qui arrivent du cerveau par les nerfs, mais par ceux qui exercent la poussée contre le sang; de sorte que la circulation est presque indépendante du système nerveux, comme cela devient évident par sa persistance après l'éloignement des hémisphères du cerveau et du cervelet. Le cœur des grenouilles empoisonnées par le curare continue de battre vingt-quatre heures après la mort, mais le battement va en décroissant.

Après l'empoisonnement par le curare, la mort arrive sans spasmes, ce qui prouve que les équivalents électriques restent conservés dans les nerfs et dans les substances grise et blanche. Cet état électrique est constaté par la propagation, après la mort, des équivalents électriques, des parties empoisonnées vers celles qui ne l'ont pas été. On met à nu les nerfs lombaires d'une grenouille, on applique une ligature au reste, et l'on empoisonne la partie supérieure qui ne communique que par le nerf lombaire avec la partie inférieure. Après la mort, on excite la partie empoisonnée et les équivalents électriques éloignés occasionnent : 1° un déplacement vers les parties excitées du côté du cerveau, et 2° un autre vers le cerveau du côté des extrémités inférieures par les nerfs lombaires. Ainsi il se produit des spasmes réflexes dans les muscles par les équivalents électriques qui s'écoulent par l'excitation des parties empoisonnées.

§ 661. **Mouvements réflexes.** Chaque fois qu'on éloigne une quantité d'équivalents par les nerfs anagogues où $\delta + \delta'$ est leur densité, un recul y est occasionné de la part du cerveau, et un autre de la part des nerfs catagogues vers le cerveau, et par ces reculs il se manifeste des mouvements dans un grand nombre de muscles. Telle est l'origine des mouvements connus sous le nom de *mouvements réflexes*. Ils peuvent se produire plus longtemps après l'empoisonnement par le curare et ils disparaissent peu après l'empoisonnement par la strychnine : nouvelle preuve qu'il y a dans les nerfs beaucoup d'équivalents $\ddot{E}$ dans un cas et peu dans l'autre.

§ 662. **Strychnine et curare, ou frisson de fièvre.** Au lieu de neutraliser l'électricité négative de la strychnine par l'électricité positive du curare, on peut l'employer pour neutraliser celle qui pénètre dans le corps au commencement d'une fièvre; le frisson est produit par l'éloignement des équivalents négatifs du sang qui occasionnent la pénétration des équivalents positifs, comme cela a lieu pour la respiration. Il y a donc une cause extérieure qui sollicite cet éloignement des équivalents négatifs. La strychnine administrée en cet état du corps se neutralise en consommant les équivalents positifs affluents, et elle fait disparaître le frisson et la fièvre. Ainsi elle sert à supprimer la fièvre, si on l'administre avant l'accès, mais on augmente le mal si l'on donne ce médicament après le frisson et pendant la chaleur.

IV. — DES FAITS ÉLECTRIQUES PRODUITS AUX NERFS.

§ 663. Au lieu de mentionner les controverses qui durent depuis la découverte de Galvani sur les contractions des muscles des animaux morts, nous allons exposer les causes qui rendent ces controverses interminables. Si Galvani et ses partisans, au lieu d'admettre les courants électriques, se fussent bornés à affirmer l'existence d'équivalents électriques dans les nerfs, personne ne leur eût fait la moindre objection, et cela parce que la présence des deux électricités est constatée dans chaque corps. Si Volta et ses partisans, au lieu de nier l'écoulement des deux électricités et d'admettre un *fluide nerveux* analogue à celui du magnétisme, qui n'existe nulle part, eussent attribué la production de mouvement aux déplacements d'une seule espèce d'équivalents électriques occasionnés par leur inégale densité, chacun eût été forcé de convenir que tous les faits attribués par Galvani, aux courants composés des deux électricités, ne résultent que d'une seule espece d'électricité, l'électricité positive, qui se propage vers les points dont la résistance est inférieure, et que celle-ci ne résulte que d'une densité inférieure de ces mêmes équivalents.

Sur les métaux, les équivalents électriques s'écoulent

avec une vitesse qui surpasse celle de la lumière, tandis que Helmholtz a reconnu et démontré que le sentiment chemine dans les nerfs avec une vitesse d'environ 32 mètres par seconde. Ainsi, le manque de courants électriques est surabondamment prouvé, sans cependant qu'il en résulte un manque d'électricité. Il est prouvé en même temps que la conductibilité des nerfs est aussi minime que celle des autres corps organisés. Dans les discussions précitées, on n'avait pas pris en considération le mode de la multiplication de la surface par la diminution microscopique des tubes, des fibres et des cellules; ce fait paraissait accidentel, ou plutôt on n'en disait rien, parce que personne ne connaissait le mode de la propagation des équivalents électriques dans le système nerveux.

Figure 171.

En excitant un nerf AB (fig. 171) dans sa racine A, le muscle qu'occupe la partie BB' du nerf se met en mouvement; en portant la section SS' ou en y appliquant une ligature, il n'y a plus apparition de mouvement dans le muscle, mais ce mouvement revient après l'éloignement de la ligature. Nous avons rapporté ce fait pour montrer la différence qui existe entre les nerfs et les conducteurs métalliques; il a même été mentionné pour servir de preuve directe au manque des courants électriques dans la production du mouvement des muscles.

A. Détails de l'appareil de la vie animale.

§ 664. **Détails de l'appareil de la vie animale.** On a pu réduire à deux classes les faits obtenus par les expériences sur les nerfs des animaux vivants : *douleur* et *mouvement*. 1° La *douleur* a été attribuée aux fibres anagogues d'où proviennent les tiges des nerfs qui pénètrent dans la partie postérieure de la moelle, et 2° le *mouvement* a été attribué aux fibres catagogues d'où proviennent les tiges des nerfs qui pénètrent dans la partie antérieure de la moelle. Tout cela est vrai, et cependant, au lieu d'élucider la question, comme on avait la prétention de le faire, on n'a donné qu'une description des faits différemment exposés.

Nous prouvons ici le mode de production de ces faits, et cela, non par des hypothèses arbitraires, mais par la loi physique qui régit tous les mouvements. La vie animale a pour cause immédiate les aliments et la respiration, ou mieux la transformation des aliments en excréments, lesquels aliments étant éliminés, doivent être remplacés par d'autres. Qui peut donc douter que la vie ne dépende que de cette transformation des aliments en excréments, transformation qui s'opère au moyen de la respiration? Il ne faut donc, pour faire le premier pas dans la voie de la vérité, que montrer en quoi consiste cette transformation. Tout ce qu'on savait se bornait au changement de l'état électrique, mais cela ne suffisait pas pour faire avancer la question; il fallait encore constater en quoi consiste ce changement. C'est, comme le lecteur va le voir, ce que nous avons fait d'une manière détaillée dans les lignes qui suivent.

§ 665. Les aliments contiennent une quantité QÉ d'électricité négative qui s'en sépare pour être employée au soutien de la vie, tant qu'il y a de cette électricité. Sa consommation s'opère de la manière suivante : Une portion Q'É s'écoule dans l'air inspiré, dans l'air en contact avec l'épiderme et dans les aliments, et il en revient au sang une égale quantité Q'Ë d'équivalents positifs, comme cela a lieu dans tous les courants thermoélectriques.

Ces équivalents Q'Ë, en partant du poumon, ne se déplacent pas comme les molécules du sang, mais ils se répandent et augmentent en volume comme les gaz, parce qu'ils contiennent le mouvement emmagasiné, et n'ont besoin d'éprouver aucun choc; ce sont eux, au contraire, qui exercent une poussée P sur le sang des artères jusqu'aux capillaires, dont la résistance fait diminuer la vitesse du sang. C'est ainsi qu'une partie Q''Ë des équivalents Q'Ë se sépare du sang pour se propager par la poussée P vers les nerfs sensitifs nommés ici *anagogues*.

Le maximum $\delta+\delta'$ de densité des équivalents est dans ces anagogues; ces équivalents se propagent par la surface des anagogues, de sorte que cette surface détermine la quantité totale Q''Ë d'équivalents qui peuvent être contenus dans le système nerveux. La multiplication de la surface dans un espace limité s'opère : 1° par la diminution des diamètres des filets nerveux qui vont au delà de 0m,001 ; 2° par l'expansion de ces filets cylindriques pour obtenir la forme de cellules composées d'une membrane dont l'épaisseur est de beaucoup inférieure à celle des diamètres susdits; 3° par le croisement des tubes provenant, les uns de la substance grise de la moelle, et les autres de la substance grise encéphalique. Au milieu *m* de ces deux substances la densité des équivalents, en diminuant, devient δ et est $\delta+\delta'$ dans le sang des artères et dans les anagogues.

La surface S + S' qui sépare ce milieu *m* des extrémités des anagogues est supérieure à celle S qui le séparent des *catagogues*. Cela est dû à ce que les diamètres des tubes des anagogues, et les dimensions de cellules qui en résultent sont quatre ou cinq fois plus petits que ceux des catagogues et de leurs cellules entre le milieu *m* de la substance grise et sa limite du côté des catagogues. La densité des équivalents, en diminuant, arrive au minimum $\delta-\delta'$ dans les catagogues, qui se terminent aux extrémités des capillaires où commencent les veines. Ainsi les équivalents traversant les capillaires se trouvent avoir la même densité $\delta-\delta'$ que ceux qui parcourent le système nerveux.

§ 666. Nous avons constaté dans le sang artériel une poussée P suffisante pour soutenir 150 millimètres de mercure, et dans les veines une poussée d'environ 20 millimètres. C'est ainsi qu'il est prouvé que la densité $\delta+\delta'$ des équivalents dans les artères et dans les anagogues a une densité sept ou huit fois supérieure à celle $\delta-\delta'$ des catagogues, parce que les poussées de 150 et de 20 millimètres leur sont proportionnelles. C'est encore ainsi qu'est prouvée la consommation d'une quantité *q*Ë d'équivalents dans le système nerveux, surtout dans les catagogues qui, ayant une surface S inférieure à celle S + S' des anagogues, doivent contenir aussi une quantité inférieure $(q-q')$É d'équivalents, parce que la portion q'É est consommée dans les mouvements involontaires à l'état de repos.

Pour les mouvements volontaires, il y a consommation d'une autre portion q''É d'équivalents, qui n'est pas constante et qui peut varier jusqu'à certaines limites en augmentant et en diminuant; de sorte que le reste $(Q''-q'-q'')$É d'équivalents qui arrive aux veines diminue quand le travail augmente. Mais avec le travail la température s'élève aussi, et c'est ainsi qu'on prouve que les équivalents qÉ se consomment dans la production de la chaleur. Nous avons dit que Liebig a voulu considérer le travail animal comme le produit d'une machine à vapeur; mais nous prouvons ici que la chaleur, au lieu d'être consommée dans la production du travail, s'accroît avec celui-ci, et cependant, pendant le travail, les aliments se transforment plus promptement en excréments. C'est pour cette raison que l'homme et l'animal qui travaille ont besoin d'une ration supérieure à celle des gens et des animaux inoccupés. Si la dose de nourriture est la même, il y a une diminution d'accroissement du corps qui provoque une consommation supérieure d'oxygène et une multiplication de l'acide carbonique.

B. Mouvements produits par les courants électriques.

§ 667. Plusieurs physiologistes ont recueilli les résultats obtenus par l'application des courants électriques sur les différentes parties des nerfs et des muscles. Ces résultats consistent en contractions des muscles produites : 1° par des courants faibles, moyens ou forts dirigés de la partie supérieure des nerfs vers les muscles et nommés *courants descendants*, ou 2° par des courants partant du muscle vers la partie supérieure du nerf et nommés *courants ascendants*. Nobili, au lieu de varier l'intensité du courant en opérant sur les nerfs et les muscles, a opéré avec un même courant en différentes périodes après la mort de l'animal.

Par la variation de l'intensité des courants et de leur direction, on est conduit à connaître une diminution de la densité des équivalents positifs du côté du cerveau des nerfs catagogues vers le muscle; par la variation des intervalles après la mort de l'animal, on obtient les degrés de la consommation de ces équivalents des muscles et encore l'oxydation même des muscles par l'absorption de l'oxygène.

§ 668. **Résultats des directions des courants faibles.** Des deux points de contact ou des pôles, l'un est la peau ou l'extrémité extérieure du muscle, et l'autre est le nerf qui va vers ce muscle. Ces deux points se trouvent dans les fibres d'un nerf *amphiagogue* ou mixte composé de fibres anagogues et de fibres catagogues. A l'extrémité périphérique des muscles, la densité des équivalents dans les fibres anagogues est $\delta + \delta'$; elle est $\delta - \delta'$ dans les fibres catagogues ou motrices.

Un courant faible ascendant chasse les équivalents positifs des fibres catagogues vers le cerveau, et il en résulte une augmentation de densité $\delta - \delta' + \delta''$ entre le nerf et le cerveau, et une diminution $\delta - \delta' - \delta''$ entre ce nerf et le muscle. Si au contraire le courant est descendant, les équivalents électriques sont repoussés entre le nerf et l'extrémité périphérique du muscle où leur densité devient $\delta - \delta' + \delta''$, et entre le nerf et le cerveau la densité des équivalents diminue et devient $\delta - \delta' - \delta''$. Donc l'*excitabilité* du muscle indique ces densités des équivalents électriques entre le nerf et le cerveau ou entre lui et la périphérie du muscle. Ces observations ont été faites par Pflüger.

§ 669. **Résultats des courants forts.** Eckhard, en se servant d'un courant fort, entraînait les équivalents du nerf vers la partie cervicale ou vers le muscle pour faire résulter une très-grande raréfaction de l'autre côté et en même temps un empêchement d'écoulement des équivalents. Pour cette raison, dans ce cas les excitations ne produisent aucun mouvement du muscle pendant la durée du courant fort, tandis que les courants faibles comme les précédents n'empêchent pas l'effet de pareilles excitations.

§ 670. **Résultats des ruptures et des ouvertures du circuit.** Les expériences s'opèrent : 1° sur des nerfs mis à nu sans être coupés, ou 2° sur des nerfs séparés du côté de la moelle. En tous cas, pendant la durée du courant, il n'y a pas de contractions du muscle; elles n'apparaissent qu'au moment de la fermeture du circuit et à celui de son ouverture, parce qu'il n'arrive une rupture d'équilibre qu'à ces deux moments. 1° La fermeture fait pénétrer une quantité $q\ddot{E}$ d'équivalents par le pôle positif dans le nerf qui les conduit aux angles Γ des fragments des fibres musculaires qui diminuent et deviennent γ pour un moment; ensuite les équivalents $q\ddot{E}$ avancent pour pénétrer dans le pôle négatif, d'où résulte un équilibre, et ainsi les angles γ s'ouvrent pour devenir grands Γ, comme ils sont à chaque état d'équilibre. 2° L'ouverture du circuit occasionne un recul des équivalents $q\ddot{E}$ du pôle négatif par les angles Γ des fragments musculaires vers le pôle positif, et c'est ainsi que résulte une diminution momentanée des angles Γ qui occasionne une deuxième contraction si la quantité $q\ddot{E}$ est suffisante pour vaincre celle des équivalents $a\ddot{E}$ contenus déjà par les fibres musculaires.

I. *Nerfs non séparés et courant faible.* Dans ce cas, on constate directement la diminution de la densité des équivalents sur les fibres catagogues du cerveau vers la peau. On opère avec un courant faible obtenu de quelques couples bismuth et cuivre. 1° Si le courant est descendant et d'un degré α, il y a contraction. 2° S'il est ascendant, il doit être d'un degré supérieur $\alpha + \alpha'$ pour produire la contraction. 3° Dans ces deux cas la contraction s'opère au moment de la fermeture, et à celui de l'ouverture il n'y a pas contraction.

Explication. La différence α' entre les degrés α et $\alpha + \alpha'$ de l'intensité du courant descendant et du courant ascendant indique la diminution entre la densité $\delta - \delta'$ des équivalents du nerf et celle $\delta - \delta' - \beta$ de ceux de l'extrémité du même nerf. Les contractions dans les deux cas arrivent par les équivalents $\alpha\ddot{E}$ qui passent par les angles Γ. Un passage pareil a lieu en sens inverse au moment de l'ouverture, mais il s'opère en un espace occupé par des équivalents homonymes dans l'air d'où résulte une résistance, et cela empêche la production d'une contraction au moment de l'ouverture.

II. *Nerfs séparés et courant faible.* Il y a contraction, 1° à la fermeture du courant descendant, et 2° à l'ouverture du courant ascendant. Le premier de ces deux cas ne diffère pas de celui ci-dessus indiqué, mais le deuxième en diffère. Dans le courant ascendant les équivalents αË éprouvent une résistance croissante dans leurs homonymes dont la densité croît avec l'éloignement de la peau; en même temps une partie des équivalents du nerf séparé pénètre dans le circuit par le pôle négatif. Cela fait diminuer la poussée contre les angles Γ qui n'éprouvent aucune diminution au moment de la fermeture du courant ascendant. Mais au moment de son ouverture, le recul des équivalents αË s'opère promptement; ils exercent une poussée forte aux angles Γ et les font diminuer pour qu'il en résulte une contraction.

III. *Courants médiocres descendants ou ascendants.* Lorsque la quantité αË des équivalents introduits dans le nerf du muscle d'un côté ou de l'autre est suffisamment grande, il y a contraction aussi bien au moment de la fermeture qu'à celui de l'ouverture, et cela dans les courants descendants et dans les courants ascendants. Dans ce cas, il suffit que les équivalents αË produisent une diminution des angles Γ par la poussée qu'ils y exercent pendant leur écoulement dans l'un ou l'autre sens.

IV. *Courants forts descendants ou ascendants.* Dans ce cas, 1° si le courant est descendant, on obtient le même effet d'un courant fort que d'un courant faible; il y a seulement contraction dans sa fermeture, et elle manque dans son ouverture. 2° Si le courant est ascendant, il y a une contraction au moment de l'ouverture, et elle manque au moment de la fermeture. Ces effets ne diffèrent pas de ceux produits par le courant faible ci-dessus (II); on en déduit que leur arrangement dépend directement de l'inégale densité des équivalents électriques des fibres catagogues qui se terminent dans les angles Γ et produisent leur diminution d'où résultent les contractions observées. Quant aux déplacements des équivalents dans les fibres anagogues, ils ne produisent aucun effet sur les muscles; c'est pourquoi ils ne peuvent être observés.

Les excitants mécaniques ou chimiques des nerfs correspondent aux effets obtenus par les courants électriques au moment de l'ouverture ou de la fermeture du circuit; aussi n'ont-ils besoin d'aucune explication particulière. Il en est de même pour les faits obtenus par les courants perpendiculaires aux muscles qui ne produisent aucun déplacement des équivalents en avant ou en arrière sur les fibres catagogues, comme cela devient évident par le manque de contraction des muscles. On obtient le même effet quand les deux pôles se trouvent au même niveau des deux côtés d'un muscle.

C. Production du mouvement et du travail animal.

§ 671. Le mouvement ne peut provenir que d'un autre mouvement : celui-ci peut être en action ou emmagasiné; l'emmagasinage du mouvement dans les ressorts et dans les gaz est connu. On savait que dans les chronomètres le mouvement emmagasiné de la main se consomme, mais cela ne pouvait servir de point de départ pour aller plus loin et aider à comprendre qu'il doit y avoir également chez les animaux consommation d'un mouvement emmagasiné. On voyait que pour la vie animale et pour la production du mouvement les aliments se transforment en excréments sans changer de poids; on savait qu'il y a changement de l'état électrique, que les substances électronégatives perdent de leur électricité pour arriver à l'état d'excréments; on savait que dans les télégraphes une molécule d'électricité, sans être repoussée, se répand avec une grande vitesse, et cependant, bien plus par oubli que par ignorance, on s'arrêtait sans reconnaître l'existence d'une infinité de mouvements emmagasinés.

Nous prouvons ici que le mouvement animal est un mouvement emmagasiné et que les animaux sont des espèces de chronomètres construits d'une manière propre à mettre en liberté une certaine partie du mouvement qui se trouve emmagasiné dans les molécules μ d'un fluide primitif divisé dès le commencement en deux masses inégales $M + M'$ et

M, qui ont éprouvé une compression indéfinie pour occuper deux volumes égaux où se trouvèrent les molécules μ en deux densités inégales. C'est ainsi que deviennent possibles, 1° l'apparition du mouvement, et 2° le mélange des molécules denses avec les moins denses. Les fluides impondérables et les corps ne sont donc que des mélanges pareils, où se trouvent les molécules μ contenant le mouvement emmagasiné.

§ 672. **Appareil du mouvement animal.** Les filets *m'm*, *n'n* (fig. 172) des muscles ne représentent pas une ligne droite, mais ils sont composés de fragments *ac*, *cd*... très-courts, d'une longueur moyenne de $0^{mm},2$, qui forment entre eux les angles obtus $\Gamma = acd$ pour donner naissance à un muscle AB composé de filets dont chacun consiste en un grand nombre de fragments. La contraction du muscle AB s'opère par le rapprochement des fragments *ac*, *cd*, d'où résulte une diminution des angles obtus Γ qui deviennent aigus γ, ou bien cette contraction résulte de la diminution des angles Γ qui amène le rapprochement des fragments. Ce dernier cas a échappé aux physiologistes, qui ont voulu attribuer le mouvement des muscles à l'électricité. Prévost et Dumas ont constaté dans les angles Γ les extrémités des nerfs catagogues qui lient les fragments; ils ont été ainsi conduits à savoir que les équivalents propagés en quantité supérieure vers les angles Γ par le nerf les font diminuer par leur poussée expansive; de sorte que le raccourcissement du muscle AB en est la conséquence directe, sans néanmoins changer de volume. Mais les susdits physiologistes, comme tous ceux qui cherchaient à expliquer le mouvement par l'électricité, ont attribué le raccourcissement des muscles aux courants électriques qui n'existent nulle part, ce qui est même contraire à la structure anatomique indiquée.

Figure 172.

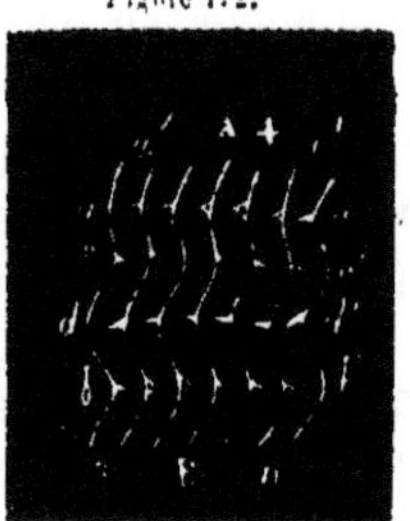

Cependant on a essayé de soutenir cette hypothèse en supposant une espèce d'anses dans les extrémités des nerfs catagogues; mais des recherches exactes ont constaté 1° que ces prétendues anses ne sont que des plexus anastomotiques, et 2° que les tubes nerveux primitifs ont leur extrémité libre et *mousse;* il y a même un tube nerveux pour chaque fragment des filets de muscles : ces tubes se croisent dans les angles Γ des fragments. Harting a trouvé dans le nerf crural 35,400 tubes nerveux primitifs; les autres nerfs moins gros en contiennent des nombres moindres. Cela sert à connaître jusqu'à quel degré augmente la surface et avec elle la quantité d'équivalents qu'elle contient ; nous démontrons ainsi une fois de plus que la surface augmente dans le système nerveux avec la diminution des dimensions et qu'il y a en même temps augmentation de la quantité QÉ d'équivalents contenus dans ce système.

§ 673. **Durée de la contraction.** En excitant le nerf d'un muscle, sa contraction résulte d'une accumulation d'équivalents électriques dans les angles Γ où sont les extrémités des tubes des catagogues. Ces accumulations ne s'opèrent pas instantanément, parce qu'elles ne sont pas le résultat d'un courant, mais bien d'une rupture d'équilibre produite dans les équivalents existants, par d'autres introduits dans le nerf, ou qui en sont éloignés, comme cela arriverait si par le milieu des tubes creux un gaz devait pénétrer par une poussée. Ainsi, après que les équivalents αÉ ont atteint un maximum de densité Δ dans les angles Γ qui, devenant petits γ, occasionnent la contraction en un espace de temps T, le muscle se ralentit pour arriver à sa longueur normale et n'a besoin pour cela que de la moitié $\frac{1}{2}$T de temps. Helmholtz a trouvé T = 0^sec.^,2. Ce fait ne pouvait trouver aucune explication, car il n'était possible de rendre compte ni du mode de production d'une contraction ni de celui du ralentissement qui en est la suite; on ne manqua pas cependant d'y constater une production de chaleur et un changement chimique de la substance du muscle.

Ce sont les plexus anastomotiques des nerfs catagogues dans les angles Γ des fragments musculaires auxquels doit arriver une quantité αÉ d'équivalents pour faire diminuer ces angles et produire une contraction; le ralentissement ne peut donc résulter que de l'éloignement de ces équivalents $\alpha\ddot{E}$, et cela s'opère par leur combinaison avec les équivalents négatifs du muscle $2\alpha\ddot{E}$; c'est ainsi qu'il en résulte : 1° la chaleur $\alpha\ddot{E}\dot{E}^2$ observée, et 2° une perte d'électricité négative dans la substance du muscle, qui se manifeste comme augmentation de la substance extractive.

Les excitations consistent toujours en déplacements d'équivalents positifs du nerf vers les muscles ou de ceux-ci vers le nerf; ces excitations s'opèrent par les métaux, les acides ou alcalis et par un courant ascendant ou descendant. La différence apparente consiste en ce que les excitants mécaniques et chimiques produisent des faits continuels, tandis que le courant électrique ne produit un fait qu'au commencement quand on forme le circuit et au moment où on l'ouvre. Ainsi les excitations mécaniques et les excitations chimiques doivent être considérées comme de fréquentes fermetures et ouvertures des circuits; de sorte que les charges des plexus anastomotiques résultent aussi bien de l'affluence des équivalents $\alpha\ddot{E}$ de la part de la substance grise que de l'éloignement des équivalents $\alpha\ddot{E}$ de la part du catagogue qui cause la pénétration de ceux $\alpha'\ddot{E}$ de la part des capillaires, comme cela a lieu dans les spasmes qui accompagnent les douleurs et apparaissent comme mouvements réflexes.

§ 674. Les effets physicochimiques produits dans les muscles par chacune de ces trois espèces d'excitation restent donc les mêmes. Sur une grenouille, Helmholtz laissa un membre dans son état naturel, et conduisit à l'autre du même poids 400 à 500 décharges d'un appareil d'induction. Le poids resta le même dans les deux membres. A l'aide de l'alcool il obtint des matières extractives 1 partie du muscle en repos et 1part,3 de celui soumis aux contractions. Il y eut également production de chaleur, mais on ne sut à quoi l'attribuer. Il est cependant bien constaté que le mouvement animal produit toujours : 1° élévation de température, 2° augmentation d'acide carbonique et d'urée; il est donc incontestable que la production du mouvement dans les muscles s'opère, 1° par l'affluence des équivalents $\alpha\ddot{E}$

dans les angles Γ pour les faire diminuer et devenir γ, et 2° par la combinaison de ces équivalents $\alpha\bar{E}$ avec $2\alpha\bar{E}$ séparés de la substance des muscles.

§ 675. L'observation donne pour la contraction une durée de $0^{sec},2$ et pour le ralentissement de $0^{sec},1$. En effet, il faut plus de temps pour produire une accumulation de $\alpha\bar{E}$ à cause de l'espace qu'ils doivent parcourir, que pour celui du ralentissement qui s'opère dans les angles γ par la combinaison des équivalents $2\alpha\bar{E}$ séparés des muscles pour passer dans les positifs $\alpha\bar{E}$. Le mouvement a donc son origine dans l'expansion des équivalents $\alpha\bar{E}$ où il est emmagasiné, et il n'y a qu'une diminution de résistance qui occasionne l'apparition de l'état normal des fragments musculaires des angles Γ. Une poussée P est exercée sur ces angles, poussée suffisante pour les faire dominer dans le but de soulever un poids π, précisément comme il en est de la poussée P qui est exercée par l'expansion des équivalents $Q\bar{E}$ venant du poumon pour faire avancer le sang.

Soit *ab* (fig. 173) une fibre musculaire qu'on fait allonger jusqu'à *c* par l'augmentation des angles Γ au moyen de la suspension du poids π. Si le passage d'un courant la fait se raccourcir pour reprendre sa longueur primitive *ab*, il est évident que la somme *ap* des poussées exercées sur chaque angle Γ des fragments musculaires est égale à la traction exercée par le poids π. Si le filet *ab* est de 5 centimètres, il doit y avoir $\frac{50}{0,1} = 500$ angles Γ, et par suite, 500 poussées *p* dont chacune correspond à $\frac{1}{500}$ de la traction du poids π. La subdivision des fibres musculaires en fragments est donc un moyen d'augmentation du mouvement qui, de l'état emmagasiné, devient libre.

Fig. 173. (a, b, π, c)

En opérant sur le muscle hyoglosse d'une grenouille, on trouve : 1° que chargé de 2 grammes et ayant une longueur de $33^{mm},8$, il a été raccourci de $25^{mm},8$ au moment du courant, ce raccourcissement résultant d'une grande diminution des angles $\gamma - \gamma'$; 2° que le même muscle chargé de 10 grammes avait une longueur de $40^{mm},4$, et qu'à cause des angles devenus γ, son raccourcissement était de $18^{mm},5$; 3° que quand il était chargé de 20 grammes, sa longueur atteignit $44^{mm},5$, que ses angles devinrent $\gamma + \gamma'$ et qu'il s'était raccourci de $1^{mm},6$; 4° que ce muscle étant chargé de 30 grammes, sa longueur était de $47^{mm},5$, que ses angles devinrent $\gamma + \gamma' + \gamma''$ et qu'il ne s'est raccourci que de $0^{mm},6$. Ainsi, comme le travail ou la quantité de mouvement est le produit du poids par le chemin parcouru dans les quatre cas mentionnés, le travail est représenté par les produits 52, 158, 32, 30. Le maximum de travail correspond donc au poids de 10 grammes; on connaît par là que du mouvement emmagasiné il n'est mis en liberté qu'une portion déterminée par la diminution de la résistance.

§ 676. **Travail de l'homme et son origine.** Le mot *force* est ici employé pour indiquer la rupture d'équilibre des équivalents électriques, et le mot *action* n'indique que l'écoulement de ces équivalents. Ces mots n'avaient aucune signification lorsqu'on ignorait que le mouvement se trouve emmagasiné et qu'il faut une diminution de résistance pour rendre son apparition possible, parce que c'est ainsi qu'arrive une rupture d'équilibre entre la poussée expansive R et la résistance R — *r*. En expliquant les inconnues par d'autres inconnues, on ne pouvait jamais être sûr de ce qui se passait en dehors, sans néanmoins que les résultats obtenus par les observations cessent d'être véritables. Après avoir constaté que le mouvement existe emmagasiné, on a pu poursuivre sa manifestation depuis les équivalents électriques jusqu'au travail produit.

Dans le calcul ci-dessus, on a constaté que la même quantité d'équivalents électriques du courant produit chaque fois un travail différent qui atteint un maximum quand le poids n'est ni très-petit ni très-grand. L'expérience a appris que l'homme produit le travail dans l'élévation successive de son propre corps sur les échelons d'une roue à chevilles. Dans un espace de temps de huit heures par jour, on en obtient le travail de 260,000 kilogrammètres, tandis qu'en tournant une manivelle il ne s'en produit que 175,000 à 200,000. Donc la poussée P exercée par l'expansion des équivalents $_2\ddot{E}$ ou par leur mouvement emmagasiné suffit pour élever 1 kilogramme à une hauteur de 260,000 mètres ou le poids de l'homme de 63 kilogrammes à une hauteur de 4,000 mètres, comme cela a lieu quand on monte les versants des montagnes.

La poussée du sang artériel a été trouvée de 2 mètres; sa quantité est évaluée à 5 kilogrammes et elle termine une révolution en 23 secondes. Il s'effectue un travail supérieur quand on y introduit la résistance exercée par les parois des vaisseaux et des capillaires. Il faut ensuite y comprendre : 1° le travail exercé par le cœur pour intercepter l'impétuosité de la poussée et régler les portions qui doivent pénétrer dans le poumon en quantité égale à celle des portions qui s'en éloignent, et 2° celui du thorax et tous les mouvements involontaires. L'ensemble de ce travail ne provient donc que du mouvement emmagasiné ; sa production exige en vingt-quatre heures une ration de nourriture dont le poids n'est pas utilisé et qui reste le même ; mais les équivalents électriques négatifs Q$\ddot{E}$ s'en séparent. C'est ainsi que nous sommes parvenus à mesurer le travail par les équivalents électriques là où le mouvement observé est contenu emmagasiné ; donc le mouvement se mesure par le mouvement.

§ 677. **Travail des animaux.** Les animaux employés à travailler sont tous mammifères et peu nombreux. Ce qui les distingue des autres, c'est : 1° qu'ils ne produisent pas des masses de laine; 2° qu'ils sont herbivores. Toutes ces espèces ont donc été produites quand les continents existaient déjà. Sous ce rapport, le *cheval* se distingue des autres animaux employés au travail : 1° par l'absence des cornes qui existent chez le bœuf et le buffle ; 2° par sa taille supérieure à celle de l'âne; 3° par l'absence de laine qui croît chez le chameau, et 4° par l'épaisseur de la peau, qui n'est pas grande comme celle de l'éléphant.

La laine, les cornes, la peau, les poils ne sont que des résidus de carbone et de mucus, qui sont séparés des aliments sans être utilisés à la production du mouvement et de la chaleur. Donc la supériorité de travail produit par le cheval n'est due qu'à ce que la perte de carbone 1° dans la corne des pieds et 2° dans les dépôts de graisse est minime. Le mouton à cause de sa laine, le porc à cause de sa graisse, ne peuvent produire aucun travail utile ; le seul profit qu'on retire de ces animaux se borne donc, quand on les a suffisamment engraissés, à les faire servir à la nourriture de l'homme.

V. — DE LA NUTRITION DES ANIMAUX ET DES PLANTES.

§ 678. Le mot *nutrition* peut s'envisager sous différents points de vue, selon qu'il s'applique aux animaux ou aux plantes : dans ces dernières, il n'y a pas de mouvement, tandis que chez les animaux il peut diminuer ou augmenter beaucoup. Chez les plantes, la substance végétale se conserve pour le cas où l'eau diminue ou même manque entièrement pendant plusieurs mois, parce qu'il y a absence de mouvement; celui-ci peut diminuer chez les animaux hibernants et arriver au minimum, parce que la respiration et la circulation deviennent à peine sensibles; néanmoins il n'y a jamais interruption totale tant qu'ils conservent un reste de vie. Telle est la cause d'un consommation constante de carbone et d'azote sous forme d'acide carbonique et d'urée qui résultent de l'oxygène obtenu par la respiration. La production de chaleur diminue avec le mouvement et le poids par le manque de nourriture.

Une marmotte, dont le poids est supposé 1000, du jour du commencement de l'hibernation, après 6, 44, 160 jours, avait perdu 34, 83, 354 parties de son poids $p = 1000$. Cette perte se fit sentir sur la graisse, les muscles, le foie et les globules du sang; le poids du cerveau et des nerfs parut avoir un peu augmenté. Les arbres hibernent aussi; cependant après la chute des feuilles ils ne perdent point de leur substance, parce que chez eux il n'y a aucune production de mouvement. La différence entre la vie des plantes et celle des animaux consiste en ce que chez les plantes le mouvement manque totalement, tandis qu'il existe toujours chez les animaux à sang chaud et qu'il peut augmenter ou diminuer. Si l'on fournit aux animaux une nourriture abondante et qu'on supprime leur mouvement volontaire, on est conduit aux résultats dus au genre de nourriture : 1° Si un animal est nourri avec de la fécule, son poids croît par le dépôt de la graisse. 2° Si l'on nourrit avec la viande maigre ou avec la viande grasse un animal qui reste immobile, il devient malade. 3° Si l'on nourrit de viande un homme qui travaille, le dépôt de graisse fait augmenter d'un tiers sa masse musculaire. Nous donnons ici le rapport entre la circulation et la nutrition chez les plantes et chez les animaux en captivité ; les uns et les autres reçoivent une nourriture abondante : celle des plantes se compose d'eau et de chaleur lumineuse, et celle des animaux partie d'eau, partie de fécule.

A. COMPARAISON ENTRE LA CIRCULATION ET LA NUTRITION DES ANIMAUX ET DES PLANTES.

§ 679. Au fond, ces deux fonctions s'opèrent suivant le même principe chez les animaux et chez les plantes, dans les cas où les animaux restent immobiles comme les plantes et sont nourris exclusivement de substances végétales. Quand on a ainsi supprimé le mouvement volontaire, il ne reste que le mouvement involontaire : alors il y a pour excédant la substance qui serait employée pour soutenir le mouvement volontaire de l'animal.

§ 680. **Nourriture des plantes et des animaux.** Pour la vie des plantes, qui consiste en un accroissement obtenu par le dépôt de la substance végétale, il ne faut que de l'eau et de la chaleur lumineuse. Pour la vie animale, qui consiste également en accroissement de la substance animale, et encore en mouvements volontaires et involontaires, il ne faut que de l'eau et des substances végétales. Les plantes obtiennent l'eau de l'atmosphère et la chaleur lumineuse du Soleil ; les animaux obtiennent également l'eau de l'atmosphère ou des sources et la substance végétale des plantes.

§ 681. **Circulation dans les plantes et dans les animaux.** Il a été constaté que le battement du cœur n'est pas la cause de la circulation, comme on le croyait, mais qu'elle est un effet de la poussée P qui résulte de l'expansion des équivalents électriques QË dans lesquels se trouve le mouvement emmagasiné. Ces mêmes équivalents et leur mouvement emmagasiné soutiennent la poussée P qui cause le déplacement, 1° de l'eau du sol par les racines vers la surface des plantes pour être exposée à la lumière, et 2° du suc de la surface vers l'intérieur de la plante.

Chez les animaux, c'est de l'air froid que part l'expansion des équivalents QË produisant la poussée P au sang; chez les plantes, c'est du sol froid que part l'expansion des équivalents QË qui exerce une poussée P aux molécules de l'eau qui se propagent suivant la surface des fibres. Chez les animaux le sang est contenu dans les vaisseaux, et les équivalents électriques se propageant par les vaisseaux entraînent le sang; arrivés aux capillaires, la portion Q'Ë se propage des équivalents par la surface des nerfs, comme cela s'opère dans les plantes par la surface de leurs fibres.

Dans les pays froids, il y a pour les plantes une hibernation analogue à celle de certaines espèces animales; cet état a pour cause le changement du sens de la direction de la propagation des équivalents QË qui partent en hiver de la surface des arbres et de l'air froid pour se répandre sur le sol qui est alors moins froid. L'eau des rameaux, des branches et du tronc est entraînée vers les veines, où se déposent des gouttes de suc dont l'eau s'éloigne. Il reste les cellules qui font augmenter le volume des racines; mais il ne s'y produit pas d'autre suc à cause du manque de lumière.

Au printemps et à l'été, l'air est chaud pendant le jour et le sol l'est moins; les équivalents électriques QË font remonter l'eau à la surface des plantes où la chaleur lumineuse fait déplacer les éléments des atomes de l'eau pour laisser apparaître la *chlorophylle*. Une moitié d'oxygène se sépare de celle-ci; l'autre, mêlée avec l'eau, est le suc ou le chyle végétal. C'est pendant la nuit que l'air se refroidit et la surface des feuilles aussi : alors ce sont les équivalents QË qui se propagent vers l'intérieur encore chaud de la plante. Les gouttelettes de chyle ainsi entraînées avancent au-dessous de l'écorce autant qu'elles peuvent vaincre la résistance, et enfin elles s'arrêtent. Leur eau en est éloignée par l'électricité, et les cellules microscopiques fermées restent pour constituer la substance végétale.

Les aliments ne sont pas introduits immédiatement dans les vaisseaux des animaux comme l'eau s'infiltre dans ceux des plantes; ils sont d'abord soumis à la digestion, pour en faire évacuer les éléments impropres à la formation de la nourriture. Du chyle qui pénètre dans le sang, une portion x se consomme pour soutenir le mouvement involontaire; l'autre portion x' qui serait employée pour le mouvement volontaire ne se dépose pas comme telle à l'état de fécule $= 24a$CHO. Des équivalents Q'Ë qui parcourent le système nerveux, une portion aË destinée au mouvement volontaire qui est intercepté se combine avec les atomes d'oxygène $24a$O qui se combinent avec les $12a$C atomes de carbone pour faire apparaître les atomes $12aCO^2$ d'acide carbonique. Les atomes d'hydrogène $12a$H se combinent avec l'oxygène du sang et produisent des atomes d'eau $12a$HO. Les atomes $12a$CH entraînés sous forme de gouttelettes microscopiques se déposent du côté de la surface intérieure de la peau. Ces atomes n'arrivent à posséder la qualité de la graisse que par leur combinaison avec les 24_2Ë équivalents négatifs qui seraient combinés avec les $12a$Ë équivalents positifs pour produire les atomes $12a$ËË^2 de chaleur. Les physiologistes indiquent ces équivalents $24a$Ë négatifs par le mot *thermogène* (θέρμη, chaleur; γεννάν, produire); cependant ils ne peuvent expliquer le mode de production du mouvement et de la chaleur, et peuvent encore moins se rendre compte de la transformation de la fécule en graisse par les deux éléments de la chaleur dont un seul a été nommé *thermogène*.

§ 682. **Nutrition des plantes et des animaux**. Ici le mot *nutrition* n'indique que le mode de déposition des gouttelettes du suc végétal ou de la graisse au-dessous de l'écorce ou au-dessous de la peau. Après la séparation d'une moitié des atomes d'oxygène $12a$O des atomes d'eau $24a$HO du reste $12aOH^2$ et des atomes de lumière $12a$Ë^{2}Ë, la substance végétale contenue dans le suc est produite :

de là s'opèrent la nutrition des plantes et leur croissance.

Pour obtenir le même effet chez les animaux, il faut, après avoir intercepté le mouvement chez eux, leur fournir une nourriture contenant de la fécule, comme le maïs; alors des éléments de la chaleur supprimée $12a\ddot{E}\ddot{E}^2$, les positifs passent dans l'oxygène et les négatifs $12a\ddot{E}^2$ se combinent avec le carbone hydrogéné $C^{12}H^{12}\ddot{E}^{24}$ pour former la graisse dans les capillaires de la peau. Cette graisse en est repoussée et elle se dépose en gouttelettes microscopiques dans la surface intérieure de la peau. Une autre portion de fécule quatre ou cinq fois plus grande est consommée pour soutenir le mouvement involontaire où il se produit une quantité de chaleur. En employant comme nourriture 7 à 8 kilogrammes de maïs, il se produit 1 kilogramme de graisse dans les oies ou dans les porcs. Si l'on nourrit un porc deux mois avec des glands et deux autres mois avec du maïs, on obtient deux couches de graisse : la couche inférieure due aux glands est molle et rude; la couche supérieure, au contraire, est dure et douce. Cette particularité est bien connue dans le commerce en Orient où il y a beaucoup de forêts.

§ 683. **Différence entre la nourriture avec les substances végétales et avec les substances animales.** Dans les régions polaires, il y a des peuplades qui se nourrissent exclusivement de poisson, d'autres qui vivent du gibier qu'ils attrapent à la chasse, d'autres enfin qui s'abstiennent pendant toute leur vie de nourriture animale; il y a même dans l'Amérique du Sud des sauvages qui pendant plusieurs mois n'ont d'autre nourriture qu'une espèce de terre contenant de l'oxyde de fer. Les animaux employés au travail sont tous herbivores. L'homme et le chien, qui travaillent aussi, font exception, parce qu'il n'y a pas chez eux dépôts de graisse, comme chez le porc, et consommation du carbone et du mucus comme chez les moutons et les oiseaux. Tout se réduit à une consommation de substances combustibles pour la production du travail; cependant devront toujours être soumises à la digestion pour opérer le partage les parties d'aliments qui peuvent être utilisées, 1° pour la formation des organes composés de la fibrine, et 2° pour la production du mouvement.

Nous avons dit comment la fécule produit la graisse quand le mouvement est intercepté. Un chien ne peut pas vivre de viande maigre, il maigrirait et ne reviendrait à son état primitif que quand on commencerait à mêler une portion de graisse avec la viande maigre. Cela prouve suffisamment qu'il ne faut pas prendre la quantité d'azote comme base de l'alimentation, parce que les champignons, l'urée et la viande maigre en contiennent la plus grande quantité, et que pourtant ces substances ne sont pas une nourriture suffisante. On obtient de leur combustion un minimum de chaleur, parce qu'ils n'ont que peu de thermogène ou équivalents négatifs, tandis que dans l'albumine qui est comparable à la fécule, il y en a une quantité supérieure. Quant au sucre, c'est une faible nourriture, car il contient peu de thermogène. En effet, la fécule doit en perdre une portion pour se transformer en sucre, et elle doit changer son oxygène 12*a*O contre une quantité double de thermogène 24*a*Ē pour devenir graisse.

Pendant l'incubation, l'albumine perd son thermogène en recevant l'oxygène; il en résulte des mélanges différents qui se déposent en s'arrangeant pour faire apparaître les organes du nouvel individu. L'origine de l'albumine est dans la fécule qui entre dans la nourriture des granivores ou dans le mélange de la fibrine avec la graisse dont se compose la nourriture des oiseaux carnassiers. De même que le sucre seul, la viande maigre possède trop peu de thermogène pour soutenir les mouvements des mammifères et des oiseaux, mais ces deux substances suffisent pour le mouvement des insectes.

§ 684. **Mode de production de l'urée et de l'acide carbonique.** Quand le poids de l'homme ou de l'animal ne change pas, le mot *nutrition* n'a plus d'analogie avec celle des plantes; il y a seulement séparation et éloignement du thermogène des aliments qui, sans changer de poids, se réduisent en acide carbonique et en urée. 1° Il y a plus d'acide carbonique dans les veines que dans les artères; ce changement s'opère dans les capillaires. 2° Il y a plus d'urée dans les artères rénales que dans les veines rénales; ce changement s'opère dans les reins. Cependant ce n'est que vers les artères rénales que l'urée se dirige de préférence de la part du cœur; de sorte que c'est dans les capillaires que l'acide carbonique et l'urée sont introduits. Comme leur quantité augmente avec le travail, il en résulte que le mouvement n'est soutenu que par la consommation du thermogène des aliments. Nous avons fait un pas de plus en démontrant le mécanisme de la communication du mouvement emmagasiné des équivalents $a\dot{E}$ positifs affluant par les nerfs aux angles Γ des fragments des filets musculaires, où ils se combinent avec leur thermogène $a\ddot{E}$ de la fibrine et avec celui $a\ddot{E}$ des aliments du sang des capillaires pour produire : 1° la chaleur $a\dot{E}\ddot{E}^2$, 2° l'urée qui pénètre des fibres musculaires dans les capillaires pour céder sa place à une autre fibrine qui s'éloigne du sang des capillaires.

Ces déplacements ne s'opèrent pas fortuitement, mais toujours suivant la loi électrostatique, parce qu'il y a équilibre aux angles Γ des muscles entre les deux poussées qui résultent de la division de la poussée P exercée dans le sang artériel par les équivalents électriques $Q\dot{E}$, dont une partie $Q\dot{E}$ parcourt le circuit composé des capillaires, et l'autre celui composé des nerfs anagogues, de la substance grise, de la substance blanche et des nerfs catagogues. Il y a donc rupture d'équilibre au moment où l'affluence des équivalents $a\dot{E}$ aux angles Γ fait diminuer ces angles pour l'apparition d'une contraction produite par leur expansion à cause du mouvement emmagasiné. Le thermogène $a\ddot{E}$ se sépare de la fibrine qui, devenue urée, est repoussée dans les capillaires, et l'autre en est repoussée vers le muscle; une quantité égale de thermogène $a\ddot{E}$ se sépare de la graisse du sang, qui se combine avec l'oxygène pour former l'eau et l'acide carbonique. La chaleur produite est $a\dot{E}\ddot{E}^2$, qui ne peut manquer de la production du mouvement et de la formation simultanée d'urée, d'acide carbonique et d'eau.

Dans les cas où l'on se nourrit de sucre où manquent les

éléments de la fibrine, et où il n'y a que peu de thermogène alors le thermogène $(a+\alpha)\bar{E}$ se sépare de la graisse, et $(a-\alpha)\bar{E}$ des muscles ; de sorte que la chaleur $a\bar{E}\bar{E}^2$ reste la même, que l'urée diminue et que l'acide carbonique et l'eau augmentent. Comme la fécule, le sucre se transforme d'abord en graisse et celle-ci devient le dernier produit après avoir été chargée de thermogène à la place de l'oxygène éloigné de la fécule et du sucre. Si donc il y a un excédant de graisse après une nourriture abondante et peu de mouvement, cette graisse reste déposée et emmagasinée pour servir dans une occasion où il y aura manque de nourriture et nécessité de mouvement. Sans aller chercher bien loin la preuve de notre assertion, nous ne rencontrons pas un seul soldat ayant un gros ventre, tandis que parmi les généraux l'obésité est très-fréquente.

Après que le thermogène $2a\bar{E}$ a été ainsi réduit à l'état de graisse, il se transforme en chaleur en se combinant avec les équivalents positifs $a\dot{E}$ de l'oxygène d'où résultent la combustion, l'eau et l'acide carbonique. Dans l'urée, il suffit de remplacer l'atome d'azote par trois atomes d'oxygène, et l'on obtient la forme de l'eau et de l'acide carbonique, de même, quand un atome d'oxygène s'est séparé d'un atome d'acide azotique, le reste correspond à un atome d'hydrogène qui résulte d'un atome d'eau après la séparation d'un atome d'oxygène. Nous entrerons dans de plus grands détails à ce sujet dans la Chimie, au moyen de laquelle les choses sont beaucoup plus simplifiées. En séparant 3 atomes d'hydrogène d'un atome d'ammoniaque ou de 3 atomes d'eau, il reste d'un côté 1 atome d'azote qui peut remplacer les 3 atomes d'oxygène qui restent après la séparation des 3 atomes d'hydrogène.

§ 685. **Rôle du sel dans la nutrition.** Si un lot de bestiaux augmente en moyenne en une année de 6 kilogrammes par 100 kilogrammes de foin consommé sans sel, un autre lot soumis au même régime du foin salé augmente dans le même temps de 7 kilogrammes par 100 kilogrammes de foin. En admettant des bestiaux d'un âge avancé, l'excédant du poids consiste en graisse, et il en résulte que la présence du sel favorise la transformation de la fécule en graisse, transformation opérée par l'éloignement des atomes d'oxygène de la fécule qui sera remplacée par le thermogène. De 3 atomes de fécule $3C^{24}H^{24}O^{24}$ résultent : 1° 2 atomes de graisse $C^{24}H^{24}\bar{E}^{48}$ possédant une double quantité de thermogène et 24 atomes d'eau et d'acide carbonique. Dans cette électrolyse de la fécule, le sel agit comme dans l'électrolyse de l'eau; il ne fait que faciliter la propagation des équivalents électriques dans le sang. Pour cette raison, il y a une limite qui met des bornes à l'augmentation indéfinie du poids et de la graisse avec les portions de sel.

B. Inanition et alimentation insuffisantes.

§ 686. La consommation de la graisse ne s'opère que pour les mouvements, et cela a lieu non-seulement pour les mouvements volontaires et les mouvements involontaires, mais aussi pour ceux des organes des sens; un individu oisif consomme plus de graisse et produit plus d'acide carbonique quand il veille que quand il dort : on crève les yeux d'une oie et on lui attache les pattes sur une planche pour la faire engraisser davantage en moins de temps. C'est cet état d'inactivité qu'obtiennent les animaux hibernants; si chez eux la température du sang baisse, elle reste cependant toujours supérieure à celle de l'air, car elle n'arrive jamais à zéro. La quantité de chaleur consommée pendant un sommeil de trois ou quatre mois surpasse de beaucoup celle qui serait produite par la combustion de la graisse qui disparaît des dépôts et des muscles. Nous avons prouvé que cette chaleur résulte du thermogène ou des équivalents négatifs $Q\bar{E}$ qui passent aux atomes stationnaires $Q\bar{E}^2\bar{E}$ de lumière dont se séparent les équivalents positifs $Q\bar{E}$.

La tortue peut vivre sans nourriture quinze fois plus de temps qu'un chien, mais si on l'agite, elle succombe à la moitié de cette période. Les individus jeunes qui consomment plus de chaleur succombent plus vite que les gens âgés; les gens maigres résistent moins que les gens gras. La perte de poids π est plus grande chez les individus gras que chez les maigres. Ce poids consiste en graisse qui se trouvait en dépôt; un tiers du poids des muscles disparaît aussi. C'est cette partie qui devient urée ou acide carbonique dans lequel les 6 atomes d'oxygène sont remplacés par un double atome d'azote; de sorte que de la graisse C^4H^4 et de l'oxygène 2O ou de 12Az+6O résultent C^2O^4 avec $C^2O^4 + 4HO$ ou $C^2Az^2O^2H^4$ qui est l'urée.

Il se perd les $\frac{2}{5}$ du foie, le $\frac{1}{8}$ du squelette et les $\frac{2}{3}$ des globules du sang. Pour donner une idée de la petitesse de ces derniers, il suffira de dire qu'on trouve 7,748,000 globules dans un millimètre cube de sang avant le commencement de l'hibernation d'une marmotte. A compter du 22 novembre jusqu'au 5 janvier, le nombre des globules a été réduit à 5,100,000, et un mois après, le 4 février, 1 millimètre cube n'en contenait plus que 2,333,000. Tout le poids disparu et le thermogène consommé des parties qui sont restées ont été employés à la production d'une partie de chaleur consommée; mais la majeure partie de celle-ci a été restituée par celle qui résulte de la chaleur pectorale produite continuellement par la combinaison de l'oxygène de l'air froid inspiré avec l'azote de l'air chaud qui reste dans le poumon. Sans cette chaleur pectorale, en calculant celle qui résulterait de la graisse, on trouve qu'elle ne suffirait pas même pour un seul jour.

§ 687. **Différence entre l'état de veille et l'état de sommeil.** Pendant la veille, le mouvement volontaire est interrompu comme pendant le sommeil, mais il n'en est pas de même des mouvements des organes des sens qui persistent pendant la veille et sont interrompus pendant le sommeil. C'est de cette interruption des mouvements que résulte une restitution d'équilibre entre les équivalents électriques de tous les détails du système nerveux. La mort est le résultat inévitable d'une longue insomnie aussi bien que de l'inanition. La foudre, qui ne produit chez l'homme qu'un effet électrique, l'a quelquefois frappé d'insomnie; d'où l'on peut conclure que le sommeil est amené par la rupture de l'équilibre électrique, lequel équilibre se rétablit dans l'espace de quelques heures. L'insomnie est l'effet d'une trop grande agitation dans certaines directions qui empêchent les équivalents électriques de se propager pour rétablir l'équilibre.

La consommation de graisse diminue pendant le sommeil, et la température du sang baisse de plus de 1°; de sorte que la trop longue durée du sommeil prolonge cet abaissement de température qu'on observe chez les animaux hibernants. On peut même attribuer l'hibernation à cet abaissement de température qui croît quand la température de l'air baisse et qui devient plus grand encore quand le dépôt de la graisse est moins considérable.

§ 688. **Alimentation insuffisante.** Le poids normal du corps ne varie que par la quantité de la graisse; cependant celle-ci n'augmente pas par une nourriture où se trouve une portion supérieure de graisse, car alors l'excédant s'éloigne avec les excréments, et celle qui pénètre dans le sang est consommée pour la production de la chaleur chimique et de la chaleur vitale. Pour produire 1 kilogrammètre de travail, il ne faut pas consommer, mais il faut produire une quantité θ de chaleur en consommant la quantité αE de thermogène contenu dans la quantité g de graisse. Si la fécule ou l'albumine est introduite avec la graisse, il s'en éloigne une partie sous forme d'acide carbonique, et il reste l'hydrate de carbone avec lequel se combine le thermogène qui en résulte. C'est ainsi qu'est produite la graisse qui se dépose des capillaires de la peau dans sa surface intérieure. Rumel, habitué à une nourriture mixte, a perdu $2^k,8$ de son poids, c'est-à-dire de sa graisse, dans l'espace de dix jours, en se nourrissant exclusivement de substances végétales. Tout le monde sait que beaucoup de religieux catholiques et grecs s'abstiennent de substances animales pendant le carême, dont la durée est de quarante à cinquante jours, et pourtant ils ne paraissent pas avoir perdu $2^k,8$ de poids tous les dix jours.

L'effet est peu différent quand on raréfie les repas et qu'on augmente les doses; mais si la ration normale est réduite au point d'être insuffisante même pour celui qui n'est assujetti à aucun travail, et si l'on prolonge le sommeil, la mort est alors inévitable comme elle l'est pour l'inanition. En pareil cas il n'y a qu'une maladie nerveuse qui puisse rendre très-longtemps inutile la ration normale, laquelle peut être réduite à un minimum insignifiant. Les individus plongés dans le sommeil magnétique ne sentent pas l'envie de prendre des aliments sans néanmoins que leur santé paraisse en souffrir. On a fait des observations de ce genre pendant quelques heures en commençant à l'heure du repas; on ne sait pas combien de jours l'homme peut rester dans cet état sans rien prendre. Dans le cas de léthargie, il vit pendant plusieurs mois sans prendre aucune nourriture.

Le mouvement qui se manifeste pendant la vie animale n'est pas produit du néant, mais il se trouve emmagasiné dans les équivalents électriques QË qui ne se séparent des atomes stationnaires de lumière que lorsque les équivalents négatifs QË, se séparant des aliments ou de la graisse, pénètrent dans ces atomes de lumière pour les transformer en atomes de chaleur. Pour cette raison, le mouvement animal se maintient tant qu'il y a du thermogène disponible dans les aliments ou dans le sang.

VI. — DES TROIS SOURCES DE CHALEUR CHEZ LES ANIMAUX A SANG CHAUD

§ 689. I. **Chaleur chimique.** Nous avons relaté avec tous ses détails le mode de production du mouvement et de la chaleur par la consommation de la graisse et de l'oxygène; il nous reste à prouver : 1° comment l'éloignement de la chaleur par l'air expiré, par l'air en contact avec le corps et par les aliments froids introduits dans l'estomac produit une élévation de température au lieu de froid, et 2° comment chez quelques animaux le sang conserve une température constante, tandis que chez d'autres elle dépend de celle de l'air ambiant. Les physiologistes ont reconnu dans les aliments l'existence d'un fluide thermogène qui donne naissance à la chaleur en se combinant avec un autre fluide contenu dans l'oxygène. Ici nous prouvons que le fluide thermogène équivaut aux équivalents négatifs 2QĒ soutenus par les éléments matériels des aliments et que le fluide QĒ soutenu par l'oxygène matériel forme ses équivalents positifs. Par la séparation des parties matérielles de ces équivalents qui se combinent, il ne s'opère aucun changement aux poids π, π' des aliments et de l'oxygène, qui se transforment en acide carbonique et en urée; dans ce cas, les équivalents électriques produisent la *chaleur chimique* QĒĒ², ainsi nommée pour distinguer ce mode de production de chaleur des deux autres, dont l'une est nommée *chaleur vitale* et l'autre *chaleur pectorale*.

Excepté chez les animaux à sang chaud, la température de tous les autres dépend de celle de l'air : ils sont chauds en été et froids en hiver. Les mammifères seuls et les oiseaux se soutiennent à une température constante indépendante de celle de l'air. Les observations faites aux températures entre 15° et 20° conduisent à connaître une certaine augmentation de consommation d'aliments produite par l'abaissement de température. Pour la chaleur chimique Θ, on a constaté qu'elle se consomme dans la production du mouvement involontaire, le mouvement volontaire ayant été intercepté. S'il y a un abaissement médiocre de température, il faut un supplément du thermogène Q'Ē qui s'obtient par un excédant d'aliments.

§ 690. II. **Chaleur vitale.** Une électricité neutre, admise par les physiciens, n'existe nulle part, mais il y a des atomes de lumière stationnaire comme il y en a de chaleur. Ce sont donc ces atomes de lumière Q'Ē²Ē qui occasionnent l'échange de Q'Ē équivalents positifs qui pénètrent dans le sang contre une égale quantité d'équivalents négatifs Q'Ē du sang. C'est ainsi que le sang ou les aliments perdent le thermogène Q'Ē pour produire la chaleur Q'ĒĒ² éloignée sans que le sang éprouve pour cela un abaissement de température. Il ne suffit pas que les équivalents positifs Q'Ē ainsi introduits produisent une série de faits indispensables pour la vie animale; ce sont eux qui soutiennent la circulation et la fonction du système nerveux, comme nous l'avons déjà prouvé d'une manière très-détaillée.

§ 691. **Rapports entre la chaleur animale calculée et la chaleur observée.** Dans l'observation de la chaleur chimique Θ, il n'est pas question de la chaleur vitale Θ' ni des excrétions du mucus et du carbone qui se déposent sur la peau comme poils, ongles, épiderme, cornes, plumage. En indiquant par 2QË le thermogène des aliments par leur combustion on obtient les calories indiquées par $\frac{1}{2}$QËË² quand on admet le carbone et l'hydrogène isolés, tandis que ces éléments contenus dans l'urée ne produisent aucune chaleur; de sorte que dans le calcul on introduit trop de calories. D'autre part, les observations se font à une température élevée quand il y a une médiocre consommation de chaleur. Tout cela se faisait pour obtenir des résultats conformes entre la chaleur calculée et la chaleur observée, parce qu'on ne connaissait pas le mode de production de la chaleur vitale, d'où il résulte du thermogène QË une égale quantité de calorie $\frac{1}{2}$QËË².

C'est donc cette chaleur vitale $\Theta' = (Q \pm q)$ËË² qui varie avec la température au-dessus de 10° et qui est nulle à une température de 37°. Quand pendant le jour la température s'élève quelques heures à ce degré, l'homme et les animaux restent en repos et produisent de la sueur qui, en se vaporisant, empêche la pénétration de la chaleur dans le sang. Cet état anormal ne se fait sentir que pendant quelques heures d'un jour d'été en certains pays. L'état normal de la vie animale dépend d'une température d'air T au-dessous de celle du sang T'; la différence $\mathbf{t} = T' - T$ est constante pour les animaux à sang froid et elle varie beaucoup pour les animaux à sang chaud, où la température T' se soutient à chaque variation de l'air.

Dans les cas où la différence $\mathbf{t} = T' - T$ est médiocre, c'est par la chaleur vitale $\Theta' = (Q \pm q)$ËË² que la température T' du sang reste constante; mais dans le cas où la différence **t** augmente beaucoup en hiver, cette chaleur vitale n'est plus suffisante, et alors se produit la *chaleur pectorale* dont la quantité croît avec l'abaissement de la température de l'air. La chaleur chimique et la chaleur vitale dépendent du thermogène 3QË contenu dans les aliments; c'est pourquoi elles ne varient que suivant la quantité $2q\bar{E}E^2$ de chaleur qui manque en été. Il s'ensuit alors que les dépôts cutanés s'opèrent, tandis qu'en hiver ces dépôts diminuent beaucoup.

La laine, les poils, les cornes, les plumes croissent très-peu pendant le froid, car à ce moment tout le carbone est consommé pour la chaleur chimique et pour la chaleur vitale. Toutefois, malgré l'augmentation de l'appétit, les animaux ou les soldats ne succombent pas si leur ration d'hiver reste la même que celle de l'été.

Pendant l'hibernation, la température du sang baisse avec la diminution du thermogène contenu dans la graisse déposée séparément et dans celle contenue dans les muscles, parce que, à cause de cet abaissement de température et de la diminution de la quantité d'air respiré, il y a diminution de la différence **t** entre la température T' de l'air chaud dans le poumon et de l'air froid inspiré. Pour cette raison la production de la chaleur pectorale diminue, et il se manifeste un état approchant de celui des animaux à sang froid.

§ 692. III. **Chaleur pectorale des animaux à sang chaud.** Si tous les animaux avaient le sang froid, personne n'aurait cru à la possibilité de l'existence des animaux à sang d'une température indépendante de celle de l'air. Nos lecteurs seront surpris des efforts qu'ont faits les naturalistes pour s'abuser eux-mêmes et pour tromper les autres, quand ils ont prétendu avoir trouvé dans les aliments la source de la chaleur consommée par les animaux, et cela, bien qu'une longue série de faits leur démontrât le contraire. Dans tous les corps, le froid produit un abaissement de température par l'éloignement de la chaleur; chez l'homme et les animaux, l'éloignement de la chaleur donne lieu à une élévation de température.

Un thermomètre placé sous l'aisselle s'élève de quelques dixièmes de degré quand l'homme reste exposé nu à une température de 10° à 15°, ou quand il prend un bain froid, ou quand il reçoit une douche de 15° à 20°. Un chien plongé dans l'eau à la température ordinaire et resté à l'air pour laisser évaporer l'eau par la consommation d'une quantité de chaleur, arrive à une température supérieure qui est marquée par le thermomètre placé dans le rectum. Si, pour supprimer l'évaporation et la consommation de la chaleur, on introduit le chien dans un sac de caoutchouc, le thermomètre revient à son état normal, mais il s'élève de nouveau quand le sac est retiré pour laisser la chaleur se consommer.

Les capitaines Ross, Parry, Franklin, Back et tous ceux qui ont fait le voyage aux régions polaires ont vécu des mois entiers dans une température de — 30° qui baissait à — 48°, à — 49°, à — 56°. Les Esquimaux habitent ces pays froids sans jamais se chauffer; les animaux herbivores nourris de lichen vivent en plein air sans trouver en hiver un pâturage plus abondant qu'en été. Toutes les eaux étant gelées, ni les hommes ni les animaux ne boivent. Il est une chose bien connue en Russie, en Moldavie et à Dobroutcha, c'est que les moutons hibernent en plein air en ne recevant que leurs rations habituelles et qu'ils ne boivent que quand le dégel commence.

§ 693. **Appareil de production de la chaleur pectorale.** Dans le poumon, les physiologistes n'admettaient qu'un organe d'échange des gaz oxygène et acide carbonique, échange qui s'opère aussi par la peau; de sorte qu'au fond le poumon et la peau ne sont que les parties intégrantes d'une même fonction. Cela a lieu en effet pour les animaux à sang froid, dont le poumon diffère de celui des oiseaux et des mammifères en ce que l'air qui y est contenu doit s'éloigner pour en laisser pénétrer un autre d'une température qui ne diffère que de 1° à 5° de celle du sang.

Chez les animaux à sang chaud, il se trouve dans le poumon une quantité emmagasinée d'air chaud sept ou huit fois plus grande que celle de l'air inspiré; chez les mammifères, cet emmagasinage s'opère dans les cellules ou dans les plis de la membrane pulmonaire, et chez les oiseaux dans les cavités des os. Le cœur diffère aussi chez les animaux à sang chaud en ce que, les deux ventricules étant séparés, tout le sang, en passant par le poumon, maintient l'air emmagasiné à une température qui ne fait pas baisser par celle de l'air froid inspiré. Chez les animaux à sang froid, où manque l'air emmagasiné, un mélange de sang artificiel et de sang veineux pénètre par le poumon pour y éprouver un échange de gaz, comme cela a lieu aussi à la surface de la peau.

Pour la conservation d'une température constante, l'appareil du sang consiste donc dans l'emmaginage d'une quantité d'air chaud qui doit être d'autant plus grande que le pays est plus froid. Il s'ensuit que, pour habiter un pays où les hivers sont très-froids, il faut avoir un appareil propre à engendrer la chaleur pectorale, c'est-à-dire une poitrine large contenant un poumon volumineux. Nous avons dit que l'air inspiré a étant à zéro se mêle avec l'air chaud $7a$ à 37°, et ainsi l'air a expiré est à 31°; cependant il n'y a pas pour cela abaissement de la température de l'air $7a$ qui reste, ni de celle du sang qui passe par le poumon. Aussi, pour que la température du sang reste constante dans toutes les températures basses de l'air inspiré, il faut qu'une compensation réciproque s'opère par une production de chaleur croissante avec l'abaissement de la température.

§ 694. **Mode de transformation de l'air en eau et en chaleur.** L'électricité positive de l'air froid entraîne les atomes d'oxygène venant en contact avec l'air chaud dont les atomes doubles d'azote sont entraînés par l'électricité négative. D'un volume v d'oxygène et de 4 volumes $4v$ d'azote combinés résultent 2 volumes $2v$ de vapeur et une quantité Θ'' de chaleur qui correspond à la diminution de 3 volumes de gaz et de 2 volumes de vapeur. D'un atome d'oxygène qui pèse 8 et d'un double atome d'azote qui pèse 28 résultent 4 atomes d'eau qui pèsent 36. Dans la mer, la chaleur lumineuse fait séparer 1 atome d'oxygène de 4 atomes d'eau, et ce qui reste est 1 double atome d'azote; celui-ci est indécomposable en 4 atomes d'hydrogène et 3 atomes d'oxygène, parce qu'il n'a pas été produit par une combinaison de ces éléments. Dans le principe, les chimistes admettaient comme simples tous les corps indécomposables; mais quand leur nombre augmenta, ils cessèrent de les considérer comme tels, et cependant ils ne pouvaient s'expliquer pourquoi, n'étant pas simples, ils sont indécomposables. Nous montrons ici la différence entre les corps composés et par conséquent décomposables, et les corps indécomposables, parce qu'ils sont le *reste* après la séparation de quelques atomes; de sorte qu'il serait absurde de prétendre décomposer de tels restes dont le nombre peut augmenter indéfiniment d'une manière artificielle (t. III, p. 932).

La compensation entre la consommation de chaleur et sa production par la combinaison des éléments de l'air s'opère au moyen de l'intensité du courant thermoélectrique qui croît avec la différence **t** entre la température T′ du sang et celle T de l'air, résultat auquel on arrive quand on introduit un serpentin dans un bain d'eau bouillante ou d'huile et qu'on y fait pénétrer l'air au moyen d'un soufflet. Au moyen de l'air chaud, l'azote se combine avec l'oxygène de l'air froid, et il en résulte la vapeur d'eau; mais celle-ci est plus copieuse quand l'air froid est introduit dans l'air chaud, comme dans le poumon, et quand il y a des fils minces de platine dans l'orifice où s'opère la rencontre entre l'air chaud et l'air froid. On arrive ainsi à la multiplication des points de contact, comme cela a lieu dans les plis de la membrane du poumon. Quant au rapport direct entre l'intensité du courant thermométrique et le degré de la différence **t** entre la température T′ et T, on sait que Melloni a utilisé ces courants pour déterminer la différence **t** entre deux températures, dont l'une T étant connue, a fait trouver l'autre T′ (t. III, p. 100).

§ 695. **Quantité de chaleur pectorale.** Quand la température de l'air est au-dessous de zéro, la somme $\Theta + \Theta'$ de chaleur chimique et de chaleur vitale n'est plus suffisante pour restituer celle qui se consomme, parce que la ration des aliments est régularisée suivant les détails de la digestion qui est limitée, et par suite le thermogène 3QÉ contenu dans la ration habituelle reste le même, avec cette différence qu'en hiver il y a moins de perte de carbone dans les excrétions cutanées, poils, laine, cornes, plumes, parce qu'il est consommé dans la production de chaleur. Ainsi la chaleur $\Theta + \Theta'$ peut suffire à soutenir la compensation de celle qui se consomme jusqu'à la température de l'air de 10° environ. Quand la température est de 0° à —10° ou de —20° à —30°, c'est la chaleur pectorale Θ'' qui sert à compenser la perte; mais alors cette chaleur Θ'' résulte de l'air chaud emmagasiné dans le poumon dont la quantité croît avec le volume v du poumon, tandis que la consommation de la chaleur Θ''' croît avec la surface du corps. Celle-ci diminue lorsque la structure du corps animal approche de la forme cubique, comme celle des Esquimaux, des animaux sauvages des pays froids et des moutons.

§ 696. **État hydrographique des pays froids.** La température moyenne de ces pays est au-dessous de zéro, et le sol est continuellement gelé; cependant il en provient les plus abondantes masses d'eau d'une température de plusieurs degrés au-dessus de zéro en hiver et en été. Ce fait trouve ici son explication, parce que l'intérieur des montagnes est continuellement miné par l'éloignement du carbonate de chaux et d'autres sels dissous dans l'eau des sources. Les vastes excavations contiennent, comme le poumon, l'air d'une température supérieure de plusieurs degrés à celle de l'air extérieur pendant l'hiver. Il en résulte dans les crevasses des montagnes des contacts entre les masses d'air chaud et d'air froid qui se combinent et produisent de l'eau et de la chaleur qui se répandent dans les souterrains, et cette élévation de température accroît la production de l'eau et de la chaleur. Le contraire a lieu en été : le sol étant gelé fait baisser la température de l'air dans les souterrains des montagnes : alors la température de l'air extérieur est élevée et la combinaison augmente entre les éléments de l'air en degrés qui ne dépendent que de la différence t entre les températures de l'air froid souterrain et de l'air chaud de l'atmosphère.

C'est ici le lieu de montrer pourquoi les pluies ne commencèrent à se former dans l'atmosphère que lorsque le niveau de la mer a suffisamment baissé pour augmenter avec la hauteur des montagnes le volume de l'air ombragé qui reste froid, comme était la nuit, et en contact avec l'air chauffé du Soleil. Telle est l'influence actuelle de l'ombre des montagnes pendant les heures chaudes des jours d'été, de même, dans les rues étroites pendant l'été, les murs exposés au nord favorisent la combinaison des éléments d'air donnant naissance à de la vapeur qui contient une humidité constante qu'on ne savait à quoi attribuer.

Avant le commencement des pluies l'air était produit, comme à présent, de l'eau par la chaleur lumineuse, et il s'accumulait aux régions polaires d'où résultèrent deux aérocônes, comme nous l'avons déjà dit. C'est ainsi qu'un grand nombre de faits astronomiques, géologiques, zoologiques, climatologiques, physiologiques et météorologiques ont trouvé leur explication et vont servir ici à la classification des animaux (voir livre IV, Barostatique).

§ 697. **Inégalité de température des différentes parties du corps.** Nous avons dit que le travail s'opère avec une production proportionnelle de chaleur; de cette manière la température des muscles s'élève de 1° à 4°. Un travail analogue est produit par le muscle du cœur, et la chaleur qui l'accompagne se manifeste dans le sang de l'aorte. Les physiologistes ont oublié de faire cette remarque. De même que le mouvement, les sécrétions s'opèrent avec production de chaleur, car elles sont également soutenues par les équivalents électriques. Les aliments empruntent leur chaleur à celle produite par la sécrétion de l'acide gastrique, et le sang de la veine hépatique à celle produite dans le foie par la sécrétion de la bile et la production du sucre. Ce sang arrive ainsi à une température presque de 0°,6 au-dessus de celle du sang de l'aorte. Il faut néanmoins prendre en considération la masse différente du sang qui, dans l'aorte, est environ dix fois supérieure à celle de la veine hépatique.

VII. — DES ORGANES DES SENS.

§ 698. Les recherches des naturalistes ont pour but, non-seulement la découverte de faits nouveaux, mais encore la coordination de ces faits et la déduction de la loi qui en régit la production. C'est ainsi qu'Aristote est parvenu à se convaincre que rien ne se trouve dans l'intelligence qui n'ait été précédemment dans quelque organe des sens : Οὐδὲν ἐν τῷ νῷ ὃ μὴ πρότερον ἐν τῇ αἰσθήσει.

Il restait cependant à savoir en quel état les sentiments restent conservés et comment ils s'élèvent au degré d'*idées*, pour pouvoir faire réapparaître ces sentiments même en l'absence des objets qui les ont produits pour la première fois. Ce qu'Aristote a établi entre l'intelligence et les organes des sens, nous l'avons étendu à ces organes et aux espèces de fluides cosmiques. Nous avons montré dans cet ouvrage la correspondance de chaque organe des sens avec une espèce propre de fluide, et c'est ainsi qu'au moyen des organes des sens nous avons découvert la cause de leur formation.

En coordonnant les fluides, les physiciens français sont parvenus à se convaincre qu'il n'y a qu'un seul fluide primitif dont les autres ne sont que des combinés. Ce qu'Aristote a fait pour l'intelligence et les organes des sens, les physiciens susnommés l'ont fait pour le fluide primitif nommé *éther* et pour les autres fluides; quant à nous, nous avons uni le nombre des organes des sens et celui des espèces de fluides. De là résulta un ensemble ayant pour origine l'éther et pour fin l'intelligence. Cet échafaudage une fois posé, il ne nous restait qu'à coordonner, d'une part le nombre des organes des sens et celui des espèces de fluides pour remonter au fluide primitif, et d'autre part à coordonner les sentiments logiques avec ceux des animaux pour parvenir à l'intelligence.

D'un côté, nous avons coordonné les faits contenus dans la Physique, la Chimie et la Physiologie, et de l'autre ceux dus à l'éducation, à la constitution sociale et aux beaux-arts. C'est ainsi que nous sommes parvenu à embrasser les limites des faits cosmiques et celles des faits intellectuels. Ce sont les fluides cosmiques qui produisent les organes des sens; ce sont les objets cosmiques qui répandent ces fluides vers les organes des sens pour donner naissance aux sentiments dont l'ensemble constitue l'intelligence qui est l'*âme*. La vie dépend des substances matérielles et l'âme de l'ensemble des sentiments des objets ambiants, objets que chaque individu, en entrant dans la vie, trouve dans son pays natal.

§ 699. La Physiologie ne contient pas seulement la description des organes dans lesquels les fluides répandus des objets deviennent sentiment, mais elle décrit encore les organes qui servent à matérialiser les sentiments et à les faire devenir des objets cosmiques. Ayant affaire à des fluides d'autant d'espèces qu'il y a d'organes des sens qui sont cependant les combinés d'un fluide primitif, nous avons pu poursuivre, non pas le déplacement, mais l'expansion de chacun de ces fluides, suivant les nerfs de chaque organe jusqu'à la substance grise dans laquelle aboutissent de tous côtés les nerfs sensitifs ou anagogues. Aucune espèce de fluide ne disparaît de son organe de sensation; il ne fait que se répandre dans la substance grise.

Chaque cellule de cette substance a dans sa surface toutes les espèces de fluides répandus des nerfs anagogues. C'est donc cet ensemble de fluides qui va se mêler aux nerfs moteurs ou catagogues pour arriver aux muscles des mouvements volontaires, qui sont l'organe des sens pour le poids ou le *barogène*. Les nerfs anagogues conduisent donc les cinq espèces de fluides qui se propagent dans la surface des cellules de la substance grise, et de là ces fluides se propagent par les nerfs catagogues pour donner naissance aux mouvements déjà prédestinés. C'est ainsi que ces mêmes mouvements comme objets engendrent les sentiments qui correspondent aux précédents dont ces mouvements ont été produits.

§ 700. **Origine de la langue.** Les sons entendus sont imités par l'organe de la voix, et les formes des objets vus sont imitées par les gestes. Les sentiments que produit un objet sur un ou plusieurs organes des sens se joignent au sens de l'ouïe qui seconde la reproduction par la voix. Il en résulte duplicité de sentiment pour chaque objet : le *sentiment animal* résulte des fluides répandus de l'objet, et le *sentiment logique* de celui de l'ouïe qui a dû accompagner le précédent pour pouvoir le remplacer en l'absence de cet objet, car les fluides répandus de celui-ci se mêlent avec celui répandu de l'échogène. Cette duplicité de sentiments pour chaque objet manque chez les animaux.

La différence entre l'homme et l'animal n'est donc pas physiologique; car elle ne résulte pas directement des détails des appareils des fonctions, mais elle est d'origine métaphysique, sans cependant cesser d'être d'accord avec les détails anatomiques. En l'absence des objets, leurs représentants logiques s'arrangent entre eux d'une manière analogue à celle qui résulterait de l'arrangement des objets eux-mêmes. Pour arriver à de pareils résultats, nous employons le mouvement de l'organe vocal ou des gestes qui en sont les représentants; de sorte qu'un fait physique résulte d'une origine même métaphysique. Ceux-ci ont un rapport direct avec les objets qui produisirent les sentiments chez les animaux; cependant leur arrangement et leurs dimensions sont de différents genres, et c'est sous ces rapports qu'on trouve de la ressemblance entre les produits naturels et les produits des beaux-arts.

§ 701. **Rapport entre les organes des sens et l'encéphale.** Chez les invertébrés, à cause du manque de l'organe de l'ouïe et de celui de la voix, il y a prédominance des nerfs anagogues de la peau qui sont ceux des sentiments de la température et de la résistance des objets. Les nerfs anagogues de l'organe de la vision, du goût et de l'odorat y sont médiocres, l'encéphale aussi; donc la masse nerveuse du corps prédomine. Les vertébrés et les animaux aquatiques ont les nerfs de l'organe de l'ouïe; les animaux qui vivent dans l'air ont les nerfs de l'organe de la voix. L'encéphale qui résulte des nerfs de ces deux nouveaux appareils est pourvu, chez les oiseaux et les mammifères, d'une masse qui y correspond.

Les physiologistes trouvant qu'il y avait symétrie entre les deux moitiés du corps et du système nerveux, sont restés convaincus de la liaison entre les parties du corps de chaque côté de celles de l'encéphale et de la moelle. Duméril, et après lui Ocken, ont tenté de faire la comparaison entre le crâne qui contient l'encéphale et la colonne vertébrale qui contient la moelle. Nous ferons ici une observation sur la liaison de l'encéphale et de la moelle, liaison opérée dans le bulbe rachidien. En combinant les résultats des expériences physiologiques avec les dernières limites que l'anatomie peut atteindre, la communication entre les deux hémisphères avec la moelle opérée dans le bulbe rachidien devient évidente. Quant au rapport entre les masses nerveuses de l'encéphale et de la moelle, il dépend des quantités de fluides écoulés entre les organes des sens et la substance grise.

Chez les poissons, il y a presque égalité entre la masse de la moelle et celle de l'encéphale, parce qu'ils n'ont pas l'organe de la voix ; chez les oiseaux et les mammifères, où cet organe est assez actif, l'encéphale surpasse la moelle. L'homme est celui qui fait le plus fréquent usage de l'organe de la voix, car il s'en sert pour manifester tous les sentiments obtenus des objets cosmiques, puis en l'absence des objets, il ne fait, dans ses raisonnements, que répéter l'arrangement des objets au moyen des représentants; mais ces représentants ne sont que les sentiments de l'ouïe que peut produire l'organe de la voix. Aussi chez l'homme, où prédominent les sentiments de l'ouïe et de la voix, comme représentants des objets, cet usage est-il la cause physique de la grande masse de l'encéphale par rapport à celle de la moelle. C'est donc sous ce rapport que le physiologiste doit chercher la différence entre l'homme et l'animal et celle entre les diverses classes d'animaux.

Chez les invertébrés, il y a prédominance de la masse de la moelle par rapport à celle du cerveau ; chez les poissons, la différence disparaît presque : elle augmente du côté de l'encéphale chez les oiseaux, les mammifères, et atteint son maximum chez l'homme, qui ne se distingue des animaux que par la langue, laquelle porte à un degré supérieur, car avec les sentiments de l'organe de l'ouïe elle fournit leur reproduction par l'organe de la voix.

SECTION II.

DE LA REPRODUCTION ET DE LA GÉNÉRATION SPONTANÉE.

§ 702. Les parties solides des plantes et des animaux ne sont composées que des enveloppes des globules ou des gouttelettes microscopiques dont le liquide qui y est contenu a été extrait. Le chyme se forme dans l'estomac au moyen des aliments; il est composé d'eau et d'albuminoïdes. Les équivalents positifs qui s'y propagent par le nerf pneumogastrique repoussent ce chyme à travers le fond des culs-de-sac : ils enveloppent alors chaque particule ou gouttelette d'une couche mince électrique qui y reste contenue à l'état latent de l'électricité négative du liquide.

I. — NUTRITION.

§ 703. **Transformation du chyme en chyle.** Le chyme est composé des mêmes éléments chimiques que le chyle, mais ces deux substances diffèrent par leur forme et leur état électrique. Le chyme est un liquide uniforme et le chyle consiste en chyme et en une quantité de globules composés, 1° d'un contenu qui est le chyme, et 2° d'une enveloppe qui est l'albumine et qui maintient à l'état latent les deux électricités; ainsi l'albumine est indispensable pour la coction des aliments, parce que les enveloppes ne peuvent être produites que par cette substance.

Transformation du chyle et du chyme en sang. Dans les capillaires très-minces du poumon, les globules du chyle éprouvent une grande poussée électrique qui leur fait perdre leur contenu, et les enveloppes arrivées ainsi presque à l'état de vacuité, se rétrécissent pour prendre la forme discoïde avec les bords soulevés contenant un sesquioxyde de fer qui n'est qu'un résidu après la séparation du contenu des globules du chyle. 1,000 grammes de sang contiennent les parties suivantes :

	DUMAS.	BECQUEREL et RODIER.
Eau.	790	779
Globules.	127	141,1
Fibrine.	3	2,2
Albumine.	70	69,4
Matières extractives. . . . . . Matières grasses. . . . . Sels divers.	10	8,5

Différence entre le sang artériel et le sang veineux. Les globules du sang diminuent dans les capillaires parce qu'il y en a une quantité qui sont repoussés à travers les parois des capillaires pour passer dans les fibres des muscles qui ne sont que des filets composés de millions d'enveloppes contenant les deux électricités à l'état latent, d'où résulte leur solidité. L'électricité négative de ces enveloppes se combine avec l'électricité positive qui se propage des nerfs pendant la production de mouvement, et transformées en chaleur, les deux électricités se répandent. Les enveloppes restées sans électricité négative se combinent avec l'oxygène, et de là résultent l'acide carbonique et l'urée qui sont entraînés avec l'eau produite par l'oxygène du sang et par l'hydrogène de la graisse à l'origine des veines. Voilà en quoi consiste la différence entre le sang artériel et le sang veineux.

Mouvement emmagasiné. Les aliments n'éprouvent aucun changement tant qu'ils sont dans le magasin, mais dès qu'on les introduit dans l'estomac ils sont soumis à diverses séries de changements de forme, de place et de qualités. Tous ces changements ne s'opèrent que par une poussée qui est due aux nerfs ; c'est donc cette poussée qui n'est qu'une propagation d'électricité ou d'équivalents électriques positifs se propageant vers les aliments parce qu'ils en éprouvent une résistance moindre. C'est ainsi que les aliments sont entraînés dans des directions déjà déterminées par des écoulements précédents. Le fluide qui engendre les équivalents électriques contient le mouvement emmagasiné, comme cela a lieu pour les ressorts et pour les gaz comprimés.

Les aliments sont nécessaires à l'entretien de la vie animale, parce que leur électricité négative exerce le minimum de résistance sur l'électricité positive des nerfs et en occasionne ainsi la propagation, attendu qu'il ne faut que diminuer la résistance pour faire apparaître l'expansion de fluide primitif qui a éprouvé une compression indéfinie. C'est pour cela qu'il possède un mouvement emmagasiné qui ne s'épuise jamais et qui se manifeste dans les télégraphes et chez les animaux chaque fois qu'il y a une diminution de résistance.

Éléments des minerais, des plantes et des animaux. Les éléments chimiques sont repoussés par les équivalents électriques en expansion et sont contraints à s'arranger de manière à se mettre en contact avec les faces qui exercent entre elles le minimum de résistance. C'est cette diminution de répulsion mutuelle qui produit la solidification des éléments matériels qui ne cessent jamais d'éprouver une pression de la part de la pesanteur.

Les éléments chimiques ne diffèrent pas dans les corps organisés; leur structure et leurs qualités ne dépendent pas directement de ces éléments : ils ont toujours commencé par être des globules. Après l'expulsion du contenu des globules, les enveloppes restent avec leur électricité dissimulée obéissant à la propagation des équivalents positifs qui s'opère suivant des directions déjà déterminées.

I. Dans les plantes, il y a production d'atomes d'eau et de lumière, d'atomes de carbone et d'azote. 1° De 4 atomes d'eau, la lumière fait apparaître la chlorophylle dont se séparent les 3 atomes d'oxygène qui sont remplacés par 3 atomes de lumière; le reste est 1 *atome double de carbone* indécomposable en 1 atome d'oxygène et 4 atomes d'hydrogène, parce qu'il n'a pas été produit par leur combinaison. 2° De 4 atomes d'eau, la lumière fait sortir 1 atome d'oxygène qui est remplacé par 1 atome de lumière; le reste est 1 *atome double d'azote* indécomposable en 3 atomes d'oxygène et 4 atomes d'hydrogène, parce qu'il n'a pas été produit par leur composition.

Le carbone et l'azote qui engendrent les plantes sont donc produits par l'eau et la lumière; au moyen de ces éléments, le suc se forme à la surface des feuilles, et il en est entraîné par les équivalents qui, pendant la nuit, pénètrent de l'air dans les plantes. Le suc, qui est un liquide homoïde, fait naître des globules de chyle qui s'arrêtent au-dessous de l'écorce. De cette superposition des globules et de l'expression de leur contenu il ne reste que les enveloppes contenant les deux électricités à l'état latent qui constituent la substance végétale. Les qualités dépendent des densités d'équivalents électriques qui diffèrent pour chaque plante.

II. Chez les animaux, les enveloppes des globules contenant les deux électricités à l'état latent entrent également comme éléments de structure. Leur arrangement résulte des directions que suivent les expansions des équivalents positifs, directions qui ont déjà existé et qui ne peuvent qu'être répétées : il ne leur faut pour cela qu'une diminution de résistance. Une semblable diminution n'est occasionnée que par la substance alimentaire. Celle-ci est convertie en globules dont le contenu est expulsé par la pression, et il reste les enveloppes soutenant les deux électricités en quantités et en rapports différents. Ces enveloppes, d'une petitesse extrême, obéissent à la propagation des équivalents électriques dont la direction, déterminée d'avance, assure au nouvel être une forme semblable à celle de ses prédécesseurs.

II. — MODE DE REPRODUCTION.

§ 704. Les facteurs matériels sont le sperme produit du mâle et l'œuf produit de la femelle; il faut que ces facteurs soient mis en contact pour que le commencement de la formation du nouvel être s'opère. Cette formation consiste dans la translation des substances alimentaires, dans la production de globules, de cellules, etc., qui attestent une continuité d'expansions provenant d'un mouvement qui, précédemment emmagasiné, a pris son essor au moyen du contact du sperme avec l'œuf. Un semblable essor de mouvement s'opère également par le contact des acides avec les alcalis et en général entre deux supports dont l'un contient les équivalents positifs *a*Ë et l'autre les équivalents négatifs *a*Ë.

Il ne faut pas cependant considérer ces équivalents comme un fluide amorphe, parce qu'ils ne s'écoulent pas comme les grains de sable, mais se propagent comme les gaz par une expansion indéfinie, de sorte que dans chacun des deux facteurs on ne trouve pas seulement les électricités hétéronymes, mais que les directions prédéterminées de leur propagation sont homoïdes et ne diffèrent que suivant les diversions sexuelles. De la semence, qui est un liquide légèrement alcalin, il n'y a que les filaments mobiles nommés *spermatozoïdes* qui possèdent la propriété de féconder l'œuf; ce sont donc eux qui contiennent les équivalents positifs *q*Ë et toutes les directions déjà déterminées de leur propagation.

Le jaune de l'ovule est renfermé dans une enveloppe nommée *vitelline*, que doit traverser au moins un spermatozoïde pour venir en contact immédiat avec le jaune nommé *vitellus*, qui est le support des équivalents négatifs *q*Ë et de toutes les directions des mouvements, car ils ont eu lieu dans les individus ayant même origine. Cet accord entre les directions des deux électricités hétéronymes est la cause immédiate de la propagation mutuelle des équivalents électriques en restant soutenus à l'état latent par une couche de vitellus extrêmement mince. La subdivision du jaune en 2, 4, 8... 2^n globules s'obtient ici, non pas par une pénétration à travers la paroi, comme cela a lieu pour la transformation du chyme en globules de chyle, mais bien par la propagation des équivalents des deux électricités suivant les directions homoïdes préexistantes qui donnent naissance aux globules soutenant dans leurs enveloppes les deux électricités. Le sexe du nouvel être est le seul fait déterminé par la propagation des équivalents suivant la direction déterminée par le sperme ou suivant celle déterminée par l'œuf.

Au cas où des deux individus qui cohabitent ensemble l'un est blanc et l'autre nègre, l'enfant qui naîtra d'eux sera mulâtre, ou un mélange du père et de la mère; on voit ainsi que l'enfant résulte de globules et de cellules déterminées par les directions électriques du sperme et de l'œuf. Quant à la ressemblance de la physionomie, elle est l'effet de la direction des propagations électriques de quelqu'un des ascendants de la même race, habituellement le père ou la mère, comme chez les animaux, ou de quelque autre de la généalogie. Jamais deux blancs d'origine n'ont procréé un enfant nègre ni deux nègres un enfant blanc. Ce fait est une preuve irrécusable de la différence qui existe entre les séries des races humaines.

§ 703. **Reproduction des plantes.** Au moyen de greffes ou de boutures, on fait prendre à la propagation des équivalents du sol ou du tronc d'une autre plante la direction de ceux de la bouture ou de la greffe. En pareil cas, les boutures de chaque plante ni les greffes dans chaque tronc ne réussissent pas, car la propagation des équivalents de la bouture ou de la greffe est toujours nécessaire; cela dépend, dans un cas, de l'intensité qu'ils ont dans la bouture, et dans l'autre, du degré de différence de direction entre celle des équivalents de la greffe et celle des équivalents du tronc.

Le fruit ou la semence des plantes ne diffère pas des œufs. Après la fécondation, le germe s'est formé par la production des cellules primitives qui contiennent à l'état latent aussi bien les équivalents positifs que les équivalents négatifs. Cet état peut se maintenir très-longtemps dans un espace sec et tempéré. La fécule qui doit servir à la formation de la racine et de la tige primitive se trouve autour du germe, comme l'albumine entoure le germe de l'oiseau.

Pendant l'été les arbres produisent d'une part les fruits, de l'autre les boutons, dans lesquels se trouvent les matériaux nécessaires à la production du sperme et de l'ovule, et qui sont les supports non-seulement de la propagation des équivalents hétéronymes, mais encore de leur direction. Quand au printemps les courants thermoélectriques verticaux deviennent denses, les susdits supports atteignent le degré nécessaire à la pénétration des équivalents dans le vitellus et à l'apparition du *germe*. L'accroissement de celui-ci ne s'arrête pas comme celui de la semence ou de l'œuf; il continue comme cela a lieu pour les vivipares, et il résulte de là que le fruit tombe sur le sol avec la semence, et que cette dernière s'y implante pour produire un nouvel arbre. Ainsi, en considérant la semence des arbres comme un œuf, son incubation diffère peu de celle des plantes, mais il lui faut un certain espace de temps pour commencer à produire des fruits. Il y a chez les invertébrés des reproductions analogues dont nous parlerons plus bas.

Tout consiste dans la direction prédéterminée de la propagation des équivalents électriques, car c'est elle qui détermine l'arrangement des enveloppes produites du sang. Ainsi l'alimentation est indispensable pendant toute la durée de la vie : la circulation s'établit par les globules qui pénètrent des capillaires de l'utérus par la vitelline et qui sont repoussés des équivalents *a*Ë vers le fœtus; leur liquide est expulsé et leur enveloppe s'avance pour produire les vaisseaux : alors du contenu expulsé provient un liquide qui est forcé par les mêmes équivalents de parcourir l'intérieur de ces vaisseaux. Ce contenu est incolore au commencement, car les globules du sang manquent encore, leur enveloppe sert à la formation des vaisseaux; mais dès que ceux-ci sont formés, il apparaît un excédant de globules qui, déprimés dans les capillaires, prennent la forme discoïde, et le sesquioxyde de fer n'est qu'un reste des éléments éloignés des globules.

La cause motrice du sang n'est pas le battement du cœur; mais celui-ci, comme la circulation, résulte de la propagation des équivalents électriques qui se propagent simultanément dans le système nerveux comme dans celui du sang. Ainsi les deux systèmes ensemble forment un circuit galvanoplastique dont la muqueuse de la matrice représente un élément de la coupe de la pile; l'autre élément est le germe ayant pour conducteurs les vaisseaux et les nerfs. Les directions préexistantes dans le germe déterminent l'arrangement des dépôts des enveloppes des globules du sang. La lymphe qui reste comme excédant est repoussée dans la muqueuse pour aller pénétrer dans les capillaires des veines de l'utérus.

III. — PRODUCTION DES ANIMAUX PAR LA GÉNÉRATION SPONTANÉE.

§ 706. Nous allons citer une série de faits qui viendront corroborer tous ceux du même genre où se manifeste de différentes manières l'expansion des équivalents électriques contenant emmagasiné le mouvement indéfini et aussi un état des directions déjà déterminé qui se fait voir dans les expansions homoïdes des équivalents électriques des germes.

Incubation artificielle des œufs. A une température de 40° qui varie peu, les œufs de la poule produisent des poulets à l'état normal. Si l'on fait varier la température entre 40° et 50°, il y a chez les petits diminution du volume de la tête et augmentation de celui du cœur et des vaisseaux; si au contraire la température varie entre 40° et 30°, les poulets produits ont la tête grosse et le cœur petit. Pendant l'incubation à 40°, si un courant passe du sommet de l'œuf à sa base, le cerveau diminue ou disparaît; si au contraire ce courant passe de la base au sommet, c'est le cœur qui diminue ou disparaît. Le germe qui contient la direction prédéterminée de l'expansion des équivalents électriques se trouve, non pas au centre du jaune, mais à sa surface; c'est donc par ce point que passe la propagation des équivalents thermoélectriques qui est centrifuge quand la température superficielle s'élève et centripète quand elle s'abaisse à la surface après qu'elle a été élevée.

Dans le cas où la température est entre 40° et 50°, les

équivalents centrifuges sont denses; ils sont moins denses dans le cas où elle est entre 40° et 30°. Il résulte de cette expansion des équivalents une poussée analogue au sang; cette poussée est grande à la température de 40° à 50°. Le sang exerce une répulsion aux parois du cœur et des vaisseaux qui augmentent; le cerveau reste petit parce qu'il y a une médiocre expansion des équivalents électriques. Si la température est entre 40° et 30°, la densité des équivalents est minime, et il en résulte une faible poussée du sang : la propagation par les nerfs est alors plus favorisée vers le cerveau; celui-ci croît, mais le cœur et les vaisseaux croissent moins. Dans le cas où l'on opère avec des courants dans l'un ou l'autre sens de l'œuf, on obtient des résultats analogues à un plus haut degré.

La densité des équivalents électriques varie proportionnellement avec la densité de l'air ambiant; ainsi le résultat est presque identique quand, au lieu de faire l'incubation à une température de 40° à 50°, on la fait à celle de 40°, mais que la densité de l'air a une pression de 1,000^{mm}. On pourrait de même, au lieu d'une température entre 40° et 30°, employer celle de 40° et une densité d'air inférieure ayant une pression de 600^{mm}. La raréfaction de l'air provoque toujours une diminution de la densité des équivalents électriques du conducteur isolé; celui-ci, au contraire, peut obtenir une charge électrique d'autant plus forte que la densité de l'air ambiant est plus grande.

La présence de l'oxygène est indispensable dans l'incubation, non à cause de sa partie matérielle, mais à cause de son électricité positive. A l'état normal, les équivalents positifs en obtiennent une propagation par le contact simple avec les substances végétales humides; c'est ainsi que sont formées plusieurs espèces d'invertébrés. Mais on peut supprimer la propagation des équivalents électriques de l'oxygène si l'air est chauffé jusqu'à 130°, puis refroidi : dans ce cas, les équivalents positifs sont, pendant le refroidissement, dirigés par l'air ou les parois froides vers l'oxygène chaud. Quand cet air reste froid, il ne possède plus les mêmes propriétés qu'avant : ses équivalents ne peuvent plus s'étendre vers les substances végétales humides, ce qui fait que la production des infusoires n'apparaît pas.

Quand ce mode de renversement de la propagation des équivalents électriques était inconnu, les faits observés sur le fer, sur les circuits des piles, sur la lumière étaient signalés par le mot *polarisation*, sans que personne sût en quoi consistaient ces faits singuliers qui ont lieu également pour l'oxygène. On n'a donc pu attribuer le manque de production d'infusoires dans l'oxygène ainsi modifié à sa cause physique, mais on a supposé qu'il y avait dans l'air des germes d'animalcules qui ne peuvent être détruits qu'à une température au-dessus de 130°. Ainsi, au lieu de reconnaître dans ce fait la cause véritable, on a cru y avoir fait la double découverte, 1° de l'existence des germes d'infusoires dans l'air, et 2° de leur destruction à une température au-dessus de 130°. A l'aide de ces hypothèses on est allé plus loin.

On a prêté l'origine de germes imaginaires aux infusoires précédents qui devaient se trouver dans la couche inférieure de l'atmosphère et manquer dans les couches supérieures. Pour s'en assurer, on est allé recueillir l'air aux sommets des montagnes, où sa densité est au-dessous de 700^{mm}. Quelques observateurs ont obtenu des infusoires avec cet air et les substances végétales; d'autres en ont quelquefois obtenu, mais pas toujours. Tant que la cause véritable de ce phénomène ne sera pas connue, on ne sera jamais d'accord sur l'existence ou la non-existence d'une production spontanée. Ce n'est pas ici le cas de combattre une hypothèse et de défendre l'autre; il suffit de se donner la peine de chercher l'origine du mouvement animal qui se trouve emmagasiné dans les équivalents électriques pour voir qu'il n'y a aucun sujet de contestation. S'il y a divergence d'opinions à ce sujet, cette divergence a sa source dans l'ignorance des divergents. Il n'y a de semblables dissidences ni entre les mathématiciens ni entre les géographes.

Ce que personne ne nie, c'est que les animaux vertébrés et les arbres ne peuvent être le produit d'une génération spontanée dans une période géologique comme la nôtre; aussi se demande-t-on d'où sont venus ces animaux et ces plantes qui n'existaient pas quand la Terre était peuplée d'espèces d'animaux et de plantes qui ont péri à la fin de la période diluvienne?

Pour répondre à cette question qui a occupé les naturalistes de tous les temps, il est absolument nécessaire d'instruire le lecteur et de lui enseigner ce que les naturalistes ignoraient, savoir : 1° l'existence du mouvement emmagasiné qui se manifeste chez les animaux pendant la durée de leur vie; 2° l'existence d'une période géologique qui différait de la nôtre en ce que l'atmosphère, au lieu de former autour de la Terre une enveloppe sphérique d'une épaisseur égale, était composée des deux *aérocônes* ayant leur sommet sur les prolongements de l'axe terrestre et leur base sur les deux tropiques séparés par une couche d'air couvrant toute la zone torride. De cette atmosphère il s'est produit une série de faits relatifs aux corps organisés habitant les zones glaciales et tempérées et à ceux qui vivaient dans la zone torride.

On est assez avancé pour savoir que la fin de la période diluvienne a été produite par le Déluge, dont la fin est le commencement de la période alluvienne qui est la période actuelle. Nous allons prouver que pendant la période diluvienne des habitants actuels de la Terre sont allés peupler les versants des montagnes de la zone torride, dont les parties de hauteurs différentes avaient une température et une pression atmosphérique analogues à celles qui sont actuellement à des latitudes différentes. Ces habitants ne pouvaient passer de la zone torride à des latitudes supérieures à cause de la trop grande pression atmosphérique; c'est pour cette raison que parmi les fossiles des animaux diluviens il ne se trouve aucun des animaux actuels qui habitaient la zone torride. D'un autre côté, s'il n'y a pas dans la zone torride de fossiles des habitants des zones tempérées et glaciales, c'est qu'ils ne pouvaient pas vivre sous une atmosphère d'une pression analogue à l'atmosphère actuelle.

§ 707. **Température polaire de la période diluvienne.** La chaleur lumineuse solaire rayonnante pénètre l'atmosphère en perdant une petite partie pour arriver à la

Terre, tandis que la chaleur obscure s'éloigne très-lentement de la Terre à cause de la résistance de l'air. Aux régions polaires, cette résistance était des centaines de fois supérieure à la résistance actuelle lorsqu'elles étaient couvertes d'aérocônes; aussi, à cause de la consommation très-lente de chaleur obscure, la température se maintenait presque invariable et de plusieurs degrés au-dessus de zéro. Ce climat était approprié aux habitants des régions polaires dont les fossiles conservés attestent qu'ils n'ont pas été amenés par l'eau des latitudes inférieures, ce que prouve du reste la pointe non émoussée des os, qui ont été préservés des atteintes de l'élément liquide.

§ 708. **Génération spontanée.** Après avoir coordonné les différentes séries de faits, nous sommes parvenu à connaître l'influence de la pression atmosphérique sur la génération spontanée des plantes et des animaux, et elle est constatée par le rapport direct entre la densité de l'air et celle des équivalents électriques. Les faits que ceux-ci ont pu produire sous une grande pression atmosphérique ne peuvent plus se renouveler après la diminution de la pression. I. La génération spontanée dépend donc de deux facteurs : 1° des directions préexistantes dans les équivalents *a*Ë, et 2° de leur densité qui n'est plus ce qu'elle était sous la grande pression atmosphérique. II. La reproduction résulte des directions des équivalents moins denses; cependant ces directions sont favorisées par d'autres homoïdes, mais inverses : les unes sont dans le sperme, les autres dans l'œuf.

CHAPITRE PREMIER.

DE LA REPRODUCTION.

§ 709. Sous ce nom on entend une série de faits qui se présentent spontanément dans un ordre invariable depuis la conception du *germe* jusqu'à sa naissance. Il y a deux facteurs du germe : le *sperme* préparé chez l'individu mâle et l'*œuf* préparé chez l'individu *homoïde* femelle. Le mâle et la femelle forment un couple qui produit le sperme et l'œuf, dont le contact donne naissance à un nouvel individu mâle ou femelle. Il s'agit ici de constater, suivant la loi physique, 1° en quoi consistent le sperme et l'œuf; 2° pourquoi ils doivent être élaborés chez un couple composé d'un individu mâle et d'un autre homogène, mais femelle, et 3° pourquoi du sperme et de l'œuf résulte un germe qui ne donne naissance qu'à un individu mâle ou femelle.

§ 710. **Homogénéité du couple.** Pour les combinaisons chimiques, il est nécessaire qu'il y ait inégalité de l'état électrique. Nous allons montrer que les spermatozoïdes contiennent les équivalents électropositifs $a\bar{E}$ et que les œufs contiennent les équivalents électronégatifs aE; de sorte qu'en cela la condition chimique est remplacée, mais non la condition physiologique qui exige que ces deux facteurs soient élaborés chez un couple homogène. L'action chimique est limitée à une pénétration des molécules d'un élément dans l'espace occupé par les molécules de l'autre, tandis que le germe est le commencement d'une série d'actions qui se succèdent spontanément suivant un ordre inaltérable déjà préexistant.

Il faut donc chercher dans le spermatoïde, non-seulement les équivalents positifs $a\ddot{E}$ contenus dans la surface et dans l'œuf les équivalents négatifs $a\ddot{E}$, mais encore les directions de la propagation de ces équivalents; car ils ne sont pas isolés comme les grains de sable, mais ils s'étendent dans toutes les directions à cause du mouvement emmagasiné. La résistance diminue beaucoup quand les équivalents $a\ddot{E}$ et $a\bar{E}$ étant hétéronymes, les directions de leur propagation se correspondent : c'est pourquoi l'homogénéité du couple dont les directions dépendent est indispensable dans la reproduction par fécondation.

§ 711. **Origine des éléments du germe.** Tant que les enfants ne sont pas encore arrivés à l'âge de puberté, l'excédant de nutrition sert à l'accroissement des organes. Si l'on force un enfant très-jeune à travailler beaucoup, cet excédant étant dépensé pour le travail, l'accroissement n'a pas lieu; il en est de même quand la nourriture est insuffisante. A l'âge de puberté, l'accroissement du corps diminue, et il y a excédant de nutrition. Une portion p de cet excédant, composé de carbone et de mucus, est employée chez l'homme à la formation des poils de la barbe et des moustaches, et chez la femme elle est éliminée par les menstrues. Une autre portion p' composée d'albumine sert chez l'homme à la formation du sperme, et chez la femme à celle des œufs.

I. — PRÉPARATION DU SPERME CHEZ L'HOMME ET DES OEUFS CHEZ LA FEMME.

§ 712. Le sperme ainsi que les œufs, chez tous les vertébrés et invertébrés, sont produits par des filets d'albumine; la forme des ovules est sphérique chez toutes les espèces, mais celle des spermatozoïdes ne l'est pas. Quand la substance est la même, la différence électrique consiste en ce que parmi les globules, 1° les uns contiennent à l'état latent l'électricité positive dans la surface externe de leur enveloppe et l'électricité négative dans la surface interne, et 2° les autres, au contraire, contiennent à l'état latent l'électricité négative dans la surface externe et l'électricité positive dans la surface interne.

A. Origine des spermatozoïdes et de leurs mouvements.

Les testicules sont l'appareil de la formation du sperme; ils sont composés chacun de mille à deux mille canaux qui forment culs-de-sac du côté des capillaires sanguins, et dont deux ou trois roulés forment un lobule; de sorte qu'il y en a trois à quatre cents dans chaque testicule (fig. 174).

Figure 174.

COUPE DE LA LIGNE MÉDIANE DE L'APPAREIL GÉNITAL DE L'HOMME.

a, vessie.
b, portion prostatique de l'urètre.
c, portion membraneuse de l'urètre.
d, portion spongieuse de l'urètre.
e, uretère ou canal extérieur du rein.
f, testicules.
g, tête de l'épididyme.
h, queue de l'épididyme.
k, canal déférent.
l, vésicule séminale.
m, canal éjaculateur.
n, glande de Cooper.
o, corps caverneux de la verge.
p, pulpe de l'urètre.
r, corps caverneux de l'urètre.
s, corps caverneux du gland.
t, prostate.
AB, verge.

Dans les fonds de ces *canaux séminifères*, il pénètre de la part des capillaires une quantité de filets d'albumine poussés par les équivalents électriques QË qui soutiennent la circulation. C'est donc la propagation de ces équivalents qui reste contenue à l'état latent pendant la pénétration des filets d'albumine dans le fond des culs-de-sac, car elle n'a pas alors la forme de globules, mais celle de filets minces qui pénètrent des capillaires dans le fond des culs-de-sac. C'est donc la surface de ces filets qui contient l'électricité positive, parce que l'électricité négative est déjà dans l'albumine, et comme le diamètre des canaux n'est que de $0^{mm},1$, ils s'y enroulent, et de chaque filet résulte un globule entouré d'une couche mince d'albumine. Ces filets présentent avec le sérum un liquide dans lequel roulent les globules observés.

Plusieurs canaux séminifères s'anastomosent pour en former d'autres plus larges nommés *canaux droits*. Dans ces anastomoses s'accolent les globules provenant des deux canaux séminifères, et ainsi se forment les cellules *centrales* *o* contenant deux globules *a*, *a*.

Les canaux droits s'anastomosent aussi et donnent naissance aux *canaux efférents* dont le nombre est de dix à douze. Des circonvolutions des canaux efférents résulte l'*épididyme* gh médiane ; il s'y forment les cellules **o** des deux *o*, *o*.

Tous les canaux efférents ensemble s'anastomosent pour former le *canal déférent* de chaque côté; dans ces anastomoses se rencontrent les cellules **o**, **o**, qui provenant des deux canaux efférents s'accolent, et enveloppées dans une couche mince d'albumine, forment les cellules *externes spermatiques* O. De chaque côté le canal déférent remonte vers l'abdomen, où il entre par le *canal inguinal*, et tous deux s'unissent au *canal excréteur* des *vésicules séminales*, puis vont s'unir à la portion prostatique de l'urètre et prennent le nom de *canal éjaculateur*.

Le contenu de tous ces canaux n'est formé que de globules flottant dans un liquide comme le sérum du sang; les globules primitifs sont très-petits, mais en grossissant par les accolements, ils produisent les *cellules spermatiques* *b*, *c*, *d*, *e* (fig. 175) d'un diamètre de $0^{mm},06$. Si l'électricité positive n'était pas contenue à l'état latent dans la surface des filets primitifs, ces cellules auraient été conservées, mais à cause de la répulsion expansive qui résulte des équivalents $\alpha\bar{\text{E}}$, on voit la cellule *e* mère O se subdiviser en deux cellules *d* filles **o**, **o**, et chacune de celles-ci en deux autres *o*, *o* qui sont les globules primitifs *b*, formés par l'enroulement des filets d'albumine. C'est donc l'électricité positive dissimulée qui fait que ces filets se déroulent pour reprendre leur forme primitive; ainsi de chaque globule déroulé provient un filet qui est nommé *spermatozoïde*, à cause du mouvement qu'il exécute toujours dans la direction du côté court. Le plus large est nommé *tête*, et le reste est nommé *queue;* la longueur de celle-ci est de 0^{mm},1 et celle de la tête de 0^{mm},005. La tête est aplatie et diffère dans chaque espèce animale autant que diffère la forme des globules de sang et celle des culs-de-sac des canaux séminifères.

Figure 175.

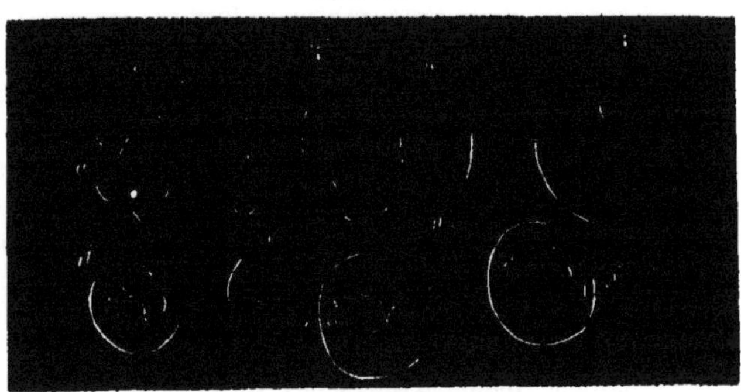

SPERMATOZOÏDES *d*.

b, globule spermatique.
b', cellule spermatique centrale.
d, cellule spermatique médiane.
e, cellule spermatique externe.
f, globules d'albumine déroulés ou spermatozoïdes.
B, ovule avec le vitellus et la cellule.
B', segmentation du vitellus.

§ 713. **Action électrique des spermatozoïdes.** Les spermatozoïdes avancent par un mouvement analogue à celui des serpents; ils ne parcourent que 0^{mm},1 en trois secondes. Les serpents parcourent aussi en trois secondes un espace presque égal à la longueur de leur corps. Cependant le mouvement des spermatozoïdes n'est pas l'effet d'un appareil des muscles; on s'est convaincu qu'ils ne sont pas des animalcules organisés, mais de simples filets d'une substance albuminoïde homoïde; il n'y avait que leur état électrique et le mode de la production de leur mouvement qui fussent inconnus. Ici, après avoir constaté que la surface des filets soutient l'électricité à l'état latent, sa propriété étant l'expansion spontanée à cause du mouvement emmagasiné, nous devons ajouter que l'avancement du corps qui la contient ne dépend que de sa forme. Il reste immobile s'il a la forme sphérique; mais si la forme devient irrégulière, il résulte de la répulsion électrique expansive un mouvement du corps comme on l'obtient dans le *tourniquet électrique*, qui a la forme S, et des contre-répulsions exercées sur les deux extrémités de la part de l'air il résulte un mouvement qui ne diffère point de celui produit de la poussée expansive **p** de la part de la surface S de la queue et de la poussée **p** — *p* de la part de la surface *s* de la tête. La rupture d'équilibre exprimée par la différence *p* des poussées se présente comme mouvement progressif du côté de la tête où la surface *s* est inférieure, et par suite la poussée répulsive **p** — *p*.

Les spermatozoïdes ne sont donc que des filets simples d'albumine qui ont pris cette forme pendant leur trajet des capillaires dans les fonds des culs-de-sac des canaux séminifères; il reste en même temps sur leur surface une couche d'équivalents *a*Ē qui y sont contenus à l'état latent par d'autres *a*Ē déjà contenus dans l'albumine. Pendant l'avancement des canaux séminifères, les filets circulent et se couvrent d'albumine d'où résultent de nombreux globules; ceux-ci provenant, 1° de deux canaux anastomosés, produisent une cellule centrale *o*; 2° de ces canaux directs résultent deux semblables cellules centrales formant dans l'anastomose une cellule médiane **o**, et aussi de ces deux cellules en est produite une externe O.

§ 714. Chaque corps qui par son contact produit un éloignement d'électricité des spermatozoïdes fait cesser leur mouvement; tels sont : les acides, les alcalis, l'opium, la strychnine, la bile, le mucus vaginal anormal, l'acidité ou l'alcalinité. Le même effet résulte d'un courant électrique. Au contraire, la mobilité des spermatozoïdes se soutient à la température de 37° vingt-quatre heures encore après la mort. Dans l'air, cette mobilité ne se soutient que quelques heures; elle n'est pas interrompue par l'urine; mais chaque changement de température, en occasionnant un courant thermoélectrique, intercepte le mouvement des spermatozoïdes. Il est donc établi, conformément aux résultats de l'expérience, que le mouvement des spermatozoïdes est un fait purement électrique, et non le produit d'une organisation animale.

La série de faits physiologiques qui se succèdent après la fécondation nous conduit à reconnaître dans les équivalents électriques *a*Ē des spermatozoïdes la conservation de toutes les directions des écoulements qui ont eu lieu dès le commencement de cette série animale. La nécessité d'un œuf formé dans un individu femelle homoïde nous fait voir que les équivalents hétéronymes *a*Ė possèdent au même degré toutes les directions de leur propagation qui ont eu lieu depuis le commencement de la série. Ainsi les directions des équivalents *a*Ē et *a*Ė produisent une espèce d'engrenage mis en mouvement par l'alimentation. Nous ne pouvons donner aucune preuve physique de l'existence d'une telle conservation des directions des propagations précédentes, cependant il serait absurde d'admettre une interception pour un fluide indéfiniment comprimé et possédant le mouvement emmagasiné, qui n'a d'autre propriété que la tendance à augmenter de volume par son expansion.

§ 715. **Rapport entre les spermatozoïdes et les aliments.** Chez l'adulte jamais les spermatozoïdes ne manquent, tandis qu'ils n'apparaissent chez les animaux que pendant la durée du rut; ceux qui ont été produits sont absorbés pour servir à l'alimentation, et comme il n'y a pas d'albumine en excédant, il ne s'en produit pas d'autres jusqu'à l'époque du rut suivant. Ainsi le sperme est une sécrétion analogue à la bile, car s'il ne sert pas à la fécondation, il n'est pas perdu, mais il est utilisé comme substance alimentaire. Les vésicules séminales correspondent à la vésicule biliaire. Chez les animaux bien nourris, le nombre des ruts augmente; il diminue, au contraire, quand les animaux sont mal nourris, quand on les fait trop travailler ou quand ils sont malades. Chez l'homme adulte bien nourri, il n'y a pas interruption de rut, cependant à la suite de pertes de sperme fréquemment répétées, les canaux des testicules s'élargissent, et les cellules spermatiques ne se déchirent plus pour laisser passer les spermatozoïdes, dont les équivalents *u*Ë paraissent aussi être devenus moins denses. Cet état est la conséquence de l'abus des plaisirs vénériens et des débauches pendant la jeunesse. Les animaux en sont préservés par l'interruption du rut.

§ 716. **Fécondité.** On ne voit des familles nombreuses que chez les souverains et chez les pauvres. Les souverains, pour préserver leurs enfants de la débauche, les marient dès l'âge de la puberté; quant aux pauvres, n'ayant d'autre moyen de satisfaire leurs sens que le mariage, ils se marient également dès l'âge de la puberté. La jeunesse de la classe aisée est la seule qui possède les moyens de se procurer de bonne heure toute espèce de plaisirs éphémères. Épuisés, affaiblis déjà à l'âge de la puberté, ils se marient à un âge avancé. Il est très-rare que de pareilles unions produisent autant d'enfants que celles des pauvres et celles des familles princières.

§ 717. **Éléments de la semence.** Le sperme dans lequel flottent les spermatozoïdes, a une odeur particulière; il est légèrement alcalin : sur 100 parties, après l'évaporation de 90 parties d'eau, il reste : *spermatine*, 6; *phosphate calcaire et autres sels*, 3; *soude*, 1. La spermatine n'est que l'ensemble des spermatozoïdes, ou des filets d'albumine contenant les deux électricités à l'état latent; c'est en cela que consiste la différence entre l'albumine simple homoïde et les filets électrisés.

§ 718. **Castration.** Pour empêcher la consommation de l'albumine et surtout pour obvier aux inconvénients qui en résultent, on retranche les testicules chez les animaux qu'on veut faire engraisser; on intercepte ainsi la propagation des équivalents électriques *q*Ë par le nerf qui produit une agitation universelle du corps pendant l'époque du rut; cependant, chez les animaux employés au travail, cette agitation est utilisée, et l'on obtient des équivalents *q*Ë un excédant de travail. C'est pour cela qu'on évite la castration.

Toutefois, en Orient, les eunuques des harems, bien que

soumis ordinairement à un très-minime travail, sont faibles et n'arrivent pas à une obésité exceptionnelle. Cela est dû à la jalousie qui les tourmente, et c'est cette agitation intellectuelle qui absorbe les équivalents électriques $q\bar{E}$ qui ne sont pas perdus chez les animaux privés d'intelligence; mais ces équivalents servent à transformer la fécule en graisse de la manière indiquée plus haut.

§ 719. **Déplacement naturel des testicules.** Les testicules de l'embryon sont dans l'abdomen; le droit se trouve au-dessous du foie et le gauche au-dessous de la rate. Au septième mois de la vie intra-utérine, les testicules descendent dans le scrotum; chacun d'eux est contenu par un cordon fibreux nommé *gubernaculum testis*. Le cordon gauche est plus long que le droit, parce que celui-ci a son extrémité au bord inférieur du foie et que le gauche a son extrémité plus élevée, car elle monte jusqu'à la rate. Cette inégalité entre les longueurs des cordons se maintient pendant toute la vie; le testicule gauche est toujours un peu plus bas que le droit.

B. Origine de la forme sphérique de l'œuf et de son état électrique.

§ 720. Les ovaires *g*, *g* (fig. 176) sont l'appareil de la formation des œufs; chaque œuf est constitué par une base celluleuse parcourue par un grand nombre de vaisseaux, et est recouvert par une membrane propre et par un feuillet du péritoine; il contient dans son épaisseur des vésicules de grandeurs diverses nommées *follicules* ou *vésicules de Graaf*.

Figure 176.

b, col de l'utérus. *cc*, utérus (matrice). *dd*, ligaments ronds. *ee*, trompes utérines. *ff*, pavillon de la trompe. *gg*, ovaire. *h*, ligament de l'ovaire.

Dans chacune d'elles est contenu un *ovule*. Leur dimension est de $0^{mm},5$ à 2 millimètres. A l'âge de la puberté quelques follicules commencent à croître pour former des tumeurs transparentes et atteignent 1 centimètre de diamètre. Chez la femme, elles arrivent à la grosseur d'une noix; mais les autres cellules, dont le nombre est de 15 à 20, ont toutes des grandeurs inférieures.

§ 721. **Vésicule de Graaf.** Il y a double enveloppe ou deux tuniques : 1° l'*externe* résistante, élastique, peu vasculaire; 2° l'*interne*, plus épaisse, peu élastique, plus vasculaire, contenant un liquide transparent, jaunâtre, coagulable par la chaleur et l'alcool, comme le *sérum* du sang. Il existe dans ce liquide une multitude de granulations : l'ovule *d* (fig. 177) y occupe une place; quand la vésicule se rompt, l'ovule s'échappe; il a alors un diamètre de $0^{mm},5$ à $0^{mm},1$. A cette grandeur, sans s'arrêter, l'ovule embrassé par le pavillon de l'extrémité de la trompe y est introduit, sans pour cela avoir aucun rapport avec l'acte de l'accouplement. Cela n'a lieu que chez les animaux quand ils sont en chaleur, et chez la femme à toute époque.

Figure 177.

VÉSICULE DE GRAAF.

a, tunique de la vésicule composée de deux feuillets accolés (interne et externe).
b, membrane granuleuse.
d, l'ovule contenant dans la membrane vitelline *d* : 1° le liquide granuleux vitellus; 2° la vésicule *f* germinative, et 3° la tache germinative.
ee, cumulus proligère.

§ 722. **Menstrues.** Les femelles des animaux deviennent en chaleur par l'accumulation de l'excédant d'albumine qui, après avoir atteint dans le sang un certain degré, commence à se déposer par la sécrétion dans les follicules de Graaf, dont la tunique interne sert à faire pénétrer les particules d'albumine, qui obtiennent une couche d'équivalents $\alpha\vec{E}$ électriques à leur surface, et les contiennent à l'état latent, comme cela a lieu pour les filets d'albumine qui pénètrent des capillaires dans le fond des culs-de-sac du testicule. Les particules d'albumine ainsi électrisées en se repoussant, constituent donc les granulations microscopiques contenues dans le sérum transparent. Avec la multiplication de ces granulations, la répulsion mutuelle augmente entre elles et la tunique interne qui contient aussi les équivalents positifs $\alpha\bar{E}$ des capillaires, et c'est la tunique externe qui contient les équivalents négatifs $\alpha\bar{E}$ à l'état latent. Cette répulsion mutuelle croissante fait rompre les vésicules de Graaf, et le contenu qui doit servir d'aliment est absorbé. Ainsi l'animal cesse d'être en chaleur pendant tout le temps qu'il n'y a pas d'excédant d'albumine dans le sang. En comparant l'époque menstruelle chez la femme à l'état des animaux en chaleur, on est conduit à considérer ce moment comme le plus propre à la fécondation ; cependant l'observation prouve le contraire. Quelques physiologistes croient qu'il y a plus d'aptitude à la fécondation avant l'arrivée des menstrues ; d'autres pensent le contraire. L'observation semble prouver que ces deux opinions sont également erronées. En effet, chez la femme, l'époque des menstrues doit être comparée à l'intervalle qui, chez les animaux, sépare les périodes de l'état de chaleur. Les menstrues n'ont pas une relation directe avec la fécondation, mais elles correspondent à l'excrétion cutanée de carbone et de mucus chez l'homme, qui se déposent pour former les poils de la barbe et des moustaches.

Quand la fécondation a eu lieu, la menstruation est supprimée pendant toute la durée de la grossesse, et habituellement cet état se prolonge pendant tout le temps que la femme allaite son enfant. C'est ce qui a fait attribuer aux menstrues l'indice d'un état analogue à celui des animaux en chaleur. Nous avons dit qu'en hiver le poil et la laine croissent moins vite, parce qu'alors le carbone et le mucus sont employés à la production de la chaleur. La même chose a lieu pour l'interruption des menstrues pendant la grossesse : le carbone et le mucus étant employés à former les organes du fœtus. Nous allons en donner la preuve par ce qui suit. La première apparition des menstrues est subordonnée aux climats. Dans les pays chauds, les jeunes filles sont réglées vers l'âge de douze ans ; dans les pays froids, elles ne le sont que de seize à dix-huit. La même chose a lieu pour l'âge de puberté de l'homme, âge auquel la barbe et les moustaches commencent à pousser. Notre allégation que le carbone et le mucus restent en excédant pendant l'été, et sont consommés en hiver, trouve ici son explication.

Les règles cessent entre quarante et cinquante ans. La durée de l'écoulement des menstrues varie entre deux jours et une semaine, d'où il résulte que cette époque ne doit pas être considérée comme analogue à l'état des animaux en chaleur. La quantité du sang expulsé pendant une période est d'environ 500 grammes. Le sang est riche en globules, mais il contient peu de fibrine. Ce sang provient des vaisseaux de la membrane muqueuse de l'utérus.

§ 723. **Castration.** Comme chez les animaux mâles, l'extirpation des testicules les rend impropres à l'acte de la fécondation; de même chez les animaux femelles, l'extirpation des ovaires les rend inaptes à être fécondées. A Pesth, une femme qui faisait cette opération sur les animaux la fit secrètement sur plusieurs femmes, mais elle fut punie quand ses manœuvres furent découvertes.

§ 724. **Ovule.** L'ovule *d* (fig. 177) est composée : 1° de la *membrane vitelline* d; 2° du *vitellus*; 3° de la *vésicule germinative* c, et 4° de la *tache germinative* f. Le contenu de l'ovule est le jaune vitellus, composé de granulations unies entre elles par un liquide visqueux qui le rend semi-liquide. Dans son intérieur existe la vésicule germinative contenant un liquide transparent; son diamètre est de $0^{mm},03$. On aperçoit dans son milieu un petit amas granuleux moins transparent, qui est la *tache germinative*. Il y a donc trois enveloppes séparées par trois couches liquides contenant des granulations. Cette structure résulte des répulsions des équivalents électriques contenus à l'état latent, les équivalents négatifs $a\bar{E}$ de la surface externe des enveloppes et les équivalents positifs $a\bar{E}$ de leur surface interne et de la surface des filets d'albumine qui paraissent comme granulations.

1° *Vésicule germinative.* Des capillaires de la tunique interne se forme la sécrétion de son contenu, qui n'est que le sérum du sang, et de minimes particules d'albumines qui, étant repoussés par les équivalents $\alpha\bar{E}$, en obtiennent une couche sur leur surface, où ils sont contenus à l'état latent. De ces particules repousées par la surface interne de la tunique, résultent les granulations de la tache germinative, ensuite la vésicule germinative qui contient dans sa face interne les équivalents positifs $\alpha\bar{E}$ repoussés de la tunique interne, puis enfin la granulation de la tache.

2° *Membrane vitelline* ou *zone transparente.* De la répulsion centripète exercée toujours par les capillaires de la tunique interne, de la contre-répulsion par la granulation de la tache, et par la surface interne de la vésicule germinative, il résulte une zone transparente *d*, qui sépare la granulation de l'ovule de celle du follicule, cette zone est la vitelline contenant, comme la vésicule, les deux électricités à l'état latent, l'électricité positive à l'intérieur, et l'électricité négative à l'extérieur. Nous dirons ci-dessous pourquoi la tache germinative n'est pas au centre de l'ovule et pourquoi celui-ci n'est pas au centre du follicule.

725. **Comparaison entre les follicules de Graaf et les cellules spermatiques.** Dans tous les cas, il y a trois enveloppes superposées; la différence consiste dans l'arrangement des détails internes, 1° des filets d'albumine enroulés tous deux dans une enveloppe centrale *o* correspondant à la vésicule germinative, contenant la granulation centrale; 2° de deux des enveloppes *o*, *o*, comprises dans une autre médiane **o** correspondant à la membrane vitelline; 3° de deux des enveloppes médianes **o** contenus dans une autre extérieure O correspondant aux deux tuniques de la vésicule de Graaf.

La différence entre la structure concentrique du follicule de Graaf et la structure copulative des cellules spermatiques a pour cause la distribution des équivalents électriques contenus par les enveloppes à l'état latent. Si les équivalents positifs $\alpha\bar{E}$ sont contenus dans la surface interne, il en résulte une structure concentrique (fig. 178), qui domine dans les détails de la reproduction des invertébrés. Si, au contraire, les équivalents positifs αÉ sont dans la surface externe, les globules ne peuvent parvenir à se rencontrer que quand deux globules sortent en même temps de deux canaux, et se trouvant forcément en contact dans les anastomoses des canaux conducteurs, sont ainsi enveloppés dans une couche d'albumine qui obtient à sa surface les équivalents positifs dont la poussée les fait avancer.

Figure 178.

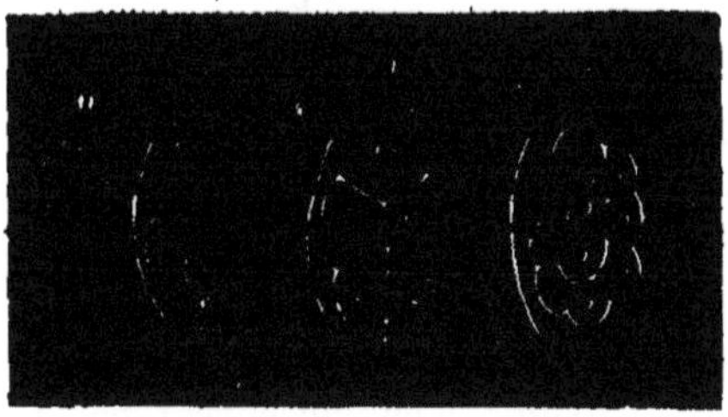

SEGMENTATION DE L'ŒUF DES INVERTÉBRÉS.

II. — ACCOUPLEMENT.

§ 726. La préparation de la semence chez l'homme et de l'œuf chez la femme, leur accouplement et la fécondation, offrent une série de faits liés entre eux comme causes et effets inséparables. Nous continuerons à développer la loi physique qui régit cette liaison, base de la reproduction et de la conservation des espèces animales. Cette conservation des epèces a également lieu pour la reproduction des plantes, dont plusieurs familles ont deux sexes distincts, comme les animaux. Le mouvement seul leur manque.

L'accouplement n'est qu'un effet direct, 1° de la présence de la semence dans les canaux et les vésicules spermatiques, et 2° de l'accumulation du contenu dans les follicules de Graaf. Cela est évident pour les animaux en chaleur, car avant ou après cette époque, il n'y a pas accouplement, et s'il y en avait, il n'y aurait pas fécondation. L'action de l'accouplement fécondant étant la propagation d'équivalents électriques, il faut pour qu'il se produise qu'il y ait accumulation de ces équivalents; nous sommes ainsi conduits à reconnaître dans la présence de la semence et du contenu des follicules de Graaf une accumulation électrique analogue à celle qui s'opère dans les glandules de l'estomac après une longue abstinence. Les effets sont néanmoins différents, car dans un cas, l'excédant *a* d'albumine est absorbé ou repoussé dans les capillaires pour servir à l'alimentation, tandis que, dans d'autres, l'excédant d'équivalents *a*Ë persiste et augmente jusqu'à la mort, s'il n'y a pas introduction d'aliments dans l'estomac.

§ 727. **Accouplement.** Quand même les deux sexes sont séparés, les individus n'en deviennent pas moins en chaleur à l'époque du rut : leur agitation dure quelques semaines, puis ils reviennent à leur état normal. Si, au contraire, ils sont réunis, nulle part le mâle ne rencontre de résistance inférieure que chez la femelle, de même celle-ci trouve son minimum de résistance chez le mâle. Cet état est dû aux électricités hétéronymes, 1° dont l'électricité positive est dans la surface des spermatozoïdes et dans les capillaires qui sont en contact avec eux; 2° dans l'œuf c'est l'électricité négative qui est sur la face externe, et de là l'agitation et l'inquiétude. Cependant il y manque la poussée, car celle-ci ne résulte que des équivalents positifs.

§ 728. **Irritation chez l'homme.** L'accumulation des équivalents *a*Ë dans les parties génitales augmente par chaque cause qui peut produire une éjaculation. Cette éjaculation peut avoir lieu même pendant le sommeil; toutefois de telles émissions de semence sont très-incomplètes. La propagation des équivalents *a*Ë entraîne une quantité supérieure de sang vers les parties génitales, et comme il ne peut y avoir éloignement que de la portion normale, il reste dans les capillaires un excédant dont le volume s'accroît. C'est ainsi que la verge AB (fig. 174) devient dure et volumineuse; il ne faut alors qu'un léger contact externe pour occasionner l'émission du sperme, repoussé par l'expansion des équivalents *a*Ë.

§ 729. **Érection chez la femme.** Une quantité supérieure de sang artériel arrivant au clitoris, ce sang pénètre dans les capillaires plus abondamment que la partie qui en est éliminée, et en augmente le volume comme celui de la verge. De ces deux causes, résulte dans le vagin une compression de la verge qui, en comprimant le canal AB, fait augmenter la densité des équivalents $a\ddot{E}$. Cette compression de la verge dans le vagin atteint, chez la chienne et la grenouille, un si haut degré qu'on ne pourrait détacher deux de ces animaux sans compromettre leur vie. On a attribué cette impossibilité de séparation au très-haut degré de plaisir et de soulagement.

Les glandules vulvo-vaginales fournissent un liquide d'une odeur qui éveille le désir vénérien. Lorsque la tension des capillaires est très-grande, l'issue du liquide a lieu parfois sous forme de jet par la contraction spasmodique du canal excréteur. Ce jet du clitoris est analogue à celui qui apparaît aux glandes salivaires, et il n'a aucune ressemblance avec celui de la semence; il n'a non plus aucun rapport avec la fécondation.

§ 730. **Du coït.** L'expansion la plus prompte et la plus complète des équivalents $a\ddot{E}$ du canal de la verge ne s'opère qu'au contact de son sommet avec la partie inférieure de l'utérus, quand en même temps son corps reste comprimé de tous côtés par la paroi vaginale dont le liquide facilite les petits mouvements. L'éjaculation est d'autant plus prompte que le contenu du canal et des vésicules spermatiques est plus copieux; cependant, bien que par une première éjaculation il s'en évacue une grande partie, il en reste encore qui peut s'évacuer par d'autres éjaculations moins abondantes opérées ensuite; toutefois il s'établit bientôt entre l'état électrique des parties génitales une espèce d'équilibre qui fait cesser les éjaculations. On pourrait croire que tout est fini; mais si la femme à laquelle on a eu affaire s'éloigne et qu'il s'en présente une autre d'une nature un peu différente, une nouvelle propagation d'équivalents vers les parties génitales apparaît, la verge s'enfle et la répétition des éjaculations devient possible à cause de l'état électrique différent de la deuxième femme.

Chez la femme, il y a également un soulagement par l'arrivée des équivalents $a\ddot{E}$ qui s'unissent à ceux $a\ddot{E}$ de la surface de l'ovule. Quelques-unes éprouvent un évanouissement momentané, puis ensuite l'équilibre s'établit pour quelques jours, et même pour des semaines entières. Le plus souvent la femme privée des plaisirs sexuels éprouve moins de trouble que l'homme de la part des équivalents négatifs $a\bar{E}$. Plusieurs conservent leur virginité toute leur vie; d'autres, restées veuves très-jeunes, ne se remarient jamais. Il y a donc une cause physiologique de la *polygamie* et de la rareté de la *polyandrie* (1).

III. — FÉCONDATION.

§ 731. L'accouplement se termine par l'introduction d'une quantité de spermatozoïdes dans le vagin; toutefois cette introduction ne produit aucun effet particulier par rapport à la fécondation, car si l'on injecte dans le vagin d'une chienne en chaleur le sperme du mâle dans le même état qu'elle, on peut produire ainsi le développement d'un nouvel être. L'accouplement n'a pas toujours lieu en vue de la fécondation; il a bien plus souvent pour but le soulagement et le plaisir qu'en éprouve le couple qui s'y livre. Nous essayons de dissiper le préjugé qui règne depuis longtemps, et qui se base sur l'hypothèse d'un Créateur qui a fait tout avec un ordre tel qu'il ne peut manquer d'arriver au but qu'il s'est proposé. Cette hypothèse, soutenue par l'Écriture, a nui aux progrès des sciences.

La fécondation n'est pas un effet chimique comme le coït : les deux éléments en contact ne consistent qu'en albumine qui ne peut pas engendrer un mélange analogue à celui des sels produits par un acide et un oxyde. L'albumine n'a d'autres fonctions que de servir de réceptacle aux deux électricités à l'état latent. C'est à cause du mode indiqué de la pénétration des filets d'albumine dans les canaux séminifères que les équivalents $a\overset{+}{E}$ restent à la surface des

(1) La polyandrie, dit-on, est établie au Tibet, au Boutan, et dans quelques classes de la population malabare.

spermatozoïdes, tandis que des filets d'albumine introduits des capillaires dans l'intérieur d'un follicule de Graaf produisent également une surface couverte d'équivalents $a\ddot{E}$. Ces filets restent contenus dans le follicule de Graaf; la surface de la tunique interne contient ces équivalents $a\ddot{E}$, et c'est la surface de la tunique externe qui contient les équivalents négatifs $a\ddot{E}$.

§ 732. **Détails de la fécondation.** Les spermatozoïdes éprouvent une petite résistance dans le vagin et l'utérus, ils avancent même dans les trompes jusqu'au pavillon. Dans les cas où un ovule se trouve dans ces passages, il s'y arrête un ou plusieurs spermatozoïdes, à cause du minimum de résistance qu'ils y éprouvent. Nous avons dit que les follicules de Graaf s'accroissent; au moment où l'un d'eux crève, les équivalents positifs $a\ddot{E}$ de la surface interne expulsent le contenu dans lequel se trouve l'ovule, et à cause des équivalents négatifs $a\ddot{E}$ de sa surface, celui-ci ne trouve une légère résistance que dans le pavillon de la trompe, qui l'embrasse et le conduit vers l'utérus.

Dans la production d'un mélange chimique ou d'une décharge électrique comme celle du coït, il faut aussi qu'il y ait contact des deux éléments, comme cela a lieu dans la fécondation. Ici cependant, il n'en résulte pas un mélange et un produit stationnaire, mais c'est le commencement d'une série de faits d'un ordre déterminé par la propagation des deux électricités hétéronymes qui restent toujours contenues à l'état latent. Ce sont donc les directions de ces propagations qui se répètent sans cesse avec le même ordre, comme cela avait eu lieu précédemment pendant la production des individus de la même série, laquelle était composée d'individus mâles et d'individus femelles. La fécondation exige donc que les deux individus soient homogènes, tandis que le coït peut s'opérer entre des individus hétérogènes, parce qu'il n'est qu'une décharge électrique.

§ 733. **Du sexe des enfants.** La différence entre la direction des propagations des équivalents ne consiste qu'en celles qui résultent du sexe; seulement cette direction, au lieu d'être dans le même sens que celle de tous les autres détails du corps, est en sens opposé. Si du côté de l'œuf se trouve la propagation à un degré supérieur, il y aura conception d'un individu mâle; si au contraire la direction du côté du spermatozoïde est plus intense, le nouvel être sera femelle, ainsi que nous allons le démontrer.

§ 734. **Mélange des blancs et des nègres.** Au cas où deux individus de couleur différente cohabitent ensemble, il est évident que l'œuf et le spermatozoïde servent de support aux propagations des directions suivies par les équivalents électriques, pendant la reproduction de la série de tous les individus précédents. Les enfants procréés sont mulâtres, quel que soit leur sexe.

§ 735. **Superfétation.** Les spermatozoïdes introduits par un individu dans le vagin se propagent vers la trompe; plus tard de nouveaux y sont introduits par un autre individu. Pendant que les œufs descendent par les deux trompes, l'un peut se rencontrer avec les spermatozoïdes du premier individu et l'autre avec ceux provenant du second. Si la femme est blanche et que deux individus soient, l'un blanc et l'autre nègre, elle donnera naissance à deux jumeaux dont l'un sera blanc et l'autre mulâtre; si elle est négresse, l'un des deux jumeaux sera nègre et l'autre mulâtre, sans que cela exerce la moindre influence sur le sexe.

Après être accouchée d'un enfant à terme, il arrive quelquefois qu'une femme, au bout de deux, trois, quatre ou cinq mois, donne naissance à un autre enfant également à terme. Cela prouve qu'il y a accroissement et rupture des follicules de Graaf, même pendant la grossesse, que les spermatozoïdes y parviennent et produisent une nouvelle fécondation, qui suit son cours régulier à côté d'une précédente.

IV. — DÉVELOPPEMENT DE L'OEUF NON FÉCONDÉ ET DE L'OEUF FÉCONDÉ.

§ 736. Il est très-important de faire voir d'abord le mode de production des œufs que pondent les poules vierges, parce qu'il y a là une série de faits simples et faciles à expliquer. Quand les œufs sont fécondés, ils sont pondus aussi bien que ceux qui ne sont pas fécondés, et l'on peut faire commencer leur incubation après un espace de temps indéterminé. Chez les mammifères, au contraire, les œufs non fécondés sont absorbés dans l'utérus et les œufs fécondés se développent sans passer à l'état d'inactivité.

A. Croissance des œufs non fécondés.

§ 737. L'ovule sorti du follicule de Graaf est embrassé par le pavillon de la trompe à cause de son état électronégatif qui exerce un minimum de résistance; c'est cet état qui, des capillaires des trompes, provoque l'affluence des équivalents $q\ddot{E}$ qui font pénétrer l'albumine du sang pour se mêler au vitellus de l'ovule, dont le volume croît jusqu'au degré d'un équilibre électrique entre le vitellus déjà existant et l'albumine déposé de la paroi de l'oviducte. L'albumine reste ensuite entourée autour du jaune ainsi produit pour former le blanc de l'œuf.

Mais les globules d'albumine contiennent dans leur enveloppe une quantité $\alpha\ddot{E}$ d'équivalents provenant des capillaires, et la surface interne de chaque enveloppe contient en même temps une égale quantité $\alpha\dot{E}$ d'équivalents négatifs à l'état latent. Cette propriété d'électricité est un fait accompli, de sorte qu'il n'est pas permis de considérer le chyme et le chyle comme deux liquides identiques; car leur différence ne consiste qu'en enveloppes minces contenant dans le chyle les deux électricités à l'état latent, tandis que le chyme est un liquide amorphe uniforme. De l'accumulation d'une grande quantité de globules d'albumine avec enveloppes contenant les équivalents $\alpha\ddot{E}$ il résulte une répulsion expansive centrifuge analogue à celle qui a lieu dans le vitellus après sa segmentation; de sorte que les enveloppes évacuées de leur contenu sont repoussées au delà de l'enveloppe précédente qui, sous la forme d'une membrane, contenait d'abord la masse semi-liquide. Cette masse, composée d'enveloppes contenant les deux électricités à l'état latent, n'est plus l'albumine des capillaires ni celle qui en résulte après l'évacuation des globules.

On savait que tous les détails du poulet et son squelette ont les mêmes éléments primitifs que l'albumine, et comme on ignorait en quoi consiste cette métamorphose, pour fixer les idées, on était conduit à reconnaître plusieurs espèces de *blastèmes* formées pendant l'incubation de l'albumine où entrait encore une *force vitale* de nature inconnue. Pour éviter cette prétendue force, nous avons préféré montrer le mode de production de la coquille de l'œuf, qui ne résulte que d'une masse d'enveloppes nommée ici *polycystie* (πολὺ, multitude; κύστη, vésicule). Les espèces de la polycystie ou du blastème ne dépendent pas des éléments matériels, mais des quantités des équivalents électriques contenus à l'état latent. Le blastème de la coquille de l'œuf consiste en enveloppes des globules d'albumine qui s'en séparent et qui contiennent les deux électricités à l'état latent.

La coquille de l'œuf n'est pas produite graduellement, mais elle apparaît subitement le jour où l'œuf arrive dans le cloaque; sa solidité provient : 1° de la petite répulsion r exercée entre les enveloppes à cause de leurs électricités hétéronymes, et 2° de la grande pression P exercée sur le barogène $q\beta$, contenu dans les éléments matériels, de la part de la pesanteur qui résulte de l'affluence du barogène **b** (§ 5). La chaux de la coquille est ce qui reste dans les enveloppes, comme le sesquioxyde de fer dans les globules du sang. Cette origine de la chaux sert à expliquer celle de la chaux du squelette du poulet, car la chaux n'est pas comme telle dans l'albumine.

B. Excentricités dans les œufs et dans les follicules de Graaf.

§ 738. 1° De l'ovule fécondé la cicatricule n'est pas au centre de l'œuf, mais entre le jaune et le blanc; 2° l'ovule d (fig. 177) n'est pas au centre du follicule de Graaf; 3° la vésicule germinative n'est pas au centre de l'ovule. On fait servir ici cette excentricité à rendre manifestes les actions électriques; car la vie n'est que la propagation des équivalents électriques résultant de leur mouvement emmagasiné.

I. *Excentricité de cicatricule.* De la segmentation du vitellus le blastoderme est produit par les répulsions mutuelles des enveloppes; de sorte que les équivalents $q\ddot{E}$ restent dans l'ovule soutenus par le germe, et ceux qui sont repoussés se dirigent vers le vitellus. Dans la trompe les globules d'albumine arrivent contenant à leur surface les équivalents $\alpha\bar{E}$; ils éprouvent ainsi une répulsion plus grande de la part du germe que de celle du vitellus. C'est pour cette raison que l'accumulation des globules d'albumine s'opère sur celui-ci, et que ces globules se mêlent et forment le jaune en laissant le germe dans sa surface. Lorsque la répulsion R entre les enveloppes des globules d'albumine atteint un degré capable de l'égaler à celle R′ exercée par les équivalents $\alpha\bar{E}$ du germe, c'est alors que le mélange avec le vitellus s'interrompt et que les globules incolores d'albumine se déposent autour du jaune en embrassant le germe.

II. *Excentricité de la tache.* Le feuillet interne du follicule de Graaf est contenu par l'ovaire du point π par lequel pénètrent l'artère et les équivalents $q\ddot{E}$ qui exercent une poussée sur les globules d'albumine apparaissant comme des granulations. A cause de leurs enveloppes portant les équivalents $\alpha\bar{E}$, elles sont repoussées vers l'extrémité opposée de l'espace du follicule, et c'est dans leur milieu que se fait une accumulation plus dense des granulations, qui n'est pas au centre du follicule (fig. 177), mais éloigné du point π.

III. *Excentricité de la vésicule.* Les granulations venues postérieurement et repoussées des capillaires éprouvent une contre-répulsion de la part des granulations de la tache f, et il en résulte une enveloppe de liquide dont la périphérie est plus éloignée de la tache du côté où celle-ci exerce la poussée supérieure contre les nouvelles granulations.

IV. *Excentricité du vitellus.* Les granulations postérieures sont accumulées du côté le plus éloigné des capillaires π, et c'est au milieu de ces granulations que l'ovule se trouve et non au milieu du follicule.

V. *Excentricité de la vitelline.* Les granulations postérieures ou cumulus prolifère *e, e* repoussées inégalement par la précédente font naître une contre-répulsion qui fait apparaître un équilibre dont provient une couche semi-liquide claire, sphérique, d'égale épaisseur autour du vitellus. Cette couche est la *vitelline*, qui se trouve entourée des granulations postérieures également éloignées du vitellus de tous les côtés.

VI. *Excentricité des granulations du follicule.* Après les granulations du vitellus, les autres venant toujours des capillaires π avec l'enveloppe possédant les équivalents *a*Ē, sont fortement repoussées par elles, sans cependant cesser de se repousser mutuellement. C'est pour cela que, dans la follicule de Graaf, elles occupent l'espace opposé à celui π de son artère. Parmi les granulations, les supérieures apparaissent comme vésicules dont la périphérie se trouve à la surface du feuillet interne ; on la nomme *membrane granuleuse*, et l'accumulation supérieure de semblables vésicules du côté de l'ovule se nomme *disque* ou *cumulus proligère*. Le liquide dans lequel flottent les vésicules ou les granulations est le sérum du sang transmis avec les globules d'albumine.

Changements opérés par la rupture du follicule. La surface externe de la vitelline étant électronégative à cause des équivalents *a*Ē contenus dans les capillaires, entraîne avec elle une quantité de cellules qui l'entourent et qui contiennent une quantité de sérum. La vésicule germinative, qui n'est qu'une enveloppe liquide sans granulation, disparaît quand l'ovule n'est plus dans le follicule, car alors la granulation de la tache n'étant plus repoussée par les capillaires, se dissipe et se mêle avec celles qui étaient autour de la couche liquide et qui, elles aussi, ne sont non plus repoussées par les capillaires. De même que la coquille résulte des enveloppes de l'albumine, de même aussi la membrane vitelline résulte de celles de l'albumine des vésicules. Cette membrane arrive à une épaisseur considérable et transparente contenant le vitellus provenant du sérum et du contenu des cellules évacuées.

Si l'ovule n'est pas fécondé, il pénètre la trompe en recevant à sa surface électronégative les globules d'albumine provenant des capillaires. Chez les oiseaux, il y a une grande masse d'albumine qui produit une coquille d'épaisseur analogue; chez les mammifères, l'œuf arrive très-petit à l'utérus; n'étant pas fécondé, il n'y reçoit plus d'albumine, mais il est absorbé par la muqueuse pour servir de substance alimentaire.

B. Développement extra-utérin de l'œuf fécondé.

§ 739. Ce qui se produisait sur l'ovule de la part des capillaires, pendant son séjour dans le follicule de Graaf, se reproduit, quand il en est séparé, de la part d'un ou de plusieurs spermatozoïdes superposés, qui sont les supports des équivalents $a\bar{\ddot{E}}$, car la surface de la vitelline étant électronégative, en exerce le minimum de résistance. C'est ainsi que l'équilibre dans le vitellus est rompu par les équivalents $a\ddot{E}$, qui, provenant du spermatozoïde admis en *d* (fig. 179),

Figure 179.

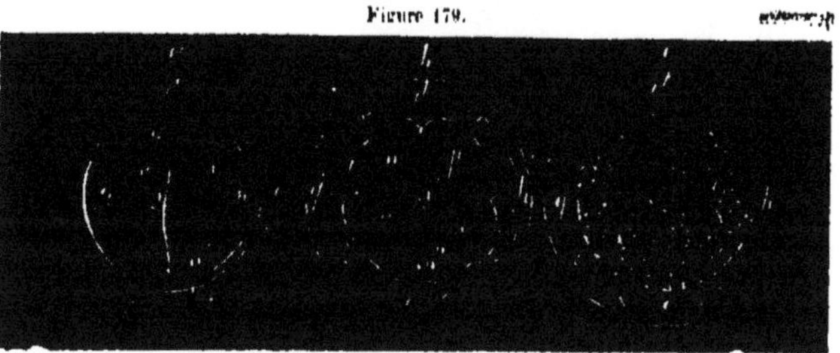

SEGMENTATION ÉLECTRIQUE LATÉRALE DU VITELLUS DES MAMMIFÈRES.

entraînent l'enveloppe pour lui en faire produire une plus grande. Cette enveloppe, devenue double *oo'* au milieu, opère la division du vitellus en deux compartiments *m* et *n*. Repoussées transversalement, les deux couches d'enveloppe produisent la subdivision de chaque compartiment, lesquels compartiments arrivent au nombre quatre : *o*, *p*, *r*, *s*. En continuant de se propager de la même manière, le nombre des compartiments croît jusqu'au degré où la somme des contre-répulsions entre les enveloppes de chaque compartiment devient suffisante pour se mettre en équilibre avec la poussée P extérieure provenant des équivalents $a\ddot{E}$.

Cette poussée étant enfin vaincue, les enveloppes des cellules se refoulent sur la surface interne de la vitelline, dont le point *d''* est occupé par le spermatozoïde qui l'a percé. Les cellules deviennent polygonales pendant que leurs enveloppes doublées, se déposent pour former une membrane sphérique dans le milieu de laquelle reste le vitellus qui diffère du précédent en ce qu'une multitude d'enveloppes doubles contenant les deux électricités à l'état latent, ont été produites par son albumine. Ces enveloppes doubles déposées sur la vitelline ont produit une membrane double nommée *blastoderme;* dans les deux faces extérieures de cette membrane se trouvent contenus les équivalents $a\ddot{E}$ propagés du spermatozoïde, et dans les deux faces internes en contact sont contenus les équivalents négatifs $a\bar{E}$ à l'état latent. Chez les invertébrés, la segmentation est centrifuge *a*, *b'*, *c'*, *o* (fig. 178).

Figure 180.

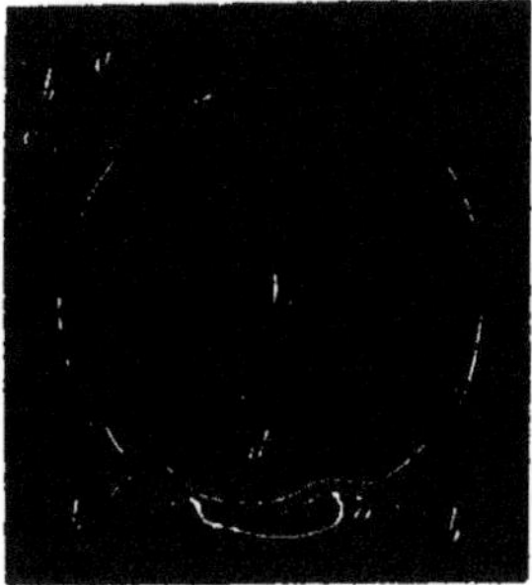

L'ŒUF AU 12e JOUR DE SON DÉVELOPPEMENT.

a, membrane vitelline avec ses villosités naissantes.
b, feuillet externe du blastoderme.
c, feuillet interne du blastoderme.
d, corps de l'embryon.
e'b', premier soulèvement céphalique et caudal.

L'albumine libre du vitellus, par son état électronégatif, éprouve le minimum de résistance dans le spermatozoïde; aussi une portion supérieure s'y accumule-t-elle et rend-elle la place obscure : on la nomme *tache embryonnaire* eo (fig. 180). En avançant par la trompe, l'œuf s'agrandit par l'albumine qui provient de ses capillaires; la tache embryonnaire s'allonge et s'éclaircit dans son milieu par une déposition d'albumine des deux côtés; de sorte qu'il reste au milieu une ligne claire. L'albumine, repoussée des capillaires, pénètre le feuillet *b* du blastoderme qui est du côté de la vitelline; elle ne pénètre pas l'autre feuillet interne *c* parce que cette albumine se trouve entre deux faces électronégatives. Cette albumine n'est pas encore un *blastème primitif*, mais ce sont les enveloppes séparées des globules d'albumine qui vont être entraînées par les propagations des équivalents αÉ pour arriver à former les vaisseaux sanguins de la vésicule ombilicale. Avant d'aller plus loin, nous exposerons simultanément le développement de l'embryon dans l'incubation extra-utérine et dans l'incubation intra-utérine.

C. Parallélisme du développement extra-utérin et du développement intra-utérin.

§ 740. L'ovule fécondé éprouve les changements indiqués chez les oiseaux et chez les mammifères; la différence ne se manifeste que plus tard. Cette différence consiste en ce que chez les mammifères la muqueuse de l'utérus cédant à la répulsion du spermatozoïde, laisse l'ovulve s'y enfoncer, tandis que celui-ci, en roulant dans l'oviducte des oiseaux, en reçoit les globules de l'albumine sur toute la surface du vitellus, excepté sur le point occupé par le *germe* d'où se répandent les équivalents αÉ. Cela est dû à la quantité αÉ d'équivalents contenus à l'état latent par les enveloppes *o* des globules d'albumine, et c'est ainsi que le germe, nommé *cicatricule* ou *chalazion* reste sur la surface du jaune jusqu'au moment où l'équilibre électrique s'établit. Ensuite le blanc se dépose de tous les côtés, et enfin la coquille se forme sans qu'il y ait nulle part la moindre trace de nerfs ou de vaisseaux.

§ 741. **Mode de production du poulet par le germe et l'albumine.** On ignorait qu'un œuf fécondé pondu nouvellement et n'étant pas encore refroidi ne produit jamais un poulet par une incubation artificielle. Ce fait nous servira ici de point de départ, car la température restant la même, il n'y a pas dans l'œuf de courants thermo électriques semblables à ceux qui ont lieu quand l'œuf refroidi commence à être chauffé artificiellement; dans ce cas il y a eu des courants centripètes pendant son refroidissement, et ces courants ont dû traverser le germe. L'incubation commence par des courants centrifuges qui traversent le germe en sens inverse. Si celui-ci était au centre de l'œuf, il ne serait pas traversé par ces courants, dont les directions sont réglées par celles des propagations des équivalents *a*Ē de germe d'où résultent l'arrangement du blastème et la formation des organes suivant l'ordre qui a déjà eu lieu dans la formation des organes des individus précédents, parce que, 1° quand les spermatozoïdes matériels se séparent de l'individu mâle, les équivalents *a*Ē électriques ne le deviennent pas, mais ils sont la propagation simple des équivalents *a*Ē existant déjà dans la série pendant la production des individus précédents; de même 2° quand l'ovule se sépare du follicule et des ovaires, ses équivalents négatifs *a*Ē ne sont que le prolongement de ceux *a*Ē existant déjà dans les individus de la même série dans laquelle sont les équivalents *a*Ē.

Nous avons montré que le blastoderme ne consiste qu'en une grande enveloppe contenant à l'état latent dans sa face externe les équivalents *a*Ē et dans sa face interne les équivalents *a*Ē. Le *germe* n'est plus un produit simple du spermatozoïde, mais bien une accumulation d'albumine ou de blastème déterminé par la direction des équivalents hétéronymes *a*Ē, *a*Ē, qui sont des directions homoïdes comme chez les individus qui se sont livrés au coït. Pendant le passage du courant centrifuge par le germe, c'est la direction des équivalents *a*Ē et *a*Ē qui détermine celle des équivalents *α*Ē centrifuge pour produire un individu mâle, ou les équivalents *α*Ē centripètes pour produire un individu homoïde femelle. Le reste du développement diffère peu chez les oiseaux et chez les mammifères. Occupons-nous d'abord du mode de production du blastème.

§ 742. **Origine du blastème ou de la polycystie.** On savait que d'une quantité d'albumine qui est une substance homoïde résultent des substances différentes qui engendrent les organes de l'embryon; on a donc donné le nom de *substance* à toute espèce de blastème. Personne ne savait en quoi diffèrent ces substances et comment des globules d'albumine incolore qui deviennent globules de sang de la manière indiquée, il se produit tant d'espèces de blastème, lequel est la base matérielle du développement. En effet, l'arrangement dépend encore de celui de chaque espèce de blastème, arrangement qui est soutenu par la propagation des équivalents $a\bar{E}$ et $a\bar{E}$, provenant des deux individus homoïdes, unis dans l'œuf fécondé.

Entre les globules du chyle et ceux du sang, on n'a pas trouvé de différence, on a seulement constaté une diminution des globules de sang opérée dans le passage du sang par les capillaires. Les globules du chyle deviennent globules de sang dans le passage des capillaires; la quantité constante des globules du sang est la preuve d'une diminution qui résulte de leur éloignement par les capillaires. Il y a donc introduction de globules de chyle qui deviennent globules de sang et éloignement des globules de sang qui deviennent des espèces de blastème.

Les globules du sang ne sont que des enveloppes formées d'albumine contenant les deux électricités à l'état latent. Les enveloppes peuvent éprouver un amincissement à cause du grand nombre de circonvolutions et des passages par les capillaires; en même temps la densité de leur électricité dissimulée augmente; de sorte que les enveloppes restant les mêmes, leur qualité change avec les densités des électricités. Les masses de blastème obtiennent donc ainsi des qualités différentes qui sont en rapport, 1° avec le nombre des révolutions faites pour s'amincir et se charger d'électricité, et 2° avec les intervalles ou pores qui se trouvent dans la paroi de chaque système de capillaires. Ainsi, dès que les globules de sang aminci arrivent dans le même temps à une quantité analogue d'électricités, ils pénètrent les capillaires correspondants, et le blastème ainsi produit obtient un arrangement déterminé par la direction des propagations des équivalents *générateurs* $a\bar{E}$ et $a\bar{E}$.

§ 743. **Mode de production de l'embryon des mammifères.** L'ovule fécondé dans la trompe avançant vers l'utérus reçoit l'albumine des capillaires ambiants. Arrivé dans l'utérus, il exerce une poussée supérieure sur la muqueuse de la part du germe; en s'enfonçant dans la muqueuse, l'ovule se trouve emprisonné par les bords du pli fait dans cette muqueuse autour de l'ovule. La membrane vitelline, en recevant dans sa surface le feuillet *b* de blastoderme, devient *chorion* a (fig. 181). La jonction entre les plis *b'*, *b'* fait naître une enveloppe autour de l'embryon ; c'est cette enveloppe qu'on nomme *amnios*. La surface interne de l'amnios contient les équivalents *a*Ë, parce qu'elle est la continuité de la surface externe, qui est en contact avec la vitelline.

Figure 181.

a, membrane vitelline (chorion).
b, feuillet externe du blastoderme.
b'b', replis du feuillet externe marchant à la rencontre l'un de l'autre.
b''b'', capuchon céphalique et capuchon caudal formés par ces replis.
c, feuillet interne s'écartant de l'externe et devenant vésicule ombilicale.
d, *d'*, corps de l'embryon.

La poussée provenant de la ligne médiane dorsale en direction divergente fait recourber les bords du fœtus pour prendre la forme d'une petite nacelle qui embrasse dans son ombilic une partie *p* du feuillet interne du blastoderme, lequel reste éloigné de l'extérieur à cause des équivalents homonymes *a*Ë contenus partout par ces deux surfaces parallèles, excepté à l'endroit *b'b'* postérieur du fœtus. La portion externe *r* du feuillet est la ***vésicule ombilicale;*** ce n'est qu'en *p* que les deux feuillets du blastoderme se mettent en contact. 1° L'externe engendre le sac amniotique qui contient l'embryon, et 2° l'interne contient le liquide vitellus composé des globules d'albumine qui ont une enveloppe contenant les équivalents *a*Ë à l'état latent, d'où résulte une contre-répulsion entre ces globules et la surface interne du blastoderme *r p*. De cette répulsion expansive résulte donc l'attachement des deux feuillets de blastoderme en *p* dans l'intérieur du fœtus. C'est par cette portion que les globules d'albumine de vitellus pénètrent entre les deux feuillets du blastoderme ; 1° dans l'intérieur, il va y avoir production du blastème déjà existant, des vaisseaux de la vésicule ombilicale pour faire naître un nouveau blastème des enveloppes des globules, dont 2° vont être formés les vaisseaux de l'allantoïde où se prépare le blastème, dont 3° vont être formés aussi les vaisseaux du cordon ombilical, et 4° les principaux vaisseaux du fœtus qui se propagent dans l'autre feuillet du blastoderme qui est en contact avec la surface intérieure de l'embryon.

§ 744. **Mode de production des vaisseaux sanguins.** Les deux feuillets de blastoderme interne et externe ne sont en contact que dans la face antérieure de l'embryon ; celui-ci est dans le sac *amnios*, séparé du blastoderme externe, car une partie du sérum de vitellus contenu dans le feuillet du blastoderme interne pénètre dans l'amnios. Les enveloppes des globules d'albumine de vitellus qui ont pénétré entre les deux feuillets en *p* servent de blastème dans la formation des vaisseaux de la vésicule ombilicale, dans lesquels ils sont repoussés.

Il n'y a rien de visible, parce que les globules d'albumine sont incolores comme les vaisseaux. Pour qu'on voie apparaître la couleur rouge, il faut que les globules d'albumine pénètrent par les capillaires desquels ils sortent vides de leur contenu, et le sesquioxyde de fer en est le résidu. De ce sesquioxyde résulte la couleur rouge des globules visibles et discoïdes.

Figure 182.

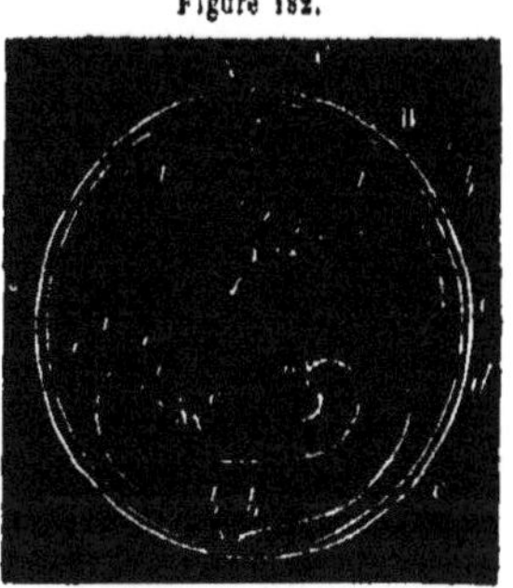

ŒUF DE VINGT A VINGT-CINQ JOURS.

a, chorion.
b, feuillet externe du blastoderme qui va se confondre avec le chorion.
b', *b'*, feuillet externe qui va former l'amnios.
c, *c*, vésicule ombilicale avec ses vaisseaux.
d, portion céphalique de l'embryon.
d', portion caudale de l'embryon.
e', *o*, vésicule allantoïdienne avec ses vaisseaux.
e'', *e''*, premiers vestiges de l'intestin.

§ 745. **Production des vaisseaux dans la vésicule ombilicale.** Du milieu de la partie concave *oo'* (fig. 182) sort un sac contenant du blastème et des globules d'albumine ; la face interne de ce sac est produite par celle du feuillet interne en contact avec la partie de l'amnios du côté antérieur du fœtus.

La paroi du sac est composée de blastème au milieu duquel sont poussés les globules d'albumine. La première artère et ses embranchements ne sont que des portions de blastème arrangées autour des globules d'albumine.

La poussée P exercée sur les globules d'albumine étant limitée à la densité des équivalents $a\ddot{E}$ du fœtus, ces globules et leurs sacs atteignent une limite d'équilibre à cause de la résistance que leur font éprouver les parois. De la continuité de la poussée P provient une expansion lente des sacs d'où résultent les *capillaires*, et des anastomoses de ceux-ci proviennent les origines des *veines* dans lesquelles entrent les globules déjà évacués de leur contenu et réduits à la forme discoïde pour présenter un volume inférieur à celui des globules sphériques composés d'albumine.

§746. **Origine de la circulation.** Il n'est pas indifférent que la poussée p soit excessive sur les globules sphériques qui pénètrent dans les artères, et celle p' exercée sur les globules discoïdes qui retournent par les veines après avoir passé par les capillaires. Si la forme des globules était la même, la poussée serait en équilibre dans les artères et dans les veines, et il n'y aurait lieu à aucun déplacement; mais comme les globules entrent sous la forme sphérique, en éprouvant la poussée p, quand ils deviennent discoïdes, ils ne reçoivent que la poussée $p' = p - \pi$ de la part du fœtus; il y a donc une rupture d'équilibre exprimée par l'excédant de la poussé π du côté des artères, et cette poussée π est la cause de la circulation primitive d'où résulte le sesquioxyde de fer qui colore les globules discoïdes. Ceux-ci, mêlés avec d'autres globules sphériques d'albumine, pénètrent dans l'artère, tandis que ceux qui se sont suffisamment amincis en passant par les capillaires traversent leur paroi et sont conduits comme blastème à se déposer pour produire les vaisseaux de l'allantoïde.

A côté de la vésicule ombilicale r, r, r, sort de l'abdomen la vésicule allantoïdienne $c'c''$ dans laquelle est déposé le blastème produit par les vaisseaux de la vésicule pour la formation des vaisseaux de l'allantoïde.

Allantoïde. Le blastème produit dans la vésicule ombilicale sert à former les embranchements de l'artère de l'allantoïde dans laquelle sont introduits les globules d'albumine. Dans la figure 183, nous avons représenté l'allantoïde avec une telle expansion qu'elle forme un sac dont la surface s'étend pour envelopper la vésicule ombilicale sans la toucher, à cause de l'état électropositif de leur surface.

Figure 183.

OEUF D'UN MOIS ENVIRON.

a, chorion.
b, feuillet externe se confondant avec le chorion.
b', b', replis du feuillet externe qui vont former l'amnios.
d, d', capuchon céphalique et capuchon caudal.
c, vésicule ombilicale.
c', c', c', c', vésicule allantoïdienne.
c'', c'', intestin commençant de l'embryon.
d, extrémité céphalique.
d', extrémité caudale.

La villosité ACB (fig. 182) du chorion, jusqu'alors non vasculaire, est remplacée par une autre qui consiste en vaisseaux venant de l'allantoïde qui, en faisant disparaître la membrane vitelline et le blastoderme externe, se plantent dans la muqueuse de l'utérus.

Chorion. C'est le nom qu'on donne à l'enveloppe extérieure de l'ovule, qui est d'abord la membrane vitelline seule, sur laquelle s'attache le feuillet externe du blastoderme et de sa surface, la villosité ACB pousse vers la muqueuse de l'utérus; puis arrive l'allantoïde, dont les vaisseaux se plantent dans cette muqueuse. Cette expansion de l'allantoïde a pour cause la poussée π exercée de la part de l'embryon contre les globules d'albumine qui ont siégé dans le vitellus, et qui ont été déposés en plus grande quantité sur l'ovule de la paroi de la trompe. Tous les fait exposés jusqu'ici s'appliquent aux œufs des oiseaux et à ceux des mammifères.

V. — FONCTIONS DE L'EMBRYON.

§ 747. Une fois que l'état véritable des fonctions pendant la vie nous était connue, il nous était facile de poursuivre leur développement dont l'importance consiste dans l'ordre chronologique, car cet ordre correspond à celui qui a eu lieu lorsque les premiers individus de chaque série animale ont été formés directement des éléments matériels et des fluides cosmiques impondérables. Dans la reproduction, on doit établir d'abord le mode de formation de l'appareil dans lequel des matières brutes se convertissent en espèces de *blastèmes* dont chacune sert à former les organes propres du fœtus. Dans la vie intra-utérine, la digestion et la respiration sont supprimées; la circulation diffère peu de celle qui a lieu pendant la vie extra-utérine.

La digestion n'est pas nécessaire, parce que les globules d'albumine pénètrent dans les capillaires de l'estomac comme de ceux de l'utérus dans la veine ombilicale. La respiration est inutile aussi, attendu que la différence entre la température du sang et celle du liquide amniotique reste constamment de 1° environ, comme cela a lieu pour les animaux à sang froid dont le cœur n'est pas séparé en deux compartiments, mais chez lesquels le trou de Botal reste ouvert pendant toute la vie extra-utérine. Il y a aussi une poussée P du sang produit de la part du sang des artères de l'utérus.

La circulation et la nutrition sont deux fonctions qui durent toute la vie; dans la circulation, les globules d'albumine arrivent comme matière brute : de ces globules évacués résultent les globules du sang, et de ceux-ci amincis et chargés de quantités différentes d'électricité à l'état latent résultent les différentes espèces de blastème. La nutrition ne consiste que dans l'arrangement de chaque espèce de blastème, arrangement qui est dû à la propagation des équivalents électriques *a*É et *a*E mêlés qui ont produit la segmentation dans l'œuf fécondé. Les organes se forment de ces espèces de blastème, et cela dans un ordre qui permet de reconnaître la connexion qui existe entre leur fonction et les espèces de blastème dont chacun d'eux est produit.

A. Circulation extrafœtale et intrafœtale.

§ 748. Pour qu'une circulation se manifeste, il faut : 1° des vaisseaux, 2° des globules d'albumine, 3° une poussée en équilibre rompu d'où résulte un mouvement progressif. Pour la formation des vaisseaux primitifs, il faut un blastème déjà préparé; car dès que la circulation commence, il y aura production de blastème pour servir à la formation de nouveaux vaisseaux. Ces préparations préliminaires s'opèrent dans les annexes de l'œuf, et selon les espèces de blastème qui y sont produites, la formation des vaisseaux de l'embryon commence suivant un ordre chronologique; il s'y établit une circulation propre pour fournir les espèces de blastème nécessaires à la formation de chaque organe.

Il faut donc distinguer : 1° une circulation vésiculaire primitive *extrafœtale* où se prépare le premier blastème *b*; une portion *b'* de celui-ci est employée pour élargir les vaisseaux vésiculaires, et l'excédant *z*, qui croît avec la portion *b'*, est employé à former un nouveau système de vaisseau dans l'autre extrémité de la vésicule ombilicale du côté caudal. L'étendue des vaisseaux du système secondaire avance rapidement, parce qu'il y entre le blastème *z* produit dans les vaisseaux vésiculaires et aussi celui produit dans les nouveaux vaisseaux qui constituent le *système allantoïdien*.

Du système allantoïdien résultent des espèces de blastème dont sont formées les deux artères et la veine qui soutiennent la communication entre les deux placenta et l'embryon. Les globules d'albumine des capillaires du placenta maternel pénètrent sous forme de globule de chyle dans les capillaires du placenta fœtal, et ils deviennent globules de sang après avoir été évacués dans les capillaires de l'embryon. De ces globules de sang amincis et chargés d'équivalents électriques $\alpha\ddot{E}$, $\alpha\dot{E}$, soutenus à l'état latent, provient donc le blastème qui est d'espèces différentes, parce que les quantités d'électricité $\alpha\ddot{E}$, $\alpha\dot{E}$ ne sont pas les mêmes; la quantité et la qualité des globules du sang changent à chaque révolution.

§ 749. I. **Système vasculaire primitif de la vésicule ombilicale.** De la segmentation du vitellus (fig. 179*a*) résultent les deux feuillets de blastoderme et une minime partie de blastème, dont une portion amorphe apparaît comme une tache embryonnaire *eo* (fig. 180). Une portion de ce blastème est disposée de manière à former un système vasculaire primitif contenant des globules d'albumine incolores encore et invisibles; mais comme ils contiennent, à cause de leur enveloppe, les deux électricités à l'état latent, ils éprouvent une poussée *p* de la part du feuillet qui couvre l'embryon ou le germe.

§ 750. **Origine du sang du fœtus.** En pénétrant les capillaires, les globules incolores se vident de leur contenu; dans une portion qui n'est pas éloignée se trouve une nouvelle substance qui ne résulte pas de la combinaison de quelques éléments, mais qui est un reste de la séparation du liquide évacué. Cette substance est le *sesquioxyde de fer* qui se manifeste dans les globules évacués comme matière colorante, et c'est ainsi que de globules incolores d'albumine qu'elles étaient d'abord, les enveloppes deviennent des globules de sang de couleur rouge. Le fer ainsi produit est indécomposable parce qu'il n'est pas le produit d'une combinaison; il serait donc absurde de chercher la décomposition d'un corps qui est le produit d'une séparation, et non pas d'une combinaison. La même chose a lieu pour les soixante corps indécomposables qui sont tous de pareils restes et dont le nombre va toujours en augmentant.

§ 751. **Origine de la poussée soutenant la circulation.** De la part du feuillet fœtal, les équivalents $\alpha\ddot{E}$ exercent une poussée *p* contre les enveloppes des globules d'albumine contenant les équivalents $a\ddot{E}$. Dans les veines, les enveloppes et leur électricité ne changent pas : ce sont leur volume et leur quantité qui diminuent; de sorte que de la part de l'embryon les équivalents $a\ddot{E}$ y exercent une poussée inférieure $p - \pi$. Il en résulte une rupture d'équilibre exprimée par π qui est l'excédant de pression exercée sur les globules contenus dans les artères, car en pénétrant les capillaires, ils deviennent de plus en plus minces; c'est pourquoi ils sont moins volumineux dans les veines.

Dans la figure 184 nous montrons les détails de la première circulation extrafœtale opérée dans la vésicule ombilicale qui n'est qu'une partie du feuillet interne oo' (fig. 182); c'est ainsi que commence la préparation du blastème.

Figure 184.

SYSTÈME VASCULAIRE PRIMITIF.

aa, vitellus.
b, place du cœur.
cc, amnios.
ff, vésicule ombilicale.
d, d, d, veines omphalo-mésentériques.
g, g, artères omphalo-mésentériques.

§ 752. II. **Commencement du système vasculaire allantoïdien.** C'est du blastème produit dans la circulation précédente que commencent à se former les vaisseaux du nouveau système de circulation qui apparaît en *o* (fig. 182) de l'autre extrémité du fœtus où se forme la vésicule allantoïdienne. Le blastème provenant de ce nouveau système de circulation et celui provenant du système précédent servent à faire croître la vésicule allantoïdienne qui se répand dans l'œuf entier, tandis que la dimension de la vésicule ombilicale *c* (fig. 185) reste quelque temps stationnaire, puis s'atrophie et disparaît.

Figure 185.

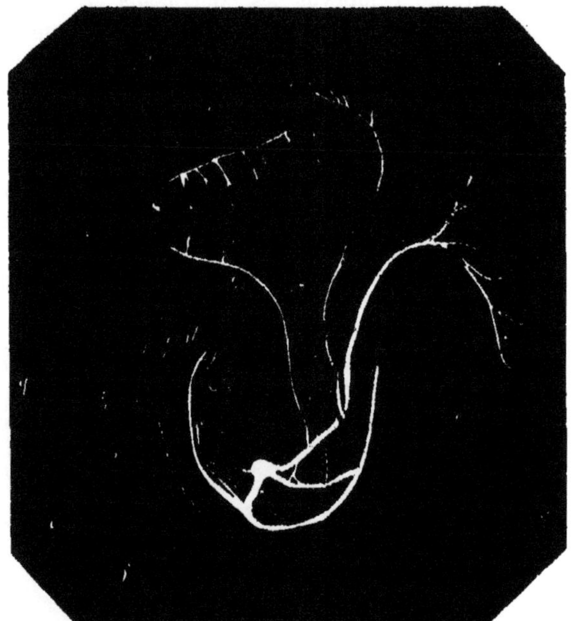

COMMENCEMENT DU SYSTÈME VASCULAIRE FŒTAL.

abc', chorion résultant de la membrane vitelline, du feuillet externe et de la vésicule allantoïdienne.
c, vésicule ombilicale qui diminue.
d, portion céphalique de l'embryon.
d', portion caudale de l'embryon.
e, cavité ventriculaire du cœur.
f, cavité auriculaire du cœur.
i, tronc aortique.
h, tronc de l'aorte thoracique.
g, tronc qui deviendra veine cave supérieure.
k, tronc de la veine azygos.
l, confluent des veines *g* et *h*.
m, confluent des veines dans la cavité auriculaire du cœur.
n, tronc résultant des veines allantoïdiennes *p*, *p* et de la veine omphalo-mésentérique *q*.
o, veine cave inférieure.
p, *p*, veines allantoïdiennes.
q, veine de la vésicule ombilicale.
r, aorte abdominale.
s, *s*, artères allantoïdiennes.
t, artère de la vésicule ombilicale.

§ 753. III. **Commencement du système vasculaire fœtal.** C'est pendant le second mois que les trois systèmes vasculaires coexistent; car le blastème produit dans les deux systèmes précédents est repoussé du placenta maternel avec une force P supérieure à celle *p* provenant du feuillet qui couvre la face antérieure de l'embryon. Il s'y produit ainsi un nouveau système vasculaire, comme on le voit dans la figure 186. A compter de ce moment, toutes les espèces de blastème produites dans les trois systèmes de circulation sont employées à la formation des détails de l'embryon et l'excédant, connu sous le nom de *corps de Wolf*, est réservé à servir plus tard à la formation des organes.

Figure 186.

CIRCULATION FŒTALE JUSQU'A LA NAISSANCE.

a, placenta.
b, cordon ombilical.
c, veine ombilicale.
d, *d*, portion de la veine ombilicale qui va au foie; l'autre portion est le *canal veineux*.
ee, veine cave inférieure.
f, oreillette droite.
g, oreillette gauche.
h, ventricule gauche.
i, aorte ascendante.
k, *h*, aorte descendante.
l, *l*, artères ombilicales.
m, *m*, artères carotides.
n, *n*, veines jugulaires.
o, *o*, artères sous-clavières.
p, *p*, veines sous-clavières.
q, veine cave supérieure.
r, ventricule droit.
s, artère pulmonaire. La communication avec l'aorte s'appelle *canal artériel*.
t, artère iliaque.
v, veine iliaque.

La cause motrice de chacun de ces trois systèmes de circulation est la rupture d'équilibre provenant du changement continuel du volume et de la quantité des globules du sang et de ceux de l'albumine pendant leur passage par les capillaires. C'est cette rupture d'équilibre qui soutient la circulation chez tous les animaux à sang chaud, à sang froid, à sang rouge et à sang incolore. Le battement du cœur s'établit plus tard quand la quantité du sang est déjà considérable; ce battement ne fait que régler les portions qui s'écoulent à chaque unité de temps, sans quoi il y aurait accumulation de sang d'un côté et vacuité de l'autre.

§ 754. IV. **Circulation fœtale.** La vésicule ombilicale s'atrophie, et du système allantoïdien il ne reste que le placenta fœtal et le cordon ombilical composé de deux artères et d'une veine. Cela a lieu quand on considère la cause motrice du côté de l'embryon ; si, au contraire, on la considère du côté du placenta maternel, la veine qui contient les globules les plus gros correspond à une artère, tandis que les deux artères contenant les globules amincis et moins nombreux correspondent à deux veines. En considérant le placenta comme un poumon, le sang s'en éloigne par un vaisseau et il y arrive par deux, comme cela s'établit ensuite avec l'aorte et les deux veines caves.

Dans la circulation fœtale, le sang artériel éprouve dans le placenta fœtal *a* (fig. 186) une poussée *p* provenant des capillaires du placenta maternel. Après avoir traversé les capillaires du fœtus, les globules amincis et diminués pénètrent dans les vaisseaux qui doivent les conduire vers le placenta, car ils en éprouvent une poussée inférieure $p - \pi'$. C'est donc la poussée π' du placenta maternel qui donne naissance au système vasculaire de l'embryon, comme la poussée π de la part du feuillet qui couvre l'embryon donne naissance aux deux systèmes vasculaires précédents.

Le sang arrivé du placenta à l'ombilic par la veine *c* se divise en deux branches *d*, *d'*, dont l'une communique avec la veine porte ; l'autre, nommée *canal veineux*, gagne la veine cave *e* avec laquelle s'unit la veine sus-hépatique ; le sang arrive ainsi de cette veine cave à l'oreillette droite *f* et passe par le trou de Botal dans l'oreillette gauche et de là dans le ventricule gauche, pour en sortir et gagner l'aorte *i* d'où il va se distribuer dans ses embranchements. De l'aorte descendante une portion de sang est conduite par les deux artères dans le placenta, le reste pénètre dans les deux artères iliaques et revient au cœur après avoir traversé les capillaires qui unissent les artères avec les veines ; dans ce cas le sang a avancé pendant l'amincissement des globules pour produire le blastème. On a pensé que la circulation du sang avant son renouvellement dans le placenta était un travail perdu.

Le sang qui arrive par la veine cave supérieure *q* passe dans l'oreillette droite *f*, et se mêle avec le sang artériel qui y arrive de la veine cave inférieure. Il en pénètre une portion dans le ventricule droit *r* et elle avance dans l'artère pulmonaire *s*, qui le transmet dans la crosse de l'aorte par le canal artériel. Une légère partie du sang s'engage dans le poumon par les artères pulmonaires.

B. Ordre chronologique et topographique de la production du système nerveux.

§ 755. Chacun des organes des sens a été produit par une espèce propre de fluide impondérable arrivant des objets qui le répandent. Les *odeurs*, les *couleurs*, les *formes* des objets et les *sons* arrivent aux organes des sens au moyen des ondes, 1° d'électricité négative (t. II, p. 693); 2° de lumière; 3° d'échogène (§ 271). Ces ondes sont donc la cause de la production de paires d'organes des sens, car chacune des deux moitiés du corps se trouve réduite à égale rupture d'équilibre par les ondes sphériques des trois espèces de fluides ci-dessus cités.

Les trois autres organes des sens sont produits, 1° par la chaleur, 2° par l'électricité positive qui apparaît dans le contact de la langue, et 3° par le barogène (§ 1er). Les sentiments de la température se produisent, 1° seuls, 2° ensemble avec ceux du tact, et 3° ensemble avec les sentiments du tact et ceux du goût. Dans le cas où l'on sent la température de l'air ou de l'eau, le sentiment du tact ne manque pas, mais il est souvent imperceptible.

En partant de ces deux classes de fluides arrivant, les uns en ondes et les autres par le contact des corps, nous sommes conduits à distinguer deux classes d'organes des sens : 1° les organes pairs, *odorat*, *vision*, *ouïe*, et les organes des sens répandus, *goût*, *tact* et le sens de la *température* ou *épidermique*. 1° Les nerfs des organes des sens qui reçoivent les ondes des fluides ne sont pas mixtes avec les nerfs du tact, ce sont les nerfs isolés *sensitifs* ou *anagogues*. 2° Les nerfs des organes de sens qui sont inséparables de l'organe du tact sont tous *mixtes* ou *amphiagogues*, parce que l'organe du tact consiste en filets de muscles qui reçoivent les nerfs du cerveau et de la moelle, ce qui fait qu'ils sont moteurs ou catagogues. Les nerfs de la température partent de chaque point du corps, et ceux du goût partent simultanément de la langue et de ceux de la température et se mêlent avec les nerfs catagogues du tact.

Le nerf mixte ABCD (fig. 187) est composé des fibres AC soutenant les équivalents Ē en densité $\delta + \delta'$ et de fibres BD soutenant les mêmes équivalents en densité inférieure $\delta - \delta'$. Le déplacement des fibres *f*, *g* du côté AC à l'autre côté BD, et de celles *d*, *e* du côté BD à l'autre AC, n'a aucune influence sur les densités $\delta + \delta'$ ou $\delta - \delta'$ des équivalents; c'est pourquoi les fibres sensitives conservent toujours leur propriété comme les fibres motrices. Dans le nerf lingual il y a deux systèmes de nerfs anagogues: 1° celui du goût qui résulte de l'état électrique du corps en contact, et 2° celui du sens épidermique de la chaleur.

Figure 187.

§ 756. **Ordre topographique et chronologique de la production des nerfs des organes pairs des sens.** Les deux marges obscures séparées par la ligne claire médiane s'étendent et se rencontrent pour former le canal de la moelle; à l'extrémité antérieure apparait un renflement sur lequel se dessinent trois bosselures en ligne droite nommées *cellules cérébrales*. 1° Les nerfs olfactifs proviendront de l'*antérieure;* 2° la rétine et les nerfs optiques de la *moyenne*, et 3° les nerfs auditifs de la *postérieure*. L'expansion de ces trois paires de nerfs va successivement donner naissance aux détails du cerveau, et cela dans un ordre correspondant à celui qui a eu lieu quand ces détails ont été produits par la génération spontanée. Ainsi c'est le cervelet qui a été produit le dernier, car il est le seul qui se forme après tous les détails de la vie intra-utérine. L'*anato-*

mie du développement est donc d'une très-grande importance; cependant son étendue empirique est très-limitée, et l'on commet souvent des erreurs quand on veut attribuer à chaque organe des sens les détails du cerveau pendant leur formation. Il résulte de là qu'on a attribué à la cellule antérieure les détails de la cellule moyenne avec la rétine, parce que la communication entre elle et les yeux s'opère par le dessus de la cellule antérieure.

§ 757. I. **Cellule antérieure ou olfactive.** L'accroissement de cette cellule forme le nerf et le renflement bulbaire olfactif; la membrane muqueuse nasale et ses nerfs procèdent de la surface de la peau pour avancer vers l'espace où ils vont se propager. Les nerfs optiques qui vont dans la cellule moyenne passent par cette cellule.

§ 758. II. **Cellule moyenne ou optique.** Cette cellule est la plus considérable; les racines des nerfs optiques proviennent des deux rétines; ces nerfs, quand ils sont encore à l'état imperceptible, passent par la cellule olfactive et vont donner naissance aux hémisphères cérébraux, aux ventricules latéraux, à la couche optique, aux corps calleux, à la voûte à trois piliers. Depuis la fin du premier mois jusqu'à celle du quatrième, ces parties sont dessinées et les lobes cérébraux recouvrent l'encéphale en arrière. De même, au cinquième mois, les tubercules quadrijumaux et l'aqueduc de Sylvius sont recouverts.

Les deux yeux résultent de la subdivision d'une cellule qui communique avec la moyenne. Quand les deux cellules oculaires sont formées, leur paroi antérieure, de nature nerveuse comme la paroi postérieure, se réfléchit au dedans de l'œil, et devient *rétine*, laquelle rétine est l'origine du système des détails optiques dans le cerveau. La choroïde est d'abord continue; c'est au septième mois que sa portion pupillaire disparaît. La peau sert à protéger les yeux; à dater du troisième mois elle s'amincit et devient conjonctive: c'est à cette époque que les paupières apparaissent. Dans plusieurs espèces d'animaux, les yeux restent toute la vie dans un de ces états sans atteindre leur degré de perfectionnement comme chez l'homme.

§ 759. III. **Cellule postérieure auditive.** L'oreille interne, de même que la rétine, donne naissance au nerf qui s'unit avec la cellule postérieure pour se répandre et produire la protubérance, le bulbe et enfin le cervelet. Sur les confins du bulbe et de la protubérance, s'élèvent deux lames qui se rejoignent et forment la paroi supérieure du quatrième ventricule, qui bientôt produira le cervelet ; mais ses feuillets n'apparaissent que vers la fin de la vie intra-utérine. La grande importance des canaux semi-circulaires (§ 277) est démontrée par leur apparition dès le troisième mois.

Les nerfs naissent partout avant le cerveau et la moelle; il en est de même pour le grand sympathique. Cet ordre anatomique du développement a conduit les physiologistes à rejeter l'hypothèse que les nerfs se développent du cerveau et de la moelle. Toutefois, tant qu'ils ne connurent pas l'usage physiologique des nerfs, il leur fut impossible de faire un pas en avant, même après avoir rectifié l'erreur de leurs devanciers.

C. Développement des tissus, des os et des autres détails.

§ 760. **Développement des tissus.** Les éléments primitifs des détails de tous les corps organisés, quoique de qualités différentes, se présentent sous forme de lamelles d'une finesse qui défie le microscope poussé à ses dernières limites. On a nommé *tissu* ces membranes primitives. Il y a deux doctrines sur l'origine du tissu. La première enseigne que les cellules doivent s'accoler, s'allonger, s'amincir, et se trouvent ainsi constituer les fibres de tissus musculaire, cellulaire, fibreux, les tubes nerveux, etc. La seconde suppose que les cellules élémentaires se fluidifient spontanément et qu'il en résulte le *blastème* qui produit les divers éléments des tissus. Cette dernière doctrine, qui est plus près de la vérité, ne remonte pas jusqu'à l'origine des cellules.

La liaison entre les aliments, le sang, la circulation, la respiration et la nutrition est un fait établi. Nous avons constaté la loi physique qui lie les produits de chacune de ces fonctions; c'est ainsi que nous avons pu poursuivre dans les éléments matériels les changements qui résultent de chaque fonction jusqu'à la formation du blastème. Les fluides électriques qui suivent la loi statique, comme les liquides et les gaz, nous ont conduit à introduire cette loi dans l'explication des faits observés. Dès que les deux placentas sont établis, commence la série de faits qui ne diffère pas essentiellement de celle qui continue après la naissance; le parallélisme des fonctions pendant la vie intra-utérine et pendant la vie extra-utérine a servi à contrôler tout ce qui a été avancé à ce sujet.

§ 761. **Formation des organes.** Les globules d'albumine, contenant dans leur enveloppe les deux électricités, arrivent à l'embryon du sang des capillaires du placenta maternel; ces globules, en passant par les capillaires de l'embryon, s'évacuent et s'aplatissent pour laisser un résidu qui est le sesquioxyde de fer. Devenus ainsi globules rouges du sang, ils doivent parcourir mille fois les capillaires pour s'amincir et se charger d'électricité. C'est ainsi que se forment les espèces de blastème dont chacune pénètre par les capillaires pour s'arrêter au point qui lui présente le maximum de résistance; ainsi le blastème en s'y arrêtant produit une augmentation de volume.

L'amnios et le fœtus sont produits dans le feuillet de blastoderme externe. La circulation fœtale s'établit dans cette portion de blastoderme, et tout le blastème qui en résulte passe par les capillaires dans le blastoderme, où il reste arrêté dans un ordre qui engendre une série de faits pareils à ceux qui ont été produits avant la séparation des équivalents $a\bar{E}$ et $a\ddot{E}$ du sperme et de l'ovule des deux individus entre lesquels s'est opéré l'accouplement.

§ 762. **Formation des os et des parties molles par le blastème.** Partout où il y a des muscles, de la moelle ou du cerveau, il y a également des os. Nous avons montré comment la coquille résulte de l'albumine de l'œuf; il en est de même pour les globules de blastème qui ne pénètrent pas les capillaires sans entraîner une couche mince d'albumine contenant les deux électricités. Ce sont donc ces enveloppes détachées du blastème, où se trouve un reste indécomposable, la *chaux*. Le contenu des globules du blastème sert à la formation des muscles et des autres parties molles, telles que la moelle des os, les nerfs, le cerveau, la moelle épinière. Nous avons montré, dans la figure 185, les premières traces de la colonne vertébrale et du crâne, et cela parce qu'il y a déjà des traces de muscles et de moelle.

§ 763. **Corps de Wolf.** Une masse de blastème s'accumule le long de la colonne vertébrale sous la forme de deux tubes se terminant en cul-de-sac comme les glandes; dans leur milieu se trouve un canal sécréteur. Vers la fin du second mois, ces corps se consument pour faire progresser les ovaires ou les testicules, les veines et la vessie, qui ont déjà commencé à se former pendant l'accroissement des corps de Wolf. Ces corps sont produits par le blastème qui résulte des détails de l'allantoïde et de la vésicule ombilicale avant d'avoir été atrophiées.

Pendant que les détails indiqués se forment dans le blastoderme, du côté interne du fœtus, les organes externes de la génération se développent dans la couche de blastème sous-jacente de ce blastoderme. De la surface externe de celui-ci se produit la peau qu'on distingue dès le deuxième mois; vers le troisième mois, on peut voir ces glandes, les ongles et un duvet lanugineux, qui sont des produits d'excrétion formés d'un mélange de mucus et de carbone.

Appareil de nutrition. Le tube digestif se présente d'abord sous la forme d'une gouttière ouverte qui communique avec la vésicule ombilicale, et plus tard avec la vésicule allantoïdienne. Quand l'ombilic est formé, le sac intestinal enserré dans le corps est un canal terminé en cul-de-sac du côté céphalique et du côté caudal. 1° Sa communication avec la vésicule ombilicale correspond à la terminaison de l'intestin grêle; 2° celle avec la vésicule allantoïdienne correspond à la portion anale. Plus tard ces communications s'oblitèrent, et l'intestin est un tube fermé, rectiligne, dont l'extrémité céphalique s'enfle et forme l'estomac.

La membrane muqueuse de l'intestin n'est que le feuillet interne du blastoderme; à sa surface se forme l'épithélium, et dans son épaisseur. les villosités et les glandes. Les muscles qui doublent la muqueuse de l'intestin et la membrane séreuse qui le recouvre proviennent du blastème qui s'est accumulé entre les deux feuillets du blastoderme. C'est de ce même blastème que se développe l'œsophage qui est d'abord un canal fermé et qui s'ouvre ensuite dans l'estomac et dans la bouche; il s'établit par en bas une continuité entre la muqueuse intestinale et la peau. Ainsi, au moyen de cette continuité, la surface interne du feuillet interne *o*, *o'* (fig. 184), se trouve en contact avec la surface externe du feuillet externe, et c'est entre ces deux feuillets que tous les organes sont renfermés.

§ 764. **Fécondation.** L'ovule qui soutient à sa surface l'électricité négative *a*Ë avec un spermatozoïde qui soutient à sa surface l'électricité positive *a*Ë, arrivent d'abord en contact. 2° Il en résulte la segmentation du vitellus et la formation d'une double enveloppe dont l'une a les surfaces S, **s** et l'autre les surfaces **s'**, *s*. Le feuillet externe F a sur la surface S l'électricité positive *a*Ë, et sur la surface **s** l'électricité négative *a*Ë; le feuillet interne *f* a sur la surface **s'** l'électricité négative *a*Ë, et sur la surface *s* l'électricité positive *a*Ë. La membrane muqueuse de l'intestin résulte donc d'une portion de cette surface *s* du feuillet interne *f*, et la peau d'une portion de la surface S du feuillet externe F. C'est pourquoi la répulsion exercée entre les électricités homonymes *a*Ë et *a*Ë des deux surfaces en contact **s** et **s'** des deux feuillets *f* et F produit les directions des expansions suivant lesquelles s'arrangent et se disposent les espèces de blastème d'où résultent tous les organes renfermés entre les surfaces S et *s* électropositives des deux feuillets *f* et F du blastoderme.

§ 765. **Liaison électrique entre la mère et l'enfant.** Les deux placentas n'ont de communication par aucune anastomose; toutes les transmissions de matières s'opèrent par l'endosmose soutenu par la propagation des équivalents électriques. C'est ici le lieu de dire que l'intelligence de l'homme est due à la propagation d'équivalents homonymes qui ont leur origine dans les organes de sensations; ce sont leurs expansions qui vont quelquefois de la mère jusqu'au fœtus. Il y a plusieurs exemples de cela; j'en rapporterai un que j'ai observé en Valachie pendant la guerre de Crimée. Une femme enceinte désirait manger des pruneaux aigres; son mari craignant qu'elle n'attrapât la fièvre, ne lui permettait pas de contenter son envie. Pendant un voyage qu'elle fit avec lui, elle recueillit un pruneau, et le cacha vivement dans sa poche craignant que son mari ne le lui ravît. L'enfant qu'elle a engendré a une tache à la même place où était la poche de sa mère. La forme et les dimensions de cette tache correspondent exactement à celles du pruneau.

D. Mouvement de l'embryon et changements opérés dans l'accouchement.

§ 766. Les accoucheurs se sont très-peu occupés de l'étude de cette partie physiologique dont on peut cependant tirer un grand avantage dans la pratique. Quant à l'acte des accouchements et aux changements qui se présentent dans la circulation à cause de la respiration, on ne pouvait en tirer aucune explication par les faits empiriques.

§ 767. **Mouvement transversal du fœtus.** C'est au commencement de la seconde période de la grossesse que la femme sent remuer son enfant, et cela se répète à intervalles divers et irréguliers. On a cru que ces mouvements étaient accidentels, et personne ne s'en est occupé. Nous avons reconnu que le battement du cœur était la cause de ce mouvement. En admettant la position normale, le cœur r (fig. 188) exerce une répulsion expansive qui, du côté postérieur, éprouve la résistance supérieure $R + r$, et du côté antérieur la résistance inférieure R, d'où résulte une rupture d'équilibre qui produit un mouvement transversal et des circonvolutions du fœtus. La direction transversale du mouvement reste la même dans le cas où la tête du fœtus est en haut et les pieds en bas.

Dans cette dernière position, la femme dont le médecin a attiré l'attention, sent la révolution transversale aller de la gauche en avant vers la droite, et de la droite en arrière vers la gauche, comme cela a lieu pour l'enfant. Cependant de semblables cas sont moins fréquents que ceux produits par la position normale dans laquelle la tête du fœtus est en bas, comme on le voit dans la figure. Alors la femme sent les révolutions transversales aller de la droite en avant vers la gauche, et de la gauche en arrière vers la droite, et ces directions se répètent jusqu'à la naissance de l'enfant.

Figure 188.

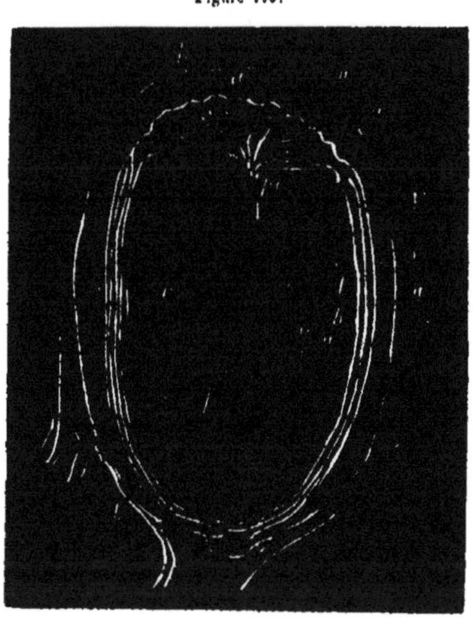

a, parois de l'utérus.
b, vessie (partie la plus voisine de l'utérus).
c, partie supérieure du vagin et col de l'utérus.
f, *g*, deux feuillets de la membrane caduque.
h, placenta maternel.
i, placenta fœtal.
k, chorion.
l, amnios.
m, couche très-mince de matière albumineuse placée entre le chorion et l'amnios.
n, *o*, vestiges de la vésicule ombilicale et du conduit omphalo-mésentérique.
p, cordon ombilical.
q, liquide de l'amnios.
r, fœtus.

§ 768. **Renversement du fœtus.** Dans le cas dont nous venons de parler où le mouvement va de la gauche en avant vers la droite, la femme sent une seule demi-circonvolution du haut en avant pour aller en bas. Cela est dû à l'établissement d'une position normale où la tête est en bas. Ces positions du fœtus et le renversement ont pour cause la position du placenta à différentes distances du fond de l'utérus.

§ 769. **Nombre des révolutions du fœtus.** A chaque révolution du fœtus le cordon ombilical fait un tour; le nombre de ces tours indique donc le nombre des circonvolutions du fœtus. Dans le cas où la tête s'est trouvée d'abord en haut, le cordon fait un ou deux tours autour du cou avant le renversement du fœtus; car si la tête est en bas ces tours du cordon autour du cou sont impossibles.

§ 770. **Allongement du cordon.** La poussée P exercée sur le sang artériel de la femme se propage par les capillaires des deux placentas dans la veine ombilicale et dans le système vasculaire de l'embryon; c'est donc cette même poussée exercée sur les vaisseaux du cordon ainsi que celui-ci qui obtiennent un accroissement rapide. La poussée P restant la même du côté de la mère, la résistance R de la part du fœtus s'accroît toujours; mais la circulation de ce même fœtus est aussi soutenue par le courant provenant de l'inégalité de température T de son sang et celle T—T′ du liquide amniotique qui lui est inférieure (fig. 186).

§ 771. **Accouchement.** Quand l'instant de l'accouchement approche, quelques douleurs intermittentes se font d'abord sentir dans les reins, puis elles se propagent jusqu'au bassin et prennent plus d'intensité quand les contractions de l'utérus deviennent plus fréquentes et plus fortes. La cause de cet état est due à la résistance R poussée trop loin par le fœtus qui a déjà pris un grand accroissement. Pour vaincre cette résistance, il faut l'affluence des équivalents *q*′Ē qui occasionnent un recul des autres de la part des nerfs anagogues; c'est donc ce recul qui engendre les douleurs chez la femme, et ce sont les contractions musculaires de l'utérus qui sont produites par les équivalents *q*′Ē qui reculent du côté de la moelle. Ainsi il y a un rapport direct entre les douleurs et les intensités des contractions utérines.

§ 772. **Commencement de la respiration, de la digestion et de la circulation chez l'enfant conçu.** Du contact de l'épiderme avec l'air froid résulte une affluence centripète d'équivalents positifs QË qui produisent une contraction spasmodique des muscles du thorax, lequel s'ouvre et découvre un vide dans lequel l'air pénètre par les narines et par la bouche qui sont alors forcées de s'ouvrir. Ces équivalents QË se répandent dans la direction de l'écoulement antérieur du sang, car ils éprouvent une résistance inférieure. Arrivés aux deux artères du cordon, les équivalents QË n'y avancent pas à cause de la résistance supérieure, mais ils dévient vers la veine du cordon et arrivent au ventricule droit par son oreillette en s'abstenant de passer par le trou de Botal. Cela a lieu parce que la résistance y est supérieure à celle du côté du poumon où se trouve déjà une portion d'air chaud d'où les équivalents négatifs QË se propagent vers le ventricule droit et vers les veines. Le trou de Botal se ferme parce que le sang cesse de passer directement d'un compartiment du cœur dans l'autre, comme cela avait lieu pendant la vie intra-utérine.

Ce changement dans la circulation ne dépend pas du battement du cœur qui reste le même, ni même du placenta qui peut encore être en connexion par le cordon ombilical quand la respiration du fœtus commence. Dans le principe, le poumon ne contenait pas d'air chaud et ne recevait pas d'air froid. Quand les physiologistes ignoraient qu'il y a écoulement d'électricité positive et poussée de la part de la partie froide vers la partie moins froide, ils ne pouvaient pas donner l'explication de ce changement de la voie du sang; mais si, après la découverte de l'origine et de la poussée des courants thermoélectriques les physiologistes de nos jours marchent sur les traces de leurs prédécesseurs, on peut attribuer cela à un oubli que chacun reconnaîtra en lisant cet ouvrage.

§ 773. **Lactation.** Les mamelles sont des culs-de-sac auxquels aboutissent les fibres du nerf conduisant des espèces propres d'électricité qui repousse l'excédant de graisse et d'albumine du sang pour les faire pénétrer au fond des culs-de-sac avec une certaine quantité de sérum. Dans leur passage par ces culs-de-sac, les globules amassent dans leurs enveloppes une quantité d'électricité qui amène dans le lait le caséum, le beurre, le sucre et les sels. La seule électricité du nerf de la mamelle ne suffisait donc pas pour l'apparition du lait; cette électricité ne manquait pas quand l'affluence du sang était dirigée vers l'utérus d'abord en quantité médiocre, puis croissait graduellement jusqu'à la naissance de l'enfant. Après la contraction de l'utérus, l'excédant des substances alimentaires éprouve dans les artères des mamelles le minimum de résistance, et en pénétrant par le fond des culs-de-sac poussé par les équivalents électriques $\alpha\dot{E}$, il reçoit cette électricité, et c'est ainsi qu'il se transforme en *lait*.

Cette origine du lait montre la possibilité de sa production chez des femmes qui, bien que n'ayant jamais conçu, ont eu du lait au point de pouvoir allaiter un enfant; la sécrétion du lait s'est même montrée parfois chez l'homme. Au lieu d'employer leur lait à nourrir leur enfant, souvent les femmes le font passer et mettent leur enfant en nourrice. Dans ce cas, il suffit de comprimer légèrement les mamelles pour opposer une résistance à l'affluence du sang; celui-ci est alors distribué aux autres organes, sans qu'il se manifeste aucun inconvénient grave, surtout quand cela se fait immédiatement après la parturition. Si le lait est déjà arrivé, on allaite l'enfant de temps en temps, mais à des intervalles de plus en plus éloignés, puis on cesse entièrement. Les femmes riches agissent ainsi pour s'affranchir de toute contrainte à l'égard de leur enfant, car elles ne veulent renoncer à aucune des jouissances de la vie sociale.

§ 774. **Digestion.** Pendant la vie intra-utérine et après sa naissance, l'enfant ne cesse pas de croître de la même manière, ce qui fait voir qu'il n'y a pas changement des espèces de blastèmes malgré la différence des aliments. Nous avons montré que c'est dans la circulation que les globules du sang deviennent des espèces de blastème par l'amincissement et les différentes densités des deux électricités à l'état latent. Les globules du sang proviennent de l'aplatissement et de l'évacuation discontinue des globules sphériques du chyle. Pendant la vie intra-utérine, ces globules du chyle arrivent dans le sang du fœtus à travers les capillaires du placenta maternel et à travers la veine ombilicale; après la naissance, ces mêmes globules arrivent du chyme amorphe qui est repoussé de l'estomac de l'enfant dans les veines. Dans ce cas, les globules du chyle pénètrent les capillaires du poumon, d'où ils s'évacuent et s'éloignent avec un léger résidu qui est le sesquioxyde de fer, d'où résulte la couleur rouge. La production du blastème est plus prompte après la naissance à cause des capillaires du poumon qui sont très-denses et d'une finesse supérieure à celles qui unissent les extrémités des artères à celles des veines.

Pour se faire une idée des éléments du blastème, il faut se rappeler que dans 1 millimètre cube de sang non privé de sérum on trouve 7 millions de globules de sang. Ce sont donc ces globules qui doivent éprouver un amincissement et acquérir d'autres quantités d'électricité pour devenir des éléments de blastème, de sorte qu'on en doit induire qu'il y en a au moins 100 millions dans 1 millimètre cube. Quand les physiologistes ignoraient que les qualités du blastème résultent de leurs quantités différentes d'électricité, ils n'en cherchaient pas la cause ailleurs que dans les amincissements différents des enveloppes des globules.

VI. — PARALLÉLISME ENTRE LE MODE DE REPRODUCTION DE L'HOMME ET CELUI DES ANIMAUX.

§ 775. Nous avons montré par le mouvement des spermatozoïdes qu'ils contiennent à leur surface l'électricité positive $a\dot{E}$ à l'état latent, tandis que les ovules contiennent l'électricité négative $a\ddot{E}$. Nous avons établi que les équivalents électriques $a\ddot{E}$ et $a\dot{E}$ ne cessent pas d'être en connexion avec les individus dont les spermatozoïdes se séparent; comme ces individus sont homogènes, les directions des équivalents électriques hétéronymes éprouvent le minimum de résistance les unes dans les autres. C'est donc dans cette correspondance des directions que consiste la condition fondamentale de la fécondation tant animale que végétale.

Les organes dans lesquels se forment les spermatozoïdes et les ovules peuvent se trouver chez deux individus distincts dont l'un est mâle et l'autre femelle; ils peuvent aussi être réunis chez un seul et même individu *hermaphrodite*. Quoi qu'il en soit, les équivalents positifs *a*Ë n'en sont pas moins accumulés sur les spermatozoïdes et les équivalents négatifs *a*Ë sur l'ovule, parce que ces équivalents n'y sont pas à l'état libre, mais y sont contenus à l'état latent.

§ 776. **Développement.** On nomme *germe* le couple produit de l'ovule et du spermatozoïde où se trouve une quantité de blastème suffisante pour former les premiers vaisseaux dans lesquels se produira ensuite le blastème au fur et mesure qu'il sera employé à la formation des organes. La matière qui sert à la production du blastème est fournie de trois manières différentes : 1° Chez les mammifères, elle est puisée dans le sang de la mère pendant la vie intra-utérine, et quelque temps encore après la naissance pendant la lactation. 2° Chez les ovipares, la matière servant à la formation du blastème est puisée aussi bien chez la mère qui pond des œufs fécondés que chez les poissons et chez quelques reptiles, dont les œufs peuvent être fécondés après la ponte. 3° Chez les insectes, le germe est pondu sans qu'il y ait accumulation d'alimentation; il n'en possède qu'autant qu'il lui en faut pour la formation des vaisseaux et des organes d'une *larve* ou d'une *chenille*. Dans cet état l'alimentation n'est plus puisée chez la mère, mais elle est préparée par des substances externes animales ou végétales; de sorte que les larves et les chenilles arrivent à un état comparable à celui de l'œuf qui a parcouru l'oviduct et qui est prêt à se recouvrir de sa coquille pour être pondu et arriver à l'incubation.

Les mues ou changements de peau des larves sont des espèces d'excrétions, dont la dernière, qui est la *coque* ou *cocon*, correspond à la coquille de l'œuf des oiseaux. On peut comparer la *chrysalide* à un œuf de ce genre; elle entre, comme l'œuf, à l'état d'incubation, et l'insecte produit correspond au poulet. Tous ces objets étaient déjà connus, nous n'avons fait que les coordonner pour montrer le renversement de l'ordre de production de l'alimentation qui doit être employée pour engendrer le blastème.

§ 777. **Durée de la parturition ou de l'incubation.** Nous avons montré que la gestation de la femme ne diffère pas de l'incubation des oiseaux; la même chose a lieu pour toutes les espèces de mammifères et d'ovipares. Chez les mammifères, la durée de la gestation est de 3 semaines pour la souris et le cochon d'Inde; de 4 pour le lapin, le lièvre et l'écureuil; de 5 pour le rat, la marmotte et la belette; de 6 pour le furet; de 8 pour le chat; de 9 pour le chien, le renard et le putois; de 10 pour le loup et les grandes races de chiens; de 14 pour le lion; de 17 pour le castor et le cochon; de 21 pour la brebis; de 22 pour la chèvre; de 24 pour le chevreuil; de 30 pour l'ours; de 36 pour le cerf; de 41 pour la vache; de 43 pour la jument, l'ânesse et le zèbre; de 45 pour le chameau, et de 100 pour l'éléphant.

Tous les animaux ruminants, tels que le bœuf, le mouton, la chèvre, l'antilope ou gazelle, la girafe, l'axis, le chevreuil, le daim, le renne, l'élan, le cerf, le chevrotin, le lama, le chameau, se distinguent des autres par une parturition qui, chez aucune espèce, n'est de courte durée; ils ne portent qu'un petit ou des jumeaux. Aucune espèce de ruminants n'est quadrumane ou digitigrade.

La durée de l'incubation des oiseaux varie moins que celle de la parturition; elle est de 15 à 18 jours pour les serins, de 21 pour les poulets, de 25 pour les canards, etc.

Chez plusieurs espèces de reptiles dont le sang est froid, l'incubation des œufs déjà complets s'opère dans les oviductes, et ainsi les petits en sortent comme chez les mammifères, avec cette différence qu'il n'y a pas de période de lactation.

§ 778. **Rapport entre l'alimentation et la fécondation.** Le nombre annuel des portées des mammifères est subordonné à la durée de la gestation. Les petits mammifères qui portent peu de temps font plus de portées que ceux dont la gestation a une plus longue durée. La souris, le mulot, le rat d'eau, le cochon d'Inde mettent bas quatre, cinq et même six fois par an. Un rat qui, six fois par an, produit de 15 à 18 petits, donne naissance à une centaine de rejetons, qui pullulent bientôt à leur tour, à condition que la nourriture ne leur manque pas. Les animaux qui, dans l'état de nature, ne s'accouplent qu'une fois par an peuvent, s'ils sont bien nourris et bien soignés, entrer de nouveau en chaleur et s'accoupler peu de temps après la première parturition. Au contraire, les vaches et les juments employées au travail et dont on n'a pas le plus grand soin restent stériles.

Ce rapport entre la nourriture et la fécondation se présente sous un autre aspect dans les cas suivants : les abeilles et les fourmis *neutres*, connues sous le nom d'*ouvrières*, ont des organes tubuleux correspondant aux ovaires ou aux testicules, mais elles ne produisent pas d'œufs et ne sécrètent point de sperme. Si cependant, peu de temps après leur naissance, on leur donne une nourriture abondante, ou si on les place dans certaines cellules de la ruche plus grandes que les autres, on parvient à faire avancer leur développement et à leur procurer l'organe des mâles ou celui des femelles.

Le germe composé de l'ovule et du spermatozoïde ou des deux éléments matériels éthéroélectriques en éprouve une segmentation qui est l'acte de la conception. L'ovule produit dans le follicule de Graaf par la consommation d'une quantité de blastème est donc d'une nécessité absolue. L'enfant ne peut produire ni œuf ni sperme, parce que chez lui le blastème a d'abord été employé à la formation des organes. Les abeilles ouvrières sont des individus employés au travail avant d'être arrivés à leur développement complet; aussi peut-on les comparer au fœtus à l'époque où il est impossible d'en distinguer le sexe à ses parties génitales.

§ 779. **Hermaphroditisme**. Cet état consiste dans la réunion chez le même individu des ovaires et des testicules. Les ovules contiennent à leur surface les équivalents négatifs $a\ddot{E}$, et le sperme contient les équivalents positifs $a\ddot{E}$ à l'état latent, comme cela a lieu quand les sexes sont distincts. Les canaux excréteurs communiquent vers leur extrémité terminale; de sorte que, quand l'œuf est expulsé de l'ovaire, le sperme, chassé en même temps du testicule, rencontre l'œuf dans le canal terminal. D'autres fois le testicule et l'ovaire s'ouvrent séparément au dehors; alors les œufs et le sperme sont expulsés simultanément et la fécondation s'opère dans l'eau, comme chez les poissons, dont Desfossés a constaté l'hermaphrodisme chez deux espèces, le *servanus cabrilla* et le *servanus scriba*.

Chez quelques mollusques hermaphrodites (limaçon, limnées...), il existe des organes de copulation, et l'accouplement est réciproque. Tantôt il y a double fécondation, tantôt l'un joue le rôle du mâle et l'autre celui de la femelle; plus tard, celui qui a joué le rôle du mâle sera à son tour fécondé. Souvent ces animaux forment de longues chaînes au moment de l'accouplement. D'autres animaux hermaphrodites (parmi les vers) s'approchent très-près les uns des autres sans qu'il y ait un véritable accouplement. Dans ces cas, les œufs et le sperme sortent pour se rencontrer dans des ouvertures très-rapprochées des deux canaux.

Dans tout accouplement, l'œuf et le sperme sont indispensables; peu importe l'endroit où leur rencontre s'opère et le mode de la formation du nouvel individu, pourvu que la matière dont le blastème sera produit ne manque pas. L'œuf et le sperme doivent provenir d'individus homogènes dont un couple correspond à un seul individu hermaphrodite. La correspondance entre les directions de la propagation des équivalents $a\ddot{E}$ et $a\ddot{E}$ est due à cette homogénéité du couple, et ces équivalents se pénètrent les uns les autres sans exercer aucune résistance.

§ 780. **Génération gemmipare.** Quelques annélides, tels que les naïs (animaux très-rapprochés des vers de terre), les syllis, les myrianides, produisent par la partie postérieure du corps un nouvel individu qui se sépare de l'individu mère par étranglement. Quelquefois il se forme en même temps plusieurs bourgeonnements les uns sur les autres, et la séparation ne s'opère que quand cinq ou six individus ont été formés. L'individu chez lequel la production s'opère ne possède pas d'organe de reproduction, tandis que ceux auxquels il donne naissance en sont pourvus et sont destinés à pondre des œufs; ils sont le produit d'individus qui n'ont pas de sexe.

Ces individus sans sexe correspondent aux larves et aux chenilles qui n'en ont pas non plus; ce sont des animaux *auxiliaires* servant à la préparation du blastème qui manque dans l'œuf. Chez les mammifères et les oiseaux, il y a une semblable préparation de blastème dans la vésicule ombilicale puis dans l'allantoïde. 1° Du blastème préparé dans les larves et les chenilles résulte le cocon qui est une espèce d'œuf contenant assez d'alimentation pour produire un individu par l'incubation. 2° Du blastème produit dans les annélides résultent des embryons qui croissent au fur et à mesure que le blastème est produit dans l'animal sans sexe, lequel correspond à un utérus parcouru par des vaisseaux qui amènent le blastème déjà suffisamment préparé.

§ 781. **Génération scissipare.** Les méduses (zoophytes acéphales) et quelques vers plats intestinaux pourvus d'organes sexuels comme les hermaphrodites, se reproduisent par des œufs; ils peuvent aussi, à certaines périodes de leur développement, se multiplier par scission : celle-ci s'opère dans des directions déterminées. Chez les infusoires, où on l'observe le plus souvent, elle commence par un étranglement dans lequel s'opère la séparation pour engendrer deux individus.

Les méduses et quelques vers intestinaux pondent des œufs qui se fixent à un corps étranger, d'où résultent des animaux auxiliaires, dans lesquels se prépare le blastème; ce blastème se partage en un certain nombre de parties renflées, dont chacune prise séparément est un œuf pourvu de blastème qui, par l'incubation, donne naissance à un nouvel être. Ce sont donc les germes qui déterminent la quantité de blastème qui se sépare par la formation d'une enveloppe analogue à la coquille de l'œuf qui résulte de la quantité d'albumine accumulée.

§ 782. **Génération par subdivision.** Coupez une hydre en morceaux, pourvu qu'ils ne soient pas trop petits, chaque morceau produira une hydre complète; un ver de terre coupé au milieu forme deux individus distincts. Chez les reptiles, les membres coupés se reproduisent. Cette espèce de reproduction est aussi bien le résultat du germe que du blastème, car de trop petites particules ne peuvent pas engendrer un individu. Quant au germe, il ne consiste qu'en directions des équivalents électriques soutenus par les particules de ce même blastème et par celles de l'individu auxiliaire.

VII. PARALLÉLISME ENTRE LA REPRODUCTION ANIMALE ET LA REPRODUCTION VÉGÉTALE.

§ 783. Chaque plante sert à préparer une certaine portion de blastème; il n'en est employé qu'une minime quantité pour former les organes sexuels produisant le germe comme chez les oiseaux. Du côté correspondant au vitellus, il y a accumulation d'albumine ou de fécule. Quand cette albumine ou cette fécule arrive à un certain volume, la séparation des enveloppes des particules s'opère comme dans l'œuf pour former la semence qui contient le germe et la fécule nécessaire à l'incubation pour produire, d'une part la racine, et de l'autre la tige qui doit toucher la surface du sol. C'est alors que le nouvel être est en état de se procurer le blastème qui résulte des éléments de l'eau et de la lumière.

Pendant que la plante est jeune, tout le blastème est employé à l'accroissement de ses organes; dans les plantes annuelles les organes se forment en quelques semaines ou en quelques mois. Quant aux arbres, il leur faut quelques années pour l'accomplissement de ce travail. Dès qu'il commence à rester un excédant de blastème, cet excédant est employé à la formation des organes sexuels, et c'est du contact du sperme avec l'ovule que résulte le germe, comme chez les animaux hermaphrodites et chez ceux dont les sexes sont distincts; car parmi les plantes il y a aussi des espèces dont les sexes sont séparés.

La génération par subdivision correspond à celle par les

boutures des plantes, car les directions des équivalents électriques y existent déjà; elles n'ont besoin que des courants thermoélectriques verticaux qui amènent l'eau du sol à la surface de la bouture qui doit être exposée à la chaleur lumineuse. L'incubation des œufs d'une espèce d'oiseaux par une autre correspond à la reproduction des plantes par des greffes.

La génération scissipare est semblable à celles des arbres dont les racines engendrent des bourgeons et produisent en même temps des fruits contenant des semences, lesquelles, à l'instar des œufs soumis à l'incubation, donnent naissance à de nouveaux arbres, de la même manière que l'incubation des œufs de la méduse produit de nouveaux êtres semblables à elle.

Le mode de reproduction des plantes correspond à celui des classes inférieures des animaux; la conception et la formation du germe est la même dans tous les corps organisés, mais le mode de production des organes sexuels diffère. Pour cette production, le blastème est indispensable. Les plantes tirent le blastème de l'eau et de la chaleur lumineuse; pour le blastème animal, il faut le blastème végétal. Ce blastème est donc l'élément primitif employé pour la formation des parties sexuelles, et c'est ainsi que l'origine des corps organisés est réduite, non aux organes sexuels, mais au blastème qui n'a besoin que d'un certain arrangement pour faire apparaître simultanément les organes sexuels, parce qu'ils viennent des électricités soutenues à l'état latent et possédant des directions homoïdes propres à exercer le minimum de résistance les unes sur les autres.

§ 784. **Génération spontanée.** Comme le blastème primitif prend naissance dans les plantes, les animaux ne pouvaient exister avant celles-ci. La chlorophylle est produite par l'eau des sources et la chaleur lumineuse, et cette production est considérable en été si l'écoulement de l'eau n'est pas très-rapide. Les animaux ne peuvent pas se nourrir avec cette chlorophylle. Il n'y a aujourd'hui ni production spontanée de nouveaux arbres, ni production spontanée de nouvelles espèces animales; toutefois il n'en faut pas induire que les animaux et les plantes actuelles ont existé dès le commencement sans qu'il y ait eu production primitive ou génération spontanée.

Il y a quelques centaines de siècles, les zones tempérées et les zones glaciales de la Terre étaient peuplées d'autres espèces d'animaux et de plantes, sans qu'il se trouvât parmi elles aucune de celles qui les peuplent aujourd'hui. Cette vérité, établie par Cuvier et tous les autres naturalistes, ne permet plus de s'égarer dans des hypothèses et théories. Nous allons montrer en quoi consiste la différence entre l'état actuel de la Terre et celui de l'époque où elle était peuplée d'habitants dissemblables de ceux que nous voyons maintenant. Nous dirons pourquoi ces animaux ont disparu, et d'où est venu l'homme, qui manquait alors dans les latitudes supérieures ainsi que les animaux actuels.

CHAPITRE II.

ORIGINE DES CLASSES ANIMALES DANS LA PÉRIODE DILUVIENNE.

§ 785. A la période *diluvienne* succéda la période actuellement nommée *alluvienne*; ces deux périodes furent séparées par un grand événement, le *déluge*. Il en est resté plusieurs espèces de faits comme monuments archéologiques; ces faits s'étant produits suivant les lois physiques, nous les avons, pour la première fois, coordonnés de manière à rendre évident leur mode de production. Un ouvrage contenant l'ensemble de pareils monuments, quelle que soit l'époque de leur publication, peut se comparer aux ouvrages historiques basés sur des monuments, et non sur les œuvres d'auteurs qui s'accordent rarement entre eux.

Nous noterons tous les changements qui ont eu lieu sur la Terre dans leur ordre chronologique et dans leur ordre topographique, avec le secours des restes des corps organisés, plantes et animaux. Notre travail n'est donc pas étayé sur des opinions ou sur des hypothèses, mais sur des monuments éternels; ce qui fait qu'il n'est susceptible d'aucune modification.

§ 786. **I. Ordre chronologique.** 1° A la surface de la Terre se trouve une couche de terrains appelés d'*alluvion*, situés au-dessus des fondements des monuments antiques. Il y a deux ou trois mille ans, quelques mètres de terre manquaient de cette couche d'alluvion, quand le sol était au niveau des portes et du parquet de ces monuments. 2° Autour de l'embouchure de tous les fleuves il y a un exhaussement du fond de la mer qui se trouve unie sur une étendue de plusieurs lieues avec les continents, sans qu'il paraisse y avoir un abaissement de niveau; cet exhaussement est dû à l'alluvion qui est charriée par les fleuves et se dépose au fond de la mer; l'épaisseur de cette alluvion atteint des centaines de mètres. 3° A une profondeur de quelques mètres, les régions inférieures des continents renferment des restes d'animaux qui n'existent plus, sans qu'on y trouve mêlés des restes d'animaux existant de nos jours. 4° En avançant à de plus grandes profondeurs, on ne trouve plus que des restes d'invertébrés dans un tel ordre que ceux des classes inférieures occupent les couches inférieures des terrains. 5° Au moyen des puits artésiens, on a découvert que les strates de plus grandes profondeurs ont leurs bords dans les versants des montagnes aux plus grandes élévations autour de leur sommet. 6° La masse solide la plus profonde est composée de terrains ignés qui s'élèvent aussi jusqu'aux sommets les plus élevés des montagnes.

On connaît ainsi l'ordre chronologique des différents états dans lesquels s'est trouvée la Terre à différentes époques. Comme les masses ignées ayant la forme de pyramides servent de support aux strates, on admet une époque où ces strates manquaient, et où la surface inégale de la masse solide de la Terre consistait en pyramides composées de masses ignées de hauteur et de largeur différentes. Les géologues ont prouvé en même temps que le soulèvement de ces pyramides s'est opéré à des époques différentes, parce qu'en partant du sommet de toutes les hauteurs, lequel est formé de basalte, on doit parcourir différentes distances pour arriver au bord le plus élevé des strates. Ces bords ont différentes élévations dont le niveau indique celui de la mer à l'époque où le soulèvement des pyramides a eu lieu.

Les restes d'animaux contenus dans les strates inférieures prouvent que ces espèces d'animaux tiraient leur nourriture des végétaux qui existaient alors. Les substances végétales en fermentation et les excrétions des animaux constituent les strates dans lesquelles se trouvent les restes des animaux. Comme il est conservé un ordre chronologique dans ces strates, on peut y étudier l'ordre de la production des espèces animales et de leurs variétés. Il en résulte qu'il n'y avait pas de vertébrés, et que dans le principe étaient les zoophytes et les mollusques aquatiques acéphales, les mollusques terrestres et les insectes sont des invertébrés produits successivement à des époques différentes.

§ 787. II. **Ordre topographique.** 1° La surface des continents se trouve dans les vallées inclinées suivant les lois hydrauliques pour conduire l'eau pluviale à la mer. Les théologiens attribuent la production de cette structure au Créateur; les géologues y reconnaissent un effet de pluies des centaines de fois plus abondantes que les plus grandes averses actuelles. 2° Les fossiles des animaux diluviens se trouvent en grandes masses dans les régions polaires; ils sont plus rares aux zones tempérées et manquent dans la zone torride. 3° Dans les grandes élévations des zones tempérées, de tels fossiles manquent également et ne se trouvent qu'à une élévation de quelques centaines de mètres au-dessus du niveau de la mer.

En coordonnant ces faits, on est conduit à reconnaître qu'à une certaine époque la Terre était entourée d'une atmosphère différente de l'atmosphère actuelle. Les pluies torrentielles qui remplissaient d'eau les vallées spacieuses provenaient d'une atmosphère cent fois plus dense que celle dans laquelle se forment les pluies actuelles. Les animaux qui respiraient cet air dense avaient une structure différente de ceux qui vivent actuellement et qui n'existaient pas à l'époque où vivaient ceux qui n'existent plus. Si les fossiles manquent dans les régions supérieures des zones tempérées et des zones glaciales, cela prouve que les torrents qui ont conduit l'argile rougeâtre dans laquelle les fossiles sont ensevelis n'ont pas atteint une plus grande élévation; c'est pourquoi les cadavres restés à la surface du sol à de telles élévations ont péri par la putréfaction.

Après l'exposé de ces faits dont l'authenticité ne peut être contestée, on voit clairement que l'homme et les animaux actuels existaient avant le Déluge, simultanément avec les animaux qui ont disparu ; ceux-ci vivaient dans les zones tempérées et les zones glaciales, et l'homme et les animaux actuels vivaient dans la zone torride. La profondeur des vallées dans tous les continents atteste qu'il y a eu de grandes averses et une atmosphère dense ; toutefois cette densité d'atmosphère se manifeste sur une plus grande échelle dans les latitudes au delà des tropiques. Les animaux actuels et l'homme vivaient dans les élévations des versants des montagnes, où les vallées remplies maintenant de neige prouvent qu'elles étaient alors parcourues par les eaux pluviales. Il faut cependant distinguer les profondeurs produites par l'enlèvement des terrains de celles entre les montagnes qui résultaient de l'élévation des sommets.

La température était élevée aux régions polaires, parce que la chaleur solaire étant mêlée avec la lumière pénètre l'atmosphère en y éprouvant une résistance médiocre. De la chaleur et de la lumière arrivées à la Terre, la lumière séparée se disperse, et la chaleur obscure se répand en rampant du sol vers l'air en y éprouvant une grande résistance quand sa densité est grande. Cette diminution de consommation de chaleur produisait donc alors une élévation de température de plusieurs degrés au-dessus de zéro, et c'est ainsi que les régions polaires pouvaient être peuplées, puisque dans ces régions les pluies procuraient un pâturage abondant aux animaux, dont la structure correspondait à la grande pression atmosphérique qui manquait aux régions où vivaient les animaux actuels et l'homme.

Tout nous prouve que depuis le commencement de la période actuelle il n'y a pas de production de nouvelles espèces de plantes et d'animaux ; au contraire, les gros œufs trouvés à Madagascar dans le sable ont servi à constater la disparition d'espèces d'oiseaux d'une grosseur dix fois supérieure à celle des plus gros oiseaux de nos jours. L'absence de fossiles d'animaux actuels parmi ceux qui se trouvent dans les latitudes au delà des tropiques a également servi à établir une époque pendant laquelle l'homme et les animaux actuels manquaient dans ces latitudes. Ces données nous ont conduit à reconnaître que l'homme et les animaux actuels devaient avoir existé avant la période géologique actuelle, mais seulement dans les latitudes où manquent les fossiles des animaux disparus. La coexistence des animaux diluviens avec les animaux actuels et avec l'homme a donc eu lieu, mais les uns occupaient les latitudes supérieures et les autres les latitudes inférieures.

C'est après la disparition des animaux diluviens que l'homme et les animaux actuels se sont dispersés vers les latitudes supérieures pour y chercher leur nourriture. La superficie des continents des latitudes inférieures étant devenue trop peuplée, une dispersion ou colonisation vers l'est ou vers l'ouest était devenue impossible, et il n'y avait plus d'autre ressource que la dispersion vers les latitudes supérieures suivant les longitudes géographiques. On donne le nom d'*exode* à cet éloignement séculaire qui avait pour but de trouver des pâturages pour les troupeaux dont on se nourrissait; il y avait aussi des peuplades adonnées particulièrement à la chasse qui avançaient les colonies composées de nomades. Connaissant donc les points de départ et les pays qu'occupe maintenant chaque nation, on peut, suivant la forme géographique des continents, constater la voie que chaque nation doit avoir parcourue pour arriver au pays où elle s'est fixée. On peut ainsi prouver que les habitants de chaque pays y sont toujours restés, malgré les fréquentes invasions de leurs voisins. Des étrangers peuvent s'installer dans un pays inoccupé, mais cela est impossible pour les pays déjà peuplés. Souvent, à la vérité, les noms des nations ou des habitants des pays changent, mais c'est à tort que les historiens étrangers ont attribué ce changement au déplacement des habitants.

I. — EXODE DES HABITANTS DE LA ZONE TORRIDE.

§ 788. L'homme et les animaux actuels vivaient dans la zone torride à l'époque où vivaient dans les zones tempérées et dans les zones glaciales des animaux qui n'existent plus et qui n'existaient pas quand l'exode s'opérait. En partant de son pays natal, chaque nation autochthone forma une colonne dont l'origine était dans la zone torride de l'Asie, de l'Afrique et de l'Amérique. Comme nous traitons ici de la physiologie et de l'origine des animaux et de l'homme, nous aurons atteint notre but si nous parvenons à prouver qu'en effet les habitants des latitudes supérieures vivaient primitivement dans les latitudes inférieures.

En partant de l'extrémité orientale de l'Asie, 1° les Japonais et les Chinois s'étendent jusqu'à présent de la zone torride vers le nord. 2° De même les Mongols s'étendent de la zone torride vers les latitudes supérieures. 3° L'Europe a été peuplée par les habitants de l'Inde. L'exode s'opéra dans le même ordre en Afrique. 1° Des habitants de l'Abyssinie, une colonne descendit la vallée du Nil, une autre passa en Arabie et en Mésopotamie et arriva à Suez. 2° les Nègres ou Éthiopiens formèrent aussi une colonne qui s'étendit vers le nord autant que le désert le permit.

L'Europe fut peuplée par des nomades qui en avançant formèrent trois colonnes. 1° Au milieu était la *colonne latine*, formée de quatre peuplades : les Daces marchaient les premiers, les Italiens suivaient, puis les Espagnols, et enfin les Français. 2° A l'est de la colonne latine était la *colonne germanique*, composée d'Allemands, de Flamands, de Hollandais, d'Anglo-Saxons et de Scandinaves. 3° A l'ouest de la colonne latine était la colonne *helléno-slave*, composée de Thraces, de Macédoniens, d'Hellènes, de Dalmates, de Serbes, de Croates, de Slavons, de Moraves, de Bohêmes, de Polonais, de Russes. L'ordre des peuplades de chaque colonne s'est conservé dans le renversement de l'ordre primitif : car chacune des peuplades qui marchaient les premières s'arrêta au pays inoccupé qu'elle rencontra et livra passage aux peuplades suivantes qui avançaient avec leurs troupeaux à la recherche de pays encore inhabités.

§ 789. **Exode de la colonne latine**. Les Daces étaient la peuplade qui marchait en avant ; ils trouvèrent vacantes les plaines de la rive gauche du bas Danube. Les Thraces n'étaient pas encore arrivés autour de sa rive droite ; mais pendant que les Daces se répandaient dans toutes les directions, les Italiens arrivèrent au pays déjà occupé, et ils devaient avancer sans passer le Danube, dont la rive droite commençait à être occupée. Les Italiens, à leur tour, avancèrent avec les deux autres peuplades en suivant la vallée du Danube jusqu'à l'embouchure du fleuve nommé la Drave; ils entrèrent dans cette vallée et pénétrèrent dans celle du fleuve appelé le Pô, encore inhabitée. Cette vallée fut occupée par les Italiens, qui se répandirent dans la péninsule. Les Espagnols et les Français vinrent ensuite. Les premiers furent arrêtés par l'Atlantique, et les Français se répandirent des côtes de la Méditerranée vers le nord jusqu'à l'Atlantique et vers l'est jusqu'aux pays où ils se rencontrèrent avec les Allemands qui avaient passé le Rhin.

§ 790. **Exode de la colonne germanique.** Cette colonne, composée de nomades et de chasseurs, se sépara de la colonne latine à l'embouchure du fleuve Drave en suivant la vallée du Danube dont elle trouva les rives occupées par les Croates, les Serbes, les Moraves et les Slavons jusqu'au-dessus des Carpathes. La première peuplade se répandit sur les deux rives du Danube, pénétra dans la vallée du fleuve Inn, et les autres peuplades qui avancèrent arrivèrent dans la vallée du Rhin, dont ils occupèrent les deux rives. Ils furent arrêtés à l'ouest par les Français, et ils s'étendirent au nord-est jusqu'aux côtes de la Baltique en remontant la vallée du fleuve Elbe, où ils furent arrêtés par les Bohêmes, les Polonais et les Russes. Viennent ensuite les Flamands, les Hollandais, les Anglo-Saxons et les Scandinaves, qui prirent possession de l'extrémité occidentale de l'Europe.

§ 791. **Exode de la colonne hellénoslave.** Cette colonne était à l'ouest de la colonne latine et à l'est de la colonne assyrienne, qui pénétra dans l'isthme de Suez. Les Thraces étaient la peuplade qui marchait en avant; elle n'a pas avancé comme les colonnes latine et germanique, mais elle s'est arrêtée au détroit qui sépare l'Europe de l'Asie. Comme preuve de ces faits d'une époque reculée, il nous reste les noms géographiques : *Same*, *Créta* et *Thréca*, *Samothréca*, *Bosphore*, *Dardan*, *Byzant*, etc., qui signifient en langue thrace : *seul*, *caché*, *caché de soi-même*, *barrière*, *donne donné*, *de derrière*. Au Musée du Louvre, à Paris, et au Musée britannique à Londres, on trouve en langue thrace les inscriptions des monuments de Ninive, mais il faut les lire de droite à gauche. La langue thrace, inconnue des archéologues, est la langue naturelle de l'auteur de cet ouvrage.

Les Thraces qui passèrent les premiers en Europe trouvèrent le pays inhabité et ils s'y répandirent entre la Méditerranée, la mer Noire et la rive droite du Danube jusqu'à l'Adriatique. Les Hellènes, qui formaient la seconde peuplade, avancèrent à l'ouest jusqu'à l'extrémité du continent; ils occupèrent même les îles. Les Serbes, qui suivaient les Hellènes, avancèrent en suivant la vallée du Danube; ils passèrent le fleuve Save. Les Croates avancèrent dans la vallée de ce fleuve. Les Moraves passèrent le Danube, ils furent suivis des Polonais et des Bohêmes qui prirent possession des pays restés inoccupés à cause de la rigueur de leur climat.

La grande distance entre le Bosphore et la Bohême, que les peuplades susnommées devaient parcourir pour trouver un pays vacant rendit impossible l'avancement suivant la voie indiquée; ainsi la moitié postérieure de la colonne, composée de Russes et d'autres peuplades, fut-elle forcée de dévier vers l'est et de couper les colonnes latine et germanique. De cette manière, cette colonne se trouva à l'ouest des *Mongols* (ce mot signifie *homme nu*). Les peuplades qui marchaient en avant occupèrent les côtes occidentales de la mer Caspienne, et celles qui suivaient avancèrent en remontant les vallées des fleuves qui se jettent dans cette mer.

§ 792. **Remarque.** De cette distribution des nationalités en Europe, il résulte que de même que les Hellènes et les Latins qui ont eu des historiens propres, toutes les autres nations qui n'en ont pas eu restèrent de tous les temps dans leur pays; le nom seul changeait en adoptant souvent celui d'un titre (Lech, Nemiche, Boer, Balgarine), ou du dominateur (Romain), ou le nom du pays. Il arrive souvent que la même nation porte différents noms dans des pays limitrophes. Ce qui paraîtra singulier, c'est que les mots *Ispan*, *Franc*, *Latin*, *German*, *Rouss*, étant lus de droite à gauche, ont, dans la langue thrace, les significations suivantes :

Ispan, na spi = vers le coucher.

Franc, c' na rf (raf) = vers le sommet (des montagnes).

Latin, n' ital = vers l'Italie.

German, na mreg (mrege) = vers le carnage.

Rouss, s' Sour (Syr) = avec Syriens.

Nous sommes ainsi parvenu à donner une preuve certaine de l'invasion des latitudes supérieures par des peuplades venant des latitudes inférieures. Cette invasion s'est opérée à l'époque où les précédents habitants de ces pays avaient péri et où leurs cadavres ensevelis se trouvaient dans le même état que nous les trouvons aujourd'hui. Il en résulte que la même cause physique a fait périr les précédents habitants des latitudes supérieures et a rendu possible dans ces pays l'invasion d'hommes transplantés des latitudes inférieures. Comme la Terre resta la même (et les faits ci-dessus énumérés sont incontestables), ce phénomène n'est dû qu'au changement de l'état de l'atmosphère. Au lieu de former une enveloppe sphérique autour de la Terre, elle était composée des deux aérocônes ayant leur sommet sur les prolongements de l'axe terrestre et leur base sur le plan du tropique ; de sorte que les deux aérocônes étaient séparés par l'air qui couvrait la zone torride dans laquelle vivaient l'homme et les animaux actuels.

II. — DÉLUGE ET DISPARITION DES ANIMAUX.

§ 793. Ce grand événement opéra un changement subit qui donna lieu à un grand nombre de faits produits dans un court espace de temps et avec une grande violence. C'est le caractère particulier de ces faits qui les distingue de ceux qui se sont produits lentement et dans de longs espaces de temps pendant la période diluvienne et pendant la période actuelle alluvienne. C'est le Déluge qui fut la fin d'une de ces périodes et le commencement de l'autre. Nous avons déjà traité ailleurs (§ 68, p. 85) de ce sujet; nous n'en parlerons ici qu'en tant qu'il offrira quelque rapport avec le mode de la production primitive des animaux de chaque classe et de chaque espèce.

§ 794. **État de la Terre avant le Déluge.** L'état de la distribution de l'air une fois connu, on arrive facilement à en déduire la pression qui se faisait sentir à la surface de la Terre : 1° Le niveau de la mer était abaissé dans les régions polaires et il était soulevé dans les régions équatoriales. 2° Le sol éprouvait une pression d'air dans les latitudes supérieures et une pression d'eau dans les latitudes inférieures. 3° La chaleur de la Terre ne s'éloignait pas facilement des régions polaires; il y avait pour cela une élévation de température qui se soutenait constamment à plusieurs degrés au-dessus de zéro. 4° Les animaux qui vivaient sous une pression d'air des centaines de fois plus grande que la pression de la zone torride, ne pouvaient vivre dans cette zone, de même que les animaux de la zone torride ne pouvaient vivre dans les zones tempérées et encore moins dans les zones glaciales où la pression atmosphérique était supérieure.

§ 795. **Séparation subite des deux aérocônes.** Les masses d'air des deux aérocônes éprouvaient une répulsion croissante de la part de la masse d'air des régions intertropicales dans lesquelles continuaient à se produire ses nouvelles masses d'air. Au moment où cette répulsion R a dépassé la pesanteur P exercée sur les aérocônes vers le Soleil, elle a opéré la séparation de ces aérocônes d avec la Terre en directions divergentes, sans néanmoins cesser de circuler autour du Soleil, comme cela avait lieu précédemment. Seulement cette circulation devait s'opérer dans deux orbites dont le Soleil occupait un des foyers; en même temps les molécules d'air ont conservé leur mouvement de rotation. Les deux aérocônes ayant le sommet vers le Soleil ont produit deux *comètes* (§ 68, p. 89).

§ 796. **Effets produits sur la Terre par la séparation des deux aérocônes.** D'une cause subite il ne pouvait résulter que des faits d'un caractère correspondant, 1° suivant sa violence, à l'intensité du degré de la rupture de l'équilibre, et 2° suivant sa durée, à l'espace de temps nécessaire à l'établissement d'un équilibre subitement rompu. Les genres de faits produits par la séparation des aérocônes se classent suivant les objets auxquels ils ont servi. Les aérocônes n'ont pas été anéantis, ils circulent autour du Soleil en conservant leur forme ; le sommet du cône est dirigé vers le Soleil et sa base vers l'espace. A cause de la rotation des molécules d'air, un espace énorme entouré d'une mince couche d'air reste vide. Voilà maintenant les faits qui se sont produits sur la Terre.

I. Tous les animaux des latitudes supérieures sont tombés asphyxiés dans la position où chacun d'eux se trouvait en ce moment.

II. Le froid de l'espace s'est immédiatement répandu sur les deux calottes de la Terre qui n'en ont plus été protégées par l'air des deux aérocônes.

III. Les cadavres ont immédiatement gelé, ce qui les a préservés de la putréfaction.

IV. De violentes éruptions volcaniques ont été causées par la disparition de la pression centripète, pression qui maintenait en équilibre les répulsions expansives exercées par les vapeurs des foyers souterrains. Ces éruptions eurent lieu d'abord dans les pays des latitudes supérieures soumis à la pression des aérocônes (t. III, p. 927), puis elles furent produites dans la zone torride autour des mers après l'éloignement des masses d'eau maintenues à un niveau élevé. Ces volcans et leurs produits se sont conservés jusqu'à présent, tandis que de ceux des latitudes inférieures il n'est resté que les cratères qui occupaient une assez grande élévation pour être à l'abri des atteintes de l'eau après l'établissement du niveau actuel de la mer.

V. Les eaux maintenues élevées sur les trois océans se trouvèrent déchaînées par la pression qu'ils éprouvaient de la part des aérocônes ; partagées en deux parties, elles donnèrent naissance aux six *torrents cataclystiques*, dont les plus volumineux et par conséquent les plus violents furent ceux du Pacifique. 1° En s'élargissant le torrent dirigé vers le pôle austral enleva les terrains des extrémites des continents (Amérique du Sud, Nouvelle-Zélande, Australie) en y produisant des détroits et des îles. La rencontre entre les élargissements divergents des deux moitiés du torrent s'opéra autour des côtes d'Afrique, car une moitié a dû parcourir la largeur de l'océan Indien de l'est à l'ouest, et l'autre, celle de l'Atlantique, de l'ouest à l'est. 2° Le torrent dirigé vers le pôle boréal a enlevé les terrains des côtes d'Asie et des côtes de l'Amérique du Nord, et il en sépara plusieurs parties en ouvrant des détroits suivant la direction de la voie qu'il suivait. Dans la Méditerranée, les côtes d'Afrique restèrent dans leur état normal, tandis que les terrains des côtes de l'Europe furent enlevés. C'est ainsi que des centaines de détroits furent ouverts suivant la direction du torrent qui pénétra par le Suez venant de l'océan Indien.

VI. Arrivés aux latitudes supérieures du froid intense, les torrents furent couverts de glaçons d'une énorme épaisseur. Ces glaçons, en se heurtant contre les roches des versants exposés à leur rencontre, s'y arrêtèrent et produisirent par leur accumulation des montagnes de glaces sur lesquelles tombèrent des roches nombreuses détachées des masses minérales des montagnes. Ce phénomène s'est produit sur une très-grande échelle dans les versants sud de la Scandinavie. Quand ensuite le dégel eut lieu, les roches, sans perdre leur arrangement à l'est et à l'ouest, s'éloignèrent de leur pays natal et restant au delà de la Baltique et au delà de la mer du Nord en Russie, en Allemagne et en Angleterre, ils devinrent des monuments éternels connus sous le nom de *blocs erratiques*.

VII. Les cadavres et les débris des volcans se trouvaient à la surface du sol quand arrivèrent les eaux des torrents charriant une argile rougeâtre dans laquelle restèrent ensevelis les produits des volcans aussi bien que les cadavres. Comme cette couche d'argile ne s'élève que de quelques centaines de mètres au-dessus du niveau de la mer, on put savoir quelle hauteur les torrents avaient atteinte. Les cadavres qui se trouvèrent à une plus grande élévation furent consumés par la putréfaction à cause du manque de sépulture. Il en fut de même des cadavres des oiseaux qui, vu leur légèreté, s'élevèrent à la surface des torrents. Les cadavres des animaux terrestres furent ballottés par les eaux, leurs ossements furent brisés, mais les parties aiguës furent conservées, parce que le frottement ne s'exerça que sur la peau et la chair gelées.

§ 796. **État atmosphérique après la séparation des deux aérocônes.** L'air qui couvrait la zone torride avait alors une densité supérieure à celle actuelle, ce que prouvent les vallées couvertes d'une neige perpétuelle. Ces vallées ont dû être produites par les pluies qui se propageaient jusqu'aux sommets les plus élevés, alors peuplés par des habitants qui, plus tard, se répandirent sur toute la Terre, parce qu'à ces élévations, avant le Déluge, il y avait une pression atmosphérique et une température semblables à celles dans lesquelles vivent actuellement l'homme et les animaux.

Après l'éloignement d'une quantité d'air de la zone torride, dans les régions inférieures, la pression atmosphérique diminua et la température s'y abaissa ; c'est pourquoi les premiers habitants y périrent. Les habitants des régions supérieures descendirent dans ces régions devenues désertes, et y trouvèrent une température et une pression atmosphérique peu différentes de celles dans lesquelles ils vivaient.

Il ne reste aucune trace des habitants des régions inférieures de la zone torride, parce qu'il n'y a pas eu un Déluge ni un abaissement de température au-dessous de zéro. Ce n'est que dans l'Écriture qu'on cite des exemples de longévité chez l'homme avant le Déluge. Après le Déluge, l'état actuel de l'atmosphère s'établit spontanément suivant les lois aérostatiques. La température antérieure baissa partout, et la pression atmosphérique diminua. C'est dans ces deux états que consiste la différence entre la période actuelle, où la production primitive des animaux et des plantes se trouve interceptée, et la période diluvienne pendant laquelle ont été produits les premiers individus de chaque espèce : les plantes, les animaux et l'homme.

III. — PARALLÉLISME ENTRE LA PÉRIODE ACTUELLE ET LA PÉRIODE DILUVIENNE.

§ 797. Les rayons solaires sont la cause physique de tous les changements opérés sur la Terre; car par sa rotation les densités des atomes de chaleur et de lumière varient continuellement en chaque point, et il en résulte ainsi un équilibre rompu qui provoque les expansions des équivalents électriques $q\ddot{E}$ et $q\acute{E}$, dans lesquels est contenu le mouvement emmagasiné. C'est ce mouvement qui, grâce à l'eau, anime tout sur la Terre; c'est de l'eau et de la chaleur lumineuse qu'ont été produites toutes les espèces des plantes sous une certaine pression d'air. Les substances végétales et la chaleur lumineuse ont engendré les animaux sous une pression atmosphérique supérieure à la pression actuelle.

§ 798. **Double origine de la structure des animaux.** 1° De chacun des cinq organes des sens les nerfs sensitifs ou *anagogues* conduisent vers le cerveau une des cinq espèces de fluides impondérables. 2° Ce sont les nerfs moteurs ou *catagogues* qui régissent les mouvements que peuvent provoquer les sentiments du goût, de l'odorat, de la vision, de l'ouïe, du tact, de la faim, de la douleur ou des penchants sexuels. Toutes ces causes motrices sont communes à tous les animaux, parce qu'elles proviennent du dehors ou de leur structure individuelle; mais le mouvement est le résultat d'une rupture d'équilibre subjective, dont la réalisation chez l'animal s'opère du dedans en dehors. L'appareil du mouvement correspond donc à l'état matériel des objets ambiants.

Les animaux doivent leurs organes des sens aux mêmes fluides impondérables; c'est pourquoi ces organes ont la même structure, tandis que l'appareil de mouvement se trouve en concordance avec l'eau chez les animaux aquatiques, avec l'air chez les volatiles, et avec l'espèce du sol chez les animaux terrestres. Il n'y a pas beaucoup de variations dans l'appareil de translation chez les animaux aquatiques et chez les volatiles, et cela parce que l'eau et l'air sont toujours restés dans le même état. L'appareil de translation ne varie beaucoup que chez les animaux terrestres. On peut donc en induire que la surface du sol différait aux époques où les reptiles, les quadrumanes, les digitigrades, les solipèdes et les ruminants ont pris naissance.

L'appareil de translation fait connaître le mode de l'alimentation et l'état dans lequel devait être la Terre pour produire les aliments. L'homme est bipède et bimane; il en résulte que sa nourriture primitive a été les fruits des arbres, comme les herbes et les feuilles furent la nourriture des quadrupèdes non digitigrades. Les quadrumanes recueillent les fruits sur les arbres; mais l'homme peut aussi bien les atteindre sur l'arbre que les recueillir sur la terre quand ils sont tombés. L'appareil de translation de l'homme fait voir que l'état de la Terre n'a pas changé; l'appareil de translation des reptiles et des quadrumanes indique l'existence d'un sol composé d'une couche dense de végétation et des arbrisseaux qui ne croissent pas sur un continent, mais sur une couche composée de restes de plantes qui s'y trouvaient primitivement; cette couche a été nommée *phytostrome*.

Les animaux carnassiers, souvent digitigrades, ont pris naissance après les animaux granivores et les animaux herbivores; ils trouvent leur alimentation dans l'eau, sur la terre et sur les plantes; il y en a même qui volent. Ils possèdent un appareil propre à attraper leur proie.

Si les animaux continuaient à se former selon la production primitive, il y aurait interruption de production à chaque changement qui s'opérerait sur la Terre; par exemple, après la disparition de la couche dense végétale où vivaient les reptiles, les quadrumanes et les insectes, ces animaux auraient disparu, quand ensuite les quadrupèdes et l'homme ont été produits. C'est la reproduction qui s'établit spontanément après la production primitive, et c'est elle qui soutient la continuité de la série de chaque espèce lorsqu'elle possède l'appareil propre à se nourrir, même après les modifications qui se sont opérées sur la Terre. Il y a donc une liaison physique entre l'appareil de translation des animaux terrestres et les changements qui ont eu lieu sur la Terre pendant la période diluvienne.

IV. — ANIMAUX AUXILIAIRES.

§ 799. Chez les insectes, les annélides, les méduses et plusieurs autres espèces d'invertébrés, l'incubation des œufs pondus ne donne pas naissance à un nouvel être semblable à celui dont l'œuf provient, mais il en résulte un animal sans sexe, et c'est de cet animal que naissent des êtres ayant un sexe propre à produire des œufs fécondés.

Après l'incubation, la semence ne produit pas immédiatement un fruit, mais une plante; c'est cette plante qui produit des boutons, et leur incubation engendre des fleurs correspondantes aux insectes ayant un sexe ou hermaphrodites, qui produisent les semences contenues souvent dans les fruits.

Il est donc tout naturel de comparer la reproduction des invertébrés à celle des plantes; mais on ne peut comparer la reproduction des invertébrés à celle des vertébrés, où n'apparaît pas l'animal sans sexe remplacé par l'utérus.

Nous avons montré dans l'ordre anatomique du développement de l'ovule qu'il y a d'abord une circulation extra-fœtale dans la vésicule ombilicale; une autre circulation plus étendue s'établit ensuite dans l'allantoïde, et c'est plus tard que la circulation fœtale commence à s'établir. Si l'on considère les précédentes circulations comme celles d'un animal intermédiaire, la différence se réduit à ce que chez les vertébrés l'œuf contient la matière nécessaire à la formation des organes du nouvel être, tandis que dans les œufs des invertébrés la matière n'est pas en quantité suffisante. Ce sont les *animaux auxiliaires* qui servent à la préparation de cette matière pour arriver à l'état d'un animal ovipare ou à celui d'un animal vivipare.

§ 800. **Animaux auxiliaires ovipares.** Les œufs des insectes contiennent très-peu de blastème. Dans la première incubation, ce blastème sert à la formation d'un animal sans sexe, qui doit préparer la matière d'un œuf dont l'incubation produira un individu complet. Le ver à soie, par exemple, ne possède que les organes de la circulation et de la digestion, lesquels servent à préparer une espèce d'œuf composé d'albumine enveloppée d'un fil mince et très-long pour former le cocon qui correspond à la coquille. C'est de cet œuf que provient, après une seconde incubation, l'insecte ayant un sexe propre à pondre des œufs fécondés.

Chez les oiseaux l'ovule, fécondé ou non, acquiert une portion d'albumine en passant par l'oviducte; c'est pourquoi il n'est pas nécessaire qu'un animal auxiliaire ait été produit par une première incubation. Toutefois, lors de la formation des premiers oiseaux, il a dû exister un animal auxiliaire pour préparer une quantité d'albumine qui devait se féconder par la propagation des équivalents ambiants *a*Ë.

Les nouveaux êtres ont pu naître avec un sexe et commencer une reproduction semblable à celle actuelle où l'intervention d'un animal auxiliaire est inutile. Chez les oiseaux, les organes sexuels ont été produits ensuite, ainsi que cela a eu lieu pour les animaux mammifères, comme nous le ferons voir plus bas.

§ 801. **Animaux auxiliaires vivipares.** Au lieu que l'animal auxiliaire produise, comme dans le cas précédent, un œuf qui devra subir une nouvelle incubation, il s'y opère l'incubation et la formation des organes du nouvel être, qui continuent au fur et à mesure que l'animal auxiliaire produit d'albumine. Les annélides, par exemple, sont des animaux auxiliaires provenant des œufs d'une première incubation. Les équivalents *a*Ë continuent à se propager suivant leurs directions préexistantes, et ce sont ces directions qui favorisent la formation d'un grand nombre d'êtres nouveaux dont les organes croissent grâce au blastème préparé dans l'annélide. Ensuite ces nouveaux êtres commencent dans leur système de circulation à préparer leur blastème avec l'albumine qu'ils reçoivent de l'annélide. Ces fœtus superficiels, pourvus des organes nécessaires à la vie, ne se séparent de l'animal auxiliaire, qui remplit la fonction d'un utérus renversé, que lorsqu'ils sont en état de se nourrir de substances ambiantes.

La formation des premiers individus mammifères a dû nécessairement s'opérer au moyen d'animaux auxiliaires, qui ont disparu quand les deux sexes ont été formés, et alors a commencé la reproduction qui est restée permanente. Les êtres nouveaux se séparent des annélides dont ils n'auront plus besoin, tandis que ceux engendrés par les mammifères sont allaités par eux pendant un certain temps. Cette différence n'existait pas lorsqu'il y avait une assez grande quantité de nourriture pour subvenir aux besoins de tous les petits; car, dans toutes les espèces, ceux-ci peuvent se passer du lait de la mère quand on leur fournit une nourriture convenable.

§ 802. **Zoophytes.** Les animaux à structure simple comme celle des plantes soutiennent la propagation des directions des équivalents oE; pour en obtenir un nouvel individu, il suffit de séparer un morceau de l'individu vivant, par exemple d'une hydre ou d'un ver de terre, pourvu que le morceau séparé ne soit pas trop petit, parce qu'il faut une certaine quantité de blastème pour former les organes de la digestion et de la circulation. Ce mode de propagation est analogue à celui des plantes par boutures : si celles-ci étaient trop petites, elles ne contiendraient pas une suffisante quantité de fécule pour produire les premières racines et la première tige.

§ 803. **Végétaux.** Si l'on considère la semence comme une espèce d'œufs fécondés, on trouvera que les arbres sont en quelque sorte des oiseaux qui pondent leurs œufs et les répandent sur le sol où doit s'opérer leur incubation. Pour commencer à produire des fruits et des fleurs, les arbres ont besoin de quelques années, comme quelques espèces de mammifères. Certains arbres ont des sexes séparés comme les animaux, mais généralement les arbres et les plantes annuelles sont hermaphrodites. Les plantes annuelles produisent toute leur semence à la fois ou graduellement, comme cela a lieu chez plusieurs espèces d'insectes.

Les arbres comme les plantes annuelles sont semblables aux animaux auxiliaires (larves, chenilles); il se fait chez eux deux incubations : 1° celle de la semence, et 2° celle du bouton. L'incubation de la semence engendre la plante, et l'incubation des boutons produit les fleurs ayant des sexes. La plante ne sert qu'à préparer le blastème qui engendrera les boutons, lesquels sont des espèces d'œufs dont les enveloppes superposées correspondent au cocon du ver à soie et à la coquille de l'œuf des oiseaux.

Les feuilles des fleurs des plantes ont une structure semblable à celle des insectes. Il y a, par exemple, dans la violette : 1° deux paires de feuilles qui correspondent à deux paires d'ailes; 2° une tête, et 3° une queue; de sorte que de six feuilles quatre forment deux paires différentes et les deux autres feuilles ne sont pas semblables. Il y a des fleurs à cinq feuilles quand elles n'ont pas de queue, mais elles peuvent aussi n'avoir pas de tête, comme cela a lieu pour les mollusques acéphales, et il ne reste alors que quatre feuilles. Il y a aussi des fleurs semblables aux insectes qui vivent en communauté comme le *tournesol;* de sorte que dans les fleurs l'ordre des invertébrés se trouve déjà établi.

En général, les fruits des pays chauds, où il pleut rarement, ont une enveloppe solide qui contient dans son milieu la semence composée de fécule et entourée d'une quantité de liquide suffisante pour humecter la fécule et le sol et aider la racine à se planter et la tige à pousser. Ainsi, en comparant la fleur au papillon, la semence correspond aux œufs, et les détails qui constituent le fruit sont destinés à faciliter l'incubation de la semence. Toutes ces précautions sont inutiles aux animaux, car ils pondent leurs œufs aux endroits les plus favorables à leur incubation.

V. — GÉNÉRATION SPONTANÉE DES ANIMAUX PRIMITIFS.

§ 804. Nous avons montré que les corps organisés, tels que les plantes, les animaux et l'homme, existaient sur la Terre avant le Déluge; depuis cet événement il ne s'est produit aucune nouvelle espèce de plantes ou d'animaux; nous avons fait voir, au contraire, que quelques espèces d'oiseaux avaient disparu. La cause de l'interruption de production de nouvelles espèces d'animaux est due : 1° à la grande pression atmosphérique pendant la période diluvienne, et 2° à la température supérieure qui en était la conséquence. Après le Déluge, la pression atmosphérique a diminué, la température a baissé, et il en est résulté une diminution de la densité des équivalents électriques soutenus par les corps. C'est ainsi qu'il a cessé de se produire de nouvelles espèces pourvues d'organes sexuels et pouvant se propager par la reproduction.

A part cette densité d'équivalents électriques, le poids des corps dans les régions polaires était alors moindre; car en cet état les corps dans l'air ne pesaient presque que la moitié de ce qu'ils pèsent actuellement dans l'eau. La rotation de la Terre produit une rupture continuelle d'équilibre dans les éléments électriques de la chaleur lumineuse du Soleil dont le maximum de densité se déplace de l'ouest à l'est; il y a pour cela : 1° éloignement de chaleur et d'électricité négative, et 2° affluence d'électricité positive. C'est donc cette électricité qui avait autrefois une densité supérieure, et qui par cette raison exerçait sur les corps une poussée aP, a fois plus grande que la poussée P qu'exercent actuellement les équivalents électriques affluant vers la zone torride, ce qui ne donne plus lieu à la production de nouvelles espèces de corps organisés.

Comme les corps avaient dans l'air dense un poids b fois moindre pendant la période diluvienne, ils exerçaient une résistance $\frac{r}{b}$, tandis qu'actuellement ils exercent dans l'air raréfié la résistance *r*. Les molécules des aliments et les éléments de l'eau, pendant la période diluvienne, se combinaient donc avec les équivalents électriques de manière à exercer le minimum de résistance. Mais une telle diminution de résistance est précisément la condition de l'apparition du mouvement emmagasiné qui manque chez les plantes et qui se manifeste chez les animaux. Avant d'aller chercher la génération spontanée des individus primitifs des classes supérieures, occupons-nous de celle des individus primitifs des classes inférieures, telle qu'elle se présente dans les observations actuelles.

A. GÉNÉRATION SPONTANÉE DE LA PÉRIODE ACTUELLE.

§ 805. Lorsqu'on met dans de l'eau des substances végétales ou animales et qu'on abandonne à l'air libre le vase contenant cette eau, il en résulte en une médiocre température des courants thermoélectriques qui donnent aux molécules du blastème les qualités propres à exercer le minimum de résistance. C'est cette diminution de résistance qui donne lieu au mouvement observé dans les molécules arrangées de façon à apparaître comme animalcules *monades*, *trachélies*, *enchélides*, *paramécies*, etc. Pouchet, en opérant sur différentes substances, obtint les animalcules *penicilium glaucum*, *trachelius trichophorus*, *monas elongata*, *vibrio lineosa*, etc.

Des observations postérieures prouvèrent qu'il ne se produit pas de pareils animalcules quand la substance animale ou végétale et l'air étant chauffés séparément au delà de 130° viennent ensuite en contact, ou quand l'oxygène, au lieu d'être chauffé, arrive dans le vase après avoir traversé une couche d'acide sulfurique concentré. Ainsi, on a cru avoir fait la double découverte : 1° qu'il y a dans l'air des germes et des spores qui s'opposent à chaque agrandissement microscopique, et 2° qu'il faut au moins une température de 130° pour les détruire. Les défenseurs de la génération spontanée, bien qu'ils fussent convaincus de son existence, ne surent que répondre à ces résultats. Cette dissidence ne cessa jamais, parce que les partisans des diverses opinions ignoraient : 1° la cause du mouvement animal, et 2° les effets électriques produits sur les corps par le refroidissement après qu'ils ont été chauffés jusqu'à une température très-élevée.

Nous avons montré (t. I, p. 148) l'apparition d'une direction inverse des courants électriques après leur interruption; on appelait *induction* ou *électricité polarisée* ce renversement de courants de nature inconnue aux physiciens. Il est donc incontestable que le refroidissement séparé de la substance organisée et de l'oxygène doit donner lieu, dans l'un comme dans l'autre de ces corps, à des courants centripètes, lesquels courants empêchent la communication électrique entre l'oxygène et les molécules de la substance organisée. C'est ainsi que la génération spontanée est interceptée par une cause physique qui n'était pas inconnue.

Quelques espèces d'infusoires se propagent par la génération scissipare comme quelques plantes se propagent par des boutures, parce que ces corps organisés sont composés d'une masse homoïde par laquelle se propagent les directions des équivalents électriques. De toutes ces observations et des discussions qui ont eu lieu sur la génération spontanée, il résulte que les corps organisés, tels que les plantes, les animaux et l'homme, n'ont pas toujours existé sur la Terre et n'ont pas été produits après le Déluge. Il est donc incontestable que les animaux et l'homme ont pris naissance à des époques différentes pendant la durée de la période diluvienne, comme nous allons le voir.

B. GÉNÉRATION SPONTANÉE DE LA PÉRIODE DILUVIENNE.

§ 806. Avant la formation des individus primitifs de chaque espèce animale, il fallait nécessairement que la nourriture propre à chaque individu existât. Cette nourriture est la substance végétale; mais celle-ci n'étant pas accumulée toute au même endroit, les individus avaient besoin d'un appareil de locomotion capable de les conduire vers la nourriture déposée soit sur le sol, soit dans l'eau, soit sur les arbres. Il s'établit ainsi un rapport entre l'état de la nourriture et celui de l'appareil de la locomotion. Quant aux organes des sens, nous avons montré qu'ils ne sont que l'effet des fluides impondérables issus des objets et du Soleil.

La différence entre les animaux ne consiste pas dans leurs organes des sens, comme cela a lieu pour leur appareil de locomotion qui diffère, 1° chez les animaux qui trouvent leur nourriture dans l'eau, dans l'air, sur le sol, et 2° chez ceux qui la trouvent à la fois dans l'eau, dans l'air et sur le sol. De cette coïncidence entre l'appareil de locomotion et l'espèce de nourriture, il résulte que les appareils des animaux aquatiques et ceux des animaux aériens ne diffèrent ni chez les poissons ni chez les oiseaux. On peut en conclure que ni la nature de l'eau, ni celle de l'air n'ont jamais éprouvé aucune modification, mais qu'il s'est opéré des changements dans la surface du sol.

Il n'y a de variation bien sensible que dans l'appareil de la locomotion sur le sol. Quand on compare les quadrumanes, les digitigrades et les quadrupèdes, on acquiert la certitude que l'état du sol a changé entre l'époque où ont été produits les reptiles, celle où ont été produits les quadrumanes et celle où ont été produits les quadrupèdes et l'homme qui est *bipède* et *bimane*. Cette liaison entre l'appareil de la locomotion nous a guidé dans la découverte d'une série de faits qui se sont passés il y a des milliers de siècles.

Malgré les changements de la surface de la Terre qui ont eu lieu pendant la durée de la période diluvienne, malgré les grandes révolutions qui se sont opérées dans l'atmosphère et sur la Terre, la continuité des séries des animaux de presque toutes les espèces s'est conservée, et cela grâce à la *reproduction*. La formation des animaux primitifs par la génération spontanée ne s'est présentée que dans quelques cas particuliers et à de certaines époques. L'état précédent du sol éprouvait un tel changement que l'excédant de la nouvelle espèce de nourriture provoquait la formation d'une espèce animale pourvue d'un appareil de locomotion approprié au mode de production de la nourriture.

La formation d'une nouvelle espèce d'animaux ne faisait pas disparaître les précédents, si leur appareil de locomotion leur permettait de trouver leur nourriture. Ainsi, sans que les espèces précédentes disparussent, il s'en produisait de nouvelles correspondant au nouvel état du sol. Le nombre des espèces, très-minime dans le principe, se multiplia : 1° par la formation d'individus primitifs d'espèces nouvelles, et 2° par la conservation des espèces précédentes par la reproduction.

Nous sommes ainsi conduit à constater, d'abord le mode de formation des individus primitifs de chaque espèce, ensuite le mode d'établissement des deux sexes d'où résulte la reproduction. Occupons-nous des changements opérés sur la Terre, où les restes des plantes précédentes formaient une couche sur laquelle se déposaient ceux des végétations postérieures. C'est ainsi qu'a été formé sur chaque hémisphère une calotte de couche végétale nommée *phytostrome* (φυτὸν, plante; στρῶμα, couche).

1° État du sol pendant la période diluvienne.

§ 807. Guidé par les restes d'animaux conservés dans les strates *a*, *b*, *c*... superposées des terrains, nous ne trouvons dans la strate la plus profonde *a* que les restes nombreux d'animaux aquatiques d'un petit nombre d'espèces; ce nombre croît dans les strates supérieures *b*, *c*, *d*... dans lesquelles on commence à trouver aussi les restes d'animaux non aquatiques, qui ne sont cependant pas non plus des animaux terrestres, mais constitués de façon à vivre dans le phytostrome. Si cette couche s'étendait sur toute la surface de la mer, elle n'aurait pu croître, et il en serait alors résulté un état stationnaire. Cela n'a pas eu lieu, parce que le niveau de la mer avait été soumis à des changements perpétuels : par l'accumulation de l'air dans les latitudes supérieures il baissait aux régions polaires. Ainsi il y avait aux bords des phytostromes un arrosement continuel par la mer, lequel arrosement soutenait deux bandes végétales dont les flores dépendaient des saisons.

Ces flores, correspondantes aux saisons et parallèles à l'équateur, sont visibles sur les planètes Mars, Jupiter et Saturne. Il n'y a pas de bandes aux planètes Vénus et Mercure où l'eau n'existe plus, de même qu'elle va disparaître aussi de la Terre. C'est ainsi que finira la période géologique actuelle, qui est la dernière de plusieurs qui l'ont précédée et dont chacune a pris sa fin au Déluge. Les pluies manquaient pendant la première moitié de la période diluvienne, comme elles manquent actuellement dans les trois planètes où les bandes des flores sont visibles.

Il y a trois états à distinguer dans la surface de la Terre: 1° phytostromes sans continents; 2° phytostromes et continents sans pluies, et 3° phytostromes et continents avec pluies. A chacun de ces trois états correspondent des habitants vertébrés différents, et cela à cause de la végétation, 1° qui a été une couche d'arbrisseaux très-serrés sur le phytostrome; 2° qui a dû manquer d'un continent sans pluies, et 3° à cause des deux espèces de végétations, la précédente du phytostrome et une nouvelle des continents arrosés par les pluies, comme ils le sont actuellement.

2° *Population de la Terre pendant les différents états du sol.*

§ 808. I. **Population des deux phytostromes.** La génération spontanée était favorisée par les substances végétales chauffées par le Soleil et humectées par la mer. Dans cet état, il y a maintenant aussi une génération spontanée, mais sur une plus petite échelle, correspondant à la pression inférieure atmosphérique et à la température : deux causes dont dépendent la densité des courants thermoélectriques et le degré de leur poussée actuelle $\frac{p}{b}$, qui était *ap* pendant la période diluvienne, quand le poids du corps était inférieur à celui de l'atmosphère actuelle. Les espèces d'animaux produits alors étaient les reptiles et les mammifères quadrumanes qui trouvent leur nourriture dans l'eau et aux sommets des arbrisseaux très-denses.

§ 809. II. **Population des phytostromes et des con-**

tinents déserts. Les strates *a*, *b*, *c*... des terrains contenant les restes des animaux se trouvent déposées sur les versants des pyramides composées des masses ignées, 1° de *basalte* dans les sommets, 2° de *granite* dans les élévations inférieures, et 3° de *porphyre* autour des bases. Les *lithopyramides* ont été soulevées, à différentes époques, jusqu'au-dessus du niveau de la mer et au-dessus des phytostromes. Cela résulte du niveau des bords des strates *a*, *b*, *c*... qui commencent à avoir des élévations différentes dans les lithopyramides soulevées à des époques différentes. 1° Les bords des strates *a*, *b*, *c*... commencent à une élévation $H + H'$ dans les versants des lithopyramides Δ soulevées à l'époque où le niveau de la mer était à cette élévation. 2° Les bords des strates *b*, *c*, *d*... commencent à une élévation H inférieure dans les versants des lithopyramides Δ' soulevées à une époque postérieure à celle où le niveau de la mer, en baissant, avait parcouru la hauteur H'. 3° Les bords des strates *c*, *d*, *e*... commencent à une élévation $H - H''$ dans les versants des lithopyramides Δ'' soulevées à une époque postérieure à celle où le niveau de la mer, en baissant, avait parcouru la hauteur $H' + H''$.

Les continents étaient composés de parties des lithopyramides et des strates de terrains qui s'y étaient déposés. Le manque de pluies était cause qu'il n'y avait de végétation qu'aux côtes où le phytostrome se déposait sur le fond de la mer qui allait s'unir avec le continent. Une nouvelle végétation se produisit sur le nouveau sol, et les substances végétales se trouvèrent parcourues par des courants thermo-électriques venant des continents et des côtes éloignées où se trouvaient disposées les substances alimentaires. Telle fut la cause qui provoqua la formation d'une nouvelle classe animale pourvue d'un appareil de locomotion propre à franchir les continents déserts.

L'appareil des chauve-souris et des insectes éprouva une grande modification dans la formation des oiseaux. Les nombreuses espèces de cette classe animale furent très-longtemps à se produire, à cause de l'abaissement lent du niveau de la mer. Les distances entre les côtes augmentant par l'abaissement du niveau donnèrent naissance à de nouvelles espèces d'oiseaux doués d'un appareil de locomotion plus complet. Parmi les nombreuses espèces d'oiseaux, il n'y en a que fort peu (quelques aquatiques) qui mangent des feuilles ou des herbes. La nourriture habituelle des oiseaux se compose : 1° des animaux dont était peuplé le phytostrome, insectes, reptiles et quadrumanes mammifères, et 2° des fruits des plantes de ce phytostrome. Ces faits prouvent péremptoirement que les oiseaux ont été produits postérieurement aux quadrumanes et antérieurement aux quadrupèdes, leur voix est très-développée.

Quand les substances animales des oiseaux se sont multipliées sur les continents, elles ont engendré des oiseaux carnassiers pourvus d'un appareil de locomotion d'une plus grande perfection qui leur sert à attraper ces oiseaux, même quand ils sont encore vivants. Les îles servaient d'habitation à des oiseaux qui se nourrissaient de poissons et d'habitants du phytostrome. Des masses énormes de guano conservé dans plusieurs îles à de grandes élévations de la zone torride se sont produites pendant la longue durée de l'état désert du continent, à cause du manque de pluies.

§ 810. III. **Population des phytostromes et des continents arrosés par les pluies.** Les météorologistes ont établi par des observations directes que les changements atmosphériques n'apparaissent pas spontanément, mais ils ont pour cause immédiate le contact des masses d'air chaud avec des masses d'air froid. Ce fait est incontestable; cependant il n'a pas encore été expliqué; car admettre, comme on l'a fait, que l'eau pluviale est le résultat des vapeurs déjà existantes dans l'air, est une hypothèse qui se réfute d'elle-même. En effet, une masse d'air chaud saturé de vapeur peut produire une vapeur comme en hiver, quand l'air expiré est à 37° et l'air ambiant presque à zéro; mais le mélange des masses égales m, m' d'air à 0° et à 40° à demi-saturé de vapeur produit une température de 20° contenant la même quantité de vapeur. Il n'existe nulle part un air saturé de vapeur. Pendant l'été, à midi, sur la surface de la mer, l'air est beaucoup plus sec que pendant la nuit; le maximum d'humidité a lieu le matin, et à ce moment même l'air n'est pas saturé de vapeur.

Production des pluies par les montagnes. La basse température de la nuit se conserve pendant le jour dans l'air ombragé par les montagnes; cet air froid se trouve, pendant le jour, en contact avec l'air chauffé par le soleil (t. III, p. 825). Ce fait, qui occasionne maintenant les pluies fréquentes sur les montagnes, avait déjà lieu quand, par suite de l'abaissement du niveau de la mer, les montagnes se sont élevées au-dessus de ce niveau. C'est ainsi que le volume de l'air ombragé pendant le jour a augmenté, et que les pluies qui manquaient précédemment ont commencé à paraître.

La double et la triple élévation des montagnes dans la zone torride a été cause que les pluies y ont commencé des centaines de siècles avant celles des latitudes supérieures, où les montagnes ont une élévation deux ou trois fois moindre. Les parties des continents qui furent arrosées les premières produisirent une nouvelle végétation qui a provoqué la formation des nouvelles espèces d'habitants pourvus d'un appareil de locomotion particulier et correspondant à la surface unie du sol solide. Les nouveaux habitants qui durent chercher leur nourriture sur cette surface furent doués de quatre pieds solides. Lorsque le pâturage a augmenté, pour ménager le mouvement et le travail, les *ruminants* ont été formés; en très-peu de temps ils ramassent une nourriture qu'ils emmagasinent. Quand ils sont reposés, ils en font remonter de l'estomac des petits bols dans la bouche pour les soumettre à une mastication complète.

C'est à cette époque que commença l'émigration des habitants des phytostromes sur les continents dont la végétation se multipliait en même temps que la surface à laquelle s'unissait le fond de la mer, où s'appuyait la face inférieure des bords des phytostromes dont la superficie diminua. Les quadrupèdes ne purent pénétrer dans les phytostromes, dont les habitants restèrent les mêmes. Il n'y eut que les versants supérieurs des montagnes de la zone torride qui se peuplèrent de quadrupèdes, d'oiseaux, de quadrumanes et de reptiles avec les invertébrés. A ces élévations, il n'y eut dans la suite augmentation ni de la pression atmosphérique ni de la température, qui différaient peu de la pression et de la température actuelles. Les habitants actuels des continents sont donc les descendants des espèces dont les continents de la zone torride ont été peuplés pour la première fois. Il en est de même à l'égard de l'*homme*.

§ 811. IV. **Population des régions inférieures des continents**. Quand après des siècles le niveau de la mer baissa suffisamment pour donner une grande élévation aux montagnes des latitudes supérieures, les pluies commencèrent à y tomber, et la superficie des continents produisit une végétation abondante qui engendra de nouvelles espèces de quadrupèdes capables de supporter une très-grande pression atmosphérique. Des espèces analogues de quadrupèdes ont pris naissance dans les régions inférieures de la zone torride où, par une sorte d'acclimatation, quelques espèces d'habitants des régions supérieures purent descendre; de même les nouveaux habitants des régions inférieures purent s'acclimater aux grandes hauteurs.

A ces époques reculées, les phytostromes même furent peuplés par de nouvelles espèces d'habitants qui se répandirent sur les continents. Parmi ceux-ci, les quadrupèdes ne purent pas atteindre la superficie des phytostromes; mais l'homme, *bipède et bimane*, n'éprouva aucune difficulté à s'introduire sur les bords du phytostrome et de là à gagner les versants des montagnes de la zone torride des continents éloignés d'Asie. Quelques espèces de quadrupèdes ont pu se disperser sur les autres continents en suivant les bords du phytostrome; il leur a été plus facile de passer d'Asie en Afrique que d'avancer jusqu'en Amérique. Il en est résulté que l'homme et un petit nombre de quadrupèdes ont pu passer d'Asie en Afrique et d'Afrique en Amérique sur les bords du phytostrome, et se sont trouvés ainsi, après le Déluge, sur tous les continents. Cela n'a eu lieu que pour un très-petit nombre d'espèces de quadrupèdes; on sait que ce n'est qu'après la découverte de l'Amérique que ces continents ont été peuplés par un grand nombre d'espèces de quadrupèdes amenés des autres continents.

§ 812. Résumé. Cet exposé montre la classification naturelle des animaux terrestres opérée suivant les appareils de la locomotion, divisée en deux classes : 1° celle des quadrumanes, comprenant les digitigrades, et 2° celle des quadrupèdes. Les appareils de locomotion sont subordonnés à l'état du sol où les animaux trouvent leur nourriture; sans cela ils ne pourraient pas vivre. Il est ainsi établi : 1° que les cinq espèces de fluides impondérables ont produit les cinq organes des sens; 2° que le fluide *barogène* a produit l'appareil de locomotion qui correspond à l'espace que doit franchir chaque animal pour se trouver en contact avec sa nourriture.

La formation des individus primitifs de chaque classe et de chaque espèce animale a eu pour cause un état géologique passager; ainsi, sans l'établissement de la reproduction, il aurait fallu à chaque apparition précaire d'une nouvelle espèce que les espèces précédentes lui cédassent la place. Les individus primitifs n'ont pas eu de sexe; ce n'est que pendant leur croissance que les organes sexuels de l'individu mâle se formèrent, et le sperme qui en provient a donné naissance à l'individu femelle. De cette manière les deux individus ne forment qu'un couple qui se trouve uni dans les plantes et chez les animaux hermaphrodites.

La génération spontanée est basée sur les directions de propagation des équivalents électriques terrestres qui leur fait éprouver un minimum de résistance. Les changements géologiques modifient les directions précédentes, et ils interrompent leur effet pour en laisser apparaître un autre. La copulation du mâle avec la femelle produit les mêmes directions que celles qui ont eu lieu sur la Terre à une époque antérieure; de cette manière il se produit des individus semblables aux individus primitifs, avec cette différence qu'ils ne sont pas neutres, mais qu'ils ont un sexe. Nous allons montrer comment des individus doués de sexe se sont établis au moyen d'autres qui, comme les auxiliaires, n'avaient pas de sexe.

VI. — FORMATION DES PARTIES GÉNITALES DES DEUX SEXES.

§ 813. Les détails des parties génitales chez l'homme et chez la femme ont un tel rapport qu'on en peut induire que les unes ont une grande affinité avec les autres. Comme le sperme peut s'écouler de l'homme, tandis que l'œuf reste chez la femme, on voit que les parties génitales de la femme représentent celles de l'homme en direction renversée, de même que ce renversement de direction a lieu dans l'interruption de chaque courant électrique. Il a fallu nécessairement que les parties génitales de l'homme existassent pour que celles de la femme pussent se produire; il nous suffira donc de constater le mode de formation des parties génitales de l'homme.

§ 814. **Formation de l'homme primitif et de ses parties génitales.** Toute la série des faits exposés dans le développement anatomique du fœtus a commencé quand le premier être humain a été formé au moyen d'un animal auxiliaire privé de sexe qui a disparu ensuite. La durée de neuf mois de séjour de l'embryon dans l'animal auxiliaire, durée nécessaire à sa conservation, comme celle du fœtus dans l'utérus, correspond à la durée des trois saisons : automne, hiver et printemps, lorsqu'il y a une faible variation de température. La nourriture produite en été a suffi au nouvel être pour le maintenir en vie; il devint ensuite en état de recueillir sa nourriture qui existait en grande abondance et qui ne manquera pas pendant les saisons suivantes.

Nous avons constaté qu'à chaque époque intra-utérine et extra-utérine, quand la croissance des membres diminue, l'excédant du blastème produit un nouvel organe, qui sera employé à rejeter au dehors de pareils excédants de blastème. Vers la fin de la vie intra-utérine, l'excédant de blastème produit le pli postérieur de l'encéphale appelé *cervelet*. Cette production du pli date de l'époque de la formation de l'embryon primitif qui a eu lieu dans l'utérus d'un animal auxiliaire privé de sexe.

Tant que l'enfant primitif a pris de l'accroissement, le blastème produit par la nourriture a servi à la formation des organes nécessaires à recueillir plus facilement la nourriture. A l'âge de la puberté, la croissance du corps commençant à diminuer, c'est alors que de l'excédant de blastème, 1° une partie, savoir l'excrétion de mucus et de carbone, produit la barbe et les moustaches, et 2° une autre partie s'ouvre une voie ou un canal éjaculateur au moyen d'un appareil qui a été formé chez l'individu primitif privé de cette partie avant l'âge de la puberté. Il a donc fallu que la formation des testicules et de la verge précédât la production du sperme ou qu'elle fût simultanée avec elle.

Les changements susindiqués qui s'opèrent actuellement et qui ne manquèrent pas d'avoir lieu chez le premier individu, se trouvaient déjà établis chez les mammifères et chez quelques espèces d'oiseaux, de reptiles et même d'invertébrés. Le pénis manque chez plusieurs espèces d'oiseaux, de reptiles et chez tous les poissons; ce qui prouve qu'il ne s'agit que de l'éloignement d'un excédant de blastème et que la fécondation n'est qu'un fait secondaire.

§ 815. **Formation de la femme primitive.** Dans les animaux auxiliaires, l'embryon humain primitif a été nourri; le fœtus féminin l'a été aussi. Ce dernier possédait déjà les parties génitales déterminées par celles de l'homme; mais il acquit de plus l'utérus, qui rendit superflu l'animal auxiliaire. Chez tous les mammifères, avec les parties génitales, la femelle possède aussi un utérus, lequel manque chez tous les autres animaux ovipares. A l'appui des faits que nous venons de mentionner, nous citerons le suivant comme preuve indirecte.

Selon l'Écriture, c'est le Créateur qui a formé Adam du limon de la terre; on pourrait croire qu'au lieu de créer Adam seul il lui était facile de créer Ève en même temps. En comparant les détails mentionnés ici sur la production de la femme par la semence de l'homme avec ceux contenus dans l'Écriture sur la production d'Ève, il est évident que la verge enflée et durcie est indiquée par le corps solide, la *côte*. L'exspermatose opérée pendant le sommeil a fait diminuer le volume de la verge et sa dureté; ce changement d'état est attribué à un enlèvement de la verge; c'est donc à cet enlèvement qu'est attribuée la création d'Ève.

Certaines plantes ont aussi des sexes distincts. Dans quelques espèces, les plantes qui ne sont que des corps auxiliaires sont séparées; dans d'autres, le même corps sert d'auxiliaire aux deux sexes séparés; cependant en général les deux sexes sont unis dans les fleurs qui correspondent aux hermaphrodites invertébrés ou aux poissons. La différence entre l'animal et la plante est bornée à l'appareil de locomotion, qui dépend des organes des sens.

§ 816. **Commencement de la reproduction de l'homme.** La formation primitive de chaque espèce animale de sexes séparés s'interrompit, et la reproduction commença quand l'individu femelle arriva à l'âge de puberté qui précède celui de l'individu mâle. Cet ordre physique eut également lieu pour l'homme; ce fait incontestable est exposé dans l'Écriture sous une forme allégorique dont l'explication est devenue ici facile et claire.

Ève a été produite de la semence écoulée de la verge d'Adam, assimilée alors à un corps dur comme une côte. Elle atteignit ensuite l'âge de puberté : à ses yeux, la verge enflée d'Adam ne fut plus une côte amorphe, mais elle y découvrit une partie vivante, dont l'extrémité ressemblait à la tête du serpent. Cédant à la tentation, excitée par l'aspect de la verge, Ève s'en approcha, et le coït fut accompli.

La précaution employée pour éviter cet acte ne consistait pas en préparations d'appareils pour combattre les serpents; mais pour se préserver des nouvelles tentations que produisait l'aspect des parties génitales, il fallut les couvrir avec de larges feuilles de figuier.

VII. — UNIQUE ORIGINE DES RACES HUMAINES.

§ 817. Cet objet a beaucoup occupé l'homme en tout temps, mais il n'a pas pu s'en rendre compte. Il lui manquait la connaissance d'un grand nombre de faits, et ceux qu'il connaissait n'étaient pas coordonnés de manière à pouvoir être liés entre eux comme causes et effets. Au lieu d'attribuer la production de chaque espèce animale au travail d'un Créateur, nous avons démontré : 1° que ce sont les fluides répandus des corps qui ont produit les organes des sens, et 2° que ce sont les genres de nourriture et de lieux où elle se trouve qui ont produit les appareils de locomotion. Quant au mouvement qui se manifeste chez les animaux, il se trouve emmagasiné dès le commencement dans les fluides impondérables. Ce même mouvement est la cause première de la formation des individus doués d'un organisme d'où résulte le minimum de résistance et par suite la possibilité de la manifestation du mouvement emmagasiné.

L'établissement des deux sexes par le seul individu mâle du couple fait comprendre qu'il fallait que les directions de la propagation primitive des équivalents électriques existassent pour qu'il en résultât un ou plusieurs individus privés de sexe. Ces directions passent de l'individu mâle à l'individu femelle, mais en sens inverse; de sorte qu'il en résulte l'éloignement de chaque résistance, et les éléments du blastème cédant à la propagation des équivalents qui suivent ces directions, arrivent à un arrangement préexistant. Le nouvel individu est donc produit suivant le même ordre que l'ont été les précédents, qui pour cette raison sont homoïdes.

§ 818. **Origine des races humaines.** Ce qui différencie le plus les hommes entre eux, c'est la couleur blanche et la couleur noire; cependant il y a des différences analogues entre les animaux homoïdes, tels que moutons, chèvres, chevaux, etc. Au moyen de l'acclimatation, on parvient à faire vivre les animaux et les plantes d'un pays dans un autre. L'influence du climat et de la nourriture sur la forme et la couleur des habitants est un fait établi. Dès que le mâle d'une race et la femelle d'une autre peuvent produire des enfants, on ne peut plus contester l'origine unique des races. Telle est la preuve physique de l'homogénéité de l'homme de toutes les parties du Monde et de toutes les races.

Nous avons constaté l'état de la surface de la Terre composée des deux phytostromes sous forme des deux calottes couvrant les latitudes supérieures et ayant leurs bords dans la zone torride, bords séparés par une zone liquide, dont le niveau était plus élevé que le niveau actuel de la mer de quelques milliers de mètres. La superficie des continents n'était pas grande quand les pluies commencèrent sur la zone torride; c'est à cette époque que l'homme y fut produit.

L'appareil de la locomotion de l'homme *bipède* et *bimane* démontre qu'il trouvait sa nourriture aussi bien sur le sol que sur les arbres, où il peut monter comme les quadrumanes. Le sol inégal du phytostrome n'était pas impraticable pour l'homme. En partant des hauteurs de l'Himalaya, les nombreux descendants d'Adam et Ève avancèrent à l'est et à l'ouest en suivant les bords du phytostrome qui étaient comme une sorte de pont entre les sommets des montagnes d'Abyssinie et celles d'Amérique.

Lorsque ensuite le niveau baissa, la superficie des continents augmenta entre les deux tropiques; alors l'homme ne pouvant supporter la grande pression atmosphérique et la température élevée des régions inférieures préféra les versants élevés des montagnes, ce qui fit que les plaines furent peuplées par d'autres espèces d'habitants. C'est au milieu de l'Afrique que se trouve la partie de la zone torride, dont les montagnes sont le moins élevées; aussi ce sont les habitants de cette région qui, pendant des siècles, ont éprouvé au plus haut degré l'influence de la température et de la pression atmosphérique. Ainsi le nombre des races humaines n'est basé sur aucun principe physique, et tous les naturalistes en admettent arbitrairement autant qu'il leur plaît.

§ 819. **Traces du phytostrome.** Nous avons dit que les bandes visibles sur les planètes Mars, Jupiter et Saturne sont l'effet des flores provenant, suivant les saisons planétaires, des plantes bordant les deux phytostromes. Ces phytostromes n'existent plus à présent à cause de l'agitation de la mer par les vents; mais ceux-ci manquaient avant le commencement des pluies (t. III, p. 823). On ne trouve actuellement de traces d'une végétation maritime superficielle que dans la région des calmes de l'Atlantique, où est la limite boréale de l'alizé. Cette région est connue sous le nom de *mer de fucus*.

Lorsque, avant le Déluge, commencèrent les pluies diluviennes, ces pluies occasionnèrent des ouragans tellement furieux qu'ils ont pu briser le phytostrome et le réduire en gros fragments qui, précipités au fond de la mer, se sont unis en grande partie avec le continent. Avant de recevoir de pareils fragments, le fond de la mer n'était que la continuité des couches des terrains superposées (t. III, p. 201). Dans les parties des continents produits par l'exhaussement du fond de la mer par ces fragments submergés, il faut, pour arriver aux couches de terrains stratifiés, traverser l'épaisseur d'une masse de craie de 500 mètres environ. Jusqu'à présent aucun géologue n'a pu trouver l'origine de cette masse étrangère qui occupe une grande partie du sol de la France occidentale. C'est dans les deux puits les plus profonds de Paris qu'il a fallu traverser la masse de craie pour atteindre les couches de terrains qui ont leurs bords aux hauteurs des versants des Alpes, dont l'eau infiltrée s'étend en lames minces au-dessous de la masse précitée.

Nous avons déjà montré plusieurs fois qu'une fermentation très-lente des substances végétales engendre les substances minérales. Ainsi la couche de craie de 500 mètres d'épaisseur a dû être produite par le phytostrome ci-dessus mentionné, dont l'épaisseur devait être de quelques lieues. Dans le texte de l'*Atlas cosmobiographique*, nous traitons de la structure interne de la Terre.

APPENDICE.

L'HOMME AVANT LA NAISSANCE, PENDANT LA VIE ET APRÈS LA MORT.

§ 820. Les données employées pour résoudre ce grand problème sont dues aux nombreuses recherches exposées dans cet ouvrage. Telles sont : 1° l'origine du couple humain ; 2° la distribution des habitants de la Terre avant et après le Déluge ; 3° la reproduction ; 4° l'ordre chronologique du développement des détails de l'encéphale.

I. — L'HOMME AVANT LA NAISSANCE.

§ 821. Il faut d'abord distinguer la production de l'homme primitif, puis celle du couple primitif, et enfin l'établissement de la reproduction au moyen de laquelle le mode de production de l'homme primitif se conserva. L'existence et la production de ce dernier n'étaient possibles qu'au moyen des substances alimentaires que devait produire la Terre, et pour y arriver, l'homme devait être pourvu d'un appareil de locomotion qui l'aidât à franchir l'espace qui le séparait des plantes qui produisaient les substances susnommées. A cette époque, ces plantes croissaient sur le continent et sur le phytostrome : 1° Les animaux qui se nourrissaient du produit des plantes du phytostrome employaient quatre mains pour la recherche de leurs aliments. 2° Ceux qui tiraient leur subsistance des plantes des continents employaient quatre pieds pour recueillir leur nourriture. 3° L'homme, dans son appareil de locomotion, fut doué d'un double avantage pour se procurer la nourriture : il eut deux pieds pour l'aller chercher sur les continents, et deux mains qui, concurremment avec ses deux pieds, lui servirent à monter sur les arbres et à se nourrir, comme les quadrumanes, des plantes produites par le phytostrome.

§ 822. **Unique origine du genre humain.** La reproduction n'est basée que sur l'identité des directions suivant lesquelles s'opèrent les propagations des équivalents électriques positifs et négatifs pour n'en pas éprouver de résistance. Cette identité de directions est tout à fait impossible si elles n'ont pas la même origine; cela a lieu aussi bien pour la reproduction du genre humain que pour celle des espèces animales et des plantes.

§ 823. **Formation d'Adam.** Les fluides impondérables arrivant du Soleil ne manquèrent jamais à la Terre; tous les invertébrés leur durent les organes des sens. Il n'y avait pas de fluide échogène provenant des éléments des atomes de chaleur quand ces atomes restaient indécomposés, et cela à cause du manque d'appareils propres à produire une telle décomposition jusqu'à l'époque où les insectes furent produits. Sept espèces d'échogène et de fluides déjà existants ont donné naissance aux vertébrés à des époques et en des lieux différents; ce que prouvent les appareils de locomotion, qui varient peu chez les animaux aquatiques et chez les animaux aériens, tandis qu'ils changent chez les reptiles, les quadrumanes et les quadrupèdes.

L'homme devait avoir une grande supériorité à cause de l'abondance de nourriture qu'il peut se procurer au moyen d'un appareil qui surpasse ceux de tous les autres animaux. Les avantages que lui procure cette abondance sont : 1° la croissance de ses membres ; 2° une augmentation du blastème; 3° la formation de ses parties génitales; 4° enfin une rapide multiplication de ses descendants. L'*ensarcose* des directions des équivalents électriques a dû s'opérer dans un animal auxiliaire servant à préparer le blastème dont les molécules ont été entraînées et arrangées de façon à y faire croître l'individu, comme cela a lieu pour le germe qui se développe dans l'utérus. L'enfant Adam fut conçu, non par un germe provenant d'un couple, mais par des fluides venant du Soleil. *L'ensarcose a eu lieu dans un animal sans organes sexuels; il n'a pas eu de père sur la Terre, et l'animal auxiliaire n'était pas une mère semblable à celles qui donnent naissance aux hommes.*

§ 824. **Formation d'Ève.** Pour produire l'individu qui devait être comme la seconde moitié du couple, il fallait employer les mêmes directions d'équivalents électriques que celles qui avaient servi à former Adam. Ces directions ont été fournies par Adam lui-même de la manière suivante: Quand il fut en âge de puberté, il rejeta pendant son sommeil un excédant de blastème sous forme de *sperme*. C'est donc de ce sperme que résultèrent les directions qui servirent à former un individu possédant tous les détails d'Adam, sauf ceux qui avaient servi à produire le sperme. Ces parties seules eurent chez Ève une forme renversée; *Ève comme Adam a dû croître également chez un animal privé de sexe.* Ève fut conçue par le sperme d'Adam; elle vint au Monde possédant, non-seulement les parties génitales, mais encore un utérus, ce qui rendit inutiles les animaux auxiliaires.

§ 825. **Origine unique de la reproduction du genre humain.** Adam était déjà adulte depuis longtemps quand Ève atteignit l'âge de puberté. Les deux individus homogènes ne se séparèrent pas: Adam ne s'aperçut d'aucun changement chez Ève; mais Ève ne put s'empêcher de reconnaître dans le membre d'Adam une partie vivante qui prenait différentes formes et différentes dimensions. Ainsi ce fut elle qui fut exposée à une tentation dont Adam fut exempt. La reproduction de l'homme a pour principe les directions qui ont eu lieu dans la production d'Adam, d'où il suit que le genre humain ne peut avoir qu'une seule origine. Il en est de même pour toutes les espèces animales et végétales.

§ 826. **Origines locales des races humaines.** La facilité de se procurer la nourriture favorisa la multiplication des descendants du couple primitif; ils se propagèrent de l'Inde à l'est et à l'ouest de la zone torride, dont les continents se trouvaient alors unis au moyen du phytostrome formé par les restes des plantes qui étaient accumulées à la surface de la mer. C'est ainsi qu'ont été peuplés tous les continents composés alors des parties élevées des versants des montagnes. A cette époque les zones tempérées et les zones glaciales étaient couvertes par la mer, car son niveau était plus élevé que les sommets actuels des montagnes qui n'étaient pas encore soulevées. Cet état de la population de la Terre ne pouvait rester invariable, parce que l'eau de la mer est toujours décomposée par les rayons solaires qui les transforme en éléments d'air, lesquels éléments ne pouvant s'éloigner de l'axe terrestre, étaient repoussés dans ses prolongements. Il en résulta aux régions polaires une grande pression atmosphérique qui y fit baisser le niveau de la mer, et ce niveau s'éleva dans les régions équatoriales.

Les différentes espèces de nourriture que les descendants d'Adam trouvèrent dans les divers continents n'exercèrent pas sur eux une influence sensible; cependant il en fut autrement au bout de quelques centaines de siècles, quand le niveau de la mer baissant beaucoup découvrit de nouvelles parties de continents moins élevées, où la pression atmosphérique était supérieure et la température plus élevée que dans les parties déjà occupées des versants. 1° Dans les régions élevées de l'Himalaya, des Andes et des montagnes d'Abyssinie, les habitants restèrent blancs comme ils l'étaient. 2° Au milieu de l'Afrique vivaient les descendants postérieurs; ils furent forcés de s'éloigner des hauteurs pour aller chercher leur nourriture aux pays où la pression atmosphérique était grande et la température élevée. Ces deux causes réunies firent changer la couleur de leur peau, qui devint noire. 3° Sur les côtes et les pays plus ombragés que le milieu de l'Afrique, les habitants prirent une couleur jaune.

A ces trois causes locales qui varient beaucoup viennent s'en joindre plusieurs autres qui résultent du mode de se procurer la nourriture, de l'usage de traiter les enfants, des localités, des habitations, du genre de vivre, de la vie sociale, etc. Ainsi le genre et l'espèce n'éprouvèrent aucune modification des changements qui eurent lieu chez les descendants du couple primitif. Nous avons dit qu'Ève fut conformée comme Adam quand il vint au monde; elle n'en différa que par les parties génitales qu'il acquit à l'âge de puberté. Les mulâtres font partie du genre humain comme leurs parents; ils sont un mélange des effets dus postérieurement aux causes locales. Il y a unité dans le genre ou l'espèce, et manque de démarcation dans les nuances qui se trouvent entre les blancs, les jaunes et les noirs.

§ 827. **Durée du genre humain sur la Terre.** L'homme a été mis sur la Terre quand elle a commencé à lui fournir une alimentation abondante; il en disparaîtra quand elle cessera de pourvoir à ses besoins. La Terre ne cessera de produire les choses nécessaires à la nourriture de l'homme que lorsque l'eau disparaîtra. Bien que l'arrivée de cette époque soit éloignée, elle est inévitable. Pour la déterminer approximativement, nous avons calculé la vitesse de croissance de la couche d'alluvion qui est d'environ 1 mètre par mille ans. A cette période, toutes les mers perdent en profondeur un poids égal d'eau, et cela, non pas par un abaissement de leur niveau, mais par suite de l'exhaussement de leur fond, exhaussement produit par le dépôt des masses d'alluvion. La durée totale du séjour de l'homme sur la Terre sera à peu près de deux millions d'années, dont les trois quarts sont déjà écoulées. Après avoir atteint son maximum, la population de la Terre commencera à diminuer à cause de la diminution de la nourriture due à la quantité insuffisante de l'eau pluviale; ensuite l'eau obtenue par les irrigations ne sera plus suffisante.

II. — L'HOMME PENDANT LA VIE.

§ 828. L'homme, dès sa naissance, possède les organes des sens, l'appareil de locomotion et les organes nécessaires à transformer sa nourriture en blastème et en excrétions; la même chose a lieu pour les animaux. A la fin de la vie de l'homme et des animaux, la fermentation des substances matérielles engendre des éléments minéraux. A ce point de vue, c'est la seule substance qui paraisse survivre à l'homme et aux animaux sur la Terre. Tant qu'on ignora en quoi consistent les sentiments simples et leurs représentants, on ne put marquer la limite entre l'homme et l'animal. Nous allons montrer ici ce qu'est l'homme et ce qu'est l'animal; car il y a entre eux cette différence que l'homme possède une langue que n'ont pas les animaux. En raison de la grande importance de ce langage, l'homme a deux appareils pour le manifester : la voix et le geste, ou l'organe vocal qui correspond à celui de l'ouïe, et les mains qui correspondent à l'organe de la vision.

§ 829. **Nature des sentiments.** Les sentiments sont des combinés qui résultent du mélange des molécules μ répandues des objets avec les molécules μ' homoïdes qui s'écoulent des organes des sens par les nerfs. Ces combinés sont les images photographiques produites par le mélange des molécules μ venant de tous les points de l'objet avec les molécules μ' homoïdes contenues dans la plaque. Ces molécules μ' ne sont pas fixées dans la rétine, mais elles y sont en écoulement; c'est pourquoi les combinés ou les images n'ont pas un volume limité comme celui des images photographiques, mais augmentent par l'expansion des molécules $\mu + \mu'$ mélangées. Les sentiments sont des combinés de molécules μ répandues des objets avec des molécules homoïdes μ' écoulées dans les nerfs des organes des sens. La propriété de tous les sentiments consiste en une expansion indéfinie des molécules μ, μ' dans lesquelles est emmagasiné le mouvement indéfini.

§ 830. **Sentiments simples ou alogues et sentiments complexes ou logiques.** Au moyen des gestes, on peut représenter la forme des objets visibles; avec l'organe de la voix on peut répéter les paroles qu'on a entendues. Il y a donc deux moyens de rappeler le sentiment des objets même en l'absence de ces objets. Chez les animaux, les organes des sens donnent aux objets cosmiques une existence analogue à celle des images photographiques qui peuvent être multipliées indéfiniment, attendu qu'il n'y entre que, 1° la lumière qui, venant du Soleil, a passé par les objets, et 2° l'électricité de la plaque, qui correspond à celle des nerfs, où se produisent les sentiments. Ce phénomène a également lieu pour l'organe de la vision, de l'ouïe et pour tous les autres organes des sens.

Si l'on ne possède pas pour chaque objet un représentant pour en obtenir un nouveau sentiment, la présence de cet objet est nécessaire pour porter une nouvelle quantité de son fluide vers l'organe des sens. Pour simplifier le travail, on emploie les représentants des objets qui sont aussi des sentiments acoustiques qu'on peut reproduire au moyen de l'organe vocal. La mère commence par montrer l'objet à son enfant et lui en dit le nom plusieurs fois, jusqu'à ce qu'elle soit parvenue à lui faire prononcer ce nom ; puis lui montrant l'objet, elle lui en demande le nom, ou prononçant ce nom elle exige que l'enfant lui montre l'objet. Cette occupation est tout à la fois, pour une mère intelligente, l'accomplissement d'un devoir et une distraction fort agréable.

L'importance des couples de sentiments pour chaque objet consiste en ce qu'au moyen de l'organe vocal on produit le sentiment de l'ouïe mêlé au fluide d'où résulte le sentiment de l'objet absent. C'est ainsi qu'on s'épargne la peine de ramener les objets cosmiques chaque fois qu'on veut en avoir le sentiment, et cela s'opère au moyen des sentiments *complexes* ou *logiques*, lesquels manquent chez les animaux, dont les sentiments ne sont pas complexes, mais restent simples ou *alogues*.

§ 831. **Différence entre l'homme et l'animal.** L'homme acquit : 1° les organes des sens par l'affluence des fluides dus aux rayons solaires et répandus par les objets, et 2° l'appareil de la locomotion qui tira son origine du minimum de résistance des substances alimentaires répandues sur le sol du continent et contenues dans les arbres du phytostrome et du continent. La qualité de bipède et de bimane ne donne à l'homme sur les animaux d'autre supériorité physique que celle de se procurer facilement la nourriture nécessaire au développement de tous les organes de son corps.

Ni les quadrumanes habitants du phytostrome, ni les quadrupèdes habitants des continents, ne purent arriver à ce degré de développement. C'est donc grâce à la supériorité de ce développement des organes du geste et de la voix que l'homme, en imitant la voix des animaux, se composa un langage pour indiquer ces mêmes animaux quand ils étaient absents; ensuite il employa les gestes pour montrer la forme des objets. Une fois le langage inventé, il se répandit universellement et alla toujours en se perfectionnant dans la suite des générations.

Un enfant privé de la vue et de l'ouïe, qui seules rendent possible la production des sentiments logiques, ne pourrait devenir un homme complet; il resterait pendant toute sa vie comme un animal et n'en différerait pas après sa mort. A un être semblable, la nourriture et les soins qu'on donne aux animaux suffiront. A l'âge de puberté, les fonctions sexuelles se développeront chez lui; il deviendra adolescent, et mourra ensuite en laissant après lui des descendants qui, jouissant des organes de la vue et de l'ouïe, seront des hommes parfaits.

§ 832. **Ce que crée l'homme pendant sa vie.** L'homme végète comme un animal sans qu'il se fasse chez lui le moindre changement intellectuel, s'il est privé de la vue et de l'ouïe, qui seules lui donnent le moyen d'apprendre un langage. Tout dépend donc du moyen employé pour créer un représentant de chaque objet, car en exerçant les arrangements des représentants, on arrive à des résultats identiques à ceux qu'on obtiendrait en opérant ces arrangements sur les objets eux-mêmes.

§ 833. **Origine de la différence entre les hommes.** Chaque individu d'une famille, d'une ville ou d'une nation qui parle la langue du pays ne reçoit pas les mêmes espèces de fluides des objets qui portent le même nom. Chez les paysans, les mots *champ*, *labour*, *travail*, sont les représentants des sentiments produits par des fluides provenant des objets réels et de leurs dimensions existantes; chez les habitants des villes, les mêmes noms représentent des sentiments produits par des fluides provenant de quelque dessin où ne peut entrer que la figure du champ et des animaux. Quant aux mots *labour*, *travail*, *végétation champêtre*, ce sont les travaux des jardins qui font parvenir aux habitants des villes les fluides qui produisent les sentiments correspondant à ceux des paysans. De même les mots *nouveauté*, *élégance*, *beauté*, qui sont les représentants des sentiments provenant des fluides des objets d'art, sont accompagnés, chez les habitants des villes, du sentiment produit par ces fluides, tandis que chez les paysans ces mots ne peuvent jamais rappeler de sentiment identique.

§ 834. **Éducation.** Le sentiment produit par le fluide d'un objet a dans chaque pays un représentant différent, sans qu'il y ait cependant changement de fluide. Si un enfant prononce le nom du même objet en diverses langues, il en résulte chez lui des sentiments de l'ouïe exacts et invariables, tandis que s'il prononce les mots *labour* ou *élégance*, par exemple, les sentiments correspondants dépendent des fluides qui ont servi à produire les sentiments représentés par ces mots. De nos jours, les enfants des souverains parlent trois ou quatre langues avec leurs bonnes ou avec leurs intendants; les bourgeois envoient leurs enfants à l'école, où ils doivent apprendre la grammaire de leur langue maternelle. Quand arrive l'instant de passer leur baccalauréat, il leur faut apprendre par cœur mille choses qui ne leur serviront qu'à obtenir un certificat dont les enfants des souverains n'ont pas besoin.

Un jeune homme qui a achevé ses études possède dans son intelligence les représentants des objets sans en avoir reçu le fluide. Si on l'entend parler, on le trouve digne du certificat qu'il a obtenu; mais si on l'invite à mettre en pratique ce qu'il a appris, on est étonné de ses nombreuses maladresses, auxquelles ne sont pas sujets ceux qui, sans suivre les cours du gymnase et de l'Université, ont été employés de bonne heure dans le service. Pour donner raison aux études, on dit qu'après avoir appris la théorie avec la pratique, on acquiert un haut degré de supériorité sur ceux qui ne connaissent que la pratique. Cela est vrai si l'on suppose que ceux qui ne connaissent que la pratique négligent de se mettre au courant des nouvelles découvertes qui se produisent chaque jour, tandis que ceux qui ont terminé leurs études continuent à s'en occuper. Le plus souvent, c'est le contraire qui a lieu.

§ 835. **Intelligence et âme.** Tant qu'on ignora la

cause physique de la vie animale, on l'attribua à une cause inconnue nommée *âme*, à laquelle on ne manqua pas de prêter tout ce qui était nécessaire à l'explication des fait intellectuels. Dès qu'il fut constaté que le mouvement qui se manifeste pendant la vie est contenu emmagasiné dans les molécules μ du fluide primitif, il n'y resta plus aucune place pour l'âme; cependant, on attribua aussi à l'âme la propriété de ne pas périr avec le corps, mais d'être immortelle. Nous ne reconnaissons ce don qu'aux combinés des fluides répandus par les objets vers les organes des sens avec celui qui s'en écoule par les nerfs; mais ces combinés et leurs représentants avec toutes leurs variations sont ce qui constitue l'*intelligence*. A ce point de vue, l'âme ne diffère pas de l'intelligence.

Dans le principe, l'enfant possède la vie et les organes des sens qui ne manquent pas chez les animaux; les sentiments simples ou alogues sont produits chez lui comme chez les animaux; la différence ne commence qu'avec l'introduction des représentants pour rendre logiques les sentiments alogues qui restent tels pour toujours chez les animaux. Les différents arrangements de ces représentants sont le *raisonnement* (διαλογισμός), qui n'est qu'une manière de parler en soi-même; il y a cependant en même temps une répétition correspondante des sentiments des objets nommés malgré leur absence. Le mot *intelligence* (διάνοια, νοῦς) a été aussi employé pour représenter les raisonnements et les paroles (λόγος).

Ces combinés des fluides qui constituent les sentiments logiques et les raisonnements, une fois produits, ne sont pas susceptibles de se décomposer, mais ils conservent éternellement leur expansion. Il y a donc en cela accord entre l'intelligence et les attributs de l'âme quand a cessé la vie; c'est pourquoi le mot *âme* est synonyme du mot *intelligence*. Après la mort, l'âme continue son expansion comme cela a lieu pendant la vie quand elle acquiert de nouveaux sentiments. Parmi les âmes ainsi produites, il y a d'autres espèces de différences que celles qui existent 1° entre les intelligences d'hommes contemporains, mais ayant exercé des états différents pendant leur vie; et 2° entre les hommes de même état, mais de siècles différents.

Nous vivons dans un siècle où l'attention de l'homme est dirigée vers l'industrie, qui s'occupe des variations des sentiments optiques et acoustiques. C'est pour les beaux-arts qu'il a fallu neuf Muses de l'Hélicon pour rendre par des gestes et par des sons musicaux inépuisables la variation des sentiments de la vue et de l'ouïe. Les progrès de l'industrie ont rendu les moyens de se procurer de la nourriture aussi faciles que dans les pays chauds et peu habités ; il résulte de cette cause physique un excédant de temps qui est une source d'*ennuis*, lorsqu'on n'en trouve pas l'emploi. Les habitants des pays chauds, oisifs et stupides, employaient les narcotiques pour remplir les grands intervalles d'un travail de courte durée. Quant à nous, nous n'avons pas employé l'économie de temps que l'industrie nous a procurée à faire de nouveaux pas dans la voie du progrès, mais cette économie même est devenue pour l'homme une source d'ennui. Il s'est arrêté à l'industrie qui lui a procuré l'avantage d'augmenter ses ressources nutritives, et un grand nombre, pour se soustraire à l'ennui, ont recours aux narcotiques.

§ 836. **Science, panépistème.** Nous avons exposé dans cet ouvrage le mode de production des faits cosmiques, 1° au moyen du *mouvement* emmagasiné dans les molécules μ du fluide primitif, et 2° au moyen de l'*affinité* qui est la rupture d'équilibre produite au point de contact entre les molécules denses μ et les molécules homoïdes moins denses μ'. La connaissance de la production des faits cosmiques n'est qu'une production égale des molécules μ opérée au moyen de leurs représentants dans lesquels l'espace est réduit à un point physique et le temps à un instant. Notre intelligence nous fait comprendre tout ce qui s'est passé, ce qui se passe et ce qui va se passer dans l'univers, et cela avec les mêmes éléments que ceux qui produisent les objets cosmiques.

Jusqu'à présent, ce mode de création avait dépassé notre intelligence parce que nous ne connaissions pas le mouvement emmagasiné et l'affinité ; ce qui était cause qu'on ne savait à quoi employer l'excédant de son temps, quand on ne voulait pas travailler pour amasser une grande fortune et la laisser à ses enfants. L'homme ne tirait de son intelligence que des espèces de sentiments en rapport direct avec les organes des sens; la Panépistème est la seule source des sentiments qui ne sont pas limités à la vie animale. Il en résultera une différence entre les espèces des sentiments contenues chez les âmes produites jusqu'à présent et celles qui seront contenues chez les âmes créées à l'avenir.

§ 837. **Dissentiment entre nous et les autres physiciens.** Après avoir pensé que dans tous les faits cosmiques il n'y a qu'une seule espèce des molécules qui produit le fluide primitif qu'on a nommé *éther*, les physiciens français l'ont admis à l'état d'équilibre répandu dans tout l'espace céleste d'où résulte l'état de repos et de mort. Guidé par les mêmes faits et par l'activité qui règne dans l'univers, nous avons reconnu qu'il y a en effet identité de molécules; cependant dans la production des faits ces molécules se manifestent par des mouvements et des densités différents, d'où il résulte au point de contact une rupture d'équilibre qui donne naissance à la pénétration des molécules les plus denses dans l'espace occupé par les molécules les moins denses.

Entre l'état des molécules équilibrées de l'éther et de celles en mouvement et en densités différentes, on a donc reconnu l'intervention d'une *action suprême* qui ayant divisé la totalité du fluide en deux masses inégales $M + M'$ et M, a comprimé ces masses pour les réduire à deux volumes égaux V et V'. Ainsi le mouvement indéfini qu'ont dû faire les molécules μ pour se trouver dans les volumes V et V' est resté *emmagasiné* dans ces molécules. De plus, les molécules sont en densité supérieure $\delta + \delta'$ dans le volume V et en densité inférieure δ dans le volume égal V'.

Les molécules équilibrées et en repos nommées *éther* sont cependant restées les mêmes; après avoir parcouru l'espace céleste, tout ce mouvement a été emmagasiné dans les molécules des volumes V et V', que, pour cette raison, on a nommées *électre*. La masse supérieure $M + M'$ réduite au volume V a donné naissance à l'*électre dense* nommé *pycnoélectre;* la masse inférieure M, réduite au volume égal V' donna naissance à l'électre le *moins dense* nommé *aréoélectre*. C'est ainsi que le mouvement infini est resté emmagasiné dans les molécules μ d'électre qui n'ont d'autre propriété qu'une tendance à augmenter de volume par une expansion indéfinie.

Les ondes de l'électre dense venant en contact avec celles de l'électre moins dense occasionnent une rupture d'équilibre; c'est pourquoi il y a pénétration d'une quantité de molécules μ de l'onde O dans l'espace *e* occupé par les molécules moins denses μ' de l'onde O'. La rupture d'équilibre est ce qu'on doit entendre par le mot *affinité ;* la pénétration des molécules μ dans l'espace *e* est ce qu'on doit entendre par le mot *action ;* l'état équilibré qui résulte après le mélange des molécules denses avec les molécules moins denses est le *combiné* produit qui a pris naissance au moment du contact des deux ondes. Ces combinés s'opèrent dans les organes des sens par les rencontres entre les fluides répandus des objets et l'électricité qui s'écoule des nerfs. La production des combinés a lieu pendant toute la vie, et ils ne sont pas perdus après la mort ; il y a seulement alors interruption de production de combinés nouveaux.

RÉSULTAT PHYSICODOGMATIQUE.

Trinité = **Pycnoélectre**, **Aréoélectre** et **Mouvement.**

Unité et **Égalité**	=	infinité de pycnoélectre	infinité d'aréoélectre	infinité de mouvement

Affinité = Rupture d'équilibre (entre le pycnoélectre et l'aréoélectre).

Création = Pénétration du pycnoélectre dans l'aréoélectre.

III. — L'HOMME APRÈS LA MORT.

§ 838. Le *corps*, en tant qu'appareil de production de sentiment, cesse de fonctionner; les espèces de blastèmes qui le composent, où n'entre pas l'eau, ne se transforment plus pour servir à former le blastème du corps d'un autre homme; mais après une série de fermentations, ces espèces de blastème produisent une substance minérale qui reste à jamais dans la terre. Ces restes de substances végétales et animales engendrent les substances minérales, qui à leur tour produisent la couche d'alluvion.

Au moment de la mort, l'*intelligence* ou l'*âme* se résume en une quantité de sentiments logiques dus 1° aux fluides arrivés aux organes des sens et de l'électricité de leurs nerfs, et 2° à ces mêmes fluides rappelés aux organes des sens au moyen de leurs représentants pendant l'absence des objets. Le mélange des fluides qui arrivent aux organes des sens avec l'électricité de leurs nerfs ressemble à des images photographiques qui, n'étant pas fixées, peuvent augmenter de volume par une expansion indéfinie.

Après la mort, l'âme ne passe pas d'un monde dans un autre, parce qu'il n'y en a pas plusieurs ; cet événement ne lui fait subir aucun changement. La mort interrompt la production de nouveaux sentiments, mais elle ne modifie en rien ceux produits jusqu'à ce moment.

§ 839. **Différence des âmes.** Les organes des sens ne diffèrent pas chez les hommes, mais dans chaque pays les objets servant à produire les sentiments diffèrent, les genres d'objets dépendent des localités. Les habitants d'un même pays ont une quantité de sentiments qui leur sont communs : tels sont les représentants logiques ; dans chaque famille, il y a des sentiments produits par des objets particuliers. Parmi les membres d'une même famille, la différence des sentiments est due à l'âge, au sexe, à la santé, à la structure du corps, au contact de chaque individu avec les individus étrangers, et surtout au mode d'éducation qu'on donne à chaque enfant.

Les sentiments qui ont pour cause la faim, le penchant sexuel et l'amour maternel ne diffèrent pas chez les hommes. On les rencontre même chez les animaux ; cependant, chez ces derniers, chacune de ces trois espèces de sentiments en produit des séries qui se répètent chez tous les autres individus homoïdes. Ce n'est que chez l'homme que chacune des trois causes motrices prend un énorme développement ; de sorte qu'à la fin de la vie l'âme n'est composée que de sentiments logiques très-variés, mais cela n'empêche de les réduire aux trois classes qui ne manquent pas chez les animaux. Les sentiments logiques de l'homme ont en général une grande affinité avec la faim, le penchant sexuel et l'amour maternel.

Les sentiments de la science sont les seuls qui manquent aux animaux; mais jusqu'à présent on n'a pas su en quoi consiste la *science*, parce que les Mathématiques ne sont qu'un moyen d'étudier la science. La *Physique*, la *Chimie*, la *Physiologie* ne sont composées que de descriptions de faits observés et de leurs rapports. On voyait que dans la production des faits il y a mouvement et affinité, et cependant, bien qu'on ignorât leur origine, on pensait être en possession d'un grand nombre de sciences inconnues chez les anciens. Cette multiplication de sciences résultait du nombre infini de faits découverts. Toutefois cette espèce de sentiments ne fait pas partie de ceux des trois classes communes à l'homme et aux animaux.

§ 840. **Panépistème.** De la *Trinité* susmentionnée résulte la création du Monde qui n'a pour éléments que des molécules du fluide primitif; ces mêmes molécules ont engendré les sentiments logiques. Pour obtenir de ces molécules un arrangement conforme à celui qui résulte de la Trinité, on n'a qu'à suivre les séries de productions des faits cosmiques. Ces séries de sentiments logiques constituent une âme propre à l'homme, dans laquelle cependant ne peuvent manquer les trois classes de sentiments communes aux animaux. C'est l'existence inévitable de ces sentiments qui cause la dégradation de l'homme par rapport à la Trinité où n'existe aucune trace des combinés ayant rapport à la vie animale.

Il n'y a qu'une science, celle des faits produits par la Trinité; on a acquis une partie de ces faits au moyen d'observations et d'expériences très-exactes, qui étaient indispensables pour arriver à la découverte du mouvement emmagasiné et de l'affinité. Dorénavant les faits ne serviront que comme exemples dans les applications de la loi physique qui provient de la Trinité. La voie des expériences conduira à la découverte de faits nouveaux qui ne manqueront pas de servir de guide dans l'application de la loi physique; un grand nombre de ces nouveaux faits trouvera son application dans l'industrie, pour donner un plus puissant essor aux moyens de se procurer la nourriture. L'homme alors se trouvant moins limité aux sentiments des trois classes qui lui sont communes avec les animaux, aura plus de loisir pour s'approprier un plus grand nombre de sentiments correspondant aux faits cosmiques qui résultent de la Trinité.

§ 841. **État des âmes entre elles.** Les molécules qui correspondent aux faits cosmiques étant d'accord avec celles qui ont produit ces faits, n'éprouvent aucune résistance ni dans ces faits, ni dans les sentiments des âmes qui y sont conformes. Au contraire, les molécules des sentiments des trois classes animales qui sont en rapport avec l'existence de l'individu qui les possède peuvent nuire à l'existence des autres individus. Il en résulte une contrariété qui croît avec le nombre des individus dont l'existence est en souffrance. Les oppresseurs, les injustes, les malfaiteurs ont la conscience à la gêne; car les sentiments des individus opprimés se présentent fréquemment à leur intelligence.

Comme il n'y a qu'un seul Monde, la punition des injustes n'attend pas leur mort; elle ne peut être interrompue après, bien qu'ils ne commettent pas de nouvelles injustices; leur gêne, au contraire, peut augmenter. Les âmes des justes, dans leur expansion, n'éprouvent pas une gêne pareille pendant leur vie; ils n'ont que des remercîments à attendre de ceux qu'ils ont comblés de bienfaits intellectuels qui dureront toute l'éternité. La répartition équitable des richesses est aussi un bienfait comme celle de la morale; car chaque espèce de bienfait a pour cause motrice la morale qui précède et dirige toutes actions.

Tableau des équivalents des corps simples rapportés

à l'hydrogène = 1,
à l'oxygène = 100.

MÉTALLOÏDES.		Par rapport à l'hydrogène.	Par rapport à l'oxygène.
Hydrogène.	H.	1,00	12,50
Oxygène.	O.	8,00	100,00
Soufre.	S.	16,00	200,00
Sélénium.	Se.	39,75	498,75
Tellure.	Te.	64,50	806,25
Fluor.	Fl.	19,00	237,50
Chlore.	Cl.	35,50	443,75
Brome.	Br.	80,00	1000,00
Iode.	I.	137,00	1587,75
Azote.	Az.	14,00	175,00
Phosphore.	Ph.	31 00	387,50
Arsenic.	As.	75,00	937,50
Antimoine.	Sb.	122,00	1525,00
Carbone.	C.	6,00	75,00
Bore.	Bo.	10,89	136,21
Silicium.	Si.	21,00	262,50
Zirconium.	Zr.	33,58	419,73
MÉTAUX.			
Potassium.	K.	39,14	489,30
Sodium.	Na.	23,00	287,50
Litium.	Li.	6,53	81,66
Barium.	Ba.	68,50	856,35
Strontium.	Sr.	43,75	546,87
Calcium.	Ca.	20,00	250 00
Glucinium.	Gl.	6,96	87,12
Aluminium.	Al.	13,67	170,99
Magnésium.	Mg.	12,00	150,00
Thorium.	Th.	59,50	643,86
Yttrium.	Y.	32,18	402,31
Cérium.	Ce.	47,26	590,80
Lanthane.	La.	48,00	600,00
Didyme.	Di.	49,00	520,00?
Manganèse.	Mn.	27,50	343,75

		Par rapport à l'hydrogène.	Par rapport à l'oxygène.
Uranium.	U.	60,00	750,00
Pélopium.	»	»	»
Erbium.	Er.	»	»
Terbium.	»	»	»
Fer.	Fe.	28,00	350,00
Nickel.	Ni.	29,50	368,75
Cobalt.	Co.	29,50	368,75
Zinc.	Zn.	32,75	409,75
Cadmium.	Cd.	56,00	700,00
Chrome.	Cr.	26,28	328,50
Vanadium.	Vn.	68,46	855,84
Tungstène.	W.	92 00	1155,00
Molybdène.	Mo.	48,00	600,00
Osmium.	Os.	99,50	1243,75
Tantale.	Ta.	92,29	1153,62
Étain.	Sn.	59,00	737,50
Bismuth.	Bi.	106,43	1330,88
Plomb.	Pb.	103,50	1293,50
Cuivre.	Cu.	31,75	396,50
Mercure.	Hg.	100,00	1250,00
Argent.	Ag.	108,00	1350,00
Rhodium.	Rh.	52,16	652,00
Iridium.	Ir.	98,57	1232,08
Palladium.	Pd.	53,23	665,57
Ruthénium.	Rh.	52,16	652,04
Platine.	Pt.	98,58	1232,08
Or.	Au.	98,18	1227,19

Quand on veut passer des nombres qui représentent les équivalents des différents corps par rapport à l'hydrogène à ceux qui les représentent par rapport à l'oxygène, on n'a qu'à multiplier les premiers par 12,5 qui exprime le rapport $\frac{100}{8}$.

FIN DU TOME IV DE LA PHYSIQUE SIMPLIFIÉE.

TABLE DES MATIÈRES.

LIVRE QUATRIÈME.

BAROSTATIQUE, OU LE FLUIDE BAROGÈNE RAMENÉ, COMME LES GAZ, AUX LOIS AÉROSTATIQUES ET AUX CALCULS.

Pages.

INTRODUCTION. 1

I. Faits physiologiques produits par les deux espèces d'éléments des corps. 2

II. Pesanteur des corps célestes et terrestres produite par le fluide barogène. 4

III. Mode de la production des trois états des corps par la pesanteur. 10

SECT. I. DES MOUVEMENTS DES CORPS SOUTENUS PAR LE BAROGÈNE REDUIT EN ÉQUILIBRE ROMPU. 13

I. Mouvement produit par l'écoulement du barogène ramené à l'état d'équilibre rompu. 14

II. Origine du rapport entre les espaces parcourus par les corps en chute et les carrés des temps écoulés. 17

III. Quantité de barogène en équilibre rompu. 20

CHAP. I. *Mesures des deux genres de forces par la quantité de mouvement.* 22

I. Centre de gravité et corps équilibrés. 24

II. Sources des forces et des ruptures d'équilibre des fluides barogènes ou équivalents électriques. 28

III. Mesures des forces ou des quantités de barogène en équilibre rompu. . . . 32

IV. Calculs de la mécanique basés sur le volume de barogène en équilibre rompu. 37

V. Du levier et de la balance. 40

VI. Origine des mouvements curvilignes. 52

VII. Vitesses du mouvement axial des planètes. 59

VIII. Disposition primitive des portions de vapeur du Soleil ou des planètes. . 61

CHAP. II. *Mécanique du système planétaire.* 64

I. Taches solaires et étoiles temporaires. 65

II. Mode de la production des mouvements des corps célestes par la chaleur. 67

III. Distance entre le Soleil et les proportions de la vapeur expulsée du cataclysme. 71

IV. Direction des axes des orbites planétaires. 73

V. Origine des microplanètes. 75

VI. Mouvement initial des corps célestes 76

Problèmes physicomathématiques et leur résolution. 78

CHAP. III. *De la pesanteur des corps terrestres , du pendule et de la densité de la masse terrestre.* 91

I. Différence entre la pesanteur des corps célestes et des corps terrestres. . 91

II. Du pendule et de son usage. 94

III. Cause de l'isochronisme des oscillations. 100

Pages
IV. Mesure de l'intensité de la pesanteur dans la chute des corps. 105
V. Variation de la pesanteur sur les différentes parties de la Terre. 105
VI. Mesure de la masse et de la densité de la Terre. 108
VII. Forme ovale et structure de la Terre et des corps célestes. 112
VIII. Mode de la production des marées par la pesanteur de la Lune et du Soleil. 120
SECT. II. Du mode de la production des trois états des corps. 129
Chap. I. *Mode de la production de l'état solide des corps et de ses propriétés.* 133
I. Mode de la solidification des molécules par l'éloignement de la chaleur latente. 136
II. Changements de l'état des métaux par la trempe, le recuit et les opérations mécaniques. 141
III. De l'origine de l'élasticité et de sa mesure. 151
IV. Faits d'élasticité produits par le choc dans les corps et les fluides impondérables avec leur polarisation. 169
Chap. II. *Des propriétés de l'état liquide des corps.* 178
I. Hydrostatique. 179
II. Hydraulique. 193
III. Hydrodynamique. 214
Chap. III. *Des propriétés des gaz en repos et en écoulement.* 222
I. Aérostatique. 227
II. Écoulement des gaz, pulsation de leur jet; aéroaulique. 239
III. Aérodynamique. 250
Chap. IV. *Du mode de la production de l'endosmose des fluides pondérables et impondérables.* 259
I. Endosmose des fluides pondérables et le mode de leur production. 260
II. Endosmose des fluides impondérables. 272

LIVRE CINQUIÈME.

ÉCHOSTATIQUE, OU LE FLUIDE ÉCHOGÈNE RAMENÉ, COMME LES GAZ, AUX LOIS AÉROSTATIQUES ET AUX CALCULS.

Introduction. 289
I. Le fluide échogène, son origine et sa nature. 294
II. Propriétés communes de l'échogène et de la lumière. 297
III. Des sept espèces d'échogène et du timbre. 308
IV. Sons harmoniques et mode mécanique de leur production. 316
V. Mode de la production de l'organe de l'ouïe par les sentiments de l'échogène. 318
SECT. I. Du mode de la production des faits matériels de l'écoulement de l'échogène par le milieu des corps. 327
I. Mode de la production de faits matériels par l'échogène sur les solides. 328
II. Mode de la production de faits matériels par l'échogène sur les liquides. 333
III. Application du fluide échogène comme cause motrice à la place de la vapeur. 336
Chap. I. *Du mode de la production et distribution de l'échogène dans les corps solides.* 340
I. Faits de l'échogène observés dans les cordes tendues. 341
Résolution des problèmes acoustiques. 350
II. Faits produits par l'échogène dans les verges élastiques. 353
III. Faits de l'échogène produits sur les plaques. 363

Pages.
IV. Mode de production des vibrations longitudinales par l'échogène. 378
Chap. II. *Du mode de la production de l'échogène par la désunion des couples moléculaires des liquides.* 385
I. Mode de production des faits mécaniques et des sons par l'écoulement des liquides. 387
II. Mode de la production de sons dans le canal de l'orifice par l'écoulement des liquides. 419
Chap. III. *Du mode de la production de l'échogène et des sons par la désunion des couples moléculaires de l'air.* 425
I. Du mode de la production de l'échogène par la désunion des couples des molécules d'air et de sa subdivision. 426
II. Des instruments à vent. 469
Chap. IV. *Des sources de l'échogène et de l'intensité, et la vitesse du son observée et calculée.* 478
I. Des sources de l'échogène. 480
II. De l'intensité des sons. 490
III. De la production des vibrations isochrones par la subdivision et l'éloignement de l'échogène. 495
IV. De la vitesse du son dans les gaz, les liquides et les solides. 502
Chap. V. *De la liaison de l'échogène avec les vibrations, élasticité, chaleur spécifique, allongement, structure et faits mécaniques des corps.* 516
I. Détails des éléments des corps déterminés par l'échogène. 517
II. Du rapport direct entre la vitesse du son, l'élasticité des corps et leur température. 518
SECT. II. Des détails des organes de l'ouie et de la voix, et de leurs usages physiologiques en rapport avec les ondes sonores musicales. . . 557
Chap. I. *Du mode de la production de la voix humaine.* 562
I. Détails de l'organe vocal produisant l'échogène. 562
II. Détails de l'organe vocal opérant la distribution de l'échogène et la production des ondes sonores. 565
III. Organe vocal de la série animale. 569
IV. Comparaison de l'organe de l'homme, des mammifères et des oiseaux. . 572
V. De la parole. 579
Chap. II. *De l'organe de l'ouie, de l'ordre chronologique de sa formation et de la nature des sentiments.* 584
I. Description de l'organe de l'ouie de l'homme et de la série animale. . . 585
II. Mode de la fonction physiologique de l'organe de l'ouie et la production des sentiments. 588
III. Ordre chronologique de la production de la série animale. 595
IV. Différences entre la production primitive et la reproduction. 598
Chap. III. *Des espèces des sons et de leur nature musicale.* 601
I. Des espèces des sons de la gamme et leur origine. 602
II. Des accords et leurs effets physiologiques. 614
III. De la modification des intervalles des sons dans leur application musicale. 620

LIVRE SIXIÈME.

PHYSICO-PHYSIOLOGIE, OU APPLICATION DE LA PHYSIQUE A L'EXPLICATION DE LA VIE ET DE LA REPRODUCTION

Pages.

I. Origine du mouvement et de l'affinité. 627
II. Mode de la reproduction. 633

SECT. I. DES FONCTIONS SOUTENANT LA VIE ANIMALE. 636

CHAP. I. *Des fonctions animales par rapport aux aliments*. 644
I. Détails de la digestion. 646
II. Respiration. 666
IV. Absorptions et excrétions par l'endosmose. 693
V. Sécrétions. 697

CHAP. II. *Fonctions du système nerveux*. 701
I. Cerveau et cervelet; leur fonction et leur liaison avec la moelle. 709
II. Des fonctions des nerfs rachidiens, des nerfs craniens et du grand sympathique. 716
III. Poisons, leur état électrique et leurs effets physiologiques. 721
IV. Des faits électriques produits aux nerfs. 730
V. De la nutrition des animaux et des plantes. 745
VI. Des trois sources de chaleur chez les animaux à sang chaud. 756
VII. Des organes des sens. 764

SECT. II. DE LA REPRODUCTION ET DE LA GÉNÉRATION SPONTANÉE. 769
I. Nutrition. 769
II. Mode de reproduction. 772
III. Production des animaux par la génération spontanée. 776

CHAP. I. *De la reproduction*. 781
I. Préparation du sperme chez l'homme et des œufs chez la femme. 782
II. Accouplement. 794
III. Fécondation. 797
IV. Développement de l'œuf non fécondé et de l'œuf fécondé. 799
V. Fonctions de l'embryon. 813
VI. Parallélisme entre le mode de reproduction de l'homme et de celui des animaux. 832
VII. Parallélisme entre la reproduction animale et la reproduction végétale. . 838

CHAP. II. *Origine des classes animales dans la période diluvienne*. 841
I. Exode des habitants de la zone torride. 845
II. Déluge et disparition des animaux. 849
III. Parallélisme entre la période actuelle et la période diluvienne. 854
IV. Animaux auxiliaires. 856
V. Génération spontanée des animaux primitifs. 860
VI. Formation des parties génitales des deux sexes. 871
VII. Unique origine des races humaines. 875

APPENDICE. *L'homme avant la naissance, pendant la vie et après la mort*. . . 877
I. L'homme avant la naissance. 877
II. L'homme pendant la vie. 881
III. L'homme après la mort. 890

FIN DE LA TABLE DES MATIÈRES.

TABLE ALPHABÉTIQUE

DES MATIÈRES CONTENUES DANS LES QUATRE VOLUMES, AVEC L'EXPLICATION DES MOTS SCIENTIFIQUES.

NOTA. — Les chiffres romains indiquent les tomes, et les chiffres arabes les pages.

Les astérisques indiquent les objets qui n'existaient pas dans les autres ouvrages ou dont on ne pouvait donner aucune explication.

A

Absorption, IV, 653.
Accord, IV, 614.
Accouchement, IV, 820.
Achromate (α, privat.; χρῶμα, couleur), II, 323.
Achromatopsie, II, 590.
Acide gastrique, IV, 849.
Acousme (ἄκουσμα), sentiment obtenu par l'ouïe.
Actinobole (ἀκτίς, rayon; βάλλειν, jeter), rayonnant.
Actinodoque (ἀκτίς, rayon; δέχεσθαι, recevoir), rayonné.
Action chimique ou écoulement d'électricité, IV, 620.
**Adam*, III, 65; IV, 818.
**Aérocône* (ἀήρ, air), cône composé d'air.
**Aérolithe* (ἀήρ, air; λίθος, pierre), III, 927.
Aérodynamique (ἀήρ, air; δύναμις, force), IV, 339.
Aéronautique (ἀήρ, air; ναύτης, matelot), IV, 239.
Aérorheume (ἀήρ, air; ῥεῦμα, courants.
Aérostatique (ἀήρ, air; ἵστασθαι, rester), IV, 227.
— de l'atmosphère, IV, 225.
**Affinité*, III, 31, 274, 611; IV, 611, 620.
Ages, I, 700, 718.
Agriculture par rapport à l'électricité, I, 658.
**Alimentation* de la Terre, III, 903; du fer, III, 903.
**Air atmosphérique*, II, 732; aquatique, maritime, pluvial, II, 738.
Ajutage et dépenses des liquides, IV, 211.
Alcyon, III, 731.
**Alchimie*, III, 932.
Alliage et faits électriques, III, 392.
Alogue (α, privat.; λόγος, parole), non logique.
Amaurose, II, 556.
Amorphe, (α, privat.; μορφή, forme).
**Ame*, III, 67; IV, 634.
Anastomose (ἀνά, prépos.; στόμα, bouche), communication des deux conduits.
Anche, IV, 464.
Angle-limite, II, 100; — de polarisation, II, 221.
**Animaux* disparus, IV, 849; — leur structure, IV, 854; — auxiliaires, IV, 857; — de la période diluvienne, IV, 8[illegible].
Anisomégèthe (ἄνισος, inégal; μέγεθος, grandeur), de volumes inégaux.
Anisopycne, d'inégale densité.
Anisopicnie (ἄνισος, inégal; πυκνός, dense), inégalité des densités, III, 3.
Anisorrhopie (ἄνισος, inégal; ῥοπή, descente), rupture d'équilibre.
Anisothermie (ἄνισος, inégal; θερμός), inégalité de températures.
Anode (ἀνά, prépos.; ὁδός, voie), fil conduisant l'électricité positive (par Faraday).
**Anneaux colorés*, II, 377; — de Saturne, II, 682; leur clarté, II, 686; leur di-

mension, II, 688; leur nombre, II, 690.
Antalisé, vent de l'ouest.
Appareils de l'induction, I, 153-170; —d'éclairage, III, 533;—de chauffage, III, 534;—pour la congélation de l'eau, III, 502; — des machines à vapeur, III, 710; — du mouvement animal, IV, 739.
Apparition des objets, II, 503; — des distances, II, 512; — des grandeurs, II, 514;—des faces, II, 517.
Arbres, I, 642; IV, 838.
Arc-en-ciel, II, 658; par Newton, II, 665; son apparition, II, 663.
Arc voltaïque, III, 518; dans la position du magnète, III, 521.
* *Archégète* (ἀρχός, chef; ἄγειν, conduire), corps ou soleil central des corps célestes.
Archet. Son effet, IV, 343.
* *Aréoélectre*. Voy. *Pycnoélectre*.
Aréome (ἀραίωμα), espace devenu raréfié par l'exhydatose de l'air dans l'atmosphère.
Aréomètre, IV, 631.
Aréométrie, IV, 189.
Argile, I, 690.
Aristérostrophe (ἀριστερός, gauche; στρέφειν, tourner), tournant de la droite en haut et descendant vers la gauche en avançant en même temps, *sinistrorsum*.
Atmopyramide (ἀτμός, vapeur), pyramide de vapeur.
* *Atmosphère*. Ses phénomènes optiques, II, 644; sa couleur bleue, II, 657; son état hygrométrique et optique, II, 678.
Atmosphérologie, III, 822.
Atmozone (ἀτμός, vapeur), zone ou bande de vapeur.
Atomes des espèces de lumière, II, 761; III, 613, 617; leurs faits chimiques, II, 744, 748.
Aurore boréale, I, 36, 274; III, 919.
Axes des orbites, IV, 73; — magnétiques et isomagnétiques, I, 254, 260.
* *Azote*, II, 726; sa transformation, I, 675, 729; II, 721.

B

Bains d'huile, III, 221.
Balance, IV, 48, 51.
Baroaréome (βάρος, pesanteur; ἀραίωμα, raréfaction), espace dans lequel est raréfié le barogène.
* *Baroélectre*. V. *Pycnéolectre*.
* *Barogène* (βάρος, poids; γενᾶν, produire), fluide produisant le poids et la pesanteur ou la gravitation; sa quantité, IV, 20; en équilibre rompu, IV, 28, 32; calculé, IV, 37.
* *Baromètre*. Deux causes de ses variations, III, 830; IV, 220, 889; sa périodicité, III, 890; son rapport avec les vents, III, 891; son rapport avec le thermomètre.
Barostatique, le fluide de barogène ramené comme les gaz aux calculs stœchiométriques et aux lois aérostatiques, IV, 1.
Battements des instruments acoustiques, IV, 552, 609;—du cœur, 648.
* *Beaux-arts*, II, 479.
Besicles, II, 611.
Bile, IV, 657;—et sucre, IV, 698.
Blanc, II, 323.
Blastème. Son origine, IV, 807.
* *Blocs* erratiques, III, 11.
* *Bolides*, III, 926; IV, 76.
Bouteille de Leyde, I, 181
Brillant, III, 823, 829.
* *Bruit* produit du cœur, IV, 684; par le sifflet, IV, 528; par les insectes, 571.

C

* *Caisse* du violon et sa respiration et mode de production d'échogène, IV, 350.
* *Calcul* électrostœchiométrique, I, 421-427, 176.
— rectifiés sur la vitesse des sons, IV 314, 344, 357, et la polarisation II, 289.
* *Calmes*, III, 877, 883.
* *Capacité* des corps pour la chaleur, III, 302.
* *Carbone*, I, 677; II, 721, 726.
Castration, IV, 788, 792.
Centre de gravité, IV, 21.
Cerveau, IV, 704.
* *Cervelet*, IV, 709.
* *Chaleur*, II, 42, III, 32; — atome $\overset{+}{E}\overset{-}{E}^2$; sa distribution climatologique, III, 805.
— animale de trois sources, I, 118; III, 483, 486; IV, 754.
— Appareils pour sa production, IV, 760.
— des corps, III, 275, 287.
— Écoulement, III, 84, 87, 118, 120.
— emprisonnée, III, 427.
— Conductibilité des corps, III, 133, 200, 203, 207, 212, 214.
— calculée par la stœchiométrie, III, 553, 581.
— des combustions, III, 531.
— Diffusion, III, 239.
— dissimulée, III, 454; son apparition, III, 465.
— Équivalent mécanique, III, 487, 458.
— Faits électriques et chimiques, III, 502.
— de frottement, III, 456.
— par condensation de la vapeur, III, 465.

— par influence, III, 469-475.
— incidente, III, 133.
— colorée, III, 87.
— obscure, III, 161, 450; sa production par les deux électricités, III, 446; sa propagation rampante, III, 203; dans les cristaux, III, 208; dans les fluides, III, 212; par la voie humide, III, 580.
— lumineuse, III, 157, 222, 544; — solaire, III, 251, 764.
— détente, I, 113, 122; III, 265, 274; dans les liquides et dans les vapeurs, III, 374; aux deux états, III, 370, 383, 350.
— Propagation, III, 118; par rayonnement, III, 139, 144, 158.
— des gaz et des vapeurs, III, 302, 303.
— mesurée, III, 382, 394.
— de la mer, III, 754.
— des hydrocarbures, I, 126.
— des volumes, III, 308, 382.
— polarisée, III, 220.
— produisant un mouvement mécanique, III, 610-655.
— du spectre, III, 87.
— rayonnante, III, 144-168.
— Résistance des corps, III, 168, 245.
— pectorale, IV, 759.
— Perte, III, 181.
— spécifique, III, 205; — de la glace, III, 385.
— transmise, III, 140, 175.
— terrestre, III, 574, 717.
— Vitesse, III, 168, 175.
Changement brusque du volume des liquides, III, 378; de l'état des corps, III, 337, 407.
Chalumeaux, III, 547.
Chambre chaude de Saussure, III, 224.
Chaudière, III, 690, 708.
• *Chaux*. Carbonate, I, 686.
• *Chimie*. Remplacement des éléments, II, 751.
• *Chlore*, II, 746, 761, 775.
• *Choc*, IV, 170; sa transmission, IV, 673.
Chorion, IV, 812.
• *Chromatochimie*, II, 759, 772.
Chromatologie, II, 305-318.
Chromatométrie, II, 785; — électrique, II, 715, 788; — physiologique, II, 782.
• *Chronologie* du Monde, III, 3; des habitants de la Terre, III, 5; de la période diluvienne, III, 8; du genre humain, III, 12; des animaux, III, 12; des montagnes, III, 17; des corps célestes, III, 22, 49.
Chyle, IV, 769.
Chyme, IV, 769.
• *Circulation*, IV, 657, 676; ses faits mécaniques, IV, 685; dans la série animale, IV, 651, 846; dans les plantes, IV, 746; extrafœtale, IV, 814; intrafœtale, IV, 814; — fœtale, IV, 813.
Clarté, II, 330.
• *Climatologie*, III, 800; — des versants, III, 803; — de la végétation, III, 803.
Clivage, III, 79.
Cloison dans les endosmoses, I, 563; IV, 266.
• *Cœur*. Ses faits, IV, 682; comme régulateur et non moteur, IV, 688.
Cohésion, IV, 134.
Coït, IV, 796.
• *Comètes*, III, 51; changement de l'orbite, III, 52; leur origine, IV, 83; leur nombre, IV, 84; leur forme, IV, 8.
Congélation, III, 333.
• *Continents*. Leur production, III, 56; leur changement, III, 18.
• *Corps* célestes, II, 67; IV, 9; — central, III, 48; son enveloppe, III, 43; leur généalogie, III, 49; gros, IV, 80.
— indécomposables, I, 612; II, 724.
— blancs, II, 331.
— isolés, II, 782.
— Conductibilité pour la chaleur, III, 199.
— noirs, II, 330.
— obscurs, II, 326.
— odorants ou ozonés, II, 693.
— organisés, leur production, III, 58.
— Leurs trois états, III, 270, 314, 323, 665.
Cosmobiographie (κόσμος, monde; βίος, vie; γράφειν, décrire), ouvrage contenant la description de la vie du Monde.
• *Couleurs*. Leur mélange, par Newton, II, 439.
— des corps, II, 307; de leurs éléments chimiques, II, 459.
— et équivalents chimiques, II, 451.
— des deux états, II, 453.
— prismatiques, II, 313; du spectre, II, 457.
— polarisées, II, 318.
— complémentaires, II, 569-582.
— physiologiques, II, 587.
— du spectre matériel, II, 447-453.
— des plantes, II, 466.
— des minerais, II, 467.
• *Couples* homogènes de la reproduction, IV, 781.
• *Courants* ou écoulement d'un fluide direct, I, 114; — inverses, I, 118.
— électriques des nerfs et leurs effets, IV, 737; leur poussée, I, 580-546; changement de direction, I, 515.
— maritimes, III, 771, 782; leur origine, III, 783; — du golfe du Mexique, III, 787.
• *Crépuscule*, II, 649.
• *Cri* des métaux, III, 209.

Cristallisation, III, 334; IV, 187.

**Cristaux*. Leur section, II, 256; à un axe, II, 259; leur structure, II, 257; III, 80; IV, 141; leur dimorphisme, III, 83; leur effet sur les rayons, II, 258; leur production des couleurs de la lumière polarisée, et le manque de couleur, II, 375.

Cristallographie, IV, 139; — des axes, IV, 141.

Culture des plantes, I, 662.

Curare, IV, 729.

**Cymatose* ou ondulation, I, 25; II, 357.

D

**Déclinaison* magnétique, I, 253.

**Déluge*, III, 761; IV, 89, 90, 98, 761, 849; sa cause et ses effets, IV, 850.

Détente, III, 714.

Densité de la masse de la Terre, IV, 108.

— des vapeurs, III, 404.

Dépolarisation, II, 352.

Dexiostrophe (δεξιός, de la droite; στρέφειν, tourner), composé des tours qui vont comme le Soleil en été et en automne; *dextrorsum*.

Diamagnétisme, I, 66, 317.

Diesthématiques (δίς, deux; αἴσθημα, sentiment), animal ayant deux organes de sens.

Diptyque (δίς, deux; πτυχή, pli), ayant deux plis, ou combiné de trois éléments.

Digestion, I, 749-781; IV, 646.

— stomacale, IV, 648; ou intestinale, IV, 654.

— artificielle, IV, 651.

— dans la série animale, IV, 660.

Dilatation des corps solides, III, 620-625; — de la glace, III, 325; des liquides, III, 638-650; — des gaz, III, 657.

Diplopie, II, 508.

**Douleur*, sa nature, IV, 708.

E

Eau, II, 52; ses éléments, II, 52; ses trois états, III, 40; sa décomposition, I, 76, 159, 431; sa transformation en vapeur, III, 341; sa production de la vapeur, III, 318; ses atomes, III, 356; sa congélation, III, 500; sa densité, III, 650; sa production de l'air dans les pays froids, IV, 763; sa diminution sur la terre, II, 721.

— électrisée par le refroidissement et ses effets hygiéniques, III, 438.

Ecchalybose (ἐκ, prép.; χάλυψ, acier); — du fer, changement du fer en acier. (V. *Exaérose*.)

Echo, IV, 301.

**Echogène* (ἦχος, son; γενᾶν, produire). Des sept éléments d'électricité résultent les sept couleurs et les sept sons; les éléments des sons sont les sept espèces d'échogène, IV, 254, 480-486; son rayonnement, IV, 443; son intensité, IV, 490-517; ses effets mécaniques, IV, 331; ses répulsions, IV, 334; sa production, IV, 387; sa multiplication, IV, 360 et 420; sa production dans les liquides, IV, 394; par désunion des couples d'air et d'eau, IV, 426; sa subdivision dans les cordes, IV, 311; dans les verges, IV, 353; dans les tuyaux, IV, 437; par les soupapes, IV, 449; par la bouche, IV, 452; par la caisse, IV, 457, sa réfraction et sa réflexion, IV, 258; son interférence, IV, 301; sa polarisation, IV, 301; ses sept espèces, IV, 308; sa distribution dans les corps, IV, 310.

— produit par la vapeur, IV, 482; par le tonnerre, IV, 485; par deux ou par trois corps chauffés, IV, 487; par les explosions, IV, 489; sans vibrations de la paroi, IV, 561.

— comme cause motrice, IV, 339.

— ou bruit et son intensité du jour et de la nuit, IV, 491.

— polarisé, IV, 493.

— produit et échogène consumé, et pendules, IV, 564.

— des verges droites, IV, 854; des verges courbes, IV, 858; des plaques, IV, 363.

— produit dans l'orifice, IV, 419.

— de l'organe vocal, IV, 562.

**Ecmagnétose*. Changement en magnète. (V. *Exaerose*.) I, 226, 231.

Education, IV, 885.

Elasticité des fluides, II, 200; sa mesure, IV, 157; — des cristaux, IV, 541.

***Electre** (ἤλεκτρον, ambre). On emploie ici ce mot pour indiquer le fluide produit par les mêmes molécules qui engendrait l'éther répandu dans tout l'espace céleste; mais ces molécules ont été divisées en deux masses inégales M + M′ et M par une action suprême qui les a réduites à deux volumes égaux V et V′. Les molécules de la masse M + M′ contiennent le mouvement emmagasiné comme celles de la masse M; c'est pourquoi on les a nommées *électre*. L'électre dense ou *pycnoélectre* se trouve dans le volume V, et l'électre moins dense ou *aréoélectre* dans le volume V'.

· *Électricité* positive. Est composée d'équivalents indiqués par le signe $\overset{+}{E}$ dont chacun est formé de sept éléments qui diffèrent entre eux par la grandeur comme les arcs du même angle ayant des rayons différents; cette électricité est formée de *pycnoélectre;* on pouvait la nommer *pycnoélectricité.*

· *Électricité* négative. Est composée d'équivalents indiqués par le signe $\overset{-}{E}$, dont chacun est formé de sept éléments qui ont la même grandeur que ceux de l'électricité positive; mais il y a un plus grand nombre de molécules dans celle-ci que dans l'électricité négative. Les deux électricités ne diffèrent entre elles que par la densité des molécules du fluide primitif; l'électricité négative est formée d'*aréoélectre;* on pouvait la nommer *aréoélectricité.*

· *Électricité*, I, 497-514 ; II, 48 ; IV, 151 ; de l'atmosphère, I, 19 ; son origine, I, 23, 37 ; III, 856 ; ses périodes, I, 24 ; III, 856 ; des éclairs, I, 30 ; III, 809 ; des inégales températures, I, 30-43 ; des cristaux, I, 40 ; des courants changeants, I, 45 ; des plantes, I, 49 ; des animaux, I, 693 ; des machines, I, 54, 58 ; des piles, III, 457 ; de sources différentes, I, 457-514 ; de degrés différents, IV, 154 ; ses limites, 152 ; de la stœchiométrie, I, 86-90 ; III 553-586 ; par choc, IV, 169 ; polarisés, I, 85, 169 ; des fonctions animales, I, 202.

— de l'arc voltaïque et des faits chimiques, III, 503, 510, 614 ; et courants terrestres magnétiques, III, 520.

— et dilatation, III, 655.

— et mouvement, I, 764 ; III, 611 ; faits mécaniques, III, 421, 490-505.

— Vitesse, IV, 527.

— des gaz, IV, 520 ; des liquides, IV, 525 ; des solides, IV, 527, 537.

— de l'eau et de la chaleur décomposée, III, 525.

— par influence, I, 70.

— dissimulée ou latente, I, 215 ; II, 85.

— neutralisée, I, 217 ; III, 200.

· *Électrisation* des liquides par le refroidissement, III, 336.

Électrodynamie, I, 653.

· *Électrolyses*, I, 431 ; simples, I, 435 ; — composées, I, 438, 443, 480, 450-456. Loi, 448.

Électromagnètes, I, 171, 179, 368.

Électrophore, I, 73.

Éléments, III, 908 ; électropositifs et électronégatifs ou pycnoélectriques et aréoélectriques, IV, 630.

— de l'eau, III, 3.

— magnétiques, I, 245 ; leurs variations, I, 227, 266-269, 287 ; leur perturbation, I, 271.

· *Éléments* primitifs, II, 440 ; leur production, II, 39 ; leur nombre de sept, III, 26, 32.

Embryon, IV, 818 ; sa formation, IV, 808 ; ses fonctions, IV, 813 ; son système de circulation, IV, 817 ; sa liaison avec la mère, IV, 826 ; son mouvement, IV, 828 ; son commencement de respiration, IV, 829.

Emmagasinage du mouvement, IV, 158.

· *Endosmose*, I, 557 ; — des liquides, I, 568, IV, 201.

— des gaz, I, 572 ; IV, 265 ; — des fluides pondérables et impondérables, IV, 259-281 ; sa production, IV, 268 ; dans les plantes et les animaux, I, 583-591.

Engrais, I, 664.

· *Épicratie* magnétique, I, 253-258 ; trois vents en Europe, I, 892.

Équateur magnétique, I, 261.

Équilibre des corps flottants, IV, 483.

· *Équivalents* électrosomatiques I, 115 ; — des solides et des liquides, IV, 217.

Erreurs des calculs des auteurs rectifiées, II, 289-300.

Espace planétaire, éanstre, céleste, IV, 632.

— planétaire, son partage, III, 58.

· *État* triple des corps, III, 314 ; IV, 11, 129 ; fusion, III, 318 ; solidification, III, 328-334.

Éther, IV, 631 ; fluide équilibré dans l'espace céleste.

· *Étoiles* colorées, II, 80, 420 ; — temporaires, I, 63 ; IV, 65 ; — filantes, III, 924 ; IV, 70 ; — périodiques, II, 81 ; — scintillantes, II, 82.

· *Ève*, III, 65 ; IV, 879.

· *Exactinose* (ἐκ prép. ; ἀκτίς, rayon) ; — des électricités, leur changement en rayons.

· *Exaérose*, (ἐκ, prép. ; ἀήρ) ; — de l'eau en air, son changement en air.

Excentricité de la cicatricule de l'œuf, IV, 802.

— de la tache de l'ovule, IV, 802 ; — des orbites, IV, 76.

Exchalybose (ἐκ, prép. ; χάλυψ, acier ;) — du fer, son changement en acier.

Excrétions, IV, 650.
Exélectrose (ἐκ prép.; ἤλεκτρον, électre); — de la chaleur, son changement en électricité.
Exhydatose (ἐκ, prép.; ὕδωρ, eau). — de l'air, son changement en eau.
* *Exode* de l'homme et des animaux de la zone torride, IV, 845; des fluides impondérables, II, 50.
* *Explosions*, I, 590; — des chaudières, III, 696.

F

* *Fascination*, I, 742.
Faisceaux des nerfs, IV, 713; — de lumière, II, 408.
Fécondation, IV, 797.
* *Femme* primitive, IV, 872.
* *Fer* passif, I, 394-410; — aimanté, III, 904.
* *Fermentation*, III, 704; — de l'acide lactique, II, 709-715.
Fièvres, I, 787-805.
* *Figures* acoustiques sur plaques carrées, IV, 368; sur plaques polygonales, IV, 369; sur membranes, IV, 312, 374; la clef de leur production, IV, 376.
Flamme et sa chaleur lumineuse, III, 544.
* *Fluides* impondérables, II, 35; — d'électricité, II, 48; leurs équivalents, IV, 275; leur endosmose, IV, 279; de la lumière et de la chaleur, II, 42; — soutenant la circulation animale, IV, 31.
* *Flûte*, IV, 472.
* *Formules* de la pesanteur, IV, 17.
* *Fonctions* animales, IV, 636; — sexuelles, I, 779; — de la nutrition, IV, 644; — de l'embryon, IV, 713.
Franges, II, 360; — de lumière polarisée, III, 363.
* *Froid* produit par la décomposition de la chaleur, III, 478, 588; par l'évaporation, III, 589; par la dilatation, III, 563-605; par la fusion de la glace, III, 605; effet du froid sur le corps de la Lune, III, 635.
Frottement. Ses effets, 459; sa suppression par la graisse, III, 463.
Fronde, IV, 53.
Fusil à vent, IV, 235.

G

* *Galaxias*, III, 728; voie lactée.
Gamme. Espèces, IV, 602; — chromatique, IV, 623, 770, 839, 861.
Gaz. Leur mélange, IV, 253; leur endosmose IV, 263; — leur répulsion par les vapeurs, III, 350; et par la chaleur, III, 367; leur densité, III, 678; leur condensation, IV, 253; le rapport chimique de leur volume, III, 683; de l'intestin, IV, 659.
Génération spontanée, IV, 639; — par subdivision, IV, 639; — gémipare, IV, 836; — scissipare, IV, 837.
Germe et son développement, IV, 833.
* *Glaçons* de la mer, leur origine, leur voie, III, 774; empêchement de leur formation dans les fleuves en hiver, III, 780.
Globuleux effet des liquides, III, 418.
Goutte, leur formation, IV, 288.
* *Gravitation*. V. *Pycnoélectre*.

H

* *Habitants* de la Terre, III, 5.
Halos, II, 665-674.
Harmonie, IV, 617.
Hermaphroditisme, IV, 835.
* *Homme* primitif, IV, 871-875.
— pendant la vie, IV, 881; sa différence d'avec les animaux, IV, 883; après la vie, IV, 890.
Hydraulique, IV, 193; calculée, IV, 196; dépense des liquides, IV, 198.
* *Hydrogène*, III, 37; — ozoné, I, 386.
Hydrodynamique, IV, 218.
Hydrostatique, IV, 179; problème d'Archimède, IV, 183.
Hygiénique électrique, III, 433.
Hygrométrie, III, 840.

I

* *Illusions* optiques, II, 615; — thermoscopiques, III, 93.
Images produites par l'électricité, II, 427, 477; — chimiques, II, 808.
Imbibition des corps de chaleur, III, 74; — et écoulement des fluides, III, 84.
Inanition, IV, 153.
Incubation, I, 702; — artificielle, IV, 776.
Indice des rayons réfractés, II, 260.
Induction, I, 196-153.
* *Insolation*, II, 123; — de l'œil, 563-576; — par insolation, II, 581; — chromatique, II, 754.
Instruments optiques, II, 600-635.
— musicaux à vent, IV, 469; à anche, IV, 465; à embouchure, IV, 473; à bec et à bocal, IV, 471.
* *Intelligence*, I, 720, 768, 779.
Interférence et diffraction, II, 242, 253, 342; — de la lumière polarisée, II, 365.
Irradiation, II, 518.
* *Isochronisme* des vibrations, IV, 495.

J

Jet liquide, IV, 404-418.

L

Lactation, IV, 830.
Lampe de sûreté, III, 546.
·*Langue*, son origine, IV, 285, 766; ses différences, IV, 285.
·*Lune*, sa forme, III, 87; effet du froid, III, 632; des éclipses, II, 650.
Lymphe et son mouvement, 125, 681.
Lentilles, II, 601.
Levier, IV, 45.
·*Lignes* nodales, IV, 444, 540.
Limite de l'état vésiculaire, III, 357; — de l'élasticité des corps solides, IV, 152, 163.
Lipocormes (λείπειν, manquer; κορμός, tronc), arbrisseaux qui perdent leur tronc en hiver et dont les racines restent, I, 642.
Liquéfaction, III, 318, 360; — du gaz acide carbonique, III, 361, 381.
Lithopyramides (λίθος, pierre); pyramide consistant en une masse de pierre.
Loi de Mariotte, IV, 228; cause de son inexactitude, IV, 237.
·*Lumière*, fluide composé des atomes ayant pour éléments deux équivalents de pycnoélectricité et un équivalent d'aréoélectricité φ = $\overset{+}{E}{}^{2}\overset{-}{E}$; sources de la lumière, II, 98, 101; — et chaleur, II, 42, 94; III, 35; — des corps lumineux, II, 101;
— électrique d'expansion limitée, II, 101; sa diminution, II, 104; sa transmission et sa propagation, II, 106: sa disparition, II, 241; sa dispersion, II, 112.
— polarisée, II, 205, 238; — dans les cristaux, II, 207.
— achromate, II, 129, 317; — colorié, II, 131.
— phosphorescente, II, 113.
— magnétiques, II, 136; et radicale, II, 138.
— spécifique, stationaire, II, 144; réfléchie, II, 149; réfractée, II, 152, 159; angle limite, II, 160; son mouvement, III, 84; son indice de réfraction, II, 168; sa scintillation, IV, 476.

M

Machines à vapeur, II, 687, 694; — réformées, III, 706, 717; et moyens préservatifs, III, 709; — hydroélectrique, I, 66; — pneumatique, IV, 233.
·*Magnétisme*, I, 221, 247; — terrestre, III, 909; — et électrode, I, 287, 298, 307; — ses régions, III, 911, 913; ses axes, III, 910; ses changements, IV, 149.
Maladies, I, 773; — phlogistiques et typhoïdes, IV, 722.
Mammifères, IV, 660.
·*Marées* naturelles, IV, 122; — artificielles, IV, 121; établissement des ports, IV, 121; leur hauteur, IV, 124.
Mariotte. Loi, IV, 233, 337.
Marmite de Papin, III, 967.
Magnétographie, III, 507.
·*Masse* de la Terre, I, 502; inégale des planètes et des satellites, II, 77.
·*Mégalophore* (μέγα, grand; φώς, lumière), appareil produisant un grand volume de lumière, II, 540.
Mélange des gaz, IV, 251; — de l'eau avec les gaz, IV, 253.
Mélodie, IV, 616.
Menstrues, IV, 790.
Mer de mousses, III, 793; sa température, III, 795.
Météorologie, III, 725.
Microgées (μικρός, petit; γῆ, terre), petites terres, III, 925.
Microplanètes, petites planètes, ou astéroïdes, ou paraplanètes.
Microscopes, II, 623.
Microsélènes (μικρός, petit; σελήνη, lune), petites lunes.
Minerais (ignés), III, 754.
·*Mirages*, II, 185; — inverses, II, 190.
·*Miroirs ardents*, III, 124, 130, 259, 261; — optiques, II, 601.
·*Montagnes*. Leur soulèvement, III, 17, 755; leur température, III, 20.
·*Monuments* chronologiques, III, 812.
·*Mouvement*, III, 611, 617; — quantité, IV, 22; — emmagasiné, IV, 630, 779; son origine, IV, 627, 711, 734, 738; — mesuré, IV, 39, 44; — supprimés mutuellement, II, 95; III, 274.
— curviligne, IV, 52; — décomposé, IV, 48; — axial ou rotatoire des planètes, III, 23, 45, 740; IV, 59, 68.
— des corps célestes produit par la chaleur, IV, 67, 78; — orbiculaire, III, 43, 540; IV, 68; — sa vitesse, III, 741, IV, 68.
— de l'embryon, IV, 527.
— de la lymphe, IV, 686; sa cause, IV, 689.

N

Navires, métacentre, IV, 184.
Neige, III, 351.
·*Nerfs* rachidien, craniens, grand sympathique, et leur fonction, IV, 701, 716, 730; leur système, IV, 637, leur électricité, IV, 640; leur

rapport avec la circulation, la respiration et le mouvement, IV, 642; leur structure et ordre de leur production, IV, 810.
Neuroplegme (νεῦρον; πλέγμα, tissu); telle est la rétine et celles des autres organes des sens.
Niveau. Son changement par la poussée de l'électricité, IV, 211.
Nœuds acoustiques, IV, 447; — et ventres, IV, 447.
Noir, II, 328.
Nutrition, IV, 715; — des animaux, IV, 740, 769.

O

* *Odeur*, II, 692.
* *Œuf*, IV, 789; son développement, IV, 799; extra-utérin, IV, 804; intra-utérin, IV, 800.
— non fécondé, IV, 803.
Oiseaux, IV, 662, 800.
* *Ondes* sonores, IV, 448; — de la lumière, II, 358; leur longueur, II, 311; IV, 508.
Ondulation, II, 24.
* *Opacité* de la vapeur, III, 823.
Opisthorheume (ὄπισθεν, en arrière; ῥεῦμα, courant), courant s'écoulant en arrière.
Optique, II, 473.
Orbites elliptiques, IV, 78.
* *Orages*, III, 854; dans les régions des calmes, III, 873; — d'hiver, III, 860.
* *Organes* des sens, II, 695; IV, 704; — de l'ouïe, IV, 323.
Organisme, IV, 631.
* *Orgue* philosophique, III, 538.
Orifices des liquides écoulés, IV, 218.
* *Origine* des races humaines, IV, 873.
Os, IV, 823.
* *Ouïe*, organe, IV, 324, 557; son origine, IV, 818, 584; sa description, IV, 585; sa fonction, IV, 588, 595; ses sentiments, IV, 320.
* *Oxygène*, II, 37; — ozoné, I, 374-388.
* *Ozonisation* et désozonisation des corps, II, 657.

P

Pagosphère (πάγος, glace), globe ayant une enveloppe de glace.
Pancréas et son suc, IV, 659.
Panépistème (πᾶν, total; ἐπιστήμη, science), ouvrage contenant la totalité des sciences.
Parole, IV, 79.
Parties génitales, IV, 871.
* *Passivité* du fer et des métaux, I, 394, 420.
Pédoncules du cerveau, IV, 710.
Pendule, IV, 94; son rapport avec l'échogène, IV, 546, 549; son application, IV, 98; son isochronisme, IV, 100.
* *Périodes* géologiques, III, 769; IV, 854; état du sol, IV, 854.
* *Périodicité* diurne des instruments météorologiques, III, 857.
* *Pesanteur*, II, 69; IV, 4; sa production par le barogène, IV, 14; écoulé dans les chutes des corps, IV, 17, 91, 103; dans le mouvement, IV, 13; des corps célestes et terrestres, IV, 91; sur différentes parties de la Terre, IV, 105.
* *Phares* mégalophotes, II, 613.
* *Phosphore*, I, 685; II, 125, 774.
* *Photochimie*, II, 714-723.
Photographie, II, 759, 810.
Photométrie électrique, II, 818.
* *Photostatique*, II, 265-289.
Phototherme ou *Thermophote* (φῶς, lumière; θέρμη, chaleur), est le mélange d'un atome de lumière avec sept atomes de chaleur. Ce mélange, uni à huit équivalents de barogène, est l'oxygène; l'hydrogène est le mélange d'un atome de chaleur avec un équivalent de barogène.
* *Phytostrome* (φυτόν, plante; στρῶμα, couche), IV, 875.
Pile, I, 83; — à gaz, I, 74.
* *Plan* de polarisation, II, 277; son déplacement, II, 246, 281; sa rotation, II, 277.
* *Planètes*, II, 72; leurs masses inégales, III, 749; leurs distances du Soleil, III, 747; IV, 71.
* *Plantes*, I, 629; leur incubation, I, 632; leurs périodes et âges, I, 634; IV, 858.
Plaques vibrantes, IV, 330.
* *Pluies*, III, 848; leur commencement, III, 8, 760; régions où elles manquent, III, 889; — fines et — orageuses, IV, 819, 864.
Poids spécifique, IV, 198.
* *Poison*, IV, 712, 720.
* *Polarisation* de lumière, II, 197; par les cristaux, II, 199, 249, 335, 770; IV, 175; par l'atmosphère, II, 232; par les métaux, II, 385, 770; par la réfraction et la réflexion, II, 210, 278; par l'émission, II, 275.
— de l'électricité, I, 237; — de l'air, IV, 313.
Pôles magnétiques, I, 208.
* *Population* des continents, IV, 867-870.
Porte-voix, IV, 571.
* *Poumon*, I, 126, 744; IV, 672.
Poussée électrique, I, 608.
Presse hydraulique, IV, 235.
Prisme, II, 397-410; petits et gros, II, 392; annulaires, II, 460; —

produisant les couleurs, II, 398, 412.
• *Production* primitive des corps organisés, IV, 695.
• *Projectiles*, IV, 241.
• *Propagation* de la lumière et de la chaleur, II, 95, 353.
Puits artésiens, IV, 201.
• *Pycnoélectre* (πυκνός, dense). Les molécules du fluide primitif s'étant trouvées plus denses dans le volume V où entra leur masse M + M' et moins denses dans le volume égal V où entra la masse M inférieure, il en résulta l'*aréoélectre*. Entre les centres de ces deux volumes, il y a un espace où est égale la densité des molécules contenues dans les grandes ondes O du volume V et dans les moins grandes *o* du volume V'; ce fluide est le *barogène* ou *baroélectre*, qui produit la gravitation.

R

• *Races humaines*, IV, 873, 870.
• *Raies*, II, 422, 433.
• *Rayons solaires*, III, 251; leur effet sur la neige, III, 254; sur la mer, 256; sur les continents, 257.
• *Recuit* des métaux, IV, 144; du verre, 140.
Réflexion, II, 163; — totale, II, 231.
Réfraction, II, 174; son indice, II, 160; sa puissance, II, 160; — double, 249-260.
Refroidissement, III, 180; dans le vide, III, 186; dans les gaz, III, 190.
• *Religion*, II, 3, 17; — et sciences, II, 13.
Résistance de la chaleur, I, 615; III, 242; de la lumière et de l'électricité, III, 242, 525; son augmentation, III, 245.
Répulsion entre les vésicules de la vapeur, III, 354; et entre celle des gaz, III, 356.
Rétine, II, 547, 551, 554; son point insensible, II, 547, 555.
• *Rêves*, I, 743.
Rhéomètre, III, 106.
• *Rosée*, III, 843.
• *Rotation*, IV, 79; de la terre, IV, 99.
Roues dentées du sonomètre, IV, 430.
Rupture d'équilibre, III, 7; IV, 6.

S

• *Saisons*, III, 814; intertropicales, III, 820.
• *Sang* et sa couleur, IV, 824; son changement dans les capillaires, IV, 669, 672; sa poussée, IV, 671.
• *Saturne*, II, 682; manque d'anneaux, II, 681.
Sectes des physiciens, II, 16.
Sel gemme, I, 087.
Sécrétions, IV, 657; leurs produits, IV, 695.
Sensibilité, IV, 624.
• *Sentiments*, I, 721; II, 548; des couleurs, II, 333, 534; de la chaleur et la lumière, II, 80, des efforts, IV, 3; par chaque oreille, IV, 692; leur nature, IV, 882.
Sirène, IV, 428.
• *Soleil*. Ses périodes, III, 731; ses taches, III, 732; ses mouvements, III, 731; son changement, III, 747.
• *Sommeil*, IV, 652.
• *Sons* naturels et artificiels de la gamme, IV, 309, 602; d'accords, IV, 614; physiologiques, IV, 614; leurs intervalles, IV, 620; leur production par les liquides, IV, 387; leur apparition, IV, 590; leur nature musicale, IV, 376.
— harmoniques, IV, 310, 439; brefs, IV, 602.
Soubresauts, III, 424-427.
• *Soufre*, I, 682; ses combinés, II, 743.
Soupapes des instruments, IV, 449.
• *Sources* d'eau, III, 848; minérales, III, 852.
Souvenir, IV, 659.
• *Spermatozoïdes*, IV, 783.
Sperme, IV, 698.
• *Stéchiométrie* électrique, I, 90-126, 425; III, 553-588.
Strychnine, IV, 727.
• *Système* planétaire, IV, 64; — de l'émission et des ondulations, II, 141.

T

• *Tables* tournantes, IV, 556.
• *Taches solaires*, II, 61; III, 732.
Télégraphes, III, 797, 936.
Télescopes, II, 675.
Ténacité, IV, 164.
Températures diverses et annuelles, III, 815, 886; — polaires, ses changements, IV, 779.
Temps. Ses changements, III, 941, 943.
Tension de vapeur, III, 353-354.
• *Terre*. Ses périodes, III, 748-764; sa densité, IV, 108; sa forme ovale, IV, 102; son état avant le Déluge, IV, 851; sa structure interne, III, 759; sa température changée, III, 810; ses parties d'inégale densité, IV, 112.
Thalassologie, III, 772.
• *Thallium*, III, 932.
• *Thermoélectricité*, I, 39, 99; III, 895.
Thermomètres, III, 96; — métalliques, III, 634; à air, III, 671.

Thermométrie, III, 65; 6 par inégalité des températures, III, 100, 111, 413; — électrique, III, 116, 279, 291, 423; des variations diverses, III, 816; vitesses du mercure du thermomètre, III, 817.
Thermophote. V. *Photothermе*.
• *Timbre*, IV, 308, 315.
Tissu, IV, 823.
• *Tonnerres*, III, 901.
• *Torrents* cataclystiques, III, 11.
Traitement des maladies, I, 789, 777.
• *Travail*, III, 699; IV, 736; sa transmission, III, 699; son origine, III, 119; sa mesure, IV, 53; — de l'homme et des animaux, III, 493; IV, 743.
• *Transport* des éléments dans les électrolyses, III, 506.
• *Trempe*, I, 235; IV, 141.
• *Trinité* par l'unité, II, 11.
Triptique (Τρίς, trois; πτυχή, pli), à trois plis.
• *Trombes*, III, 856-867.
Trompette, IV, 470.
Tuyaux et leurs soupapes, IV, 448.

U

Urée, IV, 25.

V

Vaisseaux du fœtus, IV, 810.
• *Vapeurs*, III, 339; leur état, III, 356; leur condensation, III, 348; leur tension ou poussée, III, 353; leur liquéfaction, III, 360; leur subdivision dans l'espace planétaire, IV, 61.
• *Veine* des liquides, IV, 205; sa pulsation, IV, 207; sa dépense, IV, 211; son choc, IV, 394; sa rencontre avec une autre, IV, 410; sa vibration, IV, 390; — des gaz, IV, 246.
• *Végétation*, I, 642; par rapport aux saisons et aux climats, I, 645, 655; III, 217.
Ventriloquie, IV, 582.
• *Vents*, III, 869; trois en Europe, 892; — alizés, III, 874.
— des océans, III, 874; leur force, 872; leur température, III, 884.
Verges vibrantes, IV, 329.
Verres ardents, III, 259.
Vésicule natatoire, IV, 186.
• *Vésicules* de vapeur, III, 344; IV, 223; des gaz, IV, 225; de Graaf, IV, 791.
• *Vibrations* transversales, IV, 450; longitudinales, IV, 378; rapport entre elles, IV, 383; leur origine, IV, 313; leur nombre en chaque corde, IV, 611.
• *Vie* animale, I, 693; IV, 731; · et ses âges, I, 706-728.
• *Violon*, IV, 348, 349.
Visibilité des objets, II, 631.
• *Vision*, II, 485; sa durée, II, 531; avec appareils, II, 453, 496; — inoculaire, II, 501, 503; — composée, II, 503.
• *Vitesse* des sons dans l'eau, IV, 505; dans les liquides, IV, 513; dans l'air, IV, 508-510; par rapport à l'élasticité et à la température, IV, 518, 520.
— de *refroidissement*, III, *180—195*; de l'écoulement, des gaz, IV, 249; par rapport à l'élasticité, IV, 532.
— de la circulation du sang.
• *Voix*. De l'organe vocal, IV, 320, 562; ses détails, IV, 568; de la série animale, IV, 569, 572; de l'homme, IV, 572; des faussets, IV, 577; des vents, IV, 868; dans des *espaces raréfiés*, III, 865; *de* la parole, IV, 579; mode de sa production, IV, 567; étendue de la voix humaine, IV, 568.
Voyelles et consonnes, IV, 580.

Z

• *Zone* royale du Soleil, III, 731.
• *Zodiacale*. Lumière, III, 921.
Zoophytes, IV, 858.

ERRATA.

T. I, p. 124, lig. 15, *au lieu de* : carbone, *lisez* : oxygène.
T. II, p. 72, lig. 3, *au lieu de* : distance de la Terre, *lisez* : distance de Saturne.

FIN DE LA TABLE ALPHABÉTIQUE DES QUATRE VOLUMES.

Paris. — Imprimé par E. THUNOT et Cᵉ, 26, rue Racine.

www.ingramcontent.com/pod-product-compliance
Ingram Content Group UK Ltd.
Pitfield, Milton Keynes, MK11 3LW, UK
UKHW011958240726
13965UKWH00001B/14